Guido Pelzer,
Thomas Sommeregger,
Ricarda Linnenbrink

Google AdWords

Das umfassende Handbuch

Rheinwerk
Computing

Liebe Leserin, lieber Leser,

Sie möchten durch gezieltes Marketing mehr Kunden und Websitebesucher gewinnen? Mit Google AdWords steht Ihnen hierzu ein mächtiges Tool zur Verfügung, mit dem Ihre Website genau dann von potenziellen Kunden gefunden wird, wenn diese bei Google nach entsprechenden Produkten und Dienstleistungen suchen. Sie können Ihre Zielgruppe exakt mit Werbeanzeigen adressieren: zum richtigen Zeitpunkt, am gewünschten Standort! Und dabei haben Sie Ihr Werbebudget immer fest im Blick.

Doch wenn Sie das komplexe Tool effizient einsetzen möchten, benötigen Sie fachkundige Hilfe, damit Sie die richtige Strategie für eine erfolgreiche Werbekampagne bei Google AdWords wählen können. Gut, dass Sie sich für dieses Buch entschieden haben! Denn es bietet Ihnen alles, was Sie im täglichen Umgang mit dem Werbeprogramm von Google wissen und beachten müssen. Sie erfahren, wie Sie eine AdWords-Kampagne von Beginn an planen, wie Sie die relevanten Keywords finden, wie Sie Ihr Budget festlegen, und wie Sie eine laufende Kampagne analysieren und optimieren. Die erfahrenen Autoren führen Sie behutsam in das Suchmaschinenmarketing ein und zeigen Ihnen viele spezielle Themen der AdWords-Werbung. So profitieren Sie vom umfangreichen Google Displaynetzwerk, den mobilen Werbemöglichkeiten für Smartphones und Tablets sowie den Google-Shopping-Kampagnen.

Dieses Buch wurde mit großer Sorgfalt lektoriert und produziert. Sollten Sie dennoch Fehler finden oder inhaltliche Anregungen haben, scheuen Sie sich nicht, mit mir Kontakt aufzunehmen. Ihre Fragen und Änderungswünsche sind jederzeit willkommen.

Ich wünsche Ihnen viel Spaß und Erfolg!

Ihr Stephan Matteschek
Lektorat Rheinwerk Computing

stephan.matteschek@rheinwerk-verlag.de
www.rheinwerk-verlag.de
Rheinwerk Verlag · Rheinwerkallee 4 · 53227 Bonn

Auf einen Blick

1 Suchmaschinenmarketing (SEM) & Google ... 29

2 Google-AdWords-Vorbereitung ... 75

3 Keywords ... 141

4 Ihre erste AdWords-Kampagne ... 205

5 Navigation im AdWords-Konto ... 269

6 Display-Kampagnen ... 295

7 AdWords goes mobile ... 323

8 Spezielle AdWords-Werbestrategien ... 353

9 AdWords-Tools ... 423

10 Reporting und Conversion-Tracking ... 457

11 Google Analytics ... 491

12 AdWords optimieren ... 563

13 Bearbeiten und Analysieren ... 629

14 Das Kundencenter – MCC ... 667

15 Die größten AdWords-Fehler ... 689

16 Wichtige Fragen und Antworten rund um Google AdWords ... 701

17 Die Zukunft von AdWords – wie geht es weiter? ... 713

18 Was ist was? Buttons, Symbole und mehr im AdWords-Konto ... 721

Wir hoffen, dass Sie Freude an diesem Buch haben und sich Ihre Erwartungen erfüllen. Bitte teilen Sie uns doch Ihre Meinung mit. Eine E-Mail mit Ihrem Lob oder Tadel senden Sie direkt an den Lektor des Buches: *stephan.mattescheck@rheinwerk-verlag.de*. Im Falle einer Reklamation steht Ihnen gerne unser Leserservice zur Verfügung: *service@rheinwerk-verlag.de*. Informationen über Rezensions- und Schulungsexemplare erhalten Sie von: *britta.behrens@rheinwerk-verlag.de*.

Informationen zum Verlag und weitere Kontaktmöglichkeiten finden Sie auf unserer Verlags-website *www.rheinwerk-verlag.de*. Dort können Sie sich auch umfassend und aus erster Hand über unser aktuelles Verlagsprogramm informieren und alle unsere Bücher versandkostenfrei bestellen.

An diesem Buch haben viele mitgewirkt, insbesondere:

Lektorat Stephan Mattescheck, Erik Lipperts
Korrektorat Susanne Franz, Riemerling
Fachgutachten Katia Meleady
Einbandgestaltung Nils Schlösser
Titelbilder iStockphoto: 22221526 © jdillontoole; 123RF: 12488429 © OLena Okhremenko
Typografie und Layout Vera Brauner
Herstellung Norbert Englert
Satz III-satz, Husby
Druck und Bindung C. H. Beck, Nördlingen

Dieses Buch wurde gesetzt aus der TheAntiquaB (9,35/13,25 pt) in FrameMaker.
Gedruckt wurde es auf chlorfrei gebleichtem Offsetpapier (90 g/m²).

Bibliografische Information der Deutschen Nationalbibliothek
Die Deutsche Nationalbibliothek verzeichnet diese Publikation in der Deutschen Nationalbibliografie; detaillierte bibliografische Daten sind im Internet über *http://dnb.d-nb.de* abrufbar.

ISBN 978-3-8362-2122-1

1. Auflage 2015

Inhalt

Geleitwort der Fachgutachterin 21
Vorwort 23

1 Suchmaschinenmarketing (SEM) & Google 29

1.1 Warum benötigen wir Suchmaschinen? 30
1.1.1 Wer sucht im Internet? 32
1.1.2 Wie viele Suchmaschinen gibt es? 33
1.1.3 Vormachtstellung von Google 34
1.1.4 Wie wird gesucht? Verschiedene Arten von Suchanfragen 36
1.1.5 Ein Wust von Suchergebnissen – welche führen zum Ziel? 41

1.2 Grundidee des Suchmaschinenmarketings 49
1.2.1 Push-Marketing vs. Pull-Marketing 49
1.2.2 Suchmaschinenoptimierung (SEO) 50
1.2.3 Bezahlte Suchergebnisse – Anzeigen mit PPC (SEA) 52
1.2.4 SEO vs. SEA – Was ist besser? 53

1.3 Die Google-Revolution 58
1.3.1 Google AdWords, die Grundlage des Google-Systems 60
1.3.2 Für das Ranking bieten: Anzeigenpositionen als Auktionsmodell 60
1.3.3 Qualität ist wichtig: Anzeigenrelevanz beachten 61
1.3.4 Der AdWords Discounter 61
1.3.5 Der Qualitätsfaktor nimm Einfluss auf die Platzierung 62
1.3.6 Das Budget – Was kostet AdWords? 65
1.3.7 Lokal, regional, global – die Welt als Markplatz für Ihr Geschäft 67
1.3.8 AdWords, mehr als nur SEM: Image, Video & Rich Media 67
1.3.9 Werbung in verschiedenen Google-Netzwerken 70

1.4 Die Grenzen des Suchmaschinenmarketings 71

1.5 Checkliste 72

2 Google-AdWords-Vorbereitung 75

2.1 Vor dem Start – die Vorbereitung ist wichtig 75

2.2 Google-Login und AdWords-Konto 76

2.3 Der schnelle Einstieg in AdWords ... 79
2.3.1 AdWords-Konto ... 82
2.3.2 Kampagnen ... 82
2.3.3 Anzeigengruppen ... 83

2.4 Hinweise zum AdWords-Login ... 85

2.5 AdWords Express – die Google-AdWords-Alternative!? ... 86
2.5.1 Anwendungsfälle für AdWords Express ... 87
2.5.2 Produktvergleich ... 88
2.5.3 Anzeigenerstellung AdWords Express ... 90
2.5.4 Unternehmensinformationen eingeben ... 90
2.5.5 Zielgruppe auswählen ... 91
2.5.6 Anzeige/n erstellen ... 93
2.5.7 Budget festlegen ... 96
2.5.8 Informationen überprüfen ... 97
2.5.9 Zahlungsinformationen eingeben ... 97
2.5.10 Anzeigenverwaltung und -optimierung von AdWords Express ... 98
2.5.11 Benutzeroberfläche ... 99
2.5.12 Anzeigenoptimierung ... 99
2.5.13 Fragen zu AdWords Express ... 102

2.6 Was möchten Sie mit AdWords erreichen? ... 108
2.6.1 Definieren Sie Ihre Ziele ... 108
2.6.2 Besucher sind (noch) keine Kunden ... 109
2.6.3 Conversions = die Ziele Ihres Online-Marketings ... 110
2.6.4 Conversions in AdWords erstellen ... 111
2.6.5 Sonderfall: Anruf als Conversion ... 117
2.6.6 Sonderfall: Offline-Conversions importieren ... 121
2.6.7 Sonderfall: Ein Ereignis messen ... 123
2.6.8 Conversions im AdWords-Konto ... 124
2.6.9 Welche Zielgruppen sind für Sie interessant? ... 124
2.6.10 Ziele definieren und aufschreiben ... 127

2.7 So nutzen Sie AdWords richtig ... 127
2.7.1 AdWords-Keyword-Planer ... 128
2.7.2 Das AdWords-Budget planen ... 136
2.7.3 Keywords analysieren und bewerten ... 137
2.7.4 Auswahl der richtigen Strategie ... 138

2.8 Checkliste zur Vorbereitung einer AdWords-Kampagne ... 139

3 Keywords 141

3.1 Das optimale Keyword-Set 143
- 3.1.1 Brainstorming 145
- 3.1.2 Textverarbeitung und Tabellenkalkulation 148

3.2 Die Keyword-Recherche 150
- 3.2.1 Keyword-Quellen im Unternehmen 154
- 3.2.2 In der Branche 162
- 3.2.3 Google Suggest 165
- 3.2.4 Externe Tools zur Keyword-Recherche 180
- 3.2.5 Weitere Recherche-Tipps 191

3.3 Die Keyword-Gruppierung 194
- 3.3.1 Gruppierung nach Suchabsicht 194
- 3.3.2 Gruppierung nach Suchtiefe 201
- 3.3.3 Weitere Gruppierungsvarianten 202

3.4 Checkliste 203

4 Ihre erste AdWords-Kampagne 205

4.1 Bevor Sie starten 206
- 4.1.1 Bereit für AdWords? Die finale Checkliste 207
- 4.1.2 Namenskonventionen 208

4.2 Grundlegende Einstellungen 210
- 4.2.1 Kampagnentypen 213
- 4.2.2 Geräte 216
- 4.2.3 Standorte 221
- 4.2.4 Sprachen 228
- 4.2.5 Gebote und Budget 231

4.3 Erstellung einer Anzeigengruppe 234
- 4.3.1 Strukturieren von Kampagnen und Anzeigengruppen 234
- 4.3.2 Anzeigengruppenname 239
- 4.3.3 Keywords 239
- 4.3.4 Anzeigentexte 240

4.4 Keywords 248
- 4.4.1 Keyword-Recherche 248
- 4.4.2 Groß- und Kleinschreibung von Keywords 250

4.4.3 Die Keyword-Optionen ... 251
4.4.4 Erweiterte Einstellungen für Keyword-Optionen ... 259
4.4.5 Die Keyword-Optionen in der Praxis ... 261

4.5 Checkliste ... 268

5 Navigation im AdWords-Konto 269

5.1 Register auf oberster Ebene ... 269

5.2 Die AdWords-Startseite ... 270

5.3 Kampagnen – hier spielt die Musik ... 272

5.4 Werbechancen: Google macht Vorschläge ... 274
5.4.1 Vorschläge zu neuen, relevanten Anzeigengruppen ... 275
5.4.2 Vorschläge zu neuen Keywords ... 276
5.4.3 Vorschläge zu Gebotsanpassungen ... 276
5.4.4 Vorschläge zu Top-of-Page-Geboten ... 277

5.5 Tools und Analysen ... 277

5.6 Verwaltung des AdWords-Kontos ... 278
5.6.1 Abrechnung: Ihre AdWords-Rechnungen ... 279
5.6.2 Grundeinstellungen des AdWords-Kontos ... 284
5.6.3 AdWords-Hilfe ... 287

5.7 Von Bibliothek bis Videokampagnen – weitere Unterseiten ... 288
5.7.1 Gemeinsam genutzte Bibliothek ... 289
5.7.2 Bulk-Vorgänge ... 290
5.7.3 Berichte ... 291
5.7.4 Labels ... 291
5.7.5 Alle Videokampagnen ... 292

5.8 Checkliste ... 293

6 Display-Kampagnen 295

6.1 Das Google Displaynetzwerk (GDN) ... 295
6.1.1 Werbung in den Google-Such-Websites ... 296
6.1.2 Werbung im Suchnetzwerk der Google-Partner ... 296
6.1.3 Videokampagnen bei YouTube ... 296
6.1.4 Werbung im Google Displaynetzwerk ... 297

6.2 Sollte man Such- und Display-Kampagne verbinden? 299

6.3 So legen Sie eine eigene Display-Kampagne an 300

6.4 Anzeigen für das Displaynetzwerk 301

6.4.1 Dynamische Anzeigen 304
6.4.2 Interaktionsanzeigen 305
6.4.3 Universalanzeigen 306

6.5 Besonderheiten des Targetings im GDN 308

6.6 Kampagnen im GDN auf Keywords ausrichten 309

6.7 Placements im GDN auswählen 311

6.8 Kampagnen im GDN nach Themen ausrichten 311

6.9 Kampagnen im GDN nach Interessen ausrichten 313

6.10 Kampagnen im GDN nach demografischen Merkmalen ausrichten 314

6.11 Die Targeting-Möglichkeiten in der Kombination 315

6.12 Ausschlüsse für Kampagnen und Anzeigengruppen 319

6.13 Optionen für Displaynetzwerk festlegen 320

6.14 Auswertungen zum Displaynetzwerk 321

6.15 Checkliste 322

7 AdWords goes mobile 323

7.1 Mobiles Marketing wird immer wichtiger 324

7.2 Erweiterte Kampagnen – Einführung 326

7.3 Erweiterte Kampagnen – neue Möglichkeiten 326

7.3.1 Ausrichtung auf Endgeräte 327
7.3.2 Ausrichtung auf unterschiedliche Standorte 329
7.3.3 Werbezeiten 329

7.4 Kampagnen – kritische Betrachtung 332

7.5 Verschiedene Strategien 332

7.5.1 Gestaltung mobiler Anzeigen 333
7.5.2 Sitelinks für mobile Anzeigen 334
7.5.3 Click-to-Call-Anzeigen 335
7.5.4 Click-to-Download-Anzeigen 336
7.5.5 Mobil und lokal 340

7.6 Mobile Landing-Pages ... 342
7.6.1 Grundsätzliche Tipps für mobile Webseiten ... 343
7.6.2 Spezielle Design- und inhaltliche Tipps für eine mobile Website ... 343
7.7 Mobile PPC-Keywords ... 347
7.8 Statistiken zur mobilen Nutzung ... 349
7.9 Checkliste ... 351

8 Spezielle AdWords-Werbestrategien 353

8.1 Lokale Anzeigen bei Google Maps ... 353
8.2 Dynamic Search Ads – AdWords ohne Keywords ... 359
8.2.1 Erstellen von DSA-Kampagnen ... 359
8.2.2 Präzisieren Sie die Reichweite durch Ausschlüsse ... 364
8.2.3 Verlieren Sie nicht den Überblick – was wird gesucht? ... 365
8.2.4 Möglichkeiten, Grenzen und Gefahren von Dynamic Search Ads ... 366
8.3 Google PLAs – die Google-Shopping-Anzeigen ... 367
8.3.1 Das Google Merchant Center ... 369
8.3.2 So erstellen Sie richtige Produkt-Feeds ... 370
8.3.3 Optimierung Ihres Produkt-Feeds ... 373
8.3.4 Google-Shopping-Anzeigen ... 374
8.3.5 Erstellen Sie Ihre Google-Shopping-Kampagne ... 375
8.3.6 Mit Produktgruppen Ihre Produkte optimal steuern ... 377
8.3.7 Werten Sie Ihre Shopping-Kampagnen aus ... 380
8.3.8 Wettbewerbsanalyse ... 381
8.4 Remarketing – holen Sie den Besucher zurück ... 382
8.4.1 Erstellen von Remarketing-Listen ... 383
8.4.2 Remarketing-Tag ... 385
8.4.3 Spezielle Remarketing-Listen ... 388
8.4.4 Remarketing im GDN ... 390
8.4.5 Benutzerdefinierte Kombinationen ... 392
8.4.6 Was ist dynamisches Remarketing? ... 393
8.4.7 Eine Kampagne mit dynamischem Remarketing – so geht es ... 395
8.4.8 RLSA – Remarketing funktioniert auch im Suchnetzwerk ... 397
8.4.9 Möglichkeiten des Remarketings für die Suche ... 400
8.5 Videokampagnen ... 401
8.5.1 YouTube-Konto mit AdWords verknüpfen ... 402
8.5.2 Videokampagne erstellen ... 404

8.5.3 Ausrichtung von Videoanzeigen 405
8.5.4 Video auswählen und Videoformate festlegen 406
8.5.5 Video-Overlay hinzufügen 408
8.5.6 Remarketing für Videoanzeigen 409
8.5.7 Auswertungen zur Videowerbung 413

8.6 +Post Ads – Google+ mit AdWords verbinden 415
8.6.1 Voraussetzungen und Einrichtung von +Post Ads 416
8.6.2 Ideen für sinnvolle +Post Ads 420

8.7 Checkliste 420

9 AdWords-Tools 423

9.1 Zusätzliche AdWords-Tools 423
9.1.1 Änderungsverlauf: Wer hat etwas im AdWords-Konto geändert? 424
9.1.2 Vorschläge zum Displaynetzwerk 427
9.1.3 Anzeigenvorschau- und Diagnosetool: die schnelle Anzeigen-Analyse 431

9.2 Conversions 435
9.2.1 Conversion-Suchtrichter 435
9.2.2 Wichtigste Conversions 437
9.2.3 Vorbereitende Klicks und Impressionen 437
9.2.4 Vorbereitete Conversions 437
9.2.5 Analyse »Erster Klick«/»Letzter Klick« 438
9.2.6 Top-Pfade 439
9.2.7 Zeitintervall 440
9.2.8 Pfadlänge 441
9.2.9 Welcher Klick zählt? Verschiedene Zuordnungsmodelle 442
9.2.10 Der spezielle Bericht »Zuordnungsmodellierung« 443

9.3 Der AdWords Editor – ein Offline-Tool 445
9.3.1 Starten des AdWords Editors 445
9.3.2 Besonderheiten des AdWords Editors 447
9.3.3 Stirbt der AdWords Editor? 454

9.4 Conversion Optimizer 454

9.5 Optimierungstool für Displaykampagnen 455

9.6 Website Optimizer 455

9.7 AdWords-Kampagnentests 456

9.8 Checkliste 456

10 Reporting und Conversion-Tracking 457

10.1 Messen Sie Ihren Erfolg mit Conversion-Tracking ... 458

10.2 Conversion-Tracking in AdWords einrichten ... 458

10.3 Weitere wichtige Kennzahlen ... 464

10.3.1 Wichtige Kennzahlen auf Kampagnenebene ... 464
10.3.2 Wichtige Kennzahlen auf Anzeigengruppenebene ... 466
10.3.3 Wichtige Kennzahlen auf Keyword-Ebene ... 469
10.3.4 Wichtige Kennzahlen auf Anzeigenebene ... 471

10.4 Gruppieren Sie Ihre Berichtsdaten mit Segmenten ... 473

10.5 Berichte erstellen ... 475

10.5.1 Download der Berichte ... 475
10.5.2 Auswahl der Berichtsformate ... 477
10.5.3 Sparen Sie Zeit mit automatisierten Berichten ... 478

10.6 Finden Sie spannende Infos unter »Dimensionen« ... 480

10.6.1 Statistiken zu Tag und Zeiten erstellen ... 480
10.6.2 Statistiken zu verschiedenen Orten und Regionen ... 481
10.6.3 Erstellen Sie einen Bericht zu bezahlten und organischen Keywords 482

10.7 Keyword-Bericht: der wichtigste Bericht im AdWords-Konto ... 483

10.7.1 Keywords ausschließen – negative Keywords nutzen! ... 484
10.7.2 So helfen Ihre Besucher mit neuen Keyword-Ideen ... 486

10.8 Checkliste ... 489

11 Google Analytics 491

11.1 Webanalyse mit Google Analytics ... 492

11.1.1 Einstieg in Google Analytics ... 493
11.1.2 Der Tracking-Code ... 498
11.1.3 Einstellungen im Analytics-Konto ... 500

11.2 Unbedingt beachten: Datenschutz und Analytics ... 502

11.2.1 Nutzungsbedingungen und Vorgaben ... 503
11.2.2 Änderungen im Tracking-Code ... 506
11.2.3 Deaktivierungsmöglichkeit des Trackings ... 507
11.2.4 Regelungen zur Auftragsdatenverarbeitung ... 507
11.2.5 Löschung von Altdaten ... 507
11.2.6 Finale Checkliste für deutsche Webseitenbetreiber ... 508

11.3 Die Analytics-Berichte im Überblick ... 508
11.3.1 Dashboards ... 509
11.3.2 Verknüpfungen ... 511
11.3.3 Radar-Ereignisse ... 511
11.3.4 Echtzeit ... 513
11.3.5 Zielgruppe ... 515
11.3.6 Akquisition ... 517
11.3.7 Verhalten ... 519
11.3.8 Conversions ... 520

11.4 AdWords und Analytics verknüpfen ... 521
11.4.1 Allgemeines zu AdWords-Traffic in Analytics ... 521
11.4.2 Automatische AdWords-Verknüpfung ... 522
11.4.3 Manuelles Tagging von Kampagnen ... 526

11.5 Conversions und Zielvorhaben: Erfolgsmessung Hand in Hand ... 530
11.5.1 Zielvorhaben in Analytics einrichten ... 530
11.5.2 E-Commerce-Tracking ... 535
11.5.3 Analytics-Zielvorhaben in AdWords importieren ... 536

11.6 AdWords-Berichte: Alles im Überblick ... 537
11.6.1 Konten ... 538
11.6.2 Kampagnen ... 538
11.6.3 Strukturkarten ... 540
11.6.4 Gebotsanpassungen ... 541
11.6.5 Keywords ... 542
11.6.6 Suchanfragen ... 543
11.6.7 Tageszeit ... 544
11.6.8 Ziel-URLs ... 544
11.6.9 Werbung im Displaynetzwerk ... 545
11.6.10 Placements ... 545
11.6.11 Keyword-Positionen ... 546
11.6.12 Videokampagnen ... 547
11.6.13 Shopping-Kampagnen ... 547

11.7 Individuelle Auswertungen ... 548
11.7.1 Filter ... 549
11.7.2 Segmente ... 549
11.7.3 Benutzerdefinierte Berichte ... 551

11.8 Multi-Channel-Trichter: das »große Ganze« ... 552

11.9 Landing-Pages verbessern mit Content-Tests ... 554
11.9.1 Über die Content-Tests ... 555
11.9.2 Content-Test erstellen ... 556

11.10 Alternativen zu Google Analytics 557
11.10.1 Piwik 559
11.10.2 etracker 559
11.10.3 econda 560
11.10.4 Webtrekk 560
11.10.5 Adobe Analytics (Omniture) 560

11.11 Die Analytics-App: Google Analytics mobil nutzen 561

12 AdWords optimieren 563

12.1 Erste Schritte nach Kampagnenstart 563
12.1.1 Abgelehnte Anzeigen oder Keywords 563
12.1.2 Positionen anpassen 564

12.2 Der Qualitätsfaktor spart bares Geld 566
12.2.1 Lassen Sie sich den Qualitätsfaktor im Konto anzeigen 567
12.2.2 Qualität aus Google-Sicht 569
12.2.3 Skepsis gegenüber dem Qualitätsfaktor 570

12.3 Optimierung Ihrer Keywords 571
12.3.1 Analyse der tatsächlichen Suchanfragen 571
12.3.2 Keyword-Optionen 575
12.3.3 Setzen Sie auf Longtail-Keywords 577
12.3.4 Gute Keywords – schlechte Keywords 577

12.4 Optimierung Ihrer Kampagnenstruktur 578
12.4.1 Anzeigengruppen in eigene Kampagne ausgliedern 579
12.4.2 Keywords in eigene Anzeigengruppen ausgliedern 579

12.5 Optimierung Ihrer Kampagneneinstellungen 580
12.5.1 Überprüfen Sie Ihre Werbenetzwerke 580
12.5.2 Passen Sie Ihre regionale Ausrichtung an 581
12.5.3 Grenzen Sie Ihre Ausspielung zeitlich ein 582
12.5.4 Aussteuerung der Geräte 584

12.6 Optimierung Ihrer Anzeigen 585
12.6.1 Lassen Sie mehrere Anzeigen gegeneinander laufen 585
12.6.2 Testen Sie verschiedene Verkaufsargumente 586

12.7 Optimierung durch Anzeigen mit Keyword-Platzhaltern 588
12.7.1 Keyword-Platzhalter für Textanzeigen 588
12.7.2 Der Keyword-Platzhalter-Code 589
12.7.3 Groß- und Kleinschreibung von Keyword-Platzhaltern 590

12.7.4 Vorteile von Keyword-Platzhaltern 590
12.7.5 Nachteile und Grenzen von Keyword-Platzhaltern 591
12.7.6 Tipps zum Einsatz von Keyword-Platzhaltern 592

12.8 Dynamische Anzeigentexte erstellen 594
12.8.1 Geschäftsdaten hochladen 594
12.8.2 Anzeigen mit Echtzeitaktualisierungen 599
12.8.3 Anzeigen mit Countdown-Funktion 601

12.9 Optimierung durch kreative Textanzeigen 602
12.9.1 Nutzen Sie Sonderzeichen 602
12.9.2 Abkürzungen als Blickfang nutzen 602
12.9.3 Setzen Sie Akzente 603
12.9.4 Zaubern Sie mit Zahlen in den Anzeigen 603
12.9.5 Zeigen Sie Ihren Preis 603
12.9.6 Übertreiben Sie einfach einmal 604
12.9.7 Nutzen Sie das Prinzip der Verknappung 604

12.10 Optimierung Ihrer Ziel-URLs 604
12.10.1 Überprüfen der Absprungrate 605
12.10.2 Zu allgemeine Zielseiten 605
12.10.3 Zu spezifische Zielseite 606

12.11 Anzeigenerweiterungen als Qualitätsmerkmal 606
12.11.1 Sitelinks als wichtige Anzeigenfaktoren 609
12.11.2 Dynamische Sitelinks – automatische Sitelinks 612
12.11.3 Erweiterung mit Zusatzinformationen 613
12.11.4 Standorterweiterung hinzufügen 615
12.11.5 Anruferweiterung hinzufügen 616
12.11.6 App-Erweiterung: Smartphone-User zum App-Store führen 620
12.11.7 Sterne in den Anzeigen: Verkäuferbewertungserweiterung 621
12.11.8 Bewertungserweiterungen 622

12.12 Optimierungen im Google Displaynetzwerk 624
12.12.1 Optimierung durch Ausschluss 625
12.12.2 Ausrichtungsoptimierung im GDN 626

12.13 Checkliste 627

13 Bearbeiten und Analysieren 629

13.1 Tricks, um Zeit zu sparen 629
13.1.1 Schnelle Bearbeitungsmöglichkeiten/Bulk-Edit 630
13.1.2 Richtig Sortieren und Filtern 633
13.1.3 Filter 635

13.1.4 Was verbirgt sich hinter den Spalten? ... 637

13.2 Nutzen Sie Labels ... 639

13.2.1 Labels erstellen und zuordnen ... 641

13.2.2 Labels verwalten und nutzen ... 642

13.3 AdWords arbeiten lassen – automatisierte Regeln ... 643

13.3.1 Regeln erstellen ... 644

13.3.2 Regeln zeitlich steuern ... 647

13.3.3 Regeln verwalten ... 648

13.3.4 Stärker als Regeln – AdWords-Skripte ... 650

13.3.5 Beispielskript für Ihr AdWords-Konto ... 651

13.3.6 Skripte verwalten ... 652

13.3.7 Zeitliche Steuerung der Skripte ... 653

13.4 Tiefergehende Kontoanalyse ... 654

13.4.1 Keyword-Diagnose ... 655

13.4.2 Kontoanalyse mit Auktionsdaten: Wo steht die Konkurrenz? ... 658

13.4.3 ACE-Kampagnentests ... 660

14 Das Kundencenter – MCC 667

14.1 Ein neues Kundenkonto im MCC erstellen ... 670

14.2 Bestehende Konten oder Kundencenter verknüpfen ... 672

14.3 Budgets im Kundencenter ... 674

14.4 Benachrichtigungen ... 676

14.5 Automatisieren – Zeit bei der Kundenverwaltung sparen ... 677

14.5.1 Automatisierte Regeln ... 678

14.5.2 Skripte ... 679

14.6 Conversions ... 682

14.7 Mit Labels arbeiten ... 683

14.8 Berichte im Kundencenter ... 686

15 Die größten AdWords-Fehler 689

15.1 Falsche Keyword-Vorgaben – Ego-Keywords ... 689

15.2 Werbeausrichtung ist zu allgemein ... 691

15.2.1 Zu allgemeine Keywords 691
15.2.2 Zu große Zielregion 691
15.2.3 Zu breite zeitliche Ausrichtung 692

15.3 Zu viele Keywords in einer Anzeigengruppe 693

15.4 Messen vergessen – AdWords im Blindflug 694

15.5 Das Ziel aus dem Blick verloren? 695

15.6 Falsche Zielvorgaben: Besucher statt Kunden 696

15.7 Thema verfehlt – die Wahl der richtigen Landing-Page 696

15.8 Ist Design wichtiger als Usability? 697

15.9 Checkliste zur Fehlervermeidung in AdWords 698

16 Wichtige Fragen und Antworten rund um Google AdWords 701

16.1 Was sind Google-Gutscheine und wie kann ich diese im Konto aktivieren? 701

16.2 Warum sehe ich meine Anzeigen nicht? 702

16.3 Wieso sehe ich Anzeigen mit unbekannten Zusatzinformationen? 703

16.4 Wie lande ich auf einer Top-Position? 704

16.5 Wieso ist mein Tagesbudget höher, als das von mir eingestellte Tagesbudget? 704

16.6 Wieso kann ich bestimmte Einstellungen, wie zum Beispiel den Werbezeitplaner oder das CPC-Gebot, nicht mehr ändern? 705

16.7 Impressionen sind geringer bei gleichen/besseren Klicks/Conversions – warum? 705

16.8 Was ist der Unterschied zwischen Anzeigenrang und Anzeigenposition? 706

16.9 Warum sehe ich keine AdWords-Daten in Analytics? 706

16.10 Warum sehe ich unterschiedliche Daten in AdWords und Analytics? 707

16.11 Wie kann man bestehende AdWords-Kampagnen in ein neues Konto übernehmen? 708

16.12 Wie kann ich mehrere AdWords-Konten mit einem Login verwalten? 708
16.13 Warum werden meine Anzeigen von Google abgelehnt? 709
16.14 Warum ist das Anfangsgebot so hoch, obwohl keine Konkurrenz vorhanden ist? 709
16.15 Wie erhalte ich eine AdWords-Zertifizierung? 710
16.16 Wie werde ich Google-Partner? 710

17 Die Zukunft von AdWords – wie geht es weiter? 713

17.1 Mobile Nutzung steigt 713
17.2 Bilder in den Textanzeigen 714
17.3 Weitere Features in Textanzeigen 715
17.4 Vertrauen in die Werbung – Bewertungen 716
17.5 Vergleichsportale in AdWords 716
17.6 Dynamische und personalisierte Anzeigen 718
17.7 Verschmelzung von Suchmaschinen- und Social-Media-Marketing 718
17.8 Video-Ads 719
17.9 Fernsehwerbung 719

18 Was ist was? Buttons, Symbole und mehr im AdWords-Konto 721

18.1 Benachrichtigungen zu AdWords 721
18.2 Auf den aktuellen Zeitraum achten 722
18.3 Filter: Alle – Alle aktivierten – Alle außer gelöschte 723
18.4 Die Suchfunktion im AdWords-Konto 724
18.5 Spalten aktivieren und sortieren 726
18.6 Wichtige Funktionen und Tools 727
18.6.1 Die Dropdown-Listen 727
18.6.2 Etwas »Neues« anlegen – so geht´s 728

18.6.3 Funktion der Checkboxen im AdWords-Konto 729
18.6.4 Der Stift zur Bearbeitung 731
18.6.5 Pluszeichen 731
18.6.6 Sprechblasen mit Zusatzinformation im AdWords-Konto 732
18.6.7 Fragezeichen – versteckte Informationen finden 733
18.6.8 Glühbirnen – Google-Vorschläge 733
18.6.9 Doppelpfeil mit unterschiedlichen Bedeutungen 733
18.6.10 Verlinkung und Bearbeitung 735
18.6.11 Symbole: Pausieren, Löschen – Gelöscht 735
18.6.12 Erweiterung der Unterregister/Tabs 736
18.6.13 Icons für verschiedene Kampagnentypen 736
18.6.14 Die Funktion des Zahnrades 737

18.7 Was bewirken Segmente? 737

18.8 Grafiken – der schnelle AdWords-Überblick 738

18.8.1 Daten als Grafik anzeigen 739
18.8.2 Die Infografik bearbeiten 739

18.9 Zeiträume vergleichen 740

Glossar: Wichtige Begriffe im AdWords-Programm 745

Index 749

Geleitwort der Fachgutachterin

Google AdWords gehört zu den effektivsten und effizientesten Werbemöglichkeiten überhaupt und ist heutzutage ein wesentlicher Bestandteil eines erfolgreichen Marketing-Mixes. Kein Wunder, denn in kaum einem anderen Medium kann man potenzielle Kunden so gezielt ansprechen, kaum eines kann so geringe Streuverluste aufweisen. Richtig eingesetzt ist Google AdWords ein mächtiges Tool, mit dem Sie für Ihr Unternehmen enorme Sichtbarkeit erzielen und dabei gleichzeitig Ihre Investition exakt messen können.

Zugegeben: Das Eröffnen eines AdWords-Kontos und das Anlegen einer Kampagne erscheint auf den ersten Blick nicht besonders schwierig. Doch steckt, wie so oft, auch hier der Teufel im Detail. Aufgrund der Komplexität des Tools und der hohen Konkurrenz in diesem Bereich birgt es auch Risiken, denn ohne Wissen ist wertvolles Werbebudget schnell verbrannt. Wer sich also bei Google AdWords vom Mitbewerb abheben und seine Kampagnen erfolgreich und gewinnbringend einsetzen möchte, braucht umfassendes Know-how und eine Strategie – und genau hier setzt dieses Buch an.

Von der Planung und dem effektiven Kampagnenaufbau anhand vorab definierter Werbeziele über eine profitable Keyword-Auswahl bis hin zur Erfolgsmessung mit Hilfe von Conversion-Tracking und Google Analytics zeigen die Autoren Guido Pelzer, Thomas Sommeregger und Ricarda Linnenbrink, wie Sie Google AdWords als wertvolles Marketing-Instrument für Ihre Werbeaktivitäten einsetzen und die vielfältigen Tools effektiv nutzen.

Das Buch überzeugt vor allem durch seinen didaktischen Aufbau. Es führt den Leser Schritt für Schritt und sehr praxisnah durch das mächtige Werbesystem. Mittels detaillierter Anleitungen, hilfreicher Checklisten und wertvoller Optimierungstipps wird das komplexe Thema auch für den Laien verständlich und greifbar gemacht.

Dem Autorentrio ist es gelungen, ein umfassendes und kompetentes Kompendium vorzulegen, das nicht nur für Einsteiger wertvoll ist, sondern auch erfahrenen Praktikern, die auf dem neuesten Stand werben wollen, interessante Inputs liefert. Als Leser profitieren Sie dabei vor allem vom gebündelten Fachwissen von Experten mit jahrelanger Praxiserfahrung und können so die erfolgserprobten Lösungsvorschläge direkt für Ihre Projekte anwenden.

Viel Spaß bei der Lektüre und viel Erfolg bei Ihren Kampagnen wünscht Ihnen

Katia Meleady
Leitung SEA & Performance Traffic
e-dialog

Vorwort

Wir möchten Ihnen zu Beginn ein paar einleitende Gedanken und Informationen zu unserem Buch mit auf den Weg geben. Erfahren Sie, warum wir dieses Buch geschrieben haben, und wie Sie dieses Buch am besten einsetzen können. So ziehen Sie einen möglichst großen Nutzen aus den Informationen.

Google AdWords – warum dieses Buch?

Sie halten nun dieses Buch in Ihren Händen, weil Sie wahrscheinlich schon mit Google AdWords arbeiten oder aber zumindest davon gehört haben. AdWords ist das Werbeprogramm der Suchmaschine Google, und Google ist eines der ersten Unternehmen, die genannt werden, wenn der Begriff *Internet* fällt. Ob in der Schule, im Studium, auf der Arbeit oder zuhause bei der Suche nach Geschenkideen, der Urlaubsplanung und so weiter – es wird gegoogelt. Vor mittlerweile fünfzehn Jahren stellte die Suchmaschine Google mit AdWords ihr simples und gleichzeitig geniales Werbeprogramm vor. Werbeeinblendungen werden dabei passend zur Suchanfrage ausgeliefert. Die Vermarktung der AdWords-Werbung ist bis heute immer noch die Haupteinnahmequelle für Google. Auf der anderen Seite ist AdWords jedoch auch ein wichtiger Baustein im Online-Marketing jedes Unternehmens, da über diesen Kanal viel Traffic auf die beworbenen Webseiten gelenkt wird und Produkte und Dienstleistungen einfach vermarktet werden können. Nach 15 Jahren hat Google AdWords nun seine Kinderjahre hinter sich und ist heute zum »Teenager« herangereift. Warum sollten wir aber ein Buch über diesen »Teenager« schreiben? Wurde das Grundprinzip nicht bereits vielfach erklärt? Werden nicht ohnehin alle Fragen in der umfangreichen, aktuellen Online-Hilfe beantwortet? Gibt es nicht eine Vielzahl weiterer Ressourcen wie Webseiten und Blogs, die dazu zur Verfügung stehen?

Unser Argument ist ganz einfach: Genau wie bei uns Menschen ist das Teenager-Alter ein höchst spannender und dynamischer Zeitabschnitt, geprägt von entscheidenden Veränderungen. Die aktuellen AdWords-Möglichkeiten, die kaum noch etwas mit der Anfangszeit zu tun haben, sind ebenfalls spannend und für alle Werbenden sehr interessant. Neben den AdWords-Grundlagen zeigt das Buch also auch die weiterentwickelten, aktuellen Möglichkeiten des Suchmaschinemarketings mit AdWords auf. Außerdem konnten auch wir uns in den fast 15 Jahren mit Google AdWords ebenfalls weiterentwickeln. Wir haben in dieser Zeit viele Dinge in der Praxis getestet und aus den Ergebnissen gelernt. Anders als in der Google Online-Hilfe vermittelt dieses Buch Praxiswissen und Tipps, die nicht immer der offiziellen Google-Meinung folgen, sich aber als erfolgreiche Vorgehensweisen herausgestellt haben.

Der Leser – für wen ist dieses AdWords-Buch?

Als zukünftiger Leser dieses Buches gehen Sie davon aus, hier *alles* zu Google AdWords zu erfahren. Wir müssen jedoch vorwegschicken, dass AdWords sich laufend weiterentwickelt. Ein AdWords-Buch kann daher nicht immer brandaktuell sein. Dies haben wir auch bei der Arbeit erfahren müssen und während des Schreibens bis kurz vor Schluss noch aktuellste AdWords-Neuerungen eingebaut. Von den Grundlagen bis zu den speziellen AdWords-Kampagnen werden Sie in diesem Buch vieles erfahren, lesen und lernen. Viel wichtiger ist jedoch, dass Sie das Erlernte in der Praxis anwenden. Wir zeigen Ihnen verschiedene Möglichkeiten und geben Ihnen als Leser Praxistipps mit auf den Weg, die Sie dann auf Ihre Dienstleistung, Ihre Produkte oder Ihr Unternehmen anwenden müssen.

Bei der Gestaltung des Buches haben wir vor allem an folgende Gruppen gedacht:

- **Webmaster/Website-Betreiber**: Sie haben eine Website, aber noch keine bzw. zu wenige Besucher? Perfekt! Denn mit einfachen Google-AdWords-Kampagnen können Sie schnell und effizient gezielten Besucherverkehr auf Ihre Website lenken. Wie das geht, lernen Sie vor allem im ersten Drittel des Buches.
- **(Online-)Marketer, Marketingplaner**: Sie haben Kampagnenbudgets zur Verfügung und wollen Google AdWords in Ihren Marketingplänen berücksichtigen? Unabhängig davon, ob Sie persönlich für die unmittelbare Kampagnenschaltung verantwortlich sind oder Dritte (externe Teams, Partner oder Agenturen) damit beauftragen: Ein umfangreiches Fachwissen ist in beiden Fällen unerlässlich. Beginnend bei den Grundlagen – und hier vor allem bei den strategischen Überlegungen – lernen Sie, wie Google AdWords optimal in den Marketingmix integriert werden kann. Ob es dann rein textorientierte Suchkampagnen sind, Banner-Schaltungen im Google Displaynetzwerk oder erweiterte Videokampagnen auf YouTube: Sie erhalten in diesem Buch einen umfassenden Überblick, um optimal bewerten zu können, welche Rolle Google AdWords in Ihrem Marketingplan spielen muss.
- **Search Engine Marketer**: Sie haben bereits erste praktische Erfahrungen mit Google AdWords gemacht? Auch dann kann Ihnen dieses Buch weiterhelfen! Vertiefen Sie Ihr Wissen, um Ihre Kampagnen noch besser zu machen. Es spielt hier keine Rolle, ob Ihre bisherige Erfahrung nur wenige Euro Budgetausgaben oder aber bereits tausende von erzielten Klicks umfasst. Schauen Sie sich vor allem die Tipps zur Analyse und Optimierung sowie die speziellen AdWords-Kampagnen an. Optimieren Sie Ihr Fachwissen und damit auch Ihre Kampagnen!
- **(Klein-)Unternehmer/Existenzgründer**: Sie haben eine neue Geschäftsidee und möchten diese am Markt auf ihre Praxistauglichkeit untersuchen? Hierfür ist Google AdWords ein sehr geeignetes Instrument: Nutzen Sie es zunächst weniger als »Werbemaßnahme«, denn als Marktforschungs- und Vertriebsinstrument! Wie

viele potenzielle Interessenten an einem Produkt gibt es? Es spielt bei Google AdWords keine Rolle, ob Sie die Zielgruppe für Ihre neue Unternehmung in der unmittelbaren Nähe Ihres Standortes oder aber auch in – vermeintlich exotischen – Regionen wie z. B. Südafrika finden möchten. Lernen Sie mit Hilfe dieses Buches, wie Sie Google-AdWords-Kampagnen als internationale »Testballons« aufsetzen können, um wertvolle Details über Quantität und Qualität Ihrer potenziellen Kunden- und Zielgruppen herauszufinden. Nach der Testphase und einem erfolgreichen Start Ihres Unternehmens können Sie AdWords in Ihren Marketingplan aufnehmen und auch spezielle AdWords-Werbekampagnen aufsetzen.

Bei den meisten Lesern dieses Buches müssen wir davon ausgehen, dass sie kein gänzlich unbeschriebenes Blatt sind, was die Materie (Online-)Marketing betrifft. Vorkenntnisse in folgenden Bereichen sind zwar nicht zwingend notwendig, aber beim Thema AdWords auf jeden Fall von Vorteil.

- **Basiskenntnisse Internet**: Sie sollten beispielsweise wissen, was eine Website, ein Browser oder eine URL ist. Für die Arbeit mit Google AdWords müssen Sie nicht zwingend Kenntnisse oder Erfahrung in der Erstellung bzw. Wartung und Bearbeitung von Websites haben. Es ist jedoch sehr vorteilhaft, wenn Sie kleine Änderungen auf Ihren in den AdWords-Kampagnen verwendeten Websites selbst durchführen können.
- **Basiskenntnisse Marketing**: Auch wenn der strategische Part in diesem Buch einige allgemeingültige Marketingthemen beinhalten bzw. zumindest anschneiden wird, ist es von Vorteil, wenn Sie zum Beispiel vom *AIDA-Modell* oder der Berechnung des *Return On Investment (ROI)* bereits im Vorfeld gehört haben.

Das Buch – was lernen Sie?

In diesem Buch werden wir mit Ihnen, ganz egal, ob Sie Google-AdWords-Neuling oder bereits fortgeschrittener Anwender sind, eine Fülle an Hinweisen, Strategien und Erfahrungen teilen. Das »Tun« steht dabei im Vordergrund. Der Großteil der Inhalte ist darauf ausgelegt, dass Sie bei bestehenden oder neuen Google-AdWords-Kampagnen aktiv »Hand anlegen«. Selbst wenn Sie vorhaben, das Buch abseits von Ihrem Computerarbeitsplatz und AdWords-Account zu lesen, sollten Sie sich bereits nach wenigen Seiten dabei »ertappen«, das Erlernte unmittelbar ausprobieren zu wollen.

Wir wünschen Ihnen an dieser Stelle, dass Sie dieses Buch gleichermaßen als Informations- und Inspirationsquelle für erfolgreiche Google-AdWords-Kampagnen nutzen können. Der praktische *Return on Investment (ROI)* dieses Buches wird für Sie umso höher ausfallen, je detaillierter und umfangreicher Sie die Funktionen von Google AdWords aktiv anwenden.

Machen Sie sich eines der erfolgreichsten Werbeprogramme der Gegenwart zunutze, um mit Ihrer Dienstleistung, Ihrem Produkt bzw. Ihrem Unternehmen selbst erfolgreich zu werden!

Der Aufbau des Buches – wie sollten Sie es lesen?

Sie können dieses Buch vom Einstieg in das Suchmaschinenmarketing (»Suchmaschinenmarketing (SEM) & Google«, Kapitel 1) bis hin zur Analyse des AdWords-Kontos (»Bearbeiten und Analysieren«, Kapitel 13) durchlesen, um einen umfassenden Einblick in das Thema Google AdWords zu erhalten. Im ersten Teil des Buches geht es vor allem um die Grundlagen des Suchmaschinenmarketings und des Google-AdWords-Programms. Beim Einstieg in Google AdWords haben wir besonderen Wert auf die Themen Keyword-Recherche und Conversion-Tracking gelegt, weil diese in der Praxis oft vernachlässigt werden, aber einen entscheidenden Anteil am Erfolg der AdWords-Werbung haben. Zum Einstieg in die AdWords-Welt gehört auch die Beschreibung, wie eine erste Kampagne aufgesetzt wird und wie man sich schneller in dem teilweise unübersichtlich gestalteten AdWords-Backend zurechtfindet.

Falls Sie die Grundlagen schon beherrschen, erhalten Sie ab Kapitel 6 einen Einblick in die speziellen Themen der AdWords-Werbung, zum Beispiel:

1. Das umfangreiche Google Displaynetzwerk inklusive Googles hauseigenem Videoportal YouTube, wo Sie Ihre potenziellen Website-Besucher und Kunden zusätzlich mit intelligenten Bewegtbildkampagnen erreichen können.
2. Tipps und Hinweise zu den mobilen Werbemöglichkeiten, um die nach wie vor stark wachsende Anzahl an Nutzern auf Endgeräten wie Smartphones und Tablets gezielt anzusprechen.
3. Eine Einführung in die besonderen Möglichkeiten der Google Shopping-Kampagnen mit Tipps zu den Datenfeeds und Hinweisen zum Benchmarking.

Ab Kapitel 14 finden Sie spezielle Informationen zu unterschiedlichen Themen, wie zum Beispiel die Beschreibung eines AdWords-Verwaltungskontos (MCC), welches speziell für Agenturen gedacht ist, oder auch das Kapitel mit den Antworten zu häufig gestellten AdWords-Fragen.

In Kapitel 18 werden verschieden Icons und Bearbeitungskonzepte vorgestellt, die Sie oft im AdWords-Programm finden und die Ihnen Ihre Arbeit erleichtern. Da wir davon ausgehen müssen, dass Google auch zukünftig neue Elemente hinzufügt, erhalten Sie hier Hinweise zu den Prinzipien der Bedienung, die auch auf neue Funktionen angewendet werden können. In unserem Glossar können Sie noch einmal die wichtigsten Begriffe nachschlagen, die im Zusammenhang mit dem AdWords-Programm auftauchen.

Sie können also das vorliegende Buch auch stets als Nachschlagewerk nutzen, wenn Sie eine bestimmte Fragestellung haben oder eine neue Werbekampagne aufsetzen möchten. Neben dem Inhaltsverzeichnis hilft Ihnen hier auch der umfangreiche Index in diesem Buch.

Zum Schluss noch ein Hinweis zu den Beispielen und Screenshots. Für unsere Beispiele haben wir nicht eine Firma, eine bestimmte Branche oder ein Produkt genommen, sondern verschiedene Produkte und Dienstleistungen aus allen Branchen genutzt, so dass vom lokalen Geschäft über den Dienstleistungssektor bis hin zu Online-Webshops Beispiele aus ganz unterschiedlichen Unternehmensgrößen und Geschäftsmodellen auftauchen. Da es kein Google-AdWords-Konto mit Testdaten gibt, haben wir Screenshots aus echten AdWords-Konten genommen, die wir dann verändert oder anonymisiert haben.

Danke

Wir bedanken uns bei sämtlichen Arbeitgebern, Kunden, Kollegen und Partnern, die uns mit ihren anspruchsvollen Zielsetzungen, herausfordernden Briefings und kniffligen Detailfragen die Möglichkeit gegeben haben, immer weiter in die Tiefen des AdWords-Universums einzutauchen. Außerdem bedanken wir uns bei dem Team vom Rheinwerk Verlag und den Lektoren, die unser Buchprojekt begleitet und mit Ihren Anmerkungen und Tipps stets optimiert haben.

Last but not least gilt unser Dank allen Menschen, die uns im Rahmen dieses Buchprojektes unterstützt und unaufhörlich mit Motivation und Energie gestärkt haben. Dies gilt vor allem für unsere Familien und Freunde, die manche Abende und Wochenenden auf uns verzichten mussten.

Nun aber lassen Sie uns gemeinsam loslegen: Wir wünschen Ihnen viel Freude beim Lesen und Anwenden dieses Buches sowie viel Erfolg mit Google AdWords!

Kapitel 1
Suchmaschinenmarketing (SEM) & Google

Die Google-Suche hat unser Leben verändert. Es ist ganz selbstverständlich, Informationen, Anleitungen, Tipps, Dienstleistungen und Produkte im Internet zu suchen. Wir googeln und finden schnell die passenden Informationen. Zukünftig wird uns Google sogar Antworten liefern, bevor wir selber wissen, was wir suchen!

In diesem ersten Kapitel erfahren Sie zunächst grundlegende Dinge zum Thema Suchmaschinen und Marketing. Wir beleuchten dabei, was und wie gesucht wird, sowie die Rolle, die Google in diesem Zusammenhang spielt. Sie lernen außerdem die grundlegende Funktionsweise und die Möglichkeiten des Werbeprogramms Google AdWords kennen. Diese Vorkenntnisse sind wichtige Grundlagen, um später die richtigen Entscheidungen für Ihre Suchmaschinenmarketing-Strategie zu treffen.

Suchmaschinenmarketing beschreibt die Möglichkeit, mit Hilfe einer Suchmaschine im Internet interessierte, potenzielle Kunden auf die eigene Website zu leiten. In einem zweiten Schritt sollten dann die Besucher auf der eigenen Webseite in Interessenten oder noch besser in Kunden umgewandelt werden. Marketing mit Hilfe einer Suchmaschine ist aus folgenden zwei Gründen das wichtigste Onlinemarketing-Instrument geworden. Zum einen beginnen fast alle Internetaktivitäten auf der Startseite einer Suchmaschine, und zum anderen sind die Webseitenbesucher, die über eine Suchmaschine Ihre Webseite erreichen, sehr interessierte und engagierte Besucher. Diese Besucher haben nämlich zuvor aktiv nach Begriffen gesucht, die mit Ihren Produkten, Dienstleistungen oder Ihrer Marke in Verbindung stehen.

Diese aktive Suche unterscheidet sich ganz grundlegend von der passiven Aufnahme einer Werbebotschaft, wie wir sie von Plakatwänden, Zeitschriften oder auch aus der Radio- und Fernsehwerbung kennen. In diesen Medien kommt die Werbung nämlich eher zufällig daher und muss erst um Aufmerksamkeit kämpfen. Wenn Sie gerade kein Kleinkind haben, so sind Sie garantiert nicht an einer Werbung zu Babywindeln interessiert – da kann diese noch so gut sein! Falls Sie jedoch »Ferienhaus Toskana mieten« in eine Suchmaschine eingegeben haben, so ist ein gesteigertes Interesse an einem Urlaub in einem Ferienhaus in der Toskana zu vermuten.

Das Suchmaschinenmarketing oder auch Search Engine Marketing kurz SEM wird sehr oft in Verbindung mit der Suchmaschine Google genannt, weil Google, zumindest in der westlichen Welt, die mit Abstand meist genutzte Suchmaschine ist. Dieses Grundlagenbuch beschäftigt sich daher nicht zufällig mit Google AdWords, dem Werbeprogramm der Google-Suchmaschine. Falls das Suchmaschinenmarketing für Sie eine interessante Werbestrategie ist, so kommen Sie an Google AdWords nicht vorbei.

1.1 Warum benötigen wir Suchmaschinen?

Suchmaschinen helfen, wie der Name es schon andeutet, bei der Suche nach Informationen im Internet. Da die Informationsflut im World Wide Web immer stärker ansteigt, werden Suchmaschinen ebenfalls immer wichtiger.

Die folgenden Kennzahlen belegen die zunehmenden Daten- und damit Informationsmengen im Internet sowie die steigende Anzahl der Domains. Aktuell, mit Stand November 2014, sind alleine unter der deutschen TLD (Top-Level-Domain) DE beinahe 16 Millionen Websites angemeldet. Die aktuelle Zahl der registrierten DE-Domains erfahren Sie übrigens bei der DENIC (Deutsches Network Information Center) unter *http://www.denic.de*.

Weltweit waren im Jahr 2013 ca. 250 Millionen Top-Level-Domains registriert. Nun hat nicht jede Top-Level-Domain auch Inhalte in Form von eigenen Unterseiten. Viele Domains werden nur zum Schutz der eigenen Marke oder als Domain für einzelne Produkte registriert, aber nicht genutzt. In anderen Fällen werden einprägsame Namen registriert, um diese dann auf eine andere Domain weiterzuleiten. Auf der anderen Seite gehören jedoch zu einer Domain, die Inhalte besitzt, auch mehrere Unterseiten. Eine Site-Abfrage bei Google zu wikipedia.org (*https://www.google.de/#q=site:wikipedia.org*) liefert z. B. allein für diese Domain ca. 30 Millionen Treffer, sprich sie besitzt ca. 30 Millionen Unterseiten, die alle einzelne Ergebnisse bei der Google-Suche darstellen können.

Abbildung 1.1 Google-Site-Abfrage zu Wikipedia

Der Informationsgehalt im Internet ist also immens hoch. Dies wird beispielsweise deutlich, wenn Sie eine Suchanfrage zu einem sehr allgemeinen Keyword, z. B. *Sonnenbrillen*, im Internet durchführen (siehe Abbildung 1.2). Oberhalb der Suchergebnisse liefert Google eine ungefähre Anzahl der einzelnen Webseiten, die zu dem eingegebenen Suchbegriff gefunden wurden. Unser Test liefert etwa 4 Millionen Webseiten, PDF-Dokumente oder andere Dokumente (Word-, PowerPoint-, Excel-Dokumente etc.), die zum Begriff *Sonnenbrillen* gefunden wurden.

Abbildung 1.2 Google zeigt die ungefähre Anzahl der Suchergebnisse an.

Ob es wirklich 3,98 Millionen Seiten sind, können wir natürlich nicht nachvollziehen – aber allein diese ungefähre Zahl von 4 Millionen Google-Treffern zu einem einzelnen Suchbegriff vermittelt einen Eindruck davon, welche Datenmengen im Internet auffindbar und demzufolge vorher von der Suchmaschine Google in einer Datenbank registriert worden sind. Doch letztlich sind die 4 Millionen Seiten für einen Nutzer auch uninteressant. Denn in den meisten Fällen werden nur die ersten 30 Treffer, sprich die ersten drei Seiten der Google-Ergebnisse, angeschaut. Suchmaschinennutzer gehen davon aus, dass am Anfang der Ergebnisliste die besten Treffer versammelt sind. Die Treffer nach der dritten Seite sind daher meistens uninteressant und werden kaum noch beachtet. Ein weiterer Vorteil der Suchmaschinen besteht für die Nutzer also darin, dass Informationen bereits vorgefiltert und sortiert werden, so dass die vermeintlich besten Ergebnisse direkt zu Beginn angezeigt werden. Somit sparen Suchmaschinennutzer jede Menge Zeit und tauchen in den meisten Fällen auch nicht tiefer in die weiteren Ergebnisseiten ein, sondern sind mit den ersten Treffern zufrieden. Falls dort nichts gefunden wird, werden eher die Suchanfragen verändert, anstatt die Ergebnisseiten vier und folgende anzusehen.

Nicht nur die Anzahl der registrierten Domains und der Suchtreffer beeindrucken. Wir haben noch weitere Kennzahlen zusammengetragen, die zeigen, welche riesigen Informationsmengen im Internet zu finden sind. So wurden im Jahr 2013 beispielsweise laut *http://de.statista.com* jede Minute 72 Stunden Videomaterial auf YouTube hochgeladen, im Jahr 2014 sollen es bereits 100 Stunden pro Minute sein. Folgende weitere Dinge geschehen darüber hinaus innerhalb einer Minute im Internet[1]:

- Es werden ca. 350 neue Blogbeiträge mit WordPress erstellt
- Es werden ca. 3.600 neue Fotos bei Instagram hochgeladen
- Es werden ca. 280.000 neue Tweets bei Twitter geschrieben

Bei so vielen Informationen benötigt der Internetnutzer auf jeden Fall entsprechende Hilfestellungen: Suchmaschinen zeigen schnell jeweils die passenden Infor-

1 Quelle: *http://blog.qmee.com/qmee-online-in-60-seconds*.

mationen zu den eigegebenen Keywords. Zukünftig werden sich die Suchmaschinen daher noch stärker an der aktuellen Situation des Suchenden orientieren. Anfragen mit lokalem Interesse enthalten dann verstärkt Hinweise zu Geschäften vor Ort inklusive einer Wegbeschreibung zu einem nahegelegenen Standort. Außerdem lernt die Suchmaschine aus dem Suchverhalten. Falls Sie zum Beispiel über den Routenplaner eine bestimmte Wegstrecke gesucht haben und danach die Frage stellen »Wie wird das Wetter?«, so erhalten Sie Wetterauskünfte, die sich nicht auf Ihren Standort, sondern auf die gesuchte Zielregion beziehen. Die aktuellen, und noch stärker die zukünftigen Funktionen zementieren die Bedeutung der Suchmaschine als Startpunkt jeder Art von Webrecherche. Die gewaltigen Informationsmengen des Internets werden nur durch eine Suchmaschine einigermaßen beherrschbar.

1.1.1 Wer sucht im Internet?

Auf die simple Frage: »Wer sucht im Internet?«, passt die einfache Antwort: »Alle!« Die Nutzung des Internets hat mittlerweile fast alle Altersgruppen durchdrungen. So sind beispielsweise in der Altersgruppe der zehn- bis vierzigjährigen Einwohner in Deutschland über 95 Prozent im Internet aktiv.

Die folgende Grafik aus einer Studie der Arbeitsgemeinschaft Online Forschung e.V. (AGOF) zeigt, dass erst ab der Altersgruppe der 60-jährigen die Internetnutzung auf einen Anteil von unter 50 Prozent fällt.

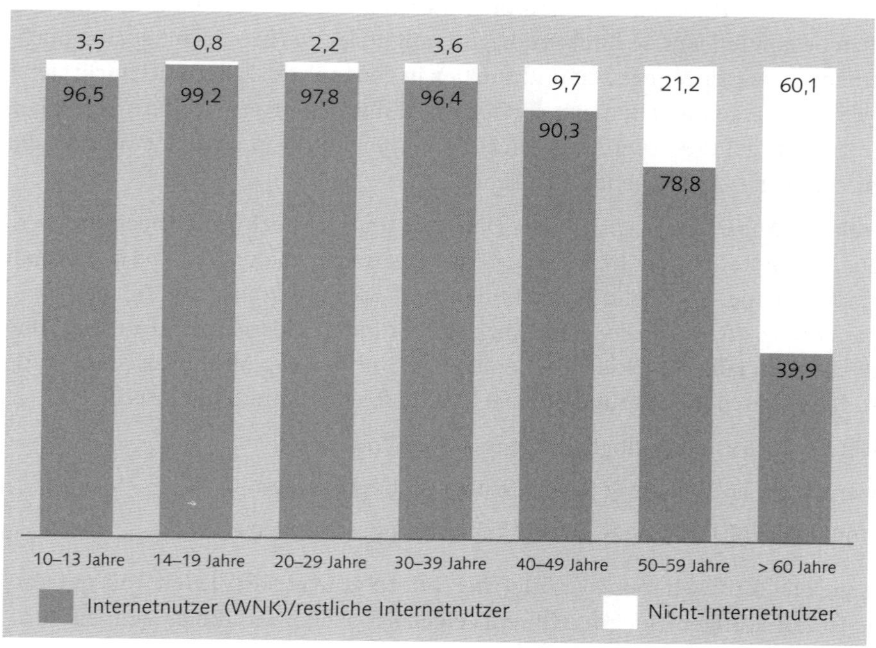

Abbildung 1.3 AGOF-Studie zur Online-Penetration nach Altersgruppen

Internetnutzung bedeutet gleichzeitig auch Suchmaschinennutzung! Eine zweite Grafik der AGOF-Studie vom März 2014 zeigt, dass neben der Nutzung von E-Mails und dem Shoppen im Internet vor allem der Aufruf einer Suchmaschine zu den häufigsten Aktivitäten zählt. Laut dieser Studie nutzen ca. 86 Prozent der Onliner eine Suchmaschine. Diese werden vor allem als Einstieg in eine Internet-Session genutzt, wobei zunächst meistens Informationen, Produkte oder Dienstleistungen gesucht werden.

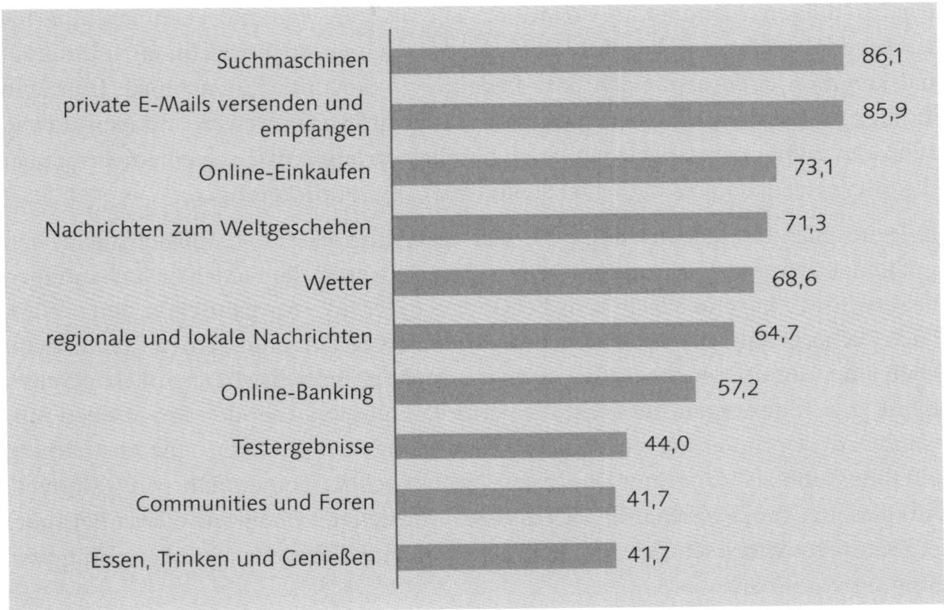

Abbildung 1.4 AGOF-Studie zu den thematischen Schwerpunkten der Internetnutzung (Top-10-Darstellung)

1.1.2 Wie viele Suchmaschinen gibt es?

Unsere Lieblingsfrage zu Beginn eines jeden Vortrags lautet: »Wie viele Suchmaschinen gibt es?« Die Antworten variieren zwischen einer Handvoll an Suchmaschinen und hunderten von unterschiedlichen Suchanbietern. Wir geben zu, dass wir nie alle Suchmaschinen wirklich gezählt haben. Wir können adhoc auch keine wissenschaftliche Untersuchung nennen, die wirklich alle Suchmaschinen des Internets auflistet. Daher lässt sich die Anzahl letztlich nicht genau beziffern.

Manchmal kommt jedoch auch folgende Antwort aus dem Auditorium: »Es gibt nur eine Suchmaschine!« Damit nähern wir uns der Lösung, auf die wir hinauswollten. Suchmaschinen, die für das Thema Suchmaschinenmarketing und Werbung interessant sind, gibt es wirklich nur wenige. Natürlich bezieht sich Suchmaschinenmarketing auf alle Suchmaschinen! Faktisch gibt es in Europa und vor allem in Deutschland jedoch nur drei Anbieter, die aus Marketingsicht interessant sind, weil diese drei Suchmaschinen ca. 99 Prozent der täglichen Suchanfragen abdecken.

Diese drei Big Player sind:

- Google
- Yahoo
- Bing (die Microsoft -Suchmaschine)

Da Microsoft und Yahoo eng zusammenarbeiten, kann man diese zwei historisch eigenständigen Suchmaschinen mittlerweile als eine vereinte Suchmaschine betrachten. Also gibt es in Deutschland nur zwei wichtige Suchmaschinen. International kommen außerdem noch zwei bedeutende Suchmaschinen hinzu. Hier sind Yandex für Russland und Baidu, die in China den größten Anteil an Anfragen aufweisen kann, zu nennen. Google hatte sich nämlich im Jahr 2010 nach einem Streit über die Internetzensur der staatlichen Stellen aus China zurückgezogen.

In Deutschland ist jedoch Google die wichtigste Suchmaschine, weil der Gigant hier gut über 90 Prozent (die Angaben schwanken ein wenig) der täglichen Suchanfragen beantwortet. Eine gute Platzierung bei Google, sei es in den organischen, den natürlichen Suchergebnissen, oder in den bezahlten Werbeeinblendungen, ist für alle Branchen und Unternehmensgrößen immens wichtig. Betriebswirtschaftlich gesehen lohnt es sich deswegen, zunächst die ganze Energie, Zeit und den finanziellen Aufwand in die Optimierung einer Google-Platzierung zu investieren. Eine Ausrichtung auf Bing/Yahoo ist somit nur als Ergänzung des Suchmaschinenmarketings sinnvoll. Aus diesem Grunde beschäftigt sich dieses Buch auch mit Google AdWords. Bei anderen Kräfteverhältnissen läge nun ein Fachbuch zum Thema Yahoo Advertising bzw. bing ads vor Ihnen.

1.1.3 Vormachtstellung von Google

Da Google der Vorreiter bei den Suchmaschinen ist, wirkt sich dies auch auf die Analyse-Tools aus. Die Recherche nach Begriffen und die Analyse von Suchtrends führen unweigerlich zu Tools der Firma Google, weil sie in diesem Bereich die beste Expertise und die größten Datenbanken besitzt.

Die Suchmaschine Google bietet also als Schnittstelle zwischen den Suchenden im Internet und der gigantischen Menge an Informationen auf Webseiten eine hervorragende Möglichkeit, um die eigene Webseite den Internetnutzern zu präsentieren. Der große Vorteil des so genannten Suchmaschinenmarketings bezieht sich dabei auf die Tatsache, dass Suchmaschinen qualifizierte Besucher auf die eigene Webseite lenken können. Die Besucher sind insofern qualifiziert, weil diese Gruppe über die Eingabe in das Suchfeld bereits geäußert hat, welche Informationen oder Produkte sie benötigt.

Sicher haben Sie selber schon vielfach die Google-Suche genutzt und einen Suchbegriff bzw. eine Kombination von Suchbegriffen in das Google-Suchfeld eingegeben, und dann [↵] auf Ihrer Tastatur gedrückt bzw. mit der Maus auf den blauen Button mit der Lupe geklickt. Danach wurde im Browser eine Google-Suchergebnisseite, die Search Engine Result Page oder abgekürzt SERP bereitgestellt (siehe Abbildung 1.5).

Diese Google-Suchergebnisseite besteht grundsätzlich aus zwei »Ergebnisblöcken«:

- den organischen, nach Relevanz sortierten Ergebnissen aus den Google-Datenbanken
- den bezahlten, in Bezug auf Qualität sortierten Ergebnissen aus dem Google-Werbeprogramm

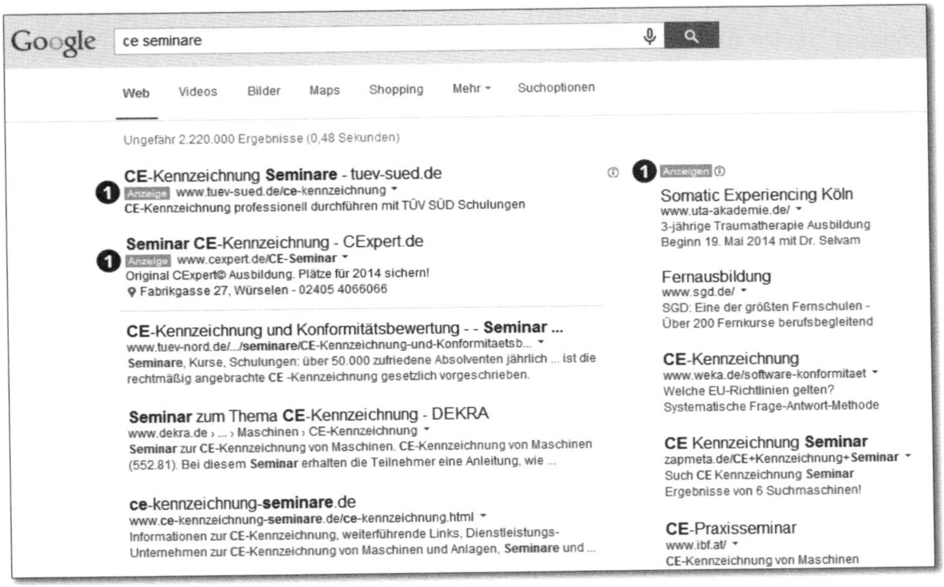

Abbildung 1.5 Google-Suchergebnisseite (SERP)

Wie wird die Werbung bei Google gekennzeichnet?

Seit März 2014 werden die AdWords-Anzeigen mit kleinen gelben Markern und der Aufschrift *Anzeige* ❶ gekennzeichnet. Google hat zur Kennzeichnung der bezahlten Ergebnisse in der Vergangenheit bereits verschiedene Möglichkeiten getestet. So wurden unter anderem die Werbebereiche mit unterschiedlichen Hintergrundfarben gekennzeichnet. Hier bestand das Problem, dass die Einfärbung oft nicht wirklich von dem weißen Hintergrund der organischen Rankings zu unterscheiden war. Ob Google in Zukunft die Kennzeichnung mit den gelben Markern beibehält, ist auch nicht sicher, da auch diese Markierung aktuell kontrovers diskutiert wird. Für manche Werbetreibenden ist die Kennzeichnung als Werbung zu auffällig – und darum werden Besucherrückgänge über die Werbeanzeigen befürchtet. Andere Internetexperten sind genau der entgegengesetzten Meinung und kritisieren, dass die Kennzeichnung noch zu unauffällig ist und so organische und bezahlte Suche nicht gut zu unterscheiden sind.

Für das Suchmaschinenmarketing sind grundsätzliche beide Ranking-Möglichkeiten auf der Google-Ergebnisseite interessant. Während die Platzierung des organischen Rankings durch Suchmaschinenoptimierung (SEO = Search Engine Optimization) unterstützt wird, wird die bezahlte Werbung unter dem Begriff SEA (= Search Engine Advertising) zusammengefasst.

Verwirrung bei der richtigen Bezeichnung

Bitte beachten Sie die unterschiedliche Nutzung der Begrifflichkeiten. SEM und SEA werden oft gleichgesetzt, da Suchmaschinenmarketing nur mit der bezahlten Werbung in Suchmaschinen verbunden wird. Zu SEM gehört für viele Experten jedoch auch die Platzierung in den organischen Ergebnissen, welche mit Hilfe von SEO verbessert wird. Auch eine vordere Positionierung der Webseite im organischen Ranking ist Marketing und bringt interessierte Besucher, also potenzielle Kunden auf die eigene Website. Daher ist es begrifflich sauberer, wenn Suchmaschinenmarketing (SEM) als Oberbegriff genutzt wird, der die Suchmaschinenoptimierung (SEO) und die bezahlten Anzeigen auf der Suchergebnisseite (SEA) vereint.

Ein weiterer Fehler bei der korrekten Wortwahl besteht darin, SEA nur mit AdWords gleichzusetzen. Da es die Werbung aber auch in anderen Suchmaschinen wie z. B. Bing gibt, ist eine Reduzierung auf das Google-Werbeprogramm AdWords nicht ganz korrekt.

1.1.4 Wie wird gesucht? Verschiedene Arten von Suchanfragen

Es gibt verschiedene Arten der Suche. Google unterscheidet dabei grundsätzlich drei Arten von Suchanfragen, diese werden auch als Do-Know-Go bezeichnet. Was steckt nun hinter diesen drei Begriffen?

Zum einen gibt es Suchanfragen, die auf eine bestimmte Aktion hinauslaufen, also so genannte Do-Anfragen. »Do« bedeutet hier, dass die Google-User etwas tun möchten. Ein Beispiel für Do-Anfragen sind Suchanfragen, die den Download eines Programms oder die Ausführung eines Dienstes zum Ziel haben. Wer z. B. eine Inhaberabfrage zum Auffinden der entsprechenden Domain stellen möchte, der gibt meistens nicht die URL eines entsprechenden Dienstleisters in die Adresszeile des Browsers ein, sondern stellt die Suchanfrage nach *domaininhaber herausfinden* oder *whois* bei Google ein. Das gleiche Verhalten erkennt man auch bei der Suche nach dem PDF-Reader von Adobe, der installiert werden soll. Da die entsprechende Adobe-Unterseite nicht bekannt oder als Favorit gespeichert ist, werden einfach die Begriffe *adobe* und *reader* in das Google-Suchfeld eingegeben (siehe Abbildung 1.6).

Weitere typische Do-Anfragen sind:

- Aufruf von Online-Games
- Musikdownload

- Abspielen von Videofilmen
- Dienstleister, die dem Suchenden bekannt sind, z. B. Blumenversand

Abbildung 1.6 Do-Suche nach dem Adobe PDF-Reader

Bei der zweiten Art von Suchanfragen handelt es sich um so genannte Informationsanfragen. Der Google-Nutzer möchte also etwas wissen (»Know«).

Zu dieser Gruppe zählen sicher die meisten Anfragen, die täglich bei Google gestellt werden. Eine Informationsanfrage kann z. B. eine Recherchearbeit für ein Referat sein, wobei dann letztlich eine spezielle Wikipedia-Seite gefunden wird. Es kann aber auch um Problemlösungen gehen, die später in vielen Fällen zum Kauf eines Produktes führen. Falls Sie beispielsweise ein individuelles Geschenk für Ihre Tochter zum Geburtstag suchen, kann Sie dies zunächst zu Webseiten führen, die Geschenkideen zum Geburtstag auflisten. Die Ergebnisse dieser Suche bringen Sie dann auf eine spezielle Geschenkidee, so dass Sie im zweiten Teil Ihrer Recherche vielleicht nach der Möglichkeit für einen individuellen T-Shirt-Druck suchen (siehe Abbildung 1.7). Beide Arten der Suchanfrage gehören jedoch zum Bereich Informationsanfrage.

Abbildung 1.7 Beispiel einer Informationsanfrage

Eine Anfrage bei Google kann aber auch direkt mit einer »Kaufabsicht« starten, wenn es nur noch darum geht, das passende Sommerkleid zu einem günstigen Preis online zu kaufen oder einen Anwalt in der Umgebung zum Thema Baurecht zu finden. In beiden Fällen ist die Entscheidung, ein Produkt zu kaufen bzw. einen Auftrag zu vergeben, schon gefallen. Die Suchmaschine wird nur noch dazu genutzt den passenden Anbieter zu finden.

Zu Informationsanfrage gehört aber auch die Suche nach

- Produktbewertungen
- Preisvergleichen
- Installations- oder Bauanleitungen

Mit den unterschiedlichen Arten der Informationsanfrage sollten Sie sich auf jeden Fall beschäftigen, wenn Sie Google-AdWords-Werbung schalten oder schalten möchten. Sie sollten immer versuchen, sich selber in die Situation Ihrer potenziellen Kunden hineinzuversetzen. Sind Ihre gebuchten AdWords-Keywords nämlich zu allgemein gehalten, so erscheinen Ihre Anzeigen oft bei Suchanfragen, bei denen kein Kaufinteresse besteht. Dies kann hohe Werbekosten verursachen, weil zwar Klicks, aber keine Kunden generiert werden. Auf der anderen Seite können aber auch Informationsanfragen bereits potenzielle Kunden auf das eigene Angebot aufmerksam machen. Sie sollten also bei der Keyword-Recherche und später dann bei der Analyse bestehender Keywords genau überprüfen, welche Effekte Sie mit Ihren Keywords erreichen.

Die dritte Gruppe, die Google unterscheidet, sind so genannte Navigationsanfragen (Go-Anfragen). Hier ist das Unternehmen, die Marke oder die Webseite zwar grundsätzlich bekannt, aber der Suchende ist sich über die genaue Schreibweise der Webseiten-URL oder einer speziellen, thematischen Unterseite im Unklaren. Bevor der Internetnutzer daher zu viel Zeit mit der direkten Eingabe verliert, die eventuell noch einmal korrigiert werden muss, wird einfach direkt die Suchmaschine zu Rate gezogen. Der Unternehmensname oder auch die Domain werden in das Google-Suchfeld eingegeben. Daher sind zum Beispiel auch Suchanfragen nach *xing*, aber auch die Eingabe von *www xing de* bei Google keine Seltenheit, obwohl die Eingabe von *xing.de* in das Adressfeld des Browsers auf einfachere Weise direkt zum Ziel führen würde (siehe Abbildung 1.8).

Zur Gruppe der Go-Anfragen gehören zum Beispiel Suchanfragen nach:

- Markennamen
- Firmennamen
- Namen sozialer Netzwerke

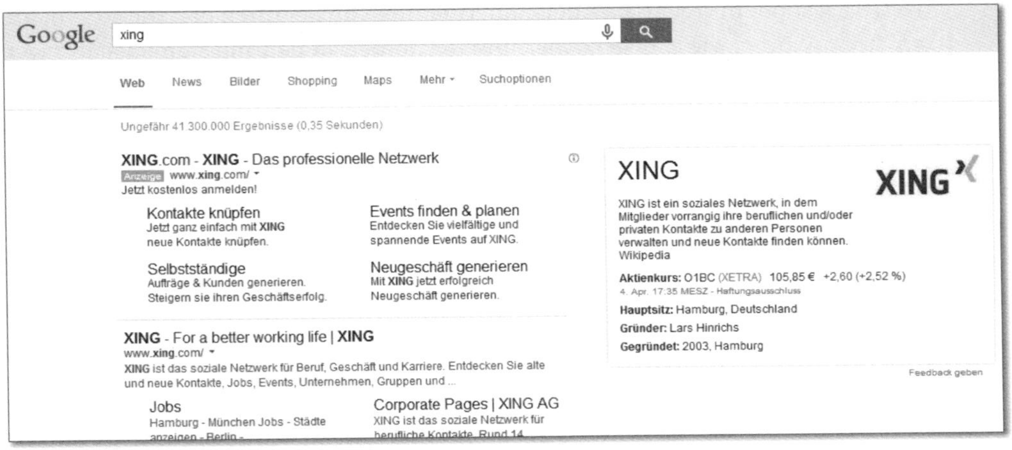

Abbildung 1.8 Suche nach Xing als Beispiel für eine Go-Anfrage

Es gibt natürlich auch Suchanfragen, die nicht ganz exakt in eine bestimmte Schublade gesteckt werden können, sondern Mischformen darstellen. Außerdem schlagen Experten auch noch eine weitere Einteilung nach bestimmten Suchintentionen vor. Die Suchanfragen werden z. B. in *Navigational Queries* eingeteilt. Diese kombinieren Produkte mit bestimmten Webseiten. So werden oft Produkte in Kombination mit den Begriffen *ebay* oder auch *amazon* gesucht. Andererseits suchen Google-User Musikstücke in Kombination mit *youtube*. Der Suchende hat bereits die gewünschte Website vor Augen, startet die tiefergehende Suche zu dieser Website aber nicht vor Ort im Suchbereich der Webseite, also direkt bei Amazon, ebay oder YouTube, sondern bereits vorher im Google-Suchfeld.

Eine zweite Suchintention wird *Informational Query* genannt. Hier werden oft Fragen zu bestimmten Produkten oder Dienstleistungen gestellt. Erwartet werden dann z. B. Testberichte oder Testimonials zu den Produkten/Dienstleistungen. Eine Informational Query könnte z. B. *bestes Smartphone für Einsteiger* lauten.

Anfragen mit sehr konkreter Kaufabsicht werden dagegen als *Transactional Queries* bezeichnet. Hier spielt die Transaktion, also letztlich der Kauf bei der Suchanfrage, schon eine wichtige Rolle. Diese Suchanfragen werden oft in Form einer Suchphrase gestellt, weil damit mehrere Informationen kombiniert werden. Bei den Transactional Queries wurden bereits vorher genügend Informationen gesammelt, der Online-Kauf ist quasi schon beschlossene Sache. Typische »transactional queries« lauten dann z. B. *webshop laufschuhe* oder ganz konkret zu einem speziellen Produkt: *iphone 6 kaufen*.

Viele Google-User haben die Erfahrung gemacht, dass ein einzelner Suchbegriff oft wenig weiterhilft, darum wird der Hauptbegriff meistens mit einem zweiten oder dritten Begriff kombiniert. Eine Google-Suche beinhaltet daher meistens keinen richtigen Satz, sondern stellt eine Aneinanderreihung von Begriffen dar. Die so genannten Stopp-Wörter wie z. B. *der, einer* und *an* werden in den meisten Suchanfragen nicht genutzt. Es gibt auf der anderen Seite aber auch Google-Nutzer, die eine komplette Frage formulieren, z. B. *wie ersetze ich windows xp durch windows 7*, und diesen Satz dann in das Google-Suchfeld eingeben.

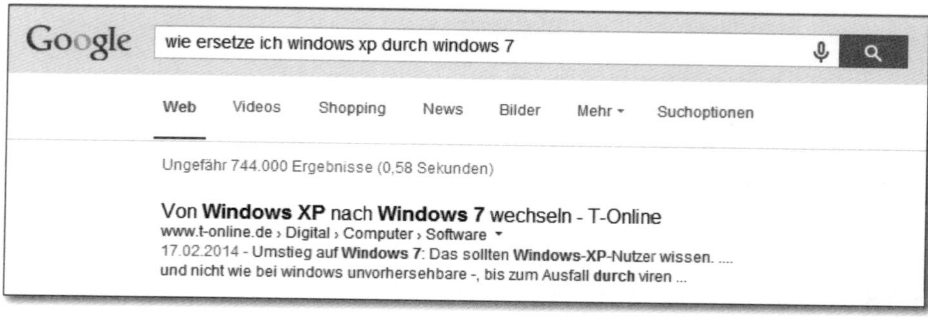

Abbildung 1.9 Sucheingabe eines kompletten Satzes

Eine Anfrage als kompletten Satz zu formulieren, ist momentan noch die Ausnahme, weil es einfach zu viel Arbeit bedeutet, ganze Sätze in das Suchfeld einzutippen – und der Mensch, vor allem der Internetnutzer, ist zunächst einmal faul. Komplette Fragen werden aber hauptsächlich deswegen eingegeben, weil sich der Suchende davon bessere Ergebnisse erwartet. Zukünftig werden diese Suchanfragen jedoch zunehmen, da immer häufiger mit Hilfe der Spracherfassung, vor allem über Smartphones, gesucht wird. Die Eingabe über Tastatur entfällt und mit der Spracherfassung wird die Suche dann eher als kompletter Satz formuliert.

Auf der anderen Seite ist die Google-Suche für manche User aber auch nur eine Art Zeitvertreib, um lustige Seiten zu finden. Es werden nämlich auch viele sinnlose Dinge gesucht. Google Suggest nennt man die automatischen Vorschläge (to suggest = vorschlagen), welche von der Google-Suche angeboten werden. Gibt man bei Google die Keywords *google ist* ein, so erscheinen teilweise lustige Ergänzungen. Dabei ist anzumerken, dass die Vorschläge das Suchverhalten der Google-User widerspiegeln. Die Ergänzungen zeigen, was andere Google-Nutzer in Zusammenhang mit den vorgegebenen Begriffen in der Vergangenheit bereits gesucht haben.

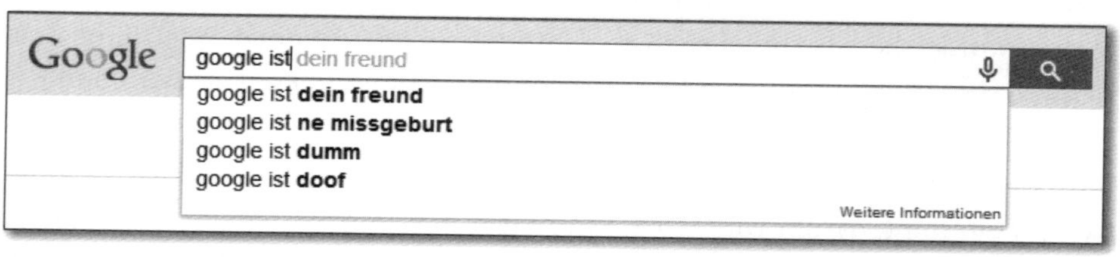

Abbildung 1.10 Google-Suggest zur Eingabe »google ist ...«

In einem zweiten Beispiel erfahren wir über Google Suggest, was Bayern München so alles hat.

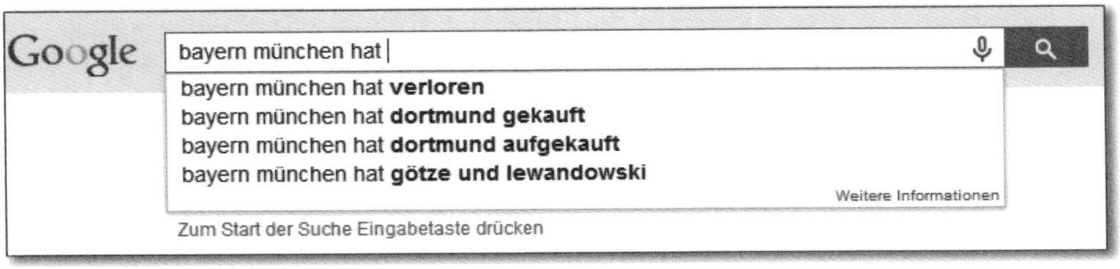

Abbildung 1.11 Google-Suggest zur Eingabe »bayern münchen hat ...«

Google Suggest können Sie aber auch sinnvoll nutzen, denn mit Hilfe der Live-Vorschläge (siehe Abbildung 1.12) erhalten Sie thematisch passende Ergänzungen zu den eigenen Keywords. Geben Sie dazu einfach Ihre wichtigsten Keywords in das Google-Suchfeld ein und schauen Sie, was Suggest als Erweiterung vorschlägt. So analysieren Sie live, wonach potenzielle Kunden im Zusammenhang mit Ihren Keywords suchen. Diese interessanten Vorschläge sollten Sie auf jeden Fall in Ihre Keyword-Liste aufnehmen. Auf diese Weise erhöhen Sie die Chance auf passende Treffer und interessierte Webseitenbesucher. Auf der anderen Seite sollten Sie Vorschläge von Suggest, die zwar oft im Zusammenhang mit Ihren Keywords eingegeben werden, aber nicht zu Ihrem Webseitenangebot passen, direkt in Ihre ausschließende Keyword-Liste übernehmen. Weitere Informationen zur Keyword-Recherche und den jeweiligen Listen erhalten Sie in Kapitel 3, »Keywords«.

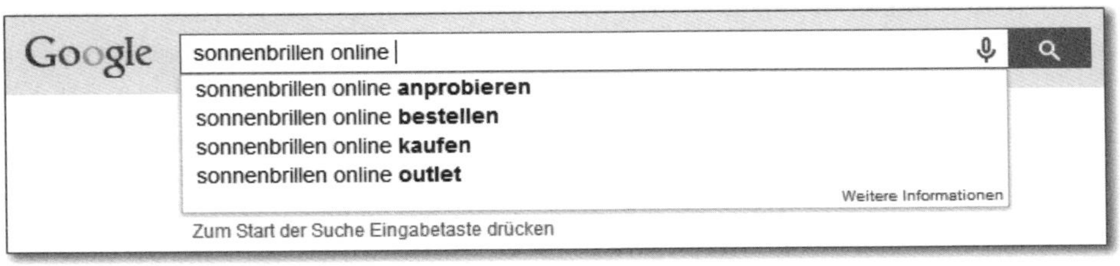

Abbildung 1.12 Google-Suggest zur Eingabe »sonnenbrillen online ...«

Bedenken Sie, dass Google Suggest auf Google-Statistiken zurückgreift und bei Ihren wichtigsten Keywords daher auch immer das Suchverhalten Ihrer potenziellen Kunden widerspiegelt. Dieses Google-Tool ist somit ein wertvoller Baustein Ihrer Keyword-Recherche.

1.1.5 Ein Wust von Suchergebnissen – welche führen zum Ziel?

Die Google-Suchergebnisseite war in früheren Zeiten sehr übersichtlich und aufgeräumt. Es dominierte eine weiße Fläche mit wenigen »Textinseln«, die dann die interessantesten Suchtreffer lieferten. »Dekoriert« wurden diese organischen Ergebnisse von wenigen Anzeigen, zum Teil oberhalb der organischen Treffer, aber größtenteils rechts neben den natürlichen Suchergebnissen.

Heutzutage ist das Erscheinungsbild der Google-Ergebnisseite jedoch viel bunter und geprägt durch verschiedene Spezialergebnisse. Diese unterschiedlichen Ergebnisse werden wir uns in den folgenden Abschnitten einmal näher anschauen. Denn die Google-Ergebnisse sind auf das jeweilige Suchbedürfnis der User abgestimmt. Dadurch entstehen sehr unterschiedliche Darstellungen. Vermutet Google eine Produktsuche, so werden z. B. Produktbilder in Form von Shopping-Ergebnissen ausgeliefert. Ordnet Google die Suchanfrage als Anfrage mit lokalem Interesse ein, so wird direkt ein Kartenausschnitt von Google Maps ausgespielt und eine Liste mit Google Places-Einträgen angeboten. Bei einer Hotel- oder Flugsuche werden spezielle Reiseergebnisse mit zugehörigen Preisvergleichen angezeigt. Wird jedoch der Name eines Prominenten in das Google-Suchfeld eingegeben, so werden News, Bilder und Videos zu diesem Prominenten auf der Ergebnisseite bereitgestellt.

Schauen wir uns die verschiedenen Bereiche der Google-Suchergebnisseite nun einmal genauer an:

Top-Ergebnisse

An den ersten drei Positionen auf der linken Seite befinden sich oberhalb der organischen Ergebnisse oft ein bis maximal drei so genannte Top Ergebnisse (siehe Abbildung 1.13). Dieser Bereich oberhalb der organischen Suchanfragen war historisch gesehen für große Google-Werbepartner bestimmt, die diesen Bereich in der AdWords-Anfangszeit als Werbefläche buchen konnten. Google hat dies jedoch bereits wenige Monate nach Einführung von Google AdWords geändert. Aktuell finden sich auf den Top-Plätzen diejenigen AdWords-Anzeigen, die sich von der Konkurrenz vor allem durch eine höhere Qualität unterscheiden. Google macht dies zum Beispiel an einer vergleichsweise besseren Klickrate fest. Zusätzlich müssen die Anzeigen auf den ersten drei Positionen natürlich auch einen guten Ad Rank besitzen. Der Ad Rank wird von Google bei jeder Suchanfrage neu berechnet. Der Ad Rank oder Anzeigenrang gibt an, welche Stelle die Anzeige auf der Google-Ergebnisseite einnimmt. Die Berechnung des Ad Ranks stellen wir Ihnen später in Abschnitt 1.3.5, »Der Qualitätsfaktor nimm Einfluss auf die Platzierung«, vor.

Die Top-Positionen bieten bestimmte Vorteile in der Darstellung der Textanzeige (siehe Abbildung 1.13). So können in diesen Positionen so genannte Sitelinks ❶, also zusätzliche Verlinkungen auf individuelle Unterseiten, in die AdWords-Anzeigen eingebaut werden. Eine weitere Besonderheit in der Darstellung bietet die verlängerte Titelzeile. Diese kann in den Top-Positionen um die erste Textzeile erweitert werden ❷.

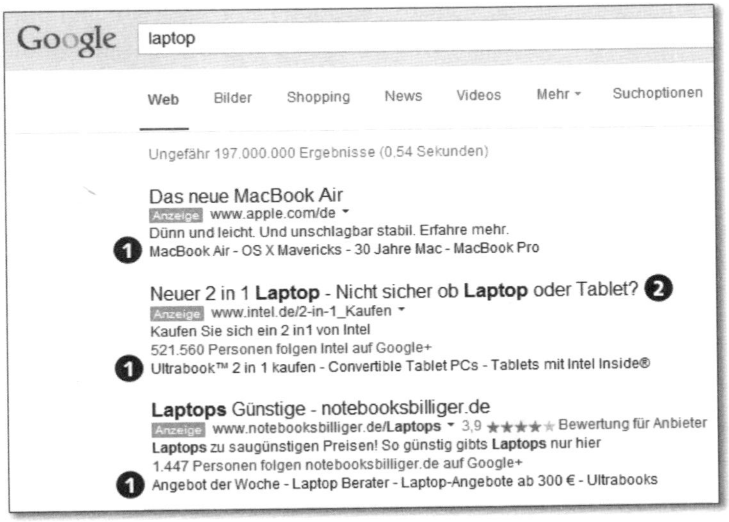

Abbildung 1.13 Top-Suchergebnisse

Ergebnisse unterhalb der organischen Treffer

Auch das ist möglich. Manchmal zeigt Google auch AdWords-Anzeigen auf der linken Seite, unterhalb der organischen Treffer an. Diese Ergebnisse haben wir zwar in letzter Zeit wieder seltener beobachtet, sie tauchen jedoch immer wieder auf. Ein Grund für die seltene Nutzung dieser Werbefläche kann darin begründet sein, dass die Google-Nutzer diese Ergebnisse nicht so gut angenommen haben, wie Google selber dies vorausgesagt hat. Dies ist meistens der Hauptgrund, warum bestimmte Google-Tests wieder eingestellt werden. Als Begründung für die Schaltung unterhalb der organischen Treffer wurde von Google das Nutzerverhalten genannt. Ergebnisseiten werden gescannt und dabei werden die gelisteten Ergebnisse runtergescrollt, so dass ein Teil der Google-User auch der Werbefläche am Ende der SERPs besondere Aufmerksamkeit schenken.

Produktanzeigen

Die Google Shopping-Ergebnisse (siehe Abbildung 1.14), welche seit 2013 als bezahlte Anzeigen über Google AdWords gesteuert werden, dominieren das Bild der Ergebnisseiten, sobald nach einem bestimmten Produkt gesucht wurde. Diese Werbemöglichkeit ist normalerweise nur für Webshops interessant, wobei zukünftig auch noch andere Formate, z. B. Schulungsangebote denkbar sind. Aktuell können Webshop-Besitzer, neben den Beschreibungen und Preisangaben etc., die Bilder ihrer Produkte bei AdWords als Link hinterlegen. Anzeigen mit Bildern funktionieren recht gut in der Google-Suche, weil Bilder die Blicke der Suchenden »anziehen« und somit die Anzeige mehr Aufmerksamkeit erhält. Sie können sich also darauf einstellen, dass die Google-Ergebnisse zukünftig noch bunter, d. h. mit Bildern geschmückt werden.

Die neuen Shopping-Anzeigen befinden sich auf der Google-Ergebnisseite oft in der rechten oberen Ecke oder direkt oberhalb der organischen Ergebnisse (siehe Abbildung 1.14). Sie enthalten neben dem Bild ❶, einen kurzen Titel ❷, der Informationen zu dem Produkt liefert, sowie den Namen des jeweiligen Webshops ❸.

Abbildung 1.14 Shopping-Anzeigen mit Bildern

Standardtextanzeigen

Die Standardanzeigen des AdWords-Programms sind im rechten Bereich der Ergebnisseite platziert. Dieser Werbebereich macht ca. ein Drittel der Suchergebnisseite aus. Vor allem bei der Suche nach Online-Shops, Seminaranbietern, Consultants etc. rückt dieser Bereich stärker in den Fokus der Betrachter. Während die Top-Ergebnisse teilweise mit den organischen Ergebnissen verwechselt werden, ist der Blick auf die rechte Seite sehr stark mit der Suche nach einer kommerziellen Webseite verbunden. Dieses Verhalten ist jedoch immer abhängig von der (Internet-)Erfahrung des jeweiligen Google-Users.

Abbildung 1.15 Google-AdWords-Anzeigen auf der rechten Seite

Organische Ergebnisse

Die organischen Suchergebnisse bilden die eigentliche Grundlage des Google-Suchdienstes. Auf der Qualität dieser Ergebnisse fußt der ganze Erfolg von Google. Die organischen Ergebnisse sind ähnlich aufgebaut wie die AdWords-Textanzeigen. Es gibt eine Titelzeile in blauer Schrift, die als Link auf die zugehörige Webseite verweist. In grüner Farbe wird darunter die URL zur Ergebnisseite dargestellt und zwei Textzeilen in schwarz geben eine kurze Beschreibung zur Ergebnisseite. Es ist kein Zufall, dass sich die organischen und bezahlten Ergebnisse sehr ähnlich sehen. Google testet ständig, welche Darstellungen der Ergebnisse von den Suchenden angenommen werden. Die User Experience, also das Nutzererlebnis, steht immer im Vordergrund. Google ist hierbei nicht selbstlos, sondern weiß natürlich auch, dass zufriedene User der Suchmaschine treu bleiben und somit zum Erfolg des Unternehmens beitragen. Manche Darstellungen, wie zum Beispiel die Erweiterung der Ergebnisse um die so genannten Bewertungssterne, wurden zuerst in den bezahlten Anzeigen getestet und dann in den organischen Ergebnissen übernommen. Auf der anderen Seite wurden Sitelinks zunächst in den organischen Ergebnissen getestet und danach als erweiterte Sitelinks auch in die bezahlten Ergebnisse aufgenommen.

Universal Search/OneBox-Ergebnisse

Die organischen Suchergebnisse werden bei bestimmten Anfragen durch Ergebnisse aus der Google-Spezialsuche unterbrochen. Diese Darstellung der Suchergebnisseite nennt man auch Universal Search. Google mischt die Standard-Google-Ergebnisse mit Ergebnissen aus anderen Google-Datenbanken wie zum Beispiel Images (der Google-Bildersuche), Google News (den aktuellen Nachrichten), Google Videos (Google-Videosuche) etc. Diese Ergebnisse werden innerhalb so genannter OneBoxes dargestellt. Am bekanntesten und auffälligsten sind die Google Images.

Abbildung 1.16 OneBox-Ergebnisse mit Bildern und News

Wann die Ergebnisse aus der Spezialsuche in die SERPs eingebaut werden, hängt wieder sehr stark von der Art der Suche ab. Wird zum Beispiel nach aktuellen Ereignissen oder auch nach Persönlichkeiten gesucht, so besteht eine große Chancen, dass auf der ersten Seite Ergebnisse aus den Google News angezeigt werden. Bei der Suche nach einem Produkt ist es unwahrscheinlicher, aber es auch nicht ausgeschlossen, dass eine News eingestreut wird. Ein neues Produkt, über das in den Nachrichten berichtet wird, kann mit einem Newsbeitrag auf der Ergebnisseite rechnen.

Die Ergebnisse, die in den OneBoxes dargestellt werden, kann man auch als Spezialsuche bei Google abrufen. In den meisten Fällen nutzen Google-User diesen speziellen Google-Ergebnisdienst jedoch nicht. Die Darstellung der OneBoxes innerhalb der organischen Suchergebnisse ist für Google daher auch eine Art Eigenwerbung für die Spezialsuche. Es gibt verschiedene Möglichkeiten zu einer spezialisierten Google-Suche. Diese Möglichkeiten werden von Zeit zu Zeit durch Google auch verändert bzw. ausgetauscht. Aktuell werden folgende Unterbereiche der Google-Suche aufgeführt:

- BILDER
- SHOPPING
- NEWS
- VIDEOS
- MAPS
- BÜCHER
- FLÜGE
- APPS

Sie finden die speziellen Suchmöglichkeiten oberhalb der Suchergebnisse auf der Google-Ergebnisseite, nachdem eine Suche durchgeführt wurde (siehe Abbildung 1.17). Die wichtigsten Spezialsuchen, z. B. BILDER ❶, sind direkt als Link anklickbar. Weitere Optionen verbergen sich hinter dem Klick auf MEHR ❷.

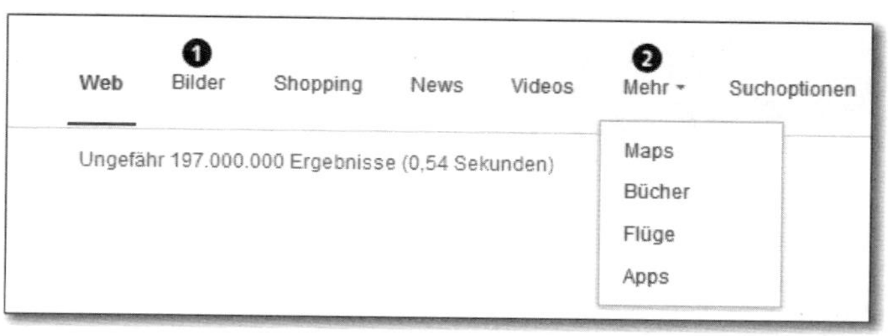

Abbildung 1.17 Verschiedene Möglichkeiten für die Spezialsuche

Google Knowledge Graph und Unternehmensdarstellung

Bei der Suche nach Persönlichkeiten, Marken oder Unternehmen zeigt Google in der rechten oberen Ecke der SERPs immer häufiger zusätzliche Informationen an, die den

Wissensdurst der Suchenden auf einem Blick befriedigen sollen. Bei Persönlichkeiten kommen die Informationen aus dem Google Knowledge Graph, einer speziellen Google-Wissensdatenbank. Bei der Suche nach Persönlichkeiten wie z. B. Elvis Presley werden dann Bilder, persönliche Daten und Musiktitel angezeigt (siehe Abbildung 1.18).

Abbildung 1.18 Informationen aus dem Google Knowledge Graph

Ist ein Unternehmen bei Google+ aktiv und hat das soziale Netzwerk mit der eigenen Website verbunden, verbreitet das Unternehmen zudem regelmäßige Beiträge bei Google+ und besitzt es Fans (Einkreiser, Pluser), dann wird auch schon einmal der letzte Beitrag aus Google+ zur Unternehmenssuche auf der rechten Seite angezeigt (siehe Abbildung 1.19).

Abbildung 1.19 Beiträge aus Google+

Bei der Suche nach Marken oder Unternehmen können ebenfalls Zusatzinformationen aus einem Wikipedia-Eintrag in Kombination mit dem Logo (siehe Abbildung 1.20), und bei lokalen Unternehmen die Informationen und Bilder aus dem Google Places-Eintrag rechts oben angezeigt werden.

Abbildung 1.20 Unternehmensinformationen

Lokale Treffer aus Google Places

Vermutet Google ein lokales Interesse bei der Eingabe eines Suchbegriffes, also z. B. bei der Suche nach einem Arzt, dem Friseur, Bäcker oder Anwalt etc., so erscheint neben einem Google-Maps-Ausschnitt in der rechten oberen Ecke eine Liste mit lokalen Ergebnissen, bei der Google auf Google My Business-Einträge zurückgreift. Diese Einträge werden auf der linken Seite ab der zweiten bis dritten Position angezeigt und beinhalten neben dem Namen und der Website-URL Hinweise zur Bewertung des Unternehmens ❶, der Adresse mit Telefonnummer ❷ und einem Marker ❸, der auf der entsprechenden Google-Karte den Standort identifiziert (siehe Abbildung 1.21). Weitere Informationen zu Google My Business finden Sie in Abschnitt 8.1, »Lokale Anzeigen bei Google Maps«.

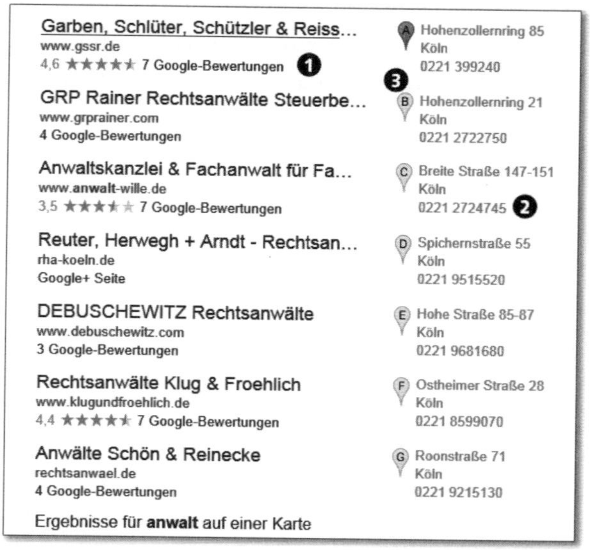

Abbildung 1.21 Lokale Ergebnisse mit Adresse und Marker

1.2 Grundidee des Suchmaschinenmarketings

Die Idee des Suchmaschinenmarketings lässt sich einfach in folgender Aussage zusammenfassen: »Internetnutzer suchen aktiv nach Ihren Produkten bzw. Dienstleistungen«. Eine große Anzahl von Usern, die täglich das Internet in Kombination mit einer gezielten Fragestellung nutzen, aus der sehr oft auch ein konkreter kommerzieller Bedarf abgeleitet werden kann, hat die Suchmaschinen zu einer ganz besonderen Schnittstelle im Internet gemacht. Eine Suchmaschine ist ein wundervoller Marktplatz, der regelmäßig besucht wird. Genau hier hat sich die Idee des Suchmaschinenmarketings entwickelt. Denn die Suchmaschinen verbinden im Internet die Suchenden mit den Informations-, Produkt- und Dienstleistungsanbietern. Die Suchmaschine präsentiert dabei Webseiten, auf denen neben Informationen auch die zur jeweiligen Suchanfrage passenden Produkte oder Dienstleistungen angezeigt werden. Beim Suchmaschinenmarketing geht es nun nur noch darum, dass die eigene Webseite zu den angefragten Begriffen möglichst weit vorne auf der ersten Suchergebnisseite der Suchmaschine erscheint. Neben dem SEM gibt es natürlich auch noch andere Formen des Online-Marketing wie zum Beispiel die Bannerwerbung oder das E-Mail-Marketing. Suchmaschinenmarketing ist jedoch bei richtiger Strategie sehr effektiv, weil es auf potenzielle Kunden trifft, die oft schon einen Bedarf in Form einer Suchanfrage geäußert haben. SEM ist daher ein sehr bedeutender Bestandteil des Online-Marketings. Es geschieht öfter, dass Suchmaschinenmarketing direkt mit dem Online-Marketing gleichgesetzt wird. Wie Sie nun wissen, ist das jedoch nicht ganz korrekt.

1.2.1 Push-Marketing vs. Pull-Marketing

Um Ihnen die Idee des Suchmaschinenmarketings noch besser zu verdeutlichen, schauen wir uns kurz die beiden Klassiker im Bereich der Marketingstrategien an, und zwar zum einen die Push-Strategie und zum anderen die Pull-Strategie. Diese Strategien werden immer wieder zur Erläuterung der Google-AdWords-Werbeformen herangezogen.

Push-Strategie

Bei der Push-Strategie versucht man, mit geeigneten Kommunikationsmaßnahmen die Produkte oder Dienstleistungen in den Markt zu drücken. Die Konsumenten kennen das beworbene Produkt noch nicht und suchen daher nicht aktiv danach. Sie wissen auch nicht, dass bereits bestimmte Lösungen für ihre Probleme existieren. Mit der Push-Strategie wird also zunächst auf das Produkt aufmerksam gemacht. Es werden Informationen zum Produkt im Internet verteilt. Auf diese Weise wird ein gewisses Bedürfnis erst geweckt. Falls Sie z. B. eine neue Erfindung in Form einer Flüssigkeit, die Marmortische vor Säure schützt, vertreiben möchten, so benötigen Sie eine Push-

Strategie. Ihre zukünftigen Kunden wissen ja noch nicht, dass Ihre tolle Erfindung existiert. Daher müssen Sie mit entsprechenden Maßnahmen im Internet über Ihr Produkt informieren und Neugierde wecken, so dass dann dieser spezielle Säureschutz für Marmortische angefragt und online bestellt wird.

Für diese Push-Strategie eignen sich zum Beispiel Bannerwerbungen, die gezielt auf Seiten mit Haushaltstipps geschaltet werden. Eine Push-Strategie benötigen Sie also vor allem, wenn Sie neue, unbekannte Produkte in einen bestehenden Markt einführen möchten.

Merkmale des Push-Marketings im Internet

Beim Push-Marketing muss erst ein Bedürfnis geschaffen werden. Dies gilt vor allem für Produkte/Dienstleistungen, die noch nicht so bekannt sind und daher auch selten gesucht werden. Mithilfe des Onlinemarketings soll vor allem die Bekanntheit durch eine große Reichweite der Werbung gesteigert werden. Hierzu eignet sich vor allem Bannerwerbung, die auf thematisch passenden Webseiten geschaltet wird.

Pull-Strategie

Bei der Pull-Strategie erzeugt der Konsument eine Nachfrage. Das Produkt oder eine Lösung für sein Problem ist dem Suchenden bereits bekannt. Nun wird das Internet genutzt, um ein passendes Unternehmen, günstige Preise oder Lieferkonditionen zu finden. Oft werden auch Referenzen oder Produkterfahrungen online gesucht. Wenn Sie beispielsweise bestimmte Office-Seminare online anbieten, können die räumliche Nähe zum Kunden, der Preis, aber auch bestehende Kundenreferenzen wichtige Gründe für eine Anfrage sein. Beim Pull-Marketing sind die Produkte und Dienstleistungen also bekannt und werden vom Kunden nachgefragt. Im Internet ist daher das Suchmaschinenmarketing die geeignete Form des Pull-Marketings.

Merkmale des Pull-Marketings im Internet

Beim Pull-Marketing im Internet soll vor allem ein Bedürfnis befriedigt werden. Über eine Suchmaschine werden Produkte, Hilfestellungen und Lösungen für Probleme gesucht. Eine Textanzeige direkt als Suchergebnis wirkt quasi als Problemlöser für den Suchenden. Mit Sponsored Ads können Internetnutzer sehr zielgerichtet die passende Werbebotschaft erhalten. Suchmaschinenmarketing ist daher das geeignete Mittel für Pull-Marketing im Internet.

1.2.2 Suchmaschinenoptimierung (SEO)

Eine vordere Position bei den organischen Ergebnissen ist Aufgabe der Suchmaschinenoptimierung, kurz SEO. Die Suchmaschinenoptimierung beinhaltet, vereinfacht gesagt, zum einen verschiedene Verbesserungen des Webseiten-Codes sowie eine optimierte Darstellung des Webseiteninhalts für die Suchmaschinen. Dadurch können die Programme der Suchmaschinenbetreiber (so genannte Robots, Spider, Crawler) die gefundenen Texte einfacher nach bestimmten Kriterien, Wörtern und Bedeutungen filtern, zuordnen und in riesigen Datenbanken ablegen. Die Programme ordnen die Begriffe oder Kombinationen von Begriffen den einzelnen Webseiten zu.

Der zweite und, wie die Experten betonen, wichtigere Bereich der Suchmaschinenoptimierung besteht aus der so genannten Off-Page- und Off-Site-Optimierung. Dieser SEO-Bestandteil ist nicht so leicht zu beeinflussen. Hier geht es zum größten Teil darum, Webseitenempfehlungen in Form von Backlinks aufzubauen. Dieses Online-Empfehlungsmarketing zur Verbesserung des Google-Rankings wird für die SEOs immer schwieriger, da Google verstärkt darauf achtet, dass es wirklich echte Empfehlungen sind. Man kann heutzutage also nur nachhelfen und die echten Fans (Linkgeber) motivieren, auch wirklich einen Backlink zu setzen, wenn diese eine Empfehlung aussprechen möchten. Ein »unnatürlicher Linkaufbau« wird immer öfter von Google entdeckt und bestraft. Dies geschieht zum einen durch einen kompletten Ausschluss aus den Suchergebnissen oder als mildere Strafe durch Herabstufung im Ranking. Unnatürlicher Linkaufbau resultiert meistens aus dem Ankauf von Backlinks. Dieser Aufbau ist oft sehr schematisch und läuft nach einem gleichen Muster ab. Daher wird er auch von Google aufgedeckt. Ein Muster könnte beispielsweise ein schneller Aufbau innerhalb kurzer Zeit sein oder eine Linkempfehlung, die immer den genau gleichen Linktext beinhaltet. Diese Muster sind im Vergleich mit der Verlinkung, die Google aus einer großen Anzahl an Linkanalysen aus dem Netz ziehen kann, unnatürlich. Wenn eine Website Empfehlungen erhält ohne diese Verlinkung bewusst zu beeinflussen, dann gibt es, auf lange Zeit gesehen, eine gleichmäßige zeitliche Verteilung. Externe Linkgeber werden zudem öfters das Logo oder den Firmennamen sowie die Domain verlinken und nicht nur die wichtigen Keywords, zu denen eine Website bei Google rankt. SEO wird also in Zukunft noch kreativer sein müssen, der natürliche Linkaufbau und eine stärkere Markenbildung werden dabei im Vordergrund stehen.

Als Zusammenfassung kann man SEO so beschreiben, dass Google aus den Informationen zum Webseiteninhalt und den Verlinkungen der Webseite ein Ranking für jede einzelne Webseite in Verbindung mit einem Suchbegriff bzw. einer Suchphrase (Kombination mehrerer Begriffe) berechnet.

Auf diese Weise ergeben sich Rankings zu bestimmten Suchbegriffen im organischen Teil der Suchergebnisseite – links unterhalb der Top-Suchbegriffe (siehe Abbildung 1.22).

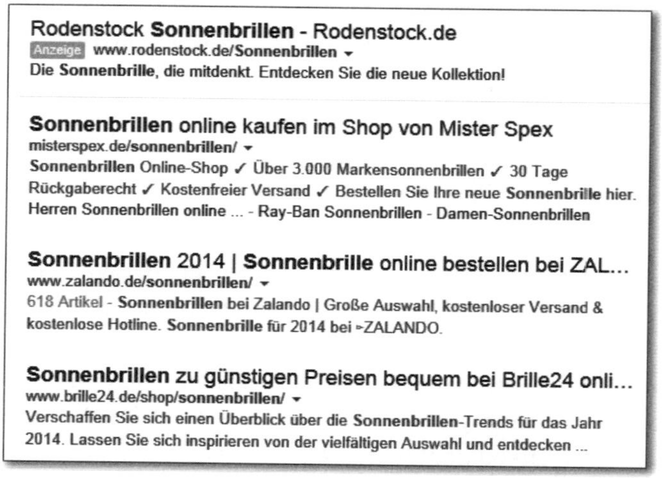

Abbildung 1.22 Organische Rankings – SEO

Neben den Informationen, die Google von der Programmierung und den Inhalten der Webseite erhält, sowie den externen Empfehlungen zieht Google aber auch Schlüsse aus dem Such- und dem Klickverhalten der Google-User auf der Google-Ergebnisseite. Werden also Firmen in Kombination mit bestimmten Keywords öfter gesucht, so merkt Google sich die Marke in Kombination mit den Keywords, also z. B. *MisterSpex* und *Brille*. Zusätzlich registriert Google auch, ob das organische Ergebnis, welches oben gelistet wird, auch entsprechend häufig geklickt wird. Falls ein Ergebnis mit schlechterem Ranking im Verhältnis besser geklickt wird, so wird es zukünftig im Ranking steigen. Im nächsten Schritt registriert Google auch noch, ob Besucher innerhalb einer Session nach kurzer Zeit die gefundene Website verlassen, auf die Suchergebnisseite zurückkehren und sich einem anderen Ergebnis zuwenden. Dies ist ein eindeutiges Signal für Google, dass der gesuchte Begriff bzw. noch wichtiger die gesuchte Information auf der Landing-Page nicht gefunden wurde. Wird ein Ausstieg zu einem Keyword sehr häufig einer Website zugeordnet, so erhält diese Website virtuelle Minuspunkte bei Google in Verbindung mit dem Suchbegriff. Dies kann Google alles leisten, da der Suchmaschinengigant über große Datenmengen und daher über eine sehr aussagekräftige Statistik verfügt.

Alle diese Analysen führen dazu, dass SEO nicht, wie oft vermutet, aus einer Art »Zauberei« und Programmiertricks besteht, sondern dass auch klassisches Marketing, z. B. eine Positionierung als Marke, in diesem Bereich immer wichtiger wird!

1.2.3 Bezahlte Suchergebnisse – Anzeigen mit PPC (SEA)

Die bezahlte Suchmaschinenwerbung (SEA) in Form von Textanzeigen wird für die Suchmaschine Google über das eigene Werbeprogramm (= AdWords) geschaltet. Die

Textanzeigen findet man auf der Google-Suchergebnisseite zunächst im rechten Bereich ❷ (siehe Abbildung 1.23). Darüber hinaus können bis zu drei Anzeigen ❶ oberhalb der organischen Suchergebnisse auf der linken Seite, vom Betrachter aus gesehen, eingeblendet werden. Zusätzlich schaltet das AdWords-System in einigen Fällen auch Anzeigen unterhalb der organischen Suchergebnisse. Die Experimente der Google-Suchmaschine gehen jedoch immer weiter, so dass in Zukunft auch bezahlte Ergebnisse innerhalb des organischen Rankings nicht unwahrscheinlich sind.

Folgende Begriffe werden ebenfalls häufig als Beschreibung der bezahlten Textanzeigen in Suchmaschinen genutzt und beziehen sich daher immer auf die gleiche Methode im Suchmaschinenmarketing:

- PPC
- Paid Listings
- Sponsored Links
- Sponsored Listings
- Pay-per-Click Advertising
- Keyword-Advertising

Abbildung 1.23 Paid Listings – SEA

1.2.4 SEO vs. SEA – Was ist besser?

Viele Webseitenbetreiber stellen sich die Frage, wo die eigene Website bei den Google-Suchergebnissen besser positioniert ist. Ist eine vordere Platzierung bei den organischen Suchergebnissen zu den wichtigsten Suchbegriffen nicht ausreichend?

Wo sollte also Ihre Webseiten bei den Google-Suchergebnissen auftauchen, welche Art des Suchmaschinenmarketings ist besser und effektiver? Die Antwort auf diese Frage ist nicht so einfach, wie sie dies sicher gerne hören möchten.

Es gibt viele SEO-Berater, die zur reinen Optimierung von Webseiten raten, um das Geld für AdWords zu sparen. Es gibt sogar Google-AdWords-Partner, die diesen Status als Werbung für Ihre SEO-Angebote nutzen. Andere Online-Marketer schwören auf die Vorteile von AdWords und verweisen auf die Schwierigkeiten der Suchmaschinenoptimierung. Nach unserer Auffassung gibt es bei dieser Frage nicht die *eine* Lösung, die für jedes Unternehmen und jedes Produkt bzw. Dienstleistung gilt. Als Unternehmens- oder Marketingverantwortlicher sollten Sie die Vor- und Nachteile der verschiedenen Ansätze kennen und sich dann Ihre Strategie zur Positionierung Ihrer Website in der Suchmaschine Google zurechtlegen. Aus unserer Erfahrung liegt die Wahrheit meistens in der Mitte und es ist somit oft eine Mischung beider Möglichkeiten des Suchmaschinenmarketings, die letztlich zum Erfolg führt.

Die Aussage, dass SEO kostenlos ist, während SEA bezahlt werden muss, ist aber auf jeden Fall zu relativieren. Sie müssen verstehen, dass auch die Suchmaschinenoptimierung Kosten verursacht. Je nach Suchbegriff und Konkurrenz können diese Kosten sogar erheblich sein. Bei der Suchmaschinenoptimierung muss zuerst die bestehende Webseite programmiertechnisch angepasst werden. Neben einer Änderung der Programmierung müssen Partner gefunden werden, die Ihre Webseite verlinken. Hinzu kommt die laufende Pflege der Webseiteninhalte, um für Google auch über einen längeren Zeitraum interessant zu bleiben, weiterhin die Kontrolle und Pflege der alten Linkbeziehung sowie die Beobachtung der Konkurrenzseiten, um rechtzeitig auf Veränderungen zu reagieren. Bei grundlegenden Änderungen durch Google-Updates passiert es oft, dass ein Teil der Arbeiten auch wieder verlorengeht. Es kann sogar vorkommen, dass plötzlich Optimierungen durchgeführt werden müssen, die völlig konträr zu Ihren vorangegangenen Optimierungsarbeiten sind. Es ist beispielsweise bemerkenswert, dass viele SEO-Agenturen aktuell Geld damit verdienen, um Links abzubauen, die vorher als Linkaufbau teuer erkauft worden sind.

Diese SEO-Optimierungsarbeiten binden entweder die Zeit des Unternehmers oder Marketingleiters in einer Firma oder kosten Geld, das an externe Dienstleister bezahlt werden muss. Der entscheidende Punkt ist jedoch, dass eine vordere Position nicht garantiert werden kann und eine Optimierung oft nur auf wenige Hauptsuchbegriffe beschränkt ist.

Außerdem kann Google zukünftig, wie bereits erwähnt, die Spielregeln ändern. Dann gehen vorher schwer erkämpfte Ranking-Positionen auch schnell wieder verloren. Der Vorteil einer vorderen Position in dem organischen Listing besteht natürlich darin, dass keine zusätzlichen Klickkosten entstehen, d. h. wenn Sie in der organischen Listung einmal vorne stehen, ist es in Bezug auf die Kosten egal, ob zwei oder hundert Besucher am Tag über dieses Suchergebnis auf Ihre Webseite kommen. Ein Klick auf die AdWords-Werbung hingegen verursacht natürlich bei jedem neuen Besuch eines Interessenten entsprechende Klickkosten. Die AdWords-Werbung wird außerdem vom Google-User im Schnitt nicht so stark beachtet, d. h. der durchschnittliche Webseitenbesucher schaut mehr auf die linke Seite der Suchergebnisse als auf die AdWords-Werbung.

Dies ändert sich jedoch bei der relevanten Zielgruppe, die auf der Suche nach Produkten oder Dienstleistungen ist. Bei der Suche nach Produkten/Dienstleistungen gerät die AdWords-Werbung wieder stärker in den Fokus und wird auch öfter geklickt.

Analysieren Sie das Klickverhalten in Bezug auf Ihre Ranking-Position

Das Klickverhalten Ihrer Zielgruppe bei den unterschiedlichen Positionierungen sollten Sie in jedem Fall analysieren und Ihre Rückschlüsse in Bezug auf Ihre optimale Position ziehen.

Schauen wir uns im Vergleich zu SEO einmal die Vorteile der bezahlten Anzeigenwerbung in Suchmaschinen an. Diese Punkte sollten Sie in Ihre Entscheidung für oder gegen die SEA einfließen lassen.

Keywords und Positionen bestimmen

Mit AdWords können Sie Keywords relativ frei wählen. Darunter fallen auch sehr stark umkämpfte Suchbegriffe, bei denen Sie im organischen Ranking keine Chance haben, da starke Marken mit einer langen Historie die vorderen Rankings belegen. Mit SEA können Sie bei entsprechenden Klickgeboten auch vordere Anzeigepositionen erreichen und in gewissem Umfang bestimmen. Dabei muss die erste Position nicht für jedes Produkt die beste Position sein. Selbst die vierte Position auf der ersten Seite der SERPs bei den bezahlten Textanzeigen hat eine bessere Sichtbarkeit, als die neunte Position im organischen Ranking. Eine Beobachtung der Positionsergebnisse in Kombination mit entsprechender Anpassung Ihrer AdWords-Gebote ermöglicht es, bestimmte Ranking-Positionen zu erzielen, auch wenn diese nicht ganz exakt vorherzusagen sind. Bei SEA können im Gegensatz zu SEO abhängig von den finanziellen Ressourcen die Platzierungen in gewissen Positionen »garantiert« werden.

Zeitfaktor

Die AdWords-Werbung ist nach der Erstellung direkt innerhalb von ca. 15 Minuten auf der ersten Seite bei Google sichtbar, während die Auswirkungen von SEO-Maßnahmen teilweise erst nach Wochen oder Monaten spürbar sind. Wie viel Zeit vergeht, bis SEO-Maßnahmen wirken, hat immer mit dem jeweiligen Keyword und der entsprechenden Konkurrenz im Internet zu tun.

Individuelle Werbetexte

Ein weiterer Vorteil der AdWords-Anzeigen liegt in der Möglichkeit individuelle Werbeaussagen in Ihren Anzeigentexten zu platzieren. Die Anzeigentexte können zudem schnell geändert werden. So ist es möglich, bei neuen Aktionen, Angeboten oder Änderungen Ihres Werbe-Slogans innerhalb sehr kurzer Zeit mit Hilfe der AdWords-Anzeigen darauf zu reagieren. Dies dauert bei den organischen Suchergebnissen natürlich viel länger und ist außerdem nicht so exakt zu steuern. Hinzu kommt, dass Sie für Änderungen im SEO-Bereich meistens Unterstützung von Programmierern und SEO-Fachleuten benötigen.

Kurzfristige Trends bewerben

Bei Keyword-Trends wie z. B. *Schweinegrippe*, die nur für eine kurze Zeit aktuell sind und danach wieder aus den Suchanfragen verschwinden, macht nur eine bezahlte Werbung Sinn. Ein Trend-Suchbegriff ist nach relativ kurzer Zeit für Werbende wieder uninteressant. Hier lohnt sich der Aufwand zur Suchmaschinenoptimierung erst gar nicht.

Achten Sie auch auf kurzfristige Trends

Reagieren Sie schnell auf neue »Suchtrends«. Die Schaltung einer AdWords-Anzeige lohnt sich bei solch neuen Begriffen, die dann zum Hype werden, meist nur zu Beginn, weil danach die Keywords zu teuer werden. Ein gutes Hilfstool zur Beobachtung neuer Entwicklungen im Suchmarkt ist Google Trends (*http://www.google.de/trends*).

Besondere Möglichkeiten der Darstellung

Bei den bezahlten Anzeigen entwickelt Google immer wieder neue Möglichkeiten, damit AdWords-Anzeigen auffällig platziert werden können. Neben den zusätzlichen Sitelinks und den Bewertungssternen werden aktuell vermehrt Bilder als Eyecatcher in die AdWords-Werbung aufgenommen. Sie können dies zum einen bei den bezahlten Shopping-Kampagnen sehen, mit denen die Produkte aus Webshops beworben werden, zum anderen werden auch die Top-Ergebnisse in bestimmten Branchen bereits mit zusätzlichen Fotos verziert. Fotos ziehen die Blicke der Google-User unwillkürlich an und erhöhen somit Aufmerksamkeit und letztlich die Klickrate der Anzeigen.

Spezielle Landing-Page zum Keyword und zur Anzeige

Mit SEA können Sie viel gezielter die Inhalte der Unterseite, die als Google-Ergebnis erscheinen soll, bestimmen. Denn die Unterseite wird direkt als Ziel zum Anzeigentext vom Werbenden selber festgelegt, während die Zielseite im organischen Ranking in letzter Konsequenz durch Google bestimmt wird. Sie können zwar auch bei SEO im organischem Ranking Google die passende Zielseite »anbieten«. Aber, anders als bei der bezahlten Werbung, kann Google sich auch für eine andere Zielseite entscheiden. Es gibt also beim SEO im Gegensatz zum SEA nicht die Sicherheit, die gewünschte Zielseite in den Google-Ergebnissen zu platzieren.

Fazit

Es sprechen also einige Gründe für AdWords-Anzeigen. Auf der anderen Seite stehen jedoch die Kosten, die ein Klick auf einen Sponsored Link verursacht, und der geringere Trust (Vertrauen), den die bezahlen Anzeigen bei manchen Google-Nutzern immer noch haben. Sie sollten versuchen möglichst beide Positionen (organisches und bezahltes Listing) zu besetzen. Verschiedene Studien haben gezeigt, dass viele Suchergebnisse zu einem Unternehmen in den SERPs das Vertrauen in eine Webseite stärken und letztlich die Klicks insgesamt ansteigen. Aus Marketingsicht ist dies auch verständlich. Ein Firmen-, Markenname oder eine Website, die öfter in den Suchergebnissen auftaucht, stärkt die Markenbildung und wird dann auch öfter aus einer großen Anzahl an Suchergebnissen »unbewusst« ausgewählt und geklickt. Grundsätzlich bedeutet Suchmaschinenmarketing immer auch »testen, testen, testen«. Analysieren Sie daher auf jeden Fall, welche Platzierungen Ihnen bessere Ergebnisse in Form potenzieller Kunden liefern.

Falls Sie mit einer neuen Website starten und Ihr SEO-Projekt noch ganz am Anfang ist, sollten Sie auf jeden Fall mit Hilfe von AdWords die Möglichkeiten des Suchmaschinenmarketings mit Bezug auf Ihre Produkte/Dienstleistungen und Ihre Website testen.

Durch die Schaltung Ihrer Anzeigen über einen begrenzten Zeitraum können Sie aus Ihrer AdWords-Statistik folgende wichtige Informationen gewinnen:

- die durchschnittliche Anzahl der Suchanfragen für Ihre Suchbegriffe
- die Klickrate auf die wichtigsten Begriffe
- lohnende Suchbegriffe, die zu Conversions führen
- Anzeigentexte, die Ihre Zielgruppe ansprechen
- Landing-Pages, die Conversions erzeugen

Während des Testzeitraumes sollten Sie täglich Ihr AdWords-Konto kontrollieren und Anpassungen vornehmen. Statten Sie Ihre Testkampagne auch mit genügend Budget aus, damit Sie relevante Zahlen für Ihre Statistik sammeln können. Auf Grundlage Ihrer Marktforschung erhalten Sie zum einen wichtige Kennzahlen zur Planung Ihrer Hauptkampagnen und zum anderen finden Sie die lohnenden Suchbegriffe für Ihre SEO-Optimierung. Sie sparen außerdem Geld bei Google AdWords und für Ihr SEO-Projekt, wenn Sie z. B. direkt zu Beginn erkennen, dass Ihre Webseite gar nicht zum Verkauf oder zur Kontaktaufnahme animiert. In diesem Fall sollten Sie zunächst möglichst schnell eine veränderte Landing-Page testen. Erste wenn Ihre Webseite auch Kunden oder Kontakte generiert, lohnen sich weitere Investitionen in SEO oder SEA.

Kann SEA das SEO-Ranking beeinflussen?

Es tauchen immer wieder Vermutungen auf, dass man sich mit AdWords-Werbung ein gutes SEO-Ranking bei Google »erkaufen« kann. Da es dafür bis jetzt keine Beweise gibt, kann man diese Vermutung nur in den Bereich der Mythen einordnen. Ein strikter Grundsatz der Google-Politik ist die Trennung von bezahlter Werbung in der Google-Suchmaschine und der Platzierung in der organischen Suche. Sollte es nachweisbare Beeinflussungen geben, würde Google große Probleme bei der Kundenakzeptanz bekommen. Es gibt weder eine Bevorzugung noch einen Ausschluss in der organischen Listung, wenn eine Webseite bei AdWords zu einem Begriff vorne gelistet ist.

Es gibt jedoch oft einen persönlich empfundenen Einfluss auf die Suchergebnisseiten, da die Suchergebnisse auf anderen Computern ein abweichendes Ergebnis von dem liefern, was man auf dem eigenen Rechner sieht. Es passiert z. B., dass die eigene Webseite aus unerklärlichen Gründen bei der AdWords-Werbung und auch bei der organischen Suche steigt oder fällt. Diese Phänomene sind jedoch eher auf die Personalisierung der Google-Suchergebnisse zurückzuführen. Google personalisiert Ihre Suchergebnisse, auch wenn Sie nicht bei einem Google-Dienst wie Google Mail, dem AdWords-Programm, den Google Webmaster-Tools etc. angemeldet sind. Die Personalisierung funktioniert über so genannte Browser-Cookies.

Durch die Personalisierung kann es passieren, dass Ihre eigene Werbung im Anzeigenrang fällt, da Sie ja nicht auf die eigenen Anzeigen klicken und Google somit Ihre Werbung als nicht relevant für Ihre Suche einstuft.

1.3 Die Google-Revolution

Man glaubt es zwar heutzutage nicht mehr, aber die Idee der Suchmaschinen wurde nicht durch Google erfunden, sondern es gab bereits Suchmaschinen, bevor Google die Bühne des Internets betrat. Ehemalige Suchmaschinen wie zum Beispiel Lycos (die mit dem schwarzen Schnüffelhund) oder auch Excite hatten jedoch andere Vorstellungen, wie mit einer Suchmaschine im Internet Geld verdient werden sollte. Die Suchergebnisseiten von Lycos und Excite waren z. B. damals sehr bunt und mit vielen Informationen und Werbefenstern überzogen. Die Geschäftsidee bestand darin, auf den Suchseiten Werbeplätze zu verkaufen. Die Technik, die als Grundlage der Suchmaschinen von Lycos oder Excite diente, war jedoch bei weitem nicht so gut wie die von Google bzw. BackRub. So hieß die erste Suchmaschine, die der Google-Mitgründer Larry Page 1996 entwickelt hatte.

Interessanterweise wollte Larry Page BackRub 1997 an Excite verkaufen. Bei einem Treffen von Larry Page und George Bell, einem Aufsichtsrat von Excite wurde darum im Vorfeld der Verkaufsverhandlungen ein Suchexperiment durchgeführt. Hier ein Auszug aus dem Buch *Google Inside*, welches dieses Treffen beschreibt:

> *»Die erste Testabfrage lautete ›Internet‹. Laut Hassan handelte es sich bei den ersten Excite-Ergebnissen um chinesische Webseiten, in denen sich das englische Wort ›Internet‹ in einem Durcheinander chinesischer Zeichen verbarg. Dann gab das Team ›Internet‹ in BackRub ein. Die ersten beiden Ergebnisse führten zu Seiten, auf denen die Nutzung verschiedener Browser erklärt wurde. Das waren genau die hilfreichen Ergebnisse, die jemand, der eine derartige Abfrage eingäbe, zufriedenstellen würden.«*[2]

2 Steven Levy: Google Inside. mitp-Verlag, 2012, S. 41.

Zusammenfassend kann man sagen, dass die Suchmaschine BackRub zum einen schneller war und zum anderen bessere Ergebnisse lieferte, als die Excite-Suchmaschine. Dies führte jedoch dazu, dass Bell als Verantwortlicher von Excite den Kauf von BackRub ablehnte. Die Begründung war aus Excite-Sicht sehr simpel und einleuchtend. Aus ihrer Sicht war die Schlussfolgerung sogar richtig, weil es einen anderen Denkansatz gab. Die Suchmaschine von Larry Page war einfach zu schnell und lieferte dadurch direkt passende Suchergebnisse. Dies bedeutete aber in der Logik der Excite-Verantwortlichen auch eine kürzere Kundenkontaktzeit in ihrem Suchportal. Die Excite-Nutzer wären also schneller zu den Suchergebnissen gelangt und hätten damit das Suchportal schneller wieder verlassen. Dadurch hätte aber das Geschäftsmodell gelitten, denn eine wichtige Argumentation bei der Schaltung von Werbebannern waren die Kundenkontaktzeiten. Je länger sich Besucher in einem Portal aufhalten, desto besser können die Werbeflächen vermarket werden.

Die Google-Revolution bestand nun darin, dass die Google-Startseite fast nur aus weißer Fläche bestand und das Suchfeld – und nicht die Werbung! – im Vordergrund stand. Ganz im Sinne der Nutzer konzentrierte man sich auf den Suchvorgang und auf entsprechend gute Ergebnisse. Für Google war die Suchergebnisseite wichtiger, denn hier wurde die Werbung verkauft – und zwar nach dem Pay-per-Click-Modell. Nicht die Einblendung der Werbung kostete also Geld, sondern der Klick auf die Werbung! Das war die Revolution. Interessanterweise ergaben Befragungen in den Anfangszeiten von Google AdWords, dass die Werbung von den Google-Usern gar nicht als Werbung wahrgenommen wurde.

Andere Google-Geschäftsmodelle wie die Vermarktung über AdSense oder die Videowerbung auf YouTube kamen dann erst später hinzu. Der große Erfolg von Google liegt aber in der Pay-per-Click-Werbung sowie in den schnellen und mit Blick auf die Konkurrenz qualitativ besseren Suchergebnissen begründet.

Was ist AdSense?

Google AdSense ist ein spezielles Programm von Google, welches die Möglichkeit zur Vermarktung von Werbeplätzen außerhalb des Google-Suchnetzwerkes anbietet. Mithilfe des AdSense-Programms können kleine und große Webseitenbetreiber Werbeplätze auf ihren Webseiten über Google vermarkten. Diese Webseiten werden als Placements im Google Displaynetzwerk angeboten. Zunächst wurden über dieses Netzwerk nur Textanzeigen angeboten, seit 2009 besteht jedoch auch die Möglichkeit, Werbebanner über Google AdSense zu vermarkten. Während Google also über AdWords die Nachfrage nach Werbeplätzen organisiert, wird über AdSense das Angebot an Werbeplätzen im Content-Netzwerk gesteuert. AdSense wurde 2003 von Google gestartet. 2013 hatte die Plattform weltweit bereits über zwei Millionen Publisher, deren Werbeflächen über AdWords gebucht werden konnten. Für viele kleine Webseitenbetreiber ist AdSense eine der wichtigsten Einnahmequellen.

Das Geschäftsmodell Pay-per-Click, also für einen Klick auf ein Ergebnis zu bezahlen, revolutionierte das Modell des Suchmaschinenmarketings. Statt für Anzeigen auf der Plattform zu bezahlen, bezahlten die Werbetreibenden für die Suchergebnisse, die Suchende auf ihre Webseite führten. Dies war eine Win-Win-Situation für beide Gruppen: für Google und für die Werbetreibenden. Die Google-Idee ging jedoch noch weiter, denn Google wollte immer auch eine Gewinnsituation für die Suchenden generieren. Darum bestand Google von Anfang an auf eine gewisse Qualität bei den Werbeanzeigen. Google-User finden also nicht nur passende Ergebnisse im organischen Teil, sondern auch die Werbeeinblendungen sollen idealerweise passende Informationen zu den gesuchten Problemen, Produkten und Dienstleistungen liefern!

1.3.1 Google AdWords, die Grundlage des Google-Systems

Das Pay-per-Click Advertising, Google AdWords, bildet also die Grundlage des kommerziellen Google-Erfolges. Mit der Idee, Werbende für einen Klick auf ihre Anzeige bezahlen zu lassen, hat Google bis jetzt den bei weitem größten Teil seines Geldes verdient. Die bezahlten Anzeigen in der Suchmaschine und bei den Google-Suchpartnern, ergänzt um die Anzeigen im Google Displaynetzwerk verhelfen Google zu einem riesigen Umsatz in Milliardenhöhe – 16,5 Milliarden Dollar waren es beispielhaft im dritten Quartal 2014.[3]

Googles wichtige Aufgabe in der Zukunft wird es sein, die Möglichkeiten der Google-Suche weiter zu optimieren und die Suchergebnisse laufend zu verbessern. Solange die Internetnutzer Google als Suchmaschine annehmen, ist die Vermarktung der AdWords-Anzeigen gesichert.

1.3.2 Für das Ranking bieten: Anzeigenpositionen als Auktionsmodell

Wie funktioniert die Vermarktung der Werbung in der Google-Suchmaschine? Vereinfacht gesagt, bieten die Werbenden in einer Auktion um die besten Plätze im Google-Ranking. Diese Auktion startet jedes Mal aufs Neue, wenn ein Suchender einen Begriff in das Google-Suchfeld eingibt. Bei jeder neuen Suchanfrage wird also in Bruchteilen von Sekunden berechnet, mit welchem Gebot welche Anzeige und in welcher Reihenfolge platziert werden kann. Der Werbende legt mit Hilfe eines so genannten maximalen CPC, also dem maximal gewünschten Klickpreis vorher fest, welchen Höchstbetrag er für einen Klick auf seine Anzeige bezahlen möchte. Die Gebote beziehen sich dabei auf das Keyword, welches die Schaltung der Anzeige auslösen wird. Der berechnete Klickpreis, der meistens niedriger als der maximale Klickpreis ist, fällt erst dann an, wenn auch auf die Anzeige geklickt und der Google-User dann auf die Webseite des Werbenden weitergeleitet wurde.

---

3 Siehe: *http://investor.google.com/earnings/2014/Q3_google_earnings.html.*

1.3.3 Qualität ist wichtig: Anzeigenrelevanz beachten

Der wichtigste Unterschied der AdWords-Anzeigenauktion zu einer normalen Auktion liegt beim so genannten Qualitätsfaktor. Die Qualität der AdWords-Anzeigen spielt eine wichtige Rolle. Denn für die Schaltung und die Position einer Anzeige ist nicht alleine das maximale Gebot für das jeweilige Keyword wichtig, sondern aus Google-Sicht muss die Werbeanzeige auch optimal zur Suchanfrage passen. Dies macht Google, vereinfacht gesagt, an dem Faktor Qualität fest. Besitzt der Werbende eine gute (= qualitativ hochwertige) Anzeige, die gut zum geschalteten Keyword bzw. zur Suchanfrage des Google-Users passt, und bietet der Werbende darüber hinaus auch noch eine passende Landing-Page zur Textanzeige an, so bewertet Google dies mit einer hohen Qualität.

Achten Sie auf den Qualitätsfaktor

Als Werbender bei Google sollten Sie immer auf eine hohe Qualität Ihrer Keywords, Anzeigen und Landing-Pages achten. Denn eine hohe Qualität bedeutet, dass Sie im Vergleich zu Ihren Konkurrenten entweder weniger für Ihre Anzeigenposition bezahlen – oder dass Sie bei gleichem Gebot höher platziert werden. Falls Sie also mit einem niedrigeren Ranking zufrieden sind, so spart die verbesserte Qualität bares Geld. Ihr AdWords-Ranking, sprich Anzeigenposition, setzt sich nämlich aus dem maximalen CPC, multipliziert mit dem Qualitätsfaktor, zusammen.

1.3.4 Der AdWords Discounter

Der AdWords Discounter ist ein spezielles Tool, welches in Google AdWords integriert ist. Dieses Tool sorgt dafür, dass der Bieter nicht automatisch sein Maximalgebot bezahlen muss, sondern nur das Gebot, das notwendig ist, um den nächsttiefer platzierten Konkurrenten zu überbieten. Der Discounter überwacht alle Mitbewerber der jeweiligen Auktion und senkt automatisch den effektiven Cost-per-Click. So funktioniert der AdWords Discounter in der Praxis.

Stellen wir uns für ein einfaches Beispiel vor, dass für einen Suchbegriff (= Keyword) zu einem bestimmten Zeitpunkt drei Anbieter Gebote abgegeben haben. Zum besseren Verständnis lassen wir in der vereinfachten Version zunächst den Qualitätsfaktor außen vor.

Die drei Anbieter haben folgende maximalen CPC-Gebote eingestellt (siehe Abbildung 1.24):

- Anbieter A bietet 1,00 Euro
- Anbieter B bietet 2,00 Euro
- Anbieter C bietet 3,00 Euro

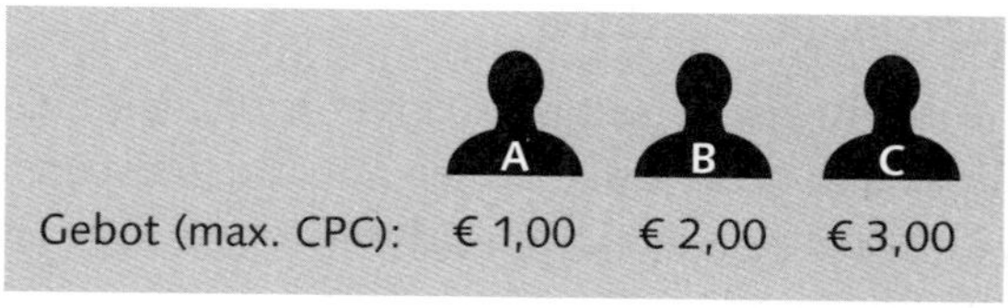

Abbildung 1.24 Maximale Klickgebote je Anbieter

Die Anzeigen würden in diesem Beispiel nach dem Auktionsprinzip in folgender Reihenfolge geschaltet. An erster Stelle steht die Anzeige von Anbieter C, gefolgt von Anbieter B und zum Schluss erscheint dann Anbieter A.

Dabei würde Anbieter A, der an letzter Stelle mit seiner Anzeige steht, in dieser vereinfachten Version 1,00 Euro pro Klick bezahlen. Anbieter B, der zwar zwei Euro bietet, würde auf Grund des AdWords-Discounters nur 1,01 Euro bezahlen (siehe Abbildung 1.25). Dies wäre das Gebot, welches notwendig ist, Anbieter A zu übertrumpfen. Anbieter C wiederum, der in unserem kleinen Beispiel an erster Stelle der Suchergebnisse steht, würde 2,01 Euro bezahlen. Auch dieser Klickpreis ist für ihn das niedrigste Gebot, welches erforderlich ist, um Anbieter B zu überbieten.

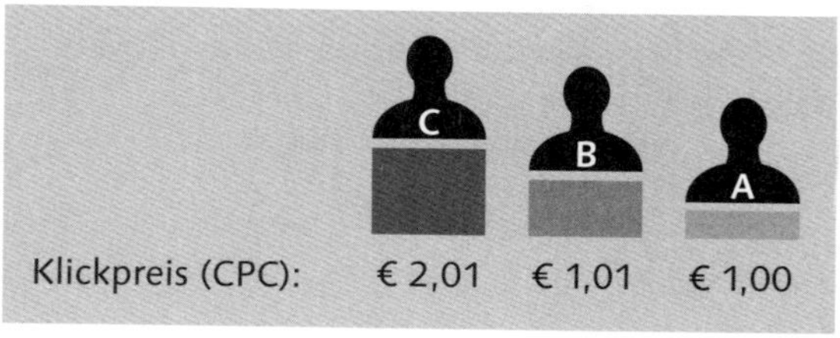

Abbildung 1.25 Positionen und Klickpreise – vereinfachte Version!

Die Funktionsweise des AdWords-Discounters basiert also auf der Unterscheidung zwischen dem maximalen Cost-per-Click-Gebot eines Werbekunden und dem tatsächlichen Klickpreis, der notwendig ist, um eine höhere Position als der direkte Konkurrent zu erreichen. Diese Funktionsweise wurde von vielen Werbekunden als fair anerkannt und begründete den schnellen Erfolg der AdWords in den Anfangszeiten dieses Werbeprogramms.

1.3.5 Der Qualitätsfaktor nimm Einfluss auf die Platzierung

Jetzt kommt jedoch noch der Qualitätsfaktor ins Spiel. Denn bei Google AdWords zählen nicht nur die reinen Gebote für eine Platzierung, sondern auch die Qualität der Anzeigen sowie die Zielseite zum angefragten Keyword spielen, wie bereits erwähnt, eine sehr wichtige Rolle für das Ranking. Zudem hat der Qualitätsfaktor auch Einfluss auf den tatsächlich zu zahlenden Klickpreis. Unser aufgeführtes

Beispiel muss also noch um den Qualitätsfaktor erweitert werden (siehe Abbildung 1.26).

Dabei ist es zuerst wichtig, dass Sie wissen, wie die Anzeigenpositionen von AdWords berechnet werden. Dafür wird zunächst der Ad Rank, das Anzeigen-Ranking, berechnet. Für diese Berechnung wird der maximale CPC, also das Gebot, welches der Anbieter maximal für einen Klick auf seine Anzeige ausgeben möchte, mit dem Qualitätsfaktor des Keywords multipliziert. Aus diesem Anzeigen-Ranking wird dann die Anzeigenposition bestimmt, wobei der Anbieter mit dem höchsten Ad Rank dann an Position eins steht.

Erweitern wir also unser Beispiel nun um den Qualitätsfaktor:

- Anbieter A bietet 1,00 Euro und besitzt den Qualitätsfaktor 8
- Anbieter B bietet 2,00 Euro und besitzt den Qualitätsfaktor 2
- Anbieter C bietet 3,00 Euro und besitzt den Qualitätsfaktor 3

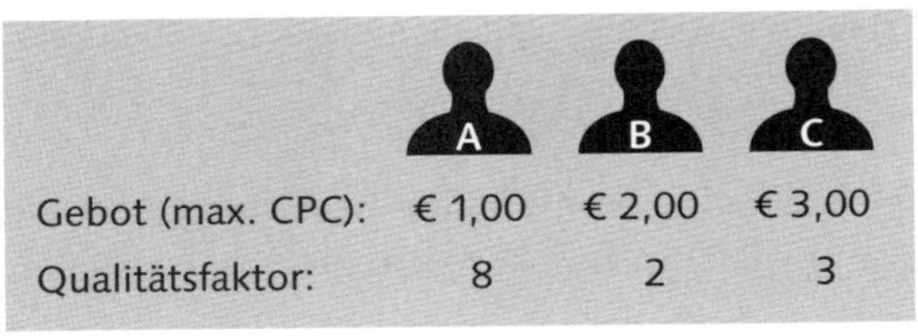

Abbildung 1.26 Gebote und Qualitätsfaktoren der einzelnen Anbieter

Aus diesen Vorgaben ergeben sich folgende Rankings:

- Ad Rank A: 1,00 × 8 = 8
- Ad Rank B: 2,00 × 2 = 4
- Ad Rank C: 3,00 × 3 = 9

Aus den Ad Ranks wird dann die Reihenfolge der Anzeigenschaltung ermittelt, wobei die Anzeige zum Keyword mit dem höchsten Ad Rank an erster Stelle steht. Für unser Beispiel ergibt sich daher folgende Reihenfolge der Anzeigenschaltung (siehe Abbildung 1.27): Anbieter C, Anbieter A, Anbieter B.

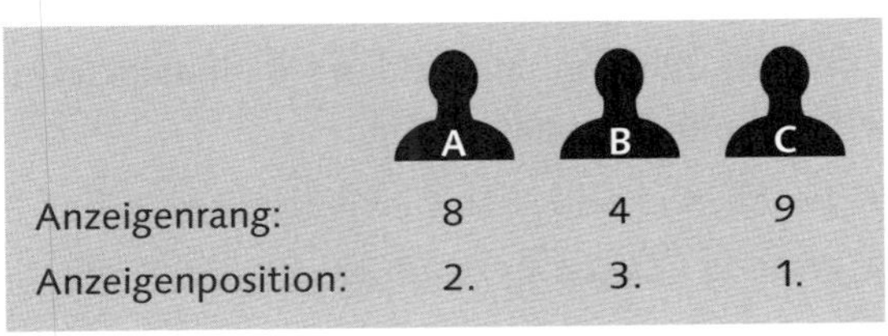

Abbildung 1.27 Berechnung zu Anzeigenrang und -position

Wenn die Reihenfolge feststeht, dann kann mit der folgenden Formel der tatsächliche Klickpreis berechnet werden:

Anzeigenrang des nächst tiefer gelegenen Konkurrenten ÷ eigenen Qualitätsfaktor in € + 0,01 €

Der Anbieter an der untersten Position (in unserem Beispiel Position 3) bezahlt jedoch immer nur sein Mindestgebot. Dieses Mindestgebot wird von AdWords für jeden Anbieter unter Einbeziehung seines Qualitätsfaktors individuell berechnet. In unserem Beispiel belegt Anbieter B den letzten Platz (siehe Abbildung 1.28).

Was ist ein Mindestgebot bei AdWords?

Google AdWords legt für jedes Keyword ein Mindestgebot fest. Dieses Mindestgebot hängt zum großen Teil vom jeweiligen Qualitätsfaktor des Keywords ab. In Abhängigkeit zum eingegebenen maximalen CPC erhält der Kontomanager im AdWords-System eine Rückmeldung, ob das Gebot für das Keyword den Anforderungen des Mindestgebots entspricht. Wird das Gebot nicht erhöht, dann wird das Keyword quasi von der Auktion um die Anzeigenplätze ausgeschlossen.

Zurück zu unserem Beispiel: Anbieter A, der eine Position über B gelistet ist, bezahlt nur einen Klickpreis, der notwendig ist, um den direkten Konkurrenten zu überbieten.

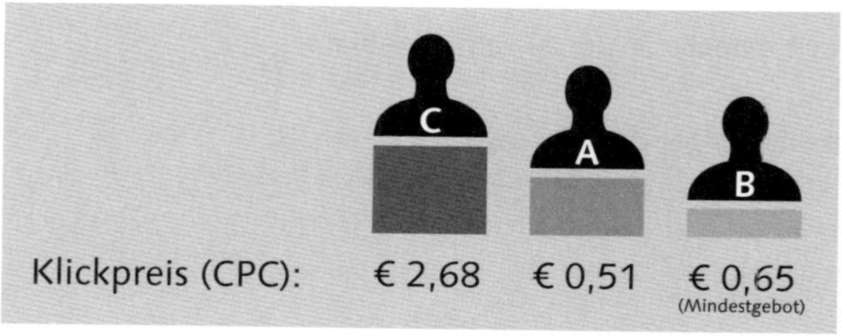

Abbildung 1.28 Klickpreis unter Berücksichtigung des Qualitätsfaktors

Auch unter Berücksichtigung des Qualitätsfaktors orientiert sich der Klickpreis zunächst an dem Höchstgebot des direkten Konkurrenten. Hinzu kommt nun jedoch auch noch das Verhältnis der Qualitätsfaktoren beider Konkurrenten.

Der Zusammenhang zwischen maximalem CPC und den beiden Qualitätsfaktoren wird deutlich, wenn wir die Formel einmal »auseinandernehmen«.

Hier zunächst noch einmal die Formel zur Berechnung des Klickpreises:

Anzeigenrang des nächst tiefer gelegenen Konkurrenten ÷ eigenen Qualitätsfaktor in € + 0,01 €

Dabei setzt der Anzeigenrang sich folgendermaßen zusammen:

Anzeigenrang = max. CPC × Qualitätsfaktor

Daraus ergibt sich:

[max. CPC (Konkurrent) € × Qualitätsfaktor (Konkurrent) ÷ Qualitätsfaktor (eigener)] + 0,01 €

Diese Formel kann man noch etwas übersichtlicher schreiben:

[Qualitätsfaktor (Konkurrent) ÷ Qualitätsfaktor (eigener) × max. CPC (Konkurrent) €] + 0,01 €

Besitzen beide Konkurrenten den gleichen Qualitätsfaktor, dann ergibt sich unsere Berechnung aus dem vereinfachten Beispiel. Der höher gelistete Anbieter zahlt nur einen Cent mehr als das maximale Gebot des direkten Konkurrenten:

1 × max. CPC (Konkurrent) € + 0,01 €

1.3.6 Das Budget – Was kostet AdWords?

Sie haben bereits gesehen, dass es keine einheitlichen Klickpreise bei Google AdWords gibt. Die Klickpreise sind immer abhängig von der grundsätzlichen Nachfrage nach einem bestimmten Keyword, der Anzahl der Konkurrenten zu einer speziellen Suchanfrage und natürlich auch vom Qualitätsfaktor der Keywords und des gesamten AdWords-Kontos. Grundsätzlich kann man die Aussage treffen, dass sehr allgemeine Keywords auch relativ teuer sind, da sie sehr oft gesucht und dabei dann auch oft geklickt werden. Allgemeine Keywords haben auch viele Konkurrenten, was zu einer schlechten Klickrate und damit auch zu einem schlechten Qualitätsfaktor führt. Spezifischere Keywords sind darum entsprechend günstiger.

Da es schon sehr schwierig ist, Aussagen über Klickpreise für einzelne Keywords zu tätigen, ist es noch schwieriger, grundsätzlich zu sagen, welches Budget bei Google AdWords eingesetzt werden soll.

Weil es keine allgemeinen Aussagen zum Budget gibt, müssen Sie zunächst das ungefähr notwendige Budget für Ihre Kampagnen ermitteln. Sie sollten also jedes Mal eine Abschätzung zu einer neuen AdWords-Kampagne durchführen. Für eine erste Abschätzung sollten Sie sich zunächst sehr intensiv mit Ihren Keywords beschäftigen, die Sie für eine neue Kampagne nutzen möchten. Der AdWords-Keyword-Planer ist dabei ein sehr hilfreiches Tool, welches Sie auch für Ihre Budgetabschätzungen nutzen sollten. Nachdem Sie Ihre wichtigsten Keywords ausgewählt haben, können Sie die Anzahl der Anfragen, die geschätzten Klicks, die durchschnittlichen Positionen und das Tagesbudget, abhängig von Ihnen jeweiligen Vorgaben, mit Hilfe des Keyword-Planers errechnen lassen. Bitte bedenken Sie jedoch, dass dies immer nur grobe Schätzungen sind, die jedoch für eine erste Budgetabschätzung ausreichen.

Nachdem Sie also eine Einschätzung von Google zum notwendigen Budget mit Hilfe Ihrer wichtigsten Keywords für Ihre Kampagnen ermittelt haben (siehe Abbildung 1.29), sollten Sie diesen Wert dem zur Verfügung stehenden Werbebudget gegenüberstellen. Grundsätzlich sollten Sie (bzw. der Budgetverantwortliche im Unternehmen) Ihr Werbebudget immer selber bestimmen und nicht die Vorgaben des Google-Tools ungefragt übernehmen. Die Handhabung des Google AdWords-Keyword-Planers mit den Möglichkeiten der Budgetabschätzung zeigen wir Ihnen in Abschnitt 2.7.1, »AdWords-Keyword-Planer«.

Keyword	Klicks	Impr.	Kosten	CTR	Durchschn. CPC	Durchschn. Pos.
"adwords schulung"	0,52	7,78	3,85 €	6,7 %	7,42 €	1,96
"adwords seminar"	0,84	10,23	6,12 €	8,2 %	7,31 €	1,41
"seminar marketing"	0,44	13,98	1,51 €	3,2 %	3,40 €	1,07
Gesamt	**1,80**	**32,00**	**11,49 €**	**5,6 %**	**6,38 €**	**1,40**

1 - 3 von 3 Keywords

Abbildung 1.29 Budgetabschätzung mit dem Keyword-Planer

Weicht die Budgetvorgabe aus dem Keyword-Planer zu stark von Ihren Möglichkeiten ab, so müssen Sie überlegen, durch welche Maßnahmen Sie Ihre Kampagnen beschränken und so das notwendig Budget reduzieren können. Bei unbegrenztem Budget können Sie natürlich alles machen, was Google vorschlägt – aber diese Situation kommt in der Praxis sehr selten vor.

Sie müssen daher Ihre Kampagnen eventuell begrenzen. Dies kann beispielsweise dadurch erfolgen, dass Sie Ihre Kampagnen nur in ausgewählten Zielregionen schalten oder die Kampagnen auf bestimmte Tage oder Tageszeiten beschränken. Auch eine Reduktion auf die wichtigsten Keywords kann eine sinnvolle Möglichkeit sein, um die Kosten Ihrer AdWords-Kampagnen zu deckeln. Bei allen Beschränkungen müssen Sie jedoch immer darauf achten, dass Sie genug Tagesbudget zur Verfügung haben, damit auch die teuren Keywords Ihrer Kampagne eine Chance zur Ausspielung haben, so dass zu diesen Keywords Anzeigen geschaltet werden und die Chance auf Conversions besteht.

Führen Sie also Ihre AdWords-Werbung zunächst als Test in einem beschränkten Umfang durch. Wenn Ihre Kampagne mit entsprechenden Optionen und passenden Texten sowie der Landing-Page optimiert ist, dann können Sie diese Kampagne Schritt für Schritt erweitern, das heißt neue Regionen, Zeiten und Keywords hinzuzunehmen. Gleichzeitig erhöhen Sie dazu dann Ihr Kampagnenbudget.

1.3.7 Lokal, regional, global – die Welt als Markplatz für Ihr Geschäft

Unter den Begriffen Geotargeting oder auch Geolocation werden die Möglichkeiten zusammengefasst, AdWords-Werbung sehr zielgerichtet auf unterschiedliche Regionen auszurichten.

Obwohl Sie grundsätzlich mit Suchmaschinenmarketing Ihre Kunden auf der ganzen Welt via World Wide Web erreichen können, kann es auf der anderen Seite auch sinnvoll sein, Ihre AdWords-Werbung nur für Ihre Stadt zu schalten. Das Geotargeting ist dabei immer abhängig von Ihrem Produkt- oder Dienstleistungsangebot und Ihrer spezifischen Zielgruppe. Für einen Unternehmer, der beispielsweise eine Dienstleistung als Handwerker anbieten möchte, macht es Sinn, Google AdWords nur in einem bestimmten Umkreis (z. B. 100 km rund um seine Firmenadresse) anzubieten. Ein Web-Shop-Besitzer möchte jedoch verständlicherweise im gesamten deutschsprachigen Raum (Deutschland, Österreich, Schweiz) mit Hilfe von AdWords gefunden werden. Und dazwischen gibt es noch unzählige Kombinationen von Zielregionen, die für bestimmte Zwecke sinnvoll sind. Die verschiedenen regionalen Ausrichtungen der Werbung sind alle in AdWords möglich. Sie können Ihre Werbung also lokal, regional, national, aber auch international schalten. Welche Regionen Sie dafür auswählen, hat mit Ihrer Online-Strategie zu tun.

Dabei ist die Ausrichtung auf verschiedene Zielregionen nicht nur für die Suche möglich, auch im Displaynetzwerk können Sie z. B. bei großen Online-Zeitschriften Ihre Werbung nur für Besucher aus Ihrer Stadt buchen. Zeitgleich erscheint dann auf derselben Werbefläche, aber in den Zielregionen außerhalb Ihrer Stadt, die Werbung von anderen Google-Kunden.

1.3.8 AdWords, mehr als nur SEM: Image, Video & Rich Media

Wie bereits erwähnt, wird Google AdWords zwar primär mit dem Thema Suchmaschinenmarketing verbunden, dieses Werbeprogramm bietet jedoch mehr Möglichkeiten, als nur die Schaltung von Textanzeigen auf Google-Suchergebnisseiten. Mithilfe des AdWords-Programms können Sie auch Banneranzeigen, animierte Bilder bis hin zu Videoclips auf verschiedenen Webseiten, in verschiedenen Portalen und Foren sowie auf YouTube schalten.

Der größte Werbebereich neben der Google-Suche nennt sich Google Displaynetzwerk (GDN). Für dieses Netzwerk gibt es zwei grundlegende Anzeigen, die dort geschaltet werden können. Im Unterschied zum Suchnetzwerk besteht im Displaynetzwerk die Möglichkeit, Werbebanner zu schalten. Diese Werbeform sollten Sie nutzen, wenn Sie eher Branding-Effekte erzielen möchten. Die Botschaften dieser Image-Anzeigen werden zum Teil auch unbewusst wahrgenommen, selbst wenn kein Klick auf die Anzeigen erfolgt.

Abbildung 1.30 Image-Anzeige im Display Netzwerk

Neben der Schaltung von Image-Anzeigen ist es im GDN jedoch auch möglich, die Textanzeigen, die Sie aus der Google-Suche kennen, zu schalten. Sie können sogar die gleichen Anzeigen aus dem Suchnetzwerk auch für das Displaynetzwerk verwenden. Teilweise werden diese Anzeigen auf den Content-Seiten dann ein wenig anders und somit, im Vergleich zu den einfachen Textanzeigen auf den Google-Suchergebnisseiten, auch interessanter (siehe Abbildung 1.31) dargestellt.

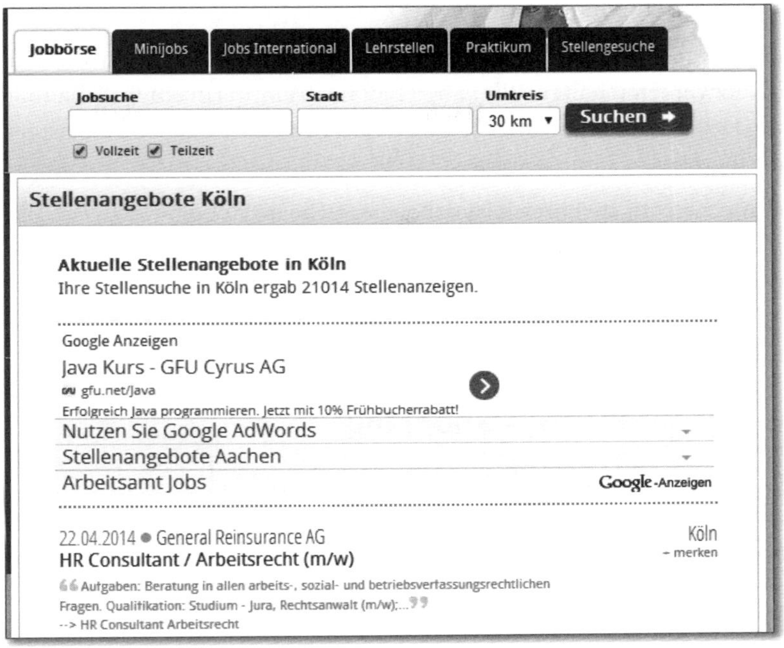

Abbildung 1.31 Textanzeigen im Displaynetzwerk

Auch in YouTube, der nach der Google-Suche zweitgrößten Suchmaschine, können Sie über das AdWords-Backend Werbung in Form von Videofilmen schalten. Bei der Suche in YouTube werden diese gesponserten Videos, deutlich als Anzeigen gekennzeichnet, an den ersten Positionen der Suchergebnisse gelistet (siehe Abbildung 1.32).

Abbildung 1.32 Video-Anzeigen auf der YouTube-Suchergebnisseite

1.3.9 Werbung in verschiedenen Google-Netzwerken

Wie Sie gesehen haben, können Sie mit Hilfe von Google AdWords Ihre Anzeigen in verschiedenen Netzwerken schalten. Wir haben hier noch einmal in einem Schaubild (siehe Abbildung 1.33) die verschiedenen Möglichkeiten und die Angabe von Beispielseiten in einem Überblick zusammengefasst.

Der größte und auch wichtigste Bereich ist dabei die Suche im Google-Netzwerk. Dieses Google-Netzwerk beinhaltet alle Google-Seiten, bei denen auch eine Suchfunktion eingesetzt wird.

Abbildung 1.33 Google-AdWords-Netzwerke zur Anzeigenschaltung mit Beispielseiten

Die Erweiterung der Google-Suchtools ist dann das Google-Suchnetzwerk, denn hierzu gehören auch alle Google-Suchpartner, wie z. B. T-Online (siehe Abbildung 1.34), Web.de, Aol.de etc. Hinzu kommen Google-Produkte wie zum Beispiel Google Maps oder Google Video.

Abbildung 1.34 Suchfeld beim Google-Partner T-Online

Auch bei den Partnern funktioniert die Suche analog zur Google-Suche. Neben den organischen Treffern, die aus der Google-Datenbank kommen, werden dort auch die AdWords-Textanzeigen geschaltet (siehe Abbildung 1.35).

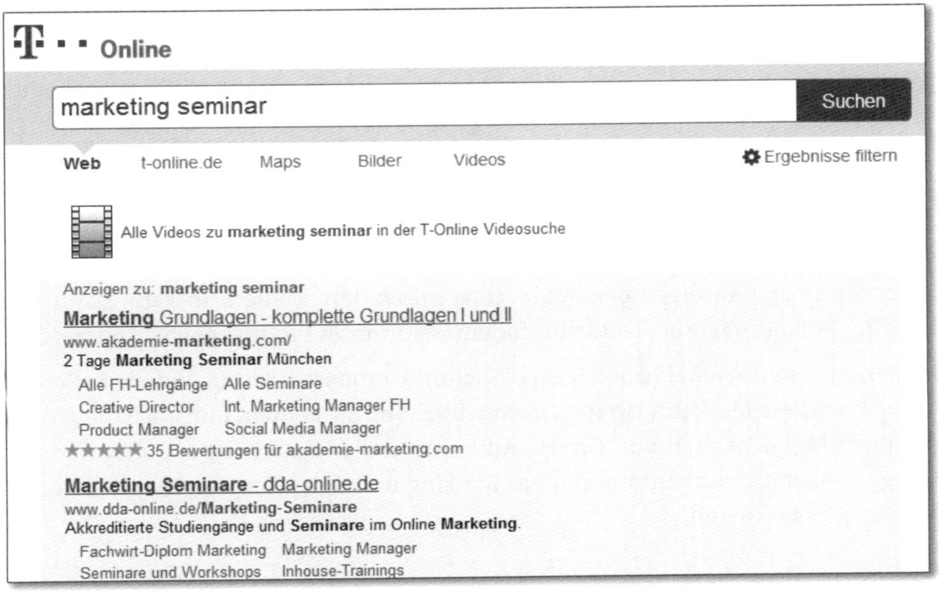

Abbildung 1.35 AdWords-Anzeigen auf der T-Online-Ergebnisseite

Der dritte große Bereich der AdWords-Werbung besteht aus dem Google Displaynetzwerk. In diesem Netzwerk bietet Google z. B. die Seiten der AdSense-Partner als Werbefläche an. Die Werbung wird im GDN auf Webseiten wie z. B. Foren, Informationsportalen, Online-Magazinen, Blogs, Community-Seiten etc. geschaltet. Im Google Displaynetzwerk können Textanzeigen, Image-Anzeigen, animierte Bilder bis hin zu Videos geschaltet werden. Im mobilen Bereich ist auch die Schaltung von Anzeigen innerhalb von Apps möglich. Als eigenständige Plattform der Google-Werbung ist schließlich YouTube zu nennen. Auch bei dieser Google-Tochter können verschiedene Werbeformate platziert werden. Dabei sind vor allem Videofilme interessant, die zu einem bestimmten Themenbereich auf YouTube platziert werden können.

1.4 Die Grenzen des Suchmaschinenmarketings

Suchmaschinenmarketing ist ein wichtiger Bestandteil des Online-Marketings, aber es hat auch seine Grenzen. Mit Hilfe der Suchmaschinen können Sie zwar neue, potenzielle Kunden auf Ihre Webseite lenken, Sie haben aber keine Garantie, dass aus den Webseitenbesuchern dann auch echte Kunden werden. Die Bedeutung von Suchmaschinen für den Kaufvorbereitungsprozess ist natürlich sehr groß, aber nicht jeder Webseitenbesucher bestellt dann auch online. Darum ist es manchmal schwierig, den gesamten Weg des Kunden (die Customer Journey) von der Suchmaschine bis zum Kauf zu verfolgen.

Ein weiteres Problem des Suchmaschinenmarketings besteht darin, dass Suchmaschinen nur Traffic auf die Webseite bringen können, wenn die passenden Suchbegriffe, das Produkt oder die Dienstleistung auch bekannt sind, oder der Suchende vermutet, dass es eine bestimmte Lösung für sein Problem gibt. Unbekannte bzw. neue Produkte, die noch nicht so bekannt sind, werden selten oder gar nicht bei Google gesucht. Hier versagt dann das Medium Suchmaschine. Für diese Produkte müssen andere Strategien entwickelt werden. Bei unbekannten Produkten macht es zum Beispiel eher Sinn, dass entsprechende Werbung auf thematisch passenden Seiten mit Hilfe von Image-Anzeigen oder Videoclips präsentiert werden. So kann dann mit Hilfe der Pull-Strategie ein Bedürfnis für ein bestimmtes Produkt geschaffen werden.

In diesem ersten Kapitel haben Sie das Suchmaschinenmarketing und die Rolle von Google für diese Marketingstrategie kennengelernt. Sie kennen nun auch die grundlegenden Möglichkeiten von Google AdWords und wissen, wie Ihr Gebot und der Google-Qualitätsfaktor zusammen das Ranking und den Klickpreis Ihrer AdWords-Werbung beeinflussen.

1.5 Checkliste

Welche der unterschiedlichen Werbemöglichkeiten mit Google AdWords ist am besten für Ihre Dienstleistung oder Produkt geeignet? Machen Sie einen »Quick-Check«.

Ich möchte folgende Produkte/ Dienstleistungen bewerben	AdWords-Werbeform
Ich habe ein(e) bekannte(s) Dienstleistung/Produkt.	Suchnetzwerk • Textanzeigen
Ich habe ein(e) unbekannte(s) Dienstleistung/Produkt.	Displaynetzwerk • Image-Anzeigen
Ich habe eine Lösung zu einem Problem.	Suchnetzwerk • Textanzeigen Displaynetzwerk • Textanzeigen und Displaynetzwerk • Image-Anzeigen
Ich habe ein lokales Geschäft.	Suchnetzwerk • Textanzeigen (regionale Ausrichtung)
Ich habe einen Online-Webshop.	Suchnetzwerk • Textanzeigen und Suchnetzwerk • Google Shopping
Ich möchte die Bekanntheit meiner Marke stärken.	Displaynetzwerk • Textanzeigen und Displaynetzwerk • Image-Anzeigen

Tabelle 1.1 Vorgaben und passende AdWords-Werbemöglichkeit

Ich möchte folgende Produkte/ Dienstleistungen bewerben	**AdWords-Werbeform**
Ich möchte zu meiner Marke oder meiner Firma gefunden werden.	SUCHNETZWERK • TEXTANZEIGEN
Ich habe bereits unterhaltsame Werbevideos erstellt und möchte meine Dienstleistungen/Produkte einer breiten Zielgruppe vorstellen.	DISPLAYNETZWERK • VIDEO-KAMPAGNEN YOUTUBE • VIDEO-KAMPAGNEN

Tabelle 1.1 Vorgaben und passende AdWords-Werbemöglichkeit (Forts.)

Kapitel 2
Google-AdWords-Vorbereitung

»Starten Sie mit AdWords – Ihre Werbung ist in wenigen Minuten online.« So ähnlich klingt die Werbeaussage zum Thema Google AdWords. Ihre neue AdWords-Kampagne ist in der Tat in wenigen Minuten online erstellt und in der Google-Suchmaschine sichtbar. Damit Ihre AdWords-Werbung jedoch gut funktioniert, sollten Sie sich auf jeden Fall mehr Zeit als die wenigen Minuten nehmen!

Bevor wir mit der ersten Erstellung einer AdWords-Kampagne beginnen, sollten Sie etwas Zeit in die Planung Ihrer Kampagnen stecken. Überlegen Sie sich, welche Ziele Sie erreichen möchten, wen Sie in welcher Form mit Ihrer Werbung ansprechen möchten. Je mehr Sie im Vorfeld planen, desto einfacher können Sie später starten. Wir zeigen Ihnen, welche wichtigen Vorüberlegungen notwendig sind, um eine AdWords-Kampagne an den Start zu bringen. Die Erstellung einer Werbekampagne über Google AdWords ist mit einigen Vorbereitungen und damit also mit einem gewissen Arbeitsaufwand verbunden. Aber auch für diejenigen, die ohne großen Aufwand ganz einfach eine erste Werbung bei Google platzieren möchte, hält Google eine Alternative bereit. AdWords Express heißt der kleine AdWords-Bruder. Wir zeigen Ihnen, wie Sie auch dort eine Werbekampagne für die Suchmaschine schalten können.

2.1 Vor dem Start – die Vorbereitung ist wichtig

Sind Sie schon einmal dem Schritt-für-Schritt-Einstieg bei Google AdWords gefolgt und haben unter Google-Anleitung die erste Adwords-Kampagne eingestellt? Wenn Sie dies gemacht haben, sind Sie sicher auf Einstellungen und Eingabefelder gestoßen, wo Sie konkrete Entscheidungen treffen mussten, auf die Sie vielleicht noch gar nicht vorbereitet waren. Denn Sie müssen bei der Anlage einer neuen AdWords-Kampagne die Frage nach Ihrem Tagesbudget beantworten, einen ersten Klickpreis für Ihre Keywords eingeben und entscheiden, welche Keywords passend sind. Zusätzlich müssen Sie auch noch eine sinnvolle Textanzeige erstellen – die Betonung liegt dabei auf sinnvoll! Das sind noch nicht einmal alle Entscheidungen, die bei der Anlage einer Kampagne auftauchen. Ohne entsprechende Vorbereitung werden diese Angaben mehr aus dem Bauch heraus getroffen, anstatt auf fundierte Fakten zu setzen.

Der bessere Weg ist also, vorher die wichtigsten Fakten zu recherchieren, Strategien und Vorgaben zu notieren. Vor dem Start einer Google-Adwords-Kampagne sollten Sie zum Beispiel interessante und sinnvolle Suchbegriffe, die sich auf Ihre Produkte oder Ihre Dienstleistungen beziehen, zusammentragen. Sie müssen außerdem Ihre Zielgruppe vor Augen haben und definieren, welche Google-Nutzer Sie zu welchen Zeiten und an welchen Orten mit Ihrer AdWords-Werbung erreichen möchten. Um optimale Anzeigen zu verfassen, sollten Sie die Vorteile Ihrer Produkte/Dienstleistungen genau kennen und auch wissen, wo Sie Ihrer Konkurrenz voraus sind bzw. wo Sie nicht konkurrenzfähig sind. Setzen Sie mit Ihrer Werbung nicht auf Themen, wo Sie schlechter als die Konkurrenz abschneiden, falls Sie z. B. höhere Lieferkosten nehmen müssen. Zu diesem Zweck sollten Sie vorher natürlich auch Ihre direkten Online-Konkurrenten analysiert haben, Sie sollten z. B. wissen, welche Begriffe und Anzeigenthemen Ihre direkte Konkurrenz bei AdWords schaltet. Wenn Sie wissen, mit welchen Vorteilen Sie punkten können, haben Sie bereits einen guten Ansatz für eine Top-Anzeige.

Bevor wir uns jedoch diesen Fragen widmen, erhalten Sie zunächst einen Überblick über das AdWords-Programm. Die Ungeduldigen erfahren dabei, wie man quasi per Kaltstart in das AdWords-Programm einsteigt.

2.2 Google-Login und AdWords-Konto

Zur Nutzung des AdWords-Werbeprogramms benötigen Sie zunächst einen Google-Login. Dieser besteht immer aus einer E-Mail-Adresse und einem Passwort. Wenn Sie erst einmal einen Google-Login besitzen, dann kann dieser nicht nur für AdWords, sondern auch für alle anderen Google-Produkte genutzt werden. Die folgenden Produkte sind vor allem für Unternehmen wichtig:

- Google Analytics (*https://www.google.de/analytics*)
- Google My Business (*http://www.google.de/business*)
- Google Merchant-Center (*http://www.google.de/merchants*)
- Google Webmaster-Tools (*http://www.google.com/intl/de_de/webmasters*)

Unser Tipp: Nutzen Sie einen Google-Login für alle Produkte!

Erstellen Sie einen Google-Login mit Admin-Rechten für Ihren Firmen-Account, der nicht zur privaten Nutzung anderer Google-Produkte genutzt wird – vermischen Sie dies nicht! Legen Sie mit diesem Login alle Firmenkonten für die unterschiedlichen Google-Produkte an, die Sie nutzen möchten. Durch diese Vorgehensweise können die einzelnen Produkte später bei Bedarf einfacher miteinander verknüpft werden.

Zur Erstellung Ihres Google-Logins klicken Sie auf der Startseite der Google-Suche einfach auf den blauen Button ANMELDEN (siehe Abbildung 2.1).

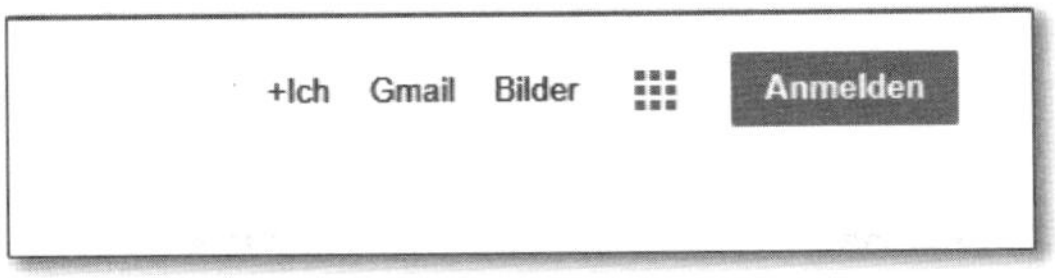

Abbildung 2.1 Anmelde-Button auf der Google-Startseite

Falls Sie bereits ein Google-Konto besitzen, können Sie sich im nächsten Schritt per E-Mail-Adresse ❶ und Passwort ❷ anmelden, ansonsten klicken Sie auf den Link KONTO ERSTELLEN ❸ (siehe Abbildung 2.2).

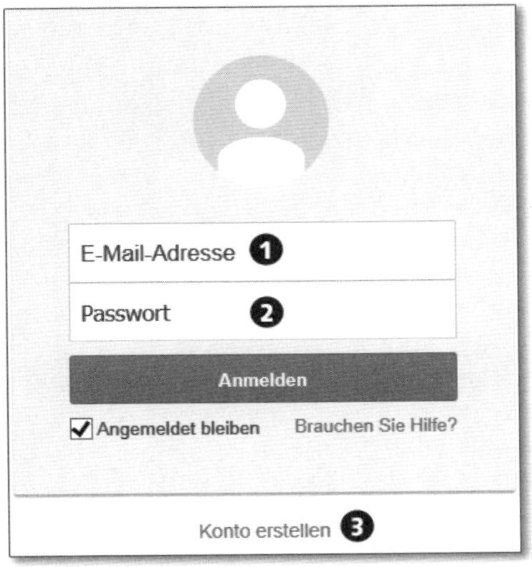

Abbildung 2.2 Google-Login oder neues Konto erstellen

Nach dem Klick auf KONTO ERSTELLEN erscheint ein Eingabeformular zur Aufnahme der persönlichen Daten. Sie können in dem Anmeldeformular mit der Anmeldung des Google-Logins entweder eine neue Google-Mail-Adresse registrieren, die dann zukünftig als Login dient, oder eine existierende E-Mail-Adresse (z. B. eine Firmen-Mail-Adresse) verwenden.

Vorteil der Google-Mail-Adresse

Falls Sie eine Google-Mail-Adresse für Ihr Google-Konto nutzen, so reicht es zukünftig, für den Login nur Ihren Nutzernamen – der vor dem @ steht – einzutippen. Sie benötigen im Gegensatz zu einer gewöhnlichen Mail-Adresse nicht die komplette E-Mail-Adresse für den Login.

Die Verwaltung des AdWords-Kontos ist immer an den Login einer Person mit zugehörigem Google-Konto gebunden. Wir empfehlen daher, einen eigenen AdWords-

Account für das berufliche Umfeld zu erstellen. Nutzen Sie dazu nicht Ihre private Mail-Adresse. In einem größeren Unternehmen ist es sinnvoll, den Google-Login, soweit es geht, »neutral« zu halten. Auf diese Weise kann ein Login später eventuell von einem anderen Mitarbeiter übernommen werden. Anmerkung: Die Tatsache, dass Google mittlerweile Name und Geburtsdatum abfragt, erschwert die Möglichkeit, einen echten Firmen-Login zu erstellen. Dies ist für größere Unternehmen ein Problem, welches kreativ gelöst werden muss.

Abbildung 2.3 Einen neuen Google-Nutzer anlegen

Wir haben die Erfahrung gemacht, dass es bei der Anlage eines Google-Kontos, auch auf Grund der allgemeinen Datenschutz-Diskussion, zwei kritische Punkte gibt:

1. Das Geburtsdatum wird abgefragt.

   Hier die Google-Begründung zur Abfrage:

   »Geburtsdatum: Ihr Geburtsdatum ermöglicht es uns beispielsweise, altersgemäße Einstellungen für Sie vorzunehmen. Ihr Alter wird ohne Ihr Einverständnis nicht angezeigt.«[1]

2. Eine Mobiltelefon-Nummer soll angegeben werden.

1 *https://support.google.com/accounts/answer/1733224?hl=de*

Hier die Google-Begründung zur Abfrage:

Die Angabe einer Mobiltelefonnummer für Ihr Konto ist eine der einfachsten und zuverlässigsten Methoden zum Schutz Ihres Kontos. Da das Mobiltelefon sich in Ihrem Besitz befindet, können wir Ihnen dann, falls Sie Ihr Passwort vergessen, einfachere Möglichkeiten zur Wiedererlangung des Zugriffs auf Ihr Konto bieten. Und falls uns bei Zugriffen auf Ihr Konto etwas Ungewöhnliches auffällt, können wir überprüfen, ob wirklich Sie Zugriff anfordern.[2]

Anstatt einer Mobiltelefonnummer kann aber auch eine alternative E-Mail-Adresse angegeben werden, an die dann ein geändertes Passwort geschickt werden kann. Die erforderliche Angabe eines Geburtsdatums führt oft zu Diskussionen, vor allem bei der Einrichtung eine Google-Accounts für große Unternehmen. Hierzu gibt es jedoch keine einfache Lösung. Die Angabe des Geschlechts kann man interessanterweise umgehen, indem man die neutrale Version SONSTIGES wählt.

Nach der Anlage des Google-Logins können Sie nun Ihr AdWords-Konto erstellen. Für Analytics & Co. können Sie natürlich Ihren neuen Google-Login ebenfalls nutzen (siehe Abbildung 2.3).

2.3 Der schnelle Einstieg in AdWords

Nachdem der Google-Login erstellt ist, können wir uns nun der Anlage eines AdWords-Kontos widmen. Rufen Sie dazu zunächst in der Adresszeile Ihres Browsers folgende URL auf: *http://adwords.google.de*.

Auf der AdWords-Startseite erscheinen Hinweise und Tipps zu Google AdWords, sowie auch eine Telefonnummer für den kostenlosen Support. Für den schnellen Einstieg und die Leser dieses Buches empfehlen wir den Klick auf JETZT LOSLEGEN.

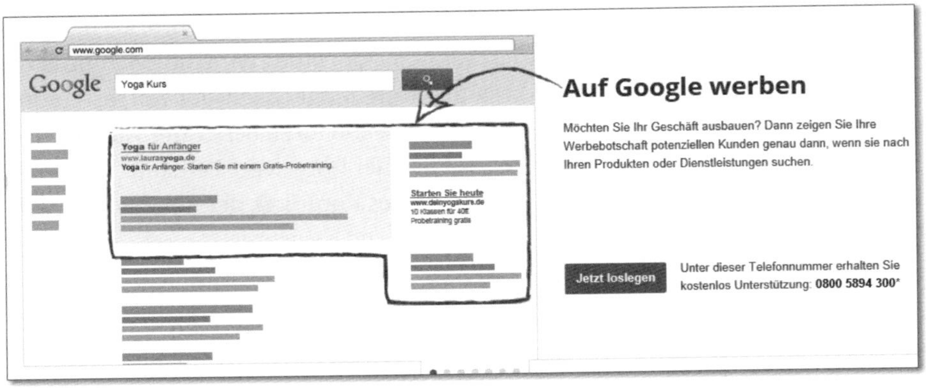

Abbildung 2.4 Google-Start für Newbies – »Jetzt loslegen«

2 *https://support.google.com/accounts/answer/1733224?hl=de*

Im nächsten Zwischenschritt greift Google jedoch das Thema Startbegleitung wieder auf, und man möchte den AdWords-Neuling an die Hand nehmen, indem Angaben zum Unternehmen etc. abgefragt werden. Hier gelangen Sie jedoch zur nächsten Stufe per Klick auf den Link ICH BIN EIN ERFAHRENER ADWORDS-NUTZER.

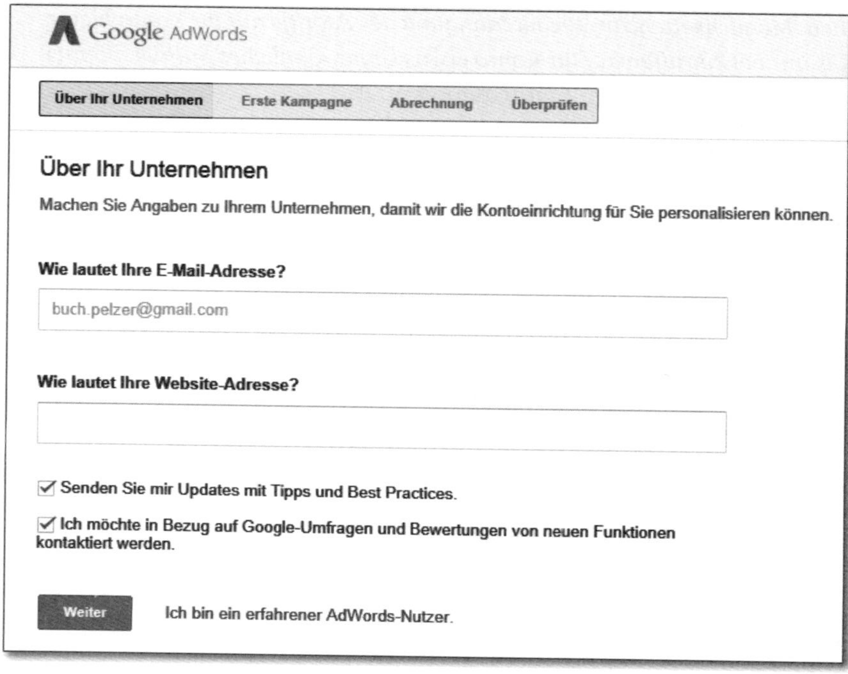

Abbildung 2.5 Startbegleitung durch Google

Danach erscheint dann ein Bildschirm (siehe Abbildung 2.6), der wichtige Einstellungsmöglichkeiten in Bezug auf Ihre AdWords-Werbung enthält. In dieser Phase treffen Sie zwei grundlegende Entscheidungen für das AdWords-Konto, die im späteren Verlauf nicht mehr geändert werden können. Zum einen wird die Zeitzone ❶ des Kontos festgelegt. Dies hat Auswirkungen auf die Möglichkeit der zeitgesteuerten Ausspielung Ihrer Kampagnen und auf die Angaben in Ihren Berichten. Alle späteren Angaben im Konto nehmen dann Bezug auf die hier festgelegte Zeitzone! Die zweite wichtige Eingabe bezieht sich auf die Währung des Kontos ❷, denn hierauf beruhen die Gebote und Klickpreise zu Ihren Kampagnen und Keywords.

Heutzutage schlägt AdWords unter Berücksichtigung des aktuellen Standortes bereits die passenden Werte vor. Bei alten Konten war dies jedoch nicht der Fall. Früher wurde oft Kalifornien (der Standort von Googles Unternehmenszentrale) als Standardwert vorgegeben und dabei fatalerweise von manchem AdWords-Einsteiger auch übernommen. Dies führte dann zu ungewollten Pannen bei der zeitlichen Aussteuerung der Werbung, die ja Bezug auf die Ortszeit in Kalifornien nahm. Zur Änderung musste dann das AdWords-Konto komplett neu aufgesetzt werden.

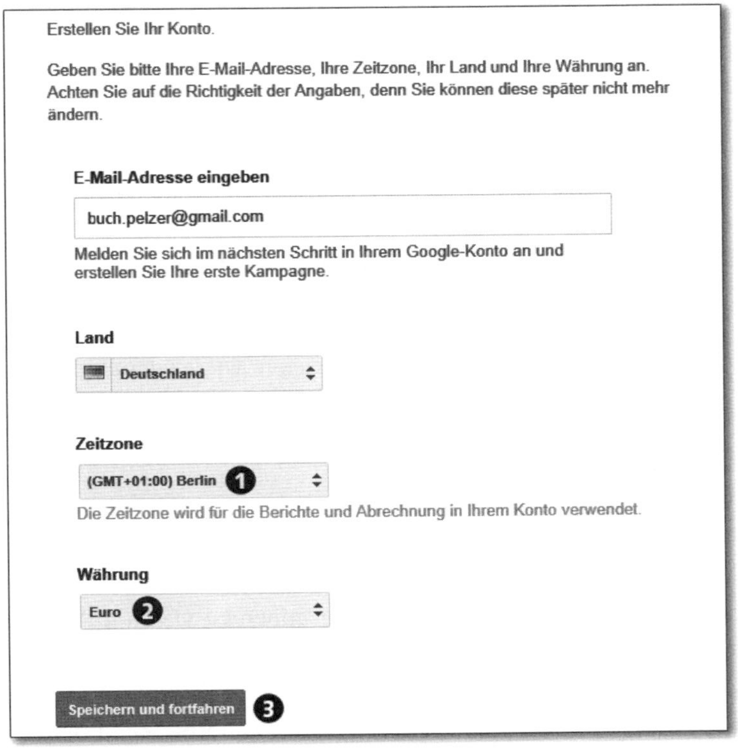

Abbildung 2.6 Land und Währung bestimmen

Nachdem Sie Land, Zeit und Währung eingegeben bzw. kontrolliert haben, klicken Sie auf SPEICHERN UND FORTFAHREN ❸. Herzlichen Glückwunsch, Sie haben Ihr AdWords-Konto erstellt. Das war es schon.

Abbildung 2.7 Geschafft – das AdWords-Konto ist erstellt.

Nun können Sie Ihre erste AdWords-Kampagne erstellen. Bevor wir jedoch gemeinsam die nächsten Schritte gehen, sollten Sie mit der grundlegenden Idee und Struktur eines AdWords-Kontos vertraut sein.

2.3.1 AdWords-Konto

Im Normalfall besitzt jedes Unternehmen ein AdWords-Konto. Falls sich die Werbung auf unterschiedliche Inhalte bezieht, kann ein Besitzer auch für verschiedene Werbethemen unterschiedliche AdWords-Konten einrichten. Google verbietet es jedoch laut AdWords-Richtlinien, dass ein Unternehmen zu einer Suchanfrage mehrere Anzeigen schaltet. Diese Doppelbuchung von Begriffen für das gleiche Unternehmen und/oder die gleiche Website kommt bei den Google-Usern nicht gut an und würde daher Google schaden. Aus einem Konto heraus ist dieses so genannte Double-Bidding (zwei Anzeigen des gleichen Unternehmens zu einer Suchanfrage) oder sogar Triple Bidding (drei Anzeigen) nicht möglich, da aus einem Konto heraus immer nur eine Anzeige zu einer Suchanfrage geschaltet wird. Falls Double- oder Triple-Bidding vorkommen, so werden verbotenerweise mehrere Konten von einem Unternehmen bzw. einer Unternehmensgruppe zum gleichen Thema genutzt.

2.3.2 Kampagnen

Das AdWords-Konto ❶ ist die erste und oberste Ebene bei Google AdWords (siehe Abbildung 2.8). Ein AdWords-Konto teilt sich danach weiter in Kampagnen ❷ und diese dann in Anzeigengruppen ❸ auf.

Der Unterschied zwischen Kampagnen und Anzeigengruppen ist vielen AdWords-Nutzern nicht ganz klar und führt dazu, dass Kampagnen und Anzeigengruppen in vielen Konten nicht zielgerichtet eingesetzt werden.

Mit Kampagnen wird die zweite Ebene unterhalb der Kontoebene bezeichnet. Fälschlicherweise wird oft angenommen, dass sich die Bezeichnung »Kampagne« auf den Marketingbegriff bezieht – nach dem Motto: »Ich erstelle eine neue Kampagne, um ein neues Produkt zu bewerben.« Im AdWords-Konto bezieht sich der Begriff »Kampagne« jedoch vor allem auf die technischen Grundeinstellungen einer bestimmten Gruppe von Werbeanzeigen.

Sie benötigen in Ihrem AdWords-Konto eine eigene Kampagne, um

- ... Werbung in unterschiedlichen Werbenetzwerken zu schalten
- ... unterschiedliche Zielregionen zu bewerben
- ... unterschiedliche Zeiträume (Frühjahrs-Kampagne, Weihnachts-Kampagne etc.) abzudecken
- ... unterschiedliche Werbebudgets zu verwalten
- ... spezielle AdWords-Strategien aufzusetzen und zu testen
- ... individuelle Gebotsstrategien für stärker umkämpfte Suchbegriffe zu nutzen
- ... individuelle Gebotsstrategien für Ihre erfolgreichsten oder wichtigsten Produkte/Dienstleistungen zu entwickeln

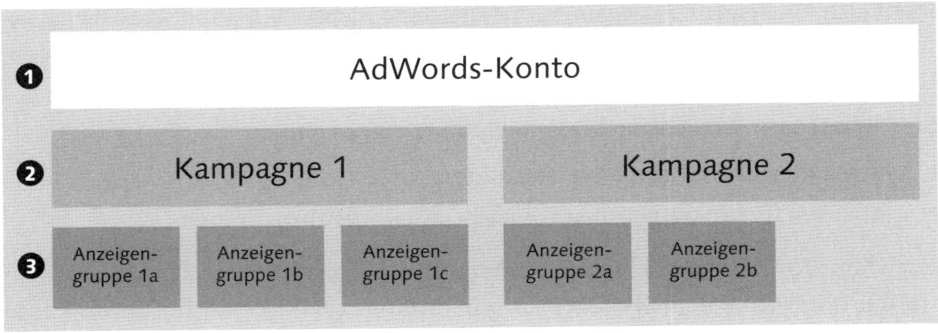

Abbildung 2.8 Grundlegender Aufbau eines AdWords-Kontos

2.3.3 Anzeigengruppen

Anzeigengruppen ❸ stellen die dritte Ebene bei AdWords dar. Denn eine Kampagne teilt sich in verschiedene Anzeigengruppen auf. Gruppen von thematisch zusammenhängenden Suchbegriffen und dazu passende, individuelle Anzeigentexte bilden zusammen eine Anzeigengruppe. Die Suchbegriffe und die Anzeigen verschmelzen quasi in der Anzeigengruppe. In AdWords können Sie das maximale Klickpreisgebot pro Anzeigengruppe festlegen. So übernehmen dann alle Keywords der jeweiligen Anzeigengruppe den festgelegten maximalen Klickpreis, wobei Sie diesen später auch noch individuell für jedes einzelne Keyword festlegen können. Eine feine Unterteilung in einzelne, individuell abgestimmte Anzeigengruppen unterhalb der Kampagnenebene wird bedauerlicherweise von vielen Werbetreibenden nicht richtig genutzt. Dabei sind unterschiedliche Anzeigengruppen jedoch extrem wichtig, um verschiedene Produkte/Dienstleistungen Ihres Komplettangebotes individuell und gezielt zu bewerben. Normalerweise gibt es nicht die eine Anzeige, die zur kompletten Palette Ihrer Produkte/Dienstleistungen passt.

So spricht beispielsweise eine Werbeanzeige mit einem Angebot zu speziellen Laufschuhen für Marathonläufer natürlich viel stärker eine entsprechende Käufergruppe »Aktive Marathonläufer« an, als eine Anzeigengruppe mit einem allgemeinen Anzeigentext zu »Laufschuhe online kaufen«. Je feiner Sie also die Anzeigengruppen auf Ihre Produkte/Dienstleistungen anpassen und Ihre jeweiligen Themen in verschiedene Anzeigengruppen aufteilen, umso stärker erreichen Sie die Aufmerksamkeit Ihrer unterschiedlichen Zielgruppen, die jeweils ganz spezielle Interessen haben.

Im Laufe der Zeit müssen Sie mit Hilfe Ihrer AdWords-Statistiken herausfinden, wie speziell Sie einzelne Anzeigengruppen unterteilen müssen. Auf der einen Seite ist es optimal, die Anzeigengruppen so fein wie möglich aufzuteilen, auf der anderen Seite muss der Aufwand für die Unterteilung Ihrer Kampagnen im Verhältnis zum Erfolg, gemessen an Webseitenbesuchern und Kunden, stehen. Für Produkte/Dienstleistungen, die wenig nachgefragt werden und bei denen die Margen nicht so hoch sind, lohnt sich eine eigene Anzeigengruppe meistens nicht. Diese Produkte/Dienstleistungen können Sie daher ruhig in einer Anzeigengruppe unter einem übergeordneten Thema zusammenfassen.

Sie sollten also verschiedene Anzeigengruppen nutzen, um

- ... unterschiedliche Klickpreise festzulegen
- ... Anzeigentexte ganz genau auf einzelne Keywords abzustimmen

Nachdem Sie den grundsätzlichen Aufbau Ihres AdWords-Kontos kennen, widmen wir uns nun wieder dem Schnelleinstieg in Ihr Konto. Bei einem ganz neuen Konto muss zunächst eine erste Kampagne erstellt werden. Klicken Sie dazu auf den Button ERSTE KAMPAGNE ERSTELLEN (siehe Abbildung 2.9).

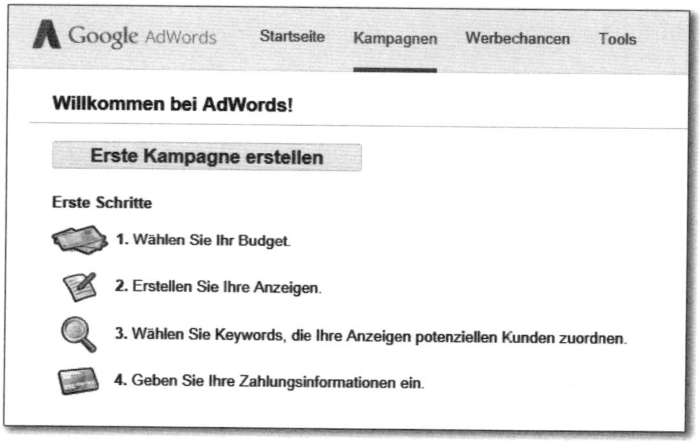

Abbildung 2.9 Die erste AdWords-Kampagne erstellen

Danach werden Sie Step by Step vom AdWords-Programm durch die Kampagneneinstellungen geleitet. Sie müssen lediglich die anstehenden Entscheidungen in Bezug auf Kampagnen-Typ, Zielregion, Sprachausrichtung, Budget etc. treffen.

Abbildung 2.10 Step-by-Step durch die Kampagneneinstellungen

Wenn Sie nach Eingabe der notwendigen Daten Ihre erste Kampagne erstellen möchten, so klicken Sie am Ende des Eingabevorgangs auf SPEICHERN UND FORTFAHREN. Falls Sie jedoch zunächst einmal alle wichtigen Informationen zusammenstellen möchten (was wir empfehlen), so klicken Sie einfach auf NEUE KAMPAGNE VERWERFEN (siehe Abbildung 2.11).

Abbildung 2.11 Neue Kampagne verwerfen

2.4 Hinweise zum AdWords-Login

Möchten Sie sich nach der Einrichtung Ihres AdWords-Kontos zu einem späteren Zeitpunkt wieder neu anmelden, so nutzen Sie einfach den Hinweis zur Anmeldung auf der AdWords-Startseite. Für die Anmeldung benötigen Sie, wie bereits besprochen, Ihre E-Mail-Adresse und das zugehörige Passwort, wobei die E-Mail-Adresse oft über eine Browsereinstellung schon gespeichert ist und entsprechend vorgegeben wird.

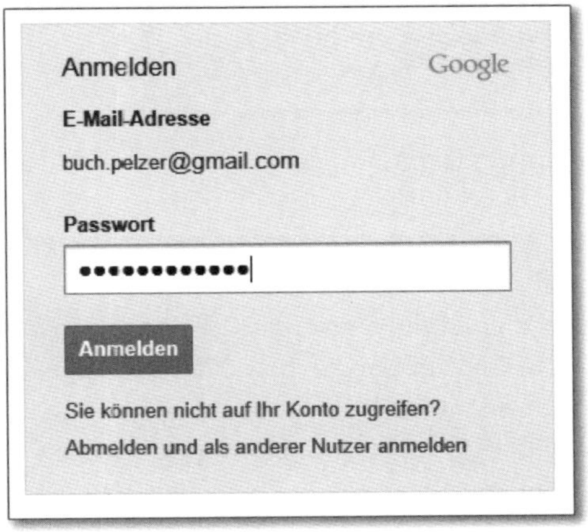

Abbildung 2.12 Google-Login bei einer neuen Session

Es kann passieren, dass Sie vor allem nach der Anlage eines neuen Kontos mit Hinweisen zum AdWords-Werbeprogramm und Hilfestellungen nach Ihrem Login »beglückt« werden. Das AdWords-Team meint es nur gut mit Ihnen, doch falls Sie trotzdem keine weiteren Tutorials wünschen, so gibt es immer irgendwo einen Button (ZU MEINEM KONTO), der Sie direkt zu Ihrem AdWords-Konto führt.

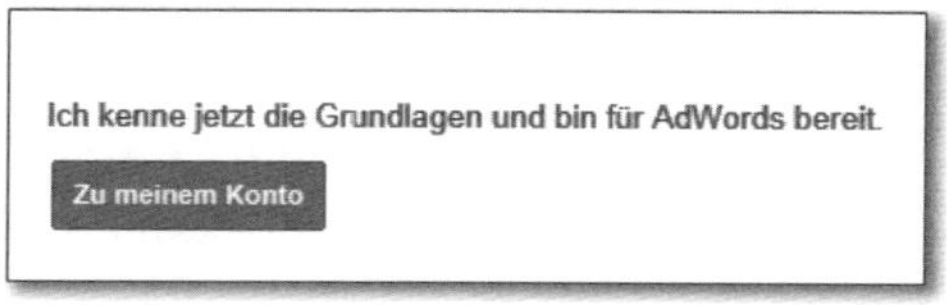

Abbildung 2.13 Hinweise zu den AdWords-Grundlagen überspringen

Falls Sie noch keine Alternative zur Wiederherstellung Ihres AdWords-Kontos eingegeben haben, erhalten Sie hierzu immer wieder einmal eine Einblendung mit entsprechenden Hinweisen (siehe Abbildung 2.14). Sie sollten in jedem Fall eine Möglichkeit zur Wiederherstellung nutzen, ansonsten wird es schwierig, beim Verlust Ihres Passwortes an Ihre Kontodaten zu gelangen.

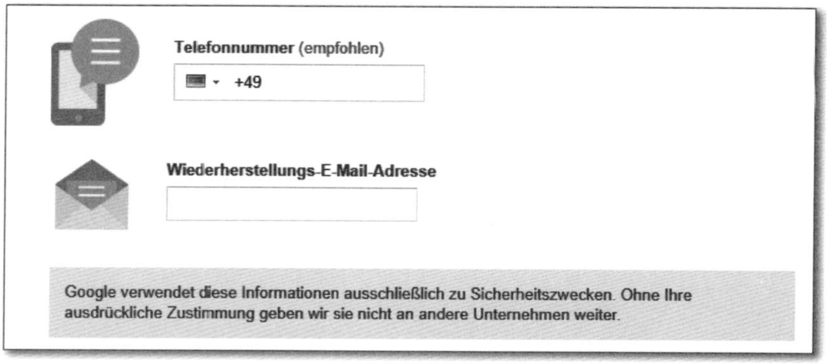

Abbildung 2.14 Alternative zur Wiederherstellung des Logins

Unternehmen sollten dafür sorgen, dass immer ein Kontozugang besteht.

Aus der Praxis wissen wir, dass es immer wieder einmal vorkommt, dass gleichzeitig mit dem Mitarbeiter, der ein Unternehmen verlässt, auch der Google- bzw. AdWords-Login des Unternehmens »abwandert«. Als Unternehmensinhaber bzw. Marketingleiter sollten Sie darauf achten, dass der Zugriff auf Ihre Google-Logins immer im Unternehmen verbleibt. Login-Daten sollten beim Ausscheiden von Mitarbeitern übergeben werden. Eventuell müssen mehrere Mitarbeiter gleichzeitig Logins mit Admin-Rechten besitzen.

2.5 AdWords Express – die Google-AdWords-Alternative!?

Das Fragezeichen in der Überschrift sagt schon alles. AdWords Express ist keine echte Alternative zu Google AdWords, Sie können aber mit dessen Hilfe die AdWords-Grundprinzipien sehr schön erlernen. Der kleine Bruder von AdWords soll als Einstieg für lokale Anbieter dienen. Mit wenigen Angaben zum Standort, einer Produktkategorie und der Angabe eines Budgets lassen sich schnell Werbeanzeigen in

AdWords Express schalten. AdWords Express ist eine sehr reduzierte Form des Werbeprogramms für Klein- und Kleinstbetriebe, die von Google in nur wenigen ausgewählten Ländern bereitgestellt wird. Im deutschsprachigen Raum war es (Stand Dezember 2014) nur in Deutschland und Österreich, nicht aber in der Schweiz verfügbar. Prüfen Sie einfach unter dieser URL, in welchen Ländern AdWords Express aktuell angeboten wird: *http://support.google.com/adwords/express/answer/1701675?hl=de&ref_topic=1719919*. Ihr Einstieg zu AdWords Express ist übrigens in Deutschland über die URL *http://www.google.de/adwords/express* bzw. in Österreich über *http://www.google.at/adwords/express* möglich.

Abbildung 2.15 Die Einstiegsseite von AdWords Express, der reduzierten Variante zur Werbung bei Google für lokale Kleinunternehmer

AdWords Express macht ausschließlich für lokale Unternehmen mit einem oder mehreren physischen Standorten Sinn. Von Second-Hand-Läden über Handwerksbetriebe bis hin zu Restaurants soll es ein einfacher Einstieg für jene Werbekunden sein, die bei Google auch ohne großen Zeit- und Budgetaufwand präsent sein möchten. Diese können damit sehr schnell Kampagnen online schalten, um Anzeigen für Nutzer in ihrer unmittelbaren Umgebung in der Google-Suche zu platzieren. Für die Kampagnenschaltung sind praktisch keine Vorkenntnisse erforderlich.

2.5.1 Anwendungsfälle für AdWords Express

Google bewirbt AdWords Express als »ideales Tool für lokale Unternehmer, die nicht viel Zeit in ihre Online-Werbung investieren können«. Nutzen Sie die nun folgende Hilfestellung, um den Anwendungsbereich von AdWords Express besser kennenzulernen und es für Sie als geeignete Plattform zu identifizieren.

Je mehr der nun folgenden Punkte Sie mit »Ja« beantworten können, desto eher können Sie davon ausgehen, dass Sie bei AdWords Express fürs Erste richtig sind:

- Sie betreiben ein oder mehrere lokale Unternehmen wie z. B. Handwerksbetriebe, Restaurants und Lokale, Fachgeschäfte, Hotels und Unterkünfte.
- Sie wissen, dass Sie den vollen Leistungsumfang von AdWords (vorerst) nicht benötigen.
- Sie möchten AdWords ohne Fachwissen und großen zeitlichen Aufwand selbst schalten.
- Sie möchten lediglich das Werbebudget steuern, aber keinen Aufwand mit Betreuung und Optimierung haben.
- Sie vertrauen den automatischen Funktionen von AdWords Express zur Anzeigen- und Keyword-Steuerung.
- Sie können oder möchten sich internen oder externen Aufwand zur professionellen Verwaltung von AdWords (noch) nicht leisten.
- Sie haben keine geeignete Webseite für Ihre Online-Kampagnen.

AdWords Express wird Ihren Anforderungen nicht entsprechen, sobald mindestens einer der folgenden Punkte für Sie zutrifft:

- Sie betreiben ein Unternehmen, dessen Produkte oder Dienstleistungen keine lokale Relevanz haben, wie z. B. einen Online-Shop, eine Online-Community oder einen Blog- bzw. Nachrichtendienst.
- Sie möchten überregionale oder internationale AdWords-Kampagnen ohne Ländereinschränkungen schalten.
- Sie möchten den vollen Funktionsumfang von Google AdWords nutzen.
- Sie möchten alle Suchbegriffe, die eine Anzeigeschaltung auslösen, individuell verwalten können.
- Sie möchten Anzeigen nicht nur in der Google-Suche, sondern auch im Displaynetzwerk oder auf YouTube schalten und auch bei den Anzeigenformaten nicht ausschließlich auf Textanzeigen limitiert sein.
- Sie können und möchten persönliche oder externe Ressourcen zur professionellen Kampagnenerstellung und -optimierung bereitstellen.
- Sie haben eine professionelle Webseite oder einen Online-Shop und möchte die Verlinkung der Anzeigen individuell steuern.

2.5.2 Produktvergleich

Vergleichen Sie AdWords und AdWords Express durch einen raschen Blick auf die folgende Tabelle.

	AdWords Express	AdWords
Abrechnungsmodell	Cost-per-Click	Cost-per-Click
Ohne eigene Website nutzbar	Ja	Nein
Automatische Verwaltung	Ja	Nein
Umfangreiche Einstellungs- und Optimierungsmöglichkeiten	Nein	Ja
Anzeigen in der Google-Suche und bei Google Maps	Ja	Ja
Anzeigen im Google Displaynetzwerk oder auf YouTube	Nur eingeschränkt	Ja
Auswahl von Keywords	Nein	Ja
Keyword-Recherche notwendig	Nein	Ja
Keyword-Optionen	Ausschließlich *weitgehend passend*	Alle
Textanzeigen	Ja	Ja
Verlinkung auf Google Plus-Seite	Ja	Nein
Ausführliche Statistik	Nein	Ja
Erweiterte Anzeigenformate (z. B. Bild- oder Videoanzeigen)	Nein	Ja
Mobile Anzeigen	Ja	Ja
Geografische Ausrichtung	Ausrichtung auf Umkreis (von 25 bis 65 km), Stadt, Bundesland und Land	International
Conversion-Tracking (Messung von Shop-Bestellungen oder Formularanfragen)	Nein	Ja
Google Analytics-Verknüpfung	Ja	Ja
Monatliches Mindestbudget	Ja (40 Euro pro Kategorie)	Nein

Tabelle 2.1 Der Produktvergleich zwischen AdWords Express und AdWords zeigt Ihnen Vorteile und Einschränkungen auf einen Blick.

2.5.3 Anzeigenerstellung AdWords Express

Konnten Sie anhand der bisherigen Informationen feststellen, dass Sie AdWords Express nutzen oder testen möchten, zeigen wir Ihnen nun, wie Sie bei der Erstellung von AdWords Express-Anzeigen konkret vorgehen. Wenn Sie über eine der URLs *http://www.google.de/adwords/express* bzw. *http://www.google.at/adwords/express* ins Programm eingestiegen sind und Ihr Google-Konto erfolgreich eingerichtet haben, nehmen Sie nun die Einrichtung Ihrer AdWords Express-Kampagne in wenigen Schritten vor:

1. Unternehmensinformationen eingeben
2. Zielgruppen auswählen
3. Anzeige/n erstellen
4. Budget festlegen
5. Informationen überprüfen
6. Zahlungsinformationen eingeben

Die einzelnen Schritte werden wir Ihnen nun kurz vorstellen und erläutern, damit Sie Ihre erste AdWords Express-Kampagne erstellen können.

2.5.4 Unternehmensinformationen eingeben

Wie bereits erwähnt, benötigen Sie für AdWords Express-Kampagnen unbedingt einen lokalen Unternehmensstandort, in dessen unmittelbarem Umkreis die Google-Anzeigen später automatisch für Sie geschaltet werden. Optional ist jedoch die Angabe einer Webseite. Sie werden später die Alternative vorfinden, die Kampagnenbesucher auf Ihren lokalen Unternehmenseintrag bei *Google My Business* zu verweisen. Wenn Sie lediglich möchten, dass potenzielle Neukunden über Google-Anzeigen Ihren Standort, sowie Telefonnummer bzw. E-Mail-Adresse ausfindig machen, reicht diese Variante aus. Die meisten von Ihnen werden aber bereits über eine eigene Webseite verfügen, die Sie entweder hier im ersten Schritt oder auch später noch angeben können.

In Abbildung 2.16 zeigen wir Ihnen, welche grundlegenden Informationen in diesem ersten Schritt erforderlich sind.

Eine Unternehmenswebseite ist Pflicht

Aus unserer Praxiserfahrung wird deutlich, dass es eigentlich nicht mehr darum geht, ob sich eine Website auch für ein kleines Unternehmen lohnt. Eine Visitenkarte im Netz ist für jedes Unternehmen »Pflicht«. Die »Kür« ist es im Internet auch gefunden zu werden und eine gute Darstellung auf mobilen Endgeräten zu erzielen.

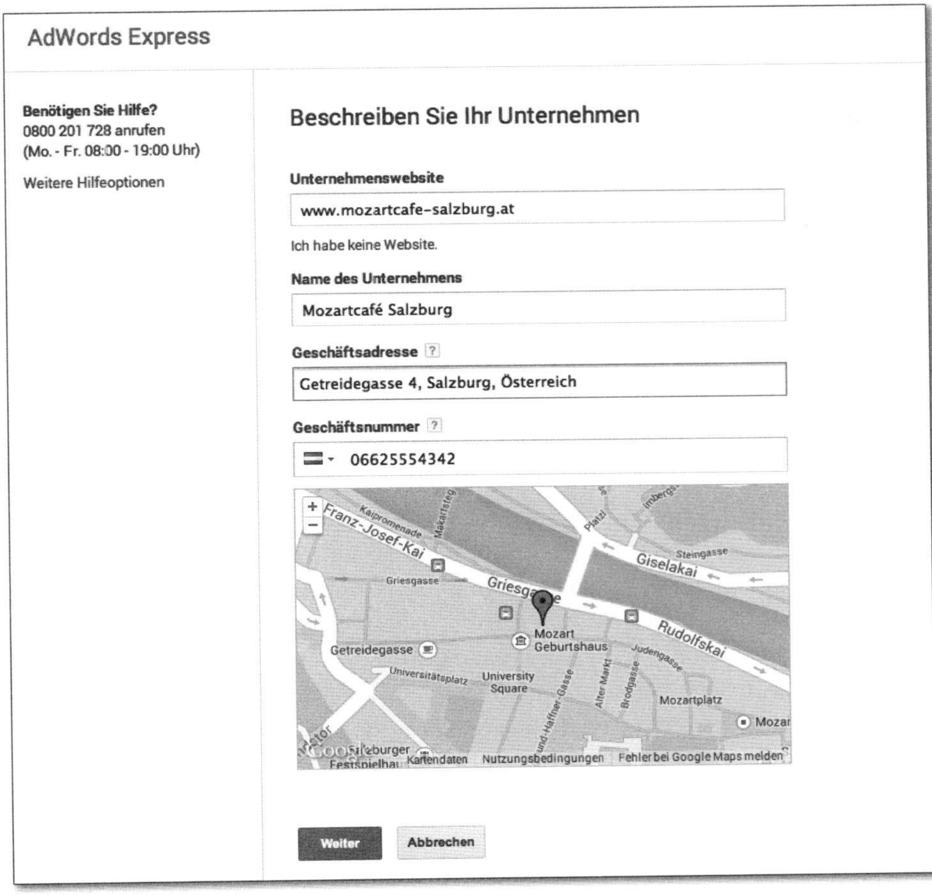

Abbildung 2.16 AdWords Express mit grundlegenden Unternehmensdaten

2.5.5 Zielgruppe auswählen

Als nächsten Schritt im Einrichtungsassistenten wird die Zielgruppenauswahl eingeblendet. Auch diese gestaltet sich sehr einfach, indem Sie zunächst den Standort Ihrer Anzeigenschaltung bestimmen. Als erste Variante schlägt Ihnen Google die umkreisbezogene Ausrichtung, ausgehend von Ihrer zuvor angegebenen Unternehmensadresse, vor.

Welche Auswahl hier sinnvoll und effizient ist, hängt nicht zuletzt von der Branche und der Zielgruppe Ihres Unternehmens ab. Wir können uns vorstellen, dass für Restaurants und Cafés eher kleinere Entfernungen gewählt werden. Da Ihre AdWords Express-Anzeigen auch auf Mobilgeräten geschaltet werden, kommen so nur potenzielle Neukunden in Frage, die sich in unmittelbarer Nähe Ihres Lokals, vielleicht sogar innerhalb der Erreichbarkeit zu Fuß, befinden. Für ein Autohaus hingegen ist auch der größtmögliche Umkreis von 65 Kilometern denkbar. Interessenten, die auf der Suche nach einem Neu- oder Gebrauchtwagen sind, sind bestimmt bereit, für ein spezielles Angebot oder gewünschtes Gebrauchtwagenmodell eine Anreise von maximal einer Autostunde in Kauf zu nehmen. Wollen Sie die geografische Ausrichtung individueller bestimmen, schalten Sie unter der in Abbildung 2.17 dargestellten Landkarte auf die ANZEIGENSCHALTUNG NACH STADT, BUNDESLAND ODER LAND um. Berücksichtigen Sie jedoch, dass Sie keinen zu großen Einzugsbereich auswählen, selbst wenn es an dieser Stelle theoretisch möglich ist. Speziell bei eingeschränkten (Test-)Budgets sollten Sie zunächst mit der im wahrsten Sinne des Wortes naheliegendsten Zielgruppe starten.

Neben der Sprachauswahl legen Sie in diesem Schritt auch die Branche Ihres Produktes und/oder Ihrer Dienstleistung fest. Die Auswahl der Kategorie erfolgt über so genanntes »Auto-Vervollständigen«. Sie beginnen einfach eine passende Kategorie-Bezeichnung einzutippen und erhalten sofort automatische Vorschläge mit tatsächlich vorhandenen Kategorien. Beginnen Sie beispielsweise mit »Auto«, erhalten Sie Vorschläge wie »Autohaus«, »Autowerkstatt« oder »Autovermietung«. Beachten Sie bitte, dass Sie hier nur eine einzige Auswahl treffen können. Diese wirkt sich unmittelbar auf die von AdWords Express festgelegten Suchwortgruppen mit den automatisch zugeordneten Keywords aus. Möchten Sie mehrere Produkte oder Dienstleistungen bewerben, können Sie für ein Unternehmen in einem späteren Schritt auch mehrere Anzeigen mit einer jeweils unterschiedlichen Zielgruppenauswahl erstellen.

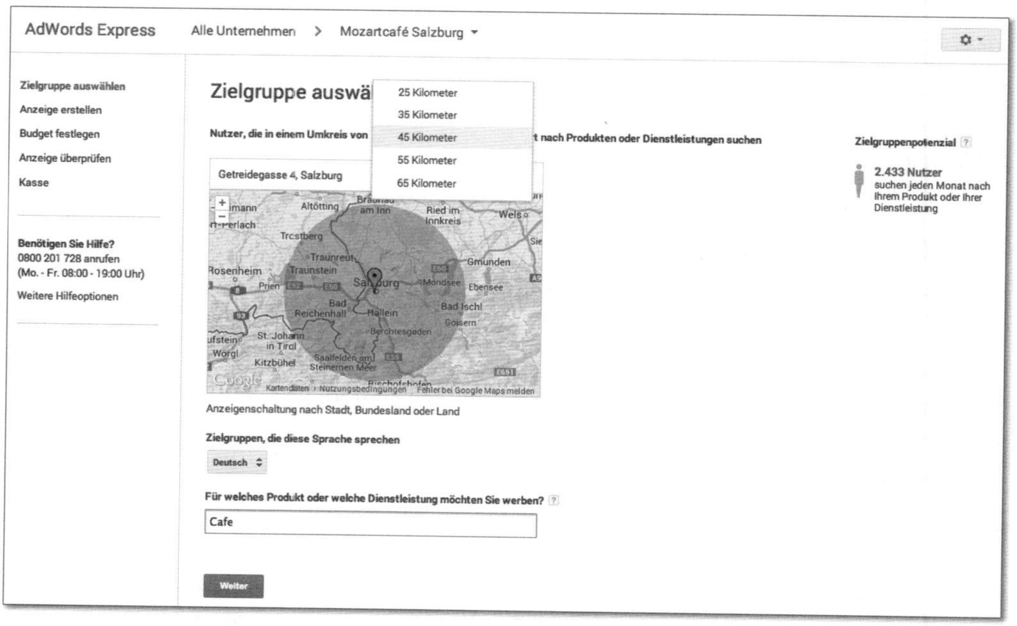

Abbildung 2.17 Erste Analyse mit potenziell interessierten Nutzern

Basierend auf Ihrer Auswahl zeigt Ihnen Google am rechten Rand automatisch ein Zielgruppenpotenzial an, also wie viele geschätzte Nutzer im gewählten Einzugsgebiet pro Monat nach Ihren Produkten oder Dienstleistungen suchen. Damit erhalten Sie einen schnellen Überblick, mit welchem Interesse und durch AdWords Express zusätzlich generiertem Besucheraufkommen Sie rechnen können. Ist das Zielgruppenpotenzial für die gewählte Branchenkategorie sehr klein, bearbeiten Sie nach Möglichkeit die geografische Ausrichtung oder überlegen Sie, ob Sie für andere passende Kategorien weitere Anzeigen zur Vergrößerung der Zielgruppe erstellen können.

2.5.6 Anzeige/n erstellen

Nach dem Festlegen der Zielgruppe wechseln Sie zum nächsten Schritt, um die Anzeigenerstellung durchzuführen.

Anzeigentitel und -text

Hier gelten die grundlegenden Vorgaben, Einschränkungen und Empfehlungen für AdWords Textanzeigen, die in Abschnitt 4.3, »Erstellung einer Anzeigengruppe«, noch näher ausgeführt werden. Der Anzeigentitel darf maximal 25 Zeichen lang sein, die zwei Zeilen für den Anzeigentext dürfen jeweils eine Zeichenlänge von 35 Zeichen nicht überschreiten. Sie können beim Texten Ihrer Kreativität freien Lauf lassen, sollten dabei aber folgende Faktoren berücksichtigen:

- Formulieren Sie treffende Texte, die Ihre potenziellen Kunden bestmöglich ansprechen.
- Integrieren Sie eine klare Handlungsaufforderung (z. B. kaufen, buchen oder anfragen).
- Heben Sie jene Eigenschaften hervor, durch die Sie sich vom Mitbewerber abgrenzen (z. B. durch Standort, Angebotsvielfalt oder Preis).
- Beschreiben Sie konkrete Produkte, Leistungen oder zeitlich begrenzte Angebote, um die Aufmerksamkeit auf sich zu lenken.
- Nutzen Sie keine (!) Übertreibungen oder unbestätigte Angaben, wie z. B. »Wir haben den besten Kaffee in der Stadt«.
- Verwenden Sie keine (!) unerlaubten Hilfsmittel, um die Aufmerksamkeit auf Ihre Anzeige zu lenken, wie beispielsweise übertriebene Großschreibung oder übermäßige Zeichensetzung.

Wie Sie in der folgenden Abbildung erkennen können, zeigt Ihnen AdWords Express am rechten Bildschirmrand eine Anzeigenvorschau für klassische und mobile Suchergebnisseiten, die Ihre eingegebenen Daten automatisch so darstellt, wie sie später auch die Google-Nutzer sehen werden. Sie sollten jedoch berücksichtigen, dass Google anhand den von Ihnen bereitgestellten Angaben auch noch weitere

Anzeigenvarianten automatisch erstellt. Google gibt an, dass »basierend auf Ihren Informationen in der von Ihnen getexteten Anzeige sowie den Inhalten Ihrer Unternehmenswebseite weitere Anzeigen erstellt« werden, die parallel zu dem von Ihnen gewählten Text laufen. Damit soll eine »automatische Leistungsoptimierung« der Kampagne sichergestellt werden. Sie müssen damit rechnen, dass es dieser Algorithmus nicht immer schafft, jeweils in Ihrem Sinne zu texten. Wundern Sie sich also nicht, sollten Sie Anzeigen finden, die zwar auf Ihr Unternehmen hinweisen, aber Ihnen unbekannte Texte verwenden!

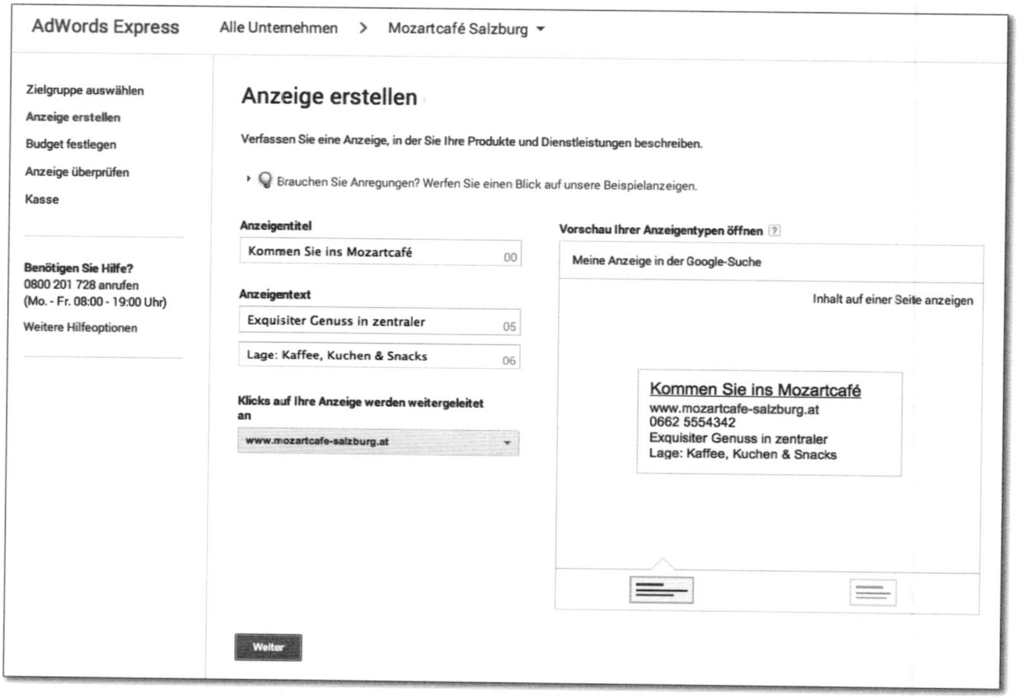

Abbildung 2.18 Zentraler Schritt bei AdWords Express: die Anzeigenerstellung

Neben den Textzeilen beinhaltet die Anzeige noch weitere Informationen. Die Kontaktdaten inklusive Adresse und Telefonnummer sind ebenso ersichtlich wie die URL Ihres Unternehmens bzw. der alternativen Google My Business-Seite.

Weiterleitung der Anzeige

Der Großteil der AdWords Express-Nutzer wird die Anzeigen auf die eigene Unternehmenswebseite weiterleiten, um den Interessenten und potenziellen Kunden alle dort bereitgestellten Informationen zu zeigen. Alternativ können Sie – und das ist eine Eigenheit von AdWords Express – die Anzeigen auch schalten, wenn Sie über keine eigene Webseite verfügen. In diesem Fall wählen Sie die Option, dass Ihre Anzeigen auf die Google My Business-Seite Ihres Unternehmens weitergeleitet werden soll. Diese können Sie kostenlos bei Google einrichten, um damit grundlegende Informationen zu Ihrem Geschäft wie die Adresse, Telefonnummer und Öffnungszeiten bereitzustellen, die in Diensten wie der Google-Suche, Google Maps oder eben AdWords Express zum Einsatz kommen. In diesem Fall kann die Zielsetzung der Anzeigen nur jene sein, dass potenzielle Interessenten an Ihren Produkten oder Dienstleistungen direkt mit Ihnen in Kontakt treten, indem sie einen Telefonanruf tätigen oder gleich direkt persönlich bei Ihnen vorbeikommen. Denn eine My Business-Seite bei Google kann deutlich weniger Informationen bereitstellen als es Ihnen eine individuell angepasste Webseite ermöglicht.

Google My Business-Seiten als Webseitenersatz?

Die von AdWords Express angebotene Alternative, auch ohne eigene Webseite Suchmaschinenwerbung schalten zu können, klingt aufregend. Sollten Sie sich an dieser Stelle fragen, ob Sie nun auf Ihre Webseite verzichten sollen, lautet die schnelle Antwort vorweg: Nein! Google My Business ist ein im Frühjahr 2014 vorgestellter Service, den Google im Zuge der Einführung seines sozialen Netzwerks Google+ und dem Namen Google+ Local ursprünglich angeboten und nun weiter optimiert und tiefer in seine Services integriert hat. Es löst somit den zuvor bekannten Dienst *Google Places* zur Erstellung und Verwaltung von geschäftlichen Standorteinträgen ab. Eine Google My Business-Seite zeichnet sich unter anderem durch folgende Merkmale aus: Neben Informationen zu Standort, Kontaktmöglichkeiten und Öffnungszeiten können Interessenten dort zum Beispiel auch Empfehlungen und Erfahrungsberichte anderer Google+-Nutzer finden. Auch für Bilder und Beiträge, die sowohl vom Geschäftsinhaber als auch von Gästen erstellt werden können, bietet diese Seite Platz. Im Unterschied zu normalen Google+-Seiten, die für jegliche Art von Organisationen, Dienstleistungen oder Produkten erstellt werden können, hat eine Google My Business-Seite jeweils Bezug zu einem auch in der realen Welt auffindbaren Unternehmensstandort. Ein Auftritt auf Google+ ist eine sehr empfehlenswerte Ergänzung zu Ihrem bestehenden Online-Auftritt. Ein Webseitenersatz kann Ihre kostenlose Unternehmenspräsenz bei Google keinesfalls sein, da Sie sich bei Art und Form der Inhalte stets an die vorgegebenen Rahmenbedingungen halten müssen und dort nur wenig Platz für individuelle Angaben finden. Zudem sind Sie hinsichtlich der Auffindbarkeit im Internet hundertprozentig auf Google angewiesen und haben keine Garantie, sich auch langfristig auf diese derzeit kostenlos bereitgestellten Services verlassen zu können. Lediglich für Klein- und Kleinstunternehmer, die sich für erste Online-Erfahrungen keine Webseite leisten möchten, halten wir diese Variante in Kombination mit AdWords Express für ein denkbares Einstiegsszenario. Interessenten können unter der folgenden URL mehr zu Google My Business erfahren und ihren Unternehmensstandort bei Bedarf gleich anlegen: *http://www.google.de/intl/de/business*.

2.5.7 Budget festlegen

Sie müssen im Zuge der Einrichtung Ihrer Anzeigen auch ein Tagesbudget festlegen. Damit stellen Sie sicher, dass Ihnen durch AdWords Express nicht mehr Kosten entstehen, als Sie dafür eingeplant haben. Google schlägt an dieser Stelle einen typischen Budgetrahmen vor, welcher basierend auf der von Ihnen ausgewählten Kategorie und dem dafür vorhandenen Wettbewerb automatisch errechnet wird. So erhalten Sie sofort eine Prognose über potenzielle tägliche und monatliche Kosten, inklusive einer groben Schätzung, wie viele Klicks Sie pro Monat erhalten können. Es obliegt Ihnen, ob Sie einfach auf einen der Google-Vorschläge eingehen oder ein eigenes Budget festlegen. Berücksichtigen Sie an dieser Stelle, dass Sie Ihr Tagesbudget auf mindestens 1,34 Euro festlegen müssen, um das bei AdWords Express verpflichtende monatliche Mindestbudget von 40 Euro zu erreichen.

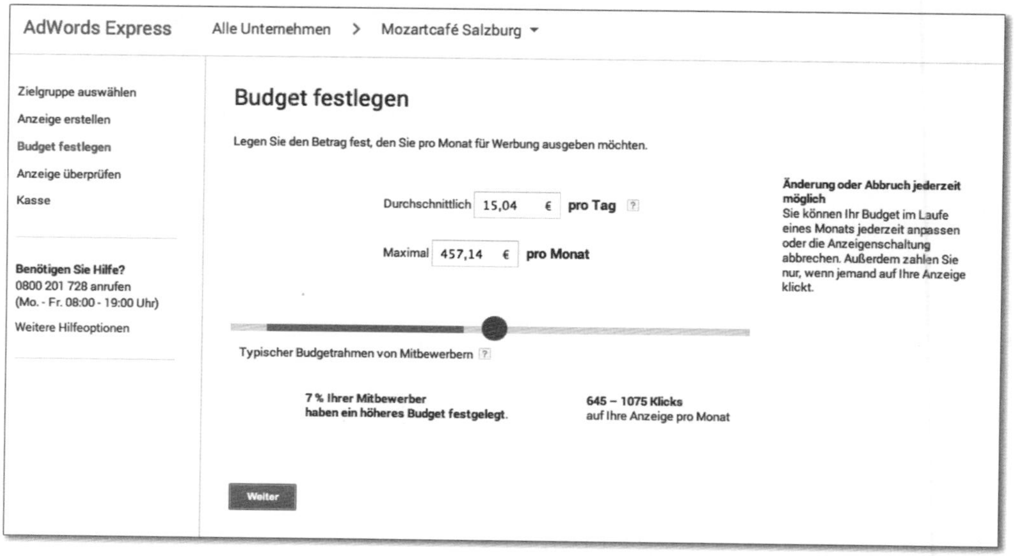

Abbildung 2.19 Automatische Budgetempfehlungen für die gewählte Branche

Des Weiteren sollten Sie beachten, dass hier ein *durchschnittliches* Tagesbudget gewählt wird. Es wird also in der Praxis vorkommen, dass die tatsächlichen täglichen Ausgaben unterschiedlich hoch sind. Dies ist ein normales Verhalten, das von technischen Faktoren sowie dem nicht vorhersehbaren täglichen Suchinteresse bestimmt wird. Sie können jedoch sicher sein, dass Ihr monatliches Budget nicht überschritten wird. Beträgt Ihr Tagesbudget beispielsweise 15 Euro, werden Ihnen im Monat nicht mehr als 450 Euro an Werbeausgaben entstehen (15 Euro multipliziert mit 30 Tagen pro Monat).

Mindestbudgets in Theorie und Praxis

Das seitens Google veranschlagte monatliche Mindestbudget von 40 Euro ist sehr gering gewählt. Wir möchten Ihnen hier anhand eines Beispiels veranschaulichen, wie Sie ein sinnvolles Monatsbudget finden können. Bleiben wir bei den 40 Euro Mindestbudget und nehmen wir an, dass Sie ein Klick auf die Anzeige ca. 0,67 Euro kostet. Auf diese Weise würden Sie über AdWords Express nicht mehr als ungefähr 60 neue, Besucher im Monat – oder umgerechnet nur zwei Interessenten pro Tag – erzielen können. Wenn wir davon ausgehen, dass Sie eine Webseite betreiben, die auch ohne Kampagnen tägliche Besucherzahlen im mindestens zweistelligen Bereich aufweist, werden Sie also die zusätzlich gewonnenen Besucher kaum wahrnehmen können. Sie sollten also das Kampagnenbudget in jedem Fall so wählen, dass Sie täglich einen »spürbaren« Besucherzuwachs auf Ihrer Webseite generieren können. Mit 200 Euro würden Sie mit dem hier im Beispiel genannten Klickpreis bereits 300 neue monatliche Interessenten (oder etwa 30 pro Tag) gewinnen können.

Wir schlagen vor, dass Sie bei AdWords Express nicht unter einem Monatsbudget von 100 Euro schalten. Sie möchten schließlich von dieser Maßnahme durch einen messbaren Besucherzuwachs auf Ihrer Website oder einer höheren Kundenfrequenz in Ihrem Geschäft unmittelbar profitieren. Wenn Sie das Budget sehr gering ansetzen und dadurch nur wenige Klicks pro Tag generieren, sparen Sie womöglich an der falschen Stelle, indem Ihre Anzeigen zu kurz und eventuell zur falschen Tageszeit online sind.

2.5.8 Informationen überprüfen

Nachdem Sie eine Budgetauswahl getroffen haben, bietet Ihnen der Assistent die Möglichkeit, alle in den vorherigen Schritten angegebenen Informationen zusammengefasst auf einer Seite zu überprüfen und bei Bedarf noch einmal zu bearbeiten. Prüfen Sie an dieser Stelle Zielgruppen, Anzeigen und vor allem Ihre Budgetauswahl genau, bevor Sie Ihre Eingabe bestätigen und mit dem finalen Schritt fortfahren, um die Anzeigen online zu schalten.

2.5.9 Zahlungsinformationen eingeben

Nachdem Sie Ihre Anzeigen erstellt und überprüft haben, müssen Sie im letzten Schritt noch Ihre Zahlungsinformationen hinterlegen. Die dazu erforderliche Vorgehensweise entspricht den in Abschnitt 5.6.1, »Abrechnung: Ihre AdWords-Rechnungen«, beschriebenen Schritten für herkömmliche AdWords-Konten.

Abschließend gilt auch für AdWords Express: Mit wenig Aufwand und praktisch keinem finanziellen Risiko haben Sie die Möglichkeit, Ihre Produkte und Dienstleistungen einem relevanten Online-Publikum in der nach wie vor mit Abstand beliebtesten Suchmaschine im deutschsprachigen Raum zu präsentieren. Kosten entstehen Ihnen erst dann, wenn Ihre Anzeigen geklickt wurden und Interessenten auf Ihre Webseite geführt haben. Und sobald dieser Fall eintritt, füllt sich Ihr Konto mit Daten und Berichten, mit deren Hilfe Sie Ihren Budgeteinsatz weiter optimieren können. Natürlich gestalten sich die Möglichkeiten nicht so umfangreich wie beim »großen Bruder« im AdWords-Interface, wo Sie dennoch auch bei AdWords Express in der Optimierung ansetzen können, möchten wir Ihnen nun kurz erklären.

2.5.10 Anzeigenverwaltung und -optimierung von AdWords Express

Gehen wir davon aus, dass Sie die vorhergehenden Schritte erfolgreich abschließen konnten und Ihre Anzeigen bei Google geschaltet werden. Es kann einige, laut Google bis zu 24 Stunden dauern, bis diese tatsächlich auch bei den passenden Suchergebnissen aufscheinen. Wenn alles klappt, informiert Sie Google zusätzlich auch per E-Mail, dass Ihre Anzeigen aktiv sind. Auch über eventuelle Probleme und Fehler in der Einrichtung werden Sie per E-Mail informiert.

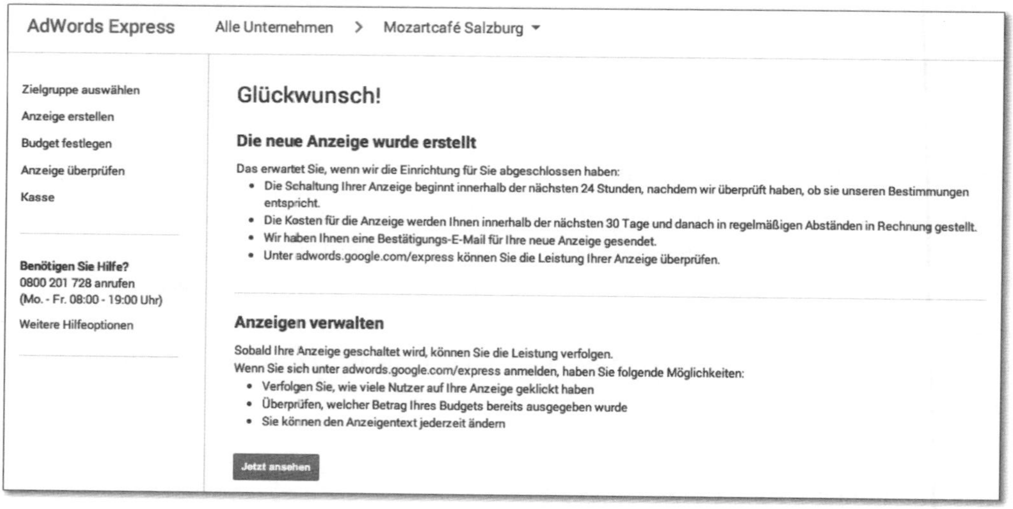

Abbildung 2.20 Eine erfolgreiche Anzeigenerstellung wird bestätigt.

Sie wissen bereits, dass Ihre Möglichkeiten, die Anzeigen aktiv verwalten und optimieren zu können, stark eingeschränkt sind. Dennoch gibt es in der Benutzeroberfläche ein paar wichtige Bereiche, die Sie für die laufende Arbeit mit AdWords Express kennen sollten. Wir empfehlen Ihnen, Ihre Anzeigen nicht gänzlich unbeobachtet laufen zu lassen.

2.5.11 Benutzeroberfläche

Die Benutzeroberfläche von AdWords Express fällt im Vergleich zu AdWords sehr spärlich aus. Sie finden hier nur eine sehr reduzierte Menüauswahl:

- ALLE UNTERNEHMEN
  Der Einstieg in AdWords Express erfolgt mit der Darstellung ALLE UNTERNEHMEN, Sie können in dieser Ansicht auch ein NEUES UNTERNEHMEN ERSTELLEN.
- ABRECHNUNG
  Dieser Bereich verbirgt sich hinter dem mit dem Zahnrad gekennzeichneten Einstellungsmenüpunkt am rechten Bildschirmrand und unterscheidet sich nicht von den AdWords-Abrechnungseinstellungen. Sie finden dort relevante Informationen zu Ihren Zahlungen, können Rechnungen einsehen, Zahlungsmittel ändern und auch Gutscheincodes einlösen.
- E-MAIL EINSTELLUNGEN
  Gleich nach der Abrechnung legen Sie hier fest, welche Arten von (Werbe-)Benachrichtigungen Sie von Google und AdWords Express im Speziellen erhalten möchten. Wichtige Systemnachrichten, wie etwa Probleme mit den Anzeigen oder Budgets, erhalten Sie auch ohne eine Aktivierung dieser Benachrichtigungen.
- HILFE
  Als weitere und letzte Option finden Sie im Zahnradmenü einen Link zur AdWords Express-Hilfe (URL zum direkten Einstieg: *https://support.google.com/adwords/express/?hl=de#topic=1719919*), sowie alternativ eine direkte Kontaktmöglichkeit zum telefonischen Support durch einen Google-Mitarbeiter.

2.5.12 Anzeigenoptimierung

Möchten Sie Ihre aktiven Anzeigen bearbeiten, um beispielsweise Texte, Kategorienzuordnungen oder Budgets anzupassen, starten Sie zunächst bei ALLE UNTERNEHMEN und wählen dort das gewünschte aus. Danach gelangen Sie beim Vorliegen mehrerer Anzeigen zu einer Übersichtsseite. Sollten Sie zunächst nur eine Anzeige im Einsatz haben, führt Sie ein Klick auf das Unternehmen ohne Zwischenschritt direkt zu deren Detailberichten und Einstellungen.

Optimierung von Anzeigentexten

Sie werden eventuell bei der ursprünglichen Erstellung der Anzeigentexte bemerkt haben, dass es durchaus eine Herausforderung sein kann, die Vorteile Ihres Unternehmens und dessen Angebote, Produkte oder Dienstleistungen auf begrenztem Raum bestmöglich hervorzuheben. Wir geben Ihnen als AdWords Express-Nutzer nur ein paar schnelle Tipps, die Ihnen das Verfassen von passenden und erfolgreichen Anzeigentexten ermöglichen sollen:

- Wodurch heben Sie sich von den Mitbewerbern ab? Versuchen Sie, mindestens eine Eigenschaft Ihres Angebotes hervorzuheben, um in der Vielzahl an auf einer Seite konkurrierenden Anzeigen aufzufallen.
- Bieten Sie etwas Exklusives an? Konkrete Preisangaben und Hinweise auf zeitlich limitierte Angebote können die Leistung Ihrer Anzeige verbessern, indem Sie bessere Klickraten erzielen. Weisen Sie in Ihren Anzeigen auf besondere Angebote, Spezialpreise und Aktionen hin und generieren Sie so wertvolle zusätzliche Klicks.
- Ist ein Bezug zu Kategorie- und/oder Suchbegriffen gegeben? Versuchen Sie, ein oder mehrere Wörter, bei denen Sie die Schaltung Ihrer Anzeigen erwarten, auch in den Texten wiederzuverwenden. Der unmittelbare Bezug zwischen dem Suchbegriff des Nutzers und Ihrer Anzeige wird auf diese Weise besser hergestellt.
- Welche Aktion sollen Interessenten durchführen? Abhängig von Ihrem Unternehmensziel werden Sie von den Interessenten, die auf Ihre Anzeigen klicken, unterschiedliche Aktionen erwarten. Kaufen, anmelden oder anrufen sind nur drei Beispiele für konkrete Handlungsaufforderungen, die Sie idealerweise in Ihren Anzeigen platzieren sollten.
- Hält die Webseite, was die Anzeige verspricht? Prüfen Sie sorgfältig, ob Interessenten alle in den Anzeigentexten beworbenen Angebote, Preise oder Produkte rasch und korrekt auf Ihrer Webseite finden können. Wenn Sie zeitlich begrenzte Preise und Angebote in den Anzeigen verwenden, müssen Sie auch Zeit für deren regelmäßige Prüfung und Aktualisierung kalkulieren. Programmieren Sie automatische Erinnerungen in Ihrem Kalender, um falschen Anzeigeninhalten und somit potenziell verärgerten Interessenten vorzubeugen.
- Ist die Anzeige zu 100 Prozent fehlerfrei? Es gibt nichts Lästigeres und aus Konsumentensicht Unprofessionelleres als Rechtschreib- oder Grammatikfehler in den Anzeigen. Prüfen Sie daher Ihre Texte vor der Veröffentlichung genau, und stellen Sie sicher, dass Sie den zur Verfügung stehenden Platz optimal nutzen.

Haben Sie Optimierungspotenzial für Ihre bestehenden Anzeigentexte erkannt? Zögern Sie nicht, unpassende Anzeigentexte schnellstmöglich zu verbessern!

Optimierung von Kategorien und Keywords

Wie Sie bereits gelernt haben, können Sie bei AdWords Express die Keywords nicht unmittelbar beeinflussen. Diesbezügliche Optimierungen müssen Sie also durch die Auswahl einer anderen und möglicherweise besser passenden Kategorie durchführen. Einige Fälle, bei denen Sie eine Überarbeitung der Kategorien in Betracht ziehen sollten, möchten wir Ihnen hier nennen:

- Ihr Unternehmensbereich hat sich geändert? Fügen Sie einfach neue Anzeigen mit neuen Branchenkategorien hinzu, um Ihre Produkte und Dienstleistungen effektiver zu bewerben.

- Ihre primäre Kategorienauswahl ist zu wenig spezifisch? Sobald Sie bei den Suchwortgruppen-Berichten im Bereich STARTSEITE völlig irrelevante Keywords vorfinden, ist dies ein Zeichen dafür, dass Sie Ihre Kategorie möglicherweise zu generisch gewählt haben. Prüfen Sie, ob Sie eine Kategorie finden können, die besser zu Ihrem Unternehmen passt.
- Sie verwenden Kategorien mit indirektem Bezug? Als Autohändler für die Marke Mercedes-Benz möchten Sie auch potenzielle BMW- und Audi-Käufer für sich gewinnen? Verwerfen Sie solche Werbestrategien in AdWords Express und wählen Sie nur Kategorien, von denen Sie wissen, dass diese Ihrem Angebot tatsächlich entsprechen.
- Sie haben zu viele Kategorien gewählt? Selbst wenn Googles Vorschläge für Kategorien mannigfaltig sind, fokussieren Sie sich auf den Kernbereich Ihres Unternehmens und ignorieren Sie unpassende Vorschläge einfach.
- Sie möchten die Anzeigenschaltung in speziellen Kategorien stärken? Ihre Anzeigen und Budgets werden nicht zentral, sondern je Kategorie einzeln definiert. Möchten Sie zum Beispiel, dass in der Kategorie *Café* fünf, für *Eissalon* in den Sommermonaten jedoch zwanzig Euro pro Tag ausgegeben werden, so legen Sie einfach unterschiedlich hohe Budgets fest, um den Fokus der jeweiligen Anzeigen auf die von Ihnen präferierte Kategorie zu legen.

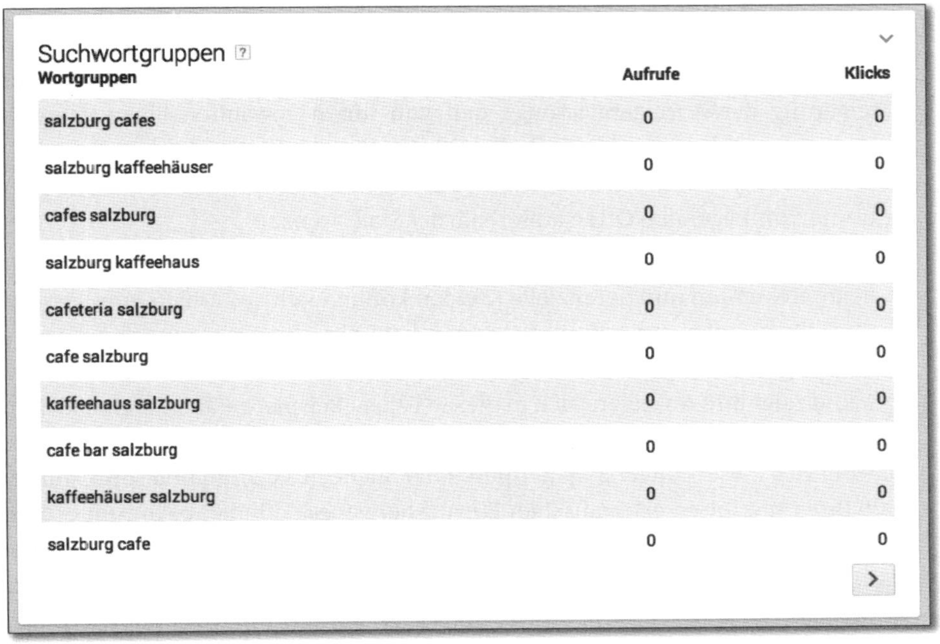

Suchwortgruppen

Wortgruppen	Aufrufe	Klicks
salzburg cafes	0	0
salzburg kaffeehäuser	0	0
cafes salzburg	0	0
salzburg kaffeehaus	0	0
cafeteria salzburg	0	0
cafe salzburg	0	0
kaffeehaus salzburg	0	0
cafe bar salzburg	0	0
kaffeehäuser salzburg	0	0
salzburg cafe	0	0

Abbildung 2.21 Einblick in die automatisch zugeordneten Suchwortgruppen

Wechseln Sie in den Bereich der Anzeigendetails, um die Anpassung Ihrer Anzeigenzielgruppe und somit auch der Kategorien durchzuführen. Wie bereits zuvor erwähnt, empfehlen wir die Erstellung mehrerer Anzeigen, wenn Sie mit Ihrem Unternehmen mehr als eine Kategorie abdecken und mit den jeweils bestmöglichen individuellen Suchwortgruppen gefunden werden möchten.

2.5.13 Fragen zu AdWords Express

Selbst beim einfachen und schnellen AdWords Express gibt es einige wichtige Aspekte, die Sie im Rahmen der Konto- und Anzeigenerstellung berücksichtigen sollten. Vermeintlich kleine Fehler oder ein falscher bzw. nicht getätigter Klick im Einrichtungsprozess können Sie im schlechtesten Fall viel Geld kosten. Auf einige Fragen, die im Rahmen der Verwendung von AdWords Express auftreten können, finden Sie in der folgenden Auflistung die passenden Antworten.

Wie funktioniert die geografische Ausrichtung?

Die geografische Ausrichtung ist im Unterschied zum AdWords-Programm bei AdWords Express wesentlich schlechter steuerbar. Um den Standort, an dem Ihre Anzeigen geschaltet werden auszuwählen, bedient sich AdWords Express der folgenden zwei Faktoren:

- **Entfernung zu Ihrem Unternehmensstandort**
  Sie wählen bekanntlich bei der Einrichtung den geografischen Umkreis aus, in dem Sie Ihre Anzeigen schalten möchten. Google gibt jedoch an, dass man zur »Steigerung der Anzeigenleistung« den von Ihnen gewählten Einzugsbereich auch automatisch verändert. Befindet sich Ihr Unternehmensstandort beispielsweise in der Stadt Wien, erscheinen die Anzeigen möglicherweise auch in weiter entfernen umliegenden Orten außerhalb der Stadtgrenze.
- **Ausgewählte Suchbegriffe**
  Viele Interessenten und potenzielle Kunden können sich außerhalb Ihres geografischen Einzugsgebietes befinden, während sie eine für Sie dennoch relevante Suchanfrage auf Google absetzen. In diesem Fall »denkt« AdWords Express für Sie mit, und zeigt Ihre Anzeigen auch in diesen Fällen. Beispiel gefällig? Bleiben wir in Wien und nehmen wir an, jemand sucht nach einen »Second Hand Shop in Wien«. Obwohl sich dieser Nutzer zum Zeitpunkt der Suche in Salzburg und somit außerhalb Ihres gewählten geografischen Einzugsbereiches befindet, bekommt er Ihre Anzeige eingeblendet. Das macht durchaus Sinn, denn so sorgt Google automatisch dafür, dass Sie auch potenzielle Interessenten, die sich unterwegs oder in der Vorbereitungsphase einer Reise für Ihr Unternehmen interessieren, erreichen können.

Welche Keywords werden bei der automatischen Auswahl berücksichtigt?

Die von Nutzern eingegebenen Suchbegriffe und Phrasen, welche eine Anzeigenschaltung auslösen, sind ein zentraler Bestandteil jeder AdWords-Kampagne. In der Express-Variante spielen diese auch eine wichtige Rolle, Google bietet Ihnen jedoch keine Möglichkeit, aktiv auf diese so genannten Suchwortgruppen Einfluss zu nehmen. Womit sich für Sie die legitime Frage stellt, wie die Keywords in diesem speziellen Fall ausgewählt werden. Die wichtigste Informationsquelle zur automatischen Bestimmung der Suchbegriffe ist die von Ihnen festgelegte Kategorie, die Sie für Ihr Unternehmen je Anzeige festlegen. AdWords Express greift für alle zur Auswahl stehenden Kategorien auf ein bestimmtes Set an Keywords zurück. Diese als Suchwortgruppen bezeichneten Keyword-Listen werden zwar regelmäßig aktualisiert, jedoch geschieht das nur generisch innerhalb der Kategorien, nicht aber angepasst auf Ihr Unternehmen. Berücksichtigen Sie daher auch die weiteren Faktoren, um besser zu verstehen, wie das AdWords Express-System die automatische Auswahl optimal passender Keywords steuert:

- **Unternehmensname**
  Google nutzt auch den Namen Ihres Unternehmens als Keyword zur Schaltung von AdWords Express-Anzeigen. Diese Praxis macht durchaus Sinn und bietet Ihnen unter anderem folgenden Vorteil: Während Sie in organischen Suchergebnissen keine kurzfristigen Einflussmöglichkeiten auf die dargestellten Snippets – die Titelzeile und den Beschreibungstext des für Ihr Unternehmen erscheinenden Suchresultats – haben, können Sie Überschriften und Texte Ihrer bezahlten Anzeigen jederzeit ändern. Das ist zum Beispiel dann hilfreich, wenn Sie kurzfristige Angebote oder neue Produkte unmittelbar im Anzeigentext darstellen möchten.
- **Keyword-Optionen**
  Berücksichtigen Sie auch, dass bei AdWords Express nur die Keyword-Option *weitgehend passend* zum Einsatz kommt. Dies kann dazu führen, dass die Anzeigen auch bei thematisch nicht optimal passenden oder gänzlich irrelevanten Suchbegriffen geschaltet werden. Das Thema Keyword-Optionen haben wir in Abschnitt 4.4, »Keywords«, für Sie umfassend aufbereitet.
- **Leistungsstärkste Keywords**
  Während Sie bei AdWords alle verwendeten Keywords aktiv verwalten und deren Leistungsdaten auch detailliert in den Reports einsehen können, stellt Ihnen die Express-Variante in der Benutzeroberfläche lediglich eine Auswahl an sogenannten *leistungsstärkten Keywords* dar. Im Normalfall werden diese Keywords genau zu Ihrem Unternehmen und der für die Anzeige festgelegten Kategorie passen. Sollten Sie in den Express-Reports gänzlich unpassende Suchbegriffe finden, können Sie Ihr Feedback an Google senden. Berücksichtigen Sie jedoch, dass Sie damit keinerlei kurzfristigen Einfluss auf die von AdWords Express für Sie verwendete

Keyword-Liste haben. Ein Feedback-Formular zu den Suchwortgruppen stellt Google auf folgender Webseite bereit: *https://support.google.com/adwords/express/contact/feedback_keywords?rd=1*

Zusammengefasst bedeutet das also noch einmal, dass AdWords Express für Sie als Alternative ausscheidet, sobald Sie einen unmittelbaren Einfluss auf Keywords und Keyword-Optionen haben möchten.

Welche Kategorien stehen zur Auswahl?

Sie können bei AdWords Express mehrere Anzeigen für Ihr Unternehmen erstellen, um Ihre Produkte und Dienstleistungen in so vielen wie möglichen passenden Kategorien zu bewerben. Je Kategorie lassen sich somit unterschiedliche Anzeigentexte und Budgets hinterlegen. Da die Auswahl der Kategorien über so genanntes »Auto-Vervollständigen« funktioniert, gibt es leider keine vollständige Liste aller verfügbaren Kategorien. Sie beginnen einfach mit der Eingabe eines möglichen Kategoriennamens und sehen ab dem ersten Buchstaben eine dynamische Liste an Vorschlägen. Mit Hilfe des in Abbildung 2.22 dargestellten Beispiels möchten wir Ihnen zeigen, dass die Kategorienauswahl sehr detailliert stattfinden kann und Sie davon ausgehen können, Ihr Unternehmen mindestens einer der vorgeschlagenen Kategorien zuordnen zu können. Wählen wir zum Beispiel *Restaurant*, beinhalten die automatischen Vorschläge viele Möglichkeiten zur Einschränkung nach geografischen oder geschmacklichen Vorlieben. Auch bei der Auswahl von *Blumengeschäft* zeigt uns Google sofort einige dazu passende Vorschläge. Interessant dabei ist, dass diese auch im semantischen Zusammenhang ausgewählt werden. Wählen Sie beispielsweise *Hochzeit* zur Beschreibung Ihrer Kategorie, werden nicht nur *Hochzeitsplaner* sondern auch *Cateringunternehmen*, *Fotografen* und *Nagelstudios* vorgeschlagen. Google »denkt« also bereits soweit für Sie mit, dass Sie sich nicht zu lange und quer durchs Alphabet mit dem »Erraten« von passenden Kategorien beschäftigen müssen.

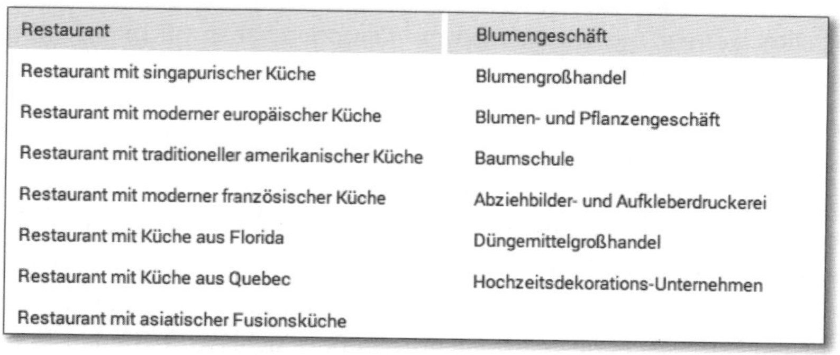

Abbildung 2.22 Detaillierte Zuordnung von Produkten und Dienstleistungen

Für den unwahrscheinlichen aber dennoch möglichen Fall, dass Sie eine dermaßen spezielle Nische bedienen, die in den Kategorien nicht zur Auswahl steht, stellt Google ein Online-Formular bereit. Dort können Sie einerseits Feedback zu bestehenden Kategorien abgeben, haben aber auch die Möglichkeit, neue vorzuschlagen: *https://support.google.com/adwords/express/contact/feedback_keywords?rd=1*. Berücksichtigen Sie bitte stets, dass Google auf diese Vorschläge nicht sofort und auch nicht individuell auf Ihr Unternehmen abgestimmt reagieren wird. Sie helfen Google durch diese Angaben lediglich, das System mittelfristig für alle AdWords Express-Kunden zu optimieren.

Sie finden keine passende Kategorie für Ihr Unternehmen?

Soeben haben wir Ihnen eine Möglichkeit genannt, mit der Sie Feedback zu Kategorien und Keywords in AdWords Express direkt an Google senden können. Sollte sich Ihr Unternehmen tatsächlich keiner Kategorie zuordnen lassen, müssen Sie berücksichtigen, dass Ihr Vorschlag für eine neue Kategorie an Google nicht unbedingt auch eine Lösung für Ihr Problem sein muss. Sie können davon ausgehen, dass der hinter der Kategorienauswahl stehende Algorithmus stets aktuell ist und eine Vielzahl an Branchen und Geschäftsfeldern, nach denen online gesucht wird, abdeckt. Finden Sie also keine passende Kategorie für Ihr Unternehmen, müssen Sie annehmen, dass es in Suchmaschinen – zumindest zurzeit – kein bzw. nur sehr geringes Interesse daran gibt. AdWords-Anzeigen würden in diesem Fall nicht funktionieren, weil Sie ohne Nachfrage auch keine Klicks auf Ihre Anzeigen generieren könnten. Behalten Sie diesen Aspekt bei Ihrem Vorhaben, Suchmaschinenwerbung zu schalten, stets im Hinterkopf – unabhängig davon ob mit AdWords Express, AdWords oder auch anderen Systemen. Ein lokaler Fachhändler, der nur rechtsdrehenden Bio-Joghurt aus Ziegenmilch anbietet, wird mit AdWords Express wohl kaum Erfolg haben. Blicken wir auf die vorhandenen Kategorien, wären sowohl *Feinkostladen* als auch *Molkerei* als Kategorien ungeeignet, weil sie dem hohen Spezialisierungsgrad des Anbieters zu wenig gerecht werden, und möglicherweise viele irrelevante Klicks verursachen würden.

Wie kann ich AdWords Express-Anzeigen stoppen?

Google macht es Ihnen mit AdWords Express sehr einfach, Ihre Anzeigen erstmalig zu erstellen und rasch online zu schalten. Möchten Sie hingegen ihre aktiven Anzeigen stoppen, fällt dieser Schritt etwas schwieriger aus.

1. **Alle Anzeigen für ein Unternehmen deaktivieren**
   Die Möglichkeit, Ihre Anzeigen zentral zu deaktivieren, versteckt sich hinter der Unternehmensverwaltung (siehe Abbildung 2.23). Beachten Sie dabei, dass diese Option alle Anzeigen Ihres Unternehmens binnen kurzer Zeit stoppt, im Idealfall sind diese binnen weniger Stunden offline. Schalten Sie Anzeigen für mehrere Unternehmen, müssen Sie diese für jedes Unternehmen einzeln deaktivieren.

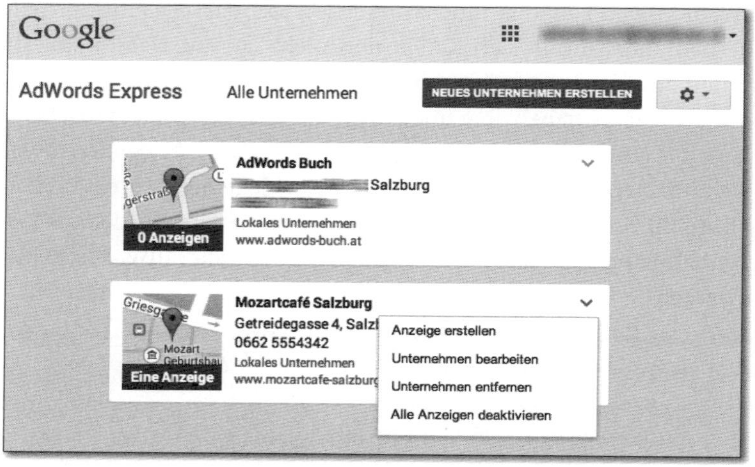

Abbildung 2.23 In der Unternehmensverwaltung können Sie alle Anzeigen zentral deaktivieren.

2. **Einzelne Anzeigen deaktivieren**
   Diese Option steht Ihnen bei der Anzeigenübersicht sowie bei den Anzeigendetails in Form eines praktischen Ein-/Ausschalters zur Verfügung.

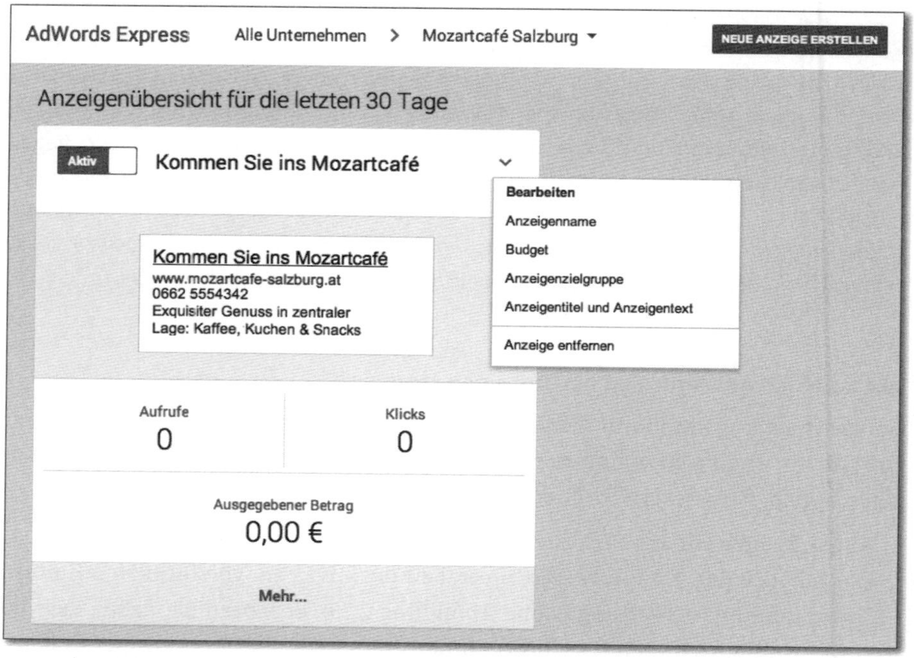

Abbildung 2.24 Bearbeitung der Anzeigen direkt in der Anzeigenübersicht des Unternehmens

Kann ich mit AdWords Express nur für einen Unternehmensstandort werben?

Bei der Einrichtung von AdWords Express werden Sie aufgefordert, mindestens ein Unternehmen anzulegen, für das die Anzeigen geschaltet werden sollen. Besitzen Sie mehrere Unternehmensstandorte, weil Sie beispielsweise in einer Stadt mehrere Cafés betreiben, können Sie zu einem späteren Zeitpunkt im Bereich ALLE UNTERNEHMEN noch weitere Einträge erstellen. Die Verwaltung der Anzeigen und die damit verbundenen Zielgruppen und Budgets für diesen neuen Unternehmensstandort erfolgt dann ebenso von diesem Menüpunkt aus. Beachten Sie bitte, dass für alle nachträglich erstellten Unternehmensstandorte die Zahlungsmodalitäten Ihres zuerst angelegten Unternehmens gelten. Benötigen Sie für Ihre AdWords Express-Anzeigen unterschiedliche Rechnungsadressen und Zahlungsweisen, lässt es sich leider nicht vermeiden, dafür jeweils neue Konten zu erstellen.

Kann ich AdWords Express und AdWords gemeinsam nutzen?

Es ist technisch grundsätzlich möglich, dass Sie über Ihr AdWords Express-Konto auch das herkömmliche AdWords-Programm aufrufen und Ihre Kampagnen und Anzeigen dort wiederfinden. Unsere klare Empfehlung lautet jedoch, dass Sie sich im Vorfeld für ein Produkt entscheiden. Es ist nicht sinnvoll, AdWords und AdWords Express parallel zu nutzen. Sie haben in diesem Kapitel umfangreiche Informationen zu den Vor- und Nachteilen von AdWords Express erhalten, sodass Ihnen eine Entscheidung nicht schwer fallen sollte. Sobald Sie mindestens eine der folgenden grundlegenden Funktionen benötigen, ist AdWords Express für Sie nicht geeignet: Displaynetzwerk inkl. YouTube, geräteabhängige Kampagnen, Keywords und Keyword-Optionen, erweiterte Analysen mit Google Analytics sowie internationale Kampagnen mit erweiterter geografischer Ausrichtung.

AdWords Express oder doch AdWords?

AdWords Express ist total einfach einzurichten und zu verwalten. Der Nutzer muss sich weder um die zeitintensive Keyword-Suche oder die Gebotseinstellungen kümmern, noch unterschiedliche Anzeigen texten. Das Google-System kümmert sich um fast alles. Das sind aber auch schon die einzigen, jedoch für viele Nutzer entscheidenden Vorteile. Als Nachteil ist auf jeden Fall die Ausrichtung auf die Dienstleistungen oder Produkte, die der Werbende einstellen möchte, zu nennen. Hier sind die Kategorien nur sehr grob zu bestimmen. Um entsprechende Benchmarks zu Nachfrage und Kosten zu erhalten, müssen eher allgemeine Kategorien gewählt werden, die dann nicht mehr so gut zur angebotenen Leistung passen.

Als weiterer Nachteil bei AdWords Express fällt auf, dass die Anzeigengruppen automatisch angelegt und zudem relativ hohe Klickpreise festgelegt werden. Sie haben keine Möglichkeit der Anpassung. Die automatisch erstellten Suchbegriffe werden mit der Keyword-Option »Weitgehend Passend« geschaltet. Dies bedeutet vereinfacht gesagt, dass Google zu den vorgegebenen Keywords viele Variationen und Kombinationen von Suchbegriffen schalten kann. Damit sind Streuverluste in alle Richtungen möglich. Zielgerichtete Ergebnisse sind bei AdWords Express auf Grund vieler automatisierter Vorgänge geringer als in einem optimierten AdWords-Konto. Es geht bei Express eher darum, eine große Aufmerksamkeit in einem regionalen Bereich zu erzielen. Doch die Kosten pro Klick erscheinen vor allem alten Hasen im Bereich Google AdWords sehr hoch. Das wiegt umso schwerer, als dass diese Kosten zudem nicht durch Optimierung beeinflusst und gesenkt werden können. Die Automatisierung der AdWords-Werbung spart zwar Zeit, kostet jedoch auf der anderen Seite viel Geld.

Sie kennen also nun AdWords Express, dessen Funktionsumfang und seine Vor- und Nachteile und müssen jetzt für sich entscheiden, ob dieses Produkt für Ihr Geschäft interessant ist. Die folgenden Ausführungen in diesem Buch beziehen sich nur auf das vollständige AdWords-Programm, die dort beschriebenen Ausrichtungs- und Optimierungsfunktionen stehen für den »kleinen Bruder« nicht zur Verfügung. Falls Sie den Zeitaufwand als Nachteil in Kauf nehmen, Ihre Werbung dafür besser optimieren und stärker auf Ihre Zielgruppe ausrichten möchten, so sollten sie doch eher auf Google AdWords setzen. Dazu sind jedoch zunächst weitere wichtige Vorbereitungen notwendig.

PS: Sollten wir Ihnen mit dem in diesem Abschnitt gezeigtem Beispiel einen Besuch in der Mozartstadt Salzburg schmackhaft gemacht haben, bitten wir Sie eines zu berücksichtigen: Das in den Anzeigen verwendete *Mozartcafé Salzburg* ist frei erfunden, Sie werden es also weder bei Google noch an einer der angegebenen Adressen in der realen Welt finden.

2.6 Was möchten Sie mit AdWords erreichen?

Bei der Vorbereitung einer AdWords-Konto Werbekampagne sollten Sie zunächst darüber nachdenken, was Sie mit Ihrer Online-Marketing Kampagne erreichen möchten? Obwohl sich dies relativ einfach anhört, fällt es oft schwer, exakt zu formulieren, was man mit der AdWords-Werbung genau erreichen möchte. Natürlich will jeder am Ende mehr Kunden haben, aber dazwischen gibt es auch noch andere Ziele. Versuchen Sie zunächst einmal, alle Ihre Vorstellungen zu definieren und halten Sie diese Punkte am besten schriftlich fest!

2.6.1 Definieren Sie Ihre Ziele

Ihre Ziele sind wichtig! Ein legendärer chinesischer Philosoph hat gesagt, dass nur der den Weg findet, der auch sein Ziel kennt. Ohne Ziele können Sie auch keine Aussage über die Wirkung Ihrer Online-Werbung treffen. Darum sollten Sie zu Beginn Ihrer AdWords-Kampagne Ihre Ziele überdenken und klare Zielaussagen treffen. Falls Sie Erfahrungen mit vergleichbaren Werbekampagnen im Internet haben, so können Sie auch ganz konkrete Zielvorgaben treffen, z. B. fünfzig Produktverkäufe pro Tag oder fünf verkaufte Inhouse-Schulungen pro Monat. Anhand dieser Vorgaben können Sie dann festlegen, wie Sie die Erreichung der Ziele online messen wollen. Anhand Ihrer konkreten Ziele können Sie nach einem vorher definierten Zeitraum Vorgaben und erreichte Ziele vergleichen. Abhängig von dem erzielten Ergebnis können Sie dann wiederum Optimierungen vornehmen oder eine veränderte Werbestrategie testen.

2.6.2 Besucher sind (noch) keine Kunden

Das erste und wichtigste Ziel einer AdWords-Kampagne sind neue Webseitenbesucher, die über den Klick auf die AdWords-Anzeige auf Ihre Webseite kommen. Google vermittelt als Suchmaschine ja sehr schnell interessierte Besucher, die wie erläutert auf Grund der gestellten Suchanfrage bereits vorgefiltert sind. Die Besucher sind umso wertvoller, je besser deren Suchanfragen zu Ihren Produkten oder Dienstleistungen passen. Falls der Suchende Ihre Produkte oder Dienstleistungen nicht kennt, so führt die AdWords-Werbung in vielen Fällen auch Besucher auf Ihre Webseite, die Lösungen für bestimmte Probleme suchen und über diesen Umweg Ihr Unternehmen kennenlernen. Die erste Hürde ist also geschafft. Sie haben mit Hilfe des Suchmaschinenmarketings interessierte Besucher auf Ihre Seite geführt. Bedenken Sie jedoch eine wichtige Weisheit im Online-Marketing: Besucher sind noch keine Kunden!

Allein der steigende Traffic auf Ihrer Webseite ist in den meisten Fällen noch kein befriedigendes Ziel. Sie müssen also weitere Ziele definieren, um diese später entsprechend messen und bewerten zu können. Unterscheiden Sie dabei zwischen Makrozielen und Mikrozielen. Ein Makroziel ist immer das bedeutendste Ziel. Ein solches ist zum Beispiel erreicht, wenn ein Kunde ein Produkt in Ihrem Online-Shop bestellt hat. Ein weiteres Makroziel wäre die Buchung eines Seminarplatzes oder eine konkrete Kundenanfrage per Kontaktformular. Ein Mikroziel hingegen wäre nur ein Zwischenschritt, der später zu einem Auftrag oder einem Verkauf führt. Dies könnte beispielsweise die Anmeldung zu einem Newsletter sein oder sogar der Besuch einer wichtigen Unterseite ihrer Webpräsenz. Nutzen Sie Mikroziele, um das Verhalten Ihrer Besucher in kleinen Schritten zu analysieren.

Jedes Unternehmen verfolgt natürlich individuelle Ziele. Zur Anregung Ihrer Überlegungen haben wir eine Liste möglicher Ziele für eine Webseite zusammengestellt. Außerdem enthält die Tabelle entsprechende Tipps, wie Sie die das Erreichen der jeweiligen Ziele messen können.

Welches Ziel wird verfolgt?	Was wird gemessen?
Unternehmen/Website/Produkt bekannt machen = Visits	Anzahl der Besucher der Webseite
Bekanntheit der Marke, des Unternehmens erhöhen	Anzahl der wiederkehrenden Besucher
Interesse für ein Produkt wecken	Engagement der Besucher (Anzahl der besuchten Webseiten und/oder Zeit auf der Website
Potenzielle Kunden = Leads generieren	Newsletter-Anmeldungen Anfragen zu Produkttests, z. B. Software-Download Bestellung von Infomaterial oder Katalogen, etc. Anfragen für Rückruf
Echte Kunden = Sales	Produktbestellungen im Shop Anfragen über ein Kontaktformular
Kundenkontakte	Telefonanrufe mit speziellen Rufnummern Anfragen per E-Mail
E-Mail-Adressen generieren	Newsletter-Anmeldungen Kontaktformulare mit Abfrage der Mail-Adresse
Postadressen	Kontaktformulare mit Abfrage der Postadresse

Tabelle 2.2 Unterschiedliche Ziele und Messverfahren

2.6.3 Conversions = die Ziele Ihres Online-Marketings

Alle Ziele, die für Sie interessant sind, sollten aufgezeichnet (= getrackt) werden. Wir empfehlen Ihnen, in AdWords jedoch nur die »Makroziele«, also Ihre wichtigsten Ziele zu messen. Das AdWords-System ordnet die erreichten Ziele den Keywords, den Anzeigentexten, den Anzeigengruppen sowie den Kampagnen zu. Diese Zahlen können Sie in verschiedenen Statistiken abrufen. Dabei fasst AdWords jedoch alle Conversions unter einer Gruppe zusammen, d. h. es wird nicht zwischen dem Mikroziel (z. B. der Anmeldung in einem Newsletter) und dem Makroziel (z .B. der Buchung eines Seminars) unterschieden. Das schwächt die Aussagekraft Ihrer Statistikberichte. Hinzu kommt, dass die Conversions auch im AdWords-Tool genutzt werden, um z. B. automatisiert mit Hilfe des Conversion-Optimierungstools stärker für Keywords mit höheren Conversions zu bieten. Dies ist nur sinnvoll, wenn hinter den Conversions auch echter Umsatz in Form von Verkäufen oder Kundenanfragen steht.

Was ist eine Conversion?

Conversion oder Konversion steht dem Wortlaut nach für eine Umwandlung. Im Online-Marketing ist eine Conversion im eigentlichen Sinne der Punkt, an dem sich ein Besucher in einen Kunden umwandelt. Es werden jedoch auch schon geringere Ereignisse als Conversion bezeichnet. Wenn sich z. B. ein Interessent für eine Newsletter einträgt, wird er ja nicht unbedingt schon zum Kunden – aber auch das kann als Conversion gemessen werden. Online werden hauptsächlich bestimmte Webseiten, die aufgerufen werden oder bestimmte Klickereignisse (auf Buttons oder Links) als Zielpunkt gemessen, um eine Aktion als Conversion zu werten.

2.6.4 Conversions in AdWords erstellen

Damit Sie eine Conversion in AdWords messen können, muss ein Code erstellt werden, der danach auf einer bestimmten Unterseite Ihrer Webpräsenz eingebaut werden muss. Wird diese Seite später von einem Besucher aufgerufen, der über eine Ihrer AdWords-Kampagnen kam, so wird diese Aktion als Conversion in Ihrem AdWords-Konto aufgezeichnet. Die Conversion können Sie dann in verschiedenen Berichten in Ihrem Konto der entsprechenden Kampagne, Anzeigengruppe, dem zugehörigen Keyword und der Anzeige zuordnen.

Zur Einrichtung Ihrer ersten Conversion gehen Sie folgendermaßen vor: Klicken Sie zunächst in Ihrem AdWords-Konto unter TOOLS auf den Unterpunkt CONVERSIONS (siehe Abbildung 2.25).

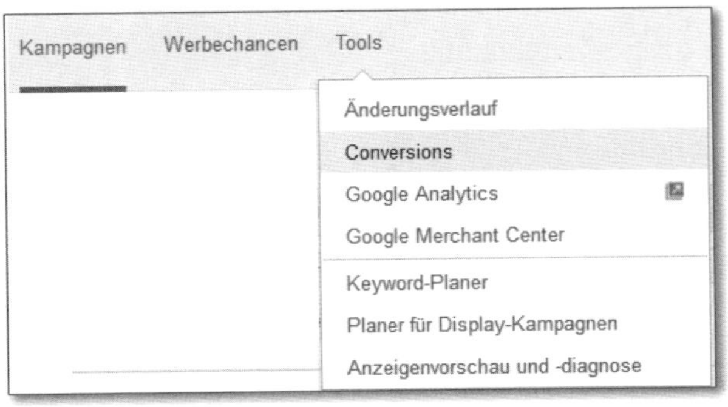

Abbildung 2.25 »Conversions« unter »Tools« erstellen

Im neuen Fenster klicken Sie dann auf den Button + CONVERSION, um Ihre Conversion zu erstellen (siehe Abbildung 2.26).Wurden bereits Conversions angelegt, so finden Sie hier eine Tabelle mit allen Conversions mit Hinweisen zu Quelle und Kategorie aus Ihrem Konto.

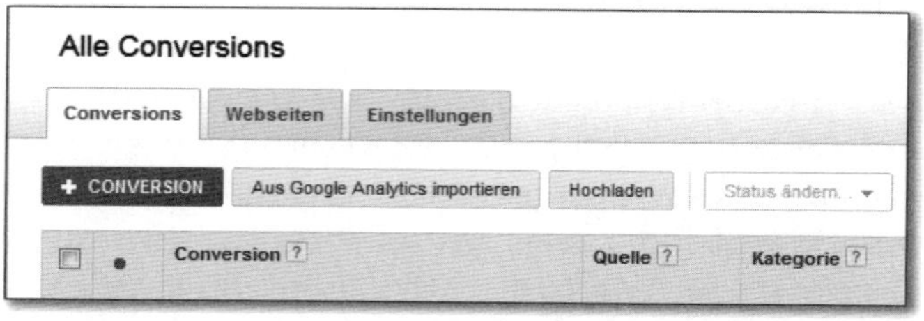

Abbildung 2.26 Neue Conversion anlegen

Im nächsten Fenster können Sie die Grundeinstellung für Ihre neue Conversion festlegen. Geben Sie Ihrer Conversion zunächst einen aussagekräftigen Namen, damit Sie diese später auch einfach zuordnen können. Als wichtigste Einstellung müssen Sie hier zunächst die Quelle Ihrer Conversion bestimmen. Dies ist im Normalfall der erste Unterpunkt (Webseite) der Auswahlliste. Hier eine kurze Erklärungen zu einigen der weiteren Auswahlmöglichkeiten (siehe Abbildung 2.27).

- APP FÜR MOBILTELEFONE UND TABLETS
  Mit diesem Conversion-Code können Sie zum einen Downloads von Apps erfassen und zum anderen können Sie auch Aktionen in Ihren mobilen Apps als Conversions erfassen. (Bitte beachten Sie, dass es derzeit noch bestimmte Einschränkungen für iOS-Apps gibt.)
- IMPORTIEREN
  Mit dieser Funktion können Sie sogar Conversions aus der Offline-Welt in Ihr AdWords-Konto importieren, also Aktionen, die Sie nicht direkt digital messen können.

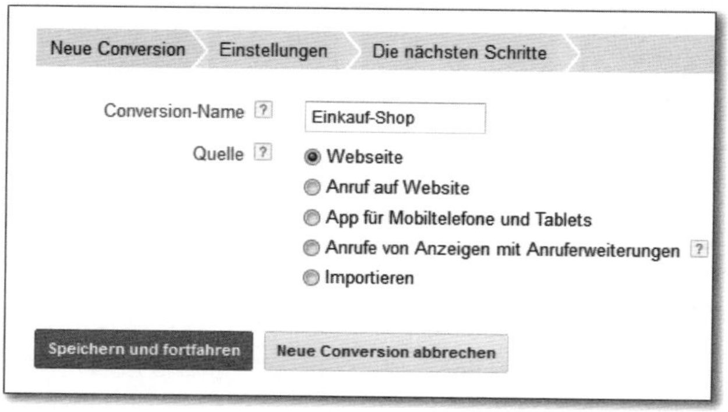

Abbildung 2.27 Grundeinstellung für eine Conversion

Nachdem Sie die gewünschte Quelle ausgewählt haben, klicken Sie auf den Button SPEICHERN UND FORTFAHREN. Im nächsten Schritt (siehe Abbildung 2.28) geben Sie eine CONVERSION-KATEGORIE ❶ an. Hier können Sie aus verschiedenen vorgegebenen Kategorien wählen, wobei diese Angaben nur Ihrer Sortierung und Zuordnung dienen. Versuchen Sie trotzdem, eine möglichst passende Kategorie auszuwählen. Geben Sie zum Beispiel KAUF/VERKAUF an, falls Sie eine Bestellung tracken möchten.

Abbildung 2.28 Weitergehende Einstellungen für Conversions (Teil 1)

Der CONVERSION-TRACKING-ZEITRAUM ❷ steht für die Zeitspanne, innerhalb derer ein Klick auf eine AdWords-Anzeige noch mit einer späteren Conversion verbunden wird. Der Standardwert beträgt hier 30 Tage. Wenn Ihr Kunde also innerhalb von 30 Tagen, nachdem er auf eine Anzeige geklickt hat, zu Ihrer Webseite ohne weiteren AdWords-Klick zurückkehrt und dann den Conversion-Code auslöst, so wird er immer noch der Quelle AdWords-Anzeige zugeordnet. Dies funktioniert natürlich nur, wenn der Besucher zwischendurch seine Cookies nicht gelöscht hat. Die Cookies werden im Browser hinterlegt und identifizieren den jeweiligen Webseitenbesucher. Der Zeitraum von 30 Tagen kann hier verändert werden. Wir empfehlen jedoch, diesen Wert beizubehalten, weil dann Berichte und Statistiken mit Durchschnittswerten oder aus anderen Tools vergleichbar bleiben. Wenn die Conversions mit unterschiedlichen Zeiträumen berechnet werden, so entfällt die Möglichkeit des Vergleichs.

Cookies: Ein Keks speichert Informationen zu Webseitenbesuchen

Der englische Begriff Cookie heißt übersetzt Keks oder Plätzchen. Im Bereich des Internets versteht man unter Cookies kleine Textdateien auf einem Computer, die vereinfacht gesagt Informationen über besuchte Webseiten enthalten. Die Cookies werden vom jeweiligen Webbrowser mit Informationen gefüttert. Dies bedeutet jedoch auch, dass mit einem Wechsel des Browsers auf dem gleichen Computer auch die gespeicherten Informationen des Cookies verloren gehen. Über die Einstellung des jeweiligen Browsers können außerdem die Cookies auch wieder gelöscht werden. Falls Sie als Nutzer also von wiederkehrender Werbung auf besuchten Webseiten genervt sind, sollten Sie öfters mal die Cookies in Ihrem Webbrowser löschen, denn auch dieses bekannte Phänomen wird über die Cookies gesteuert.

Bei dem Unterpunkt ZÄHLMETHODE ❸ müssen Sie noch festlegen, wann eine Conversion gezählt wird. Sie können z. B. durch ALLE CONVERSIONS ❹ festlegen, dass jedes Mal, wenn die Zielseite besucht und der Code ausgelöst wird, eine Conversion gezählt wird. Dies kommt wiederum auf Ihre Ziele an. Wenn Sie z. B. einen Webshop besitzen, so möchten Sie typischerweise jeden einzelnen Kauf als Conversion zählen, weil Sie mit jedem einzelnen Kauf zusätzlichen Umsatz generieren. Besteht Ihr Ziel jedoch darin, dass ein Kunde eine Mitgliedschaft abschließt, die nur einmal durchgeführt werden kann, so sollten Sie auch nur eine einzelne Conversion als Ziel registrieren. Dann sollten Sie hier den Wert EINZELNE CONVERSIONS ❺ einstellen. Falls sich der gleiche Kunde aus Versehen zweimal anmeldet, so ändert dies nichts an Ihrem Umsatz. In diesem Fall muss die Conversion also nur einmal pro Kunden gezählt werden – die Einstellung EINZELNE CONVERSIONS wäre demzufolge also richtig. Zusätzlich können Sie beim Unterpunkt CONVERSION-WERT ❻ noch festlegen, was Ihnen das erreichte Ziel wert ist. Dabei können Sie einen echten Gegenwert in Euro hinterlegen. Es ist sogar möglich, mit Hilfe Ihres Programmieres über ein Formular, z. B. den Wert einer Seminarbuchung zu übergeben. Sie können aber auch mit fiktiven Werten arbeiten. Hinterlegen Sie dazu bestimmte Kennzahlen, mit denen Sie intern weiterrechnen können. Legen Sie z. B. fest, dass Conversion A den Wert zehn besitzt und B den Wert fünf, so wissen Sie, dass ein erreichtes Ziel A doppelt so wertvoll wäre wie ein erreichtes Ziel B, ohne dass Sie genaue Eurobeträge angeben müssen. Diese Beträge können in vielen Fällen auch nur einen geschätzten Durchschnittswert darstellen, weil Sie oft nicht genau wissen, wie viel Umsatz Sie mit einem Kunden erzielen. In jedem Fall sollten Sie Werte für Conversions hinterlegen, weil Sie später besser bestimmen können, welche Conversion in welchem Umfang zu Ihrem Erfolg beigetragen hat. Für bestimmte Budgetstrategien, die Sie in AdWords festlegen können, ist es wichtig, den erzielten Umsatz zu kennen. So können Sie z. B. in Ihren AdWords-Kampagnen eine Strategie unter Berücksichtigung eines angegebenen durchschnittlichen Ziel-ROAS festlegen. ROAS steht dabei für »Return On Advertising Spending. Dies bedeutet, dass der Umsatz, der durch Werbung entsteht, mit den Kosten für die Werbung zueinander ins Verhältnis gesetzt wird.

Ihre Conversion-Werte sind sichtbar

Da der Wert mit dem Conversion-Code auf der Zielseite als JavaScript eingebaut wird, ist im Quellcode auch der entsprechende Gegenwert für einen neuen Kunden sichtbar. Falls Sie also hier echte Werte hinterlegen, so ist es auch immer möglich, dass diese Kennzahlen ganz einfach ausgelesen werden können, wenn ein Webseitenbesucher die Conversion-Seite erreicht und im Quellcode nachschaut.

Im zweiten Teil der weitergehenden Einstellungen (siehe Abbildung 2.29) müssen Sie zum einen die AUSZEICHNUNGSSPRACHE ❶ Ihrer Webseiten, auf der Sie den Conversion-Code hinterlegen möchten, festlegen. Dies ist im Normalfall eine HTML-Seite. Falls Sie dies jedoch nicht genau wissen, so sollten Sie einfach Ihren Webprogrammierer fragen.

Unter TRACKING-ANZEIGE ❷ bestimmen Sie die Darstellung der Hinweis-Box zum Tracking auf Ihrer Webseite. Falls ein Google-Nutzer über die Anzeige das Conversion-Tracking auslöst, so erscheint am Ende Ihrer Webseite ein Hinweis von Google ❸. Dort sind per Link weitere Informationen zum Tracking hinterlegt. Im Bereich TRACKING-ANZEIGE können Sie das Layout des Hinweises bestimmen. Neben der Anzahl der dargestellten Zeilen und der Benachrichtigungssprache ist vor allem die Hintergrundfarbe ❹ wichtig. Diese sollten Sie an den Hintergrund Ihrer Webseite anpassen, so dass die Info-Box Ihr Design nicht stört und den Besucher nicht von den wichtigen Webseiteninformationen ablenkt. Sie haben auch die Möglichkeit, die Benachrichtigung ❺ wegzulassen. Wir empfehlen dies jedoch nicht, da es zu einem Vertrauensverlust bei potenziellen Kunden führen kann. Mit der durch die Datenschutzbeauftragten vorgeschriebenen Transparenz fahren Sie auf Dauer besser. Unter ERWEITERTE OPTIONEN ❻ können Sie noch den TRACKING-ZEITRAUM FÜR VIEW-THROUGH-CONVERSIONS ❼ definieren. Auch dieser beträgt standardmäßig 30 Tage und sollte im Normalfall nicht geändert werden. Mit SPEICHERN UND FORTFAHREN ❽ schließen Sie die weitergehenden Einstellungen.

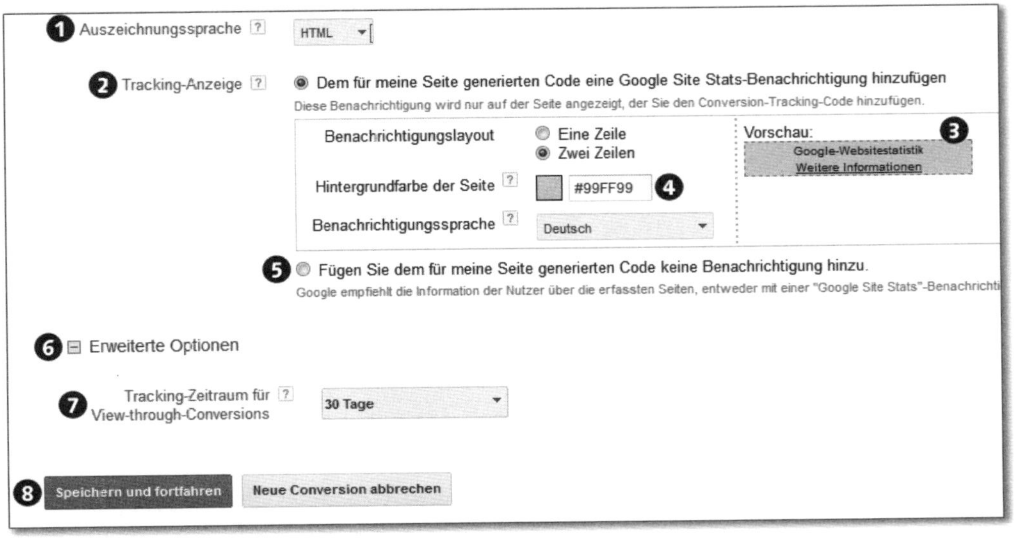

Abbildung 2.29 Weitergehende Einstellungen für Conversions (Teil 2)

Was sind View-through-Conversions?

Mit View-through-Conversion möchte Google den Nutzen von Imageanzeigen im Displaynetzwerk aufzeigen. Eine View-through-Conversion wird nämlich aufgezeichnet, wenn eine Conversion von einem User registriert wird, dem vorher bereits eine Anzeige im Displaynetzwerk angezeigt wurde. Obwohl kein Klick auf die Anzeige im Displaynetzwerk erfolgte, wird auch dieser Anzeige im GDN einen Beitrag zur Conversion über die View-through-Conversion angerechnet.

Danach wird Ihr neuer Conversion-Code generiert und im nächsten Fenster (siehe Abbildung 2.30) bestimmen Sie, ob dieser Code direkt per E-Mail-Funktion an Ihren Webmaster weitergeleitet wird oder ob Sie den Code selber einfügen möchten. Per Klick auf die Option ICH NEHME ÄNDERUNGEN AM CODE VOR wird Ihnen der JavaScript-Code angezeigt.

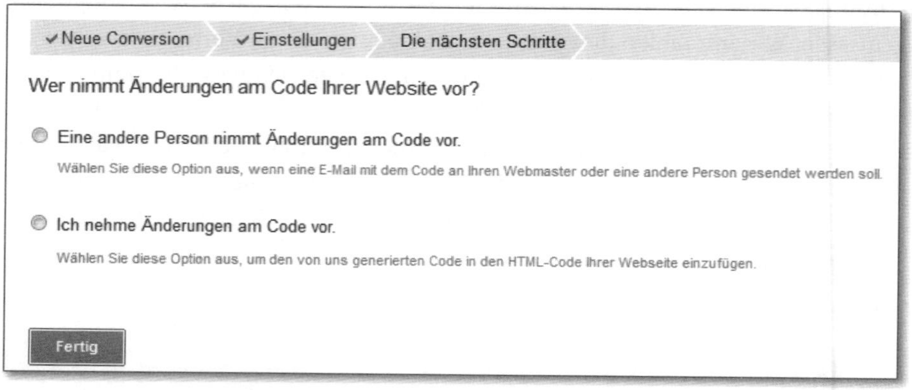

Abbildung 2.30 Conversion-Code weiterleiten oder selber einbauen

So sieht zum Beispiel ein Conversion-Code in JavaScript aus:

```
<!-- Google Code for Einkauf-Shop Conversion Page -->
<script type="text/javascript">

/* <![CDATA[ */
var google_conversion_id = 111041188;
var google_conversion_language = "de";
var google_conversion_format = "2";
var google_conversion_color = "99ff99";
var google_conversion_label = "ZnhGCJbm6xxxxx68AM";
var google_remarketing_only = false;
/* ]]> */

</script>
```

```
<script type="text/javascript"
src="//www.googleadservices.com/pagead/conversion.js">
</script>
<noscript>
<div style="display:inline;">
<img height="1" width="1" style="border-style:none;" alt=""
src="//www.googleadservices.com/pagead/conversion/111041188/?label=
ZnhGCJbm6xxxxx68AM&amp;guid=ON&amp;script=0"/>
</div>
</noscript>
```

Listing 2.1 Google AdWords Conversion-Code

Dieses Code-Schnipsel muss nur noch in den HTML-Code am Ende Ihrer Conversion-Seite eingefügt werden. Der Code enthält alle Informationen, die Sie vorher in den Einstellungen hinterlegt haben. Jeder Conversion-Code ist individuell und auf Ihr AdWords-Konto abgestimmt. Es würde daher nicht funktionieren, wenn Sie z. B. das angezeigte Code-Beispiel auf Ihre Seite einbauen.

Der Conversion-Code wird ausgelöst und sendet dabei bestimmte Informationen an Ihr Konto, wenn die Seite mit dem eingebauten Code aufgerufen (= besucht) wird. Darum müssen Sie genau überlegen, wo Sie den Code einbauen. Wenn Sie z. B. Anfragen über ein Kontaktformular als Conversion tracken möchten, so gehört der Code nicht auf die Formularseite. Der Code muss in die Seite eingebaut werden, die aufgerufen wird, nachdem das Formular abgeschickt wurde. Dies ist z. B. die Webseite, die für den Besucher folgenden (oder einen ähnlichen) Satz bereithält: »Vielen Dank für Ihre Kontaktanfrage! Wir werden uns werktags innerhalb von 24 Stunden bei Ihnen melden ...« Diese »Danke-Seite« ist ein eindeutiger Conversions-Punkt, weil Sie an dieser Stelle sicher sein können, dass die Anfrage abgeschickt wurde.

2.6.5 Sonderfall: Anruf als Conversion

Noch während der Arbeit an diesem Buch hat sich bei der Messung der »Call-Conversion« einiges getan. Ein Anruf als Conversion zu messen, war in der Vergangenheit immer schwierig, da ein neues Medium genutzt wurde und somit das Tracking unterbrochen wurde. Alles, was auf der Webseite passiert, ist ja relativ leicht zu messen, da hier immer Informationen über das Internet erfasst werden können. Wenn jedoch jemand zum Telefonhörer greift, so ist dies schwierig zu messen. Google hat jedoch die Messung des Telefon-Trackings stetig ausgebaut, so dass mittlerweile auch ein Telefonanruf getrackt und somit z. B. einer AdWords-Kampagne, einer Anzeige und einem Keyword zugeordnet werden kann. Abbildung 2.31 zeigt die neuen Quellen von Conversions mit aktuell drei verschiedenen Möglichkeiten, Telefonanrufe zu tracken. Diese wollen wir Ihnen in den nächsten drei Abschnitten kurz vorstellen und uns vor allem die neuste Möglichkeit anschauen: über eine spezielle Telefonnummer auf der Landing-Page den AdWords-Erfolg zu messen.

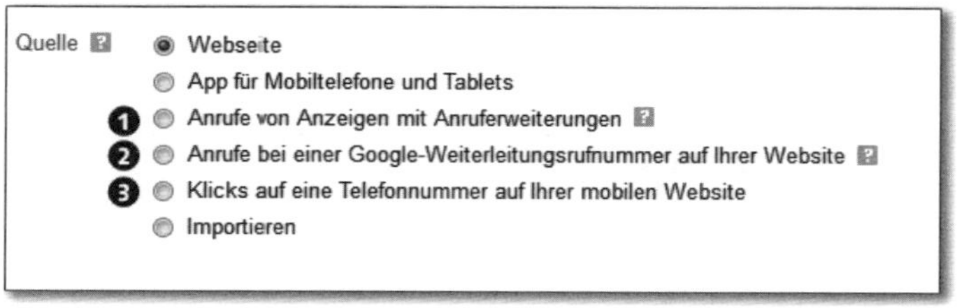

Abbildung 2.31 Neue Möglichkeiten des Trackings von Telefonanrufen

Anrufe von Anzeigen mit Anruferweiterungen ❶

Über Anruferweiterungen, die Sie später noch kennenlernen, und in Kombination mit speziellen Google-Weiterleitungsrufnummern können Sie die Anrufe Ihrer Kunden als Conversions tracken. Bei der Auslieferung auf Smartphones können Kunden sich per Klick auf die Telefonnummer in der Anzeige direkt mit dem Werbenden verbinden lassen. Werden die speziellen Google-Tracking-Nummern auf Computern oder Laptops angezeigt, so müsste der potenzielle Kunde die Nummer natürlich ablesen und eintippen. Dies kann dann zwar getrackt werden, aber potenzielle Kunden wollen meist zunächst einmal das Produkt/die Dienstleistung auf der Webseite betrachten, und werden eher auf die Anzeige klicken, als einen Anruf zu tätigen. Darum funktioniert diese Tracking-Methode auch kaum auf stationären Rechnern, Laptops und Tablet-PCs. Werden die Google-Weiterleitungsnummern jedoch genutzt, so können die Anrufe als Conversions getrackt werden.

Klicks auf eine Telefonnummer auf Ihrer mobilen Website ❸

Sie können mit Google AdWords einen Conversion-Code erstellen, den Sie dann auf Ihrer mobilen Webseite einbauen. Statt in der Anzeige erscheint diese spezielle Google-Telefonnummer für das Tracking nun auf der Webseite. Ein Klick auf diese Telefonnummer mit dem entsprechenden Anruf über das Mobiltelefon kann dann auch wieder getrackt werden. Ein Tracking-Code, der so ähnlich aussieht wie der folgende, muss unter Conversions erstellt und dann in die mobile Webseite eingebaut werden.

```
<!-- Google Code for Mobile-Website Conversion Page
 -->
<script type="text/javascript">

  /* <![CDATA[ */
  goog_snippet_vars = function() {
```

```
    var w = window;
    w.google_conversion_id = 1234567890;
    w.google_conversion_label = "XOmICM1234M";
    w.google_remarketing_only = false;
  }
goog_report_conversion = function(url) {
    goog_snippet_vars();
    window.google_conversion_format = "3";
    window.google_is_call = true;
    var opt = new Object();
    opt.onload_callback = function() {
    if (typeof(url) != 'undefined') {
      window.location = url;
    }
  }
  var conv_handler = window['google_trackConversion'];
  if (typeof(conv_handler) == 'function') {
    conv_handler(opt);
  }
}
/* ]]> */

</script>
<script type="text/javascript"
  src="//www.googleadservices.com/pagead/conversion_async.js">
</script>
```

Listing 2.2 Conversion-Code für mobile Webseiten

Der Conversion-Code alleine reicht jedoch nicht für das Tracking. Sie müssen auf Ihrer mobilen Seite noch definieren, bei welcher Aktion das Tracking ausgelöst wird. So können Sie zum Beispiel einen Link einbauen, der bei einem Klick (onclick) eine Funktion (und zwar »goog_report_conversion«) aus Ihrem Conversion-Code aufruft. Dieser Code könnte zum Beispiel folgendermaßen aussehen.

```
<a onclick="goog_report_conversion('tel:0049-123-1234')" href="#" >
Weitere Informationen? Hier direkt anrufen</a>
```

Der Klick auf den Link »Weitere Informationen? Hier direkt anrufen« verbindet dann den Nutzer des Smartphones mit dem Kundenservice des Werbenden, in unserem Beispiel die 0049-123-1234, intern wird jedoch eine Google-Tracking-Nummer gemessen, mit der dann die Klicks auf die Telefonnummer und die AdWords-Anzeige für das Tracking verknüpft werden können. Weitergehende Informationen und noch andere Möglichkeiten zum Einbau des Trackings auf einer mobilen Webseite finden Sie unter: *https://support.google.com/adwords/answer/1722054?hl=de*.

Anrufe einer Google-Nummer auf Ihrer Webseite ❷

Die neueste und vielleicht spannendste Tracking-Möglichkeit nennt Google »Website Call Conversions«. Mithilfe dieser neuen Tracking-Funktion kann nun auch der Anruf einer Telefonnummer, die auf einer nicht mobilen Website erscheint, nachverfolgt werden. Dazu werden die Tracking-Nummern dynamisch auf der Landing-Page oder anderen Unterseiten eingeblendet. Um diese Möglichkeit zu nutzen, erstellen Sie unter CONVERSIONS zunächst wieder ein spezielles Tracking-Snippet, welches auf jeder Seite, auf der Sie die Google-Weiterleitungsrufnummer verwenden möchten, eingebaut wird. Der JavaScript-Code sieht dann so ähnlich aus, wie der folgende Code-Schnipsel.

```
(function(a,e,c,f,g,b,d){var h={ak:"1234567890",cl:"FABCD_abcd123MM"};
a[c]=a[c]||function(){(a[c].q=a[c].q||[]).push(arguments)};a[f]||(a[f]=h.ak);
b=e.createElement(g);b.async=1;b.src="//www.gstatic.com/wcm/loader.js";
d=e.getElementsByTagName(g)[0];d.parentNode.insertBefore(b,d);
a._googWcmGet=function(b,d,e){a[c](2,b,h,d,null,new Date,e)}})(window,document,
"_googWcmImpl","_googWcmAk","script");
```

Dazu kommt noch ein zweites JavaScript, welches die Funktion _googWcmGet aufruft. Durch dieses JavaScript wird die angezeigte Rufnummer Ihres Unternehmens durch die Google-Tracking-Telefonnummer ersetzt. Im folgenden Beispiel wird die »echte« Rufnummer 0049 123-4567, wenn sie innerhalb des Tags <span> mit der Klasse class=«number« angezeigt wird, durch eine Google-Tracking-Nummer ersetzt, falls der Webseitenbesucher über die AdWords-Werbung auf die Webseite gelangt. Bitte denken Sie daran, dass die Codes auf allen Seite eingesetzt werden, bei denen dieser Austausch erfolgen soll. Die Google-Tracking-Nummer ist natürlich auch wieder eine 0800-Nummer. Da diese Nummern individuell und dynamisch erzeugt werden, kann der einzelne Anruf dann der AdWords-Anzeige zugeordnet werden. Auf diese Weise können nun auch Conversions getrackt werden, wenn der zukünftige Kunde das Medium wechselt, also nach der Recherche am Computer zum Telefonhörer greift.

```
<body onload="_googWcmGet('number', '0049 123-4567')">
  <span class="number">0049 123-4567</span>
</body>
```

Weitere Infos zum Einbau der Website Call Conversions finden Sie in der Google Hilfe unter: *https://support.google.com/adwords/answer/1722054?&hl=de#calls_from_websites*.

AdWords und Telefon-Tracking in der Praxis

Ein Anwalt weiß, dass neue Mandanten, die über AdWords auf die Webseite kommen, sich zunächst informieren und dann für ein erstes Gespräch oder eine Terminabsprache sehr oft den Telefonkontakt nutzen. Daher wird zu jeder Anzeigengruppe eine messbare Servicenummer geschaltet, die auf eine Zielrufnummer weiterleitet. Auf diese Weise wird der Anruf mit den AdWords-Daten verknüpft. Damit kann auch der Erfolg eines Zieles, welches nicht direkt auf der Webseite erreicht wird, gemessen werden.

Der große Nachteil der vorgestellten Google-Weiterleitungsrufnummern besteht darin, dass diese Nummern als spezielle Werbenummern erkannt werden, weil Google wie erwähnt 0800-Nummern schaltet. Dieser Vorwahlnummer stehen viele Verbraucher misstrauisch gegenüber, weil diese Internetnutzer zum Beispiel nicht wissen, ob die Nummer nun kostenpflichtig ist oder nicht. Im Gegensatz zu 0800-Nummern strahlen dagegen lokale Telefonnummern mehr Vertrauen aus und führen daher auch öfter zum Ziel, sprich dem telefonischen Kundenkontakt.

Falls Sie eine Conversion mit einer lokalen Vorwahlnummer messen möchten, die zu Ihrer Firmenadresse passt, so müssen Sie auf externe Dienstleister zurückgreifen. Ein externer Dienstleister, der sich auf dieses Telefon-Tracking spezialisiert hat, ist die Firma adConverse (*http://www.adconverse.de/index.php/telefontracking*). Dieses Unternehmen führt via Telefon-Tracking mit reservierten Telefonnummern die AdWords-Besucher und die Anrufe zusammen und kann dies dann entsprechend auswerten. Die Conversions des Telefon-Trackings sind jedoch zunächst nur in den Statistiken des externen Anbieters sichtbar. Die Lösung von adConverse bietet zum einen die bereits besprochenen 0800-Telefonnummern, aber zusätzlich auch als Alternative die lokalen, zum Firmenstandort passenden Telefonnummern an. Beide Versionen funktionieren in puncto Tracking gleich. Aus einem Pool an Telefonnummern werden für die Besucher unterschiedliche Nummern auf der Webseite eingeblendet, die jeweils einer bestimmten Anzeigengruppe zugeordnet wurden. So kann später der Anruf im Unternehmen mit dem Anzeigenklick verbunden werden.

Neben der Anzeige lokaler Telefonnummern bietet das Telefon-Tracking mit externen Anbietern noch die Vorteile, dass auch andere Online- und Offline-Kampagnen über Telefonanrufe getrackt werden können. Das Telefon-Tracking funktioniert z. B. bei Bannerschaltungen auf anderen Partnerseiten oder auch bei aufgedruckten Telefonnummern auf Werbeflyern.

2.6.6 Sonderfall: Offline-Conversions importieren

In der Realität wird das Internet auch oft nur als Informationsquelle genutzt, der Kauf findet dann jedoch in der »Offline-Welt«, also z. B. in einem Ladengeschäft statt.

Es wäre natürlich fantastisch, wenn man auch diese Offline-Conversions in die AdWords-Statistiken einfließen lassen könnte. AdWords bietet hierfür eine Import-Funktion an. Mit dieser Funktion können auch Offline-Käufe zumindest unter gewissen Umständen per Datenimport in die AdWords-Statistiken aufgenommen werden. Der Nachteil besteht jedoch darin, dass der Klick auf die AdWords-Anzeige irgendwie an eine Kundenanfrage oder einen Kauf übergeben werden muss. Sie müssen also die Google-AdWords-Klickkennzeichnung, die immer beim Link von einer Google-Anzeige auf Ihre Zielseite an die Ziel-URL angehangen wird, auslesen. Der Anhang nennt sich Google Click Identifier (= GCLID) und muss bei Offline-Zielen nach dem Auslesen an einen Kunden übergeben werden. Damit wird die Verknüpfung vom Online- zum Offline-Kunden erstellt. Technische Ausführungen dazu finden Sie in der Google-Hilfe unter *https://support.google.com/adwords/answer/2998031*. Das Problem besteht zunächst in dieser Übergabe an einen Offline-Kunden. Sie können den GCLID beispielsweise übergeben, falls ein potenzieller Kunde einen Rückruf über ein Formular anfragt. Dann haben Sie eine Verbindung von Telefonnummer und GCLID. Falls ein Kunde sich einen Gutschein online generiert und ausdruckt, können Sie ebenfalls einen GCLID übergeben. In Ihrem Google-AdWords-Konto funktioniert dieser Offline-Import folgendermaßen. Legen Sie zunächst eine neue Conversion an. Wählen Sie als Quelle den Unterpunkt IMPORTIEREN.

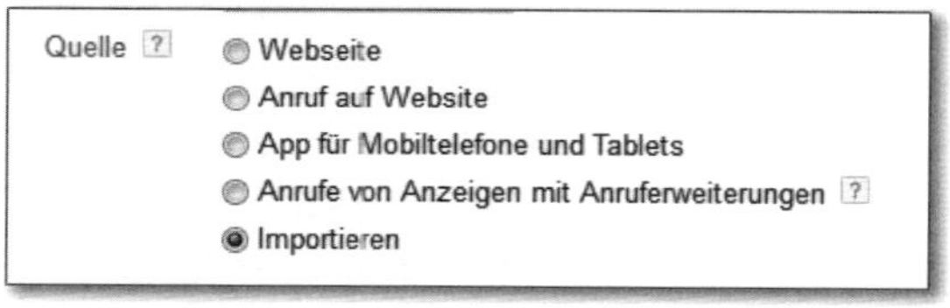

Abbildung 2.32 Offline-Conversions als Quelle importieren

Bitte beachten Sie, dass für jede Art von Offline-Conversion, die Sie messen möchten, eine neue Conversion vom Typ IMPORTIEREN erstellt werden muss. Diese Conversion erhält einen individuellen Namen, z. B. »Vertragsabschluss«. Ohne Anlage dieser individuellen Conversion können Sie keinen Import durchführen!

Die Offline Conversion tragen Sie in zunächst in eine Excel-Tabelle (siehe Abbildung 2.33) oder eine CSV-Datei ein. Beachten Sie dabei die Vorgabe der Zeitzone im HHMM-Format, für Deutschland wäre dies +0100 ❶. Außerdem muss unter Action ❷ *add* eingetragen werden, die übergebene GCLID ❸ zur Wiedererkennung des AdWords-Besuchers und der Conversion-Name ❹ in der exakten Schreibweise, wie zuvor als Conversion angelegt. Weitere technische Informationen, z. B. die Vorlagen zur Excel-Tabelle finden Sie auf der bereits erwähnten Google-Hilfeseite unter *https://support.google.com/adwords/answer/2998031*.

	A ❶	B	C	D	E
1	Parameters:EntityType=OFFLINECONVERSION;TimeZone=+0100;	❸	❹		
2	Action ❷	Google Click Id	Conversion Name	Conversion Value	Conversion Time
3	add	CKj123abcde	Vertragsabschluss	5	"2014-02-17 17:00:00"
4	add	CKj4546fghik	Vertragsabschluss	4	"2014-03-24 15:30:00"
5					
6					

Abbildung 2.33 Excel-Tabelle zum Import der Offline-Conversions

Wenn Sie die Conversion in Ihrem AdWords-Konto angelegt haben und eine Import-Datei mit den Daten existiert, dann können Sie über den Button HOCHLADEN (siehe Abbildung 2.34), der sich neben dem Button zur Anlage einer neuen Conversion befindet, Ihre externen Daten hochladen.

Abbildung 2.34 Hochladen einer Datei mit externen Conversions

Nach dem Klick auf den Button erscheint ein neues Fenster (siehe Abbildung 2.35). Dort können Sie per Klick auf DATEI SUCHEN Ihre Excel- oder CSV-Datei auf Ihrer Festplatte/Laufwerk auswählen. Klicken Sie danach auf HOCHLADEN. Bitte beachten Sie die Sicherheitsabfrage vor dem endgültigen Hochladen. Es gibt später keine Möglichkeit mehr, diesen Conversion-Import rückgängig zu machen.

Abbildung 2.35 Import-Datei suchen und hochladen

2.6.7 Sonderfall: Ein Ereignis messen

Ein letzter wichtiger Sonderfall, der Ihnen sicher auch begegnen wird, wenn Conversion-Punkte ausgesucht werden, nennt sich Ereignis. Wie bereits erwähnt, kann der AdWords-Conversion-Code innerhalb einer Internetpräsenz nur den Aufruf einer

HTML-Webseite messen. Falls für Sie jedoch der Klick zum Download eines PDF-Dokumentes oder auf einen Link, der zu einer externen Webseite führt, interessant ist, so kann dies mit dem Standard-AdWords-Conversion-Code nicht gemessen werden. Hierfür benötigen Sie das so genannte Ereignis-Tracking. Dieses Tracking kann jedoch nur mit Hilfe von Google Analytics aufgezeichnet und danach in das AdWords-Konto importiert werden. Weitere Informationen zum Ereignis-Tracking finden Sie daher in Kapitel 11, »Google Analytics«.

2.6.8 Conversions im AdWords-Konto

Nachdem wir Ihnen die verschiedenen Möglichkeiten des Conversion-Trackings gezeigt haben und Sie dabei gelernt haben, dass dieses mit Aufwand in Form von Zeit und Technik verbunden ist, so ist die Frage natürlich gestattet: Wozu der ganze Aufwand?

Aus Erfahrung können wir sagen, dass Conversion-Tracking in vielen AdWords-Konten vernachlässigt wird, es gibt jedoch zwei wichtige Argumente, die für die Einrichtung inklusive dem Import externer Daten sprechen.

1. **Aussagekräftige Statistiken zur Grundlage der Optimierung**
   Sie benötigen Conversions, um Ihre AdWords-Aktivitäten besser beurteilen zu können. Nur nach der Anlage des Conversion-Tracking erhalten Sie die unterschiedlichsten Conversion-Daten (siehe Abbildung 2.36) in Ihren AdWords-Statistiken. Auf Grundlage dieser Daten können Sie dann Ihre Kampagnen optimieren und diese zielgenauer ausrichten, um sie rentabler zu machen.
2. **Grundlage zur automatisierten Optimierung**
   Google AdWords kann verschiedene automatische Optimierungen in Ihren Kampagnen auf Grundlage historischer Conversion-Daten steuern. So können z. B. bestimmte Gebotsstrategien oder Tests zu unterschiedlichen Anzeigen im Hinblick auf Conversion-Daten durchgeführt werden. Vereinfacht kann man sagen, dass AdWords auf Grundlage der Conversion-Daten öfter automatisiert auf die Keywords bietet und auch häufiger die Anzeigen schaltet, die Ihnen in der Vergangenheit mehr Kunden gebracht haben.

Kosten/Conv. ?	Conversions ?	Conv.-Rate ?
2,86 €	178	3,05 %

Abbildung 2.36 Drei Beispiele für Conversion-Daten im AdWords-Konto

2.6.9 Welche Zielgruppen sind für Sie interessant?

Überlegen Sie vor der Erstellung einer AdWords-Kampagne auch, welche Zielgruppe Sie mit der neuen Werbekampagne ansprechen möchten. Visualisieren Sie Ihre Zielgruppe, machen Sie sich also im wahrsten Sinne des Wortes ein Bild von ihr. Es gibt Agenturen, die echte Bilder von Personen aufhängen, die zu einer potenziellen Zielgruppe gehören. Dies führt dazu, dass man sich stärker mit der jeweiligen Kundengruppe beschäftigt. Verhalten und Gewohnheiten einer Zielgruppe können Sie auch mit Hilfe unterschiedlicher Statistiken analysieren. Dabei sollte geklärt werden, wie die Zielgruppe das Internet nutzt. Es ist auch interessant, welche Geräte (Laptops, Tablets, Smartphones) hauptsächlich zum Surfen im Internet genutzt werden. Änderungen im Nutzerverhalten Ihrer Zielgruppe haben auch Auswirkungen auf die Werbeformen und Ausrichtungen Ihrer Online-Werbung. Spannend ist auch, wie und wo das Internet z. B. zu Recherchezwecken und für Einkäufe genutzt wird.

Folgende Webseiten bieten Ihnen Informationen zu unterschiedlichen Zielgruppen in Bezug auf Internetnutzung, Einkommen, Kaufverhalten, verfügbarer Endgeräte etc.:

- AGOF: umfassende Datenbasis zum Online-Werbemarkt
  http://www.agof.de/internet-facts
- OVK – Online-Vermarkterkreis: Daten und Fakten zum Werbemarkt
  http://www.ovk.de/ovk/ovk-de/online-werbung/daten-fakten.html
- Statistisches Bundesamt: Statistiken zur Internetnutzung, Haushaltseinkommen nach Regionen etc.
  https://www.destatis.de/DE/Startseite.html
- ARD-ZDF-Onlinestudie: Internetnutzung/Internetzugang
  http://www.ard-zdf-onlinestudie.de
- Studien von Google: Verschiedene Studien zur Internetnutzung und Suchverhalten (in Englisch)
  http://www.thinkwithgoogle.com

Wenn Sie zudem besser verstehen möchten, welche Produktmerkmale für Ihre Zielgruppe wichtig sind und welchen Service Ihre Zielgruppe wünscht, so sollten Sie sich mit den Rezensionen im Internet zu Ihren Produkten beschäftigen. Falls Sie noch keine Bewertungen zu eigenen Produkten haben, so hilft es, dass Sie die Kundenmeinungen zu Ihrer Konkurrenz oder bestimmten Produkten bei eBay, Amazon und anderen Online-Portalen studieren. Lernen Sie aus den Kommentaren und begreifen Sie, welche Produktmerkmale und begleitenden Dienstleistungen (Service, Versandgeschwindigkeit, Telefonsupport, Rücknahme, etc.) für Ihre Zielgruppe im Vordergrund stehen. Diese Informationen können Sie auf verschiedene Weise nutzen:

- Ergänzen Sie Ihre Suchbegriffe entsprechend.
- Erstellen Sie passende Textbausteine für Ihre Anzeigen.
- Nutzen Sie die Themen der Kundenrezensionen für Ihre Landing-Page, indem Sie auf Ihren Service hinweisen.

Beispiel: Rezensionen zum DFB-Trikot für die WM 2014

Bei Amazon finden Sie sowohl positive als auch negative Kritik zu einem Produkt. Sie sollten immer unterschiedliche Bewertungen (gute und schlechte) analysieren. Denken Sie daran, dass Sie vor allem die Themen herausfiltern möchten. In unserem Beispiel geht z. B. um die Qualität eines Fußballtrikots. Wenn man mehrere Aussagen vergleicht, so erkennt man, dass für ein Original-DFB-Trikot auch ein höherer Preis akzeptiert wird. Neben den Produktmerkmalen tauchen aber auch Hinweise zum Service auf. So ist zum Beispiel für die Käufer wichtig, dass die Lieferung schnell erfolgt und ein Umtausch ohne Probleme möglich ist.

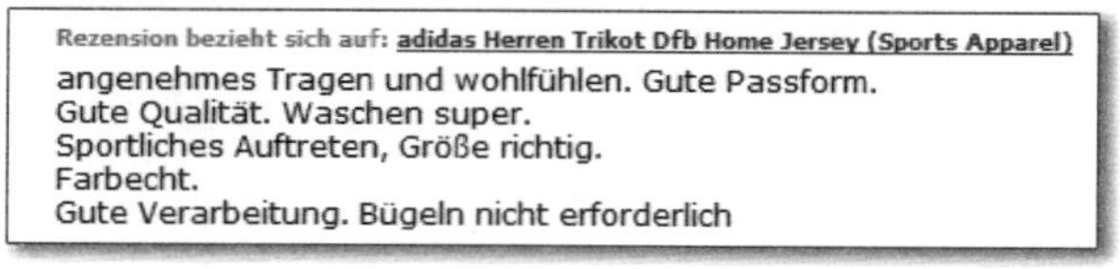

Abbildung 2.37 Kundenrezension bei Amazon: Produktmerkmale

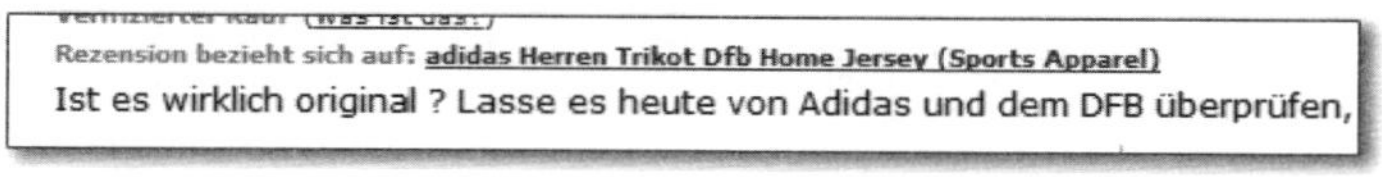

Abbildung 2.38 Kundenrezension bei Amazon: Original?

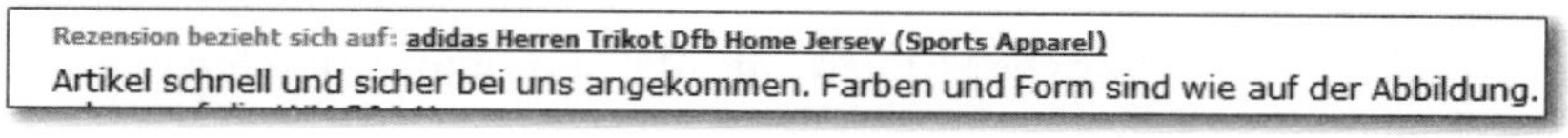

Abbildung 2.39 Kundenrezension bei Amazon: Lieferzeit

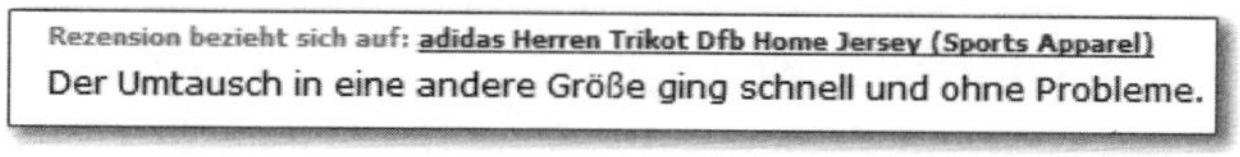

Abbildung 2.40 Kundenrezension bei Amazon: Umtausch

Aus diesen vier Beispielen (siehe Abbildung 2.37 bis 2.40) von Amazon Kundenrezensionen ergeben sich schon wichtige Argumente, mit denen Sie in einer AdWords-Anzeige punkten könnten:

- Produktqualität
- Original-DFB-Trikot
- schnelle Lieferung
- problemloser Umtausch

2.6.10 Ziele definieren und aufschreiben

Eine solide Planung ist die Grundlage für erfolgreiches Internetmarketing. Halten Sie daher zunächst fest, welche Erfolge Sie erzielen möchten. Nennen Sie konkrete Zahlen und recherchieren Sie, was realistisch erscheint. Welche Besuchszahlen, welche Umsätze, wie viele Kundenkontakte sind möglich? Errechnen oder schätzen Sie auf Grundlage bekannter Größen aus Ihren bisherigen Marketingaktivitäten die Ziele, die Sie mit Ihren AdWords-Kampagnen erreichen möchten.

Notieren Sie Ihre Ziele

Halten Sie alle Ziele schriftlich in einem Dokument fest, welches Sie später immer wieder zur Hand nehmen können, um aktuelle Zahlen mit Ihren definierten Vorgaben vergleichen zu können. Die Zielplanung bildet die Grundlage für Ihre laufende Kontrolle, und muss somit regelmäßig angepasst und mit den realen Zahlen verglichen werden. Auf diese Weise schaffen Sie Anhaltspunkte, an denen Sie sich orientieren können. Zudem sollten Sie Antworten auf folgende Fragen finden:

- Welche Kunden möchten Sie erreichen?
- Was erwarten Sie von Ihren Kunden?
- Warum sollten die Kunden gerade Ihre Produkte/Dienstleistungen kaufen?
- Was möchte Sie mit Ihrer Werbung erreichen?

Auch die Antworten auf diese Fragen sollten Sie notieren, denn sie sind hilfreich beim Erstellen und Formulieren von Anzeigentexten für AdWords. Auch bei der Überprüfung Ihrer Webseite sollten Sie stets die Vorteile Ihrer Produkte/Dienstleistungen vor Augen haben, da die Vorteile auf der Landing-Page auch genannt werden müssen.

2.7 So nutzen Sie AdWords richtig

Nachdem Sie sich mit Ihren Zielen und Zielgruppen auseinandergesetzt haben, geht es nun an die Umsetzung Ihrer Werbekampagne mit Hilfe des AdWords-Programms. Da die Werbung mit AdWords hauptsächlich auf der Idee des Suchmaschinenmarketings fußt, spielen dabei logischerweise die Suchbegriffe (Keywords) eine entscheidende Rolle. Mit diesen sollten sie sich zunächst ausgiebig beschäftigen. Es gilt interessante Keywords zu finden, aber auch zu verstehen, was Ihre Zielgruppe im Internet sucht. Im Laufe der Keyword-Recherche merken Sie vielleicht, dass bestimmte Suchanfragen zu Ihren Produkten/Dienstleistungen gar nicht so stark über Suchmaschinen gesucht werden, weil diese Produkte vielleicht sehr innovativ sind oder bestimmte Lösungen nicht bekannt sind. Es kann auch sein, dass für Ihr Angebot nur sehr spezielle Keywords interessant sind, die dann nur von einer kleinen Zielgruppe im Internet gesucht wird. Auch wenn diese Erkenntnisse zunächst vielleicht etwas frustrieren, so helfen Sie Ihnen, später die passende Strategie für Ihre Online-Kampagne zu wählen.

2.7.1 AdWords-Keyword-Planer

Zur Vorbereitung einer AdWords-Kampagne gehört die intensive Recherche der Keywords. Mit den Keywords entscheidet sich Erfolg und Misserfolg einer Kampagne. Sie sind von so grundlegender Bedeutung beim Suchmaschinenmarketing, so dass wir diesem Thema ein eigenes Kapitel gewidmet haben. Sie finden daher in Kapitel 3 verschiedene Ideen sowie Tipps zu externen Tools für Ihre Keyword-Recherche. AdWords hält natürlich auch selber ein eigenes Tool, den Keyword-Planer, zur Keyword-Recherche bereit. Sie sollten jedoch nicht nur auf dieses Tool setzen, sondern den Planer in Kombination mit den Möglichkeiten aus Kapitel 3, »Keywords«, nutzen. Wir stellen Ihnen den Keyword-Planer an dieser Stelle der Vorbereitung vor, weil das Tool neben der Keyword-Recherche zusätzlich eine wichtige Rolle bei der Abschätzung des Werbebudgets spielt. Bitte denken Sie daran, dass auch die Budgeteinschätzung zu einer vernünftigen Vorbereitung gehört. Ihre Keywords und Ihr Budget sollten vor der Einrichtung einer ersten Kampagne bei Google AdWords bereits ermittelt worden sein. Erst nach diesem Schritt macht die Einrichtung einer Kampagne richtig Sinn. Der Keyword-Planer ist vielleicht manchem Leser noch unter der Bezeichnung *Google Keyword Tool* bekannt.

Mit dem Keyword-Planer-Tool stellt Google AdWords also eine ausführliche Möglichkeit zur Keyword-Recherche inklusive einer Kostenabschätzung der ausgewählten Keywords zur Verfügung. Mithilfe dieses Tools können Sie direkt aus Ihrem Konto heraus neue Keyword-Ideen generieren und zusätzlich noch die Gebote und das benötigte Gesamtbudget für Ihre Kampagne abschätzen lassen, wobei die Betonung auf »abschätzen« liegt. Da der Keyword-Planer immer nur auf Werte aus der Vergangenheit zurückgreifen kann und es verschiedene Einflüsse, angefangen bei der Änderung des Suchverhaltens über die Anzahl der Anbieter bis hin zum Qualitätsfaktor gibt, kann der Planer somit nur eine grobe Annäherung zum Klickpreis und zum Suchvolumen bieten. Den KEYWORD-PLANER starten Sie indem Sie auf den entsprechenden Unterpunkt des Hauptregisters TOOLS klicken.

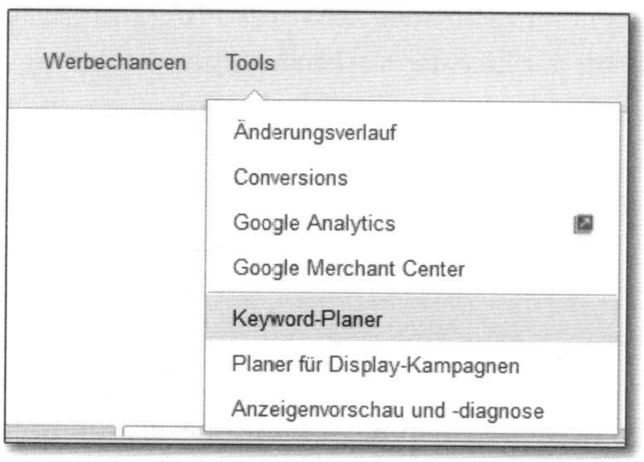

Abbildung 2.41 »Keyword-Planer« unter »Tools« aufrufen

Nachdem Sie den Keyword-Planer geöffnet haben, können Sie aus vier unterschiedlichen Aufgaben auswählen. Die wichtigste Funktion besteht hier in der Möglichkeit, neue Keywords zu finden. Klicken Sie daher auf den ersten Unterpunkt Ideen für neue Keywords und Anzeigengruppen suchen. Falls Sie bereits fertige Keyword-Listen besitzen bzw. die Listen aus Ihren umfangreichen Recherchen überprüfen lassen möchten, können Sie auch einen der drei anderen Unterpunkte auswählen. Es besteht die Möglichkeit, bestehende Keyword-Listen per Copy & Paste einzufügen und entsprechend analysieren zu lassen.

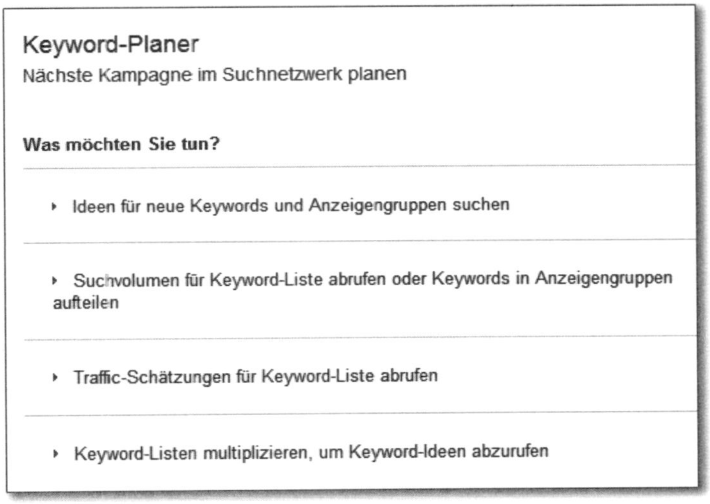

Abbildung 2.42 Vier grundlegende Möglichkeiten des Keyword-Planers

Keyword-Listen multiplizieren

Falls Sie eine Möglichkeit suchen, um aus einzelnen Keywords in unterschiedlichen Kombinationen neue Suchphrasen zu bilden, so sollten Sie sich die vierte Auswahl im Keyword-Planer etwas näher anschauen. Dort können Sie in zwei oder noch mehr Spalten einzelne Keywords einfügen, die dann automatisiert zu neuen Phrasen kombiniert (= multipliziert) werden.

Nachdem Sie den Punkt Ideen für neue Keywords und Anzeigengruppen suchen ❶ angeklickt haben, öffnet sich ein Formular (siehe Abbildung 2.43). Hier können Sie in das erste Formularfeld ❷ entweder ein oder auch mehrere Keywords vorgeben. Zu diesen Vorgaben sucht der Keyword-Planer dann die neuen Keyword-Ideen. Eine weitere Möglichkeit, die auch zur Konkurrenzanalyse genutzt werden kann, bietet das zweite Formularfeld ❸. Hier können Sie z. B. die eigene Webseite, aber auch eine Konkurrenzwebseite analysieren lassen, indem Sie die entsprechende

URL eingeben. Bei der dritten Möglichkeit ❹, die jedoch eher selten genutzt wird, können Sie sich Keywords zu verschiedenen Themenbereichen anzeigen lassen.

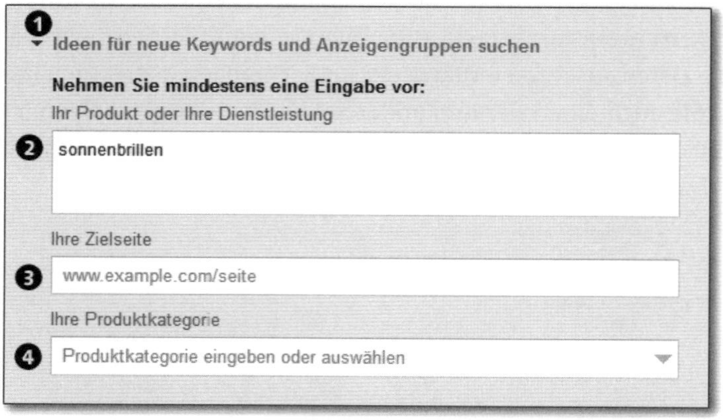

Abbildung 2.43 Eingabe der Keywords oder Zielseiten zur weiteren Analyse

Zur Verfeinerung Ihrer Suchvorschläge, können Sie zusätzliche Filter nutzen. Stellen Sie beim Unterpunkt MEINE SUCHE ANPASSEN Einschränkungen in Bezug auf Suchanfrage, Gebot, Impressionen oder den Wettbewerb ein. In unserem Beispiel (siehe Abbildung 2.44) haben wir vorgegeben, dass nur Keywords mit einem geschätzten Gebot unter 1,50 Euro angezeigt werden sollen. Gleichzeitig haben wir noch ausgewählt, dass nur Keywords vorgeschlagenen werden, bei denen der Wettbewerb weder zu hoch noch zu niedrig, sondern einem mittleren Wert (MITTEL) entspricht. Nehmen Sie hier die Einstellungen nach Ihren Wünschen auf Grundlage Ihrer Strategie vor.

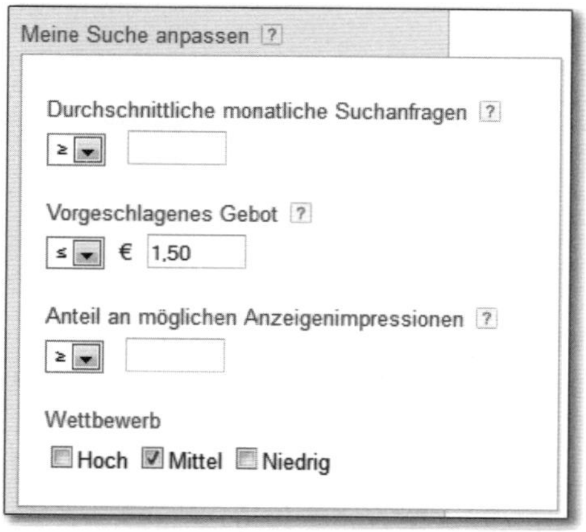

Abbildung 2.44 Filtermöglichkeiten im Keyword-Planer

Als weitere Einstellungen können sie unter MÖGLICHE KEYWORDS zum Beispiel angeben, ob Sie nur Keyword-Vorschläge erhalten möchten, die den von Ihnen vorgegebenen Begriffen sehr ähneln ❶ (siehe Abbildung 2.45). In dieser Auswahlbox können Sie ebenfalls festlegen, ob Keyword-Vorschläge, die in Ihrem Konto bereits vorhanden sind ❷, entsprechend gekennzeichnet werden. Die Vorgaben werden per »Schalter« an- oder ausgestellt.

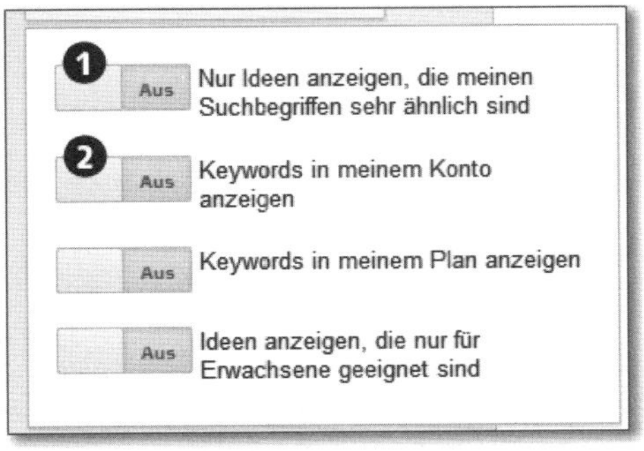

Abbildung 2.45 Weitere Vorgaben im Keyword-Planer

Um die Anzahl der vorgeschlagenen Keyword-Ideen zu begrenzen, können Sie sowohl ein- als auch ausschließende Keywords vorgeben. Ausschließende Keywords werden auch als negative Keywords bezeichnet und stehen für Suchbegriffe, zu denen die AdWords-Anzeigen nicht (!) erscheinen sollen. In unserem Beispiel möchten wir Vorschläge zu den Begriffen »outlet, test, bericht« ausschließen. In der Praxis sollte diese Liste natürlich viel ausführlicher sein. So müssen Sie später nicht unnötig große Keyword-Listen durchforsten. Nachdem Sie die Formularfelder ausgefüllt und die einschränkenden Optionen festgelegt haben, klicken Sie auf den Button IDEEN ABRUFEN.

Ausschließende Keywords sind wichtig

Die hier erwähnten ausschließenden oder negativen Keywords werden Ihnen in diesem Buch noch öfters begegnen. Leider werden diese ausschließenden Keywords in der AdWords-Praxis häufig vernachlässigt. Diese Suchbegriffe sind jedoch sehr wichtig, denn sie umschreiben alle Themen, zu denen Sie nicht mit Ihrer AdWords-Werbung angezeigt werden möchten. Je größer Ihre Liste mit negativen Keywords ist, die Ihrer AdWords-Kampagne hinzugefügt wurde, desto besser passt Ihre Anzeige zur Suchanfrage. Bei unpassenden Anfragen werden Sie nämlich einfach nicht geschaltet. Aber auch bei der Recherche im Keyword-Planer erleichtern Ihnen die negativen Keywords das Leben, da unpassende Suchvorschläge erst gar nicht auf die Keyword-Liste gelangen. So wird die Liste am Ende viel übersichtlicher und passt besser zu Ihren Produkten/Dienstleistungen.

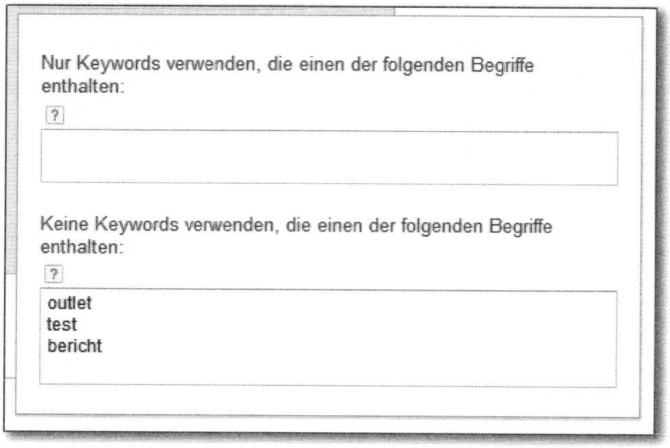

Abbildung 2.46 Beschränkung der Ergebnisse zum Keyword-Ausschluss

Nachdem Sie die Abfrage im Keyword-Planer gestartet haben, erhalten Sie als Ergebnis eine Liste, für die Sie zwei grundlegende Ansichten auswählen können (siehe Abbildung 2.47). In der Standardansicht werden die Keyword-Ideen direkt nach möglichen Anzeigengruppen ❶ geordnet dargestellt. In unserem Beispiel finden wir eine Anzeigengruppen-Idee mit den Namen »Damen Sonnenbrillen« ❸ wieder, die fünf ❹ einzelne Keyword-Ideen enthält. Möchten Sie direkt die komplette Keyword-Liste ohne Gruppierungen sehen, so klicken Sie auf den Tab Keyword-Ideen ❷, den Sie oberhalb der Keyword-Liste finden.

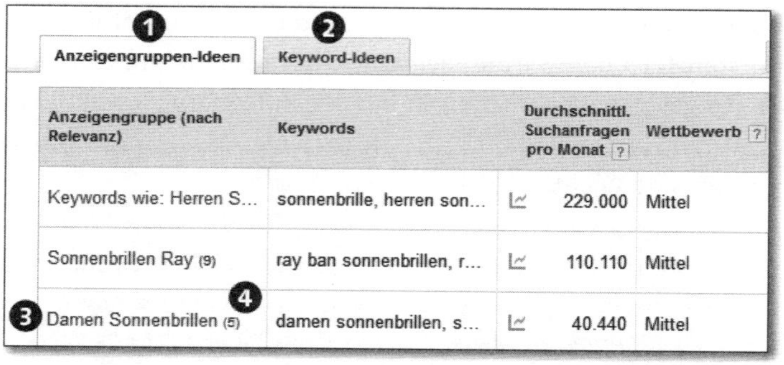

Abbildung 2.47 Keyword-Ideen, geordnet nach Anzeigengruppen

Wenn Sie die Darstellung KEYWORD-IDEEN ❶ ausgewählt haben finden Sie zu jedem Keyword bzw. jeder Keyword-Phrase weitere Informationen wie zum Beispiel die durchschnittlichen Suchanfragen pro Monat ❷, die Einschätzung zum Wettbewerb ❸, aber auch einen Vorschlag zum Klick-Gebot ❹ (siehe Abbildung 2.48). Aus dieser Liste können Sie einzelne Keywords auswählen und per Klick auf den Doppelpfeil ❺ an der rechten Seite zu einem so genannten Plan hinzufügen. Der Plan kann später inklusive Keyword-Ideen und Anzeigengruppen in bestehende Kampagnen übernommen werden.

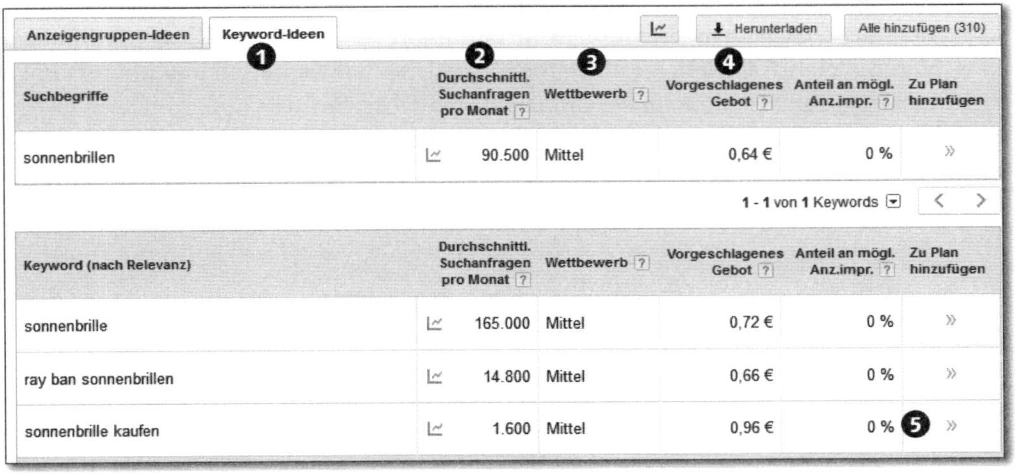

Abbildung 2.48 Keyword-Ideen in Plan übernehmen

Die gesammelten Keywords in Ihrem Plan werden rechts neben der Tabelle mit Keyword-Vorschlägen angezeigt. Nachdem Sie ein oder mehrere Keywords zu Ihrem Plan zugefügt haben, können Sie diesen näher analysieren, indem sie auf den Button SCHÄTZUNGEN ÜBERPRÜFEN klicken (siehe Abbildung 2.49).

Abbildung 2.49 Schätzung zum Keyword-Plan abrufen

Nach dem Klick auf SCHÄTZUNGEN ÜBERPRÜFEN erhalten Sie eine neue Ansicht, die zunächst in einer Übersicht Informationen zu den erwarteten Klicks, den Impressionen pro Tag und die, für viele AdWords-Nutzer wichtigste Information, und zwar die Angabe zu den geschätzten Kosten pro Tag auflistet. In einer interaktiven Grafik können Sie verschiedene Situationen in Bezug auf Impressionen, Klicks und Budget durchspielen. Nachdem Sie eine grobe Übersicht zu Klickpreisen und Impressionen haben, geben Sie oberhalb der Grafik ein Standardgebot zum CPC, zum Beispiel den mittleren Wert aus der Grafikprognose, ein und klicken danach auf den Button DETAILLIERTE PROGNOSEN ABRUFEN (siehe Abbildung 2.50). Sie erhalten dann weitergehende Informationen zu den einzelnen Keywords.

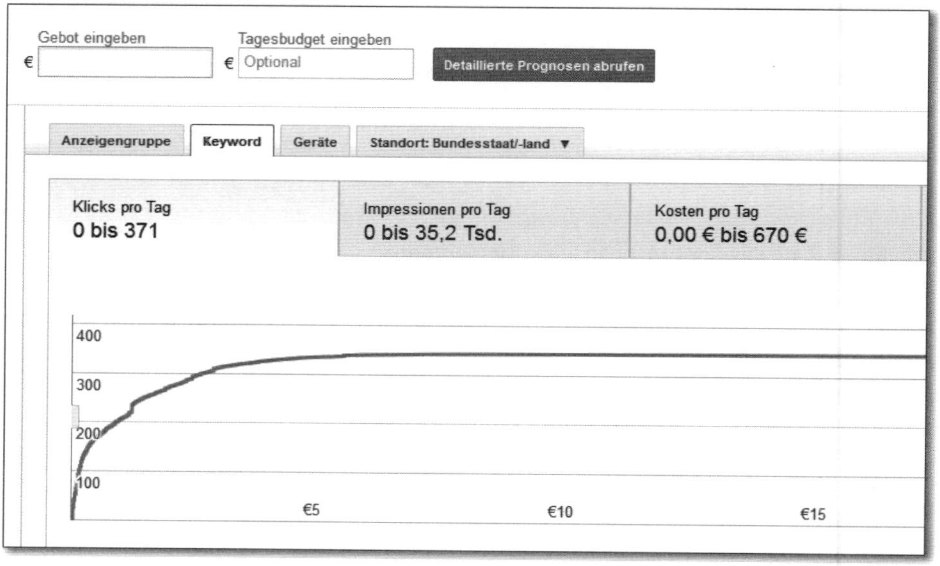

Abbildung 2.50 Schätzungen zu Klicks, Impressionen und Kosten

In der neu erstellten Übersicht können Sie dann noch weitere Keywords hinzufügen ❶, die Keyword Optionen bearbeiten ❷ sowie Keywords löschen ❸ (siehe Abbildung 2.51). Auf diese Weise stellen Sie eine gewünschte Keyword-Liste zusammen, die Sie am Ende auch in einem CSV-Format herunterladen können. Klicken Sie dazu einfach auf den Button HERUNTERLADEN ❹. Diese Keyword-Dateien können Sie dann noch mit zusätzlichen, externen recherchierten Keywords anreichern oder direkt in bestimmte Kampagnen importieren.

Neben der Recherche, ausgehend von einem oder mehreren Keywords, können Sie, wie bereits erwähnt, den Keyword-Planer auch dazu nutzen, um ganze Webseiten zu analysieren. Dabei muss die Analyse sich nicht nur auf Ihre eigene Webseite beschränken, Sie können mit dem Tool auch Ihre Konkurrenz analysieren. So erfahren

Sie, welche Keywords für die Konkurrenzseite interessant sind. Geben Sie keine Keywords in das erste Formularfeld, sondern die URL Ihrer Konkurrenzseite in das zweite Formularfeld unter IHRE ZIELSEITE ein (siehe Abbildung 2.52). Bitte beachteten Sie, dass Sie nicht nur die Startseite, sondern auch jede beliebige Unterseite hier analysieren können.

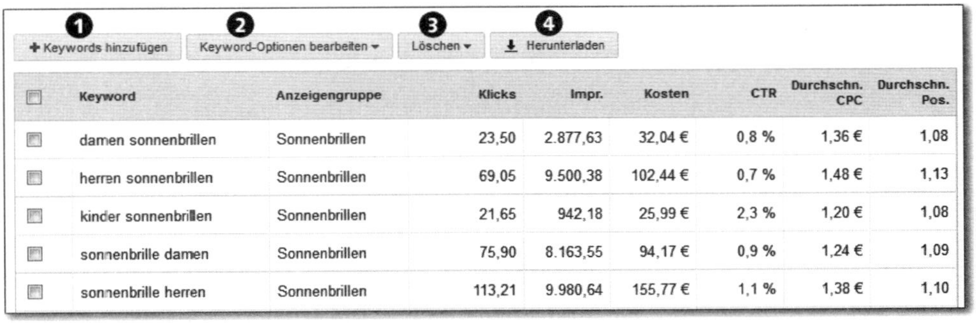

	Keyword	Anzeigengruppe	Klicks	Impr.	Kosten	CTR	Durchschn. CPC	Durchschn. Pos.
	damen sonnenbrillen	Sonnenbrillen	23,50	2.877,63	32,04 €	0,8 %	1,36 €	1,08
	herren sonnenbrillen	Sonnenbrillen	69,05	9.500,38	102,44 €	0,7 %	1,48 €	1,13
	kinder sonnenbrillen	Sonnenbrillen	21,65	942,18	25,99 €	2,3 %	1,20 €	1,08
	sonnenbrille damen	Sonnenbrillen	75,90	8.163,55	94,17 €	0,9 %	1,24 €	1,09
	sonnenbrille herren	Sonnenbrillen	113,21	9.980,64	155,77 €	1,1 %	1,38 €	1,10

Abbildung 2.51 Detaillierte Schätzungen zu einzelnen Keywords

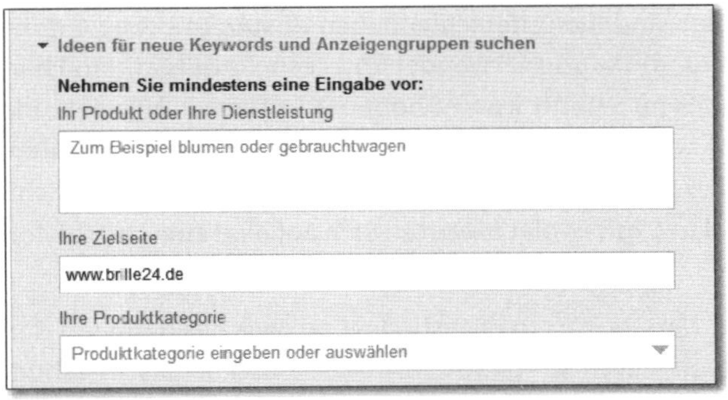

Abbildung 2.52 Keyword-Planer: Analyse von Konkurrenzwebseiten

Haben die Programmierer gut gearbeitet haben, dann zeigt das Google-Tool Ihnen jetzt auch die wichtigsten Suchbegriffe Ihrer Konkurrenz an. Statt der Konkurrenzseite können Sie aber auch eine Unterseite von Wikipedia zu ihrem Thema eingeben. In Abbildung 2.53 erkennen Sie, dass wir die Wikipedia-Seite zum Thema Sonnenbrille als Zielseite vorgegeben haben. Auch hier startet die Analyse wieder per Klick auf den Button IDEEN ABRUFEN.

Abbildung 2.53 Keyword-Planer: Analyse von Wikipedia-Seiten

Nutzen Sie die Webseitenanalyse des Keyword-Planers, um neue Ideen auf unterschiedlichen Webseiten zu finden. Testen Sie den Planer beispielsweise für folgende Webseitenanalysen:

- eigene Webseiten inklusive Unterseiten
- Webseiten der Konkurrenz inklusive Unterseiten
- passende Themenseite von Wikipedia
- Social-Media-Seiten zu Ihren Produkten/Dienstleistungen
- Webseiten von Foren, Blogs, Online-Magazinen zu Ihrer Branche

2.7.2 Das AdWords-Budget planen

Die meisten Fragen, die im Zusammenhang mit AdWords gestellt werden, beziehen sich auf das Budget. Wie viel Geld muss ich für eine AdWords-Kampagne einplanen? Was kostet mich die Werbung für meine Produkte? Die Antwort lautet: Wie so häufig kommt es auf die Rahmenbedingungen an. Ihre AdWords-Kosten sind abhängig von Ihren Zielen, dem Umfang Ihrer Werbekampagne und Ihrer Konkurrenzsituation.

Eine Besonderheit bei AdWords sind die unterschiedlichen Kosten in Bezug auf die gebuchten Keywords. Keywords, die häufig verwendet und gesucht werden, sind härter umkämpft und haben daher im Schnitt immer höhere Klickpreise. Für viele, die den Wettkampf um die heiß begehrten Keywords unbedingt gewinnen möchten, explodieren dann die Kosten. Daher ist es immer besser, im Vorfeld bestimmte Strategien festzulegen und diese dann zu verfolgen, anstatt sich auf das reine Überbieten von Klickpreisen einzulassen.

Grundsätzlich gibt der Nutzer bei Google ein Tagesbudget an, welches dann auf den Monat (30 bis 31 Tage) hochgerechnet wird. Praktischerweise kann man das Tagesbudget ständig ändern, sogar mehrmals täglich. Das einmal verbrauchte Budget kann jedoch nicht wieder reduziert werden.

Manchmal überschreitet das Google-System das vereinbarte Budget ein wenig und produziert zum Beispiel anstelle der Vorgabe von 10,00 Euro am Ende des Tages vielleicht 10,45 Euro an Klickkosten. Gleich am nächsten Tag bietet das AdWords-System jedoch vorsichtiger, um das Defizit wieder auszugleichen, sodass Sie am Ende des Monats Ihr vorgegebenes Budget nicht überschreiten. Bitte beachten Sie, dass ein Budget immer pro Tag gilt und dann wieder neu zur Verfügung steht. Es wird nicht aufgebraucht und muss auch nicht jeden Tag wieder neu bestätigt werden. Mit Hilfe des eingegebenen Budgets können Sie eine Kampagne nicht zeitlich beschränken. Hierfür müssten Sie ein Enddatum eingeben oder die Kampagne manuell stoppen.

Da Sie die Budgetfrage spätestens beim Erstellen Ihrer AdWords-Kampagne beantworten müssen, sollten Sie sich hier auf jeden Fall vorher Gedanken machen. Die Daten aus dem Keyword-Planer liefern einen ersten Ansatzpunkt zur Budgetabschätzung. Sie können grob die Kosten zu Ihren wichtigsten Keywords abschätzen. Diese Angabe soll jedoch nur als Anhaltspunkt dienen. Eine grundsätzliche Empfehlung zu einem Standardbudget für AdWords-Kampagnen kann nicht von externen Beratern oder dem Google-System vorgegeben werden. Sie sollten das eingesetzte Budget vor allem von folgenden Faktoren abhängig machen:

- Halten Sie sich zunächst an das Werbebudget, welches Ihnen zur Verfügung steht.
- Kontrollieren Sie, ob Sie Ihre Ziele erreichen und welchen Gewinn Sie mit AdWords generieren. Erreichen Sie Ihre Ziele und steigt der Gewinn, kann auch mehr in Werbung investiert werden.
- Beachten Sie auch Ihre Konkurrenzsituation. Müssen Sie sich mit wichtigen Keywords gegen viele oder finanzstärkere Konkurrenten durchsetzen, dann benötigen Sie ein höheres Budget oder Sie müssen Beschränkungen bei der Anzahl der Keywords, der beworbenen Regionen oder der Werbezeiten vornehmen.

Ermittlung des Werbebudgets anhand wirtschaftlicher Kennzahlen

Viele Firmen berechnen ihr Werbebudget anhand der Geschäftszahlen des Vorjahrs. Meist wird ein bestimmter Prozentsatz des Gewinns in die Werbung des aktuellen Jahres investiert. Oft taucht das Argument auf, dass man das Budget lieber auf Grundlage der zukünftigen Umsatzzahlen bestimmen möchte. Wenn Sie jedoch noch keine Erfahrung aus früheren Jahren haben, können Sie keine fundierte Einschätzung der Online-Umsätze vornehmen.

2.7.3 Keywords analysieren und bewerten

Am Ende Ihrer umfangreichen Recherche mit dem Keyword-Planer und den Tools aus Kapitel 3, »Keywords« sollten Sie Ihre umfassende Keyword-Liste analysieren und bewerten. Denken Sie daran, dass die Keywords, die Sie letztlich für Ihre AdWords-Kampagnen nutzen möchten, auch wirklich auf Ihrer Webseite als Produkt, Dienstleistung oder Information zu finden sind. Keywords, die nichts mit Ihrer Webseite zu tun haben, bringen nicht den gewünschten Erfolg, sondern erzeugen nur Frust. Sie erzielen mit diesen Keywords nur Klicks, die Geld kosten, aber keine Kunden generieren.

Bilden Sie aus den Keyword-Listen thematisch passende Keyword-Gruppen, die maximal 15 bis 20 Keywords enthalten. Falls Sie den Keyword-Planer im AdWords-Konto genutzt haben, erhalten Sie mit Hilfe dieses Tools bereits Vorschläge, wie Sie die Keywords nach Anzeigengruppen unterteilen können. Verwenden Sie diese Vorschläge für Ihre erste, grobe Einteilung. Sie können dann später bei Bedarf noch weitere Unterteilungen vornehmen oder wichtige Keywords auch anders gruppieren. Dies hängt von der weiteren Optimierung Ihrer Kampagnen ab. Hinweise zur Optimierung durch Verfeinerung der Anzeigengruppen finden Sie in Abschnitt 12.4.2, »Keywords in eigene Anzeigengruppen ausgliedern«.

Entfernen Sie auch später Keywords zügig, wenn Sie anhand der Statistiken sehen, dass diese nicht für Ihre Werbung geeignet sind. Wenn Sie beispielsweise als Reiseagentur Hotels in Tokio vermarkten möchten, so kann die eigentlich passende Suchphrase »Tokio Hotel« ungünstig sein, weil viele Google-Nutzer plötzlich nach einer Musikband suchen, die in den Musik-Charts steht. Wenn die Musiker dann nicht mehr aktuell sind, kann die Keyword-Kombination auch für die Reisebranche wieder interessant werden. Und der Suchbegriff »Jaguar« kann sowohl dem zoologischen Bereich, als auch der Automobilbranche zugeordnet werden. Anhand dieser zwei kleinen Beispiele erkennen Sie schon, dass Maschinen zwar Keywords recherchieren können, Sie jedoch mit Ihrem gesunden Menschenverstand diese noch bewerten müssen. Eine erste Auswahl treffen Sie also am Ende Ihrer Keyword-Recherche und natürlich laufend auf Grundlage der Statistiken zu Impressionen, Klicks und Conversions.

2.7.4 Auswahl der richtigen Strategie

Das Besondere am Suchmaschinenmarketing ist, dass Sie sich im Medium Internet ständig in einer Konkurrenzsituation zu Mitbewerbern befinden, die um die gleichen Keywords buhlen. Es gilt also, mit Hilfe einer Strategie Nischen zu finden, individuelle Gebotsstrategien festzulegen und eigene Keyword-Kombinationen zu finden, um sich von der Konkurrenz zu unterscheiden und das vorhandene Werbebudget möglichst gewinnbringend einzusetzen.

Dabei sind diejenigen, die sich professionell vorbereiten und strategisches Internetmarketing betreiben, logischerweise im Vorteil. Dieser Vorsprung vor der Konkurrenz kann sich in günstigeren Klickpreisen, mehr Besuchern oder höheren Conversions (Anzahl der gewonnenen Kunden) ausdrücken.

In den Kapiteln 6 bis 8 zeigen wir Ihnen verschiedene Werbestrategien mit den dazugehörigen AdWords-Kampagnen.

Obwohl der Einstieg in das Suchmaschinenmarketing mit AdWords von Google als besonders schnell und einfach beschrieben wird, sollten Sie sich ein wenig intensiver auf Ihre AdWords-Kampagnen vorbereiten. Die folgende Checkliste hilft Ihnen bei der Kontrolle Ihrer gezielten Vorbereitung.

2.8 Checkliste zur Vorbereitung einer AdWords-Kampagne

Nutzen Sie folgende Checkliste zur Kontrolle Ihrer Vorbereitung

To-Do-Liste zur Vorbereitung einer Adwords-Kampagne	Erledigt (✓)
Ich habe meine Ziele notiert.	
Ich habe meine Zielgruppe(n) bestimmt.	
Ich habe die Bedürfnisse/Wünsche meiner Zielgruppe analysiert.	
Ich habe meine Zielregion(en) festgelegt.	
Ich habe eine Liste mit passenden Keywords erstellt.	
Ich habe eine Liste mit ausschließenden Keywords erstellt.	
Ich habe die Vorteile meiner Produkte/Dienstleistung notiert.	
Ich habe Liste mit meinen Serviceleistungen erstellt.	
Ich habe eine Liste mit meinen Call-to-Actions erstellt.	
Ich kenne meine Landing-Pages bzw. habe eine Landing-Page erstellt.	
Ich habe Schätzungen zum Werbebudget durchgeführt.	
Ich weiß, welches Werbebudget zur Verfügung steht.	

Tabelle 2.3 AdWords-Vorbereitungen – Checkliste

Im zweiten Kapitel haben Sie erfahren, wie Sie schnell eine AdWords-Kampagne starten können und was sich hinter AdWords Express verbirgt. Sie wissen nun, wie wichtig eine gute Vorbereitung mit vorheriger Analyse ist. Erst wenn Sie Ihre Ziele, Ihre Zielgruppen und die wichtigsten Keywords kennen und notiert haben, macht es Sinn, eine AdWords-Kampagne zu starten. Mit der richtigen Vorbereitung und den Vorgaben aus Ihren Analysen fällt es viel leichter, eine gute AdWords-Kampagne zu erstellen.

Kapitel 3
Keywords

Die Grundlage des Suchmaschinenmarketings sind Keywords! Was liegt näher, als den Suchbegriffen (Keywords) ein eigenes Kapitel zu widmen? Es gibt hier zu viele Aspekte, Quellen, Methoden und Tools, die es nicht verdient haben, sich in anderen Kapiteln und Abschnitten unterzuordnen. Lernen Sie hier, womit und wie Sie Ihre Keyword-Sets erstellen, verfeinern und schließlich in den Kampagnen einsetzen können.

Im vorherigen Kapitel haben Sie gelernt, dass Keywords im wahrsten Sinne des Wortes der Schlüssel dafür sind, dass Ihre AdWords-Kampagnen nicht nur erfolgreich werden, sondern in den meisten Fällen überhaupt erst funktionieren. Wir möchten an dieser Stelle vorausschicken, dass wir den Begriff *Keyword* in diesem Kapitel sowohl für ein einzelnes Suchwort als auch für die Kombination mehrerer Suchbegriffe einsetzen werden. Er wird darüber hinaus auch als Synonym für Suchwort, Suchphrase, Suchanfrage oder Schlüsselwort verwendet. Ausgangspunkt eines neuen AdWords-Projektes ist stets eine ausführliche Keyword-Recherche. Darum haben wir in diesem Kapitel eine umfangreiche Liste mit unterschiedlichen Ansätzen zur Keyword-Recherche aufgelistet. Suchen Sie sich die Möglichkeiten aus, die für Sie sinnvoll und umsetzbar sind. Beachten Sie jedoch, dass Sie grundsätzlich immer mehrere Ideen und Tools nutzen und Ihre Suchbegriffe immer aus verschiedenen Blickwinkeln betrachten sollten.

Abbildung 3.1 Die Qual der Wahl: Relevante Keywords finden, sammeln und gruppieren

Wie kommen Sie nun zu Keywords für Ihre Kampagnen? Wo finden Sie diese? Mit welchen Prozessen und Vorgehensweisen erstellen Sie passende Keyword-Sets? Lauter – berechtigte – Fragen, auf die wir Ihnen im Verlauf dieses Kapitels die eine oder andere aufschlussreiche Antwort geben können. Folgende zwei Grundprobleme werden wir in diesem Kapitel behandeln:

- *Woher* nehmen Sie Keywords: Potenzielle Informationsquellen, bei denen Sie Keyword-Kombinationen und -Ideen finden können.
- *Womit* gruppieren Sie Keywords: Methoden und Tools, mit denen Sie die gesammelten Keyword-Ideen verfeinern und für ihren Einsatz in der Kampagne vorbereiten können.

Bauen Sie neben Ihrer Keyword-Liste auch eine Liste mit unpassenden Suchbegriffen auf!

Bitte denken Sie bei den folgenden Tipps zur Keyword-Recherche auch daran, dass Sie immer eine Liste mit negativen Suchbegriffen, den ausschließenden Keywords, aufbauen, also solchen Begriffen, die nicht zu Ihrer Webseite, bzw. Ihren Angeboten passen. Wollen Sie beispielsweise Produkte in einem Online-Shop verkaufen, könnten Sie Begriffe wie *Gratis*, *Download* oder *Kostenlos* gleich vorweg für Ihre Ausschlussliste planen. Zusätzlich sollten Sie aber auch spezielle Begriffe notieren, die sehr oft im Zusammenhang mit Ihren wichtigen Keywords auftauchen, die Sie aber nicht anbieten können oder möchten. Zum Beispiel sollten Sie »beflocken« im Zusammenhang mit Fußballtrikots ausschließen, falls Sie zwar Trikots verkaufen, aber keine Trikotbeflockung anbieten. Die Liste mit negativen Keywords wird sich später noch als sehr wertvoll für die Optimierung Ihrer Kampagnen erweisen und Ihnen mit jedem hinzugefügten Wort unnötige Klicks und somit Werbekosten sparen.

Bei allen in Ihren Kampagnen eingesetzten Keywords steht dabei im Vordergrund, dass diese bestmöglich jenen Suchbegriffen und -phrasen entsprechen, die Ihre potenziellen Kunden bei einer Suche nach Ihren Produkten, Services und Angeboten möglicherweise in das Google-Suchfeld eingeben. Ihre Keyword-Liste kann erfahrungsgemäß – selbst bei einem großen Rechercheaufwand – niemals von Beginn an die höchstmögliche Effizienz aufweisen. Sie können mit einem gut recherchierten initialen Keyword-Set jedoch die Rahmenbedingungen dafür schaffen, dass Ihnen bzw. dem mit der Betreuung der AdWords-Kampagne betrauten Team die spätere Optimierung und Verfeinerung umso leichter fällt.

Effektivität vs. Effizienz

Da Sie eben über die Effizienz von Keyword-Listen gelesen haben, möchten wir kurz auf den Unterschied zwischen Effektivität und Effizienz eingehen. Auch bei Ihren AdWords-Kampagnen wird es für Ihren Kampagnenerfolg maßgeblich sein, dass Sie langfristig nicht nur effektive, sondern effiziente Kombinationen aus Keywords und Anzeigentexten einsetzen. Nicht zuletzt auf Ihrer Kreditkartenabrechnung (bzw. den Belegen einer anderen im Konto hinterlegten Zahlungsquelle) werden Sie den Unterschied rasch bemerken. Folgendes Beispiel finden wir als einfache Eselsbrücke sehr gelungen. Es hilft, jederzeit die korrekte Abgrenzung der beiden Begriffe sowohl verstehen als auch erklären zu können. Nehmen wir an, Sie müssen ein Feuer löschen und können bei der Auswahl einer geeigneten Löschflüssigkeit zwischen Champagner und Wasser entscheiden. Fällt Ihre Wahl auf die erste Option, haben Sie zweifellos eine *effektive* Variante gewählt: Champagner auf die Flamme, Feuer aus, Ziel erreicht! Effizient war die Aktion jedoch aufgrund des im Vergleich zum Wasser wesentlich teureren Champagners nicht.

Dasselbe Prinzip können Sie nun auf das hier im Buch behandelte Thema ummünzen: Effektiv wird nahezu jede AdWords-Kampagne sein, da sie ab ihrem Einschalten und dem Einsatz des ersten Euros an Werbebudget für neue Besucher auf Ihrer Webseite sorgen wird. Die Effizienz der Kampagne jedoch – und in diesem Zusammenhang ist stets von Wirtschaftlichkeit die Rede – hängt maßgeblich von der Qualität und Relevanz ihrer Keywords ab. Ob Ihre durchschnittlichen Klickpreise vier Euro oder 50 Cent betragen, wird sich nicht in der reinen Besucherstatistik, wohl aber in der Kosten- und ROI-Berechnung widerspiegeln. Achten Sie also darauf, jederzeit mit *effizienten* Kampagnen und Keyword-Listen zu arbeiten

Auch bei Kampagnen für das Displaynetzwerk spielt die kontextuelle Ausrichtung über Keywords eine nach wie vor wichtige Rolle. Welche Unterschiede Sie dabei in der Keyword-Recherche zu berücksichtigen haben und welche weiteren – im Unterschied zu Kampagnen im Suchnetzwerk nicht ausschließlich auf Keywords basierenden – Ausrichtungsmethoden es dort noch gibt, erfahren Sie in Kapitel 6, »Display-Kampagnen«.

3.1 Das optimale Keyword-Set

Die Überschrift klingt zugegeben verlockend, und in der Tat wäre es wunderbar, auf ein paar wenigen Buchseiten zusammenzufassen, wie Sie als Leser für jede Aufgabenstellung und Branche ein optimales Set an Keywords zusammenstellen. Wir müssen Sie aber gleich zu Beginn enttäuschen, da es nie ein *perfektes* Keyword-Set geben kann und selbst ein *optimales* Set viel Arbeit in der Vorbereitung und permanenten Betreuung Ihrer Kampagnen erfordert. Klar werden sich Ihre Keywords hinsichtlich Umfang und Kategorisierung mit fortlaufendem Optimierungsgrad stetig verbessern. Auf diese Weise erreichen Sie langfristig einen besseren Qualitätsfaktor, eine höhere Anzeigenrelevanz und nicht zuletzt einen geringeren Klickpreis. Aufgrund des dynamischen Umfeldes und der Tatsache, dass Tag für Tag wieder neue Informationen über gut oder schlecht performende Keywords hinzukommen werden, wird eine Kampagne jedoch aus Keyword-Sicht niemals »fertig optimiert« sein können. Selbst wenn sich Ihr auf der Webseite präsentiertes Angebot nicht häufig ändert, lassen sich nahezu täglich neue Erkenntnisse über für Sie erfolgreiche und weniger erfolgreiche bzw. irrelevante Suchanfragen gewinnen.

In diesem Zusammenhang möchten wir Ihnen die folgende Tatsache vor Augen führen: Nach von Mitarbeitern aus Googles Suchspezialisten-Team bestätigten Informationen beinhaltet ungefähr jede sechste bei Google getätigte Suchanfrage eine nie zuvor verwendete Kombination aus Suchbegriffen und das tagtäglich aufs Neue. Laut John Wiley, Chefentwickler der Google-Suche, handelt es sich dabei um eine Situation, mit der sich Google praktisch seit Anbeginn auseinandersetzen muss. Es sind zwar »nur« ungefähr 16 Prozent, aber in Anbetracht dessen, dass Google um die 100 Milliarden (!) Suchanfragen pro Monat beantwortet, bedeutet das aus Ihrer Sicht als AdWords-Nutzer Tag für Tag neues zu berücksichtigendes Keyword-Potenzial. Weltweit entstehen so laufend Millionen neuer Suchkombinationen, die für AdWords-Anzeigenkunden relevant sein könnten. Auch Google selbst ist laufend bestrebt, diesen Prozentsatz zu senken. Hauptgrund dafür ist der Versuch, die Suchergebnisse – organisch wie bezahlt – präziser auszuliefern und damit das Nutzererlebnis zu verbessern.

Bevor Sie sich in die aktive Recherche stürzen, empfehlen wir Ihnen, sich einige Hilfsmittel zurechtzulegen. Wir möchten Ihnen hier vor allem digitale Werkzeuge vorstellen, da Ihre Keywords früher oder später in die interaktive Benutzeroberfläche von AdWords eingegeben werden und somit in digitaler Form vorliegen müssen. Natürlich spricht auch nichts dagegen, sollten Sie es bevorzugen, erste Recherchen mit Hilfe von Notizblättern, Post-its oder Flip-Charts umzusetzen. Moderne Online-Tools wie die im Folgenden vorgestellten können jedoch altbewährte und analoge Prozesse oft vereinfachen. Sollten Sie diese noch nicht kennen und anwenden, können wir Ihnen nur empfehlen, sie für diese Aufgabenstellung auszuprobieren. Spätestens wenn es darum geht, Informationen zu teilen und in räumlich getrennten Teams zu bearbeiten, stoßen Flip-Charts & Co. schnell an ihre Grenzen.

Gratis, aber keineswegs umsonst

Der Großteil der in diesem Abschnitt erwähnten Produkte und Dienste steht Ihnen – zumindest in ihrem grundlegenden Funktionsumfang – kostenlos zur Verfügung. Damit profitieren Sie von einem Trend, der sich im Internet nicht zuletzt mit Unterstützung von Google etabliert hat. Leistungsstarke Dienste wie es zweifelsohne auch zum Beispiel die Google-Suche ist, werden Anwendern kostenlos zur Verfügung gestellt. Die Refinanzierung ergibt sich sehr oft über Werbung (Google macht das besonders gut und erwirtschaftet nach wie vor einen Großteil seiner Umsätze einzig und allein mit AdWords ;-) oder alternative Bezahlmethoden. Häufig kommt hier das so genannte *Freemium*-Modell zum Einsatz, bei dem Basisdienste einer Anwendung zwar zeitlich uneingeschränkt gratis nutzbar sind, sich der volle Leistungsumfang für den Nutzer aber erst durch kostenpflichtige Erweiterungen oder Abonnements erschließt. Die Vorgehensweise, dass Sie zunächst ein Softwareprodukt kaufen, es dann lokal installieren und auf nur einem Gerät nutzen, verliert zunehmend an Bedeutung und Beliebtheit. Umso besser für Sie, denn so bleibt Ihnen oder Ihrem Auftraggeber mehr Budget für den Einsatz in Ihren AdWords-Kampagnen, um wiederum neue Kunden und Nutzer für das von Ihnen beworbene Produkt zu generieren.

3.1.1 Brainstorming

Bei der Keyword-Recherche starten Sie zunächst mit eigenen Überlegungen zu Ihrem Produkt/Ihren Dienstleistungen. Diese Überlegungen werden durch Austausch mit anderen Personen erweitert. Bevor wir Ihnen verschiedene Tools vorstellen, sollten Sie folgende drei Tipps auf jeden Fall in die Recherche einbeziehen.

1. Tipp: Brainstorming – das eigene Gehirn nutzen

Der wichtigste Grundsatz bei der Suche nach den richtigen Keywords lautet: Denken Sie wie Ihre Kunden, denn der Wurm (Ihr Keyword) soll dem Fisch (Ihrem Kunden) schmecken und nicht dem Angler (Ihnen). Überlegen Sie also genau, wonach Ihre potenziellen Kunden suchen würden, um Ihre Produkte oder Dienstleistungen auf den Google-Ergebnisseiten zu finden. Konzentrieren Sie sich dabei nicht auf Fachbegriffe, die Ihre Kunden nicht kennen. Nutzen Sie im Gegenteil bewusst auch fachlich »falsche Begriffe«, die jedoch gängige Ausdrücke in der Welt Ihrer Kunden sind. Denken Sie auch an Probleme Ihrer potenziellen Kunden, wenn diese Ihre Produkte oder Ihre Dienstleistungen noch nicht kennen. Notieren Sie alle Begriffe, die Ihnen einfallen, und denken Sie daran, dass es beim Brainstorming zunächst nicht um die Auswahl der Suchbegriffe geht. In dieser Phase gibt es daher keine falschen Suchbegriffe.

2. Tipp: Diskussion mit Kollegen und externen Personen

Erweitern Sie Ihre Liste durch ein Gespräch mit Ihren Mitarbeitern oder Kollegen. Oftmals ergeben sich noch andere Gesichtspunkte, weil unterschiedliche Personen aus unterschiedlichen Blickwinkeln auf ein Problem schauen. Sprechen Sie auch mit Freunden und Bekannten, die nichts direkt mit Ihrem Business zu tun haben. Stellen Sie einfach die Frage, wonach Ihr Gegenüber bei Google suchen würde, um Ihre Produkte oder Dienstleistungen zu finden. Auch hierbei ist es wichtig, den anderen Blick auf Ihr Unternehmen und Ihre Produkte zu erhalten. Der Blick von externen Beobachtern entspricht schon eher der Sicht eines Kunden. So erweitern Sie Ihre Keyword-Liste um wertvolle Ideen. Schreiben Sie alle Ideen auf, und markieren Sie danach die Keywords, die von verschiedenen Gruppen genannt wurden, da diese Begriffe auch in der Praxis wahrscheinlich häufiger gesucht werden.

3. Tipp: Kundenbefragung

Die beste Einschätzung zu den wichtigsten Suchbegriffen erhalten Sie natürlich direkt von den Kunden, die Ihre Produkte gekauft oder Ihre Dienstleistungen in Anspruch genommen haben. Wonach haben diese Menschen vorher gesucht bzw.

mit welchen Begriffen verbinden diese Ihre Dienstleistungen oder Produkte? Diese Daten sind meistens jedoch nur sehr schwierig zu erhalten und viele Unternehmer scheuen den Aufwand zur ihrer Erhebung. Aus unserer Sicht sind diese Daten jedoch so wertvoll, dass es sich auf jeden Fall lohnt, etwas Zeit und Mühe zu investieren. Erstellen Sie z. B. eine Online-Befragung oder verbinden Sie Ihre After-Sales-Maßnahmen mit einer Frage nach den Keywords. Sie können sich beispielsweise nach dem Online-Kauf per E-Mail bedanken und um drei Suchbegriffe bitten, mit denen der Kunde Ihr Produkt, Ihre Dienstleistung suchen würde. Sie können die Befragung auch mit einem kleinen Dankeschön, z. B. einem Fünf-Euro-Gutschein für den nächsten Einkauf verbinden. Eine interessante Keyword-Liste entsteht aus der Kombination der eigenen Suchbegriffe und den Keywords der Kunden. Die Schnittmenge enthält die Keywords, die für Sie die größte Relevanz besitzen.

Speziell in der frühen Phase der Keyword-Recherche werden Sie eine Vielzahl an Informationen und Themen für Ihre Kampagnen sammeln. Dabei sind aber noch ein paar Schritte davon entfernt, konkrete und bereits strukturierte Keyword-Listen erstellen zu müssen. Hier empfiehlt es sich, dass Sie sich zunächst einen »digitalen Notizzettel« zurechtlegen. Wir haben dafür zum Beispiel mit dem Online Mind Mapping- und Brainstorming-Tool *Mindmeister* (Infos und Anmeldung unter *www.mindmeister.com*, siehe Abbildung 3.2) sehr gute Erfahrungen gemacht. Nutzer können damit nach einer einfachen Registrierung bis zu drei Mindmaps kostenlos erstellen, bearbeiten und teilen. Erst wenn Sie über dieses Limit hinaus Mindmaps erstellen, erweiterte Bearbeitungs- und Exportfunktionen erhalten oder den Dienst auch über mobile Apps nutzen möchten, müssen Sie sich für eines der kostenpflichtigen Nutzungsmodelle entscheiden.

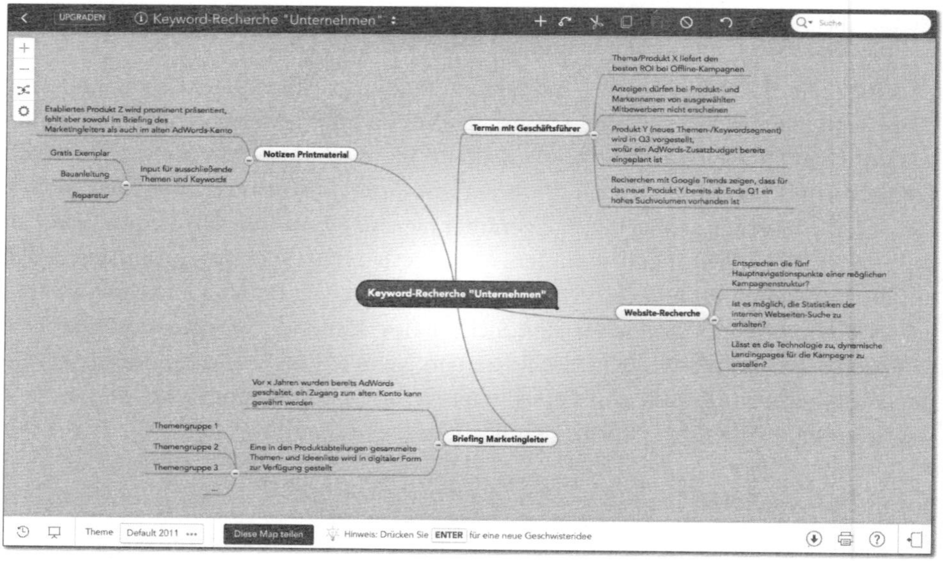

Abbildung 3.2 Erste Keyword-Ideen mit Mindmeister einfach festhalten und visualisieren

Wie im oben abgebildeten Beispiel ersichtlich, lassen sich so Ihre Gesprächsnotizen, Gedanken und ersten Fragen nicht nur bequem erfassen sondern auch exportieren, ausdrucken oder mit anderen Nutzern teilen.

Sie werden feststellen, dass im Zuge der Keyword-Recherche ein sprichwörtliches Elefantengedächtnis von Vorteil ist. Genau in diese Kerbe schlägt ein weiteres Tool namens *Evernote* (siehe Abbildung 3.3). Es stellt sich bei potenziellen Nutzern auf der Unternehmenswebseite *www.evernote.com* als »virtuelles Gedächtnis« vor und kann Ihnen auch bei Ihren Recherchearbeiten als genau solche digitale Speichererweiterung dienen. Legen Sie bei diesem Tool, das sowohl in der Browser- als auch App-Variante kostenlos angeboten wird, nicht nur Textnotizen, sondern auch Sprachaufzeichnungen oder Bilder ab. Sie genießen damit nicht nur den Vorteil eines digitalen Notizblocks, sondern profitieren von der geräteübergreifenden Verfügbarkeit aller auf diese Weise gesammelten Informationen. Lesen Sie dazu auch den nächsten Kasten zum Thema »Cloud Computing«.

Abbildung 3.3 Ein digitales »Elefantengedächtnis« gibt's zum Beispiel bei Evernote.

Viele weitere ähnliche Tools, die Ihnen in dieser Phase behilflich sind, können Sie im Netz bei einer Suche nach Begriffen wie zum Beispiel *Online Mindmap*, *Online Brainstorming* oder *Online Notizblock* entdecken. Schnell werden Sie Ihre persönlichen Favoriten finden, mit denen Sie die Aufgaben am effizientesten erledigen können. Parallel zu reinen Notizen und ersten Brainstormings werden Sie an der Erstellung und Strukturierung von Kampagnenthemen und Keyword-Listen arbeiten und somit auch Bedarf an weiterer Software haben.

3.1.2 Textverarbeitung und Tabellenkalkulation

Ohne ein Textverarbeitungs- und Tabellenkalkulationsprogramm sollten Sie Ihre Keyword-Recherche nicht beginnen. Die drei dafür naheliegenden Auswahlmöglichkeiten sind:

- Sie nutzen die in Microsoft Office integrierten Programme Word und Excel.
- Sie setzen auf kostenlose, im Betriebssystem enthaltene oder freie Open-Source-Produkte wie z. B. Notepad oder TextEdit zur Textverarbeitung bzw. auf die OpenOffice Suite als freie Bürosoftware (*http://www.openoffice.org/de*).
- Sie verwenden Cloud-basierte Dienste wie zum Beispiel den Google-eigenen Dienst *Google Docs*. Seit 2012 ist dieser browserbasierte Text- und Tabellenbearbeitungsservice aufgrund einiger Funktionserweiterungen unter dem Namen *Google Drive* durch Eingabe der URL (*https://drive.google.com*) erreichbar.

Die letztgenannte Variante, auf Google Docs bzw. Google Drive zu setzen, empfiehlt sich dabei aus mehreren Gründen. Erstens ist der Dienst kostenlos mit Ihrem bereits für die Nutzung von AdWords erstellen Google-Konto nutzbar. Geben Sie die oben genannte URL im selben Browser ein, mit dem Sie bereits AdWords nutzen, können Sie auf diese Weise ohne eine Neuregistrierung bei weiteren Drittunternehmen gleich drauflos arbeiten und Ihre Dokumente anlegen (siehe Abbildung 3.4). Gleichzeitig benötigen Sie zur Verwendung von Google Drive nur einen Internetbrowser und die Login-Informationen Ihres Google-Kontos. Software-Installationen? Administrator-Rechte? Erweiterte Computerkenntnisse? Nicht erforderlich!

Zweitens spricht für Google Drive, dass viele Export- und Bearbeitungsfunktionen, die Sie später kennenlernen werden – sowohl in AdWords als auch Analytics – mit einer nahtlosen Integration des Google-eigenen Dokumentenformates aufwarten. Beispielsweise können Sie in der Keyword-Bearbeitung und -Optimierung durch die enge Verknüpfung dieser Dienste um einiges effizienter arbeiten.

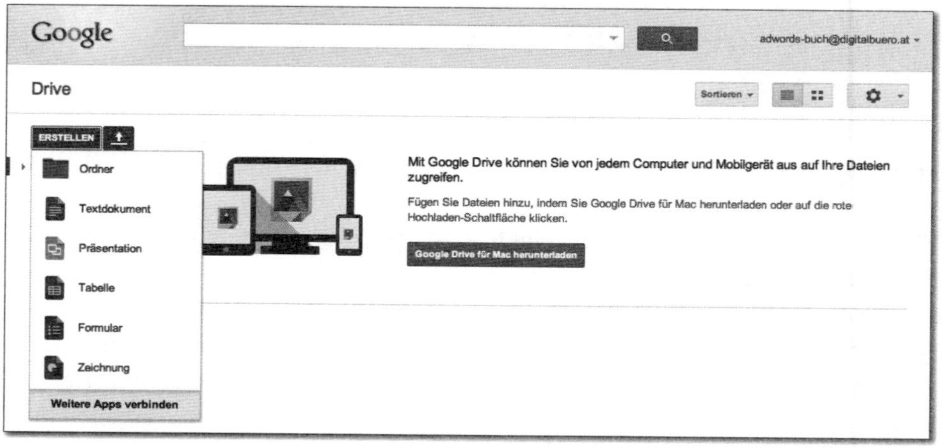

Abbildung 3.4 Dokumente und Tabellen mit Google Drive erstellen

Ein drittes Argument ist die Tatsache, dass Google Drive-Dokumente in der so genannten *Cloud* gespeichert werden und somit online von jedem Internet-Gerät aus und an einem beliebigen Standort weltweit abgerufen werden können, ohne eine Software-Installation durchführen zu müssen. Natürlich ist ein Internetzugang die Voraussetzung für einen Zugriff auf die Dokumente. Da Sie ohne einen solchen wohl auch das AdWords-Interface nicht erreichen würden, können Sie an dieser Stelle davon ausgehen, dass Sie bei der Erstellung, Bearbeitung und Optimierung Ihrer Kampagnen ihre bei Google Drive gespeicherten Dokumente und Tabellen, wie beispielsweise Keyword-Listen, Vorlagen für Anzeigentexte etc. jederzeit abrufbereit haben.

Vierter und gleichzeitig letzter der offensichtlichen Vorteile ist die Möglichkeit, dass jedes in der Google-Wolke erstellte Dokument auch mit weiteren Nutzern geteilt werden kann. Hilfreich dann, wenn zum Beispiel mehrere Personen in einem Unternehmen an denselben Kampagnen arbeiten und daher z. B. auf zentrale Keyword-Listen oder Kampagnen- und Themenpläne zugreifen müssen. Sie können als Ersteller eines Dokumentes zusätzlich jederzeit entscheiden, ob Mitnutzer dieses nur lesen oder auch aktiv verändern können. Dass der Zugriff auf Google Drive auch bequem über mehrere Gerätetypen hinweg, von Desktop-PCs über Tablets bis hin zu Smartphones, erfolgen kann, ist ein abschließender und sehr angenehmer Nebeneffekt. Sie haben Ihren Keyword-»Spickzettel« in diesem Fall tatsächlich immer und überall mit dabei. Selbst wenn Sie im Freibad auf neue Keyword-Ideen stoßen: Ein schneller Klick am Smartphone und Ihr Google-Drive Dokument ist geöffnet, um neue Keywords oder Notizen hinzuzufügen.

Internet-Dienste und Speicherplatz für alle – nicht nur bei Google

Allen Lesern, die mit *Cloud Computing* noch wenig Erfahrung haben empfehlen wir, sich nicht nur in Zusammenhang mit AdWords näher mit diesem Thema zu beschäftigen. Es liegt nahe, dass ich *Google Drive* an dieser Stelle aufgrund der nahtlosen produktübergreifenden Integration mit den anderen Diensten aus dem Hause Google hervorhebe. Natürlich bieten zum Beispiel auch Unternehmen wie Apple oder Microsoft vergleichbare Dienste an, die sich dann *iCloud* oder *Office 365* nennen. Für die reine Dateiablage lassen sich darüber hinaus zum Beispiel *Dropbox*, sowie als persönlicher geräteübergreifender Notizblock die digitalen Tools des Anbieters *Evernote* empfehlen.

All diese Dienste haben eines gemein: Dokumente und Dateien werden in der so genannten *Cloud* gespeichert. Liegen diese an einem entfernten, über Datennetzwerke zugänglichen Ort (also in einer fernen, abstrakten »Wolke«) und nicht am eigenen Computer, ergibt sich ein wesentlicher Vorteil im Vergleich zu lokal gespeicherten Daten: Sie können darauf standortunabhängig und jederzeit zugreifen. Darüber hinaus ermöglichen diese Dienste es Ihnen, auch anderen Nutzern Zugriff zu ihren Dokumenten, Dateien, Fotos oder Videos zu erteilen. So können Sie zum Beispiel ein Textdokument, das Sie früher eventuell per E-Mail oder USB-Stick an mehreren Personen verteilt – und damit viele Kopien des Ausgangsdokumentes in Umlauf gebracht –

hätten, über Dienste wie Google Drive freigeben. Feedback, Ergänzungen und Änderungen können so bequem und auch von mehreren Personen in der zentralen Quelldatei erfolgen. Auch Fotos, die einen größeren Speicherplatz einnehmen und somit eventuell zu groß für einen Versand per E-Mail wären, können Sie mit Cloud-basierten Diensten einfach weiterleiten und teilen.

Da der zur Verfügung gestellte Speicherplatz meist mehrere Gigabyte – in der kostenlosen Variante von Google Drive sind es zum Beispiel deren fünfzehn – groß ist, werden Sie selbst bei größeren Datenmengen nicht so schnell an die Grenzen stoßen, wenn Sie ihren »virtuellen USB-Stick« mit Inhalten füllen. Abschließend darf man einen der augenscheinlichsten Nachteile all dieser durchaus bequemen und oft kostenlosen Services nicht unerwähnt lassen: Ohne Internetzugang bleibt Ihnen der Zugriff auf die bei diesen Anbietern abgelegten Dateien verwehrt. Damit sind alle in der »Cloud« gespeicherten Dokumente genau so fern und unerreichbar, wie die Wolken am Himmel, sobald Sie offline sind.

Haben Sie sich nun für eine lokale oder Cloud-basierte Lösung zur Text- und Tabellenverarbeitung entschieden, können Sie mit der eigentlichen Keyword-Recherche beginnen.

3.2 Die Keyword-Recherche

In diesem Abschnitt lernen Sie, wie Sie eine umfangreiche Keyword-Recherche planen und selbstständig durchführen können. Eine Keyword-Recherche nehmen Sie übrigens nicht ausschließlich in der Vorbereitungsphase von AdWords-Kampagnen sondern zum Beispiel auch im Vorfeld von Maßnahmen zur Suchmaschinenoptimierung von Webseiten vor. Darüber hinaus liefern Keyword-Recherchen mit den hier beschriebenen Maßnahmen und Tools wertvolle Informationen bei vielen weiteren Vorhaben, die eine Marktforschungstätigkeit voraussetzen. Sie können solche Keyword-Recherchen nämlich auch als praktisches und vergleichsweise einfaches Marktforschungsinstrument einsetzen, wenn Sie beispielsweise eine Unternehmensgründung oder die Entwicklung von neuen Produkten planen. Aus den gewonnenen Erkenntnissen zum Suchverhalten können Sie heute sehr einfach ableiten, wie das Potenzial für neue Produkte oder Dienstleistungen in der realen Welt einzuschätzen ist. Dass diese Vorgehensweise rascher und budgetschonender umzusetzen ist als eine »richtige« in Auftrag gegebene Marktforschung, wird Sie darüber hinaus erfreuen.

Wir möchten Ihnen dazu ein Beispiel nennen: Nehmen wir an, Sie haben die Geschäftsidee, Reisen für laufsportinteressierte Personen aus dem deutschsprachigen Raum zu organisieren. Möchten Sie Prognosen erstellen, damit Sie das praktische Potenzial dieser Idee besser einschätzen können, muss eine Recherche in der potenziellen Zielgruppe nicht in jedem Fall auch aussagekräftige Ergebnisse liefern. Fragen Sie beispielsweise zehn Leute, ob Sie Ihr Laufsport-Reiseangebot in Anspruch nehmen würden. Egal, ob bei bekannten oder unbekannten laufsportinteressierten Personen, die Vorstellung von an balearischen Küstenlandschaften entlang führenden Laufausflügen mit dem Meer als Begleiter und der aufgehenden Sonne am Horizont würde bei den Befragten sofort für helle Begeisterung und damit eine klare Unterstützung Ihrer Idee sorgen. Aber was würde passieren, wenn Sie allen begeisterten Personen gleich eine verbindliche Anmeldung – womöglich begleitet von einer sofortigen Anzahlung – zum nächsten Reisetermin anbieten? Und was, wenn Sie den Startpreis gleich dazu nennen? Schließlich ist es kein unbeträchtlicher Aufwand, das Programm auf die Beine zu stellen, die Reise inklusive aller Transporte und Unterkünfte zu organisieren, und auch die den Teilnehmern zur Seite gestellten erfahrenen Lauftrainer müssen etwas verdienen. So schnell kann aus heller Begeisterung große Ernüchterung werden, wenn viele der Befragten zwar zunächst aus Gründen der eigenen Überschwänglichkeit oder auch Freundlichkeit Ihnen gegenüber Interesse zeigen, aber in der Praxis dann doch Bedenken äußern, sobald Geld ins Spiel kommt, oder gleich wieder abspringen.

Google AdWords – die bessere Marktforschung?

Passend zum Thema Keyword-Recherche möchten wir Ihnen den Hinweis mit auf den Weg geben, die Macht von Suchmaschinen zu nutzen. Mit Hilfe von AdWords können Sie nämlich nicht nur Werbung für Ihre Produkte/Dienstleistungen machen, sondern auch das Potenzial für noch nicht existierende Produkte testen. Mit Hilfe von AdWords, wenigen hundert Euro und ein paar Tagen Zeit können Sie viele wertvolle Erkenntnisse über Themen gewinnen, die Ihre Zielgruppe über die Google-Suche äußert. Das erspart oft eine teure Marktforschung. Keywords spielen dabei auch eine essenzielle Rolle. Welche Keywords möchten Sie, basierend auf Ihrer Produkt- bzw. Service-Idee, testen? Schlägt Ihnen Google vielleicht sogar automatisch bessere Varianten vor? Gibt es überhaupt ein Suchvolumen dafür? Wenn ja, wie hoch ist dieses, in welchen Ländern und Regionen wird danach gesucht und wo liegt der Betrag für die durchschnittlichen Kosten pro Klick? Haben Sie sich dem Thema einmal aus dieser Perspektive gewidmet, werden Sie viel Freude daran haben, mit AdWords nicht nur Werbung im klassischen Sinne zu machen, sondern mit dem hier gewonnenen Know-how Suchwortmarketing kreativ auch anderweitig zu nutzen.

Warum also befragen Sie für solche Zwecke nicht »das Internet«? Eine kleine Landing-Page mit stimmungsvollen Bildern und einem vorläufigen Reiseablauf sowie einer groben Preisübersicht ist schnell zusammengestellt. Über ein einfaches Formular können Interessenten eine – zunächst ebenfalls unverbindliche – Anmeldung absenden. Sie müssen dann, nach der obligatorischen Keyword-Recherche, nur eine AdWords-Kampagne online stellen, um über diese Vorgehensweise deutlich qualifiziertere Interessenten zu gewinnen. Nachdem Sie keine verbindliche Buchung anbieten und das Zustandekommen der Reise noch immer an weitere Bedingungen (wie z. B. eine Mindestteilnehmerzahl) knüpfen können, gehen Sie dabei nur ein geringes finanzielles wie rechtliches Risiko ein. Sie können durch diesen Mikrotest mit Hilfe von einigen relevanten Keywords und einer AdWords-Testkampagne nur gewinnen. Zunächst wertvolle Erfahrungen über die tatsächliche Zielgruppe:

- Aus welchen (Bundes-)Ländern stammen die Interessenten?
- Mit welcher Zeit und welchen Kosten ist es verbunden, eine Formular-Anfrage zu generieren?
- Entsprechen Quantität und Qualität der Rückmeldungen Ihrer Erwartung bzw. den in einem Businessplan kalkulierten Mindestanforderungen?

Bieten Sie beim Formular auch ein optionales Kommentarfeld an, können Sie darüber hinaus auch noch an die eine oder andere hilfreiche Frage oder Bemerkung kommen, was Interessenten aus Ihrer potenziellen Zielgruppe von Ihrem Service zusätzlich oder alternativ erwarten würden:

- »Bieten Sie auch Laufreisen nach Nordeuropa und Skandinavien an?« – Viele Ihrer Mitbewerber haben sich womöglich schon auf südeuropäische Ziele und Laufrouten spezialisiert.
- »Gibt es die Möglichkeit, Gruppen- und Firmenbuchungen zu machen?« – Andere Anbieter konzentrieren sich eventuell in der Programm- und Preisgestaltung auf Singles und Paare.
- »Bieten Sie die Möglichkeit zur digitalen Vernetzung der Teilnehmergruppe vor, während und nach der Reise an?« – Mit einer solchen Technologie könnten Sie ein Instrument schaffen, das unter anderem zur Kundenbindung und Weiterempfehlung beiträgt.

Wie Sie sehen, kann Ihnen AdWords mit Hilfe seines umfangreichen Keyword-Potenzials eine große Hilfe auch für nicht alltägliche oder offensichtliche Aufgabenstellungen sein. Wir hoffen, dass wir mit diesem kurzen inhaltlichen wie geografischen »Ausflug« Ihr Potenzial hinsichtlich der kreativen Nutzung von Keyword-Recherchen – und nicht nur Ihr Interesse an einem Laufurlaub auf Mallorca – wecken konnten.

Kommen wir nun aber nach den genannten unterschiedlichen Argumenten, *warum* Sie der Recherche von Suchbegriffen entsprechend hohe Aufmerksamkeit schenken sollten, dazu, *wie* Sie diese wichtige Liste aus einzelnen Suchwörtern und Mehrwort-Suchphrasen zusammenstellen können. In Abbildung 3.5 ist klar ersichtlich, dass es online keinesfalls zu wenige Informationsquellen zum Thema Keyword-Recherche gibt. Egal ob 13 Möglichkeiten, sieben Tipps, oder zehn häufige Fehler: Sie werden eher auf das Problem stoßen, dass Sie bei der Fülle an Informationen und Links nicht wissen, welcher Quelle Sie vertrauen sollten.

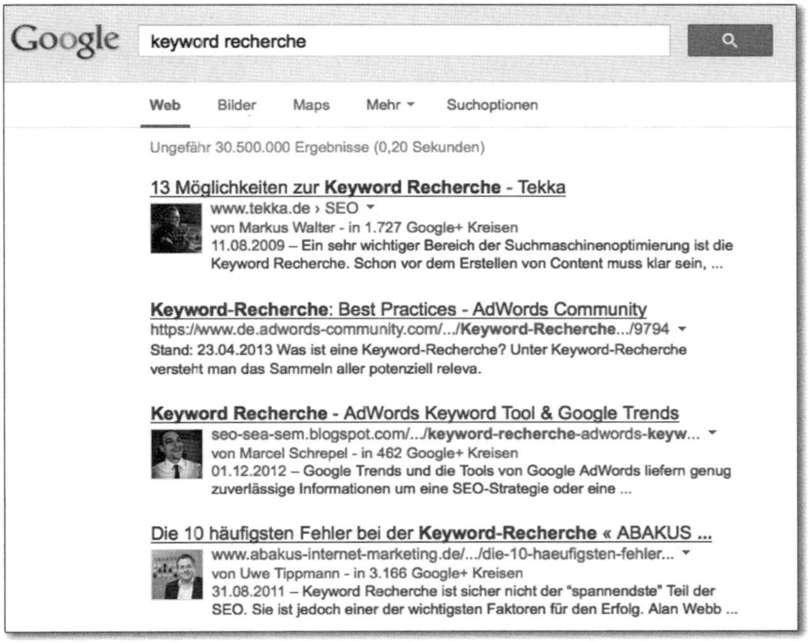

Abbildung 3.5 Lassen Sie sich von 30,5 Millionen Ergebnissen zum Suchbegriff »keyword recherche« nicht abschrecken!

Ist ein bereits 2009 erstellter Artikel überhaupt noch relevant? Oder hält sich dieser möglicherweise deshalb so lange in den obersten Suchergebnissen, weil er auf möglichst allgemeine Tipps eingeht, die unabhängig von kurzfristigen Tools und Trends auch heute noch gültig sind? Sind Hinweise aus Google-internen Quellen und Foren besser und vertrauenswürdiger als solche von externen Dienstleistern, Experten und Agenturen, die ja möglicherweise nur sich selbst promoten möchten? Wir möchten in der weiteren Folge in diesem Kapitel größtenteils auf solche nummerierten Listen (egal ob »Top-10 ...« oder »Flop-5 ...«) verzichten, und Ihnen einen möglichst neutrales Bild dazu vermitteln, wie Sie bei einer Keyword-Recherche am besten vorgehen. Vorausschicken möchten wir an dieser Stelle auch, dass sich für Sie das meiste Potenzial daraus ergibt, wenn Sie bei jedem der im Folgenden beschriebenen Vorgänge zur Gewinnung und Strukturierung von Suchwörtern von Ihrem gesunden Menschenverstand Gebrauch machen. Nicht jedes von diversen Tools vorgeschlagene Keyword passt auch für Ihren individuellen Anwendungsfall. Benötigen Sie wirklich tausende Keywords oder reichen zum Start vielleicht ein paar wenige (Dutzend)? Unter Berücksichtigung der Tatsache, dass es wohl für jeden einzelnen Leser unterschiedliche Prioritäten in diesem wichtigen Kapitel geben wird, lassen Sie uns – noch lange bevor wir auf konkrete Tools eingehen – gleich mit der ersten wichtigen Quelle für potenzielle Keywords für Ihre AdWords-Kampagnen beginnen.

3.2.1 Keyword-Quellen im Unternehmen

Fangen Sie direkt bei sich bzw. Ihrem Unternehmen an. Wir empfehlen Ihnen, vor der Nutzung diverser externer Quellen und Tools zunächst innerhalb des Unternehmens nach möglichen Suchbegriffen und Wortkombinationen für Ihre AdWords-Kampagne zu suchen.

Webseite

Bereits ein Blick auf die Homepage der Unternehmenswebseite wird Ihnen in den meisten Fällen konstruktiven Input zur Strukturierung und Erstellung Ihres Keyword-Sets liefern. Nicht zuletzt ist die jeder Webseite zugrunde liegende Navigationshierarchie zumindest eine gute Orientierungshilfe zur Gruppierung Ihrer Keywords. Speziell bei kleineren Webseiten kann diese des Öfteren bereits als vollständige Vorlage zum Aufbau Ihrer Themen- bzw. Anzeigengruppen dienen.

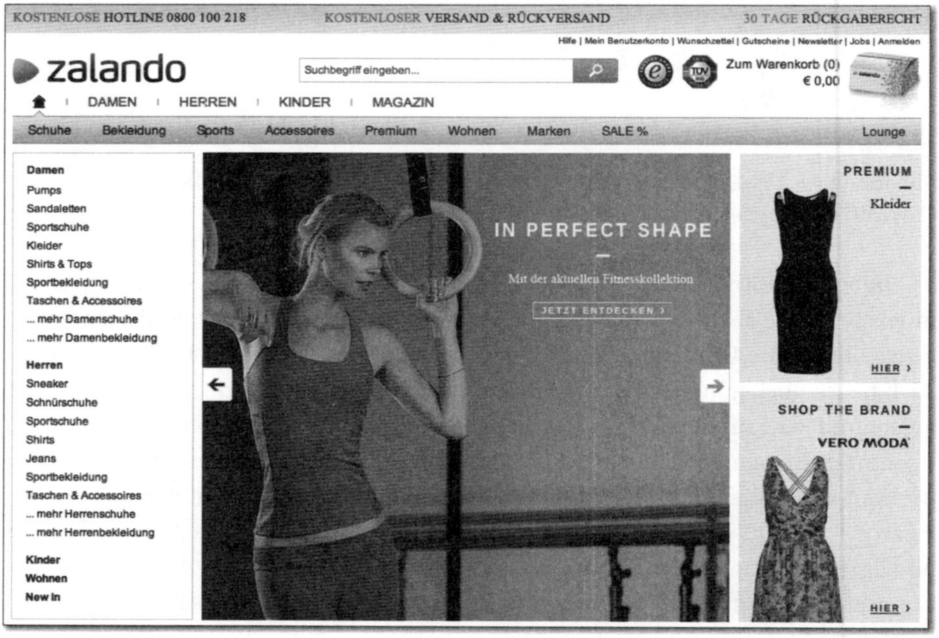

Abbildung 3.6 Jede Keyword-Recherche beginnt auf der eigenen Unternehmenswebseite (Beispiel/Quelle: www.zalando.at).

Das Beispiel aus Abbildung 3.6 zeigt die Homepage des bekannten Online-Versenders Zalando. Diese liefert aufgrund ihres Aufbaus bereits sehr gute Hinweise, um unmittelbar mit der Erstellung einer Keyword-Liste zu beginnen. Wie würden wir in diesem Fall vorgehen? Nun, zunächst wäre es sinnvoll, sich einige Hinweise zu suchen, um die Keywords erst mal grob und auf Kampagnenebene einzuordnen:

- Schuhe
- Bekleidung
- Accessoires
- Wohnen
- Aktionen und Ausverkauf
- Gutscheine
- ...

Beachten Sie dabei, dass Sie in der Priorisierung von Themen und Kampagnen nicht ausschließlich die Größe des Navigationselements im Design heranziehen sollten. So wäre in diesem Beispiel das Thema Gutscheine nur ein unauffälliger Begriff in der kleinen Meta-Navigation am rechten oberen Seitenrand. In Hinblick auf Ihre AdWords-Kampagne würde dieser aber einen nicht unwesentlichen und möglicherweise sehr gewinnbringenden Part einnehmen. Erfreuen sich doch online bestellbare Wertgutscheine zunehmender Beliebtheit, in der Variante als Ausdruck am heimischen Computer vor allem als praktisches Last-minute-Geschenk. Ob zum Geburtstag, an Weihnachten oder zu Ostern – solche Keywords haben praktisch das ganze Jahr über Saison. Sie sehen, mit nur einem Blick auf ein vermeintlich kleines Navigationselement auf der Unternehmenshomepage eröffnet sich uns ein erster Einstiegspunkt für eine Teilkampagne rund um Geschenkgutscheine, die bereits nach einem umfassenden, weil saison- und themenübergreifenden, Keyword-Set verlangen würde. In der folgenden Tabelle möchten wir Ihnen noch einmal aufzeigen, wie Sie aus dem simplen Menüpunkt *Gutschein* bereits eine grobe Kampagnenstruktur erarbeiten können.

Wichtig ist dabei, dass Sie sich beim Sammeln und Kategorisieren der Keywords stets in Ihre potenziellen Kunden hineinversetzen. Stellen Sie sich bei jedem Suchbegriff vor, welches Suchergebnis und welche Zielseite sich ein Interessent in dessen Kontext erwarten würde und entscheiden Sie, ob dieser für Ihre Zielsetzung ein wertvolles oder irrelevantes und somit ausschließendes Keyword ergeben würde.

Kampagne	Anzeigengruppen	Keywords	Ausschließende Themen/ Keywords
Gutscheine – generisch	Generisch	Gutschein kaufen Online Gutscheine Wertgutschein online bestellen ...	Wellness Abenteuer Elektronik ...

Tabelle 3.1 Beispiel zur ersten Gruppierung von Keyword-Ideen rund ums Thema Gutschein.

Kampagne	Anzeigengruppen	Keywords	Ausschließende Themen/ Keywords
Gutscheine – generisch	Bekleidung	Bekleidungs-gutschein kaufen Online Gutschein für Bekleidung ...	Amazon Otto H&M ...
Gutscheine – Anlässe	Geburtstag	Geschenk-gutschein zum Geburtstag Gutschein als Geburtstags-geschenk ...	Essen und Getränke Wellness und Therme Reise und Urlaub ...
Gutscheine – Anlässe	Hochzeitstag	Hochzeitstag Geschenkideen Was schenken zur Hochzeit Gutscheine Hochzeitstag	Gedichte Hochzeitstisch Goldene Hochzeit Hochzeitsjubiläen Kreuzfahrt ...
Gutscheine – Marken	Levis	Gutschein Levis Jeans Levis Gutscheine kaufen Levis Jeans Geschenk-gutschein	Diesel Replay Seven For All Mankind ...

Tabelle 3.1 Beispiel zur ersten Gruppierung von Keyword-Ideen rund ums Thema Gutschein. (Forts.)

Ob Sie solche Gedanken bereits tabellarisch und somit ideal vorbereitet für die spätere Keyword-Listenerstellung oder erst in einem – virtuellen oder realen – Notizblock festhalten, ist dabei Ihnen überlassen. Wichtig ist an dieser Stelle zunächst nur, alle inhaltlichen Aspekte der Homepage zu berücksichtigen, um so zu potenziellen Keyword-Ideen zu gelangen. Sie werden sehen, dass Sie in vielen Fällen bereits nach Prüfung der Homepage eine große Menge an Potenzial und womöglich bereits mehrere Dutzend oder hunderte konkrete Keywords finden konnten. Wiederholen Sie diesen Schritt für sämtliche Unterbereiche, Channels und Detailseiten der zu bewerbenden Webseite und Sie werden, noch bevor Sie auf weitere, möglicherweise kostenpflichtige Tools zurückgreifen müssen, einen wertvollen Schatz an Suchbegriffen erarbeitet haben.

Zugegeben, es kann bei umfangreichen Webseiten ein großer Aufwand sein, diesen Teil der Recherche Schritt für Schritt durchzuführen. Der Großteil der manuellen und kreativen Arbeit wird Ihnen hier leider nicht erspart bleiben. Vor allem das aktive Mit- und Vorausdenken kann Ihnen leider kein Computerprogramm abnehmen. Wofür es jedoch sehr wohl eine Software gibt, ist das automatische Erstellen einer Inhaltsübersicht Ihrer Webseite. Diese übernimmt für Sie das so genannte Crawlen der Webinhalte, indem sie beginnend bei der von Ihnen angegebenen URL einer Ausgangsseite (zumeist die Homepage) allen über einen Hyperlink verknüpften internen Seiten folgt, und das Ergebnis anschaulich in einer Tabelle darstellt. Speziell bei inhaltlich umfangreichen Webseiten erhalten Sie so auf effiziente Weise einen gut sortierten Überblick der Seiteninhalte. Noch dazu ist dieser gleich automatisch in einem Dateiformat vorbereitet, das Sie einfach in einem Tabellenkalkulationsprogramm weiterverwenden können. In Abbildung 3.8 sehen Sie ein Beispiel, wie ein solches Ergebnis aussehen kann. Dort haben wir den in Abbildung 3.7 dargestellten *Google Merchandise Store* (Googles firmeneigenen Online-Shop für Merchandising-Artikel, *www.google-store.com*) einem Crawl unterzogen, um so Erkenntnisse für Keyword-Ideen und die dahinterliegende Webseitenstruktur zu gewinnen.

Abbildung 3.7 Viele Webseiten wie z. B. der Google Merchandise Store verfügen über Inhalte, jedoch keine Sitemap.

Die hier vorstellten Tools sind somit keine Tools zur unmittelbaren Keyword-Recherche, sondern vielmehr weitere vorbereitende Hilfsmittel, die Ihnen das Erledigen der in diesem Abschnitt behandelten Aufgabe etwas erleichtern sollten. Wenn wir kurz nachdenken, tun Sie damit im Prinzip nichts anderes als es Google mit seinen automatischen Programme tagtäglich für jede einzelne im Web verlinkte Seite macht: Sie folgen und »durchforsten« Links auf einer Webseite und versuchen, deren Struktur und Inhalte so gut es geht zu verstehen. Mit dem »kleinen« Unterschied, dass Sie keinen Suchindex aufbauen und permanent mit Daten füttern, sondern lediglich einmalige Erkenntnisse über den Aufbau einer Webseite gewinnen möchten, deren Struktur auf andere Art und Weise nicht erkennbar ist.

	A	B
1	**Address**	**Title 1**
2	http://www.googlestore.com/	Google Online Store
3	http://www.googlestore.com/Accessories/	Accessories
4	http://www.googlestore.com/Accessories/27oz+Bottle+w+Flip+Straw+Lid.axd	27oz. Bottle w Flip Straw Lid
5	http://www.googlestore.com/Accessories/Android+Micro+Cleaner.axd?cid=950	Android Micro Cleaner
6	http://www.googlestore.com/Accessories/Android+Neon+Light.axd?cid=950	Android Neon Light
7	http://www.googlestore.com/Accessories/Android+Tote+Bag+-+Black.axd	Android Tote Bag - Black
38	http://www.googlestore.com/Bags/cid=931/shop.axd/Category	Bags
40	http://www.googlestore.com/Fun/Google+Flyers.axd	Google Flyers
41	http://www.googlestore.com/Google+Redesign/Accessories/	Accessories
42	http://www.googlestore.com/Google+Redesign/Accessories/Bags/	Bags
43	http://www.googlestore.com/Google+Redesign/Accessories/Bags/Porto+Weekend+Bag.axd	Porto Weekend Bag
44	http://www.googlestore.com/Google+Redesign/Accessories/Bags/Sling+Bag.axd	Sling Bag
45	http://www.googlestore.com/Google+Redesign/Accessories/Bags/USA+Made+American+Apparel+Duffel.axd	USA Made American Apparel Duffel
48	http://www.googlestore.com/Google+Redesign/Accessories/Drinkware/Android+Tumbler.axd	Android Tumbler
50	http://www.googlestore.com/Google+Redesign/Accessories/Other/RoxBox+Bluetooth+Speaker.axd?cid=950	RoxBox Bluetooth Speaker
51	http://www.googlestore.com/Google+Redesign/Accessories/Other/Sling+12-Can+Cooler.axd	Sling 12-Can Cooler
52	http://www.googlestore.com/Google+Redesign/Accessories/Pets/	Pets
53	http://www.googlestore.com/Google+Redesign/Accessories/Stickers/	Stickers
105	http://www.googlestore.com/Kids/	Kids
106	http://www.googlestore.com/Kids/Android+Youth+Beanie+w+Tassels.axd	Android Youth Beanie w/Tassels
107	http://www.googlestore.com/Kids/Baby+Blanket+and+Bib+Combo.axd	Baby Blanket and Bib Combo
108	http://www.googlestore.com/Kids/Baby+Knit+Beanie.axd	Baby Knit Beanie
109	http://www.googlestore.com/Kids/cid=445/shop.axd/Category	Kids
110	http://www.googlestore.com/Kids/Infant+Bucket+Cap.axd	Infant Bucket Cap
111	http://www.googlestore.com/Kids/Infant+Organic+Sleeper.axd	Infant Organic Sleeper
112	http://www.googlestore.com/Kids/Infant+Reversible+Jacket.axd	Infant Reversible Jacket
113	http://www.googlestore.com/Kids/Infant+Ringer+One+Piece.axd	Infant Ringer One Piece
114	http://www.googlestore.com/Kids/Jersey+Mesh+Youth+Cap.axd	Jersey Mesh Youth Cap
115	http://www.googlestore.com/Kids/Rabbit+Skins+Toddler+Cap.axd	Rabbit Skins Toddler Cap
116	http://www.googlestore.com/Kids/Toddler+Bucket+Hat.axd	Toddler Bucket Hat
117	http://www.googlestore.com/MadeInUSA/	MadeInUSA

Abbildung 3.8 Komplexe Webseitenstrukturen anschaulich darstellen

So »durchschauen« Sie auch umfangreiche Webseiten!

Wie oben erwähnt, nutzen wir hier keine deklarierten Keyword-Recherche-Tools, sondern »leihen« uns diese vielmehr von den Kollegen aus der Suchmaschinenoptimierungs- bzw. SEO-Branche. Beide haben einen ähnlichen Leistungsumfang, um den hier vordergründigen Zweck zu erfüllen, nämlich die tabellarische Darstellung einer Webseitenstruktur zu erhalten. Das Programm Xenu's Link Sleuth (*http://xenus-link-sleuth.en.softonic.com*) ist als »Broken Link Checker« deklariert, während die Software »Screaming Frog« (*http://www.screamingfrog.co.uk/seo-spider*) sich als »SEO Spider« versteht. Erstgenannte Software ist beim besten Willen kein Fall für Design-Ästheten, erfüllt ihren Zweck aber problem- und vor allem uneingeschränkt kostenlos. Bei Brancheninsidern erfreut sich Xenu daher einer nahezu uneingeschränkten Beliebtheit. Ein kleiner Nachteil von Xenu ist seine ausschließliche Verfügbarkeit für Windows-Betriebssysteme. Mac-User können daher nur über Umwege und mit Hilfe von Betriebssystem-Emulatoren auf die Hilfe dieses Programmes zählen.

Der *Schreiende Frosch* dagegen hat bei einem ähnlichen Funktionsumfang den Vorteil einer wesentlich bedienerfreundlichen Benutzeroberfläche und wartet zudem mit einer nativen Mac-Version auf. Will man dort jedoch mehr als 500 Seiten crawlen (bei mittleren bis großen Webseiten ist das nicht unwahrscheinlich), muss man auf die kostenpflichtige Variante umsteigen, die mit einem Jahresbeitrag von derzeit etwas mehr als 100 Euro zu Buche schlägt. Probieren Sie einfach beide Angebote aus, um Ihren persönlichen Gewinner zu ermitteln.

Wir hoffen, Ihnen damit zunächst den Zugang zu einer obligatorischen und – weil für Jedermann öffentlich zugänglichen – am nächsten liegenden Keyword-Quelle eröffnet zu haben, nämlich der im Mittelpunkt der Kampagnen stehendenden Unternehmenswebseite. Unabhängig davon, ob Sie sich als interner Verantwortlicher oder externer Dienstleister mit der Keyword-Recherche beschäftigen, zeigen unsere Erfahrungen, dass Sie genau hier mit Ihrer Suche nach relevanten Themen, Wörtern und Begriffskombinationen beginnen sollten.

Webseiten- und interne Statistiken

Eine weitere Keyword-Quelle wird gerne vergessen: Die Auswertung der eigenen Webseitensuchfunktion, falls diese eingesetzt wird und Sie entweder intern Zugang zu den Daten haben, oder als externer Kampagnenmanager diese entsprechend anfordern können. Unabhängig davon, ob Sie einen umfangreichen Online-Shop oder einen kleinen Blog betreiben, sollten Sie Ihren Besuchern eine Möglichkeit zur webseiteninternen Suche bereitstellen. Das ist nicht nur bequem für die Besucher, sondern auch eine zusätzliche, sehr wertvolle und gleichzeitig kostenlose Keyword-Quelle (siehe Abbildung 3.9). Hier teilen Ihnen nämlich jene Nutzer, die Ihre Webseite bereits besuchen, mit, was sie auf dieser gerne finden möchten.

Suchbegriff	Einmalige Suchen gesamt	Ergebnisse für Seitenaufrufe/Suche	% Suchausstiege	% Verfeinerungen der Suche	Zeit nach Suche
	1.897 % des Gesamtwerts: 92,22 % (2.057)	1,40 Website-Durchschnitt: 1,39 (0,56 %)	12,18 % Website-Durchschnitt: 11,62 % (4,80 %)	24,36 % Website-Durchschnitt: 24,06 % (1,26 %)	00:03:34 Website-Durchschnitt: 00:03:38 (-1,80 %)
1. Suchbegriff	220	1,60	8,64 %	15,01 %	00:03:09
2. porec	42	1,52	9,52 %	15,62 %	00:04:59
3. italien	32	2,00	0,00 %	15,62 %	00:03:34
4. umag	32	1,50	6,25 %	27,08 %	00:03:29
5. rovinj	26	1,12	7,69 %	6,90 %	00:03:08
6. ferienhaus	18	1,39	16,67 %	20,00 %	00:01:30
7. vrsar	18	1,17	5,56 %	14,29 %	00:03:23
8. lignano	17	1,71	5,88 %	3,45 %	00:02:43
9. stella maris	17	2,24	5,88 %	15,79 %	00:07:28
10. kroatien	16	1,19	18,75 %	15,79 %	00:02:42

Abbildung 3.9 Aus den Statistiken der internen Suchfunktion einer Webseite gewinnen Sie wertvolle Keyword-Hinweise.

Noch dazu tun sie dies in ihren eigenen Worten, und nicht in einem vorgegebenen, vielleicht von Marketing- oder PR-Strategen erfundenen Jargon. Während letztere auf der Webseite einer Urlaubsdestination zum Beispiel eine neue »3D Real View Cam« promoten und daher auch eine Seite mit diesem Namen erstellen möchten, werden die Besucher möglicherweise nach wie vor nach einer »Webcam« suchen, um sich online ein aktuelles Bild vom Urlaubsort machen zu können. Neben der Verwendung zur Keyword-Recherche für AdWords-Kampagnen empfehlen wir, dass Sie diese Daten darüber hinaus auch für die Suchmaschinen- bzw. allgemeine Webseitenoptimierung in Betracht ziehen. Abbildung 3.9 zeigt sehr gut, welches Potenzial sich Ihnen hier eröffnen kann: Zum einen müssten Sie in dem Fall unbedingt die Usability der Suchbox optimieren. Ein nicht unwesentlicher Teil der Besucher nutzt die interne Suche offensichtlich ohne die Eingabe eines individuellen Suchbegriffes, was durch die Darstellung des Wortes *Suchbegriff* (also den automatisch dargestellten exemplarischen Platzhalter) auf Platz eins der Liste sofort ins Auge sticht. Des Weiteren finden Sie auf diese Weise heraus, dass auf dieser Reisebüro-Webseite Nutzer, die nach dem istrischen Ferienort Poreč suchen, nicht nur quantitativ in der Mehrzahl, sondern auch qualitativ wesentlich involvierter als solche sind, die sich für den italienischen Badeort Lignano interessieren. Berücksichtigen Sie solche Erkenntnisse sowohl zur Optimierung Ihrer Webseiteninhalte als auch bei der Recherche und Priorisierung Ihrer Keywords hinsichtlich Tagesbudgets und Klickpreis-Geboten.

Wenn Sie wissen möchten, ob und wie die interne Suche Ihrer Webseite gemessen wird, kontaktieren Sie dazu am besten Ihren Webmaster. Dieser sollte zumindest auf eine interne Auswertung der Suche zurückgreifen können.

Werbe- und PR-Material

Die nächste Inspirationsquelle für weitere Themen und Keywords eröffnet sich für Sie in Werbe- und PR-Unterlagen des zu bewerbenden Unternehmens. Interne Kampagnenmanager werden kein Problem damit haben, einfach an diese Informationen zu kommen. Externe Partner und Agenturen können Print-Kataloge, Jahresberichte sowie jegliche Formen von Werbematerial ebenso problemlos anfordern. Wir empfehlen Ihnen an dieser Stelle, sich auch auf die Suche nach periodischen Aussendungen wie z. B. Pressemeldungen oder sowohl öffentlichen als auch internen Newslettern zu machen und dieses Material nicht nur rückwirkend zu verwenden, sondern durch ein bequemes Abonnement (über RSS, E-Mail, Social Media, etc.) auch künftig im Auge zu behalten.

Erfahrungsgemäß ist es sinnvoll, wenn Sie diesen sehr oft in analoger Form vorliegenden, beispielsweise gedruckten Unterlagen die gleiche Beachtung schenken wie digitalen Quellen und Tools. Es ist dies nicht nur eine sehr willkommene Abwechslung in einer von Bildschirmarbeit dominierten Branche, sondern oft eine gute Möglichkeit, unternehmensrelevante Informationen auch zwischen den Zeilen zu finden – seien es Hinweise, die Ihnen das präzisere Formulieren Ihrer Textanzeigen oder ansprechendere Gestalten von grafischen Werbemitteln wie Bannern oder Videos ermöglichen oder solche, die Ihnen neue Ideen für Keywords eröffnen. Wir konnten schon oft die Erfahrung machen, dass sich in solchen nicht immer offensichtlichen Unterlagen, die auch einmal älter und damit den involvierten Personen nicht mehr unmittelbar bewusst sein können, wahre Perlen für Ihre Keyword-Liste finden lassen. Sehr häufig sind das Nischenbegriffe, die zwar über kein hohes Suchvolumen verfügen, aber dafür mit einer umso höheren Keyword-Leistung in Sachen Klickpreis oder ROI aufwarten.

Unternehmensfachbereiche

Nun gut, jetzt haben wir erste digitale und analoge Quellen erschlossen, um an relevante Keywords für Ihre AdWords-Kampagne zu gelangen. Eine dritte nicht unwesentliche Säule stellt die persönliche Recherche im Unternehmen dar. Verlassen Sie sich niemals ausschließlich auf digital veröffentlichtes und analoges Material, sondern weiten Sie Ihre Recherchen auch auf Teams und Einzelpersonen im Unternehmen aus, dessen Produkte oder Dienstleistungen es zu bewerben gilt. Wir möchten davon ausgehen, dass Sie von Ihren Auftraggebern ein persönliches Briefing über Kampagnenthemen, -ziele und -budgets erhalten haben. Entweder erstellen Sie eine Kampagne für Ihr eigenes Unternehmen und wissen auf diese Weise selbst, worauf es Ihnen ankommt, wie viel Budget Sie einsetzen und mit welchen Keywords sowie zu welchem Klickpreis Sie arbeiten möchten. Alternativ haben Sie von Auftraggebern wie z. B. Marketingleitern, Online-Verantwortlichen, dem Webmaster oder auch der Geschäftsleitung persönlich entsprechende Informationen erhalten.

Ohne die Kompetenz Ihrer Ansprechpartner in ein schlechtes Licht rücken zu wollen, haben diese möglicherweise zu allgemeine oder zu spezifische und damit jedenfalls unvollständige Ansichten, was mögliche Ziele, Themen und Keywords anbelangt. Auf Geschäftsführerebene würden Sie eventuell nur ein kurzes Briefing bekommen, eine bestmöglich kostenoptimierte Online-Kampagne zu schalten, die bestimmten Performance- und ROI-Zielen entspricht. Details zu Keywords gibt es von dieser Stelle oftmals nicht, aber Sie erhalten nicht unwesentliche Informationen darüber, was Sie mit AdWords aus allgemeiner Unternehmenssicht erreichen müssen. Direkte Ansprechpartner aus Marketing-, PR- oder Online-Abteilungen würden Ihnen hingegen detailliertere Briefings zu Keywords geben, jedoch möglicherweise nicht in vollem Umfang auf die unternehmerischen Hintergründe und Ziele eingehen können. Wenn es Ihnen möglich ist, suchen Sie Kontakt zu möglichst vielen Stakeholdern im Unternehmen, um die Keyword-Potenziale der geplanten AdWords-Kampagne bestmöglich zu erschließen. Speziell wenn Sie vor der Herausforderung stehen, ein bestimmtes Produkt zu bewerben, kann es sich bezahlt machen, wenn Sie auch den direkten Kontakt zu Produktmanagern und -teams suchen.

Abschließend möchten wir anhand einer kurzen Checkliste noch einmal zusammenfassen, worauf Sie bei der unternehmensinternen Keyword-Recherche achten sollten:

- Webseite (inklusive interner Suchstatistiken)
- sämtliches Werbe- und Infomaterial
- kampagnenrelevante Personen und unternehmensinterne Stakeholder

Gehen wir nun in der Keyword-Recherche einen Schritt weiter und bewegen uns damit aus dem direkten Umfeld des zu bewerbenden Unternehmens hinaus.

3.2.2 In der Branche

Dehnen Sie Ihre Keyword-Recherche aus, indem Sie die Branche der zu bewerbenden Produkte und Dienstleistungen näher beleuchten. Sie können in den meisten Fällen davon ausgehen, dass Ihr Unternehmen oder Ihre neuen Kunden weder als erste noch als einzige die Nutzung des AdWords-Werbeprogramms in Erwägung ziehen. Es ist sehr unwahrscheinlich, dass Sie damit konfrontiert werden, komplett neuartige Branchen oder Produkte mit AdWords zu bewerben. Darüber hinaus möchten wir wiederholen, dass vor allem AdWords-Kampagnen im Suchnetzwerk für die Vermarktung von unbekannten Produkten, Modell- und Markennamen ohnehin nicht die erste Wahl sein werden. Ohne Suchvolumen würden Ihre Anzeigen aufgrund der Relevanzkriterien des AdWords-Algorithmus gar nicht erst geschaltet werden. Erst im Displaynetzwerk und dessen über Keywords hinausgehenden Möglichkeiten zur Zielgruppenansprache eröffnet sich auch für solche Anforderungen ein Potenzial.

Speziell für Suchkampagnen werden Sie also in den meisten Fällen auf bereits bestehende Informations- und Datenquellen zugreifen können, um bei Ihrer Keyword-Recherche von diesen Branchenerfahrungen (lokal, national, international) zu profitieren.

Webseiten

Der erste Schritt führt Sie auch hier über eine Internetsuche. Sie möchten AdWords für ein lokales Steuerberatungsunternehmen schalten? Führen Sie ein paar generische Suchen durch – zum Beispiel mit dem Suchbegriff *Steuerberater* – und gehen Sie wie folgt vor, um weitere potenzielle Keyword-Ideen zu finden. Sammeln Sie zunächst einige URLs von Suchergebnissen, die Sie ansprechen. Sie können sich dabei ruhig auf die ersten zwei Suchergebnisseiten beschränken, da Sie davon ausgehen können, dass die dort auffindbaren Unternehmen (egal ob bezahlte oder organische Einträge) zumindest bisher einiges richtig gemacht haben. Ansonsten würden Sie diese ja nicht in den Top-Suchergebnissen wiederfinden. Achten Sie dabei auf die folgenden Bereiche:

- AdWords: Welche Anzeigen bewerben Produkte und Dienstleistungen, die den Ihren am ähnlichsten sind? Welche Formulierungen sprechen Sie am meisten an?
- Lokale Suchergebnisse: Welche Unternehmen befinden sich in Ihrer unmittelbaren Nähe? Welche Anbieter sind aus geografischen Gründen starker oder zu vernachlässigender Mitbewerber?
- Weitere organische Suchergebnisse: Welche Unternehmen haben es hier in die Top-Ergebnisse geschafft? Welche Text-Snippets versprechen einen professionellen Online-Auftritt?

Haben Sie auf diese Weise ein paar URLs ähnlicher Unternehmen aus Ihrer Branche gesammelt, die aufgrund ihrer vorderen Platzierungen zweifelsfrei bereits in Suchmaschinenmarketing bzw. -optimierung investiert haben, wiederholen Sie die empfohlenen Schritte aus dem vorhergehenden Abschnitt, wo die Keyword-Recherche auf der eigenen Unternehmenswebseite beschrieben wird. Gewinnen Sie so neue Erkenntnisse und Ideen für Themen, die Sie bisher noch nicht berücksichtigt haben bzw. auch weitere (ausschließende) Keywords, mit denen Sie bei einer Suchanfrage (nicht) assoziiert werden wollen. Natürlich werden Sie bei diesen Webseiten keine Informationen über interne Statistiken erhalten, Sie können sich aber von allem, was öffentlich verfügbar ist, inspirieren lassen.

Werbe- und PR-Material

Ebenfalls nicht verboten ist es, bei den vorhin recherchierten Unternehmen auch einen Blick auf über die Webseite hinausgehendes Werbe- und Präsentationsmaterial zu werfen. Gibt es die Möglichkeit, auf den Webseiten weiterführende Unterlagen, zum Beispiel Prospekte und Kataloge, Studien oder auch Preislisten anzufordern oder herunterzuladen? Werden Sie auch hier kreativ, um Ihre Recherchen zu komplettieren.

Branchen-Nachrichten

Bevor wir uns weg von den vorbereitenden Recherchearbeiten hin zur Vielfalt an Online-Tools bewegen, möchten wir – last but not least – noch eine weitere Quelle erwähnen, um Branchen-Keywords nicht nur initial zu finden sondern auch langfristig im Blick zu behalten. Genauso wie Sie den Online-Aktivitäten Ihrer unmittelbaren thematischen und/oder lokalen »Kollegen« Beachtung schenken sollten, sind auch übergeordnete Brancheninformationen eine wertvolle Inspiration für Keywords. Vor allem was zukünftige Trends betrifft, empfehlen wir Ihnen, diesen Sektor zu berücksichtigen. Beispiel gefällig? Nehmen wir an, dass Sie als Einzelunternehmer oder Agentur Dienstleistungen rund um die Erstellung, Verwaltung und Optimierung von AdWords-Kampagnen anbieten. Als solcher werden Sie eine Auswahl an Nachrichtenquellen abonniert haben, um in der Branche auf dem Laufenden zu bleiben. Seien es diverse Twitter-Accounts, Personen, Seiten oder Gruppen auf Google+ und Facebook, denen Sie permanent folgen oder auch die etwas »altmodischeren« Varianten eines RSS- oder E-Mail-Abos: Legen Sie sich eine gut durchdachte Strategie zur Branchenbeobachtung mit Hilfe von entsprechend strukturierten Nachrichten-Feeds zu, um bestmöglich informiert zu sein. Haben Sie gestern Abend in einem amerikanischen Branchen-Blog eine Ankündigung über eine in Kürze vorgestellte AdWords-Neuerung gelesen? Nutzen Sie dazu passende Keywords sofort in Ihren lokalen Kampagnen, um daran interessierte Suchmaschinennutzer in den darauffolgenden Tagen gleich auf Ihre Webseite oder Ihren Blog zu leiten. Mit Ihren AdWords-Anzeigen strahlen Sie so nicht nur Aktualität und Kompetenz aus, was diese Neuerung betrifft, sondern gewinnen möglicherweise mittelfristig auch einen Neukunden dazu, der Ihre Leistungen oder den neuen Unternehmensstandort in seiner Nähe bis dato nicht kannte. Wir hoffen, Sie können aus diesem Beispiel weitere Anwendungsfälle für Ihre AdWords-Kampagnen ableiten, um mittelfristig von solchen Branchen-News und Trends für die Erstellung und Optimierung Ihrer Keyword-Listen zu profitieren.

Branchenbeobachtung als Schlüssel zum Erfolg

Erfolgreiche AdWords-Kampagnen beruhen letztlich auch auf der Kreativität des jeweils verantwortlichen Kampagnenmanagers. Mit bekannten und damit von einem großen Publikum genutzten Tools werden Sie zwar weniger Aufwand bei der Keyword-Recherche haben, im Endeffekt aber aus demselben Topf schöpfen wie die meisten Ihrer Mitbewerber. Das führt dazu, dass viele AdWords-Kunden mit denselben empfohlenen Keywords und womöglich auch ähnlichen Geboten arbeiten, um mit Ihren Anzeigen auf der Suchergebnisseite aufzuscheinen. Je weniger Sie bei der Keyword-Recherche in die Tiefe gehen und je weniger Sie sich abseits beliebter Pfade und Tools um Keyword-Ideen bemühen, umso wahrscheinlicher ist es, dass Sie zwar mit Massen-Keywords gute Erfolge erzielen, in Richtung Nischen- und Longtail-Begriffen Ihr Potenzial jedoch nicht optimal nutzen. Wir freuen uns, wenn Sie die hier genannten Tipps nutzen, um abseits von diversen Recherche-Tools kreative Keyword-Ideen zu finden. Es wird sich für Sie mittelfristig auszahlen, wenn Sie nicht ausschließlich automatisch vorgeschlagene Suchbegriffe verwenden, sondern stets auch einen wachsamen Blick über den Tellerrand – weg von Online-Tools, hinein in Unternehmen und Branchen – werfen.

Nun haben Sie schon einige Abschnitte und Seiten zum Thema Keyword-Recherche gelesen, wir befinden uns aber nach wie vor in der ersten Phase des »Sammelns«. Idealerweise haben Sie in Ihren Dokumenten und Tabellen bereits eine bestimmte Kategorisierung vorgenommen, damit Sie es später beim aktiven Einbuchen der Keyword-Listen entsprechend einfacher haben. Wir hoffen, dass Sie bis hierher bereits eine Fülle an wertvollen Informationen in Ihren Mindmaps, Textdokumenten oder Tabellen sammeln konnten. Diese können wir mit den nun vorgestellten Tools einerseits validieren, andererseits ergänzen und schließlich – zumindest fürs Erste – vervollständigen. Wieder einmal blicken wir am Beginn des Abschnittes auf die am nächsten liegenden Möglichkeiten, nämlich jene Tools, die Google selbst bereitstellt.

3.2.3 Google Suggest

Wer sollte in Sachen Keywords mehr wissen als der Marktführer? Sie ahnen es, wie einfach diese Frage zu beantworten ist. Das einfachste Tool ist die Google-Suche selber. Sobald Sie im Suchfeld einen Begriff eingeben, werden weitere passende Ergänzungen vorgeschlagen (siehe Abbildung 3.10). Dieses Feature nennt sich Google Suggest. Die Vorschläge greifen dabei auf Statistiken zurück und zeigen so, was andere Google-User als Ergänzung gesucht haben. Geben Sie in das Google-Suchfeld jeweils einen wichtigen Suchbegriff ein und schauen Sie, was als Ergänzung vorgeschlagen wird. Diese Keyword-Kombinationen sind sehr wertvoll, weil die Wahrscheinlichkeit sehr hoch ist, dass Google-User genau mit diesen Kombinationen suchen. Der Mensch ist grundsätzlich faul und übernimmt daher oft die Google-Vorschläge als Suchbegriff.

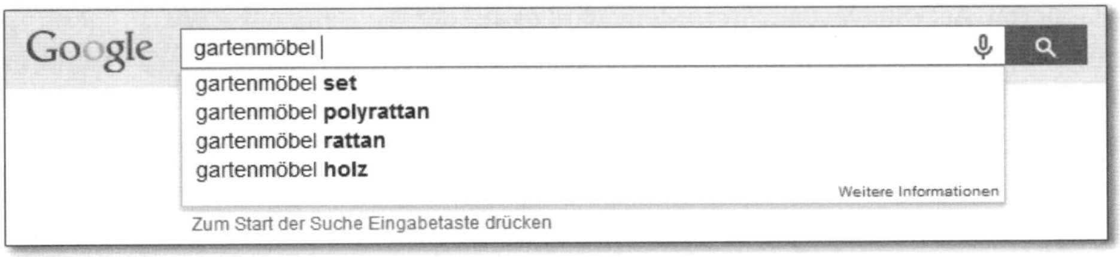

Abbildung 3.10 Google Suggest zum Keyword »gartenmöbel«

Als möglichen Nachteil halten wir der Vollständigkeit halber fest, dass die automatischen Vorschläge den Nutzer bevormunden bzw. vom eigentlichen Suchvorhaben ablenken könnten. Google Suggest basiert schließlich auf einer kollektiven Intelligenz, jene Anfragen automatisch vorzuschlagen, die momentan im jeweiligen Land und der passenden Sprache im wahrsten Sinne des Wortes »gefragt« sind. Und was populär ist, muss nicht immer Ihrem aktuellen Interesse entsprechen. Da Sie an dieser Stelle die automatisch vorgeschlagenen Suchphrasen für Ihre AdWords-Keyword-Listen nutzen, können Sie in jedem Fall von dieser Dynamik profitieren.

Sind es nur ein paar schnelle Keyword-Ideen, die Sie sammeln möchten, nutzen Sie Google Suggest einfach direkt über die Suchmaschine und notieren Sie die Vorschläge, Suchergebnisse und möglicherweise auch URLs von Mitbewerbern, die in diesem Zusammenhang bereits AdWords-Anzeigen schalten. Beachten Sie dabei, dass die automatischen Vorschläge je nach Land und eingestellter Sprache der

Google-Suchmaschine variieren. Auch der Standort, von dem aus Sie die Suchanfrage absetzen, kann Einfluss auf Inhalt und Reihenfolge automatisch vervollständigter Suchphrasen nehmen. So erhalten Sie auf *www.google.de* in Berlin für einen generischen Suchbegriff wie zum Beispiel *Steuerberater* andere Vorschläge, als wenn Sie in Wien auf *www.google.at* suchen. Möglicherweise denken Sie sich jetzt: »Cooles Feature, aber jede einzelne Buchstabenkombination manuell durchzuführen, um zu möglichst vielen Keywords zu kommen, klingt nach einer Sisyphusarbeit ...« Wir können Sie beruhigen, Sie müssen das weder selbst erledigen noch auf einen Praktikanten – und damit möglicherweise bis zu den nächsten Sommerferien – warten! Ein findiger italienischer Web-Programmierer hat es mit dem folgenden Werkzeug geschafft, allen Suchmaschinenoptimierern und Online-Marketern den Prozess der Keyword-Recherche mit Google Suggest dramatisch zu erleichtern.

Übersuggest

Eine komplette Recherche mit Google-Suggest ist wie erwähnt aufwendig und außerdem sind die Vorschläge, die Google (oder auch Bing) liefern, auf ca. fünf bis zehn Begriffe beschränkt. Die Lösung für diese Probleme nennt sich Übersuggest oder international Ubersuggest (siehe Abbildung 3.11). Auch wenn es sich hierbei um kein offizielles Google-Tool handelt, müssen wir dieses kostenlose Tool an dieser Stelle platzieren: Als »Suggest auf Steroiden« wird es auf der Webseite *www.ubersuggest.org* angepriesen, und das ist keineswegs zu viel versprochen. Was kann es genau? Nun, es basiert auf den Daten des zuvor vorgestellten Google-Dienstes, liefert diese aber so aus, dass Sie es in Sachen Weiterverwendung für Ihre Keyword-Listen so einfach wie möglich haben. Im Startbildschirm dieses internationalen Tools können Sie Ihren Hauptbegriff eingeben und die gewünschte Sprache auswählen. Neben der Standardsuche »Web« sind auch Vorschläge für die Spezialsuche wie z. B. News und Shopping auswählbar. Vor der ersten Abfrage muss noch eine CAPTCHA-Abfrage beantwortet werden. Per Klick auf den Button SUGGEST startet die Generierung der Keyword-Liste.

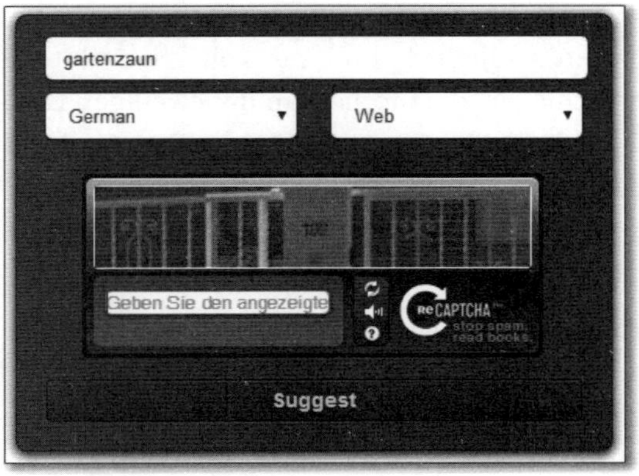

Abbildung 3.11 Startbild zu Übersuggest mit CAPTCHA-Eingabe

Im Gegensatz zu den Live-Vorschlägen von Google werden in diesem Tool teilweise hunderte von Keyword-Kombinationen generiert. Zunächst werden die wichtigsten Kombinationen zum vorgegebenen Keyword angezeigt (siehe Abbildung 3.12).

Abbildung 3.12 Wichtigste Vorschläge zum Begriff »gartenzaun«

Danach folgen weitere Kombinationen. Diese sind in Bezug auf den zweiten Begriff alphabetisch sortiert. Unser Beispiel zeigt den Hauptbegriff *Gartenzaun* in Kombination mit solchen Keywords, die den Anfangsbuchstaben *D* besitzen (siehe Abbildung 3.13). Auf diese Weise werden sehr viele Vorschläge erzeugt. Daher findet man auch mit diesem Tool interessante Kombinationen – vor allem Suchphrasen mit zwei oder drei Suchbegriffen sind für die AdWords-Werbung interessant, weil die Anfragen dann zielgerichteter sind.

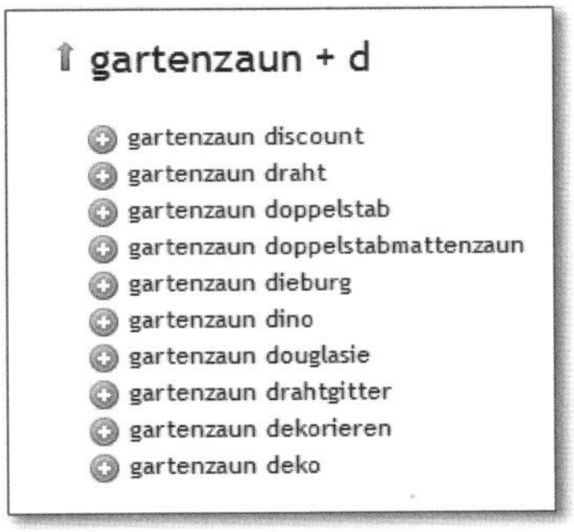

Abbildung 3.13 Zusätzliche Vorschläge zu unterschiedlichen Anfangsbuchstaben

Google Trends

Google besitzt mit Google Trends (früher: Insights for Search) ein eigenes Statistik-Tool (siehe Abbildung 3.14). Unter *http://www.google.de/trends* erfahren Sie, was die Welt in den letzten Monaten oder Jahren gesucht hat. Den eingegebenen Suchbegriff ❶ können Sie in Bezug auf den Zeitraum ❸ und die Region ❹ analysieren. Sie starten die Suche einfach per Klick auf das Lupensymbol ❷ – Standort (Region) und Zeitraum können Sie auch später noch ändern.

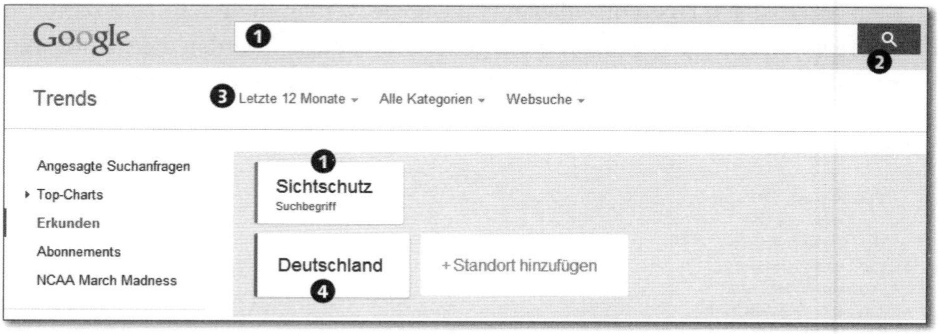

Abbildung 3.14 Eingabemaske von Google Trends

In einem Diagramm wird dann auf einer Zeitachse das unterschiedliche Suchinteresse zum eingegebenen Begriff visualisiert (siehe Abbildung 3.15). Eine Landkarte verdeutlicht die regionalen Unterschiede. Dies hilft zum Beispiel bei der zeitlichen Steuerung und der regionalen Ausrichtung einer AdWords-Kampagne.

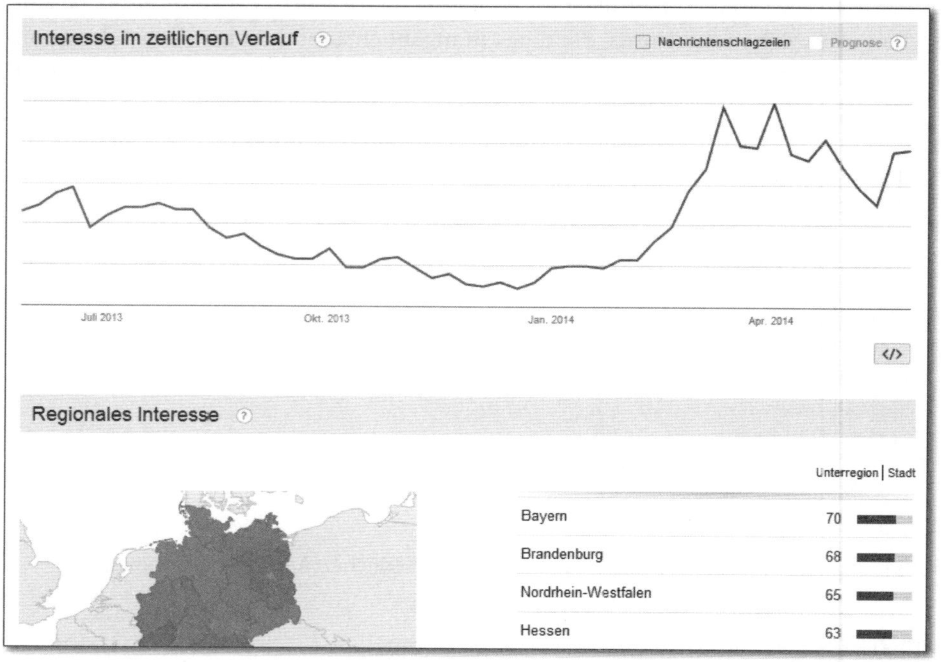

Abbildung 3.15 Interesse nach Zeit und Region in Google Trends

Interessanter für die Keyword-Analyse sind jedoch die Daten am Ende der Google-Statistik. Hier werden die beliebtesten Suchanfragen im Zusammenhang mit dem eingegebenen Keyword aufgelistet (siehe Abbildung 3.16). Ein Klick auf den zweiten Tab zeigt mit den zunehmenden Suchanfragen vor allem aktuelle Trends zum Keyword.

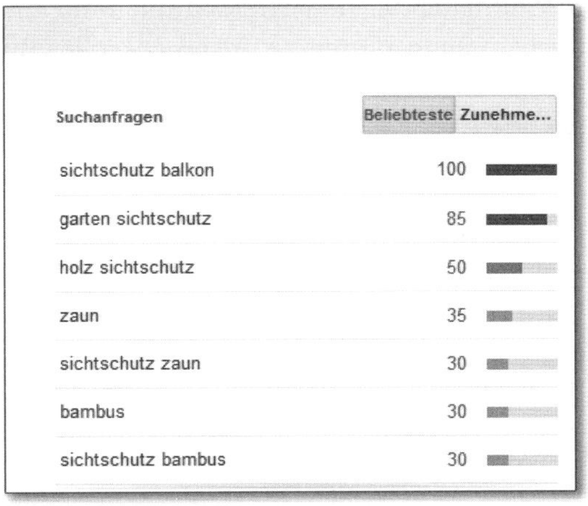

Abbildung 3.16 Beliebteste und zunehmende Suchanfragen

Google Trends – Das mächtigste Tool der Welt?

Der deutsche Internet-Unternehmer und Social Media-Experte Ibrahim Evsan hat im Mai 2013 in seinem Blog unter dem Titel »Googles Big Data: Ich sehe etwas, das Du nicht siehst« (abrufbar unter der URL: *http://www.ibrahimevsan.de/2013/05/24/googles-bigdata*) die interessante These aufgestellt, dass Google Trends mittelfristig zum mächtigsten Tool der Welt werden könnte. Wie kommt Evsan zu dieser Ansicht? Nun, er nennt unter anderem ein Beispiel aus dem Finanzbereich, um das Potenzial und die Macht von Google Trends zu verdeutlichen. Im Zuge einer Auswertung von börsenrelevanten Daten und Begriffen über einen längeren Zeitraum in der Vergangenheit konnten Informationen über potenzielle Marktchancen bestimmter Themen gewonnen werden. Richtig interpretiert und geschickt investiert, hätten solche Informationen Gewinne von etwa 300 Prozent ergeben. Es ist Ihnen überlassen, ob und wofür Sie Google Trends auch außerhalb von AdWords für Recherchezwecke heranziehen. Egal, ob Sie daraus »nur« Keyword-Trends für Ihre Kampagnen ableiten oder aber inspiriert von diesen Zeilen Hinweise auf gewinnbringende Investitionen an den Finanzmärkten herauslesen sowie möglicherweise auf Potenziale für neue Geschäftsfelder und Unternehmungen stoßen: Die Garantie, dass solche Trends aus der Vergangenheit zukünftige Entwicklungen korrekt »vorhersagen«, gibt es für keinen der Anwendungsfälle.

Verwandte Suchanfragen

Auch *Verwandte Suchanfragen*, die von Google in Zusammenhang mit vielen Suchergebnissen am unteren oder rechten Seitenrand dargestellt werden, können Ihnen weiteren wertvollen Input im Zuge einer Keyword-Recherche liefern. Im Unterschied zu Google Suggest werden die Begriffe hier nicht aufgrund bestimmter Buchstabenfolgen, sondern rein anhand des Kontexts Ihrer Suchanfrage dargestellt. Auf diese

Weise erhalten Sie bis zu acht Links, die zu neuen Suchergebnissen mit weiteren, dem neuen Suchbegriff verwandten Suchanfragen führen. Je anspruchsvoller Ihr Recherche-Ziel ist, desto umfangreicher können Sie sich dieser Methode bedienen.

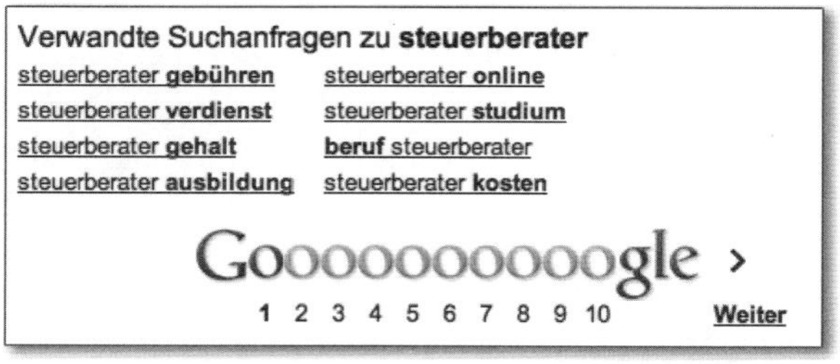

Abbildung 3.17 Verwandte Suchanfragen als Input für Ihre Keyword-Liste

Bleiben wir noch kurz beim Thema *Steuerberater* und sehen uns an (siehe Abbildung 3.17), welche Suchanfragen der Algorithmus damit assoziiert. Leicht lässt sich feststellen, dass für den Fall, dass Sie mit AdWords beispielsweise die Dienstleistungen einer Steuerberatungskanzlei bewerben möchten, zunächst vor allem Ideen für ausschließende Suchbegriffe gezeigt werden. Suchmaschinennutzern, die Ergebnisse in Zusammenhang mit *Beruf*, *Gehalt* oder *Studium* erwarten, sollten Sie Ihre Anzeigen idealerweise nicht zeigen. Bei einem Publikum, dass sich offensichtlich eher an der Ausbildung als einer konkreten Beauftragung dieser speziellen Berufsgruppe interessiert zeigt, wäre deren Relevanz nicht gegeben und würde so die Leistungsdaten wie Klickraten und CPCs unnötig verschlechtern. Mit dieser weiteren Quelle für Keyword-Ideen schließen wir nun den Input, den die unmittelbare Suche bei Ihrer Recherche liefern kann, ab und wechseln zu ein paar hauseigenen – mehr oder weniger bekannten – Google-Tools.

Global Market Finder

Der Global Market Finder hilft Ihnen vor allem dann, wenn Sie Kampagnen schalten, die ein mehrsprachiges Keyword-Set erfordern (siehe Abbildung 3.18). Sie erreichen das kostenlose Tool zum Finden internationaler Werbechancen über die URL *http://translate.google.com/globalmarketfinder/index.html?locale=de*. Es bietet Ihnen weit über die reine Übersetzung hinausreichende Dienste, deren Vorteile sich aus den folgenden Eigenschaften ergeben:

- Je Land bzw. Standort und Sprache: Mit Hilfe von Google Translate übersetzte Keywords
- Je Keyword: Google Suchdaten zu monatlichen lokalen Suchanfragen inklusive vorgeschlagenen CPC-Geboten und Wettbewerbsdaten

Im Unterschied zum in AdWords integrierten Keyword-Planer benötigen Sie beim Global Market Finder keine übersetzten Keywords und Zielseiten. Letzterer greift somit einen Schritt früher ins Geschehen ein, nämlich dann, wenn Sie, ausgehend von Ihrem Heimatmarkt und bereits in Ihrer Landessprache erfolgreichen Keyword-Sets, internationale Chancen erschließen möchten. Wie lauten die fremdsprachigen Übersetzungen und ähnlichen Varianten dieser Keywords? In welchen Ländern und Sprachen zeigt sich das größte Suchvolumen? Wo werden die attraktivsten Klickpreis-Gebote vorgeschlagen? Der Global Market Finder beantwortet diese und mehr Fragen, womit er Ihnen bei einer Entscheidung, wohin Sie mit bestimmten Keyword-Sets, Zielseiten und Angeboten idealerweise weltweit expandieren können, eine große Hilfe sein kann.

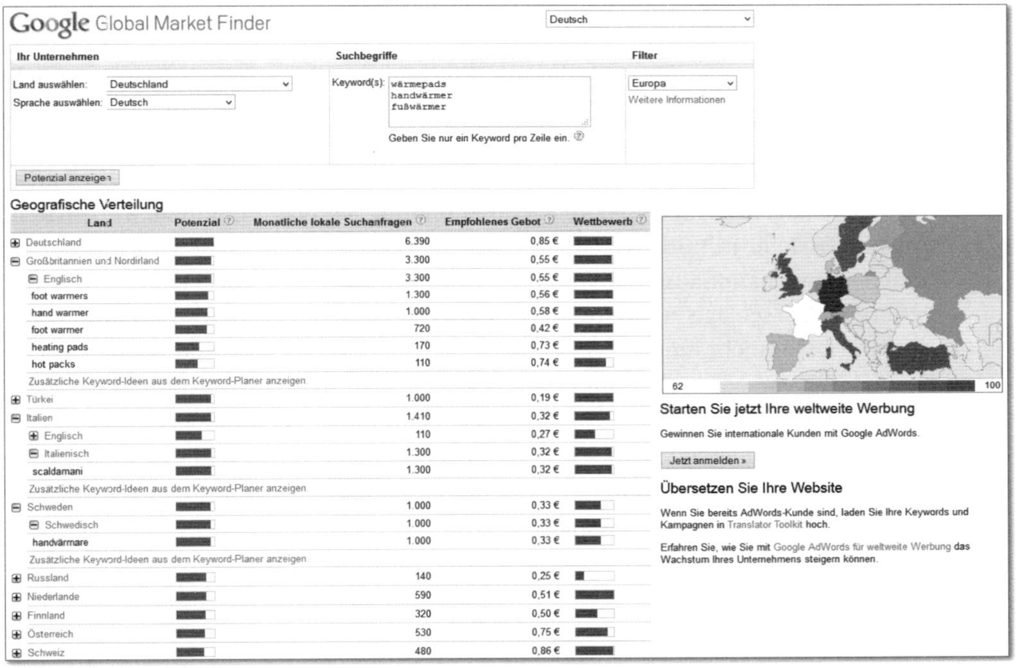

Abbildung 3.18 Der Global Market Finder findet neue Werbechancen anhand bereits übersetzter Keyword-Ideen.

Wie Sie das Tool in der Praxis nutzen, erschließt sich aus obenstehender Abbildung. Sie müssen nur wenige Daten angeben:

- Standort: Wo befindet sich Ihr derzeitiger Hauptmarkt?
- Sprache: In welcher Sprache geben Sie die ursprünglichen Keywords ein?
- Suchbegriffe: Welche Keywords dienen dem Global Market Finder als Ausgangsbasis (eines pro Zeile)?
- Filter: In welchem globalen Markt (z. B. G20, Europa, Amerika ...) möchten Sie neue Werbechancen finden?

In Abbildung 3.18 haben wir nur eine Handvoll deutschsprachiger Keywords eines exemplarischen AdWords-Kunden verwendet. Dieser betreibt, ausgehend vom deutschsprachigen Heimmarkt, einen Online-Shop für praktische Hand-, Fuß- und Taschenwärmer. Hierbei handelt es sich um Produkte, die sich sowohl aufgrund Ihres Anwendungszweckes als auch dank überschaubarem Verpackungs- und Versandaufwand ideal für eine internationale Vermarktung eignen. Was liegt also näher, als dafür den Global Market Finder zu befragen? Das Ergebnis ist durchaus aufschlussreich. Die eingeblendete Landkarte zeigt ein europaweites Keyword-Potenzial, wobei ost- und nordeuropäische Märkte die höchsten Werbechancen versprechen: Bei vergleichsweise geringen vorgeschlagenen CPC-Geboten finden Sie dort eine große Anzahl an monatlichen lokalen Suchanfragen vor.

Während Sie durch Aufklappen der Sprachversionen bis zu zehn Ihren ursprünglichen Keywords entsprechende Vorschläge angezeigt bekommen, können Sie durch einen weiteren Klick Ihre Recherchen vertiefen, indem Sie weiteren Input aus dem AdWords-Keyword-Planer abfragen. Die gemeinsame Darstellung von Suchvolumen und Vorschlägen für CPC-Gebote (siehe Abbildung 3.19) lässt erahnen, wie effizient und praktisch Sie mit Googles Global Market Finder Ihre Kampagnen- und Keyword-Strategie internationalisieren können. Berücksichtigen Sie jedoch, dass ein direkter Export der Vorschläge in AdWords oder andere Text- und Tabellenverarbeitungsprogramme leider nicht möglich ist. Kopieren Sie also jene Suchbegriffe, die Sie für Ihre Keyword-Listen oder weiterführende Recherche verwenden möchten, direkt aus dem Browser. Das *Google Translator Toolkit* kann Ihnen bei umfangreicheren Internationalisierungs- und Übersetzungsaufgaben darüber hinaus behilflich sein. Lesen Sie im folgenden Kasten eine Kurzbeschreibung, wie Sie davon nicht nur für Ihre Keyword-Recherche Gebrauch machen.

⊟ Großbritannien und Nordirland	3.300	0,55 €
⊟ Englisch	3.300	0,55 €
foot warmers	1.300	0,56 €
hand warmer	1.000	0,58 €
foot warmer	720	0,42 €
heating pads	170	0,73 €
hot packs	110	0,74 €
Zusätzliche Keyword-Vorschläge aus dem Keyword-Planer ausblenden.		
cold feet	9.900	0,23 €
zippo	12.100	0,68 €
cold hands	2.400	0,60 €
hand warmers	6.600	0,67 €
zippo lighters	6.600	0,87 €
fingerless gloves	4.400	0,88 €
body warmers	4.400	1,02 €
zippo hand warmer	2.400	0,41 €
how do hand warmers work	590	1,49 €
food warmer	2.400	0,45 €
lighter fluid	1.300	0,33 €
wheat bags	2.400	0,67 €

Abbildung 3.19 Vertiefen Sie die Vorschläge des Global Market Finders mit zusätzlichem Input aus dem Keyword-Planer.

Natürlich müssen Sie auch dabei beachten, dass Sie die vorgeschlagenen Suchbegriffe niemals ungeprüft in Ihre Keyword-Listen übernehmen. Nehmen Sie mindestens den »Umweg« über Google Translate oder andere Online-Übersetzungstools, um die Vorschläge in einer Ihnen bekannten Sprache gegenzuprüfen. Abhängig von Ihrem Budget und der Größenordnung der Internationalisierung empfiehlt es sich, dass Sie zusätzlich auch Übersetzer – idealerweise Native Speaker – zu Rate ziehen. Erfahrungsgemäß entspricht eine sprachliche Übersetzung nicht in jedem Fall auch tatsächlich den Begriffen, mit denen lokale Interessenten Branchen, Produkte oder Dienstleistungen assoziieren. Dasselbe gilt übrigens auch bzw. noch viel mehr für die lokale Anpassung der Anzeigentexte.

Haben Sie einfachen Zugriff auf Native Speaker des zu bearbeitenden Marktes, nutzen Sie diesen, um sowohl Keywords als auch Anzeigentexte abzustimmen. Es gibt nichts Peinlicheres als vollautomatisch übersetzte Keyword-Sets und Anzeigentexte, die Ihren Zweck am Zielmarkt aufgrund der fehlenden individuellen Überprüfung verfehlen und beispielsweise aufgrund von offensichtlichen grammatikalischen oder Rechtschreibfehlern, sowie auch kuriosen, lustigen oder anzüglichen Formulierungen negativ auffallen. Werden solche Fehler erst durch Ihren Kunden oder Auftraggeber bzw. den Suchmaschinennutzer selbst entdeckt und an Sie als Kampagnenverantwortlichen herangetragen, herrscht möglicherweise kurzfristig Erklärungsnot. Das einzig Positive an dieser Stelle ist, dass Sie die betroffenen fehlerhaften Keywords oder Anzeigentexte sofort ändern oder zumindest kurzfristig pausieren können, bis die korrekte Übersetzung vorliegt. Ein wesentlicher Vorteil gegenüber vielen anderen Werbemaßnahmen – denkt man an den Aufwand, eine solche Fehlerkorrektur etwa in gedruckten Katalogen und Flugblättern oder TV-Spots durchführen zu müssen.

Internationalisierung mit dem Google Translator Toolkit

Zugegeben, der Global Market Finder wird seinem Namen vollends gerecht, und Sie können damit rasch und effizient Einblicke in neue mit AdWords potenziell zu erschließende Märkte gewinnen. Wie oben erwähnt, lassen sich die vorgeschlagenen Keywords leider nur bedingt für die unmittelbare Weiterverwendung nutzen. Wünschenswert wäre hier eine ähnliche Funktionsweise wie beim zuvor vorgestellten Tool Übersuggest, um sich die potenziellen Keywords bequem für einen Export bzw. eine zentrale Kopierfunktion »zusammenzuklicken«. Reicht Ihnen die Möglichkeit nicht aus, die potenziellen fremdsprachigen Suchvorschläge aus dem Browser zu kopieren, lohnt sich ein Blick auf das Google Translator Toolkit (*http://translate.google.com/toolkit*). Sie erraten es – es handelt sich wieder einmal um ein kostenloses Tool, das der Suchmaschinenriese allen im Google-Konto eingeloggten Nutzern anbietet. Basierend auf den von Google Translate bekannten Übersetzungsfunktionen können Sie damit nicht nur einzelne Wörter und Absätze, sondern ganze Dokumente und Webseiten automatisch übersetzen lassen. Dies geht so weit, dass sogar ganze AdWords-Kampagnen in einem speziellen Dateiformat hochgeladen werden können, um Übersetzungen für Keywords und Anzeigentexte zu generieren. So können Sie beispielsweise ein komplettes deutschsprachiges Kampagnenset hochladen, um es in eine Sprache, die laut Global Market Finder Potenzial verspricht, übersetzen zu lassen. Es ist klar, dass diese maschinengenerierte Übersetzung nicht von Haus aus »perfekt« sein kann. Die Tatsache, dass Sie die Vorschläge manuell prüfen und überarbeiten können und dass der Google-Algorithmus mit jeder neuen Übersetzungsanfrage und permanentem Nutzerfeedback stets dazulernt, trägt jedoch dazu bei, dass Sie von diesem Toolkit profitieren können – vor allen dann, wenn's mal schnell gehen soll oder Übersetzerbudgets z. B. für Testkampagnen nicht vorhanden sind. Sie müssen sich bei der Anwendung nicht rein auf AdWords beschränken, probieren Sie zum Beispiel auch die Variante aus, hochgeladene Word-Dokumente oder ganze Webseiten bzw. Kampagnen-Landing-Pages übersetzen zu lassen.

Interessierten Lesern, die neben dieser grundlegenden Vorstellung alle Details zum Global Market Finder nachlesen möchten, verweisen wir an dieser Stelle zum (derzeit nur in englischer Sprache verfügbaren) Hilfedokument, das Google online unter der folgenden URL zur Verfügung stellt: *https://support.google.com/globalmarketfinder*. Wechseln wir nun von einem öffentlich verfügbaren Tool, das Ihnen vor allem bei mehrsprachigen und internationalen Recherchen behilflich sein kann, zu Keyword-Quellen, die weiteres unternehmens- bzw. webseiteninternes Potenzial aufzeigen

Google Webmaster-Tools

Eine dieser internen, im Zuge Ihrer Keyword-Recherchen einsetzbaren Quellen sind die *Google Webmaster-Tools* (siehe Abbildung 3.20). Wie Sie dem Namen nach bereits erahnen können, beheimatet dieser Google-Dienst sowohl Einstellungs- als auch Analysemöglichkeiten für Webseitenbetreiber. Viele der verfügbaren Funktionen spielen für die Verwendung im AdWords-Kontext keine unmittelbare Rolle, weshalb wir darauf an dieser Stelle auch nicht weiter eingehen werden. Sind Sie selbst als Webmaster sowie in den Disziplinen Webseiten- oder Suchmaschinenoptimierung aktiv, werden Sie diese Tools idealerweise bereits kennen und im praktischen Einsatz lieben gelernt haben. Falls nicht, empfehlen wir Ihnen deren Verwendung, um nicht nur sämtliche technischen »Hausaufgaben« für eine stabile und Google-freundliche Webseite zu erledigen, sondern um auch aktiv auf potenzielle Probleme hingewiesen zu werden.

Auch wenn die Webmaster-Tools primär auf eine Technik-affinere Anwendergruppe ausgerichtet sind, ist es auch für Sie als AdWords-Werbetreibendem nicht unbedeutend, dass die aus Ihren Kampagnen generierten Webseitenbesucher funktionierende und den Google-Richtlinien entsprechende Zielseiten vorfinden. Probleme mit der Erreichbarkeit von einzelnen Webseiten bzw. dem kompletten Webserver würden die Webmaster-Tools ebenso rasch aufzeigen wie potenzielle die Inhalte oder Links betreffende Hürden. Denken wir an dieser Stelle kurz an den Qualitätsfaktor, der Kosten und Leistung Ihrer Kampagnen-Keywords maßgeblich beeinflusst. Die

Ladezeit der mit den Anzeigen verknüpften Zielseite ist einer der vielen Aspekte, die in dessen Berechnung mit einfließen. Spätestens damit sind die Google Webmaster-Tools kein reines Werkzeug für »Techniker« mehr, da schlechte oder unzuverlässig funktionierende Zielseiten auch Sie als AdWords-Kunden negativ beeinflussen und so wertvolles Kampagnenbudget kosten kann.

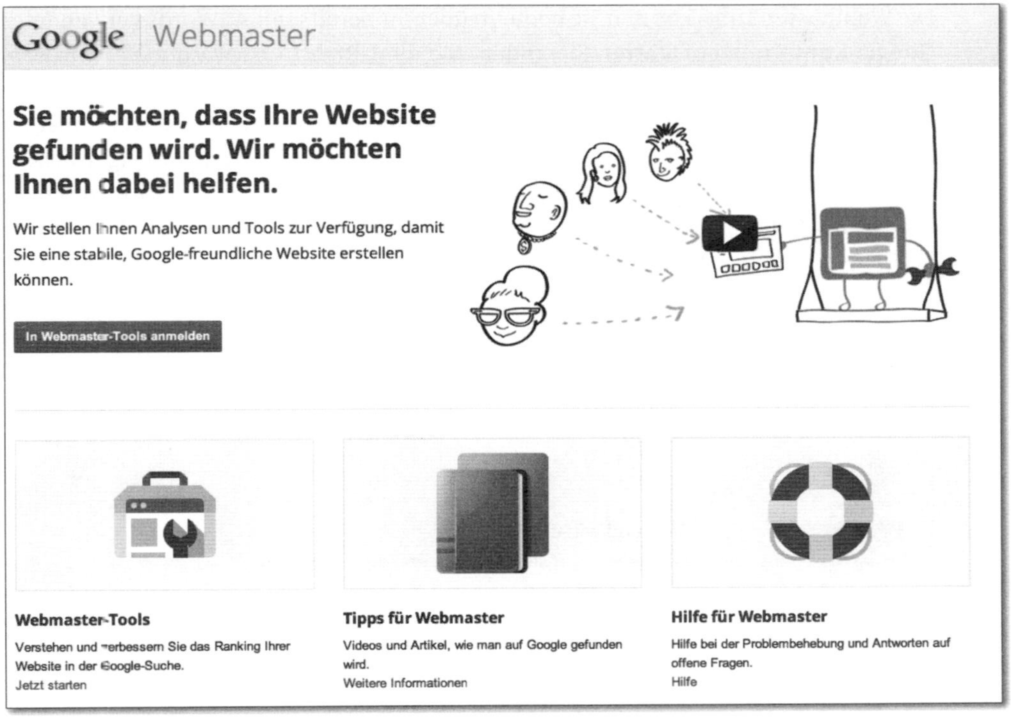

Abbildung 3.20 Nutzen Sie die Google Webmaster-Tools.

Kommen wir zurück zum eigentlichen Thema der Keyword-Recherche und sehen uns an, mit welchen Daten die Webmaster-Tools hier nun aufwarten. Wir werden dabei vordergründig auf diese beiden Reports eingehen:

- **Suchanfragen**
  Erhalten Sie Informationen darüber, bei welchen Suchanfragen die Google-Websuche Ergebnisse mit Inhalten Ihrer Webseite geliefert hat. Über Keyword-Daten zu Impressionen, Klicks, Klickraten und durchschnittliche Positionen im organischen Suchergebnis können Sie Erkenntnisse für Ihre bezahlten Suchkampagnen ableiten.
- **Content-Keywords**
  Finden Sie Keywords und Wortkombinationen, die Google beim Crawlen Ihrer Webseite gefunden hat. Kombinieren Sie diese Daten mit jenen aus dem zuvor

genannten Suchanfragen-Report, um einen Einblick zu erlangen, wie Google Ihre Webseiteninhalte interpretiert. Stoßen Sie damit auf Ungereimtheiten in der Bewertung einzelner Keywords, können Sie so eine mögliche Diskrepanz zwischen Ihren ursprünglichen inhaltlichen Zielen und der tatsächlichen kontextuellen Auslegung der Webseite durch die Google-Crawler erkennen.

Die Webmaster-Tools können Sie bequem über Ihr bereits mit AdWords verwendetes Google-Konto nutzen. Starten Sie, indem Sie die URL *http://www.google.com/webmasters* in einem Browser aufrufen. Wenn Sie nicht unmittelbar an der Erstellung und Wartung der zu bewerbenden Webseite beteiligt sind, wie dies unter anderem bei externen AdWords-Dienstleistern der Fall ist, können Sie sich vom eigentlichen Webseiteninhaber bzw. Webmaster auch einen temporären Nutzerzugriff einrichten lassen, um Zugang zu den gewünschten Daten zu erhalten. Wie das geht, können Sie bei Bedarf einfach in diesem Hilfeartikel nachlesen: *https://support.google.com/webmasters/answer/2453966?hl=de&ref_topic=4564166*. Gehen wir davon aus, dass Sie einen Zugang zu den Webmaster-Tools der Webseite, für die Sie die Keyword-Recherche erstellen, erhalten haben und nach dem Login das Dashboard (siehe Abbildung 3.21) vor sich haben.

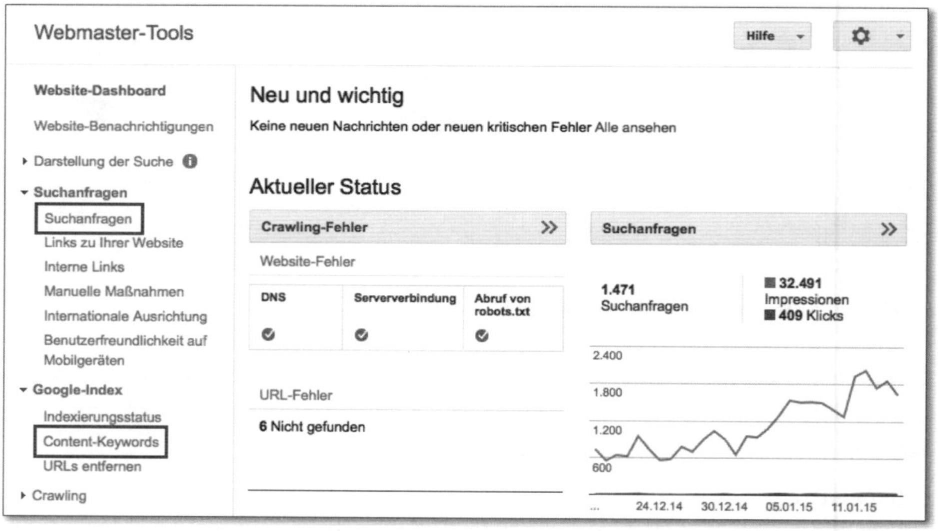

Abbildung 3.21 Zwei Reports aus den Google Webmaster-Tools werden wir uns im Zuge der Keyword-Recherche genauer ansehen.

Sehen wir uns zunächst den SUCHANFRAGEN-Report an (siehe Abbildung 3.22). Wie zuvor angekündigt, erhalten Sie hier Keyword-Daten, welche die aktuelle Auffindbarkeit Ihrer Webseite in den organischen Suchergebnissen widerspiegeln. In der folgenden Abbildung sehen Sie, wie ein solcher Report in der Benutzeroberfläche darstellt wird. Neben einer Grafik, die Impressionen und Klicks im zeitlichen Verlauf zeigt, finden Sie auch eine tabellarische Auflistung der mit Ihrer Webseite assoziierten Suchanfragen. Mit deren Hilfe lassen sich im Zuge Ihrer Recherchen folgende Fragen beantworten:

- Für welche Keywords und Begriffskombinationen wird die zu bewerbende Webseite bereits in den organischen Suchergebnissen gelistet?
- Womit werden nicht nur Impressionen, sondern auch Klicks erzielt?
- Sind die Suchanfragen mit hohen Klicks und Klickraten auch jene Begriffe, mit denen Sie tatsächlich Besucher ansprechen möchten?
- Lassen sich aus diesem Report möglicherweise auch solche Begriffe ableiten, mit denen Sie Ihre AdWords-Anzeigen nicht in Zusammenhang bringen möchten?
- Wie lauten die durchschnittlichen Suchergebnis-Positionen der dargestellten Suchanfragen?
- Welche Detailseiten der Webseite werden am häufigsten in den organischen Suchergebnissen angezeigt und entsprechen diese den geplanten Zielseiten der AdWords-Kampagnen? (Die Umschaltung zwischen HÄUFIGSTEN SUCHANFRAGEN und HÄUFIGSTEN SEITEN erfolgt einfach über die Tabs am oberen Seitenrand.)

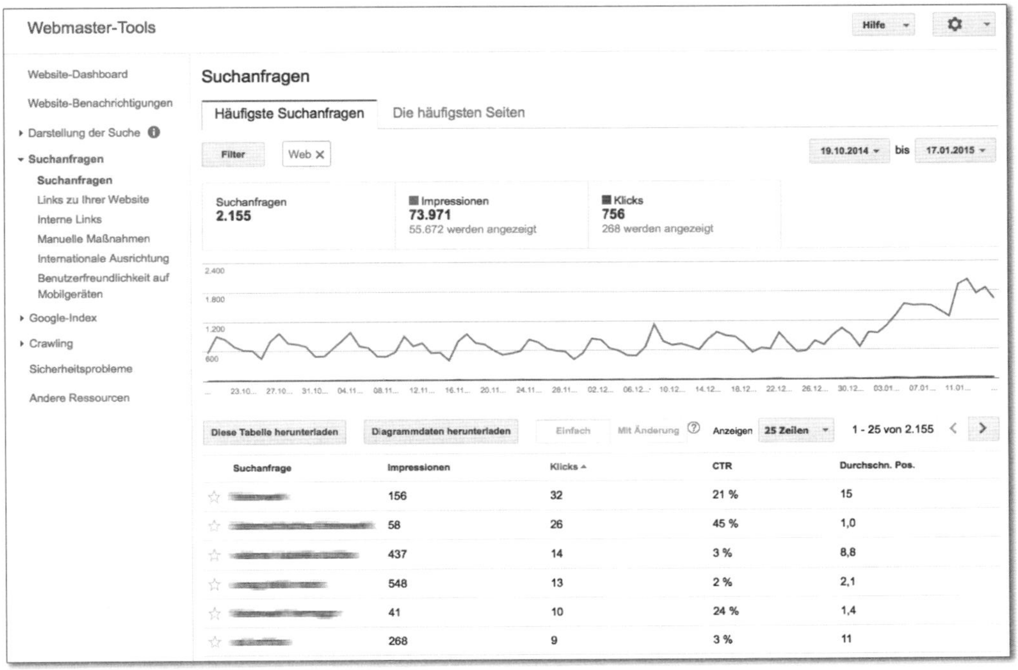

Abbildung 3.22 Neue Erkenntnisse für Ihre Keyword-Recherche durch den Suchanfragen-Report

Erfahrungsgemäß können die Suchanfragen-Reports aus den Webmaster-Tools einen nicht unwesentlichen Beitrag zur Keyword-Recherche leisten. Einerseits, um bereits getätigte Recherchen und Vorannahmen zu bestätigen – schließlich zeigen die Daten ja das aktuelle Interesse und Verhalten der Nutzer, was die organischen Suchergebnisse betrifft. Andererseits konnte man oft auch überraschenden Keyword-Input erhalten, indem beispielsweise Suchanfragen dargestellt wurden, auf die wir mit keinem der anderen Tools bisher gestoßen waren.

Darüber hinaus lässt sich der Suchanfragen-Report nicht nur im Interface nutzen, Sie können die Daten auch herunterladen, um diese beispielsweise in Ihrem Tabellenkalkulationsprogramm weiter zu analysieren oder um die Suchbegriffe in Ihren vorbereiteten Keyword- und Themenlisten mit einem Klick weiter zu verwenden. Vor dem Herunterladen sollten Sie auch die erweiterten Filtermöglichkeiten prüfen, die Ihnen zum Beispiel eine Einschränkung des Reports nach Suchanfragen, Art der Suche (Web, Bilder, Mobil, Video) oder Standorten ermöglichen. Auf diese Weise können Sie potenzielle Erkenntnisse aus diesen Reports noch granularer ableiten. In Abbildung 3.23 sehen Sie diese Filtermöglichkeiten auf einen Blick.

Abbildung 3.23 Der Suchanfragen-Report lässt sich nach mehreren Kriterien (z. B. Art der Suche oder Standort) filtern.

Schenken wir auch dem zweiten im Zuge der Keyword-Recherche relevanten Report aus den Google Webmaster-Tools kurz unsere Aufmerksamkeit: Den CONTENT-KEYWORDS. In Abbildung 3.24 sehen Sie ein Beispiel, wie ein solcher Report aussehen kann. Stellen Sie damit fest, welchen Keywords und -Varianten Google eine hohe Bedeutung beimisst. Das unten abgebildete Beispiel zeigt eine sehr gute Interpretation durch die Google-Crawler: Die exemplarische Webseite eines Reisebüros wird überwiegend mit den Keywords *Hotel*, *Sommerferien*, *Appartements* sowie *Buchen* in Zusammenhang gebracht. Das entspricht genau dem erwarteten Verhalten des Webseitenbetreibers und wirkt sich damit sowohl auf eine sehr gute organische Auffindbarkeit als auch auf eine optimale Anzeigenleistung bei AdWords aus. Sollten Sie hier auf Keywords stoßen, die Sie bzw. der Kunde oder Webmaster in keinster Weise mit der zu bewerbenden Webseite in Zusammenhang sehen würden, herrscht Handlungsbedarf: Nicht nur, dass eine solche Diskrepanz zwischen den gewünschten und tatsächlich assoziierten Keywords und Themen auf der Webseite auch die Qualität Ihrer Anzeigenleistung beeinflussen könnte, sind davon auch die organischen Suchresultate betroffen. Stimmen Sie sich in jedem Fall unmittelbar mit Ihrem Kunden bzw. dem Webseitenbetreiber ab, sollten Sie im Zuge Ihrer Recherchen hier auf widersprüchliche Keyword-Informationen stoßen. Im schlimmsten Fall könnten Sie damit einen möglichen Hack der Seite entdecken, der idealerweise vor dem Einschalten Ihrer AdWords-Kampagnen behoben werden sollte.

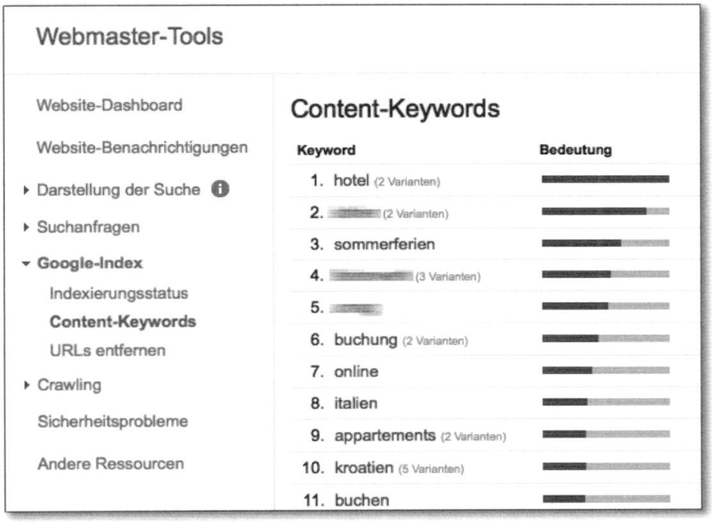

Abbildung 3.24 Keyword-Analyse Ihrer Webseite durch den Google-Crawler

Wir haben mit den Google Webmaster-Tools ein weiteres kostenloses und gleichzeitig wertvolles Instrument – nicht nur für die Keyword-Recherche – kennengelernt. Es ist verständlich, sollten sich die technisch weniger affinen Leser unter Ihnen im Umgang damit auch zunächst weniger wohlfühlen. Da Sie mittlerweile jedoch auch erfahren konnten, dass die Leistung der AdWords-Anzeigen auch von der Zielseiten-Technik und -Qualität nicht unwesentlich beeinflusst wird, sind die hier behandelten technischen Hintergründe nicht ausschließlich für Programmierer und Webmaster, sondern auch für Sie als Online-Marketer von Bedeutung. Art und Umfang, wie sehr Sie sich mit diesem Tool über die Keyword-Recherche hinaus auseinandersetzen, ist natürlich Ihnen überlassen bzw. der jeweiligen Konstellation, in der Sie mit AdWords arbeiten.

Google AdWords

Wundern Sie sich, warum Ihnen Google AdWords selbst als weiteres »Google-internes« Tool zur Keyword-Recherche vorschlagen wird? Nun, unsere Erfahrung hat gezeigt, dass es eine nicht zu vernachlässigende Wahrscheinlichkeit für das Vorhandensein historischer AdWords-Kampagnen gibt. Selbst wenn diese bereits länger zurückliegen, kann es sich lohnen, einen Blick darauf zu werfen. Falls Sie bereits AdWords-Kampagnen geschaltet haben, so sollten Sie auch hier in die Kampagnenreports schauen. Der Hauptgrund, warum wir Sie darauf hinweisen, ist schlichtweg jener, dass Sie vermeiden sollten, in Ihren neuen AdWords-Kampagnen alte Fehler zu wiederholen. Historische Kampagnendaten liefern neben wertvollem Keyword-Input nämlich zum Beispiel auch Einblicke in Kampagnenstrukturen sowie zu erfolgreichen bzw. nicht erfolgreichen Anzeigentexten. Unabhängig davon, ob AdWords bisher vom Kunden bzw. Webseitenbetreiber selbst oder über andere Agenturen geschaltet wurden – bestehen Sie im Sinne der zukünftigen Kampagnenleistung auf die Möglichkeit, Erkenntnisse daraus für Ihre Recherchen nutzen zu dürfen.

3.2.4 Externe Tools zur Keyword-Recherche

Neben den oben genannten potenziellen Keyword-Quellen innerhalb Ihres Unternehmens und der Branche sowie der nicht zu verachtenden Auswahl an kostenlosen, »hauseigenen« Google-Diensten steht Ihnen auch eine zunehmend größer werdende Palette an externen Keyword-Tools zur Verfügung. Diese unterstützen Sie zusätzlich – teils kostenlos, teils kostenpflichtig – bei der Recherche und der Strukturierung umfangreicher Keyword-Sets. Wir empfehlen Ihnen neben den kostenlosen Tools auch immer mindestens ein kostenpflichtiges Tool in Ihrer Werkzeugkiste bereit zu halten. Die kostenpflichtigen Tools, die Sie meistens monatlich mieten können, sind viel leistungsfähiger und liefern daher mehr Informationen als kostenlose Tools. Zudem schauen die externen, kostenpflichtigen Tools nicht so sehr durch die Google-Brille, wie dies bei den Google-Tools der Fall ist. Manche dieser externen Tools können vorher mit beschränkten Möglichkeiten getestet werden.

Wir stellen Ihnen nun eine Auswahl an Tools in alphabetischer Reihenfolge vor. Aufgrund der Tatsache, dass bei diesen Tools eine starke Marktdynamik erkennbar ist, möchten wir bei der folgenden Aufzählung keinen Anspruch auf Vollständigkeit erheben. Im Unterschied zu den im vorherigen Abschnitt vorgestellten Google-Tools werden wir deutlich weniger ins Detail gehen, was den konkreten Umgang mit den Werkzeugen betrifft. Sobald Sie herausgefunden haben, welche Anbieter für Ihre Bedürfnisse am besten geeignet sind, werden Sie sich dank der in den meisten Fällen sehr einfach gestalteten Benutzerführung erfahrungsgemäß sehr rasch mit den jeweiligen Anwendungsschritten vertraut gemacht haben.

Alexa

Bei *Alexa* handelt es sich nicht etwa um den Namen der Schutzpatronin aller Online- und Suchmaschinenmarketer, sondern vielmehr um einen Dienst, der relevante Traffic-Daten von Webseiten sammelt und den Nutzern auf der Webseite *http://*

www.alexa.com darstellt. Auch wenn der Dienst vor allem im englischsprachigen Raum sehr beliebt ist, finden sich dort ebenfalls Daten vielfrequentierter deutscher Webseiten. Wenn Sie beispielsweise die URL *http://www.alexa.com/siteinfo/spiegel.de* aufrufen, erhalten Sie eine Analyse von *Spiegel Online*. Diese enthält neben diversen Informationen wie Reichweiten, Zielgruppen und einem Beliebtheits-Ranking auch einen so genannten Search Analytics Report. Ein Auszug aus letzterem ist in Abbildung 3.25 zu finden.

Was können Sie nun für Ihre AdWords-Kampagnen und Keyword-Listen von diesem Tool mitnehmen? Nun, vor allem im Bereich der Mitbewerberanalyse kann Alexa hilfreich sein. Da Ihnen von solchen Seiten wohl kaum unternehmensinterne Webanalysedaten wie zum Beispiel von Google Analytics zur Verfügung stehen werden, lohnt sich in solchen Fällen ein Blick in die Search Analytics Reports von Alexa. Sollten Sie dabei für deutschsprachige Seiten keine oder nur wenig relevante Daten finden, blicken Sie optional auch auf deren internationale Pendants, um mögliche zusätzliche Keyword-Ideen zu gewinnen und eventuelle Branchentrends zu erkennen.

Search Traffic on the Rise and Decline

The top queries from search engines driving relatively more/less traffic to spiegel.de in the current month than the previous month. Updated monthly.

	Search Query	1 Month Increase		Search Query	1 Month Decline
1	wenchi ethiopia	0.67%	1	joseph von eichendorff	0.20%
2	spiegel online	0.48%	2	amanda knox	0.14%
3	spiegel	0.39%	3	spiegel nachrichten	0.13%
4	hoeneß	0.19%	4	kenia	0.12%
5	nordkorea	0.16%	5	papst	0.11%
6	tv programm	0.14%	6	unsere mütter unsere väter	0.10%
7	boston	0.12%	7	spring breakers	0.10%
8	bagram prison photos	0.10%	8	castel gandolfo	0.10%
9	bayern barcelona	0.10%	9	galaxy s4	0.10%
10	vigil picture	0.09%	10	zypern	0.08%

Abbildung 3.25 Die Reports von Alexa zeigen unter anderem Keyword-Analysen beliebter Webseiten.

Abschließend möchten wir noch kurz darauf eingehen, wie Alexa zu diesen Daten kommt. Mit Hilfe einer Browser-Erweiterung, der so genannten Alexa-Toolbar, die Millionen von Internetnutzern installiert haben, wird deren Surfverhalten gemessen und mit Hilfe firmeninterner Algorithmen hochgerechnet. Die bereitgestellten Analysen sind somit jeweils nur Näherungswerte, da schließlich nicht jeder Internetnutzer die für die Datenerhebung nötige Toolbar installiert hat. Laut eigener Angaben (siehe: *http://www.alexa.com/company*) werden auf diese Weise mehr als 30 Millionen Sites weltweit erfasst. Alexa-Daten sind also weder akkurat noch aktuell und schon gar nicht vollständig. Für einen kurzen Blick in Nachbars Garten – das heißt in dem Fall auf beliebte Keywords von Mitbewerber-Webseiten – ist das Tool jedoch allemal einen Klick wert und auch in der SEO-Branche nach wie vor auf jeder Checkliste für Keyword-Recherchen zu finden.

MetaGer Web-Assoziator

Ein recht unscheinbares, aber potenziell hilfreiches Tool ist der *MetaGer Web-Assoziator*. Unter der URL *http://metager.de/asso.html* unterstützt Sie dieser vor allem dann, wenn Sie, basierend auf bestehenden Keywords, neue Ideen zu verwandten Begriffen erhalten möchten. Wir haben ihn im Zuge unserer Keyword-Recherchen hin und wieder »befragt«, sobald es darum ging, über die umfangreichen Vorschläge der Google-Tools hinaus noch mögliches Keyword-Potenzial zu finden. Zugegeben, mit zunehmender Optimierung seitens Google (wie z. B. der Vorstellung des Keyword-Planers) gibt es immer weniger Gründe, solche externen Nischen-Tools aufzurufen. Allerdings gibt es auch keine Garantie dafür, dass Google immer Recht hat bzw. die besten und vollständigsten Keyword-Ideen liefert. Daher findet auch der Web-Assoziator an dieser Stelle zumindest eine kurze Erwähnung. Probieren Sie ihn einfach aus, um den praktischen Wert der Ideen für Ihren individuellen Anwendungsfall einschätzen zu können

Searchmetrics Suite

Searchmetrics ist ein deutsches Unternehmen, das neben einem Standort in Berlin auch international am Markt auftritt und sich seit seinen Anfängen im Jahr 2007 zum Markführer im Bereich Search-Analytics-Software entwickelt hat (siehe Abbildung 3.26). Vor allem in den Disziplinen *Inbound Marketing* und SEO wird das Tool auch von großen und namhaften Unternehmen für Recherchen und Analysen eingesetzt. Das für uns vordergründig interessante Feature der Searchmetrics Suite nennt sich *PPC Research* und wird auf der Unternehmenswebseite unter dieser URL im Detail beschrieben: *http://www.searchmetrics.com/de/suite/research-ppc/#sp-121*. Folgende, über die Daten interner Google-Tools hinausreichende Zusatzinformationen können Sie als AdWords-Kampagnenmanager dort finden:

- Paid Keywords
- Positionsverteilung – aktuell & historisch
- Wettbewerber
- Branchen & Themen

Da Sie mit Hilfe von Searchmetrics nicht nur Ihre eigene, sondern auch eine Vielzahl von Mitbewerber-Domains im Detail analysieren können, gewinnen Sie damit nicht nur Keyword-Ideen für Ihre eigenen Kampagnen, sondern auch Erkenntnisse darüber, welche Themen andere Unternehmen mit Hilfe von AdWords-Kampagnen besetzen und auch, welche ungefähren CPCs und somit Budgets damit einhergehen.

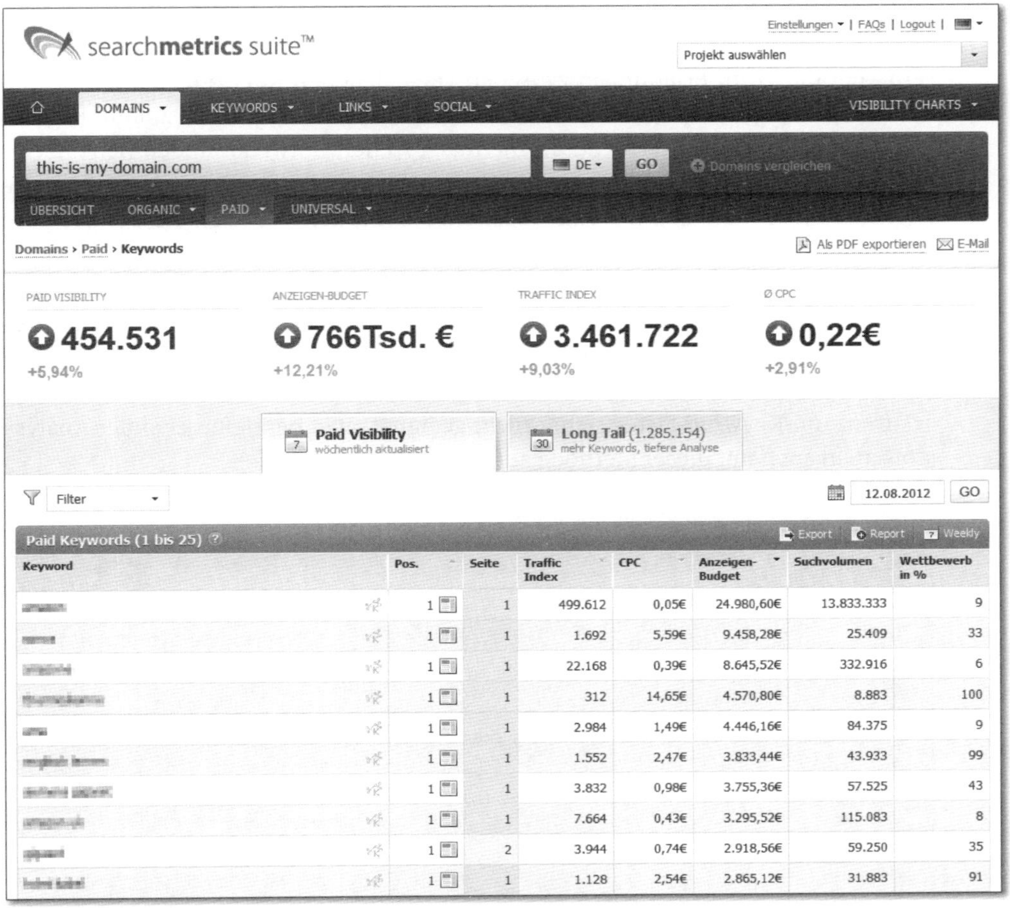

Abbildung 3.26 Das Tool von Searchmetrics ermöglicht Domain-Analysen für organische und bezahlte Keywords.

semaGER – Semantische Suche

Die sogenannte semantische Suche ist ein Thema, das in Zukunft noch stärker an Bedeutung gewinnen wird. Google versucht zum Beispiel anhand der Gruppierung verschiedener Keywords in einem Text zu verstehen, welche Suchbegriffe miteinander in Verbindung stehen, also semantisch verbunden sind. Wenn beispielsweise die Begriffe *Schule* und *Lehrer* sehr oft in gleichen Texten auftauchen, so können auch Maschinen eine entsprechende Verbindung zwischen den beiden Begriffen entdecken. Das semantische Thema ist natürlich noch viel komplexer. Bei dem nächsten Tool geht es jedoch darum, dass semaGER diese verwandten Suchbegriffe auf Webseiten findet und statistisch auswertet. Dies führt zu Begriffslisten, die thematisch verwandt sind und oft Synonyme enthalten. Diese Begriffe vervollständigen natürlich sehr schön unsere Keyword-Listen.

Sie finden das Tool zur Analyse verwandter Suchbegriffe von semaGER unter *http://www.semager.de/keywords*. Zur Keyword-Recherche nutzen wir den Umstand, dass semaGER die Wortbeziehungen zwischen verschiedenen Keywords analysiert und auflistet. Dabei gibt semaGER anhand der eingegebenen Keywords andere Begriffe vor, die mit den Keywords im Zusammenhang stehen. Entweder finden sich die vorgeschlagenen Begriffe statistisch häufiger auf der gleichen Webseite, oder die Begriffe finden sich auf anderen Webseiten, die mit der Webseite, die das Keyword enthält, verlinkt sind. In Abbildung 3.27 haben wir als Beispiel *gartenzaun* in das Suchfeld eingegeben. semaGER listet nun unterschiedliche verwandte Wörter auf, die auf den Webseiten im Zusammenhang mit *gartenzaun* stehen. Hinzu kommen dann noch Begriffe, die auf verlinkten Webseiten (entweder mit eingehendem Link oder mit ausgehendem Link) stehen. Einige Begriffe sind zur Erweiterung unserer »Gartenzaun-Keyword-Liste« sicher nicht geeignet, aber bei tiefergehender Analyse stößt man auch mit dieser Methode auf interessante Begriffe.

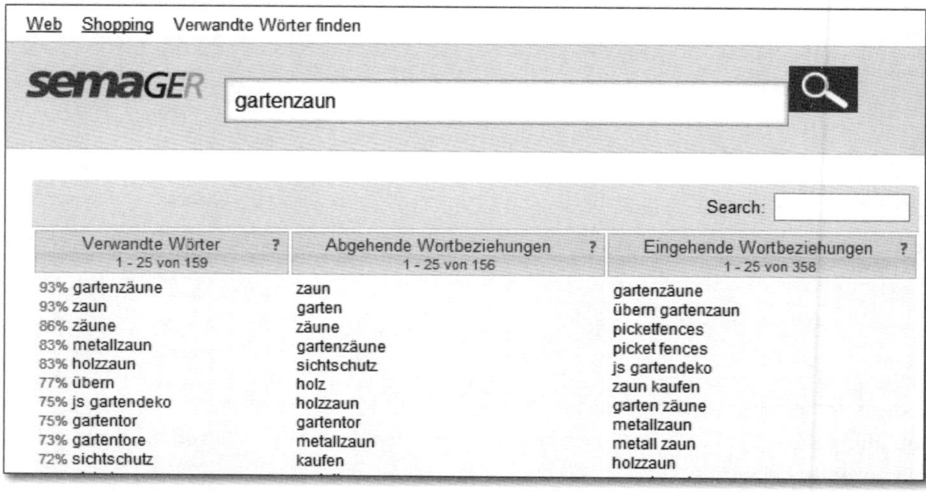

Abbildung 3.27 Semantische Keyword-Vorschläge von semaGER

SEMrush

Das nächste kostenpflichtige Tool nennt sich SEMrush und wurde von einem amerikanischen Unternehmen entwickelt. Auch mit diesem Tool können Sie SEO- und SEA-Analysen sowie eine Keyword-Recherche für den deutschsprachigen Raum durchführen. SEMrush bietet auch tiefergehende Analysemöglichkeiten für internationale Kampagnen, wie z. B. Daten aus den USA, England, Benelux, Frankreich, Spanien, Italien, Polen etc. an. Weitere Informationen zum Tool finden Sie unter *http://de.semrush.com*.

Zur Keyword-Recherche geben Sie zunächst wieder ein Keyword ein, welches näher analysiert werden soll (siehe Abbildung 3.28). Danach können Sie das gewünschte

Zielland aus über 20 Ländern auswählen. Per Klick auf den Button SUCHEN starten Sie Ihre Keyword-Recherche.

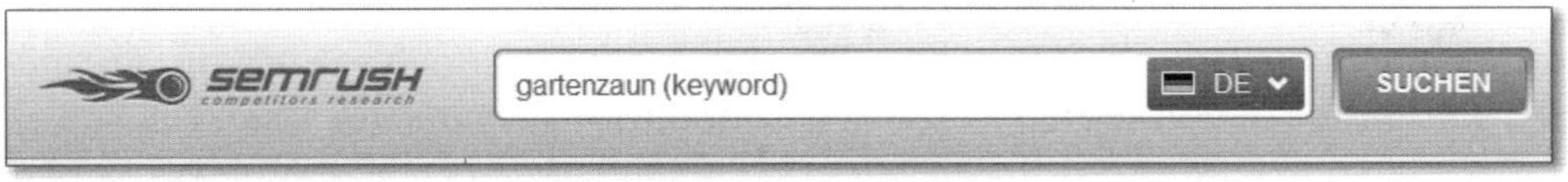

Abbildung 3.28 Start der Keyword-Recherche bei SEMrusch

Das Tool listet verschiedene Keyword-Ideen (siehe Abbildung 3.29) auf. Zu diesen Keywords gibt es unter anderem Information zu Klickpreisen und Suchvolumen. Mithilfe von SEMrush können Sie auch analysieren, welche Konkurrenten zu bestimmten Keywords Werbung schalten. Per Klick auf ein einzelnes Keyword aus der Keyword-Liste startet die tiefergehende Analyse zu diesem Keyword. Klicken Sie z. B. in unserem Beispiel auf den Link *gartenzaun holz*, so werden weitere Keywords zu diesem Thema aufgelistet und die Domains gezeigt, die speziell zu dieser Suchphrase Werbung schalten oder auf den vorderen Plätzen im organischen Ranking zu finden sind. Auf diese Weise können Sie ausgiebig Ihre wichtigsten Keywords analysieren.

Wortgruppen-Bericht

Keyword	Volumen	CPC
gartenzaun	22,200	0.70
gartenzaun holz	3,600	0.71
gartenzaun metall	2,900	0.76
gartenzaun günstig	880	0.76
gartenzaun sichtschutz	720	0.77
gartenzaun kunststoff	720	0.67
gartenzaun selber bauen	480	1.02
gartenzaun verzinkt	390	1.21

Abbildung 3.29 Keyword-Liste in SEMrush mit tiefergehender Verlinkung

SEO DIVER

Den SEO DIVER der ABAKUS Internet Marketing GmbH finden Sie unter *http://de.seodiver.com*. Die SEO-Agentur ABAKUS gibt es bereits seit 2002. Das ABAKUS SEO-Forum könnte dem einen oder anderen von Ihnen schon zwischen die Finger oder besser auf den Bildschirm gekommen sein: *http://www.abakus-internet-marketing.de/foren*. Nicht zuletzt aufgrund dessen mittlerweile über 20.000 Beiträge umfassenden Themenbereichs zu AdWords & Co. zeigt sich auch hier, dass Sie Tools,

Foren oder Unternehmen, die *SEO* in ihrer Bezeichnung tragen, nicht von vornherein für Ihre Recherchen und Aufgaben im Suchmaschinenmarketing ignorieren sollten. Der SEO DIVER besitzt mehrere Module, z. B. ein Performance-Modul zur Kontrolle des allgemeinen Webseiten-Rankings, das Link-Modul zur Analyse und zum Aufspüren von interessanten Backlinks sowie das Monitoring-Modul zur Kontrolle einzelner Keyword-Rankings. Zur Keyword-Recherche benötigen Sie das Keyword-Modul, welches wie die anderen Module auch einzeln gebucht werden kann. So funktioniert das Keywords-Modul:

Geben Sie in das Suchfeld einen wichtigen, allgemeinen Suchbegriff ein, wählen Sie im Header unter KEYWORDS den Unterpunkt KEYWORD RECHERCHE und klicken Sie danach auf den Button SUCHEN (siehe Abbildung 3.30).

Abbildung 3.30 Keyword-Recherche im SEO DIVER

Als Ergebnis erhalten Sie eine Liste mit Keywords und Keyword-Phrasen, die zum Ausgangs-Keyword passen (siehe Abbildung 3.31). Zu den einzelnen Keywords erhalten Sie verschiedene tiefergehende Informationen zur Analyse in Bezug auf SEO und SEA. Hinter der Spalte Traffic gibt es Zahlen zum Monat mit dem meisten Suchanfragen, damit Sie das Suchvolumen besser abschätzen können.

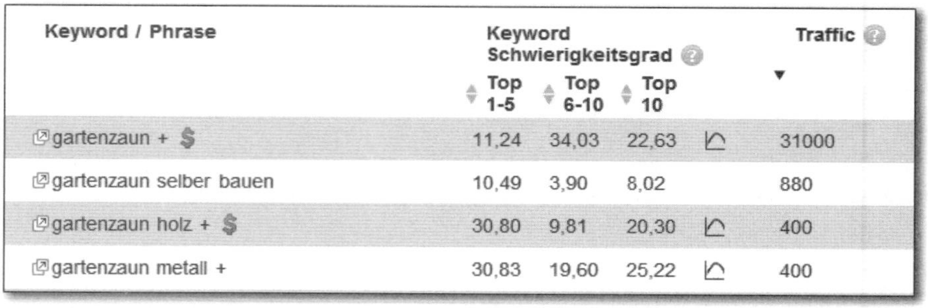

Keyword / Phrase	Keyword Schwierigkeitsgrad				Traffic
	Top 1-5	Top 6-10	Top 10		
gartenzaun + $	11,24	34,03	22,63		31000
gartenzaun selber bauen	10,49	3,90	8,02		880
gartenzaun holz + $	30,80	9,81	20,30		400
gartenzaun metall +	30,83	19,60	25,22		400

Abbildung 3.31 Keyword-Liste mit Analysedaten aus dem SEO DIVER

Hinter dem Dollarzeichen, welches bei einigen Keywords erscheint, verbergen sich zusätzliche Cost-per-Click-Informationen (siehe Abbildung 3.32). Ein Pluszeichen kann per Klick aufgeklappt werden und zeigt dann weitere Keywords an, die eng mit dem jeweiligen Obergriff verbunden sind. Auch diese Ideen sind vor allem deshalb interessant, weil sie nicht direkt von Google bereitgestellt werden, sondern aus anderen Quellen stammen.

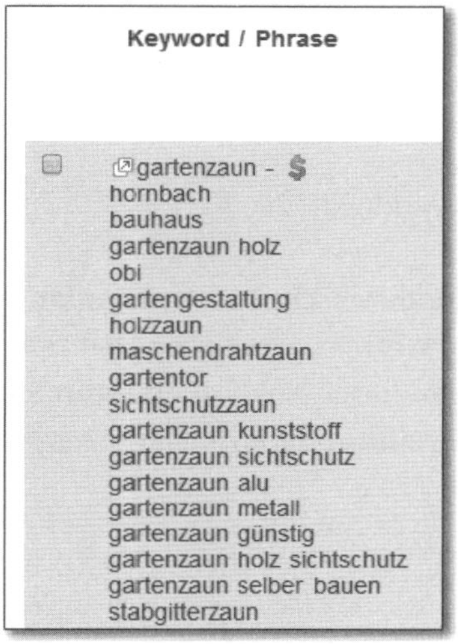

Abbildung 3.32 Weitere Keyword-Ideen im SEO DIVER

SISTRIX-Toolbox

Ein weiteres Tool, welches vor allem unter Suchmaschinenoptimierern (SEOs) sehr bekannt ist, ist das Tool der SISTRIX GmbH aus Bonn. Das SISTIRX Tool finden Sie unter *https://next.sistrix.de*. Auch dieses Tool besteht aus verschiedenen Modulen (SEO-Modul, SEM-Modul, Universal-Search-Modul, Link-Modul und Optimizer), welche auch einzeln buchbar sind. Für die Link-Recherche ist das SEM-Modul interessant. Beim SEM-Modul geht es eher darum, der Konkurrenz in die Karten zu schauen und deren Keyword-Listen zu analysieren. Geben Sie dazu in das SISTRIX-Suchfeld den Ausgangssuchbegriff ein, in unserem Beispiel nehmen wir wieder das Keyword *gartenzaun* (siehe Abbildung 3.33).

Abbildung 3.33 Keyword-Eingabe im SISTRIX-Tool

Nach Betätigung der [↵]-Taste oder Klick auf das Lupensymbol zeigt SISTRIX Ihnen im SEM-Modul verschieden Domains an, die Werbung zu dem vorgegebenen Keyword schalten Wählen Sie aus der Liste einen Keyword-Konkurrenten aus und klicken Sie dann unter SEM auf das Register KEYWORDS (siehe Abbildung 3.34).

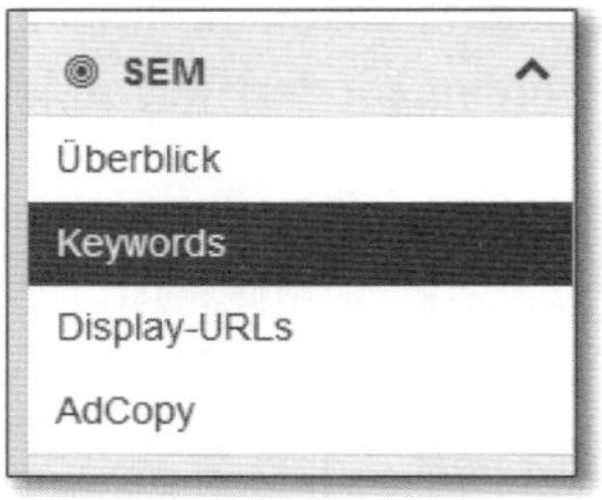

Abbildung 3.34 Keyword-Recherche zur Konkurrenz im SEM-Modul

Sie erhalten die Keyword-Liste der Konkurrenz mit der durchschnittlichen Ranking-Position, der angezeigten URL sowie Hinweisen zur Wettbewerbsdichte und dem geschätzten Traffic zum jeweiligen Keyword. Mithilfe dieser Analyse erfahren Sie also zum einen mehr über Ihre Konkurrenz und finden zum anderen auch noch interessante Ideen für Ihre Keyword-Liste (siehe Abbildung 3.35).

Abbildung 3.35 Keyword-Liste zur Konkurrenz via SISTRIX-Tool

XOVI

Last but not least möchten wir in dieser Runde das Tool XOVI vorstellen, welches sich laut Eigendefinition als »SEO Controlling und Online Marketing Suite« positioniert. Unter der URL *http://www.xovi.de* können Sie nicht nur detaillierte Informationen zum Leistungsumfang abrufen, sondern auch einen kostenlosen Testzugang bestellen. Der Name des Tools leitet sich vom Online Value Index (OVI) ab. Dieser berechnet die Sichtbarkeit von Domains in Suchmaschinen und hilft Ihnen ebenfalls wie die zuvor vorgestellten Services vordergründig dann, wenn Sie Maßnahmen zur Optimierung organischer Suchmaschineneinträge durchführen möchten. XOVI besitzt jedoch nicht nur SEO-Tools, sondern kümmert sich in der Rubrik SEA (siehe Abbildung 3.36) auch um die Analyse bezahlter Suchmaschinenwerbung.

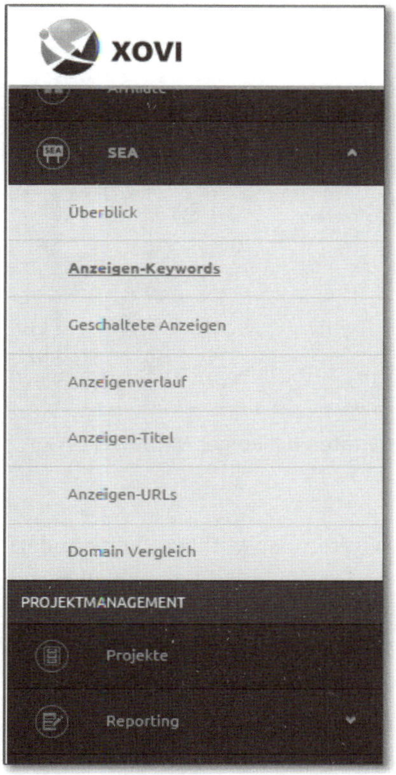

Abbildung 3.36 SEA-Tool von XOVI

Mit dem XOVI-Tool erhalten Sie zu einer beliebigen Domain, z. B. die Domain Ihres Konkurrenten, tiefe Einblicke in die AdWords-Aktivitäten. Folgende Informationen können Sie unter anderem von einer eingegebenen Domain einsehen (siehe Abbildung 3.37):

- Wie lauten die gebuchten Keywords ❷ für einen ausgewählten Zeitraum, welche Daten zu Position ❸, Mitbewerberdichte ❹, Suchvolumen sowie durchschnittlichem CPC ❺ gibt es jeweils dazu?
- Welche Anzeigeninhalte werden bei bestimmten Keywords eingesetzt?
- Welche Anzeige-URLs werden dabei eingesetzt?

Für diese Analyse geben Sie die Domain in das Formularfeld ❶ ein und wählen in der linken Navigation unter SEA den Unterpunkt ANZEIGEN-KEYWORDS.

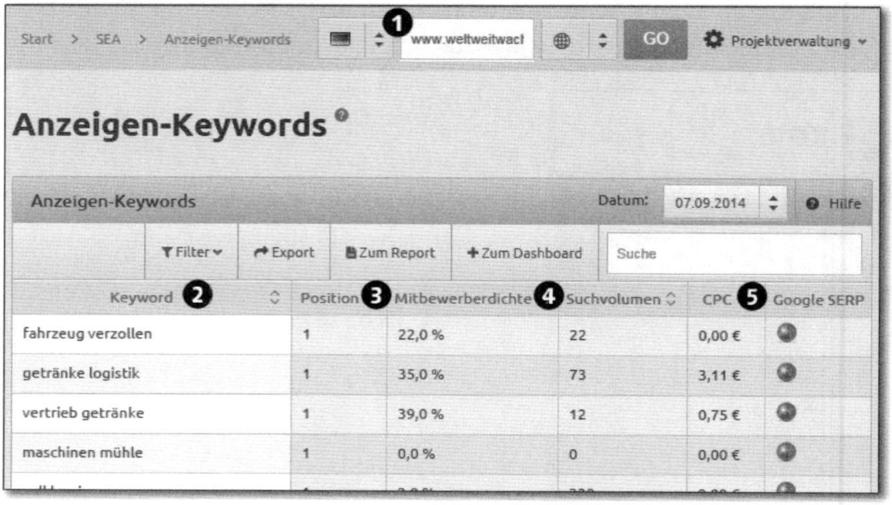

Abbildung 3.37 Mit XOVI analysieren Sie die SEM-Aktivitäten beliebiger Mitbewerber-Domains.

Möchten Sie bei Ihren Recherchen nicht die Aktivitäten der Mitbewerber, sondern bestimmte Keyword- und Themensets sehen, so finden Sie in der linken Navigation beim Unterpunkt KEYWORDS ebenfalls ein Tool zur Keyword-Recherche. Dort geben Sie das Keyword ein, zu dem Sie weitere Vorschläge erhalten möchten. Mit praktischen Schiebereglern können Sie Filter erstellen, um das Ergebnis einzuschränken (siehe Abbildung 3.38). So können Sie zum Beispiel bestimmen, dass nur Keyword-Kombinationen mit maximal vier einzelnen Wörtern angezeigt werden.

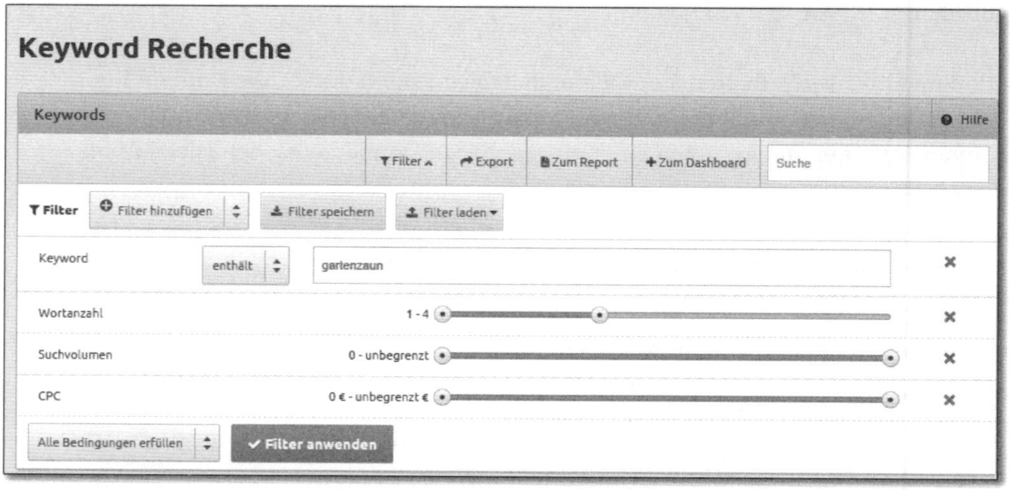

Abbildung 3.38 Keyword-Recherche mit dem XOVI-Tool

Mit dem Keyword-Ergebnis erhalten Sie weitere Informationen zum Suchvolumen, dem durchschnittlichen CPC-Gebot sowie der Mitbewerberdichte (siehe Abbildung 3.39).

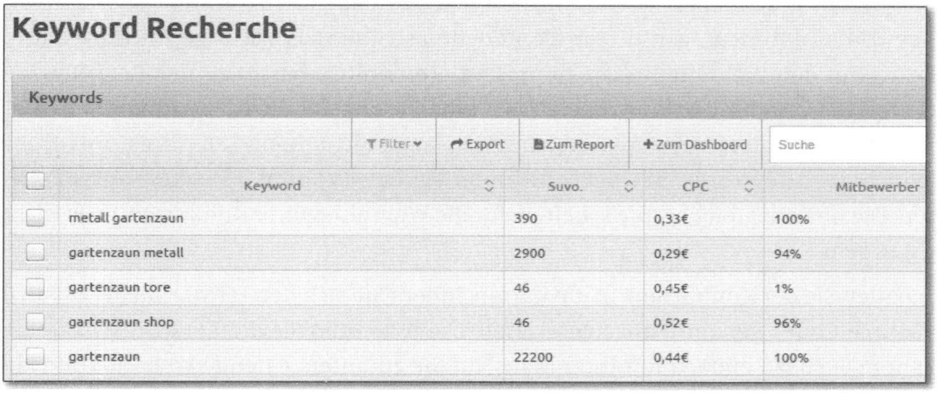
Keyword Recherche

Keywords

Filter | Export | Zum Report | Zum Dashboard | Suche

	Keyword	Suvo.	CPC	Mitbewerber
	metall gartenzaun	390	0,33€	100%
	gartenzaun metall	2900	0,29€	94%
	gartenzaun tore	46	0,45€	1%
	gartenzaun shop	46	0,52€	96%
	gartenzaun	22200	0,44€	100%

Abbildung 3.39 Ergebnis zur Recherche nach »gartenzaun«

»A fool with a tool ...«

Ein bekanntes englisches Sprichwort besagt »A fool with a tool is still a fool« (etwa: »Ein Narr mit einem Werkzeug ist noch immer ein Narr«). Sie als Anwender der in diesem Kapitel empfohlenen Keyword-Tools als einen solchen zu bezeichnen, liegt nicht in unserer Absicht. Wie empfehlen Ihnen aber, in der Auswahl und Anwendung dieser technischen Hilfsmittel niemals zu vergessen, dass keines davon mangelndes Know-how zu ersetzen vermag. Egal ob gratis oder kostenpflichtig, jedes Tool ist nur so gut wie der Anwender, der es mit Daten füttert. Kombinieren Sie also Ihr zuvor erlerntes Fachwissen im Umgang mit Keywords mit ausgewählten Werkzeugen, welche Ihnen die Schritte zur Ergänzung und Automatisierung vereinfachen. Abraten möchten wir an dieser Stelle davon, dass Sie ungeprüft hunderte bzw. tausende Keywords in Ihre Kampagnen importieren – nur weil Sie ein Tool gefunden haben, das Ihnen diese automatisch vorschlägt. Nur bei jenen AdWords-Kunden, die hartnäckig und ausschließlich solchen Tools vertrauen und durch diese Vorgehensweise möglicherweise ihre Kampagnenleistung nach unten und die Kosten nach oben treiben, wäre der Gebrauch des oben erwähnten Sprichwortes noch einmal zu überdenken. Auch zu lange und »überoptimierte« Keyword-Listen können für eine schlechte Kampagnenleistung sorgen, bei der am Schluss nur Google profitiert, nicht aber Sie bzw. das zu bewerbende Unternehmen.

3.2.5 Weitere Recherche-Tipps

Zum Abschluss der verschiedenen Recherche-Möglichkeiten möchten wir Ihnen noch zwei Tipps mitgeben.

Tipp: Analyse der Konkurrenzwebseite – ein Blick in den Source-Code

Für diesen Tipp benötigen Sie ein wenig Verständnis vom Aufbau einer Webseite. Die bunten Seiten, die Sie in Ihrem Browser sehen, bestehen aus einem Code, der für Maschinen geschrieben wurde. In diesem Code haben Programmierer früher oft Keywords hinterlegt, um diesen den Suchmaschinen als wichtige Information in Bezug auf den Webseiteninhalt zu präsentieren und so besser zu den Begriffen bei Google & Co. gefunden zu werden. Zur Verbesserung des Suchmaschinen-Rankings funktionieren diese Keywords jedoch schon lange nicht mehr. Falls Ihre Konkurrenz jedoch noch Keywords im Quellcode hinterlegt hat, so können Sie diese ausspionieren. Die hinterlegten Begriffe scheinen für die Webseiten Ihrer Konkurrenten ja wichtig zu sein.

Schauen Sie der Konkurrenz in die Karten, indem Sie sich den HTML-Quelltext (auch »Source-Code« genannt) anzeigen lassen. Dann können Sie die Keywords auslesen: Fahren Sie dazu einfach mit Ihrer Maus auf die zu untersuchende Webseite und klicken Sie auf die rechte Maustaste. Falls Sie die Browser Chrome oder Firefox nutzen, so wählen Sie die Option SEITENQUELLTEXT ANZEIGEN. Im Internet Explorer funktioniert dies auch. Dort heißt der Befehl QUELLCODE ANZEIGEN. Daraufhin wird Ihnen in einem neuen Fenster der Quellcode der Webseite angezeigt (siehe Abbildung 3.40). Im oberen Bereich des Codes – im sogenannten Header-Bereich – suchen Sie nach den Meta-Tags ❶. Ein Tag hat das Attribut name=«keywords« ❷. Hier hat der Programmierer eventuell die Suchbegriffe hinterlegt, zu denen er gerne bei Google gefunden werden möchte. Vielleicht sind diese Keywords ja auch für Sie interessant? In unserem Beispiel (siehe Abbildung 3.40) hat die Commerzbank AG unter anderem die Begriffe *Kredit*, *Geldanlage*, *Termingeld* und *Tagesgeld* ❸ hinterlegt.

```
❶<meta name="author" content="Commerzbank AG" >
        ❶<meta name="copyright" content="(c) 2014 Commerzbank AG" >
        ❶<meta name="created" content="19.09.2013 15:37:09" >
        ❶<meta name="edited" content="26.05.2014 08:30:21" >
        ❶<meta name="description" content="Im Portal f&uuml;r Privat- und Gesch&au
                     ❷            ❸
        ❶<meta name="keywords" content="Kredit, Geldanlage, Termingeld, Tagesgeld,
```

Abbildung 3.40 Blick in den Quellcode der Commerzbank

Tipp: Kostenlose externe Keyword-Datenbanken

Zu einer umfassenden Keyword-Recherche gehört nicht nur die Keyword-Datenbank von Google, die wir in Kapitel 2 vorgestellt haben. Sie sollten Ihre wichtigsten Keywords auch einmal mit einer externen Keyword-Datenbank analysieren. Im Internet finden Sie unter dem Stichwort »Keyword-Datenbank« verschiedene Online-Datenbanken, die meistens frei zugänglich und kostenlos nutzbar sind. Ein Beispiel ist die Keyword-Datenbank von SISTRIX, welche Sie online unter *https://tools.sistrix.com/kw* abrufen können. Geben Sie dort Ihre wichtigsten Keyword-Ideen in das Suchfeld ein und lassen Sie sich per Klick auf KEYWORD-DATENBANK DURCHSUCHEN neue

Vorschläge zur Erweiterung Ihrer Keyword-Liste erstellen (siehe Abbildung 3.41). Die Vorschläge der externen Datenbanken besitzen den Vorteil, dass diese nicht direkt aus dem Google-Universum stammen und so frische Ideen zu Ihrem Keyword-Pool beigesteuert werden können.

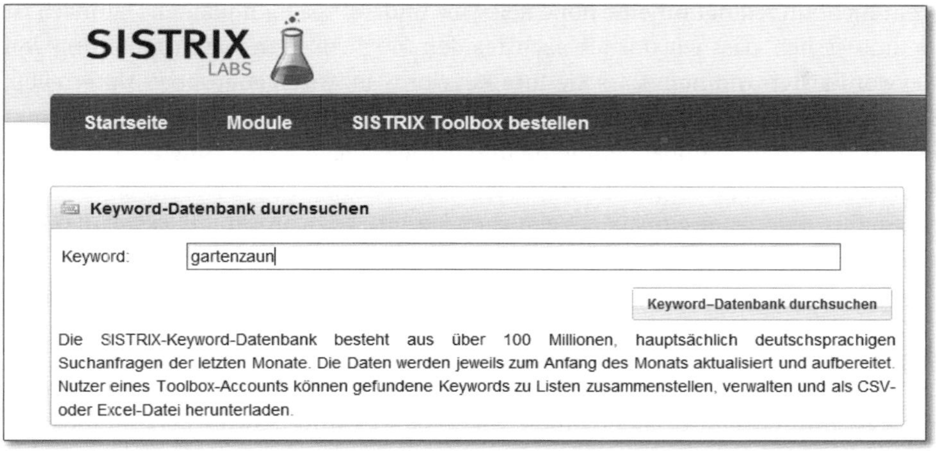

Abbildung 3.41 Kostenlose Keyword-Datenbank von SISTRIX

Die SISTRIX-Ergebnisliste liefert neben den Keyword-Ideen zum eingegebenen Hauptsuchbegriff auch eine Abschätzung zu den getätigten Suchanfragen pro Monat (siehe Abbildung 3.42). Schauen Sie dabei aber nicht auf die absoluten Zahlen, die immer nur eine Schätzung sein können, sondern richten Sie Ihr Augenmerk auf das Verhältnis der verschiedenen Suchanfragen untereinander.

Abbildung 3.42 Keyword-Liste der SISTRIX Keyword-Datenbank

Wir haben Sie nun im Laufe dieses Kapitels ausreichend auf potenzielle Keyword-Quellen für Ihre geplanten Kampagnen aufmerksam gemacht und hoffen, dass Sie auch einige davon bereits im unmittelbaren Rahmen Ihrer Vorstellung ausprobiert haben. Wie im Umgang mit großen Informationsmengen »leider« üblich, werden Sie feststellen, dass Sie um eine bestimmte Gruppierung der recherchierten Keywords nicht umhin kommen.

Eine einzige AdWords-Anzeigengruppe mit hunderten oder tausenden Keywords steht nicht unbedingt für eine hohe Relevanz und Kampagnenqualität. Demnach ist es unerlässlich, dass wir uns als nächstes den Möglichkeiten zur Gruppierung von Keyword-Listen widmen. Dass Sie Ihre Keywords in Anzeigengruppen unterteilen, steht außer Frage. Welche Art und Weise der Kategorisierung Sie wählen, hängt jedoch von Ihrem Kampagnenthema und der jeweiligen Zielsetzung ab. Lernen Sie nun ein paar Gruppierungsvarianten kennen, mit denen Sie Ihre Keywords bestmöglich in Ihre Kampagne einbauen. Versuchen Sie, Ihre Keywords mit Blick auf die Optimierung so granular wie möglich aufzusplitten.

3.3 Die Keyword-Gruppierung

Es ist wichtig, dass Sie bei der Gruppierung Ihrer Keywords sowohl die Intention des Suchenden als auch den Detailgrad der von ihm verwendeten Suchphrase in Ihre Entscheidungen mit einbeziehen.

3.3.1 Gruppierung nach Suchabsicht

Gehen Sie in der hier beschriebenen Segmentierung der Suchbegriffe möglichst darauf ein, was der Interessent vom jeweiligen Suchergebnis erwarten könnte, um die Leistung der jeweiligen Anzeigengruppen zu optimieren. Sucht der Nutzer nach Informationen, werden Sie solche Keywords anderswo einordnen müssen, wie wenn dieser eine Suchanfrage mit einer klaren Kaufabsicht (z. B. durch die Angabe der Begriffe *kaufen* oder *online buchen*) stellt. Sie müssen dabei die folgenden drei Suchabsichten kennen- und unterscheiden lernen, die wir Ihnen nun näher vorstellen möchten:

- Navigations-Keywords
- Informations-Keywords
- Transaktions-Keywords

Navigations-Keywords

In die Kategorie der *Navigations-Keywords* fällt ein Begriff dann, sobald der Nutzer bereits vor seiner Suchanfrage weiß, zu welchem Unternehmen, Service oder Produkt er gerne im Browser navigieren möchte. Wenn Sie beispielsweise eine Internetsuche nach *Red Bull* oder *Mercedes-Benz* durchführen, teilen Sie damit der Suchmaschine unmissverständlich mit, dass Sie einen Link zur jeweiligen Unternehmenswebseite finden möchten. Sie genießen dabei nicht nur den Vorteil, sich ein »Erraten« der Internetadresse zu sparen, sondern können auch davon profitieren, dass das Suchergebnis den relevantesten Link zu einem lokalen Internetauftritt des Unternehmens darstellen wird. Wenn Sie so wollen, geschehen Suchanfragen mit Navigations-Keywords häufig schlicht und einfach aus Bequemlichkeit, weil die Nutzer mittlerweile gelernt haben, dass der Umweg über Google & Co. ohnehin nur wenige (Milli-)Sekunden Zeit beansprucht und dafür mit großer Gewissheit die richtige Seite in den Top-Positionen des Suchergebnisses aufscheint. Einige solcher Suchanfragen geschehen jedoch auch unbewusst. Viele moderne Browser unterscheiden heute nicht mehr zwischen der Eingabe einer URL oder eines Suchbegriffs. In einer so genannten *Unified Search Bar* oder *Omnibox*, also einem einzigen zentralen Eingabefeld, können Sie beispielsweise in Googles eigenem Browser Chrome selbst entscheiden, ob Sie dort eine komplette URL eingeben, um direkt zum gewünschten Inhalt zu gelangen, oder eben den »bequemen« Umweg über eine Suchanfrage wählen. Diese Vorgehensweise der Browserhersteller – in diesem Beispiel handelt es sich um Google selbst – ist dabei nicht ganz uneigennützig. Statt die Nutzer direkt auf die Webseiten zu schicken, lässt sich auf diese Weise geschickt zusätzlicher Suchmaschinen-Traffic generieren. Das bedeutet mehr Suchanfragen, einen hilfreichen Beitrag zur Reichweitenausdehnung und nicht zuletzt den einen oder anderen zusätzlichen verdienten Euro, der durch auf diese Weise ebenfalls eingeblendete AdWords-Anzeigen generiert wird. Sie sehen also, dass eine solche Vorgehensweise nicht nur bequem für den Anwender ist – schließlich wird dieser mit Hilfe der Suchmaschine weniger Probleme damit haben, die gewünschte Seite zu erreichen. Auch der Suchmaschinenanbieter – im deutschsprachigen Raum sprechen wir hier wie Sie wissen fast ausschließlich von Google – profitiert davon.

Um das Ganze nun von einer Win-Win-Situation in eine Win-hoch-drei-Situation zu verwandeln, möchten wir an dieser Stelle wieder Sie als AdWords-Werbekunden ins Spiel bringen. Auch Sie können nämlich davon profitieren, bei einer solchen navigationalen Suchanfrage präsent zu sein. Sehen wir uns dazu das Beispiel in Abbildung 3.43 an: Wenn man bei Google Österreich nach *Red Bull* sucht, möchte man wohl sehr wahrscheinlich die österreichische Variante der Unternehmenswebseite finden. Und siehe da: *www.redbull.at* ist auf Platz eins der organischen Suchergebnisse zu finden. Was aber macht Red Bull an dieser Stelle im Bereich AdWords? Wissentlich, dass der Nutzer in dieser Phase seiner Suche weder unmittelbar an einem Sebastian-Vettel-T-Shirt noch an einem Mobilfunkvertrag interessiert sein wird, werden dennoch Anzeigen der Online-Shops für Merchandising und Handy-Produkte eingeblendet. Zudem nutzt die Marke die Möglichkeit, das Getränk *Red Bull Zero* über AdWords zu promoten. Ob ein Klick entsteht oder nicht, spielt an dieser Stelle nur eine geringe Rolle, schließlich geht es dieser Marke ja auch um Reichweite und Impressionen – und letztere kosten ja bekanntlich bei AdWords nichts.

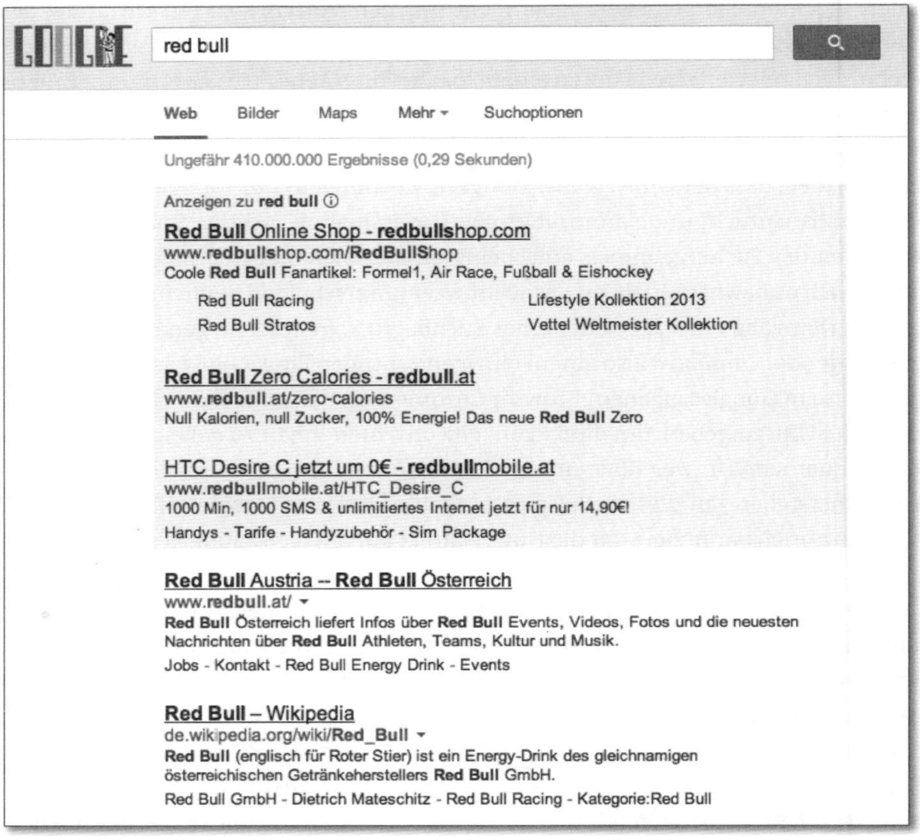

Abbildung 3.43 Kurzfristige Aktionen und Produkthinweise bei der Markensuche

Vergessen Sie nicht auf den »Full Value of Search« für Ihre Marke!

Eine ältere Google-Studie zur Wirkung von AdWords auf Markenaufbau und -pflege liefert aufschlussreiche Ergebnisse, was die Buchung von Navigations- bzw. im konkreten Fall von Marken-Keywords betrifft. Unter anderem konnte evaluiert werden, dass auch Bestandskunden bzw. solche User, die eine Marke bereits kennen und deren Produkte nutzen, Google zu Recherchezwecken nutzen. Die Annahme, dass diese Nutzergruppe stets die URL der Markenwebseite eingibt, wäre laut dieser Studie falsch. Auch unsere Erfahrungen zeigen, dass die Investition in die Buchung von Marken- und Navigations-Keywords bei AdWords in den meisten Fällen für neue, zusätzliche Besucher sorgt und dabei nur selten andere Quellen (z. B. Direktzugriffe oder solche aus organischen Suchergebnissen) untergräbt. Weitere Details, Fallbeispiele und Studienergebnisse zur Rolle der Suche für Branchen, Unternehmen und Marken finden Sie unter: *https://www.thinkwithgoogle.com/platforms/search.html*. Folgen Sie auf dieser Webseite auch den weiteren Links, um zusätzliche Informationen abzurufen.

Klar zu berücksichtigen ist, dass Sie ein solches Keyword-Set separaten Kampagnen bzw. Anzeigengruppen zuordnen. Auch wenn die Verwendung von Marken-Keywords generell mit relativ geringen CPCs einhergeht, werden die Conversion-Raten einer solchen Keyword-Gruppierung eher gering bleiben. Steuern Sie daher über individuelle Tagesbudgets und Gebote, welchen Anteil Kampagnen mit Navigations-Keywords in Ihrer Gesamtstrategie einnehmen sollen bzw. dürfen.

Sie haben nun also die Kategorie der Navigations-Keywords kennengelernt und wissen, dass und wie Sie mit solchen Suchbegriffen Ihre Kampagnenstrategie ergänzen können. Wir hoffen, Sie haben erkannt, dass die Einstellung »Leute, die mein Unternehmen bereits kennen, finden mich im Internet ohnehin« nicht unbedingt zielführend ist. Vor allem unter Berücksichtigung der im obenstehenden Kasten genannten Studie tun Sie gut daran, Navigations-Keywords in Ihren AdWords-Kampagnen mit zur berücksichtigen.

Kennen Sie den meistgesuchten Begriff der Suchmaschine Bing?

Während offizielle Quellen der alternativen Suchmaschinenanbieter Bing und Yahoo nicht näher darauf eingehen, macht ein unbestätigtes Gerücht in der Branche die Runde: *Google* soll dort einer der meistgesuchten Begriffe sein! Die Begründung dafür ist nicht unlogisch, wenn man davon ausgeht, dass sehr viele Nutzer eine dieser Alternativen automatisch als Startseite oder bevorzugte Suchmaschine in Ihren Browsern eingerichtet haben. Da diese dennoch »googeln« möchten, führen Sie zunächst eine Suche mit Hilfe eines Navigations-Keywords durch, um zur gewünschten bzw. ihnen bekannten Suchmaschine zu gelangen. Die Jahresreporte für Bing und Yahoo ähneln übrigens jenen, die auch über den bereits bekannten Dienst Google Trends abrufbar sind. Interessierte Leser können sich unter diesen URLs ein detailliertes Bild über Suchtrends bei alternativen Suchmaschinen machen: *http://blogs.bing.com/search/2014/11/30/and-your-most-searched-on-bing-in-2014-are* bzw. *http://news.yahoo.com/year-in-review*.

Über das obenstehende Beispiel hinaus möchten wir auch jeweils eine Suchanfrage rund um das Thema *Digitalkamera* verwenden, um Ihnen die unterschiedlichen Suchabsichten zu erklären. Der in Abbildung 3.44 darstellte Bildschirmausschnitt zeigt eine klar erkennbare Navigations-Absicht des Suchmaschinennutzers und führt – in dem Fall glücklicherweise auch ohne das Schalten einer AdWords-Anzeige – direkt zur gesuchten Webseite.

PS: Bitte berücksichtigen Sie, dass Sie die hier verwendeten Beispiele selbstverständlich mit beliebigen anderen Marken sowie verschiedenen Themen reproduzieren können. Wir möchten Ihnen einfach so plakative Beispiele wie möglich zeigen und können aus kontextuellen und platztechnischen Gründen nicht auf alle Marken und Branchen eingehen.

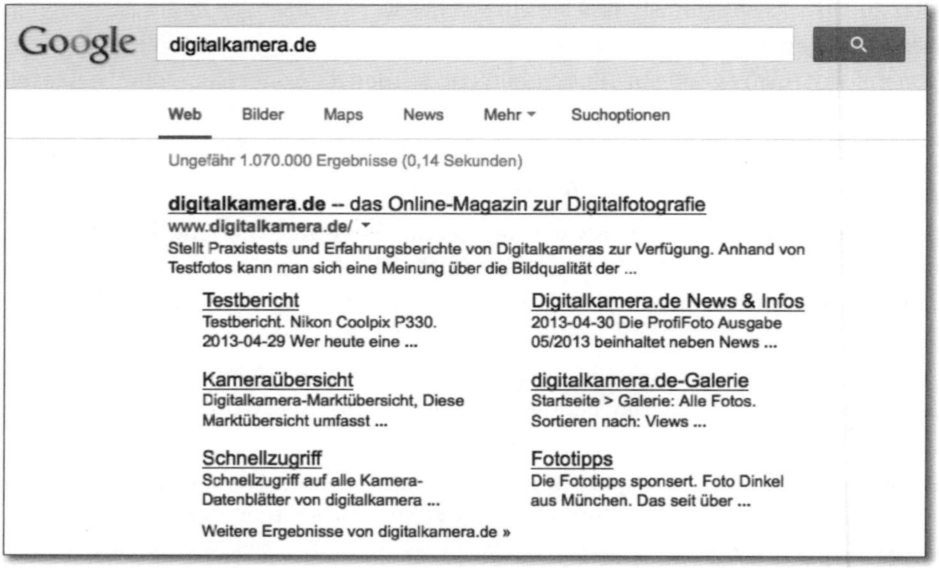

Abbildung 3.44 Navigations-Keywords führen zur Homepage des gesuchten Unternehmens.

Informations-Keywords

Kommen wir als nächstes zu den *Informations-Keywords*. Nutzer mit dieser Suchabsicht geben meist Mehrwort-Begriffe in den Suchschlitz ein, um sich online nähere Informationen zu beispielweise einem Produkt, einem Unternehmen oder dem nächsten geplanten Urlaubsort zu holen. Einem thematischen Begriff folgt dabei jener, der die Informationsart näher beschreibt. So lassen sich beispielsweise Suchanfragen mit »Test«, »Anreise« oder »Wetter« in die Kategorie der informellen Suchabsicht einordnen.

Im erklärenden Beispiel, das Sie auch in Abbildung 3.45 wiederfinden, wird nach *Digitalkamera Test* gesucht. Damit teilen wir der Suchmaschine unmissverständlich mit, dass wir zunächst weder an konkreten Digitalkamera-Produktdetails noch an unmittelbaren Shopping-Möglichkeiten interessiert sind. Der Google-Algorithmus kann unsere Suchabsicht sehr gut zuordnen und zeigt uns weder bezahlte noch organische Ergebnisse, um Digitalkameras zu kaufen, sondern nur Links zu solchen Seiten, auf denen umfangreiche Tests von Geräten aus dieser Produktgruppe zu finden sind.

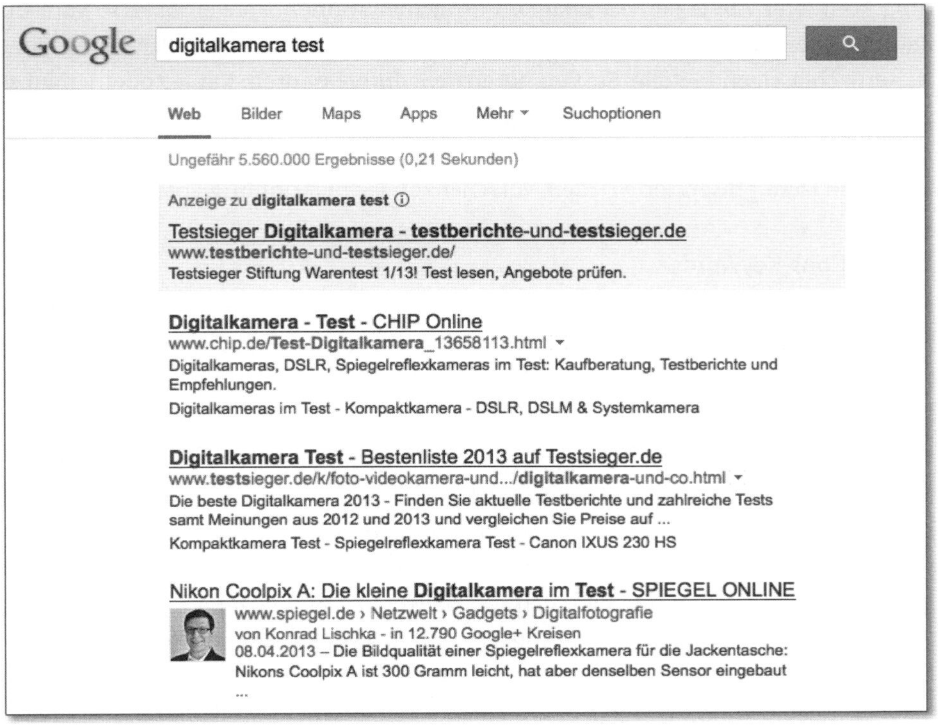

Abbildung 3.45 Wichtige Informationen, z. B. Testberichte bei der Eingabe von Informations-Keywords

Sie können also erkennen, dass Nutzer mit dieser rein informellen Suchabsicht zwar noch kein konkretes Kaufinteresse haben, sich aber in einer nicht unwesentlichen Phase ihrer Kaufentscheidung befinden. Man würde nicht nach Digitalkamera-Testberichten im Internet suchen, wäre man nicht mittelfristig auch an einer Anschaffung interessiert. Auch bei Nutzern, die zum Beispiel nach dem aktuellen Wetter oder den idealen Anreiserouten zu einem bestimmten Ferienort suchen, können Sie mit hoher Wahrscheinlichkeit davon ausgehen, dass diese in der nächsten Zeit dort einen Aufenthalt planen. Als Werbetreibender dürfen Sie also auch solche Keyword-Kombinationen in Ihrer AdWords-Strategie nicht unberücksichtigt lassen. Ordnen Sie Informations-Keywords unbedingt separaten Kampagnen und Anzeigengruppen zu, um auf deren Leistung hinsichtlich Budgetsteuerung und Optimierung explizit eingehen zu können. Um bei den Testberichten zu bleiben, wäre es für Sie als Anbieter des Testsiegers eines speziellen Digitalkamera-Modells durchaus sinnvoll, dass Sie diese Tatsache interessierten Nutzern über AdWords-Anzeigen zu relevanten Suchanfragen auch mitteilen. Solche Maßnahmen werden klarerweise nicht die Leistung konkreter Abverkaufskampagnen erreichen können, spielen aber sowohl im Kaufentscheidungs- als auch im zuvor erwähnten Markenbildungsprozess eine nicht zu vernachlässigende Rolle. Stoßen potenzielle Interessenten, Käufer oder Urlaubsgäste in dieser Phase nicht auf Ihre Anzeigen, sondern im schlechtesten Fall auf jene von Mitbewerbern oder Vergleichsplattformen, bei denen Sie möglicherweise nicht im besten Licht präsentiert werden, verschenken Sie hier unnötig Potenzial.

Transaktions-Keywords

Aller guten Dinge sind drei, warum sollte es auch bei der Keyword-Gruppierung nach Suchabsichten anders sein? Im vorliegenden Fall ist die dritte Variante wohl die beste, weil für Sie im Hinblick auf die Kampagnenleistung am erfolgversprechendste: Die Rede ist von so genannten *Transaktions-Keywords* – also jenen Begriffskombinationen, mit denen Sie als Suchmaschinennutzer eine klare Kaufabsicht ausdrücken.

Für viele von Ihnen mag es faszinierend erscheinen, wie unterschiedlich Googles Suchergebnisseiten plötzlich aussehen, sobald Sie den Begriff *Testbericht* durch *Kaufen* ersetzen. Von einer nahezu »braven« Auflistung relevanter Testberichte schaltet man auf Ergebnisse um, die plötzlich nur mehr ein Ziel zu kennen scheinen: Jetzt! Online! Kaufen! Wie Sie in Abbildung 3.46 sehen können, hat der Google-Algorithmus sofort festgestellt, worauf wir mit unserer dritten in diesem Zusammenhang getätigten Suchanfrage *Digitalkamera günstig kaufen* hinauswollen. Das Suchergebnis besteht ausschließlich aus Anzeigen und organischen Links zu Seiten, auf denen ein unmittelbarer Online-Kauf des gesuchten Produktes möglich ist. Neben klassischen AdWords-Anzeigen finden Sie im abgebildeten Beispiel auch Google Shopping-Ergebnisse wieder. Solche konkreten Produktanzeigen, die, unterstützt von Produktbildern, für eine hohe Sichtbarkeit Ihres Online-Shops sorgen, können Sie ebenfalls mit Hilfe von Google AdWords online schalten.

Demnach ist es nur logisch, dass Sie Transaktions-Keywords in Ihrer Kampagnenstruktur eine spezielle Beachtung schenken. Sind diese doch für die Leistung Ihrer Anzeigen zur Bewerbung eines Online-Shops am wichtigsten und in den Conversion-Reports wohl jene mit den besten ROI-Daten.

Wir hoffen, Sie konnten die drei unterschiedlichen Suchabsichten mit Hilfe dieser einleitenden Erklärung verstehen und wissen nun, wie bedeutend es ist, diese in ihren AdWords-Keyword-Listen nicht zu vermischen. Nicht nur dass Sie bei einer unstrukturierten Vorgehensweise die Relevanz einzelner Anzeigengruppen unnötig verringern würden, auch im Analyse- und Optimierungsprozess bliebe Ihnen ein klarer und schneller Blick darauf verwehrt, wie die Leistung spezieller Keywords und Keywordgruppen unter Berücksichtigung der Suchabsichten ausfällt. Haben Sie diese Form der Keyword-Gruppierung verstanden und berücksichtigt, gibt es noch weiteren Input, den wir Ihnen auf den folgenden Seiten nicht vorenthalten möchten.

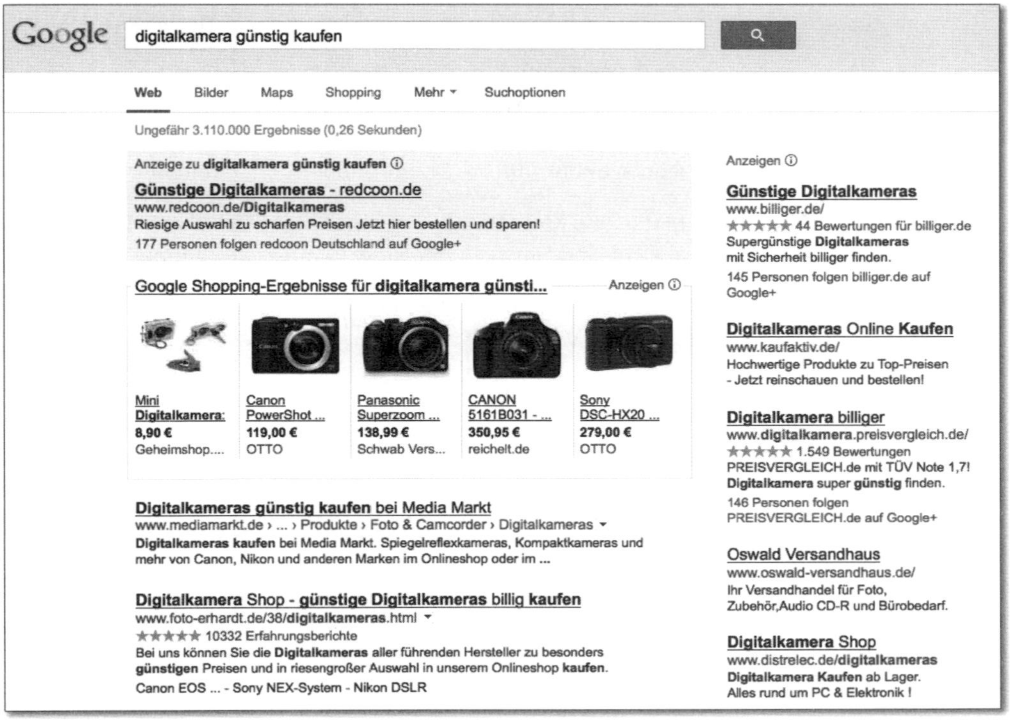

Abbildung 3.46 Online-Shops als Ergebnis zu einem Transaktions-Keyword

3.3.2 Gruppierung nach Suchtiefe

Blicken wir zunächst auf die Gruppierung nach Suchtiefe, um darauf einzugehen, wie detailliert ein Suchmaschinennutzer seine Anfrage stellt. Erfahrungsgemäß verhält sich die Suchtiefe unmittelbar proportional zur Anzahl der eingegebenen Keywords. Je mehr Keywords zur Verfeinerung der Suchanfrage verwendet werden, umso größer ist die Suchtiefe. Sie müssen berücksichtigen, dass Ihre Anzeigengruppen mit Keywords geringerer Suchtiefe zwar viel Traffic, aber wahrscheinlich nicht den höchsten ROI liefern werden. Gleichzeitig können Sie nicht ausschließlich auf sehr detaillierte Keyword-Kombinationen setzen. Was nützt Ihnen deren Conversion-Rate von bis zu 100 Prozent, wenn im Monat nur wenige Klicks damit generiert werden? Nicht selten ist es praktikabel, dass Sie zunächst mit kurzen Keyword-Kombinationen starten und die Suchtiefe erst im Zuge des Optimierungsprozesses (u. a. durch die Auswertung der konkreten Suchanfragen) schrittweise vergrößern.

Ein abschließendes Beispiel – bleiben wir in der Gruppe der Transaktions-Keywords – möchten wir Ihnen hier dennoch nicht vorenthalten. Sehen wir uns gemeinsam mit Hilfe der folgenden Tabelle an, wie sich die Suchtiefe von Keyword-Kombinationen auch auf Anzeigeninhalt und Zielseite auswirkt.

Keyword	Eigenschaft	Anzeige	Zielseite
Digitalkamera kaufen	Kaufabsicht ist klar, Modell und Markenwunsch jedoch unbekannt	Generischer Text mit Hinweis auf »Digitalkamera Online Shop«	Relevante Überblicksseite mehrerer Modelle und Marken
Nikon Digital Online Shop	Marke und Kaufabsicht sind klar	Spezifischer Text mit Hinweis auf »Nikon«-Markenschwerpunkt	Nikon-Markenchannel Ihres Online-Shops
Nikon D5200 Kit Online kaufen	Konkrete Kaufabsicht inkl. Modellwunsch	Konkreter Text, passend zum gesuchten Modell, optional mit konkreter Preisangabe bzw. Hinweisen auf Aktionen	Modell- bzw. Angebotsseite für das gesuchte »Nikon D5200 Kit«

Tabelle 3.2 Gruppieren Sie Ihre Keywords nach Suchtiefe, um in granularen Anzeigengruppen eine optimale Kampagnenleistung zu erzielen.

3.3.3 Weitere Gruppierungsvarianten

Die zuvor genannten Beispiele sollten Ihnen einen ausreichenden Eindruck vermitteln, wie essenziell eine granulare Keyword-Struktur für den Erfolg jeder AdWords-Kampagne ist. Auch wenn viel vom zuvor Genannten für Sie logisch und selbstverständlich erscheinen mag – Sie würden sich wundern, wie viele Konten wir bis heute einsehen konnten, in denen ein heilloses Durcheinander an Kampagnen, Anzeigengruppen und Keywords vorzufinden war. Egal ob vermeintlich logische Konventionen oder klare Empfehlungen seitens Google, es gibt in vielen Konten nichts, was nicht gerne mal komplett ignoriert wird. Ob der Kontoinhaber dies unwissentlich oder schlicht aus Zeitmangel nicht korrigiert bzw. von Grund auf besser angelegt hat, spielt hierbei keine Rolle. Anzeigengruppen, in denen eine große Zahl an unterschiedlichen Keyword-Gruppen »wie Kraut und Rüben« durcheinandergewürfelt sind, helfen letzten Endes nur einem: der Portokasse von Google. Eine fehlende Struktur sorgt nicht nur für eine unnötig geringe Anzeigenrelevanz für den Suchenden, sondern gleichzeitig für hohe Ausgaben Ihrerseits. Deshalb möchten wir Ihnen am Ende dieses Abschnittes noch einmal nahelegen, wie wichtig eine saubere Keyword-Gruppierung für Ihren Kampagnenerfolg ist.

Apropos Kampagnenerfolg: Mit diesem Stichwort kommen wir den eigentlichen Kampagnen und Ihrem AdWords-Konto wieder etwas näher. Schließlich geht es nun darum, die bis zu diesem Kapitel gewonnenen Erkenntnisse, Keyword-Listen und Strukturen in konkrete Kampagnen umzusetzen.

Dieses Kapitel hat Sie sehr ausführlich über die verschiedenen Aspekte der Keyword-Recherche informiert. Sie kennen nun die unterschiedlichen Möglichkeiten, die Google bietet, aber auch viele interessante externe Tools, die zum Teil ebenfalls kostenlos sind. Daneben sollten Sie jedoch auch einen Blick auf die kostenpflichtigen SEA-Tools werfen, die viele interessante Funktionen bieten. Das eine oder andere Tool erleichtert die Arbeit beim Aussetzen einer neuen Kampagne. Das Keyword-Kapitel ist eher umfangreich ausgefallen und zeigt damit auch, dass Sie bei diesem Thema etwas mehr Zeit investieren sollten: Denn ein solides Keyword-Set bildet noch immer die Grundlage einer erfolgreichen AdWords-Kampagne.

3.4 Checkliste

Die Keyword-Recherche ist ein wichtiger Baustein Ihrer AdWords-Kampagne im Suchnetzwerk. Haben Sie an alles gedacht?

Wichtige Punkte bei der Keyword-Recherche	OK (✓)
Analyse der eigenen Webseite	
Analyse von Werbematerial	
Brainstorming	
Austausch mit Kollegen und Freunden	
Kundenbefragung	
Aufbau einer Keyword-Liste	
Recherche mit dem Keyword-Tool von AdWords	
Recherche mit unterschiedlichen Google-Tools	
Nutzung von Google Suggest	
Recherche mit kostenlosen externen Tools	
Recherche mit kostenpflichtigen Profi-Tools	
Gruppierung der Keyword-Ideen	

Tabelle 3.3 Keyword-Recherche – Checkliste

Kapitel 4
Ihre erste AdWords-Kampagne

Es geht los! In diesem Kapitel erarbeiten wir schrittweise die Benutzeroberfläche des AdWords-Kontos. Ziel ist es, dass Sie danach ein effizientes erstes Kampagnensetup erstellen können, bei dem einige erweiterte Einstellungen noch bewusst außen vor gelassen werden.

Wechseln Sie in Ihrem neu erstellten AdWords-Konto zum Menüpunkt KAMPAGNEN, um von dort aus die Erstellung Ihrer ersten Kampagne in Angriff zu nehmen. Die in Abbildung 4.1 ersichtliche Benutzeroberfläche präsentiert sich Ihnen als AdWords-Kunden nur dann, wenn Sie ein neues Konto öffnen und noch keine Kampagnen vorhanden sind.

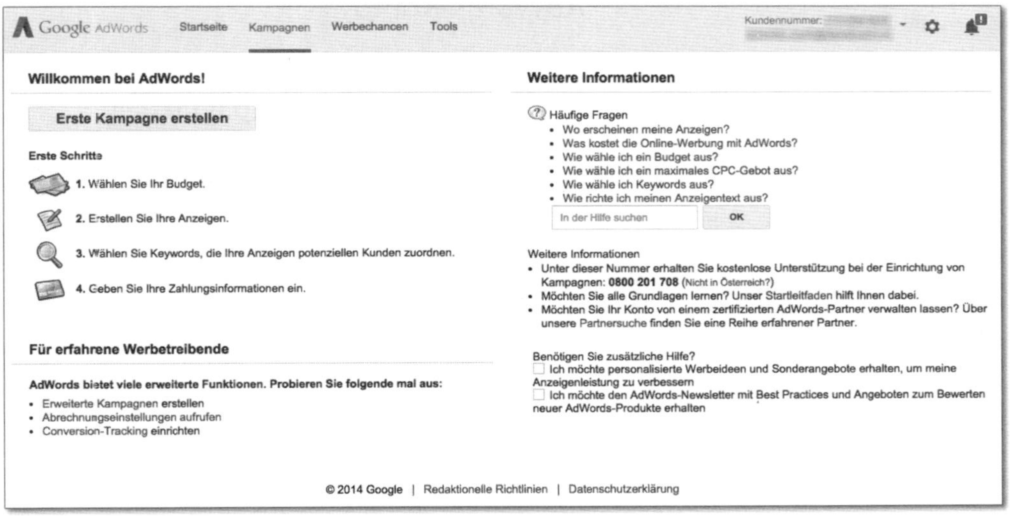

Abbildung 4.1 Der Menüpunkt »Kampagnen« beim ersten Einstieg in ein neues AdWords-Konto

Bevor Sie jedoch Ihre ERSTE KAMPAGNE ERSTELLEN, lassen Sie uns noch kurz das anstehende Prozedere in diese vier grundlegenden Schritte aufteilen:

1. **Kampagnen**
   Hier erfolgen globale Kampagneneinstellungen wie beispielsweise die Auswahl der gewünschten Werbenetzwerke, Standorte und Budgets.

2. **Anzeigengruppen**
   Erstellen Sie hier Ihre erste Anzeigengruppe und legen Sie CPC-Gebote fest.
3. **Textanzeige**
   Je Anzeigengruppe benötigen Sie mindestens eine Textanzeige, die optimalerweise auf die Keywords in der Anzeigengruppe abgestimmt ist.
4. **Keywords**
   Je Anzeigengruppe benötigen Sie auch mindestens ein Keyword. Hier hinterlegen Sie einen, meistens jedoch mehrere Suchbegriffe bzw. Suchwortkombinationen. Für die jeweiligen Keywords können optional Keyword-Optionen und individuelle Keyword-Gebote festgelegt werden.

In Abbildung 4.2 haben wir für Sie die Anatomie eines AdWords-Kontos dargestellt. Sie werden schnell erkennen können, dass auch die Logik der Kampagnenerstellung dieser grundlegenden Hierarchie folgt. Diese ist übrigens unabhängig von Unternehmensgröße, Zielsetzung und Werbebudget und gilt somit für alle AdWords-Konten gleichermaßen.

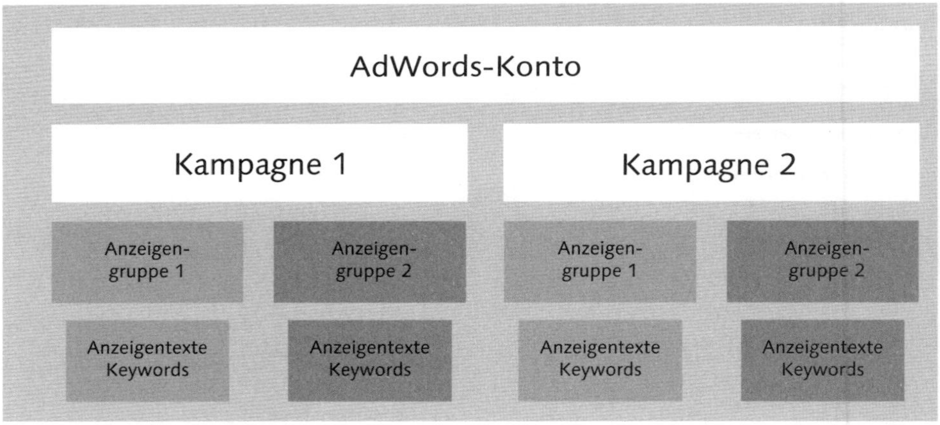

Abbildung 4.2 Die Anatomie eines AdWords-Kontos mit dem hierarchischen Aufbau von Kampagnen und Anzeigengruppen

4.1 Bevor Sie starten

Bevor Sie gleich mit der Erstellung Ihrer ersten Kampagne beginnen, möchten wir mit Ihnen an dieser Stelle noch einmal klären, ob Sie alle erforderlichen Vorbereitungsarbeiten abgeschlossen haben. Sie sollten mit den Inhalten aus den vorhergehenden Kapiteln, in denen wir die Funktionsweise von AdWords erklärt und mit Ihnen Überlegungen zu Strategie und Zielen angestellt haben, grundlegend vertraut sein. Zudem setzen wir voraus, dass Sie sich bereits eine erste Keyword-Liste zurechtgelegt haben, die Sie, basierend auf dem Kapitel zum Thema Keywords und Keyword-Recherche, bearbeiten und strukturieren konnten.

4.1.1 Bereit für AdWords? Die finale Checkliste

Die folgende Checkliste hilft Ihnen, noch einmal zu prüfen, ob Sie auch wirklich startklar sind:

- **Budget**
  Sie müssen sich darüber im Klaren sein, welches Budget Sie für Google AdWords einsetzen möchten. Wir gehen davon aus, dass Sie sich einen klaren Budgetrahmen für einen definierten Zeitraum gesetzt haben. Das ist wichtig, weil Sie gleich zu Beginn des Setup-Prozesses ein maximales Tagesbudget für Ihre Kampagne festlegen müssen.
- **Webseite**
  Sie haben sichergestellt, dass Sie eine einwandfrei funktionierende Webseite besitzen, die für die über AdWords gewonnenen neuen Besucher optimal aufbereitet ist. Von der Ladezeit übers Design bis hin zu den Inhalten muss die Webseite dahingehend optimiert sein, neue Interessenten bestmöglich abzuholen. Funktioniert zum Beispiel ein für die Neukundengewinnung wichtiges Formular nicht, wäre jeder einzelne über AdWords generierte Klick eine Verschwendung.
- **Anzeigenausrichtung**
  Sie haben sich darüber Gedanken gemacht, in welchen Zielregionen und Sprachen Sie Ihre erste Kampagne schalten möchten. Wir empfehlen Ihnen, dass Sie erste Erfahrungen zunächst am Heimatmarkt und in Ihrer Landessprache sammeln – vorausgesetzt natürlich, Branche und Zielsetzung Ihres Unternehmens erlauben es. Ist Ihr Budget begrenzt, denken Sie gleich an eine Einschränkung auf spezielle erfolgversprechende Bundesländer, Regionen oder Städte, bevor Sie eine landesweite Kampagne schalten.
- **Angebot**
  Sie wissen, welche Angebote, Produkte und Dienstleistungen Sie bewerben möchten. Das ist gleich für zwei Bereiche wichtig: Einerseits können Sie so gezieltere Anzeigentexte verfassen, andererseits wissen Sie gleich, welche der Anzeigen Sie mit welcher Zielseite auf Ihrer Webseite verknüpfen müssen. Sie werden später noch erfahren, warum es durchaus sinnvoll und empfohlen ist, nicht alle Anzeigen ausschließlich auf die Homepage Ihrer Unternehmenswebseite zu lenken.
- **Zielsetzung**
  Sie haben für Ihre Kampagne eine konkrete Zielsetzung festgelegt. Möchten Sie qualifizierte Besucher generieren, Anfragen oder Anmeldungen über Online-

Formulare erhalten oder Produkte in einem Online-Shop verkaufen? Gehen Sie bereits im Anzeigentext darauf ein, welche Tätigkeit der Interessent auf Ihrer Webseite durchführen soll und verweisen Sie diesen auf inhaltlich abgestimmte Unterseiten.

- **Anzeigentexte**
  Sie haben sich wichtige Textpassagen und Kernaussagen oder sogar konkrete Preise und Angebotsdetails zurechtgelegt, die Sie unbedingt in Ihren Anzeigen darstellen möchten. Wie Sie wissen, bieten die Textanzeigen von AdWords sehr wenig Platz für Ausschmückungen und lange Formulierungen. Je besser Sie diesbezüglich vorbereitet sind, umso leichter wird Ihnen die Eingabe der Anzeigentexte bei der Kampagnenerstellung fallen. Vergessen Sie nicht darauf, einen USP wie beispielsweise »Kostenloser Versand« und eine passende Call-to-Action wie »Jetzt bestellen!« in Ihre Texte zu integrieren. Erfahrungsgemäß werden zu »brave« oder ohne klare Handlungsaufforderung formulierte Anzeigentexte weniger gut geklickt.
- **Suchbegriffe**
  Sie haben sich, basierend auf den zu bewerbenden Produkten oder Dienstleistungen, bereits passende Suchbegriffe und Keyword-Listen zurechtgelegt, für die Sie Ihre ersten AdWords-Anzeigen schalten möchten. In Kapitel 3, »Keywords«, haben Sie Tools und Prozesse zur umfangreichen Recherche Ihrer Keywords kennengelernt.

4.1.2 Namenskonventionen

Wir möchten noch ein weiteres wichtiges Thema ansprechen, bevor Sie aktiv werden. Legen Sie sich – beginnend bei der ersten Kampagne – eine nachhaltige, aussagekräftige und allgemein verständliche Namenskonvention zurecht und sorgen Sie dafür, dass diese im gesamten AdWords-Konto eingehalten wird. Auf diese Weise stellen Sie sicher, dass Sie einerseits die Namen von Kampagnen und Anzeigengruppen nachträglich nicht mehr ändern müssen. Denn dies hätte in einigen Fällen sogar negative Auswirkungen auf Analyse- und Optimierungsprozesse, und diese wollen wir selbstverständlich vermeiden. Andererseits können bei einer »sprechenden« Namenskonvention auch andere Personen schnell einen Einblick gewinnen, wie die Konto- und Kampagnenstruktur in Ihrem Konto aufgebaut ist. Sie können sich nicht vorstellen, mit welchen kuriosen Konto-, Kampagnen- und Anzeigengruppenbezeichnungen wir im Laufe der Jahre im Zuge unserer AdWords-Beratungs- und Betreuungsprojekte bereits konfrontiert wurden. *Kampagne 1* ist dabei der »Klassiker«, weil es sich hier um den von AdWords automatisch vorgeschlagenen Kampagnennamen handelt, bei dem sich leider viele unerfahrene Anwender gar nicht die Mühe machen, diesen zu ändern. Wir möchten, dass Sie solche Bezeichnungen so früh wie möglich vermeiden. Dem Vorteil, den Sie und andere Personen später haben werden, stehen nur wenige Minuten Aufwand gegenüber, die Sie der Benennung Ihrer Kampagnen widmen. Unabhängig davon, ob Sie wenige manuell betreute oder eine Vielzahl an automatisierten Kampagnen benennen müssen, halten Sie sich stets an eine solide und aussagekräftige Namenskonvention.

Es gibt hierfür keine allgemeine »Regel« oder feste Standards. Erfahrungsgemäß ist es jedoch zielführend, wenn Sie versuchen, die wichtigsten Informationen wie das ausgewählte Werbenetzwerk, die geografische Ausrichtung bzw. Sprache, sowie die Kampagnenstrategie und idealerweise auch die Art der Werbemittel im Namen unterzubringen. Auch Hinweise auf die betreffende Saison oder Jahreszahlen sind »erlaubt«, wenn Ihre beworbenen Produkte und Dienstleistungen dies erfordern. So wird man beispielsweise bei unterschiedlichen Kampagnen für eine Urlaubsdestination diese je nach Jahreszeit oder Ferienperiode bzw. je nach Saison mit einem passenden Namen benennen, um die laufende Analyse und Optimierung durch unterschiedliche Verantwortliche so einfach wie möglich zu gestalten.

Beispiele für Kampagnennamen:

- Google-Suchnetzwerk-AT_Generisch
- SEA_AT_Generic
- Google-Displaynetzwerk-DE_Brand
- GDN_DE_Brand
- Google-Displaynetzwerk-EN_Banner
- GDN_EN_Banner
- YouTube-Imagekampagne-DE_2013

Beispiele für nicht empfohlene Kampagnennamen:

- AdWords
- Neue Kampagne 1
- XF3_379_OPT
- »Test«, »Diverse« oder »Sonstige«

Nachdem wir Sie nun auch mit einer der wohl wichtigsten Eigenschaften einer AdWords-Kampagne – nämlich deren eindeutigem und aussagekräftigem Namen – konfrontiert haben, sind Sie endgültig bereit dafür, mit der Erstellung Ihrer ersten AdWords-Kampagne zu beginnen.

Kontolimits in AdWords

Selbst wenn die meisten Leser in dieser frühen Phase wohl noch keine Probleme damit haben sollten, an die Grenzen der erlaubten Konto- und Kampagnenlimits zu stoßen, ist diese Information für die künftige Planung Ihrer Maßnahmen nicht unwichtig: Seit 2012 gelten erweiterte und für den Großteil der AdWords-Kunden wohl langfristig ausreichende Beschränkungen. Ein Konto kann in Summe 10.000 Kampagnen beinhalten, wobei es keine Rolle spielt, ob diese aktiv sind oder gerade pausieren. Je Kampagne sind dann bis zu 20.000 Anzeigengruppen erlaubt, die jeweils weitere 20.000 einzelne Keywords oder andere für das Displaynetzwerk relevante Ausrichtungselemente (z. B. Placements oder Zielgruppen) enthalten können. Je Anzeigengruppe sind zudem bis zu 300 Anzeigen möglich. Die Kontolimits belaufen sich in Summe auf maximal 4 Millionen aktive oder pausierende Anzeigen und 5 Millionen Ausrichtungselemente (Keywords, Placements etc.). Rufen Sie das folgende Dokument der AdWords-Hilfe auf, um eine vollständige Liste der aktuell gültigen AdWords-Kontolimits zu erhalten: *https://support.google.com/adwords/answer/1704396?hl=de*.

4.2 Grundlegende Einstellungen

Nachdem die theoretische Erklärung der Funktion von AdWords schon wieder einige Kapitel und Seiten zurückliegt und wir davon ausgehen müssen, dass einige von Ihnen auch als »Quereinsteiger« diesen Abschnitt lesen werden, halten wir es für wichtig, den grundsätzlichen Ablauf einer Google-Suche noch einmal kurz zusammenfassen. Ein Nutzer mit Informationsbedarf oder einer konkreten Kaufabsicht ruft zum Beispiel die Seite *www.google.de* auf und gibt dort seine Suchanfrage ein. Daraufhin erscheint die Suchergebnisseite, deren Einträge am oberen sowie rechten Seitenbereich aus mehreren zum Suchbegriff passenden und (mehr oder weniger deutlich – mehr dazu im nächsten Kasten) gekennzeichneten bezahlten Textanzeigen bestehen. Bei Interesse an einer der auf diese Weise beworbenen Webseiten wird der Nutzer auf eine dieser Anzeigen klicken.

Im Beispiel aus Abbildung 4.3 haben Sie als Interessent durch die Eingabe der Suchphrase *iphone 6 kaufen* Ihr klares Interesse am Kauf eines brandneuen Apple iPhone bekundet. Diese Eingabe löst nun über AdWords die Anzeigenschaltung mehrerer Anbieter aus, darunter finden sich Telekom-Unternehmen, Preisvergleichsseiten aber auch Apple selbst. Da Sie das Angebot des Anbieters Vodafone aufgrund des konkreten Angebotes in Kombination mit dem versprochenen Rabatt am meisten angesprochen hat, haben Sie sich für einen Klick auf diese Anzeige entschieden. Dieser führt Sie nun zur Zielseite (Landing-Page) der Kampagne, auf der Sie sofort alle Informationen zum gewünschten Gerät und Tarif finden können, um Ihre Kaufentscheidung zu treffen und eine Online-Bestellung im Bestfall sofort abzuschließen.

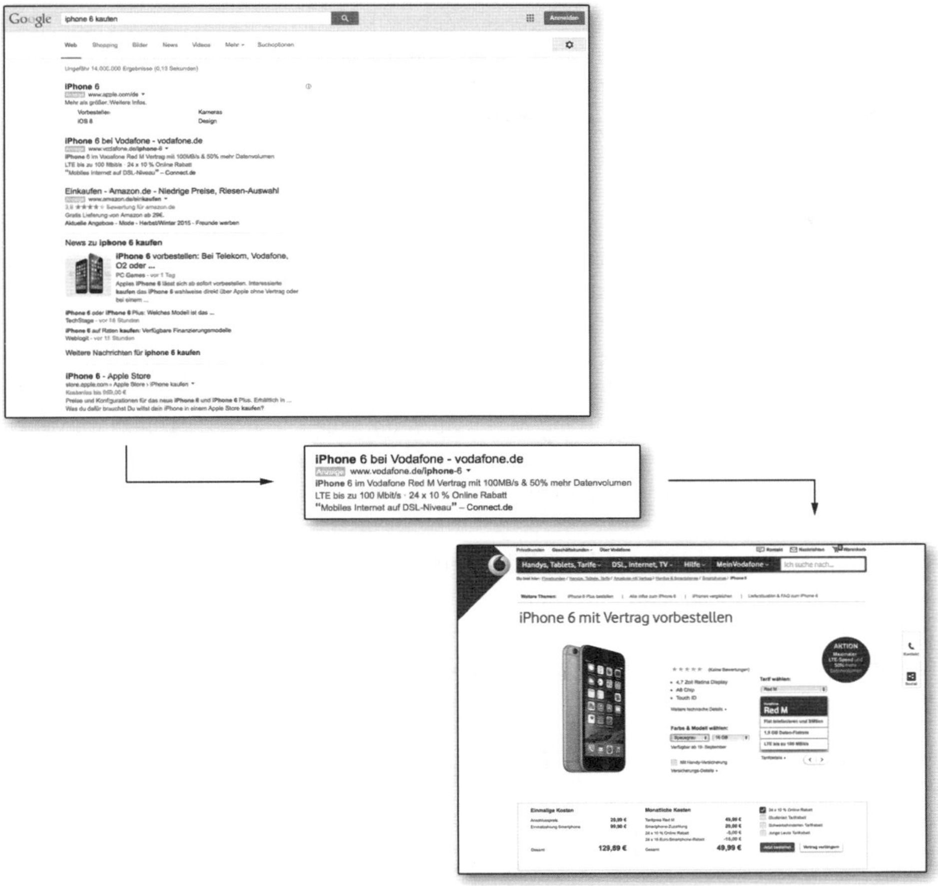

Abbildung 4.3 »Suchen, Klicken, Kaufen« – einfach für den Google-Nutzer, anspruchsvoll für Sie als AdWords-Werbetreibenden

Die Kennzeichnung von AdWords-Anzeigen: ein ewiges Experiment

Über die Art und Weise, wie deutlich Google die Unterscheidung der bezahlten von den organischen Suchergebnissen kennzeichnet, wird nicht nur viel diskutiert sondern auch permanent experimentiert. Während man bei Endanwendern oft mit landläufigen und gleichzeitig widersprüchlichen Aussagen von »Ich habe noch nie auf eine Anzeige geklickt!« – woher hätte Google dann wohl seine milliardenhohen und noch immer wachsenden Quartalserfolge? – bis »Sind nicht alle Suchergebnisse bezahlt?« – Ähem ... Nein! – konfrontiert wird, beschäftigt sich der Suchmaschinenriese selbst hochwissenschaftlich mit diesem Thema. Auch Branchenexperten setzen sich damit auseinander, ob und wenn ja, welche Vorteile für alle Beteiligten durch die permanente Optimierung der Anzeigenkennzeichnung entstehen.

Eine interessante Erkenntnis hat der Branchenblog SearchEngineLand im Zuge der im März 2014 von Google ausgerollten gelb hinterlegten »Anzeige«-Tags gewonnen: *http://searchengineland.com/new-google-ad-format-fooled-users-3-months-199818*. Diese sind nämlich im englischen Sprachraum, wo das kurze Wort »Ad« verwendet wird, noch einmal deutlich kleiner als bei uns und lassen somit jede Menge Spielraum für Spekulationen darüber, ob Google nicht etwa – zum eigenen Vorteil der Klick- und Umsatzmaximierung – die Anzeigenkennzeichnung so gut wie möglich in den Hintergrund rücken möchte. Der oben genannte Artikel beschäftigt sich mit Hilfe von Testszenarien umfassend mit dieser Änderung und kommt zum Ergebnis, dass selbst so gravierende Änderungen – auf die zuvor verwendete auffällige gelbe Hinterlegung der Top-3-Anzeigen wurde seitens Google schließlich komplett verzichtet – wohl nur eine kurzfristige Auswirkung auf das Klickverhalten der Suchmaschinennutzer haben. Somit »beweist« SearchEngineLand, wenn auch entgegen so mancher persönlichen Erfahrung, dass diese sehr wohl und unabhängig von der aktuellen Kennzeichnung in der Lage sind, bezahlte von organischen Suchergebnissen zu unterscheiden.

So einfach es sich aus Anwendersicht darstellt, haben Sie auf der anderen Seite als AdWords-Werbekunde einiges zu berücksichtigen, bis Ihre Kampagne online ist. Wir wissen, dass Sie nun schon darauf brennen werden, endlich Ihre eigenen Anzeigen bei Google zu schalten. Fahren Sie fort, indem Sie zur AdWords-Benutzeroberfläche zurückkehren.

Abbildung 4.4 Bei der Erstellung Ihrer ersten Kampagne müssen Sie vor der Auswahl von Keywords und Anzeigentexten diese fünf wichtigen Einstellungen treffen.

Dieser Abschnitt behandelt den gängigsten Anwendungsfall für AdWords: eine Kampagne, die nur im Suchnetzwerk von Google geschaltet wird und ausschließlich Textanzeigen enthält. Klicken Sie auf dem Tab KAMPAGNEN im linken oberen Bereich auf den Button ERSTE KAMPAGNE ERSTELLEN. Wählen Sie zuerst den Typ NUR SUCHNETZWERK und vergeben Sie dann einen Namen für Ihre Kampagne. Wie in Abbildung 4.5 ersichtlich, belassen Sie die Einstellung rechts neben dem Kampagnentyp zunächst auf STANDARD. Wir stellen Ihnen zum besseren Verständnis die unterschiedlichen Kampagnentypen kurz vor.

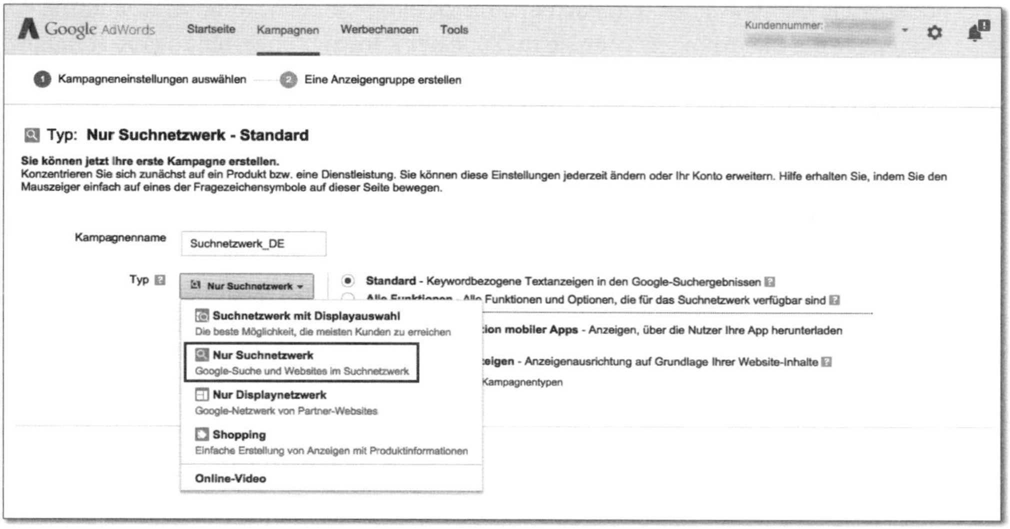

Abbildung 4.5 Ihre erste Kampagne soll nur im Suchnetzwerk von Google erscheinen und beinhaltet zunächst ausschließlich Standardfunktionen.

4.2.1 Kampagnentypen

Die Auswahl des Kampagnentyps ist eine der ersten Entscheidungen, die Sie bei der Kampagnenerstellung treffen müssen. Abhängig davon stehen Ihnen in weiterer Folge unterschiedliche Optionen und Einstellungsmöglichkeiten zur Verfügung. Sie müssen sich hier grundlegend entscheiden, ob Sie eine Kampagne für das SUCH- und/oder das DISPLAYNETZWERK schalten möchten. In der obenstehenden Abbildung stehen auch noch die Kampagnenvarianten SUCHNETZWERK MIT DISPLAYAUSWAHL, SHOPPING und ONLINE-VIDEO zur Auswahl. Weitere Informationen zu Shopping- und Videokampagnen finden Sie in Kapitel 8, »Spezielle AdWords-Werbestrategien«.

Nur Suchnetzwerk

Die Schaltung der Anzeigen im Suchnetzwerk erfolgt zunächst auf den offensichtlichsten Webseiten, nämlich allen in Frage kommenden Google-Suchergebnisseiten. Abhängig von der geografischen Ausrichtung Ihrer Kampagnen werden die Anzeigen im Suchnetzwerk auf den unterschiedlichen Google-Seiten wie beispielsweise *www.google.de*, *www.google.at*, *www.google.ch* oder der internationalen Version *www.google.com* geschaltet. Über die Partnerseiten im Suchnetzwerk können Sie allerdings noch einige weitere Suchmaschinen und Dienste mit Ihren Anzeigen erreichen. Google Shopping, Google Maps, Google Bilder und Google Groups sind hier ebenso mit dabei wie weitere Unternehmen und Portale, die eine Partnerschaft mit Google betreiben. In Deutschland zählen zum Beispiel die Webseiten *www.AOL.de*

oder *www.T-Online.de* zu den Partnern für Googles Suchnetzwerk. In Abbildung 4.6 sehen Sie die Checkbox, mit der Sie im Zuge der Kampagnenerstellung die standardmäßig aktivierten Partnerseiten im Suchnetzwerk deaktivieren können.

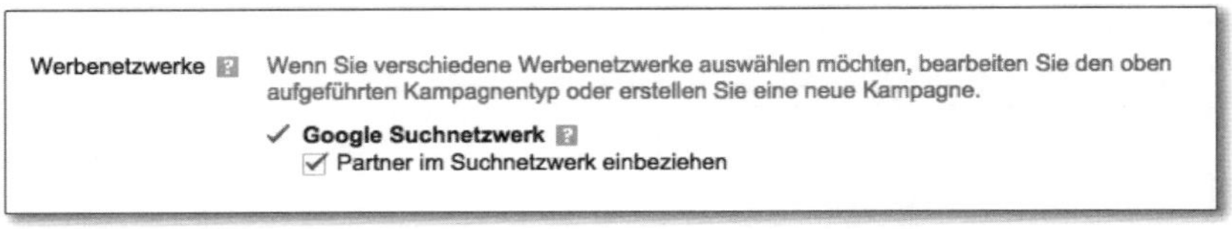

Abbildung 4.6 Weitere Partnerseiten im Suchnetzwerk für die Schaltung der Anzeigen aktivieren bzw. deaktivieren

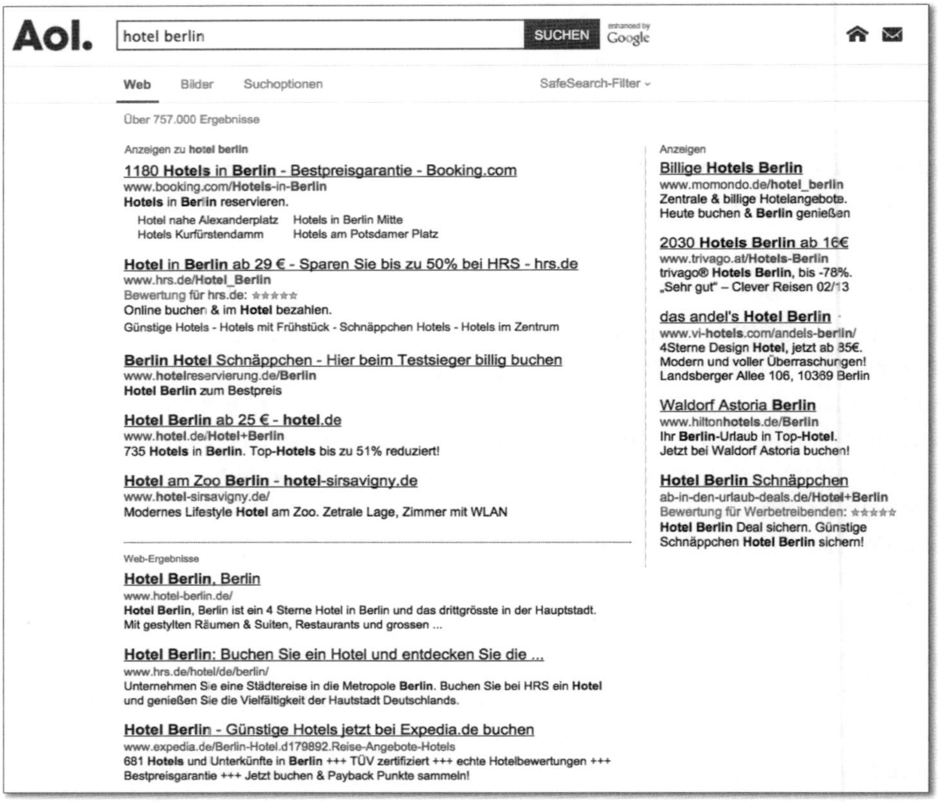

Abbildung 4.7 AOL-Portal als Beispiel für einen Partner im Suchnetzwerk

Leider können Sie das Suchnetzwerk nur komplett ein- oder ausschalten. Eine Unterscheidung zwischen Google-eigenen Diensten wie Maps und externen Partnerseiten wie AOL oder T-Online ist nicht möglich. Die Partnerseiten im Suchnetzwerk sind einerseits eine gute Möglichkeit, die Kampagnenreichweite ohne großen Aufwand einfach zu vergrößern. Unsere Erfahrungen zeigen jedoch andererseits, dass es sowohl bei kleinen Budgets als auch anspruchsvollen Conversion-Zielen empfehlenswert sein kann, Ihre Werbemaßnahmen rein auf die Google-Suche zu beschränken und die Partnerseiten nicht mit einzubeziehen. Denn über gezielte Auswertungen lässt sich oft herausfinden, dass die Werbepartner hinsichtlich Klick- und Conversion-Raten nicht mit der Anzeigenleistung der Google-Suchmaschine mithalten können. Deaktivieren Sie also die Schaltung bei den Partnern im Suchnetzwerk über die dafür vorgesehene Checkbox, sollten Sie Ihr Budget für eine bestmögliche Leistung und Kontrolle ausschließlich auf den Suchmaschinenseiten von Google einsetzen wollen. Möchten Sie noch mehr Details zu den Partnern im Suchnetzwerk erfahren, informieren Sie sich bitte in diesem Hilfe-Artikel: *https://support.google.com/adwords/answer/2616017?ctx=tltp*.

Nur Displaynetzwerk

Sie haben in den vorhergehenden Kapiteln bereits einiges über das Google Displaynetzwerk gelesen und kennen dessen Eigenschaften, um damit in über Millionen von Webseiten, Videos und Mobile-Apps AdWords-Anzeigen schalten zu können. Möchten Sie kontextabhängige Anzeigen – wie im Beispiel in Abbildung 4.8 noch einmal zu Auffrischungszwecken dargestellt – schalten, wählen Sie diese Variante aus. Bei der Kampagne, die wir gemeinsam in diesem Kapitel erstellen, bleibt das Displaynetzwerk deaktiviert.

Zuletzt aktualisiert: 04.02.2011 um 08:37 Uhr 1 Kommentar

Die ersten Pollenkörner sind im Anflug

Mit den steigenden Temperaturen am Wochenende beginnt in Kärnten und der Steiermark auch die Pollensaison. Vor allem der Pollenflug der Hasel könnte heuer stark ausfallen.

Foto © Fotolia

Für den Samstag und den Sonntag prognostizieren die Wetterexperten sonniges und mildes Wetter. "Am Wochenende sind im Flachland Temperaturen von 15 Grad zu erwarten", erklärt UBIMET-Meteorologe Stefan Eisenbach. "Somit werden bald Pollen der Haselnuss bei Allergikern für Probleme sorgen", so Eisenbach weiter.

Google-Anzeigen

Allergie Globuli
Homöopathie in der Allergie-Zeit 100Jahre Erfahrung in d Homöopathie
HortusMed.de/Allergie/Hofapotheke

Abbildung 4.8 Ein Beispiel für die kontextabhängige Anzeigenschaltung im Google Displaynetzwerk (Quelle: www.kleinezeitung.at)

Suchnetzwerk mit Displayauswahl

Google schlägt die Variante, beide Netzwerke mit einer einzigen Kampagne zu bedienen, standardmäßig als »die beste Möglichkeit« vor, um eine größtmögliche Reichweite zu erzielen. Wir empfehlen Ihnen jedoch unbedingt, im Fall einer geplanten Reichweitenmaximierung jeweils separate Kampagnen zu erstellen und nicht auf Googles automatischen Vorschlag einzugehen. Warum sollten Sie so vorgehen? Nun, die Charakteristika dieser beiden Netzwerke führen dazu, dass Sie von der Kampagnenausrichtung über die Zielgruppenansprache in den Anzeigentexten bis hin zu Leistungsdaten und Optimierungsmaßnahmen auf große Unterschiede stoßen werden. Gehen Sie auf diese in jeweils separaten Kampagnen für das Such- und das Displaynetzwerk ein. Darüber hinaus können Sie damit auch das Budget besser aussteuern. Blicken wir beispielsweise auf den Aufmerksamkeitszustand des Nutzers: Bei einer Google-Suche ist dieser in einem aktiven Zustand und definiert sein klares Bedürfnis durch die Eingabe eines Suchbegriffes oder einer längeren Suchphrase. Im Displaynetzwerk lesen Nutzer Nachrichten- und Blog-Artikel oder Foreneinträge zu relevanten Themen und sehen Ihre Anzeigen jeweils im Kontext dazu. Aus diesem Grund unterscheiden sich unter anderem Klickraten, Klickpreise und tägliche Reichweite (potenzielle Impressionen) zwischen Such- und Displaynetzwerk dramatisch. Berücksichtigen Sie dies unbedingt durch die Erstellung jeweils separater Kampagnen. Sie werden im späteren Verlauf noch herausfinden, warum die strikte Kampagnentrennung eine wichtige Rolle spielt – und weswegen die Kampagnenvariante »Suchnetzwerk mit Displayauswahl« für Sie nicht die beste Möglichkeit ist und Sie damit weder die meisten noch die richtigen Kunden effizient erreichen.

Shopping

Diese Kampagnenvariante ermöglicht Ihnen die einfache Erstellung von Anzeigen mit Produktinformationen. Diese unterscheiden sich von klassischen AdWords-Anzeigen nicht nur durch die Darstellung in einem separaten Bereich auf der Suchergebnisseite, sondern auch in der Art, wie sie aufgesetzt werden.

Online-Video

Die Erstellung einer Kampagne vom Typ Online-Video zählt zu einer fortgeschrittenen Möglichkeit bei der Nutzung von AdWords.

4.2.2 Geräte

Wenn Sie Ihre AdWords-Kampagnen planen, müssen Sie dabei nicht nur auf verschiedene Werbenetzwerke eingehen, sondern auch die unterschiedlichen Geräte berücksichtigen, mit denen sich Nutzer im Internet bewegen. Denn es spielt eine nicht unbedeutende Rolle für Ihre Kampagnen, ob Ihre potenziellen Interessenten zu Hause oder im Büro vor einem stationären Computer sitzen oder von unterwegs über ein Smartphone ins Internet einsteigen. Unter anderem müssen Sie sich im Rahmen der Kampagnenplanung über gerätespezifische Bildschirmgrößen, Eingabemethoden und Werbeformate im Klaren sein. Google unterscheidet dabei folgende Geräteklassen:

- Desktop-Computer und Laptops
- Tablets (z. B. Apple iPad, Samsung Galaxy Tab)
- Smartphones (z. B. Apple iPhone, Samsung Galaxy S5)

Im Zuge der Kampagnenerstellung erfolgt die Geräteauswahl nicht dadurch, einzelne Typen einfach ein- oder auszuschalten. Seit Googles Umstellung auf so genannte *Erweiterten Kampagnen* zur Jahresmitte 2013 erscheinen Ihre Anzeigen standardmäßig auf allen Geräten. Lesen Sie im folgenden Kasten weitere Details zu dieser vergleichsweise großen strategischen Änderung im AdWords-Programm.

Abbildung 4.9 Bei der Kampagnenerstellung sind automatisch alle Geräte aktiviert.

Erweiterte Kampagnen mit Google AdWords

Vermissen Sie etwa die Möglichkeit, die Geräteausrichtung Ihrer neuen Kampagne zu ändern? Sie sehen richtig, denn im Juni 2013 gab es mit der Umstellung auf so genannte *Erweiterte Kampagnen* eine der seit langem größten Änderungen im AdWords-Programm. Wir weisen an dieser Stelle unter anderem darauf hin, um auch jene Leser mit bereits länger zurückliegender AdWords-Erfahrung mit der neuen Situation vertraut zu machen. Was sind die wichtigsten Unterschiede zu den bis dahin gewohnten Kampagnen? Augenscheinlich sind zunächst die geänderten und damit auch beim initialen Erstellungsprozess fehlenden Geräteeinstellungen. Während Sie bis zur verpflichtenden Umstellung im Juni 2013 die freie Wahl über die Gerätetypen Ihrer Zielgruppe hatten, werden *Erweiterte Kampagnen* automatisch auf alle Geräte ausgerichtet. Sie können unter anderem nicht mehr zwischen Interessenten mit Desktop- oder Tablet-Computern wählen. Google begründet dies damit, dass diese beiden Zielgruppen ein ähnliches Verhalten bei AdWords-Anzeigen aufweisen. Smartphones sind darüber hinaus ebenfalls automatisch in der Kampagne aktiviert, hier trägt Google der Tatsache der permanent wachsenden Nutzung dieser Gerätekategorie Rechnung.

Mit *Erweiterten Kampagnen* will Google es seinen Werbekunden auch ermöglichen, aus einer zentralen Kampagne auf unterschiedliche Nutzerkontexte einzugehen. Während zuvor mehrere separate Kampagnen nötig waren, um beispielsweise Nutzer von stationären Desktop-Computern und mobil genutzten Smartphones im jeweils richtigen Kontext anzusprechen, können Standort, Tageszeit und Gerät des Interessenten nun aus einer einzigen *Erweiterten Kampagne* berücksichtigt werden.

Auch neue technische Möglichkeiten zur Erfolgsmessung stehen nun bereit. Möchten Sie etwa Telefonanrufe, App-Downloads oder Offline-Aktionen (zum Beispiel einen Produktkauf in einem Ladengeschäft) messen, ist auch das mit den neuen Funktionen und optimierten Erfolgsberichten von *Erweiterten Kampagnen* möglich.

Google stellt unter der URL *http://adwords-de.blogspot.co.at/20113/02/neu-bei-adwords-erweiterte-kampagnen.html* weitere Informationen zu *Erweiterten Kampagnen* bereit. Wenn Ihre letzte AdWords-Erfahrung mehrere Monate oder sogar Jahre zurück liegt, empfehlen wir Ihnen, einen Blick darauf zu werfen, um sich so schnell und einfach auf den neuesten Stand zu bringen. Für jene Leser, die sich AdWords-Wissen mit Hilfe dieses Buches erstmals aneignen, werden hingegen Leistungsumfang und Besonderheiten der *Erweiterten Kampagnen* gleich von Beginn an »normal« sein.

Wir möchten Ihnen an dieser Stelle die Definition der Gerätetypen aus AdWords-Sicht noch einmal kurz näherbringen. Leider gab es hier in der Vergangenheit auch Google-intern unterschiedliche parallele Ansätze. Zum Beispiel werden Tablet-Computer in einigen Google Analytics-Berichten nach wie vor als »mobiles« Gerät behandelt, während sie sich in AdWords neuerdings mit Desktop-Computern gemeinsam in einer Geräteklasse wiederfinden.

Desktop-Computer und Laptops

Bei Desktop-Computern und Laptops handelt es sich nach wie vor um die Geräteklasse mit der potenziell größten Reichweite. Dass dieser Vorsprung stationärer Computer offenbar nicht mehr von langer Dauer sein wird, zeigt eine Studie des führenden IT-Consulters *ComScore,* die bereits für das Jahr 2014 die Ablösung der Desktop-PCs und Laptops durch das Mobiltelefon als populärstes Gerät zum Einstieg ins Internet feststellte: *http://www.businessinsider.com/mobile-will-eclipse-desktop-by-2014-2012-6.*

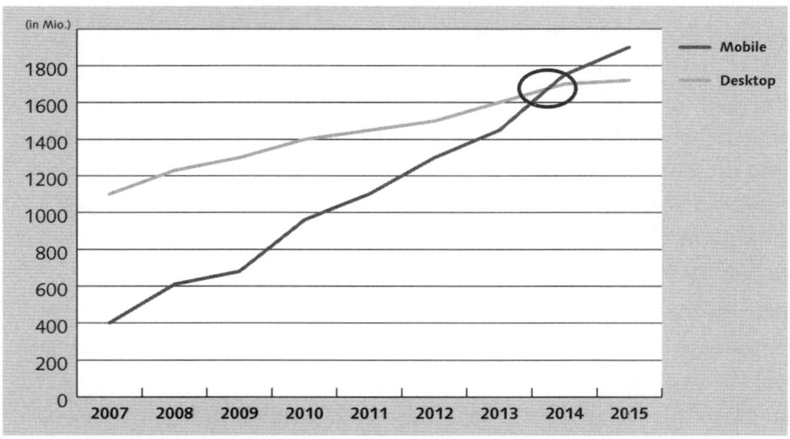

Abbildung 4.10 Die Zugriffe über Mobilgeräte haben jene von Desktop-Computern praktisch eingeholt (Quelle: comScore/Morgan Stanley Research).

Wenn Sie Nutzer dieser Gerätegruppe mit Ihren AdWords-Anzeigen ansprechen, können Sie davon ausgehen, dass diese einen normal großen Bildschirm und eine herkömmliche Tastatur nutzen, um mit Ihrer Webseite zu interagieren und im besten Fall eine Conversion oder Online-Transaktion abzuschließen. Ebenfalls können Sie in dieser Geräteklasse davon ausgehen, dass in Flash programmierte Inhalte wie Banneranzeigen oder interaktive Website-Inhalte problemlos dargestellt werden können. Auf Apples Mobilgeräten, die das iOS-Betriebssystem nutzen, ist beispielsweise die Flash-Technologie nicht verfügbar. Diese technischen Einschränkungen müssen Sie sowohl im Zuge der Kampagnenerstellung als auch bei der Webseitenprogrammierung zusätzlich berücksichtigen.

Sorry, no Flash!

Computerpionier und Apple-Gründer Steve Jobs konnte die Fachwelt bei der Vorstellung von neuen Produkten schon mehrfach mit unkonventionellen Entscheidungen überraschen. So war zum Beispiel der im Jahr 1998 von Jobs höchstpersönlich vorgestellte iMac der erste Computer ohne Diskettenlaufwerk. Im Gegenzug wurde auf die damals noch neue, heute jedoch weit verbreitete USB-Schnittstellentechnologie gesetzt. Einen ähnlichen Weg ging der kalifornische Technologiegigant bei der Markteinführung des iPhones und dem mobilen Betriebssystem Namens *iOS*. Vor allem um die Rechenleistung der neuen Apple-Smartphones zu optimieren und gleichzeitig wertvolle Akkulaufzeit zu sparen, fiel die Entscheidung, dass der in iOS enthaltene *Safari*-Browser die bis dahin sehr beliebte Flash-Technologie der Firma Adobe nicht unterstützt. Steve Jobs hatte im April 2010 sogar einen offenen Brief verfasst, um die Entscheidung Apples ausführlich zu argumentieren: *http://www.apple.com/hotnews/thoughts-on-flash*. Flash wurde zur Zeit der Ankündigung auf einer Vielzahl von Webseiten verwendet, um diese mit interaktiven und animierten visuellen Effekten anzureichern. Einige Webseiten waren sogar zur Gänze in dieser Technologie programmiert, was zur Folge hatte, dass bei deren Aufruf die Bildschirme auf iOS-Geräten leer blieben. Webmaster und Programmierer mussten umdenken, reduzierten Flash-Elemente auf Ihren Webseiten und setzten zunehmend auf neue Technologien wie *HTML5*. Für Ihre AdWords-Anzeigen, die auch auf iOS-Geräten erscheinen, ist dies kein unwichtiger Aspekt. Prüfen Sie daher, dass Sie wichtige Webseitenelemente nicht ausschließlich in der Flash-Technologie zur Verfügung stellen und setzen Sie auf moderne Alternativen im Responsive Webdesign, um die korrekte Darstellung der Webseiteninhalte auf allen Geräten und Betriebssystemen bestmöglich zu gewährleisten. Es wäre unwirtschaftlich, wenn Sie über bezahlte AdWords-Anzeigen Besucher auf Ihre Webseite aufmerksam lenken, die aufgrund technologischer Barrieren für einen Teil der Nutzer nicht oder nur teilweise funktioniert.

Tablet-Computer

Der wohl bekannteste Tablet-Computer, der mit seiner Vorstellung am 27. Januar 2010 die erfolgreiche Ära einer bis zu diesem Zeitpunkt unbedeutenden Geräteklasse einläutete, ist das *iPad* der Firma Apple. Während anfangs in der Fachwelt noch über den Verwendungszweck eines »iPhones der doppelten Größe« diskutiert wurde, sind Tablet-Computer heute omnipräsent: In Firmen, Bildungseinrichtungen und vielen Privathaushalten finden sich die praktischen Geräte, um zu präsentieren, zu lernen, zu spielen oder einfach noch einmal entspannt die letzten Urlaubsfotos zu betrachten. Auch das Surfen im Internet und somit die Verwendung der Google-Suche fällt Ihnen mit iPad & Co. sehr leicht, egal ob im Internet-Café oder zu Hause auf der Couch. Nach einer viele Monate andauernden »Schrecksekunde« versuchten sich zunehmend auch andere Hersteller am Tablet-Markt, hatten es aber zunächst schwer, an das von Beginn an sehr ausgereifte Bedienkonzept des iPad heranzukommen. Heute ist der technologische Abstand nahezu egalisiert und es haben sich zum Beispiel Samsung mit seiner *Galaxy Tab*-Serie, Amazon mit dem *Kindle Fire* sowie die Firmen Asus (Hersteller des *Nexus 7*) und auch Microsoft mit dem *Surface* aufgemacht, sich am Markt zu etablieren. Im Jahr 2013 wurden 195,5 Millionen Tablet-Geräte verkauft.[1] Damit ist unbestritten, dass der von Tablet-Nutzern generierte Traffic auch von Google und dem AdWords-Programm nicht mehr länger ignoriert werden kann und somit auch in Ihrer Werbestrategie berücksichtigt werden muss. Während Sie vor der Umstellung auf Erweiterte Kampagnen mit AdWords separate Tablet-Kampagnen schalten konnten, werden Tablet-Nutzer nun »in einen Topf« mit Desktop-Computern und Laptops geworfen. Auch wenn nach wie vor Tablet-Leistungsdaten eigens ausgewiesen werden, können Budgets und Gebote – für viele praktische Anwendungsfälle durchaus »leider« – nicht mehr getrennt gesteuert werden.

Mobiltelefone und Smartphones

Alle Smartphones mit einem »vollwertigen Internetbrowser« werden in AdWords als Mobiltelefon bzw. Mobilgerät definiert (Details dazu finden Sie im folgenden Kasten). Auch für die Entstehung dieser Geräteklasse war das kalifornische Unternehmen Apple mit der Einführung seines *iPhone* im Jahr 2007 maßgeblich verantwortlich. Nutzungsstatistiken vieler Webseiten zeigen, dass Smartphones zunehmend nicht nur für mehr Besucher sorgen, sondern dass auf diesen Mobilgeräten auch Conversions wie Formularanfragen oder Einkäufe getätigt werden. Umso wichtiger ist es, diese Geräteklasse unbedingt in Ihrer AdWords-Strategie zu berücksichtigen. Aufgrund der raschen Marktveränderung ist es praktisch unmöglich, eine aktuelle Liste der kompatiblen Geräte zu führen. Google nennt jedoch ein paar Beispiele gängiger Geräte, die schon länger die genannten Anforderungen erfüllen. Die folgende kompakte Liste sollte Ihnen bei der Kategorisierung dieses Gerätetyps helfen:

---

1 Quelle: Die Welt, »Android-Rivalen stoßen Apples iPad vom Thron«, *http://www.welt.de/wirtschaft/webwelt/article125368001/Android-Rivalen-stossen-Apples-iPad-vom-Thron.html* (abgerufen am 16. Januar 2015).

- Safari auf Apple iPhone und iPod Touch
- Google Chrome unter iOS
- Android (systemeigener Browser)
- Palm webOS (systemeigener Browser)
- Blackberry (systemeigener Browser)
- Windows Phone (systemeigener Browser)

Was ist ein »vollwertiger Internetbrowser«?

Es gibt eine praktisch unüberschaubare Zahl an Mobiltelefon-Modellen, die Ihnen Zugang zu Internetdiensten ermöglichen. Nicht alle erfüllen dabei Googles Definition, um als »vollwertiger Internetbrowser« zu gelten. Hierbei muss es sich nämlich um einen Browser handeln, der »zur Anzeige standardmäßiger HTML-Webseiten geeignet ist, mit dem der Einkauf durch einen Kunden von Anfang bis Ende abgewickelt werden kann und der Tracking- bzw. Google Analytics-Funktionen auf E-Commerce-Seiten unterstützt«. Sie können davon ausgehen, dass der Großteil der heute als »Smartphone« am Markt angebotenen Handymodelle diese Anforderungen erfüllt. Greifen Sie zu den bekanntesten Anbietern und wählen etwa ein Android-, iOS- oder Blackberry-System, halten Sie in jedem Fall ein den AdWords-Konventionen entsprechendes Mobilgerät in Händen, auf dem Sie sehr wahrscheinlich auch AdWords-Anzeigen eingeblendet bekommen.

Blicken wir nun auf die nächste Einstellungsmöglichkeit, um mit der Zielgruppenauswahl für Ihre Kampagne fortzufahren.

4.2.3 Standorte

AdWords zeichnet sich durch die sehr präzise Ausrichtungsmöglichkeit seiner Kampagnen auf Standorte und Sprachen aus und hebt sich mit dieser Eigenschaft von vielen Mitbewerbern im Online-Werbegeschäft ab. Auf diese Weise können auch Werbekunden mit Klein- bzw. Kleinstbudgets sicherstellen, nur die richtigen weil im wahrsten Sinne des Wortes »naheliegendsten« Nutzer zu erreichen. Gleichzeitig bieten sich durch die Kombination der Standort- und Sprachauswahl viele Möglichkeiten zur kreativen Anzeigenschaltung. Möchten Sie beispielsweise eine Kampagne für deutschsprachige Nutzer auf Mallorca schalten, ist das mit AdWords kein Problem – und wir sind uns sicher, dass Sie bei diesem Beispiel in der Praxis eine genügend große Zielgruppe vorfinden würden. Sie wollen die türkischsprachige Gemeinschaft in Wien ansprechen? Auch diese Selektion ist technisch möglich. Während Sie die Spracheinstellungen erst im nächsten Schritt anpassen können, werfen wir nun einen Blick darauf, wie Sie die Standortauswahl in der Benutzeroberfläche vornehmen.

Einfache Standortauswahl

In Abbildung 4.11 stellen wir Ihnen die drei Möglichkeiten vor, mit denen Sie die Standortauswahl für Ihre Kampagne treffen:

- Als erste Option schlägt Ihnen das AdWords-System Alle Länder und Gebiete vor.
- Die zweite Wahlmöglichkeit fällt auf das Land, in dem Sie Ihr AdWords-Konto angemeldet haben (im vorliegenden Beispiel Österreich).
- Zuletzt finden Sie den Vorschlag Ich möchte selbst auswählen, um eigene Standorte auszuwählen.

Die erste Option, Alle Länder und Gebiete auszuwählen, kommt in der Praxis für eine einzelne Kampagne nur in äußerst seltenen Fällen vor. Selbst bei größeren Budgets und einer internationalen Kampagnenausrichtung wird Ihre Standortauswahl gezielter ausfallen. Wir können uns trotz langjähriger Kampagnenerfahrung mit internationalen Kampagnen für Kunden verschiedener Branchen nicht daran erinnern, jemals eine Kampagne für die Schaltung in allen Ländern und Gebieten aktiviert zu haben. Etwas praktikabler fällt hier der zweite Vorschlag aus, da es schon wesentlich wahrscheinlicher ist, Ihre Kampagnen in dem Land zu schalten, das Ihrem AdWords-Konto zugeordnet ist. Die beste und von Ihnen wohl auch in Zukunft am meisten genutzte Variante wird aber jene sein, die Auswahl von Ziel- und eventuellen Ausschlussstandorten individuell vorzunehmen.

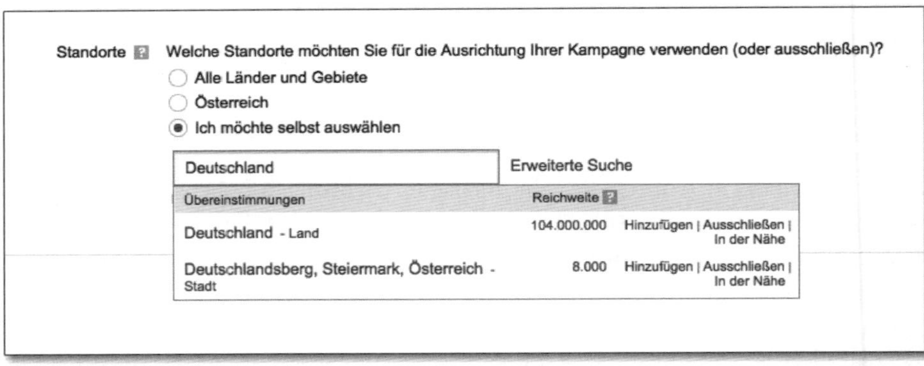

Abbildung 4.11 Mit der Standortausrichtung können Sie Nutzer in einer oder mehreren geografischen Zielregionen auswählen oder ausschließen.

Erweiterte Suche

Wählen Sie die Erweiterte Suche, um ein Fenster mit umfangreichen Möglichkeiten zur Standortauswahl zu öffnen. Dort sehen Sie mit einer Suchmaske die praktikabelste Methode, um die passenden Zielregionen zu finden. Beginnen Sie einfach damit, einen Orts-, Städte- oder Ländernamen einzutippen und Sie erhalten automatisch passende Vorschläge. Neben den Namens- und Reichweitenangaben haben Sie in der eingeblendeten Standortliste nun folgende Möglichkeiten:

- Hinzufügen
- Ausschliessen
- In der Nähe

Wählen Sie eine der ersten beiden Optionen, um Standorte für die Anzeigenschaltung auszuwählen oder auszuschließen. Letztere ist in der Praxis durchaus üblich, spielen doch in der Standortstrategie solche Überlegungen vor allem bei Produkten und Dienstleistungen eine Rolle, deren physischer Standort maßgeblichen Einfluss auf die weiteren Aktionen eines potenziellen Kunden hat. Stellen Sie sich beispielsweise ein ostösterreichisches Ferienhotel vor, das zwar eine österreichweite Werbestrategie verfolgt, aber die mit einer vergleichsweise sehr langen Anreise verbundenen Bundesländer Vorarlberg und Tirol ausschließen möchte. Im Gegensatz dazu hätte ein ebenfalls in Ostösterreich angesiedelter Online-Shop keinen Grund, seine Kampagnen nicht auch in weiter entfernten Bundesländern zu schalten. Bei österreichweit einheitlichen Versandgebühren würde es keine Rolle spielen, ob ein inländischer Kunde 20 oder 600 Kilometer vom Unternehmensstandort entfernt ist.

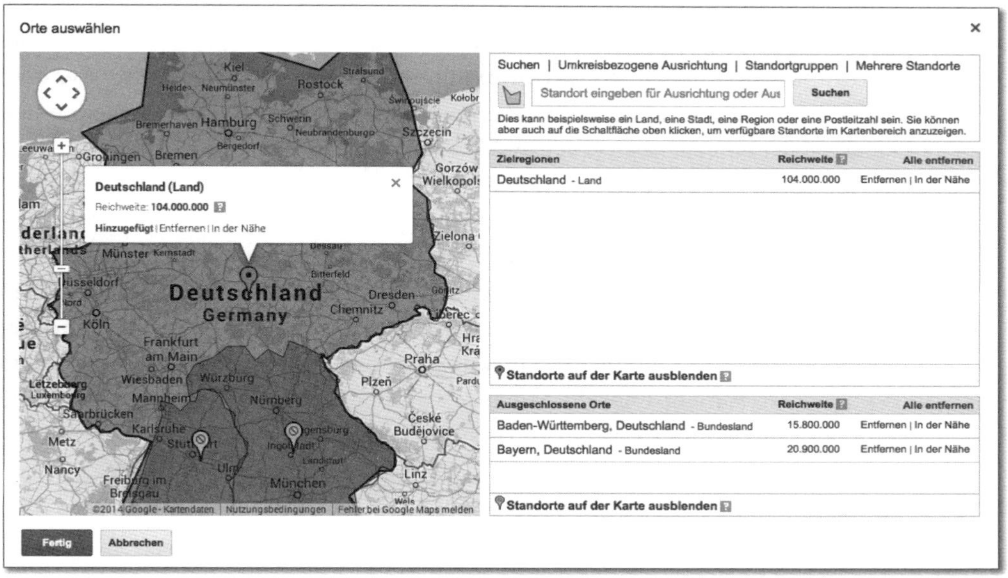

Abbildung 4.12 Erweiterte Standortauswahl mit detaillierten Ausrichtungsmöglichkeiten und Kartenvorschau

Mehr Reichweite als Einwohner?

Auf mehreren Abbildungen in diesem Abschnitt sehen Sie Reichweitenangaben, die Google für viele Länder, Regionen und Städte zur Verfügung stellt. Dabei handelt es sich um eine grobe Schätzung, wie viele Nutzer Ihre Anzeigen im gewählten Gebiet theoretisch sehen können. Oft liegt die Reichweitenschätzung auch über der für die Region bekannten Einwohnerzahl. So wird beispielsweise für Deutschland eine Reichweite von 104 Millionen (Stand: September 2014) angegeben, während dessen aktuelle Bevölkerungsstatistik »nur« ungefähr 80,7 Millionen Einwohner ausweist.[2] Wie entsteht nun diese Abweichung? Hierbei müssen Sie berücksichtigen, dass die Reichweitenschätzung auf eindeutigen Cookies aller Nutzer basiert, die Google-Webseiten besuchen. Stellen Sie sich vor, dass Sie zum Beispiel im Tagesverlauf die Google-Suche sowohl von Ihrem Bürorechner aus als auch über Ihren privaten Tablet-Computer und via Smartphone aufrufen. So würden allein Sie für eine theoretische Reichweite von drei potenziellen Nutzern in dieser Berechnung sorgen. Verwenden Sie diese Reichweitenschätzung also nur zum groben Vergleich einzelner Standorte untereinander, denn die bloße Zahlenangabe sagt noch nichts über die wirklichen Anzeigenimpressionen und Klicks aus.

Umkreisbezogene Ausrichtung

Als Alternative zur Ausrichtung auf konkrete Regionen oder Städte können Sie auch die UMKREISBEZOGENE AUSRICHTUNG wählen (siehe Abbildung 4.13). Diese Variante ist unter anderem für viele lokale Unternehmen wie Restaurants, Handwerker oder auch Ausflugsziele interessant. Für das in der folgenden Abbildung gezeigte Beispiel haben wir eine Zielregion ausgewählt, die den Umkreis von 75 Kilometern zur bayrischen Stadt Erding abdeckt. Auf diese Weise könnte zum Beispiel der Betreiber der bekannten *Therme Erding* eine AdWords-Kampagne für kurzentschlossene Tagesgäste schalten, bei denen sichergestellt ist, dass die Anreise nicht mehr als eine gute Autostunde beträgt. Berücksichtigen Sie dabei, dass die Umkreisangaben nicht hundertprozentig akkurat sind. Technisch bedingt lässt sich der Standort der potenziellen Zielgruppe nämlich nicht auf (Kilo-)Meter genau erfassen. Lesen Sie im folgenden Kasten mehr über die Funktionsweise der Standortermittlung, um die technischen Hintergründe besser zu verstehen.

2 Quelle: Statistische Ämter des Bundes und der Länder, »Bevölkerung – Deutschland« – *http://www.statistik-portal.de/Statistik-Portal/de_zs01_bund.asp* (abgerufen am 13. September 2014)

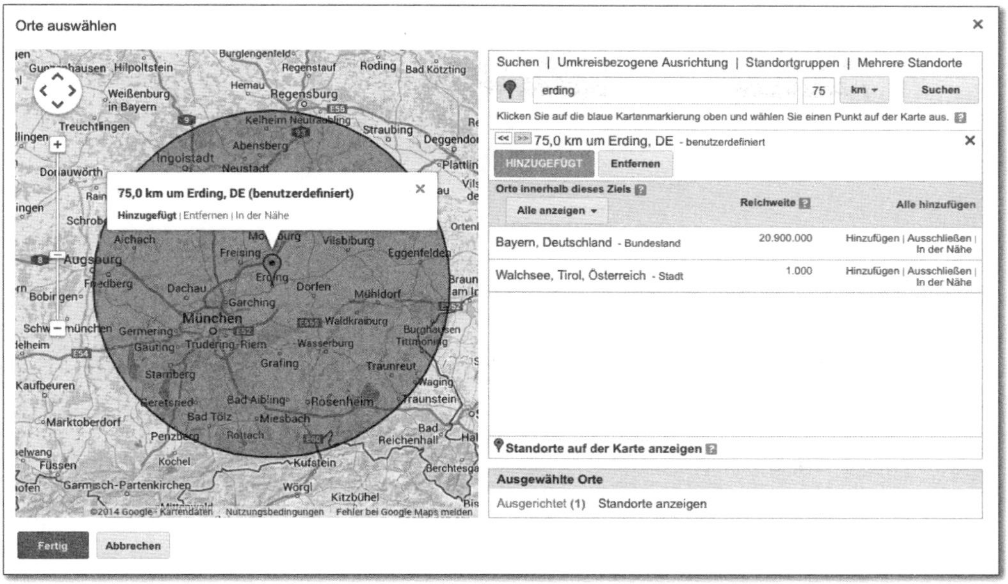

Abbildung 4.13 Die »Umkreisbezogene Ausrichtung« deckt alle Orte in einem gewählten Abstand zum Zentrum ab.

Standortgruppen

Die dritte zur Verfügung stehende Ausrichtungsmethode verbirgt sich hinter dem Link STANDORTGRUPPEN. Es handelt sich hier um eine Variation der zuvor erläuterten umkreisbezogenen Ausrichtung. Sie wählen hier, im Unterschied zu vorhin, jedoch den Mittelpunkt nicht selbst aus, sondern AdWords ermittelt diesen, basierend auf einer oder mehrerer Ihrer hinterlegten *Standorterweiterungen*. Da Sie an dieser Stelle noch keine Standorterweiterung in Ihrer Kampagne hinterlegt haben, funktioniert diese Ausrichtungsmethode noch nicht. Sie erfahren mehr zu den Standorterweiterungen in Abschnitt 8.1, »Lokale Anzeigen bei Google Maps«.

Darüber hinaus erhalten Sie hier die Möglichkeit, Ihre Kampagnen auf »interessante Orte« wie Flughäfen, kommerzielle Zentren oder Universitäten auszurichten. Auch eine Ausrichtung nach demografischen Merkmalen – derzeit sind hier nur Haushaltseinkommensstufen verfügbar – können Sie vornehmen. Eine solche Ausrichtung können Sie wählen, wenn Sie nur einkommensstarke Schichten in einer speziellen Zielregion erreichen möchten. Die untenstehende Abbildung zeigt die verschiedenen Ausrichtungsmöglichkeiten nach Standortgruppen im Überblick, um Ihnen die hier zur Verfügung stehenden Möglichkeiten etwas besser zu veranschaulichen.

Abbildung 4.14 Fiktives Beispiel einer Ausrichtung nach Standortgruppen mit unterschiedlichen Zielregionen

Mehrere Standorte

Fortgeschrittene Anwender können bei dieser vierten geografischen Ausrichtungsmethode bis zu 1.000 Standorte auf einmal bearbeiten. Diese Standorte können in einem Textfeld über Städte- und Ländernamen oder auch Postleitzahlen angegeben werden. Über eine Suche gleichen Sie Ihre Eingabe zunächst mit den tatsächlich verfügbaren Standorten ab und wählen anhand des Suchergebnisses mit nur einem Klick aus, ob Sie alle gelisteten Standorte hinzufügen, ausschließen oder aus einem bestehenden Geo-Targeting-Setup entfernen möchten. Es ist wichtig, dass Sie pro Land eine eigene Suche ausführen und zuvor den dazu passenden Ländercode in das entsprechende Feld eingeben. Haben Sie beispielsweise eine Kampagne, die gleichermaßen auf Regionen in Deutschland und Österreich ausgerichtet ist, tragen Sie zunächst den Ländercode *DE* in das vorgesehene Feld ein, um deutsche Standorte zu suchen und wählen Sie danach den Ländercode *AT* für die Auswahl der Standorte in Österreich. Wenn Sie Hilfe beim Finden der korrekten Ländercodes benötigen, empfehlen wir Ihnen diese URL: *https://developers.google.com/adwords/api/docs/appendix/geotargeting*. Die dort bereitgestellte Tabelle enthält eine Liste aller aktuell verfügbaren Zielregionen inklusive den passenden Ländercodes. Wie einfach sich beispielsweise mehrere Standorte nach Postleitzahlen auswählen lassen, können Sie in der folgenden Abbildung erkennen.

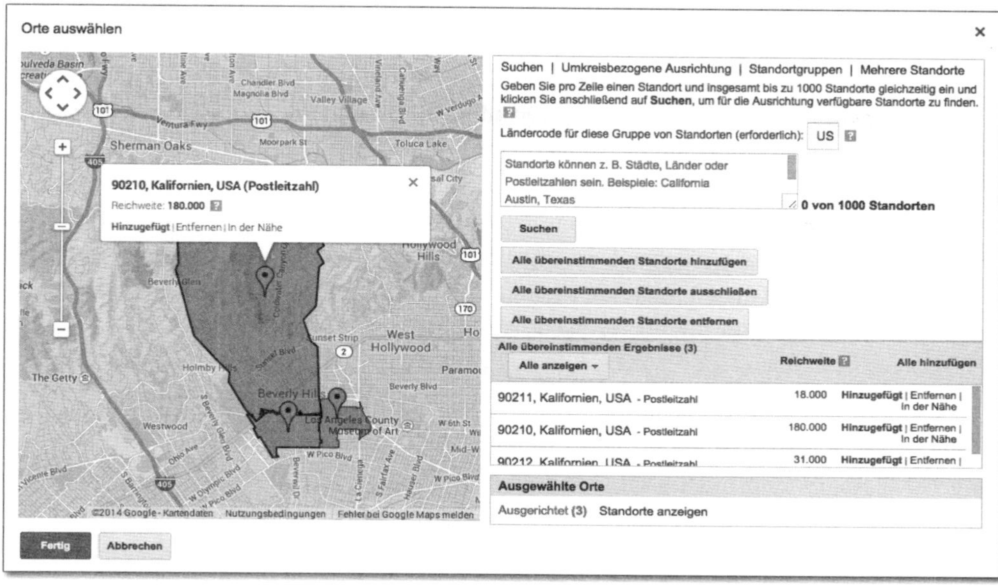

Abbildung 4.15 Beispiel zur Auswahl mehrerer Standorte über Postleitzahlen

Wie funktioniert die Standortermittlung in AdWords?

Sie möchten bestimmt wissen, wie Google den Standort der AdWords-Nutzer so genau festlegen kann, um Ihnen eine Schaltung »im Umkreis von 25 Kilometern« eines beliebigen Zentrums zu ermöglichen. Ausschlaggebend dafür ist eine mehrstellige Adresse, die jedes Gerät, das sich mit dem Internet verbindet, besitzt. Keine Sorge, Google kennt hier nicht Ihre persönliche Postadresse oder gar Telefonnummer. Um die geografische Standortbestimmung von Internetnutzern zu bestimmen, wird vielmehr die so genannte *IP-Adresse* Ihres Internet-Gerätes herangezogen. Das ist eine eindeutige, in mehrere Blöcke unterteilte Zeichenkombination, die nach dem alten IPv4-Schema nur Zahlen, im neuen IPv6-Schema auch Buchstaben enthält. Sowohl für den Desktop-Computer im Büro oder zu Hause als auch fürs Tablet und Smartphone unterwegs gilt: Ohne IP-Adresse kein Internetzugang. Auf der Webseite *http://whatismyipaddress.com* können Sie einfach prüfen, mit welcher IP-Adresse Sie zurzeit im Internet surfen. Lassen Sie sich überraschen, wie genau die Bestimmung Ihres Standortes bereits funktioniert!

Länderspezifische Ausrichtungsmöglichkeiten

AdWords bietet länderabhängig unterschiedliche Ausrichtungsmöglichkeiten. Nicht nur Steckdosen, Sprachen und Benimmregeln variieren von Land zu Land, auch Google muss in der Standortausrichtung auf bestimmte Eigenheiten und unterschiedliche regionale Details eingehen. Ob Schweizer Kantone, französische Abteilungen oder japanische Präfekturen, Sie können bei der geografischen Zielgruppenauswahl mit AdWords aus dem Vollen schöpfen. Sie können davon ausgehen, dass Google permanent daran arbeitet, die Ausrichtungsmöglichkeiten weiter zu verfeinern. So gibt es zum Beispiel ausschließlich in den USA zurzeit die Möglichkeit, AdWords-Kampagnen nach Bundeswahlkreisen auszurichten. Auch die im obigen Beispiel gezeigte Ausrichtung nach Postleitzahlen ist derzeit in den USA, Kanada, dem Vereinigten Königreich und Deutschland verfügbar. Das Angebot für einzelne Länder wird jedoch zukünftig noch ausgebaut. In der folgenden Tabelle möchten wir Ihnen ein paar Beispiele für allgemein gültige und länderspezifische Ausrichtungstypen aufzeigen.

Ausrichtungstyp	Beispiele
Land	Deutschland, Österreich, Spanien
Bundesstaat/-land	Kalifornien/USA, Burgenland/ Österreich, Bayern/Deutschland
Stadt	Berlin/Deutschland, Marseille/ Frankreich, Salzburg/Österreich
Autonome Gemeinschaft (nur Spanien)	Asturien, Katalonien, Valencia
Kanton (nur Schweiz)	Zürich, Bern, Luzern
Abteilung/Département (nur Frankreich)	Nord, Paris, Loire

Tabelle 4.1 Beispiele für allgemein gültige und länderspezifische geografische Ausrichtungsmöglichkeiten

Lesen Sie unter der folgenden URL alle Details zu länderspezifischen Ausrichtungsmöglichkeiten und weitere Beispiele nach: *https://support.google.com/adwords/answer/1722075?hl=de*.

Sie haben nun die vielfältigen Möglichkeiten zur geografischen Auswahl Ihrer Kampagnenzielgruppe und auch ihre technische Funktionsweise kennengelernt. Dennoch befinden Sie sich nach wie vor bei den ersten wesentlichen Schritten, um Ihre erste AdWords-Kampagne aufzusetzen. Wir sind jedoch noch ein paar Klicks von der Einrichtung der Anzeigengruppen und Auswahl der Keywords entfernt und widmen uns nun im nächsten Schritt der Sprachauswahl.

4.2.4 Sprachen

Während bei der eben getroffenen Standortauswahl einzig und allein der geografische Standort der Google-Nutzer eine Rolle spielt, muss das AdWords-System bei der

Sprachausrichtung gleich mehrere Faktoren mit einbeziehen, um eine optimale Aussteuerung Ihrer Anzeigentexte zu gewährleisten: So wird nicht nur die Spracheinstellung von Google-Produkten (z. B. Google-Suche, Gmail, Google+) berücksichtigt, sondern auch die Sprache aktueller sowie häufig besuchter Seiten im Displaynetzwerk analysiert, um die richtigen Nutzer anzusprechen (siehe Abbildung 4.16).

Abbildung 4.16 Nach der Standortwahl müssen Sie die Sprachausrichtung Ihrer AdWords-Kampagne vornehmen.

Dabei gibt es natürlich einige Ausnahmen und Eigenheiten. Die meisten Google-Seiten weisen eine Standardsprache auf. So ist – wenig überraschend – beispielsweise bei *Google.de* die Sprache Deutsch voreingestellt. Die internationale Domain *Google.com* hat Englisch als Standardeinstellung, wobei in den USA lebende spanischsprechende Nutzer die Standardsprache auf Spanisch umstellen können. In diesem Fall würden diese Nutzer auf die USA ausgerichtete, englischsprachige Anzeigen nicht eingeblendet bekommen. Ausnahmen gibt es bei den wenigen Sprachen mit einem eigenen Zeichensatz wie beispielsweise Griechisch: Würden Sie auf *Google.de* bei eingestellter deutschsprachiger Benutzeroberfläche eine Suchanfrage unter Verwendung des griechischen Alphabets stellen, könnten Sie dort dennoch Anzeigen einer auf Griechisch ausgerichteten Kampagne eingeblendet bekommen.

Auch im Displaynetzwerk berücksichtigt Google die Historie Ihrer besuchten Seiten. Haben Sie beispielsweise für Urlaubsrecherchen eine Vielzahl spanischsprachiger Webseiten und Foren besucht, kann es später vereinzelt vorkommen, dass Sie auch auf den in Ihrer Hauptsprache verfassten Webseiten auf Spanisch ausgerichtete Anzeigen eingeblendet bekommen.

Ich denke Sie können anhand dieser Beispiele leicht erkennen, dass Google die grundlegenden Spracheinstellungen und Kampagnenzuordnungen nur dann »übergeht«, wenn es für den Suchenden auch sinnvoll und relevant ist. Andernfalls können Sie grundlegend mit der Regel »Google-Domain = Landessprache = Kampagnensprache« arbeiten.

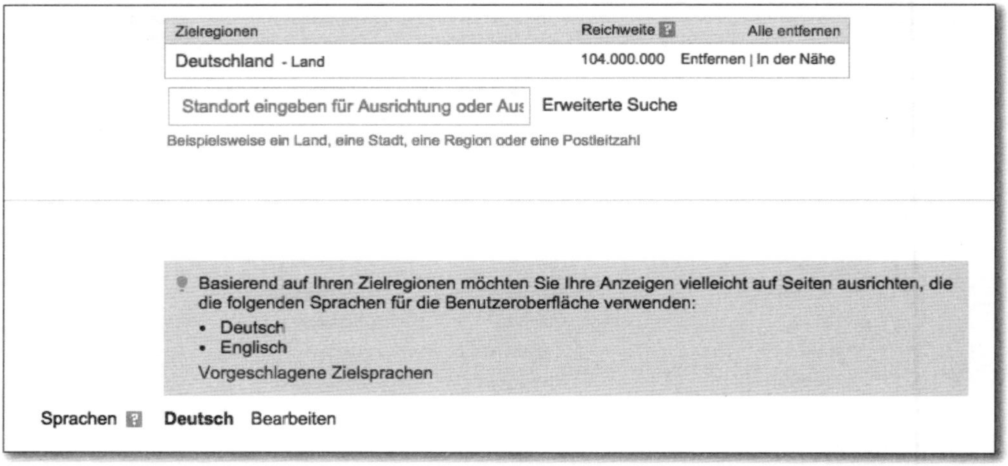

Abbildung 4.17 Ergänzen Sie die von Google automatisch vorgeschlagene Zielsprache in Ihrer Sprachausrichtung.

In der obenstehenden Abbildung sehen Sie automatisch von AdWords angebotene Vorschläge zur Sprachauswahl, die auf Ihrer zuvor eingestellten Zielregion für die Kampagne basieren. Wann sollten Sie auf solche Vorschläge eingehen? Erfahrungsgemäß ist eine solche Vorgehensweise nur dann zu empfehlen, wenn Sie Ihre Zielgruppe in einem bestimmten Land unbedingt erweitern möchten. Beispielsweise könnten Sie bei einer in Deutschland geschalteten Kampagne das vorgeschlagene Englisch ebenso gut zusätzlich zu Deutsch auswählen wie Türkisch, Kroatisch oder Polnisch – vorausgesetzt, Sie gehen davon aus, dass Sie damit auch solche Nutzer erreichen würden, die möglicherweise eine alternative Spracheinstellung für ihr alltägliches Surf- und Suchverhalten gewählt haben, aber dennoch aufgrund ihres

Standortes in Deutschland als Zielgruppe für die Einblendung deutschsprachiger Anzeigen in Frage kommen. Nachdem wir uns nun geografisch und sprachlich festgelegt haben, für welche Nutzer unsere Kampagne erscheinen soll, wenden wir uns als Nächstes den finanziellen und strategischen Einstellungen zu.

4.2.5 Gebote und Budget

Sie wissen bereits, dass die von Ihnen abgegebenen Gebote eine maßgebliche Rolle bei der Berechnung des Qualitätsfaktors und somit bei der Positionierung Ihrer Anzeigen auf der Suchmaschinenergebnisseite spielen. Zu geringe Gebote haben zur Folge, dass Sie sehr wahrscheinlich auch nur wenige Klicks erhalten werden, da Ihre Anzeigen entweder nur an hinteren Positionen oder im schlechtesten Fall gar nicht geschaltet werden. Mit höheren Geboten werden Sie zwar mehr Impressionen und sehr wahrscheinlich auch mehr Klicks auf Ihre Anzeigen erzielen, laufen jedoch gleichzeitig Gefahr, unnötig hohe Ausgaben zu verursachen. Das Gebot stellt dabei stets jenen Höchstbetrag dar, den Sie pro Klick zu zahlen bereit sind. Geben Sie beispielsweise ein Gebot von einem Euro ab, werden die Kosten pro Klick diesen Betrag niemals übersteigen.

Wählen Sie nun, wie in Abbildung 4.18 dargestellt, im Bereich zur Gebots- und Budgetauswahl die Variante EINFACHE OPTIONEN und legen Sie ein STANDARDGEBOT und ein TAGESBUDGET fest. Sind Sie sich anhand Ihrer vorherigen Keyword-Recherche und -Analysen mit dem Keyword-Planer bereits im Klaren, wie das Gebotslevel für Ihre Themen und Keywords liegen wird, können Sie hier bereits einen konkreten Wert eingeben. Falls Sie in dieser Phase entweder das konkrete Preisniveau noch nicht kennen oder es themenabhängig so stark variiert, dass sich kein einheitlicher Wert festlegen lässt, können Sie an dieser Stelle zunächst einen exemplarischen oder durchschnittlichen Wert für das Standardgebot eintragen. Erfahrungsgemäß wird ein solcher für viele gängige Branchen zunächst nicht über einem Euro liegen. Sie werden diesen Gebotswert in einem der späteren Schritte und auch im Rahmen der laufenden Kampagne jederzeit individuell anpassen können.

Ähnlich verhält es sich beim Tagesbudget. Falls Sie noch keine Abschätzung mit dem Keyword-Planer durchgeführt haben, legen Sie an dieser Stelle einen exemplarischen und – vorerst – relativ geringen Betrag fest. Das Tagesbudget sollte ungefähr ein Dreißigstel des von Ihnen für die AdWords-Kampagne kalkulierten monatlichen Budgets betragen. Sie sollten bei wenig AdWords-Erfahrung das Tagesbudget zunächst auf einen Wert legen, der deutlich unter dem theoretisch verfügbaren Betrag liegt. Damit vermeiden Sie in den ersten Stunden bzw. Tagen der Laufzeit Ihrer neuen Kampagne eventuell zu hohe Ausgaben mit noch unvollständigen oder im schlechtesten Fall sogar fehlerhaften Einstellungen (siehe Abbildung 4.18).

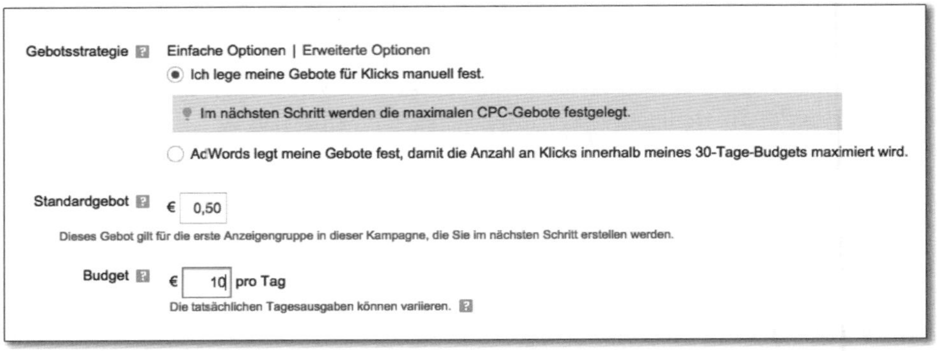

Abbildung 4.18 Eingabe von Gebot und Tagesbudget

Orientierungshilfe für Gebote und Budgets

Sie wissen, dass es keine allgemeingültige »Grundregel« dafür geben kann, auf welchen Betrag Sie das Standardgebot zu Beginn einstellen. Reicht ein Gebot von wenigen Cent um vorne mitzumischen oder ist der Klickpreis für Ihre Branche mehrere Euro hoch? Nutzen Sie den KEYWORD-PLANER, den Sie direkt aus dem AdWords-Hauptmenüpunkt TOOLS aufrufen können. Damit erhalten Sie eine konkretere Vorstellung vom durchschnittlichen CPC, dem potenziellen Suchvolumen und somit auch über die zu erwartenden Kosten für bestimmte Themen und Keywords. Mit Hilfe dieses Tools können Sie schnell ermitteln, ob die für Ihre Branche zu Einsatz kommenden Keywords eher im Bereich 10 Cent oder doch bei einem Euro CPC angesiedelt sind. Basierend auf den Daten aus dem Keyword-Planer können Sie auch ein Tagesbudget bestimmen.

Gebotsstrategie

Bei dieser Einstellung haben Sie die Möglichkeit, EINFACHE OPTIONEN oder ERWEITERTE OPTIONEN zu wählen. Bleiben Sie in dieser Phase bei der ersten Variante, um Ihr Standardgebot für Klicks festzulegen. Wir empfehlen Ihnen, in jedem Fall ein manuelles Gebot einzutragen und von der automatischen Gebotsfestlegung durch das AdWords-System vorerst abzusehen. So stellen Sie sicher, dass die Klickpreise den von Ihnen bestimmten Betrag nicht übersteigen. Die automatische Variante würde die Gebote so aussteuern, um jeweils eine maximale Anzahl an Klicks zu erzielen. »Klickmaximierung« würde in diesem Fall nicht gleichzeitig »Klickoptimierung« bedeuten. Die automatische Aussteuerung durch Google könnte nämlich auch den Nebeneffekt haben, dass einige für Sie weniger wichtige Keywords mehr Traffic erhalten würden, nur weil diese günstige Klicks verursachen.

Die Gebote werden bei den einfachen Optionen ausschließlich pro Klick (CPC) festgelegt. Alternativ können Sie in den erweiterten Optionen auch Gebote nach Impressionen (CPM) oder Conversions (CPA) festlegen.

Standardgebot

Das an dieser Stelle festgelegte Standardgebot gilt für die erste angelegte Anzeigengruppe. Sie werden die Gebote später für diese und weitere Anzeigengruppen noch individuell anpassen, weshalb es hier auch in Ordnung ist, fürs Erste einen exemplarischen oder durchschnittlichen Wert einzugeben.

Budget

Legen Sie nun für Ihre erste AdWords-Kampagne ein durchschnittliches Tagesbudget fest. Google schlägt vor, dass Sie zur einfachen Ermittlung des einzugebenden durchschnittlichen Tagesbudgets Ihr verfügbares Monatsbudget durch 30,4 teilen. Berücksichtigen Sie bei mehreren Kampagnen, dass sich diese das zur Verfügung stehende Budget teilen müssen. Das eingetragene durchschnittliche Tagesbudget ist jedoch kein Garant dafür, dass Ihre täglichen Ausgaben diesen Betrag nicht überschreiten. Google kann nämlich bis zu 20 Prozent mehr Klicks zulassen als Sie in Ihrem Tagesbudget festgelegt haben. Gleichzeitig kann an einigen Tagen die maximale Budgetgrenze auch deutlich unterschritten werden. Die Ursache dafür liegt in dem von Tag zu Tag unterschiedlichen Nutzerinteresse. Ihre Kampagnen werden abhängig von vielen Faktoren wie beispielsweise dem Wochentag, der Jahreszeit bzw. Saison, dem aktuellen Mitbewerb oder auch dem Wetter jeweils eine unterschiedliche Zahl an Klicks generieren. Der AdWords-Algorithmus hält demnach Ihr Tagesbudget nicht auf den Cent genau ein, wird aber versuchen, pro Monat Ausgaben des 30,4-fachen Tagesbudgets nicht zu übersteigen. Sollte dieser Wert im Abrechnungszeitraum überschritten werden, spricht man von einer so genannten *Mehrauslieferung*. Prüfen Sie Ihre Abrechnung, um festzustellen, dass Ihnen Google bei Überschreiten Ihres Budgets eine Gutschrift ausstellt. Merken Sie sich demzufolge, das Tagesbudget als Faktor für eine grobe tägliche bzw. monatliche Kostenkalkulation zu nutzen. Die tatsächlich entstandenen Kosten entnehmen Sie im Nachhinein am besten den AdWords-Reports und Abrechnungsinformationen.

Nutzen Sie die folgende Formel, um ein Tagesbudget für das an dieser Stelle benötigte Eingabefeld zu ermitteln:

$$\textit{Tagesbudget} = \textit{Monatsbudget} \div 30{,}4$$

Die folgenden Formeln beschreiben die mögliche Mehrauslieferung, die Sie als Gutschrift in der Abrechnung wiederfinden:

$$\textit{Monatliche Belastungsgrenze} = \textit{Tagesbudget} \times 30{,}4$$

$$\textit{Mehrauslieferung} = \textit{Monatliche Kosten} - \textit{Monatliche Belastungsgrenze}$$

Nachdem Sie mit Hilfestellung dieser Berechnungsmethoden ein Budget in das dafür vorgesehene Feld eingetragen haben, fehlt nunmehr ein weiterer Schritt, um zur nächsten Eingabemaske zu wechseln. Bei diesem können optional so genannte Anzeigenerweiterungen eingetragen werden. Diese sind ein wichtiger Schritt zur

Optimierung einer AdWords-Kampagne. Da auch viele bestehende Kampagnen die Erweiterungen gar nicht oder nur zum Teil nutzen, stellen wir Ihnen die Erweiterungen in Kapitel 12, »AdWords optimieren«, vor. Außerdem spielen die Erweiterungen für spezielle Strategien, z. B. lokale Werbung oder mobile Kampagnen eine besondere Rolle und werden an der entsprechenden Stelle vorgestellt. Sie werden nachträglich jederzeit die Möglichkeit haben, die Anzeigenerweiterungen zu bearbeiten und zu ergänzen. Außerdem sollten Sie immer mal einen Blick in die Anzeigenerweiterungen werfen, da Google AdWords in diesem Bereich in den letzten Monaten und Jahren immer wieder einmal neue Ideen eingeführt hat. Bitte denken Sie aber auch daran, dass die Nutzung aller theoretisch zur Verfügung stehenden Erweiterungen nicht für alle Kampagnentypen und Zielsetzungen Sinn macht.

Abbildung 4.19 Optionale Anzeigenerweiterungen ergänzen Ihre Textanzeigen mit wertvollen Zusatzinformationen.

4.3 Erstellung einer Anzeigengruppe

Durch das Speichern der im vorangegangenen Abschnitt beschriebenen grundlegenden Kampagneneinstellungen wird Ihre erste Kampagne – endlich – unter dem ausgewählten Namen erstellt. Sie haben den Kampagnentyp ausgewählt, die geografische Zielgruppenauswahl getroffen und auch erste Entscheidungen zu Keyword-Geboten sowie dem Tagesbudget gefällt. Das waren fürs Erste schon eine Menge Informationen und für Sie zu treffende Entscheidungen. Sie wissen aber, dass Ihre Kampagne ohne mindestens eine Anzeigengruppe, die wiederum mindestens eine Textanzeige und ein Keyword enthält, nicht geschaltet werden kann. Daher widmen wir uns nun diesem nächsten Schritt und fahren mit dem Einrichtungsprozess fort.

4.3.1 Strukturieren von Kampagnen und Anzeigengruppen

In Abbildung 4.20 möchten wir Ihnen noch einmal kurz die Struktur einer AdWords-Kampagne vor Augen führen. Überlegen Sie gut, wie Sie die Anzeigengruppen Ihrer ersten Kampagne gliedern möchten – schließlich müssen Sie ab der Benennung der ersten Anzeigengruppe wissen, welches Bezeichnungsschema Sie einsetzen. Natürlich lassen sich Anzeigengruppennamen auch jederzeit im Nachhinein ändern. Berücksichtigen Sie dabei jedoch, dass durch nachträgliche Änderungen möglicherweise wertvolle Leistungs- und Berichtdaten gelöscht oder zurückgesetzt werden, was sich eventuell negativ auf die Kampagnenleistung auswirken kann. Ebenfalls wären Sie bei Ihren Analysen und Reports gefordert, sowohl alte als auch neue Kampagnen- und Anzeigengruppenbezeichnungen in den Auswertungen zu berücksichtigen. Nicht zuletzt aufgrund dieser potenziellen Leistungseinbußen und Fehlerquellen bei nachträglichen »Umbauten« im AdWords-Konto empfehlen wir Ihnen, dass Sie gleich von Beginn an eine saubere Nomenklatur festlegen und einhalten bzw. schrittweise ausbauen.

Im Rahmen von Kampagnenübernahme- und Optimierungsprojekten haben wir leider schon zu viele Konten gesehen, die mit Bezeichnungen wie »Neue Kampagne« oder »SEA-01« für Kampagnen bzw. »Anzeigengruppe 1«, »Alle Keywords« und »AG 7« für Anzeigengruppen eine – vorsichtig formuliert – »bedingt selbsterklärende« Struktur aufweisen konnten. Aus diesem Grund möchten wir Ihnen diese Empfehlung lieber einmal zu viel als einmal zu wenig mit auf Ihren Weg zum professionellen AdWords-Anwender geben. Als Tipp können wir Ihnen an dieser Stelle nahelegen, sich bei der Strukturierung der Kampagnen an der Hierarchie Ihrer Website (bzw. deren Sitemap) zu orientieren. So können Sie sicherstellen, dass Sie nicht mehr Kampagnen oder Anzeigengruppen als nötig planen und auch keine wichtigen Themen und Seitenbereiche vergessen.

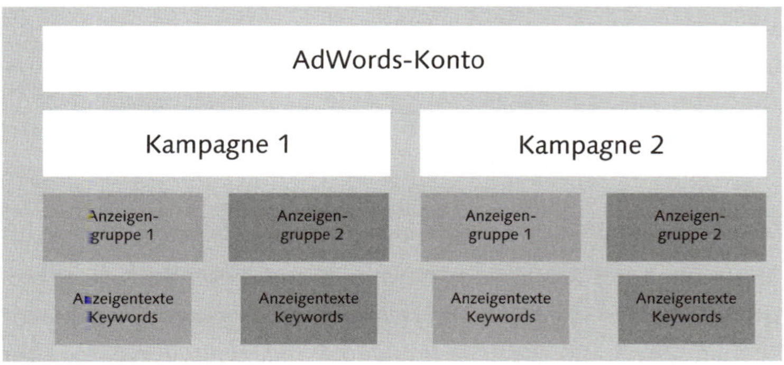

Abbildung 4.20 Die Struktur von Kampagnen und Anzeigengruppen in Google AdWords (Quelle: Google AdWords)

Nehmen wir für das folgende Beispiel an, Sie betreiben einen Online-Shop für Bekleidung und möchten sowohl auf Produktgruppen- als auch auf Produktebene dafür sorgen, dass Suchmaschinen-Nutzer relevante Anzeigen und abgestimmte Ziel-URLs vorfinden. Zunächst müssen Sie planen, mit wie vielen Teilkampagnen Sie arbeiten werden. Die untenstehende Abbildung zeigt ein beispielhaftes Schema, das Ihnen zunächst bei der Kampagnenstrukturierung helfen wird. Sie erinnern sich, dass wichtige Einstellungen wie die geografische Ausrichtung, eine tages- und uhrzeitabhängige Anzeigenschaltung oder das Tagesbudget auf Kampagnenebene gesteuert werden. Bündeln Sie daher jene Anzeigengruppen, die auf dieselben Regionen ausgerichtet sowie zur selben Zeit geschaltet werden und sich ein definiertes Budget teilen sollen, jeweils in einer Kampagne.

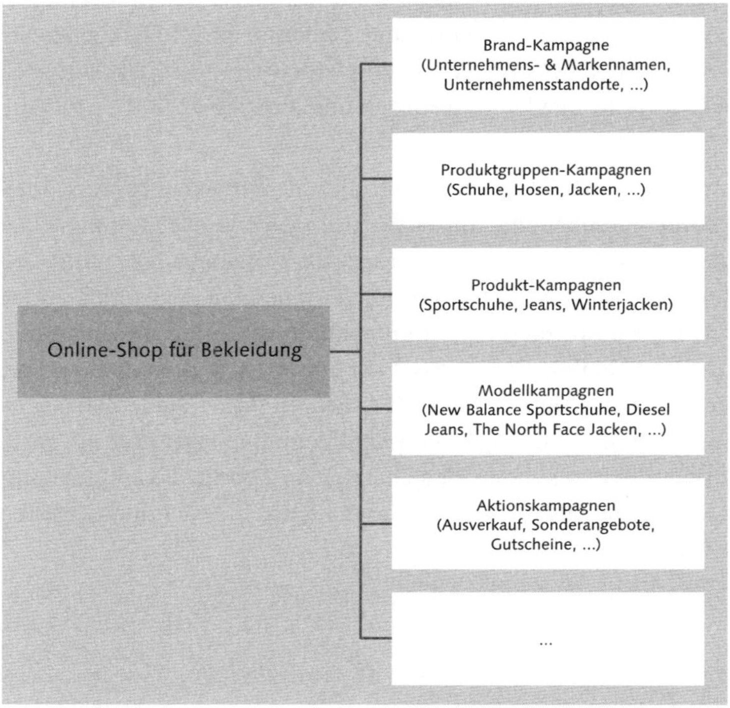

Abbildung 4.21 Beispiel für eine Kontostruktur

Sie sehen, dass der exemplarische Online-Shop einige Teilkampagnen vorsieht, um seine Produkte und Aktionen mit AdWords zu bewerben. Auf diese Weise kann beispielsweise sichergestellt werden, dass die *Produktgruppen-Kampagnen* permanent und landesweit aktiv sind, während spezielle *Produktkampagnen* wie z. B. jene für *Winterjacken* nur in den kalten Monaten sowie zusätzlich nur in kälteren Regionen mit erfahrungsgemäß besseren Umsatzzahlen geschaltet werden. Würden Sie alle Anzeigengruppen in einer Kampagne unterbringen, dann könnten Sie eine solche Aussteuerung nicht vornehmen und damit einen wichtige Einflussmöglichkeit auf die Steuerung von Budgets, Besucherzahlen und Shop-Umsätzen verlieren. Sehen wir uns nun diese Teilkampagnen im Detail an, um einen besseren Einblick in die weitere Strukturierung der Anzeigengruppen zu erhalten.

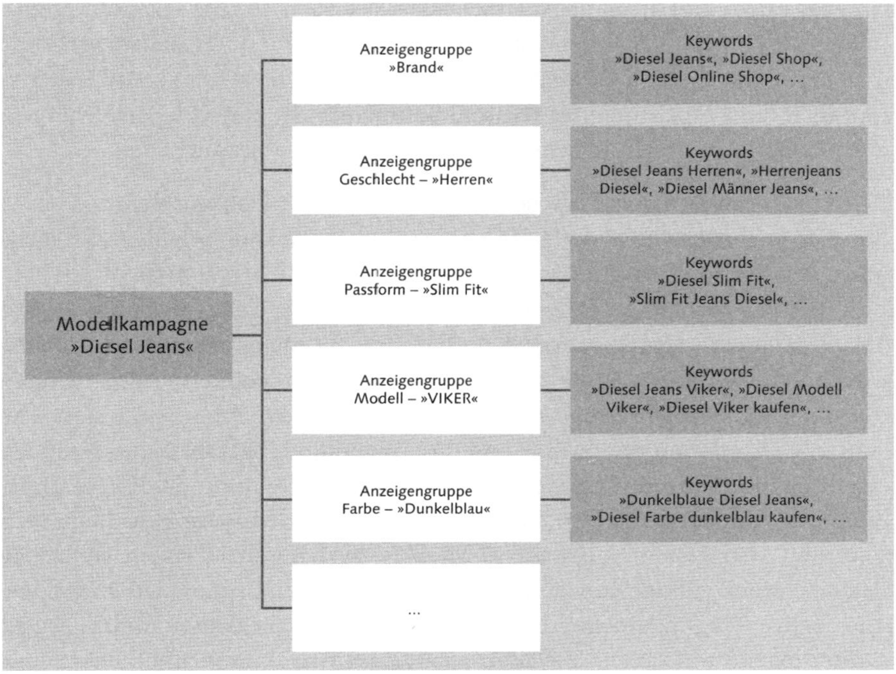

Abbildung 4.22 Beispiel für eine Kampagnenstruktur

Die Struktur in Abbildung 4.22 zeigt Ihnen, wie granular Sie eine Kampagne konzipieren sollten, um sowohl alle Vorkehrungen für eine optimale Anzeigenleistung als auch eine bestmögliche Nutzererfahrung für den Interessenten zu treffen. Aus folgenden Aspekten ist diese Vorgehensweise zielführend:

- **Suchergebnisseite**
  Sucht ein Nutzer zum Beispiel nach einer *Diesel Jeans für Herren*, steigt die Wahrscheinlichkeit für einen Klick auf Ihre Anzeige, wenn der Text nicht auf einen *Händler für viele Hosenmarken*, sondern eben auf einen *Online-Shop für Herren Jeans der Marke Diesel* hinweist. Passt der Anzeigentext zum Suchergebnis, werden die übereinstimmenden Phrasen automatisch fett markiert, womit in weiterer Folge auch Klickraten und Qualitätsfaktor der jeweiligen Anzeigen und Keywords steigen.
- **Zielseite**
  Haben Sie in der Abstimmung von Anzeigentexten und Keywords alles richtig gemacht, können Sie noch immer an einem weiteren Punkt scheitern – nämlich dann, wenn das in der Anzeige beworbene und damit dem Suchenden quasi »versprochene« Ergebnis auf der Zielseite nicht unmittelbar auffindbar ist. Verlinken Sie aus der oben genannten detaillierten Suchanfrage (*Jeans Herren Diesel*) auf Ihre

Homepage oder einen Teil des Online-Shops, der auch andere Bekleidungsteile, Modelle für Damen oder andere Marken beinhaltet, ist Ihr potenzieller Neukunde entweder verwirrt oder im schlechtesten Fall sogar verärgert. Dies kann dazu führen, dass er den Besuch auf Ihrer Webseite sofort abbricht, zum Google-Suchergebnis zurückkehrt und auf die Anzeige eines Ihrer Mitbewerber klickt.

Natürlich muss dieser exemplarische Online-Shop die Möglichkeit bieten, dass Sie aus Ihren Anzeigen direkte Links auf thematisch passende Shop-Inhalte (z. B. eigens programmierte Landing-Pages) oder maßgeschneiderte Suchergebnisse setzen können. Mit diesen so genannten *Deep Links* steht und fällt Ihr Konzept. Planen Sie wie oben dargestellt eine Anzeigengruppe, die für eine optimale Performance auf eine nach Hosentyp, Marke und Farbe (*Jeans Diesel dunkelblau*) gefilterte Detailsuche in Ihrem Online-Shop verweisen soll, dann muss es Ihnen technisch möglich sein, eine URL, die zu genau diesen gefilterten Shop-Produkten führt, bei den dazu passenden Anzeigen zu hinterlegen. Sollten Sie nicht selbst Webmaster und/oder Programmierer Ihrer Webseite sein und ohnehin über die technischen Rahmenbedingungen ihres Content-Management- oder Online-Shop-Systems Bescheid wissen, stellen Sie im Idealfall bereits vor der Konzeption Ihrer AdWords-Kampagnen den Funktionsumfang der Webseite in Hinblick auf die technischen Möglichkeiten für das Setzen von Deep Links sicher. Planen Sie die Anzeigengruppenstruktur nicht unnötig tiefer, als es Ihre Webseiteninhalte zulassen.

Warum ist die Anzeigengruppenstruktur so wichtig?

Relevanz ist das oberste Gebot beim AdWords-Werbeprogramm. Das ist an dieser Stelle nichts Neues – jedoch können wir es nicht vermeiden, dass Sie mehr als einmal, wenn nicht dutzende Male in nahezu allen Kapiteln dieses Buches darauf stoßen werden. Werfen Sie sprichwörtlich »Äpfel und Birnen« in eine einzige Anzeigengruppe, hinterlegen dort eine hohe Zahl an beliebigen Keywords und setzen für alle Suchanfragen einen zentralen Link auf Ihre Homepage, wird Ihre Kampagnenleistung mäßig zufriedenstellend ausfallen. Klar werden Sie Klicks auf Ihre Anzeigen und damit neue Besucher auf Ihrer Webseite generieren können, aber Sie werden dafür auch vergleichsweise tiefer in die Tasche greifen müssen. Sie zahlen für die Klicks mehr als nötig, und auch viel mehr im Vergleich zu allen Mitbewerbern mit einer professionelleren Kampagnenstruktur. Entscheidungen, die Sie hier treffen, wirken sich maßgeblich auf die Kampagnenleistung und Ihren Erfolg mit AdWords aus. Hohe Klickraten, die ein optimal strukturiertes Anzeigengruppenset im Idealfall aufweist, tragen maßgeblich zu einem besseren Qualitätsfaktor und somit auch zu besser gereihten Anzeigenpositionen und nicht zuletzt den Ihnen verrechneten Kosten pro Klick bei. Sparen Sie an dieser Stelle Zeit, bezahlen Sie in weiterer Folge mit wertvollem AdWords-Budget, das letztlich nur Google freut, aber weder Ihnen noch Ihren potenziellen Kunden weiterhilft.

Nun hoffen wir, dass Sie mit Hilfe dieser Tipps und Denkanstöße eine Struktur für Ihre Kampagne erarbeiten konnten. Damit gelangen Sie zum nächsten Schritt, bei dem Sie Ihre erste Anzeigengruppe benennen. Wir möchten dazu beim oben genannten Beispiel bleiben und weiterhin mit dem Online-Shop für Bekleidung arbeiten.

4.3.2 Anzeigengruppenname

Bei der Erstellung einer neuen Kampagne über die AdWords-Benutzeroberfläche im Browser definieren Sie alle Inhalte der ersten Anzeigengruppe – Name, Anzeigentexte und Keywords – über einen eigens angepassten Benutzerdialog. Daher werden wir die Anzeigengruppenerstellung anhand der in Folge abgebildeten einfachen Bildschirmdialoge beschreiben. Bestehende Kampagnen und Anzeigengruppen können auch über andere Wege bearbeitet werden.

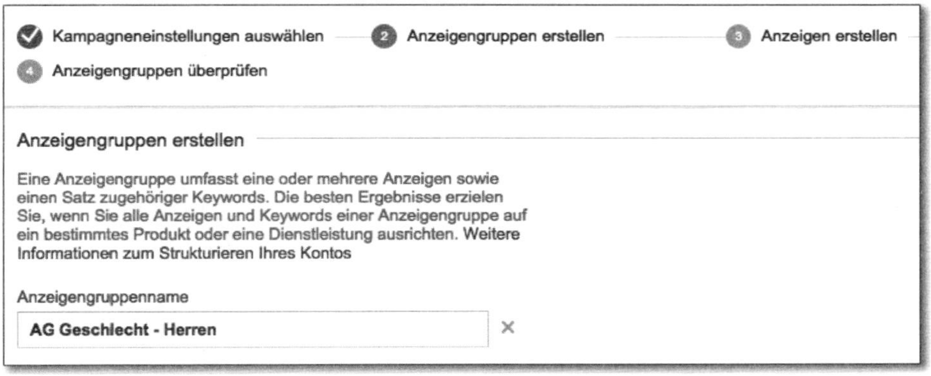

Abbildung 4.23 Tragen Sie den Namen der ersten Anzeigengruppe im markierten Feld ein.

Wir gehen nun davon aus, dass Sie Ihre Kampagnenstruktur vorbereitet haben und daher einfach den ersten ANZEIGENGRUPPENNAMEN vergeben können. Ist dieser eingetragen, wird es für Sie zunehmend spannend: Nun geht es darum, dass Sie zunächst erste Keywords hinterlegen und schließlich Ihre allererste AdWords-Textanzeige verfassen.

4.3.3 Keywords

Wir werden uns gleich in Abschnitt 4.4, »Keywords«, umfassend mit dem Thema Keyword-Eingabe und Keyword-Optionen beschäftigen. Diese können in der Benutzeroberfläche einer fertig erstellten Kampagne wesentlich einfacher und umfangreicher erfolgen und werden auch künftig Ihre erste Anlaufstelle zur Keyword-Verwaltung sein. Dennoch müssen Sie an dieser Stelle des Kampagnenerstellungs-Assistenten ein paar erste Keywords für Ihre Anzeigengruppe auswählen. Halten Sie sich hier fürs Erste kurz und geben Sie nur ein paar offensichtlich passende Keywords ein. Google ermöglicht Ihnen zudem, mit Hilfe eines Assistenten ein paar weitere Keyword-Ideen aus beliebten AdWords-Suchbegriffen für angegebene Zielseiten, Themen oder Produkte direkt einzubuchen. Einen Ausschnitt der dazu passenden Benutzeroberfläche finden Sie in Abbildung 4.24.

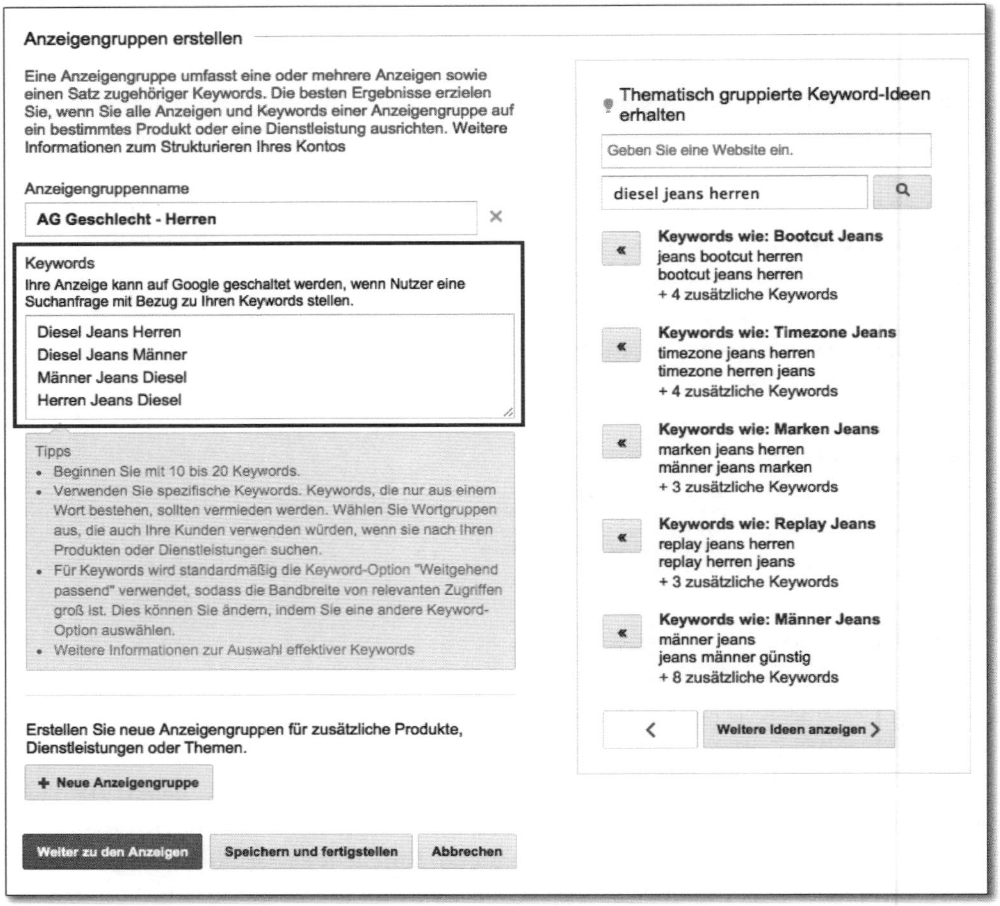

Abbildung 4.24 Die Keyword-Eingabe wird durch automatische Keyword-Ideen vereinfacht.

Nachdem Sie einige für Ihre erste Anzeigengruppe passende Keywords eingegeben haben, klicken Sie WEITER ZU DEN ANZEIGEN, um sich im nächsten Schritt den Anzeigentexten zu widmen.

4.3.4 Anzeigentexte

Es ist kurios, dass die Materie AdWords einerseits ganze Bücher füllen kann – nicht nur Sie und wir wissen das – andererseits aber folgen die im Mittelpunkt stehenden

Textanzeigen seit den Anfängen der Suchwortvermarktung demselben Grundprinzip: Eine kurze Überschrift, gefolgt von einer angezeigten URL und einem etwas längeren Anzeigentext – und das war's auch schon. Jedoch: Je einfacher das Schema, desto mehr gibt es beim Texten der Anzeigen zu beachten. Lernen Sie in diesem Abschnitt wichtige Informationen und Tipps kennen, um dafür zu sorgen, dass Ihre Textanzeigen von Beginn an sowohl den Anforderungen und Zielen Ihres Unternehmens als auch den AdWords-Richtlinien entsprechen.

Anatomie einer Textanzeige

Bevor Sie munter drauflos texten, müssen Sie zunächst den Aufbau und die Bestandteile einer Textanzeige kennenlernen. Abbildung 4.25 zeigt die exemplarische Darstellung eines Anzeigentextes, die Vorgaben in Hinblick auf die maximal erlaubten Zeichenlängen finden Sie in der unten folgenden Tabelle 4.2.

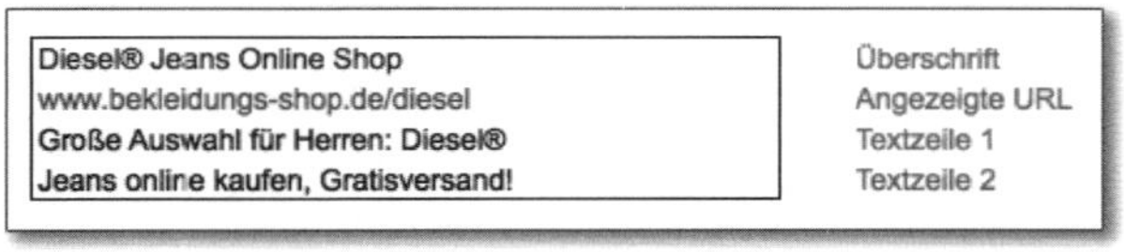

Abbildung 4.25 Aufbau einer AdWords-Textanzeige

Sie sehen, dass die Überschrift durch die blaue Farbe visuell hervorsticht. Wir empfehlen Ihnen daher, dass Sie den Suchbegriff bzw. das Thema der Anzeigengruppe bereits in der Überschrift nennen. Die Angezeigte URL enthält den Domain-Namen Ihrer Webseite sowie idealerweise einen ebenfalls thematisch passenden Dateipfad – vorausgesetzt, die Zeichenlimits lassen diesen zu. Möglicherweise fragen Sie sich an dieser Stelle, warum denn die URL, mit der Sie Ihre Anzeige verknüpfen, überhaupt eine Zeicheneinschränkung aufweist. Bei langen Dateipfaden oder Online-Shops kann es ja durchaus vorkommen, dass Sie mit sehr langen URLs arbeiten müssen. Nun, das hat den Grund, dass Google hier die folgenden zwei URLs unterscheidet:

- Angezeigte URL (in der AdWords-Anzeige dargestellte URL) – z. B.: *www.bekleidungs-shop.de/diesel*
- Ziel-URL (funktionierende, auf die Webseite verweisende URL) – z. B. *www.bekleidungs-shop.de/hosen/jeans/diesel/herren*

Es ist wichtig, dass Sie den Unterschied dieser beiden URL-Eingabefelder erkennen und in der Praxis anwenden. Die angezeigte URL dient dazu, die Anzeigenrelevanz für den Suchmaschinen-Nutzer zu steigern (indem Sie wie oben dargestellt durch die zusätzliche Angabe von */diesel* darauf hinweisen, dass der Link hinter der Anzeige zumindest in den entsprechenden Marken-Channel Ihres Online-Shops führt). Sie kann, muss aber nicht tatsächlich durch eine Eingabe im Browser erreichbar sein. Im Unterschied dazu ist bei der Ziel-URL der vollständige Pfad zu Ihrer gewünschten Zielseite zu hinterlegen. Diese URL muss gleichermaßen für das AdWords-Programm wie auch jeden Internetnutzer aufrufbar und natürlich jederzeit funktionstüchtig sein. Google musste diese beiden URL-Typen nicht zuletzt deshalb einführen, weil in der Textanzeige der limitierte Platz nicht ausreichen würde, um lange Ziel-URLs, die möglicherweise noch aus unleserlichen Zahlen und Zeichenkombinationen bestehen sowie mit diversen Trackingcodes ergänzt wurden, vollständig einzublenden. Auch wenn man sich auch auf die reine Einblendung der Webseiten-Domain beschränken hätte können, wurde mit der Möglichkeit zur Eingabe einer angezeigten URL ein aus unserer Sicht sehr guter Kompromiss geschaffen, um einerseits für die Interessenten auf Google attraktive und relevante URLs einzublenden, gleichzeitig aber den AdWords-Werbekunden die Nutzung von nahezu unbeschränkt langen tatsächlichen URLs Ihrer Zielseiten zu ermöglichen.

Die folgende Tabelle fasst nun die maximalen Zeichenlängen aller Felder einer Textanzeige auf einen Blick zusammen:

Anzeigenelement	Maximale Zeichenlänge (inklusive Leerzeichen)
Überschrift	25 Zeichen
Textzeile 1 und 2	jeweils 35 Zeichen pro Textzeile
Angezeigte URL	35 Zeichen
Ziel-URL	1024 Zeichen

Tabelle 4.2 Maximale Zeichenlänge der einzelnen Anzeigenelemente

Warum AdWords die URL zur tatsächlichen Zielseite nicht darstellt

Um das Thema »Angezeigte vs. tatsächliche URL« kurz zu veranschaulichen, möchten wir Ihnen ein Beispiel der Hotelplattform *Booking.com* nennen: Bei einer Google-Suche nach *Hotel Wien* lautet die angezeigte URL *www.booking.com/Wien-Hotels*. Schön anzusehen, leicht verständlich – so weit, so gut. Damit jedoch sowohl Webseite als auch Kampagnenmessung funktionieren, muss die tatsächliche Ziel-URL länger ausfallen und in dem konkreten Fall wie folgt lauten:

http://www.booking.com/city/at/vienna.de.html?aid=301584;label=vienna-u_PedMjyjdTpsKEKjlhYWgS43891532461:pl:ta:p1860:p2260.000:ac:ap1t1:neg;ws=&gclid=COPhubbP4MACFYMewwodT04AuA

Sie sehen, dass sie nicht nur einen anderen Seitenpfad, sondern auch eine Menge URL-Parameter einhält. Diese können einerseits für die Funktion der Webseite erforderlich sein, beinhalten meistens aber auch wertvolle Informationen für Kampagnentracking und -analyse. Auch wenn Sie nicht alle in der Ziel-URL vorhandenen Parameter zuordnen können, verstehen Sie hoffentlich schnell, weshalb AdWords zwischen angezeigter und tatsächlich verlinkter URL unterscheiden muss.

Der im Beispiel genannte AdWords-Werbekunde betreibt seine Kampagnen darüber hinaus so gewissenhaft, dass auch für die angezeigte URL eine Weiterleitung eingerichtet wurde: Geben Sie *www.booking.com/Wien-Hotels* manuell im Browser ein, werden Sie zu einem Suchergebnis mit hunderten Unterkünften in der Stadt Wien weitergeleitet. Die dort hinterlegte URL sieht – um Sie am Ende dieses Kastens schließlich komplett zu verwirren – noch einmal anders aus: *http://www.booking.com/searchresults.html?si=ai%2Cco%2Cci%2Cre%2Cla%2Cdi;ss=Wien-Hotels;ifl=1;label=short-Wien-Hotels*. Die Vorgabe, dass eine angezeigte URL auch bei einer manuellen Eingabe im Browser funktioniert, möchten wir an dieser Stelle für AdWords-Anfänger als »Fleißaufgabe« einordnen. Professionelle AdWords-Kunden mit groß angelegten Kampagnen, hohen Tagesbudgets und strengen Zielvorgaben sollten die Einrichtung und Prüfung dieser Weiterleitungen – wie im hier genannten Beispiel – hingegen als verpflichtend ansehen.

Zu guter Letzt möchten wir auf die beiden Textzeilen eingehen. Diese bilden das »Herzstück« Ihrer Textanzeige, bei welchem Sie in maximal 70 (35 + 35) Zeichen Ihre Botschaft auf den Punkt bringen müssen. Auch wenn die Eingabe jeweils in zwei getrennten Textzeilen erfolgt, ist Google mit der Zeit dazu übergegangen, an bestimmten Anzeigenpositionen eine einzeilige Darstellung zu bevorzugen (siehe Abbildung 4.26). In manchen Fällen kann es vorkommen, dass die erste Textzeile bereits an die Überschrift angehängt und im selben Stil wie diese dargestellt wird. Der darauffolgende Textblock enthält dann nur noch den Inhalt der Textzeile zwei und fällt demnach kürzer aus. Google nennt in diesem Hilfedokument einige Beispiele und zu erfüllende Kriterien für alternativ dargestellte top-platzierte Anzeigen: *https://support.google.com/adwords/answer/1722087?hl=de*.

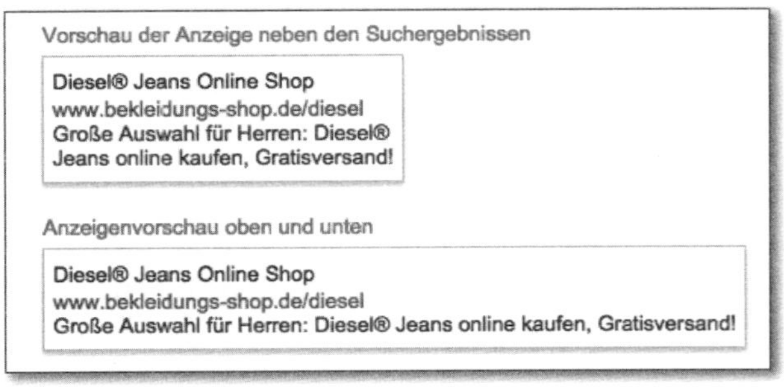

Abbildung 4.26 Die Anzeigenvorschau zeigt Ihnen die zwei- und einzeilige Variante des Anzeigentextes.

Tipps zur Erstellung erfolgreicher Textanzeigen

Zugegeben, es ist nicht einfach, alle relevanten Informationen zu Ihrem Produkt, Service oder Unternehmen so kurz zu fassen, wie es die AdWords-Textanzeigen erfordern. Haben Sie Erfahrung mit der Gestaltung von klassischen Werbeeinschaltungen in Zeitungen oder Magazinen, so wissen Sie zwar, dass auch die dort gebuchten Anzeigenformate bestimmten Richtlinien unterliegen – jedoch werden Sie bei deren Gestaltung und Textierung nicht ganz so restriktive Einschränkungen vorfinden wie bei AdWords. Hat dort nämlich die Überschrift 25 Zeichen, ist alles in Ordnung. Benötigen Sie ausnahmsweise 26 Zeichen? Fehlanzeige! Aus eigener langjähriger Erfahrung können wir berichten, wie grausam es sich anfühlt, eine vermeintlich »perfekte« Textzeile formuliert zu haben, die dann genau um ein Zeichen zu lang ist. Entweder geht sich ein wichtiges Satzzeichen gerade nicht mehr aus, oder ein Produkt- oder Markenname lässt sich beim besten Willen nicht wie gefordert unterbringen.

Wir möchten Ihnen nun ein paar Tipps geben, wie Sie dieser Sache am besten Herr werden. Schließlich sind die Anzeigentexte – bei allen wichtigen im Hintergrund getroffenen Einstellungen – jener AdWords-Bestandteil, der auf Suchergebnisseiten und in Googles Displaynetzwerk permanent »in der Auslage« steht und dort im Verlauf der Kampagne von Millionen potenziellen Interessenten gesehen werden kann. Weder Tipp- noch inhaltliche Fehler dürfen hier passieren. Gleichzeitig müssen Sie sich bewusst sein, dass Ihr Angebot niemals alleine, sondern stets im Umfeld mehrerer Anzeigen der unmittelbaren Mitbewerber eingeblendet wird.

- Sie bieten geringe Versandkosten? Mitbewerber versenden eventuell gratis.
- Sie sind Marktführer in Deutschland? Internationale Mitbewerber können auf Ihrem Heimatmarkt eventuell günstigere Preise anbieten.
- Sie haben eine wenige Tage gültige Aktion mit 10 Prozent Rabatt? Die Anzeige neben Ihnen bietet 12 Prozent noch für den ganzen Monat.

»Präzise, zielgerichtet, überzeugend«, sollte Ihr Mindestanspruch an jede formulierte Textanzeige lauten. Nehmen Sie sich daher Zeit für die folgenden sechs – auch von Google hervorgehobenen – Hinweise, bevor Sie sich Ihrem ersten selbst erstellten Anzeigentext in der Praxis widmen:

1. **Besondere Stärken (USP)**
   Heben Sie jene Aspekte hervor, die Sie von anderen Unternehmen und Mitbewerbern auf AdWords abheben: Von Geschwindigkeit über Quantität und Qualität bis hin zu geografischen Vorteilen werden Sie bestimmt mindestens einen Vorteil finden, den Sie in den Anzeigen kommunizieren möchten.
2. **Preise und Angebote**
   Erfahrungsgemäß funktionieren AdWords-Anzeigen in einigen Branchen sehr gut, wenn sie konkrete Preise oder Angebote beinhalten. Interessenten mit einer Kaufabsicht können so bereits sehr früh herausfinden, ob Ihr Unternehmen die gesuchten Produkte zum gewünschten Preis anbietet.
3. **Konkrete Handlungsaufforderungen**
   Machen Sie in Ihrer Textanzeige klar, was Interessenten nach dem Klick auf Ihrer Webseite tun sollen. Inkludieren Sie Handlungsaufforderungen wie *Jetzt kaufen*, *Hier anmelden* oder *Gratis anfragen*, um klar zu vermitteln, welche Aktion Sie vom

Nutzer nach einem Klick auf Ihre Anzeige erwarten. Banale Aufforderungen wie *Hier klicken* sollten Sie jedoch tunlichst vermeiden: Diese verstoßen nämlich gegen die Qualitätskriterien und werden vom AdWords-System sofort abgelehnt.

4. **Keywords**
   Verwenden Sie mindestens ein passendes, repräsentatives Keyword aus der Anzeigengruppe auch im Anzeigentext. Alle Wörter aus der Suchanfrage, die auch im Anzeigtentext vorkommen, werden automatisch fett markiert. Je mehr Wörter also übereinstimmen, umso auffälliger ist Ihre Anzeige. Das lenkt einerseits die Aufmerksamkeit des Suchenden wahrscheinlicher auf Ihr Angebot und erhöht auch die Relevanz für den AdWords-Algorithmus.
5. **Abstimmung mit der Zielseite**
   Es ist unerlässlich, dass das in der Anzeige angepriesene Angebot unmittelbar auf der Zielseite wiederzufinden ist. Findet es der Interessent nicht sofort wieder, weil Sie beispielsweise auf die Homepage oder eine zu allgemeine Zielseite verweisen, steigt die Wahrscheinlichkeit, dass er – anstatt bei Ihnen weiterzusuchen – Ihre Webseite gleich wieder verlässt und zurück zu Google wechselt, um einen anderen Anbieter zu finden.
6. **Testen von Anzeigenvarianten**
   Der letzte, aber keinesfalls unerhebliche Tipp lautet, dass Sie jeweils mehr als eine Textanzeige pro Anzeigengruppe erstellen. Führt das Nennen eines konkreten Preises zu mehr Klicks und Verkäufen oder ist die Erfolgsquote höher, wenn Sie allgemeine Texte formulieren? Sie werden es so lange nicht wissen, bis Sie es nicht ausprobiert haben! AdWords stellt Ihnen eine bequeme Möglichkeit bereit, mit der Sie in Ihren Kampagnen mehrere Anzeigen parallel erstellen und rotierend ausliefern können. Bevor Sie lange herumraten und probieren, welche Anzeige denn am besten funktioniert, können Sie so diese wichtige Entscheidung gleich den richtigen Personen überlassen: Nämlich Ihren Interessenten und potenziellen Kunden, die auf die Anzeigen klicken und Ihnen auf diese Weise wertvolle Informationen zukommen lassen, was sie am meisten anspricht.

Ziel-URLs als »Deep Links«

Wenn Sie die Ziel-URL hinterlegen, achten Sie bitte darauf, diese möglichst genau auf den Anzeigentext und auf die in der jeweiligen Anzeigengruppe verwendeten, thematisch gruppierten Keywords abzustimmen. Sie sollten vermeiden, alle über AdWords gewonnenen Interessenten auf nur eine einzige Zielseite – im Worst-Case Ihre Unternehmenshomepage – zu schicken. Sucht eine Interessentin beispielsweise nach einem roten Kleid in Größe 36, wird jene Anzeige am erfolgreichsten sein, die nicht nur im Anzeigentext auf diesen Suchbegriff eingeht, sondern auch auf der dazu passenden Zielseite eine Übersicht aller Kleider der Farbe Rot in Größe 36 auflistet. Würden Sie hier als Betreiber eines Online-Shops für Damenbekleidung lediglich auf die Startseite verweisen, wäre das Benutzererlebnis suboptimal, da sich die Interessentin noch einmal auf die Suche machen müsste, um das gewünschte Produkt zu finden. Sobald hier nur die geringste Frustration auftritt, wechselt der Nutzer zum nächsten Unternehmen und Sie haben nicht nur ein paar Cent bzw. Euro umsonst für den Anzeigen-Klick bezahlt, sondern auch einen potenziellen Kunden verloren.

Den aktuellen redaktionellen Standards für Anzeigentexte hat Google in der AdWords-Hilfe übrigens einen eigenen Bereich gewidmet: *https://support.google.com/adwordspolicy/answer/6021546.*

Erstellen der Textanzeige

Nachdem Sie sich über den Aufbau einer Textanzeige informiert und auch ein paar Tipps zu deren Erstellung gelesen haben, kehren Sie nun wieder zur AdWords-Benutzeroberfläche zurück, um die Inhalte Ihrer Textanzeige einzugeben wie in Abbildung 4.27 dargestellt. Sowohl ein Fortschrittsbalken, der die maximal erlaubte Zeichenanzahl der jeweiligen Felder darstellt, als auch die in Echtzeit verfügbare Anzeigenvorschau helfen Ihnen dabei, den spärlichen Platz optimal auszunutzen.

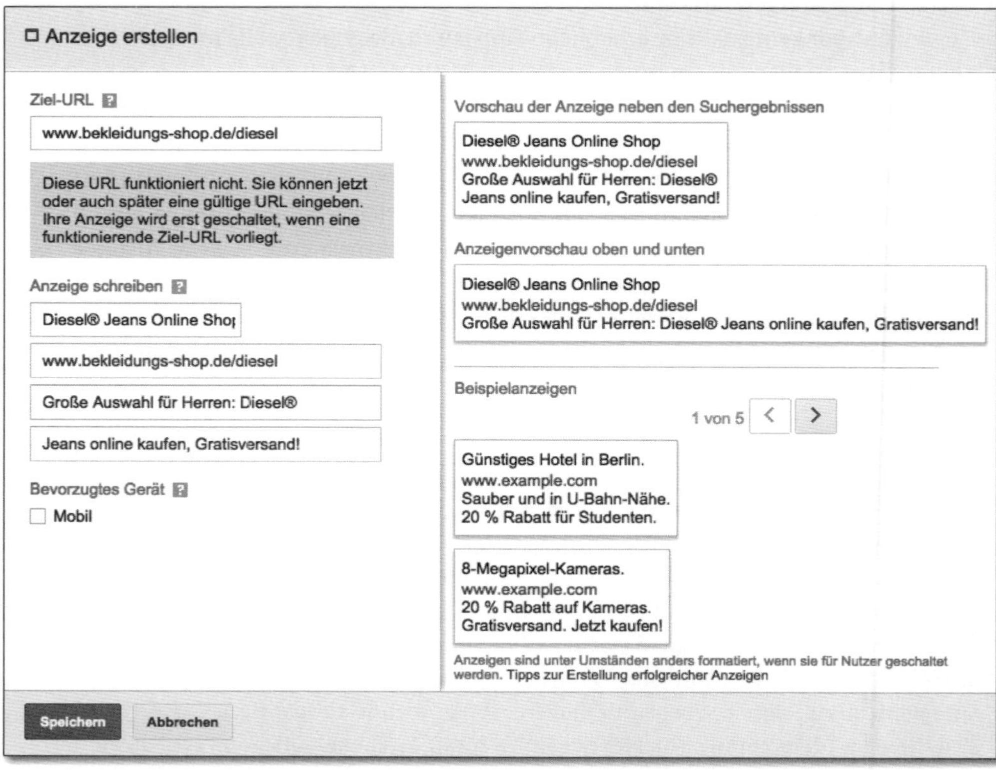

Abbildung 4.27 Integrierte Anzeigenvorschau zur Textanzeige

Wir hoffen, Sie kommen dabei – unter Berücksichtigung dessen, was Sie bisher gelernt haben – gut zurecht. Uns zumindest macht das Texten von AdWords-Anzeigen nach wie vor großen Spaß und wir tüfteln so lange an den Formulierungen, bis wir die gewünschte Botschaft – bei bestmöglicher Nutzung der vorgegebenen Zeichenlängen – »auf den Punkt« gebracht haben. Den oben genannten sechsten Tipp, mehrere Textvarianten zu formulieren, können Sie direkt nach diesem Schritt umsetzen, sobald Sie Ihre erste Textanzeige gespeichert haben (siehe Abbildung 4.28).

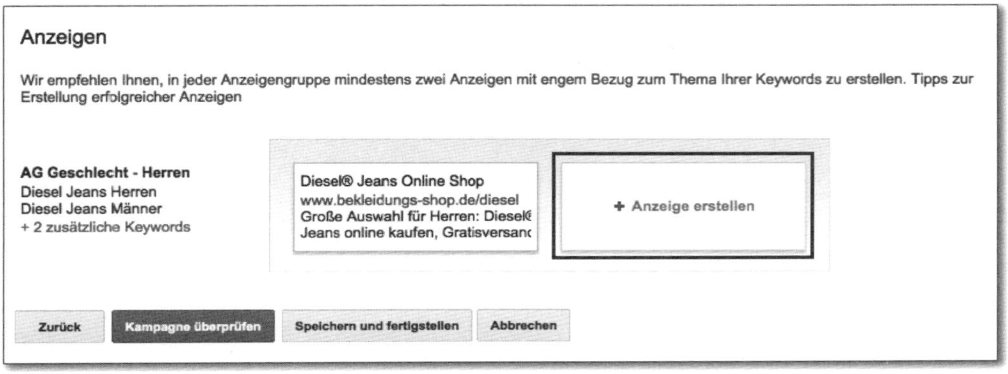

Abbildung 4.28 Erstellen Sie mehrere Anzeigenvarianten

Gratulation! Nun ist es soweit und Sie haben Ihre erste Kampagne eingerichtet, einen Anzeigentext formuliert, die Zielseite ausgewählt sowie einige passende Keywords definiert. Damit haben Sie folgende Schritte erfolgreich abgeschlossen:

- Erstellen einer Kampagne
- Setzen wichtiger Grundeinstellungen auf Kampagnenebene
  - Werbenetzwerke
  - Geografische und sprachliche Ausrichtung
  - Klickpreis-Gebote und Tagesbudgets
- Definieren von Anzeigenerweiterungen
- Strukturieren und Erstellen von Anzeigengruppen
- Eingeben von Keywords
- Verfassen von Anzeigentexten

Die weiteren beschriebenen Schritte, beginnend mit der erweiterten Keyword-Eingabe, werden sich an der Benutzeroberfläche orientieren, die sich Ihnen nach dem erfolgreichen Einrichten einer ersten Kampagne präsentiert.

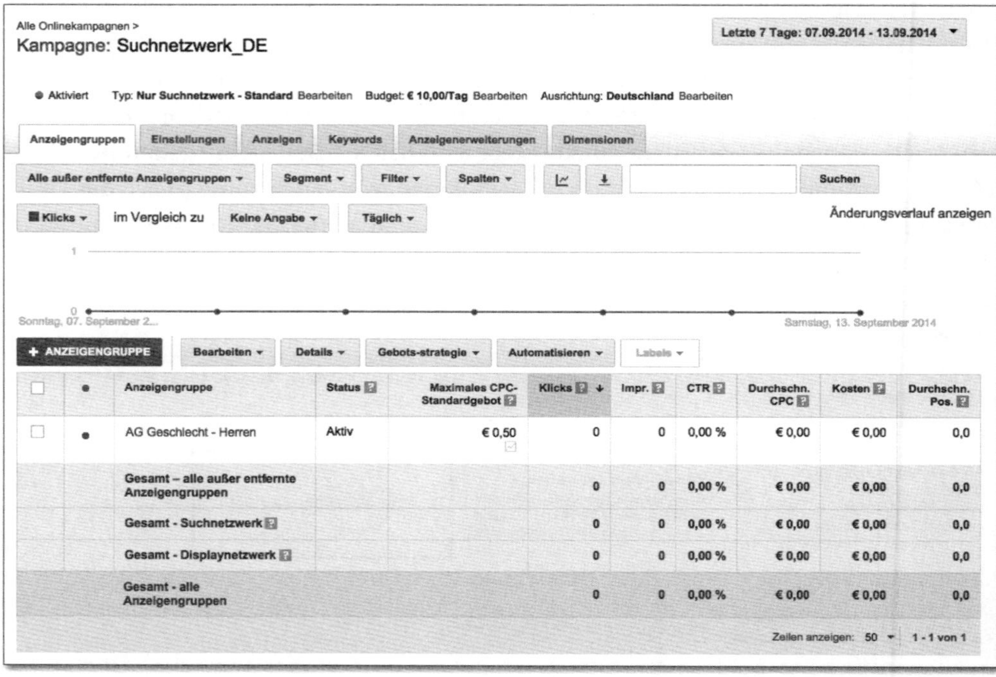

Abbildung 4.29 So präsentiert sich die AdWords-Benutzeroberfläche, sobald Sie Ihre erste Kampagne erstellt haben.

4.4 Keywords

Auf Grundlage Ihrer Keyword-Recherche aus Kapitel 3, »Keywords«, sollten Sie bereits wissen, welche Begriffe Internetnutzer in die Suchmaschine eingeben, um Ihre Produkte, Dienstleistungen oder Informationen zu finden. Wir sind uns sicher, dass Sie diese ausführlichen Erklärungen im folgenden Schritt gleich in die Praxis umsetzen können.

4.4.1 Keyword-Recherche

Klar wird es einige offensichtliche Keywords geben, die Sie ohne großen Rechercheaufwand intuitiv in Ihrer Kampagne verwenden können. Für die zuvor erstellte Beispielkampagne haben wir es zunächst auch dabei belassen. Wenn Sie beispielsweise ein Steuerberatungsunternehmen in Wien betreiben, liegt die Verwendung der Keyword-Kombination *Steuerberater Wien* auf der Hand. Sie könnten also eine Kampagne aufsetzen, die zunächst nur diese eine Wortkombination beinhalten und damit erste Klicks generieren würde. Aber es wird nicht nur darauf ankommen,

Keywords einzubuchen, die den offensichtlichen Fachbereich bzw. die Branche Ihres Unternehmens beschreiben. Es ist gleichermaßen wichtig, auch solche Begriffe einzusetzen, die Ihre Tätigkeit (Dienstleistungen bzw. Produkte) näher beschreiben. Suchmaschinennutzer werden nicht nur danach suchen, wer Sie *sind*, sondern auch danach, was Sie *machen*. Als Steuerberater werden Sie also sinnvollerweise auch Ihre Leistungen wie z. B. *Buchhaltung*, *Personalverrechnung* oder das *Erstellen von Steuererklärungen* als Basis für Ihre Keyword-Liste verwenden. Jedoch werden Sie auch hier bald feststellen, dass diese Überbegriffe maximal als Kampagnen- oder Anzeigengruppenbezeichnung verwendet werden können und es dahinter wiederum eine Vielzahl an tatsächlich zum Einsatz kommenden Suchwort-Kombinationen geben wird.

Keyword-Recherche mit Sach- und Hausverstand

In diesem Buch zeigen wir Ihnen hilfreiche Methoden und praktische Tools zur Recherche, Einbuchung und Optimierung umfangreicher Keyword-Sets. So viel zum Thema Sachverstand. Es gibt jedoch einen weiteren wichtigen Aspekt im Umgang mit Keywords, der allein von Ihnen abhängt: den Hausverstand. Leider haben wir schon oft erleben müssen, dass unerfahrene Kunden, Agenturen oder Kampagnenmanager zwar hunderte, wenn nicht sogar tausende von irgendwelchen Tools vorgeschlagene Keyword-Kombinationen in ihre Kampagnen einbuchen. Gleichzeitig haben wichtige Suchbegriffe, die teilweise sogar klar auf der Startseite der Firmenwebseite ersichtlich waren, gefehlt. Widmen Sie daher unabhängig davon, ob Sie AdWords-Kampagnen für Ihre eigene Webseite oder jene von Kunden und Geschäftspartnern erstellen, den Keywords die nötige Aufmerksamkeit aus persönlicher Sicht. Schließlich sitzt am »anderen Ende« Ihrer Kampagnen – unabhängig davon, an welchem Gerät oder in welchem Teil dieser Erde er sich befindet – ebenfalls ein Mensch. Überlegen Sie zunächst selbst, welche Suchanfragen ein potenzieller Interessent in den Suchschlitz eintippen könnte, beginnen Sie dann, danach zu suchen und lassen Sie sich von den gefundenen bezahlten und organischen Suchergebnissen,sowie von Googles Vorschlägen (z. B. Auto-Vervollständigen der Suchanfrage während Sie tippen, verwandte Suchbegriffe auf der Ergebnisseite etc.) weiter inspirieren. Ein Klick führt dabei zum anderen, und mit Hilfe dieses Prozesses werden Sie erste wertvolle Informationen über für Sie relevante Keywords erhalten. Tauchen im Themenkontext Begriffe auf, bei denen Sie definitiv keine Anzeigenschaltung auslösen möchten, halten Sie auch diese in Ihren Notizen fest.

Erfahrungsgemäß funktionieren solche Rechercheansätze auch gut, wenn Sie themen- und branchenfremde Personen – warum nicht zum Beispiel Ihre Eltern, Kinder oder Bekannten – damit »beauftragen«, einfach mal nach möglichen Produkten, Dienstleistungen oder Unternehmen bei Google zu suchen. Sie werden erstaunt darüber sein, wie Ihnen diese Personen mit jeweils individuellen Ansätzen beim Finden von Keywords behilflich sein können.

Mit Hilfe der zuvor beschriebenen Prozesse und Tools greifen Sie nun bereits auf ein Keyword-Set zurück, das als Basis für die Verwendung in den Kampagnen bereit steht. Bevor Sie sich gleich ins Interface Ihres AdWords-Kontos – und damit bei Nicht-berücksichtigen dieses Abschnittes möglicherweise direkt ins Verderben – stürzen, müssen wir Ihnen noch eine wichtige, für jede Suchkampagne typische AdWords-Eigenschaft vorstellen: Die *Keyword-Optionen* bzw. *Keyword-Übereinstimmungstypen* (engl. »Match types«). Wir werden, auch wenn AdWords-Dokumentation und -Benutzeroberfläche in unterschiedlicher Häufigkeit von beiden Bezeichnungen Gebrauch machen, bei unseren Ausführungen vorwiegend erstere einsetzen.

4.4.2 Groß- und Kleinschreibung von Keywords

Vorausschicken möchten wir auch, dass bei der Eingabe der AdWords-Keywords die Groß- und Kleinschreibung nicht beachtet wird. Sie müssen also zum Beispiel die beiden Suchbegriffe *Hotel* und *hotel* nicht doppelt eingeben, da AdWords beide Schreibweisen berücksichtigt. Auch wenn Sie in diesem Abschnitt unterschiedliche Varianten in der Groß- und Kleinschreibung finden werden, bleibt es schließlich Ihnen überlassen, wie Sie mit diesem Thema in Ihren Konten umgehen. Persönlich können wir die konsequente Kleinschreibung aller Keywords vor allem aus Gründen der besseren Übersicht nur empfehlen.

Wie gehen Sie jedoch vor, wenn Sie sich ebenfalls für die durchgehende Kleinschreibung entschieden haben, aber einige Ihrer umfangreichen – egal ob selbst recherchierten bzw. von Dritten erhaltenen – Keyword-Listen eine inkonsequente Groß- und Kleinschreibung aufweisen? Machen Sie sich keine Sorgen über unnötigen manuellen Zusatzaufwand, denn glücklicherweise gibt es einige sehr hilfreiche Dienste, die Ihnen hier eine Menge Arbeit abnehmen können. Zunächst helfen Ihnen die zuvor im Kapitel erwähnten Tabellenkalkulationsprogramme Microsoft Excel sowie Google Drive über einfache Formeln weiter. Sehen Sie sich dazu das Beispiel in Abbildung 4.30 an, das Ihnen die schnelle spaltenweise Umwandlung von unterschiedlicher Groß- und Kleinschreibung in eine einheitliche Kleinschreibweise zeigt. Alternativ können Sie auch online nach solchen Tools suchen. Eines davon ist zum Beispiel *http://www.convertcase.net*. Damit können Sie grundlegende Schreibweisen-Umwandlungen bequem im Browser erledigen, um die Ergebnisse danach in Ihren Keyword-Listen oder durch einfaches Kopieren und Einfügen gleich in der AdWords-Benutzeroberfläche weiterzuverwenden.

Der Google-AdWords-Blog geht übrigens in diesem schon etwas älteren Artikel noch einmal offiziell auf dieses Thema ein: *http://adwords-de.blogspot.co.at/2009/08/keyword-tipps-2-grokleinschreibung-und.html*.

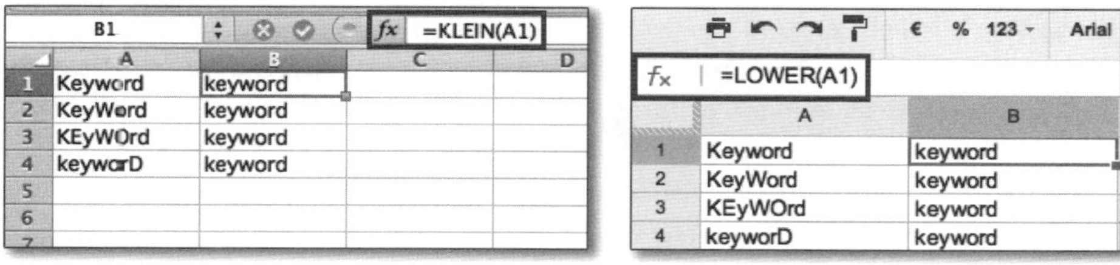

Abbildung 4.30 Einfache Möglichkeit zur automatischen Umwandlung von Groß- in Kleinschreibung in Microsoft Excel (links) bzw. Google Drive (rechts)

Nachdem Sie nunmehr über die Hintergrundinformationen und Empfehlungen zur generellen Schreibweise von Keywords erfahren haben, kommen wir zu den Keyword-Optionen bzw. Keyword-Übereinstimmungstypen. Denn diese haben im Unterschied zur Groß- und Kleinschreibung einen wesentlichen Einfluss auf die Schaltung und Leistung Ihrer AdWords-Anzeigen.

4.4.3 Die Keyword-Optionen

Unter den Keyword-Optionen in AdWords können Sie sich eine zusätzliche Kennzeichnung vorstellen, die auf Basis jedes einzelnen eingebuchten Suchbegriffes optional vergeben wird. Allen AdWords-Nutzern ist dringend angeraten diese Keyword-Optionen zu verwenden, um ihre Keyword-Sets spezifischer auszurichten. Leider zeigt die Praxis, dass viele Anwender in ihren Kampagnen komplett auf die Nutzung der Keyword-Optionen verzichten und somit sehr wahrscheinlich – meist unbewusst bzw. mangels besserer Kenntnis – mehr Budget als nötig ausgeben.

Keyword-Optionen: obligatorisch oder optional?

Wir empfehlen Ihnen, bei der Erstellung Ihrer Anzeigengruppen und Keyword-Sets abhängig von Ihrer Zielsetzung jederzeit einen Fokus auf die Anwendung der Keyword-Optionen zu legen. Zu wenig bzw. keine Keyword-Optionen einzusetzen, bedeutet zunächst eine größere Reichweite bei geringerem Setup-Aufwand, was vor allem für Einsteiger bzw. Anwender, die ihren Kampagnen weniger Zeit widmen können oder wollen, verlockend erscheint. »Google weiß bestimmt, welche Keywords am besten passen«, ist ein Ansatz, der Sie langfristig viel Geld kosten kann. Denn die Wahrscheinlichkeit, dass Sie auf diese Weise auch eine Menge irrelevanter Klicks generieren, ist sehr hoch.

Beispiel gefällig? Google interpretiert die weitgehend passende Keyword-Option bisweilen tatsächlich – sowohl thematisch als auch geografisch – nur als sehr grobe Vorgabe. So kann zum Beispiel bei einem weitgehend passenden Keyword *Hotel Salzburg* ohne Nutzung der Keyword-Optionen eine Anzeige durchaus für die Suchanfrage *Ferienwohnung am Chiemsee* geschaltet werden. Klar, eine Ferienwohnung hat im weitesten Sinne ähnliche Eigenschaften wie ein Hotel – immerhin kann man in beiden gegen

Bezahlung übernachten. Und von der Stadt Salzburg bis zum Chiemsee ist's auch nicht weit. Seitens Google und der Definition weitgehend passender Keywords ist die Vorgehensweise also in Ordnung. Aber für den Anzeigenkunden ist sie eine doch deutliche Themenverfehlung. Wir hoffen, Sie verstehen anhand dieses kleinen Beispiels, dass die Nutzung der Keyword-Optionen keine bloße Option darstellt, sondern deren Berücksichtigung vielmehr eine unbedingte Pflicht jedes AdWords-Werbetreibenden ist.

Mit dem Erarbeiten dieses Abschnittes werden Sie rasch erkennen, dass der Einsatz von Keyword-Optionen quasi verpflichtend für jede Suchkampagne ist. Je offener Sie diese lassen, umso mehr Freiheiten überlassen Sie dem Google-Algorithmus bei der Entscheidung, Ihre Anzeigen bei bestimmten Suchanfragen zu schalten oder nicht. Je enger Sie Ihre Keywords eingrenzen, umso mehr behalten Sie selbst diese Entscheidung in der Hand. Gleichzeitig bedeuten engere Keyword-Optionen jedoch einen umfangreicheren Rechercheaufwand für Sie. Für Kampagnen im Displaynetzwerk sind die Keyword-Optionen übrigens nicht relevant. Werden dort Keywords hinterlegt, haben diese jeweils die Standardoption *Weitgehend passend*, auf die wir gleich unten näher eingehen werden.

Nun, da Sie von den Keyword-Optionen und deren essentieller Bedeutung vor allem für Suchkampagnen gelesen haben, wird Sie bestimmt interessieren, welche und vor allem wie viele solcher Optionen es ab sofort zu berücksichtigen gilt. Folgende fünf Optionen werden Sie in diesem Abschnitt genauer kennen lernen:

- *Weitgehend passend* (engl. »Broad Match«)
- *Modifizierer für weitgehend passende Keywords* (»Broad Match with Modifier«)
- *Passende Wortgruppe* (»Phrase Match«)
- *Genau passend* (»Exact Match«)
- *Ausschließendes Keyword* (»Negative Match«)

Wie Sie in Abbildung 4.31 erkennen können, nimmt die Keyword-Option einen nicht unwesentlichen Einfluss auf die Reichweite und Relevanz Ihrer Suchanzeigen. Je breiter die Keyword-Option, umso mehr Reichweite und Traffic-Potenzial hat ein Keyword. Je enger eine Keyword-Option, umso mehr steigt die Relevanz, jedoch bei gleichzeitig sinkender Reichweite.

Im Allgemeinen gilt also, dass Sie mit uneingeschränkten, größtenteils weitgehend passenden Keyword-Sets sehr wahrscheinlich mehr Besucher erhalten werden. Kampagnen, die nur genau passende Keywords enthalten, werden höchstwahrscheinlich sehr relevante und hinsichtlich Ihrer Zielsetzung »bessere«, jedoch auch deutlich weniger Besucher liefern. Ausschließende Keywords nehmen dabei eine Sonderrolle ein, da sie in Kombination mit den anderen Optionen eingesetzt werden können, um Ihnen eine weitere Eingrenzung des Keyword-Sets zu ermöglichen.

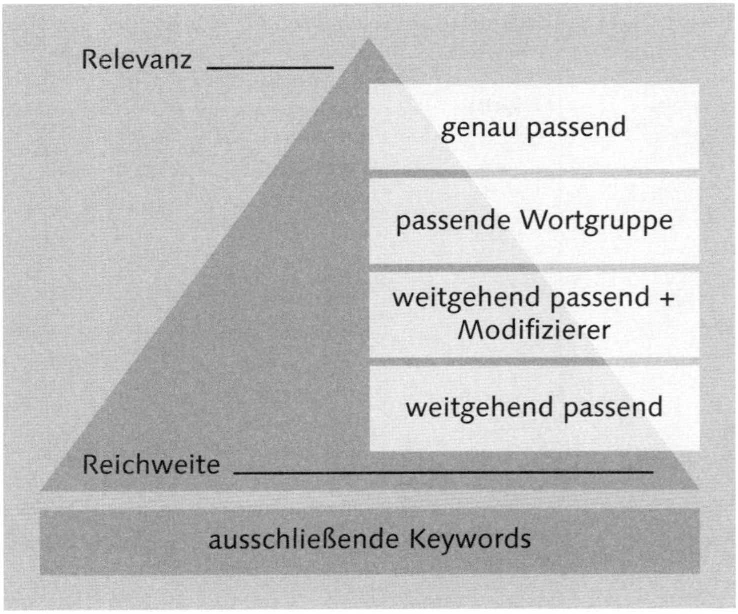

Abbildung 4.31 Die Keyword-Optionen wirken sich unmittelbar auf Reichweite und Relevanz Ihrer AdWords-Kampagnen aus.

Bevor wir uns den einzelnen Details widmen, möchten wir Ihnen anhand der Beispiele in der folgenden Tabelle einen ersten Überblick zu den wesentlichsten Eigenschaften und Unterschieden der Keyword-Optionen bieten. Dort lernen Sie auch die Möglichkeiten zur Kennzeichnung der jeweiligen Optionen kennen, mit der Sie dem AdWords-Programm mitteilen, ob und in welcher Form Sie ein Keyword näher eingrenzen möchten.

Keyword-Option	Kenn-zeichnung	Beispiel-Keyword	Kriterien für die Anzeigen-schaltung	Beispiel-Suchanfrage
Weitgehend passend	Keyword	Hose für Herren	Synonyme des Keywords, ähnliche bzw. verwandte Suchanfragen sowie weitere relevante Varianten	Herren Freizeithose kaufen

Tabelle 4.3 Übersicht und Beispiele für Keyword-Optionen

Keyword-Option	Kenn-zeichnung	Beispiel-Keyword	Kriterien für die Anzeigen-schaltung	Beispiel-Suchanfrage
Modifizierer für weitgehend passende Keywords	+Keyword	+Hose für +Herren	Suchanfrage beinhaltet den leicht geänderten Begriff oder sehr ähnliche Varianten, jedoch keine Synonyme, in beliebiger Reihenfolge	Hosen für Herren
Passende Wortgruppe	"Keyword"	"Hose für Herren"	Wortgruppe in genauer Reihenfolge	Hose für Herren kaufen
Genau passend	[Keyword]	[Hose für Herren]	Genauer Begriff	Hose für Herren
Ausschließen-des Keyword	-Keyword	-Jeans	Nur Suchanfragen ohne den ausgeschlossenen Begriff	Jeans Hose für Herren (löst keine Anzeigen-schaltung aus!)

Tabelle 4.3 Übersicht und Beispiele für Keyword-Optionen (Forts.)

In der Hoffnung, den meisten von Ihnen mit Hilfe dieser Tabelle bereits ein erstes »Aha-Erlebnis« in Sachen Keyword-Optionen beschert zu haben, möchten wir den fünf möglichen Varianten auch im Einzelnen jeweils ein paar Zeilen widmen.

Weitgehend passend

Weitgehend passende Keywords stellen die von Google vorgegebene Standardoption dar. Aus diesem Grund gibt es dafür auch keine spezielle Kennzeichnung. Sie buchen ein einzelnes Keyword oder eine aus mehreren Wörtern bestehende Phrase in AdWords ein und überlassen die »weitgehende« Zuordnung dem AdWords-Algorithmus. Dabei sind in der Auswahl, bei welchen tatsächlichen Suchanfragen Ihre Anzeigen geschaltet werden, folgende Varianten möglich:

- Die Suchanfrage muss das eingebuchte Keyword nicht unbedingt in der richtigen Reihenfolge enthalten.

- Die Suchanfrage kann mehrere andere, nicht eingebuchte Begriffe enthalten.
- Die Suchanfrage kann »ähnliche« (jedoch nicht unbedingt für Ihre Zwecke passende) Begriffe enthalten.
- Die Suchanfrage kann falsche Schreibweisen, Singular- und Pluralformen sowie Synonyme des eingebuchten Keywords beinhalten.

Lassen Sie uns nun anhand eines Beispiels ansehen, wie sich das in der Praxis auswirken kann.

Weitgehend passendes Keyword	Anzeigenschaltung bei diesen Suchanfragen
Skiurlaub Tirol	Winterurlaub in Tirol
	Skifahren im Urlaub in Südtirol
	Skiurlaub Österreich buchen
	Nach Tirol in den Schiurlaub
	Im Winterurlaub nach Tirol fahren
	Hotels Tirol Skiurlaub Bewertung

Tabelle 4.4 Beispiele für die Option »Weitgehend passend«

Sie sehen, dass Google Ihre Anzeigen unter Verwendung der weitgehend passenden Keyword-Option bei sehr vielen Suchanfragen schaltet, ohne dass Sie eine aufwändige Keyword-Liste erstellen müssen. Diesen vermeintlichen Vorteil können Sie aber dann rasch einbüßen, wenn eine für den Algorithmus vermeintlich logische Zuordnung für Sie keinen Sinn ergibt. Wenn Sie, wie oben dargestellt, beispielsweise als Tiroler Skigebiet in der Google-Suche werben, werden Sie gut daran tun, die Begriffe *Südtirol* oder *Italien* als ausschließende Keywords zu hinterlegen, um die Relevanz Ihrer Anzeigen für Suchmaschinen-Nutzer zu steigern. Ebenfalls werden Sie in diesem Beispiel auch *Bewertung* als weiteres ausschließendes Keyword festlegen, sollten Sie eine Info- und Buchungswebseite ohne Hotelbewertungen betreiben.

Aus diesen, wie wir hoffen offensichtlichen Gründen lässt sich also feststellen, dass ein kleines und hauptsächlich weitgehend passendes Keyword-Set eine umso längere Liste an ausschließenden Keywords erfordert, um dennoch nicht gänzlich an Relevanz einzubüßen.

Modifizierer für weitgehend passende Keywords

Kommen wir zu einer leicht abgewandelten und daher bereits eine Stufe spezifischeren Keyword-Option: Jener, bei der Sie die bereits kennengelernten weitgehend passenden Keywords mit einem so genannten »Modifizierer« versehen. Dieser lässt sich durch das Voranstellen eines Pluszeichens (+) vor das jeweilige Keyword aktivieren. Wie Sie gleich sehen werden, kann dieser Modifizierer dabei auch bei mehreren Wörtern einer Keyword-Phrase zum Einsatz kommen. Seine Nutzung hat im Unterschied zur erstgenannten Option die Auswirkung, dass keine Anzeigenschaltung für Synonyme oder ähnliche, verwandte Suchanfragen ausgelöst wird. Setzen wir das zuvor genannte Beispiel fort, würde also die Verwendung des Keywords *+Skiurlaub +Tirol* sowohl für Suchanfragen, die *Winterurlaub* oder *Südtirol* beinhalten, keine Anzeigenschaltung mehr auslösen. Bei mehr Kontrolle müssen Sie bei der Nutzung dieser Keyword-Option nicht gänzlich darauf verzichten, dass Übereinstimmungen für Singular- und Pluralformen oder Tippfehler dennoch automatisch berücksichtigt werden. Wie die Nutzung des Modifizierers bei weitgehend passenden Keywords in der Praxis aussieht, veranschaulicht die folgende Tabelle.

Modifizierer für weitgehend passende Keywords	Anzeigenschaltung bei diesen Suchanfragen	Keine Anzeigenschaltung bei diesen Suchanfragen
+Skiurlaub +Tirol	Skiurlaub in Tirol Skiurlaub Tirol buchen Angebote für Schiurlaub in Tirol	Winterurlaub in Tirol Skiurlaub in Südtirol

Tabelle 4.5 Beispiele für die Option »Weitgehend passend mit Modifizierer«

Passende Wortgruppe

Noch einen deutlichen Schritt spezifischer wird es, wenn wir uns die *Passende Wortgruppe* als nächste Keyword-Option ansehen. Wie der Name schon sagt, muss dabei die Suchanfrage als Wortgruppe – die Sie übrigens durch das Setzen von doppelten Anführungszeichen ("Keyword") definieren – mit dem eingebuchten Keyword übereinstimmen. Vereinfacht bedeutet das, dass der Suchende vor und/oder nach dem als passende Wortgruppe eingebuchten Keyword noch beliebige Begriffe ergänzen kann, um dennoch eine Anzeigenschaltung auszulösen. Diese Option ist, wenn man so will, das »Mitteldings« zwischen weitgehend und genau passend ausgerichteten Keywords. Nicht zu spezifisch, aber dennoch mit deutlich geringerer Wahrscheinlichkeit, so dass Ihre Anzeigen bei gänzlich unpassenden Suchbegriffen nicht erscheinen.

Passende Wortgruppe	Anzeigenschaltung bei diesen Suchanfragen	Keine Anzeigenschaltung bei diesen Suchanfragen
"Skiurlaub in Tirol"	Skiurlaub in Tirol Skiurlaub in Tirol buchen Günstiger Skiurlaub in Tirol	Günstiger Winterurlaub in Tirol Schiurlaub in Tirol Skiurlaub buchen in Tirol

Tabelle 4.6 Beispiele für die Option »Passende Wortgruppe«

Genau passend

Last but not least erreichen wir mit der Keyword-Option *Genau passend* die Spitze der eingangs dargestellten Pyramide. Eine hohe Relevanz zeichnet diesen Übereinstimmungstyp genauso aus wie die damit einhergehende geringere Reichweite. Ihre Anzeigen werden nur dann geschaltet, wenn die Suchanfrage – Sie haben es erraten – genau mit dem in diesem Fall mit Hilfe von eckigen Klammern eingebuchten [Keyword] übereinstimmt. Sowohl verwandte oder hinzugefügte Begriffe als auch Falschschreibweisen müssen hier außen vor bleiben und lösen daher in diesem Fall keine Anzeigenschaltung aus. Sie müssen sich dessen bewusst sein, dass Sie bei der ausschließlichen Verwendung von genau passenden Keywords für das Erreichen einer ausreichend großen Interessentengruppe entweder eine Menge von ihnen einbuchen müssen, oder eben – was auch eine Variante Ihrer Kampagnenzielsetzung sein kann – nur wenige, aber umso zielgerichtetere Impressionen und auch Klicks pro Tag erzielen. Das folgende Beispiel lässt somit für eine mögliche Anzeigenschaltung nur mehr eine einzige Option offen.

Genau passendes Keyword	Anzeigenschaltung bei diesen Suchanfragen	Keine Anzeigenschaltung bei diesen Suchanfragen
[Skiurlaub in Tirol]	Skiurlaub in Tirol	Günstiger Skiurlaub in Tirol Skiurlaub in Tirol Hotel Skiurlaub in Tirol buchen

Tabelle 4.7 Beispiele für die Option »Genau passend«

Ausschließendes Keyword

Die letzte Übereinstimmungsmethode der *Ausschließenden Keywords* ist, wie bereits eingangs dargestellt, keine fünfte und zusätzliche, sondern vielmehr eine weitere Keyword-Option, die alle vier zuvor genannten ergänzt. Sie sollten ausschließende Keywords daher in jeder Ihrer Kampagnen dafür einsetzen, um eine Anzeigenschaltung mit thematisch und/oder geografisch überhaupt nicht passenden Suchbegriffen von vornherein zu vermeiden. Ausschließende Keywords werden durch ein vorangestelltes Minus-Zeichen (-Keyword) auf Anzeigengruppen-, Kampagnen- oder über Listen auch zentral auf Kontoebene festgelegt. Enthält die Suchanfrage eines Interessenten mindestens eines der von Ihnen definierten ausschließenden Keywords, erfolgt keine Anzeigenschaltung. Aus diesem Grund ist es unerlässlich, dass Sie bereits bei der Recherche der ausdrücklich gewünschten Keywords auch solche Begriffe notiert haben, mit denen Sie nicht gefunden werden wollen. Bei unserer Beispielsuche nach *Skiurlaub Tirol* könnten wir uns gut vorstellen, dass Sie als Skigebiet sowohl bei sämtlichen Wetterrecherchen als auch bei negativ behafteten Suchanfragen wie Unglücken oder Todesfällen keine Anzeigen schalten möchten. Ebenso lässt sich mit dem ausschließenden Keyword *-Gletscher* vermeiden, dass Interessenten, die im Skiurlaub hoch hinaus wollen, auf Webseiten von Skigebieten unterhalb der Gletscherzone landen.

Ausschließendes Keyword	Anzeigenschaltung bei diesen Suchanfragen	Keine Anzeigenschaltung bei diesen Suchanfragen
-Hotelbewertung -Bewertung -Wetter -Gletscher -Unfall	Skiurlaub in Tirol Winterurlaub in Tirol Skiurlaub Tirol buchen	Wetter Skiurlaub Tirol Jänner Unfall beim Skiurlaub in Tirol Gletscher Skiurlaub in Tirol
	(Weitgehend passendes Keyword: Skiurlaub Tirol)	

Tabelle 4.8 Beispiele für die Verwendung der Option »Ausschließendes Keyword«

Ausschließende Keywords werden in der Benutzeroberfläche in einem separaten Bereich festgelegt. Diese Keyword-Option hat die Eigenschaft, dass sie sich mit den anderen zuvor genannten Keyword-Optionen kombinieren lässt. Welche Auswirkungen das in der Praxis auf die Anzeigenschaltung hat, sehen wir uns am besten in einer weiteren Tabelle an.

Ausschließendes Keyword	Anzeigenschaltung bei diesen Suchanfragen	Keine Anzeigenschaltung bei diesen Suchanfragen
-"Gletscher Tirol"	Gletscher Skiurlaub in Tirol	Gletscher Tirol Skiurlaub
-[Skiurlaub Tirol Unfall]	Unfall beim Skiurlaub in Tirol	Skiurlaub Tirol Unfall
-Wetter	Skiurlaub in Tirol Webcam	Wetter Skiurlaub Tirol Vorhersage Wetter im Skiurlaub Tirol
	(Weitgehend passendes Keyword: Skiurlaub Tirol)	

Tabelle 4.9 Kombination des ausschließenden Keywords mit anderen Keyword-Optionen

Wir hoffen, Sie konnten bis hierher feststellen, wie wichtig es ist, dass Sie in jeder Ihrer Kampagnen im Suchnetzwerk von den Keyword-Optionen intensiven Gebrauch machen. Ausschließende Keywords zu definieren, gilt für uns ohnehin als obligatorisch. Sehen wir uns nun an, wie Sie mit Ihrem vorbereiteten Keyword-Set in AdWords weiterarbeiten. Wo werden die Keywords und ihre Optionen eingetragen, wo die Ausschluss-Keywords hinterlegt? Zuvor möchten wir Ihnen aber noch eine relativ neue und nicht unwesentliche Änderung bei den Keyword-Optionen vorstellen. Lernen Sie kennen, wann und warum Google diese Veränderung eingeführt hat und wie Sie sie nicht nur berücksichtigen, sondern vielmehr zu Ihrem Vorteil einsetzen können.

4.4.4 Erweiterte Einstellungen für Keyword-Optionen

Berücksichtigen Sie bitte, dass wir Ihnen die Keyword-Optionen zum besseren Verständnis nach dem klassischen und viele Jahre lang gültigen Prinzip erklärt haben. Doch zu Beginn des Jahres 2012 hatte Google recht überraschend für viele AdWords-Kunden angekündigt, die Ausrichtung der Keyword-Optionen *Passende Wortgruppe* und *Genau passend* zu verändern. Den genauen Inhalt von Googles Ankündigung können interessierte Leser im Detail unter der folgenden URL im deutschsprachigen AdWords-Blog finden: *http://adwords-de.blogspot.co.at/2012/04/neue-funktionsweise-der.html.*

Ihre Auswirkung zeigte sich darin, die zwar einfach verständliche, aber in der Praxis doch recht strikten Ausrichtungskriterien dieser beiden Optionen zu lockern: Entgegen dem ursprünglichen Gedanken wollte Google es seinen Werbekunden nun auch bei diesen beiden Keyword-Optionen ermöglichen, dass »nahe und sehr ähnliche Varianten« eine Anzeigenschaltung auslösen können. Diese werden wie folgt definiert:

- Fehlerhafte Schreibweisen
- Singular-/Pluralformen
- Akronyme und Abkürzungen
- Wortstämme
- Schreibweisen mit Sonder- und Akzentzeichen

Sehen wir uns nun kurz an, wie sich die Einführung dieser so genannten *ähnlichen Varianten* auf die Anzeigenschaltung auswirkt. In der Praxis ergeben sich dabei die in Tabelle 4.10 abgebildeten Unterschiede.

Genau passendes Keyword	Nahe Varianten einschließen (neue Standardausrichtung)	Nahe Varianten nicht einschließen (klassische Ausrichtung)
[Urlaub in Österreich]	Urlaub in Österreich – aber auch: Urlaub in Östereich Urlaube im Österreich	Urlaub in Österreich

Tabelle 4.10 Unterschiede in den erweiterten Einstellungen der Keyword-Optionen

Genau passendes Keyword	Nahe Varianten einschließen (neue Standardausrichtung)	Nahe Varianten nicht einschließen (klassische Ausrichtung)
[Pizzeria Wien]	Pizzeria Wien – aber auch: Pizzaria Wien Pizza Wien	Pizzeria Wien
[Kaffeemaschine kaufen]	Kaffeemaschine kaufen – aber auch: Kafeemaschine kaufen Kaffeemaschiene kaufen Kaffeemaschinen kaufen Kaffeemaschinen Kauf	Kaffeemaschine kaufen
[Apple iPhone]	Apple iPhone – aber auch: Apple Eiphon Apples iPhone5 Apple iPhones	Apple iPhone

Tabelle 4.10 Unterschiede in den erweiterten Einstellungen der Keyword-Optionen (Forts.)

Bei sämtlichen der eben genannten alternativen Suchanfragen müssten Sie für eine Anzeigenschaltung nach dem altbewährten Prinzip entweder die Keyword-Option lockern und diese beispielsweise auf *Weitgehend Passend mit Modifizierer* ändern oder alle zusätzlichen Schreibweisen – inklusive Tippfehlern – bereits im Vorfeld erarbeiten bzw. »erraten« und als genau passende Keywords einbuchen.

Aber wählen wir nicht gerade deshalb eine engere Übereinstimmungsmethode, um eine relevantere Anzeigenschaltung – also auch bewusst weniger Reichweite zu erhalten? Nun ja, Googles Schritt kann durchaus nachvollzogen werden und macht in vielen Fällen auch Sinn. Nicht zuletzt deshalb, dass damit ohne wesentlichen Mehraufwand auf einmal ein größeres Volumen an Anzeigenschaltungen erzielt werden kann, wovon tendenziell sowohl der Anwender als auch Google profitieren sollte. Berücksichtigen Sie dazu bitte auch unsere Überlegungen im folgenden Kasten.

Klassische oder neue Übereinstimmungsmethode?

Die gelockerte Variante für die Keyword-Optionen *Wortgruppe* und *Genau passend* wurde bereits kurz nach ihrer Ankündigung zum Standard für Suchkampagnen. Google ließ es jedoch seinen AdWords-Nutzern eine Zeit lang offen, durch eine Auswahl in den Kampagneneinstellungen auf die klassische Variante zurückzukehren. Erstere wird von einem Großteil der Anwender als praktischer empfunden werden – Google »denkt« ja schließlich mit und erleichtert bzw. verringert so den Aufwand zur Keyword-Recherche und -Bearbeitung. Aber auch die klassische Übereinstimmungsmethode hatte lange Zeit ihre Vorteile. Diese zeigten sich vor allem dann, wenn Sie bereits auf ein umfangreiches und optimiertes Keyword-Set zurückgreifen konnten, das ähnliche und fehlerhafte Schreibweisen bereits beinhaltete bzw. solche möglicherweise auch bewusst ausschloss. Je weniger Sie also in der Anzeigenschaltung dem Zufall – bzw. der Relevanz-Interpretation des AdWords-Programmes – überlassen möchten, umso eher werden erfahrene Anwender ein Umschalten auf die klassische Übereinstimmungsmethode womöglich vermissen. Doch Google hat diese Möglichkeit im Herbst 2014 endgültig aus den Kampagneneinstellungen entfernt, wie nicht nur im Google-AdWords-Blog unter *http://adwords.blogspot.de/2014/08/close-variant-matching-for-all-exact.html*, sondern auch bei SearchEngineLand zu lesen war: *http://searchengineland.com/farewell-pure-exact-match-google-will-soon-force-campaigns-close-variants-enabled-200615.*

4.4.5 Die Keyword-Optionen in der Praxis

Sie konnten nun herausfinden, dass ein (wenn nicht *der*) Schlüssel zu erfolgreichen Suchkampagnen in der Nutzung der Keyword-Optionen liegt. Doch wie sollten Sie das eben gelernte nun in der Praxis umsetzen? Sind nicht *weitgehend passende* Keywords die beste Methode, um viele Impressionen zu erhalten? Gleichzeitig wird für eine optimale Relevanz und Anzeigenleistung der Einsatz von möglichst vielen *genau passenden* Keywords empfohlen. Schauen wir uns nun an, wie Sie daraus eine Vorgehensweise ableiten können, um den Spagat zwischen Setup-Aufwand, Reichweite und Performance Ihrer Anzeigen bestmöglich hinzubekommen.

Wir werden dabei vor allem auf die Möglichkeit zur Hinterlegung ausschließender Keywords eingehen. Nicht zuletzt steht und fällt damit Ihr Kampagnenerfolg. Und je mehr dieser ausschließenden Begriffe und Wortkombinationen Sie gleich am Beginn der Kampagnenschaltung festlegen, desto weniger Impressionen, Klicks und nicht zuletzt Kosten entstehen Ihnen durch irrelevante Suchanfragen.

Ausschließende Keywords auf Kontoebene

Eine erfahrungsgemäß in der Praxis wenig genutzte Möglichkeit zum Festlegen von ausschließenden Keywords ist jene auf Kontoebene. Diese legen Sie fest, indem Sie zuerst in der linken Navigation vom Menüpunkt ALLE ONLINE-KAMPAGNEN auf die GEMEINSAM GENUTZTE BIBLIOTHEK umschalten. In dieser Bibliothek finden Sie den Punkt AUSSCHLIESSENDE KEYWORDS FÜR KAMPAGNE. Dieser ist in Ihrem neuen Konto zunächst noch leer, aber Sie ahnen es wohl schon, dass wir diese Situation gleich gemeinsam ändern werden.

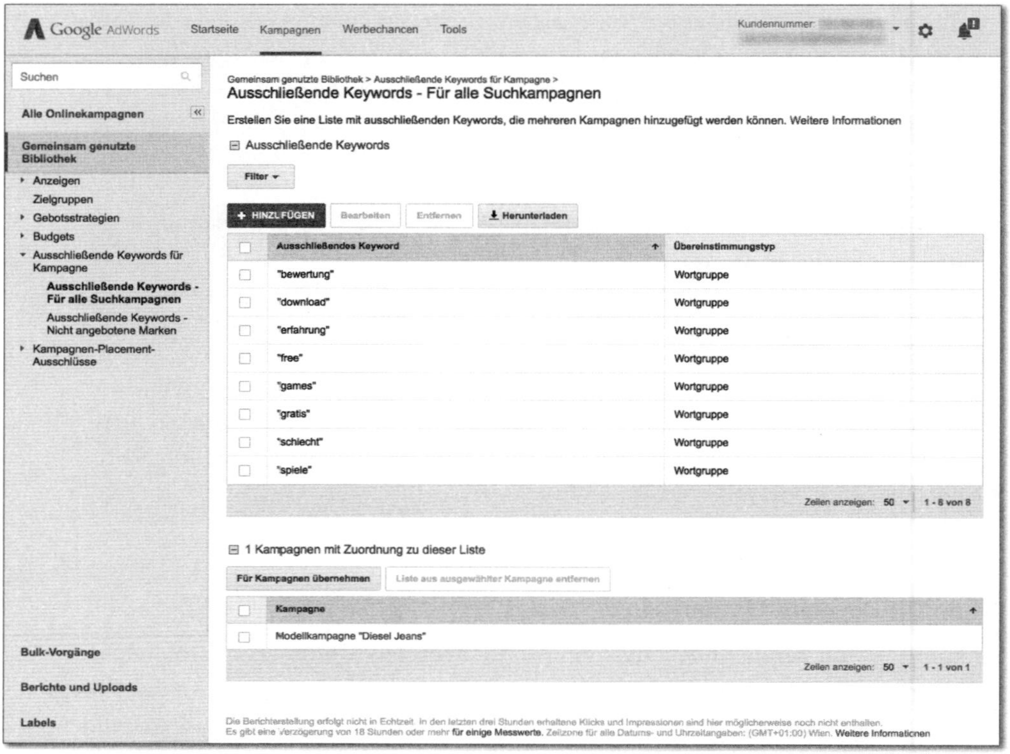

Abbildung 4.32 Ausschließende Keywords in der gemeinsam genutzten Bibliothek hinterlegen

Einer der wesentlichen Vorteile dieser Möglichkeit, ausschließende Keywords bereits auf übergeordneter Kontoebene festzulegen, ist die Tatsache, dass hier definierte Listen gleich mit mehreren AdWords-Kampagnen verknüpft werden können. Darüber hinaus können Sie einer Kampagne nicht nur eine, sondern bei Bedarf auch mehrere solcher Ausschlusslisten zuordnen.

Diese zentrale Verwaltung bietet Ihnen nicht nur beim erstmaligen Setup, sondern auch im Zuge der permanenten Kampagnenoptimierung neue Möglichkeiten, Ihre ausschließenden Keywords so effizient wie möglich zu managen. Sie erstellen eine neue Kampagne? Weisen Sie dieser eine oder mehrere Ihrer bestehenden Ausschlusslisten zu, um von Beginn an für eine optimale Anzeigenrelevanz zu sorgen. Sie verwalten im AdWords-Konto eine große Anzahl an aktiven Kampagnen? Fügen Sie eine neue ausschließende Keyword-Liste einfach zentral zu Ihren bestehenden hinzu, und sie gelten sofort für die jeweils zugeordneten Kampagnen. Wie in Abbildung 4.32 ersichtlich, könnten Sie nach diesem Schema zum Beispiel eine Liste mit ausschließenden Keywords erstellen, die für alle Suchkampagnen gelten sollen. Würden Sie einen Online-Shop bewerben, wären möglicherweise Begriffe wie *Free, Gratis, Down-*

load, Probe oder *Muster* auf einer solchen zentralen Ausschlussliste vorhanden. Diese Vorgehensweise können Sie beliebig vertiefen. Wenn wir das Beispiel mit den Digitalkameras noch einmal aufgreifen, könnte eine weitere hier definierte Liste alle Marken und Modelle beinhalten, die nicht in Ihrem Sortiment sind. Unabhängig davon, ob Sie in den auf Kontoebene definierten Listen zehn oder mehrere tausend Begriffe hinterlegt haben, mit nur einem Klick würden diese in den jeweils ausgewählten Kampagnen als ausschließende Keywords verwendet.

Abbildung 4.33 Haben Sie zentrale Ausschlusslisten definiert, können Sie jederzeit sowohl die Anzahl der darin enthaltenen Keywords als auch die der zugeordneten Kampagnen einsehen.

Auf einen kleinen Nachteil möchten wir an dieser Stelle auch eingehen. Aufgrund der Tatsache, dass die Listen nicht im Hauptmenüpunkt mit ALLEN ONLINE-KAMPAGNEN sondern in der separaten GEMEINSAM GENUTZTEN BIBLIOTHEK verwaltet werden, kann in der Praxis gerne mal eines der folgenden Szenarien auftreten:

- Sie erstellen neue Kampagnen und vergessen, die zentral definierten Ausschlusslisten mit diesen zu verknüpfen
- Sie analysieren bzw. optimieren bestehende Kampagnen und denken nicht daran, dass eine zentrale Ausschlussliste möglicherweise eines oder mehrere Keywords enthalten kann, die einem ihrer aktiv eingebuchten Begriffe »in die Quere« kommen

Wir können trotz dieser potenziellen Fehlerquelle – wozu gibt's schließlich Checklisten? – den Einsatz zentraler Listen für ausschließende Keywords nur empfehlen. Wie Sie gleich unten sehen werden, versucht Google in der AdWords-Benutzeroberfläche, die Verknüpfung der hier gezeigten zentralen Keyword-Listen mit jenen Ausschluss-Keywords auf Kampagnen- und Anzeigengruppenebene laufend zu optimieren. Probieren Sie's einfach aus und legen Sie Anzahl und Umfang der Ausschlusslisten individuell für Ihre Bedürfnisse fest. Sorgen Sie jedoch gleichzeitig dafür, dass Sie bzw. Ihr mit der Kampagnenverwaltung betrautes Team beim Einsatz von ausschließenden Keywords eine klare Strategie verfolgen.

Ausschließende Keywords auf Kampagnenebene

Die nächste Möglichkeit zur Definition ausschließender Keywords finden Sie auf Kampagnenebene. Diese Vorgehensweise empfiehlt sich dann, wenn Ihre Kampagnen inhaltlich so wenig gemeinsam haben, dass sich die Einrichtung und Verwaltung zentraler Ausschlusslisten nicht lohnt. Auch bei Konten mit wenigen Kampagnen können diese zunächst obsolet sein. Hier ist es durchaus praktikabel, dass Sie Ihre auf Kampagnen- oder Anzeigengruppe festgelegten ausschließenden Keywords Schritt für Schritt in zentrale Listen migrieren.

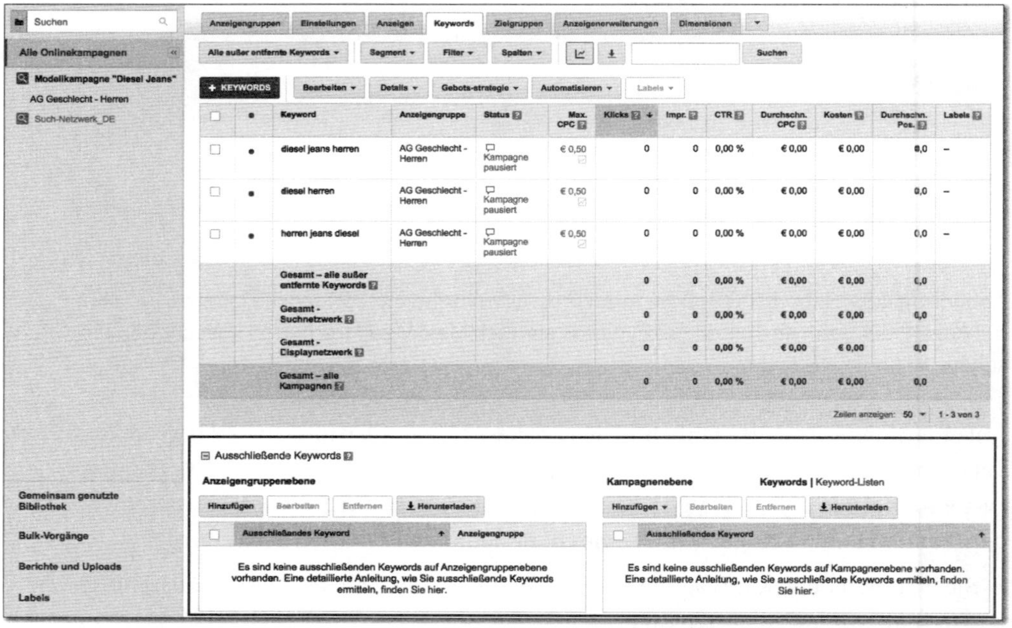

Abbildung 4.34 Am unteren Ende Ihrer »Keywords«-Liste legen Sie ausschließende Keywords auf Kampagnen- und Anzeigengruppenebene fest.

Wann legen Sie nun am besten ausschließende Keywords auf Kampagnenebene fest? Wie bereits in diesem Kapitel erwähnt, sollten Sie unbedingt auch ausschließende Keywords festlegen, sobald Sie mit den Keyword-Optionen *Weitgehend passend* oder *Passende Wortgruppe* arbeiten. Nachdem bei diesen beiden Übereinstimmungstypen beliebige Variationen oder Ergänzungen der Suchanfrage durch den Nutzer ebenfalls eine Anzeigenschaltung auslösen können, sollten Sie offensichtlich ungewünschte bzw. irrelevante Begriffe unbedingt als ausschließende Keywords festlegen. Beachten Sie an dieser Stelle, dass Sie ausschließende Keywords zusätzlich in den drei Übereinstimmungsvarianten *Weitgehend passend*, *Passende Wortgruppe* und *Genau passend* festlegen können. So können Sie zum Beispiel eine Reihe genau passender Keywords in Ihrer Kampagne ausschließen, um Ihre Anzeigen bei exakten

Übereinstimmungen mit bestimmten Suchanfragen nicht anzuzeigen. Währenddessen würden ähnliche und falsche Schreibweisen sehr wohl für eine Anzeigenschaltung sorgen.

Ausschließende Keywords auf Anzeigengruppenebene

Schließlich besteht die Möglichkeit, dass Sie ausschließende Keywords auf Anzeigengruppenebene festlegen. Wo Sie diese Einstellung vornehmen, sehen Sie ebenfalls in Abbildung 4.34. Unter welchen Voraussetzungen und für welche Anforderungen sollten Sie diese Variante in Betracht ziehen? Die Erfahrung zeigt, dass auf Anzeigengruppe festgelegte ausschließende Keywords vor allem dann Sinn machen, wenn Sie viele thematisch und semantisch ähnliche Anzeigengruppen parallel aktiviert haben, in denen Sie mit weitgehend passenden Keywords arbeiten. Sehen wir uns das folgende Beispiel an, um den konkreten Anwendungsfall besser zu verstehen.

Anzeigengruppe & Weitgehend passendes Keyword	Anzeigeninhalt & Ziel-URL	Ausschließende Keywords auf Anzeigengruppenebene
Familienurlaub	Angebote für Familienurlaub (familienspezifischer Anzeigentext)	-Kinderurlaub, -Babyurlaub
Kinderurlaub	Angebote für Familien mit Kindern (kinderspezifischer Anzeigentext)	-Familienurlaub, -Babyurlaub
Babyurlaub	Angebote speziell für Familien mit Babies (babyspezifischer Anzeigentext)	-Familienurlaub, -Kinderurlaub

Tabelle 4.11 Beispiel für den Einsatz von ausschließenden Keywords auf Anzeigengruppenebene

Durch die in der Tabelle gezeigte Vorgehensweise können Sie klar festlegen, dass AdWords grundsätzlich bei weitgehend passenden Übereinstimmungen mit dem jeweiligen Anzeigengruppenthema die Anzeigen schaltet. Sobald jedoch ein konkreter Begriff aus einer der anderen Anzeigengruppen in der Suchanfrage vorkommt, würde die jeweils relevanteste für die Anzeigenschaltung herangezogen. Ohne diese Vorgehensweise hätten Sie beim obenstehenden Beispiel keine Kontrolle darüber, ob bei einer Suchanfrage nach *Familienurlaub* tatsächlich auch eine Anzeige aus der Familienurlaub-Anzeigengruppe geschaltet wird oder ob der Google-Algorithmus nicht etwa eine der beiden anderen Anzeigengruppen als relevanter erachtet.

Wir hoffen, dass wir Sie mit den vielen Möglichkeiten, ausschließende Keywords in AdWords zu hinterlegen, nicht komplett verwirrt haben. Zugegeben, es ist durchaus in Ordnung, wenn Sie sich zunächst nicht sicher sind, welche Keywords Sie mit welchem Übereinstimmungstyp auf welcher Ebene ausschließen sollten. In der Praxis werden Sie sich jedoch schnell mit den Unterschieden und Vorzügen der jeweiligen Ebenen vertraut machen können. Für einen schnellen Start können wir Ihnen guten Gewissens die folgende Vorgehensweise empfehlen:

- Ausschließende Keywords auf Kampagnenebene (vor allem, wenn Sie zunächst nur eine Kampagne online schalten)
- Ausschließende Keyword-Listen auf Kontoebene (vor allem, wenn Sie eine Auswahl an Begriffen hinterlegen möchten, die für alle Ihre Kampagnen irrelevant sind)
- Ausschließende Keywords auf Anzeigengruppenebene (vor allem, wenn Sie wie oben gezeigt viele semantisch ähnliche Anzeigengruppen parallel schalten)

Kurioserweise ist die Erklärung rund um die Eingabemöglichkeiten ausschließender Keywords aufwändiger als das Einbuchen der gewünschten Begriffe, die schließlich eine Anzeigenschaltung auslösen sollen. Wie Sie letzteres umsetzen und worauf Sie dabei achten sollten, sehen wir uns als nächstes an.

Keyword-Eingabe in der AdWords-Benutzeroberfläche

Klicken Sie im bereits zuvor erwähnten Tab KEYWORDS auf den Button KEYWORDS HINZUFÜGEN, um diesen Schritt durchzuführen. In Abbildung 4.35 sehen Sie, welche Möglichkeiten sich Ihnen nach diesem Klick bieten:

- Direkte Eingabe von Keywords (eines pro Zeile, inklusive Keyword-Optionen)
- Eingabe über den Tabellenbearbeitungsmodus
- Hinzufügen weiterer Keyword-Vorschläge (rechts eingeblendet)

Letztere Vorschläge werden nur dann eingeblendet, wenn Sie bereits Keywords, Anzeigentexte und eine Ziel-URL in der Anzeigengruppe hinterlegt haben. Nur dann kann Google einen automatischen Scan durchführen, um zusätzliche Keyword-Vorschläge, basierend auf den vorhandenen Informationen, zu generieren. Bei der Übernahme solcher Vorschläge müssen Sie unbedingt darauf achten, dass das Keyword in die konkrete Anzeigengruppe passt und dass Sie zusätzlich auch die Keyword-Optionen aktiv festlegen. Tun Sie das nicht, werden die Vorschläge automatisch als weitgehend passend übernommen.

In dieser Phase werden Sie sich sehr wahrscheinlich mit folgenden Fragen beschäftigen:

- Wie viele Keywords soll/darf/muss ich pro Anzeigengruppe eingeben?
- Wie lautet die Empfehlung im Umgang mit den Übereinstimmungstypen?

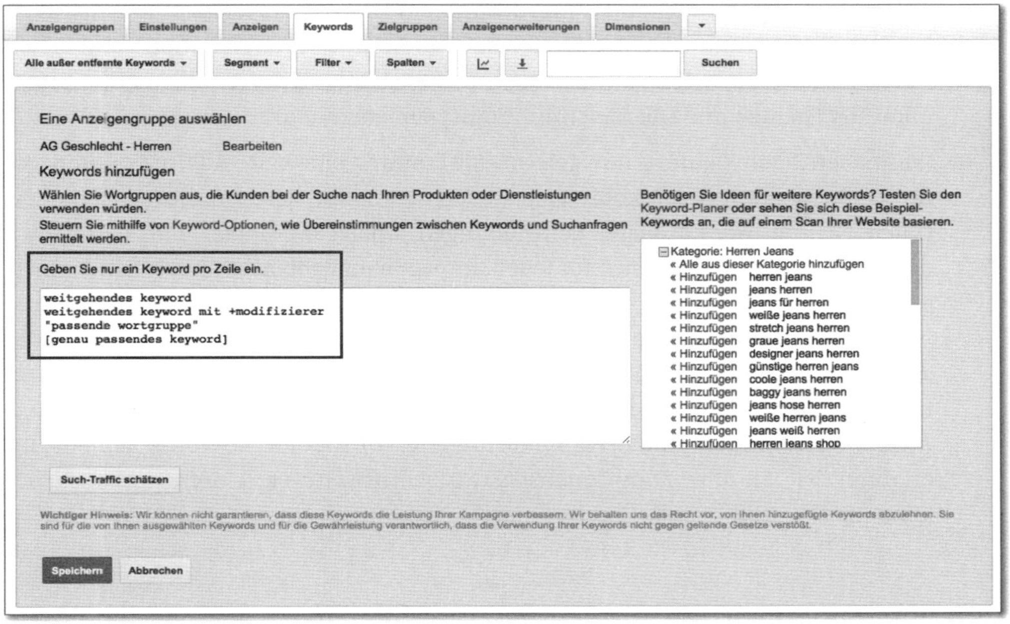

Abbildung 4.35 Im Keywords-Tab fügen Sie einer Anzeigengruppe neue Begriffe mit den gewünschten Übereinstimmungstypen hinzu.

Um zunächst die erste Frage zu behandeln, erinnern wir Sie kurz an die *technischen* AdWords-Limits. Mit jeweils 20.000 maximalen Anzeigengruppen je Kampagne bzw. maximalen Keywords und anderen Ausrichtungselementen je Anzeigengruppe können wir diese Einschränkungen jedoch außen vor lassen. Auf der Hilfe-Seite mit den aktuellen Kontolimits (*https://support.google.com/adwords/answer/1704396?hl=de*) erwähnt Google jedoch auch einen wertvollen Tipp, wie viele Keywords klassische Anzeigengruppen in Suchkampagnen idealerweise enthalten sollten. Den Tipp von 10 bis 35 Keywords je Anzeigengruppe können wir nur unterstreichen, schließlich soll ja ein optimaler Zusammenhang mit den Anzeigentexten und der Ziel-URL gegeben sein.

Hinsichtlich Übereinstimmungstypen gibt es ebenfalls keine *technischen* Einschränkungen, da Sie wie oben gezeigt alle vier Varianten in einer Anzeigengruppe bunt »durcheinanderwürfeln« können. Empfehlenswert ist das jedoch in der Praxis nicht. Wie Sie bereits gelernt haben, wird sich die Leistung weitgehend passender Keywords von jener der genau passenden gleich in mehrerlei Hinsicht unterscheiden. Während ein weitgehend passendes Keyword wesentlich mehr Traffic erzielen kann, werden gleichzeitig die Relevanz, der Qualitätsfaktor und auch die Leistungsdaten geringer sein als bei genau passenden Keywords. Diese werden hingegen bei einer besseren Leistung für wesentlich weniger Traffic-Volumen sorgen. Daher liegt es nahe, dass Sie auch die unterschiedlichen Keyword-Optionen in Ihrer Anzeigengruppenstruktur berücksichtigen und jeweils nur gleiche Optionen je Anzeigengruppe einbuchen. Damit können Sie in der Optimierung sofort die Leistung der jeweiligen Kombinationen aus Themen und Übereinstimmungstypen erkennen.

Was haben Sie in Kapitel 4 nun gelernt? Sie konnten eine erste AdWords-Kampagne für das Suchnetzwerk selbstständig erstellen und online schalten. Sie haben die zentralen Themen wie Kampagneneinstellungen, Anzeigengruppen und -texte sowie den Umgang mit den letztlich für jede Kampagne maßgeblichen Keywords kennengelernt. Es ist uns wichtig, dass Sie an dieser Stelle zunächst das Grundprinzip von AdWords verstanden und eine eigene Kampagne erstellt haben. Wissentlich, mit diesen ersten Schritten erst an der Oberfläche dieser umfangreichen Materie gekratzt zu haben, wollen wir uns in den nächsten Kapiteln des Buches der weiteren Praxis widmen. Sie lernen den vollen Funktionsumfang von Google AdWords kennen und erfahren, wie Sie Ihre Kampagnenstruktur schrittweise verfeinern und ausbauen können.

4.5 Checkliste

Sie möchten Ihre erste AdWords-Kampagne erstellen? Denken Sie daran, dass Sie Antworten auf folgende Fragen zur Hand haben.

Entscheidungen bei Erstellung einer AdWords-Kampagne	OK (✓)
Welches Werbenetzwerk soll genutzt werden?	
Welche Zielregion soll beworben werden?	
Welche Spracheinstellung nutzt die Zielgruppe?	
Welche Gebotsstrategie soll eingestellt werden?	
Welches Budget steht zur Verfügung?	
Welche Keywords sollen genutzt werden?	
Wie sollen die Keywords in Anzeigengruppen strukturiert werden?	
Welche Anzeigentexte oder Image-Anzeigen sollen eingestellt werden?	

Tabelle 4.12 Ihre erste AdWords-Kampagne – Checkliste

Kapitel 5
Navigation im AdWords-Konto

Kampagnen, Werbechancen, Tools, Bibliothek und mehr. Das AdWords-Konto ist komplex und es besitzt verschiedene Menüpunkte. Manche Menü- oder Unterpunkte benötigen Sie öfter, andere weniger oft oder gar nicht. Verschaffen Sie sich einen Überblick, damit die vielfältigen Navigationspunkte im AdWords-Konto Ihren Schrecken verlieren – und Sie zukünftig schnell den passenden Menüpunkt finden.

Wir möchten Sie kurz durch das AdWords-Konto führen, damit Sie einen Überblick über die verschiedenen Navigationsmöglichkeiten erhalten. Wir schauen uns gemeinsam die wichtigsten Navigationspunkte an und besprechen vor allem die Grundeinstellungen zu Kontonutzer, Kontoverwaltung und Kontoabrechnung.

5.1 Register auf oberster Ebene

Nachdem Sie sich in ein AdWords-Konto, welches bereits mindestens eine Kampagne enthält, eingeloggt haben, finden Sie in der obersten Reihe die Hauptnavigation. Diese wurde mit dem letzten Design-Update von Google noch einmal etwas entschlackt. In der obersten Zeile, rechts neben dem Schriftzug Google AdWords finden Sie nun nur noch vier Navigationspunkte. Diese vier Hauptregister beziehungsweise Tabs heißen STARTSEITE, KAMPAGNEN, WERBECHANCEN und TOOLS (siehe Abbildung 5.1). Auf der rechten Seite finden Sie zusätzlich noch zwei Symbole, und zwar ein Zahnrad, welches die Kontoeinstellungen beinhaltet, und eine Glocke, hinter der sich aktuelle Benachrichtigungen verbergen. Die einzelnen Bereiche werden wir Ihnen nun etwas näher vorstellen.

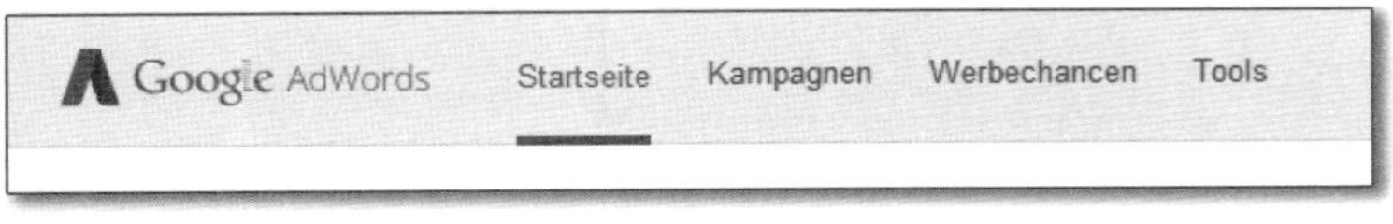

Abbildung 5.1 Hauptregister im AdWords-Konto

Bitte beachten Sie, dass ein Klick auf STARTSEITE, KAMPAGNEN oder WERBECHANCEN Sie zu einem anderen Unterpunkt führt, während Sie unter TOOLS nur eine Sammlung von internen oder externen Programmen finden. Das Hauptregister, welches gerade aktiviert ist, wird in blauer Farbe und mit einem entsprechenden Unterstrich gekennzeichnet.

5.2 Die AdWords-Startseite

Ein Klick auf die STARTSEITE öffnet eine Sammlung verschiedener Berichte mit den aktuellen Kennzahlen zu Ihrem AdWords-Konto. Dieses so genannte Dashboard, welches man in ähnlicher Form auch in Google Analytics findet, führt an einer Stelle die wichtigsten Statistiken und Entwicklungen zu Ihren AdWords-Kampagnen in Tabellenform oder als Grafik zusammen.

Sie finden oben links auf der Startseite einen Link mit der Bezeichnung MODULE ANPASSEN. Ein Klick auf diesen Link öffnet die Modulverwaltung und Sie können aus einer Liste unterschiedlicher Berichte (= Module) auswählen (siehe Abbildung 5.2). Durch die Aktivierung einer Checkbox bestimmen Sie, welches Modul aktiviert und somit auf der Startseite angezeigt werden soll. Falls Sie bereits eigene Filter erstellt und gespeichert haben, so werden auch diese hier als Modul angezeigt. In Abschnitt 13.1.3, »Filter«, erfahren Sie, wie Sie Filter zur schnellen Analyse Ihrer AdWords-Daten erstellen und nutzen. Mit Hilfe spezieller Filter und den Standardmodulen können Sie sich ein individuelles Dashboard für Ihre Analysebedürfnisse zusammenstellen. Damit sehen Sie dann schnell Ihre wichtigsten Kennzahlen im Überblick. Für eine tiefergehende Analyse nutzen Sie am besten Ihre Statistiken für die verschiedenen Ebenen, die Sie direkt im Unterpunkt KAMPAGNEN aufrufen können.

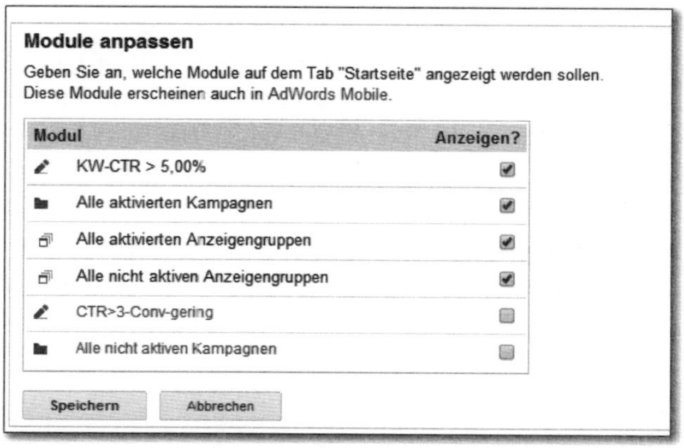

Abbildung 5.2 Individuelle Anpassung der Startseite durch Modulauswahl

Die Darstellung der ausgewählten Module können Sie zusätzlich auch noch für Ihre Bedürfnisse anpassen (siehe Abbildung 5.3). Klicken Sie dazu in den dargestellten Datentabellen in der rechten oberen Ecke auf das kleine Dreieck ❶. Es erscheint eine Dropdown-Liste mit zwei Möglichkeiten. Unter OPTIONEN ❷ können Sie die

Anzahl der dargestellten Zeilen festlegen. Ein Klick auf SPALTEN ANPASSEN ❸ öffnet ein neues Fenster.

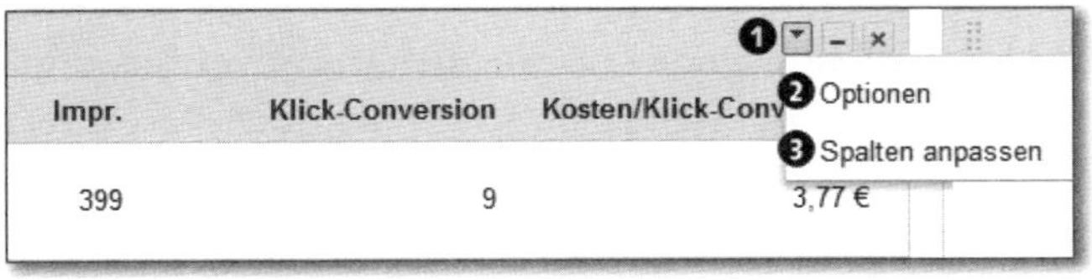

Abbildung 5.3 Optionen und Anpassungen für vorhandene Statistiken

In dem neu geöffneten Fenster (siehe Abbildung 5.4) können Sie sich Ihre Spalten mit Leistungsdaten zusammenstellen. Meistens liefern Ihnen kleine Statistiktabellen schneller den gewünschten Überblick als umfangreiche Datenmassen. Über die Bearbeitung der Spalten können Sie beispielsweise die dargestellten Informationen reduzieren. Die auswählbaren Spalten sind teilweise noch einmal nach übergeordneten Themen, z. B. CONVERSIONS gruppiert. Klicken Sie einfach auf die Gruppierung, um weitere Spalten zu entdecken. Ihre Auswahl bestätigen Sie per Klick auf SPEICHERN.

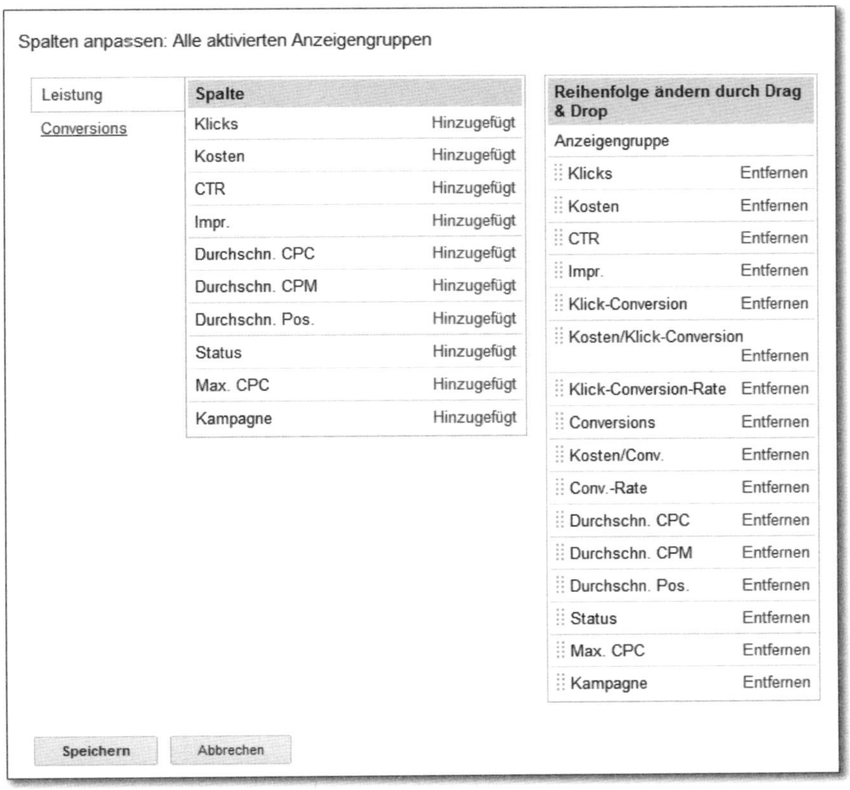

Abbildung 5.4 Spalten zu den gespeicherten Berichten anpassen

Wie Sie sehen, können Sie also die Startseite dazu nutzen, um eigene Berichte genau passend für Ihren (schnellen) Informationsbedarf zusammenzustellen. In der Praxis wird diese Startseite des AdWords-Kontos jedoch eher selten genutzt. Alle Berichte können ja auch direkt unter Kampagnen im jeweiligen Unterregister aufgerufen werden. Falls Sie dort Ihre Filter gespeichert haben, so können auch diese direkt im Register Kampagnen auf die Berichte angewandt werden, so dass für viele AdWords-User die Startseite nicht so interessant ist. Für die unterschiedlichen Nutzungsgewohnheiten hat Google AdWords eine Lösung vorgesehen. Sie finden am Ende der Startseite einen kleinen Hinweis: »Diese Seite anstelle des Tabs "Kampagnen" als Startseite festlegen«. Durch Aktivierung der Checkbox legen Sie fest, dass die Startseite direkt nach dem Login in Ihr AdWords-Konto erscheint. Möchten Sie dagegen direkt bei den Kampagnen starten, so sollten Sie das Häkchen entfernen. Der Start auf der Kampagnenseite ist für viele Nutzer durchaus sinnvoll, da dort direkt die wichtigsten Einstellungen in Bezug auf Kampagnen, Anzeigengruppen, Keywords und Anzeigentexte vorgenommen werden können. Das Hauptregister Kampagnen werden Sie sicherlich am meisten nutzen.

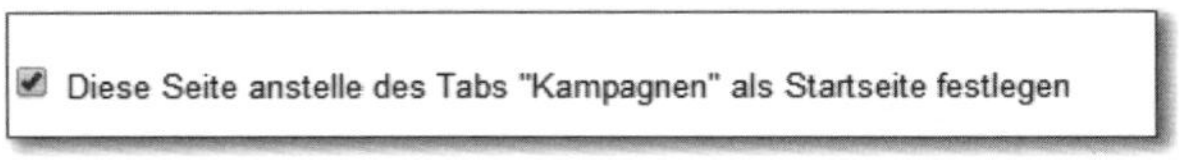

Abbildung 5.5 Festlegen der Startseite des AdWords-Kontos

5.3 Kampagnen – hier spielt die Musik

Wie erwähnt ist für viele AdWords-Nutzer der Tab Kampagnen der wichtigste Bereich im AdWords-Konto, denn hier spielt sich alles Wichtige ab: Kampagnen, Anzeigengruppen, Keywords und Anzeigen werden im Register Kampagnen angelegt. Werfen Sie auf der »Kampagnen-Seite« zunächst einen Blick auf den linken Bereich. Hier finden Sie unter Alle Onlinekampagnen eine Navigationsmöglichkeit durch Ihre Kampagnen und Anzeigengruppen (siehe Abbildung 5.6).

Abbildung 5.6 Hauptnavigation mit drei verschiedenen Kampagnen

Mit einem Klick auf eine Kampagne, in unserem Beispiel Bademoden-Schweiz, klappt die Kampagne wie ein Ordner im Windows Explorer auf und die zugehörigen Anzeigengruppen werden sichtbar. Über die seitliche Navigation können Sie direkt eine Kampagne oder aber auch, falls gewünscht, eine untergeordnete Anzeigengruppe auswählen, um danach weitere Informationen im mittleren Fenster zu betrachten.

Abbildung 5.7 Anzeigengruppen in einer ausgewählten Kampagne

Unter der Hauptnavigation KAMPAGNEN finden Sie wiederum die wichtigsten Unterregister zur Verwaltung Ihrer AdWords-Werbung. Dabei ist es ein wenig verwirrend, dass Sie hier im Hauptregister KAMPAGNEN auf ein Unterregister mit der Bezeichnung KAMPAGNEN stoßen. In diesem Unterregister befinden sich jedoch Ihre AdWords-Kampagnen, die Sie vorhin über die linke Navigation bereits aufgerufen haben. Es gibt also mehrere Wege zum Ziel. Neben den KAMPAGNEN ❶ finden Sie hier unter anderem auch die Tabs/Unterregister zu ANZEIGENGRUPPEN ❷, ANZEIGEN ❸ und KEYWORDS ❹ (siehe Abbildung 5.8). Haben Sie für Ihre AdWords-Kampagnen das so genannte Displaynetzwerk als Werbenetzwerk ausgewählt, so können Sie hier auch über das Unterregister DISPLAYNETZWERK ❺ Einstellungen zu Ihrer Display-Kampagne vornehmen. Zusätzlich werden hier weitere Tabs dargestellt, die wir im Laufe dieses Buches noch vorstellen werden. Für eine erste Orientierung ist für Sie zunächst jedoch nur wichtig zu wissen, dass Sie im Hauptregister KAMPAGNEN Ihre wichtigsten Werkzeuge zur Verwaltung und Neuanlage Ihrer AdWords-Werbung finden.

Abbildung 5.8 Unterregister bei Auswahl aller Kampagnen

Falls Sie in der linken Navigation ALLE ONLINEKAMPAGNEN ausgewählt haben, so ist standardmäßig das Unterregister KAMPAGNEN aktiviert. Falls Sie jedoch bereits in der linken Navigationsfläche eine bestimmte Kampagne ausgewählt haben, so verändert sich die Ansicht des mittleren Bereiches und der Tab ANZEIGENGRUPPEN ist jetzt als Vorauswahl aktiviert. Alle Einstellungen, die Sie nun vornehmen, beziehen sich auf die in der linken Navigation ausgewählte Kampagne. Wählen Sie auf der linken Seite eine Anzeigengruppe aus, so beziehen sich die Tabs ANZEIGEN und KEYWORDS entsprechend auf die gewählte Anzeigengruppe. Sie haben die Möglichkeit, auf unterschiedliche Weise zu einzelnen Kampagnen oder Anzeigengruppen zu gelangen. Am einfachsten ist es jedoch, wenn Sie die gewünschte Auswahl über die Navigation auf der linken Seite Ihrer AdWords-Oberfläche vornehmen.

Abbildung 5.9 Ansicht der Unterregister bei ausgewählter Kampagne

5.4 Werbechancen: Google macht Vorschläge

In einem AdWords-Konto gibt es in Bezug auf Kampagnen, Budget, Keyword etc. immer etwas zu verbessern bzw. zu optimieren. Unter dem Tab WERBECHANCEN finden Sie die Google-Vorschläge dazu. Diese sollten Sie sich regelmäßig anschauen, aber nicht einfach kritiklos übernehmen. Denken Sie immer daran, dass Google AdWords letztlich nur ein Programm ist, welches anhand von Daten diese so genannten Chancen, z. B. mehr Besucher zu generieren, erkennen kann. Sie müssen jedoch immer noch selber analysieren, ob Ihnen das Mehr an Besuchern auch ein Mehr an Umsatz beschert. Sie wissen sicherlich stets besser als das AdWords-System, welche Keywords letztlich die Kunden generieren, die Sie benötigen. Unter Berücksichtigung dieses Hinweises sollten Sie sich die Chancen regelmäßig anschauen und Ihre Auswahl treffen.

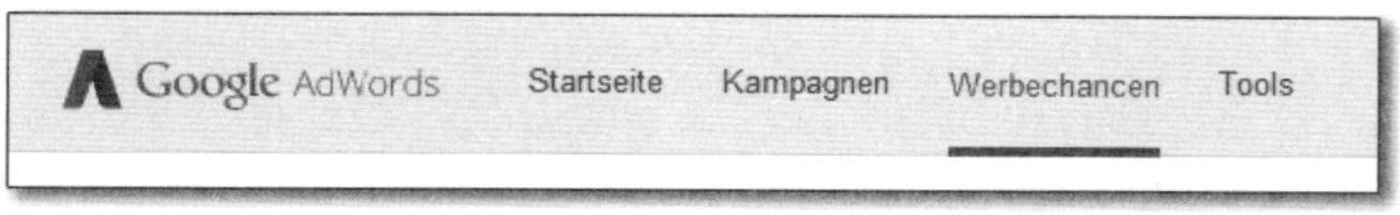

Abbildung 5.10 Hauptnavigation mit aktivem Tab »Werbechancen«

So arbeiten Sie am besten mit AdWords-Vorschlägen

Klicken Sie zunächst immer auf die jeweiligen Buttons WERBECHANCEN ANSEHEN bzw. ANSEHEN. Befinden Sie sich in einer untergeordneten Ansicht, so bringt Sie ein Pfeil, der links oben angezeigt wird, immer wieder auf die nächsthöhere Ebene zurück. Bitte beachten Sie, dass ein Klick auf SCHLIESSEN bzw. ein Klick auf das Kreuz an der rechten oberen Seite der jeweiligen Infoboxen die Vorschläge entfernt. Diese Werbechancen werden dann nicht mehr angezeigt. Falls Sie die Vorschläge also zunächst nicht übernehmen, diese aber zu einem späteren Zeitpunkt noch einmal genauer anschauen möchten, so sollten Sie nur über den Pfeil zurückgehen, auf ABRECHEN klicken oder alternativ in ein anderes Hauptregister wechseln. Auf diese Weise bleiben die Vorschläge erhalten und werden beim nächsten Klick auf die WERBECHANCEN wieder angezeigt.

Nachdem Sie auf das Register WERBECHANCEN geklickt haben, sehen Sie, schön gruppiert und in kleine Infoboxen verpackt, die unterschiedlichen Vorschläge, die Google AdWords analysiert und für Sie – inklusive kleiner Schaubilder – aufbereitet hat. Wir möchten Ihnen nun einige Beispiele vorstellen, wobei wir sicherlich nicht alle Möglichkeiten zeigen können. Es gibt ganz unterschiedliche Ideen zu Werbechancen und die AdWords-Programmierer kreieren auch immer wieder neue Varianten zu diesem Thema. Hier also eine kleine Auswahl typischer Vorschläge, die Google AdWords als neue Chancen für Ihre Werbung präsentiert:

5.4.1 Vorschläge zu neuen, relevanten Anzeigengruppen

Bei unserem ersten Beispiel schlägt Google AdWords die Anlage neuer Anzeigengruppen vor, die besser auf die Keywords abgestimmt sind und somit themenrelevantere Anzeigen zu den Keywords je Anzeigengruppe liefern (siehe Abbildung 5.11). Dies ist ein interessanter Vorschlag, denn kleinere und somit relevantere Anzeigengruppen bringen Ihnen grundsätzlich Vorteile, wie wir in Kapitel 12, »AdWords optimieren«, noch ausführlicher erläutern werden. Falls Sie wissen möchten, was sich genau hinter den Vorschlägen verbirgt, so müssen Sie zunächst auf den Button WERBECHANCEN klicken, der beim Überfahren mit der Maus seine Farbe wechselt und in einem strahlenden Blau angezeigt wird. Nach dem Klick erhalten Sie dann die Hinweise, welche Anzeigengruppen in neue Gruppen aufgeteilt werden sollen. Hinter jedem Vorschlag finden Sie zwei Buttons, zum einen den Button ÜBERNEHMEN, der im Mouseover-Effekt ebenfalls blau dargestellt wird. Ein Klick auf diesen Button erstellt den Vorschlag automatisch in Ihrem Konto. Diese Funktion ist zwar sehr praktisch, aber nicht zu empfehlen, da Sie, wie immer, wenn es einfach wird, keine Kontrolle über die Änderungen besitzen. Klicken Sie daher zuerst auf den anderen Button ANZEIGEN, der nicht farblich hervorgehoben wird. Nach Klick auf diesen Button erhalten Sie dann weitergehende Informationen und können die Keywords der neuen Anzeigengruppe aktiv aus- bzw. abwählen. Außerdem besteht hier die Möglichkeit, eine neue und somit passende Textanzeige für die neue Anzeigengruppe zu erstellen. Danach können Sie den Vorschlag mit Ihren individuellen Anpassungen übernehmen.

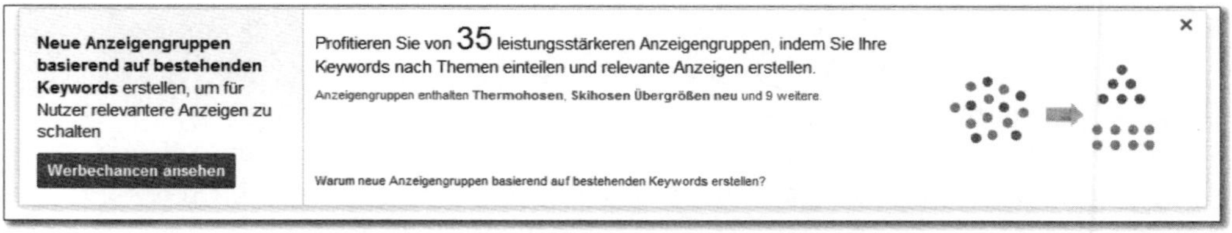

Abbildung 5.11 Werbechancen: Vorschläge zu neuen Anzeigengruppen

5.4.2 Vorschläge zu neuen Keywords

Das zweite Beispiel zeigt Werbechancen, die das Google-AdWords-System auch an anderen Stellen gerne anzeigt (siehe Abbildung 5.12). Hier werden Vorschläge für neue Keywords aufgelistet. Sie finden solche Keyword-Vorschläge zum Beispiel auch, wenn Sie selber neue Keywords zu einer Anzeigengruppe hinzufügen möchten. Vor allem bei den Keyword-Vorschlägen sollten Sie jedoch sehr kritisch hinschauen und wirklich nur interessante und passende Ideen übernehmen. Klicken Sie auch hier zur genaueren Analyse der Vorschläge auf den Button ANZEIGEN. Sie können dann zum einen die Keywords aktiv aus den Vorschlägen auswählen, zum andern können Sie aber auch die Anzeigengruppe bestimmen, in die die Keywords übernommen werden sollen. Denn die Keywords müssen nicht in die vorgeschlagene neue Gruppe eingestellt werden, Sie können über eine Auswahl auch eine bestehende Anzeigengruppe wählen.

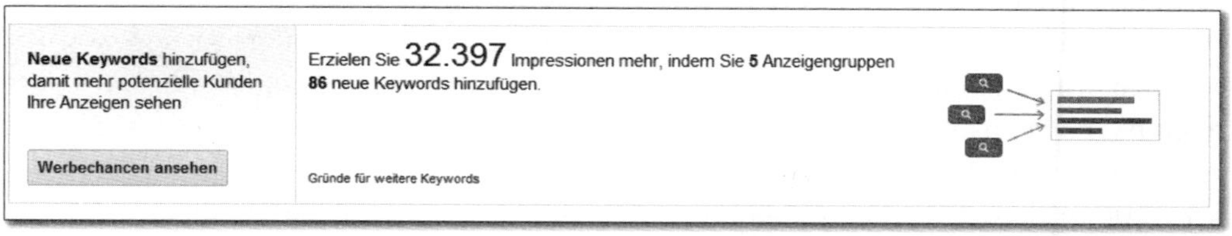

Abbildung 5.12 Werbechancen: Vorschläge zu neuen Keywords

5.4.3 Vorschläge zu Gebotsanpassungen

Im dritten Beispiel schlägt das AdWords-System Gebotsanpassungen für bestimmte Regionen vor (siehe Abbildung 5.13). Bei der Darstellung dieser Werbechance wird vor allem die Kostenersparnis hervorgehoben, visualisiert durch die Betonung der Klickkosten in Euro. Klicken Sie auch hier auf WERBECHANCEN ANSEHEN, um zu erfahren, in welchen Regionen Sie Ihre Gebote prozentual reduzieren können, um das gleiche bzw. ein ähnliches Ergebnis in Form von Klicks und Conversions zu erzielen. Diese Werbechancen sind wiederum sehr sinnvoll und helfen, echtes Geld zu sparen.

Abbildung 5.13 Werbechancen: Hinweis auf Kostenersparnis

5.4.4 Vorschläge zu Top-of-Page-Geboten

Bei unserem letzten Beispiel, den Top-of-Page-Geboten, sollten Sie wieder ein wenig vorsichtiger sein (siehe Abbildung 5.14). Richtig ist, dass Gebote oberhalb der organischen Suchergebnisse in den ersten drei AdWords-Positionen, den so genannten Top-Positionen, immer mehr Aufmerksamkeit erzielen und auch mehr Besucher bringen. Aber auch hier gilt es, wie bei den Keywords genau zu analysieren, ob Sie dadurch auch mehr Umsatz generieren können. Falls dies der Fall ist und Ihre AdWords-Kampagnen auf den ersten Plätzen bessere Ergebnisse erzielen, so ist es durchaus sinnvoll, für wichtige Keywords die Top-of-Page-Gebote zu verwenden. Mithilfe dieser Gebote erscheinen Ihre Anzeigen zu den jeweiligen Keywords auf einem der ersten drei Plätze. Bedenken Sie jedoch auch, dass die Erhöhung der Gebote über die Werbechancen einmalige Anpassungen sind, so dass sich die Keyword-Positionen je nach Konkurrenz und Klickverhalten auch wieder ändern können. Es gibt jedoch auch Einstellungsmöglichkeiten im AdWords-Konto, um ständig flexibel auf Änderungen zu reagieren und somit die Top-of-Page-Gebote laufend anzupassen.

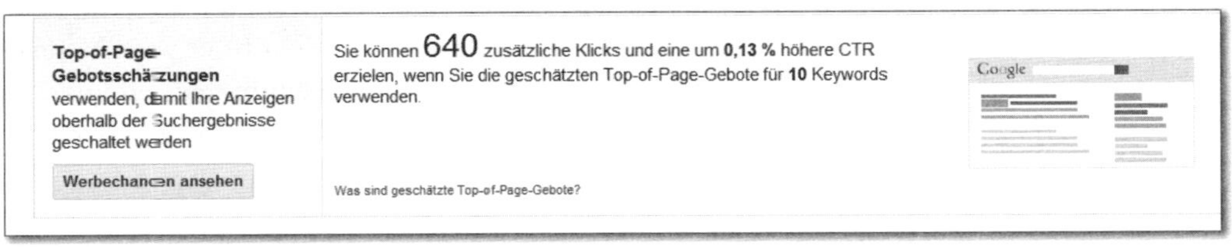

Abbildung 5.14 Werbechancen: Hinweis auf zusätzliche Klicks

5.5 Tools und Analysen

Der vierte Tab der Hauptnavigation nennt sich TOOLS. Hier verbergen sich verschiedene AdWords-Tools und Programme, die Sie bei der Analyse Ihrer Werbekampagnen unterstützen sollen. Im Gegensatz zu den drei anderen Tabs der Hauptnavigation rufen Sie über das Register TOOLS keine eigene Unterseite auf. Hier öffnen Sie nur eine

Dropdown-Liste, über die Sie die verschiedenen Tools ansteuern können. Der Unterpunkt GOOGLE ANALYTICS ist besonders gekennzeichnet, weil sich hier nur der Link zum externen Google Analytics-Tool verbirgt. Ein Klick öffnet Google Analytics in einem neuen Browserfenster. Die meisten Tools, die sich in diesem Register befinden, werden wir in Kapitel 9, »AdWords-Tools«, näher besprechen, die Funktion des Unterpunktes CONVERSIONS haben wir bereits in Abschnitt 2.6.4, »Conversions in AdWords erstellen«, beschrieben und das GOOGLE MERCHANT CENTER werden wir bei den Shopping-Kampagnen in Abschnitt 8.3.1 vorstellen.

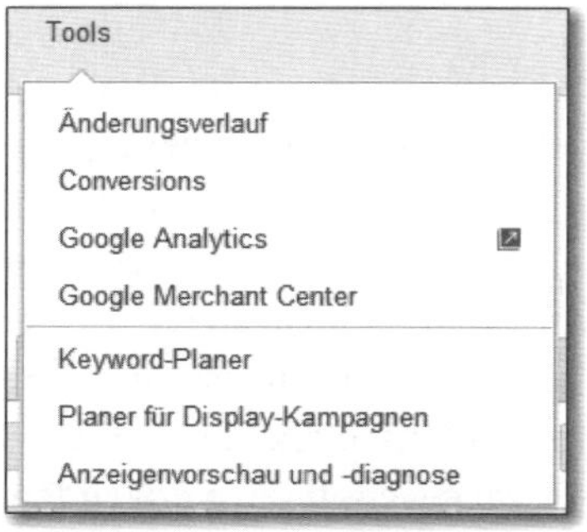

Abbildung 5.15 Tab mit unterschiedlichen AdWords-Tools

5.6 Verwaltung des AdWords-Kontos

Die Verwaltung des AdWords-Kontos hat Google in einem speziellen Bereich ausgelagert. Schauen Sie einmal ganz nach rechts auf Ihre AdWords-Oberfläche. Dort finden Sie neben Ihrer AdWords-Kundennummer und Ihrer Login-E-Mail-Adresse ein Zahnradsymbol (siehe Abbildung 5.16). Ein Klick auf dieses Zahnrad öffnet verschiedene Unterpunkte, die Sie zur Verwaltung Ihres AdWords-Kontos benötigen. Wir werden Ihnen die einzelnen Unterpunkte zur Verwaltung Ihres Kontos nun kurz vorstellen.

Abbildung 5.16 Unterpunkte zur AdWords-Kontoeinstellung

5.6.1 Abrechnung: Ihre AdWords-Rechnungen

Der wichtigste Unterpunkt, vor allem aus Google-Sicht, nennt sich ABRECHNUNG. Falls Sie ein neues Konto besitzen und bis dato noch keine Einstellungen zur Abrechnung vorgenommen haben, sollten Sie sich zunächst diesen Punkt anschauen. Denn ohne Eingabe einer Abbuchungsmöglichkeit können Ihre AdWords-Anzeigen nicht geschaltet werden.

Nach dem Klick auf den Unterpunkt ABRECHNUNG finden Sie in dem neuen Fenster auf der linken Seite drei Navigationspunkte vor:

- Transaktionsverlauf
- Abrechnungseinstellungen
- Abrechnungsprofil

Diese Punkte stellen wir Ihnen im Folgenden vor.

Transaktionsverlauf

Der Unterpunkt TRANSAKTIONSVERLAUF enthält alle wichtigen Daten zu Ihren Zahlungen und Kosten, die im AdWords-Konto angefallen sind (siehe Abbildung 5.17). So finden Sie hier z. B. die Daten und die Höhe der Abbuchung, die beispielsweise von Ihrer Kreditkarte ❻ vorgenommen wurde. Die wichtigsten Informationen auf dieser Seite sind die monatlichen Rechnungen zu Ihren AdWords-Kampagnen. Ein Klick auf die Rechnungsnummer ❺ hinter MONATLICHE RECHNUNG öffnet ein Browserfenster mit der Rechnung zum jeweiligen Monat. Sie können die Rechnung nach dem Öffnen entweder ausdrucken oder abspeichern.

> **Abbuchung und Rechnungsstellung bei AdWords-Kampagnen**
>
> Es gibt vor allem bei neuen AdWords-Nutzern immer etwas Verwirrung in Bezug auf Abbuchung und Rechnungsstellung. Für die AdWords-Werbung gibt es Abrechnungsgrenzbeträge, die am Anfang bei 50 Euro liegen und sich dann auf 200 Euro/350 Euro/500 Euro steigern. Die Steigerung geschieht automatisch, wenn die Grenzbeträge innerhalb von 30 Tage öfters hintereinander erreicht wurden. Bei neuen Kunden ist Google also vorsichtig und bucht kleine Beträge ab. Bei erfolgreichen Abbuchungen räumt das System Ihnen mit der Zeit immer mehr Kredit ein. Durch dieses System können die Google-Abbuchungen also an unterschiedlichen Tagen und auch mehrmals pro Monat stattfinden. Die Abrechnung zu den Abbuchungen liegt in Ihrem Konto aber erst am Ende des Monats, und zwar meistens am ersten Werktag des neuen Monats zum Abruf bereit. Es kann also passieren, dass die Kosten für das Werbebudget am 1. Juli abgebucht werden, die entsprechende Abrechnung dazu aber erst am 1. August vorliegt.

Auf der Seite TRANSAKTIONSVERLAUF finden Sie oberhalb der Tabelle mit Ihren Kosten- und Rechnungsaufstellungen drei Buttons. Diese können Sie folgendermaßen nutzen. In der ersten Dropdown-Liste können Sie neben der Standardeinstellung ALLE TRANSAKTIONEN ❷ bestimmte Gruppen herausfiltern. So können Sie zum Beispiel über KOSTEN nur die angefallenen Klickkosten, verteilt nach Tagen, auflisten. Über ZAHLUNGEN filtern Sie Ihre Abbuchungen oder Kreditkartenzahlungen heraus. Auf diese Weise erhalten Sie einen Überblick über Ihre Daten. Der zweite Button mit der Standardeinstellung DETAILS ❸ lässt sich auf ZUSAMMENFASSUNG ändern. Dann erhalten Sie eine komprimierte Darstellung der Daten über einen gewissen Zeitraum. Den Zeitraum (Standard sind die letzten drei Monate) stellen Sie auch oberhalb der Datentabelle, jedoch auf der rechten Seite in einer Dropdown-Liste ein. Der dritte Button mit der Bezeichnung EXPORTIEREN ❹ enthält zwei Exportmöglichkeiten für die dargestellten Daten. Sie können die Daten entweder in eine CSV-Datei exportieren oder als Druckversion in einem neuen Browserfenster öffnen, um die Daten dann auszudrucken.

Ein auffälliger blauer Button mit der Bezeichnung ZAHLUNG AUSFÜHREN ❶ wird zwar sehr dominant dargestellt, ist jedoch normalerweise nicht von Bedeutung. Über diesen Button können Sie direkte Zahlungen an Google übermitteln Da jedoch normalerweise über Bankeinzug oder Kreditkarte abgerechnet wird, ist diese Zahlung nur in Ausnahmefällen notwendig. Eine direkte Zahlung an Google wäre z. B. notwendig, falls eine Abbuchung über eine Kreditkarte storniert wurde. Bei überfälligen Zahlungen werden dann nämlich Ihre Kampagnen deaktiviert. Mit einer aktiven Überweisung können Sie die Forderung schnell ausgleichen und so auch Ihre Kampagnen in kurzer Zeit wieder aktivieren.

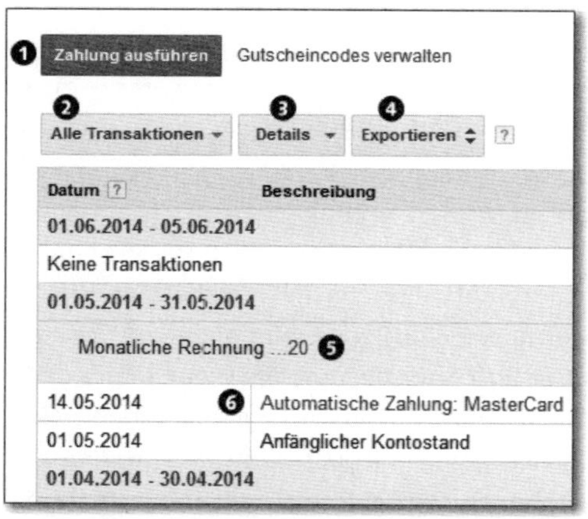

Abbildung 5.17 Informationen zum Transaktionsverlauf

So geben Sie Ihren Gutscheincode ein

Die Google-Gutscheincodes dürften jedem schon einmal über den Weg gelaufen sein. Diese gibt es hauptsächlich für neue Konten. Dies bedeutet, dass Sie ein entsprechender Gutscheincode innerhalb von 14 Tagen auf ein neues Konto eingelöst werden muss. Falls Sie noch keine AdWords-Kampagnen geschaltet haben, das Konto aber schon längere Zeit vorher aktiviert war, weil Sie bereits schon einmal eingeloggt waren, so können Sie dieses Konto für den »Standard Neukunden Gutschein« nicht mehr nutzen. Sie müssten dann mit einem neuen Google-Login ein ganz neues AdWords-Konto starten.

Es gibt jedoch bei speziellen Aktionen auch Gutscheine, die auf bestehende Konten eingelöst werden können. Diese tauchen in der Praxis jedoch eher selten auf. Bitte beachten Sie bei allen Gutscheinen, dass es immer bestimmte Laufzeiten gibt. Der Gutscheincode muss daher vor Ablauf des vorgegebenen Datums im Konto hinterlegt werden. Zu jedem Gutschein gehören die Gutscheinbedingungen von Google. Diese finden Sie entweder auf den Gutscheinen selber oder es ist lediglich der Hinweis auf eine entsprechende URL aufgedruckt, z. B. *http://www.google.de/adwords/coupons/terms.html*.

Den Gutscheincode geben Sie beim Unterpunkt Transaktionsverlauf ein. Klicken Sie dort im Kopfbereich bei Rechnungsstellung auf den Link Gutscheincodes verwalten und danach auf den roten Button +Gutscheincode. Dann öffnet sich eine Seite (siehe Abbildung 5.18), auf der Sie den Code eintragen und danach mit Klick auf Speichern bestätigen können.

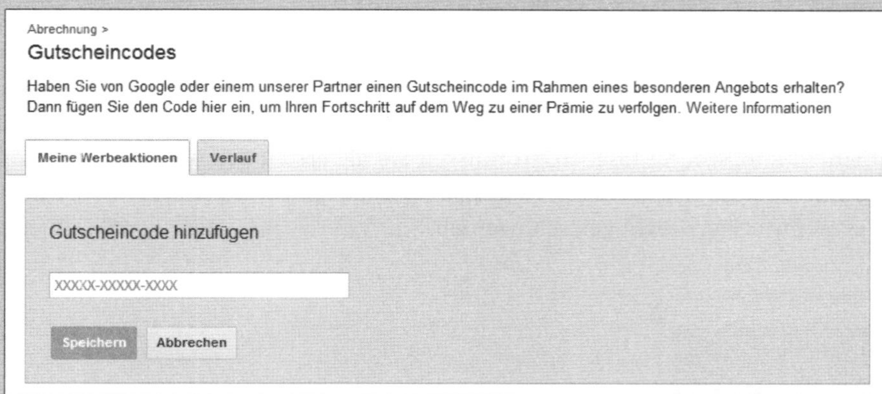

Abbildung 5.18 AdWords-Gutscheincode hinzufügen

Abrechnungseinstellungen

Unter Abrechnungseinstellungen können Sie sehen, welche Zahlungsmittel hinterlegt sind (siehe Abbildung 5.19). Im Normalfall finden Sie hier eine Bankverbindung zur Abbuchung oder Daten zu einer Kreditkarte. In alten AdWords-Konten besteht auch noch die Möglichkeit zur Vorauszahlung. Dabei kann das AdWords-Konto wie bei einer Prepaid-Telefonkarte vorher mit einem Budget aufgeladen werden.

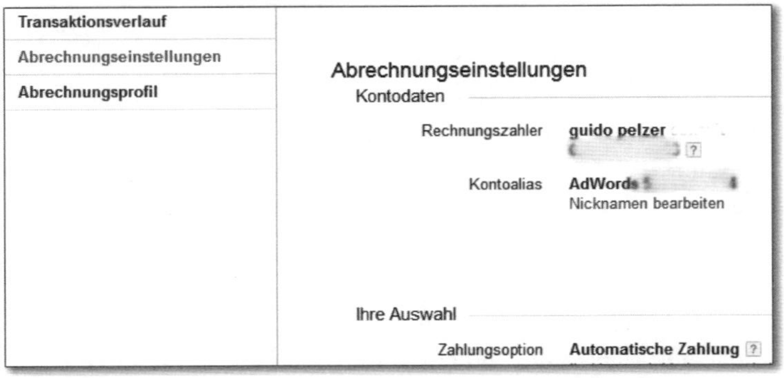

Abbildung 5.19 Abrechnungseinstellungen zum AdWords-Konto

Alle aktuell für das jeweilige AdWords-Konto eingetragenen Zahlungsmittel werden auf der Seite ABRECHNUNGSEINSTELLUNGEN angezeigt. Ist z. B. eine Kreditkarte hinterlegt, so werden der Name des Besitzers, die letzten Ziffern der Kreditkartennummer und das Kreditkartenunternehmen dargestellt (siehe Abbildung 5.20). Sie können auch mehrere Zahlungsmittel eingeben, müssen jedoch festlegen, welches das primäre Zahlungsmittel ist. Ein zusätzliches Zahlungsmittel als Backup ist interessant, falls z. B. einmal Ihr Kreditkarten-Limit in einem Monat überschritten wird, weil auch noch andere Zahlungen über die Kreditkarte laufen. In diesem Fall nutzt Google das Backup-Zahlungsmittel und Ihre Anzeigen werden ohne Unterbrechung geschaltet. Ist jedoch keine Alternative vorhanden und wird eine Forderung nicht beglichen, so werden die Werbeschaltungen zunächst automatisch deaktiviert. Möchten Sie einmal ein Zahlungsmittel löschen, so müssen Sie als ersten Schritt ein anderes Zahlungsmittel eingeben und dieses als primäres Zahlungsmittel festlegen. Ein primäres Zahlungsmittel kann nicht gelöscht werden.

Abbildung 5.20 Darstellung des eingegebenen Zahlungsmittels

Der Klick auf den Button + ZAHLUNGSMITTEL HINZUFÜGEN öffnet eine Seite, auf der Sie ein neues Zahlungsmittel eingeben können. Sie haben bei den aktuellen AdWords-Konten jedoch nur noch die Wahl zwischen der Eingabe eines Bankkontos oder einer Kredit-/Debitkarte (siehe Abbildung 5.21). Nach der Auswahl der Zahlungsmittel werden dann in einem Formular die entsprechenden Daten wie z. B. Kreditkartennummer, Name des Kartenbesitzers etc. abgefragt. Am Ende der Dateneingabe legen Sie zudem noch fest, ob die neue Eingabe als primäres Zahlungsmittel oder als Zweitzahlungsmittel registriert werden soll.

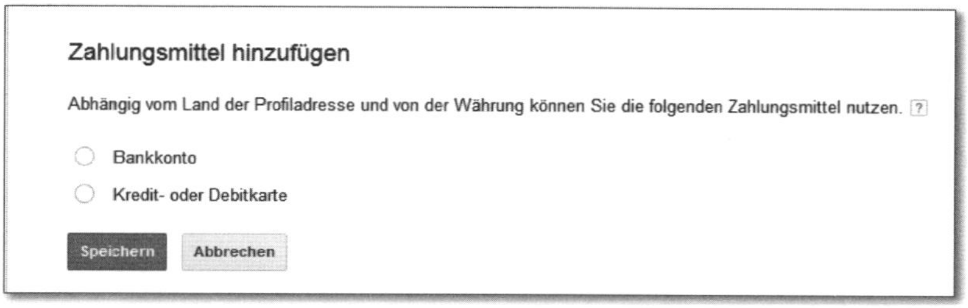

Abbildung 5.21 Ein Zahlungsmittel hinzufügen

Abrechnungsprofil

Der dritte Punkt zum Themenbereich Abrechnung hat die Bezeichnung ABRECHNUNGSPROFIL ❶ (siehe Abbildung 5.22). Auf dieser Seite können Sie Ihre Umsatzsteuer-ID-Nummer ❸, Ihre Adressdaten ❹ für die AdWords-Rechnung sowie einen so genannten Abrechnungskontakt ❺ eintragen. Dieser Kontakt erhält z. B. eine E-Mail mit dem Hinweis auf zukünftige Abbuchungen. Per Klick auf den Link BEARBEITEN ❷ können Sie die einzelnen Daten verändern. Zur Eingabe eines neuen Abrechnungskontaktes finden Sie am Ende der Seite ebenfalls einen Link mit der entsprechenden Bezeichnung.

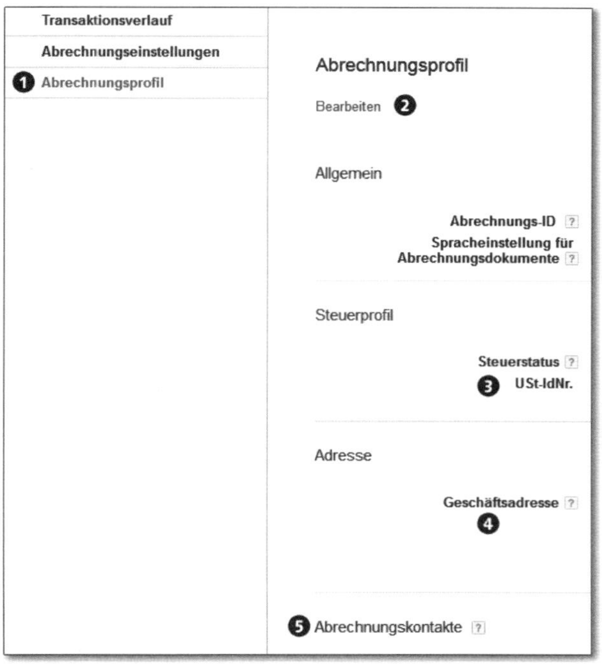

Abbildung 5.22 Auflistung der Zahlungsinformationen

5.6.2 Grundeinstellungen des AdWords-Kontos

Die wichtigsten Grundeinstellungen zu Ihrem AdWords-Konto finden Sie nach dem Klick auf das Zahnradsymbol beim Unterpunkt KONTOEINSTELLUNGEN. Dort sehen Sie auf der linken Seite vier Unterpunkte mit folgenden Bezeichnungen:

- Kontozugriff
- Verknüpfte Konten
- Benachrichtigungseinstellungen
- Einstellungen

Diese Optionen bedeuten im Einzelnen:

Kontozugriff

Sie können anderen Personen Zugriff auf Ihr AdWords-Konto gewähren, indem Sie die Nutzer hier hinzufügen. Dies ist z. B. für Geschäftspartner oder Mitarbeiter interessant. Je nach gewährter Zugriffsebene besitzen die eingeladenen Personen mehr oder weniger Möglichkeiten der Mitarbeit an Ihrem AdWords-Konto. Folgende Zugriffsebenen können vergeben werden:

- **Nur E-Mail-Zugriff**
  Diese Berechtigung wird erteilt, um dem Nutzer E-Mail-Berichte aus AdWords zu senden. Mit dieser Berechtigung ist kein Zugriff auf das Konto möglich. Ohne diese Berechtigung können aber auch keine Berichte aus dem AdWords-Konto an eine externe E-Mail-Adresse geschickt werden.
- **Lesezugriffsebene**
  Diese Berechtigung wird erteilt, damit der Nutzer sich im Konto anmelden und selber Berichte erstellen kann. Auch die Werbechancen und die AdWords-Tools können mit dieser Berechtigung aufgerufen werden. Der Nutzer kann jedoch keine Einstellungen ändern.
- **Standardzugriff**
  Der Standardzugriff sollte an Mitarbeiter oder Partner erteilt werden, die nicht nur Berichte erstellen müssen, sondern aktiv bei der Verwaltung der AdWords-Kampagnen mithelfen sollen. Denn der Standardzugriff erlaubt auch Änderungen der Einstellungen, z. B. eine Veränderungen des Budgets, der Klickpreise oder das Hinzufügen neuer Keywords.
- **Administratorzugriff**
  Der Administrator hat die volle Kontrolle über das AdWords-Konto und darf vor allem Kontozugriff erteilen und die Zugriffsebenen ändern. Diese Rechte sollte man also nur gezielt vergeben. Der Standardzugriff reicht in den meisten Fällen aus, falls jemand die volle Kontrolle zur Mitarbeit am AdWords-Konto benötigt, aber selber keine anderen Nutzer hinzufügen oder deren Rechte ändern muss.

Bitte beachten Sie, dass die Nutzer, die eingeladen werden, ein Google-Konto besitzen müssen. Außerdem dürfen diese mit der E-Mail-Adresse nicht bereits auf ein anderes AdWords-Konto zugreifen. Sie fügen einen neuen Nutzer hinzu, indem Sie auf den roten Button + NUTZER klicken. Im nächsten Schritt geben Sie die E-Mail-Adresse, den Namen des Nutzers sowie die gewünschte Zugriffsebene ein. Danach klicken Sie auf EINLADUNG VERSENDEN. Der eingeladene Mit-Nutzer erhält eine entsprechende E-Mail und muss per Klick auf einen Link der Einladung zustimmen. Danach kann er sich mit seinen Google-Login-Daten in Ihrem AdWords-Konto einloggen. Falls Mit-Nutzer existieren, so finden Sie diese hier auf der Seite KONTOZUGRIFF in der Tabelle NUTZER MIT KONTOZUGRIFF. An dieser Stelle können Sie den Zugriff auch jederzeit deaktivieren, indem Sie unter AKTIONEN in der Dropdown-Liste den Punkt ZUGRIFF BEENDEN wählen und die Auswahl danach bestätigen.

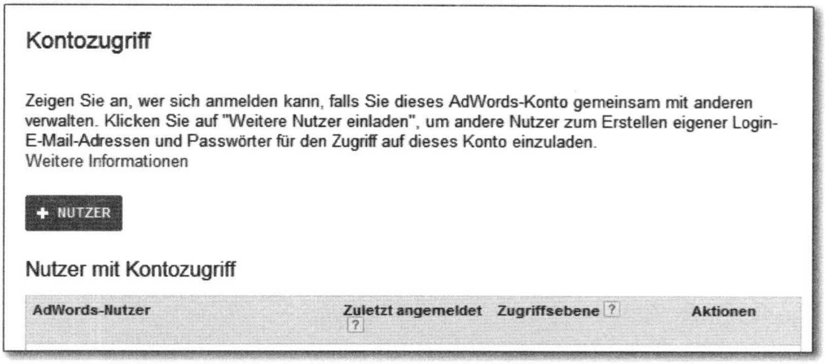

Abbildung 5.23 Kontozugriff für Nutzer einstellen

Eine weitere Möglichkeit, einen externen Zugriff auf ein AdWords-Konto zu gewähren, nennt sich Verwaltungskontozugriff. Dies ist ein Zugriff via MCC (My Client Center) und wird im Alltag normalerweise von Agenturen genutzt, um die AdWords-Konten ihrer Kunden zu betreuen. Die Funktion eines MCCs wird ausführlich in Kapitel 14, »Das Kundencenter – MCC«, besprochen. Der Zugriff über ein Verwaltungskonto wird durch eine Anfrage aus dem MCC-Konto eingeleitet und dann in Ihrem Konto unter Kontozugriff bestätigt. Während früher nur ein externes Verwaltungskonto auf ein AdWords-Konto zugreifen konnte, ist es mittlerweile möglich, mehrere externe Verwaltungskonten zuzulassen. Auch den Zugriff eines Verwaltungskontos können Sie in der Spalte AKTIONEN beenden (siehe Abbildung 5.24).

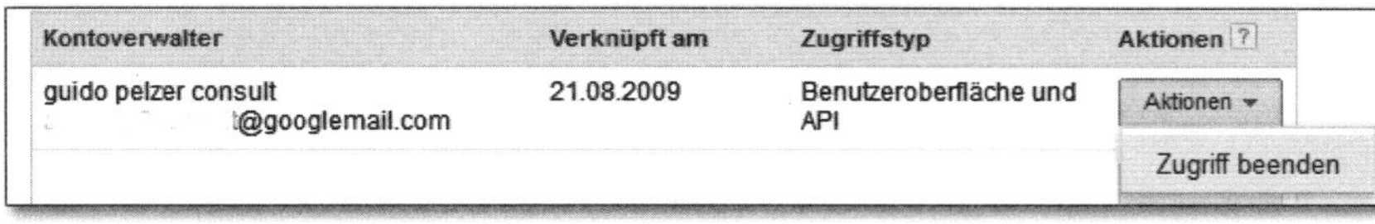

Abbildung 5.24 Übersicht zur externen Kontoverwaltung

Verknüpfte Konten

Das AdWords-Konto kann man aktuell mit zwei anderen Google-Produkten verknüpfen, damit Daten aus den anderen Google-Produkten in die AdWords-Berichte eingebunden werden können. Der Unterpunkt VERKNÜPFTE KONTEN teilt sich in die Verknüpfung mit Google Analytics und die Verknüpfung mit den Google Webmaster-Tools auf. Die Vorgehensweise zur Verknüpfung und welche zusätzlichen Berichte eine Verknüpfung liefert, finden Sie in folgenden Abschnitten:

- Abschnitt 10.6.3, »Erstellen Sie einen Bericht zu bezahlten und organischen Keywords«
- Abschnitt 11.4.2, »Automatische AdWords-Verknüpfung«

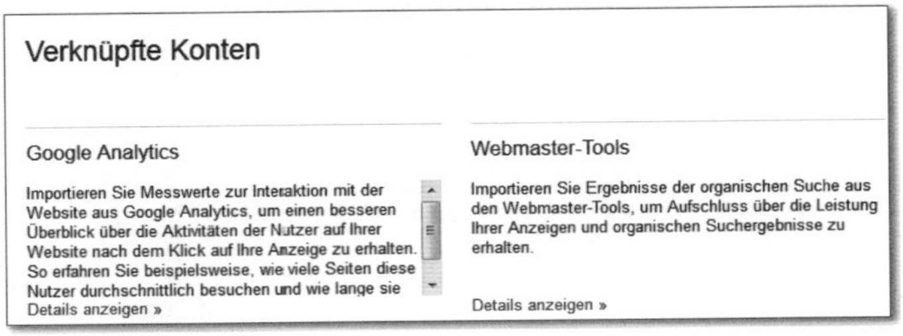

Abbildung 5.25 Verknüpfung mit Google Analytics und Webmaster-Tools

Benachrichtigungseinstellungen

Mit den Benachrichtigungseinstellungen können Sie festlegen, zu welchen Themen Sie von Google informiert werden möchten. Die verschiedenen Benachrichtigungsmöglichkeiten sind selbsterklärend. Ein Ratschlag zum Umfang der Benachrichtigungen ist an dieser Stelle schwierig. Sie wissen sicher aus eigener Erfahrung, wie viel zusätzliche E-Mails Ihr Mail-Account, bzw. Sie verkraften. Sie können die Einstellungen zu jedem Zeitpunkt ändern, indem Sie zwischen JA und NEIN switchen (siehe Abbildung 5.26).

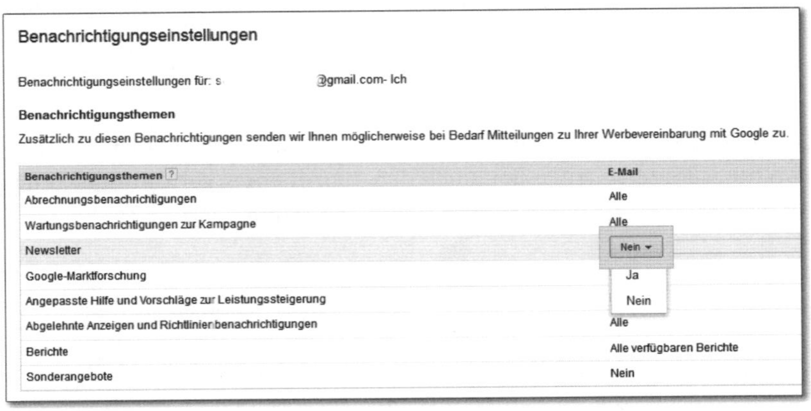

Abbildung 5.26 Verwaltung der Benachrichtigungen zum AdWords-Konto

Einstellungen

Unter EINSTELLUNGEN finden Sie die wichtigsten Grundeinstellungen zu Ihrem AdWords-Konto (siehe Abbildung 5.27). Hier können Sie z. B. die Sprach und Zahlenformate bearbeiten ❶. Die Zeitzone ❷, die Sie bei der Einrichtung des AdWords-Kontos festgelegt haben, wird ebenfalls angezeigt. Diese ist jedoch, wie bereits erwähnt, nicht mehr zu ändern! Die wichtigste Funktion dieses Unterpunkts ist die Aktivierung der AUTOMATISCHEN TAG-KENNZEICHNUNG. Diese sollte auf JA ❸ eingestellt sein, falls Sie AdWords-Klicks in Google Analytics tracken möchten. Über BEARBEITEN ❹ ist diese Einstellung zu ändern. Außerdem finden Sie hier auch einen Link ❺ zu den AdWords-Nutzungsbedingungen. Falls Sie Ihr AdWords-Konto irgendwann einmal nicht mehr nutzen möchten, so ist dies auch die richtige Stelle, um das AdWords-Konto aufzulösen ❻.

Abbildung 5.27 Auflistung der Grundeinstellungen

5.6.3 AdWords-Hilfe

Eine Hilfestellung zum AdWords-Programm verbirgt sich ebenfalls als Unterpunkt hinter dem Zahnradsymbol. Dabei können Sie Hilfe auf verschiedene Arten erhalten.

Zunächst können Sie über eine Suchfunktion in den Hilfestellungen suchen oder sich zum AdWords-Forum durchklicken. Sie erhalten auch eine Liste für eine direkte Kontaktaufnahme zu einem Google-Mitarbeiter und zwar entweder per E-Mail, Telefon oder Live-Chat. Während es in früheren Zeiten schwieriger war, Ansprechpartner bei Google zu erreichen, klappt dies mittlerweile sehr gut. Falls Sie also einmal ein Problem haben, so sollten Sie sich nicht scheuen, den direkten Kontakt zu suchen. Bitte bedenken Sie jedoch, dass die Google-Mitarbeiter Ihnen eher bei technischen Fragestellungen helfen können. Bei folgenden Punkten sollten Sie auf Ihr eigenes Wissen vertrauen:

- Spezielle Strategien zu Ihrem Geschäftsmodell
- Analyse Ihrer Konkurrenz
- Auswahl passender Keywords zu Ihren Produkten/Dienstleistungen
- Optimierung Ihrer Landing-Page mit Bezug zu Ihren Anzeigen
- Auswahl der passenden AdWords-Kampagnen

Bedenken Sie immer, dass Sie der Experte zu Ihrem Unternehmen sind!

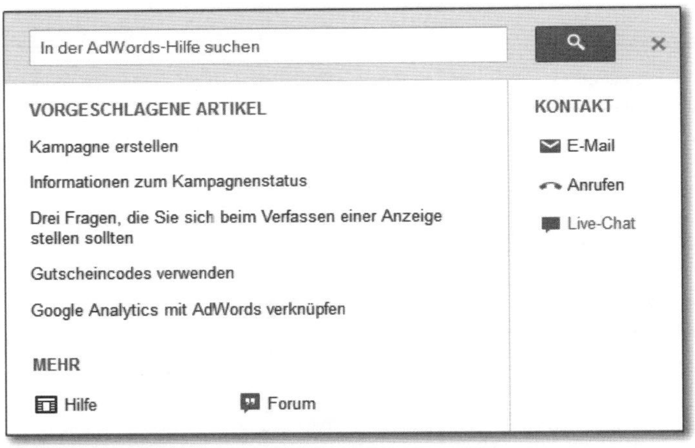

Abbildung 5.28 Informationen zur AdWords-Hilfe

5.7 Von Bibliothek bis Videokampagnen – weitere Unterseiten

Es gibt einen speziellen Bereich mit weiteren Unterseiten, der oft übersehen wird. Schauen Sie einmal im Hauptregister KAMPAGNEN nach links und scrollen Sie ganz nach unten. Dort finden Sie vier bis fünf Links zu verschiedenen Unterseiten (siehe Abbildung 5.29), die wir Ihnen hier der Vollständigkeit halber im Kurzdurchlauf vorstellen möchten. Diese Unterseiten werden in diesem Buch an verschiedenen Stellen wieder auftauchen.

Abbildung 5.29 Weitere Unterseiten im AdWords-Konto

5.7.1 Gemeinsam genutzte Bibliothek

Der wichtigste Unterpunkt ist die Gemeinsam genutzte Bibliothek ❶ (siehe Abbildung 5.30). Die ursprüngliche, englische Bezeichnung »Shared library« ist für diesen Punkt die einfachere und auch verständlichere Bezeichnung. In dieser Bibliothek finden Sie unterschiedliche Listen oder Einstellungen, die von mehreren Kampagnen gemeinsam genutzt werden können. Die Anlage dieser gemeinsam genutzten Listen oder Einstellungen läuft dabei meistens nach einem ähnlichen Schema ab. Eine Ausnahme bildet hier beispielsweise der Unterpunkt ZIELGRUPPEN ❷, der für das so genannte Remarketing genutzt wird. Zum Thema Remarketing finden Sie mehr in Abschnitt 8.4, »Remarketing – holen Sie den Besucher zurück«. Alle anderen Unterpunkte dienen dem Aufbau einer Liste, z. B. für ein gemeinsames Budget ❸ oder eine gemeinsame Liste für ausschließende Keywords ❹.

Abbildung 5.30 Unterpunkte zur »Gemeinsam genutzten Bibliothek«

Ein Klick auf einen Unterpunkt der Bibliothek, z. B. dem Punkt GEBOTSSTRATEGIEN ❶ zeigt bereits vorhandene Listen bzw. Gruppen ❷ (siehe Abbildung 5.31). Wenn Sie eine Gruppe oder Liste per Klick auswählen, so können Sie diese weiter bearbeiten. Eine erstellte Liste kann einer oder mehreren Kampagnen zugeordnet werden oder, einmal erstellt, für mehrere Kampagnen genutzt werden – aus diesem Kontext stammt die Bezeichnung der »gemeinsam genutzten Bibliothek«. Diese Liste und Gruppen sollten Sie auf jeden Fall nutzen, weil Sie durch die Mehrfachnutzung in verschiedenen Kampagnen insgesamt Arbeitszeit einsparen.

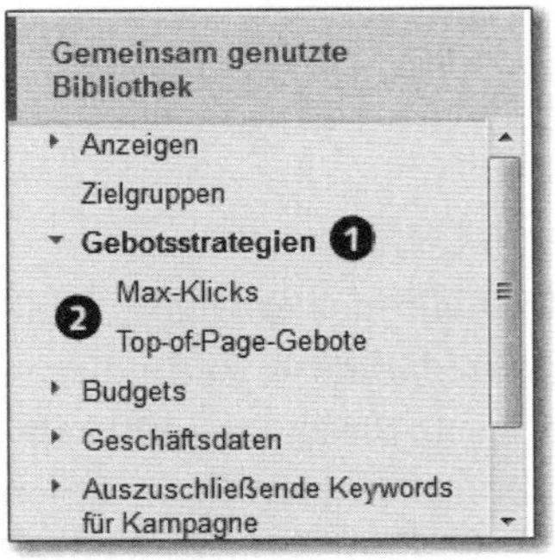

Abbildung 5.31 Auswahl eines Unterpunktes der Bibliothek

5.7.2 Bulk-Vorgänge

Bulk kommt aus dem Englischen und bedeutet übersetzt *Masse* oder *große Menge*. Unter dem Begriff *Bulk-Vorgänge* fasst Google verschiedene Funktionen zusammen, die sich auf die Änderung von größeren Datenmengen im Konto beziehen. Als Unterpunkt finden Sie hier zum einen den Punkt AUTOMATISIERTE REGELN. Diese Regeln sind vorgegebene Templates, z. B. für Kampagnen, Anzeigengruppen und Keywords. Als weiteren Unterpunkt finden Sie hier den Bereich SKRIPTS, welcher weitergehende Änderungsmöglichkeiten an Ihren AdWords-Kampagnen mit Hilfe von JavaScript-Programmierung bietet. Der dritte Punkt nennt sich BULK-ÄNDERUNGEN und listet alle Änderungen auf, die über den Menüpunkt BEARBEITEN im AdWords-Konto durchgeführt wurden. Dies können z. B. Einstellungsänderungen zu Kampagnen oder die Löschung mehrerer Keywords sein. Der Unterpunkt BULK-ÄNDERUNGEN protokolliert also alle automatisierten oder massenhaften Veränderungen in Ihrem AdWords-Konto. Diese können dann an dieser Stelle auch korrigiert werden.

Unter BULK-UPLOADS können Sie Tabellen in Ihr AdWords-Konto hochladen. Dies ist interessant, falls Sie viele Änderungen vornehmen möchten. So können Sie zum Beispiel eine Liste mit Keywords herunterladen und offline die Klickgebote für die Keywords verändern, um danach die Liste mit den veränderten Geboten in Ihr AdWords-Konto einzustellen. Die extern beispielsweise in Excel veränderten Gebote werden in Ihr AdWords-Konto übernommen. Dies erleichtert die Arbeit bei größeren Veränderungen im Konto.

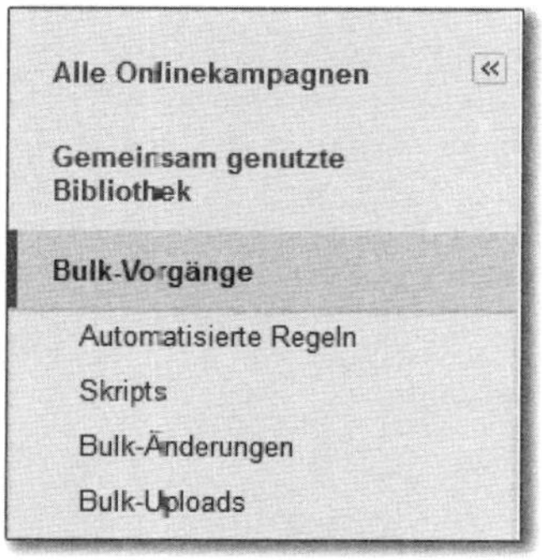

Abbildung 5.32 »Bulk-Vorgänge« mit Regeln und Skripten

5.7.3 Berichte

Unter BERICHTE finden Sie alle gespeicherten Berichte zu Ihrem AdWords-Konto wieder. Ihre Berichte können Sie von hier aus verändern oder erneut abrufen.

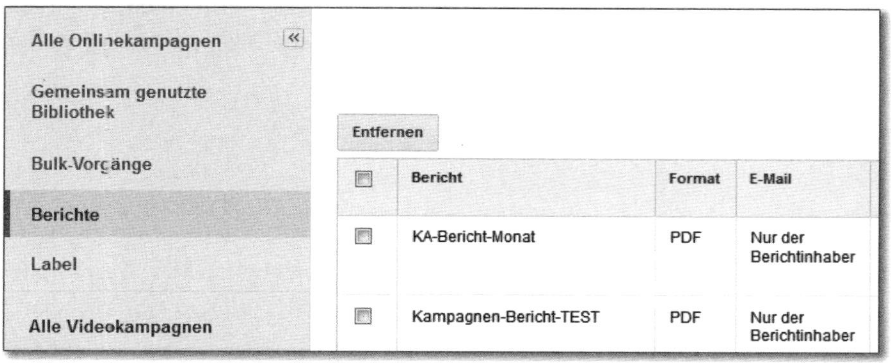

Abbildung 5.33 Verwaltung von Berichten

5.7.4 Labels

Der Unterpunkt LABELS dient zur Erstellung (+ LABEL) und Verwaltung von Labels in Ihrem AdWords-Konto. Labels werden benötigt, um verschiedene Komponenten wie z. B. Kampagnen oder Keywords mit eigenen Bezeichnungen zu versehen. Danach können Sie diese gekennzeichneten Elemente in Ihrem AdWords-Konto nach den Labeln filtern bzw. Berichte auf Grundlage der Labels zusammenstellen. Mit den Labels erstellen Sie Ihre eigene Struktur, die für Ihre Auswertung wichtig ist. Mehr zum Thema Labels erfahren Sie in Abschnitt 13.2, »Nutzen Sie Labels«.

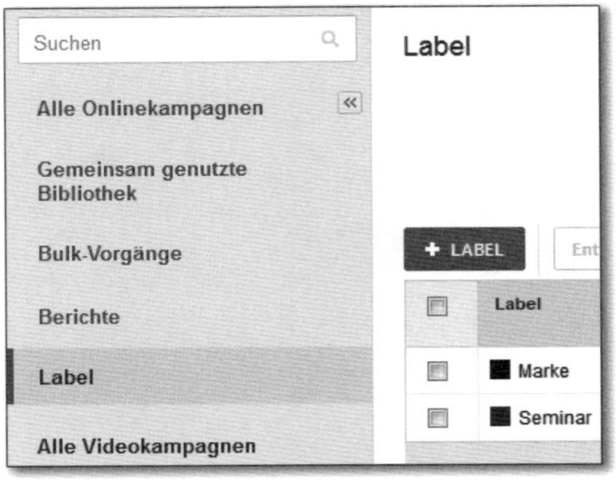

Abbildung 5.34 Verwaltung der Labels

5.7.5 Alle Videokampagnen

Der Unterpunkt ALLE VIDEOKAMPAGNEN finden Sie nicht in jedem AdWords-Konto. Dieser Punkt ist nur sichtbar, falls in dem vorliegenden Konto bereits eine Videokampagne existiert oder schon einmal eine entsprechende Kampagne angelegt worden ist. Ein Klick auf den Link ALLE VIDEOKAMPAGNEN verlinkt dann auf die Kampagnenansicht für Videokampagnen (siehe Abbildung 5.35), die analog zu den Standard-AdWords-Kampagnen aufgebaut ist.

Abbildung 5.35 Verlinkung zu den Videokampagnen

Im diesem Kapitel haben wir Ihnen den Aufbau des AdWords-Kontos nähergebracht. Das Kapitel soll Ihnen einen Überblick über das große Ganze vermitteln. Sie kennen nun alle Seiten und Unterseiten, die teilweise etwas verschachtelt im Konto aufrufbar sind. Wenn Sie bei der Arbeit mit Ihren AdWords-Kampagnen zukünftig eine bestimmte Funktion oder Unterseite suchen, so sollten diese nun einfacher auffindbar sein.

5.8 Checkliste

Sind Sie mit der Navigation im AdWords-Konto vertraut? Folgende Bereiche Ihres AdWords-Kontos sollten Sie kennen.

Wichtige Bereiche im AdWords-Konto	Bekannt (✓)
Dashboard	
Hauptregister zur Verwaltung der Kampagnen	
Tipps zu Werbechancen	
AdWords-Tools	
Verlinkung zu Google Analytics	
Verschiedene Möglichkeiten zur Kontoeinstellung	
Abrechnungseinstellungen	
AdWords-Hilfe	
Die Unterpunkte der »Shared Library«	
Link zu den Videokampagnen	

Tabelle 5.1 Checkliste zu den wichtigsten Unterpunkten im AdWords-Konto

Kapitel 6
Display-Kampagnen

Google AdWords wird ja zunächst einmal nur mit Werbung in der Google-Suche in Verbindung gebracht. Aber das ist nur ein Teil der Möglichkeiten. Mit AdWords kann man auch Image-Anzeigen schalten und seine Textanzeigen bei großen Online-Magazinen oder in Apps platzieren. Das Zauberwort heißt GDN, das Google Displaynetzwerk. Schauen wir uns einmal an, wie dieses Werbenetzwerk funktioniert.

Bis hierher haben wir hauptsächlich über die Verknüpfung der Google Suche mit dem Google AdWords Werbeprogramm gesprochen. In diesem Kapitel geht es nun um die AdWords-Display-Kampagnen, die eine weitere Möglichkeit bieten, um Anzeigen im Internet zu platzieren. Beim GDN erscheint die AdWords-Werbung auf den so genannten Content-Seiten. Diese Werbung ist nicht so zielgerichtet, wie die Werbung im Suchwerbenetzwerk, weil die Webseitenbesucher vorher nicht aktiv nach einem bestimmten Begriff gesucht haben. Dafür ist die Verweildauer auf den Seiten im Displaynetzwerk jedoch höher und so hervorragend dazu geeignet, um so genannte Branding-Effekte zu erzielen. Die AdWords-Werbung taucht themenbezogen in einer Umgebung auf, wo sich Internetnutzer ausführlich informieren möchten und zudem interessante Texte (Nachrichten, Hilfestellungen, Testberichte) erwarten.

6.1 Das Google Displaynetzwerk (GDN)

Damit Sie die das GDN innerhalb der AdWords-Werbung besser einordnen können, stellen wir Ihnen zunächst einmal die vier Werbenetzwerke vor, welche aktuell genutzt werden können.

Google bietet derzeit folgende vier Werbenetzwerke an:

- Werbung auf den Google-Such-Websites
- Werbung im Suchnetzwerk der Google-Partner und anderer Google-Produkte
- Videokampagnen bei YouTube
- Werbung im Google Displaynetzwerk

6.1.1 Werbung in den Google-Such-Websites

Das Standardnetzwerk ist das Suchnetzwerk innerhalb der Google-Familie. Neben der Websuche, welches das wohl bekannteste Google-Produkt ist, gibt es die Suchfunktion jedoch auch in vielen anderen Google-Produkten, z. B. bei Google Maps oder auch in Google Earth (siehe Abbildung 6.1). Dort wird überall Ihre AdWords-Werbung automatisch als Ergebnis eines Suchvorgangs zu den entsprechenden Keywords angezeigt. Sie können in Ihrer AdWords-Kampagne jedoch keine Einschränkungen angeben, um nur bei bestimmten Google-Produkten angezeigt zu werden.

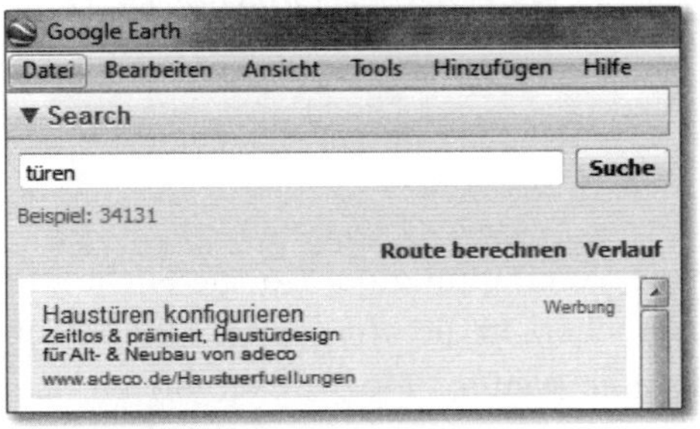

Abbildung 6.1 Google-Suche mit Anzeigenschaltung bei Google Earth

6.1.2 Werbung im Suchnetzwerk der Google-Partner

Das zweite Suchnetzwerk besteht aus den Suchwebsites der so genannten Google-Partner. Zu diesem Google-Partnern gehören unter anderem T-Online (*http://www.t-online.de*), AOL (*http://www.aol.de*) oder auch Web.de (*http://web.de*). Falls Sie auf den Webseiten dieser Partner (siehe Abbildung 6.2) eine Suchanfrage stellen, so greift der Partner, neben den organischen Google-Treffern, auch auf die AdWords-Anzeigen zurück. In den Kampagneneinstellungen können Sie festlegen, ob die Google-Partner-Suche automatisch in Ihrer Kampagne enthalten sein soll.

Abbildung 6.2 Web.de mit Google-Suchfunktion

6.1.3 Videokampagnen bei YouTube

Als drittes, relativ neues Werbenetzwerk sind die Videokampagnen im YouTube-Kanal zu nennen. Auch bei dem Google-Tochterunternehmen YouTube kann über das AdWords-Backend Werbung platziert werden. Diese Werbung besteht hauptsächlich aus Videokampagnen bei YouTube. Es gibt aber auch eine Überschneidung von Videokampagnen und Displaynetzwerk, da Videos über die Videokampagnen auch im Displaynetzwerk geschaltet werden können. Andererseits können Sie über das Displaynetzwerk auch Text- und Image-Kampagnen und Videoanzeigen bei YouTube schalten.

6.1.4 Werbung im Google Displaynetzwerk

Der vierte Bereich der Werbenetzwerke, dem wir uns in diesem Kapitel näher widmen möchten, ist schließlich das Google Displaynetzwerk oder kurz GDN. Zu diesem Netzwerk gehören verschiedene Content-Seiten. Das können große Online-Portale, Magazin-Webseiten, aber auch Foren oder Blogs etc. sein. Zusätzlich können über das Displaynetzwerk auch Anzeigen in Apps oder Videos geschaltet werden. Websitebesitzer, z. B. Blogbetreiber, können ihre Seiten über das Google Adsense Programm (*http://www.google.com/adsense/start*) als Werbefläche bei Google anbieten. Das AdWords-Programm vermittelt quasi die Schaltung der Anzeigen auf den jeweiligen Seiten der Webadministratoren. Im Gegensatz zum Suchnetzwerk werden im Displaynetzwerk nicht nur die bekannten Textanzeigen, sondern auch Image-Anzeigen und Videos geschaltet. Neben Standard-Bildanzeigen gibt es hier auch die Möglichkeit, animierte und interaktive Bilder als Anzeigen zu hinterlegen. Ein gravierender Unterschied zum Suchnetzwerk betrifft die Grundidee des Suchmaschinenmarketings. Die Werbung erscheint im Displaynetzwerk nicht auf Grundlage einer Suche, sondern in einem thematisch passenden Umfeld oder weil der aktuelle Webseitenbesucher als potenzieller Kunde identifiziert wurde und gleichzeitig dazu passende Ausrichtungen in den Kampagneneinstellungen bei AdWords gewählt wurden. Dadurch ergibt sich im Displaynetzwerk auch ein ganz anderes Klickverhalten, d. h. die Klickraten sind im Vergleich zu den Suchergebnisseiten viel geringer. Dies bedeutet, dass eine Click-Through-Rate (CTR) von unter 1 Prozent ganz normal ist. Dafür ist jedoch der Branding-Effekt im Displaynetzwerk größer, weil der Werbende mit Hilfe von Bildern und Logos die Wiedererkennung seiner Mark bzw. von Produkten oder Dienstleistungen steigern kann.

Displaynetzwerk und Branding

Branding oder Markenbildung nennt man die Entwicklung einer starken Marke, die von den Internet-Usern als Marktführer oder zumindest als wichtiges Unternehmen in der jeweiligen Branche identifiziert wird. Ein wichtiger Punkt ist dabei immer der Aufbau von Vertrauen zu einer Marke oder auch einem Unternehmen. Dies steigert die Loyalität der Internet-User und die Wahrscheinlichkeit der Suche nach Alternativen sinkt.

Durch Schaltung einer AdWords-Werbung vor allem in Form von Image-Anzeigen im Displaynetzwerk taucht ein Produkt zusammen mit dem jeweiligen Firmennamen und dem Logo immer wieder auf relevanten, oft thematisch passenden Seiten auf. Dies ist vor allem dann interessant, wenn sich ein potenzieller Kunde gerade zu einem speziellen Thema informiert. Eine Präsenz auf unterschiedlichen und vor allem thematisch passenden Webseiten ruft größtenteils unbewusst den Eindruck einer Wichtigkeit und Bedeutung hervor. Dies führt dann zu einer entsprechenden Stärkung der jeweiligen Marke und somit zum Branding-Effekt. Dabei muss eine Anzeige im Displaynetzwerk nicht unbedingt geklickt werden, um diesen Effekt zu erzielen. Die Werbebotschaften und vor allem die Bilder werden wahrgenommen, ohne dass ein Klick erfolgen muss. Daher kann ein entsprechender Werbeeffekt auch mit geringem Budget erzielt werden.

Hier zwei Beispiele, wie die AdWords-Anzeigen im Displaynetzwerk dargestellt werden können. Die Standard-Textanzeigen (siehe Abbildung 6.3) werden im Displaynetzwerk zum Teil etwas anders, sprich auffälliger, präsentiert. Zu dieser auffälligeren Darstellung gehören unter anderem größere, bunte Überschriften, zusätzliche Symbole (hier Pfeile) oder auch Werbeblöcke, die zunächst nur aus Überschriften bestehen, und dann bei einer Mouseover-Bewegung aufklappen. Grundlage dieser Werbung bilden jedoch die gleichen Textanzeigen, die Sie auch auf der Google-Suchergebnisseite wiederfinden.

Abbildung 6.3 Textanzeigen im Google Displaynetzwerk

Das zweite Beispiel sind die Banner, die auf den Webseiten der Werbepartner an verschiedenen Positionen, z. B. im Header, auf der rechten oder linken Seite als so genannter Skyscraper (Wolkenkratzer), im Footer einer Webseite oder auch als Block zwischen dem Webseitentexten platziert werden können.

Für die Image-Anzeigen gibt es bestimmte Größenvorgaben, wobei von der kleinen quadratischen Anzeige mit 200 × 200 Pixeln bis zu Bannern im Kopfbereich mit 728 × 90 Pixeln viele Variationen möglich sind.

Abbildung 6.4 Image-Anzeigen im Google Displaynetzwerk

6.2 Sollte man Such- und Display-Kampagne verbinden?

Google AdWords versucht grundsätzlich, durch Hinweise (»Die beste Möglichkeit, die meisten Kunden zu erreichen.«) oder bestimmte Standardvorgaben die Nutzer davon zu überzeugen, die Suchkampagnen, die auf bestimmte Begriffe ausgerichtet sind, mit den Displaykampagnen zu verbinden (SUCHNETZWERK MIT DISPLAY-AUSWAHL). Die Praxiserfahrung zeigt jedoch, dass es praktischer und sinnvoller ist, die Such- und die Displaykampagnen zu trennen.

Unsere Empfehlung lautet: Erstellen Sie für die Werbung im Displaynetzwerk eine eigenständige Kampagne. Dies hat folgende Vorteile:

- eine übersichtlichere Kampagnenstatistik
- verbesserte Möglichkeiten der Ausrichtung
- ein eigenes Budget für Displaykampagnen

Zur Erläuterung: Da die Klickrate im Displaynetzwerk viel geringer als im Suchnetzwerk ist, erschwert die Zusammenlegung der beiden Kampagnenarten einen schnellen Überblick zur Klickrate. Der Klickerfolg einer Werbekampagne ist also nicht so schnell und einfach zu erkennen. Die Statistik wird zwar noch einmal nach Netzwerk unterteilt, dies ist jedoch erst auf den zweiten Blick ersichtlich. Der wichtigste Nachteil liegt jedoch in der Standardausrichtung über Keywords. Im Displaynetzwerk müssen die Keywords nicht so fein unterteilt werden. Es reichen hier allgemeinere Keywords, damit die Anzeigen auf passenden Webseiten erscheinen können. Zudem sind andere Targeting-Möglichkeiten, z. B. direkt auf thematisch passende Seiten zu schalten, viel besser für die Display-Werbung geeignet. Auch die Aufteilung eines gemeinsamen Werbebudgets, welches auf zwei ganz unterschiedliche Werbestrategien verteilt wird, ist ein Nachteil. Die AdWords-Schaltung zu passenden Suchanfragen benötigt normalerweise ein eigenes Budget. Eine Mischung des Budgets für

Suchkampagnen mit dem Budget des Displaynetzwerkes, welches vor allem Branding-Effekte und eine große Werbereichweite als Ziel hat, ist daher nicht sinnvoll.

Falls Ihre Suchanzeigen nach einer ersten Optimierung im Hinblick auf die gewünschten Ziele (Conversions) gut funktionieren und Sie Ihr Werbebudget nicht voll ausschöpfen, können Sie zur Gewinnung zusätzlicher Interessenten für einen Monat natürlich auch einmal die Ausrichtung SUCHNETZWERK MIT DISPLAYAUSWAHL testen. Unter diesen Bedingungen ist ein Test sinnvoll. Nach einem Monat können Sie dann entscheiden, ob Sie die Zuschaltung des GDN auf Dauer nutzen möchten.

6.3 So legen Sie eine eigene Display-Kampagne an

Eine neue Display-Kampagne starten Sie genauso, als würden Sie eine Kampagne im Suchnetzwerk anlegen. Klicken Sie zunächst im Unterregister KAMPAGNEN auf + KAMPAGNE (siehe Abbildung 6.5). Danach wählen Sie jedoch als Kampagnentyp NUR DISPLAYNETZWERK ❶ aus, sowie zusätzlich die Option ALLE FUNKTIONEN ❷. Alle weiteren Kampagneneinstellungen wie z. B. Standorte, Sprachen, Budget und Werbezeitplan bearbeiten Sie gemäß Ihrer Ziele und Ihrer Strategie analog zu den Einstellungen für eine Kampagne im Suchnetzwerk. Sie haben bei der Anlage einer neuen Kampagne auch immer die Möglichkeit, die Einstellungen einer bestehenden Kampagne zu laden. Dies ist empfehlenswert, falls Sie öfter die gleichen oder fast identischen Einstellungen nutzen. Diese Arbeitsweise spart Zeit. Übernehmen Sie bestehende Einstellungen, auch wenn die Grundeinstellungen sich leicht unterscheiden. Eine spätere Änderung ist meistens immer noch schneller als die komplette Neuanlage.

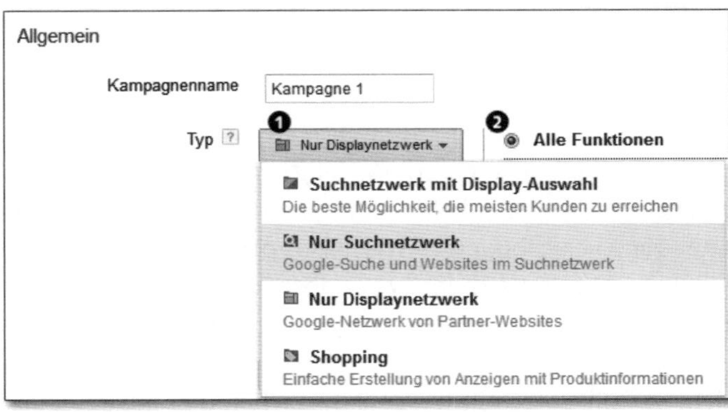

Abbildung 6.5 Kampagne für das Displaynetzwerk anlegen

Nachdem die Kampagne inklusive der Grundeinstellungen angelegt ist, können Sie im nächsten Schritt eine erste Anzeigengruppe erstellen. Da die Ausrichtung (das Targeting) auf Anzeigengruppenebene eingestellt wird, können Sie hier natürlich mehrere Anzeigengruppen für unterschiedliche Targeting-Möglichkeiten, z. B. unterschiedliche Keyword-Gruppen anlegen. Die Unterteilung in verschiedene Anzeigengruppen kennen Sie ebenfalls bereits von der Anlage einer Suchnetzwerk-Kampagne.

Die Besonderheit einer Display-Kampagne besteht jedoch in den unterschiedlichen Targeting-Möglichkeiten. Diese werden im Unterregister DISPLAYNETZWERK eingestellt. Bevor wir Ihnen die verschiedenen Möglichkeiten des Targetings im Abschnitt 6.5, »Besonderheiten des Targetings im GDN«, näher vorstellen, schauen wir uns zuerst die Besonderheiten in Bezug auf Anzeigen im Displaynetzwerk an.

Targeting im Online-Marketing

Target ist das englische Wort für Ziel und kommt eigentlich aus dem militärischen Sprachgebrauch. Im Online-Marketing geht es beim Targeting auch um ein Ziel, hier besteht dieses jedoch in einer Gruppe potenzieller Kunden. Durch Targeting soll die Werbung also zielgruppengerecht präsentiert werden. Als Werbender erhöhe ich meine Chancen, einen Kunden zu gewinnen oder zumindest Interesse für mein Produkt/meine Dienstleistung zu wecken, wenn ich speziell diejenigen Internetnutzer anspreche, die ein vermutetes Interesse und/oder Bedarf an meinen Angeboten haben.

6.4 Anzeigen für das Displaynetzwerk

Navigieren Sie zunächst in Ihrer Anzeigengruppe zum Tab ANZEIGEN. Neben der bereits bekannten Möglichkeit eine Standard-Textanzeige unter + ANZEIGE zu erstellen, finden Sie nun in dem Dropdown-Menü auch noch weitere Unterpunkte zur Erstellung von Anzeigen. Bitte beachten Sie, dass die zusätzlichen Anzeigen für das Displaynetzwerk nur zu sehen sind, wenn die Kampagne auch mit dem entsprechenden Typ »Displaynetzwerk« eingestellt wurde! Die zwei Auswahlmöglichkeiten, die für die Display-Kampagne wichtig sind, schauen wir uns nun einmal näher an. Dies sind:

- Image-Anzeige
- Anzeigengalerie

Abbildung 6.6 Neue Anzeige für das Displaynetzwerk erstellen

Der Unterpunkt IMAGE-ANZEIGE bietet zwei Möglichkeiten, um Banner bzw. Multimedia-Anzeigen für das Displaynetzwerk zu erstellen (siehe Abbildung 6.7). Der erste Button mit der Bezeichnung ANZEIGE ERSTELLEN ❸ ist aktiviert, also blau markiert. Mit einem Klick auf diesen Button wird die voreingestellte Zielseite ❶ gescannt. Die eingestellte URL lässt sich übrigens mit Hilfe des Stifts ❷ bearbeiten. So können Sie jede beliebige Zielseite wählen. Sinnvollerweise sollten Sie jedoch nur Unterseiten Ihrer Website nutzen. Nach dem Scannen der Seite erstellt das AdWords-System automatisch verschiedene Anzeigenvorschläge. Die Anzeigen enthalten Bilder und Texte der gescannten Webseite. Sowohl die Texte als auch die Bilder lassen sich später noch anpassen bzw. austauschen. Durch das Scannen der Zielseite erhalten Sie schnell und einfach Banner-Anzeigen, die dem Corporate Design Ihrer Webseite entsprechen. Ein Klick auf den Button ANZEIGE HOCHLADEN ❹ öffnet ein neues Fenster mit der Möglichkeit, fertige Bilddateien in die AdWords-Kampagnen einzustellen.

Abbildung 6.7 Image-Anzeige erstellen lassen oder hochladen

Per Klick auf den Button DATEI HOCHLADEN können Sie also eine ausgewählte Bilddatei von Ihrem Computer hochladen (siehe Abbildung 6.8). Diese Anzeige erhält dann zur Identifizierung noch einen individuellen Namen. Am besten geben Sie zum Namen auch noch das Bildformat an, damit Sie später einen besseren Überblick über die vorhandenen Anzeigengrößen haben. Zusätzlich müssen Sie die Ziel-URL sowie die angezeigte URL zu Ihrer Bildanzeige hinterlegen. Soll das hochgeladene Bild bevorzugt auf Smartphones angezeigt werden, so müssen Sie noch die Checkbox vor MOBIL aktivieren. In diesem Fall benötigen Sie jedoch immer zusätzliche Alternativen für die Auslieferung auf Desktops/Laptops.

Abbildung 6.8 Werbebanner in AdWords hochladen

Für die hochgeladenen Dateien gibt es bestimmte Vorgaben, die genau einzuhalten sind. Dies bedeutet, dass die Bilddateien nur in den vorgegebenen Dateiformaten mit passender Pixelgröße akzeptiert werden und die Daten der Bilddatei nicht größer als 150 KB sein dürfen. Die Abmessungen müssen pixelgenau eingehalten werden, ansonsten können die Anzeigen nicht geschaltet werden. Abbildung 6.9 listet die aktuellen Spezifikationen für die extern erstellten Werbeanzeigen auf.

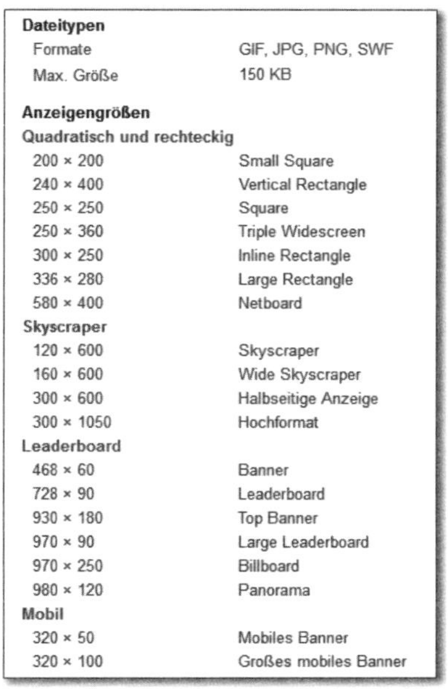

Dateitypen	
Formate	GIF, JPG, PNG, SWF
Max. Größe	150 KB
Anzeigengrößen	
Quadratisch und rechteckig	
200 × 200	Small Square
240 × 400	Vertical Rectangle
250 × 250	Square
250 × 360	Triple Widescreen
300 × 250	Inline Rectangle
336 × 280	Large Rectangle
580 × 400	Netboard
Skyscraper	
120 × 600	Skyscraper
160 × 600	Wide Skyscraper
300 × 600	Halbseitige Anzeige
300 × 1050	Hochformat
Leaderboard	
468 × 60	Banner
728 × 90	Leaderboard
930 × 180	Top Banner
970 × 90	Large Leaderboard
970 × 250	Billboard
980 × 120	Panorama
Mobil	
320 × 50	Mobiles Banner
320 × 100	Großes mobiles Banner

Abbildung 6.9 Spezifikation für extern erstellte AdWords-Anzeigen

Wenn Sie nach dem Klick auf + ANZEIGE den Unterpunkt ANZEIGENGALERIE auswählen, so erhalten Sie eine Anzeigenvorschau mit ganz unterschiedlichen Templates (siehe Abbildung 6.10). So eine Angebotsvielfalt kann auch verwirren, darum sollten Sie sich zunächst auf die auf folgenden drei Möglichkeiten konzentrieren:

- Dynamische Anzeigen ❶
- Interaktionsanzeigen ❷
- Universalanzeigen ❸

Diese Anzeigenformatgruppen stellen wir Ihnen im Folgenden vor.

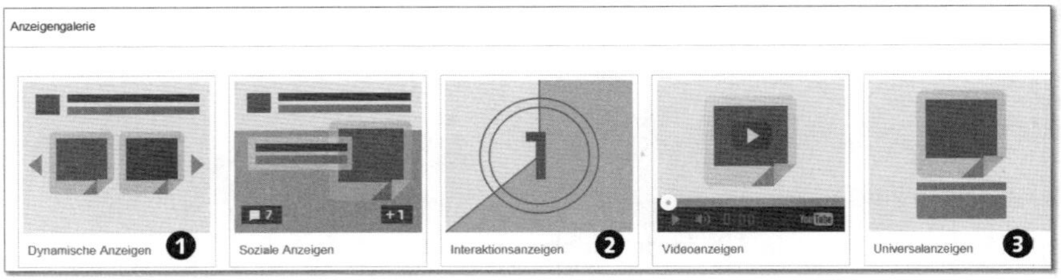

Abbildung 6.10 Gruppen von Anzeigenformaten

6.4.1 Dynamische Anzeigen

Die so genannten dynamischen Anzeigen greifen auf Ihr Google Merchant Center (*www.google.de/merchants*) zurück. Das Google Merchant Center ist jedoch nur für Werbende interessant, die einen Online-Shop besitzen. Die dynamischen Anzeigen nutzen die Informationen zu den Produkten, z. B. den Pfad zum Bild oder den Produktpreis, um automatisch Anzeigen mit Produktbildern aus Ihrem Shop zu präsentieren. Fahren Sie über das Bild mit Unterschrift DYNAMISCHE ANZEIGEN und klicken Sie dann auf den Button ERSTELLEN. Sie gelangen zu einer Auswahl (siehe Abbildung 6.11), die noch einmal zwischen Bild- und Textanzeigen unterscheidet. Falls Sie dynamische Image-Anzeigen zu Ihren Produkten erstellen möchten, so fahren Sie mit der Maus über das linke Bild und klicken Sie auf den Button ERSTELLEN.

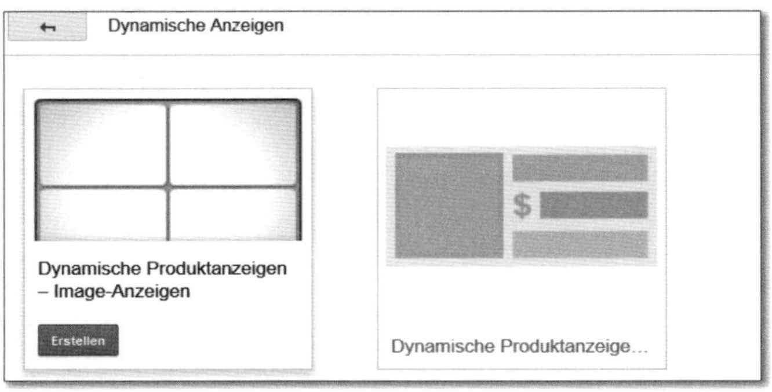

Abbildung 6.11 Dynamische Anzeigen erstellen

Die Einstellungen zu den dynamischen Bildanzeigen können leicht vorgenommen werden und sind selbsterklärend. Zum Teil werden die Einstellungen auch automatisiert durchgeführt. Die Google Merchant ID wird z. B. aus dem Konto ausgelesen. Falls diese nicht hinterlegt ist, müssen Sie Ihr Konto zunächst mit dem Merchant Center verbinden (siehe Abschnitt 8.3.5, »Erstellen Sie Ihre Google-Shopping-Kampagne«). Bei den dynamischen Anzeigen können Sie aus verschiedenen Anzeigenformaten auswählen, sowie Logos, Überschriften und die Darstellung der Anzeige im linken Bereich ändern. Auf der rechten Seite wird dann direkt Ihre zukünftige Anzeige in einer Vorschau präsentiert (siehe Abbildung 6.12). Fazit: Die dynamischen Anzeigen können schnell aufgesetzt werden und sind vor allem für Webshops mit vielen Produkten interessant.

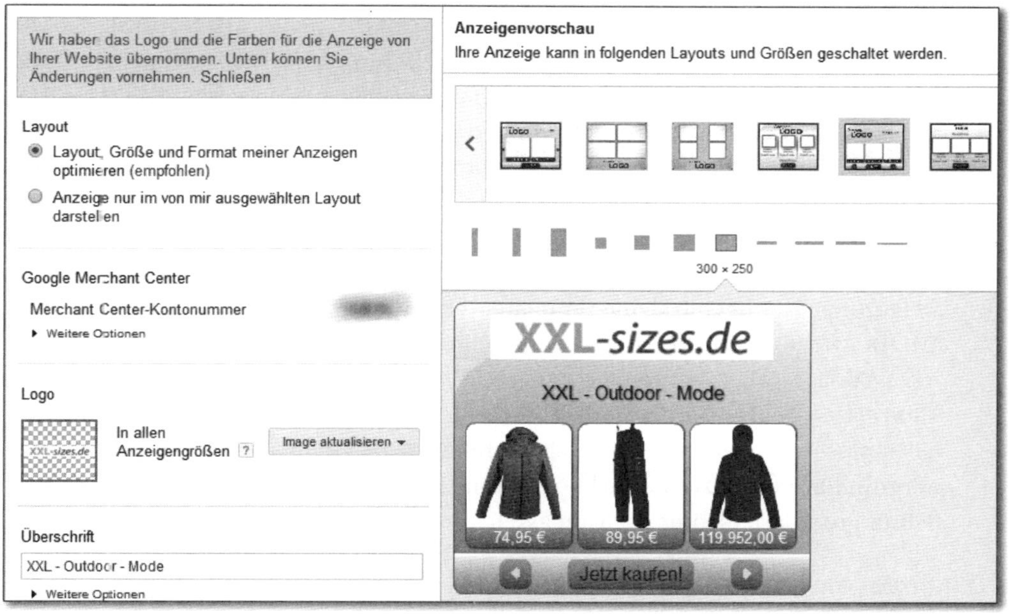

Abbildung 6.12 Designauswahl und Vorschau zu den dynamischen Anzeigen

6.4.2 Interaktionsanzeigen

Die Auswahl INTERAKTIONSANZEIGEN sollten Sie anklicken, falls Sie Videos im Displaynetzwerk schalten möchten (siehe Abbildung 6.13). Auch hier werden verschiedene Templates zur werbewirksamen Darstellung Ihrer Videos bereitgestellt. Voraussetzung, um diese Werbemöglichkeit über AdWords zu schalten, sind jedoch entsprechende Werbevideos, welche Sie zunächst in den YouTube-Kanal hochladen müssen. Bei der Einrichtung der Interaktionsanzeigen greifen Sie dann auf diese Videos zurück.

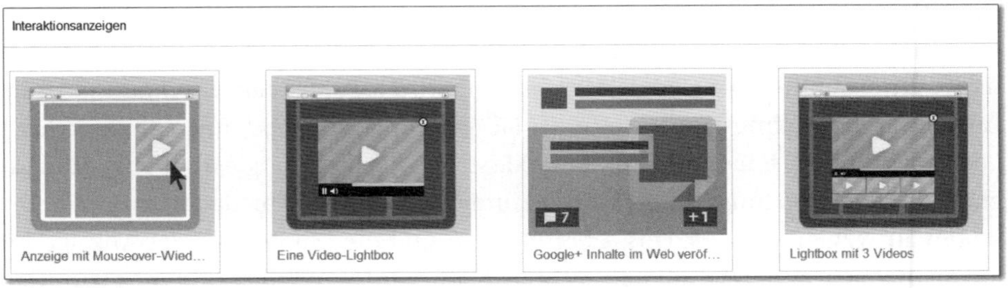

Abbildung 6.13 Verschiedene Möglichkeiten der Videowerbung über Interaktionsanzeigen

6.4.3 Universalanzeigen

Die gebräuchlichste Form der Image-Anzeigen im GDN nennt sich UNIVERSALANZEIGEN. Hinter dieser Gruppe verbergen sich viele Templates, die AdWords zur Verfügung stellt. Abbildung 6.14 zeigt eine kleine Auswahl von insgesamt ca. 20 Templates, die Sie unter UNIVERSALANZEIGEN finden. Bitte beachten Sie, dass sich die Auswahl der Templates in der Vergangenheit schon öfters einmal verändert hat und auch zukünftig hier zusätzliche neue Templates präsentiert werden können. Es lohnt sich also, von Zeit zu Zeit die Universalanzeigen zu »durchstöbern«. Mit diesen Vorlagen können Sie schnell und einfach eine passende Anzeige erstellen. Hinweis: AdWords zeigt zunächst nur eine kleine Template-Auswahl an. Sie können jedoch per Klick auf MEHR ANZEIGEN die Vorschläge jeweils um neue Templates erweitern. Falls Ihnen eine Vorlage gefällt, fahren Sie einfach mit der Maus darüber und klicken Sie auf ERSTELLEN. Denken Sie daran, dass Sie die Vorlagen zusätzlich noch einmal individuell anpassen können. Wählen Sie also ruhig auch ein Template aus, welches eine Hintergrundfarbe besitzt, die nicht zu Ihren Corporate Design passt. Sie können die Hintergrundfarbe später noch anpassen.

Abbildung 6.14 Auswahl von Templates unter »Universalanzeigen«

Nach dem Klick auf ERSTELLEN wird ein neues Fenster angezeigt (siehe Abbildung 6.15). Dort können Sie in den zugehörigen Textfeldern ❶ die Texte bearbeiten, auch Schriftart ❷ und Schriftfarbe ❸ sind änderbar. Zusätzlich können je nach Template Bilder und Logos hochgeladen werden. Die Textfelder ❺ können in der Größe angepasst und auch verschoben werden. Natürlich besteht zudem die Möglichkeit, die Hintergrundfarben der Anzeige oder einzelner Buttons zu ändern. Sie haben also viele Freiheiten bei der Gestaltung Ihrer Bildanzeigen. Auf diese Weise kann die Anzeige an das eigene Corporate Design angepasst werden. Testen Sie einfach verschiedene Templates, um eine passende Image-Anzeige für Ihre Produkte bzw. Ihre Dienstleistungen zu erstellen. Sehr praktisch ist, dass Sie nicht für jede Anzeigengröße die Einstellung erneut vornehmen müssen, sondern dass Ihr Template automatisch in unterschiedlichen Größen ❹ bereitgestellt wird. Sie müssen lediglich kontrollieren, ob die Texte für die jeweilige Anzeigengrößen passen. Ist dies nicht der Fall, können Sie die entsprechenden Größen für das aktuelle Template deaktivieren. In den meisten Fällen bedarf es noch kleiner Anpassungen. So lassen sich zum Beispiel durch Veränderung der Textbox ❺ und Anpassung der Schriftgröße auch längere Texte für möglichst viele Anzeigenvariationen nutzen.

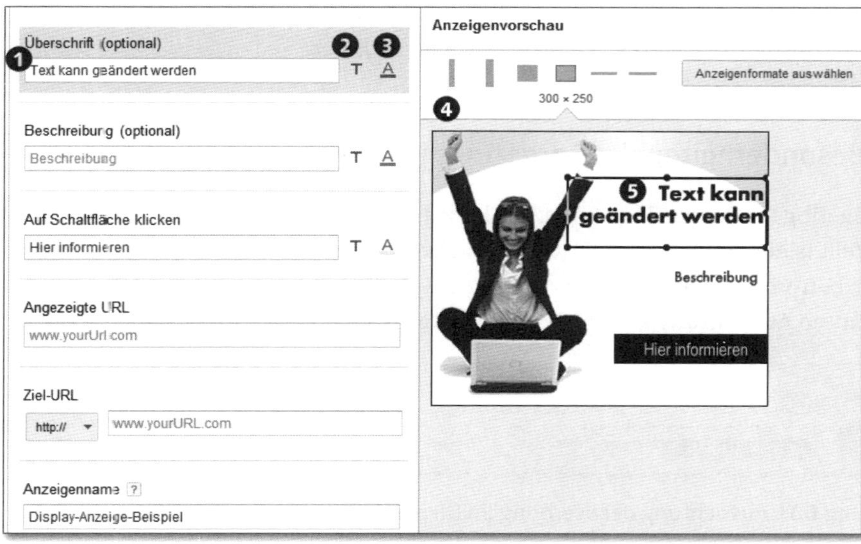

Abbildung 6.15 Individuelle Gestaltung der Anzeigenvorlagen

Nachdem Sie die Image-Anzeigen angepasst und in der Vorschau kontrolliert haben, können Sie diese Anzeigen speichern. Image-Anzeigen werden im Gegensatz zu Textanzeigen nicht automatisiert durch Maschinen kontrolliert und freigeschaltet. Daher müssen Sie nach der Erstellung immer noch etwas warten, bis ein Google-Mitarbeiter sich Ihre Anzeigen angeschaut hat. Ihre erstellten Image- bzw. Display-Anzeigen finden Sie in Ihrem AdWords-Konto neben den Textanzeigen im Unterregister ANZEI-

GEN. Analog zu den Textanzeigen können die Anzeigen hier deaktiviert, aktiviert und gelöscht werden. Auch die Bearbeitung über das Stiftsymbol ist möglich. Im Gegensatz zu den Textanzeigen können Sie sich die Display-Anzeigen per Klick auf den entsprechenden Link (siehe Abbildung 6.16) in voller Größe als Vorschau anzeigen lassen.

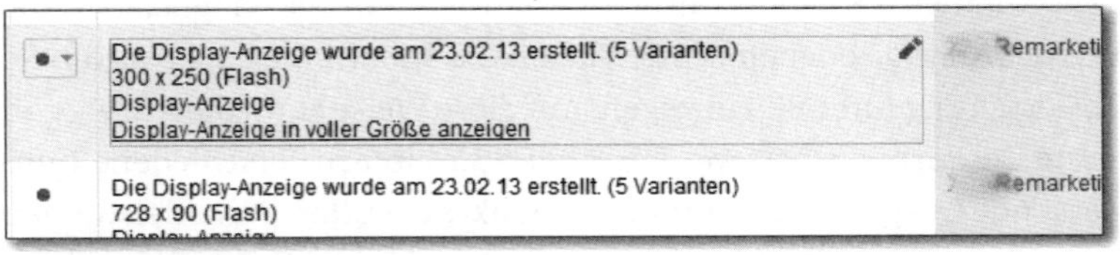

Abbildung 6.16 Display-Anzeigen im Unterregister »Anzeigen«

Die Templates sind eine gute Möglichkeit für kleine und mittelständige Unternehmen, die keine eigenen Graphiker beschäftigen bzw. die Kosten für externe Dienstleister scheuen. Die AdWords-Nutzer können mit Hilfe der Universalanzeigen auf einfache Weise ansprechende, multimediale Werbeformate erstellen. Falls Sie jedoch bereits eigene Image-Anzeigen für andere Werbeformen erstellt haben, ist es einfacher und werbestrategisch besser, diese Bilder direkt, wie am Anfang dieses Kapitels beschrieben, hochzuladen. Auf diese Weise stärken Sie die Wiedererkennung Ihrer Werbung, die dann in allen Werbekanälen gleich aussieht.

6.5 Besonderheiten des Targetings im GDN

Das Targeting im Google Displaynetzwerk wird im Unterregister DISPLAYNETZWERK ❶ eingestellt (siehe Abbildung 6.17). Grundsätzlich können Sie Ihre Display-Kampagnen über sieben unterschiedliche Ausrichtungsmethoden steuern. Zur Einstellung einer bestimmten Ausrichtung klicken Sie zunächst auf den Button + AUSRICHTUNG ❷.

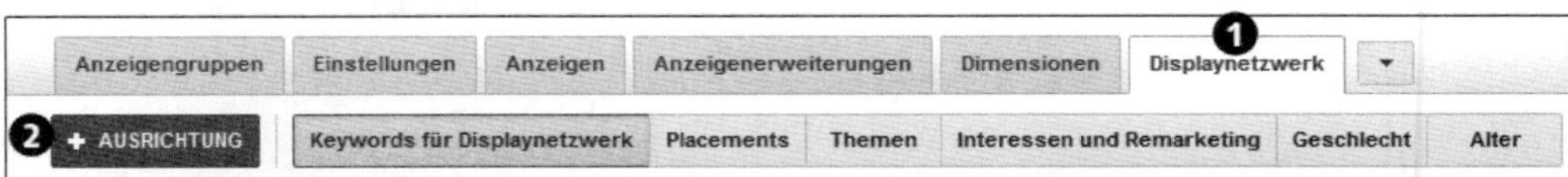

Abbildung 6.17 Ausrichtung der Werbung im Displaynetzwerk einstellen

Folgende Ausrichtungsmethoden stehen aktuell (Stand Oktober 2014) für das Displaynetzwerk zur Verfügung:

1. Ausrichtung mit Hilfe von Keywords
2. Ausrichtung auf ausgesuchte Placements (Webseiten oder bestimmte Bereiche von Webseiten)
3. Ausrichtung auf die Themen der jeweiligen Content-Webseiten
4. Ausrichtung auf die Interessen der jeweiligen Google-Nutzer

5. Ausrichtung auf das Geschlecht der Webseitenbesucher
6. Ausrichtung auf das Alter der Webseitenbesucher
7. NEU Ausrichtung auf Elternstatus

Die genannten Ausrichtungsmethoden können Sie zum einen jeweils einzeln nutzen, zum anderen können Sie Ihre Targetings jedoch auch kombinieren. Die beiden wichtigsten Ausrichtungsmethoden sind:

- Keywords
- Placements

Das Targeting via Keywords basiert analog zum Suchnetzwerk auf den vorgegebenen Suchbegriffen. Im Displaynetzwerk ist dabei jedoch entscheidend, dass die Suchbegriffe im Kontext der Webseite auftauchen. Bei der Ausrichtung mit Hilfe von Placements bestimmt der Werbende die Webseiten, auf denen seine AdWords-Anzeigen erscheinen sollen. Als Placement bezeichnet man genau genommen jedoch nicht nur einzelne Webseiten, sondern auch unterschiedliche Bereiche innerhalb einer Webseite. So kann zum Beispiel der Header-Bereich einer bestimmten Unterseite ein Placement und der Seitenbereich ein anderes Placement sein.

Nachdem Sie auf den Button + AUSRICHTUNG geklickt haben, erscheint ein neues Fenster. Falls Sie die Anzeigengruppe noch nicht vorher ausgewählt haben, so müssen Sie diese hier zunächst bestimmen. Die Ausrichtungen werden nämlich auf Anzeigengruppenebene festgelegt. Im nächsten Schritt klicken Sie dann auf AUSRICHTUNG HINZUFÜGEN und wählen danach die gewünschte Ausrichtung aus dem geöffneten Dropdown-Menü aus (siehe Abbildung 6.18). Im Folgenden erläutern wir ausführlich die Bedeutung der verschiedenen Ausrichtungsmöglichkeiten.

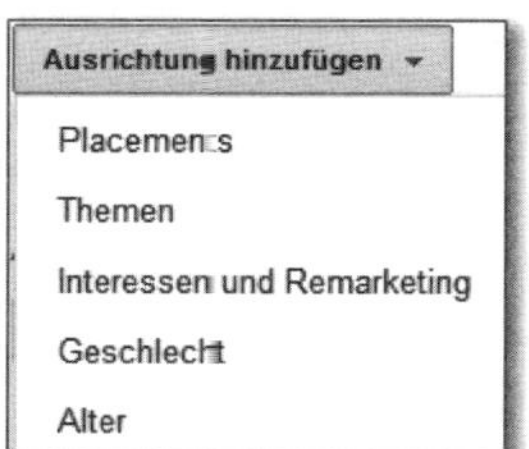

Abbildung 6.18 Dropdown-Menü mit verschiedenen Ausrichtungsmöglichkeiten

6.6 Kampagnen im GDN auf Keywords ausrichten

Analog zu Ihren Kampagnen im Suchnetzwerk können Sie auch im Google Displaynetzwerk Ihre Werbung auf der Grundlage von Keywords ausrichten. Bitte denken Sie daran, dass Sie hier nicht die Keywords vorgeben, die gesucht werden, sondern Keywords, die auf der Webseite vorhanden sein sollen. Ihre Anzeigen sollen im passenden Umfeld geschaltet werden. Dazu werden die Keywords auf den Webseiten, die zur Schaltung von Google-Anzeigen zur Verfügungen stehen, mit den vorgegebenen Suchbegriffen abgeglichen. Es genügt bei dieser Werbemethode im Google Displaynetzwerk daher völlig, wenn Sie eher allgemeinere Keywords zum Thema vorgeben. Es ist also wichtiger, dass die vorgegebenen Keywords das Themenfeld beschreiben, als eine genaue Keyword-Anfrage eines potenziellen Kunden zu simulieren. Das Eingabefeld für die Keywords wird ähnlich der Keyword-Eingabe für Suchnetzwerkkampagnen gefüllt. Sie können zur Eingabe wie gewohnt auch noch zusätzlich verwandte Begriffe recherchieren.

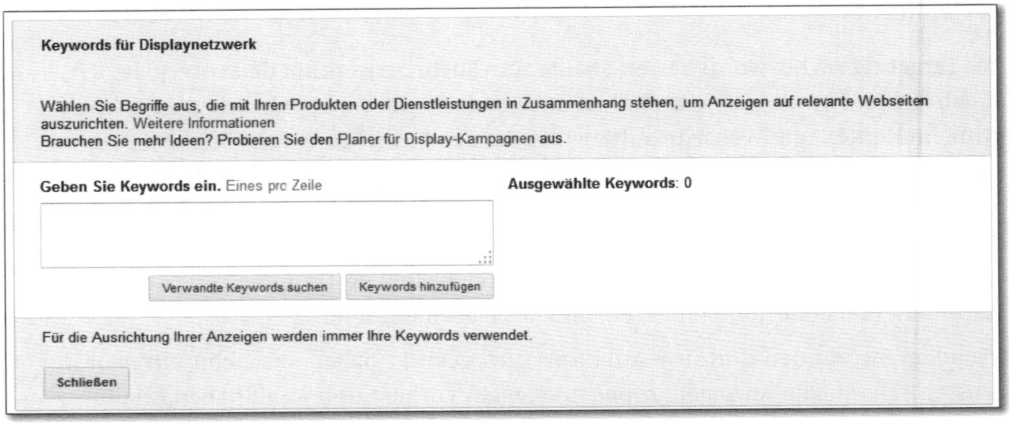

Abbildung 6.19 Eingabe der Keywords für das Displaynetzwerk

Da verschiedene Targeting-Möglichkeiten hinterlegt und kombiniert werden können, kann es sein, dass man schnell den Überblick verliert. Darum werden die ausgewählten Ausrichtungen zusätzlich noch einmal in einer Grafik visualisiert. Hierdurch erhalten Sie auf einfache Weise eine Übersicht, auf welche Ziele Ihre aktuelle Anzeigengruppe gerade ausgerichtet ist. Besonders interessant wird dies, wenn Schnittmengen definiert worden sind. Wurden wie in der folgenden Abbildung nur Keywords als Standardausrichtung eingegeben, so bietet die Grafik keinen Mehrwert. Die schraffierte Fläche zeigt halt immer die Reichweite an, auch wenn nur eine Ausrichtungsmöglichkeit genutzt wird (siehe Abbildung 6.20). Interessant wird dies erst bei der Kombination von Ausrichtungen, wie wir gleich sehen werden.

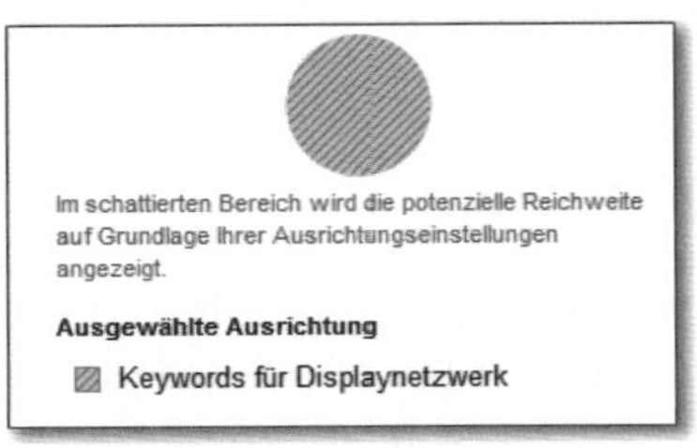

Abbildung 6.20 Grafik zum Keyword-Targeting im Displaynetzwerk

6.7 Placements im GDN auswählen

Als zweite, wichtige Möglichkeit zur Ausrichtung, können Sie Placements auswählen. Placements sind, wie erwähnt, Webseiten oder Unterbereiche von Webseiten, auf denen Ihre Werbung platziert werden kann. Beim Targeting über Placements bestimmen Sie aktiv, wo Ihre Werbung erscheinen soll. Falls Sie neue Placements hinzufügen möchten, so können Sie diese vorher recherchieren. Nutzen Sie dazu die Suche zu den Placement-Vorschlägen. Analog zum Keyword-Planer geben Sie auch hier Ihre wichtigsten Suchbegriffe vor – und Google AdWords listet Ideen in Form von Portalen, Foren, Infoseiten, Blogs etc. auf. Zusätzlich zur Angabe der URL zeigt Ihnen AdWords anhand kleiner Icons, welche Anzeigenformate grundsätzlich auf der jeweiligen Webseite geschaltet werden können, und welchen Traffic (in Impressionen pro Woche) Sie erwarten können. Aus diesen Ideen wählen Sie dann per Klick auf den Doppelpfeil die Placements aus, die übernommen werden sollen. Nach der Auswahl speichern Sie diese Ausrichtung wie gewohnt ab.

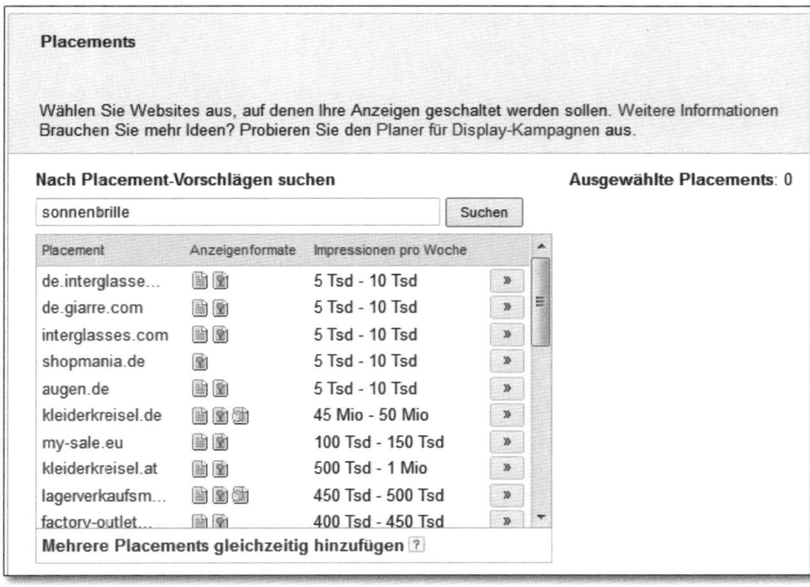

Abbildung 6.21 Placement-Vorschläge zum Thema »Sonnenbrille«

6.8 Kampagnen im GDN nach Themen ausrichten

Die dritte Möglichkeit, Ihre Anzeigengruppen im Google Displaynetzwerk auszurichten, nennt sich Themen. Diese Möglichkeit eignet sich hervorragend, wenn Sie keine interessanten Placements für Ihre Werbung kennen bzw. keine Zeit haben, neue Placement-Ideen zu recherchieren. Mithilfe der Themen können Sie Ihre Werbung dennoch nur auf Seiten schalten, die zu Ihrem Produkt/zu Ihrer Dienstleistung passen. Klicken Sie sich von den übergeordneten Themen bis hin zu den Spezialthemen durch und übernehmen Sie dann das gewünschte Thema per Klick auf den Doppelpfeil in Ihre Auswahl. So könnte zum Beispiel für einen Autohändler mit dem Produkt Geländewagen der Themenbereich »Geländegängige Fahrzeuge« als Werbeplattform interessant sein.

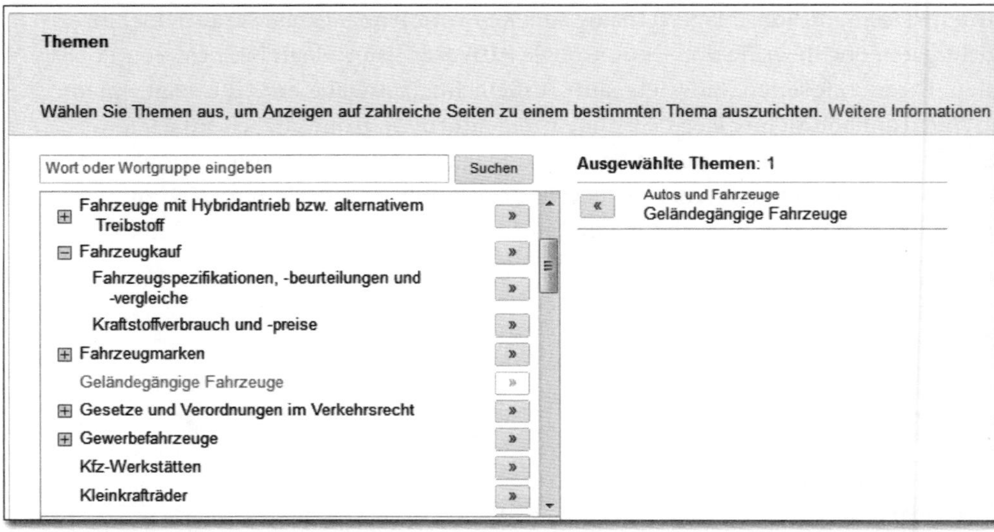

Abbildung 6.22 Ausrichtung über thematisch passende Webseiten

Neben der Standardauswahl können Sie auch noch weitere Themen per Code hinzufügen. Klicken Sie dazu auf den Link THEMEN MITHILFE VON CODES HINZUFÜGEN, den Sie unterhalb der Themenliste finden. Ein Klick auf diesen Link öffnet ein Popup-Fenster mit einem Eingabefeld. Dort können Sie weitere Themen hinzufügen, die nicht in der Standardliste stehen. Die zusätzlichen Themen finden Sie unter: *https://support.google.com/adwords/answer/156178?ctx=tltp.* Schauen Sie sich die Vorschläge in Ruhe an und suchen Sie nach passenden Themen zu Ihrem Unternehmensangebot. Dann geben Sie den Code nach folgendem Schema (siehe Abbildung 6.23) in das Feld des Popup-Fensters ein. Sie können mehrere Codes eingeben, wobei Sie jeweils immer nur ein Thema pro Zeile hinzufügen. Per Klick auf den Button HINZUFÜGEN speichern Sie die Eingabe dann wie gewohnt ab.

Nachdem Sie die Codes zugefügt haben, finden Sie diese ebenfalls in Ihren Einstellungen wieder. Genau wie die Standardthemen können diese per Klick auf den Doppelpfeil wieder aus der Ausrichtung entfernt werden.

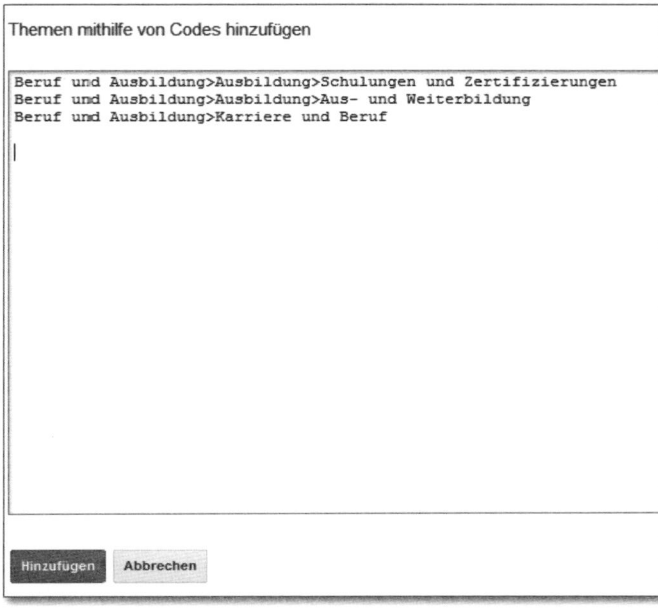

Abbildung 6.23 Themen hinzufügen durch Eingabe von Codes

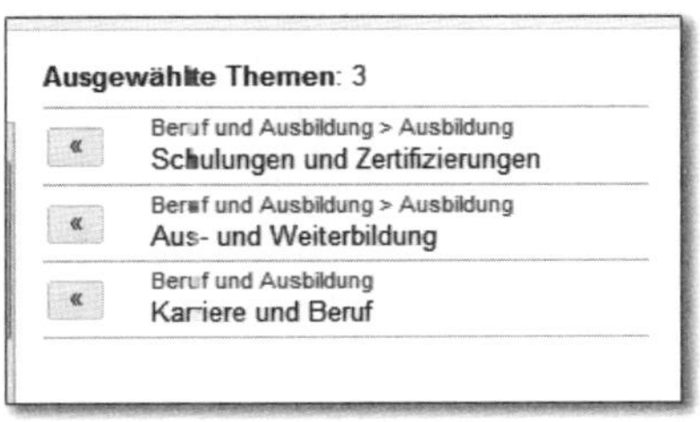

Abbildung 6.24 Ansicht der Themen, die per Code hinzugefügt wurden

6.9 Kampagnen im GDN nach Interessen ausrichten

Während bei der Ausrichtung nach »Themen« der Fokus auf die thematisch zum Produkt passende Webseite gerichtet ist, schaut die vierte Ausrichtungsmöglichkeit auf die Interessen der Google-Nutzer bzw. Webseitenbesucher. Mit dieser Ausrichtung können Sie Besucher auf Grundlage Ihrer speziellen Interessen ansprechen, unabhängig davon, auf welchen Seiten sie gerade surfen. Mithilfe der Cookies von doubleclick (*http://www.google.de/intl/de/doubleclick*) hat Google gelernt, wofür sich der einzelne Internetsurfer hauptsächlich interessiert. Sie können diese Informationen nutzen und so passende Werbung schalten, die dann beispielsweise nur der Motorradfan sieht. In diesen Ausrichtungsbereich fällt auch das Thema Remarketing, bei dem ehemalige Besucher Ihrer Webseite individuelle Werbung erhalten, die dann auch auf unterschiedlichen Seiten ausgespielt wird. Dieses Thema werden wir näher in Abschnitt 8.4, »Remarketing – holen Sie den Besucher zurück«, behandeln.

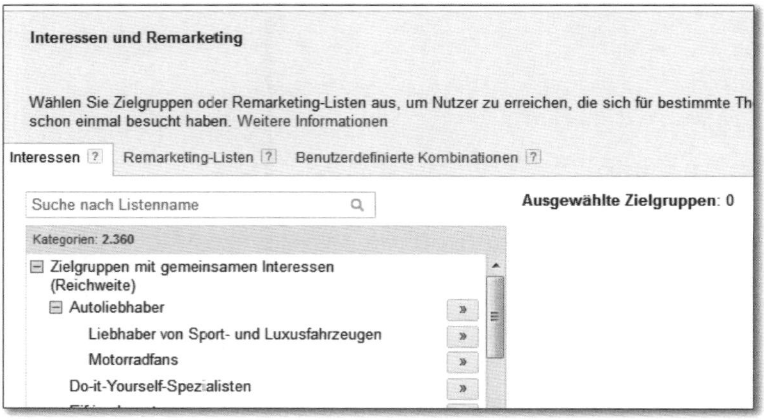

Abbildung 6.25 Ausrichtung auf Grundlage unterschiedlicher Interessen

Der Unterschied zwischen Themen und Interessen

Bei der Einteilung nach Themen werden die verschiedenen Webseiten, die AdWords-Werbung erlauben, von Google analysiert und dann verschiedenen Themen zugeordnet. Das Targeting auf Grundlage des Interesses beruht dagegen auf dem Verhalten der Internetnutzer. Google bzw. die Google-Tochter doubleclick protokolliert, auf welchen Webseiten sich die Nutzer aufgehalten haben und speichert dies in Cookies ab. Hinzu kommen die Fragen, die der User an Google gestellt. Diese Informationen können Sie zusätzlich noch mit einer eigenen Remarketing-Aktion verknüpfen. Beim Remarketing werden die Besucher der eigenen Webseite über einen Cookie markiert. So können diese im Netz auf Content-Seiten »aufgespürt« und mit passender Werbung »bespielt« werden. Auf Grundlage des Interesses werden die Nutzer mit einer passenden Werbung sehr zielgerichtet angesprochen. Sie haben sicher auch schon einmal die Erfahrung gemacht, dass Sie passende Werbung zu einer Webseite sehen, die Sie unlängst einmal besucht haben – dieses Phänomen nennt sich Remarketing und gehört zum Targeting auf Grundlage von Interesse.

6.10 Kampagnen im GDN nach demografischen Merkmalen ausrichten

Neben diesen vier Standardausrichtungen gibt es auch noch die Möglichkeit, potenzielle Kunden auf Grundlage demographischer Merkmale zielgerichtet anzusprechen. Sie können festlegen, welches Geschlecht und welche Altersgruppe Ihre Werbung sehen soll. Dabei sollten Sie jedoch immer berücksichtigen, dass diese Einteilung nicht hundertprozentig passend ist, sondern eher auf statistischen Google-Berechnungen beruht. Über den Vergleich entsprechender Kennzahlen mit dem Verhalten einzelner Internet-User können Alter und Geschlecht geschätzt werden. Diese Werte sind aber nie ganz genau. Die Ausrichtungsziele werden sicherlich zukünftig durch Google AdWords noch erweitert und verfeinert werden. So ist uns aktuell ein neuer so genannter »Elternstatus« aufgefallen. Am Surfverhalten kann Google also erkennen, ob jemand Kinder hat und so für bestimmte Angebote der passende Ansprechpartner ist. Hier werden sich sicherlich noch weitere Zielgruppen herausfiltern lassen.

Aktuell können Sie Ihre Anzeigen im Displaynetzwerk also auf Grundlage folgender demografischer Faktoren ausrichten:

- Geschlecht
- Alter
- Elternstatus

Es kann sein, dass hier zukünftig noch weitere Zielgruppen hinzukommen. Für das Alter werden Gruppierungen vorgegeben, die entsprechend aktiviert oder deaktiviert werden können (siehe Abbildung 6.26).

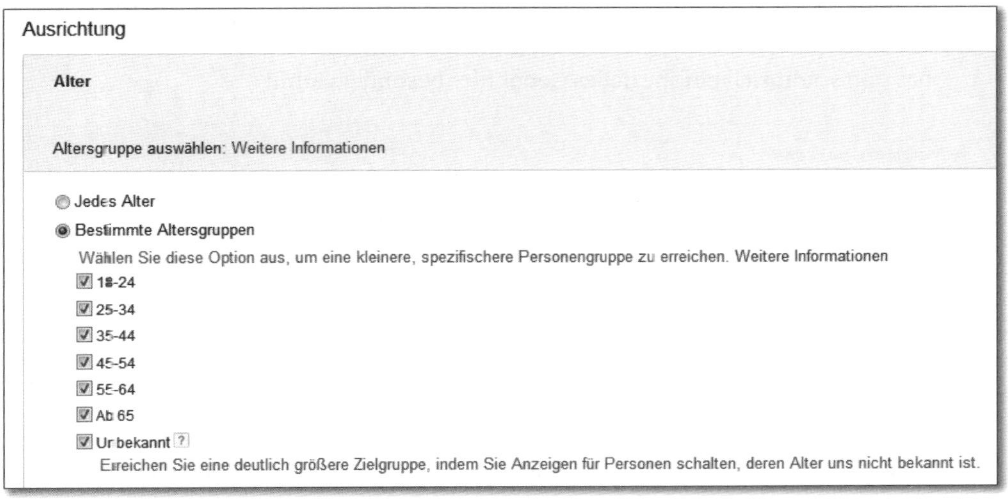

Abbildung 6.26 Ausrichtung auf Altersgruppen im Displaynetzwerk

6.11 Die Targeting-Möglichkeiten in der Kombination

Um besser zu verstehen, wie Sie die Targeting-Möglichkeiten in der Kombination nutzen können, müssen Sie zunächst die zusätzlichen Ausrichtungsoptionen verstehen.

Wenn Sie zu Ihrer Keyword-Auswahl eine zusätzliche Ausrichtungsmöglichkeit hinzufügen, so können Sie unterhalb der Auswahl zwischen zwei Optionen wählen. Die erste nennt sich »Ausrichtung und Gebote«. Bei dieser Auswahl fügen Sie eine Ausrichtung hinzu, die gleichberechtigt zur Standardausrichtung »Keywords« ist. Dadurch entsteht eine Schnittmenge und Ihre Werbung kann nur auf Seiten geschaltet werden, die den Bedingungen der Schnittmenge entsprechen. Am einfachsten kann man dies an einem Beispiel erklären: Nehmen wir an, dass Sie als Keyword-Ausrichtung nur den Begriff *Sonnenbrille* gewählt haben und gleichzeitig als Placement nur die Website *wetter.com*. Wird dann als Option »Ausrichtung und Gebote« ausgewählt, so wird Ihre Anzeige nur dann geschaltet werden, wenn auf der Webseite *wetter.com* der Begriff *Sonnenbrille* auftaucht.

Die zweite Option »Nur bieten« lässt auf der anderen Seite mehr Spielraum zur Schaltung Ihre Anzeigen. Kehren wir noch einmal zu unserem Beispiel zurück. Bei der zweiten Option würden die Anzeigen auf allen Seiten im Displaynetzwerk geschaltet, auf denen das Keyword *Sonnenbrille* enthalten ist. Zusätzlich wären jedoch noch spezielle Gebote für das ausgewählte Placement *wetter.com* möglich. Sie könnten also für diese Website ein spezielles CPC-Gebot einstellen. Auch dieses gilt nur, falls der Begriff *Sonnenbrille* auf der Seite *wetter.com* erscheint. Diese Strategie sollten Sie wählen, falls bestimmte Seiten (Placements) sehr wichtig für Ihre Werbestrategie sind, weil diese Seite in der Vergangenheit zum Beispiel potenzielle Kunden geniert hat und somit sich ein spezielles Gebot hier besonders lohnt.

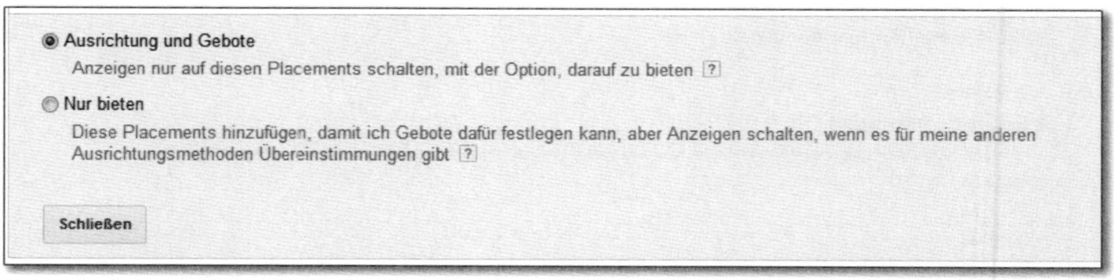

Abbildung 6.27 Zusätzliche Ausrichtungsoptionen

In Abbildung 6.28 erkennen Sie anhand der Grafik, wie sich Ihre Einstellungen bei der Kombination von Keywords und Placements mit Blick auf die Ausrichtung auswirken. Bei der Option »Ausrichtung und Gebote« beschränkt sich Ihre potenzielle Reichweite auf den schraffierten Bereich, also die Schnittmenge zwischen Keywords und Placements. Sie erreichen daher nur Ihre Zielgruppe mit Ihren ausgewählten Keywords, falls diese zusätzlich auch auf den ausgewählten Placements vorkommen. Bei dieser Einstellung haben Sie jedoch zusätzlich die Möglichkeit, individuelle Gebote für jedes einzelne der ausgewählten Placements einzustellen (siehe Abbildung 6.29).

Abbildung 6.28 Ausrichtung und Gebote: Schaltung nur für eine kleine Schnittmenge

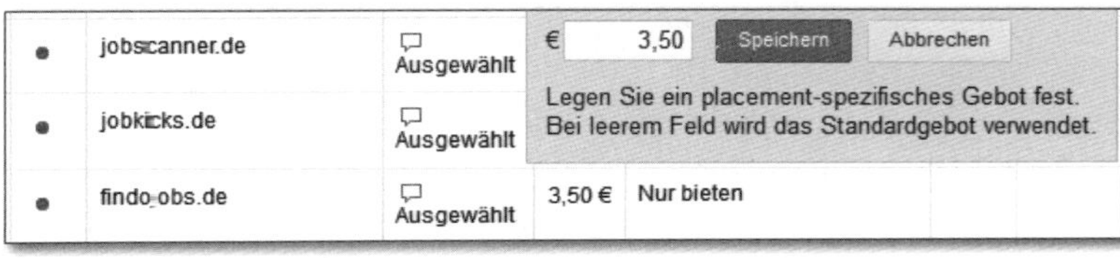

Abbildung 6.29 Placement-spezifisches Gebot einstellen

Haben Sie jedoch die zweite Option »Nur bieten« eingestellt, erweitert sich Ihre Reichweite. Jetzt werden Ihre Anzeigen auf allen Seiten geschaltet, auf denen Ihre Keywords im Kontext auftauchen. Sie haben aber nur für die ausgewählten Placements die Möglichkeit, eigene CPC-Gebote abzugeben. In der folgenden Grafik (siehe Abbildung 6.30) erkennen Sie die größere Reichweite an der schraffierten Fläche, die nun den kompletten Bereich »Keywords« umfasst.

Abbildung 6.30 Ausrichtung: »Nur bieten« – »Individuelle Gebote einstellen«

Analog zu unserer Beispielkombination Keywords/Placements können Sie nun auch die anderen Ausrichtungen kombinieren. Dabei besteht natürlich die Möglichkeit, auch drei und mehr Ausrichtungen zusammenzufassen. Dies empfehlen wir jedoch nicht, da Sie zwar Ihre Werbeplätze auf diese Weise immer spezieller auswählen können, die Zielgruppe, die Sie erreichen können, aber auch immer kleiner wird. Strategisch ist es nicht sinnvoll, eine so kleine Zielgruppe anzusprechen, da das Ihre Chance auf einen Kundenkontakt verringert. Als Ausnahme wäre hier ein Nischenmarkt zu nennen, wobei Ihr Angebot dann nur für eine kleine, spezielle Zielgruppe interessant wäre.

Weitere Optimierungsmöglichkeiten

Google arbeitet ständig an dem AdWords-Tool und bietet immer neue Möglichkeiten an mit dem Ziel, zusätzliche Besucher für AdWords zu gewinnen. So können Sie nun eine so genannte Ausrichtungsoptimierung für das Displaynetzwerk per Klick auf eine entsprechende Checkbox aktivieren (siehe Abbildung 6.31). Die Idee besteht darin, dass Sie bei gleichbleibenden Kosten pro Kunde automatisch weitere Nutzer gewinnen. Auch hier greift natürlich ein Algorithmus, der nur so gut ist wie die Daten, die zur Verfügung gestellt werden. Dies bedeutet, dass Sie Conversions eingebaut haben sollte und dass diese Conversions auch die Gewinnung neuer Kunden beschreiben. Nur dann kann das System automatisch weitere Kunden finden. Google AdWords unterscheidet dabei zwischen zwei Varianten der Ausrichtungsoptimierung:

1. Konservative Ausrichtung
2. Aggressive Ausrichtung

Beide Optimierungswege versuchen, im Displaynetzwerk Anzeigen am richtigen Ort und zur richtigen Zeit zu schalten, damit Sie zusätzliche potenzielle Kunden generieren können. Diese automatischen Ausrichtungen können zusätzlich zu den bestehenden Ausrichtungsoptionen verwendet werden.

Bei der konservativen Ausrichtung werden nur einige zusätzliche Kunden erreicht. Sie ist auch ohne entsprechende Conversions einsetzbar – was jedoch nicht zu empfehlen ist!

Bei der aggressiven Ausrichtung werden im Gegensatz zur konservativen Methode mehr zusätzliche Kunden erreicht. Diese Ausrichtungsoptimierung basiert jedoch auf einem Google-Algorithmus, der für seine Prognosen mindestens 15 Conversions pro Monat in der aktuellen Kampagne benötigt. Die aggressive Optimierungsmethode nennt sich auch Optimierungstool für Displaykampagnen. Ohne die entsprechenden Conversions steht Ihnen das Optimierungstool für Displaykampagnen in Ihrer Anzeigengruppe nicht zur Verfügung.

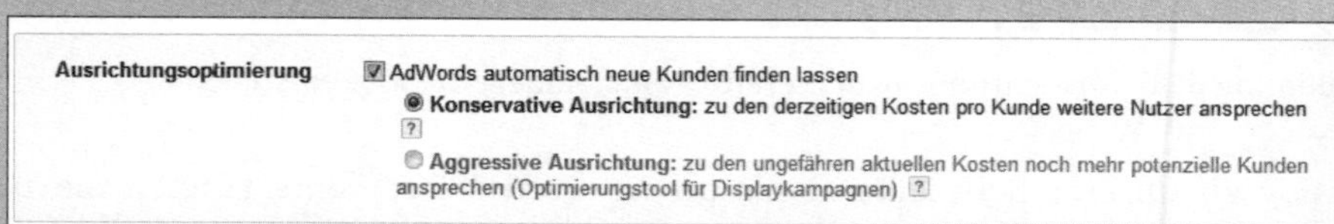

Abbildung 6.31 Ausrichtungsoptimierung – Optimierungstool

6.12 Ausschlüsse für Kampagnen und Anzeigengruppen

Zur Ausrichtung Ihrer Display-Werbung haben wir Ihnen zunächst nur gezeigt, wie Sie Zielgruppen hinzufügen können. Wie Sie sich denken können, ist es jedoch auch möglich, alle Ausrichtung als negative, ausschließende Gruppen hinzuzufügen. Es stehen daher entsprechend der positiven Ausrichtung auch folgende Ausschlussmöglichkeiten zur Verfügung:

- Keywords
- Placements
- Themen
- Interessen
- Geschlecht
- Alter

Die Einstellungen entsprechen den Möglichkeiten, die Sie für die positive Ausrichtung kennengelernt haben. Sie nutzen nun jedoch das Dropdown-Menü ANZEIGENGRUPPENAUSSCHLÜSSE HINZUFÜGEN (siehe Abbildung 6.32).

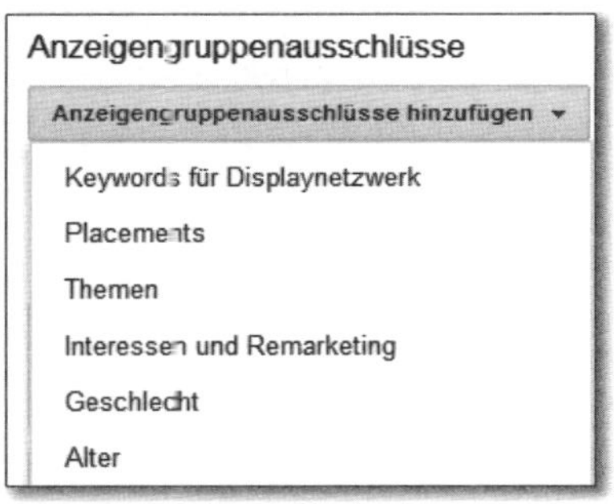

Abbildung 6.32 Anzeigengruppenausschlüsse hinzufügen

Sie sollten immer die Ausschlüsse und Ihre Targeting-Ziele aufeinander abstimmen, denn Sie müssen ja nur Bereiche ausschließen, die in den positiven Zielvorgaben enthalten sind. Wenn Sie beispielsweise nur Suchbegriffe als Targeting-Ziel vorgeben, macht es Sinn, einzelne Placements auszuschließen, wo Sie nicht erscheinen möchten. Falls Sie jedoch direkt die Placements vorgeben und keine Keywords eingestellt haben, macht der Placement-Ausschluss keinen Sinn.

Bei der Vorgabe von Keywords sind wiederum negative Keywords analog zur Vorgehensweise bei den Kampagnen im Suchwerbenetzwerk nützlich. Beachten Sie daher Ihre Einstellungen und nutzen Sie nur sinnvolle Kombinationen von Zielen und Ausschluss, um Ihren Arbeitsaufwand gering zu halten.

6.13 Optionen für Displaynetzwerk festlegen

Neben den Ausschlüssen gibt es noch eine weitere Einstellungsmöglichkeit, um Ihr Targeting einzuschränken. Dies sind die so genannten OPTIONEN. Unter den OPTIONEN FÜR WEBSITE-KATEGORIEN (siehe Abbildung 6.33) legen Sie grundlegende Dinge fest. So können Sie zum Beispiel bestimmen, ob Sie auch auf Seiten werben möchten, die Inhalte für Erwachsene anbieten oder auf Seiten, die problematische Inhalte wie beispielsweise Verbrechen und Notfälle beinhalten. Hier sollten Sie genau überlegen, in welchem Werbeumfeld Sie mit Ihren Anzeigen erscheinen möchten. Sie können hier aber auch festlegen, ob Sie nur bei Werbung »Above the fold« – also im direkt sichtbaren Bereich einer Webseite erscheinen möchten. Als »Below the fold« bezeichnet man dagegen den Bereich einer Webseite, der nur durch Scrollen erreichbar und somit für einen bedeutenden Prozentsatz der Webseitenbesucher oft nicht sichtbar ist, da Internetnutzer Webseiten in der Regel nicht bis zum Ende herunterscrollen. Wird eine Anzeige nur in diesem Bereich eingeblendet, so geht der gewollte Werbeeffekt des Brandings zum Beispiel verloren, weil Ihre Anzeige erst gar nicht in den Sichtbereich eines Großteils der potenziellen Kunden gelangt. Unter den Optionen können Sie zudem bestimmen, ob Sie auf bestimmten Arten von Webseiten, wie Foren oder sozialen Netzwerken erscheinen möchten. In der folgenden Abbildung finden Sie eine kleine Auswahl an Möglichleiten, die Sie unter den Optionen festlegen können.

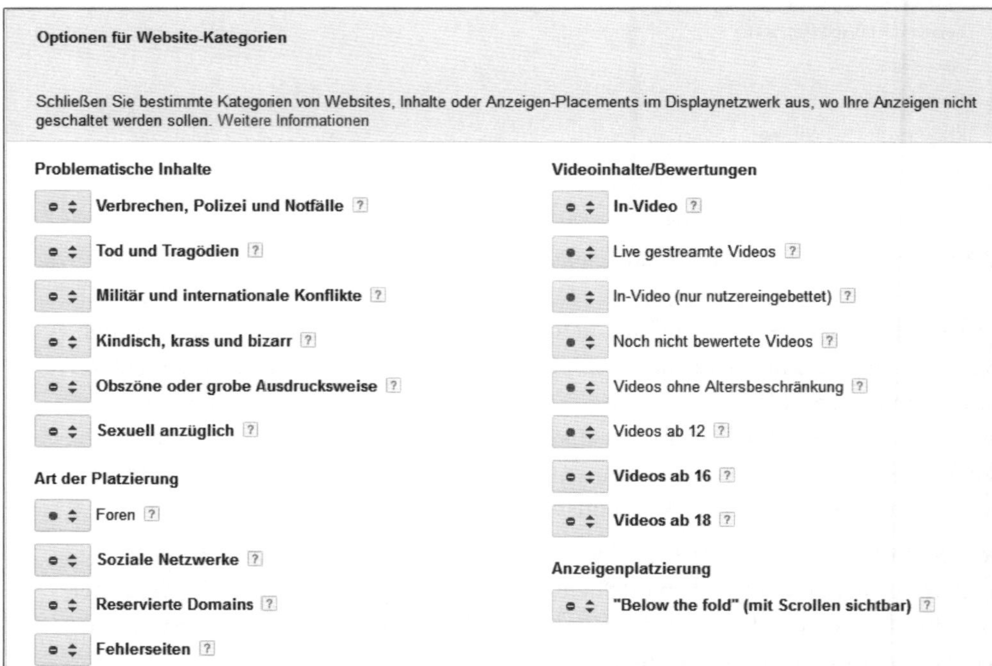

Abbildung 6.33 »Optionen für Website-Kategorien« festlegen

6.14 Auswertungen zum Displaynetzwerk

Natürlich liefert Google auch Auswertungen zum Displaynetzwerk. Diese sind jedoch abhängig von Ihren Einstellungen. Wenn Sie zum Beispiel bestimmte Themen vorgegeben haben, dann erhalten Sie auch entsprechende Auswertungen. Zu den demografischen Merkmalen erhalten Sie andererseits immer Daten. Auffällig ist hier, dass zum Elternstatus noch oft der Hinweis: »unbekannt« angezeigt wird. Hier sind die Daten zumindest in Deutschland aktuell noch nicht so aussagekräftig.

Zur Auswertung Ihrer Displaykampagnen klicken Sie zunächst auf das Unterregister DISPLAYNETZWERK ❶ und wählen danach in der Spalte neben + AUSRICHTUNG den gewünschten Targeting-Bereich, den Sie analysieren möchten – in Abbildung 6.34 ist GESCHLECHT ❷ ausgewählt. Zur jeweiligen Auswahl erhalten Sie dann die entsprechenden Daten. In unserem Beispiel erhalten Sie eine Auswertung der Klicks, Impressionen und CTR, verteilt nach Geschlecht ❹. Die Statistik können Sie wie gewohnt über den Button SPALTEN ❸ um zusätzliche Spalten erweitern, aber natürlich auch reduzieren – je nachdem, welche Informationen Sie benötigen.

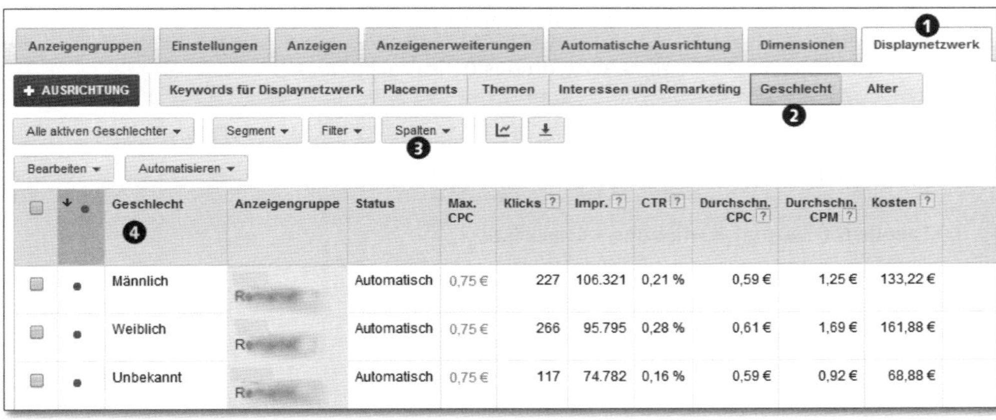

Abbildung 6.34 AdWords-Statistik, sortiert nach Geschlecht

In diesem Kapitel haben Sie gelernt, wie Sie zusätzliche Werbung bei AdWords über das Displaynetzwerk schalten können. Die Werbemöglichkeiten im Displaynetzwerk eignen sich hervorragend, um auf Ihr Unternehmen aufmerksam zu machen. Dies funktioniert zwar auch über Textanzeigen, den stärkeren »Branding-Effekt« erreichen Sie jedoch, wenn Sie Image-Anzeigen als Werbeform im Displaynetzwerk nutzen. Denken Sie vor Anlage Ihrer Kampagne jedoch immer an Ihre Strategie. Falls Sie einen Nischenmarkt bewerben möchten, so erzielen Sie über das Displaynetzwerk den größten Erfolg, wenn Sie selber die passenden Seiten für Ihre Werbung recherchieren. Während zum Beispiel die Werbung zu Webshops für Damenschuhe auf fast allen Seiten funktioniert, sprechen Sie beim Thema »Laufschuhe« auf Freizeit- und

Fitnessseiten Ihre Zielgruppe bei geringeren Klickkosten viel effektiver an. Bitte bedenken Sie immer, dass im Displaynetzwerk nicht gezielt gesucht wird. Klickraten (CTR) von deutlich unter einem Prozent sind ganz normal und nicht mit der CTR im Suchwerbenetzwerk vergleichbar.

6.15 Checkliste

Sie möchten eine Displaykampagne erstellen? Treffen Sie die folgenden Vorbereitungen.

Wichtige Punkte zur Erstellung einer AdWords-Displaykampagne	OK (✓)
Legen Sie die gewünschten Anzeigen fest.	
Erstellen Sie die gewünschten Image-Anzeigen.	
Bestimmen Sie das gewünschte Targeting.	
Erstellen Sie eine Keyword-Liste für das GDN (nach Bedarf).	
Erstellen Sie eine Placement-Liste für das GDN (nach Bedarf).	
Erstellen Sie eine Themenliste für das GDN (nach Bedarf).	
Legen Sie die Optionen zum Ausschluss für das GDN fest.	

Tabelle 6.1 Display-Kampagne – Checkliste

Kapitel 7
AdWords goes mobile

Die Zukunft ist mobil! Vielleicht kennen Sie es von Ihrem eigenen Verhalten? Es gibt mittlerweile ganz viele Situationen, da sind wir nicht via PC oder Laptop mit dem Internet verbunden. Wir gehen online über einen Tablet-PC oder ein Smartphone. Laut Google werden im Jahr 2014 bereits 50 Prozent der Suchanfragen über mobile Endgeräte durchgeführt, wobei außerdem etwa ein Viertel aller bezahlten Klicks generiert werden. An diese Entwicklung muss sich auch das Online-Marketing anpassen. Darum werden die mobilen AdWords-Kampagnen auch immer wichtiger. Trotzdem vernachlässigen noch viele AdWords-Manager die mobilen Möglichkeiten.

Da das Internet immer häufiger mobil genutzt wird, werden natürlich auch immer mehr Suchanfragen über mobile Endgeräte gestellt. Dabei unterscheidet sich das Such- und Navigationsverhalten auf den mobilen Geräten an verschiedenen Punkten von dem gewohnten Suchverhalten auf stationären PCs. Während stationäre Computer und Laptops über komfortable Tastaturen bedient werden und auf Grund größerer Bildschirme mehr Information auf einem Blick sichtbar sind, unterliegt das Surfverhalten auf Tablet-PCs und vor allem Smartphones schon gewissen Einschränkungen. Zudem ist man im Büro oder Zuhause, vor dem Computer sitzend, weniger abgelenkt und kann sich besser auf Suche und Suchergebnisse konzentrieren, als dies beim mobilen Internetsurfen der Fall ist. Die Suche auf einem mobilen Gerät ist daher eine ganz andere Erfahrung als die Suche auf einem Desktop-PC. Dies hat Auswirkungen auf das Verhalten der mobilen User. Daher sollten diese Überlegungen schon bei der Strategie und Planung einer mobilen Kampagne bedacht werden. Folgende Besonderheiten müssen Sie bei der Schaltung von Google-AdWords-Anzeigen für mobile Endgeräte berücksichtigen:

1. **Kürzere Suchanfragen**
   Die Suchanfragen auf mobilen Endgeräten sind kürzer, weil weniger Zeit zur Verfügung steht und die Eingabemöglichkeiten meist nicht sehr komfortabel sind. Anmerkung: Dies kann und wird sich wahrscheinlich zukünftig ändern. Wenn die Spracherkennung stabil und fehlerfrei läuft und sich auf mobilen Geräten durchsetzt, werden zukünftig ganze Sätze als Suchanfrage über die mobile Suche der Normalfall sein. Momentan ist dies jedoch noch nicht der Fall.

2. **Mehr scannen als lesen**
   Auf mobilen Endgeräten werden Texte meistens gescannt, das heißt der Bildschirminhalt wird nicht vollständig gelesen. Nutzer achten vor allem auf auffällige Überschriften, fett oder kursiv hervorgehobene Begriffe sowie auf Einleitungen oder den Beginn eines langen Satzes. Kurze, auffällige Werbung und knappe Werbetexte sind somit für eine mobile Kampagne noch wichtiger als dies bei einer Standard-AdWords-Kampagne der Fall ist. Dieses Verhalten sollte natürlich auch bei der Gestaltung der mobilen Landing-Page bedacht werden. Auch hier sind kurze Texte sinnvoller.
3. **Es wird weniger gescrollt**
   Beim mobilen Surfen steht oft wenig Zeit zur Verfügung. Daher entfällt in vielen Fällen das Scrollen einer Webseite. Falls die gesuchte Information direkt im sichtbaren Bereich verfügbar ist, wird eher auf dieses Ergebnis zugegriffen. In Bezug auf die Werbung bedeutet dies, dass ein vorderer Platz in den Suchergebnissen noch wichtiger wird als auf Desktop-PCs und Laptops. Dies hat aber auch wiederum Auswirkungen auf die Gestaltung Ihrer mobilen Landing-Page. Wichtige Informationen und der Call-to-Action-Button müssen unbedingt weit oben im sichtbaren Bereich stehen und direkt ins Auge springen.
4. **Lokale Anfragen**
   Internetnutzer suchen auf mobilen Endgeräten Dienstleister oder Produkte in der Nähe Ihres Standorts. Lokale, ortsbezogene Werbung, die die Nutzer mobiler Endgeräte erreicht, ist daher für viele AdWords-Nutzer eine interessante Strategie.

Als AdWords-Manager müssen Sie sich auf das veränderte Nutzerverhalten einstellen und entsprechende Strategien und kreative Ideen entwickeln. Google AdWords hat sich seinerseits auf den aufkeimenden mobilen Suchmarkt vorbereitet und unter dem Stichwort »Erweiterte Kampagnen« neue Möglichkeiten der AdWords-Steuerung zur Verfügung gestellt, die speziell die wechselnde Nutzung der Suchmaschine auf unterschiedlichen Endgeräten, in unterschiedlichen Situationen und unter den besonderen Bedingungen der Werbung auf Smartphones im Blick hat.

7.1 Mobiles Marketing wird immer wichtiger

Bevor wir Ihnen die Möglichkeiten der mobilen Werbung für AdWords vorstellen, möchten wir Ihnen die Bedeutung des mobilen Marketings anhand einiger Kennzahlen aus dem Jahr 2014 belegen, die von der AGOF, der Arbeitsgemeinschaft Online Forschung e.V., im Juni 2014 veröffentlicht wurden. Die AGOF-Untersuchung zeigt das Gewicht, welches mobile Internetnutzung und mobiles Marketing bereits besitzen.[1] Hier die wichtigsten Fakten in Bezug auf mobile AdWords-Werbung:

1 Quellen: AGOF mobile facts 2014-I, Basis: 42.230 Fälle (Unique User); AGOF internet facts 2014-03, Basis: 112.184 Fälle (deutschsprachige Wohnbevölkerung in Deutschland ab 14 Jahren).

- 31,77 Millionen Personen ab 14 Jahren haben innerhalb eines dreimonatigen Erhebungszeitraumes auf mindestens eine mobile Website (oder App) zugegriffen.
- 66,7 Prozent der mobilen Nutzer sind zwischen 20 und 49 Jahren alt.
- 39,2 Prozent der Nutzer des mobilen Internets leben in Haushalten, mit einem Nettoeinkommen von 3.000 Euro oder mehr
- 77,3 Prozent der mobilen User nutzen Suchmaschinen
- 45,4 Prozent der mobilen User kaufen online ein
- 43 Prozent der mobilen User nutzen standortbezogene Dienste

Neben Apps sind folgende Produktgruppen für mobile Nutzer besonders interessant:

- Bücher
- Schuhe
- Bahntickets
- Eintrittskarten
- Bekleidung
- Video-/Computer-Games
- Smartphones
- Flugtickets
- Parfüms
- Computer-Hardware/-Zubehör

Wir haben im mobilen Werbebereich daher mit einer jungen, kaufkräftigen Zielgruppe zu tun. Die Produkte, die sich mobil vermarkten lassen, hängen vor allem davon ab, wie einfach diese bestellt und geliefert werden können.

Natürlich zeigen die Zahlen nur eine Momentaufnahme, aber alle Trends in den aktuellen Untersuchungen deuten darauf hin, dass die mobile Nutzung weiter zunehmen wird. Denken Sie zum Beispiel an die so genannten Wearables, also tragbare Computersysteme. Hier steht im ersten Halbjahr 2015 mit der Apple Watch ein weiteres Produkt kurz vor der Markteinführung. Zudem werden aktuell auch bei den Smartwatches mit Android Wear neue Modelle erwartet. Das Experiment mit der smarten Datenbrille namens Google Glass zeigt uns, dass Wearables in naher Zukunft wohl nicht nur am Handgelenk getragen werden – auch wenn Google weitere Entwicklungen nach einer ersten Testphase vorerst wieder auf Eis gelegt hat.[2] Mit diesen innovativen Devices und damit noch mehr Bedienkonzepten und Bildschirmgrößen wird sich die mobile Internetnutzung weiter verändern. Das Internet und die mobilen Dienste werden über am Körper getragene Geräte gesteuert und abgerufen. Die Möglichkeiten der mobilen Werbung werden also zukünftig noch wei-

2 *https://plus.google.com/u/0/+GoogleGlass/posts/9uiwXY42tvc*

ter wachsen, aber aktuell gibt es mit der Ausrichtung passender Werbung für die Smartphones bereits genug zu tun.

7.2 Erweiterte Kampagnen – Einführung

Google hat die so genannten »Erweiterten Kampagnen« Mitte 2013 eingeführt, um unter anderem auf das veränderte Suchverhalten zu reagieren. Die Grundidee der erweiterten Kampagnen besteht darin, dass der AdWords-Kunde durch unterschiedliche Anpassungsmöglichkeiten seiner Gebote besonders dann seine Zielgruppe erreicht, wenn deren Interesse an den eigenen Dienstleistungen und/oder Produkten am stärksten ist. Die AdWords-Werbung geht auf den unterschiedlichen Nutzerkontext ein bzw. bietet dem Manager der AdWords-Kampagnen die Möglichkeit, seine Werbung durch Anpassung der Gebote dem Nutzerverhalten anzupassen. Das wird sicherlich in der Praxis noch viel zu selten genutzt! Falls der Werbende bei AdWords zum Beispiel ein lokales Geschäft besitzt, dann ist eine stärkere Präsenz auf mobilen Geräten für User, die sich in der Nähe des Geschäftes befinden, natürlich viel interessanter als für Nutzer, die zuhause in einer anderen Stadt vor dem Desktop-PC sitzen. Für mobile Nutzer vor Ort können über die neuen Möglichkeiten der erweiterten Kampagnen spezielle Gebotsanpassungen eingestellt werden. Die Steuerung der erweiterten Kampagneneinstellungen finden Sie, wie der Name schon sagt, unter den Einstellungen auf Kampagnenebene. Wählen Sie dazu zunächst die gewünschte Kampagne aus und klicken Sie auf das Unterregister EINSTELLUNGEN ❶ (siehe Abbildung 7.1). Dort finden Sie dann neben dem Tab ALLE EINSTELLUNGEN ❷ auch die speziellen Einstellungsmöglichkeiten für erweiterte Kampagnen. Dies sind die folgenden drei Anpassungsmöglichkeiten, zum einen für regionale Ausrichtungen, die STANDORTE ❸, die Festlegung bestimmter Zeiträume mit speziellen Geboten, dem WERBEZEITPLANER ❹, sowie die Aussteuerung verschiedener Endgeräte ❺, auf denen die AdWords-Anzeigen ausgeliefert werden sollen.

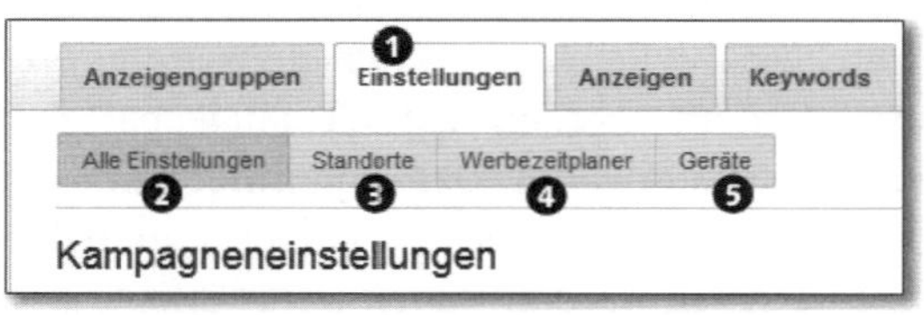

Abbildung 7.1 Erweiterte Kampagneneinstellungen

7.3 Erweiterte Kampagnen – neue Möglichkeiten

Über Anpassungen auf regionaler Ebene, des Zeitplanes und der Endgeräte bietet AdWords drei Möglichkeiten an, um die eigene Werbung auf das Surfverhalten der potenziellen Kunden optimal auszurichten.

7.3.1 Ausrichtung auf Endgeräte

Die Ausrichtung auf Endgeräte verspricht jedoch mehr als sie hält. Im Grunde können Sie nur die Ausrichtung für Smartphones gesondert steuern. Desktop-PCs und Tablet-PCs unterscheiden sich aus Google-AdWords-Sicht nicht. Daher können Sie keine Unterscheidung in Bezug auf Klickgebot oder Schaltung zwischen Computer und Tablet-PCs treffen. Es gibt lediglich eine eigene Statistik für die zwei Gruppen. Für Smartphones hingegen können Sie eigene Gebote abgeben und so auch die Schaltung in gewisser Weise beeinflussen. Um eine gesonderte Ausrichtung für das Smartphone als Endgerät vorzunehmen, wählen Sie im Unterregister EINSTELLUNGEN auf Kampagnenebene den Tab GERÄTE ❶ aus (siehe Abbildung 7.2). Sie erhalten eine Übersicht zu den drei unterschiedlichen Gerätegruppen, die Google AdWords definiert hat. Es wird zunächst die Kategorie Computer aufgelistet. Darunter fallen stationäre Computer, also die so genannten Desktop-PCs, aber auch Laptops. Die zweite Kategorie nennt Google »Tablets mit vollwertigen Internetbrowsern«. Darunter fallen alle Tablet-PCs wie zum Beispiel das iPad von Apple. Die dritte Gruppe besteht dann aus Mobiltelefonen mit vollwertigen Internetbrowsern. Diese Gruppe können Sie vereinfacht mit Smartphones gleichsetzen. In der Übersichtstabelle finden Sie neben der Spalte GERÄT ❷, die eine Beschreibung der unterschiedlichen Gruppen enthält, eine Spalte mit der Bezeichnung GEBOTSANP. (= Gebotsanpassungen) ❸. Bitte beachten Sie, dass Sie hier jedoch nur Gebote für die dritte Gruppe, also Smartphones anpassen können. Falls bereits Gebotsänderungen für Smartphones eingetragen worden sind, werden diese Änderungen als Prozentzahl mit einem vorangestellten Plus oder Minus aufgeführt. Möchten Sie hier eine Anpassung vornehmen, so klicken Sie einfach auf die Prozentzahl in der folgenden Abbildung also auf +10 % ❹. Falls noch keine Anpassung eingestellt worden ist, so finden Sie an dieser Stelle zwei kleine Striche. Klicken Sie in diesem Fall zur Anpassung einfach darauf.

Abbildung 7.2 Gebotsanpassungen für Mobiltelefone

Nachdem Sie also auf eine vorhandene Gebotsanpassung oder auf die Striche geklickt haben, erscheint ein kleines Popup-Fenster. Dort legen Sie die prozentuale

Veränderung des maximalen CPCs fest. Sie haben zunächst in einer Dropdown-Liste die Möglichkeit, Ihr Standard-CPC-Gebot entweder zu erhöhen oder zu reduzieren. Nachdem Sie die Entscheidung getroffen haben, legen Sie noch die Prozentzahl fest, um die Ihr Gebot erhöht oder reduziert werden soll. Ob Sie das Standardgebot für Ihre Keywords für die Auslieferung auf einem Smartphone erhöhen oder reduzieren, hängt unter anderem von den technischen Voraussetzungen Ihrer Webseite sowie von Ihrer mobilen Strategie ab. Falls Sie zum Beispiel noch keine mobile Webseite besitzen, die für Smartphones geeignet ist, sollten Sie auf jeden Fall die AdWords-Werbung für Smartphones ganz ausschließen. So verhindern Sie, dass Werbung auf mobilen Endgeräten geschaltet wird und bezahlte Webseitenbesucher auf Ihre mobile Website bringt, die dann dort schnell aussteigen, weil eine weitere Navigation oder eine Kontaktaufnahme/Anfrage nicht möglich ist. Diese Situation verursacht nur unnötige Kosten. Zum Ausschluss der Werbung auf Smartphones wählen Sie für die Gruppe »Mobiltelefone« eine Reduzierung des CPC-Gebotes um 100 Prozent. Ihr Standardgebot für die mobilen Endgeräte wird dann also auf 0 € gesetzt und löst so auf mobilen Telefongeräten mit vollwertigem Browser keine Anzeigenschaltung aus.

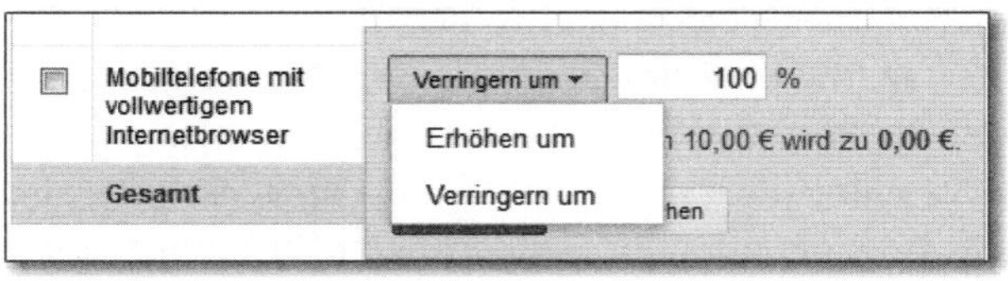

Abbildung 7.3 Reduzierung des Gebotes um 100 Prozent verhindert die Schaltung auf Smartphones

Für andere Situationen kann es jedoch auch interessant sein, das Gebot für Ihre Keywords zur Schaltung auf Smartphones zu erhöhen. Die begrenzte Anzahl an AdWords-Anzeigen im sichtbaren Bereich (nur zwei Anzeigen werden oberhalb der organischen Suchergebnisse und drei Anzeigen unterhalb dieser Ergebnisse geschaltet) macht eine Platzierung auf einer Top-Position zwingend erforderlich, wenn eine gute Sichtbarkeit auf Smartphones erwünscht ist. Auf diesen Geräten sind also vor allem die ersten beiden Plätze in AdWords interessant. Falls Sie Produkte oder Dienstleistungen anzubieten haben, für die Sie gute Chancen der Kundengenerierung via Smartphone sehen, so sollten Sie für die zugehörigen Suchbegriffe einen höheren Preis auf Smartphones bieten. So haben Sie die Chance, möglichst oft an oberster Position im direkt sichtbaren Bereich geschaltet zu werden. Hier sollten Sie daher über die beschriebene Einstellung Ihr Standardgebot um mindestens 10 bis 20 Prozent erhöhen. In diesem Zusammenhang sollten Sie wissen, dass die Klickkosten im Schnitt bei mobilen Anfragen niedriger als bei der Desktop-Suche sind und zusätzlich die Klickraten bei geringer Konkurrenz höher sind. Falls Ihre Webseite mobilfähig und Ihr Produkt für mobile Nutzer interessant ist, macht ein höheres Gebot für die Auslieferung auf Smartphones durchaus Sinn.

7.3.2 Ausrichtung auf unterschiedliche Standorte

Die Ausrichtung auf unterschiedliche Standorte ist hingegen sinnvoll, wenn Sie aus strategischer Sicht für Nutzer in unterschiedlichen Regionen eine spezielle Sichtbarkeit erreichen möchten. Wählen Sie unter den Kampagnen-Einstellungen den Tab STANDORTE aus und fügen Sie verschiedene Zielregionen über den Klick auf den Button + STANDORTE hinzu (siehe Abbildung 7.4). Bitte beachten Sie, dass es für die unterschiedliche Steuerung der regionalen Ausrichtung notwendig ist, auch Standorte zuzufügen, die in einem übergeordneten Standort enthalten sind. Wenn Sie also zum Beispiel Deutschland als Zielregion ausgewählt haben, aber in den Bundesländern Hessen und Nordrhein-Westfalen auf jeden Fall eine vordere Position erreichen möchten, weil dort Ihre wichtigsten Kunden wohnen, so müssen Sie diese Bundesländer zusätzlich zum Standort Deutschland zur Kampagne hinzufügen. Nur so haben Sie die Möglichkeit, Gebotsanpassungen für diese Bundesländer vorzunehmen. Zusätzlich werden die Standorte wieder in der Übersichtsstatistik getrennt aufgeführt – Sie erhalten also zu jedem einzeln zugefügten Standort eine eigene Statistik.

Abbildung 7.4 Standorte eingeben

7.3.3 Werbezeiten

Auch eine Entscheidung zur Ausrichtung auf unterschiedliche Werbezeiten beruht auf Ihrer AdWords-Werbestrategie und Ihrer besonderen Situation. Falls Sie einen Lieferservice mit Direktbestellung bewerben möchten, macht eine Werbung außerhalb Ihrer Geschäftszeiten wenig Sinn. Zu diesen Zeiten sollten Sie dann gar keine Werbung schalten. Wenn Sie Büroartikel in einem Webshop bewerben, dann ist eine stärkere Präsenz auf den vorderen Plätzen bei Google während der Arbeitszeiten Ihrer Kunden sinnvoll. Sie können also den Werbezeitplaner dafür nutzen, um Werbeschaltungen für unterschiedliche Zeiten einzustellen. Diesen unterschiedlichen Zeiträumen können Sie dann entweder erhöhte oder auch reduzierte Klickgebote zuordnen. Erhöhungen oder Reduzierungen werden nach dem gleichen Schema über die Gebotsanpassungen eingestellt (siehe Abbildung 7.5).

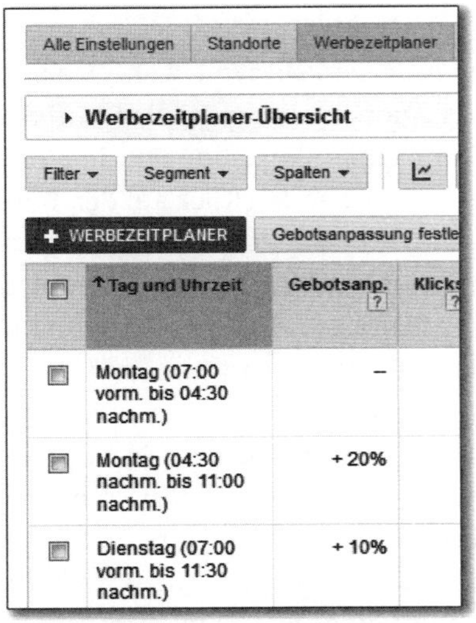

Abbildung 7.5 Gebotsanpassungen zu bestimmten Werbezeiten

Nachdem Sie unterschiedliche Werbezeiten eingegeben und die Klickpreise modifiziert haben, können Sie sich in der Werbezeitplaner-Übersicht (siehe Abbildung 7.6) die Werbezeiten in einer Grafik anschauen. Veränderungen des Standard-Gebotes sind durch farbliche Unterschiede gekennzeichnet, so dass Sie einen schnellen Überblick zu den aktuell aktivierten Einstellungen erhalten.

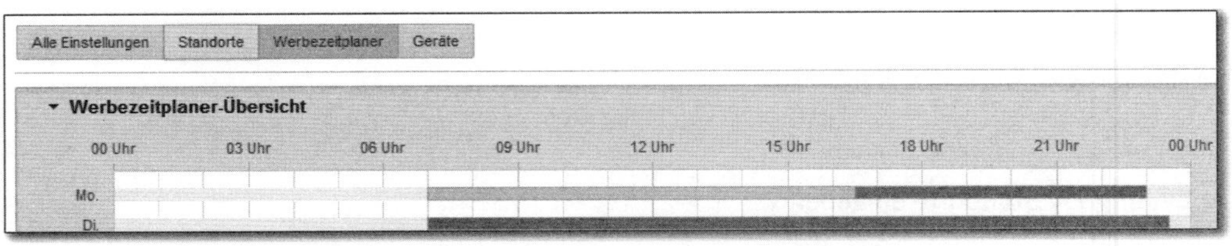

Abbildung 7.6 Werbezeitplaner-Übersicht: Visuelle Darstellung der Gebotsanpassung

Interessant für die mobile Werbung ist nun vor allem die Kombination der Ausrichtungsmöglichkeiten. Möchten Sie beispielsweise Google-Nutzer auf Smartphones erreichen und sind diese Nutzer noch interessanter, wenn sie in Ihrer Stadt mobil unterwegs sind, so erzielen Sie für diese Kombination einen vorderen AdWords-Platz mit Ihrer Anzeige, wenn Sie zum einem die Gebote für Smartphones unter GERÄTE erhöhen und außerdem die Gebote für Nutzer in Ihrer Stadt unter STANDORTE prozentual erhöhen. Beachten Sie, dass mehrere Gebotsanpassungen für unterschiedliche Ausrichtungen multipliziert werden.

Nehmen wir einmal an, dass Ihr Standardgebot 1,00 Euro beträgt und Sie folgende Anpassungen festgelegt haben:

- Erhöhung auf Smartphones: +10%
- Erhöhung für den Standort Ihres lokalen Geschäftes: +20%

Ihr Gebot für das Keywords beträgt dann letztlich:

1,00 € (+10 %) = 1,10 €

1,10 € (+20 %) = 1,32 €

Ein interessanter Nebeneffekt der verschiedenen Ausrichtungsmöglichkeiten sind die Statistiken, die Sie beim Aufruf der jeweiligen Ausrichtung erhalten. Mit Hilfe dieser Statistik können Sie kontrollieren, ob Sie Ihr Ziel z. B. in Bezug auf Position und Klicks erreichen. Unter GERÄTE finden Sie die Leistungswerte, bezogen auf die jeweilige Gruppe der Endgeräte (siehe Abbildung 7.7). Bitte denken Sie daran, dass Sie auch hier wieder über das Dropdown-Menü SPALTEN die Anpassung der Statistik vornehmen können. So können Sie sich z. B. die durchschnittliche Anzeigenposition je Keywords auf dem Smartphones anzeigen lassen, um zu erkennen, ob Sie auch im sichtbaren vorderen Bereich platziert sind.

Gerät	↑ Gebotsanp. ?	Durchschn. Pos. ?	Klicks ?	Impr. ?	CTR ?
Computer		1,3	1.956	28.060	6,97 %
Tablets mit vollwertigen Internetbrowsern		1,2	44	579	7,60 %
Mobiltelefone mit vollwertigem Internetbrowser	+ 10%	1,1	27	499	5,41 %

Abbildung 7.7 Statistiken zu den Endgeräten

Der Unterpunkt STANDORT liefert die Leistungsdaten zu den ausgewählten Standorten. Auch hier können Sie mit Hilfe der Daten analysieren, ob die gewünschten Effekte wie mehr Impressionen, Klicks oder Conversions in den wichtigen, hinzugefügten Regionen eintreten (siehe Abbildung 7.8).

	↑ Standort	Gebotsanp. ?	Durchschn. Pos. ?	Impr. ?	Klicks ?	CTR ?
	Österreich	–	1,2	22	1	4,55 %
	Deutschland	–	1,2	508	45	8,86 %
	Hessen, Deutschland	+ 20%	1,0	2	1	50,00 %
	Nordrhein-Westfalen, Deutschland	+ 10%	1,0	24	2	8,33 %

Abbildung 7.8 Statistik zu den Standorten

Unter dem Werbezeitplaner finden Sie dann noch eine entsprechende Statistik, die Leistungsdaten zu den aktivierten Zeiträumen liefert (siehe Abbildung 7.9). Gleichen Sie hier ebenfalls die Daten mit den Ideen aus Ihrer Werbestrategie ab. Erreichen Sie Ihre Zielgruppe in den festgelegten Zeiträumen. Stimmen CTR und Conversions?

↑ Tag und Uhrzeit	Gebotsanp. ?	Durchschn. Pos. ?	Klicks ?	Impr. ?	CTR ?
Montag (08:00 vorm. bis 11:00 nachm.)	+ 0%	1,3	258	2.993	8,62 %
Dienstag (08:00 vorm. bis 11:00 nachm.)	+ 0%	1,5	261	3.450	7,57 %
Mittwoch (08:00 vorm. bis 11:00 nachm.)	+ 0%	1,4	254	3.882	6,54 %
Donnerstag (08:00 vorm. bis 11:00 nachm.)	+ 0%	1,3	245	3.396	7,21 %
Freitag (08:00 vorm. bis 11:00 nachm.)	+ 0%	1,3	244	3.208	7,61 %
Samstag (08:00 vorm. bis 24:00 Uhr)	+ 0%	1,3	241	3.357	7,18 %
Sonntag (08:00 vorm. bis 24:00 Uhr)	+ 0%	1,4	253	3.268	7,74 %

Abbildung 7.9 Statistik zu den unterschiedlichen Werbezeiten

7.4 Kampagnen – kritische Betrachtung

Mit der Einführung der erweiterten Kampagnen hat sich Google nicht nur Freunde gemacht. Dies hatte vor allem damit zu tun, dass bestimmte Möglichkeiten im Gegensatz zu früheren Zeiten eingeschränkt wurden. AdWords-Kontomanager bemängelten, dass zum Beispiel Tablet-PCs nicht mehr gesondert in eigenen Kampagnen gesteuert werden konnten. Für jede Kampagne wurden nach der Umstellung automatisch alle Endgeräte aktiviert. Für PC/Laptop-Geräte und Tablet mussten nun die gleichen Anzeigen und Klickpreise genutzt werden. Eine zeitliche Differenzierung wie früher, wo beispielsweise die Kampagnen für Tablets erst abends für die potenziellen Endkunden aktiviert wurden, war nach Einführung der erweiterten Kampagnen nicht mehr möglich. Zwar waren nun noch differenzierte Einstellungen für Smartphones möglich, diese sind jedoch nur noch in Relation zu den Desktop-PCs und Tablets einstellbar. Eine reine Kampagnenschaltung nur für Smartphones ist nicht mehr möglich. AdWords-Manager müssen die Werbung für PC und Tablet immer mitlaufen lassen. AdWords-Manager, die früher optimale Ergebnisse für Tablet oder Smartphone erzielten, sind nun gezwungen, ihre Kampagnen auch auf Desktops zu schalten. Dabei gehen wichtige Kontroll- und Eingreifmöglichkeiten verloren. Die Notlösung für eine reine Smartphone-Kampagne besteht darin, ein relativ niedriges CPC-Standardgebot einzustellen und dieses dann für Smartphones prozentual extrem zu erhöhen. Denn die Gebote für Smartphones können bis zu maximal 300 Prozent erhöht werden.

7.5 Verschiedene Strategien

Mobile AdWords-Anzeigen sind ein interessantes Feld, welches jedoch noch nicht von vielen Werbenden strategisch genutzt wird. Hier bestehen Chancen vor allem vor dem Hintergrund der rasanten Entwicklung im mobilen Bereich. Wir haben für Sie einige Ideen zusammengestellt, um Ihre Werbung auf mobilen Endgeräten zu optimieren.

7.5.1 Gestaltung mobiler Anzeigen

Sie können zu jeder Textanzeige ganz einfach eine eigene Anzeigen-Version für Ihre mobile Werbekampagne erstellen. Dazu aktiveren Sie nur die Checkbox vor MOBIL (siehe Abbildung 7.10) bei der Anzeigenerstellung. Diese Anzeige wird dann bevorzugt auf Mobiltelefonen geschaltet. Bitte beachten Sie, dass Sie bei dieser Einstellung immer eine alternative Anzeige zur Auslieferung für die anderen Geräte bereitstellen müssen. Wenn Sie also nur mobile Versionen in Ihrer Anzeigengruppe haben, so werden diese auch auf den anderen Endgeräten ausgeliefert. Falls Sie andererseits keine Anzeige mit MOBIL markieren, so wird die Standardanzeige trotzdem auch auf Smartphones ausgeliefert. Zur Differenzierung benötigen Sie also immer zwei Arten von Textanzeigen in Ihrer Anzeigengruppe – mindestens eine Standardversion und mindestens eine Mobil-Version.

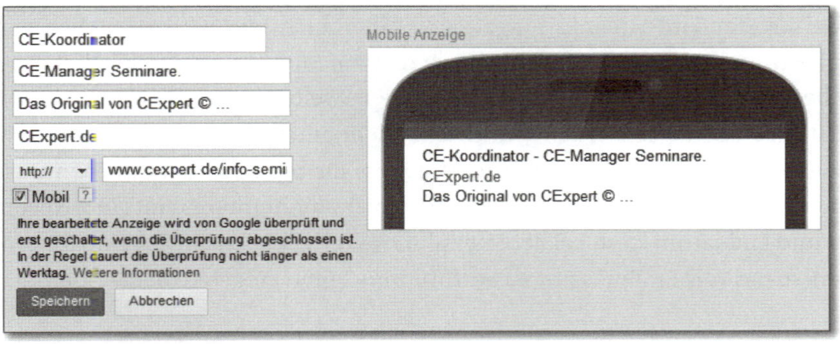

Abbildung 7.10 Mobile Anzeigenversion aktivieren

In Ihrer Anzeigenübersicht werden die mobilen Versionen durch den Zusatz (MOBIL) unterhalb der Anzeigenvorschau gekennzeichnet (siehe Abbildung 7.11).

Abbildung 7.11 Anzeigenvorschau mit mobiler Version

Falls Sie bei Ihren Textanzeigen zwischen der Standardausführung und der Mobil-Version keine Unterscheidung machen, so benötigen Sie keine spezielle Version zur Auslieferung auf Smartphones. Diese Arbeit lohnt sich nur, wenn Sie auf die Besonderheiten der mobilen Nutzung und die spezielle Ansprache der mobilen Nutzer eingehen möchten.

Wir raten Ihnen jedoch, eine individuelle Anzeigenversion zur Auslieferung auf Smartphones zu erstellen. Mobile Nutzer suchen nämlich stärker nach Lösungen und möchten direkt handeln. Passen Sie daher Ihre Textanzeigen für mobile Nutzer so an, dass Sie besonders auf Ihre Lösungsangebote hinweisen. Arbeiten Sie mehr mit Handlungsaufforderungen, zum Beispiel den Hinweis auf einen direkten Anruf, eine Download-Möglichkeit oder eine eigene App. Die speziellen Beispiele für Click-to-Call und Click-to-Download zeigen wir Ihnen später in diesem Kapitel.

7.5.2 Sitelinks für mobile Anzeigen

Helfen Sie Ihren potenziellen Kunden, mit einem Klick via Smartphone möglichst schnell das zu finden, wonach sie suchen. Mithilfe von zusätzlichen Sitelinks können Google-Nutzer direkt tiefer in Ihre Seite einsteigen. Die Sitelinks für Smartphones werden wie die Standard-Sitelinks eingetragen. Aber auch hier wird zusätzlich per Checkbox bestimmt, dass diese Sitelinks bevorzugt auf Mobilgeräten geschaltet werden. Bitte beachten Sie auch, dass zu jeder Anzeigenerweiterung auch ein Start- und/oder Enddatum eingetragen werden kann. Dies ist sehr nützlich, wenn wie in unserem Beispiel (siehe Abbildung 7.12) bestimmte Aktionen, die per Sitelink beworben werden, zu einem bestimmten Zeitpunkt enden, bzw. nicht mehr interessant sind. Neben dem Start- und Enddatum kann bei der Sitelink-Erweiterung auch ein Zeitplan hinterlegt werden, so dass die Sitelinks nur zu bestimmten Zeiten eingeblendet werden.

Abbildung 7.12 Sitelinks, speziell für mobile Kampagnen

7.5.3 Click-to-Call-Anzeigen

Lassen Sie sich doch mit potenziellen Kunden direkt per Telefon verbinden. Sie können AdWords-Werbung auf Smartphones so schalten, dass diese nicht per Klick zur mobilen Webseite führen, sondern via Smartphone ein Anruf erfolgt und Sie direkt mit dem Interessenten verbunden sind. Diese Funktion nennt sich Click-to-Call. Die Einstellung erfolgt über die Anruferweiterungen. Klicken Sie zunächst in Ihrem Konto den Tab ANZEIGENERWEITERUNGEN und wählen Sie danach aus der Dropdown-Liste die ANRUFERWEITERUNGEN aus. Als nächster Schritt erfolgt ein Klick auf den Button + ERWEITERUNG und die Auswahl der gewünschten Kampagne. Falls noch keine Anruferweiterung eingetragen wurde, können Sie per Klick auf den Button + NEUE TELEFONNUMMER eine neue Erweiterung hinterlegen. Ist bereits eine Telefonerweiterung vorhanden, so können Sie den Stift zur Bearbeitung neben der Nummer klicken. Zur Erstellung einer Click-to-Call-Funktion muss zunächst eine Telefonnummer (die Nummer Ihrer Kundenberatung oder Ihres Call-Centers) hinterlegen werden ❶ (siehe Abbildung 7.13). Bei ANZEIGEN SCHALTEN AUF wählen Sie EIGENE TELEFONNUMMER (KEINE ANRUFBERICHTE) ❷ aus. Als Links wählen Sie NUR TELEFONNUMMER ❸. Zusätzlich markieren Sie noch, dass die Anzeige bevorzugt auf Mobilgeräten ❹ geschaltet wird. Nun verbindet der Klick auf die Anzeige von einem Mobiltelefon den Google-Nutzer mit der eingestellten Telefonnummer und Sie haben den interessierten Kunden direkt in der Leitung. Bei dieser Funktion ist es sehr sinnvoll, eine Zeitplanung ❺ zu hinterlegen. Es sollte ja nur ein Anruf erfolgen, wenn das Büro oder das Service-Center auch entsprechend besetzt ist. Ein Anrufbeantworter ist für diese Werbemöglichkeit keine gute Idee, denn auf diese Weise verlieren Sie zu viele Interessenten, weil diese vorher wieder auflegen. Alle Einstellungen bestätigen Sie per Klick auf den Button SPEICHERN ❻. Bitte beachten Sie, dass Sie diese Variante, die ja nur für die Smartphones sinnvoll ist, als zusätzliche Anruferweiterung anlegen. Die Standardanzeigen können trotzdem die Anruferweiterung nutzen, die dann nur die Telefonnummer anzeigt und ansonsten normal auf die gewünschte Landing-Page verlinkt.

Möchten Sie, dass die Anruferweiterung als Click-to-Call oder als Standardanzeige nur auf Mobiltelefonen ausgeliefert wird, so können Sie dies unterhalb der angelegten Telefonerweiterungen zusätzlich angeben. Klicken Sie dazu auf den Link BEARBEITEN neben der Standardeinstellung DIESE ERWEITERUNG ANZEIGEN. Hier können Sie auch den Unterpunkt NUR MOBILGERÄTE auswählen (siehe Abbildung 7.14).

Egal, ob Sie Click-to-Call-Anzeigen erstellen oder Ihre Telefonnummer einer mobilen Anzeige hinzufügen. Falls es zu Ihrer Strategie passt, so versuchen Sie immer, Ihre mobilen, potenziellen Kunden dazu zu bewegen, Sie direkt per Telefon zu kontaktieren. So können eventuelle Fragen persönlich geklärt werden und Sie haben direkt einen Kontakt zum Kunden bzw. einem Interessenten.

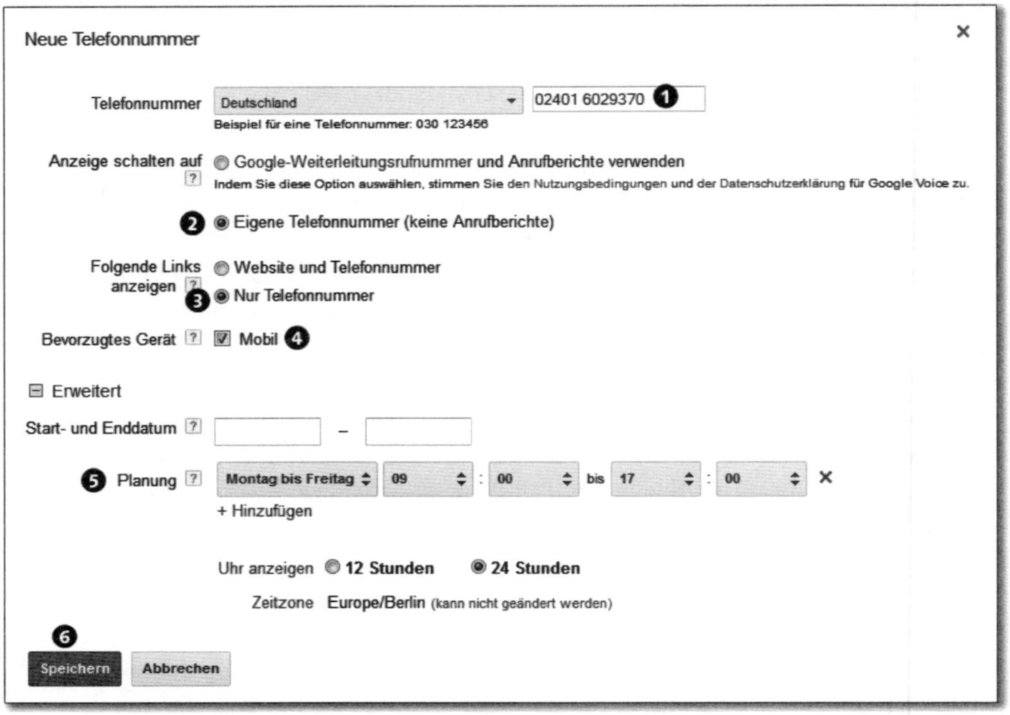

Abbildung 7.13 Click-to-Call-Erweiterung

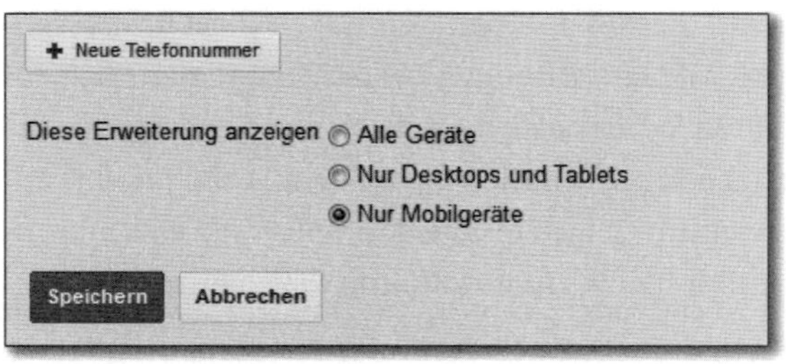

Abbildung 7.14 Endgeräte für Erweiterung bestimmen

7.5.4 Click-to-Download-Anzeigen

Click-to-Download nennt sich die AdWords-Funktion, bei der zu Anzeigen auf mobilen Endgeräten eine App beworben wird, die dann direkt per Klick entweder bei iTunes oder im Google-Play-Shop heruntergeladen werden kann. Diese Werbeform ist natürlich nur für diejenigen AdWords-Nutzer interessant, die auch eine eigene App besitzen. Durch spezielle Einstellungen in den AdWords-Anzeigen erscheinen auf mobilen Endgeräten wie Tablet oder Smartphone das App-Logo und eine Verlinkung, die direkt zum Download führt. Google AdWords steuert die Ausspielung, so dass die Werbung nur auf den passenden Endgeräten erscheint, die auch Apps nutzen können. Die folgende Abbildung (siehe Abbildung 7.15) zeigt ein Beispiel einer Click-to-Download-Anzeigenerweiterung. Unterhalb der Standardtextanzeigen werden zusätzlich das Logo der App ❶ und eine Textzeile mit entsprechendem Link ❷ zum Apple App-Store bzw. Android Market eingeblendet.

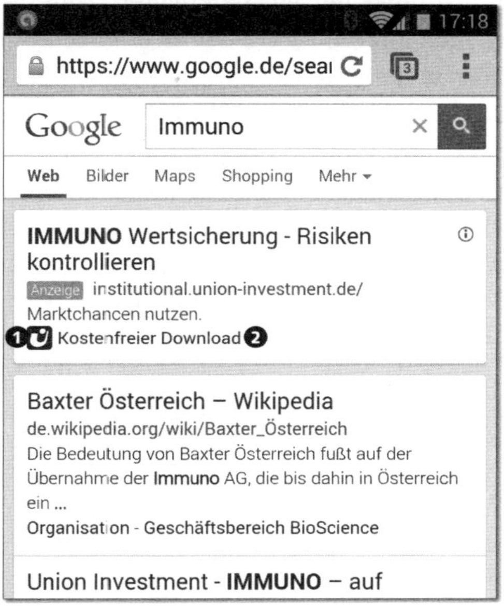

Abbildung 7.15 Beispiel für Click-to-Download-Anzeige

Die Click-to-Download-Anzeige können Sie entweder als Erweiterung für Anzeigen auf mobilen Endgeräten hinzufügen oder als eigenständige Anzeige erstellen. Schauen wir uns zunächst einmal an, wie Sie die Erweiterung zu einer Anzeige mit Click-to-Download-Funktion erstellen. Wählen Sie dazu zunächst den Tab ANZEIGENERWEITERUNGEN aus. In der Dropdown-Liste klicken Sie dann auf den Unterpunkt APP-ERWEITERUNGEN (siehe Abbildung 7.16).

Abbildung 7.16 App-Erweiterungen unter »Anzeigenerweiterungen«

Per Klick auf den Button + ERWEITERUNG gelangen Sie in eine Ansicht, die Sie bereits von der Erstellung neuer Streitlinks kennen. Hier heißt der Button zur Erstellung einer neuen Erweiterung nun + NEUE APP. Es öffnet sich ein Popup-Fenster (siehe

Abbildung 7.17), in dem Sie alle wichtigen Angaben für Ihre Download-Erweiterung eingeben können. Wählen Sie zunächst das Betriebssystem aus, für das Ihre App erstellt wurde ❶, also entweder das Android- oder iOS-System von Apple. Je nachdem, welches Betriebssystem Sie ausgewählt haben, ist die Angabe der App-ID (für IOs) oder eines Paketnamens (für Android) ❷ notwendig. Falls Sie die Daten nicht zur Hand haben, können sie auch die Suchfunktion ❸ nutzen. Sie erhalten dann die gewünschten Daten, indem Sie z. B. den Namen Ihrer App eingeben. In der nächsten Zeile geben Sie dann den gewünschten Linktext ❹ ein, der auf 25 Zeichen beschränkt ist. Unter Link-URL ❺ muss dann noch der Link, der direkt zum Download der App führt, eingegeben werden. Die URL sollte also direkt zu Ihrer App verlinken, so dass diese aus dem jeweiligen Store heruntergeladen und installiert werden kann. Wählen Sie als bevorzugtes Gerät MOBIL ❻ aus, um die Erweiterung nur auf Smartphones zu schalten. Sie können die Download- Erweiterungen auf Anzeigengruppen-, Kampagnen- oder auf Kontoebene schalten. Wählen Sie dazu zunächst in der linken Navigation die gewünschte Ebene aus. Nachdem Sie nun eine neue App eingegeben oder eine bereits bestehende App ausgewählt haben, können Sie unterhalb der Auswahl per Checkbox die Aktivierung der App für die jeweilige Ebene bestätigen.

Abbildung 7.17 Anlage der Click-to-Download-Erweiterung

Ein zweiter Weg, um Click-to-Download-Anzeigen für Ihre Kampagnen einzustellen, besteht darin, eine eigene Textanzeige für Click-to-Download zu generieren. Dazu wählen Sie zunächst den Tab ANZEIGEN aus und klicken auf + ANZEIGE. In der Dropdown-Liste wählen Sie den Unterpunkt ANZEIGE FÜR APP/DIGITALE INHALTE aus.

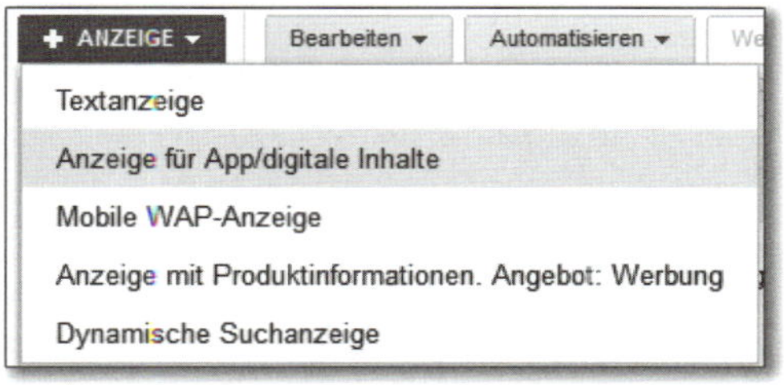

Abbildung 7.18 Click-to-Download-Anzeige erstellen

Im nächsten Fenster fahren Sie nun mit der Maus über das Bild mit der Bezeichnung ANZEIGE ZUR INSTALLATION MOBILER APPS (siehe Abbildung 7.19) und klicken dann den Button ERSTELLEN.

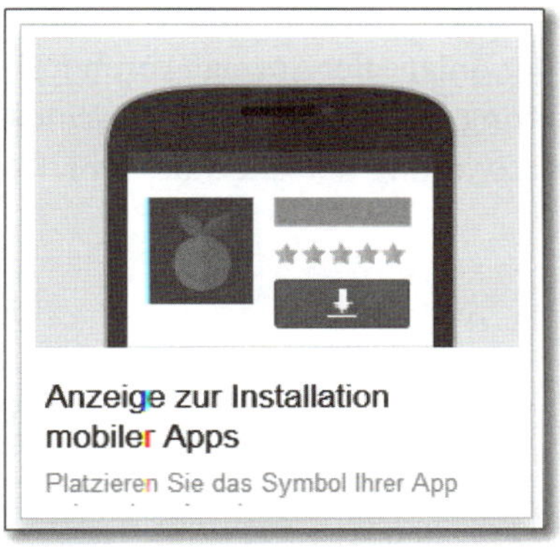

Abbildung 7.19 Spezielle Anzeige für mobile Apps erstellen

In dem neu geöffneten Fenster (siehe Abbildung 7.20) können Sie nun wieder alle Angaben zu Ihrer App einfügen. Sie benötigen für die Eingabe

- das Betriebssystem, für das Ihre App erstellt wurde
- eine App-ID oder einen Paketnamen
- die Ziel-URL zu Ihrer App im Store

Zusätzlich erstellen Sie hier jedoch noch eine Standardtextanzeige mit einer Überschrift und zwei Textzeilen. Diese Textanzeige soll speziell den Download Ihrer App bewerben. Es macht daher natürlich nur Sinn eine kostenpflichtige App zu bewerben oder eine kostenlose App, die nur ein Zwischenschritt ist, um darüber Kontakte oder Kunden zu generieren. Während also die Download-Funktion in der Anzeigenerweiterung ein zusätzliches Angebot darstellt, liegt bei der speziellen Anzeigenform der Fokus auf den Download der App. Wenn Sie also Geld für die Bewerbung dieser Aktion ausgeben, muss dahinter ein lohnendes Ziel stehen.

Abbildung 7.20 Anlegen einer Click-to-Download-Anzeige

Die Anzeigen werden natürlich nur auf Tablets-PCs und Smartphones geschaltet, weil nur dort eine App installiert werden kann. Bei der Anlage der Anzeige können Sie jedoch noch einmal differenzieren, ob die Auslieferung auf Tablet-PCS ausgeschlossen werden soll. Diese Option wählen Sie durch Aktivierung der Checkbox vor TABLETS AUSSCHLIESSEN (siehe Abbildung 7.21).

Abbildung 7.21 Angabe der Ziel-URL und Beschränkung der Endgeräte

7.5.5 Mobil und lokal

Mobile Kampagnen werden, wie wir bereits erfahren haben, vor allem in Kombination mit der lokalen Ausrichtung einer Kampagne immer wichtiger. Sie sollten daher darauf achten, dass die Standorterweiterung für Ihre mobilen Kampagnen auf jeden Fall eingestellt wurde. Die Standorterweiterung zeigt Ihre standortbezogenen Adressdaten an, damit potenzielle Kunden Ihr Geschäft schnell und einfach finden können. Die Adressdaten werden über ANZEIGENERWEITERUNGEN im Unterpunkt STANDORTERWEITERUNGEN eingepflegt. Wir haben Ihnen bereits gezeigt, dass eine Strategie zur Verknüpfung von mobilen Kampagnen und lokaler Ausrichtung Gebote zu bestimmten Standorten darstellt. In den Kampagneneinstellungen finden Sie jedoch neben den bereits bekannten Ländern, Bundesländern, Regionen und Städten auch einen Tab, der mit der Bezeichnung STANDORTGRUPPEN gekennzeichnet ist. Diese Standortgruppen sind vor allem für Werbung auf mobilen Geräten gedacht, denn Sie finden hier Orte, die vor allem von Nutzern mit Mobilgeräten besucht werden, und zwar:

- Flughäfen
- Universitäten
- kommerzielle Zentren

Eine entsprechende Ausrichtung nehmen Sie folgendermaßen vor. Rufen Sie in den Kampagnen-Einstellungen den Unterpunkt STANDORTE auf. Klicken Sie auf BEARBEITEN und im neuen Fenster auf den Link ERWEITERTE SUCHE. Nun wählen Sie den Tab STANDORTGRUPPEN ❶ und klicken auf den Button STANDORTGRUPPENTYP AUSWÄHLEN ❷ (siehe Abbildung 7.22). Aus dem Dropdown-Menü wählen Sie den Unterpunkt INTERESSANTE ORTE ❸ aus.

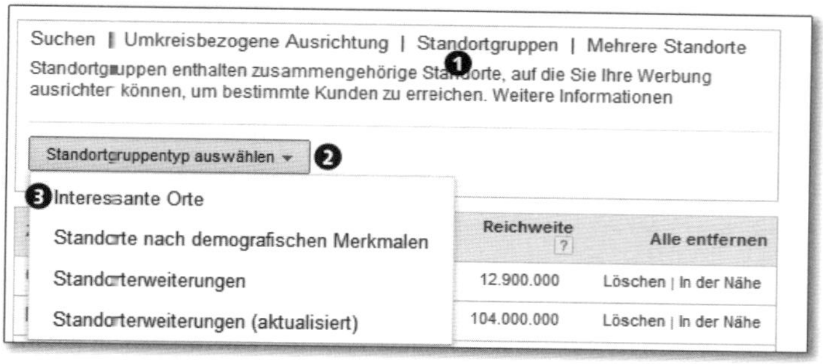

Abbildung 7.22 Standortgruppen bestimmen

Nachdem Sie den Unterpunkt INTERESSANTE ORTE ❶ ausgewählt haben, können Sie zunächst, wie von der Standortauswahl gewohnt, eine Stadt ❷ als Ort festlegen (siehe Abbildung 7.23). Neu ist jedoch nun, dass Sie den Typ des gewünschten Standortes auswählen können. Während FLUGHÄFEN ❸ und UNIVERSITÄTEN ❺ selbsterklärend sind, ist der Begriff KOMMERZIELLE ZENTREN ❹ schon erklärungsbedürftig. Hinter diesem Begriff verbergen sich zum Beispiel Einkaufszentren oder Fußgängerzonen. Google ermittelt diese Zentren, indem das Verhalten von Smartphone-Nutzern analysiert wird. In einer großen Stadt sind vermutlich überall dort kommerzielle Zonen, wo sich viele Smartphones auf einem begrenzten Raum relativ langsam bewegen. Als Ziel sind diese Zonen für Werbende natürlich interessant, weil sich hier viele potenzielle Kunden tummeln. Diese können über eine Suchanfrage auf dem Smartphone das gewünschte Geschäfte oder ein Produkt finden und anschließenden direkt vor Ort einkaufen. Die Kombination von lokaler und mobiler Werbung ist an diesem Beispiel sehr deutlich erkennbar. Auch wenn die Suchanfragen in diesen kommerziellen Zentren aktuell noch nicht so hoch sind, besteht in dieser Werbestrategie aus heutiger Sicht ein sehr großes Zukunftspotenzial.

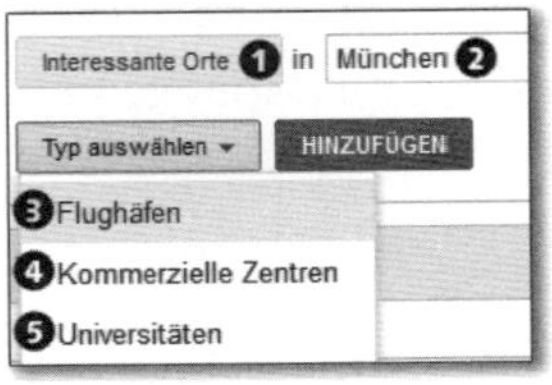

Abbildung 7.23 Flughäfen, Shopping-Zentren oder Universitäten als Zielort bestimmen

Diese Spezialstandorte werden wie gewöhnliche Zielregionen gelistet (siehe Abbildung 7.24). Aktuell gibt es jedoch noch keine Prognosen zur Reichweite, da es zu wenig Erfahrung gibt und diese Einstellungen noch nicht so häufig genutzt werden.

Unser Tipp: Auch für die Spezialstandorte kann wieder ein eigenes Gebot durch prozentuale Erhöhung oder Reduzierung abgeben werden.

Zielregionen	Reichweite ?	Alle entfernen
Universitäten in München, Bayern, Deutschland - benutzerdefiniert	--	Löschen
Kommerzielle Zentren in München, Bayern, Deutschland - benutzerdefiniert	--	Löschen
Flughäfen in München, Bayern, Deutschland - benutzerdefiniert	--	Löschen

Abbildung 7.24 Liste mit ausgewählten Zielregionen

7.6 Mobile Landing-Pages

Bevor Sie mit mobilen Kampagnen starten, sollten Sie zunächst Ihre Website checken und für mobile Nutzer optimieren. »Responsive Design« ist das Zauberwort, welches man heutzutage immer wieder im Zusammenhang mit mobilen Webseiten hört. Aber Responsive Design reicht eigentlich nicht, denn neben dem angepassten Design für mobile Geräte ist vor allem passender Inhalt wichtig. Auf einem mittlerweile üblichen 27 Zoll Bildschirm können Sie natürlich viel mehr Informationen unterbringen als auf einem 4,7 Zoll großen Smartphone-Display. Daher reicht es nicht, nur die Darstellung Ihrer Website anzupassen. Vielmehr sollten Sie überlegen, wie Sie den Inhalt nutzergerecht auf verschiedenen Displaygrößen darstellen. Dies erhöht auf jeden Fall die Chance, auch mobil Ihre Zielgruppe optimal anzusprechen und neue Kunden zu generieren.

Responsive Design – Was ist das?

Responsive Design, bzw. besser responsives Webdesign zielt auf die Programmierung von Webseiten, damit diese auf die Besonderheiten der jeweils benutzten Endgeräte, vor allem Smartphones und Tablet-PCs, reagieren können. Der Aufbau einer »responsiven« Webseite orientiert sich an den Darstellungsmöglichkeiten auf den Endgeräten und am Nutzerverhalten. Dies betrifft vor allem die Anordnung und Präsentation einzelner Webseitenelemente wie z. B. eine spezielle Navigation, die Darstellung der Texte sowie die Nutzung spezieller Steuerungs- und Eingabemethoden für Mobilgeräte.

7.6.1 Grundsätzliche Tipps für mobile Webseiten

1. Bieten Sie auf Ihrer mobilen Webseite stets gut sichtbar verschiedene Möglichkeiten zur Kontaktaufnahme an, die Geschäftsadresse und Telefonnummer sollten prominent und gut sichtbar platziert sein.
2. Die Präsentation Ihrer Produkte oder Dienstleistungen steht im Vordergrund. Diese dürfen nicht zu klein sein, sondern sollten in entsprechender Größe präsentiert werden, damit sie auch auf kleinen Displays gut erkennbar sind. Nur wenn Sie es potenziellen Kunden ermöglichen, schnell und unkompliziert Produktinformationen und Sonderangebote auf Ihren mobilen Endgeräten zu finden, werden diese auch Interesse zeigen.
3. Seien Sie sehr direkt und präzise; verwenden Sie nicht viel Text, da dies auf mobilen Geräten schwerer zu lesen ist.
4. Verwenden Sie eine große Textdarstellung und auch große Tasten, die leicht mit dem Daumen gedrückt werden können.
5. Achten Sie darauf, dass Ihre Zielseiten schnell geladen werden. Dies gilt natürlich für alle Arten von Webseiten, aber mobile Nutzer sind besonders ungeduldig. Bei einem langsamen Aufbau der Webseite und zusätzlich langsamer Internetverbindung werden viele mobile Webseitenbesucher abbrechen, bevor sie Ihre Seite gesehen haben.

Webseiten mit Pagespeed testen

Falls Sie nicht sicher sind, ob Ihre mobile Landing-Page geeignet ist, so gibt es online verschiedene Tools, die nach Eingabe der URL die Webseiten testen. Google bietet z. B. einen Dienst an, der die Geschwindigkeit einer Website für die Desktop- und die Mobilversion analysiert. Neben dem Speed-Test gibt es zusätzlich für die mobile Webseitenversion noch Hinweise zur Nutzererfahrung. Sie finden den Pagespeed-Test unter folgender URL: *http://developers.google.com/speed/pagespeed/insights*.

7.6.2 Spezielle Design- und inhaltliche Tipps für eine mobile Website

1. **Home-Button gut sichtbar**
   Zeigen Sie deutlich und an der gewohnten Position, wie der Nutzer wieder auf Ihre Startseite gelangen kann. Im Optimalfall ist der Home-Button links oben positioniert. Oft wird neben den Begriffen *Home* oder *Start* auch das Firmenlogo als Home-Button ❶ genutzt (siehe Abbildung 7.25).

2. **Site-Search**
   Bieten Sie auf Ihrer mobilen Seite eine Site-Search-Funktion ❷ an. Dies ist eine wertvolle Unterstützung für den mobilen Nutzer, der oftmals sehr unter Zeitdruck steht, und schnell die gewünschte Information auf Ihrer Seite finden möchte.

Abbildung 7.25 Mobile Website mit Site-Search

3. **Intuitive Menüführung**
   Das Menü Ihrer mobilen Webseite sollte intuitiv mit kurzen und selbsterklärenden Bezeichnungen (siehe Abbildung 7.26) gestaltet werden. Nutzen Sie die mobile Standards, Finger weg von »Design-Experimenten«, die der Nutzer nicht versteht.

Abbildung 7.26 Einfache, intuitive Menüführung

4. **Einfache Eingabe**
   Bieten Sie einfache Eingabemöglichkeiten an. Versuchen Sie immer, Dropdown-Menüs mit Vorgaben anzubieten, so dass der User möglichst wenig tippen muss.

5. **Radio-Buttons nutzen**
   Falls die Auswahl überschaubar ist und gar nicht oder nur wenig gescrollt werden muss, eignen sich Radio-Buttons, z. B. zur Vorgabe auswählbarer Schuhgrößen (siehe Abbildung 7.27). Auch hier steht die einfache Bedienung im Vordergrund, damit der mobile Nutzer bei Laune gehalten wird und z. B. seine Online-Bestellung nicht abbricht.

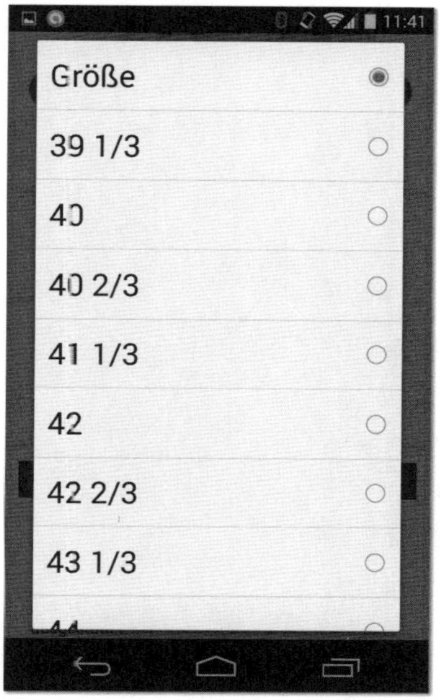

Abbildung 7.27 Schuhgröße per Radio-Button auswählen

6. **Sichtbarer Call-to-Action**
   Platzieren Sie Ihren Call-to-Action-Button ❶ gut sichtbar, also ziemlich zentral und relativ groß (siehe Abbildung 7.28). Der Button sollte außerdem einfach per Daumen bedienbar sein.

Abbildung 7.28 Call-To-Action gut sichtbar platzieren

7. **Hinweis auf Desktop-Version**
   Oft findet man auf der mobilen Webseite einen Link mit Hinweis ❶ auf die Desktop- oder PC-Version einer Webseite (siehe Abbildung 7.29). Bitte platzieren Sie keinen (!) Verweis auf eine PC/Desktop-Version. Sie haben doch die mobile Version extra für die Smartphone-Nutzer erstellt. Mit dem Hinweis verwirren und verunsichern Sie Ihre User. Diese haben Angst etwas zu verpassen und wechseln dann auf die Desktop-Version, was eher Nachteile für die User hat.

Abbildung 7.29 Verweis auf Desktop-Seite. Bitte nicht!

8. **Direkte Eingabeprüfung**
   Überprüfen Sie die Eingabe der Formularfelder, die Ihre User auf Ihrer mobilen Seite vornehmen, direkt auf Plausibilität. Verhindern Sie damit Fehleingaben, die später zu größeren Änderungen führen können. Eine umständliche Neueingabe verärgert vor allem den mobilen User, weil die Eingabe mehr Mühe verursacht, als dies zuhause am PC der Fall ist.
9. **Keine externe Werbung**
   Verzichten Sie möglichst auf zusätzliche Werbung auf Ihrer Webseite, da dies den Besucher vom Wesentlichen ablenkt und bei beschränktem Platz nicht zur Übersichtlichkeit beiträgt.
10. **Abschluss auf anderen Geräte ermöglichen**
    Bieten Sie die Möglichkeit an, Produkte vorzumerken oder im sozialen Netzwerk zu teilen. Eingaben auf der mobilen Webseite sollte man speichern bzw. die Vorauswahl per E-Mail verschicken können, so dass die Bestellung von einem anderen Gerät einfacher weiterbearbeitet werden kann. Viele Smartphone-User möchten z. B. keine Kreditkartendaten über ihr Telefon eingeben. Durch die Weitergabe der bereits eingestellten Daten besteht daher eine große

Chance, dass der potenzielle Kunde erhalten bleibt, weil er an anderer Stelle die Bestellung fortsetzen kann.

7.7 Mobile PPC-Keywords

Die Eingabe der Suchbegriffe auf mobilen Geräten gestaltet sich zum Beispiel durch die Daumentechnik und einer kleineren Tastatur schwieriger als dies am PC der Fall ist. Nutzen Sie daher auch kurze Stichworte als Keywords und analysieren Sie die Vorschläge von Google Suggest. Auf diese Vorschläge wird bei Smartphones gerne zurückgegriffen. Verwenden Sie zusätzliche Ergänzungen zum Haupt-Keyword, die auf eine Aktion zielen. Mobile Benutzer suchen Lösungen, um schnell eine Entscheidung treffen zu können. Hilfe bieten Ihnen unter anderem die speziellen Filter zur mobilen Suche im AdWords-Keyword-Planer. Das Tool hält außerdem Statistiken zu mobilen Nutzung bereit. Nach Eingabe Ihrer Keyword-Ideen können Sie neben der Standardstatistik zu den Suchvolumen-Trends ❶ auch Trends in der Mobilwerbung ❷ und die Aufschlüsselung nach Gerät ❸ auswählen (siehe Abbildung 7.30).

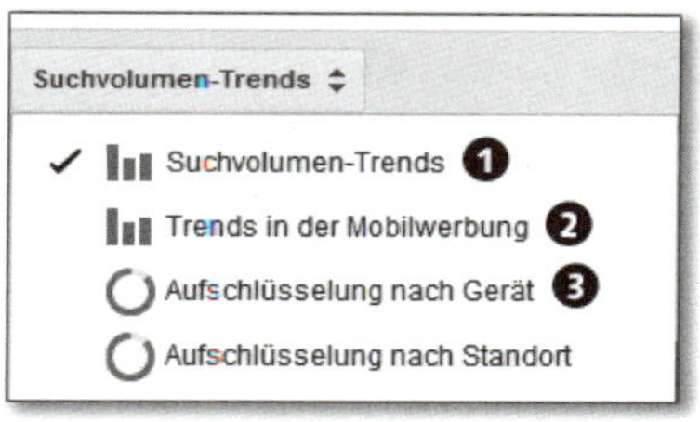

Abbildung 7.30 Auswahl spezieller Statistiken zur Mobilwerbung

Die Trends in der Mobilwerbung zeigen den steigenden Anteil der mobilen Suche zu Ihrer Keyword-Recherche.

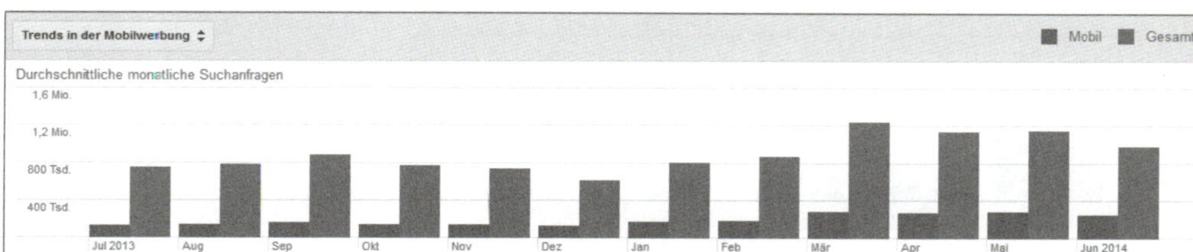

Abbildung 7.31 Trends in der Mobilwerbung im Vergleich zur Gesamtwerbung

Die Aufschlüsselung nach Geräten zeigt unter anderem den aktuellen Anteil, den die Mobiltelefone und die Tablets an der Suche zu den Keywords haben, die Sie im Keyword-Planer recherchieren. So liefern Ihnen die Statistiken zusätzliche Entscheidungshilfen, ob eine mobile Strategie in Ihrem Keyword-Bereich sinnvoll ist.

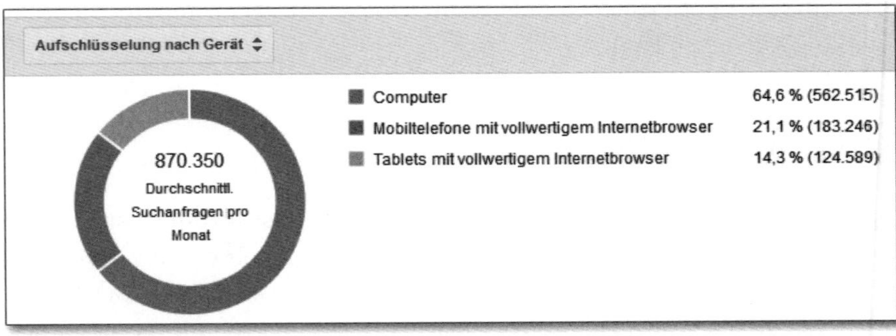

Abbildung 7.32 Aufschlüsselung der Suchanfragen nach Endgerät

Unser Tipp: Nutzen Sie auch für Ihre Kampagnen im Displaynetzwerk eine mobile Strategie. Der Planer für Display-Kampagnen zeigt übrigens zu den vorgeschlagenen Placements den Suchanteil der einzelnen Endgeräte ❶ an (siehe Abbildung 7.33).

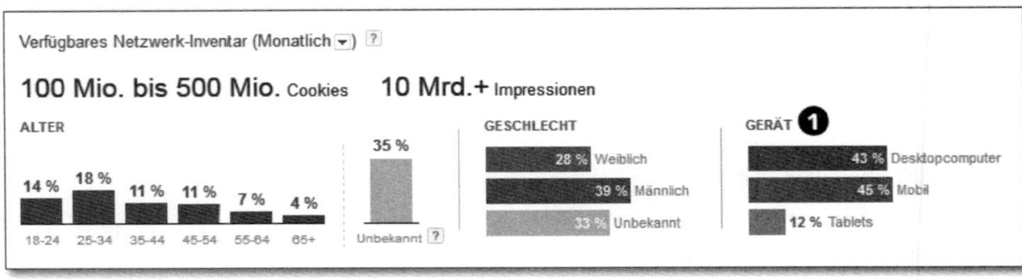

Abbildung 7.33 Verteilung der mobilen Nutzer im Displaynetzwerk

Falls Sie einzelne Placements ausgewählt haben und diese näher analysieren, erhalten Sie auch für das einzelne Placement eine Statistik zur Verteilung der Webseitenbesuche nach Endgeräten (siehe Abbildung 7.34). Bei manchen Placements ist sogar der Anteil der Mobilgeräte höher ❶ als der Anteil der Desktopgeräte.

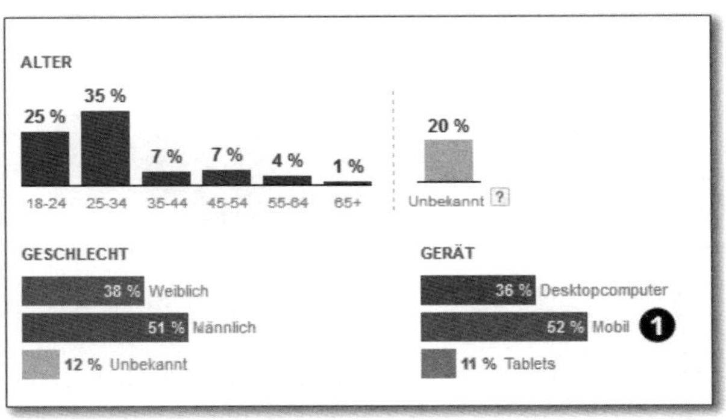

Abbildung 7.34 Statistiken zu einzelnen Placements mit prozentualem Anteil der Smartphone-Besucher

7.8 Statistiken zur mobilen Nutzung

Falls Sie wissen möchten, ob eine mobile Nutzung für Ihre Branche, Ihre Themen und Ihre Website interessant sind, so sollten Sie sich zunächst mit Hilfe Ihres Webanalyse-Tools einen Überblick zur mobilen Nutzung Ihrer Website verschaffen. Google Analytics hält beispielsweise viele interessante Daten zu den Endgeräten, den Tageszeiten und Regionen sowie dem Absprung oder auch zur Anzahl der besuchten Webseiten bereit.

Falls Sie Google Analytics mit Ihren Google Webmaster-Tools verbunden haben, finden sie etwas versteckt in Google Analytics eine Statistik, die Ihnen zeigt, wie oft Ihre Website in den Google-Suchergebnissen auf einem Smartphone ❹ angezeigt wurde (siehe Abbildung 7.35). Diese Statistik finden Sie in Google Analytics unter AKQUISITION • SUCHMASCHINENOPTIMIERUNG ❷ • GEOGRAFISCHE ZUSAMMENFASSUNG ❸, nachdem Sie als Primäre Dimension GOOGLE WEBSITE ❶ ausgewählt haben. In unserem Beispiel (siehe Abbildung 7.35) ist erkennbar, dass ca. 1.600 ❺ Anfragen pro Monat zu den Keywords der Website und damit zum Unternehmen und den Produkten/Dienstleistungen via Smartphone gestellt wurden. Hier kann eine mobile Anzeige durch eine bessere Sichtbarkeit zusätzlichen zielgerichteten Traffic generieren.

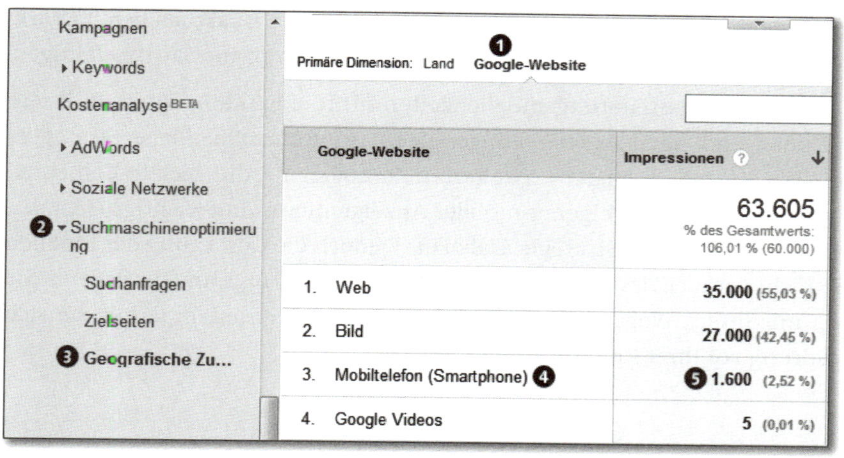

Abbildung 7.35 Nachfrage zu Ihren Keywords via Smartphone

Eine weitere interessante Statistik finden Sie in Ihrem AdWords-Konto unter den Auktionsdaten. Die Auktionsdaten enthalten Benchmarks zu Ihren direkten Konkurrenten und können auf Kampagnen-, Anzeigengruppen und Keyword-Ebene abgerufen werden. Weitere Informationen zu den Auktionsdaten finden Sie in Abschnitt 13.4.2, »Kontoanalyse mit Auktionsdaten: Wo steht die Konkurrenz?«.

Für das Thema »Mobil« werden diese Auktionsdaten jedoch erst interessant, wenn Sie eine Segmentierung nach GERÄT einstellen. Denn anschließend können Sie eine gesonderte Analyse für die Auslieferung auf Smartphones durchführen (siehe Abbildung 7.36). Sie erkennen, wo Sie im Vergleich zu Ihrer direkten Konkurrenz im mobilen Bereich gelistet sind (DURCHSCHNITTLICHE POSITION) und mit wie viel Prozent Sie im Vergleich zur Konkurrenz eine Top-Position im gut sichtbaren oberen Bereich (TOP-OF-PAGE-RATE) bei der Auslieferung auf Mobilgeräten erreichen.

Domain der angezeigten URL	Anteil an möglichen Impressionen	Durchschn. Position	Überschneidungsrate	Rate der Position oberhalb	Top-of-Page-Rate
Sie	55,86%	2,6	--	--	51,05%
Computer	55,16 %	2,6			50,41 %
Mobiltelefone mit vollwertigem Internetbrowser	56,21 %	2,8			42,28 %
Tablets mit vollwertigen Internetbrowsern	66,98 %	2,2			60,14 %
.de	19,10%	3,3	28,52%	39,84%	55,62%
Computer	18,30 %	3,3	28,05 %	39,89 %	55,62 %
Mobiltelefone mit vollwertigem Internetbrowser	53,23 %	2,3	34,36 %	96,28 %	60,49 %
Tablets mit vollwertigen Internetbrowsern	28,64 %	2,9	34,16 %	34,68 %	54,73 %

Abbildung 7.36 Benchmark nach Gerät unter »Auktionsdaten«

Dieses Kapitel hat Ihnen die Möglichkeiten der mobilen Werbung gezeigt. Die mobile Nutzung ist eigentlich kein zukünftiger Trend mehr, sondern ist aktuell bereits Wirklichkeit. Es ist daher sehr wichtig, sich mit mobilen Werbekampagnen zu beschäftigen.

Sie kennen nun die Aussteuerungsmöglichkeiten für mobile Kampagnen in Ihrem AdWords-Konto und haben sicher einige Ideen für unterschiedliche Strategien gesammelt. Die Einstellungen der »Erweiterten Kampagnen«, die Click-to-Call-Funktion und die Besonderheiten eigener mobiler Anzeigentexte sind wichtige Grundlagen einer mobilen AdWords-Strategie. Dabei darf jedoch die Gestaltung der mobilen Webseiten nicht vernachlässigt werden. Nutzen Sie unsere Tipps und optimieren Sie zusammen mit Ihrem Webadministrator Ihre mobilen Webseiten, damit Sie sich einen Vorsprung vor Ihrer Konkurrenz verschaffen.

7.9 Checkliste

Sie möchten eine mobile Kampagne erstellen? Treffen Sie die folgenden Vorbereitungen.

Wichtige Punkte zur Erstellung einer mobilen AdWords-Kampagne	OK (✓)
Recherchieren Sie Keywords zu mobilen Nutzern.	
Texten Sie spezielle Anzeigentexte für die mobile Kampagne.	
Bestimmen Sie spezielle mobile Sitelinks.	
Klären Sie ab, ob Sie Kontakte per Click-to-Call erwünscht sind.	
Optimieren Sie die mobilen Webseiten/Landing-Pages.	

Tabelle 7.1 Mobile AdWords-Kampagne – Checkliste

Kapitel 8
Spezielle AdWords-Werbestrategien

Höher, schneller, weiter. Die Konkurrenz schläft auch bei AdWords nicht. Wie können Sie sich abheben? Nutzen Sie neben der »Standardwerbung« auch die speziellen Möglichkeiten, die AdWords bietet? Bleiben Sie Up-to-Date und finden Sie die richtigen, zusätzlichen Werbestrategien für Ihre Zwecke.

Längst besteht AdWords nicht nur aus Textanzeigen in der Google-Suche oder ein paar statischen Bannern auf den Seiten des Google Displaynetzwerks. Google ist ständig in Bewegung und arbeitet auf Hochtouren an neuen Möglichkeiten, um die Aufmerksamkeit der Anzeigen zu erhöhen und die Advertiser mit neuen Werbeformen und -formaten zu unterstützen. In diesem Kapitel stellen wir Ihnen wichtige, zusätzliche Möglichkeiten und bewährte Werbestrategien vor. Neben den etablierten Formaten finden Sie auch Möglichkeiten, die noch relativ unbekannt sind und Ihnen darum einen Vorsprung vor der Konkurrenz sichern können.

Nicht jede Strategie eignet sich für jeden Anbieter. Lassen Sie sich inspirieren und picken Sie sich das Passende für Ihren Bedarf heraus. Natürlich wird Google mit dem Erscheinen dieses Buches nicht aufhören, neue Möglichkeiten zu entwickeln und es ist auch in der Vergangenheit schon vorgekommen, dass manche Ideen wieder begraben wurden. Wenn Sie über die neuen AdWords-Möglichkeiten auf dem Laufenden bleiben möchten, empfehlen wir den Google-Inside-Blog von AdWords Deutschland (*http://adwords-de.blogspot.de*). Google hat angekündigt, diese Informationen in Zukunft via »Think with Google« zu verbreiten (https://www.thinkwithgoogle.com/intl/de-de/). Wenn Sie noch früher informiert werden möchten, dann sollten Sie sich das englischsprachige Pendant (*http://adwords.blogspot.de*) anschauen, denn in Amerika ist Google immer sechs bis zwölf Monate früher am Start.

8.1 Lokale Anzeigen bei Google Maps

Die lokalen Anzeigen, die bei Google Maps oberhalb und zum Teil unterhalb der lokalen Suchtreffer auf der linken Seite (siehe Abbildung 8.1) geschaltet werden, bedürfen eigentlich keiner großen Einstellung. Google schaltet Ihre Anzeigen bei lokalem Interesse auch auf Google Maps. Sie sollten für diese Werbeplätze allerdings die Standorterweiterung aktiveren, weil eine zusätzliche Darstellung in der Karte erzielt wird und zudem die Anzeigen mit spezieller lokaler Erweiterung öfter ausgespielt werden. Bitte beachten Sie, dass in den Kampagneneinstellungen die Checkbox vor PARTNER IM SUCHNETZWERK EINBEZIEHEN aktiviert sein muss.

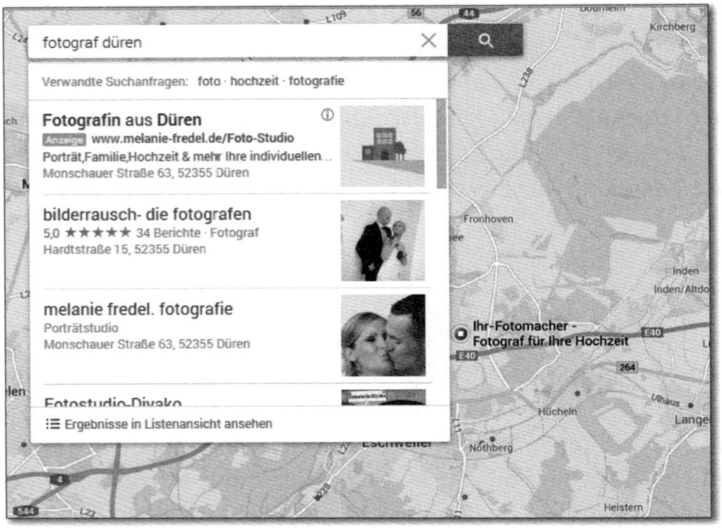

Abbildung 8.1 Lokale Anzeige bei Google Maps

Die Standorterweiterung fügen Sie ganz einfach über den Tab ANZEIGENERWEITERUNGEN ❶ zu. Wählen Sie dazu unter ANZEIGENERWEITERUNGEN ❶ aus der Dropdown-Liste auf der linken Seite den Unterpunkt STANDORTERWEITERUNGEN ❷ aus. Aktuell können Standorterweiterungen nur noch auf Kontoebene zugefügt werden. Falls Sie die Standorterweiterung bereits eingebaut haben, so können Sie die verknüpfte Firmenadresse mit Ihrem AdWords-Konto verbinden, indem Sie die Dropdown-Liste auf AKTUALISIERT ❸ einstellen. Falls Sie eine neue Standorterweiterung angeben möchten, klicken Sie auf den Button + ERWEITERUNG ❹ (siehe Abbildung 8.2).

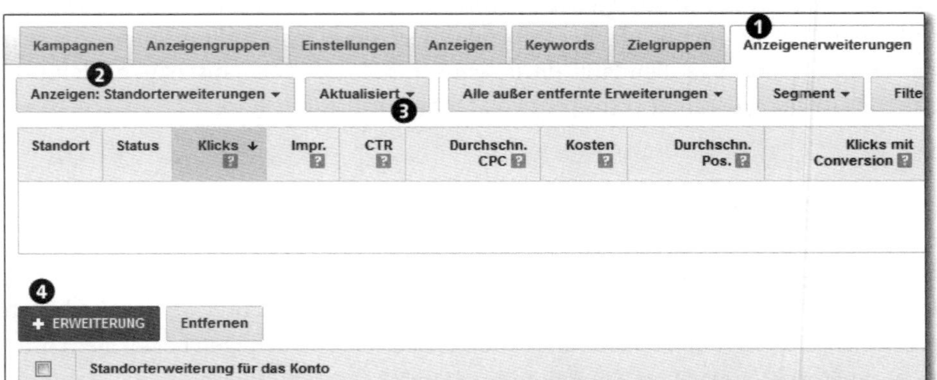

Abbildung 8.2 Standorterweiterung unter »Anzeigenerweiterungen« hinzufügen

Google AdWords schlägt im nächsten Schritt vor, das neue Google My Business mit Ihrem AdWords-Konto zu verknüpfen (siehe Abbildung 8.3). Bitte beachten Sie, dass Google My Business Google Places bzw. das Google Branchencenter abgelöst hat. Ihr Google-Branchenbucheintrag wird nun bei Google My Business eingetragen und gepflegt.

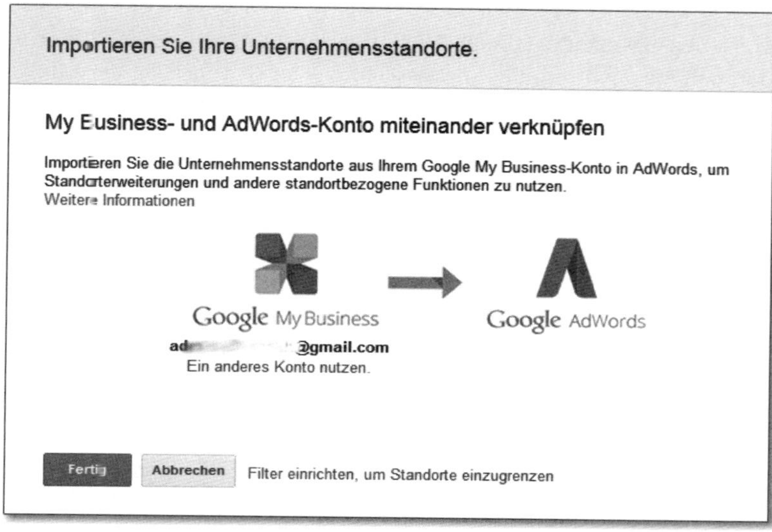

Abbildung 8.3 AdWords-Konto und My Business-Konto verknüpfen

Nachdem Sie die Standorterweiterung zu Ihrem AdWords-Konto hinzugefügt haben, wird Google Ihre Anzeigen für eine Schaltung in Google Maps berücksichtigen, wenn die Suchanfrage einen lokalen Hintergrund hat und sich auf die Region Ihres Standortes bezieht. Google hat zwei Möglichkeiten, eine lokale Suchanfrage zu erkennen:

1. Der Google-Nutzer hat den gewünschten Standort bereits in die Suchanfrage eingebaut, also zum Beispiel nach »Fotograf München« gesucht.
2. Google »weiß« natürlich auf Grundlage von Statistiken zum Userverhalten, dass bestimmte Suchbegriffe einen lokalen Hintergrund haben. Zu diesen Begriffen mit lokalem Hintergrund zählen zum Beispiel Anwalt, Friseur, Zahnarzt usw.

Da bei Google Maps die Plätze für lokale Anzeigen sehr beschränkt sind, muss Ihre Anzeige neben der Standorterweiterung auch einen hohen Anzeigenrang besitzen. Dieses Ranking wird zum einen durch den Qualitätsfaktor und zum anderen durch das maximale CPC-Gebot bestimmt. Zur Steigerung des Qualitätsfaktors ist beispielsweise eine passende Landing-Page mit einem Hinweis auf den Standort sinnvoll

Neben einer passenden Textanzeige mit Landing-Page kann das Ranking noch über die CPC-Gebote gesteuert werden. Eine Taktik besteht nun darin, für Standorte, die direkt in der Nähe des lokalen Geschäfts liegen, stets etwas höhere Gebote abzugeben. Dafür werden zusätzliche Zielregionen rund um den Geschäftsstandort zugefügt. Diesen Regionen können dann prozentual höhere CPC-Gebote zugewiesen werden. Weitere Informationen zu speziellen Geboten für unterschiedliche Regionen finden Sie in Abschnitt 7.3.2, »Ausrichtung auf unterschiedliche Standorte«.

Standorterweiterungen: Filtern nicht vergessen!

Sobald in den von Ihnen verwendeten Google My Business-Konten mehr als ein Unternehmensstandort hinterlegt wurde, ist es unerlässlich, dass Sie sich nach der Verknüpfung mit dem AdWords-Konto mit den wichtigen Filterfunktionen auseinandersetzen.

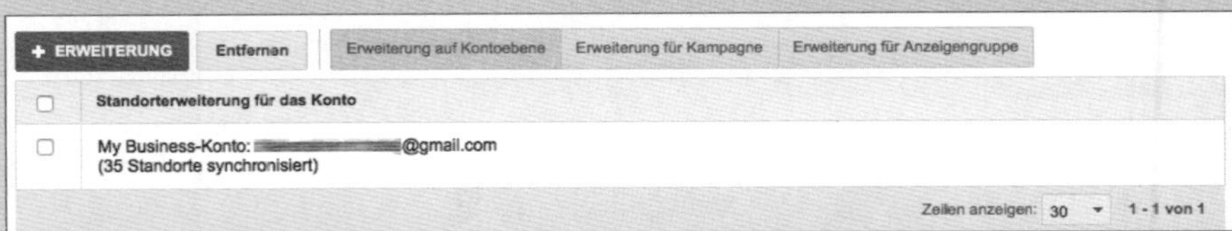

Abbildung 8.4 Gefilterte Standorterweiterungen nutzen, um die Anzeigenrelevanz so hoch wie möglich zu halten und irreführende Kombinationen auszuschließen

Erfahrungsgemäß werden nicht alle Standorte in jeder Kampagne und Anzeigengruppe relevant sein. Im schlimmsten Fall führt eine ungefilterte Verknüpfung sogar zur Darstellung irreführender Adressinformationen. Schalten Sie beispielsweise für Ihren Kunden, der zehn Hotels mit unterschiedlichen thematischen Schwerpunkten an verschiedenen Standorten im deutschsprachigen Raum betreibt, zehn einzelne Hotelkampagnen in einem Konto, so müssen Sie Filter auf Kampagnenebene einrichten. Damit sorgen Sie dafür, dass jeweils nur die Standorterweiterung mit dem passenden Unternehmensnamen in der Kampagne anzeigt wird. Sie können sich hoffentlich leicht vorstellen, dass Nutzer bei einer Suche nach einem *Cityhotel in Hamburg* verwirrt wären, wenn zum Anzeigentext die Standorterweiterung eines Wellnesshotels im Bayrischen Wald eingeblendet wird. Zusätzlich zu den irregeführten Nutzern werden Sie mit unpassend oder gar nicht gefilterten Standorterweiterungen auch Einbußen im Qualitätsfaktor erlangen, was sich mittelfristig negativ auf die Klickpreise und Kampagneneffizienz auswirken kann.

Wo und wie filtern Sie nun Standorterweiterungen?

- Auf Kontoebene: Nach Unternehmensnamen und/oder Kategorie. Filtern Sie hier Standorte, die sie gar nicht erst ins AdWords-Konto importieren möchten.
- Auf Kampagnen- und Anzeigengruppenebene: Nach Unternehmensnamen und/oder Kategorie sowie direkter Auswahl einzelner Standorte. Ordnen Sie hier alle relevanten Standorterweiterungen zu oder schalten Sie diese je Kampagne bzw. Anzeigengruppe auch aus.

Berücksichtigen Sie schließlich, dass Sie beim Filtern und Zuordnen von Standorterweiterung jeweils auch die dafür relevanten Gerätekategorien auswählen können (Alle/Nur Desktops und Tablets/Nur Mobilgeräte).

Alle Details zum Filtern von Adressen beschreibt Google in diesem umfangreichen Hilfedokument zu den Standorterweiterungen: *https://support.google.com/adwords/answer/2404182?hl=de*.

Abbildung 8.5 zeigt ein Beispiel, wie Sie Standorterweiterungen im AdWords-Interface auf Kampagnenebene bearbeiten:

1. Nutzung oder Deaktivierung der Standorterweiterungen auf Kampagnenebene.
2. Auswahl aller, nach Unternehmensnamen und/oder Kategorie gefilterter sowie manuell ausgewählter Standorte.
3. Definition der Gerätekategorien, auf denen die zuvor ausgewählten Standorterweiterungen angezeigt werden sollen.

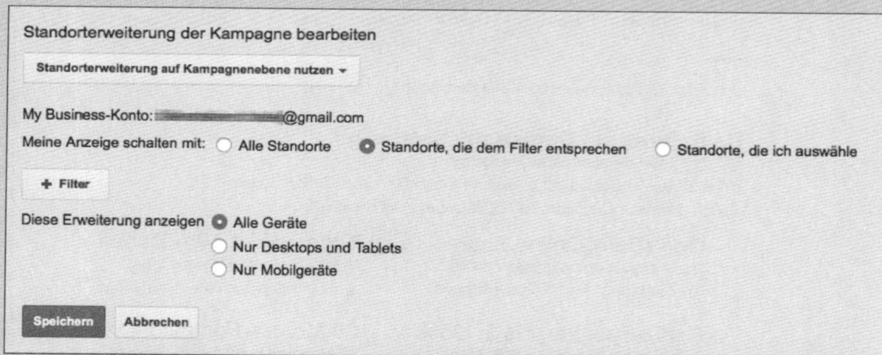

Abbildung 8.5 Filtern der Standorterweiterungen auf Kampagnenebene

Standorterweiterungen haben auch Einfluss auf die Standardtextanzeigen, denn sie sorgen für die Einblendung der Adresse und Telefonnummer Ihres Unternehmens direkt unterhalb der Textanzeige (siehe Abbildung 8.6). Dem Suchenden und potenziellen Interessenten wird auf diese Weise zunächst die Möglichkeit geboten, anhand der Adresse sofort einen Lageplan Ihres Unternehmensstandortes einzublenden und bei Bedarf gleich einen Routenplaner zu starten. Letzteres ist vor allem auf mobilen Geräten praktisch, wenn Sie nach Ihrer Suchanfrage nicht die Webseite, sondern gleich den nächsten lokalen Unternehmensstandort besuchen möchten. Zudem wird über Standorterweiterungen auch die Telefonnummer Ihres Unternehmens dargestellt, über Smartphones besteht dabei sogar die zusätzliche Möglichkeit, diese über einen einfachen Klick direkt anzurufen.

Die Standorterweiterung ist vor allem dann zu empfehlen, wenn Ihr Unternehmensstandort eine unmittelbare Relevanz für den potenziellen Interessenten hat. Bei folgenden Beispielen ist eine Standorterweiterung sehr sinnvoll und sollte daher unbedingt ergänzt werden:

- Unterkünfte und Gastronomie (z. B. Hotels, Restaurants, Cafés)
- Lokale Dienstleistungen (z. B. Banken, Versicherungen, Gesundheit)
- Lokale Händler und Geschäfte (z. B. Einzelhandel, Autohäuser, Sportgeschäfte)

In allen diesen Fällen werden Firmenbetreiber die klare Absicht haben, potenziellen Interessenten, die in der Nähe des Unternehmens nach relevanten Produkten und Dienstleistungen suchen, auch den nächsten Unternehmensstandort anzuzeigen.

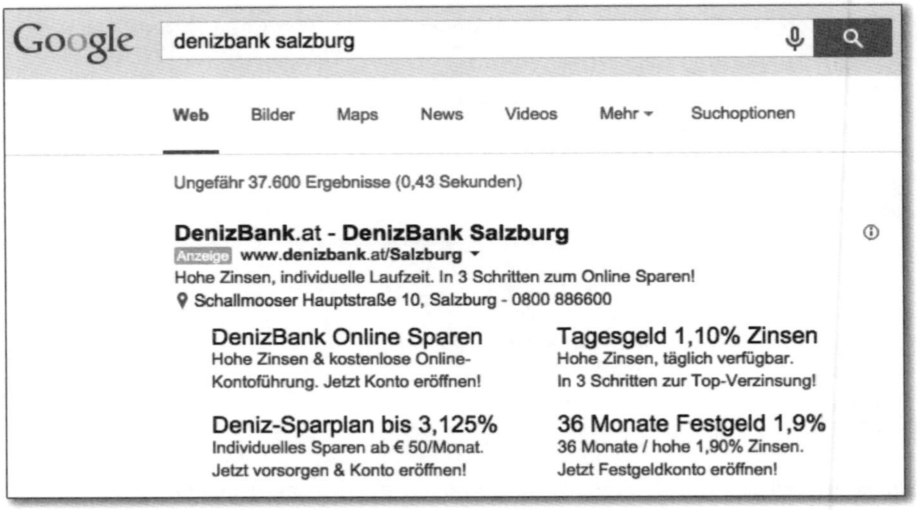

Abbildung 8.6 Anzeige mit Adresse und Telefonnummer

Es gibt jedoch auch Fälle, bei denen die Nutzung von Standorterweiterungen nicht zu empfehlen ist. So möchten Sie beispielsweise als Betreiber eines Online-Shops wohl nicht, dass potenzielle Interessenten plötzlich bei Ihnen im Büro oder im Versandlager persönlich auf der Matte stehen. Auch ist bei der Bewerbung jeglicher virtueller Dienstleistung von der Nutzung dieser Erweiterung abzusehen. Anhand der weiteren Beispiele sollten Sie sehr gut einschätzen können, bei welcher Ausgangssituation Sie idealerweise keine Standorterweiterungen angeben:

- Produkte und Dienstleistungen ohne geografischen Bezug (z. B. Download-Portale, Outsourcing-Services)
- Portale und Informationswebseiten ohne geografischen Bezug (z. B. Job-Portale, Nachrichtenseiten)
- Alle virtuellen Güter (z. B. Software-Downloads)

Wann werden Standorterweiterungen eingeblendet?

Es gibt seitens Google keine Garantie für die Einblendung von Standorterweiterungen in Ihren AdWords-Anzeigen. Selbst wenn Sie alle Informationen korrekt hinterlegt haben, werden Adressen und Telefonnummern nicht bei allen Suchanfragen dargestellt. Die Funktionsweise lässt sich kurz wie folgt erklären: Standorterweiterungen kommen nur dann zum Einsatz, wenn Google erkennt, dass der Google-User sich entweder in unmittelbarer Nähe des Unternehmens befinden, nach dessen Angeboten er gesucht hat oder er Produkte/Dienstleistungen in Kombination mit einem standortbezogenen Suchbegriff gesucht hat.

Wenn also beispielsweise im Zentrum von Köln nach einem Hotel gesucht wird, so werden relevante Anzeigen von Kölner Hotels in unmittelbarer Nähe mit Standorterweiterungen angezeigt. Würde jedoch außerhalb der Stadt nach »Hotel Köln Zentrum« gesucht, so könnte das AdWords-System alternativ ein Interesse an einer bestimmten Region feststellen. Auch in diesem Fall würden dann passende Standorterweiterungen angezeigt werden. Zusätzlich hängt deren Einblendung von weiteren Faktoren wie dem Anzeigenrang ab.

8.2 Dynamic Search Ads – AdWords ohne Keywords

Dynamische Suchanzeigen – auch Dynamic Search Ads oder kurz DSA genannt, schalten Sie nicht wie gewöhnliche Textanzeigen auf Basis von eingebuchten Keywords. Stattdessen sucht Google auf Ihrer Website nach einer relevanten Zielseite passend zur jeweiligen Suchanfrage. Dazu greift das AdWords-System auf den organischen Suchindex von Google zurück, weshalb indizierte Webseiten die Voraussetzung zur Schaltung dieses Anzeigenformats sind.

Dynamische Suchanzeigen bieten insbesondere E-Commerce-Unternehmen oder großen Websites mit schnell wachsenden oder häufig wechselnden Inhalten eine wirksame Lösung, um das Keyword-Set ohne viel Aufwand auf dem neusten Stand zu halten.

8.2.1 Erstellen von DSA-Kampagnen

Google weist darauf hin, dass sich das Schalten von Dynamic Search Ads bei allzu kleinen Websites nicht lohnt, da der Mechanismus erst bei einer gewissen Größe in Gang kommt. Aus unserer Sicht kann ein eigener Test jedoch nicht schaden. Danach können Sie selbst entscheiden, ob überhaupt genug Nachfrage besteht oder Sie Ihr Angebot schon über die Keyword-bezogenen Kampagnen vollständig abgedeckt haben.

Beginnen Sie zunächst damit, eine separate Kampagne des Kampagnentyps NUR SUCH-NETZWERK • DYNAMISCHE SUCHANZEIGEN einzurichten (siehe Abbildung 8.7).

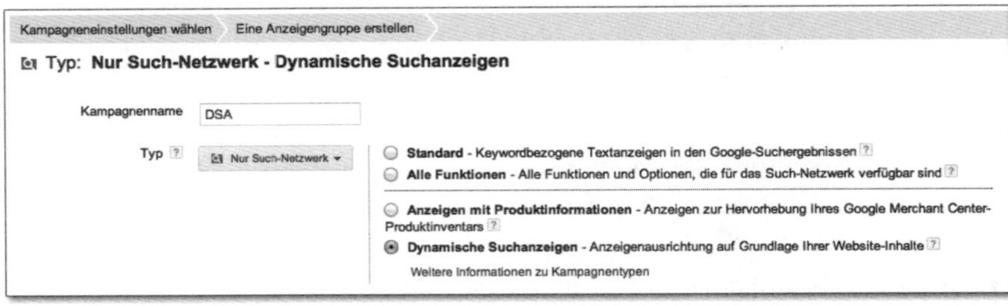

Abbildung 8.7 Anlegen einer Kampagne für dynamische Suchanzeigen

Unter DYNAMISCHE SUCHANZEIGEN setzen Sie ein Häkchen (siehe Abbildung 8.8) bei CONTENT MEINER WEBSITE FÜR AUSRICHTUNG MEINER ANZEIGEN VERWENDEN und geben die Website-Domain sowie die entsprechende Sprache an.

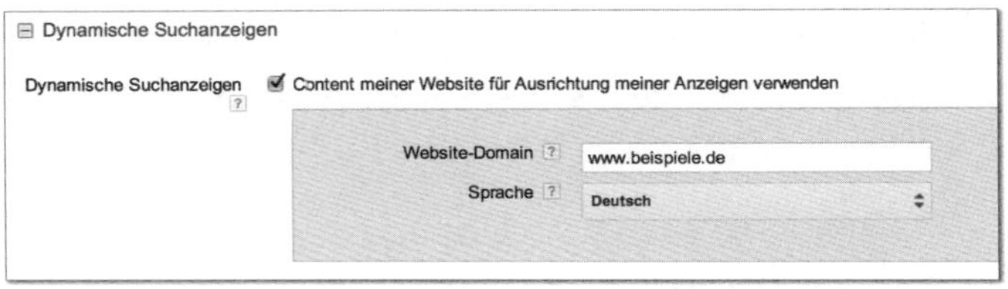

Abbildung 8.8 Verknüpfen Sie Ihr Konto mit Ihrer Website

Nun haben Sie Google AdWords mit Ihrer Website verknüpft. Als nächstes stellt sich die Budgetfrage, bevor Sie Ihre Dynamic Search Ads-Kampagne abspeichern. Beginnen Sie hier mit etwa 10 Prozent Ihres Gesamtbudgets, aber behalten Sie Ihre Ausgaben gut im Blick. Bei umfangreichen Websites generieren die dynamischen Suchanzeigen mitunter sehr viel Traffic und das Budget wird schnell ausgeschöpft.

Erstellen Sie im nächsten Schritt die erste Anzeigengruppe und ein Anzeigentemplate. Dazu übergeben Sie lediglich die beiden Textzeilen und die angezeigte URL. Die Ziel-URL wählt Google selbst aus und der Anzeigentitel wird dynamisch anhand der Suchanfrage des Users und dem Content auf der Zielseite generiert.

Vorsicht bei der Nutzung externer Tracking-Software

Falls Sie Ihre Kampagnen über ein Drittanbieter-Tool tracken oder ein Bid-Management-Tool im Einsatz ist, sollten Sie nicht versäumen zu prüfen, ob das externe Tool mit den dynamischen Suchanzeigen kompatibel ist. Denn hier kann es zu Problemen kommen, wenn die Zielseiten-URL nicht in der Tracking-URL Ihres Tracking-Tools auftaucht. In diesem Fall können Sie eine dynamische Ziel-URL erstellen. Dazu setzen Sie einen so genannten ValueTrack-Parameter, eine URL-Tagging-Funktion von AdWords, an der Stelle Ihrer Ziel-URL in die Tracking-URL ein, indem Sie in der jeweiligen Anzeige auf BEARBEITEN, UM TRACKING HINZUZUFÜGEN klicken.

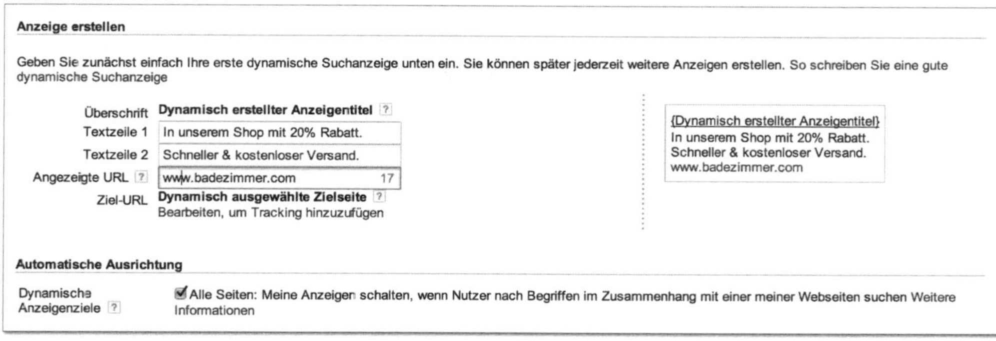

Abbildung 8.9 Erstellung eines Anzeigentemplates

Unter AUTOMATISCHE AUSRICHTUNG definieren Sie mithilfe von DYNAMISCHEN ANZEIGENZIELEN die Bereiche der Website, die in der jeweiligen Anzeigengruppe beworben werden sollen (siehe Abbildung 8.9). Es empfiehlt sich, eine übergreifende Anzeigengruppe anzulegen, die alle Seiten der Website erfasst, und dabei etwas allgemeinere Werbeanzeigen zu verwenden.

Zusätzlich sollten Sie jedoch weitere Anzeigengruppen für die verschiedenen Bereiche Ihrer Website einrichten. Bei einem Online-Shop für Badezimmer könnten dies etwa die Bereiche »Badewannen« oder »Duschwannen« sein, einzelne Marken oder aber alle Produkte, die sofort lieferbar oder derzeit reduziert sind. Die Anzeigentexte können Sie dann entsprechend an die unterschiedlichen Themengebiete anpassen.

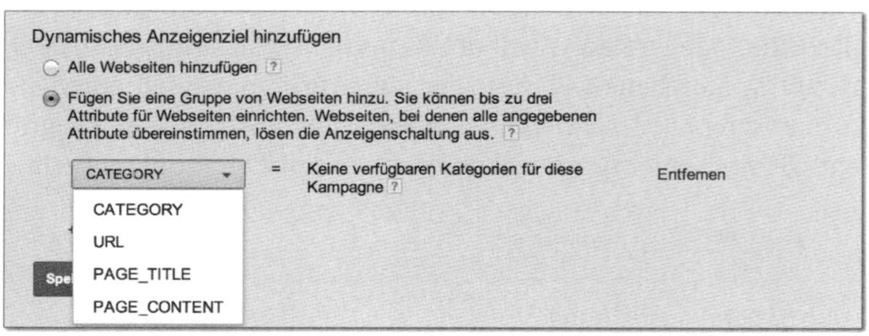

Abbildung 8.10 Gruppierung der zu durchsuchenden Webseiten

Richten Sie also eine neue Anzeigengruppe ein und fügen Sie unter dem Tab AUTOMATISCHE AUSRICHTUNG • +DYNAMISCHES ANZEIGENZIEL ein dynamisches Anzeigenziel hinzu. Es stehen Ihnen dazu vier Attribute zur Verfügung, die Sie nutzen können, um die Webseiten zu gruppieren, die Google für diese Anzeigengruppe durchsuchen soll (siehe Abbildung 8.11):

- CATEGORY: Durch die Verknüpfung mit Ihrer Website identifiziert Google Themenbereiche und erstellt daraus Kategorien ❸. Klicken Sie zunächst in das Suchfeld ❹ neben CATEGORY ❸. Es erscheint eine Liste ❶, mit den wichtigsten Kategorien Ihrer

Webseite, aus der Sie die gewünschte Kategorie auswählen. Wenn Sie sich beispielsweise für die Kategorie *Duschwannen* ❷ entscheiden, werden in der Anzeigengruppe mit diesem dynamischen Anzeigenziel nur Seiten abgesucht, die zu dieser Kategorie gehören. Sie können auch andere Kategorien definiere als in der Liste vorgegeben. Achten Sie dabei jedoch genau darauf, ob das Anzeigenziel funktioniert, da diese Kategorien manchmal nicht korrekt vom System erfasst werden.

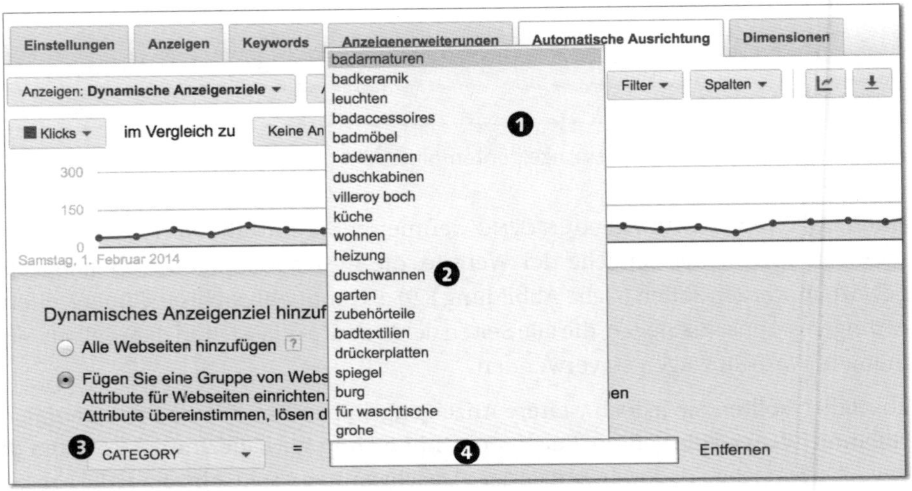

Abbildung 8.11 Vorgeschlagene Kategorien von Google

- URL: Ebenfalls möglich, ist die Ausrichtung der Anzeigen auf Basis bestimmter URLs bzw. Inhalte in den URLs. Wählen Sie als Attribut URL und geben Sie eine beliebige Zeichenfolge in das dafür vorgesehene Feld, die in der URL enthalten sein soll; ein (siehe Abbildung 8.12). In unserem Beispiel werden nun alle Seiten, deren URL den Begriff *duschwannen* enthält, nach einer zum Suchbegriff passenden Zielseite durchsucht.

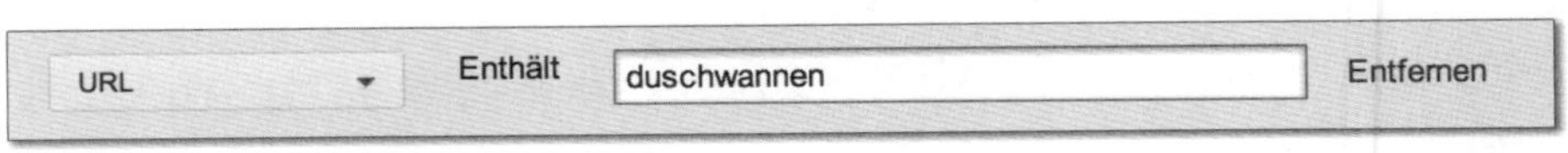

Abbildung 8.12 URL-basierte Ausrichtung

- PAGE_TITLE: Der Page-Title oder zu Deutsch der Seitentitel wird Ihnen oben im jeweiligen Browser-Tab angezeigt. Wenn Sie Ihre Anzeigen auf dieses Anzeigenziel ausrichten möchten, wählen Sie das Attribut aus und geben Sie ähnlich wie schon beim Attribut URL eine Zeichenfolge ein, die im Seitentitel enthalten sein soll. So bündeln Sie alle Seiten, deren Seitentitel wie in unserem Beispiel (siehe Abbildung 8.13) den Text *Duschwannen* beinhalten.

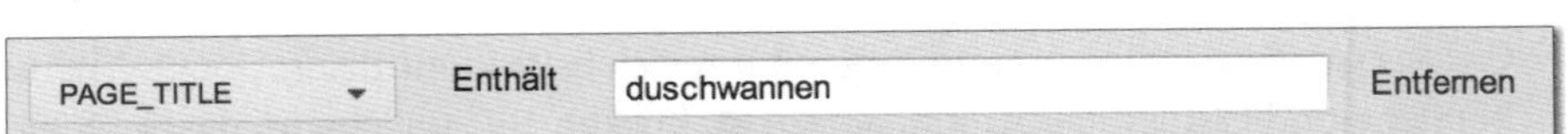

Abbildung 8.13 Ausrichtung nach Seitentitel

- PAGE_CONTENT: Zuletzt besteht die Möglichkeit, die Seiten zusammenzufassen, die bestimmte Inhalte enthalten (siehe Abbildung 8.14). Eine sinnvolle Gruppierung wäre hier beispielsweise, alle Seiten, auf denen die Zeichenfolge *sofort lieferbar* oder *Sale* zu finden ist. In den Anzeigentexten können Sie offensiv mit diesen Selling-Points werben, weil das System regelmäßig aktualisiert wird und Sie nicht befürchten müssen, dass Produkte ausgespielt werden, auf die diese Versprechen nicht zutreffen.

Abbildung 8.14 Ausrichtung nach Seiteninhalt

Ein dynamisches Anzeigenziel kann sich aus bis zu drei Attributen zusammensetzen. Klicken Sie ganz einfach auf + WEITERE HINZUFÜGEN und definieren Sie ein zusätzliches Attribut (siehe Abbildung 8.15).

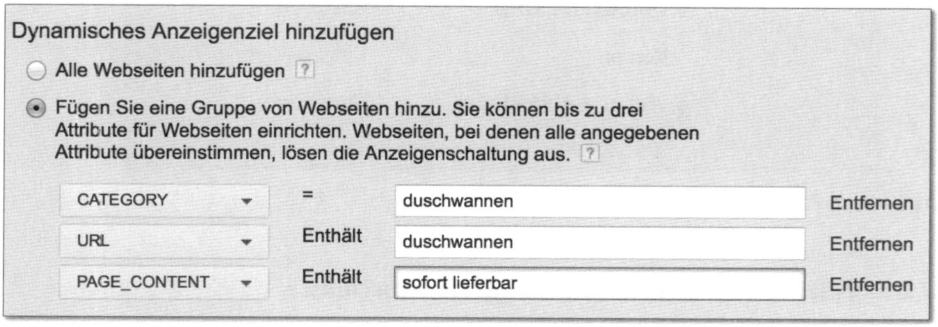

Abbildung 8.15 Beispiel für ein dynamisches Anzeigenziel

Denkbar ist also zum Beispiel eine Anzeigengruppe mit einem dynamischen Anzeigenziel, das auf Duschwannen des Herstellers Duravit, die sofort lieferbar sind, ausgerichtet ist.

Vorsicht bei der Vergabe mehrerer Anzeigenziele

Problematisch kann es werden, sobald Sie in einer Anzeigengruppe mehrere dynamische Anzeigenziele vergeben. Sie möchten beispielsweise *Duravit Duschwannen* bewerben und legen dafür ein separates Anzeigenziel *URL enthält duravit* und eine *Category = duschwannen* an. Hier würde nun das eine Anzeigenziel alle Seiten, deren URL Duravit impliziert, durchsuchen und das andere alle Seiten der Kategorie Duschwannen, die Sie auf Ihrer Webseite anbieten. Dabei würden also auch die Badewannen von Duravit und die Duschwannen von Villeroy & Boch gecrawlt!

Das führt dazu, dass die Anzeigentexte nicht mehr zur Zielseite passen und eine viel breitere Reichweite erzeugt wird als erwünscht.

Wenn Sie die Spalte WEBSITE-ABDECKUNG ergänzen, erfahren Sie, welchen prozentualen Anteil die zum Anzeigenziel gruppierten Zielseiten gemessen an der kompletten Website ausmachen (siehe Abbildung 8.16). Ein extrem hoher Anteil kann ein Hinweis darauf sein, dass das Anzeigenziel zu weit gefasst ist, kommt aber auch zustande, wenn mehrere Kategorien in einem Anzeigenziel zusammengefasst werden.

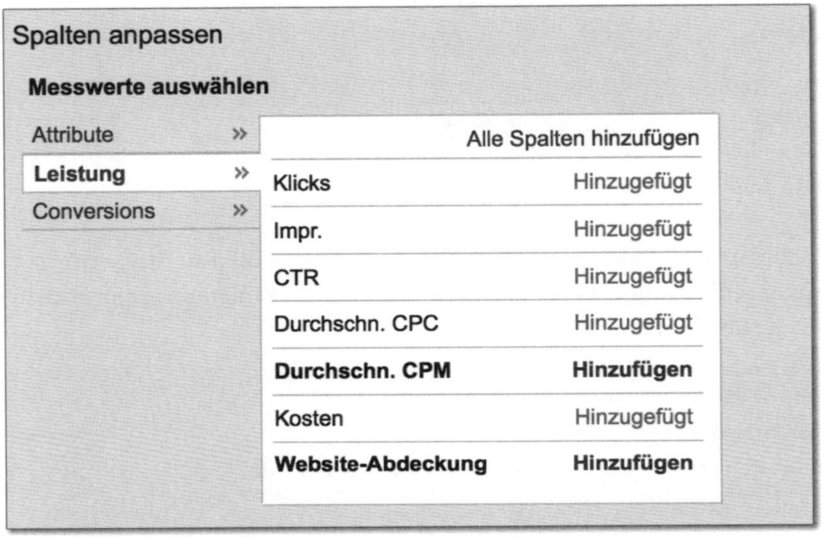

Abbildung 8.16 Hinzufügen der Website-Abdeckung

8.2.2 Präzisieren Sie die Reichweite durch Ausschlüsse

Wie bei gewöhnlichen Kampagnen mit Keywords sind auch bei diesem Kampagnentyp Ausschlüsse möglich. Zum einen können Sie Google daran hindern, gewisse Seiten oder Bereiche überhaupt zu besuchen wie das Impressum, die FAQs oder aber alle Artikel, die derzeit nicht auf Lager sind. Das ist besonders wichtig bei der allgemeinen Anzeigengruppe, die auf allen Seiten der Website nach einer potenziellen Zielseite sucht.

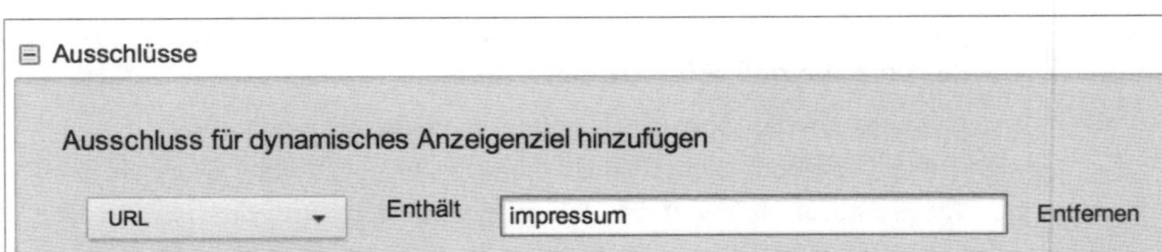

Abbildung 8.17 Schließen Sie unerwünschte Seiten aus.

Dazu stehen Ihnen unter dem Tab AUTOMATISCHE AUSRICHTUNG • AUSSCHLÜSSE die gleichen Attribute wie schon bei den dynamischen Anzeigenzielen zur Verfügung (siehe Abbildung 8.17).

Zum anderen haben Sie unter dem Tab KEYWORDS • AUSSCHLÜSSE genau wie bei den Keyword-basierten Kampagnen die Möglichkeit, die Anzeigenausspielung für irrelevante Suchanfragen zu unterbinden.

> **Vorsicht mit geschützten Marken**
>
> Besonders wichtig beim Aufsetzen einer Dynamic Search Ads-Kampagne ist das Ausschließen von Konkurrenzanbietern und von Markenbegriffen, deren Verwendung nicht für den Gebrauch in AdWords-Anzeigen freigegeben wurde. Sonst besteht die Gefahr, dass Google diese Begriffe in den Anzeigentitel aufnimmt, was wiederum zu einer Abmahnung der Konkurrenz wegen der Markenrechtsverletzung führen kann.

8.2.3 Verlieren Sie nicht den Überblick – was wird gesucht?

Um die Kontrolle zu behalten, sollten Sie regelmäßig die Suchbegriffe überprüfen, zu denen Ihre dynamischen Anzeigen geschaltet werden.

Unter SUCHBEGRIFFE ANZEIGEN... ❶ sehen Sie sowohl die tatsächlichen Suchanfragen als auch die von Google dazu ausgewählten Ziel-URLs mitsamt entsprechender Überschrift, dem Zielseitentitel und der zugehörigen Kategorie. Die Suchbegriffe können Sie hier je nach Bedarf als Keyword hinzufügen oder ausschließen.

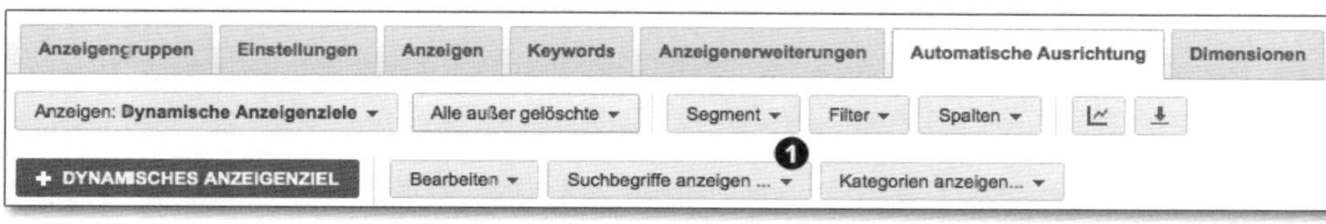

Abbildung 8.18 Suchbegriffe und Kategorien auswerten

Auf diesem Wege stoßen Sie vielleicht auf den ein oder anderen Suchbegriff, den Sie bislang noch nicht eingebucht haben, obwohl er häufig gesucht wird und Ihnen im besten Fall auch gleich Conversions bringt. Oder Sie identifizieren bei der Analyse der Ziel-URLs womöglich Seiten, die eine überdurchschnittlich hohe Conversion-Rate haben und die Sie zukünftig auch für andere Kampagnen nutzen können.

Abbildung 8.19 Analyse der Kategorien und Unterkategorien

Neben den Suchbegriffen können Sie sich die KATEGORIEN ANZEIGEN... lassen. Sie können bis auf die zweite Ebene der Unterkategorie hinunterfiltern und diese Kategorien dann auch als dynamisches Anzeigenziel hinzufügen oder aber ausschließen. Auch hier kann die Auswertung ein Indiz dafür sein, für welche Kategorien es empfehlenswert sein könnte, eine separate Kampagne oder zumindest eine eigene Anzeigengruppe innerhalb der DSA-Kampagne anzulegen.

8.2.4 Möglichkeiten, Grenzen und Gefahren von Dynamic Search Ads

Unterm Strich sind dynamische Suchanzeigen ein sehr zeitsparendes Werbeinstrument, um das Keyword-Set von großen Websites auf dem aktuellsten Stand zu halten, speziell für Unternehmen mit häufig wechselndem Angebot. In der Steuerung sind sie zwar ein wenig begrenzt, da wir Google lediglich vorgeben können, auf welchen Seiten gesucht werden soll, aber nicht wonach. Durch die Auswertung der Suchbegriffe und Kategorien lassen sich Produkte, Marken oder Suchanfragen ermitteln, die von den Nutzern oft gesucht werden und für die es sich lohnen könnte, eventuell sogar eine separate Kampagne mit eigenem Budget anzulegen.

Hinweis – Keyword-bezogene Kampagnen werden priorisiert

Konflikte mit Ihren Keyword-basierten Kampagnen sollen laut Google nicht entstehen. Eingebuchte Keywords werden stets den dynamischen Suchanzeigen vorgezogen. Bei einer Suchanfrage, die aufgrund der Keyword-Option *"Weitgehend passend"* oder *"Passende Wortgruppe"* ebenfalls einem gebuchten Keyword zugeordnet wäre, kann es jedoch dazu kommen, wenn der Qualitätsfaktor der dynamischen Suchanzeige höher ist, dass diese der Keyword-basierten vorgezogen wird. Außerdem greift die DSA-Kampagne, wenn das Tagesbudget einer Kampagne erschöpft ist und die Anzeigen zu einem geschalteten Keyword nicht mehr ausgespielt werden.

Haben Sie Kampagnen, deren Budgets regelmäßig frühzeitig ausgeschöpft sind? DSA-Kampagnen mit einem ausreichenden eigenen Budget können hier als Auffang-Kampagne genutzt werden. Vielleicht ist es strategisch sinnvoll die DSA-Kampagnen mit Hilfe des Anzeigenplaners nur in den Abendstunden zu schalten und so den Traffic für passende Suchanfragen zu unterschiedlichen Themen noch abzufangen.

Nachteil dieses Anzeigenformats ist sicherlich die fehlende Kontrolle darüber, wann und zu welchen Begriffen die Anzeigen ausgespielt werden und vor allem, auf welche Zielseite von Google weitergeleitet wird. Die Absprungrate ist bei Kampagnen dieses Typs deshalb meist sehr hoch, weil Google nicht selten eine sehr spezifische Detailseite für eine noch recht generische Suchanfrage auswählt. Der Nutzer hätte jedoch viel lieber eine größere Auswahl vorgefunden und verlässt Ihre Website gleich wieder, ohne eine weitere Seite zu besuchen.

Es ist daher von Vorteil, die DSA-Kampagnen sehr differenziert aufzusetzen und alle Bereiche in einzelnen Anzeigengruppen mit gesonderten dynamischen Anzeigenzielen und Anzeigentexten abzubilden. Außerdem sollten Sie die Anzeigenausspielung durch Ausschlüsse von Vorneherein präzisieren und besonders vorsichtig mit geschützten Marken und Herstellern sein, da der DSA-Mechanismus diese automatisch in den Anzeigentitel übernimmt.

Wenn Sie also eine komplexe Website wie z. B. einen Online-Shop bewerben, sollten Sie definitiv testen, ob dynamische Suchanzeigen für Sie eine effektive Lösung sind. Für Betreiber von sehr kleinen Websites könnten sie allerdings weniger geeignet sein, ebenso wie für Websites mit Tagesangeboten, die das System bislang noch nicht zuverlässig genug erfassen kann oder Preissuchmaschinen und Affiliate-Websites, die Ihre Kunden auf Websites von Drittanbietern weiterleiten.

8.3 Google PLAs – die Google-Shopping-Anzeigen

Längst sind sie aus den Google-Suchergebnissen nicht mehr wegzudenken: PLAs – Product Listing Ads oder zu Deutsch Anzeigen mit Produktinformationen wurden von Google Ende 2011 in Deutschland eingeführt. Es handelt sich dabei um die Anzeigen, die ein kleines Produktbild, den Preis und den Unternehmensnamen enthalten und meist rechts oder oberhalb der Top-Positionen erscheinen (siehe Abbildung 8.20).

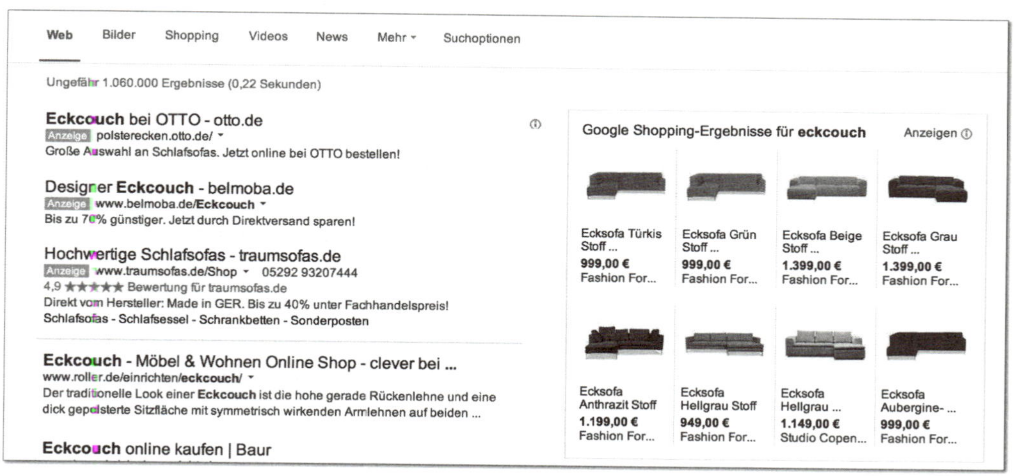

Abbildung 8.20 PLAs – rechts in der Google-Suche

Wenn Sie mit der Maus über das Bild fahren, erhalten Sie zusätzliche Informationen, z. B. eine kurze Werbebotschaft (siehe Abbildung 8.21). Bei Klick auf die Anzeige werden Sie direkt auf die Artikeldetailseite des entsprechenden Produkts geleitet. Dieses

Anzeigenformat funktioniert nicht wie sonst über die Buchung von Keywords. Stattdessen liegt den Anzeigen ein Datenfeed mit zahlreichen Informationen zu Ihren Produkten zugrunde, den Google bei jeder Suchanfrage nach relevanten Ergebnissen durchsucht.

Für Online-Händler stellen PLAs eine ideale Lösung dar, um das gesamte Produkt-Portfolio abzubilden, ohne mühevoll jeden einzelnen Artikel als Keyword einzugeben. Gleichzeitig stärken Produktbild und Preisangaben die Aufmerksamkeit der Nutzer und wirken sich erwiesenermaßen positiv auf die Klickrate aus. Zudem wird durch die Schaltung von PLAs die Sichtbarkeit in den SERPs gesteigert: Denn für nur eine einzige Suchanfrage kann ein Werbetreibender mit seinem organischen Suchergebnis, seiner AdWords-Anzeige ❶ und einer oder mehreren PLAs ❷ ausgespielt werden (siehe Abbildung 8.21).

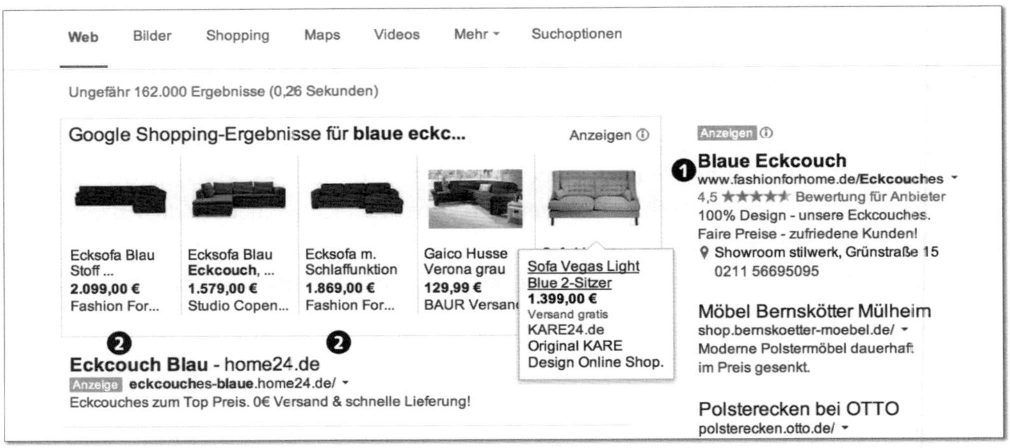

Abbildung 8.21 PLAs oberhalb der Anzeigen mit Mouse-over-Effekt

Die Relevanz der PLAs ist gerade bei längeren Suchphrasen sehr hoch, da Google wie in Abbildung 8.21 zu sehen, bei einer Anfrage nach *blaue Eckcouch* auch wirklich nur blaue Ecksofas anzeigt. Es werden außerdem nur dann PLAs eingeblendet, wenn die Suchanfrage produktbezogen ist. Sucht der Nutzer beispielsweise nach *Adidas*, erscheint keine PLA, bei einer Suchanfrage nach *Adidas Laufschuhe* hingegen schon.

Die Abrechnung von PLAs erfolgt wie üblich auf Cost-per-Click-Basis. Zwar haben wir im Falle von PLAs keine Keywords, ein gut gepflegter Datenfeed beeinflusst jedoch laut Google trotzdem den Qualitätsfaktor der Anzeigen und führt so zu günstigeren Klickpreisen. Die Einrichtung von Google-Shopping-Kampagnen, worüber Product Listing Ads gesteuert werden, ist nicht sonderlich kompliziert und wird im Folgenden beschrieben. Als Betreiber eines Online-Shops lohnt es sich definitiv, auf PLAs zu setzen.

8.3.1 Das Google Merchant Center

Im Merchant Center-Tool verwalten Sie Ihre Produktdaten, die Google als Grundlage für die Google-Shopping-Anzeigen bzw. der PLAs in der Google Suche verwendet. Damit Sie Product Listing Ads für Ihre Zwecke nutzen können, benötigen Sie also zunächst ein Merchant Center-Konto. Wenn Sie bereits über ein AdWords- oder ein GMail-Konto verfügen, können Sie dieselben Zugangsdaten nutzen. Rufen Sie die Seite *www.google.de/merchants/signup* auf und geben Sie die entsprechenden Informationen an (siehe Abbildung 8.22).

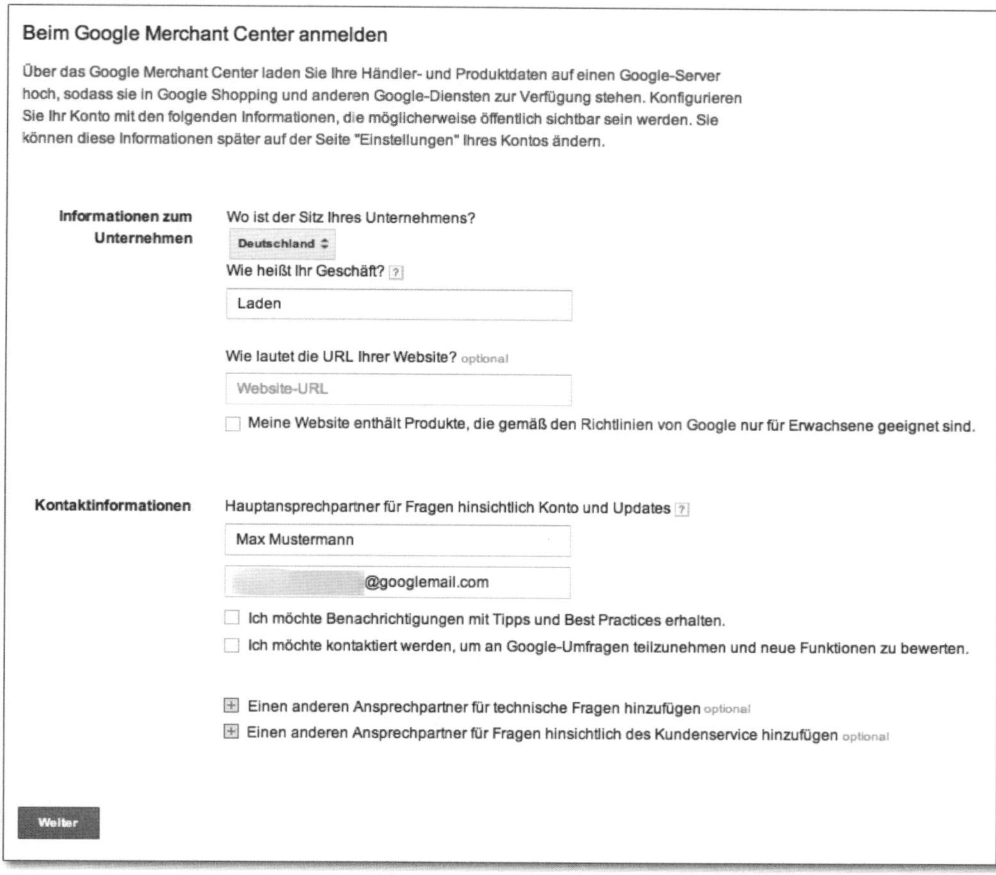

Abbildung 8.22 Anmeldung im Google Merchant Center

Lesen und akzeptieren Sie die Nutzungsbedingungen und schon kann es losgehen. Nun müssen Sie das Merchant Center nur noch unter + EINSTELLUNGEN • ADWORDS mit Ihrem AdWords-Konto verknüpfen, indem Sie die Kundennummer Ihres AdWords-Kontos eingeben.

8.3.2 So erstellen Sie richtige Produkt-Feeds

Bevor Sie mit der Einrichtung Ihrer Google-Shopping-Kampagnen starten, müssen Sie erst einmal die Basis schaffen. Erstellen Sie ein bzw. mehrere Produkt-Feeds, d. h. eine Datei im Text- oder XML-Format. In dieser Datei können Sie Ihr gesamtes Produktsortiment abbilden und die einzelnen Artikel mit einer Reihe nützlicher Informationen anreichern, so dass der Nutzer sie später besser finden kann.

Die Informationen werden im Feed über Attribute übertragen wie beispielsweise *Verfügbarkeit, Marke* oder *Material*. Einige dieser Attribute sind obligatorisch und müssen angegeben werden, andere Attribute hingegen sind optional, ihre Angabe wirkt sich jedoch positiv auf die Qualität des Feeds aus. Bitte beachten Sie, dass in vielen Webshops eine entsprechende Exportmöglichkeit bereits vorhanden ist. Sprechen Sie sich hier mit Ihrem Webmaster ab. Dabei sollten Sie beachten, dass ein Standardexport eventuell noch angepasst werden muss, um die Daten zu optimieren.

	B	C	D	E
1	title	description	google_product_category	product_type
2	Vollauszug TS 353613-150mm	Vollauszüge bis 35kg	Furniture > Furniture Sets > Kitchen & Dining Furniture Sets	Furniture > Furniture Sets > Kitchen & Dining Furniture Set
3	Teleskopschienen mit Touch to Open 250mm	Teleskopauszüge mit Touch to open	Furniture > Furniture Sets > Kitchen & Dining Furniture Sets	Furniture > Furniture Sets > Kitchen & Dining Furniture Set
4	Teleskopauszug TS 454613-350mm SC	Teleskopauszug mit SoftClosing	Furniture > Furniture Sets > Kitchen & Dining Furniture Sets	Furniture > Furniture Sets > Kitchen & Dining Furniture Set
5	Schwerlastauszug TS 1605319-350mm	Schwerlastauszüge bis 160 kg	Furniture > Furniture Sets > Kitchen & Dining Furniture Sets	Furniture > Furniture Sets > Kitchen & Dining Furniture Set
6	Schwerlastauszug TS2207719-406mm mit Verr	Schwerlastauszüge bis 220 kg mit Ve	Furniture > Furniture Sets > Kitchen & Dining Furniture Sets	Furniture > Furniture Sets > Kitchen & Dining Furniture Set
7	Schwerlastauszug TS2207719-508mm	Schwerlastauszüge bis 220 kg	Furniture > Furniture Sets > Kitchen & Dining Furniture Sets	Furniture > Furniture Sets > Kitchen & Dining Furniture Set
8				

Abbildung 8.23 Ausschnitt aus einem Produkt-Feed

> **Vorsicht – Änderungen bei Attributen**
>
> Google ändert die Anforderungen an die Attribute in regelmäßigen Abständen. So kann ein empfohlenes Attribut schon bald ein verpflichtendes werden. Haben Sie dann keinen Wert hinterlegt, werden Ihre Produkte womöglich nicht mehr ausgespielt. Halten Sie sich also immer auf dem Laufenden.

Im Folgenden finden Sie eine aktuelle Übersicht der verschiedenen Attribute mit Kurzbeschreibung. Bei Google finden Sie unter dem Link *https://support.google.com/merchants/answer/1344057* eine Zusammenfassung aller Attribute und erfahren, für welche Branche die entsprechenden Attribute *erforderlich, empfohlen* oder *nicht zutreffend* sind. Denn hier kann es große Unterschiede geben, so müssen beispielsweise für Produkte aus dem Bereich Bekleidung wesentlich mehr Angaben gemacht werden als für andere.

Allgemeine Produktinformationen

- *ID* [id] – Kennzeichnung des Artikels
- *Title* [title] – Titel des Artikels

- *Beschreibung* [description] – Beschreibung des Artikels
- *Google Produktkategorie* [google_product_category] – Kategorie des Artikels in Google Shopping
- *Produkttyp* [product_type] – vom Händler vergebene Artikelkategorie
- *Link* [link] – URL, welche direkt mit der Artikelseite auf der Webseite des Händlers verlinkt
- *mobiler Link* [mobile_link] – URLs von mobilen Startseiten
- *Bildlink* [image_link] – URL von einem Bild des Artikels
- *Zusätzlicher Bildlink* [additional_image_link] – zusätzliche URLs zu Bildern des Artikels
- *Zustand* [condition] – Zustand des Artikels

Verfügbarkeit und Preise

- *Verfügbarkeit* [availability] – Verfügbarkeit des Artikels
- *Verfügbarkeitsdatum* [availability_date] – Tag, an dem ein vorbestelltes Produkt wieder lieferbar ist
- *Preis* [price] – Preis des Artikels
- *Sonderangebotspreis* [sale_price] – beworbener Sonderangebotspreis für den Artikel
- *Sonderangebotszeitraum* [sale_price_effective_date] – Zeitraum, in dem der Artikel als Sonderangebot angeboten wird

Eindeutige Produktkennzeichnungen

- *Marke* [brand] – Marke des Artikels
- *GTIN* [gtin] – Global Trade Item Number (GTIN) des Artikels
- *MPN* [mpn] – Herstellerteilenummer (Manufacturer Part Number) des Artikels
- *Kennzeichnung existiert* [identifier_exists] – Sonderanfertigungen einreichen

Bekleidungsprodukte

- *Geschlecht* [gender] – Geschlechtszuordnung des Artikels
- *Altersgruppe* [age_group] – Alterszielgruppe des Artikels
- *Farbe* [color] – Farbe des Artikels
- *Größe* [size] – Größe des Artikels
- *Größentyp* [size_type] – Größentyp des Artikels
- *Größensystem* [size_system] – Größensystem des Artikels

Produktvarianten

- *Produktgruppe* [item_group_id] – gemeinsame Kennzeichnung für alle Varianten desselben Produkts
- *Farbe* [color] – Farbe des Artikels
- *Material* [material] – Material des Artikels
- *Muster* [pattern] – Muster/grafische Gestaltung des Artikels
- *Größe* [size] – Größe des Artikels

Steuern und Versandkosten

- *Versand* [shipping] – Versandinformationen
- *Versandgewicht* [shipping_weight] – Versandgewicht des Artikels

Produktkombinationen

- *Multipack* [Multipack] – händlerdefinierte Multipacks einreichen
- *Ist set* [is_bundle] – händlerdefinierte Produktpakete einreichen

Nicht jugendfreie Produkte

- *Erwachsene* [adult]

AdWords-Attribute

- *AdWords Redirect* [adwords_redirect] – AdWords-Weiterleitung

Benutzerdefinierte Label-Attribute für Shopping-Kampagnen

- *Benutzerdefiniertes Label 0* [custom_label_0] – Kennzeichnung der Artikel mit eigenen Werten wie Saisonal, Verkaufszahlen, Marge etc.
- *Benutzerdefiniertes Label 1* [custom_label_1] – Kennzeichnung der Artikel mit eigenen Werten wie Saisonal, Verkaufszahlen, Marge etc.
- *Benutzerdefiniertes Label 2* [custom_label_2] – Kennzeichnung der Artikel mit eigenen Werten wie Saisonal, Verkaufszahlen, Marge etc.
- *Benutzerdefiniertes Label 3* [custom_label_3] – Kennzeichnung der Artikel mit eigenen Werten wie Saisonal, Verkaufszahlen, Marge etc.
- *Benutzerdefiniertes Label 4* [custom_label_4] – Kennzeichnung der Artikel mit eigenen Werten wie Saisonal, Verkaufszahlen, Marge etc.

Weitere Attribute

- *Ausgeschlossenes Ziel* [excluded_destination] – ausgeschlossene Ziele für Ihre Artikel

- *Verfallsdatum* [expiration_date] – Datum, an dem Artikel abläuft

Preise pro Einheit

- *Preisberechnungseinheit* [unit_pricing_measure]
- *Grundberechnungseinheit* [unit_pricing_base_measure]
- *Energieeffizienzklasse* [energy_efficiency_class]

Hochladen des Produkt-Feeds

Wenn Ihr Feed erstellt ist, können Sie die Datei ins Merchant Center hochladen. Dazu stehen Ihnen drei Möglichkeiten zur Verfügung:

- *Direktupload*: Der Direktupload ist ein manueller Upload und empfiehlt sich für Dateien, die kleiner als 20 MB sind.
- *FTP-Upload*: Dieser Upload eignet sich für größere Datenmengen bis zu einem GB.
- *Automatischer Upload*: Dabei werden die Daten von Google zu einem festgelegten Zeitpunkt über eine vom Händler hinterlegte URL bezogen.

Damit Ihre PLAs und Ihre Anzeigen in Google Shopping immer auf dem neusten Stand sind und alle Änderungen übernommen werden, sollten Sie das Produkt-Feed in regelmäßigen Abständen aktualisieren. Bei mittleren bis großen Shops ist es ratsam, das Feed mindestens einmal täglich zu synchronisieren. Gerade bei Angaben wie Preis oder Verfügbarkeit ist es sehr wichtig, dass dem Kunden die korrekten Daten ausgespielt werden und er nicht durch falsche Informationen verärgert wird.

8.3.3 Optimierung Ihres Produkt-Feeds

Über eventuelle Fehler in Ihrem Datenfeed werden Sie im Merchant Center direkt auf Ihrem DASHBOARD und ausführlicher unter dem Reiter DATENQUALITÄT informiert. Hier können Sie sich für jedes Feed detaillierte Fehlerberichte ansehen und herunterladen. Überprüfen Sie die Qualität Ihrer Feeds regelmäßig, damit Sie auf Fehler und Warnungen schnellstmöglich reagieren können.

Häufige Fehler sind:

- fehlende oder falsche eindeutige Produktkennzeichnung
- zu lange Titel
- Crawl-Probleme
- fehlerhafte Bildlinks
- kurze Beschreibungen

Um ein qualitativ hochwertiges Feed zu liefern, sollten Sie sowohl die von Google vorgegebenen Pflichtattribute als auch eine Vielzahl der empfohlenen Attribute pflegen. Ziel- und Bildlinks sollten funktionieren und achten Sie darauf, dass Sie dieselbe Sprache für Spaltenbezeichnungen und Spaltenwerte gebrauchen.

Ein sehr bedeutsames Attribut ist der *Titel*. Er entscheidet maßgeblich über die Relevanz des Artikels im Hinblick auf eine Suchanfrage und nimmt außerdem fast den gesamten Text einer PLA ein. Der *Titel* sollte daher alle notwendigen Informationen präzise und verständlich ausgedrückt enthalten und dabei aus maximal 70 Zeichen bestehen. Nutzen Sie keine Blockschrift und schreiben Sie keine Werbetexte.

Auch bei der *Artikelbeschreibung* lohnt es sich, genauer hinzusehen. Beschreiben Sie das Produkt so ausführlich wie möglich und sparen Sie dabei nicht an Platz, denn es stehen Ihnen bis zu 5.000 Zeichen zur Verfügung. Richten Sie den Text an Ihre Zielgruppe und nicht an den Google-Robot und bringen Sie alle Merkmale unter. Über Rich Snippets können Sie sogar Kundenbewertungen und Erfahrungsberichte integrieren.

Tipp – Verwenden Sie Keywords und Synonyme

Steigern Sie die Relevanz Ihrer Produkte durch die gezielte Verwendung von Keywords, Marken und Synonymen in Titel und Artikelbeschreibung und platzieren Sie die Begriffe möglichst weit vorne. Die höhere Relevanz kann zu günstigeren Klickpreisen führen und zu häufigeren Einblendungen. Übertreiben Sie es jedoch nicht, indem Sie zu viele Keywords aufnehmen oder Keywords ständig wiederholen.

Bei den *Produktbildern* gibt es ebenfalls einige Aspekte zu beachten. Verwenden Sie aussagekräftige Bilder in hoher Bildqualität (Google empfiehlt eine Auflösung von 800 × 800 Pixeln) und vermeiden Sie Hintergründe oder sonstige Objekte, die vom Produkt ablenken. Außerdem verstoßen Wasserzeichen, Text oder Logos innerhalb der Abbildung gegen die Google-Richtlinien. Ihr *Produktbild* ist der Eye-Catcher der Anzeige, investieren Sie also Zeit und Geld in gute Bilder.

8.3.4 Google-Shopping-Anzeigen

Wir reden immerzu von Product Listing Ads – was aber sind eigentlich Anzeigen in Google Shopping, die ebenfalls über Google-Shopping-Kampagnen verwaltet werden? Google Shopping ist eine Preissuchmaschine, in der Nutzer nach dem besten Angebot für ein Produkt suchen können. Anfangs war die Nutzung von Google Shopping für die Händler kostenlos, alles was sie tun mussten, war der Upload des Produkt-Feeds im Merchant Center. Bei der entsprechenden Suchanfrag wurde das Angebot des Händlers ausgespielt und klickte der Nutzer darauf, wurde er auf die Seite des Händlers weitergeleitet, ohne dass für den Händler irgendwelche Kosten anfielen. Dies hat sich inzwischen geändert, und wie auch bei AdWords-Anzeigen zahlt ein Werbetreibender nun pro Klick auf die Anzeige.

Die Option, nur eine der beiden Anzeigen ausspielen zu lassen, also entweder nur PLAs oder nur Google-Shopping-Anzeigen, steht leider nicht zur Verfügung. Auch kann nicht separat auf PLA und Anzeigen in Google Shopping geboten werden. Das ist sehr schade, denn um in Google Shopping präsent zu sein, genügt ein Gebot von 0,01 €, wenngleich der Artikel dann im Standardvergleich vermutlich ganz unten angezeigt würde. Sortiert der Nutzer jedoch nach dem Preis, kann ein Händler mit dem niedrigsten Gebot durchaus ganz oben stehen, wenn er das günstigste Angebot anbietet. Bei PLAs führt ein sehr niedriges Gebot eher dazu, dass gar keine Anzeige ausgespielt wird.

Abbildung 8.24 Google Shopping: Standardvergleich sortiert nach Preis

8.3.5 Erstellen Sie Ihre Google-Shopping-Kampagne

Seit Anfang 2014 werden PLAs nicht mehr über die ursprünglichen PLA-Kampagnen, sondern über so genannte Google-Shopping-Kampagnen verwaltet. Dieser Kampagnentyp hat gegenüber den ehemaligen PLA-Kampagnen viele Vorteile und gestaltet das Anlegen sowie das Management der Product Listing Ads um einiges einfacher und flexibler.

Wenn Sie Ihr Google Merchant Center, wie in Abschnitt 8.3.1 beschrieben, bereits mit Ihrem AdWords-Konto verknüpft haben, können Sie jetzt mit dem Anlegen einer Google-Shopping-Kampagne beginnen.

Dazu klicken Sie auf dem Tab KAMPAGNEN • +KAMPAGNE • SHOPPING. Machen Sie die üblichen Angaben wie SUCHNETZWERK, STANDARDGEBOT, BUDGET etc. und geben Sie darüber hinaus die HÄNDLER-ID Ihres Merchant Centers an, die Ihnen bei einer erfolgreichen Verknüpfung von Merchant Center und AdWords-Konto automatisch angezeigt werden sollte. Außerdem wählen Sie mit ABSATZLAND das Land, in dem die Produkte dieser Kampagne verkauft werden sollen. Das ABSATZLAND kann im Nachhinein nicht mehr verändert werden und sollte mit den Standortausrichtungen übereinstimmen.

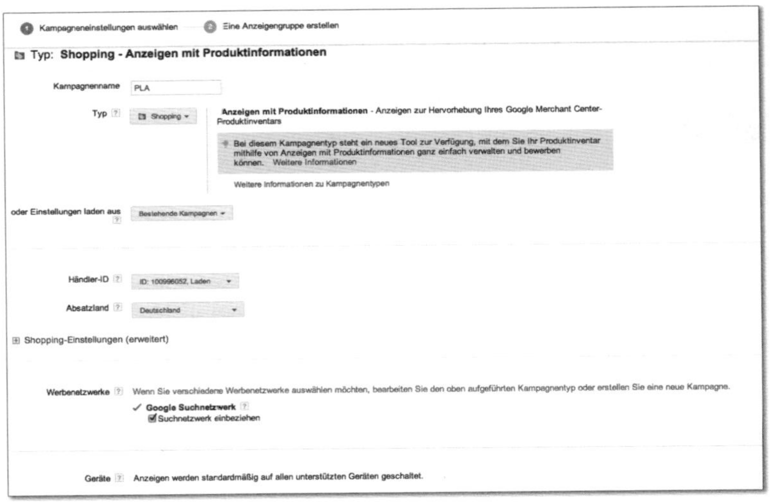

Abbildung 8.25 Anlegen einer Google-Shopping-Kampagne

Unter den SHOPPING-EINSTELLUNGEN (ERWEITERT) können Sie die Kampagne mit einer *niedrigen*, *mittleren* oder *hohen* PRIORITÄT einstufen. Das ist wichtig, wenn Sie mehrere Google-Shopping-Kampagnen erstellen, in denen sich ein und dasselbe Produkt befindet. Unabhängig vom Gebot würde in einem solchen Fall die Kampagne mit der höheren Priorität greifen.

Der INVENTARFILTER dient dazu, die Produkte Ihres Produkt-Feeds zu selektieren, die Sie in dieser Kampagne bewerben möchten. Standardmäßig werden alle Produkte verwendet. Entscheiden Sie sich jedoch für die Option *Benutzerdefinierten Filter erstellen*, schließen Sie von vornherein alle Produkte aus, die Ihrem Filter nicht entsprechen. So könnten Sie zum Beispiel eine Kampagne für alle Produkte und eine für alle *neuen* Produkte wie in Abbildung 8.26 anlegen. Die Höhe der PRIORITÄT DER KAMPAGNE wäre dann ausschlaggebend dafür, aus welcher Kampagne ein Produkt ausgespielt würde, das in beiden vorhanden wäre.

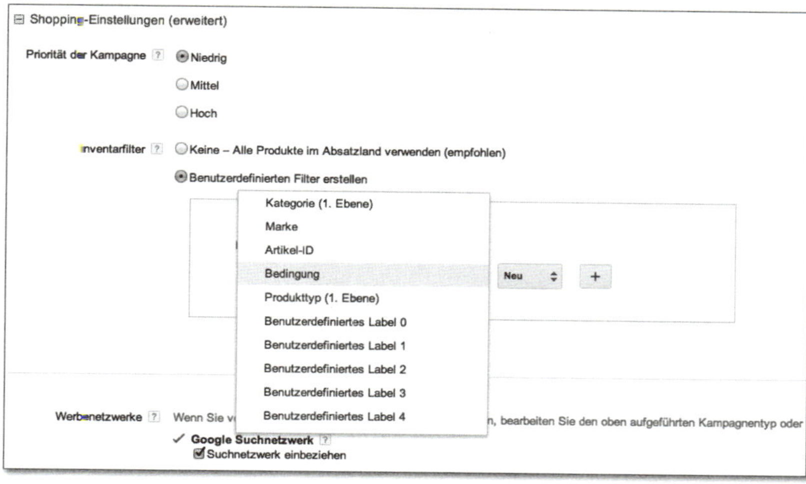

Abbildung 8.26 Erweiterte Shopping-Einstellungen

Speichern Sie im Anschluss die Einstellungen und legen Sie im nächsten Schritt eine Anzeigengruppe mit Namen und Werbetext an (siehe Abbildung 8.27). Die Google-Shopping-Kampagne ist nun in ihrer einfachsten Form aufgesetzt und es werden PLAs sowie Google-Shopping-Anzeigen geschaltet.

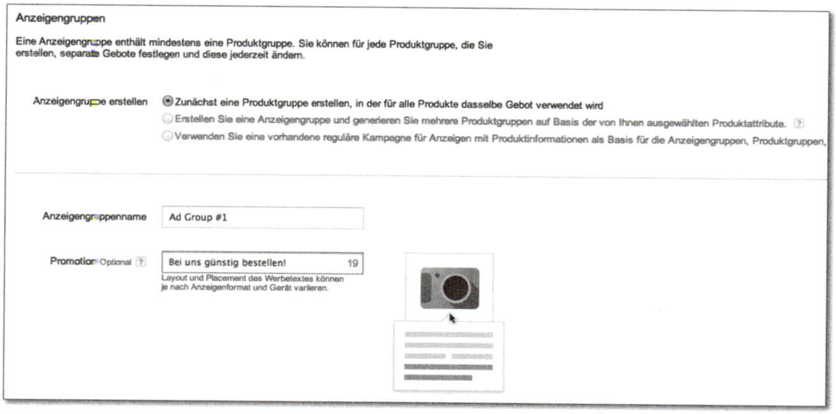

Abbildung 8.27 Anlegen einer Anzeigengruppe

8.3.6 Mit Produktgruppen Ihre Produkte optimal steuern

Im Mittelpunkt der Google-Shopping-Kampagnen stehen so genannte Produktgruppen – nicht zu verwechseln mit Anzeigengruppen – mit deren Hilfe Sie Ihre Produkte strukturieren und priorisieren, indem Sie individuell auf einzelne Produktbereiche oder Produkte bieten. Die Unterteilung in Produktgruppen erfolgt über die Attribute KATEGORIE, MARKE, ARTIKEL-ID, ZUSTAND, PRODUKTTYP oder BENUTZERDEFI-

NIERTE LABELS. Sie können Ihr Produkt-Feed also bis auf Produktebene filtern wie in Abbildung 8.29 oder aber beispielsweise über BENUTZERDEFINIERTE LABELS nach Farben, Saison, Marge etc. differenzieren.

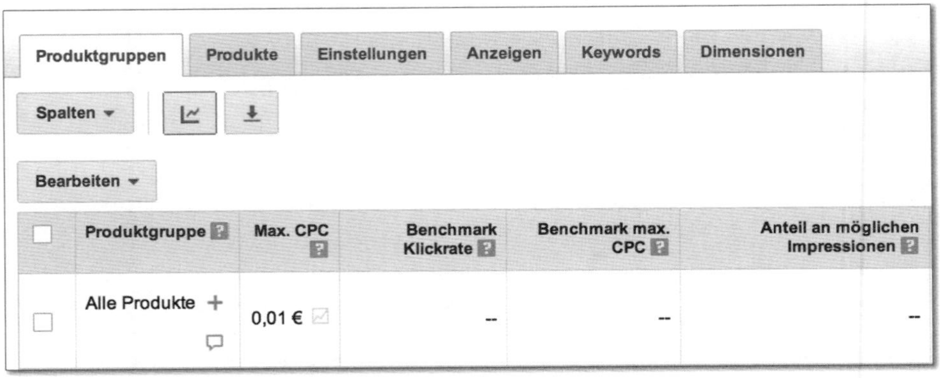

Abbildung 8.28 Basis-Produktgruppe »Alle Produkte«

Die erste Produktgruppe ALLE PRODUKTE ist mit einem Gebot von einem Cent nach Anlegen der ersten Anzeigengruppe direkt vorhanden (siehe Abbildung 8.28). Um mit der Gliederung der obersten Ebene fortzufahren, klicken Sie auf das Pluszeichen hinter ALLE PRODUKTE und wählen das Attribut, über das Sie die vorhandene Produktgruppe aufschlüsseln möchten. Die entsprechenden Attributwerte werden Ihnen in einer Liste angezeigt, aus der Sie bequem auswählen können. Die Liste enthält auch die Information, wie viele Artikel mit dem jeweiligen Wert im Feed zu finden sind.

Abbildung 8.29 Liste der einzelnen Artikel-IDs

Wenn Sie eine Produktgruppe unterteilen, wird automatisch eine Produktgruppe mit dem Namen ALLES ANDERE IN »NAME DER PRODUKTGRUPPE« erstellt, die ebenfalls unterteilt werden kann. Jede Ebene kann beliebig weiter gegliedert werden.

Allerdings ist es nicht möglich, eine Produktgruppe bzw. eine Ebene nach mehreren Attributen aufzuteilen.

Hinweis – Viel Arbeit bei umfassenden Geflechten

Bei komplexeren Strukturen stößt das System bislang noch an seine Grenzen und der Aufwand ist mitunter sehr groß. Möchten Sie beispielsweise die oberste Ebene nach Marken aufteilen und diese weiter nach Produkttyp und Zustand, müssen Sie sich leider die Mühe machen und jede Marke nach Produkttyp gliedern und wiederum jeden Produkttyp nach Zustand.

Während Sie den einzelnen Produktgruppen jeweils ein separates Gebot zuweisen können, wird für alle Produktgruppen dieselbe Anzeige geschaltet, die deshalb sehr allgemein gefasst werden muss. Möchten Sie präzise Anzeigentexte vergeben, müssen Sie mehrere Anzeigengruppen anlegen. Da sich in jeder Anzeigengruppe immer die oberste Produktgruppe Alle Produkte findet, ist es notwendig, bestimmte Produktgruppen auszuschließen, um die Produktbereiche einzugrenzen.

Abbildung 8.30 Schließen Sie einzelne Produktgruppen aus.

Möchten Sie zum Beispiel pro Anzeigengruppe nur eine Marke mit einem passenden Anzeigentext bewerben, so erstellen Sie die entsprechende Marken-Produktgruppe. Die automatisch vorhandene Produktgruppe Alles andere in »Alle Produkte« schließen Sie nun, wie in Abbildung 8.30 zu sehen, mit Klick auf Max. CPC • Ausgeschlossen aus.

Tipp – Ausschließende Keywords

Vergessen Sie nicht, auch bei den Shopping-Kampagnen negative Keywords hinzuzufügen. Bei mehreren Anzeigengruppen können Sie negative Keywords genauer zuweisen als in nur einer Anzeigengruppe für alle Produkte.

Prinzipiell ist die Strukturierung mittels Produktgruppen sehr unkompliziert und erfordert nicht zwingend eine weitere Unterteilung in verschiedene Anzeigengruppen.

8.3.7 Werten Sie Ihre Shopping-Kampagnen aus

Besonders bei der Analyse und Auswertung der Kampagnen hat Google den neuen Kampagnentyp gegenüber den früheren PLA-Kampagnen stark optimiert. Ihre Produkte, die vorher nur im Merchant Center einsehbar waren, sind jetzt über den Reiter PRODUKTE in AdWords selbst verfügbar (siehe Abbildung 8.31).

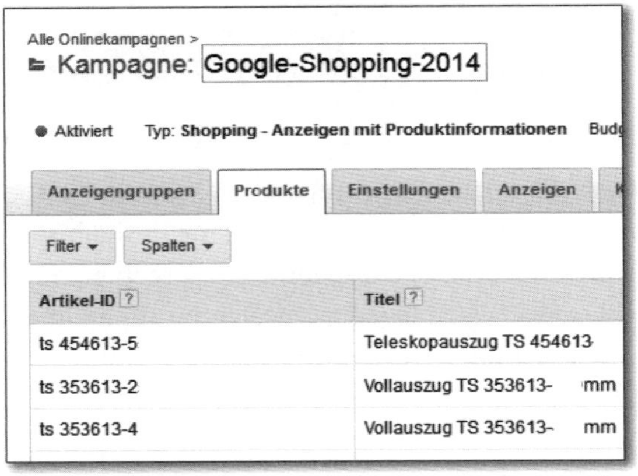

Abbildung 8.31 Übersicht über die Produkte aus dem Produkt-Feed

Auf dem Reiter PRODUKTGRUPPEN sehen Sie die Leistungsdaten Ihrer unterschiedlichen Produktgruppen, für neu angelegte Produktgruppen stehen Ihnen sofort sogar in der Vergangenheit liegende Daten zur Verfügung. Auf dem Tab DIMENSIONEN ❶ haben Sie darüber hinaus die Möglichkeit, die verschiedenen Attribute auszuwerten. Wählen Sie unter der Rubrik SHOPPING ❺ das gewünschte Attribut, z. B. PRODUKTTYP ❻ aus und Sie erhalten die zugehörigen Leistungsdaten, wie zum Beispiel KLICKS ❷, IMPRESSIONEN ❸, CTR ❹, etc.

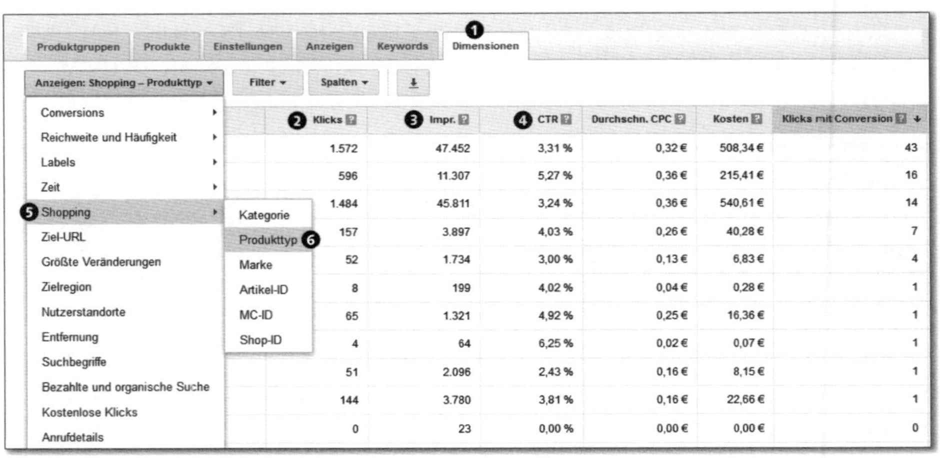

Abbildung 8.32 Auswertung der Attribute

Dabei fehlen jedoch ein paar Attribute wie zum Beispiel die BENUTZERDEFINIERTEN LABELS, was eine Untersuchung der Top-Seller oder spezieller Farben etc. leider unmöglich macht. Hilfreich ist dagegen die Analyse der einzelnen Artikel-IDs. Nutzen Sie die Auswertung der Attribute, um Hinweise für neue Produktgruppen zu sammeln.

8.3.8 Wettbewerbsanalyse

Auf dem Reiter PRODUKTGRUPPEN bietet Google Ihnen außerdem eine Art Wettbewerbsvergleich mit Werbetreibenden, die ähnliche Produkte vertreiben. Fügen Sie dazu die drei folgenden neuen Spalten hinzu:

- ANTEIL AN MÖGLICHEN IMPRESSIONEN: Dieser Wert ergibt sich aus der Anzahl der von Ihnen generierten Impressionen, geteilt durch die geschätzte Anzahl von Impressionen, die Sie hätten generieren können. Die Daten werden täglich aktualisiert. Wenn Ihr ANTEIL AN MÖGLICHEN IMPRESSIONEN sehr gering ist, rät Google dazu, die CPCs zu erhöhen bzw. das Produkt-Feed zu optimieren.
- BENCHMARK KLICKRATE: Gemeint ist hier die durchschnittliche Klickrate für PLAs in der gleichen Branche. Wenn die eigene CTR deutlich unter der BENCHMARK KLICKRATE liegt, empfiehlt Google, die CPCs zu erhöhen bzw. das Produkt-Feed, insbesondere Bilder und Anzeigentitel zu optimieren.
- BENCHMARK MAX. CPC: Dabei handelt es sich um den durchschnittlichen Klickpreis für PLAs in der gleichen Branche. Wenn der eigene CPC deutlich unter dem BENCHMARK MAX. CPC liegt, rät Google, die CPC zu erhöhen.

Produktgruppe	Max. CPC	Benchmark Klickrate	Benchmark max. CPC	Anteil an möglichen Impressionen
Alle Produkte	–	2,06 %	0,44 €	64,19 %
Produkt 1	–	3,04 %	0,47 €	86,85 %
Produkt 2	–	2,08 %	0,38 €	75,85 %
Produkt 3	0,20 €	1,96 %	0,45 €	–
Produkt 4	–	2,44 %	0,49 €	71,92 %
Produkt 5	0,30 €	2,27 %	0,45 €	53,61 %

Abbildung 8.33 Benchmark der Leistungsdaten

Vorsicht – Daten mit Vorsicht genießen

Wie immer, wenn Google Gebotsempfehlungen gibt, sollten Sie diese kritisch hinterfragen, denn letztlich profitiert davon in erster Linie immer Google. Es ist nicht ausreichend bekannt, wen Google zur Vergleichsgruppe zählt und die Erfahrung hat gezeigt, dass Kategorien häufig sehr weitläufig zusammengefasst werden.

Mit dem GEBOTSSIMULATOR für Shopping-Kampagnen errechnet Google, welche Gebote zu welcher Anzahl von Klicks und Impressionen geführt hätten. Diese Prognosen basieren auf den Daten der letzten sieben Tage.

Wie auch die Benchmark-Daten, ist der GEBOTSSIMULATOR ein Google-Instrument, der Sie im Zweifel dazu ermutigen soll, Ihre Gebote zu erhöhen. Wenn Sie sich dazu entscheiden, Ihre Gebote dementsprechend anzupassen, vergleichen Sie von Zeit zu Zeit Ihre tatsächliche Performance mit den simulierten Daten.

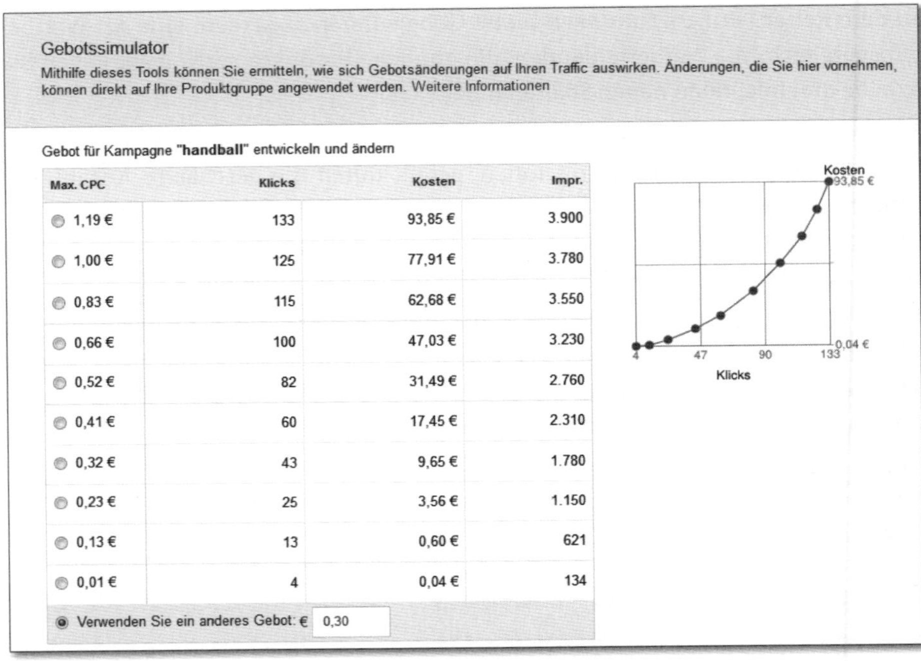

Max. CPC	Klicks	Kosten	Impr.
1,19 €	133	93,85 €	3.900
1,00 €	125	77,91 €	3.780
0,83 €	115	62,68 €	3.550
0,66 €	100	47,03 €	3.230
0,52 €	82	31,49 €	2.760
0,41 €	60	17,45 €	2.310
0,32 €	43	9,65 €	1.780
0,23 €	25	3,56 €	1.150
0,13 €	13	0,60 €	621
0,01 €	4	0,04 €	134
Verwenden Sie ein anderes Gebot: € 0,30			

Abbildung 8.34 Gebotssimulator mit Gebotsvorschlägen und Klickprognosen

8.4 Remarketing – holen Sie den Besucher zurück

Remarketing wird synonym mit dem Begriff Retargeting genutzt. Retargeting setzt sich zusammen aus *Target* (englisch: das Ziel) und dem *re* (englisch: wieder). Ziel sind hier die potenziellen Kunden, die wieder erreicht und zurückgewonnen werden sollen. Mit Retargeting/Remarketing wird Ihre Zielgruppe erneut mit Ihrer Werbung, Ihrem Produkt oder Ihrer Marke konfrontiert. Somit sollen Kunden, die schon »verloren« waren, weil diese Ihre Webseite verlassen haben, wieder aktiviert werden. Sie haben dieses Phänomen vielleicht selber schon erlebt, wenn Sie einmal die Webseite eines großen Online-Shops für Schuhe besucht haben. Surfen Sie später mit dem gleichen Computer und dem gleichen Browser auf anderen Webseiten, z. B. Nachrichtenportalen oder dem Wetterdienst, so leuchten Ihnen die Werbebanner des Schuh-Shops entgegen. Diese spezielle Werbemaßnahme basiert technisch auf so genannten Cookies, die in Ihrem Browser abgelegt werden. Falls Sie also einmal selber von den ständigen Werbeeinblendungen des Schuhportals (oder anderer Webseiten) genervt sind, so löschen Sie doch einfach einmal die Cookies in Ihrem Browser und die Werbeeinblendungen des Webshops verschwinden.

Denken Sie an die Datenschutzhinweise zum Remarketing

Da Sie für das Remarketing Ihre Webseitenbesucher mit Cookies kennzeichnen, muss ein entsprechender Hinweis zu dieser Vorgehensweise auf Ihrer Webseite vorhanden sein. Leider gibt es dazu keine verbindlichen Vorgaben von Google, sondern nur Hinweise, was auf Ihrer Webseite im Bereich Impressum oder Datenschutz aufgeführt sein sollte. Die entsprechenden Google-Hinweise finden Sie auf folgender Internetseite: *https://support.google.com/adwords/answer/2549063?hl=de*

Wir empfehlen vor dem Einsatz des Remarketing-Codes, die Hinweise zum Datenschutz auf Ihrer Webseite zu hinterlegen. Falls Sie Ihren Shop bei einem Dienstleiste wie z. B. Trusted Shops (*http://www.trustedshops.de*) zertifizieren lassen, gibt es dort ebenfalls Juristen, die Ihnen bei der Formulierung der Hinweise zu Cookies, Remarketing und zum Datenschutz helfen.

Nachdem Sie also die juristischen Voraussetzungen geklärt haben, läuft das Aufsetzen einer Remarketing-Kampagne in folgenden Schritten ab:

1. Sie erstellen zunächst einen Remarketing-Code.
2. Das Code-Snippet wird auf jeder Unterseite Ihrer Website eingebaut.
3. Neue Besucher erhalten ein Cookie in ihrem Browser und werden geleichzeitig in der so genannten Hauptliste im AdWords-Konto registriert.
4. Ausgehend von der Hauptliste, können spezielle Listen für bestimmte Zielgruppen, also zum Beispiel Besucher bestimmter Unterseiten, erstellt werden.
5. Diese Remarketing-Listen dienen dann als Ausrichtungen im Google Displaynetzwerk.

8.4.1 Erstellen von Remarketing-Listen

Sie legen eine Remarketing-Liste auf folgende Weise an: Navigieren Sie über die linke Navigationsleiste unter GEMEINSAM GENUTZTE BIBLIOTHEK • ANZEIGEN auf den Unterpunkt ZIELGRUPPEN (siehe Abbildung 8.35).

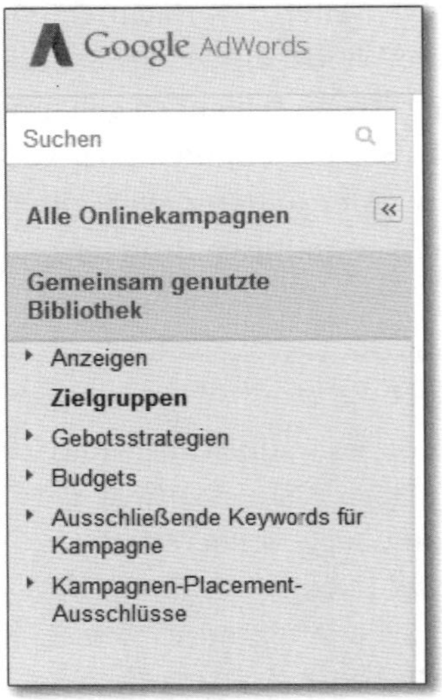

Abbildung 8.35 Remarketing-Listen unter »Zielgruppen« erstellen

Falls Sie noch keinen Remarketing-Code erstellt haben, so öffnet sich ein Infofenster, welches die Funktion des Remarketings und des dynamischen Remarketings kurz erläutert. Für den nächsten Schritt klicken Sie einfach auf den Button REMARKETING EINRICHTEN (siehe Abbildung 8.36).

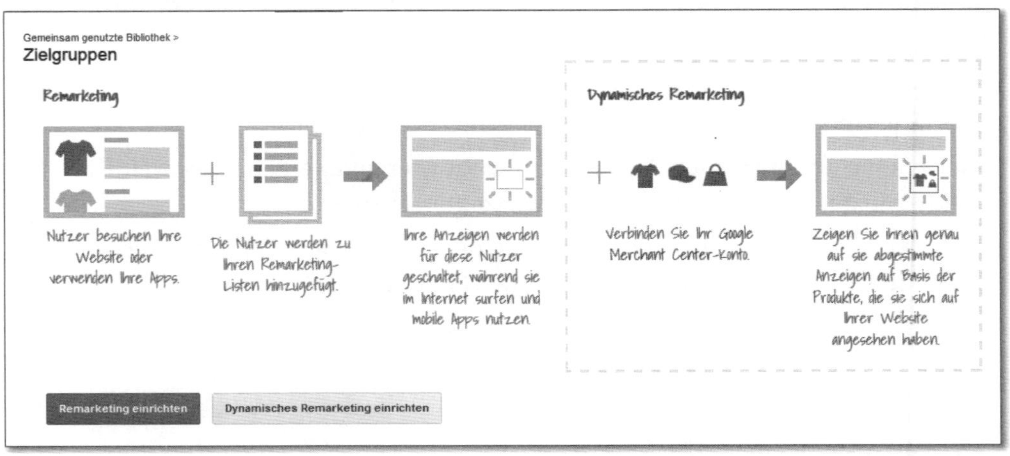

Abbildung 8.36 Vorgehensweise beim Remarketing

Nach dem Klick öffnet sich ein neues Fenster. Dort wird in kurzen Schritten der Ablauf des Remarketings erläutert und auf die Einbindung des Remarketing-Codes Ihrer Website hingewiesen. In diesem Fenster müssen Sie nur Ihre E-Mail-Adresse in das Formularfeld eintragen und auf den Button SENDEN UND FORTFAHREN klicken (siehe Abbildung 8.37). Danach erhalten Sie per Mail das Remarketing-Tag, also den Code, der die Cookies für das Remarketing setzt.

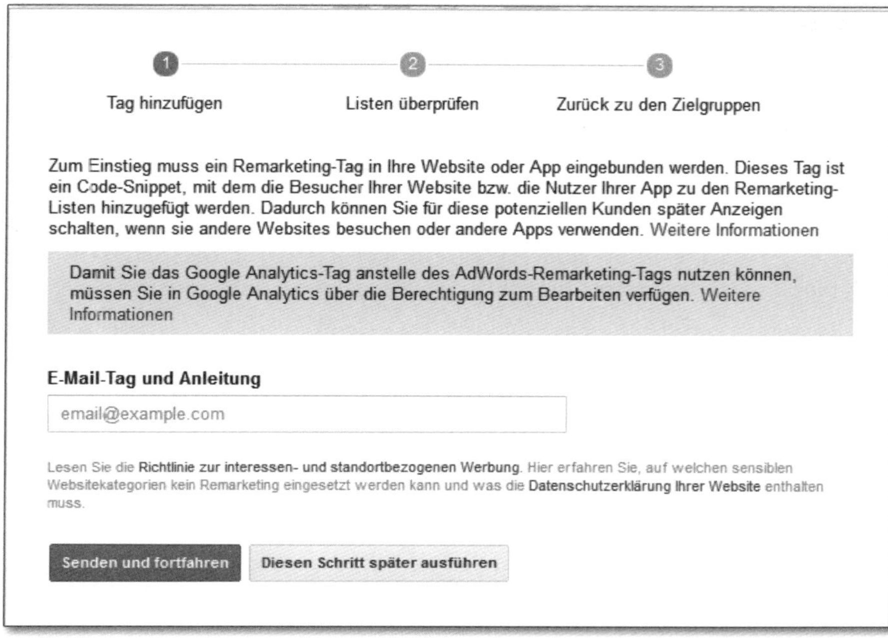

Abbildung 8.37 Geben Sie Ihre E-Mail-Adresse an, um das Remarketing-Tag zu erhalten.

8.4.2 Remarketing-Tag

Das Remarketing-Tag gibt es zum einen als JavaScript-Code für Ihre Webseite, aber auch als Code für Ihre mobilen Apps (siehe Abbildung 8.38). Auf der Webseite sollte der Code im Body-Bereich, am besten direkt am Ende der Webseite eingefügt werden. Diese Arbeit übertragen Sie wieder Ihrem Webmaster, falls Sie die Website selber nicht bearbeiten können.

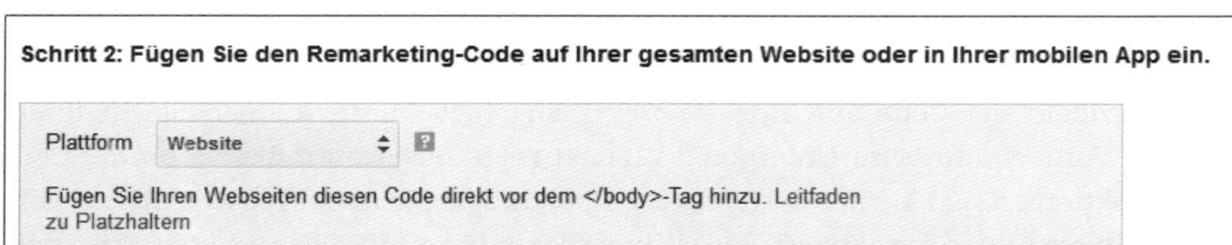

Abbildung 8.38 Plattformauswahl: Website oder mobile App

Der folgende JavaScript-Code ist ein Beispiel für ein Remarketing-Tag. Die Tags werden natürlich jedes Mal individuell für eine Website erzeugt und unterscheiden sich bei den Variablen zur ID und zum Label (google_conversion_id und google_conversion_label). Das Remarketing-Tag sollte grundsätzlich auf jeder Unterseite Ihrer Internetpräsenz eingefügt werden, um alle Besucher Ihrer Website mit einem Cookie zu kennzeichnen. Auf diese Weise entsteht eine Besucherliste, die in Google AdWords die Bezeichnung »Hauptliste« trägt.

```
<!-- Google Code for Remarketing-Tag -->
<!-- Remarketing tags may not be associated with personally identifiable
information or placed on pages related to sensitive categories.
For instructions on adding this tag and more information on the above
requirements, read the setup guide: google.com/ads/remarketingsetup -->
<script type="text/javascript">

/* <![CDATA[ */
var google_conversion_id = 1237700055;
var google_conversion_label = "abcdefEUQOBBB-AA";
var google_custom_params = window.google_tag_params;
var google_remarketing_only = true;
/* ]]> */

</script>
<script type="text/javascript" src="//www.googleadservices.com/pagead/
conversion.js">
</script>
<noscript>
<div style="display:inline;">
<img height="1" width="1" style="border-style:none;" alt=""
src="//googleads.g.doubleclick.net/pagead/viewthroughconversion/1237700055/
?value=1.00&amp;currency_code=EUR&amp;label=abcdefEUQOBBB-AA&amp;guid=ON
&amp;script=0"/>
</div>
</noscript>
```

Listing 8.1 Beispiel eines Google AdWords Remarketing-Codes

Nachdem der Code auf Ihrer Webseite eingefügt wurde, können Sie in Ihrem AdWords-Konto beim Unterpunkt ZIELGRUPPEN auch kontrollieren, ob der Code funktioniert. Ein kleiner Kasten (siehe Abbildung 8.39) in der rechten oberen Ecke zeigt an, ob das Tag aktiv ist. Ein Klick auf den Button TAG-DETAILS ABRUFEN öffnet ein neues Fenster. Dort finden Sie die Informationen darüber, wie viele Webseitenbesucher aktuell mit dem Remarketing-Cookie gekennzeichnet wurden und auf welchen Unterseiten das Tag ausgelöst wurde. Über Klicks auf den Tab EINRICHTUNG und den Link ADWORDS TAG FÜR WEBSITES ANZEIGEN können Sie den Code für ihre Webseite noch einmal abrufen, falls Sie diesen noch einmal benötigen.

Abbildung 8.39 Hinweis und Kontrolle zum Remarketing-Tag

8

Nachdem das Tag richtig eingebaut wurde und die ersten Webseitenbesucher markiert wurden, finden Sie beim Unterpunkt ZIELGRUPPEN einen Eintrag zu einer so genannten Hauptliste. Diese Hauptliste registriert jeden Besucher auf Ihrer Webpräsenz, der mit dem Cookie gekennzeichnet wurde, und zwar von allen Seiten, in die das Tag integriert wurde. Eine zweite Liste trägt die Bezeichnung SIMILAR TO HAUPTLISTE (siehe Abbildung 8.40). Statt »similar to« findet man manchmal auch die deutsche Übersetzung »ähnlich wie«. Hier ist die Nutzung der Begriffe noch nicht konsistent oder die Übersetzung ist noch nicht vollständig abgeschlossen. Diese »Similar-to-Liste« wurde von Google AdWords generiert und beinhaltet Google-Nutzer, die sich ähnlich verhalten wie die Nutzer, die Sie mit einem Cookie gekennzeichnet haben.

Falls Sie also eine Webseite zum Thema »Sonnenbrillen« besitzen, dann haben die Nutzer, die in der »Similar-to-Liste« gezählt werden, ebenfalls zum Thema Sonnenbrille recherchiert bzw. Seiten mit diesem Thema besucht. Diese User müssen also nicht zwingend auf Ihrer Website gewesen sein. Diese neue Liste können Sie trotzdem im GDN als Targeting-Möglichkeit nutzen und auch diese potenziellen Kunden mit Ihrer Werbung ansprechen. Die Unterscheidung der verschiedenen Listen ist jedoch wichtig, wenn Sie diese für bestimmte Werbekampagnen einsetzen. Bei Ihrer Hauptliste können Sie davon ausgehen, dass der Besucher Ihre Webseite schon kennt. Bei der »Similar-to-Liste« ist dies nicht unbedingt der Fall. Sie müssen also die Gruppen eventuell auf andere Weise ansprechen.

Zielgruppen	↑ Typ	Status der Mitgliedschaft	Dauer	Listenumfang (Google-Suche)	Listenumfang (Displaynetzwerk)	Tags/Definitionen	Labels
Hauptliste Automatisch erstellt. Verwenden Sie das Tag in dieser Liste als primäres Tag.	Tag-basiert	Offen	60 Tage	1.300	1.900	Remarketing-Tag [Tag]	–
Similar to Hauptliste	Ähnliche Zielgruppe	Offen	30 Tage	Nicht verfügbar – nur Displaynetzwerk	760	–	–

Abbildung 8.40 Daten zur Hauptliste und der Similar-to-Liste

8.4.3 Spezielle Remarketing-Listen

Ihre Hauptliste sammelt, wie gesagt, alle Besucher Ihrer Webseite und wächst daher auch am schnellsten. Zum Einsatz für eine Remarketing-Strategie ist diese Liste jedoch weniger geeignet. Diese Liste sagt lediglich aus, dass jemand Ihre Webseite besucht hat, aber nicht mehr. Der registrierte User der Hauptliste könnte jedoch bereits Ihr Produkt gekauft haben und ist daher als potenzieller Kunde vielleicht gar nicht mehr interessant. Falls Sie zum Beispiel nur Waschmaschinen verkaufen, so nützt Ihnen diese Remarketing-Liste wenig, denn die Chance, dass ein Besucher, der gerade eine Waschmaschine bei Ihnen gekauft hat, durch Remarketing ein zweite Waschmaschine kauft, ist doch sehr gering, auch wenn die Werbung noch so gut ist. Die Bewerbung dieser Zielgruppe kann sogar negative Effekte haben. Durch die ständige »Waschmaschinenwerbung« zu einer Maschine, die bereits im Keller steht, ist Ihr neuer Kunde eventuell sogar verärgert und empfiehlt Sie nicht weiter.

Remarketing sollte also intelligent genutzt werden, sonst schadet diese Strategie mehr als sie nützt. Es ist daher taktisch klüger, wenn Sie, ausgehend von Ihrer Hauptliste, eine Spezialliste generieren. Sie könnten zum Beispiel eine Liste erstellen, mit der Sie alle Besucher erfassen, die zwar schon etwas in den Einkaufswagen Ihres Webshops gelegt haben, aber dann nicht bis zum Ende geblieben sind und Ihre Webseite vorzeitig verlassen haben. Diese so genannten Kaufabbrecher sind eine beliebte Zielgruppe im Remarketing. Damit Sie diese Gruppe speziell mit Werbung ansprechen können, muss zunächst eine eigene Liste zu dieser Gruppe erstellt werden. Klicken Sie dazu unter ZIELGRUPPEN auf den Button + REMARKETING-LISTE und geben Sie Ihrer neuen Liste einen individuellen Namen ❶ (siehe Abbildung 8.41). Als nächstes bestimmen Sie, dass die Liste für eine Website ❷ erstellt werden soll. Dann wird die entscheidende Regel festgelegt, die Ihre Kaufabbrecher herausfiltert. Bestimmen Sie unter DER LISTE HINZUZUFÜGENDE NUTZER ❸, dass der Besuch einer Seite ❹ aufgezeichnet werden soll. Dann werden zwei Regeln ❺ kombiniert. Für unser Beispiel gilt folgende Kombination:

1. Der Nutzer soll die Seite *warenkorb.html* ❻ aufgerufen haben. Dadurch wissen wir, dass er etwas in den Warenkorb gelegt hat.
2. Der Nutzer soll jedoch nicht auf der Seite mit dem Parameter *danke* ❼ gewesen sein. Dies bedeutet, dass der Kauf nicht abgeschlossen wurde, da die URL *Warenkorb.html?danke* in unserem Beispiel immer am Ende nach einem Kaufabschluss aufgerufen wird.

Mit dieser Kombination haben wir also die Besuchergruppe der Kaufabbrecher definiert, die zwar etwas in den Warenkorb gelegt hat, aber gleichzeitig nichts gekauft hat. Die Einstellung sowie die Regel werden mit FERTIG ❽ bestätigt.

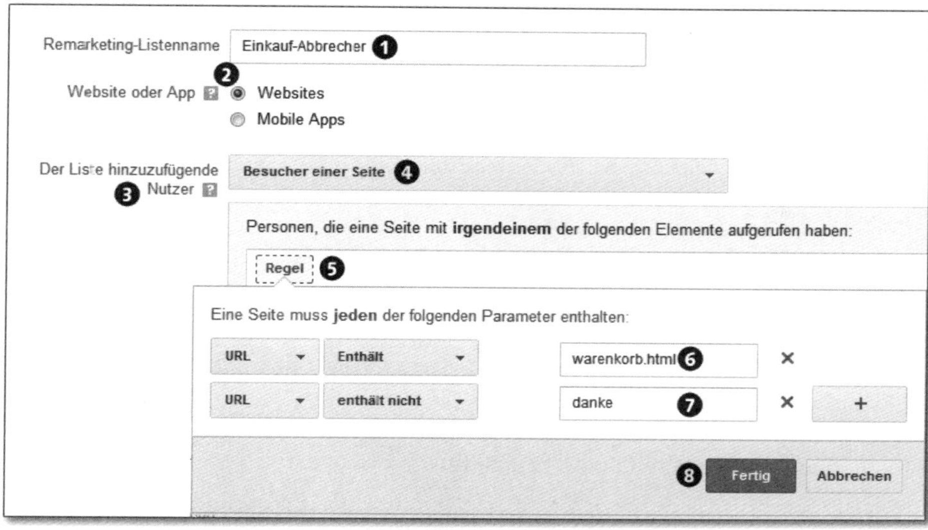

Abbildung 8.41 Bedingungen für Kaufabbrecher festlegen

Im nächsten Schritt (siehe Abbildung 8.42) können Sie per Klick auf LISTENGRÖSSE SCHÄTZEN ❶ abrufen, wie groß die Gruppe der Kaufabbrecher ungefähr sein wird. Diese Informationen holt Google aus den statistischen Daten der Vergangenheit. Je größer die Gruppe ist, desto mehr Besucher können Sie reaktivieren. Natürlich müssen Sie auch bei dieser Strategie Aufwand und Nutzen beachten. Sie können per Checkbox ❷ frühere Nutzer einschließen und somit auf die Daten der vorherigen Tage und Wochen zurückgreifen. Die Nutzer sind ja grundsätzlich alle über die Hauptliste markiert worden. Die neue Liste ist quasi nur ein Filter auf die Hauptliste. Durch den Einschluss der früheren Nutzer lässt sich die neue Remarketing-Liste schneller füllen. Der Punkt DAUER ❸ legt fest, für wie viele Tage der Cookie aktiv sein soll. Standardmäßig werden 30 Tage ❹ vorgegeben, Sie können jedoch auch einen längeren Zeitraum eingeben. Durch einen längeren Zeitraum wird die Liste natürlich größer.

Auf der Standardliste fällt der gekennzeichnete Besucher nach 30 Tagen aus der Liste, falls er vorher nicht wieder die Webseite besucht hat. Wird der Zeitraum von 30 auf 60 Tage erhöht, bleibt jeder User also doppelt so lange in der Liste und die Größe verdoppelt sich im Normalfall ungefähr. Bei zu langen Zeiträumen sollten Sie jedoch bedenken, dass der gewünschte Remarketing-Effekt sich wahrscheinlich nicht mehr einstellt. Falls Sie zum Beispiel einen Kaufabbrecher erst nach zwei oder drei Monaten mit einer Gutscheinaktion ansprechen, so kann es durchaus sein, dass dieser Ihr Produkt schon längst bei der Konkurrenz gekauft hat und mit Ihrer Aktion nichts mehr anfangen kann. Dies bedeutet, dass ein Remarketing grundsätzlich zeitnah erfolgen soll, um einen möglichst hohen Effekt zu erzielen und wirklich den zunächst verlorenen Kunden wieder zurückzuholen. Zum Schluss speichern Sie Ihre neue Liste noch ab ❺.

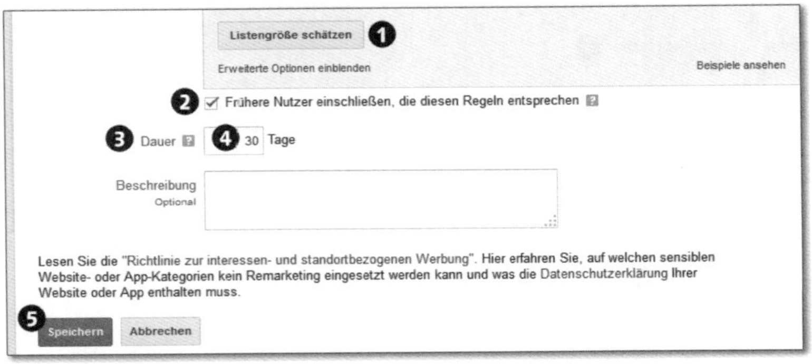

Abbildung 8.42 Vorgaben mit Einfluss auf die Größe der Remarketing-Liste

Testen Sie verschiedene Cookie-Laufzeiten

Je nach Produktart, die Sie bewerben möchten, sind unterschiedliche Cookie-Lauzeiten interessant. Bei Produkten, die dringend benötigt werden, sollten Sie generell mit kurzen Laufzeiten (ca. 7 Tage) arbeiten, bei längerfristigen Entscheidungen wie zum Beispiel einer Urlaubsbuchung sind durchaus längere Cookie-Laufzeiten als die Standardeinstellung von 30 Tagen sinnvoll. Unser Tipp: Testen Sie kurze Laufzeiten (z. B. 7 Tage) im Vergleich mit längeren Laufzeiten (z. B. 30 Tage) und untersuchen Sie danach die Performance Ihrer AdWords-Kampagnen. Überprüfen Sie also, wie gut Ihre vorher definierten Ziele erreicht wurden.

Nachdem Sie Ihre Remarketing-Liste definiert und abgespeichert haben, wird diese ebenfalls unter ZIELGRUPPEN angezeigt. Wird nun zum Beispiel eine Gutscheinaktion mit versandkostenfreier Bestellung für die Zielgruppe der Kaufabbrecher geplant, so können Sie Ihre neue Remarketing-Liste als Zielvorgabe nutzen. Bitte beachten Sie jedoch, dass eine neue Remarketing-Liste erst genutzt werden kann, wenn diese mindestens 100 User, bei denen ein Cookie gesetzt wurde, enthält.

8.4.4 Remarketing im GDN

Die Remarketing-Listen sowie die Listen, die Google AdWords selber als »Similar to« vorschlägt, können im Google Displaynetzwerk (GDN) als Ausrichtung für eine neue oder zusätzlich zu einer bestehenden Display-Kampagne genutzt werden. Bei einer Kampagne, für die das GDN aktiviert ist, wählen Sie zunächst den Tab DISPLAYNETZWERK ❶ aus und klicken dann auf + AUSRICHTUNG (siehe Abbildung 8.43). Wählen Sie als nächstes die Anzeigengruppe aus und klicken Sie auf die Dropdown-Liste AUSRICHTUNG HINZUFÜGEN. Als Ausrichtungsziel wählen Sie nun den Unterpunkt INTERESSEN UND REMARKETING aus. Wenn Sie den mittleren Tab mit der Bezeichnung REMARKETING-LISTEN ❷ aufrufen, so finden Sie dort Ihre sowie die Google-Remarketing-Listen ❸ wieder. Über den Doppelpfeil ❹ am Ende der jeweiligen Liste können

Sie diese als ausgewählte Zielgruppe ❺ übernehmen. Zum Schluss speichern Sie die neue Ausrichtung für Ihre Anzeigengruppe ab.

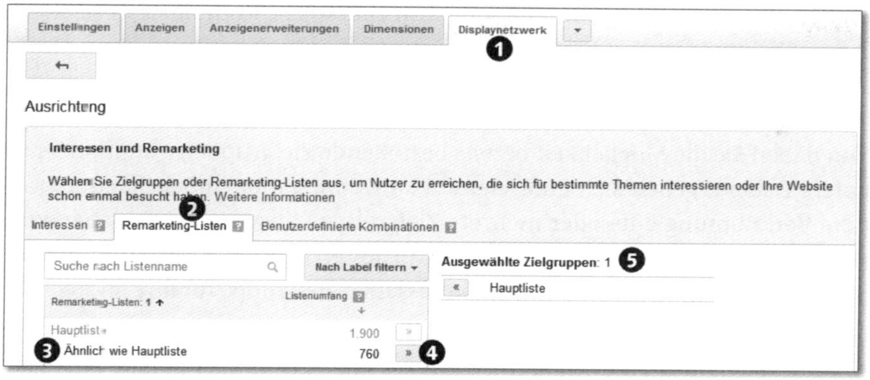

Abbildung 8.43 Ausrichtung im GDN über Remarketing-Listen

Remarketing kann Kunden nerven

Bitte beachten Sie, dass Remarketing für viele potenzielle Kunden sehr nervig sein kann, falls es übertrieben wird. Google AdWords bietet daher eine gute Möglichkeit an, um die Auslieferung individuell einzustellen. Diese Möglichkeit nennt sich »Frequency Capping«. Rufen Sie dazu zunächst die Kampagneneinstellungen auf und scrollen Sie nach unten zu den ERWEITERTEN EINSTELLUNGEN. Der Link zur Anzeigenschaltung beinhaltet auch die Einstellung zum »Frequency Capping«. Klicken Sie hinter FREQUENCY CAPPING auf den Link BEARBEITEN. Danach können Sie pro Kampagne oder Anzeigengruppe oder auch Anzeige bestimmen, wie oft die Werbung, bezogen auf einen bestimmten Zeitraum, z. B. »pro Tag«, erscheinen soll. In Abbildung 8.44 haben wir beispielsweise festgelegt, dass in der Kampagne pro Anzeigengruppe pro Tag für einen bestimmten Nutzer nur drei Anzeigen ausgeliefert werden sollen. Das reduziert den »Nervfaktor« erheblich.

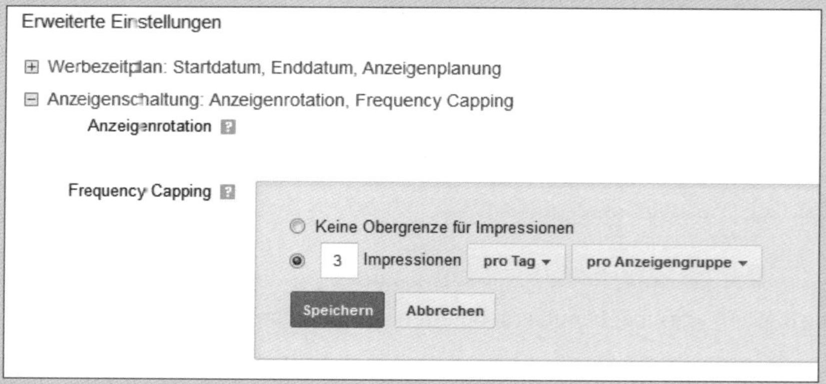

Abbildung 8.44 Die Anzahl der Werbeeinblendungen begrenzen

8.4.5 Benutzerdefinierte Kombinationen

Eine besondere Möglichkeit, um individuelle Zielgruppen zu erstellen, ist die so genannten »Benutzerdefinierte Kombination«. Um eine solche Kombination zu erstellen, starten Sie zunächst genauso wie bei der Erstellung einer Remarketing-Liste. Wählen Sie dann unter DER LISTE HINZUZUFÜGENDE NUTZER ❷ aus der Dropdown-Liste den letzten Punkt BENUTZERDEFINIERTE KOMBINATION ❸ aus (siehe Abbildung 8.45). Nun haben Sie die Möglichkeit bereits bestehende Zielgruppen miteinander zu verknüpfen. Dabei ergeben sich eine Vielzahl an Kombinationsmöglichkeiten, weil Sie für die Verknüpfung eine oder mehrere Zielgruppen auswählen oder aber auch bestimmte Zielgruppen ausschließen können. Am besten probieren Sie die verschiedenen Möglichkeiten aus und erstellen sich die passende Zielgruppe für Ihre Strategie.

Für unser Beispiel möchten wir die Vorgehensweise an einer einfachen »Und-Verknüpfung« ❺ darstellen. Dabei gehen wir davon aus, dass aktuell bereits eine Zielgruppe definiert wurde, die Besucher enthält, welche sich nur Skihosen ❹ angeschaut haben. Eine zweite Zielgruppe hat sich analog nur für Skijacken ❻ interessiert. Nun sollen für eine spezielle Werbeaktion zum Thema »Skikleidung« beide Gruppen kombiniert werden. Dafür definieren wir eine Kombination, welche die Skihosen- mit den Skijacken-Interessenten verbindet. Auf diese Gruppe kann dann die Werbung zum Thema Skikleidung ❶ ausgerichtet werden.

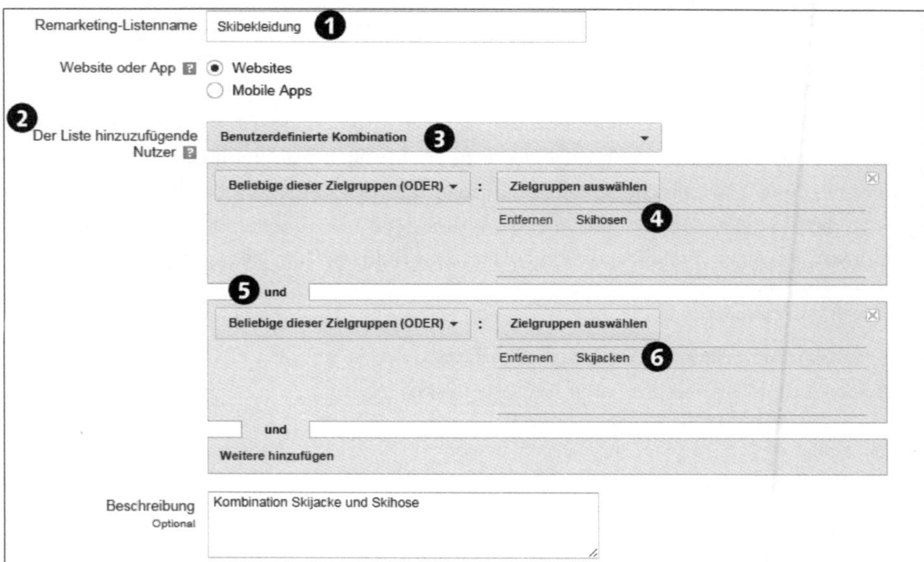

Abbildung 8.45 Anlage einer benutzerdefinierten Kombination

Soll die benutzerdefinierte Kombination später als Targeting-Möglichkeit im Google Displaynetzwerk hinzugefügt werden, so wählen Sie einfach unter Ausrichtung wieder INTERESSEN UND REMARKETING ❶ aus. Im nächsten Schritt wird nun jedoch der Tab BENUTZERDEFINIERTE KOMBINATION ❷ angeklickt (siehe Abbildung 8.46). Aus dieser Spalte ordnen Sie dann per Klick auf den Doppelpfeil ❹ die gewünschte Liste, z. B. die Skibekleidung ❸ aus unserem Beispiel als Zielgruppe ❺ zu.

Abbildung 8.46 Auswahl der benutzerdefinierten Kombination als Ausrichtung

8.4.6 Was ist dynamisches Remarketing?

Das dynamische Remarketing ist eine Kombination aus den Strategien »Dynamic Search Ads«, den »PLAs« und dem »Remarketing«. Für das dynamische Remarketing wird ein spezielles Code-Snippet benötigt, welches Sie im AdWords-Konto in der »Gemeinsam benutzten Bibliothek« an bekannter Stelle generieren können. Damit das dynamische Remarketing Ihre Shopping-Produkte bewirbt, muss ein Merchant Center existieren, welches mit dem AdWords-Konto verknüpft wird.

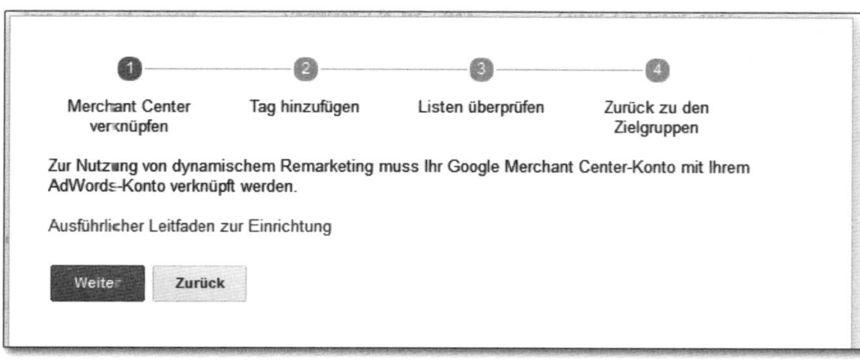

Abbildung 8.47 AdWords-Ablaufplan für dynamisches Remarketing

Grundsätzlich gleicht das dynamische Remarketing-Snippet dem Standard-Remarketing-Snippet. Es wird ebenfalls vor dem schließenden </body>-Tag auf allen Unterseiten des Webauftritts eingebaut. Das dynamische Tag unterscheidet sich jedoch dadurch, dass der Code zusätzlich noch drei benutzerdefinierte Parameter enthält.

Der folgende Code zeigt die grundlegenden Parameter, die beim dynamischen Remarketing-Tag ergänzt werden. Der Platzhalter 'REPLACE_WITH_VALUE' wird dabei mit individuellen Werten der jeweiligen Website, bzw. des Webshops gefüllt.

```
<script type="text/javascript">

var google_tag_params = {
ecomm_prodid: 'REPLACE_WITH_VALUE',
ecomm_pagetype: 'REPLACE_WITH_VALUE',
ecomm_totalvalue: 'REPLACE_WITH_VALUE'
};

</script>
```

Listing 8.2 Beispiel eines dynamischen Remarketing-Tags

Über das Skript werden also Informationen zum Besuch des potenziellen Kunden an Google AdWords weitergegeben. Diese Informationen werden dann dazu genutzt, um im GDN möglichst passende Anzeigen zu präsentieren. Die drei grundlegenden Parameter haben folgende Bedeutung.

1. Die Produkt-ID (ecomm_prodid) steht für die ID, welche mit der Produkt-ID des einzelnen Produktes im Merchant Center-Feed übereinstimmen sollte. Im Falle einer Übereinstimmung kann die dynamische Anzeige den Internetnutzern genau das zuvor aufgerufene Produkt in der Werbung präsentieren. Ist die Produkt-ID im Feed nicht vorhanden, wird eine ähnliche ID aus der Produktgruppe genommen. Diese Vorgehensweise ist jedoch nicht optimal, da das Produkt von dem abweicht, was vorher betrachtet wurde.
2. Der Seitentyp (ecomm_pagetype) steht für die Seite, welche der Nutzer aufgerufen hat. Dies kann zum Beispiel die Startseite oder eine Produktseite sein. Folgende Werte sind möglich:
   - Startseite (home),
   - Suchergebnisseite (searchresults)
   - Kategorieseite (category)
   - Produktseite (product)
   - Warenkorb (cart)
   - Kaufbestätigungsseite (purchase)
   - sonstige Seite (other)

   Jeder Seite Ihrer Webpräsenz muss also ein Seitentyp zugewiesen werden.
3. Der Gesamtwert (ecomm_totalvalue) bezieht sich auf den Produktwert aller Produkte, die im Warenkorb oder später auf der Kaufbestätigungsseite zu finden sind.

Dieser Wert kann zum Beispiel für die automatische Gebotsoptimierung und zur Kategorisierung Ihrer Listen verwendet werden.

Neben den erforderlichen grundlegenden Parametern können noch zusätzliche optionale Werte an Google AdWords übergeben werden. Dies können zum Beispiel zusätzlich empfohlene Produkt-IDs, die Produktkategorie, das Geschlecht des Besuchers oder der Hinweis auf einen Wiederholungskäufer sein. Eine Auflistung der möglichen Parameter finden Sie unter *https://support.google.com/adwords/answer/3103357*.

Die Übergabe der Werte ist nun die Aufgabe Ihres Programmierers. Teilweise gibt es Erweiterungen für Shop-Systeme, welche die entsprechenden Parameter übergeben oder die Informationen müssen durch zusätzliche Skripte übertragen werden. Die ID des aktuell sichtbaren Produkts, der aktuelle Webseitentyp oder der Produktwert im Warenkorb dürften für die Programmierer keine Schwierigkeit darstellen, da die Informationen ja grundsätzlich auf der Website vorhanden sind. Zusätzliche Parameter wie z. B. das Geschlecht des Webseitenbesuchers stellen schon eine größere Herausforderung dar, weil es entweder beim Besuch abgefragt werden muss oder, falls vorhanden, über den persönlichen Login im Webshop ausgelesen werden müsste.

8.4.7 Eine Kampagne mit dynamischem Remarketing – so geht es

Setzen Sie für das dynamische Remarketing eine eigene Kampagne auf. Dazu wählen Sie als Typ NUR DISPLAYNETZWERK ❶ aus (siehe Abbildung 8.48). Als Option markieren Sie den Radio-Button vor REMARKETING ❷.

Abbildung 8.48 Kampagne für das Displaynetzwerk mit Remarketing erstellen

Im nächsten Schritt (siehe Abbildung 8.49) aktivieren Sie die per Checkbox das Dynamische Remarketing ❶. Es erscheint eine Infobox ❷ mit einem Button zur Einrichtung des dynamischen Remarketings ❸. Im Laufe des Einrichtungsprozesses erhalten Sie den JavaScript-Code mit den oben beschriebenen Erweiterungen für die zusätzlichen Parameter per Mail zugeschickt.

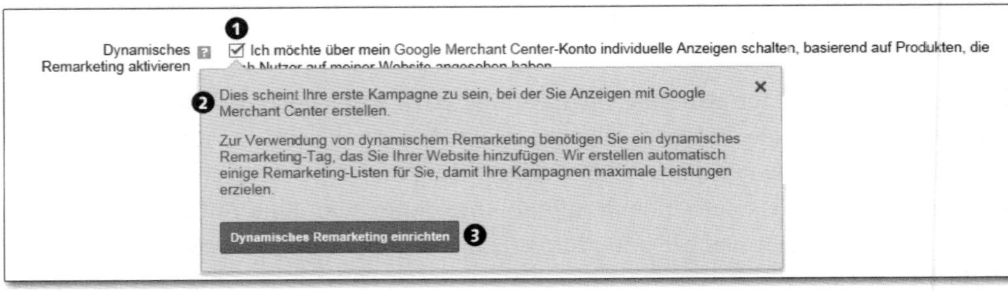

Abbildung 8.49 Die Kampagne wird für das dynamische Remarketing mit dem Merchant Center verknüpft.

Nach Erstellung des Code-Snippets für das dynamische Remarketing werden unabhängig vom Einbau des Codes automatisch fünf zusätzliche Listen unter ZIELGRUPPEN erstellt (siehe Abbildung 8.50). Über die zusätzlichen Parameter kann AdWords ja grundsätzlich zukünftige Besucher danach unterscheiden, ob sie sich Produkte angeschaut oder sogar in den Einkaufskorb gelegt haben. Diese Liste können Sie dann wieder als Targeting für Ihr dynamisches Remarketing nutzen. Sie könnten beispielsweise zwei Listen kombinieren und allen ehemaligen Webseitenbesuchern genau diejenigen Produkte in den Image-Anzeigen präsentieren, die sich diese zunächst angeschaut haben (Besucher von Produktseiten in Kombination mit der Produkt-ID), wenn der Besucher Ware in den Einkaufskorb gelegt, aber nicht gekauft hat (Einkaufswagen ohne Kauf).

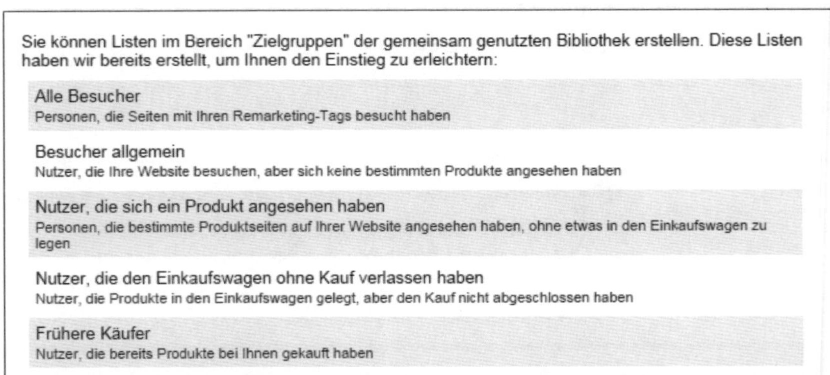

Abbildung 8.50 Ankündigung zu den automatisch erstellten Targeting-Listen

Zu einer guten Kampagne mit dynamischem Remarketing gehört natürlich auch noch eine dynamische Anzeige. Wählen Sie dazu bei der Erstellung einer neuen Anzeige nach dem Klick auf + ANZEIGE den Unterpunkt ANZEIGENGALERIE aus. Fahren Sie mit der Maus über das Bild mit der Bezeichnung DYNAMISCHE ANZEIGEN und klicken Sie auf den Button ERSTELLEN. Als nächstens können Sie zwischen Bild- und Textanzeige auswählen. Als Beispiel (siehe Abbildung 8.51) haben wir die visuell spannendere Variante »Bildanzeigen« gewählt. Auch diese Auswahl wird mit ERSTELLEN bestätigt. Die Besonderheit der dynamischen Anzeige besteht darin, dass Bilder ❼ und Preise ❽ sowie Titel ❸ und Beschreibung ❹ automatisch aus dem Feed des Merchant Centers gezogen und in die Anzeige eingebaut werden. Dazu wird die Anzeige zu Beginn mit dem Merchant Center ❶ verbunden. Für die Darstellung können Sie verschiedene Varianten ❷ wählen und je nach Template noch eigene Anpassungen, z. B. Logo ❺ und Überschrift ❻, vornehmen. Damit haben Sie alle Komponenten für Ihre dynamische Remarketing-Kampagne erstellt:

8

1. einen Code, der Ihre Zielgruppen-Listen füllt
2. die Listen, über die Sie potenzielle Kunden identifizieren könne
3. die Anzeigen, die das passende Produkt automatisch präsentieren

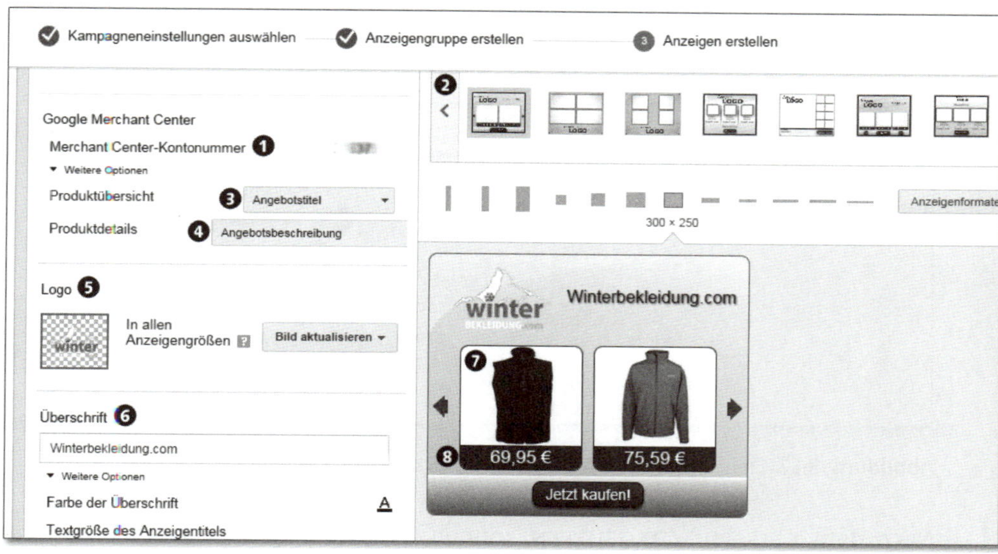

Abbildung 8.51 Dynamische Bildanzeigen mit Verknüpfung zum Merchant Center

8.4.8 RLSA – Remarketing funktioniert auch im Suchnetzwerk

Wir haben das Thema Remarketing oder auch Retargeting bisher nur in Verbindung mit dem Google Displaynetzwerk vorgestellt. Historisch betrachtet war das auch der Ausgangspunkt der Remarketing-Idee und lange Zeit konnte man mit Google AdWords die potenziellen Kunden über eine Remarketing-Strategie nur im Google

Displaynetzwerk ansprechen. Mitte 2013 hat Google unter dem Stichwort RLSA (Remarketing Lists for Search Ads) jedoch eine neue Möglichkeit zur Nutzung von Remarketing-Listen eingeführt. Diese Listen können nun auch für Werbung im Google-Suchnetzwerk genutzt werden.

RLSA ist eine Strategie, um Nutzer, die Ihre Website schon einmal besucht haben, auch im Suchnetzwerk gezielt mit eigenen Angeboten anzusprechen. Außerdem können Sie spezielle Gebote für diese Gruppe abgeben oder die Liste nutzen, um die Auslieferung der Anzeigen für bestimmte Nutzergruppen auszuschließen. Im Suchnetzwerk greifen Sie auf die gleichen Targeting-Listen zurück, die Sie auch für das Displaynetzwerk nutzen. Ausnahmen sind hier jedoch die automatisch von Google AdWords zur Verfügung gestellten Listen, also die Similar-to-Listen. Diese Listen stehen für das Suchnetzwerk nicht zur Verfügung!

Eine Ausrichtung Ihrer Suchkampagnen nehmen Sie unter dem Tab ZIELGRUPPEN ❶ vor (siehe Abbildung 8.52). Falls Sie den Tab ZIELGRUPPEN in Ihrer Übersicht nicht sehen, können Sie diesen Tab in die Übersicht einfügen. Nutzen Sie dazu den Dropdown-Pfeil ❷ am Ende und markieren Sie die Checkbox ❸ vor ZIELGRUPPEN. Bestätigen Sie danach die Auswahl mit OK ❹.

Abbildung 8.52 Zielgruppen für das Suchnetzwerk hinzufügen

Nach dem Klick auf ZIELGRUPPEN können Sie die Zielgruppenausrichtung auf Anzeigengruppen-Ebene hinzufügen. Ein Klick auf den Button + REMARKETING öffnet ein Auswahlfenster (siehe Abbildung 8.53), in dem Sie die Bedingungen für das Remarketing festlegen können. Falls Sie vorher noch keine Anzeigengruppen ausgewählt haben, bestimmen Sie zunächst eine Anzeigengruppe, klicken dann auf AUSRICHTUNG HINZUFÜGEN ❶ und wählen den Unterpunkt INTERESSEN UND REMARKETING ❷. Bitte beachten Sie für Ihre Remarketing-Strategien, dass Sie nicht nur eine Ausrichtung auf Zielgruppen vornehmen können, sondern dass Sie auch bestimmte Remarketing-Listen (und benutzerdefinierte Kombinationen) ausschließen können ❸!

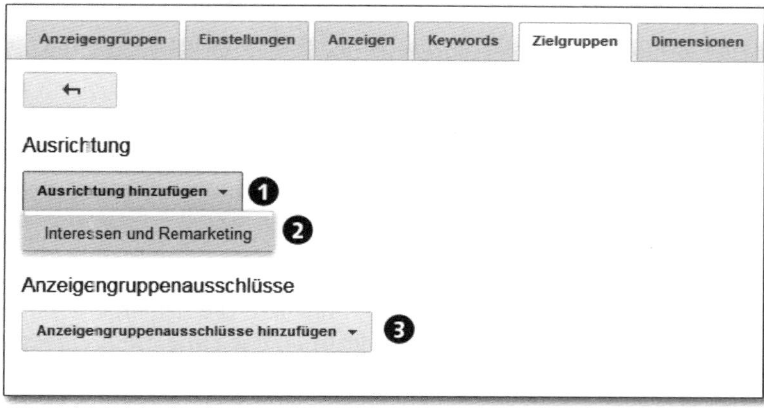

Abbildung 8.53 Remarketing-Listen über Ausrichtungen hinzufügen oder ausschließen

Im nächsten Schritt (siehe Abbildung 8.54) können Sie dann, analog zum Retargeting im Displaynetzwerk, eine oder mehrere Listen per Klick auf den Doppelpfeil ❶ als Zielgruppe hinzufügen. Die »Similar-to-Listen« können wie erwähnt hier nicht genutzt werden und erscheinen daher erst gar nicht in der Auswahl.

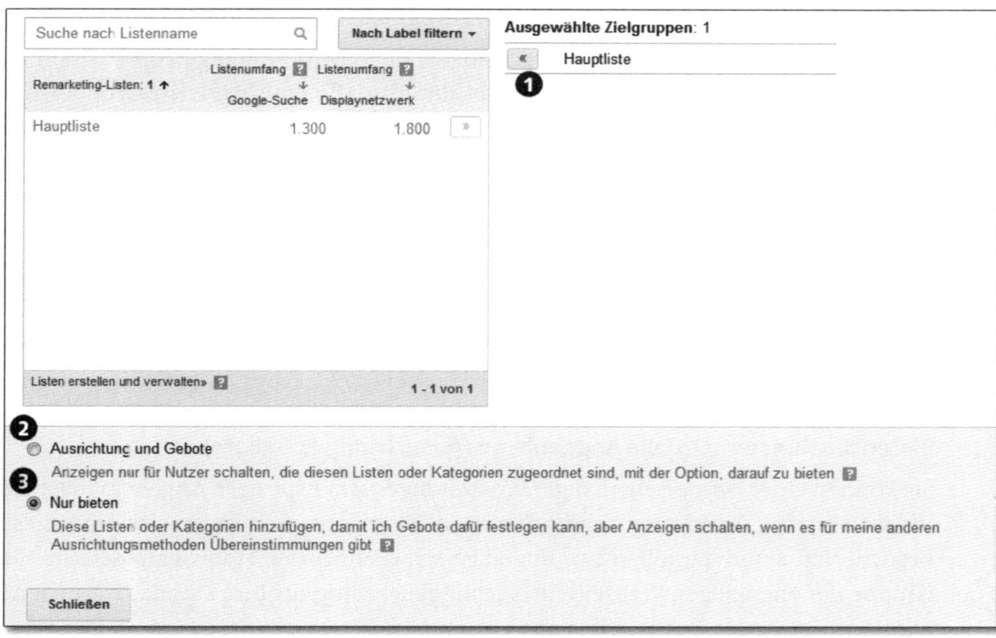

Abbildung 8.54 Remarketing-Liste und Optionen für das Targeting wählen

Per Radio-Button kann zwischen zwei Optionen gewählt werden, die darüber entscheiden, wie das Targeting genutzt werden kann.

1. Die erste Auswahl nennt sich AUSRICHTUNG UND GEBOTE ❷. Bei dieser Auswahl wird Ihre Anzeigengruppe nur auf die gewählte Zielgruppe ausgerichtet und Sie können zusätzlich spezifische Gebote für diese Gruppen abgeben.
2. Die zweite Auswahl trägt die Bezeichnung NUR BIETEN ❸. Bei dieser Auswahl werden die Anzeigen der Anzeigengruppen für alle Google-Nutzer ausgespielt, für die spezielle Remarketing-Gruppe kann jedoch zusätzlich ein eigenes Angebot abgegeben werden.

Bitte beachten Sie die beiden Möglichkeiten, wenn wir Ihnen im folgenden Kapitel einige Ideen zur Nutzung von RLSA in der Praxis vorstellen. Die beiden Optionen AUSRICHTUNG UND GEBOTE oder NUR BIETEN spielen eine wichtige Rolle bei der Nutzung der Remarketing-Listen.

8.4.9 Möglichkeiten des Remarketings für die Suche

Mithilfe der Remarketing-Listen und den zusätzlichen Optionen ergeben sich verschiedene Strategien für Ihre Suchkampagnen. Wir stellen Ihnen einige Beispiele als Anregung für eigene Strategien vor.

Auf teurere Keywords für wiederkehre Besucher bieten (Nur bieten)

Geben Sie höhere Gebote für Keywords ab, bei denen eine ständige Top-Position zu teuer ist. Sie schonen so das Gesamt-Budget, da Sie nur für eine begrenzte Gruppe, zum Beispiel Webseitenbesucher, die noch nicht zur Gruppe der Kunde gehören, Anzeigen zu wichtigen Keywords in einer Top-Position präsentieren. Diese Option ist vor allem für kleinere Unternehmen mit geringem Budget interessant. Sehr allgemeine und daher oft sehr teure Keywords können sich kleinere Unterhemen im Positionskampf mit finanzstarken Konkurrenten oft nicht leisten. Durch diese Remarketing-Strategie können diese Unternehmen für Ihre Zielgruppe auch auf den »Top-3-Positionen« erscheinen, bei begrenztem finanziellem Risiko, denn die Gebote gelten ja nur für eine begrenzte Gruppe aus der Remarketing-Liste.

Bieten Sie Kunden spezielle Angebote an (Ausrichtung & Gebote)

Sie können einer Gruppe ehemaliger Webseitenbesucher spezielle Angebote machen, indem Sie eine Anzeigengruppe mit neuen Anzeigentexten entwerfen und diese Besucher zu einer speziellen Landing-Page schicken. Unser Tipp: Schließen Sie die Gruppe der ehemaligen Webseitenbesucher gleichzeitig für Ihre Standardkampagne oder Anzeigengruppen zusätzlich aus.

Gespiegelte Kampagne für Kaufabbrecher aufsetzen (Ausrichtung & Gebote)

Sie können eine bestehende Kampagne komplett kopieren und für alle ehemaligen Besucher, die einen Kauf auf Ihrer Webseite abgebrochen haben, höhere Gebote abgeben, um mit höheren Anzeigenpositionen die ehemaligen Besucher mit hohem Interesse an Ihren Produkten besser abgreifen zu können. Gleichzeitig schließen Sie diese Gruppe auch hier für Ihre normale AdWords-Kampagne aus.

Branding-Kampagnen – nur für neue Besucher (Ausrichtung & Gebote)

Erstellen Sie eine Kampagne mit Konkurrenz-Keywords, die nur für Google-User ausgespielt wird, die noch nicht auf Ihrer Webseite waren. Die Chance ist also groß, dass diese Ihre Seite noch nicht kennen. Dazu kann eine Remarketing-Liste mit Webseitenbesuchern erstellt werden, die eine möglichst lange Cookie-Laufzeit besitzt. Die maximale Mitgliedschaftsdauer bei Remarketing-Listen für Suchanzeigen beträgt übrigens 180 Tage. Ehemalige Besucher werden also bei dieser speziellen Branding-Kampagne ausgeschlossen.

Testen Sie Zusatzangebote für ehemalige Käufer (Ausrichtung & Gebote)

Setzen Sie eine spezielle Kampagne mit Keywords auf, die Ihre Produkte ergänzt oder einen zusätzlichen Service anbietet, welche dann nur für bestehende Kunden, die in den letzten Wochen ein Produkt gekauft haben, ausgespielt wird

Spezielle Gebote für aktuelle, interessierte Besucher erhöhen (Nur bieten)

Erhöhen Sie Ihre CPC-Gebote für Besucher, die in den letzten Tagen auf Ihrer Seite waren und sich Produkte oder Ihre spezielle Dienstleistungsseite angeschaut haben. Hier sollte eine Remarketing-Liste mit einer sehr kurzen Cookie-Laufzeit (7 bis 4 Tage) aufgesetzt werden. Für diese aktuell interessierten Besucher sind Sie mit dieser Strategie zu Ihrem Keyword-Thema immer gut sichtbar.

Anzeigen für aktuelle Kunden verbergen (Ausrichtung & Gebote)

Schließen Sie die Remarketing-Liste mit aktuellen Käufern aus, wenn Sie keine zusätzlichen Angebote für aktuelle Kunden besitzen. Für eine Serviceanfrage oder zum Aufruf des Kunden-Logins sollten bestehende Kunden dann über die organischen Ergebnisse zu Ihre Seite gelangen und nicht über die kostenpflichtigen AdWords-Anzeigen.

Sie finden sicher anhand dieser Beispiele eigene Strategien, wie Sie die *Remarketing-Lists for Search-Ads* in Kombination mit dem Targeting auf Zielgruppen nutzen können. Diese Strategien sind vor allem interessant, um ein knappes Budget sehr sparsam und zielgerichtet einzusetzen.

8.5 Videokampagnen

Die Videowerbung über YouTube ist ein völlig neuer Bereich, der sich grundsätzlich von den AdWords-Textanzeigen unterscheidet. Videokampagnen sind schon eher mit den Image-Anzeigen im Displaynetzwerk vergleichbar. Videoclips können ja auch im Displaynetzwerk geschaltet werden, falls der Webseitenbesitzer einen entsprechenden Werbeplatz für Videoanzeigen anbietet. Die Schaltung von Videokampagnen kann ebenfalls über das AdWords-Konto gesteuert werden. Es gibt dazu in Ihrem AdWords-Konto in der linken Navigation an unterster Stelle einen Link, der die Bezeichnung ALLE VIDEOKAMPAGNEN trägt (siehe Abbildung 8.55).

Falls Sie sich dazu entschließen, auch mit Videokampagnen über AdWords zu werben, so sollten Sie zunächst jedoch in ein gutes Werbevideo investieren. Es nützt Ihnen nichts, wenn Ihr Video bei YouTube geschaltet und angeklickt wird, Sie jedoch daraus keine interessierten Besucher für Ihre Website und letztlich Kunden generieren können. Bei der Videowerbung muss das Interesse an Ihren Produkten, Dienstleistungen oder allgemein an Ihrem Unternehmen im Videoclip selber erzeugt werden. Achten Sie bei der Erstellung des Videos darauf, dass der Clip nur ein bis höchstens zwei Minuten dauert und Ihre wichtigste Botschaft möglichst weit vorne im Video genannt wird. Ihr Video sollte auch einen Call-To-Action enthalten und einen Link zu Ihrer Webseite. Insgesamt muss das Ziel sein, dass die Betrachter des Videos auch den Weg zu Ihrem Webshop bzw. Ihrer Website finden. Dies kann zum Beispiel durch die Ankündigung eines speziellen Werbeangebotes im Videoclip oder am Ende des Videos erreicht werden.

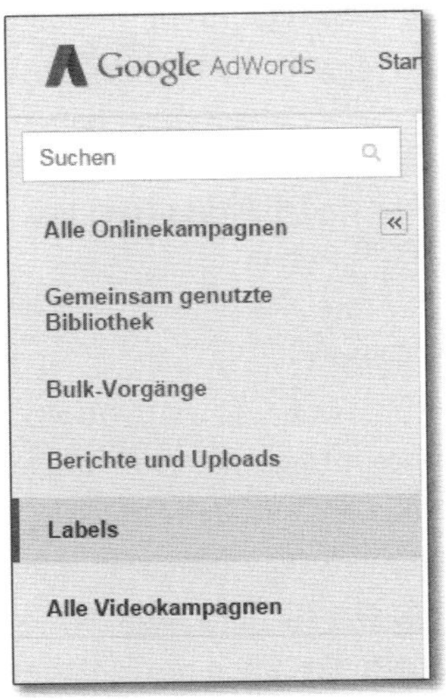

Abbildung 8.55 Link zu den Videokampagnen

8.5.1 YouTube-Konto mit AdWords verknüpfen

Für eine gute Online-Marketingstrategie mit eigenen Videos, die Sie dann auch auf Ihrer eigenen Webseite verlinken können, sollten Sie am besten alle Werbevideos und auch alle anderen Videos, wie zum Beispiel spezielle Produktvideos, in einem eigenen YouTube-Kanal zusammenführen. Diesen Kanal können Sie dann mit Ihrem

Google-AdWords-Konto verknüpfen. Diese Verknüpfung ist zwar keine Voraussetzung für die Schaltung von Videokampagnen, bietet aber viele Vorteile, beispielsweise beim Aufbau von Remarketing-Listen im YouTube-Kanal. Wir empfehlen daher eine Verknüpfung zwischen AdWords und YouTube (siehe Abbildung 8.56). Um eine Verknüpfung herzustellen, klicken Sie einfach in der linken Navigationsleiste unter GEMEINSAM GENUTZTE BIBLIOTHEK ❶ auf den Link VERKNÜPFTE YOUTUBE-KONTEN ❷. Zur Verknüpfung des Kanals klicken Sie in dem neuen Fenster auf den blauen Button + YOUTUBE-KANAL VERKNÜPFEN ❸.

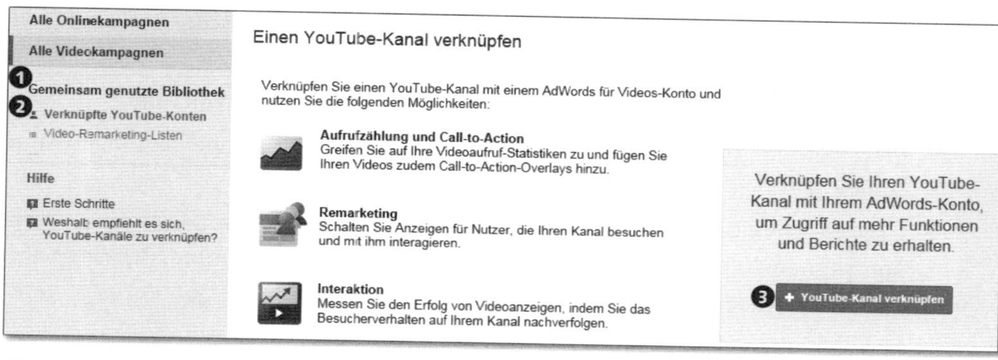

Abbildung 8.56 YouTube-Kanal verknüpfen

Falls Sie selber Inhaber des Kanals sind und Sie für sowohl für YouTube als auch für Google denselben Login nutzen, dann wählen Sie die erste Option ❶ und klicken Sie auf den Button ZU YOUTUBE ❷ (siehe Abbildung 8.57). Im YouTube-Kanal können Sie die Verknüpfung mit dem AdWords-Konto bestätigen das AdWords-Konto wird anhand der AdWords-Kontonummer identifiziert. Falls Sie nicht Inhaber des YouTube-Kanals sind, wird ein Link generiert, der dann an den Kanalbesitzer geschickt werden kann. Dieser kann mit Hilfe dieses Links, der ebenfalls die AdWords-Kundennummer enthält, die Konten verknüpfen. Nachdem die Verknüpfung hergestellt wurde, ist der YouTube-Kanal im Bereich VERKNÜPFTES YOUTUBE-KONTO sichtbar.

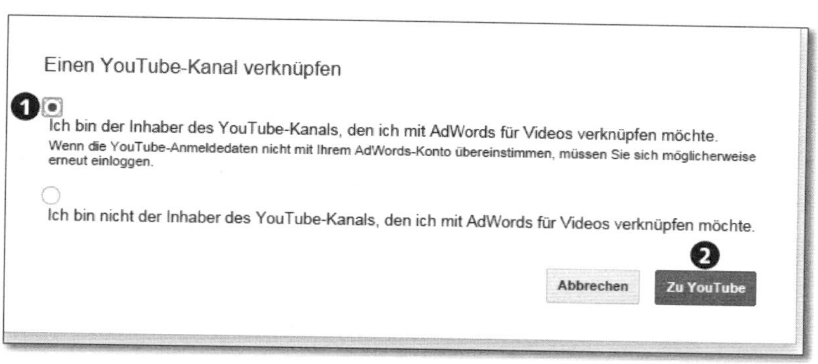

Abbildung 8.57 Auswahl zum YouTube-Kanal

8.5.2 Videokampagne erstellen

Nachdem die Konten verknüpft sind, erstellen Sie nun eine erste Videokampagne. Die Erstellung dieses Kampagnentyps gleicht der Erstellung einer AdWords-Kampagne. Sie starten wie gewohnt per Klick auf den Button + KAMPAGNE. Danach öffnet sich ein neues Fenster unter der Überschrift NEUE VIDEOKAMPAGNE ERSTELLEN ❶ (siehe Abbildung 8.58). Auch eine Videokampagne erhält einen eindeutigen Namen ❷, mit der die Kampagne später schnell identifiziert werden kann. Außerdem wird ein Tagesbudget ❸ festgelegt. Einen wichtiger Unterschied bei Videowerbekampagnen sind die verschiedenen Werbenetzwerke. Im Videobereich unterscheidet Google zwischen drei Netzwerken.

- YouTube-Suche ❹: Anzeigenschaltung im Suchnetzwerk von YouTube
- YouTube-Videos ❺: Anzeigenschaltung in YouTube-Kanälen oder als eingebettete Videos
- GDN ❻: Das Google Displaynetzwerk kennen Sie bereits von den Image-Werbekampagnen. Neben der Schaltung im YouTube-Universum können die Videoclips mit dieser Netzwerkauswahl dann auch auf Seiten des Google Content-Netzwerks erscheinen.

Die verschiedenen Netzwerke können alle per Checkbox aktiviert oder deaktiviert werden, wobei das GDN ein Unterpunkt der YouTube-Videos ist und somit nicht ohne die Aktivierung der YouTube-Videos geschaltet werden kann.

Abbildung 8.58 Grundeinstellungen für die Videokampagne

Ein weiterer wichtiger Unterschied bei einer Videokampagnen besteht darin, dass diese über so genannte Ausrichtungsgruppen gesteuert werden. Diese Ausrichtungsgruppen können Sie selber zusammenstellen. Dabei greifen Sie auf bereits vordefinierte Zielgruppen, wie zum Beispiel einer Unterteilung nach demografischen Merkmalen, Themen und Interessen zurück. Diese Unterteilung kennen Sie vielleicht bereits aus dem GDN. Sie können jedoch auch selber eigene Zielgruppen erstellen und die Videokampagne darauf ausrichten. Unter Gebote wird im Gegensatz zum bekannten CPC (Cost-per-Click) ein CPV-Gebot abgegeben. CPV steht für Cost-per-View, dies ist somit der maximale Betrag, der fällig wird, sobald sich ein Nutzer Ihr Video ansieht. Hiermit generieren Sie im Gegensatz zu den Klicks auf AdWords Text- oder Image-Anzeigen also noch keine Besucher Ihrer Website. Darum ist es umso wichtiger, dass die Videos sehr früh Ihre Werbebotschaft transportieren und zum Besuch Ihrer Website auffordern. Denn erst auf Ihrer Website haben Sie die Möglichkeit, den Interessenten in einen Kunden zu »verwandeln«.

Abbildung 8.59 Gebote und Zielgruppe für die Videokampagne festlegen

8.5.3 Ausrichtung von Videoanzeigen

Die Ausrichtung der Videokampagne wird ähnlich der Ausrichtung im Displaynetzwerk über verschiedene Zielgruppen gesteuert werden. Bei der Erstellung Ihrer Videokampagne können Sie zunächst die Ausrichtung bestimmen, die Sie später dann noch verändern und bearbeiten können. Möchten Sie zum Beispiel Ihre Videoclips im Zusammenhang mit bestimmten Themen präsentieren, so klicken Sie unter AUSRICHTUNG zunächst auf den Link BEARBEITEN hinter THEMEN ❶ (siehe Abbildung 8.60). Danach können Sie aus einer Vielzahl an unterschiedlichen Themen auswählen, die Sie einzeln oder in Kombination als Ausrichtung hinzufügen können. Für den Outdoor-Shop in unserem Beispiel wählen wir als Ausrichtung »Wandern und Camping« ❷. Die Auswahl wird einfach mit FERTIG ❸ bestätigt.

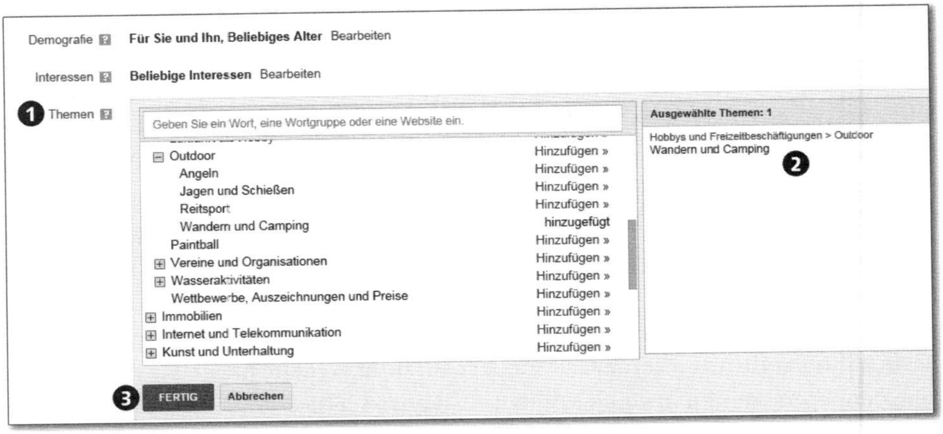

Abbildung 8.60 Videokampagne nach Themen ausrichten

8.5.4 Video auswählen und Videoformate festlegen

Für Ihre Videokampagne legen Sie zunächst ein Video fest, indem Sie im Unterregister ANZEIGEN zunächst auf den Button +VIDEOANZEIGE klicken, welches Sie aus YouTube auswählen. Sie können auch andere Videos auswählen, aber ein Video aus Ihrem YouTube-Kanal erleichtert die Verknüpfung Ihrer Online-Strategie von Website und YouTube-Kanal. Besucht ein Interessent Ihren Kanal bei YouTube, findet er dort weitere Videos zu Ihren Produkten und Dienstleistungen, so dass die Neugier auf Ihr Unternehmen schneller geweckt wird. Nachdem Sie das Video aus dem YouTube-Kanal ausgewählt und hinzugefügt haben, müssen Sie noch festlegen, in welchen Formaten das Video angezeigt werden soll. Die Ausrichtung können Sie später über den Tab ANZEIGEN und der Anzeigenbearbeitungsfunktion (Bearbeitungsstift) wieder verändern.

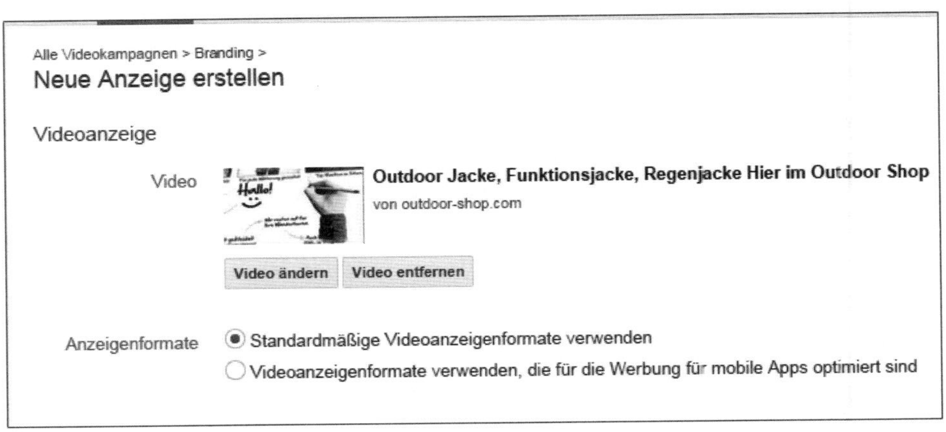

Abbildung 8.61 Neue Videoanzeige für die Kampagne hinzufügen

Für die AdWords-Videokampagnen gibt es zwei Anzeigenformate. Dies ist zum einen das In-Stream- und zum anderen das In-Display-Format. Die Formate können per Checkbox aktiviert bzw. deaktiviert werden.

In-Stream-Videoanzeigen: vorgeschaltete Werbevideos

Bei den In-Stream-Anzeigen wird das Video innerhalb eines anderen Videos bei YouTube geschaltet. Bei dieser Werbeform erscheint das Video zu Beginn und kann übersprungen werden. Sie zahlen jedoch nur, wenn das Video betrachtet wird oder zumindest 30 Sekunden eines längeren Videos angeschaut wurden. Für das In-Stream-Format müssen Sie die angezeigte URL ❶ und die Ziel-URL ❷ angeben (siehe Abbildung 8.62). Optional können Sie ein eigenes Startbild ❹ für Ihre Anzeige hochladen. Es wird jedoch empfohlen, das Thumbnail ❸ aus dem Video als Startbild zu nutzen. Bitte beachten Sie, dass Sie neben Ihrem Standardgebot für jedes Format eigene CPV-Gebote abgeben können.

Abbildung 8.62 Anlegen eines In-Stream-Videowerbeformats

In-Display-Videoanzeigen: Videowerbung

Das zweite Format nennt sich In-Display-Videoanzeigen und kann als eigenständiger Videoclip neben YouTube-Videos, als Teil eines YouTube-Suchergebnisses oder auf Webseiten im Google Displaynetzwerk geschaltet werden. Für das In-Display-Format müssen Sie zusätzlich einen Anzeigentitel ❷ und zwei Textzeilen ❸ hinzufügen, wie Sie dies von den AdWords-Textanzeigen kennen (siehe Abbildung 8.63). Als Zielseite verlinkt das Video am besten auf den eigenen YouTube-Kanal ❹. Das entsprechende Vorschaubild können Sie aus drei Video-Thumbnails ❶ auswählen. Alle Einstellungen oder Änderungen müssen per Klick auf den Speicherbutton bestätigt werden.

TrueView-Anzeigenformate auf Cost-per-View-Basis (CPV)

Die Anzeigen, die Sie unter den Videokampagnen (AdWords für Video) erstellen, werden als TrueView-Anzeigenformate bezeichnet. Bei diesen Anzeigen zahlen Sie nur, wenn sich Nutzer Ihre Anzeige ansehen (Cost-per-View), nicht bei jeder Schaltung der Videoanzeige.

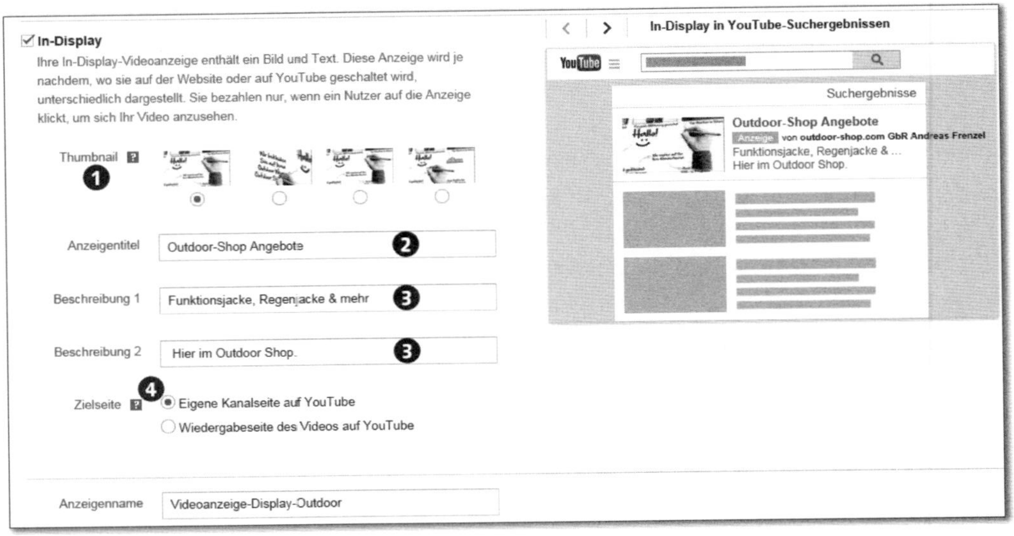

Abbildung 8.63 Einstellungen für In-Display-Anzeige

8.5.5 Video-Overlay hinzufügen

Mithilfe von Call-to-Action-Overlays können Sie Ihre Werbevideos noch optimieren. Ein Overlay ist, wie der Name es schon andeutet, eine Einblendung, die sich im unteren Teil über Ihren Videoclip legt und nach einigen Sekunden auf die Größe eines Thumbnails minimiert wird. Das Overlay kann auch vom User beendet werden. Nutzen Sie das Overlay, um weitere Informationen wie zum Beispiel Bilder hinzuzufügen und Interesse an Ihren Produkten und Ihrer Website zu wecken. Sie können Ihre Website als Ziel-URL im Overlay hinterlegen. Für den Klick fallen keine zusätzlichen Kosten an. Bitte beachten Sie, dass natürlich auch für die Overlays die AdWords-Werberichtlinien gelten: *https://support.google.com/adwordspolicy/answer/6008942?rd=2*

Sie können die Call-to-Action-Overlays im Unterregister VIDEOS hinzufügen und/oder bearbeiten. Klicken Sie dazu unterhalb der Beschreibung Ihres Videos auf den Link CALL-TO-ACTION-OVERLAY HINZUFÜGEN (siehe Abbildung 8.64).

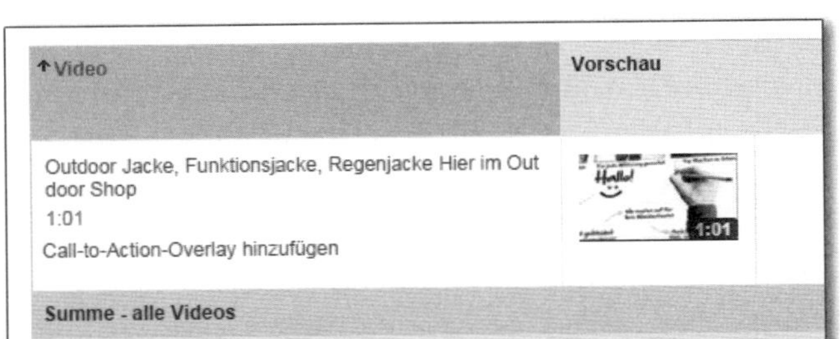

Abbildung 8.64 Call-to-Action-Overlay für Videos

In einem neuen Fenster können Sie einen Text (ANZEIGENTITEL) ❶ und eine ANGEZEIGTE URL ❷ hinterlegen (siehe Abbildung 8.65). Außerdem geben Sie noch die Ziel-URL ❸ an, damit ein Klick auf das Overlay den Interessenten zu Ihrer Website führt. Optional kann ein Bild ❹ hinzugefügt werden. Wir empfehlen Ihnen auch die Bildoption zu nutzen, damit Ihr Overlay noch mehr Aufmerksamkeit erzielt.

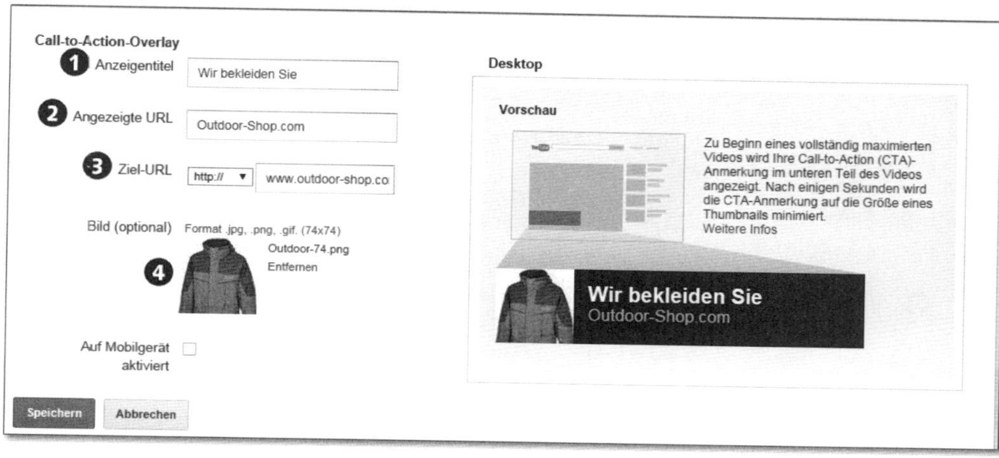

Abbildung 8.65 Call-to-Action für Overlay festlegen

Nachdem Sie das Call-to-Action-Overlay erstellt haben, wird unterhalb Ihrer Anzeige auf diese Funktion hingewiesen ❷ (siehe Abbildung 8.66). Das Vorschaubild zu Ihrem Overlay blenden Sie über den Klick auf das Pluszeichen ❶ ein. Natürlich können Sie auch das Overlay immer wieder bearbeiten ❸ oder entfernen ❹.

Abbildung 8.66 Overlay-Vorschau mit Bearbeitungslink

8.5.6 Remarketing für Videoanzeigen

Remarketing ist auch für Ihre Videowerbung möglich, d. h. Sie können Ihre Videoclips gezielt bei YouTube oder im GDN auf vorher erfasste Zielgruppen ausrichten. Beim Targeting über Remarketing-Listen können Sie zum einen auf vorhandene Listen aus den Standard-AdWords-Kampagnen zurückgreifen, Sie können aber auch zusätzlich eigene Listen über das Backend zur Videowerbung erstellen. Rufen Sie dazu zunächst im linken Navigationsmenü unterhalb der gemeinsam genutzten Bibliothek den Unterpunkt VIDEO-REMARKETING-LISTEN ❷ auf (siehe Abbildung 8.67). Falls Sie bereits Remarketing-Listen für Ihr AdWords-Konto erstellt haben, finden Sie danach auf der rechten Seite eine entsprechende Auflistung der bestehenden Listen ❸. Per Klick auf den Button + REMARKETING-LISTE ❶ können Sie zusätzliche Remarketing-Listen erstellen.

Abbildung 8.67 Remarketing-Listen für Videoanzeigen erstellen

Die Video-Remarketing-Listen beziehen sich auf das Nutzerverhalten in Ihrem YouTube-Kanal bzw. auf Interaktionen zu Ihren Videos. So sollten Sie beispielsweise Nutzer markieren, die ...

- Ihren YouTube-Kanal besucht haben
- Ihren YouTube-Kanal abonniert haben
- sich bestimmte Videos aus Ihrem Kanal angesehen haben
- bestimmte Videos von Ihnen als Werbung angesehen haben

Es gibt natürlich noch weitere Möglichkeiten (siehe Abbildung 8.68), aber mit diesen vier Beispielgruppen können Sie schon sehr gezielt bestimmte Nutzer mit Ihren Werbevideos ansprechen. Sie erstellen eine neue Video-Remarketing-Liste, indem Sie zuerst auf + REMARKETING-LISTE klicken. Im nächsten Fenster bestimmen zunächst den Listentyp ❶. Möchten Sie die Besucher eines YouTube-Kanals markieren, wird dann nach dem Kanal gefragt ❷, sollen bestimmte Videoaufrufe getrackt werden, können Sie im nächsten Schritt die Videos auswählen. Für die Video-Remarketing-Listen können Sie, wie von den Standard-Remarketing-Listen bekannt, ebenfalls eine Nutzungsdauer ❸ angeben. Für diese Video-Remarketing-Listen können Sie sogar bis zu 540 Tage als Dauer hinterlegen. Die bedeutet, dass der Cookie des neu markierten Besuchers 540 Tage Gültigkeit hat, bis der User aus der Liste entfernt wird. Zusätzlich können Sie auch noch vorherige Nutzer bis zu einem Zeitraum von 30 Tagen ❹ in die neue Liste aufnehmen. So erhöhen Sie die Chance, schnell 100 User aufzubauen, die

Sie benötigen, um die neue Video-Remarketing-Liste nutzen zu können ❺. Per Klick auf LISTE ERSTELLEN ❻ schließen Sie den Vorgang ab. Eine Video-Remarketing-Liste steht nach der Erstellung übrigens auch als Targeting für AdWords-Kampagnen im Displaynetzwerk zur Verfügung.

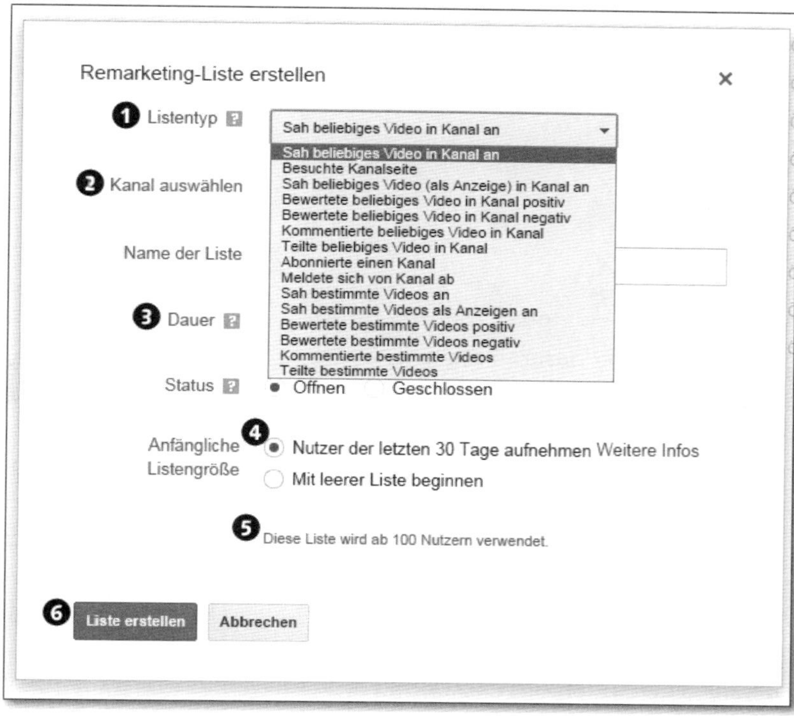

Abbildung 8.68 Remarketing-Listen für den YouTube-Kanal und zur Videonutzung

Nachdem Sie die Video-Remarketing-Listen erstellt haben, können Sie diese an zwei Stellen für Ihre Videokampagne einsetzen:

1. eine neue Ausrichtungsgruppe erstellen
2. eine vorhandene Ausrichtungsgruppe bearbeiten

Neue Ausrichtungsgruppe erstellen

Möchten Sie eine neue Ausrichtungsgruppe für Ihre Videokampagnen hinzufügen? Dann klicken Sie auf den Button + AUSRICHTUNGSGRUPPE (siehe Abbildung 8.69). Sie können Ihrer neuen Ausrichtungsgruppe danach einen individuellen Namen geben und ein maximales CPV-Gebot einstellen. Über die Dropdown-Liste AUSRICHTUNG EINGRENZEN (OPTIONAL) (siehe nächsten Unterpunkt und Abbildung 8.70) können Sie das Targeting dann näher bestimmen.

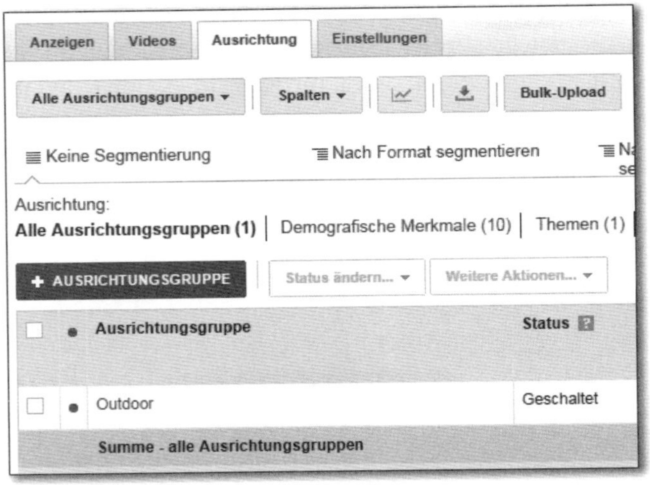

Abbildung 8.69 Ausrichtung von Videokampagnen

Vorhandene Ausrichtungsgruppe bearbeiten

Falls Sie bereits eine Ausrichtungsgruppe für Ihre Videokampagne erstellt haben, können Sie diese über den Bearbeitungsstift verändern. Nachdem Sie den Stift angeklickt haben, öffnet sich ein neues Fenster. Dort können Sie neben den Namen und dem Gebot der Ausrichtungsgruppe auch die vorhandenen Ausrichtungen bearbeiten oder neue Ziele hinzufügen. Um eine oder mehrere der neuen Video-Remarketing-Listen hinzuzufügen, klicken Sie auf die Dropdown-Liste AUSRICHTUNG EINGRENZEN (OPTIONAL) ❶ und wählen den Unterpunkt REMARKETING ❷ aus.

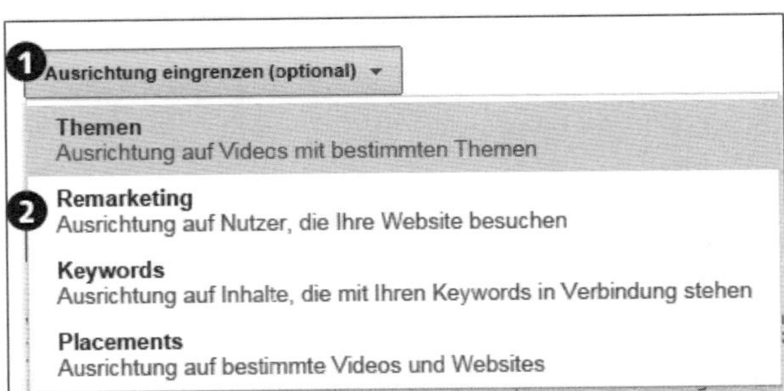

Abbildung 8.70 Ausrichtung eingrenzen

Danach haben Sie Zugriff sowohl auf die AdWords-Remarketing-Listen ❹ als auch auf die neuen Video-Remarketing-Listen ❶ (siehe Abbildung 8.71). Per Klick auf den Link HINZUFÜGEN ❸ hinter der gewünschten Listenbezeichnung ❷ wird die Liste als neues Ziel aufgenommen.

Bitte beachten Sie auch hier die Wirkung der Kombination unterschiedlicher Ausrichtungen. Wenn Sie mehrere Ausrichtungen kombinieren, so bleibt am Ende nur eine kleine Schnittmenge übrig. Dies wird Ihnen auch als Grafik zusätzlich angezeigt. Für eine optimale Wirkung der Video-Remarketing-Listen ist es daher sinnvoll, die Werbung nur auf einzelne Listen auszurichten, aber keine zusätzlichen Beschränkungen wie demografische Merkmale oder Interessen hinzuzufügen.

Abbildung 8.71 YouTube- und Standard-Remarketing-Listen zur Auswahl

8.5.7 Auswertungen zur Videowerbung

Auch für Ihre Videokampagnen stehen zahlreiche Auswertungsberichte zur Verfügung. Google hat für die Videokampagnen, im Gegensatz zu den Standard-AdWords-Kampagnen, jedoch einen etwas anderen Ansatz gewählt. Bei den Berichten zu den Videokampagnen werden die Segmentierungsmöglichkeiten stärker hervorgehoben (siehe Abbildung 8.72). Die verschiedenen Gruppierungsmöglichkeiten ❶ werden im Header der Statistiken direkt vorgegeben. Ein Klick auf den jeweiligen Link erstellt dann die entsprechende Gruppierung zum angegebenen Thema. Gleichzeitig werden die Gruppierungen auch in der Grafik oberhalb der Statistiken visualisiert. Das Beispiel in der folgenden Abbildung zeigt eine Segmentierung nach »Format und Werbenetzwerk«. Sie erkennen im Bild die Auflistung der beiden Formate (In-Display ❷ und In-Stream) in Kombination mit den verschiedenen Werbenetzwerken (YouTube-Suche ❸, YouTube-Videos ❹ und Google Displaynetzwerk ❻). In den Standardeinstellungen erhalten Sie auch für Ihre Videokampagnen die gewohnten Leistungskennzahlen, wie zum Beispiel Impressionen, Aufrufe oder die entstandenen Kosten.

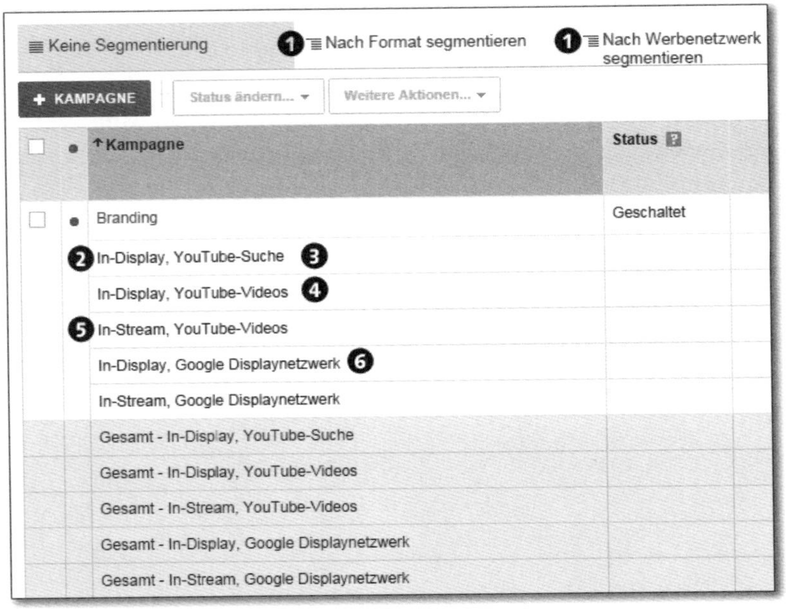

Abbildung 8.72 Segmentierung nach Format und Werbenetzwerk

Sie können Ihre Berichte zu den Videokampagnen aber auch wie gewohnt über die Dropdown-Liste SPALTEN ❶ ganz individuell anpassen (siehe Abbildung 8.73). Eine Besonderheit der Berichte zu den Videokampagnen besteht jedoch darin, dass unterhalb des Links SPALTEN ANPASSEN ❷ schon vordefinierte Berichttemplates ❸ aufgelistet werden. Sie erkennen bereits an den verschiedenen Berichtsmöglichkeiten, dass es zu den Videos einige interessante Berichte und somit Ansatzmöglichkeiten zur Analyse gibt.

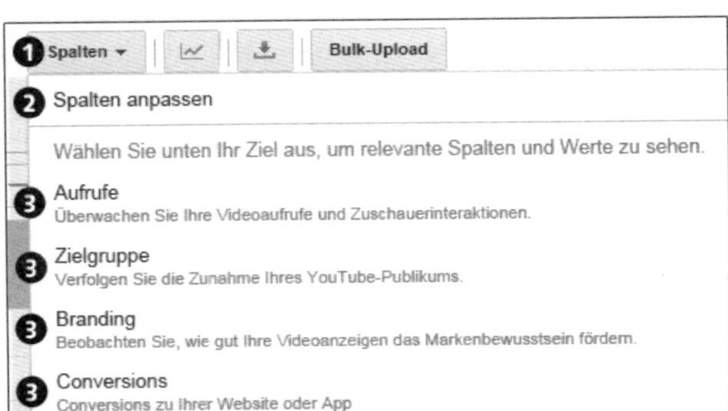

Abbildung 8.73 Vordefinierte Berichtsgruppen zur Statistik der Videokampagnen

Eine besondere Statistik finden Sie in dem vordefinierten Standardbericht in der letzten Spalte (siehe Abbildung 8.74). Unter der Überschrift VIDEOWIEDERGABE ZU ❶ wird hier aufgelistet, wie viel Prozent Ihrer Besucher welchen Anteil Ihrer Videos betrachtet haben. Die Videos werden dazu in vier Teile zu je 25 Prozent unterteilt. In der Abbildung erkennen Sie, dass nur 3 Prozent ❹ der Videoaufrufer das ganze Video, also 100 Prozent ❸ angeschaut haben. Wiederum 13 Prozent ❷ haben sich das erste Viertel des Videoclips angeschaut. Diese Statistik sagt also etwas über die Leistung Ihrer Videos aus. Falls der überwiegende Anteil der Videoaufrufer Ihren Clip nicht zu Ende schaut, so sollten Sie andere und eventuell auch kürzere Videos testen, und dann diejenigen Videos herausfiltern, die einen Betrachter möglichst lange bei der Stange halten.

❶ Videowiedergabe zu:			
25 %	50 %	75 %	❸ 100 %
❷ 13 %	7 %	4 %	❹ 3 %

Abbildung 8.74 Statistik zum Anteil der Videowiedergabe

8.6 +Post Ads – Google+ mit AdWords verbinden

Die +Post Ads sind eine relativ neue Google-AdWords-Werbeform, die im April 2014 für alle Werbetreibenden freigegeben wurde. Vorher konnten die +Post Ads nur im Betatest von ausgesuchten Unternehmen genutzt werden. Mit der +Post Ads-Werbung können Beiträge aus Google+, der sozialen Plattform von Google, als Image-Anzeigen oder Videoclips im Google Displaynetzwerk geschaltet werden. Das Ziel der +Post-Ads ist dabei, eine größere Aufmerksamkeit auf die Google+-Firmenseiten zu lenken und eine stärkere Bindung zur bestehenden Kundengruppe aufzubauen oder potenzielle Kunden auf das Unternehmen aufmerksam zu machen. Hier zwei Beispiele von Unternehmen, die das neue Format der +Post-Anzeigen bereits getestet haben. International hat Toyota positive Erfahrungen mit der Nutzung von +Post Ads (siehe Abbildung 8.75) gemacht.

In Deutschland hat die Techniker Krankenkasse diese Werbeform recht erfolgreich getestet (siehe Abbildung 8.76). Bei dieser Werbung im Umfeld der sozialen Medien geht es, wie gesagt, weniger darum, auf direktem Wege neue Kunden zu gewinnen oder Produkte zu verkaufen, sondern es geht vielmehr darum, das soziale Engagement im Internet zu stärken. Folgende zwei Punkte führte die Techniker Krankenkasse daher auf, um den Erfolg der +Post Ads zu begründen. Zum einen gab es viele Interaktionen mit den Anzeigen, die ein Video der Techniker Krankenkasse enthielten. Als zweiter Punkt wurde die erhöhte Sichtbarkeit in dem sozialen Netzwerk bei der relevanten Zielgruppe genannt. Diese zwei Argumente zeigen schon, welche Ziele für eine +Post Ads-Werbeaktion vorgegeben werden können.

Abbildung 8.75 +Post Ads – Beispiel Toyota

Abbildung 8.76 +Post Ads mit Videoclip der Techniker Krankenkasse

8.6.1 Voraussetzungen und Einrichtung von +Post Ads

Leider sind die +Post Ads aktuell nur etwas für größere Unternehmen bzw. Unternehmen, die eine relativ große Fangemeinde bei Google+ vorweisen können. Denn die Anzeigen können erst geschaltet werden, wenn die Google+-Anhängerschaft 1.000 Mitglieder überschritten hat. Google nennt noch zwei weitere Bedingungen für +Post Ads:

- Das Unternehmen muss zielgruppenrelevante Inhalte auf Google+ vorweisen.
- Auf der Google+-Unternehmensseite muss die Option »Geteilte Empfehlungen« aktiviert sein.

Die +Post Ads werden, wie gesagt, im GDN geschaltet. Dazu legen Sie wie gewohnt eine Display-Kampagne an. Der entscheidende Punkt ist nun die Erstellung einer neuen Anzeige. Hier wählen Sie zunächst unter +ANZEIGE den Unterpunkt ANZEIGENGALERIE aus (siehe Abbildung 8.77). In der ANZEIGENGALERIE ❶ fahren Sie dann mit der Maus über die Grafik mit der Bezeichnung SOZIALE ANZEIGEN ❷ und klicken auf den Button ERSTELLEN. Als Zwischenschritt erhalten Sie einen Hinweis auf das Google+-Netzwerk. Da dies aktuell die einzige Auswahlmöglichkeit ist, deutet das darauf hin, dass es hier später einmal noch andere Möglichkeiten für soziale Anzeigen geben wird. Sie müssen aktuell jedoch an diesem Punkt noch einmal ERSTELLEN UNTER GOOGLE+ anklicken.

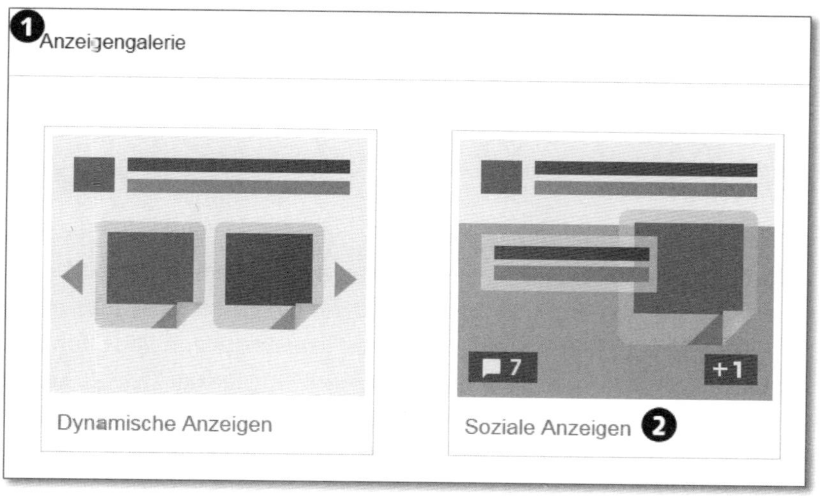

Abbildung 8.77 +Post Ads in der »Anzeigengalerie« unter »Soziale Anzeigen« erstellen

In einem neuen Fenster geben Sie Ihrer Anzeige wie gewohnt einen Namen und tragen dann Ihre Google+-Firmenseite in Form der entsprechenden URL ein (siehe Abbildung 8.78). Falls Sie keine Seite mit 1.000 Followern haben, was im deutschsprachigen Raum eher die Regel als die Ausnahme ist, scheitern Sie hier leider schon an der ersten Voraussetzung. Sie erhalten dann den Hinweis, dass Ihre Google+-Seite zunächst die 1.000 Follower benötigt.

Abbildung 8.78 Google+-Seite auswählen

Aufgrund der Tatsache, dass wir selber keine Seite mit 1.000 Followern besitzen, haben wir uns für unser Beispiel der Google+-Seite von Pepsi ❷ bedient, da das Unternehmen ja immer als Vorbild im Bereich der sozialen Medien genannt wird (siehe Abbildung 8.79). Mit einem Verweis auf die Google+-Firmenseite von Pepsi funktioniert die Erstellung einer +Post-Anzeige. Es erscheint nach Eingabe der Ziel-URL direkt der letzte »Pepsi-Beitrag« als Beispiel-Post ❸. Wenn Sie eine neue Anzeige für die Post Ads anlegen, können Sie zum einen bestimmen, ob Sie immer die neuesten Beiträge ❹ aus Ihrem Google+-Account bewerben oder ob Sie die Beiträge für diese bestimmte Anzeige gezielt auswählen ❺ möchten. Zusätzlich können Sie bestimmen, dass Kommentare ❻ aus Google+ in der Werbung angezeigt werden. Dies erhöht auf der einen Seite das Vertrauen der potenziellen Neukunden und lässt die Werbung authentischer erscheinen. Auf der anderen Seite birgt es die Gefahr von Kontrollverlust (Kritik und unpassende Bemerkungen unter dem Post). Google betont jedoch ausdrücklich, dass unangemessene oder ausfällige Kommentare deaktiviert werden. Oberhalb der ANZEIGENVORSCHAU können Sie die gewünschten Formate auswählen ❶, wie Sie dies von den Anzeigentemplates aus dem Displaynetzwerk gewöhnt sind.

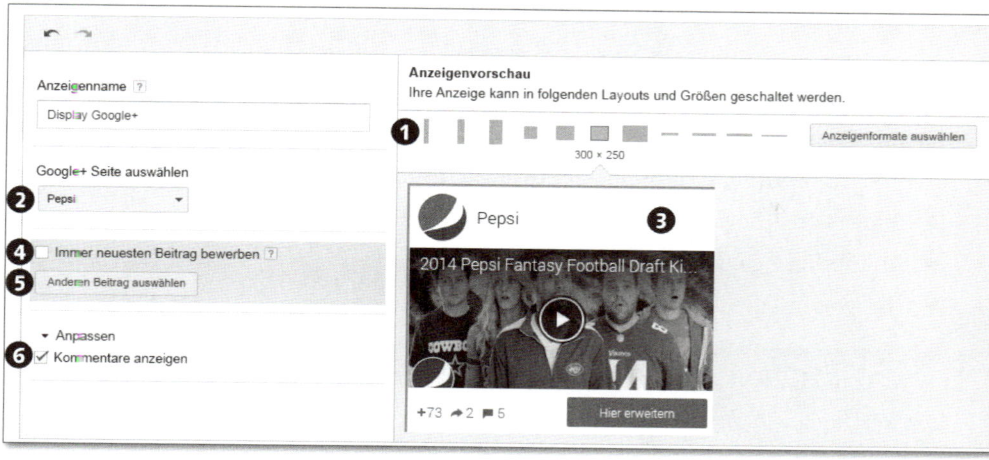

Abbildung 8.79 Anzeigenvorschau auf Grundlage der Google+-Posts

Möchten Sie nicht, dass immer der letzte Beitrag als +Post Ad erscheint, dann sollten Sie einen bestimmten Beitrag für die aktuelle Werbung auswählen. Klicken Sie dazu zunächst auf ANDEREN BEITRAG AUSWÄHLEN. In einem neuen Fenster erscheint daraufhin eine Liste mit den letzten Beiträgen, sortiert nach dem Erscheinungsdatum bei Google+ (siehe Abbildung 8.80). Nachdem Sie alle Einstellungen vorgenommen haben, speichern Sie die neue Anzeige für Ihren +Post Ad per Klick auf VORSCHAU ANZEIGEN UND SPEICHERN ab. Da diese Anzeigen Bilder oder Videos enthalten, werden sie genau wie die Image-Anzeigen im Displaynetzwerk von Google-Mitarbeitern überprüft und danach erst freigeschaltet.

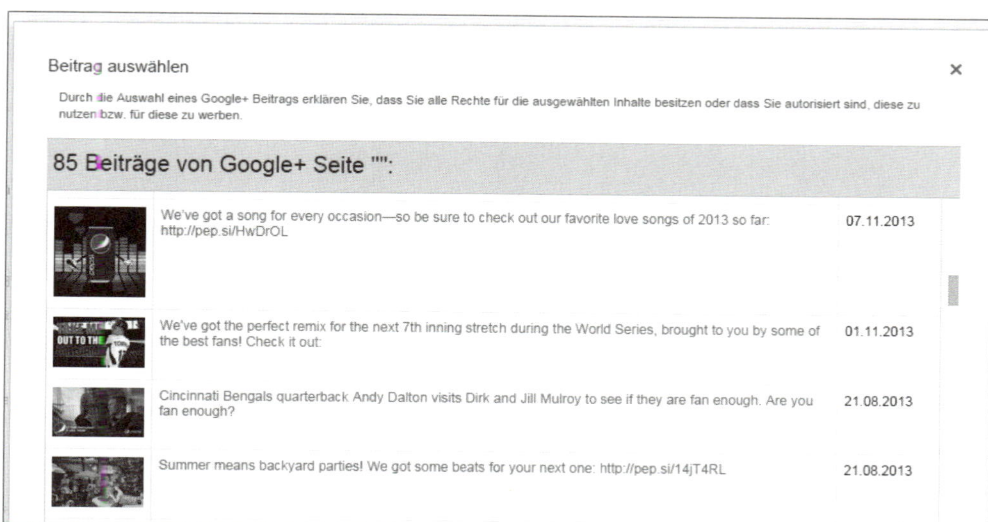

Abbildung 8.80 Auswahl individueller Beiträge

8.6.2 Ideen für sinnvolle +Post Ads

Da die Möglichkeit zur Schaltung von +Post Ads noch relativ jung ist, stellen wir Ihnen kurz ein paar Ideen für sinnvolle Anzeigen vor:

- informative Beiträge aus Google+ zum Produkt/zur Dienstleistung (z. B. Best-Practice-Beispiele, Tipps, Produkt-News, Tests)
- Bilder von emotionalen Produkten, z. B. Mode oder Autos
- Ankündigung eines Hangout On Air (HOA)
- Hinweis auf die fertige HOA-Aufzeichnung

Nutzen Sie HOA

Ein Hangout On Air (HOA) ist eine Live-Videoübertragung über Google+. Denn Google+ besitzt eine zusätzliche Funktion zur Schaltung einer Videokonferenz, wie Sie dies vielleicht von Skype kennen. Sie können diese so genannten Hangouts On Air (HOA) ganz einfach nutzen, um z. B. Ihre Produkte per Video vorzustellen. Sie können außerdem Tipps und Tricks zu Ihren Produkten geben oder Pflegehinweise weitergeben. HOA eignen sich auch zur schnellen Beantwortung häufig gestellter Fragen (FAQ). Im Dienstleistungsbereich könnten Sie mit HOA kleine Schnupperseminare aufzeichnen. Denken Sie immer an den Mehrwert für Ihre Kunden und erstellen Sie keine reine Werbeveranstaltung via HAO. Die Hangouts können aufgezeichnet werden und die fertigen Clips dann z. B. wieder über +Post Ads beworben werden.

Wir haben in diesem Kapitel verschiedene fortgeschrittene Strategien für die Google Online-Werbung vorgestellt. Die zusätzlichen Möglichkeiten reichen dabei von einfachen Erweiterungen der AdWords-Kampagnen bis hin zu völlig anderen Werbeformen wie Videokampagnen bei YouTube oder +Post Ads. Sie kennen nun Möglichkeiten, wie Sie Werbung bei Google Maps schalten oder Shopping-Kampagnen steuern können.

Sie haben in diesem Kapitel darüber hinaus vor allem die verschiedenen Möglichkeiten kennengelernt, wie Sie mit Hilfe des Remarketings ehemalige Besucher wieder auf Ihre Webseite lotsen können. Außerdem wissen Sie nun, wie Sie über das Google-AdWords-Konto auch Videoclips bei YouTube platzieren oder mit Hilfe der neuen +Post Ads Ihre Firmenseite im sozialen Netzwerk Google+ beleben können.

8.7 Checkliste

Sie möchten alle Möglichkeiten von Google AdWords optimal nutzen? Mit folgender Checkliste finden Sie die passende »AdWords-Strategie« für Ihren Bedarf.

Meine Ziele	AdWord-Strategie
Bewerbung des Geschäftes vor Ort	Lokale Anzeigen bei Google Maps
Individuelle Anzeigen für großen Online-Shop mit wenig Aufwand erstellen	Dynamic Search Ads
Anzeigen inklusive Produktfoto für Online-Shop bei der Google Suche	Google Shopping Anzeigen
Anzeigen für ehemalige Webseiten-besucher im GDN schalten	Remarketing mit Google AdWords
Anzeigen mit passendem Produkt aus dem Online-Webshop für ehemalige Webseitenbesucher	Dynamisches Remarketing mit Google AdWords
Anzeigen für ehemalige Webseiten-besucher zur Google-Suche schalten	Remarketing im Suchnetzwerk (RLSA)
Werbung mit eigenen Videos	Videokampagnen im GDN Videokampagnen bei YouTube
Bewerbung der eigenen Google + Seiten (Social Media)	Schaltung von +Post Ads bei AdWords

Tabelle 8.1 Ziele und AdWords-Strategie

Kapitel 9
AdWords-Tools

Tools sind die kleinen Helferlein, die Ihren AdWords-Alltag einfacher machen. In Ihrem AdWords-Konto gibt es viele verschiedene Tools, die Ihnen bei der Analyse, bei der Planung und bei der täglichen Verwaltung Ihrer AdWords-Kampagnen helfen. Manche Tools sind leicht erkennbar, andere sind etwas versteckt oder sind soweit in die AdWords-Oberfläche integriert, dass sie nur noch aktiviert werden müssen. Wir haben für Sie die wichtigsten und interessantesten Tools in diesem Kapitel zusammengestellt.

Die AdWords-Tools kann man eigentlich nicht ganz isoliert betrachten, da sie meistens im Zusammenhang mit speziellen Einstellungen oder bei Analyseaufgaben genutzt werden. Falls die Tools in einer praktischen Anwendung an anderer Stelle ausführlich beschrieben werden, erhalten Sie hier nur den Verweis zu dem entsprechenden Kapiteln im Buch.

9.1 Zusätzliche AdWords-Tools

In Ihrem AdWords-Konto finden Sie im Hauptregister unter TOOLS ein Dropdown-Menü mit verschiedenen Google-AdWords-Tools. Dieses Dropdown-Menü (siehe Abbildung 9.1) enthält folgende Unterpunkte:

- ÄNDERUNGSVERLAUF
- CONVERSIONS
- GOOGLE ANALYTICS
  Der Unterpunkt GOOGLE ANALYTICS besteht nur aus einem Link, der auf das Google Analytics-Tool verlinkt. Google Analytics wird analog zu Google AdWords über ein Online-Tool verwaltet. Weitere Informationen zu Google Analytics finden Sie in Kapitel 11, »Google Analytics«.
- GOOGLE MERCHANT CENTER
  Der Unterpunkt GOOGLE MERCHANT CENTER ist für Sie nur interessant, falls Sie Google Shopping-Kampagnen nutzen und Ihr AdWords-Konto mit Ihrem Google Merchant Center verbunden haben. Ein Klick auf den Unterpunkt MERCHANT CENTER öffnet einen eigenen Bereich, der unter anderem einen Überblick zur Qua-

lität Ihrer Daten-Feeds liefert und Ihre eingestellten Produkte anzeigt. Hier können Sie kontrollieren, welche Produkte für die AdWords-Werbung hochgeladen worden sind. Das Thema »Merchant Center« wird in Abschnitt 8.3.1 besprochen.

- KEYWORD-PLANER
  Den KEYWORD-PLANER, ein Tool zur Analyse interessanter Suchbegriffe, haben wir in Abschnitt 2.7.1 vorgestellt.
- PLANER FÜR DISPLAYKAMPAGNEN
- ANZEIGENVORSCHAU UND -DIAGNOSE

Alle anderen Tools werden wir in diesem Kapitel vorstellen. Dazu geben wir auch Tipps zu ihrer praktischen Anwendung.

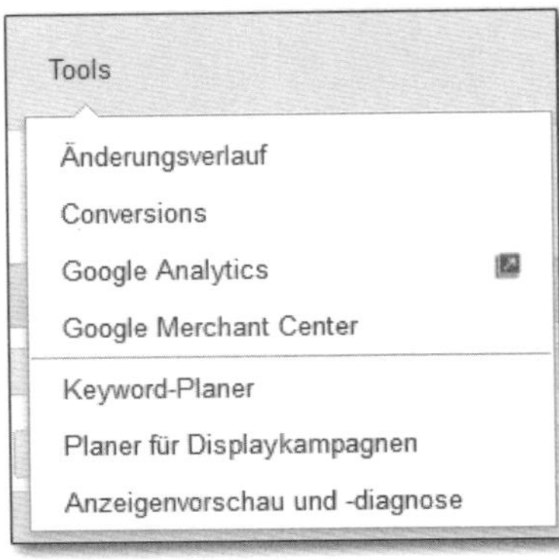

Abbildung 9.1 AdWords-Tools im AdWords-Konto

9.1.1 Änderungsverlauf: Wer hat etwas im AdWords-Konto geändert?

Möchten Sie wissen, was zuletzt in Ihrem AdWords-Konto geändert wurde, oder wer Änderungen durchgeführt hat? Dies ist interessant, falls Sie mit mehreren Administratoren an einem Konto arbeiten, oder ein Verwaltungskonto (MCC) auf Ihr AdWords-Konto zugreift. Informationen zu Änderungen in Ihrem Konto finden Sie unter ÄNDERUNGSVERLAUF. Nachdem Sie dieses Tool aufgerufen haben, erhalten Sie eine Übersicht zu den Änderungen, die aktuell in Ihrem AdWords-Konto vorgenommen wurden, wobei die zeitlich letzten Änderungen an oberster Stelle stehen. Bitte denken Sie daran, dass Sie auch hier nur eine Auflistung der Änderungen für den Zeitraum erhalten, der rechts oben in Ihrem AdWords-Konto gerade eingestellt ist.

Um die Anzahl der dargestellten Daten zu reduzieren, können Sie Filter ❶ einsetzen (siehe Abbildung 9.2), indem Sie aus verschiedenen vorgegebenen Filtern auswählen. Standardmäßig sind alle Änderungsarten aktiviert. Sie können sich aber zum Beispiel nur die GEBOTSÄNDERUNGEN ❺ oder die ÄNDERUNGEN BEI KEYWORDS ❻ anzeigen lassen. Außerdem können Sie im Unterpunkt Filter erstellen ❹ einen eigenen Filter zusammensetzen. Nachdem Sie auf die vorgegebenen Filter geklickt oder einen Filter erstellt haben, werden die Daten in übersichtlicher Form zunächst nur mit Stichpunkten zur Änderung bzw. als Zusammenfassung der Änderung aufgeführt. Falls Sie jedoch direkt alle Details angezeigt bekommen möchten, klicken Sie auf den Button Alle Details anzeigen. In der ersten Zeile des Änderungsverlaufs haben Sie die Möglichkeit, über das bekannte Grafik-Icon ❷ eine Leistungsgrafik einzublenden und über das Icon »Herunterladen« ❸ den aktuellen Bericht zu exportieren. Die Übersichtsgrafik ist vor allem bei größeren Änderungen interessant, da Sie hier im Verlauf analysieren können, ob diese im AdWords-Konto zu Leistungsänderungen (positiv oder negativ) führten.

Abbildung 9.2 Vorgaben für den Änderungsverlauf

Nachdem Sie den gewünschten Filter eingestellt und per Klick aktualisiert haben, erhalten Sie eine Liste (siehe Abbildung 9.3) mit den durchgeführten Änderungen ❶. Zusätzlich zu einer kurzen Beschreibung der Änderung ❸ zeigen kleine Icons ❷, ob etwas hinzugefügt ❺, gelöscht ❻ oder ob nur Statusänderungen ❼ durchgeführt wurden. Hinter der Beschreibung finden Sie den Link Details anzeigen ❽. Ein Klick auf diesen Link blendet weitere Details für die jeweilige Änderung ein. Wenn zum Beispiel aus der Beschreibung hervorgeht, dass Keywords hinzugefügt wurden, dann blendet ein Klick auf Details anzeigen die tatsächlich hinzugefügten Keywords ein. So können Sie nachvollziehen, was genau geändert wurde. Hinter den Änderungen finden Sie in vielen Fällen einen gebogenen Pfeil, das Symbol für »zurücksetzen« ❹. Ein Klick auf diesen Button stellt den Zustand vor der Änderung wieder her. Auf diese Weise können Sie ganz einfach in den alten Zustand zurückwechseln, falls Sie die Änderungen nicht mehr wünschen oder fälschlicherweise eine Änderung durchgeführt wurde.

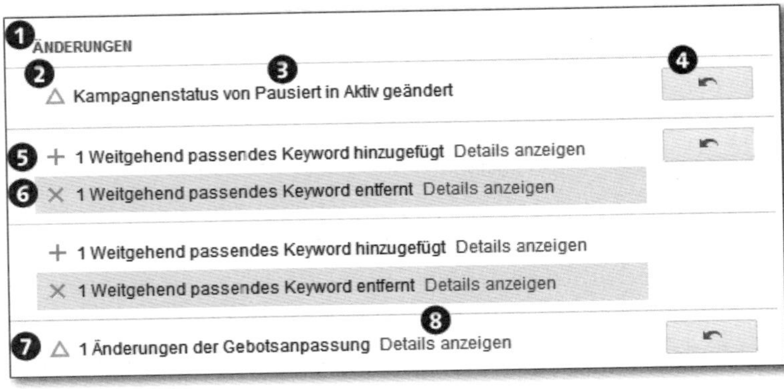

Abbildung 9.3 Liste mit Änderungen im AdWords-Konto

Zusätzlich zu den Beschreibungen der Veränderungen wird am Anfang jeder Zeile der Tag ❶ und der Zeitpunkt ❷ der Änderung angezeigt (siehe Abbildung 9.4). Außerdem zeigt die Mailadresse ❸ des Logins, wer für die Veränderung verantwortlich ist. Falls mehrere Administratoren an einem AdWords-Konto arbeiten, ist es daher auf jeden Fall empfehlenswert, dass jeder Administrator einen eigenen Login erhält. So ist später immer nachvollziehbar, wer eine Änderung bewusst oder versehentlich durchgeführt hat und die Verantwortung für bestimmte Aktionen kann einfacher ermittelt werden. Unser Tipp: Vermeiden Sie Streitigkeiten und Diskussionen, indem jeder Administrator einen eigenen Login erhält und die Logins nicht an andere Nutzer weitergegeben werden.

Abbildung 9.4 Änderungsprotokoll mit Zeitangaben und Nutzer-E-Mail

Lassen Sie sich die Änderungen in Ihren Berichten anzeigen

Seit Oktober 2014 können verschiedene Informationen aus dem Änderungsprotokoll in den Kampagnen- oder Anzeigengruppenberichten aufgerufen werden. Wenn Sie Ihre Spalten für die Berichtsdaten anpassen, so finden Sie die aktuell verfügbaren Informationen unter der Gruppierung ÄNDERUNGSPROTOKOLL.

9.1.2 Vorschläge zum Displaynetzwerk

Neben dem bekannten Tool zur Keyword-Recherche enthält das Google-AdWords-Konto einen weiteren Planer, der analog zum Keyword-Planer aufgebaut ist, sich jedoch auf Vorschläge für das Displaynetzwerk konzentriert. Wie Sie dies vom Keyword-Planer gewöhnt sind, nutzt auch dieser Planer Vorgaben in Form von Suchbegriffen, um dazu passende Vorschläge aufzulisten. Alternativ können auch wiederum Landing-Pages als Grundlage für eine Analyse vorgegeben werden. Anhand der Keywords oder der Webseiten werden vom dem Planer für das Displaynetzwerk Webseiten, Apps oder YouTube-Videokanäle aus dem großen Google Displaynetzwerk vorgeschlagen. Diese Vorschläge können als Werbefläche für eine Displaykampagne genutzt werden. Nachdem Sie den PLANER FÜR DISPLAYKAMPAGNEN unter TOOLS aufgerufen haben, wählen Sie zunächst den Unterpunkt IDEEN UND SCHÄTZUNGEN ABRUFEN (siehe Abbildung 9.5). Der Planer für Displaykampagen enthält noch weitere Tools zur Planung wie zum Beispiel TOP-PLACEMENTS NACH STANDORT SUCHEN. Die wichtigste Analysemethode ist jedoch die Suche nach neuen Placement-Ideen.

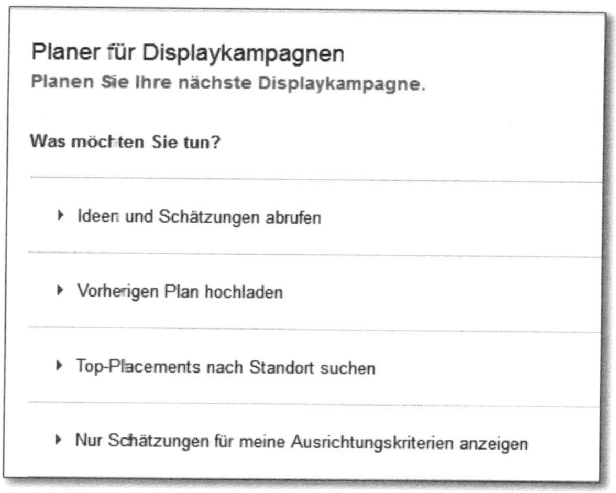

Abbildung 9.5 Aufgabenauswahl im Planer für Displaykampagnen

Zum Abruf neuer Ideen für das Displaynetzwerk geben Sie zunächst einen oder mehrere Schlüsselbegriffe ein (siehe Abbildung 9.6). Sie können alternativ auch Webseiten als Zielseite eingeben, um zu analysieren, wo Displaywerbung geschaltet werden kann. Im nächsten Schritt können Sie die gewünschte Kampagnenausrichtung einstellen. Auf diese Weise können Sie die Region und die Sprache bestimmen, auf die Ihre Displaykampagne ausgerichtet sein soll.

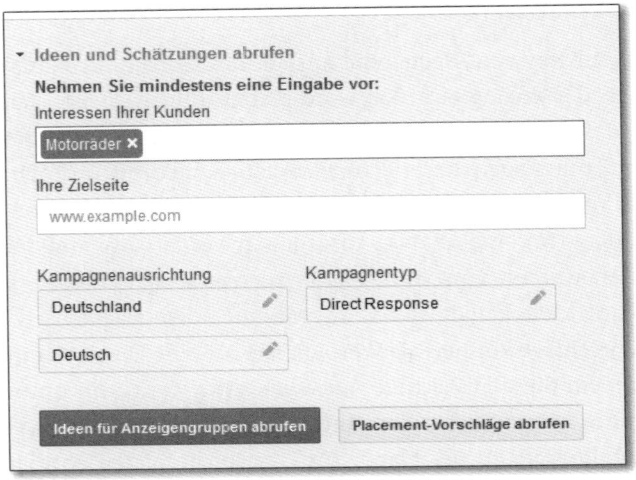

Abbildung 9.6 Ideenabruf aufgrund Ihrer wichtigsten Themen

Beim Unterpunkt KAMPAGNENTYP (siehe Abbildung 9.7) legen Sie zudem fest, welche Hauptreaktionen Ihre Displaykampagne hervorrufen soll. Möchten Sie mit Ihrer Kampagne eine direkte Reaktion erzeugen, ist der Hauptzweck der Werbung beispielsweise eine Anmeldung, eine Bestellung oder soll ein Download ausgeführt werden? Oder ist diese Kampagne mehr als Branding für Ihr Unternehmen oder Ihr Produkt bzw. Dienstleistung angedacht? Auch für diese beiden Strategien gibt es unterschiedlich geeignete Placements und die zugehörigen Statistiken. Nachdem Sie neben den Keywords auch die Ausrichtung festgelegt haben, klicken Sie auf IDEEN FÜR ANZEIGENGRUPPEN ABRUFEN oder auf den Button PLACEMENTS VORSCHLÄGE. Wie Sie dies bereits vom Keyword-Tool kennen, erhalten Sie unterschiedliche Ergebnisse, zwischen denen Sie per Klick hin und her switchen können. Sie erhalten zum einen eine Liste, gruppiert nach thematisch passende Anzeigengruppen, und zum anderen eine Ideenliste mit allen passenden Placement-Vorschlägen. Placements werden meistens mit Websites im Displaynetzwerk gleichgesetzt, es können aber auch mobile Apps oder Videos (YouTube-Chanels) sein.

Innerhalb einer Webseite kann es zudem unterschiedliche Placements geben. So könnte zum Beispiel der Header-Bereich einer Website ein eigenes Placement sein. Falls eine Website zusätzliche Placements enthält, werden diese als Unterpunkte zu der Hauptseite aufgelistet. Wir empfehlen, bei der Suche nach passenden Placement-Ideen die verschiedenen Auswahlmöglichkeiten anzuklicken und in Ruhe zu recherchieren. Der Planer für Displaykampagnen ist auf jeden Fall zu empfehlen, falls Sie sich die Mühe machen möchten, um individuelle Placements für Ihre Displaykampagnen einzeln auszuwählen. Der Arbeitsaufwand ist zwar bei dieser Vorgehensweise höher, Sie können jedoch mit dieser Strategie viel zielgerichteter die passenden Plätze für Ihre Werbung finden.

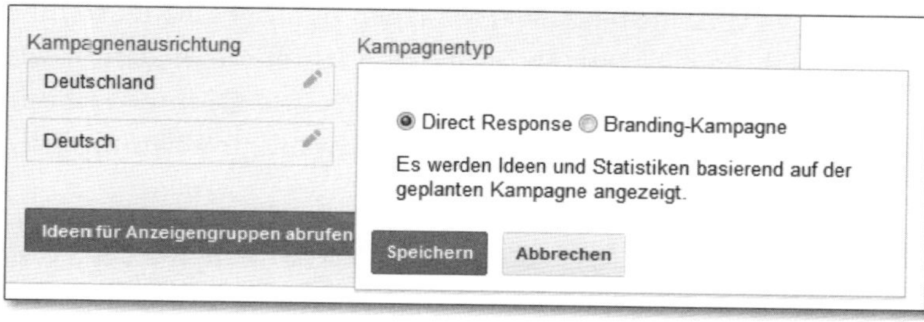

Abbildung 9.7 Kampagnentyp für Displaywerbung festlegen

Nach dem Klick auf den Button IDEEN ABRUFEN erhalten Sie zunächst eine Übersicht zum verfügbaren Netzwerkinventar ❻ (siehe Abbildung 9.8). Hier werden in einer Statistik alle passenden Seiten zusammengefasst. Dabei erhalten Sie unter anderem Daten darüber, wie viele Cookies ❶ gesetzt werden können. Diese Zahl kann man mit unterschiedlichen Webseitenbesuchern gleichsetzen. Außerdem erfahren Sie, wie viele Einblendungen (Impressionen ❷) Ihre Werbung erzielen kann. Die ist vor allem für Branding-Effekte interessant.

Aber es gibt noch mehr Kennzahlen. Sie erhalten eine Zusammensetzung der Besuchergruppe der vorgeschlagenen Placements in Bezug auf Geschlecht ❹ und Alter ❸. Außerdem wird in einer Statistik zur Verteilung der Endgeräte ❺ gezeigt, wie sich Webseitenbesuche auf die Nutzer von Computern, Tablets und Smartphones verteilen. Diese Hinweise sollten Sie nutzen, um Ihre Strategie für Displaykampagnen entsprechend anzupassen. Sie können also abgleichen, ob Ihre Strategie in Bezug auf Altersgruppen, Geschlechter oder auch Endgeräte passt. Mit einem Schalter ❼ können Sie die Statistik zum verfügbaren Inventar auch deaktivieren, um die angezeigten Informationen zu reduzieren und sich nur auf die einzelnen Vorschläge zu konzentrieren.

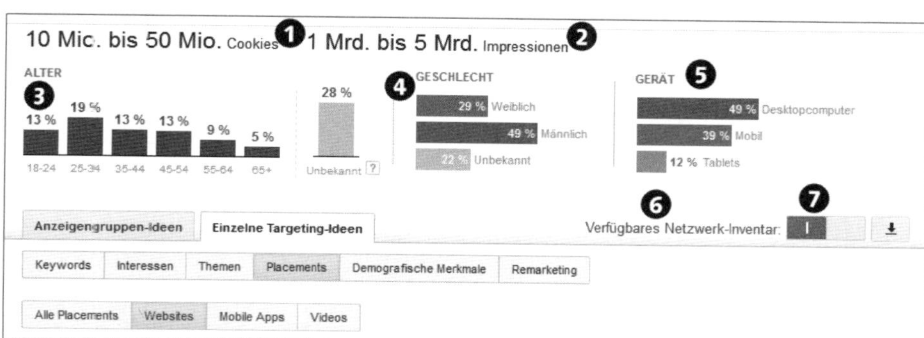

Abbildung 9.8 Statistiken zum Netzwerkinventar für Displaywerbung

Neben der Übersichtsstatistik erhalten Sie dann auch individuelle Vorschläge zu den Placements (siehe Abbildung 9.9). Zu jeder Webseite gibt es beispielsweise weitergehende Informationen zu den verschiedenen Werbeformen ❶, die geschaltet werden können, sowie einen ungefähren Klickpreis ❷. Zusätzlich erfahren Sie wiederum, wie viele Cookies ❸ Sie erzielen können und wie oft (Impr./Woche ❹) Ihre Werbung angezeigt werden kann. Auch diese Daten helfen bei der Auswahl zur Schaltung Ihrer Werbung im Displaynetzwerk.

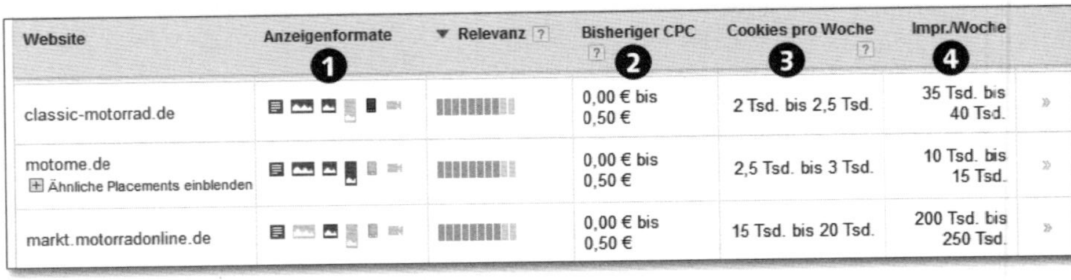

Website	Anzeigenformate ❶	▼ Relevanz	Bisheriger CPC ❷	Cookies pro Woche ❸	Impr./Woche ❹
classic-motorrad.de			0,00 € bis 0,50 €	2 Tsd. bis 2,5 Tsd.	35 Tsd. bis 40 Tsd.
motome.de ⊞ Ähnliche Placements einblenden			0,00 € bis 0,50 €	2,5 Tsd. bis 3 Tsd.	10 Tsd. bis 15 Tsd.
markt.motorradonline.de			0,00 € bis 0,50 €	15 Tsd. bis 20 Tsd.	200 Tsd. bis 250 Tsd.

Abbildung 9.9 Placement-Vorschläge für Displaykampagnen

Möchten Sie, wie empfohlen, Ihre Placements sehr individuell zusammenstellen, so lohnt sich eine noch tiefergehende Recherche einzelner Webseiten, vor allem der wichtigsten Seite, auf denen Sie Werbung platzieren möchten. Klicken Sie dazu einfach auf den blauen Link mit den Namen der jeweiligen Webseite. In einem neuen Fenster erhalten Sie dann weiterführende Informationen zur ausgewählten Seite (siehe Abbildung 9.10).

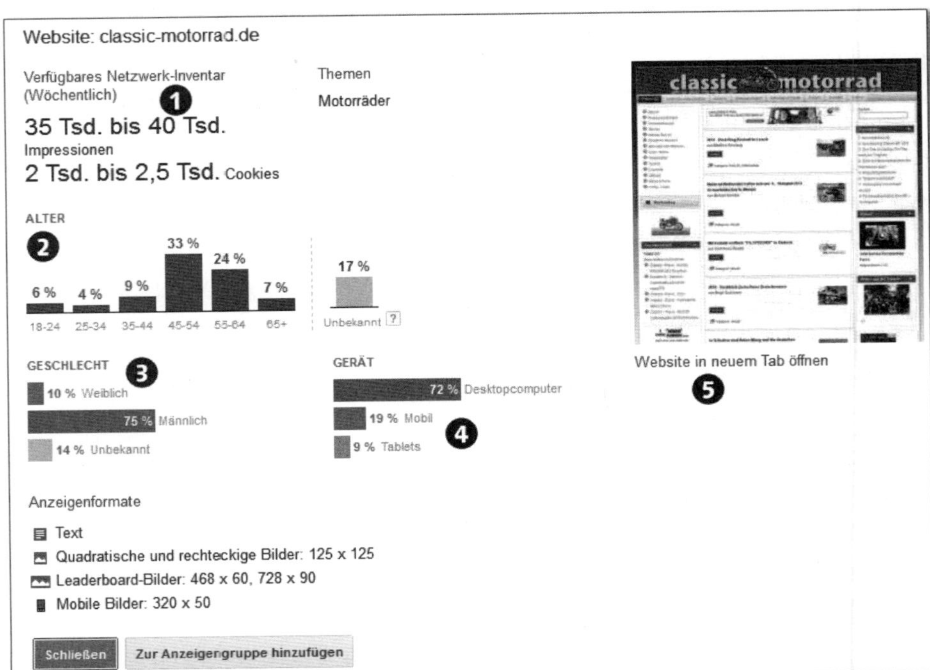

Abbildung 9.10 Analyse individueller Placements mit Link zur Website

Auch hier gibt es wieder Statistiken zur Anzahl der wöchentlichen User ❶, die erreicht werden können und der Zusammensetzung der Nutzergruppen nach Alter ❷ und Geschlecht ❸. Außerdem spielt das Thema Endgeräte ❹ wieder eine wichtige Rolle. Für jede Seite wird angezeigt, mit wie viel Prozent die verschiedenen Gerätegruppen beteiligt sind.

Möchten Sie zusätzlich einen ersten Live-Eindruck der ausgesuchten Zielseite erhalten, so klicken Sie unterhalb der Vorschau auf den Link WEBSITE IN NEUEM TAB ÖFFNEN ❺. Sie werden dann direkt zur Website weitergeleitet und können sich auf der Seite »umschauen« und die Möglichkeiten der Werbung analysieren.

9.1.3 Anzeigenvorschau- und Diagnosetool: die schnelle Anzeigen-Analyse

Das Anzeigenvorschau- und Diagnosetool (siehe Abbildung 9.11) hat, wie der Name es schon andeutet, zwei Funktionen. Zum einen können Sie die Anzeigenvorschau dazu nutzen, die Darstellung Ihrer Anzeigen bei Google zu testen, ohne dass echte Impressionen durch eine eigene Anfrage über die Google-Suche erzeugt werden. Dabei kann man auch andere Regionen und Geräte simulieren, um Situationen zu testen, die man selber nicht durch eine einfache Google-Abfrage herstellen kann. Wenn Sie beispielsweise mit Ihrem Laptop in Hamburg sitzen, können Sie nicht so einfach durch den Aufruf der Google-Seite testen, welche Ergebnisse ein Smartphone-Nutzer in München sieht. Mit der Anzeigenvorschaufunktion geht das sehr wohl. Sie erhalten ein echtes Google-Ergebnis, welches jedoch keine Impressionen erzeugt. Somit haben Ihre Keyword-Tests keinen negativen Einfluss auf den Qualitätsfaktor Ihrer Keywords in Ihren Kampagnen! Der zweite Punkt, die Diagnose, überprüft gleichzeitig mit der Abfrage, ob das getestete Keyword in Ihrem AdWords-Konto auch eine Schaltung auslösen kann. Sie erkennen auf einen Blick durch ein grünes »Ja« oder ein rotes »Nein«, ob das Keyword aus dem AdWords-Konto heraus geschaltet wird. Zusätzlich erhalten Sie Hinweise, welche Bedingungen eine Schaltung verhindern.

Das Anzeigenvorschau- und Diagnosetool können Sie folgendermaßen nutzen (siehe Abbildung 9.11). Nachdem Sie unter TOOLS den Unterpunkt ANZEIGEVORSCHAU UND -DIAGNOSE aufgerufen haben, geben Sie in das Formularfeld ❶ das Keyword ein, das Sie analysieren möchten. Danach können Sie unter WEITERE OPTIONEN ❷ verschiedene Suchanfragen simulieren. Sie können hier die gewünschte Google-Domain ❸ auswählen, also neben der Standard-Top-Level-Domain DE ❹ könnten Sie z. B. COM, AT, NL usw. auswählen. Unter der Domain nehmen Sie in der nächsten Dropdown-Liste ❺ die gewünschte Spracheinstellung vor. Auf diese Weise könnten Sie also auch Anfragen in Deutschland von Usern simulieren, die als Spracheinstellung Englisch eingestellt haben.

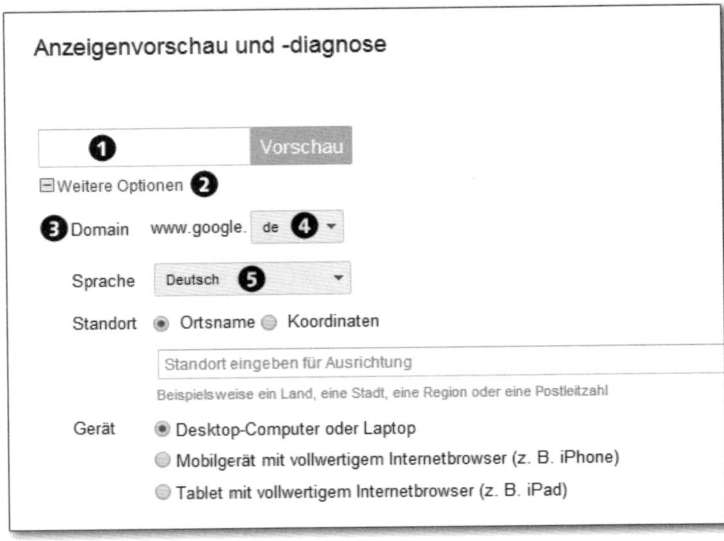

Abbildung 9.11 Eingaben zum Vorschau- und Diagnosetool

Die zwei wichtigsten Einstellungen erläutern wir Ihnen nun an einem kleinen Beispiel. Denn unter STANDORT können Sie analog zu der regionalen Ausrichtung in den Kampagneneinstellungen Städte, Bundesländer, Regionen oder auch Länder als Testregion auswählen. Alternativ können Sie hier auch über die Koordinaten die geographischen Einstellungen wählen. Auf diese Weise simulieren Sie ganz spezifische Nutzerstandorte, um zu erfahren, ob und in welchem Konkurrenzumfeld Ihre Anzeige ausgespielt wird. Beim Unterpunkt GERÄT können Sie zusätzlich das gewünschte Endgerät eingeben, das Sie testen möchten.

In unserem Beispiel (siehe Abbildung 9.12) simulieren wir eine Anfrage aus Bayern ❶, über ein Apple iPhone (Mobilgerät ❷ mit dem Betriebssystem iOS ❸), welches als Mobilfunkanbieter T-Mobile ❹ nutzt. Die Diagnose zeigt nach Klick auf den Button VORSCHAU direkt das Ergebnis. In unserem Beispiel wird also eine Anzeige geschaltet (Ja ❺). Der Diagnosebericht zeigt das auslösende Keyword ❻. Zusätzlich wird mit der Kampagne ❼ und der Anzeigengruppe ❽ der Ort genannt, wo das auslösende Keyword in Ihrem AdWords-Konto zu finden ist. Dieser Hinweis ist besonders wichtig, wenn gleiche oder ähnliche Keywords im Konto verteilt sind und Sie nicht genau nachvollziehen können, welches Keyword die Anzeige ausgelöst hat. Kampagne und Anzeigengruppe sind übrigens entsprechend verlinkt, so dass Sie aus dieser Diagnose heraus direkt in die Kampagnen oder Anzeigengruppen springen können, um eventuell notwendige Änderungen vorzunehmen.

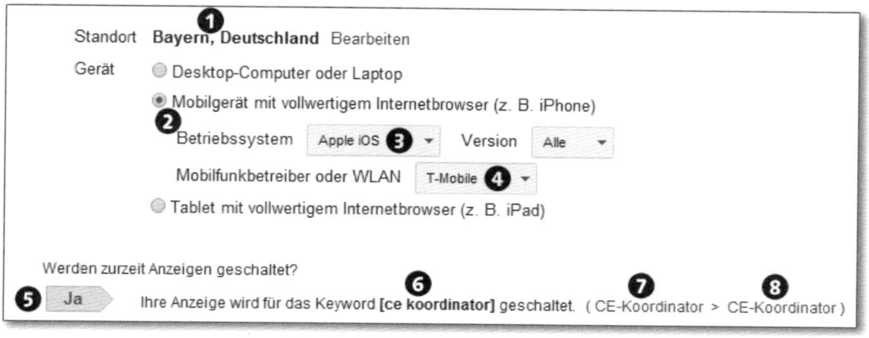

Abbildung 9.12 Vorgabe von Standort und Mobilgerät inklusive Betriebssystem

Unterhalb der Analyse finden Sie dann in der Vorschau (siehe Abbildung 9.13) das visuelle Ergebnis – und zwar so, als wenn die Anzeige auf einem iPhone im Bundesland Bayern abgerufen worden wäre. Neben der eigenen Anzeige – falls diese geschaltet wird – finden Sie in der Vorschau auch die direkten Konkurrenten sowie die organischen Ergebnisse zur Suchanfrage.

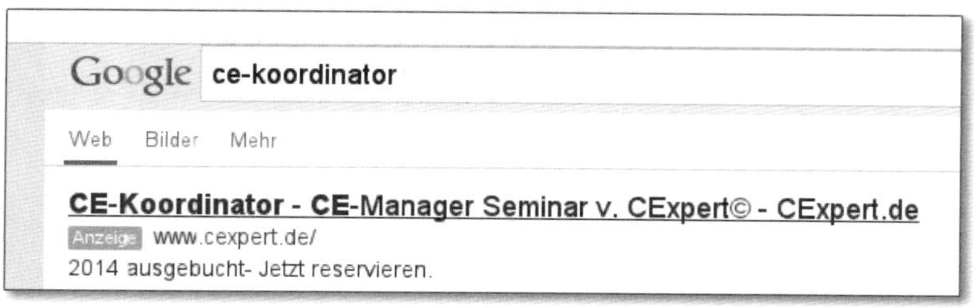

Abbildung 9.13 Anzeigenvorschau – Simulation iPhone am Standort Bayern

Ändern wir nun die Anfrage in unserem Beispiel, indem wir statt eines Mobilgerätes die Option DESKTOP-COMPUTER ODER LAPTOP anklicken, so erhalten wir ein anderes Vorschauergebnis. In unserem Beispiel (siehe Abbildung 9.14) sind nun drei Topergebnisse sowie zusätzliche AdWords-Ergebnisse auf der rechten Seite zu sehen. Das kleine Beispiel zeigt schon, dass Sie mit diesem Tool echte Live-Ergebnisse abbilden können, die sich bei veränderten Vorgaben jeweils anders darstellen.

Diese Methode ist auf jeden Fall der sonst üblichen Live-Abfrage der eigenen Keywords in der Google-Suche vorzuziehen. Bei einem Live-Test erzeugen Sie nämlich zusätzlich Impressionen, die sich letztlich negativ auf Ihre Keywords und Kampagnen auswirken, vor allem wenn Sie diese Abfragen sehr häufig durchführen und Ihre Anzeigen dabei nicht klicken. Ein gelegentlicher Klick auf Ihre Anzeige würde zwar Ihre Klickrate verbessern, führt jedoch zu unnötigen Klickkosten und ist daher nicht zu empfehlen.

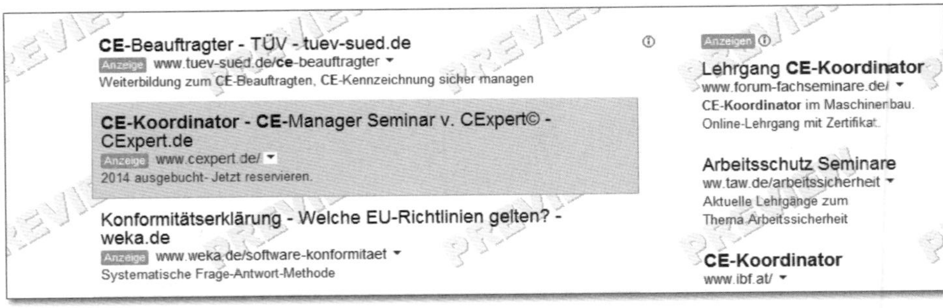

Abbildung 9.14 Anzeigenvorschau für PC/Desktop

Wie sieht nun ein negatives Diagnoseergebnis aus, wenn das eingegebene Keyword nicht geschaltet wird? Hierzu haben wir einmal zwei Beispielabfragen simuliert (siehe Abbildung 9.15). Als Ergebnis erschient bei beiden Tests anstelle des grünen »Ja« dann ein rotes »Nein« ❶. Zusätzlich erfolgt die Erklärung, welches Keyword ❷ in welcher Kampagne ❸ und welcher Anzeigengruppe ❹ nicht geschaltet wird. Falls es eindeutige Gründe gibt, so werden diese zusätzlich aufgeführt. In unserem ersten Beispiel führt ein ausschließendes Keyword *holz* ❺ dazu, dass unsere Suchanfrage, in der das Wort Holz vorkam, nicht geschaltet wurde.

Abbildung 9.15 Keine Anzeigenschaltung aufgrund eines Keyword-Ausschlusses

Im zweiten Beispiel (siehe Abbildung 9.16) haben wir die Suchanfrage für eine bestimmte Region, welche nicht in der Kampagnenausrichtung enthalten ist, getestet. Auch hier erfolgt eine entsprechende Fehlermeldung. Im zweiten Beispiel gibt das Diagnosetool an, dass die Anzeige im gewählten Standort nicht geschaltet wird ❶. Falls Sie eine solche Meldung erhalten, sollten Sie zunächst den analysierten Standort mit den Einstellungen zur Zielregion in Ihrer Kampagne abgleichen. Bei unserem zweiten Beispiel erkennen Sie, dass neben dem abgefragten Keyword im Konto wohl noch ein zweites, ähnliches Keyword existiert, welches auch zur Suchanfrage passen würde – und ebenfalls nicht geschaltet wird. Hinweise und Informationen zu diesem Keyword verbergen sich hinter den Link 1 WEITERES KEYWORD ANZEIGEN ❷.

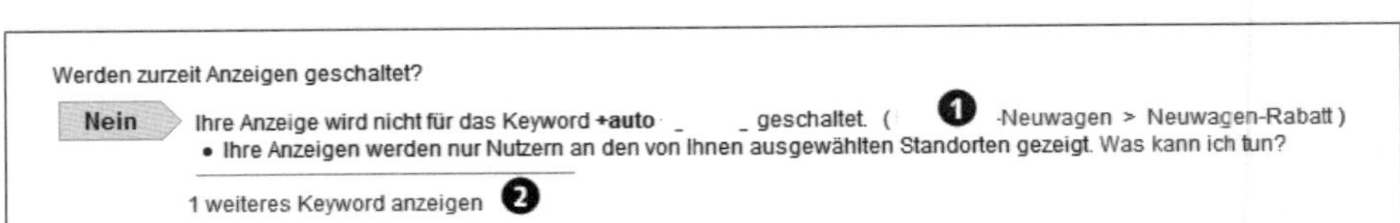

Abbildung 9.16 Keine Anzeigenschaltung aufgrund eines falschen Standortes

9.2 Conversions

Ein sehr wichtiges Tool verbirgt sich beim Unterpunkt Conversions. Mit Hilfe dieses Tools lässt sich das Conversion-Tracking einrichten, wie in Abschnitt 2.6.4, »Conversions in AdWords erstellen«, näher beschrieben. Wir möchten Ihnen an dieser Stelle die zusätzlichen Tools zur Analyse der Conversions näherbringen, die sich ebenfalls beim Unterpunkt CONVERSIONS verbergen. Denn Sie finden an dieser Stelle ein weiteres Tool mit der Bezeichnung SUCHTRICHTER. Mithilfe der Analysen im Unterpunkt SUCHTRICHTER lassen sich tiefergehende Untersuchungen zu den erzeugten Conversions durchführen, um Rückschlüsse auf das Kundenverhalten zu ziehen.

9.2.1 Conversion-Suchtrichter

Das Analysetool SUCHTRICHTER finden Sie beim Unterpunkt CONVERSIONS auf der linken Seite. Dort werden zunächst im oberen Bereich alle hinterlegten Ziele (= Conversions) ❶ aufgelistet (siehe Abbildung 9.17). Unter dieser Liste finden sie am Ende den Abschnitt SUCHTRICHTER ❷. Per Klick auf diesen Begriff öffnet sich eine Berichtsauswahl, mit deren Hilfe Sie Ihre Conversions näher analysieren können.

Abbildung 9.17 Suchtrichter im Tool »Conversions«

Die Suchtrichter können Sie jedoch erst nutzen, wenn zuvor Conversions eingerichtet und auch erzielt worden sind. Genau gesagt müssen folgende zwei Bedingungen erfüllt sein, um die Berichte für Suchtrichter zu nutzen:

1. Ein vorher eingerichtetes Ziel wurde erreicht, also eine Conversion wurde ausgelöst.
2. Zusätzlich waren mindestens zwei Klicks auf Ihre Anzeige nötig, um diese Conversion zu erzielen.

Denn der Hauptgrund für die Berichte zum Suchtrichter liegt in der Diskussion darüber, welcher Klick letztlich den neuen Kunden generiert hat. War es der »erste Klick« oder der »letzte Klick«, und welchen Anteil haben die Klicks, die eventuell noch dazwischen liegen? Falls Sie im Idealfall nur jeweils einen Klick auf Ihre AdWords-

Anzeige benötigen, damit ein Kunde eine Bestellung, eine Anfrage oder einen Kontaktaufnahme etc. durchführt, so entsteht natürlich erst gar kein Suchtrichter. Denn der Erfolg (Kundenkontakt, Kauf etc.) kann dann eindeutig einem Keyword, einer Anzeige usw. zugeordnet werden. Komplizierter wird das Ganze jedoch, wenn, wie so oft im Leben, der Weg zum Kunden über mehrere Umwege führt.

Bei unseren AdWords-Anzeigen bedeutet dies, dass der Kunde nicht beim ersten Klick die Bestellung durchführt, sondern nach dem zweiten, dem dritten oder sogar erst nach weiteren Klicks auf die AdWords-Werbung zum Kunden wird. In dieser Situation stellt sich die Frage, welche Kampagne, welche Anzeigengruppe, welche Anzeige und welches Keyword sind denn nun verantwortlich dafür, dass ein Google-User letztlich Kunde geworden ist? Standardmäßig, auch bei AdWords, wird die Conversion immer dem letzten Klick zugeordnet (»last click counts«). Es ist aber nicht immer so, dass der letzte Klick der wichtigste ist. Die so genannten vorbereitenden Klicks sind genauso wichtig oder eventuell sogar noch wichtiger. Für viele Marketingexperten ist vor allem der erste Klick, der einen zukünftigen Kunden auf die, für den Kunden bis dato unbekannte, Webseite aufmerksam gemacht hat, der wichtigste Klick. Denn falls der Kunde sich beim ersten Besuch den Namen des Produktes oder den Unternehmensnamen gemerkt hat, so erfolgt später der Kauf vielleicht, nachdem nur noch ein Marken- oder Firmenname eingegeben wurde. In der Praxis könnte dies zum Trugschluss führen, dass man nur noch unter seinem Unternehmensnamen oder mit seinen Produktnamen gefunden werden muss. Dies würde jedoch dazu führen, dass zukünftig Kunden wegfallen, die allgemeine Suchbegriffe nutzen und das Produkt oder das Unternehmen noch gar nicht kennen.

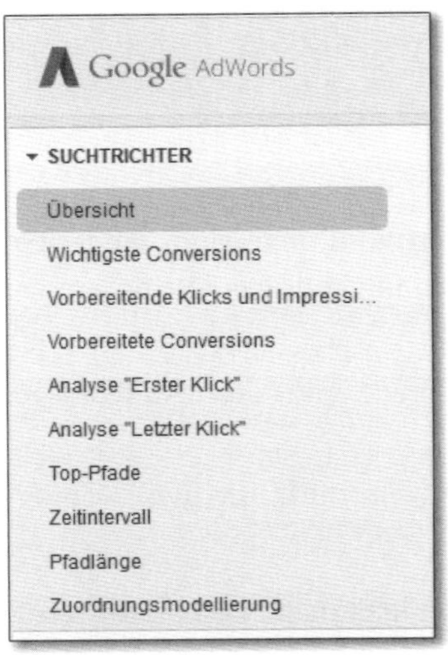

Abbildung 9.18 Suchtrichterberichte zu den Conversions

Der Suchtrichter unter CONVERSIONS enthält daher verschiedene Berichte (siehe Abbildung 9.18), die die Problematik von First und Last Click sowie die verschiedenen Suchpfade beleuchten und somit Hilfe bei der Auswahl zukünftiger Kampagnen und Keywords liefert. Wir stellen Ihnen die verschiedenen Berichte nun kurz vor. Wählen Sie, abhängig von Ihrer Fragestellung, die Berichte aus, die für Ihre Fragestellung und Analyse wichtig sind.

9.2.2 Wichtigste Conversions

Falls Sie mehrere Ziele angelegt haben, finden Sie im Bericht WICHTIGSTE CONVERSIONS die Daten zum Conversion-Typ sowie die Anzahl und den Wert Ihrer wichtigsten Conversions in der vergleichenden Übersicht (siehe Abbildung 9.19).

Conversion-Typ	Conversions ↓
1. Kontaktformular	333 (82,84 %)
2. Registrierung	69 (17,16 %)

Abbildung 9.19 Liste mit Conversions unter »Suchtrichter«

9.2.3 Vorbereitende Klicks und Impressionen

Etwas spannender ist der Bericht zu den vorbereitenden Klicks und Impressionen (siehe Abbildung 9.20). Hier finden Sie für verschiedene Dimensionen, zum Beispiel Kampagnen, Anzeigengruppen und Keywords, Zahlen zu der beschriebenen Grundproblematik. Die Statistik zeigt, wie oft die jeweiligen Dimensionen an der Vorbereitung zum Abschluss beteiligt waren und welche Bedeutung sie einen Schritt vorher in der Vorbereitung des Abschlusses gehabt haben – als so genannte »vorbereitende Klicks« oder auch »vorbereitende Impressionen«.

Primäre Dimension: Kampagne Anzeigengruppe Keyword Gerätekategorie Andere

Sekundäre Dimension

Erweitert

Kampagne	Letzte Klicks ↓	Vorbereitende Klicks	Vorbereitende Klicks/Letzte Klicks	Vorbereitende Impressionen	Vorbereitende Impr./Letzte Klicks
1. Kampagne Test 1	106 (56,99 %)	16 (66,67 %)	0,15 (116,98 %)	105 (58,01 %)	0,99 (101,79 %)
2. Kampagne Test 2	80 (43,01 %)	8 (33,33 %)	0,10 (77,50 %)	76 (41,99 %)	0,95 (97,62 %)

Abbildung 9.20 Anteil von Kampagnen an vorbereitenden Klicks oder Impressionen

9.2.4 Vorbereitete Conversions

Diese Berichte ähneln den Berichten zu den vorbereitenden Klicks/Impressionen mit einem entscheidenden Unterschied. Hier werden die Conversions und nicht die vorbereitenden Klicks den Dimensionen, z. B. den Keywords, zugeordnet. Die hier genannten Kampagnen, Keywords etc. haben wirklich zu einer Conversion geführt.

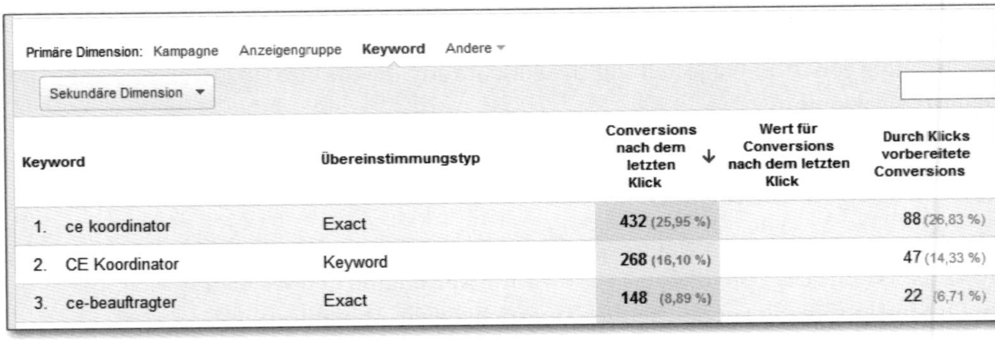

Abbildung 9.21 Zuordnung von Keywords zu Conversions

9.2.5 Analyse »Erster Klick«/»Letzter Klick«

Die beiden nächsten Berichte in der Liste haben wir hier zusammengefasst, da die Conversions ähnlich analysiert werden (siehe Abbildung 9.22 und Abbildung 9.23). Es wird nur einmal an den Anfang des Suchtrichters geschaut, also der erste Klick betrachtet und einmal an das Ende. Bei der Analyse des »ersten Klicks« werden die Dimensionen betrachtet, die zum ersten Kontakt geführt haben, aus dem dann später eine Conversion wurde.

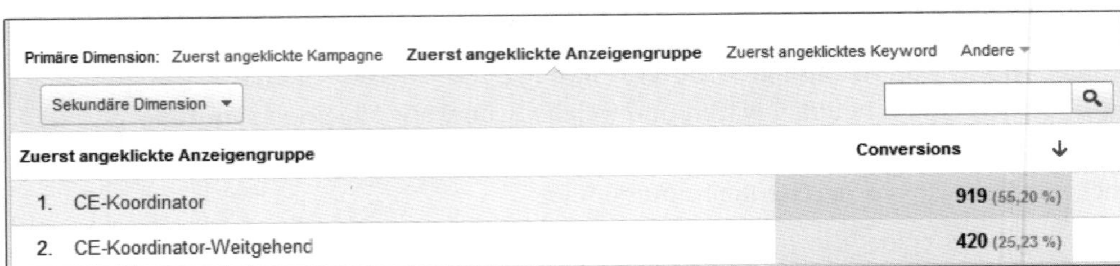

Abbildung 9.22 Berichte zum ersten Klick, der später zu einer Conversion führte

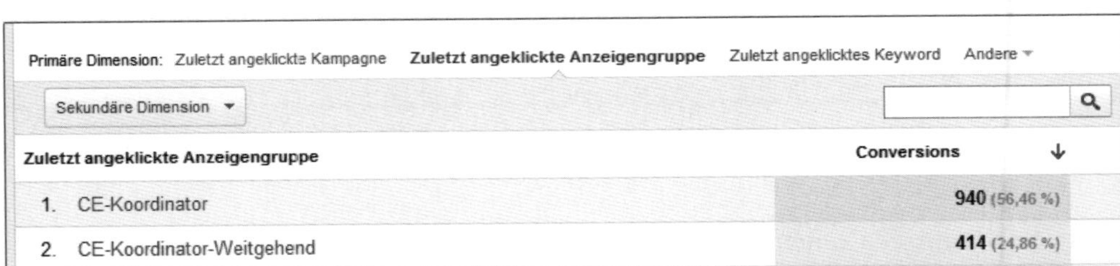

Abbildung 9.23 Berichte zum letzten Klick, der zu einer Conversion führte

Bitte beachten Sie immer dabei, welche Aussagekraft diese Statistiken haben. Da die Zuordnung auf Cookies basiert, bedeutet dies, dass Sie nur Conversions auf diese Weise analysieren können, wenn der Kunde letztlich vom ersten Klick bis zur Conversion seine Cookies nicht gelöscht hat und auch immer von einem Endgerät mit demselben Browser agiert hat. Diese Erkenntnis führt dazu, dass Sie nur Trends mit Hilfe von großen Datenmengen analysieren sollten. Aussagen zu einzelnen Kunden sind daher nicht sinnvoll, da sie nicht immer so genau gemessen werden können.

9.2.6 Top-Pfade

Der aus unserer Sicht interessanteste Bericht verbirgt sich hinter der Bezeichnung TOP-PFADE. Auch bei diesem Bericht können Sie wieder aus verschiedenen Dimensionen auswählen. So finden Sie auf Kampagnen-, Anzeigengruppen- und Keyword-Ebene die Pfade, die letztendlich zum Kundenkontakt geführt haben. In Abbildung 9.24 sehen Sie als Beispiel, welche Suchanfragen den Google-User zu einer Seminaranfrage geführt haben. Das bedeutet, dass bei jedem Schritt auf eine AdWords-Anzeige geklickt wurde und erst beim letzten Schritt das Seminar gebucht wurde. Anhand unseres echten Beispiels verschiedener Suchanfragen folgen nun vier typische Vorgehensweisen von Kunden.

1. **Wiederholung der gleichen Suchanfrage ❶**
   Die gleiche Suchanfrage wird zwei oder mehrmals wiederholt und es werden keine Veränderungen am Suchbegriff vorgenommen. Dies deutet auf einen weit verbreiteten und bekannten Begriff aus Ihrer Branche hin. Der Suchende weiß, dass dieser Begriff zum gewünschten Produkt bzw. zur gewünschten Dienstleistung führt.
2. **Verfeinerung der Suche ❷**
   Das zweite Beispiel zeigt die Veränderung des Suchbegriffes. Der Suchende startet mit einem einzelnen, allgemeinen Begriff und fügt im zweiten Schritt mit dem Begriff »Ausbildung« eine konkrete Dienstleistung hinzu. Diese Anfrage führt dann zur Seminarbuchung.
3. **Von der Problemstellung zum Produkt ❸**
   Das dritte Beispiel startet mit der Suche nach einer Dienstleistung und endet beim Produktnamen. Suchende lernen oft während der Google-Recherche das konkrete Produkt kennen. Die Conversion erfolgt dann über die Suchanfrage zu einem Produktnamen, der während der Internetrecherche »entdeckt« wurde.
4. **Von der Problemstellung zum Unternehmensnamen ❹**
   Das letzte Beispiel ist eine Abwandlung von Beispiel 3. Hier startet der Google-User wieder mit seinem Problem bzw. seinem Bedarf und bucht dann aber über den Firmennamen. Diese Suchpfade kann man sehr häufig auch bei AdWords-Kampagnen für Online-Shops entdecken. Webshop-Kunden recherchieren also zunächst bestimmte Produkte oder suchen nach Lösungen für Probleme. Während der

Recherche finden sie dann interessante Webshops. Der Shop-/Firmenname wird notiert oder bleibt im Gedächtnis. Am Ende wird dann über den Firmennamen das Produkt bestellt.

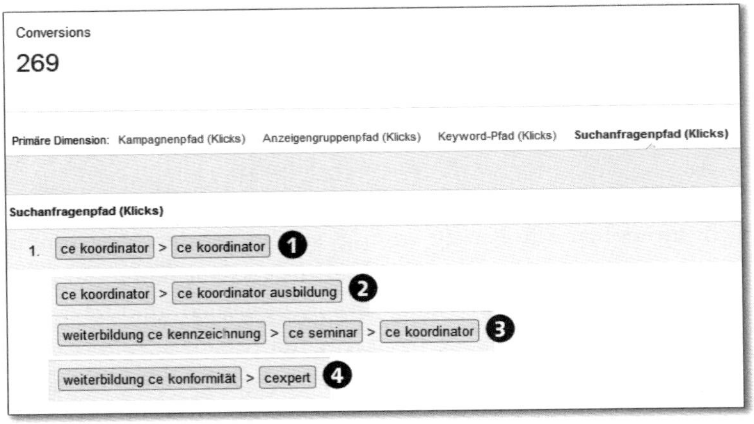

Abbildung 9.24 Pfade der Suchanfragen

Anhand der konkreten Beispielpfade haben wir Ihnen typische Suchvorgänge vorgestellt. Aber, was können Sie daraus lernen? Erstellen Sie regelmäßig die Berichte im Suchtrichter zu Ihren Top-Suchanfragen und entscheiden Sie dann, welche Keywords für Sie lohend sind. Erreichen Sie genug Kunden direkt über Produkt- und Firmennamen? Dann könnten Sie bei beschränktem Budget die teuren, allgemeinen Keywords einsparen. Wahrscheinlich haben jedoch zunächst die vorbereitenden Keywords neue Kunden auf Ihre Webseite gelenkt. Identifizieren Sie über die Suchanfragenpfade daher die wichtigsten Begriffe und beschränken Sie sich bei kleinem Budget zunächst auf diese Keywords, die am meisten als vorbereitende Keywords Conversions erzielt haben.

Falls Sie keinen Trend erkennen, sondern ganz unterschiedliche Suchanfragen den Conversion-Pfad eingeleitet haben, ist es sicher sinnvoll, langsam und kontrolliert weitere Keywords zuzufügen, um bei weiteren Keywords zusätzliche Interessenten auf Ihre Marke oder Ihr Unternehmen aufmerksam zu machen. Falls viele Conversions über den Produkt- oder Firmennamen kommen, sollte zu diesen Keywords auf jeden Fall auch eine eigene AdWords-Anzeigengruppe erstellt werden, damit keine potenziellen Kunden verloren gehen. Sie sehen also, dass die Berichte immer die Grundlage für weitere strategische Überlegungen bilden.

9.2.7 Zeitintervall

Der Bericht zum Zeitintervall (siehe Abbildung 9.25) visualisiert sehr eindrucksvoll, wie viel Zeit im Schnitt vergeht, bis eine Conversion abgeschlossen wird. Hier gibt es große Unterschiede im Suchverhalten und damit letztlich bei den Zeiträumen, bis eine Conversion erreicht wurde. Einen großen Anteil haben dabei die jeweiligen Produkte bzw. die Dienstleistungen, die beworben werden. Bei einer Urlaubsreise oder einer teuren Anschaffung wie zum Beispiel einem Auto ist es ganz natürlich, dass die vorbereitende Recherche eine gewisse Zeit dauert. Vom ersten Besuch bis zum wirklichen Abschluss können mehrere Wochen oder Monate vergehen. Wird auf der anderen Seite ein Produkt im Alltag dringend benötigt, weil zum Beispiel der Toner eines Druckers leer ist, vergehen nur wenige Stunden oder höchstens ein Tag bis zur Kaufentscheidung. Es herrscht ein natürlicher Kaufdruck, falls kein Toner auf Vorrat angelegt wurde.

Unser Tipp: Nutzen Sie die Analyse zum Zeitintervall auch für Entscheidungen zum Design Ihrer Remarketing-Kampagne. Falls das Zeitintervall bis zum Kauf bei Ihren Produkten/Dienstleistungen immer sehr kurz ist, können Sie auch die Cookie-Laufzeit für das Remarketing auf sehr kurze Zeiträume, z. B. maximal 7 Tage einstellen.

Primäre Dimension: Tage bis Conversion   Stunden bis Conversion

Tage bis Conversion	Conversions	Wert	Prozentsatz (Conversions / Wert)
<1 Tage	994	92.738,00	72,77 % / 70,79 %
1-2 Tage	42	3.247,00	3,07 % / 2,48 %
2-3 Tage	53	6.927,00	3,88 % / 5,29 %
3-4 Tage	33	3.470,00	2,42 % / 2,65 %
4-5 Tage	35	3.737,00	2,56 % / 2,85 %
5-6 Tage	30	4.271,00	2,20 % / 3,26 %
6-7 Tage	28	3.511,00	2,05 % / 2,68 %
7-8 Tage	18	2.048,00	1,32 % / 1,56 %
8-9 Tage	10	1.239,00	0,73 % / 0,95 %
9-10 Tage	4	220,00	0,29 % / 0,17 %
10-11 Tage	21	1.767,00	1,54 % / 1,35 %
11-12 Tage	10	913,00	0,73 % / 0,70 %
12+ Tage	88	6.925,00	6,44 % / 5,29 %

Abbildung 9.25 Zeitintervalle bis zur Conversion

9.2.8 Pfadlänge

Der Bericht zur Pfadlänge ähnelt dem vorher genannten Bericht zum Zeitintervall. Hier werden jedoch keine Aussagen zu einem Zeitraum getroffen, sondern es geht um die Anzahl der Klicks bis zur Conversion. Dabei kann es durchaus sein, dass bei einer ausgiebigen Recherche mehrere Klicks innerhalb eines kurzen Zeitraums erfolgen. Falls ein Produkt oder eine Dienstleistung generell viel verglichen wird, kann dies zu hohen Klickzahlen bis zur Conversion führen, obwohl die zeitliche Entscheidung eigentlich schnell getroffen werden muss.

Auch bei diesen Berichten sollten Sie den Lerneffekt hinterfragen und überlegen, welche Strategie aus den Daten abgeleitet werden kann. Falls die Zeitintervalle insgesamt zu lang sind und die Anzahl der Klicks bis zur Conversion zu hoch, sollten Sie Strategien entwickeln, die zu einem schnelleren Abschluss führen. Als Anregung können wir Ihnen folgende Tipps an die Hand geben:

1. Versuchen Sie durch eine künstliche Verknappung Ihr Produkt/Ihre Dienstleistung interessant zu machen. Damit erhöhen Sie den Druck, einen schnelleren Kaufabschluss zu tätigen.
2. Bieten Sie spezielle Aktionen oder Angebote an, die zeitlich befristet sind. Auch hierdurch erhöhen Sie den Druck, eine Entscheidung zu treffen und reduzieren somit das Zeitintervall.
3. Ist Ihr spezielles Angebot konkurrenzfähig und besitzt ein sehr gutes Preis-Leistungsverhältnis, so sollten Sie den Preis oder den prozentualen Vorteil zum Standardpreis direkt in der Anzeige nennen. Auch dies führt am besten in Kombination mit einer beschränkt verfügbaren Leistung zu schnelleren Conversions.
4. Bieten Sie zusätzlichen Service für bestimmte, beschränkte Zeiten an.

Kontrollieren Sie danach die neuen Strategien durch die Berichte zu Zeitintervall und Pfadlänge. Strategien, die die Zeitintervalle und/oder die Pfadlänge verkürzen, sollten Sie auch für andere AdWords-Kampagnen nutzen.

Klicks vor Conversion	Conversions
1	679
2	78
3	10
4	3

Abbildung 9.26 Pfadlänge bis zur Conversion

9.2.9 Welcher Klick zählt? Verschiedene Zuordnungsmodelle

Welcher Klick ist denn nun wichtig? Ist es der erste oder der letzte? Oder sind alle gleich wichtig? Diese Frage ist letztlich noch nicht entschieden bzw. man kann sie nicht so einfach entscheiden. Die Antwort hängt sicher auch immer vom Produkt, der Branche und dem Verhalten der Zielgruppe ab. Seit Januar 2014 hat Google

AdWords daher das Tool Zuordnungsmodellierung unter Suchtrichter hinzugefügt. Nun können die AdWords-Nutzer mit den verschiedenen Modellen »spielen« bzw. verschiedene Modelle miteinander vergleichen. Anhand der konkreten Beispiele versteht man die verschiedenen Zuordnungsmodelle besser und kann in Kombination mit den eigenen Kunden- und Branchenerfahrungen das beste Modell für die eigene AdWords-Werbung herausfiltern.

Die verschiedenen Modelle können Sie wiederum für Ihre Kampagne, Anzeigengruppen oder Keywords aufrufen. Beim Vergleich zweier Zuordnungsmodelle werden die unterschiedlichen Wertezuordnungen deutlich.

9.2.10 Der spezielle Bericht »Zuordnungsmodellierung«

Google AdWords bietet folgende fünf Zuordnungsmodelle an (siehe Abbildung 9.27):

- Letzter Klick
  Das Zuordnungsmodell »letzter Klick« wird standardmäßig bei Google AdWords verwendet: Die Zählung der Conversions werden dem letzten Klick zugeordnet. Eine Auswertung nach diesem Modell zeigt eindeutig, welche Kampagne, Anzeigengruppen oder Keyword tatsächlich eine Conversion erzielt hat.
- Erster Klick
  Mit der Wahl des Zuordnungsmodelles »erster Klick« wird die Conversion dem ersten Klick zugeordnet. Dies legt den Fokus, wie vorher bereits erörtert, auf die Suchanfragen, die zunächst auf das Angebot aufmerksam gemacht haben. Ohne den Kontakt über den ersten Klick käme es möglicherweise erst gar nicht zu einer Conversion. Aber nicht alle Erstkontakte führen später zu einer Kundenbeziehung. Mit dem Zuordnungsmodell »erster Klick« erkennen Sie also auch, welche Keywords in Bezug auf zukünftige Kunden wertvoll sind und welche Keywords nur Kosten verursachen.
- Linear
  Das lineare Zuordnungsmodell ist interessant, falls Ihre Werbekampagnen bewusst entlang eines mehrstufigen Prozesses aufgebaut sind und jeder einzelne Schritt, z. B. der Download einer kostenlosen Testversion, vor dem Kauf wichtig ist. Falls jeder Schritt gleich wichtig ist, wird dies im linearen Modell abgebildet. Wurde die Conversion beispielsweise nach vier Klicks durchgeführt, so werden jedem Klick 25 Prozent der Conversion sowie 25 Prozent des gesamten Conversion-Wertes zugeordnet.
- Zeitverlauf
  Das Zuordnungsmodell »Zeitverlauf« verteilt demgegenüber die Wertigkeit nicht gleichmäßig, sondern unterstellt, dass ein Klick umso wertvoller wird, je näher er am Abschluss liegt. Der zeitlich letzte Klick vor der Conversion erhält also den höchsten Wert, die vorangegangenen Klicks sind in einer entsprechenden Abstu-

fung immer weniger wert, je früher sie getätigt wurden. Der erste Klick besitzt also den geringsten Wert. Auch eine solche Abstufung klingt plausibel.

- Positionsbasiert
  Das positionsbasierte Zuordnungsmodell liegt demgegenüber mehr Wert auf den ersten Klick, der neue Interessenten auf die Website gebracht hat und dem letzten Klick, der die Conversion erzielt hat. Der erste und der letzte Klick erhalten daher je 40 Prozent des Conversion-Wertes zugesprochen. Alle anderen Klicks zwischen den beiden teilen sich die restlichen 20 Prozent untereinander auf. Diese Klicks sind in diesem Modell also weniger wichtig und dienen nur dazu, den Kontakt zum potenziellen Kunden aufrecht zu halten. Dieses Modell ist also eine Mischung aus den Modellen »Letzter Klick« und »Erster Klick«.

Sie können die im AdWords-Konto angebotenen Zuordnungsmodelle im Bereich Suchtrichter vergleichen, indem Sie den Unterpunkt Zuordnungsmodellierung auswählen. Oberhalb der angezeigten Statistik ist als Standard der »Letzte Klick« eingestellt. Diese Auswahl kann jedoch über ein Dropdown-Menü geändert werden und anstatt der Standardeinstellung eines der anderen vier Modelle ausgewählt werden. Möchten Sie zwei Modelle vergleichen, dann wählen Sie das zweite Modell rechts daneben ebenfalls über das Dropdown-Menü aus.

Es bietet sich natürlich an, das Standardmodell Letzter Klick gegen die anderen Modelle zu testen. Sie können aber auch jeden anderen Vergleich hier einstellen. Nachdem Sie zwei Modelle ausgewählt haben, erhalten Sie eine neue Statistik, die entsprechende Kennzahlen wie zum Beispiel die totalen Conversions, den prozentualen Anteil aller Conversions und den jeweiligen Conversion-Wert beinhaltet. Die letzte Spalte zeigt außerdem die prozentuale Veränderung (positiv oder negativ) im Vergleich der beiden ausgewählten Modelle. Signifikate Veränderungen werden zudem mit einem farbigen Pfeil in Grün für positive und in Rot für negative Veränderungen gekennzeichnet.

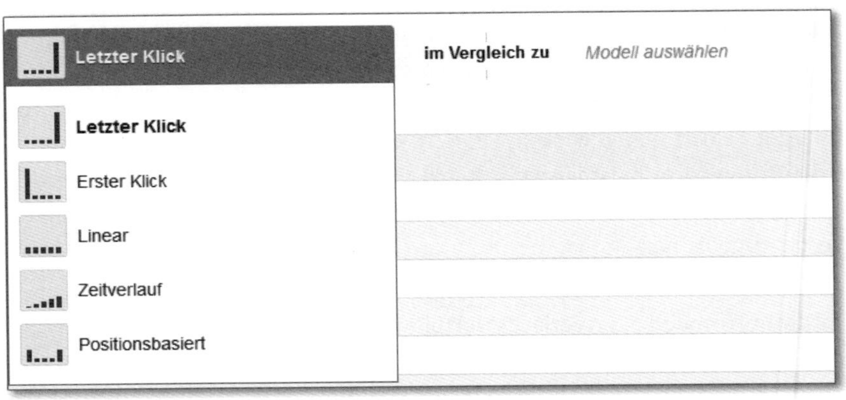

Abbildung 9.27 Fünf Zuordnungsmodelle zur Conversion-Analyse

9.3 Der AdWords Editor – ein Offline-Tool

Der AdWords Editor ist ein zusätzliches kostenloses Google-Tool, welches im Gegensatz zu den anderen vorgestellten Tools nicht online genutzt wird, sondern vor allem deshalb so interessant ist, weil es die Möglichkeit bietet, ein AdWords-Konto herunterzuladen und offline zu bearbeiten. Mit dem Editor können Sie auch außerhalb Ihres Google-AdWords-Accounts Ihre Kampagnen verwalten und optimieren.

Die aktuelle Version (im November 2014 war es Version 10.6.0) des AdWords-Editors finden Sie unter *http://www.google.de/intl/de/adwordseditor*. Bitte beachten Sie, dass die Versionen laufend aktualisiert werden, weil ja die Änderungen im AdWords-Backend mit zeitlicher Verzögerung auch in den Editor aufgenommen werden. Neue Versionen können durch eine Aktualisierung aufgespielt werden. Die Erfahrung zeigt jedoch, dass es beim Update öfters einmal hakt. Hier helfen nur eine komplette Deinstallation der alten und das Aufspielen der neuen Version. Da der Editor nicht sehr groß ist, funktioniert dieser Weg schneller als die Ursachenforschung zum Update-Fehler.

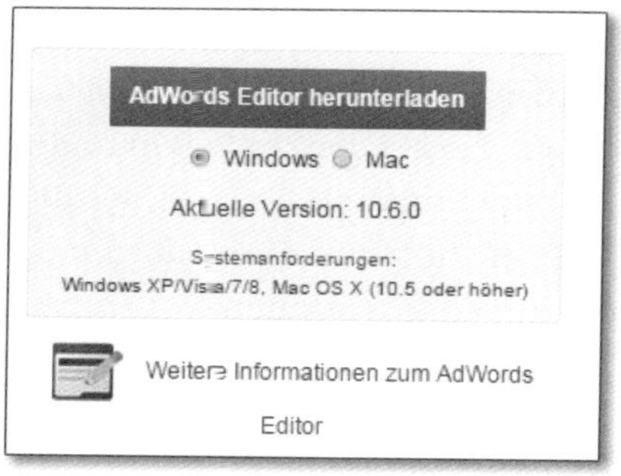

Abbildung 9.23 Download-Button zum AdWords Editor

9.3.1 Starten des AdWords Editors

Nachdem Sie den AdWords Editor heruntergeladen und installiert haben, können Sie das Programm auf Ihrem Computer unter ALLE PROGRAMME • GOOGLE ADWORDS EDITOR • ADWORDS EDITOR aufrufen. Wenn Sie das Programm zum ersten Mal öffnen, befinden sich natürlich noch keine Kampagnen im Editor. Das Programm führt Sie jedoch durch ein Setup, welches den Editor mit Ihrem AdWords-Konto oder Ihrem Client-Center (MCC) verbindet. Dafür benötigen Sie lediglich Ihren Google-Login, der Sie als Administrator identifiziert. Danach können Sie Ihr Konto oder bestimmte Kampagnen aus dem Konto in den Editor herunterladen. Als AdWords-User werden Sie bereits über ein AdWords-Konto verfügen, das Sie im Editor optimieren oder bearbeiten möchten. Darum wählen Sie also die Funktion »Konto hinzufügen«. Nach der Eingabe Ihrer Kontozugangsdaten können Sie entscheiden, ob Sie alle

Kampagnen Ihres Kontos herunterladen wollen oder nur einige ausgewählte bzw. eine einzelne Kampagne.

Hinweis: Bitte denken Sie daran, dass Sie stets den aktuellen Stand Ihres AdWords-Kontos herunterladen (siehe Abbildung 9.29), bevor Sie Änderungen im Editor durchführen. Auf diese Weise vermeiden Sie ungewollte Synchronisationsfehler.

Abbildung 9.29 Konto auswählen und Kontoänderungen herunterladen

Nachdem Sie die gewünschte(n) Kampagne(n) im Editor heruntergeladen haben, finden Sie diese sowohl im linken Strukturbaum ❶ als auch im mittleren Fenster ❷ unter dem Register KAMPAGNEN ❻ (siehe Abbildung 9.30). Die Bearbeitung Ihrer Kampagnen, Anzeigengruppen, Keywords etc. ist im Editor auf verschiedenen Wegen möglich. Sie können zum einen Befehle über die Taskleiste im Header vornehmen. Dort finden Sie unter DATEN zum Beispiel den Unterpunkt KEYWORDS und in der nächsten Ebene NEUES KEYWORD HINZUFÜGEN. Hinter diesem Befehl finden Sie zusätzlich den zugehörigen Shortcut. Die Tastenkombination `Strg` + `K` fügt ebenfalls ein neues Keyword hinzu. Eine Steuerung über Shortcuts ist also auch möglich. Über die Taskleiste können Sie alle Funktionen des Editors abrufen.

Eine intuitivere Art der Bearbeitung stellt jedoch die Bearbeitung der Kampagne über die verschiedenen Register dar. Dies ähnelt der Bearbeitung im AdWords-Konto, ist jedoch ein wenig anders aufgebaut. Wie im AdWords-Backend können Sie das gewünschte Element (Kampagne, Anzeigengruppe) über die linke Menüstruktur ❶ auswählen. Alternativ navigieren Sie mit Hilfe der Register im mittleren Fenster ❷ zur gewünschten Ebene. Sie können entweder mit + ANZEIGENGRUPPE HINZUFÜGEN ❼ ein neues Element hinzufügen oder über den benachbarten Button MEHRERE ELEMENTE HINZUFÜGEN/AKTUALISIEREN ❽.

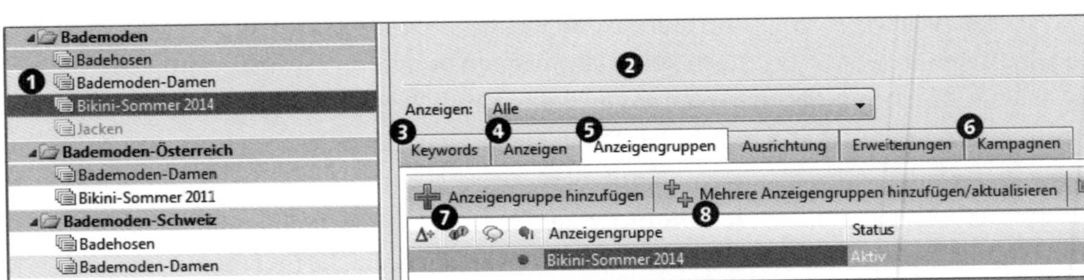

Abbildung 9.30 Kontonavigation mit Bearbeitungsfunktion im AdWords Editor

Für eine erste Orientierung haben wir Ihnen die wichtigsten Funktionen des AdWords Editors, unterteilt nach den Registern, einmal zusammengestellt:

- Register KAMPAGNEN ❻
  - Kampagne hinzufügen
  - Mehrere Kampagnen hinzufügen/aktualisieren
  - Ausgewählte Kampagne bearbeiten (Grundeinstellungen)
- Register ANZEIGENGRUPPEN ❺
  - Anzeigengruppe hinzufügen ❼
  - Mehrere Anzeigengruppen hinzufügen/aktualisieren ❽
  - Anzeigengruppe bearbeiten (Name, CPC, Status)
- Register ANZEIGEN ❹
  - Textanzeige hinzufügen
  - Mehrere Textanzeigen hinzufügen/aktualisieren/löschen
  - Textanzeigen auswählen und bearbeiten
- Register KEYWORDS ❸
  - Einschließendes Keywords zufügen
  - Mehrere einschließende Keywords hinzufügen/aktualisieren/löschen
  - Ausschließendes Keyword zufügen
  - Mehrere ausschließende Keywords hinzufügen/aktualisieren/löschen
  - Keywords bearbeiten

9.3.2 Besonderheiten des AdWords Editors

Welche Vorteile bietet der AdWords Editor? Was macht ihn zu einem besonderen Helfer, den viele AdWords-Administratoren nicht missen möchten? Eine Anmerkung vorweg: Um alle Funktionen des AdWords Editors zu beschreiben, benötigt man fast ein eigenes Buch. Wir zeigen Ihnen hier als Anregung zehn wichtige Funktionen, die den Editor für manche Administratoren unentbehrlich machen. Über diese Ideen findet man sicher noch weitere Möglichkeiten, um die eigenen Kampagnen zu bearbeiten. Interessanterweise hat Google mittlerweile bereits einige Funktionen des AdWords Editors in die AdWords-Online-Verwaltung eingebaut, die früher nur im AdWords Editor möglich waren. Dies hat die Anzahl der aktiven, regelmäßigen Editor-User sicher reduziert. Wir sind der Überzeugung, dass ein Blick in den Editor auf jeden Fall lohnenswert ist. Der Einsatz des Editors kann Ihnen im AdWords-Alltag viel wertvolle Zeit sparen.

1. **Backup Ihrer AdWords-Kampagnen**
   Nachdem Sie den aktuellen Stand Ihres AdWords-Kontos mit dem AdWords-Editor heruntergeladen haben, können Sie dieses Konto über einen Export in einer

Backup-Datei ❷ sichern (siehe Abbildung 9.31). Auf diese Weise erhalten Sie eine Offline-Sicherung Ihrer AdWords-Kampagnen.

2. **Gemeinsame Bearbeitung eines Kontos**
   Mit dem Editor haben Sie auch die Möglichkeit, Ihre Kampagnenstruktur oder die vorgenommene Optimierungen an den Kampagnen von einem Kollegen prüfen oder bewerten zu lassen. Mehrere Kollegen können verschiedene Kampagnen in einem großen Konto bearbeiten.
   Sie haben natürlich auch die Möglichkeit den aktuellen Stand Ihrer Kampagnenplanung Ihrem Kunden vorzulegen. Der Austausch funktioniert ganz einfach, indem Sie den aktuellen Stand zur gemeinsamen Verwendung aus dem Editor exportieren ❸ und per E-Mail an Ihren Kunden/Kollegen weiterschicken. Die Export-Datei (AES-Datei) kann dann von den Kollegen oder Kunden ebenfalls mit Hilfe des AdWords Editors importiert und bei Bedarf bearbeitet werden. Mit Hilfe einer Kommentarfunktion können zudem Notizen zu den Vorschlägen oder Änderungen eingegeben werden.
3. **Austausch von Kampagnen zwischen unterschiedlichen Konten**
   Das Kopieren einer Kampagne innerhalb eines AdWords-Kontos ist kein Problem. Was ist aber, wenn man eine Kampagne von einem AdWords-Konto in ein anderes kopieren möchte? Vor allem für Agenturen ist es sehr interessant, eine bestehende Kampagne in ein anderes Konto zu kopieren, weil die Agentur zum Beispiel verschiedene Kunden aus der gleichen Branche in unterschiedlichen Regionen betreut. Eine kopierte Kampagne, die dann nur noch individuell angepasst werden muss, spart viel Zeit.
   Das Kopieren einer Kampagne in ein anderes Konto funktioniert ebenfalls über den Editor. Dazu wird die Kampagne zunächst als CSV-Datei ❶ aus einem Konto exportiert und dann über die Importfunktion ❺ des AdWords-Editors in ein anderes Konto importiert.

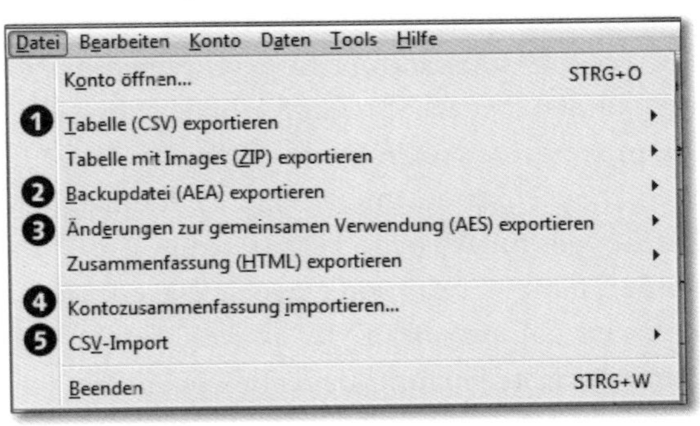

Abbildung 9.31 Export- und Import-Funktionen des AdWords Editors

4. **Einfaches Kopieren und Verschieben**
   Das große Plus des AdWord Editors ist seine Drag & Drop Funktion. Diese erleichtert vor allem die Erstellung von großen Kampagnen mit vielen Anzeigengruppen.

Kampagnen, Anzeigengruppen oder Anzeigen können einfach per linkem Mausklick markiert und dann mit gedrückter Maustaste verschoben werden. Wird gleichzeitig noch die [Strg]-Taste gedrückt, dann werden die Elemente nicht verschoben, sondern via Drag & Drop kopiert. Dies funktioniert auch mit einem Block von mehreren Elementen, die vorher per Mausklick und [⇧]-Taste markiert wurden. Einzelne Elemente können übrigens wie üblich per Mausklick und gedrückter [Strg]-Taste markiert werden. Alle diese Funktionen bieten einfache und intuitive Bearbeitungsmöglichkeiten, die so im AdWords-Backend nicht vorhanden sind.

Tipp: Verschieben Sie die Anzeigen einer laufenden Anzeigengruppe per Drag & Drop einfach in eine neu erstellte Anzeigengruppe. Selbst wenn die Anzeigentexte im Detail variieren, so sparen Sie doch einiges an »Schreibarbeit«, vor allem, wenn mehrere Anzeigentexte erstellt werden müssen. Mit Suchen und Ersetzen können zudem bestimmte Textbausteine ausgetauscht werden und durch Fein-Tuning lassen sich die kopierten Anzeigen dann schnell individualisieren.

5. **Rückmeldung bei Fehlern**
   Während der Anlage Ihrer Kampagnen, Anzeigengruppen, Keywords etc. blendet der AdWords Editor immer wieder Warnungen oder auch Fehlermeldungen ein. Über ein Ausrufezeichen in einem roten Kreis werden Sie zu den entsprechenden Ebenen geführt, bei der gerade ein Problem auftritt. In unserem Beispiel (siehe Abbildung 9.32) klickt man zunächst auf das markierte Register ANZEIGEN und danach auf das Unterregister TEXT. So werden Sie intuitiv zu der Fehlerquelle geleitet.

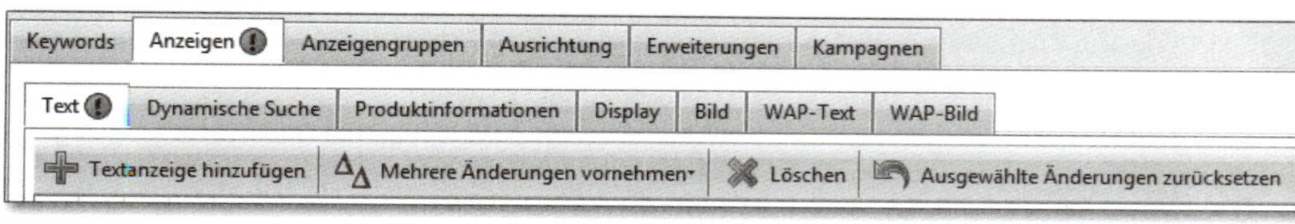

Abbildung 9.32 Markierung aktueller Probleme

Warnmeldungen (siehe Abbildung 9.33) im Editor leiten Sie während der Anlage einer Kampagne und erinnern Sie daran, was noch im nächsten Schritt zu tun ist. So werden Sie z. B. daran erinnert, dass Ihre Anzeigengruppen noch keine Keywords oder Textanzeigen enthalten. Der Editor wird so zu Ihrem »Helferlein«, das alle wichtigen Infos zur Verfügung stellt, damit Sie nichts bei der Kampagnenerstellung vergessen.

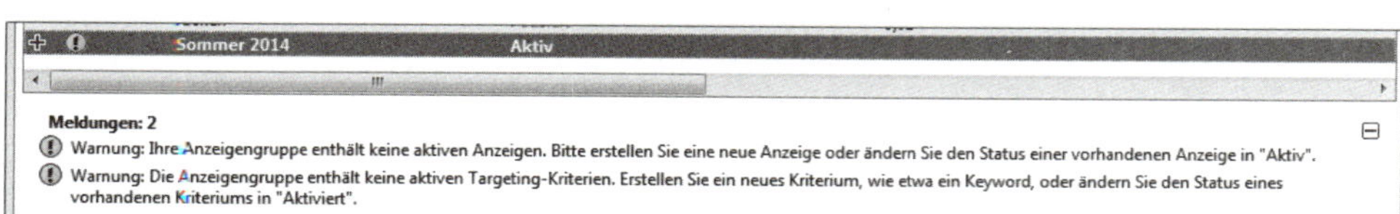

Abbildung 9.33 Warnmeldungen nach der Erstellung einer neuen Anzeigengruppe

6. **Fehlerprüfung**
   Im Editor vorgenommene Optimierungen können Sie schnell und einfach per Knopfdruck in Ihr AdWords-Konto hochladen ❷ (siehe Abbildung 9.34). Bevor Sie jedoch mit Ihren Änderungen »live gehen«, sollten Sie diese zunächst mit Hilfe des Buttons ÄNDERUNGEN ÜBERPRÜFEN ❶ kontrollieren. Es könnte zum Beispiel sein, dass Sie mit bestimmten Einstellungen gegen Google-Richtlinien verstoßen. Die Überprüfung kann Ihnen wertvolle Zeit sparen, weil Sie auf inhaltliche Fehler sofort und ohne Verzögerung aufmerksam gemacht werden. Sie können den Fehler vor dem Upload beheben und die Ausspielung Ihrer Anzeigen wird nicht verzögert, wenn Sie später im AdWords-Account Ihre Kampagne aktivieren möchten.

Abbildung 9.34 Änderungen hochladen und überprüfen

Klicken Sie also vor dem Hochladen zunächst den Button ÄNDERUNGEN ÜBERPRÜFEN. Nachdem Sie die Kampagnen, die geprüft werden sollen, festgelegt haben, bestätigen Sie den Check per Klick auf ÄNDERUNGEN ÜBERPRÜFEN. Danach erhalten Sie eine Auflistung, die Abbildung 9.35 ähnelt. In grüner Farbe ❶ werden die Änderungen aufgelistet, die der Überprüfung standgehalten haben. In roter Schrift werden die Fehler aufgelistet ❸. Außerdem wird die Ebene ❷ angeben, wo die Fehler aufgetreten sind. Zu den Fehlen können Details ❹ ein- und ausgeblendet werden. Die Details zu den Fehlern erscheinen unterhalb der Prüfliste.

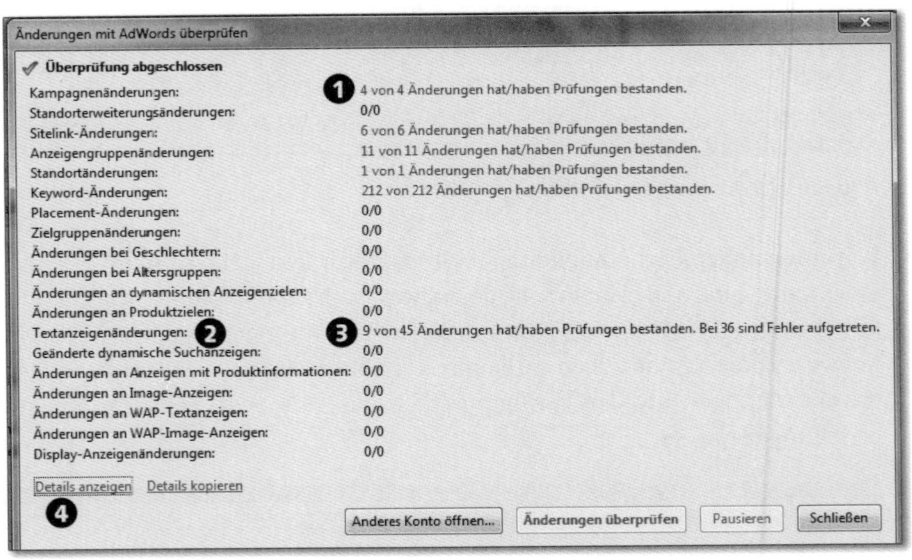

Abbildung 9.35 Liste mit Fehlern im AdWords Editor

7. **Gleichzeitige Bearbeitung mehrerer Elemente**
   Eine sehr nützliche und zeitsparende Funktion im Editor ist die gleichzeitige Bearbeitung mehrerer Elemente (siehe Abbildung 9.36). Werden zum Beispiel mehrere Keywords gleichzeitig markiert, so kann die Keyword-Option aller markierten Keywords mit einem Klick festgelegt werden. Auf die gleiche Weise kann der Status mehrerer Keywords von aktiv in pausierend geändert werden.
   Diese Funktion lässt sich für alle Ebenen und verschiedene Einstellungen nutzen. Möchten Sie zum Beispiel einen wichtigen Produktvorteil oder Call-to-Action in mehrere Anzeigen eintragen, so können Sie zunächst alle Anzeigen markieren und dann zum Unterpunkt AUSGEWÄHLTE TEXTANZEIGEN BEARBEITEN ❶ wechseln. Dann ändern Sie einfach den gewünschten Bereich Ihrer Textanzeigen, in unserem Beispiel TEXTZEILE 2 ❸, einmalig. Die Änderung wird dann automatisch für alle markierten Textanzeigen aktiviert. Der Hinweis <WEICHT AB> ❷ zeigt, dass in diesen Zeilen Unterschiede zwischen den markierten Textanzeigen bestehen.

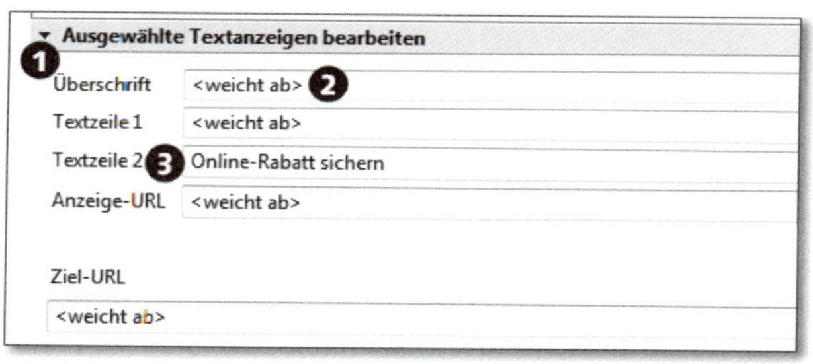

Abbildung 9.36 Mehrere Textanzeigen gleichzeitig bearbeiten

8. **Suchen und ersetzen**
   Die Funktion »search and replace« kennen Sie sicher auch aus Ihrem Textprogramm, wie z. B. MS WORD. Auch der AdWords Editor hält diese Funktion bereit (siehe Abbildung 9.37).

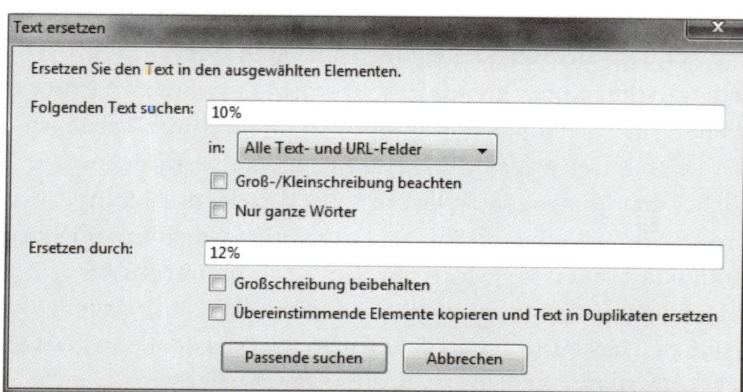

Abbildung 9.37 Suchen und Ersetzen von Textbausteinen

Sie können bei Ihren Keyword-Listen oder in Ihren Textanzeigen Begriffe automatisiert suchen und durch andere ersetzen lassen. Wenn sich beispielsweise Ihr Online-Rabatt von 10 Prozent auf 12 Prozent erhöht hat und eine Rabattaussage in fast jeder Ihrer Textanzeigen vorkommt, dann spart »Suchen und Ersetzen« viel Zeit. In Abbildung 9.37 sehen Sie, wie einfach nach der Zeichenfolge 10 Prozent gesucht und diese dann durch 12 Prozent ersetzt werden kann.

9. **Textbausteine hinzufügen**
   Eine Abwandlung von »Suchen und Ersetzen« ist das Hinzufügen von Textbausteinen an bestimmten Stellen. Auch dies ist mit dem AdWords Editor kein Problem. Mit der Funktion »Text anfügen« können Sie z. B. zusätzliche Informationen oder Ihr wichtigstes Keyword bei mehreren Textanzeigen an die angezeigte URL anhängen (siehe Abbildung 9.38).

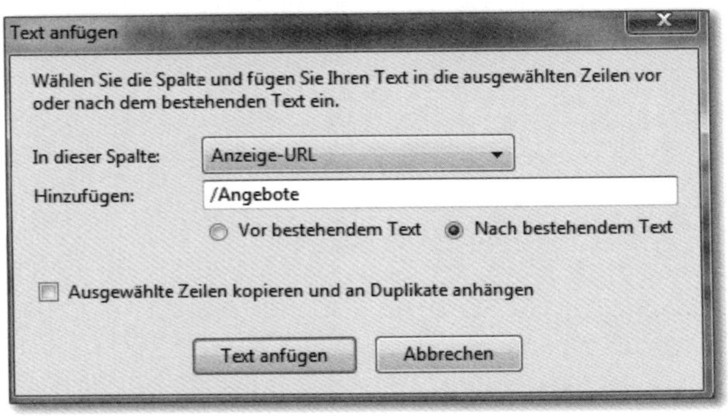

Abbildung 9.38 Erweitern der angezeigten URL

10. **Aufspüren doppelter Keywords**
    Ein wichtiges Tool, welches in Ihrem AdWords-Konto nicht verfügbar ist, nennt sich »Identische Keywords suchen« (siehe Abbildung 9.39). Im Editor können einzelne Kampagnen oder auch Ihr komplettes Konto nach doppelten Keywords durchsucht werden. Doppelte Keywords sind ein Problem, falls diese als Konkurrenten in Ihrem Konto in gleichen Zielregionen auftreten.
    Denn aus einem AdWords-Konto heraus wird zu einem Keyword immer nur eine Anzeige geschaltet. Falls Sie doppelte Keywords in Ihrem Konto haben, so löst nur ein Keyword eine Anzeige aus! Aber Sie können nicht bestimmen, bzw. vorhersehen, welches der doppelten Keywords die Anzeigenschaltung auslöst. Somit wird Ihre AdWords-Werbung zum Teil nicht vorhersehbar bzw. nicht steuerbar. Diese Konflikte können Sie jedoch mit dem Tool aus dem AdWords Editor aufspüren und bei Bedarf beheben. Sie starten das Tool im Editor, indem Sie im oberen Bereich in der Taskleiste TOOLS ❶ aufrufen und aus der Dropdown-Liste den Unterpunkt IDENTISCHE KEYWORDS SUCHEN ❷ auswählen.

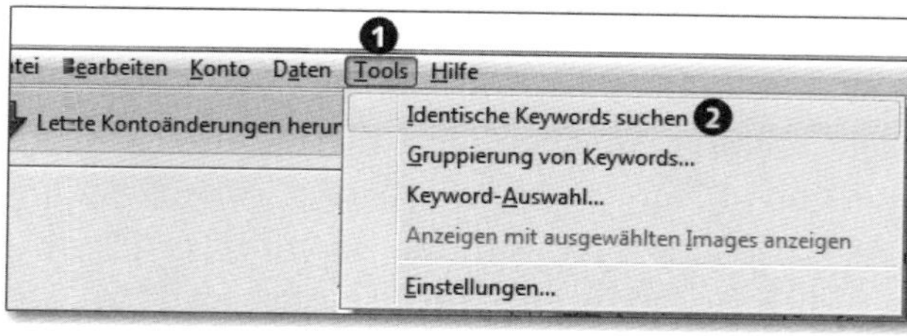

Abbildung 9.39 Aufspüren identischer Keywords

Danach können Sie in einem neuen Fenster (siehe Abbildung 9.40) im linken Menü ❶ bestimmen, ob das ganze Konto oder nur ausgewählte Kampagnen durchsucht werden sollen. Auf der rechten Seite können Sie verschiedene Suchbedingungen wie zum Beispiel STRIKTE WORTFOLGE ❷ festlegen. Sie können auch bestimmen, ob pausierende Kampagnen/Anzeigengruppen ❸ in die Suche einbezogen werden oder nicht. Nach den Einstellungen klicken Sie auf den Button IDENTISCHE KEYWORDS SUCHEN ❹ und erhalten als Ergebnis eine entsprechende Liste mit Duplikaten, falls doppelte Keywords vorhanden sind.

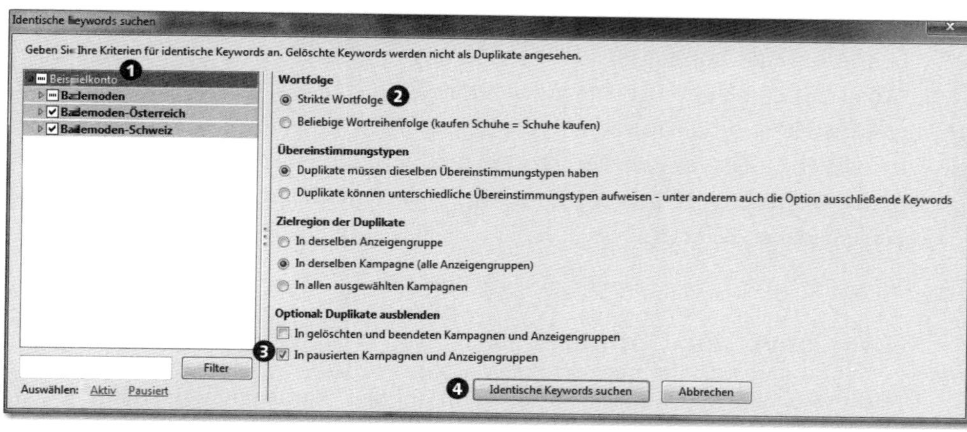

Abbildung 9.40 Auswahl der Kampagnen und Filtereinstellungen

Wir haben Ihnen hier eine kleine Auswahl an wichtigen Funktionen vorgestellt, die der AdWords Editor zu bieten hat. Falls bestimmte Möglichkeiten des Editors interessant sind, oder Sie sich offline in einer Gruppe austauschen möchten, dann sollten Sie auf jeden Fall den AdWords Editor einmal testen. Beachten Sie dabei, dass der AdWords Editor genau wie das AdWords Backend ständig neue Funktionen erhält. Dabei läuft der Editor den Entwicklungen des AdWords Online-Tool immer etwas hinterher.

9.3.3 Stirbt der AdWords Editor?

Viele Funktionen, die der AdWords Editor bereithält, sind mittlerweile auch schon online im Backend von Google AdWords enthalten. So können Sie im Gegensatz zu den AdWords-Anfangszeiten im Konto Ihre Kampagnen Anzeigengruppen, Keywords und Anzeigentexte ganz einfach kopieren und an anderer Stelle wieder einfügen. Außerdem ist es möglich durch »Suchen und Ersetzen« Textbausteine zu verändern. Auch ein Hinzufügen von zusätzlichen Texten an verschiedenen Stellen ist möglich. Diese Funktionen waren früher ein starkes Argument für den Editor.

Da diese zusätzlichen Möglichkeiten Step by Step dem Backend hinzugefügt wurden, gab es einige AdWords-Administratoren, die vermuteten, dass die Zeit des AdWords Editors gezählt sei. Aktuell sind dies jedoch nur Spekulationen und es gibt keine Ankündigung von Google das AdWords-Editor-Projekt einzustellen. Als Offline-Ergänzung und vor allem für die Zusammenarbeit verschiedener Administratoren ist das Tool auf jeden Fall eine sinnvolle Sache.

Im Alltag müssen Sie je nach Situation entscheiden, ob Sie den zunächst längeren Weg gehen. Also einmal den aktuellen Stand des Kontos in den Editor herunterladen, die Änderungen durchführen und das ganze wieder per Upload ins Konto verschieben. Alternativ können Sie viele Änderungen direkt im Konto durchführen. Die Arbeit mit dem Editor ist jedoch vor allem dann sinnvoll, wenn sehr viele Änderungen anstehen – und natürlich für die beschriebenen Aufgaben, die noch nicht online im Backend gelöst werden können. Dazu zählen zum Beispiel das Aufspüren doppelter Keywords im AdWords-Konto sowie der Austausch ganzer Kampagnen zwischen verschiedenen Konten.

9.4 Conversion Optimizer

Das Conversion-Optimierungstool kann in den Kampagneneinstellungen beim Unterpunkt Gebotsstrategie aktiviert werden. Das Tool ist also bereits im AdWords-Konto als automatische Funktion enthalten und kann nur aktiviert oder deaktiviert werden. Das Conversion-Optimierungstool soll Ihnen dabei helfen, für Ihre festgelegten (Cost-per-Acquisition)-Ziele besonders viele Conversions zu erzielen. Dies funktioniert jedoch nur zufriedenstellend, falls Sie wenige Makro-Conversions bestimmt haben, die Ihnen auch Kunden bringen. Zusätzlich müssen laufend genügend Conversions erzielt werden, denn das Conversion-Optimierungstool ist nur so gut wie die zugrundeliegenden Daten. Als Minimum müssen 15 Conversion in den letzten 30 Tagen vorliegen, ansonsten lässt sich das Conversion-Optimierungstool nicht aktivieren.

Nachdem das Tool aktiviert wurde, ermittelt es anhand der bisherigen Leistungen Ihrer Kampagne bei jeder Anzeigenschaltung automatisch das entsprechende optimale CPC-Gebot, um weitere Conversions bei geringen Kosten zu erzielen.

Was bedeutet Cost-per-Acquisition?

Cost-per-Acquisition (CPA) in AdWords sind die Kosten, die Sie durch Ihre Werbung investieren, um eine Conversion zu generieren. Die Akquise wird also mit dem Erreichen eines Ziels gleichgesetzt. Darum ist es wichtig, dass Sie hauptsächlich Ihre wichtigsten Ziele, also die so genannten Makro-Conversions dem AdWords-System bereitstellen. Eine Bestellung, eine Buchung, ein Auftrag etc. wären jeweils solche Makro-Conversions. Bei AdWords wird zwischen »Ziel-CPA« und »Maximaler CPA« unterschieden. Dabei steht der Ziel-CPA für den durchschnittlichen Betrag, den Sie für eine Conversion zu zahlen bereit sind, während der Höchstbetrag, den Sie für eine Conversion ausgeben möchten, als Maximaler CPA bezeichnet wird.

9.5 Optimierungstool für Displaykampagnen

Das Optimierungstool für Displaykampagnen funktioniert ähnlich wie das Conversion-Optimierungstool. Bei diesem Tool werden jedoch die Ausrichtung und Gebotsfestlegung für die Kampagnen im Google Displaynetzwerk verwaltet, damit diese zu mehr Conversions führen. Für das Optimierungstool für Displaykampagnen legen Sie einfach Ihren gewünschten Cost-per-Acquisition (CPA) fest. Danach ermittelt das Tool für Sie automatisch die besten Placements, um Ihre Conversions, basierend auf Ihren CPA-Zielen, zu steigern.

Dieses Tool ist jedoch derzeit (Stand Dezember 2014) nur für eine kleine Gruppe von Werbetreibenden verfügbar. Überprüfen Sie, ob unter den Kampagneneinstellungen ein Link »Automatische Kampagnenoptimierung« angezeigt wird. In diesem Fall ist das Tool für Ihr Konto freigeschaltet.

9.6 Website Optimizer

Das Website-Optimierungstool zur Durchführung von A/B- und Multivariantentests im Webdesign konnte früher unter Google AdWords aufgerufen werden. Seit August 2012 ist das Tool aber ein Teil von Google Analytics. Die Funktionsweise des Tools wird in Abschnitt 11.9, »Landing-Pages verbessern mit Content-Tests«, beschrieben.

9.7 AdWords-Kampagnentests

Mit Hilfe der AdWords-Kampagnentests lassen sich Änderungen an Ihrem Konto für ausgewählte Elemente testen. Die Tests werden live im Wechsel mit den Standardeinstellungen durchgeführt. Die Kampagnentests werden in Abschnitt 13.4.3, »ACE-Kampagnentests«, näher beschrieben.

Das Kapitel AdWords-Tools hat Ihnen einen Überblick zu den verschiedenen Tools vermittelt, die zum jetzigen Zeitpunkt (November 2014) für Google AdWords verfügbar sind. Neben den Tools, die als eigenständiger Unterpunkt im AdWords-Konto aufgeführt sind, kennen Sie nun auch die Tools, die quasi im Verborgenen wirken und bei Bedarf nur aktiviert werden müssen. Mit dem AdWords Editor haben wir Ihnen auch ein Google-Tool vorgestellt, mit dem Sie offline Ihre AdWords-Kampagnen bearbeiten und optimieren können. Schauen Sie sich die verschiedenen vorgestellten Tools an und nutzen Sie diese bei Bedarf, um Ihre Arbeit zu erleichtern und Zeit zu sparen.

9.8 Checkliste

Sind Sie mit den Tools im AdWords-Konto vertraut? Folgende Tools sollten Sie kennen.

Wichtige Tools im AdWords-Konto	Bekannt (✓)
Änderungsverlauf	
Keyword-Planer	
Planer für Displaykampagnen	
Tool zur Anzeigenvorschau und -diagnose	
Suchtrichter	
AdWords-Editor	
Conversion Optimizer	
Optimierungstool für Displaykampagnen	
AdWords-Kampagnentests	

Tabelle 9.1 Checkliste zu den wichtigsten Tools im AdWords-Konto

Kapitel 10
Reporting und Conversion-Tracking

Ohne Controlling sind Sie blind! Eine schöne Eigenschaft des Online-Marketings ist die Möglichkeit, die Strategien und getroffenen Entscheidung schnell und einfach kontrollieren zu können. Werden die gewählten Keywords auch gesucht? Welche Anzeigen funktionieren besser? Und vor allem: Werden die gesteckten Ziele auch erreicht?

Conversion-Tracking ist ein Muss bei der Schaltung von AdWords-Anzeigen, denn ohne Conversion-Tracking können Sie keine Aussage über den Erfolg Ihrer AdWords-Werbung machen. Zum Controlling gehören aber auch Berichte, die Ihnen zeigen, was gesucht wurde, auf welchen Geräten Ihre potenziellen Kunden über Google suchen, wo und zu welchen Zeiten diese hauptsächlich im Netz unterwegs sind. Zur Beantwortung dieser und weitere Fragen müssen Sie die Daten zu Ihren AdWords-Kampagnen mit Berichten erfassen und dann analysieren.

In diesem Kapitel zeigen wir Ihnen zum einen, welche Informationen Sie zum Conversion-Tracking erhalten, und zum anderen, welche wichtigen Kennzahlen Sie mit Hilfe der Berichtsfunktionen zusammenstellen können. Im AdWords-Konto besteht die Möglichkeit, Daten auf allen Ebenen wie Kampagnen, Anzeigengruppen, Keywords und den Anzeigen zu erfassen. Dabei gibt es unzählige Informationen, die Sie abrufen können. Es macht jedoch Sinn, sich auf das Wichtigste zu beschränken und lieber verschiedene, übersichtliche Spezialberichte zu erstellen, als alle Informationen in einen Bericht zu packen, der dann schnell unübersichtlich wird. Wir haben einige Tipps und Beispiele für Sie zusammengestellt.

Der Online-Marketingprozess mit AdWords-Anzeigen besteht aus drei grundlegenden Schritten:

1. Planung der Marketingkampagen mit Zielvorgaben, Keyword-Recherche und Targeting-Ideen
2. Aufsetzen der AdWords-Kampagnen anhand der Vorgaben
3. Controlling durch Datenerfassung und Erfolgsmessung

Dieses Kapitel befasst sich also mit dem dritten Punkt. Anhand der eingehenden Daten können die Erfolge oder Misserfolge gemessen werden. Natürlich endet der

Prozess hier nicht. Die Berichte und Statistiken bieten Ihnen fast immer neue Ansatzpunkte für die nächsten Optimierungsschritte.

10.1 Messen Sie Ihren Erfolg mit Conversion-Tracking

Vergessen Sie auf keinen Fall Ihre Ziele! Conversion-Tracking ist der wichtigste Parameter bei der Auswertung Ihrer AdWords-Kampagnen. Mit dem Conversion-Tracking messen Sie, ob Ihre Werbekampagen auch das erreichen, wofür sie angelegt worden sind. Bei einer Conversion wird aus einem Besucher ein Interessent oder sogar ein Kunde. Wurde die Conversion erreicht, so löst der integrierte Google Code (AdWords Conversion-Code oder Google Analytics-Code) eine Rückmeldung an das AdWords-System aus. Somit kann nachvollzogen werden, welche Anzeige, welches Keyword etc. die Conversion ausgelöst hat. Sie als AdWords-Manager können dann aufgrund dieser Informationen entscheiden, welche Keywords besonders wichtig sind, welche Anzeigen Kunden generieren und in welche Anzeigengruppe, in welcher Kampagne das meiste Potenzial zur Erreichung der Werbeziele steckt – und natürlich auch, welche Keywords, Anzeigentext etc. nicht funktionieren. Darum noch einmal der Hinweis: Conversions sind extrem wichtig. Leider ist es in der Praxis jedoch oft so, dass in vielen AdWords-Konten die Conversions nicht gemessen werden. Sie sollten es jedoch besser machen und bereits beim Aufsetzen der AdWords-Kampagnen Ihre Ziele definieren und überlegen, durch welche Messung Sie diese kontrollieren können.

10.2 Conversion-Tracking in AdWords einrichten

Wie Sie das Conversion-Tracking einrichten, haben wir in Abschnitt 2.6.4, »Conversions in AdWords erstellen«, bereits erläutert. Grundsätzlich gibt es drei Möglichkeiten, die Conversion für Ihre AdWords-Kampagnen aufzusetzen.

1. Sie erstellen einen Code in Google AdWords.
2. Sie erstellen Ziele in Google Analytics, die Sie danach in Ihr AdWords-Konto importieren.
3. Sie laden Conversions in AdWords hoch.

Die dritte Möglichkeit ist für Conversions interessant, die nicht online über JavaScript gemessen werden können, sondern offline erfasst werden. Die Herausforderung bei dieser Methode besteht darin, den Klick auf die AdWords-Anzeige mit den entsprechenden Kundendaten zu verbinden. Dies funktioniert z. B., indem ein ausgefülltes Anfrageformular oder ein generierter Rabatt-Code auf der Webseite mit der Google Click-ID (GLID) aus der AdWords-Anzeige verknüpft werden. Wird dann der

Rabatt-Code offline im Geschäft vorgelegt, so kann er mit der Google Click-ID und somit folglich auch mit Ihren AdWords-Kampagnen, Anzeigengruppen, Keywords und Anzeigentexten verknüpft werden. Auf diese Weise kann ein Offline-Einkauf einer AdWords-Anzeige zugeordnet werden. Die Daten werden also in das AdWords-Konto hochgeladen und erscheinen in der Statistik als Conversions.

Momentan raten wir AdWords-Nutzern dazu, nicht zu viele unterschiedliche Conversions in AdWords anzulegen, vor allem, wenn die wichtigen Makro- gleichzeitig mit den unwichtigeren Mikro-Conversions gemessen werden. Diese Mischung bedeutet, dass ein Kauf die gleiche Wichtigkeit besitzt wie ein Newsletter-Eintrag, weil im AdWords-Konto beides unter Conversions zusammengefasst wird. Google hat jedoch schon angekündigt (Stand August 2014), dass die AdWords-Nutzer zukünftig Unterscheidungen bei den Conversions treffen können. Somit wäre es möglich, nur die Marko-Conversions in die Bewertung für die Conversion-Optimierung einfließen zu lassen.

Abbildung 10.1 Conversion in AdWords erstellen, importieren oder hochladen

Nachdem Sie den Conversion-Code erstellt und eingebaut haben und die ersten Ziele erreicht wurden, sollten Sie auch die entsprechenden Conversion-Spalten in Ihre AdWords-Berichte aufnehmen, um die Ergebnisse zu dokumentieren. Dabei können Sie die Conversions aus verschiedenen Blickwinkeln und in den unterschiedlichen Ebenen analysieren. Auf Kampagnenebene können Sie z. B. die Klick-Conversion und die Conversion-Rate hinzufügen, um zunächst in der Übersicht die Erfolge der einzelnen Kampagnen zu vergleichen. Falls Sie Ihre Kampagnen nach Ländern aufgeteilt haben, können Sie auf dieser Ebene kontrollieren, ob Ihre AdWords-Werbung z. B. in Deutschland, Österreich und der Schweiz, vergleichbare Conversion-Raten erzielt, oder ob es länderspezifische Unterschiede gibt. Haben Sie Ihre Kampagnen nach wichtigen Produktgruppen aufgeteilt, so könnten Sie anhand der Conversions die Erfolge der einzelnen Produkte vergleichen. Je nach Aufteilung der Kampagnen fallen Ihnen sicher noch weitere Möglichkeiten ein, wie die Conversion bereits auf der obersten Ebene erste Hinweise über Erfolg oder Misserfolg geben können. Die gewünschten Informationen fügen Sie Ihren Berichten hinzu, indem Sie zunächst auf den Button SPALTEN klicken und danach auf den Unterpunkt SPALTEN ANPAS-

SEN. Ein Klick auf die Kategorie CONVERSIONS (siehe Abbildung 10.2) öffnet eine große Liste mit den verfügbaren Spalten zu diesem Thema.

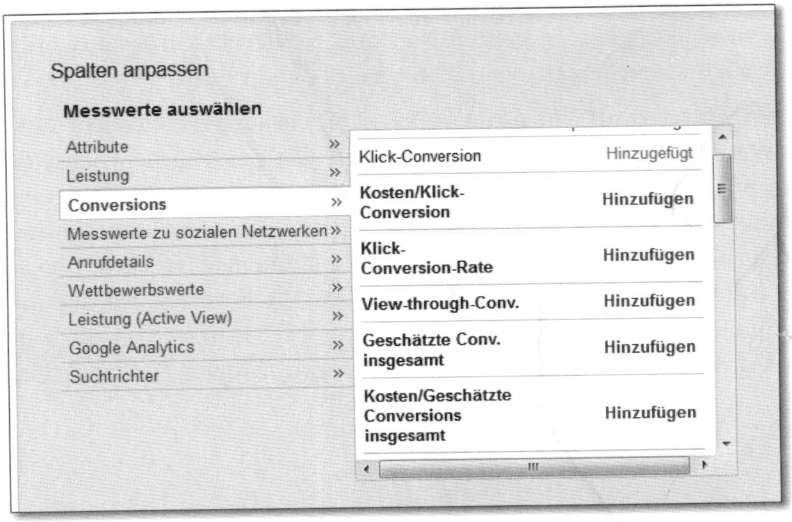

Abbildung 10.2 Daten zu Conversions in AdWords-Berichten

Es gibt über 20 Spalten zum Thema Conversions, die Sie zunächst einmal, mit Blick auf die Übersichtlichkeit, nicht alle in einem Bericht einfügen sollten. Hinzu kommt, dass manche Spalten nur einen Sinn ergeben, wenn diese auch nützliche Daten enthalten. Spalten mit dem Bezug zum Conversion-Wert sind nur sinnvoll, falls Sie einer Conversion auch einen realistischen Wert zuordnen können. Weitere Informationen zu den Spalten erhalten Sie, wenn Sie mit der Maus über das Fragezeichen neben der Spaltenbezeichnung fahren. Wir stellen Ihnen hier nun vier wichtige Berichtsspalten vor, die auch in der Praxis öfter zum Einsatz kommen:

1. **Klick-Conversions oder auch Klicks mit Conversions**
   Diese Spalte zeigt vereinfacht gesagt an, wie viele Kunden Sie generiert haben. Genau genommen erfahren Sie, wie viele Webseitenbesucher, die über AdWords kamen, mindestens eine Conversion-Aktion ausführten. Dies bedeutet, dass in dieser Spalte immer höchstens eine Conversion von einem einzelnen Kunden gezählt wird. Bitte beachten Sie dabei, dass der Conversion-Tracking-Zeitraum üblicherweise 30 Tage beträgt. Eine Conversion wird also innerhalb der 30 Tage ausgelöst, nachdem auf die AdWords-Anzeige geklickt wurde. Danach wird die gleiche Person aus Conversion-Sicht als neuer Kunde betrachtet. Falls Sie also einen Webshop besitzen und ein Klick auf Ihre AdWords-Werbung führt innerhalb von 30 Tagen zu mehreren Einkäufen, dann wird in der Spalte Klick-Conversions nur ein Einkauf gezählt, weil hier dokumentiert wird, dass Ihre Werbung einen neuen Kunden generiert hat.

2. **Conversions**
   Diese Spalte zählt alle Conversions separat. Hier würde also im Gegensatz zu der Spalte Klick-Conversions jeder einzelne Einkauf eines Kunden erfasst. Bitte beachten Sie jedoch die Auswirkungen, die die von Ihnen gewählte Conversion-Zählmethode (einmalige oder alle Conversions) auf die Anzahl der Conversions in dieser Spalte hat.

Einmalige versus alle Conversions

Die Unterscheidung zwischen einmaligen und allen Conversions treffen Sie bei der Anlage einer neuen Conversion. Da Google AdWords die Bezeichnung und die Bedeutungen zwischenzeitlich gewechselt hat, herrscht hier oftmals Verwirrung. Die Unterscheidung zwischen den beiden Arten an Conversions wird an einem Beispiel jedoch deutlich. Einmalige Conversions nutzen Sie, wenn nur eine Aktion des Webseitenbesuchers für Sie interessant ist. Dies ist der Fall, wenn ein neuer Kunde sich z. B. registriert oder eine Anmeldung für ein bestimmtes Event durchführt. Auch wenn diese Art der Conversion zweimal ausgelöst würde, ist für Sie nur das einmalige Ereignis wichtig. Eine zweite Registrierung des gleichen Kunden besitzt keinen Mehrwert. Bei Verkäufen in einem Webshop sieht dies jedoch anders aus. Hier ist jede Conversion wichtig. Darum sollte in diesem Falle dann »Alle Conversions« ausgewählt werden. Für einen Webshop-Besitzer ist es ein großer Unterschied, ob ein Besucher, der über eine AdWords-Kampagne auf die Webseite kommt, nur einmal etwas im Shop bestellt oder drei Käufe in einem Monat tätigt.

   Unter »Conversions« werden also alle Conversions zusammengefasst, die Sie vorher festgelegt haben. Wenn Sie zum Beispiel eine Kundenregistrierung als einmalige Conversion definiert haben und die Einkäufe als »Alle Conversions«, dann würde ein AdWords-Besucher, der sich zweimal registriert und drei Einkäufe tätigt, in der Spalte Conversions vier Mal gezählt.

3. **Klick-Conversion-Rate**
   Die Klick-Conversion-Rate ist vergleichbar mit der CTR der Klicks. Hier wird nun jedoch berechnet, wie viele Klicks auf Ihre AdWords-Werbung am Ende zu einer Conversion geführt haben. Wenn von 100 Besuchern, die über eine AdWords-Anzeige auf Ihre Webseite gelangen, 5 Conversions erzielt werden, dann haben Sie also eine Klick-Conversion-Rate von 5 Prozent.

4. **Geschätzte Conversions insgesamt**
   Diese Kennzahl entspricht aktuell in den meisten Fällen der Zahl, die Sie unter »Conversions« finden. Diese Spalte wird zukünftig interessanter, weil aussagekräftiger. Google versucht in dieser Spalte, aus den bekannten Conversions auf zusätzliche Conversions zu schließen. Hierunter fallen z. B. Offline-Conversions oder geräteübergreifende Conversions, die aktuell einem neuen Kunden zugeordnet werden. Google arbeitet daran, neben dem Online-Conversions auch Offline-

Käufe im Geschäft oder Anrufe als zusätzliche Conversions in diese Spalte aufzunehmen. Das funktioniert momentan (Stand Dezember 2014) jedoch noch nicht so gut, weil hier Erfahrungswerte und somit Schätzwerte fehlen. Google arbeitet jedoch an weiteren Lösungen und wird zukünftig unter anderem über die neuen Möglichkeiten des Trackings in Analytics insgesamt bessere Aussagen zu den geschätzten Conversions machen können.

Das folgende Beispiel (siehe Abbildung 10.3) zeigt, wie eine spezielle Conversion-Statistik auf Kampagnenebene aussehen kann. Hier sind in der Übersicht die Leistungen von drei verschiedenen Kampagnen (KAMPAGNE-1: Suche mit Display; KAMPAGNE-2: Displaynetzwerk; KAMPAGNE-3: Suchnetzwerk) vergleichbar. Diesen Vergleich würde man in der Praxis eher mit Kampagnen vom gleichen Typ durchführen. Wie bereits beschrieben, würde man dann unterschiedliche Zielregionen oder Produkte vergleichen. Unser Beispiel zeigt wie erwartet, dass die Klick-Conversion-Rate bei der Displaykampagne (Kampagne-2) viel schlechter ist als bei den Kampagnen mit Beteiligung des Suchnetzwerkes. Dies ist durch das unterschiedliche Such- und Surfverhalten zu erklären. Kampagnen im Suchnetzwerk liefern eher interessierte Besucher, die vorher bewusst nach Firmen, Marken, Produkten, Dienstleistungen oder Lösungen gesucht haben.

Kampagne	Klick-Conversion ?	Conversions ?	Klick-Conversion-Rate ?	Geschätzte Conv. insgesamt ?
Kampagne-1	975	1.484	20,42 %	1.484
Kampagne-2	94	163	5,20 %	163
Kampagne-3	527	704	25,74 %	704

Abbildung 10.3 Verschiedene Daten zu Conversions auf Kampagnenebene

Wenn Sie das Conversion-Tracking für Ihre AdWords-Kampagnen nutzen, so sollten Sie die folgenden Spalten (siehe auch Abbildung 10.4) mit interessanten Conversion-Daten kennen und Ihren Leistungsberichten hinzufügen.

- VIEW-THROUGH-CONV.
  View-through-Conversions beschreiben eine Conversion, die nicht einem Klick zugeordnet wird, sondern nur der Einblendung einer Image-Anzeige. Mit den View-through-Conversions möchte Google beweisen, dass auch die reine Einblendung einer Werbung im GDN Anteil an einer Conversion haben kann. Diese Conversion wird nämlich gezählt, wenn ein potenzieller Kunde eine Anzeige im Displaynetzwerk gesehen, aber nicht darauf geklickt hat. Wenn dann ein solcher Kunde später eine Conversion durchführt, wird diese Conversion in der Spalte View-through-Conversion registriert. Dabei werden automatisch diejenigen Nutzer ausgeschlossen, die später auch auf die Suchanzeigen geklickt haben.

- Kosten/Conv.
  Diese Spalte zeigt einen Wert an, bei dem die Gesamtkosten der AdWords-Werbung, geteilt durch die gesamten Conversions, berechnet werden. Sie erkennen in dieser Spalte also, wie viel Sie durchschnittlich für eine Conversion bezahlt haben. Um hier einen aussagekräftigen Wert zu erhalten, sollten Sie, wie bereits erwähnt, Makro-Conversions aufzeichnen, die Ihnen echten Umsatz generieren. Erst dann können Sie erkennen, ob Ihre Werbung noch rentabel ist. Müssen Sie z. B. 100 € für einen neuen Kunden ausgeben, der eine Schulung für 150 € bucht, dann ist dies sicher auf Dauer nicht rentabel. Bestellt ein Kunde im Schnitt jedoch Produkte für 5.000 €, dann können die hohen Conversion-Kosten trotzdem noch eine lohnende Investition sein.
- Wert/Conv.
  Beim Wert pro Conversion müssen Sie der Conversion einen realistischen Wert zuordnen. Dies kann der Standardwert einer Seminarbuchung sein, der durchschnittliche Auftragswert für einen neuen Kunden oder ein durchschnittlicher Warenkorbwert. Beim Wert pro Conversion wird dann der Gesamtwert aller Conversions durch die Gesamtanzahl an Conversions geteilt. Sie wissen also, welchen monetären Gegenwert eine Conversion im Schnitt hat.
- Conv.-Wert/Kosten
  Dieser Wert entspricht dem Return on Investment. Hier wird der Gesamtwert, den die Conversions erzielt haben, durch die Gesamtkosten für alle Anzeigenklicks geteilt, die einer Conversion zugeordnet werden können. Es sind also nur die Kosten für Anzeigenklicks enthalten, die zu einer Conversion geführt haben.

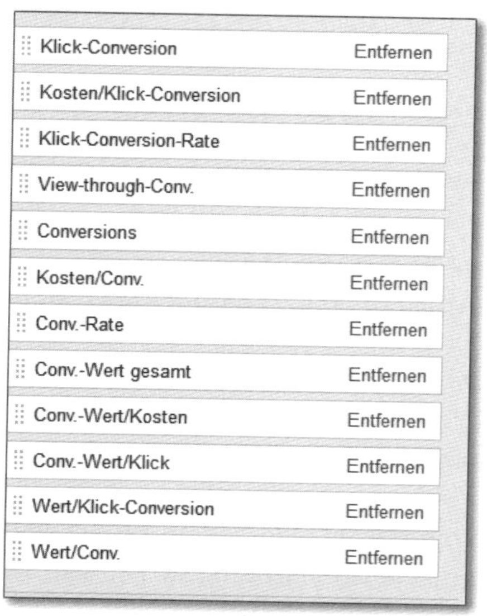

Abbildung 10.4 Liste mit Spalten für Conversion-Kennzahlen

10.3 Weitere wichtige Kennzahlen

Neben den Conversions gibt es weitere wichtige Kennzahlen, die Sie sich auf den verschiedenen Ebenen anzeigen lassen können. Die wichtigsten Leistungskennzahlen neben den Conversions sind:

- Impressions (Impressionen)
- Klicks
- CTR (Click-Through-Rate)

Dabei gibt die CTR das Verhältnis zwischen Impressionen und Klicks an. Als Prozentzahl zeigt die CTR, wie viele Google-Nutzer bei 100 Werbeeinblendungen auf die jeweilige Anzeige geklickt habe bzw. wie oft ein Keyword einen Klick ausgelöst hat. Neben diesen Hauptkennzahlen, gibt es jedoch noch weitere interessante Kennzahlen, zum Beispiel an welcher durchschnittlichen Position eine Anzeige ausgeliefert wurde oder wie viel Prozent der möglichen Impressionen mit der Anzeige erreicht wurden. Wichtig sind natürlich auch die Kosten, zum einen pro Klick und zum anderen auch die Gesamtkosten pro Anzeigengruppe oder Kampagne. Auf den unterschiedlichen Ebenen eines AdWords-Kontos sind auch unterschiedliche Kennzahlen wichtig. Wir können jedoch nicht grundsätzlich sagen, welche Daten für jeden AdWords-Nutzer interessant sind. Dies hängt zu sehr von der Art der Kampagne und der jeweiligen Strategie ab. Daher stellen wir in den folgenden Kapiteln eine Auswahl interessanter Spalten vor. Nutzen Sie diese Anregungen, um sich Ihre individuellen Kampagnenberichte zusammenzustellen.

10.3.1 Wichtige Kennzahlen auf Kampagnenebene

Es gibt ganz viele Kennzahlen, die Sie auf Kampagnenebene analysieren können. Diese Ebene sollte Ihnen jedoch zunächst einen Überblick zur grundsätzlichen Performance Ihrer AdWords-Werbung bieten. Neben den Standardleistungswerten gibt es für jeden Kampagnenmanager eigene Kennzahlen, die wichtig, bzw. in der jeweiligen Situation richtig sind. Dies bedeutet auch, dass am Anfang einer Werbekampagne andere Zahlen interessanter sein können, als dies im weiteren Verlauf der Fall ist. Außerdem kann es sein, dass Vorgesetzte oder Kunden spezielle Fragestellungen haben, die mit passenden Kennzahlen zu beantworten sind. Darum gibt es für unterschiedliche Situationen auch unterschiedliche Berichte, die mit entsprechenden Daten zusammengesetzt werden. Es macht jedoch keinen Sinn, zu viele Kennzahlen in einen Bericht zu packen, weil dann diese Statistik zu unübersichtlich wird. Da es je nach Bedarf unterschiedliche Spalten gibt, die interessant sind, sollten Sie sich verschiedene Berichtstemplates zusammenstellen und abspeichern. So können Sie immer einfach darauf zugreifen, ohne mühsam wieder die einzelnen Spalten hinzuzufügen bzw. andere Spalten zu entfernen.

Die folgenden Beispiele sind Anregungen zu Aspekten, die Sie aus den verschiedenen Ebenen analysieren können. So sollten Sie sich auf Kampagnenebene von Zeit zu Zeit einmal die Anzahl der ungültigen Klicks ❶ inklusive der Klickrate an ungültigen Klicks ❷ anschauen (siehe Abbildung 10.5). Die ungültigen Klicks sind zunächst nichts, was Sie beunruhigen sollte, da sie normalerweise während einer Recherche entstehen. Einen Klick bezeichnet Google dann als ungültig, wenn während einer Session der Google-User mehrmals über einen Anzeigenklick auf Ihre Webseite gelangt. Diese Klicks werden übrigens direkt abgezogen und erzeugen keine Kosten. Dabei ist eine ungültige Klickrate bis durchschnittlich 10 Prozent noch als normal einzustufen. Finden Sie in Ihrer Statistik jedoch sehr hohe Klickraten an ungültigen Klicks von 50 Prozent und mehr, so könnte dies als erstes Anzeichen auf ein aus finanzieller Sicht unschädliches, aber bewusstes Klicken Ihrer AdWords-Anzeigen hindeuten. Diese Vorgänge sollten Sie im Auge behalten und mit Hilfe Ihres Administrators die IP-Adresse ermitteln, von denen häufiger auf Ihre Anzeige geklickt wurde. Alle Versuche von bewusstem Klickbetrug sollten Google gemeldet werden. Unter dieser Adresse finden Sie Informationen zum weiteren Vorgehen: *http://www.google.de/ads/adtrafficquality/advertisers/click-investigation-request.html.*

Möchten Sie erfahren, wie groß der Anteil Ihrer Werbeschaltung an der Gesamtheit der Anfragen im Suchnetzwerk ist, und welche Gründe dafür verantwortlich sind, dass Ihr Anteil an der Gesamtnachfrage geringer ist, so sollten Sie folgende drei Spalten in Ihren Kampagnenbericht aufnehmen:

- Anteil an Impressionen im Suchnetzwerk ❸
- Anteil an entgangenen Impressionen im Suchnetzwerk (Rang) ❹
- Anteil an entgangenen Impressionen im Suchnetzwerk (Budget) ❺

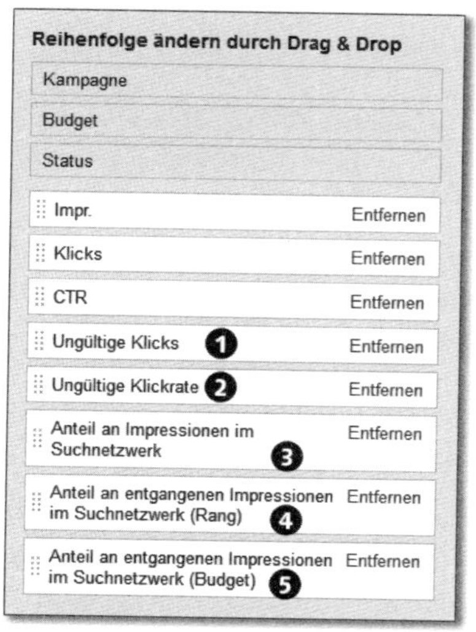

Abbildung 10.5 Spalten auf Kampagnenebene inklusive der Spalten zu ungültigen Klicks und dem Anteil an Impressionen

Wir haben die vorgestellten Spalten in einem Kampagnenbericht aktiviert und schauen nun einmal auf die Statistik für zwei Beispielkampagnen (siehe Abbildung 10.6). Beide Kampagnen besitzen eine ungültige Klickrate von unter 5 Prozent ❶. Bei diesen Kampagnen besteht also kein Grund zur Sorge. Wenn wir uns nun im nächsten Schritt anschauen, wie oft die Kampagnen zu ihren jeweiligen Keyword-Anfragen »geschaltet« wurden, so sehen auch diese Kennzahlen sehr gut aus. Die Anteile an Impressionen im Suchnetzwerk liegen bei beiden Kampagnen oberhalb von 98 Prozent ❷. Die Anzeigen wurden also bei den vorgegebenen Keywords dieser Kampagnen nahezu bei jeder Suchanfrage geschaltet. Falls Sie den Anteil, der nicht ausgespielt wurde, noch tiefergehender analysieren möchten, so müssen Sie sich den Anteil der entgangenen Impressionen anschauen. Dieser ist aufgeteilt in den Anteil der auf Grund eines zu niedrigen Rankings keine Impressionen ❸ erzeugt hat, und den Anteil, der aufgrund eines zu niedrigen Budgets ❹ nicht ausgespielt wurde. In unserem Beispiel ist das Budget bei beiden Kampagnen eigentlich kein Problem, d. h. es war immer genügend Budget vorhanden, um die Anzeigen zu den Keywords ausspielen zu können. Ein zu niedriges Ranking war in einem sehr geringen Prozentsatz ❺ dafür verantwortlich, dass Impressionen verloren gingen. Falls Sie Kampagnen besitzen, die in einem größeren Maße Impressionen auf Grund eines zu niedrigen Rankings verpassen, so sollten Sie zunächst Ihre Keywords analysieren. Vielleicht gibt es eine bestimmte Gruppe von Keywords, die ständig zu niedrige Rankings besitzen. Meistens müssen dann Keywords, die zu allgemein sind oder nicht zur Textanzeige passen, entfernt werden. Im nächsten Schritt sollten Sie das CPC-Gebot für Ihre wichtigsten Keywords, die jedoch ein schlechtes Ranking besitzen, erhöhen. Bei dieser Maßnahme müssen Sie jedoch stets die Rentabilität Ihrer Keywords beachten. Setzen Sie sich eine Obergrenze für Ihren Klickpreis. Wird ein wichtiges Keywords zu teuer, so muss auch dieses kurzfristig entfernt bzw. deaktiviert werden. Langfristig sollten Sie natürlich immer auf die Optimierung setzen. Weitere Informationen zur Optimierung finden Sie in Kapitel 12, »AdWords optimieren«.

Impr.	Klicks	CTR	Ungültige Klicks	Ungültige Klickrate	Anteil an Impressionen im Suchnetzwerk	Anteil an entgangenen Impressionen im Suchnetzwerk (Rang)	Anteil an entgangenen Impressionen im Suchnetzwerk (Budget)
143.102	5.150	3,60 %	226	❶ 4,20 %	❷ 99,67 %	❸ 0,33 %	❹ 0,00 %
29.601	2.051	6,93 %	90	4,20 %	98,18 %	❺ 1,67 %	0,14 %

Abbildung 10.6 Beispieldaten zu ungültigen Klicks und Anteil an Impressionen

10.3.2 Wichtige Kennzahlen auf Anzeigengruppenebene

Für die Anzeigengruppen sind zunächst natürlich auch die Standardleistungszahlen, also Impressionen ❶, Klicks ❷ und CTR ❸ wichtig (siehe Abbildung 10.7). Für unser Beispiel haben wir außerdem die Conversion-Daten wie Klick-Conversion ❹ und Conversion-Rate ❺ in den Auswertungsbericht übernommen. Außerdem zeigen die Seiten pro Besuch ❻ an, ob die Besucher grundsätzliches Interesse am beworbenen

Produkt bzw. der Dienstleistung hatte oder häufig nach der Landing-Page die Seite verlassen haben. Das Verhältnis von vorbereitenden zu letzten Klicks ❼ gibt Hinweise, ob die Anzeigengruppe mehr vorbereitende Klicks (Wert größer als 1) oder mehr letzte Klicks (Wert kleiner als 1) generiert hat. Bitte denken Sie daran, dass nur Daten angezeigt werden können, wenn das Conversion-Tracking aktiviert ist und eine Conversion ausgelöst wurde. Außerdem fließen natürlich nur die Aktivitäten während der letzten 30 Tage vor einer Conversion in die Berechnung ein.

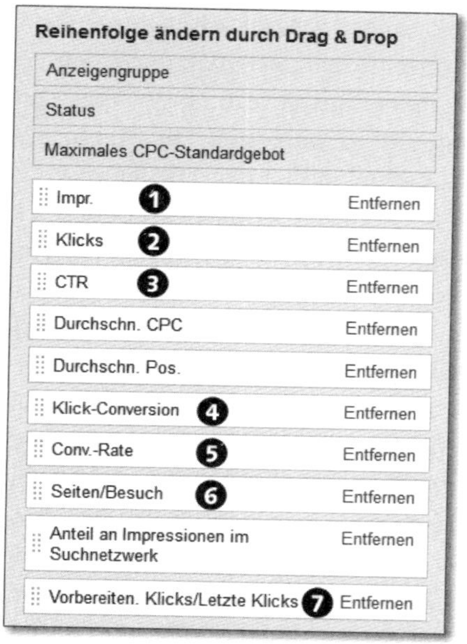

Abbildung 10.7 Zusammenstellung eines Beispiel-Templates für Anzeigengruppen

In unserem Beispiel (siehe Abbildung 10.8) erkennen Sie zunächst eine recht hohe Conversion-Rate ❶. Bei den Conversions ist es sehr schwierig, Durchschnittswerte anzugeben, da dies sehr stark von der Art der gemessenen Conversions abhängt. Eine Conversion-Rate von über 30 Prozent deutet entweder auf eine Conversion hin, die sehr einfach zu erzielen ist, oder ist ein Beleg für eine gut optimierte Zielseite. Eine Conversion-Rate von über 5 Prozent muss allgemein schon als sehr gut bewertet werden. Der durchschnittliche Seitenbesuch von ca. 3 Seiten pro Besuch ❷ spricht für engagierte Webseitenbesucher, die sich zu weiteren Themen oder Kontaktmöglichkeiten erkundigt haben. Dies müsste in einem nächsten Schritt dann näher mit Hilfe eines Webanalyse-Tools untersucht werden. Außerdem ist der Anteil an Impressionen im Suchnetzwerk ❸ bei den Anzeigengruppen recht hoch. Dies bedeutet, dass zu den meisten Anfragen rund um die platzierten Keywords auch die Auslieferung einer Anzeige erfolgte. In der letzen Spalte erkennen wir an den Kennzahlen ❹, die deutlich unter 1 liegen, dass in der jeweiligen Anzeigengruppe mehr letzte Klicks vor der Conversion als vorbereitende Klicks generiert wurden.

Klick-Conversion	Conv.-Rate ❶	Seiten/Besuch ❷	Anteil an Impressionen im Suchnetzwerk ❸	Vorbereiten. Klicks/Letzte Klicks ❹
207	30,15 %	2,81	99,02 %	0,16
320	37,59 %	3,17	97,72 %	0,13

Abbildung 10.8 Beispieldaten: Conversion, Seitenbesuch und vorbereitende Klicks

Bei unserem nächsten Beispiel (siehe Abbildung 10.9) haben wir Spalten ausgewählt, die über die Anzeigengruppen im Displaynetzwerk interessante Informationen liefern. Dies wären zum einen die View-through-Conversions ❶, also Conversions, die einer Einblendung im Displaynetzwerk zugeordnet werden, weil der potenzielle Kunde zwar die Anzeige im Displaynetzwerk gesehen, aber nicht darauf geklickt hat. Alle Conversions, die dann zusätzlich auf eine Suchanzeige geklickt und dann die Conversion durchgeführt haben, werden bei den Daten zur View-through-Conversion nicht berücksichtigt! Darum kann das AdWords-System von einem bestimmten Einfluss der Anzeige im Displaynetzwerk ausgehen. Analog zum Anteil der Impressionen im Suchnetzwerk gibt es diese Berichtsspalte zu den Impressionen auch für das Displaynetzwerk ❷. Außerdem möchten wir bei unserem Beispiel einmal die relative Klickrate ❸ analysieren. Die relative Klickrate misst die Leistung Ihrer AdWords-Anzeigen im Displaynetzwerk im Vergleich zu den anderen Anzeigen auf den gleichen Webseiten. Dabei sagt eine relative Klickrate von 1x aus, dass die Klickleistungen Ihrer Anzeigen sich im durchschnittlichen Klickverhalten bewegen. Eine Kennzahl größer als 1 deutet demnach auf eine überdurchschnittliche Leistung hin. Dementsprechend zeigt eine Klickrate unter 1 an, dass die Leistung hier unter dem Durchschnitt liegt. Diese Spalte gibt Ihnen also den wichtigen Hinweis, ob Ihre Anzeigen auf den Webseiten im Displaynetzwerk im Vergleich zu den Konkurrenten funktionieren oder nicht.

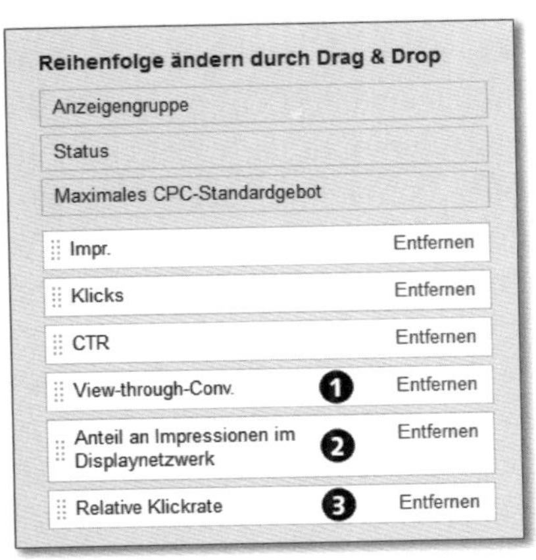

Abbildung 10.9 Kennzahlen für das Displaynetzwerk

Wendet man den erstellten Bericht auf ein Beispiel (siehe Abbildung 10.10) an, so erkennt man den praktischen Nutzen. In unserem Vergleich zweier Anzeigengruppen sehen Sie, dass die zweite Anzeigengruppe ❶ eindeutig besser funktioniert. Sie erzeugt mehr View-through-Conversions ❸ bei einer besseren CTR ❷, obwohl diese Anzeigengruppen nur ca. 40 Prozent ❹ der möglichen Impressionen erzielt. Auch die Kennzahl zur relativen Klickrate ❺ zeigt, dass die Klicks auf die Anzeigen dieser Gruppe über dem Durchschnitt liegen. Daher sollte man in diesem Fall einmal einen Blick auf die unterschiedlichen Anzeigen werfen. Der Effekt kann jedoch auch an der unterschiedlichen Ausrichtung der beiden Anzeigengruppen liegen. Auch dies sollte mit dem Ziel, die Klickrate und die Conversions der ersten Anzeigengruppe zu steigern, analysiert werden.

Impr.	Klicks	CTR	View-through-Conv.	Anteil an Impressionen im Displaynetzwerk	Relative Klickrate
806.500	563	0,07 %	26	64,57 %	0,4x
❶ 172.245	391	❷ 0,23 %	❸ 181	❹ 39,74 %	❺ 1,3x

Abbildung 10.10 Daten zur Werbung im Displaynetzwerk

10.3.3 Wichtige Kennzahlen auf Keyword-Ebene

Für die Analyse von Keywords werden oft andere Berichtsspalten als bei Kampagnen oder Anzeigengruppen genutzt (siehe Abbildung 10.11). Hier ist vor allem der Qualitätsfaktor ❶ zu nennen, der im AdWords-Konto nur auf Keyword-Ebene angezeigt wird. Dies sind natürlich nicht die Werte, mit denen Google rechnet. In die Berechnungen für das Ad Ranking fließen viel feinere Werte ein, die Google natürlich nicht nennt. Trotzdem sollten Sie die Berichtsspalte für Ihre Keyword-Berichte aktivieren, damit Sie die Qualität Ihrer Keywords schon einmal grob einschätzen können. Natürlich erhalten Sie noch tiefergehende Informationen zum Qualitätsfaktor sowie zu den Ursachen für gute oder schlechte Qualität, wenn Sie mit der Maus über die Sprechblase in der Spalte STATUS fahren. Aber diese Informationen sind nicht auf einen Blick für alle Ihre Keywords verfügbar und können auch nicht in den Berichten angezeigt werden. Falls Sie also die Qualität Ihrer Keywords auf einen Blick sehen möchten, so sollten Sie die Spalte QUALITÄTSFAKTOR auf Keyword-Ebene hinzufügen. Zur besseren Beurteilung bestimmter Leistungswerte wie Klicks und CTR spielt die durchschnittliche Position ❷ eines Keywords eine wichtige Rolle. Auf niedrigeren Positionen ist zum Beispiel die CTR auch viel geringer als auf einer oberen Position im Anzeigenranking. Möchten Sie vor allem auf den Top-Positionen oberhalb der organischen Suchergebnisse erscheinen? Dann ist eine Aussage zum geschätzten Gebot für die Top-Positionen ❸ interessant. In diesem Fall gehört auch diese Spalte in einen Keyword-Bericht. Die beiden letzen Spalten aus unserem Vorschlag sind noch nicht so lange (Stand Dezember 2014) in den AdWord-Berichten verfügbar. Diese Spalten gehören zur Gruppe mit der Bezeichnung Gebotssimulator. Mit diesen Spalten wird simuliert, welche Auswirkungen die Reduzierung ❹ oder die Erhöhung ❺ des CPC-Gebotes haben. Aus den verschiedenen Möglichkeiten des Gebotssimulators haben wir die Spalten zur Simulation einer Gebotserhöhung um 50 Prozent sowie der Gebotsreduzierung um 50 Prozent zugefügt. Die Daten in diesen Spalten geben die geschätzten Ergebnisse in zusätzlichen Klicks pro Woche an.

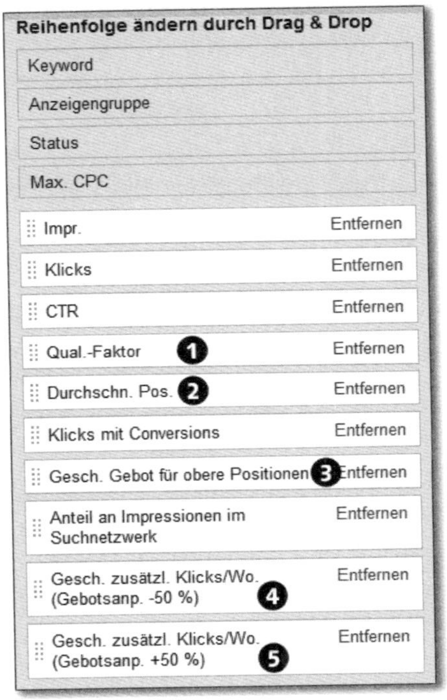

Abbildung 10.11 Kennzahlen auf Keyword-Ebene

In unserem Beispielbericht (siehe Abbildung 10.12) finden Sie nun zu jedem Keyword den entsprechenden Qualitätsfaktor ❶. Die Daten aus Zeile eins sind recht interessant, weil sie beweisen, dass auch ein Keyword mit einer relativ schlechten Klickrate (CTR) ❷ trotzdem noch einen Qualitätsfaktor von 10 erreichen kann ❸. Dies zeigt, dass die CTR zwar ein wichtiges, aber nicht das einzige Kriterium zur Qualitätsbestimmung ist. Die Bestimmung des Qualitätsfaktors ist also viele komplexer als oftmals gedacht. Die letzte Spalte des Beispielberichtes zeigt deutlich, dass eine Gebotsanpassung von 50 Prozent ❹ in manchen Fällen relativ große Auswirkungen auf die zusätzlichen Klicks ❺ haben kann. Auf der anderen Seite gibt es hier aber keine Gesetzmäßigkeit. Wenn ein Keyword schon eine gute Position ❻ und gute Sichtbarkeit ❼ erzielt, ist einfach keine große Steigerung ❽ mehr möglich.

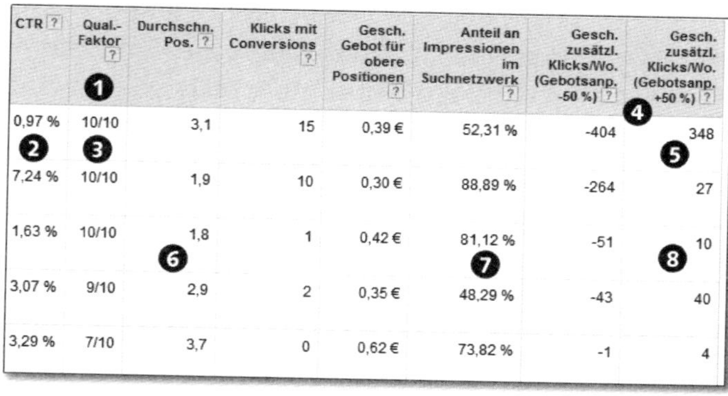

CTR	Qual.-Faktor ❶	Durchschn. Pos.	Klicks mit Conversions	Gesch. Gebot für obere Positionen	Anteil an Impressionen im Suchnetzwerk	Gesch. zusätzl. Klicks/Wo. (Gebotsanp. -50 %)	Gesch. zusätzl. Klicks/Wo. (Gebotsanp. +50 %) ❹
0,97 % ❷	10/10 ❸	3,1	15	0,39 €	52,31 %	-404	348 ❺
7,24 %	10/10	1,9	10	0,30 €	88,89 %	-264	27
1,63 %	10/10	1,8 ❻	1	0,42 €	81,12 % ❼	-51	10 ❽
3,07 %	9/10	2,9	2	0,35 €	48,29 %	-43	40
3,29 %	7/10	3,7	0	0,62 €	73,82 %	-1	4

Abbildung 10.12 Beispieldaten mit Qualitätsfaktor und Gebotssimulator

10.3.4 Wichtige Kennzahlen auf Anzeigenebene

Für den Anzeigenbericht sind als Leistungsdaten auf jeden Fall wieder die Klickraten (CTR) ❶ interessant (siehe Abbildung 10.13). Dieser Wert sollte regelmäßig kontrolliert werden, weil die CTR einer Anzeige Einfluss auf den Qualitätsfaktor und natürlich auch auf die Gewinnung neuer Kunden hat. Es sollten stets die Anzeigen mit der besten Klickrate weitergeführt werden, während die anderen Anzeigenvarianten nach einer Testphase deaktiviert und dann gelöscht werden können. Falls Sie regelmäßig neue Anzeigen einstellen, ist es Ihnen sicher schon passiert, dass eine Anzeige abgelehnt wurde. Wenn Sie mehr über die Gründe erfahren möchten, so sollten Sie Ihrem Anzeigenbericht die Spalte DETAILS ZUR RICHTLINIE ❷ hinzufügen. Dort werden die Gründe für eine Ablehnung näher erläutert und zusätzlich auf eine passende Unterseite der Google-Hilfe verlinkt.

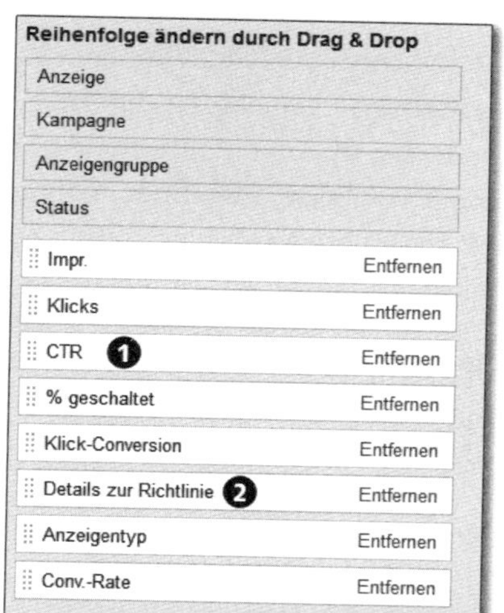

Abbildung 10.13 Berichtsspalten für Anzeigen

Als Leistungsdaten für Textanzeigen sind, wie bereits erwähnt, die CTR ❶ und die Conversion-Rate ❸ interessant (siehe Abbildung 10.14). Mithilfe der Spalte ANZEIGENTYP ❷ können Sie schnell erkennen, ob die Leistungsdaten zu einer Textanzeige ❹ oder einer Display-Anzeige ❺ gehören. Hier gibt es ja bekanntlich große Unterschiede in der Performance. Dies sollte bei einer Analyse berücksichtigt werden. Die Details zur Richtlinie haben im aufgeführten Beispiel einer laufenden Kampagne den normalen Status FREIGEGEBEN ❻.

Impr.	Klicks	CTR ❶	% geschaltet	Klick-Conversion	Details zur Richtlinie	Anzeigentyp ❷	Conv.-Rate ❸
1.890	145	7,67 %	0,83 %	46	Freigegeben	Textanzeige ❹	46,90 %
828	78	9,42 %	0,36 %	21	Freigegeben	Textanzeige	38,46 %
11.161	32	0,29 %	4,89 %	6	Freigegeben	Display-Anzeige ❺	28,12 %
216	14	6,48 %	0,09 %	5	Freigegeben ❻	Textanzeige	35,71 %
3.162	21	0,66 %	1,39 %	5	Freigegeben	Display-Anzeige	23,81 %

Abbildung 10.14 Beispieldaten für Google-Anzeigen

Weil im laufenden AdWords-Betrieb der Anzeigenstatus normalerweise auf FREIGEGEBEN steht, haben wir einmal unseren AdWords-Account nach gelöschten Anzeigen mit Ablehnung gesucht. In der folgenden Abbildung finden Sie nun Beispiele, wie die Details zur Richtline bei einer abgelehnten Textanzeige aussehnen. Hinter dem Wort ABGELEHNT finden Sie zunächst den Ablehnungsgrund in einer kurzen Beschreibung. Dieser Text ist dann auf den passenden Hilfebereich unter *https://support.google.com/adwordspolicy* verlinkt. In unserem Beispiel finden sich folgende drei typische Gründe für eine Ablehnung wieder:

- schlechte Image-/Videoqualität
- unnötige Großschreibung
- ungültiger HTTP-Antwortcode

Die letzte Fehlermeldung entsteht häufig, wenn die Adresse der Landing-Page geändert wird und die neue Ziel-URL nicht in die AdWords-Anzeigen übertragen wird.

Abbildung 10.15 Details zu den Google-Richtlinien bei abgelehnten Anzeigen

10.4 Gruppieren Sie Ihre Berichtsdaten mit Segmenten

Mit Hilfe der Segmentierung können Sie Ihre Berichtsdaten nach verschiedenen interessanten Aspekten gruppieren. Diese Methode ist vor allem dann sinnvoll, wenn bestimmte Fragestellungen beantwortet werden sollen, bei denen unterschiedliche Aspekte verglichen werden müssen. Wir haben einmal einige Fragestellungen, die in der Praxis häufiger vorkommen, aufgelistet. Daneben finden Sie die Segmentierung, die bei der Beantwortung der Frage hilft.

Fragestellung	Segmentierung
Gibt es Leistungsunterschiede in Bezug auf Zeiträume?	Zeit > Tag/Woche, etc.
Gibt es Leistungsunterschiede bei den Wochentagen?	Zeit > Wochentag
Gibt es Leistungsunterschiede in Bezug auf die Uhrzeit?	Zeit > Uhrzeit
Welche Leistungen erzielen unterschiedliche Netzwerke?	Netzwerk (inkl. Suchnetzwerk)
Welche Leistungsunterschiede bestehen mit Blick auf die unterschiedlichen Endgeräte?	Gerät
Welche Leistungsunterschiede bestehen zwischen der Top-Position und den anderen Anzeigenpositionen?	Obere Position im Vergleich zu anderen

Tabelle 10.1 Fragestellung und passende Segmentierung

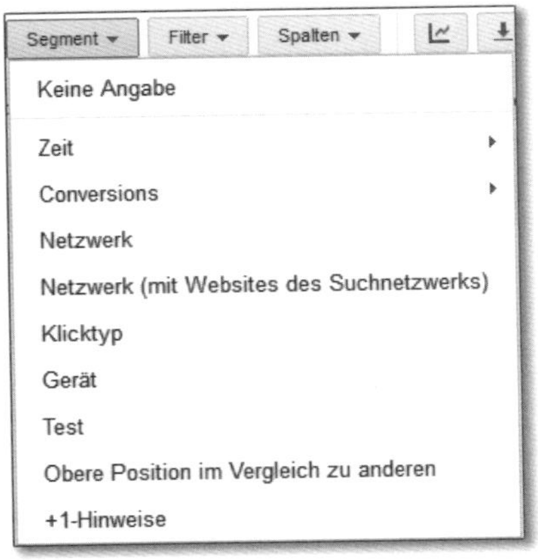

Abbildung 10.16 Verschiedene Gruppierungsmöglichkeiten über Segmente

Das folgende Beispiel zeigt eine Gruppierung der Leistungen in Bezug auf Impressionen, Klicks, CTR und durchschnittlichen Klickpreis nach Monaten (siehe Abbildung 10.17). Als Zeitraum wurde der 01. Januar bis 31. Juli 2014 angegeben. Eine solche Segmentierung hilft bei der Analyse von externen Einflüssen, Messeauftritten, Pressemeldungen etc. auf die Werbung. Die Daten sollte man sich hierbei über einen längeren Zeitraum anzeigen lassen. Außerdem sollte über die Segmentierung in Monaten die Auswirkungen von Optimierungsmaßnahmen an der AdWords-Kampagne untersucht werden. Um in eine andere Segmentierung zu wechseln, wählen Sie aus der Dropdown-Liste einfach den gewünschten Unterpunkt aus. Ein Klick auf KEINE ANGABE hebt die Segmentierung dann wieder komplett auf.

	Impr. ?	Klicks ?	CTR ?	Durchschn. CPC ?
Jan 2014	598	65	10,87 %	0,47 €
Feb 2014	551	61	11,07 %	0,82 €
Mär 2014	574	50	8,71 %	0,75 €
Apr 2014	494	34	6,88 %	0,87 €
Mai 2014	431	37	8,58 %	0,94 €
Jun 2014	555	61	10,99 %	0,89 €
Jul 2014	599	50	8,35 %	0,76 €

Abbildung 10.17 Segmentierung nach Monaten

Das zweite Beispiel zeigt die Ergebnisse einer Segmentierung nach Gerät (siehe Abbildung 10.18). Diese Analyse gibt zum Beispiel Hinweise darauf, ob sich die Aktivierung der mobilen Werbung auf Smartphones lohnt. Sie sollten aber auch die Leistungen für die Tablets genau kontrollieren. Gibt es deutliche Leistungsunterscheide bei den Conversions zwischen Computer und Tablets, so sollten – Stichwort Responsive Design – entsprechende Anpassungen an dem Webdesign der verlinkten Seite vorgenommen werden. Die Schaltung auf den Tablet-PCs ist ja automatisch durch Google an die Auslieferung auf den Computern gekoppelt. Somit besteht nur durch die Optimierung der Landing-Page eine Chance, mehr Kunden via Tablet-PC zu gewinnen, wenn die Kampagne grundsätzlich erfolgreich ist.

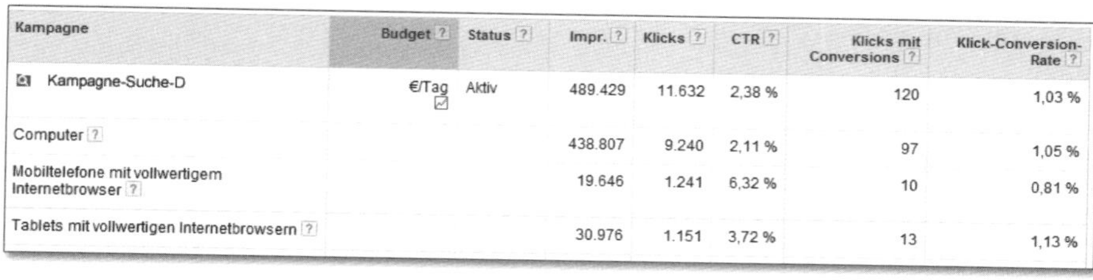

Kampagne	Budget	Status	Impr.	Klicks	CTR	Klicks mit Conversions	Klick-Conversion-Rate
Kampagne-Suche-D	€/Tag	Aktiv	489.429	11.632	2,38 %	120	1,03 %
Computer			438.807	9.240	2,11 %	97	1,05 %
Mobiltelefone mit vollwertigem Internetbrowser			19.646	1.241	6,32 %	10	0,81 %
Tablets mit vollwertigen Internetbrowsern			30.976	1.151	3,72 %	13	1,13 %

Abbildung 10.18 Segmentierung nach Endgerät

10

10.5 Berichte erstellen

Mithilfe der vorgestellten Spaltenauswahl stellen Sie sich die Berichte zunächst so zusammen, dass diese Ihren Informationsbedarf optimal erfüllen. Ihre AdWords-Berichte sind kein Selbstzweck, sondern sollen Sie unterstützen, die passenden Antworten auf Ihre Fragen zu finden. Möchten Sie Ihre Berichte mit bestimmten Informationen regelmäßig nutzen, so können Sie die Auswahl Ihrer Spalten und die Reihenfolge unter einem individuellen Namen abspeichern, bevor Sie den Bericht nach der Auswahl der Spalten abrufen. Den Namen zu den gespeicherten Spalten finden Sie als Berichts-Templates danach als Unterpunkte im Dropdown-Menü SPALTEN (siehe Abbildung 10.19) wieder. Mithilfe dieser Templates können Sie einfach und schnell beim nächsten Mal Ihren Wunschbericht abrufen.

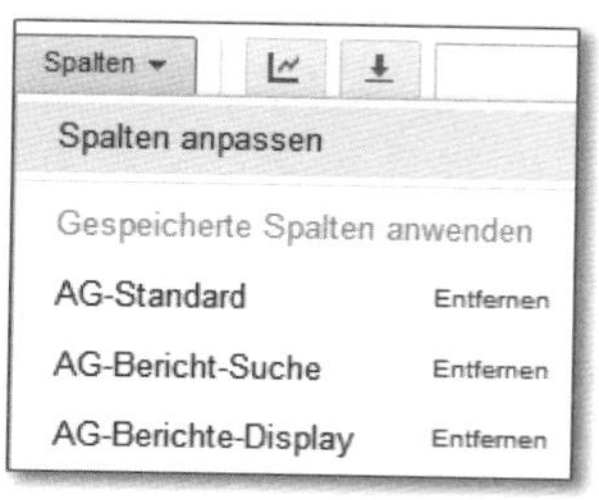

Abbildung 10.19 Gespeicherte Berichts-Templates

10.5.1 Download der Berichte

Nachdem Sie einen Bericht ausgewählt oder in der gewünschten Form zusammengestellt haben, können Sie diesen in verschiedenen Formaten zur weiteren Bearbeitung oder für einen Ausdruck herunterladen (siehe Abbildung 10.20). Dazu klicken Sie einfach auf den Button mit dem Download-Symbol ❶. Im nächsten Schritt können Sie das gewünschte Berichtsformat auswählen ❷. Es gibt verschiedene Formate, wobei die Auswahl im Laufe der Zeit von Google stets erweitert wurde und daher wahrscheinlich in Zukunft mit weiteren Formaten zu rechnen sein wird.

Bitte beachten Sie auch folgende Hinweise zu den Berichtseinstellungen:

- **Segmentierung**
  Die Segmentierung, die Sie in Abschnitt 10.4, »Gruppieren Sie Ihre Berichtsdaten mit Segmenten«, kenngelernt haben, können Sie auch auf Ihre Berichte anwenden. Hierbei besteht sogar die Möglichkeit, bis zu drei Segmente ❸ gleichzeitig anzugeben. Sie sollten jedoch sparsam mit den Segmenten umgehen, da jede Gruppierung unterhalb einer Gruppierung Ihren Bericht aufbläht und irgendwann unübersichtlich macht. Dies ist wahrscheinlich der entscheidende Grund, warum Google eine zwei- oder sogar dreifache Gruppierung in der Online-Ansicht nicht zulässt.

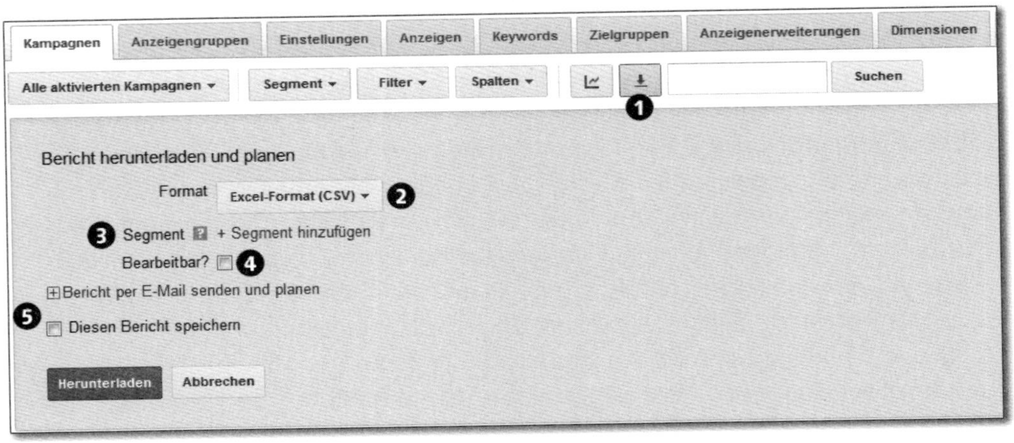

Abbildung 10.20 Berichte herunterladen

- **Bearbeitbare Berichte**
  Die Aktivierung der Checkbox ❹ hinter BEARBEITBAR? markiert Berichte, die Sie selber nach dem Download bearbeiten und danach wieder in Ihr Konto hochladen können. Wenn Sie zum Beispiel ein Konto mit vielen Keywords und individuellen Geboten besitzen, so könnten Sie diese in einem Bericht in einem Excel-Format herunterladen, die Keyword-Gebote in Excel mit speziellen Formeln nach Ihren Vorstellungen bearbeiten und danach die Keywords mit den angepassten Geboten wieder in das AdWords-Konto einstellen. Die extern veränderten Berichte können Sie auf folgende Weise hochladen: Klicken Sie zunächst in der linken Navigation auf BULK-VORGÄNGE und wählen Sie als Unterpunkt BULK-UPLOADS aus.

Im mittleren Fenster können Sie mit dem Button DATEI AUSWÄHLEN... auf Ihrem lokalen Rechner nach dem Dokument suchen und es dann hochladen.

- **Berichte speichern**
  Alle erstellten Berichte können Sie auch abspeichern ❺, um diese dann später noch einmal aufzurufen oder ähnliche Berichte, zum Beispiel in einem neuen Format, zu erstellen.

10.5.2 Auswahl der Berichtsformate

Sie können Ihre Berichte in unterschiedlichen Formaten erstellen. Für den täglichen Gebrauch sind folgende drei Formate interessant, wobei das Excel- und PDF-Format am häufigsten genutzt werden (siehe Abbildung 10.21).

1. **Excel-Format**
   Die Excel-Formate, entweder als CSV-Format für Excel ❶ oder direkt als Excel-Datei mit der Endung .xlsx ❺ sind vor allem dann interessant, wenn Sie mit den Berichten weiterarbeiten möchten. Mithilfe der Office-Software Excel können Sie die heruntergeladenen AdWords-Daten später weiter sortieren, gruppieren oder farblich kennzeichnen. Sie können zusätzliche Berechnungen durchführen oder auch verschiedene Daten in einer Excel-Tabelle zusammenfügen.
2. **PDF-Format**
   Benötigen Sie nur einen Bericht, den Sie zum Beispiel Ihrem Vorgesetzen oder Ihrem Kunden vorlegen möchten, so können Sie die Daten als PDF-Datei ❹ herunterladen.
3. **XML- oder CSV-Formate**
   Möchten Sie Ihre Daten in andere Programme oder Datenbanken importieren, so sind Datenformate wie CSV ❷ oder XML ❸ sehr nützlich.

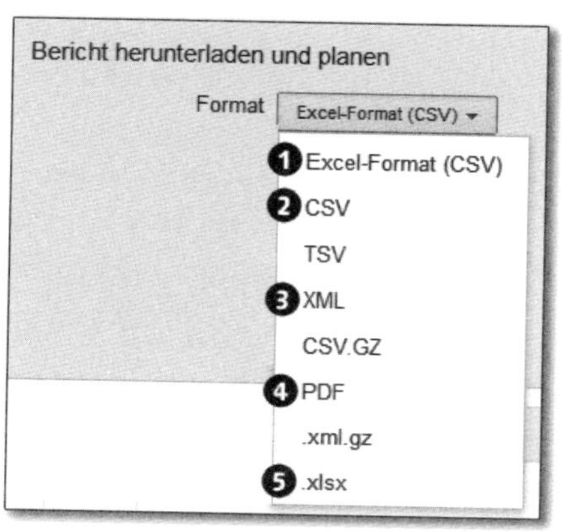

Abbildung 10.21 Auswahl eines Berichtsformats

10.5.3 Sparen Sie Zeit mit automatisierten Berichten

Falls Sie Ihre Berichte regelmäßig per E-Mail zugeschickt bekommen möchten, können Sie so genannte automatisierte Berichte in AdWords erstellen (siehe Abbildung 10.22). Dazu klicken Sie während der Download-Einstellungen auf den Unterpunkt BERICHT PER E-MAIL SENDEN UND PLANEN ❶. Es öffnet sich ein neuer Bereich, wo Sie die Einstellungen für die automatisierten Berichte vornehmen können. Zunächst können Sie bestimmen, welche E-Mail-Adresse ❷ den automatisierten Bericht erhalten soll. Dabei können Sie nur Mail-Adressen auswählen, die dem aktuellen AdWords-Konto als Nutzer zugefügt worden sind. Für die automatisierten Berichte benötigt der Nutzer mindestens die Zugriffsebene »Nur E-Mail-Zugriff«. Diese Einstellungen können Sie unter den Kontoeinstellungen beim Unterpunkt »Kontozugriff« bearbeiten. In Abbildung 10.22 erkennen Sie, dass Sie verschiedene Kombinationen von Berichtsempfängern zusammenstellen können. Außer den Berichtsempfängern können Sie weiterhin festlegen, wie oft ❸ ein bestimmter Bericht gesendet werden soll. Bitte beachten Sie, dass Sie diese Einstellung nur vornehmen können, wenn Sie vorher mindestens einen E-Mail-Empfänger ausgewählt haben. In der Praxis wird die Funktion der automatisierten Berichte genutzt, um einen Monatsbericht regelmäßig am ersten Tag des Folgemonats zu übermitteln. Sobald Sie einen automatisierten Bericht erstellen, wird dieser auch automatisch im AdWords-Konto gespeichert ❹. Wir empfehlen, dass Sie Ihrem Bericht vorher jedoch noch einen individuellen Namen ❺ geben. So ist der Bericht später einfacher in der Liste der gespeicherten Berichte zu identifizieren. Alle vorgenommenen Einstellungen werden am Ende per Klick auf den Button HERUNTERLADEN ❻ gespeichert.

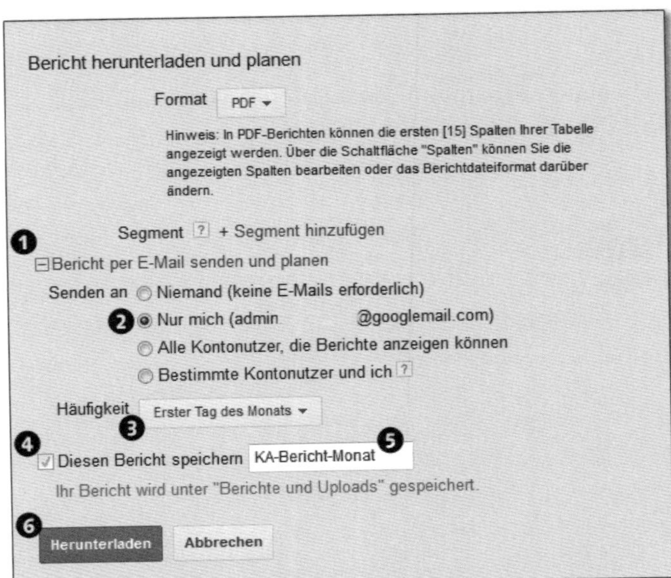

Abbildung 10.22 Automatisierte Berichte planen

Alle gespeicherten und automatisierten Berichtsvorlagen finden Sie dann in Ihrem AdWords-Konto unter BERICHTE (siehe Abbildung 10.23) wieder. Navigieren Sie einfach in diesen Bereich, indem Sie auf der linken Seite unter der Liste Ihrer Kampagnen auf den genannten Unterpunkt klicken.

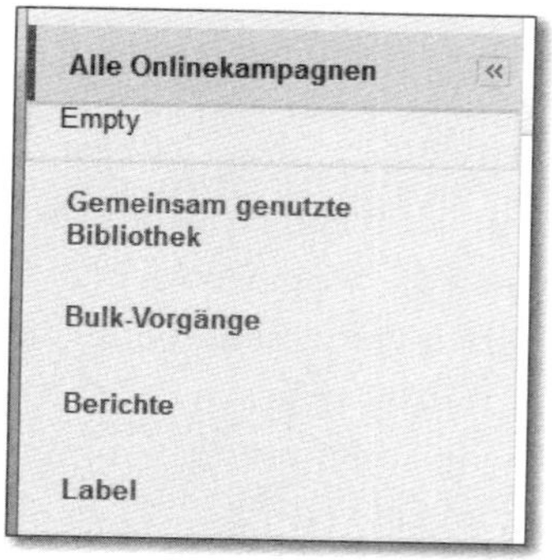

Abbildung 10.23 Gespeicherte Berichte aufrufen

Im Register BERICHTE finden Sie alle gespeicherten Berichte in einer Liste wieder. Diese Liste enthält unter anderem den individuellen Namen, das Format des Berichtes sowie die E-Mail-Empfänger bei automatisierten Berichten. Weiterhin finden Sie hier Angaben, wer den Bericht zu welchem Zeitpunkt erstellt hat. Falls der Bericht regelmäßig gesendet wird, enthält die Liste auch Angaben zur Frequenz der Berichtserstellung.

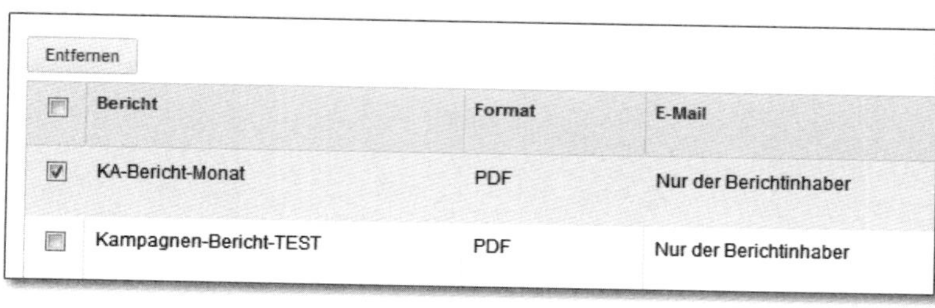

Entfernen

	Bericht	Format	E-Mail
☑	KA-Bericht-Monat	PDF	Nur der Berichtinhaber
☐	Kampagnen-Bericht-TEST	PDF	Nur der Berichtinhaber

Abbildung 10.24 Liste mit gespeicherten Berichten

Am Ende eines jeden Berichtes finden sie zwei Links, mit denen Sie zum einen den vorliegenden Bericht erneut erstellen und herunterladen können oder zum anderen einen ähnlichen Bericht erstellen können.

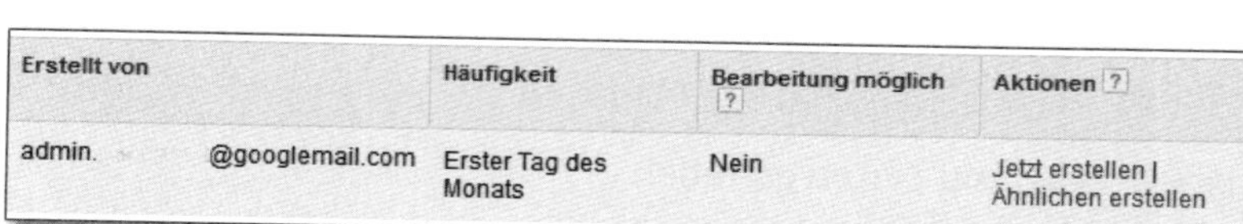

Erstellt von	Häufigkeit	Bearbeitung möglich ?	Aktionen ?
admin. @googlemail.com	Erster Tag des Monats	Nein	Jetzt erstellen | Ähnlichen erstellen

Abbildung 10.25 Berichte erneut erstellen oder verändern

10.6 Finden Sie spannende Infos unter »Dimensionen«

Das Unterregister »Dimensionen« hält ebenfalls interessante Berichte für Sie bereit (siehe Abbildung 10.26). Die Dimensionen finden Sie im mittleren Fenster. Sie können die Statistiken aufrufen, indem Sie zunächst das Register DIMENSIONEN ❶ auswählen und danach auf der linken Seite den gewünschten Bericht aus der Dropdown-Liste ❷ auswählen. Die Daten der angezeigten Berichte beziehen sich zum einen auf die in der linken Navigation ausgewählte Kampagne bzw. Anzeigengruppe, und zum anderen auf den aktuell eingestellten Zeitraum, den Sie in der rechten oberen Ecke Ihres AdWords-Kontos aktiviert haben. Alle Berichte können Sie wie gewohnt individuell über SPALTEN ❹ anpassen. Falls Sie also Informationen vermissen, sollten Sie hier zunächst einmal nachschauen. Außerdem können Sie auch bei diesen Berichten individuelle FILTER ❸ setzen und die Daten über den Download-Button ❺ herunterladen. Die Anzahl der vordefinierten Berichte haben sich im Laufe der Zeit regelmäßig erweitert, so dass auch hier vermutet werden kann, dass zukünftig noch weitere Berichte hinzukommen. Aus der Vielzahl der aktuellen Berichte haben wir einige Beispiele ausgewählt, um die grundsätzlichen Möglichkeiten zu demonstrieren.

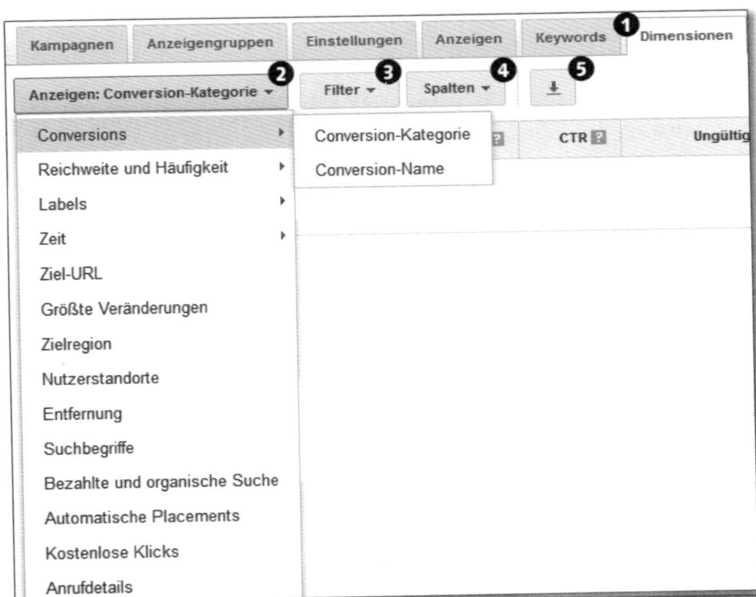

Abbildung 10.26 Spezialberichte unter »Dimensionen«

10.6.1 Statistiken zu Tag und Zeiten erstellen

Unter DIMENSIONEN finden Sie verschiedene Statistiken, die bestimmte Zeiten oder Zeiträume näher analysieren. So können Sie zum Beispiel mit Hilfe des Berichts

WOCHENTAG (unter ZEIT • WOCHENTAG) ermitteln, ob es ein unterschiedliches Such- und Klickverhalten in Bezug auf die verschiedenen Wochentage gibt. Dieser Bericht hilft bei der Beurteilung, ob die Anzeigen eher am Wochenende oder während der Woche geschaltet werden sollen oder ob bei größerer Nachfrage der Klickpreis erhöht werden sollte, um die Sichtbarkeit zu verbessern. Die Erkenntnisse aus diesem Bericht helfen also bei der Feineinstellung Ihrer AdWords-Werbung. In unserem Fall (siehe Abbildung 10.27) erkennt man beispielsweise, dass die Nachfrage am Wochenende ganz deutlich abnimmt. Bei beschränktem Budget könnte man die Werbung am Wochenende reduzieren und diese Klicks für zusätzliche Einblendungen während der Woche nutzen.

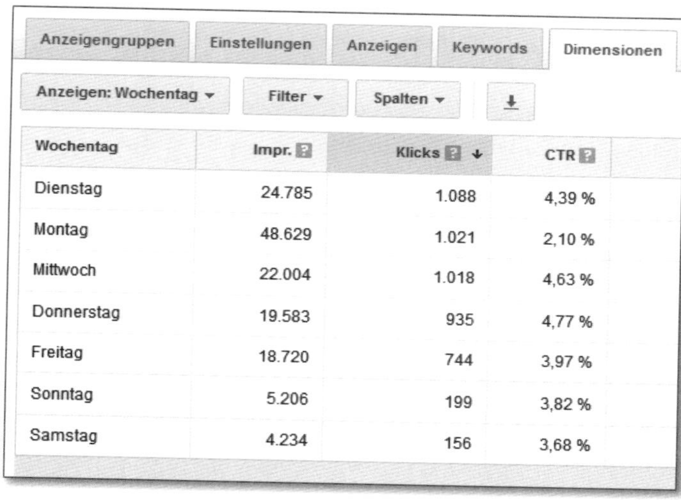

Wochentag	Impr.	Klicks	CTR
Dienstag	24.785	1.088	4,39 %
Montag	48.629	1.021	2,10 %
Mittwoch	22.004	1.018	4,63 %
Donnerstag	19.583	935	4,77 %
Freitag	18.720	744	3,97 %
Sonntag	5.206	199	3,82 %
Samstag	4.234	156	3,68 %

Abbildung 10.27 Statistik zu den beliebtesten Wochentagen

10.6.2 Statistiken zu verschiedenen Orten und Regionen

Mit dem Bericht NUTZERSTANDORTE im Register DIMENSIONEN können Sie die Regionen ermitteln, aus denen die Suchanfragen zu Ihren AdWords-Kampagnen kamen. Die Statistik zeigt bis auf Städteebene oder Postleitzahl, woher die Anfragen kamen. Wenn Sie einen größeren Zeitraum untersuchen und entsprechende Conversions eingebaut sind, können Sie herausfinden, wo Ihre Zielgruppe beheimatet ist. In der Statistik finden Sie beim Unterpunkt SPEZIFISCHSTER STANDORT, den genauesten Standort, den Google für diese Region ermittelt kann. Das kann der Name einer Stadt oder aber auch eine Postleitzahl sein. Mithilfe der Information aus diesem Bericht können Sie zum Beispiel entscheiden, ob Sie in bestimmten Zielregionen höhere CPC-Gebote abgeben möchten, weil dort die Chance auf neue Kunden am größten ist.

Anzeigen: Nutzerstandorte ▾ | Filter ▾ | Spalten ▾

Land/Gebiet	Region	Stadt	Spezifischster Standort	Klicks ↓	CTR
Deutschland	Keine Angabe	Keine Angabe	Deutschland	226	0,68 %
Deutschland	Bayern	München	München	188	7,00 %
Deutschland	Hessen	Frankfurt am Main	Frankfurt am Main	158	4,90 %
Deutschland	Baden-Württemberg	Stuttgart	Stuttgart	156	4,73 %
Deutschland	Nordrhein-Westfalen	Köln	Köln	151	8,28 %
Deutschland	Nordrhein-Westfalen	Düsseldorf	Düsseldorf	125	6,92 %
Deutschland	Hamburg	Hamburg	Hamburg	120	4,82 %
Deutschland	Berlin	Berlin	Berlin	116	4,84 %
Deutschland	Nordrhein-Westfalen	Essen	Essen	93	8,12 %

Abbildung 10.28 Bericht zu den Standorten der Suchenden

10.6.3 Erstellen Sie einen Bericht zu bezahlten und organischen Keywords

Ein weiterer interessanter Bericht unter DIMENSIONEN gibt Auskunft über das Verhältnis zwischen bezahlter Suchmaschinenwerbung (SEA) und dem organischen Traffic (Suchmaschinenoptimierung = SEO). Dieser Bericht nennt sich BEZAHLTE UND ORGANISCHE SUCHE. Bitte beachten Sie, dass Sie die Leistungszahlen aus der organischen Suche nur erhalten, wenn Sie Ihr AdWords-Konto mit Ihrem Google Webmaster Tools-Konto verknüpft haben. Diese Verknüpfung können Sie in den Kontoeinstellungen beim Unterpunkt »Verknüpfte Konten« vornehmen (siehe Abschnitt 5.6.2, »Grundeinstellungen des AdWords-Kontos«). Unser Beispiel (siehe Abbildung 10.29) zeigt, wie dieser Bericht die Keywords aus SEA und SEO-Sicht beleuchtet. (Bitte haben Sie Verständnis, dass wird die Keywords anonymisiert haben.)

Interessant ist vor allem das Klickverhalten, wenn zu einer Suchanfrage Ergebnisse aus Anzeigen und dem organischem Bereich vorliegen. Eine gleichzeitige Auslieferung von organischen und bezahlten Ergebnissen erhöht die gemessenen Klicks. Durch die zweifache Einblendung von Firmenname, Domain etc. wird wahrscheinlich das Vertrauen gestärkt, was zu einem besseren Klickverhalten führt. Bitte beachten Sie, dass Sie in der Statistik nicht eine komplette Auflistung Ihrer organischen Rankings erhalten. Dafür ist der Bereich SEO inklusive der Personalisierung der Ergebnisse zu komplex. Für eine erste Analyse und die Betrachtungen der verschiedenen Rankings sowie des Klickverhaltens reichen die angezeigten Daten jedoch. Sie können hier im Vergleich von SEO und SEA noch einmal Ihre Keywords abgleichen und eventuell Keyword-Ideen hinzunehmen. Außerdem zeigen die Daten, wo es sinnvoll ist, das organische Ranking zu stärken und zusätzliche Anstrengung in SEO-Maßnahmen zu stecken.

Anfrage	Anzeigenstatistik				Werte zur organischen Suche		
	Klicks	Impr.	CTR	Durchschn. Pos.	Klicks ↓	Suchanfragen	Durchschn. Pos.
Keyword 1	125	1.007	12,41 %	1,0	119	883	3,9
Nur Anzeige	3	124	2,42 %	1,0	0	0	0,0
Beide	122	883	13,82 %	1,0	119	883	3,9
Keyword 2	45	227	19,82 %	1,0	115	224	1,1
Nur Anzeige	0	3	0,00 %	1,0	0	0	0,0
Beide	45	224	20,09 %	1,0	115	224	1,1

Abbildung 10.29 Impressionen und Klicks im Vergleich SEA vs. SEO

10.7 Keyword-Bericht: der wichtigste Bericht im AdWords-Konto

Der vielleicht wichtigste Bericht in ihrem AdWords-Konto ist der so genannte Keyword-Bericht oder auch Bericht zu den Suchanfragen. In diesem Bericht erfahren Sie, welche Suchanfragen Ihre potenziellen Kunden wirklich in das Google-Suchfeld eingegeben haben. Auf diese Weise erhalten Sie einen tieferen Einblick in das Suchverhalten ihrer Zielgruppe (siehe Abbildung 10.30).

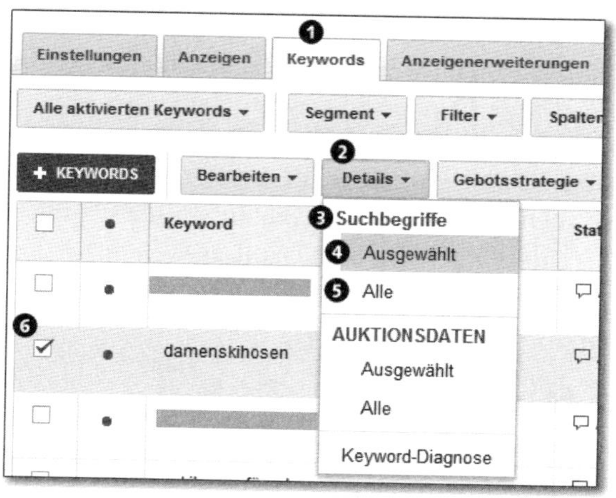

Abbildung 10.30 Bericht zu den Suchbegriffen unter »Details«

Zur Erstellung dieses Berichtes navigieren Sie zunächst im mittleren Bereich auf das Unterregister KEYWORDS ❶. Über die linke Navigation wählen Sie aus, welche Kampagnen oder Anzeigengruppen Sie analysieren möchten. Falls Ihre Keyword-Liste nicht zu groß ist, können Sie auch alle Keywords in Ihrem Konto zusammen analysieren. Im Unterregister KEYWORDS klicken Sie dazu auf die Dropdown-Liste DETAILS ❷. Aus den Vorgaben wählen Sie im nächsten Schritt unter der Überschrift SUCHBEGRIFFE ❸ den Unterpunkt ALLE ❺ aus. Manchmal kommt es jedoch vor, dass nur wenige Keywords interessant sind, oder nur ein einziges, häufig gesuchtes Keyword für Ihre Analyse wichtig ist. In diesem Fall markieren Sie zunächst ein ❻ oder mehrere Keywords, klicken dann auf DETAILS ❷ und markieren dann den Menüpunkt AUSGEWÄHLT ❹. Nun erhalten Sie nur den Bericht mit den Suchanfragen zum ausgewählten Keyword oder der Keyword-Gruppe.

Nach der Aktivierung der Auswahl erhalten Sie den Suchanfragenbericht, der in der ersten Spalte ❶ die wirklichen Suchanfragen zeigt, die auf Grundlage der Keyword-Vorgaben eine Anzeigenschaltung ausgelöst haben. Auch die Darstellung dieser Tabelle können Sie über die Dropdown-Liste SPALTEN anpassen. Wir empfehlen Ihnen auf jeden Fall, noch eine weitere Spalte mit der Bezeichnung KEYWORD in den Bericht aufzunehmen. Diese Spalte finden Sie unter ATTRIBUTE. Platzieren Sie die Spalte KEYWORD per Drag & Drop möglichst weit vorne in Ihrem Bericht. Auf diese Weise können Sie mit einem Blick den gesuchten Begriff ❶ und das zugehörige Keyword ❸ erfassen und vergleichen. Sie werden schnell erkennen, wie Google mit den verschiedenen Keyword-Optionen umgeht, denn Sie sehen direkt, welche Suchbegriffe bei welcher Keyword-Option eine Anzeigenschaltung ausgelöst haben.

In dem unten aufgeführten Beispiel (siehe Abbildung 10.31) sehen Sie, dass ein Keyword *damenskihose* ❼ mit weitgehend passender Option vorgegeben wurde. In unserem kleinen Ausschnitt aller Suchanfragen zum Thema Damenskihose erkennen Sie schon, wie stark die Suchanfragen variieren. Google ordnet dem vorgegebenen Keyword verschiedene Suchanfragen, von der genau passenden Variante ❷ über *skihose damen weiß* ❺ bis zu *herren skihose* ❻ zu. Das vorgegebene Keyword wird aber auch so frei interpretiert, dass bei einer Anfrage zu *jet skihose damen* ❹ die AdWords-Anzeige geschaltet wird. Neben den normalen Variationen zum Thema Damenskihose wird die Anzeige also auch zu Begriffen ausgeliefert, die ein komplett anderes Produkt darstellen. Diese Erkenntnisse aus dem Suchanfragebericht sollten Sie zur Optimierung Ihrer AdWords-Kampagne nutzen. Die zwei grundsätzlichen Wege stellen wir Ihnen in den nächsten beiden Kapiteln vor.

☐	damenskihosen ❶	Genau passend ❷	Hinzugefügt	❸ damenskihosen ❼
☐	jet skihose damen ❹	Weitgehend passend	Keine Angabe	damenskihosen ❼
☐	skihose damen weiß ❺	Weitgehend passend	Keine Angabe	damenskihosen ❼
☐	herren skihose ❻	Weitgehend passend	Keine Angabe	damenskihosen ❼
☐	skihosen herren	Weitgehend passend	Keine Angabe	damenskihosen ❼

Abbildung 10.31 Keyword-Bericht zu ausgewähltem Keyword

10.7.1 Keywords ausschließen – negative Keywords nutzen!

Der Suchanfragen-Bericht liefert grundsätzlich zwei Erkenntnisse, die in verschiedene Richtungen weisen. Zunächst einmal geht es darum, unpassende Suchanfrage zu finden und somit die Keywords zu eliminieren, die nicht zum Produkt oder zur Dienstleistung passen. Falsche Suchbegriffe haben neben unnötigen Klickkosten den Effekt, dass insgesamt die Klickrate sinkt, weil der Suchende seine Anfrage bzw. die Antwort auf seine Frage nicht im Text der Anzeige wiederfindet. In unserem Beispiel wäre »Jet Skihose« eine Suchanfrage, die nicht zum Angebot Damenskihose passt. Diese Suchanfrage müsste für die Zukunft ausgeschlossen werden. Sie können nun aus dem Suchanfragenbericht heraus das falsche Keyword per Klick markieren und oberhalb des Berichtes auf den Button ALS AUSSCHLIESSENDES KEYWORD ZUFÜGEN klicken. Danach kann dieses Keyword entweder auf Anzeigengruppenebene oder auch auf Kampagnenebene ausgeschlossen werden. Außerdem kann es direkt in eine vorhandene Liste mit negativen Keywords übernommen werden.

Das große Problem besteht jedoch darin, dass Google markierte Suchbegriffe nur genau passend ausschließen möchte (siehe Abbildung 10.32). Ein genau passender Ausschluss hat aber den Nachteil, dass zusätzlich noch alle möglichen Varianten rund um den Begriff, der ausgeschlossen werden soll, hinzugefügt werden müssen. In unserem Beispiel würden wir mit dem Ausschluss der Begriffe *Jet* und *Jetski* die meisten Suchanfragen rund um dieses Thema ausschließen. Eine exakter Ausschluss der Suchanfrage *jet skihose damen* würde jedoch zukünftig nur exakt diese Suchanfrage ausschließen. Falls eine andere Anfrage *jet skihose* lautet, so würde die Anzeige wieder ausgelöst. Dies kann man nur durch einen weitgehend passenden Ausschluss verhindern, wobei am besten auch noch zusätzliche Begriffe rund um das Thema sowie Falschschreibweisen zugefügt werden sollten. Aus diesem Grund ist der genau passende Ausschluss aus dem Suchbericht heraus nicht zu empfehlen. Besser ist es, die komplette Liste der Suchanfragen herunterzuladen und in einem Editor so zu bearbeiten, dass nur noch die einzelnen negativen Begriffe, die zukünftig möglichst viele Suchanfragen ausschließen, übrig bleiben. Diese bereinigte Liste wird dann zu der Keyword-Liste mit ausschließenden Keywords hinzugefügt.

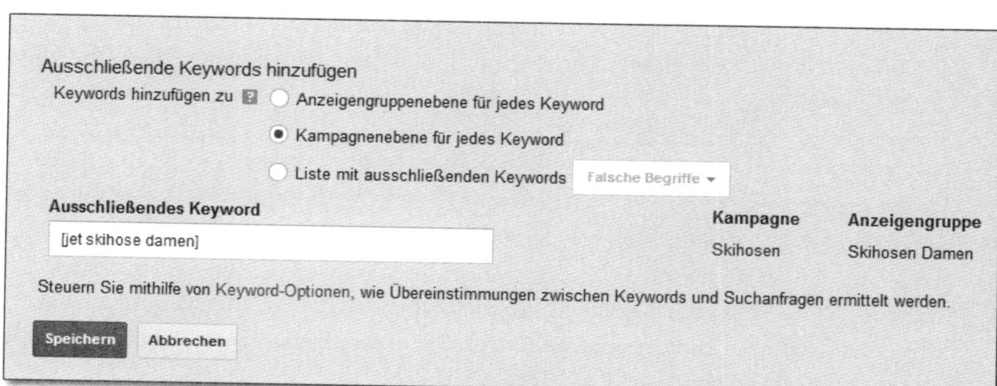

Abbildung 10.32 Unpassendes Keyword ausschließen

10.7.2 So helfen Ihre Besucher mit neuen Keyword-Ideen

Der Bericht mit den Suchanfragen hilft jedoch auch in positiver Weise. Schauen wir uns dazu noch einmal unser Ergebnis an. Zum vorgegebenen Keyword *damenskihosen* verzeichnet der Bericht ca. 1.000 Anfragen, die nach *skihose damen weiß* gesucht haben (siehe Abbildung 10.33). Zu diesem Thema scheint es einen Bedarf zu geben. Die Statistik zeigt jedoch auch, dass die CTR mit 0,78 Prozent relativ schlecht ist. Der Grund für die schlechte CTR liegt wahrscheinlich in der Textanzeige, die nicht speziell das Thema »weiße Skihose« aufgreift, sondern »nur« eine Damenskihose bewirbt. Genau an diesem Punkt liegt der zukünftige Ansatz der Optimierung. In diesem Falle müsste nun eine eigene Anzeigengruppe zum Thema »Weiße Damenskihosen« erstellt werden. Alle Keywords der Anzeigengruppe drehen sich dort nur um dieses Thema, und in der Anzeige werden speziell weiße Damenskihosen beworben. Vielleicht gibt es sogar noch eine besondere Angebotsaktion zu diesem Produkt? Zusätzlich würde diese Anzeige natürlich direkt auf die spezielle Unterseite zu den weißen Damenskihosen verlinken. Auf diese Weise kann man zukünftig einen großen Teil der vorhandenen Nachfrage auf die eigene Webseite lenken. Die CTR und auch der Qualitätsfaktor für die neue Anzeigengruppe werden wahrscheinlich viel besser sein als die aktuellen Werte.

Analog zu diesem Beispiel sollten Sie nun regelmäßig zu Ihren Kampagnen Berichte mit Suchanfragen aufrufen, diese durchsuchen und dann neue Anzeigengruppen zu speziellen, häufig angefragten Themen erstellen – natürlich nur für die Anfragen, zu denen Sie auch entsprechende Produkte oder Dienstleistungen anbieten. Sie sollten also zukünftig mindestens einmal pro Monat Suchanfrageberichte erstellen und analysieren. Dabei sollten Sie eine Liste mit Keywords erstellen, die Sie in Zukunft ausschließen können. Dadurch erhöhen Sie Ihre zukünftige Klickrate und verhindern unnötige Klicks auf ihre Anzeige. Andererseits sollten Sie aber auch mit Hilfe der Berichte interessante Suchanfragen erkennen, für die Sie dann eigene Anzeigengruppen mit passenden Anzeigentexten und individuellen Landing-Pages erstellen. Nutzen Sie diesen Bericht, er ist ein sehr wertvoller Helfer für jeden AdWords Manager.

skihose damen weiß	Weitgehend passend	Keine Angabe	damenskihosen	7	916	0,76 %

Abbildung 10.33 Neue Keyword-Idee aus dem Suchbericht extrahieren

Zum Abschluss haben wir noch einige Beispiele für wichtige Fragestellungen aufgeführt und dahinter die passenden Berichtsformen aufgelistet, die dabei helfen, die Fragen zu beantworten.

Informationsbedarf/Fragestellung	Passende Berichte
Besteht eine Nachfrage zu meinen Produkten/Dienstleistungen?	Bericht mit Angabe der Impressionen auf Kampagnen-, Anzeigengruppen- und Keyword-Ebene
Besteht Interesse an meinen Produkten/Dienstleistungen?	Bericht mit Angabe der CTR auf Kampagnen-, Anzeigengruppen- und Keyword-Ebene
Lohn sich die AdWords-Werbung?	Berichte zu Conversions mit Klick-Conversions, Conversion-Rate, und Conversion-Wert auf allen Ebenen
Erreiche ich alle potenzielle Kunden zu meinen Keywords?	Kampagnenbericht mit Berichtsspalte zum Anteil der Impressionen im Suchnetzwerk oder Displaynetzwerk
Funktionieren meine Landing-Pages?	Bericht zu Anzeigengruppen mit Berichtsspalte zu Absprungrate (Hinweis: Für Daten zur Absprungrate muss eine Verknüpfung mit Google Analytics hergestellt werden.)
Lohnen sich höhere Gebote, um mehr Kunden zu erreichen?	Bericht auf Keyword-Ebene mit Berichtsspalten zum Gebotssimulator
Welchen Qualitätsfaktor besitzen meine Keywords?	Bericht auf Keyword-Ebene mit Berichtsspalten zum Qualitätsfaktor
Zu welchen Zeiten erreiche ich die meisten Besucher über AdWords?	Unter DIMENSIONEN den Bericht ZEIT – TAGESZEIT aufrufen
An welchen Wochentagen erreiche ich die meisten Besucher über AdWords?	Unter DIMENSIONEN den Bericht ZEIT – WOCHENTAG aufrufen
Aus welchen Regionen und Orten erhalte ich die meisten Kundenanfragen?	Unter DIMENSIONEN den Bericht NUTZERSTANDORTE aufrufen
Funktioniert die Werbung besser über PC, Tablet oder Smartphone bzw. welchen Anteil am Erfolg haben die einzelnen Endgeräte, die die Werbung ausliefern?	Standardbericht mit Leistungskennzahlen aufrufen und über den Button SEGMENT nach GERÄT gruppieren.

Tabelle 10.2 Informationsbedarf und passender Bericht im AdWords-Konto

Informationsbedarf/Fragestellung	Passende Berichte
Funktioniert die Werbung im Partnernetzwerk genauso gut wie bei der Google-Suche?	Standardbericht mit Leistungskennzahlen aufrufen und über den Button SEGMENT nach NETZWERK (MIT WEBSITES DES SUCHNETZWERKS) gruppieren.
Funktioniert die AdWords-Werbung auf einer Top-Position besser als auf den anderen Anzeigepositionen?	Standardbericht mit Leistungskennzahlen aufrufen und über den Button SEGMENT nach OBERE POSITION IM VERGLEICH ZU ANDEREN gruppieren.

Tabelle 10.2 Informationsbedarf und passender Bericht im AdWords-Konto (Forts.)

In diesem Kapitel haben Sie gelernt, wie Sie in Ihrem AdWords-Konto interessante Statistiken erstellen können. Wir haben verdeutlicht, wie wichtig die Informationen zu den Conversions für jeden AdWords-Manager sind. Nutzen Sie in jedem Fall die verschiedenen Möglichkeiten, um individuelle Berichte zu erstellen, die Ihre Fragen beantworten. Mithilfe der Berichte können Sie das Verhalten Ihrer Zielgruppe besser verstehen und zukünftig die AdWords-Kampagnen noch genauer auf diese Gruppe ausrichten.

Wir haben Ihnen mit dem Bericht zu den Suchanfragen auch den wichtigsten Bericht im AdWords-Konto vorgestellt. Sie wissen nun, wie Sie diesen Bericht in zweifacher Hinsicht für sich nutzen können. Sie haben mit diesem Bericht zum einen ein Tool, um negative Keywords zu ermitteln und zum anderen eine Statistik, die aufzeigt, welche Anfragen häufig gestellt worden sind. Sie haben in diesem Kapitel gesehen, dass die Berichte keinen Selbstzweck erfüllen, sondern Ihnen vor allem helfen sollen, Ihre Anzeigen weiter zu optimieren, indem Sie Ihre AdWords-Kampagnen sehr zielgerichtet auf potenzielle Neukunden ausrichten.

10.8 Checkliste

Gute Berichte/Reports sind eine wichtige Grundlage zur Optimierung Ihrer Kampagnen. Nutzen Sie die Möglichkeiten des AdWords-Kontos.

Wichtige Vorbereitung für gute AdWords Reports	**Erledigt (✓)**
Conversion-Tracking einrichten	
AdWords und Analytics verknüpfen	
AdWords und Webmaster-Tools verknüpfen	
Spalten zur Analyse der Conversion-Daten hinzufügen	
Wichtige Kennzahlen für die einzelnen Ebenen hinzufügen	
Berichtstemplates anlegen	
Segmentierungen hinzufügen	
Automatisierte Berichte anlegen	
Zusätzliche Kontoanalyse über die das Register »Dimensionen« nutzen	
Monatliche Auswertung des Keyword-Berichtes	

Tabelle 10.3 Reports in AdWords – Checkliste

Kapitel 11
Google Analytics

Die in AdWords integrierten Mess- und Optimierungstools sind sehr hilfreich, zugleich aber in ihrem Umfang limitiert. Ein Maximum aus den Kampagnen herauszuholen, gelingt Ihnen erst beim zusätzlichen Einsatz eines Webanalyse-Tools wie Google Analytics.

Das im vorhergehenden Kapitel vorgestellte Conversion-Tracking ist eine praktische Möglichkeit, AdWords-Kampagnen nicht nur nach ausgelieferten Klicks, sondern darüber hinaus auch nach messbaren Zielen wie qualifizierten Leads (beispielsweise versendete Anfrageformulare) oder verbindlichen Bestellungen in einem Online-Shop zu bewerten. Sie wollen schließlich mit AdWords nicht nur die Besucherfrequenz auf Ihrer Webseite erhöhen und den Umsatz von Google steigern, sondern vor allem Neukunden für die beworbenen Produkte oder Dienstleistungen gewinnen.

Viele dieser Neukunden *konvertieren* jedoch nicht sofort nach dem ersten Klick auf eine Anzeige und nicht immer muss eine erfolgreiche AdWords-Kampagne primär in einem Formularversand oder einer unmittelbaren Online-Bestellung gipfeln. Es ist daher nicht weniger wichtig, so genannte *Micro Conversions* in Ihre Erfolgsmessung mit einzubeziehen. Und genau an dieser Stelle knüpfen Sie mit der Verwendung eines Webanalyse-Tools an, wenn die AdWords-internen Mess- und Optimierungstools bei folgenden Fragestellungen an ihre Limits stoßen:

- Wie lange bleiben über AdWords generierte Besucher auf meiner Webseite?
- Welche Seiten werden von meinen Kampagnenbesuchern nach ihrem Einstieg auf der Landing-Page noch besucht?
- Bei welchen Themen und Keywords passt die Zielseite eventuell nicht zur Erwartungshaltung der Besucher und sorgt somit für sofortige Absprünge?
- Wie viele Klicks auf ein Video, einen Button oder einen PDF-Download konnten über meine Kampagne generiert werden?

Zusammengefasst liefert ein Webanalyse-Tool in Kombination mit Ihren AdWords-Kampagnen all jene wertvollen Informationen darüber, was unmittelbar *nach dem Klick* auf die Anzeigen passiert.

Neben diesen erweiterten Leistungsdaten zur Webseitenbenutzung ist auch noch der folgende Faktor ein maßgebliches Argument, warum Sie Ihre Kampagnen mit Hilfe eines Webanalyse-Tools auswerten und optimieren sollten. Schließlich werden

Sie ja auch an der Beantwortung dieser Frage interessiert sein: »Wie verhält sich der Kampagnen-Traffic im Gesamtkontext aller Besucherquellen meiner Webseite?« AdWords ist zugegeben eine sehr effiziente Möglichkeit zur Gewinnung von Webseiten-Besuchern und potenziellen Neukunden. Bezahlte Suchmaschinenwerbung wird jedoch meist nur eines von vielen »Puzzleteilen« in Ihrer professionellen Onlinemarketing-Strategie sein. Unterschiedliche Kampagnen und Maßnahmen beeinflussen sich nachweislich gegenseitig, weshalb es nicht richtig wäre, auch im fortgeschrittenen Optimierungsprozess ausschließlich durch die »AdWords-Brille« zu blicken. Mit Hilfe eines Webanalyse-Tools können Sie also auf die Wechselwirkungen Ihrer SEA-Kampagnen beispielsweise mit organischem Suchmaschinen-Traffic, Displaykampagnen oder Social-Media-Aktivitäten näher eingehen.

Nachdem wir Ihnen nun die Notwendigkeit eines Webanalyse-Tools als Basis für sämtliche fortgeschrittene Mess- und Optimierungsabläufe nicht nur schmackhaft gemacht, sondern hoffentlich auch als unabdingbar präsentiert haben, gehen wir nun gemeinsam darauf ein, welche konkreten Tools diese Aufgaben bestmöglich erfüllen und wie Sie diese in der Praxis einsetzen.

11.1 Webanalyse mit Google Analytics

Die Auswahl des Tools gestaltet sich fürs Erste sehr einfach. Wie es der Kapitelname bereits unmissverständlich verrät, werden wir in weiterer Folge primär auf das Webanalyse-Tool Google Analytics eingehen. Dieses bringt unter anderem folgende Alleinstellungsmerkmale und Vorteile mit sich:

- »Hauseigenes« Google-Produkt für eine einfache und nahtlose Integration aller Traffic- und kostenrelevanten Kampagnendaten
- Umfangreiche vorgefertigte AdWords-Kampagnenberichte
- Benutzerdefinierte Berichterstellung für AdWords-Daten
- Besucher- und Kampagnenanalysen in Echtzeit
- E-Commerce und Ereignis-Tracking
- Kostenlos verfügbar[1]

Einige alternative Tools möchten wir Ihnen der Vollständigkeit halber am Ende dieses Kapitels nicht vorenthalten. Vorab sei erwähnt, dass diese weiteren, selbstverständlich ebenfalls allesamt professionellen Webanalyse-Werkzeuge in der Kombination aus Integrationstiefe und Preis/Leistung nur schwer mit dem Google-eigenen Analyseinstrument mithalten können. Individuelle Unterschiede und Vorteile einzelner weiterer Anbieter werden wir dennoch kurz aufzeigen.

1 Gilt für das Standardprodukt Google Analytics. Eine kostenpflichtige Premiumversion mit umfangreicheren Analyse-Tools und erweiterten Support- und Garantieleistungen ist darüber hinaus verfügbar.

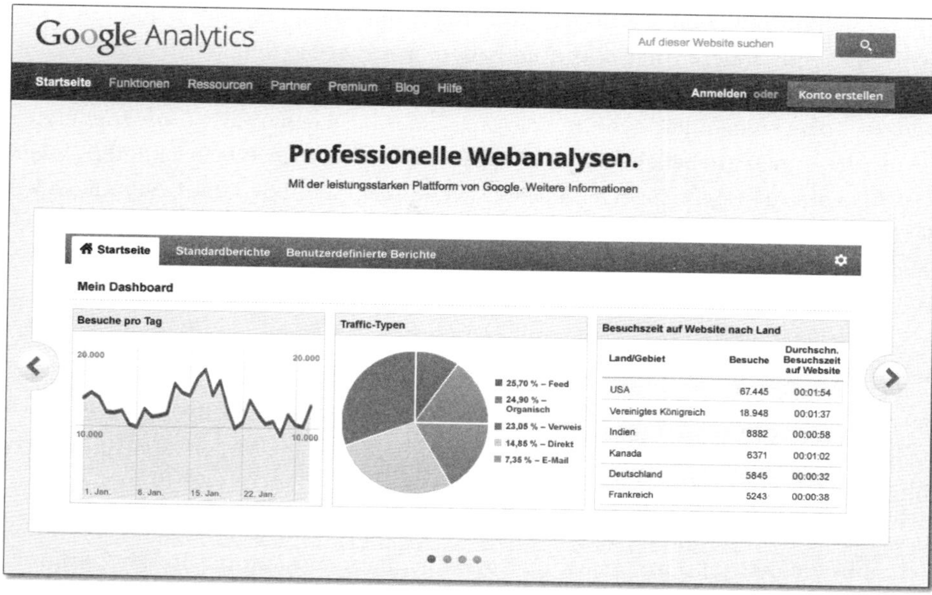

Abbildung 11.1 Professionelle Webseiten- und Kampagnenanalysen mit dem kostenlosen Tool Google Analytics.

11.1.1 Einstieg in Google Analytics

Um mit der Nutzung von Google Analytics zu starten, klicken Sie entweder in der Navigation Ihres AdWords-Kontos auf TOOLS • GOOGLE ANALYTICS oder Sie geben die folgende Adresse in Ihren Browser sein: *http://www.google.com/intl/de/analytics*. Da wir davon ausgehen, dass Sie an dieser Stelle – weil auch für die Verwendung von AdWords obligatorisch – bereits über ein Google-Konto verfügen, überspringen wir dessen Erstellung und wenden uns gleich jenen Details zu, die Sie nach einem erfolgreichen Login erwarten.

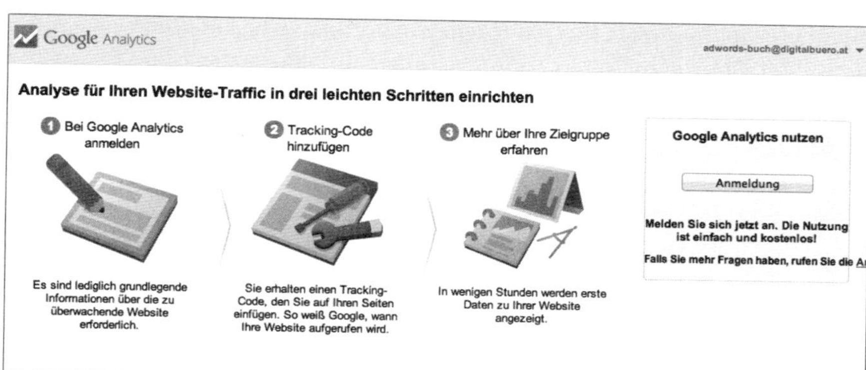

Abbildung 11.2 Ihr Analytics-Konto ist nach wenigen Schritten einsatzbereit.

Sofern Sie mit Ihrem Google-Konto erstmalig in Analytics einsteigen und noch keinen Zugriff auf andere Analysekonten haben, erwartet Sie der Assistent aus Abbildung 11.2 zur initialen Kontoeinrichtung. In Ihrem *Analytics-Konto* können Sie in weiterer Folge einen oder mehrere Tracking-Codes in so genannten *Properties* erstellen um diese später in beliebig vielen, Tool-intern auch als Views bezeichneten *Datenansichten* auszuwerten. Zunächst blicken wir aber erst einmal darauf, worauf Sie bei der Kontoeinrichtung mindestens achten müssen und wie die weiteren Schritte aussehen, bis Sie Ihren individuellen Analytics Tracking-Code erhalten. Dessen Erstellung und sein korrekter Einbau in Ihre Webseite ist die Basis dafür, um – erfreulicherweise schon wenige Stunden nach der Implementierung – Traffic-Daten in den Analytics-Berichten angezeigt zu bekommen.

Bei der Erstellung eines neuen Kontos zum Tracking Ihrer Webseite (das alternative Tracking von Mobile Apps lassen wir an dieser Stelle außen vor) erfragt Google von Ihnen zunächst die folgenden Informationen:

- **Kontoname** (erforderlich): Wählen Sie eine sprechende, eindeutige Bezeichnung für Ihr Analytics-Konto. Beachten Sie dabei, dass zu einem späteren Zeitpunkt eventuell auch weitere Nutzer darauf Zugriff haben und vermeiden Sie generische Namen wie beispielsweise »Meine Webseiten«, »Alle Konten« oder »Kundenkonto 01«.
- **Property-Name** (erforderlich): Jeder einzelne Tracking-Code ist einer Property im Analytics-Konto zugeordnet. Deren Name ist somit idealerweise eindeutig der Webseite, auf welcher der Tracking-Code eingebaut ist, zuzuordnen. Dabei ist es möglich, aber nicht zwingend nötig, als Property-Namen einfach die (Sub-)Domain der erfassten Webseite oder Landing-Page zu verwenden.
- **Website-URL** (erforderlich): Die korrekte Eingabe der Website-URL ist an dieser Stelle unter anderem auch deshalb wichtig, um später die in den Content-Berichten integrierten Hyperlinks für weitere Analysen direkt anklicken zu können.
- **Branchenkategorie** (optional): Wählen Sie hier eine Kategorie, die am besten dem Themenbereich und Zweck Ihrer Webseite zuzuordnen ist. Diese optionale Information nutzt Google vor allem zu internen Benchmarking-Zwecken, auf welche wir in Kürze bei den Datenfreigabeeinstellungen noch näher eingehen werden.
- **Zeitzone für Berichte** (erforderlich): Eine sehr wichtige Entscheidung treffen Sie an dieser Stelle vor allem dann, wenn Sie eine internationale Kampagnenstrategie verfolgen. Nicht immer ist die Zeitzone, von der aus Sie Ihre Webseite betreiben und Ihre Anzeigen schalten auch jene, in der sich Ihre potenziellen Webseitenbesucher und Neukunden zum Zeitpunkt ihrer Online-Recherchen befinden. Wählen Sie hier die passende Bericht-Zeitzone und stimmen Sie diese unbedingt mit der in AdWords gewählten Zeitzone ab. Das ist vor allem dann unerlässlich, wenn Sie fortgeschrittene Analysen und Optimierungen auf Tageszeitenbasis verfolgen möchten.

In Abbildung 11.3 sehen Sie darüber hinaus eine kurze Information zur Tracking-Methode. Seit April 2014 lassen sich neue Analytics-Properties ausschließlich in der *Universal Analytics*-Variante erstellen. Auf ältere Tracking-Methoden (Asynchron, Synchron, Urchin) werden wir daher in diesem Kapitel nicht eingehen. Informieren Sie sich bitte im umfangreichen Migrationscenter über alle Neuerungen, Vorteile und nötigen Schritte mit Universal Analytics: *https://developers.google.com/analytics/devguides/collection/upgrade/?hl=de*.

Während sich die Kontoverwaltung und der Tracking-Code grundlegend von den älteren Tracking-Methoden unterscheiden, lassen sich die meisten der in diesem Kapitel beschriebenen AdWords-relevanten Funktionen und Berichte auf Universal- und klassische Analytics-Implementierungen anwenden. Da nicht in allen Fällen eine sofortige Umstellung auf Universal Analytics notwendig oder empfohlen ist, können Nutzer mit bereits vorhandenen älteren Analytics-Setups die nächsten Seiten auch überspringen, um zu den Erläuterungen der Kontoverknüpfung und den Kampagnenberichten zu gelangen.

Was genau ist Universal Analytics?

Nach einer mehrmonatigen Beta-Phase wurde Universal Analytics im April 2014 – endlich – offiziell released: *http://analytics.blogspot.co.at/2014/04/universal-analytics-out-of-beta-into.html*. Neben einem neuen, kompakteren und gleichzeitig leistungsfähigeren Tracking-Code als eine der augenscheinlichsten Änderungen für Webmaster und erweiterten Konfigurationsmöglichkeiten steht ein User-zentrierter Analyseansatz hinter der neuen Art und Weise, wie Google Web Analytics definiert.

Da heutige Konsumenten über mehr als ein Gerät ins Internet einsteigen, indem sie beispielsweise Desktops, Tablets und Smartphones abwechselnd oder zeitweise sogar parallel nutzen, ist es nur richtig, Analysen nicht nur basierend auf Sitzungen und Cookies anzustellen, sondern sich zum Ziel zu setzen, den User geräteübergreifend bestmöglich zu erfassen. Universal Analytics unterstützt hier über die *Nutzer-ID*-Technologie bereits erste Funktionen, um individuelle Nutzer geräteübergreifend in ihrer »Customer Journey« erfassen zu können. Das geht so weit, dass über das ebenfalls neue *Measurement Protocol* beispielsweise in einem lokalen Geschäft getätigte Einkäufe über Kundenkarten einzelnen Usern von Website oder Online-Shop zuordenbar sind. So würde Analytics nicht nur deren unmittelbar über AdWords generierten Online-Umsatz einer speziellen Kampagne zuweisen können, sondern es kann auch einen Offline-Kauf in einem späteren Zeitraum in die Bewertung des *Customer Lifetime Value* mit einfließen lassen. Auch wenn dazu erst wenige konkrete Testszenarien vorliegen und die Technologie zur Zeit noch ein paar technische Hürden zu überspringen hat – Universal Analytics ist hier richtungsweisend und Google beweist hier wieder einmal einen hohen Innovationsgrad, um künftig nicht »Klicks« und »Cookies«, sondern vielmehr die Webseiten-Nutzer und Kunden selbst in den Vordergrund der Analysen zu stellen.

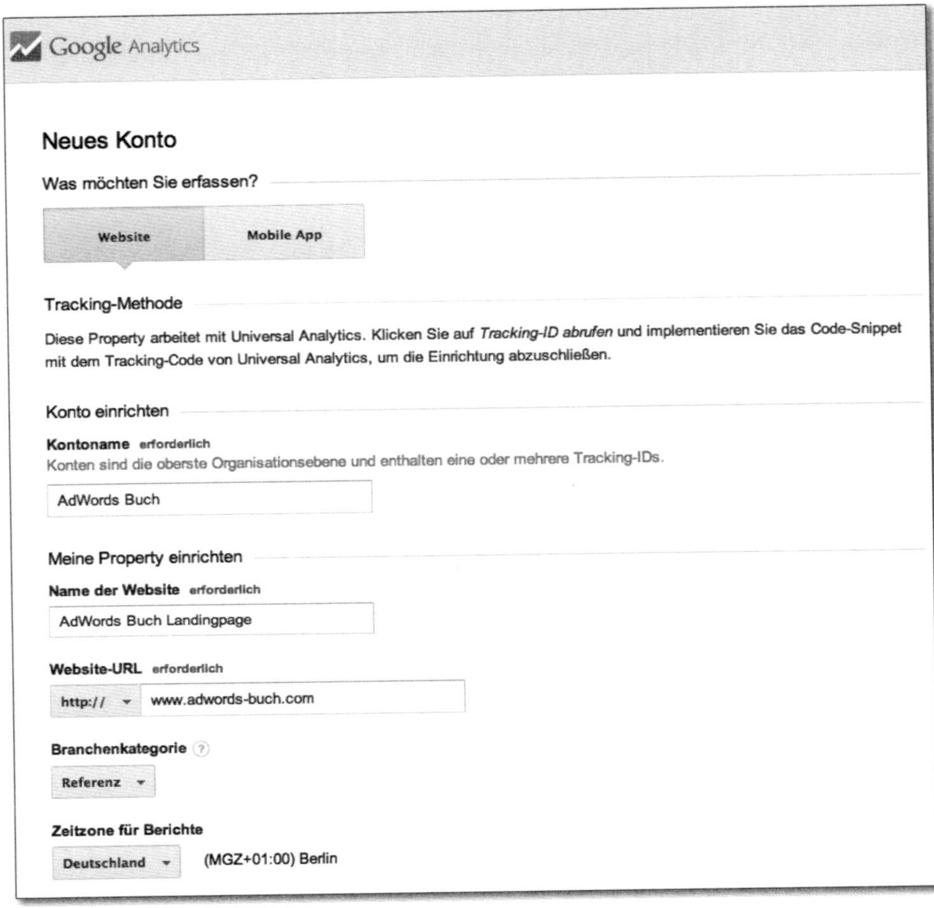

Abbildung 11.3 Wenige Informationen genügen bei der initialen Einrichtung ihres Analytics-Kontos.

Im unteren Bereich der Kontoeinrichtung finden Sie weitere Datenfreigabeeinstellungen. Google überzeugt Sie zunächst davon, dass alle Analytics-Daten in Ihrem Konto vertraulich behandelt werden. Das lassen wir erst mal so stehen, denn auf das Thema Datenschutz in Verbindung mit Webanalyse-Tools im Allgemeinen sowie Google Analytics im Speziellen werden wir später im Kapitel noch näher eingehen. Bei der Einrichtung des Kontos finden Sie vier Checkboxen mit unterschiedlichen Datenfreigaben vor, von denen vor allem die erste wichtig für die Zusammenarbeit mit AdWords ist (siehe Abbildung 11.4):

- Nur an andere Google-Produkte: Wollen Sie ein reibungsloses Zusammenspiel weiterer Google-Produkte – zu denen auch die hier relevanten AdWords und beispielsweise auch AdSense zählen – mit Analytics, stimmen Sie dieser Freigabe unbedingt durch Markieren der Checkbox zu.

- ANONYM AN GOOGLE UND ANDERE: Diese Freigabe erlaubt es Google, über die reine Integration mit anderen hauseigenen Tools und Produkten hinaus, durch anonymisierte Methoden Benchmarks zu erstellen. Zu diesem Zweck kommt auch die zuvor genannte optionale Branchenkategorie zu ihrem Einsatz. So hat Google beispielsweise die Möglichkeit, einen Vergleich aller der Branche »Reisen« zugeordneten Analytics-Properties hinsichtlich diverser On-Page-Kennzahlen oder Conversion- und E-Commerce-Daten auf nationaler oder internationaler Basis anzustellen. Möchten Sie Ihre Daten hiervon ausnehmen, lassen Sie diese zweite Checkbox deaktiviert. Auf die Funktion von Google Analytics im Zusammenspiel mit AdWords hat dies keinerlei negative Auswirkung.

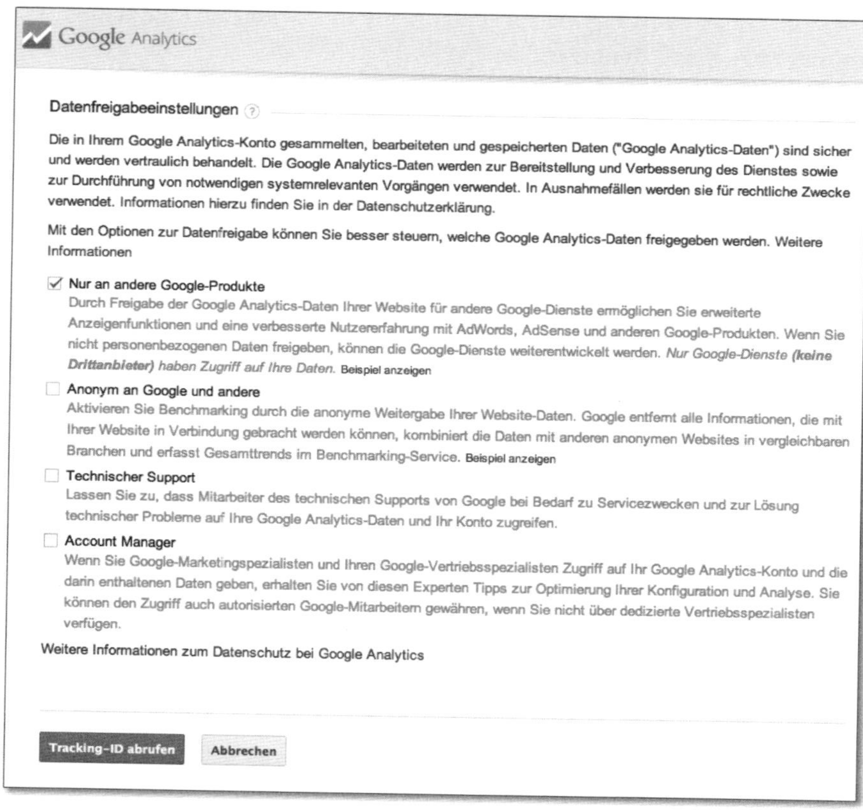

Abbildung 11.4 Genau hinschauen heißt es bei den Datenfreigabeeinstellungen, denn nicht alle Freigaben sind unbedingt nötig.

- TECHNISCHER SUPPORT: Diese dritte Checkbox muss nur dann markiert werden, wenn Sie Unterstützung vom Analytics-Support zur Klärung von Problemen mit dem Konto benötigen. Unsere Empfehlung ist, auch dies zunächst deaktiviert zu lassen und diese Freigabe nur im – für die meisten Leser recht unwahrscheinlichen bzw. seltenen – Anlassfall zu erteilen.

- ACCOUNT MANAGER: Die vierte und letzte Datenfreigabeeinstellung würde Ihr Konto bei Google nicht nur für Analytics- sondern auch für AdWords-Mitarbeiter öffnen. »Marketing- und Vertriebsspezialisten geben Ihnen Tipps zur Optimierung« wird diese Freigabe recht blumig umschrieben. Unsere Empfehlung lautet, auch diese Checkbox nicht zu markieren. Eine Aktivierung könnte zur Folge haben, dass Sie – ungewünscht und unaufgefordert – kontaktiert werden, um »neue Möglichkeiten« bei AdWords kennenzulernen und damit einhergehend wohl auch unmittelbar höhere Ausgaben bei Google zu generieren. Wir möchten davon ausgehen, dass Sie als Leser dieses Buches das Potenzial des AdWords-Werbeprogrammes mittlerweile sehr gut kennen und somit nicht unbedingt auf das Google-Vertriebsteam angewiesen sind, um die für Sie idealen Kampagnenstrategien und Werbetools zu nutzen.

Haben Sie einmalig diese wesentlichen Konto- und Datenfreigabeeinstellungen getroffen und die Nutzungsbedingungen akzeptiert, können Sie fortfahren und Ihren individuellen Tracking-Code abrufen.

11.1.2 Der Tracking-Code

Einer der Vorteile von Universal Analytics ist ein im Unterschied zu den älteren synchronen und asynchronen Skripten sehr kompakter Code für das Standard-Tracking. Sehen Sie hier ein Beispiel, wie dieser neuerdings grundlegend aufgebaut ist:

```
<script>

(function(i,s,o,g,r,a,m){i['GoogleAnalyticsObject']=r;i[r]=i[r]||function(){
  (i[r].q=i[r].q||[]).push(arguments)},i[r].l=1*new Date();a=s.createElement(o),
m=s.getElementsByTagName(o)[0];a.async=1;a.src=g;m.parentNode.insertBefore(a,m)
  })(window,document,'script','//www.google-analytics.com/analytics.js','ga');
  ga('create', 'UA-XXXX-1', 'auto');
  ga('send', 'pageview');

</script>
```

Listing 11.1 Der Tracking-Code von Google Analytics

Google empfiehlt, den Tracking-Code in Ihrem zentralen Webseiten-Template am Seitenanfang, konkret unmittelbar vor dem schließenden </head>-Tag, so zu platzieren, dass jede einzelne Unterseite diesen korrekt aufrufen kann. Simpel erklärt, lädt das oben gezeigte Skript zunächst den Google Analytics-Tracking-Code, um anschließend ein Tracking-Objekt für die mit »UA-« beginnende Tracking-ID zu erzeugen. Schließlich wird ein Seitenaufruf (Pageview) für die den Code erzeugende Seite aufgezeichnet. Bitte beachten Sie, dass in Ihrem individuellen Tracking-Code anstelle des oben genannten »XXXX« eine mehrstellige Konto-ID zu finden sein wird. Diese Konto-ID ergibt mit dem vorangestellten »UA-« und dem nachfolgenden »-1« (bzw. »-2«, »-3«, »-n« für weitere Properties) die vollständige Tracking-ID der Web-Property.

Wenn Sie an weiterführenden Informationen zum analytics.js-Skript von Universal Analytics interessiert sind, möchten wir Sie gerne ins Google Developer Center verweisen: *https://developers.google.com/analytics/devguides/collection/analyticsjs*. Viele von Ihnen werden sich an dieser Stelle wohl damit begnügen, den Tracking-Code dem zuständigen Webmaster zur Verfügung zu stellen und einfach darauf zu vertrauen, dass dieser den Einbau rasch und unkompliziert erledigt. Unter dem Motto »Vertrauen ist gut, Kontrolle ist besser« möchten wir Ihnen aber noch schnell ein paar einfache Möglichkeiten nennen, um den korrekten Code-Einbau zu überprüfen:

- **Webseite, Variante 1**: Wenn Sie den Quellcode der zu analysierenden Seiten öffnen, muss an der zuvor genannten Stelle Ihr individueller Tracking-Code auffindbar sein. Dazu können wir Ihnen empfehlen, einfach eine Suche nach »UA-« durchzuführen. Zuvor haben wir ja gelernt, dass diese eindeutige Zeichenfolge ein Teil der erforderlichen Tracking-ID ist und somit unbedingt im Code vorhanden sein muss.
- **Webseite, Variante 2**: Das Analytics-Tracking wird oft auch über entweder von Google (*Google Tag Manager*) oder Drittanbietern bereitgestellte so genannte Tag Management Tools implementiert. Das hat zur Folge, dass die erstgenannte manuelle Überprüfungsvariante nicht funktioniert, weil der standardmäßige Tracking-Code für Sie nicht offensichtlich im Code lesbar ist. In diesem Fall schaffen einfache Browsererweiterungen zur Tracking-Überprüfung Abhilfe. Für unsere Anforderungen ist beispielsweise der im nachfolgenden Kasten kurz beschriebene *Tag Assistant* von Google ein willkommener Helfer, um bei von Webseiten richtig, falsch oder gar nicht aufgerufenen Tracking-Codes näher hinzuschauen.
- **Analytics-Berichte, Variante 1**: Wechseln sie bei den Berichten in den Bereich ECHTZEIT, um die Funktion Ihres Tracking-Codes unmittelbar nach seinem Einbau zu überprüfen. Zeigen die Echtzeit-Reports nicht mindestens eine Besuchersitzung, obwohl Sie sich auf der auszuwertenden Webseite aufhalten, ist dies ein eindeutiger Hinweis auf einen fehlenden oder falsch implementierten Tracking-Code.
- **Analytics-Berichte, Variante 2**: Wenn Sie etwas geduldiger sind oder den Code-Einbau bereits mit Hilfe einer der zuvor genannten Varianten grundlegend überprüft haben, können Sie natürlich auch nach ein paar Stunden Wartezeit die normalen Analytics-Berichte aufrufen, um die ersten Daten abzurufen. Bleiben diese Berichte selbst nach mehr als 24 Stunden leer, ist auch das ein Hinweis, dass mit der Implementierung des Tracking-Codes etwas nicht stimmt.

Der Tag Assistant (by Google)

Eine kleine, aber feine und zudem kostenlose Erweiterung für Googles Chrome Browser nennt sich »Tag Assistant«. Sie finden diesen im Chrome Web Store unter folgender URL: *https://chrome.google.com/webstore/detail/tag-assistant-by-google/kejbdjndbnbjgmefkgdddjlbokphdefk*. Einmal heruntergeladen und installiert, hilft Ihnen dieser beim Troubleshooting von unterschiedlichen Tracking-Codes vieler bekannter Google-Produkte. Neben dem hier vordergründig relevanten Check von Analytics-Tracking- und AdWords-Conversion-Codes können Sie damit auch das Vorhandensein und die Funktion weiterer Codes beispielsweise des Google Tag Managers, von Google AdSense oder von Doubleclick-Werbeprodukten einfach und ohne Coding-Kenntnisse überprüfen.

Nachdem Sie sichergestellt haben, dass der Tracking-Code korrekt eingebaut wurde und die Berichte erste Besucherdaten zeigen, möchten wir Sie noch kurz mit den grundlegenden Verwaltungsmöglichkeiten von Analytics vertraut machen. Danach werden wir uns auf die AdWords-spezifischen Funktionen und Berichte konzentrieren.

11.1.3 Einstellungen im Analytics-Konto

Abbildung 11.5 bietet Ihnen einen kompletten Überblick über die Verwaltungsmöglichkeiten in Ihrem Analytics-Konto. Von links nach rechts aufgegliedert, finden Sie die Einstellungsmöglichkeiten jeweils für Konto, Property und Datenansicht vor. In den zentralen Kontoeinstellungen finden Sie zum Beispiel die zuvor beschriebenen Datenfreigabeeinstellungen wieder, welche Sie selbstverständlich auch jederzeit im Nachhinein bearbeiten können.

Ebenfalls in der Kontoverwaltung befindet sich der praktische Änderungsverlauf. Dort haben Sie jeweils für die zurückliegenden 180 Tage im Überblick, welcher Nutzer an welchem Datum welche Änderungen im Konto durchgeführt hat. Das ist praktisch, wenn mehrere Nutzer über einen Kontozugriff verfügen, um damit beispielsweise individuelle Ziele, Datenansichten oder Filter zu verwalten. Für den Fall, dass sich solche Konfigurations-Updates auf ihre AdWords-Berichte auswirken würden, könnten Sie so in jedem Fall deren Urheber und den Zeitpunkt bestimmen.

In der PROPERTY-Spalte finden Sie nicht nur Ihren Tracking-Code wieder, sondern auch die für Sie unmittelbar relevanten Menüpunkte zur AdWords-Verknüpfung. Auf Ebene der Datenansicht können Sie zum Beispiel deren Namen bearbeiten. Bei der grundlegenden Kontoeinrichtung vergibt Analytics für die erste Datenansicht standardmäßig die Bezeichnung »Alle Website-Daten«. Das ist insofern korrekt, als dass sie zunächst ungefiltert erstellt wird und somit tatsächlich alle Website-Daten beinhalten sollte. In der Praxis können Sie bei der Benennung mehrerer Datenansichten zur optimalen Unterscheidung wie in folgendem Beispiel vorgehen:

- webseite.com – Alle Daten (ungefiltert)
- webseite.com – AdWords-Traffic (Kampagnenfilter)
- webseite.com – Desktop/Tablet-Traffic (Gerätefilter)
- webseite.com – Smartphone-Traffic (Hostname-Filter)
- webseite.com – Backup

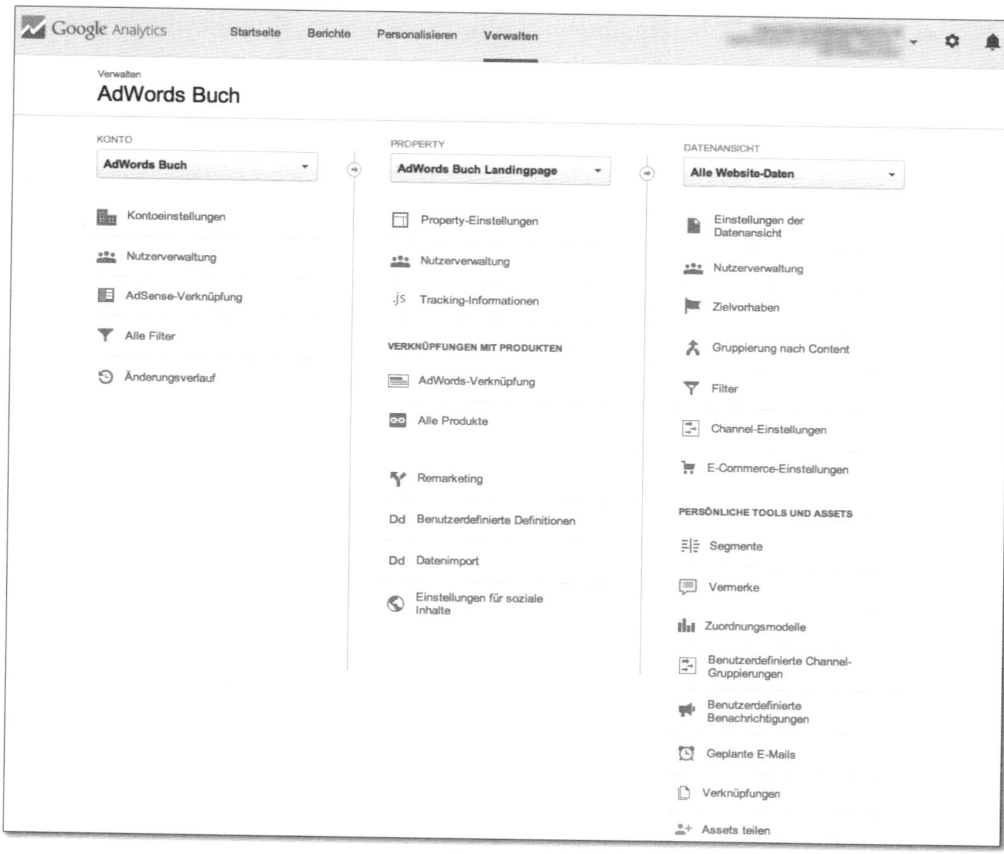

Abbildung 11.5 Im Jahr 2013 wurde die Verwaltung von Analytics-Konten konzeptionell und visuell optimiert und damit deutlich aufgeräumt.

Die Namen von Datenansichten sollten Sie in jedem Fall so wählen, dass diese – auch von allen weiteren Personen mit Einblick in die Analytics-Daten – schnell und jederzeit mit Hilfe der Suchfunktion erreicht werden können. Denken Sie dabei vor allem an Konten größerer Unternehmen oder Agenturen, in denen es schnell mal unübersichtlich werden kann, wenn dort dutzende Datenansichten mit der Standardbezeichnung »Alle Website-Daten« aufscheinen.

Neben den grundlegenden Einstellungen der Datenansicht werden die Bereiche Filter und Ziele (seit Ende 2014 von Google als *Zielvorhaben* bezeichnet) im Verlauf dieses Kapitels noch eine weitere Rolle spielen.

11.2 Unbedingt beachten: Datenschutz und Analytics

Wir möchten uns in diesem Abschnitt nicht lange mit der Grundsatzfrage befassen, ob Webanalyse-Tools wie Google Analytics »personenbezogene Daten« erfassen oder nicht. Dazu ist dieses Buch weder die richtige Plattform, noch haben wir Autoren ein Jura-Studium absolviert, um seriös in diese – vor allem in Deutschland sehr aktiv geführte und auch regelmäßig in den Medien präsente – Diskussion einzusteigen. Fakt ist, dass sehr viele Einzel- und Fachhändler über ihre ausgeklügelten Kundenkarten-Programme wohl mehr über Sie als individuelle Person wissen als Google mit Hilfe bloßer Webanalysedaten. Letztere sind in vielen Fällen nur einer IP-Adresse oder einem Browser, aber niemals einem bestimmten *Max Mustermann* zugeordnet. Wir verweisen hier gerne auf das folgende Beispiel, wo es die US-Discounterkette Target tatsächlich geschafft hat, die Schwangerschaft eines Teenagers über das mit seiner Kundenkarte verbundene Kaufverhalten zu prognostizieren, noch bevor es ihre Eltern herausgefunden hatten: *http://www.forbes.com/sites/kashmirhill/2012/02/16/how-target-figured-out-a-teen-girl-was-pregnant-before-her-father-did*. Das gibt in jedem Fall zu denken. Selbst wenn wir uns an Universal Analytics und die zuvor erwähnten geräteübergreifenden Methoden mit Hilfe einer Nutzer-ID erinnern, sprechen wir bei Google von der Zuordnung mehrerer Geräte an eine – nach wie vor anonyme – ID. Sobald Sie als Analytics-Nutzer oder Google selbst diese einem *Max Mustermann* zuweisen würden, wäre es ein klarer Verstoß gegen die vorliegenden Nutzungsbedingungen.

Das wichtige Thema Datenschutz in Verbindung mit Analytics darf an dieser Stelle keineswegs marginalisiert oder belächelt werden. Wir hoffen jedoch, dass wir Ihnen kurz ins Bewusstsein rufen konnten, dass Sie mit jedem Kundenkarten-Einkauf bei dm, IKEA & Co. wohl individuellere und mit jeder Menge – meist freiwillig bekanntgegebenen – persönlichen Daten angereicherte Spuren hinterlassen werden, als bei Ihrer nächsten Online-Recherche. Lassen Sie uns in diesem Abschnitt unbedingt klären, auf welche Punkte Sie als Nutzer von Google Analytics in jedem Fall achten müssen, um für dessen ordnungsgemäßen Einsatz auf Ihrer Webseite zu sorgen und eventuellen diesbezüglichen Abmahnungen oder gar Strafen vorzubeugen.

An dieser Stelle möchten wir, bevor wir weiter ins Detail gehen, kurz festhalten, dass es seit 2011 vom Hamburgischen Beauftragten für Datenschutz und Informationsfreiheit eine offizielle Stellungnahme gibt, dass der Betrieb von Google Analytics »beanstandungsfrei möglich« ist. Damit können Meldungen, dass der Einsatz von Analytics in Deutschland womöglich »illegal« oder gar »verboten« sei, klar entkräftet

werden. Vorausgesetzt natürlich, Sie halten sich an die im hier verlinkten Artikel des Datenschutzbeauftragten und auf den folgenden Buchseiten beschriebenen – relativ einfach umzusetzenden – Vorgaben:
https://www.datenschutz-hamburg.de/news/detail/article/beanstandungsfreier-betrieb-von-google-analytics-ab-sofort-moeglich.html.

11.2.1 Nutzungsbedingungen und Vorgaben

Die deutschsprachigen Nutzungsbedingungen von Analytics stellt Google unter dieser URL bereit: *https://www.google.com/analytics/terms/de.html.* Im Zuge der zuvor beschriebenen Kontoerstellung ist jeder Webmaster dazu verpflichtet, diese zu akzeptieren und die dort genannten erforderlichen Schritte zu implementieren, sobald er Analytics auf seinen Webseiten einsetzen möchte. Wir möchten hier speziell das Kapitel 7 der Nutzungsbedingungen, »Datenschutz«, noch einmal hervorheben.

Tracking von personenbezogenen Daten

Bereits im ersten Satz ist folgende wichtige Passage zu finden:

> *Es ist Ihnen untersagt, selbst oder durch einen Dritten den Service dazu zu verwenden, Daten zu erfassen, zu verarbeiten oder zu nutzen, die eine Person identifizieren (z. B. Name oder entsprechende Email-Adresse) oder die von Google mit verhältnismäßigem Aufwand mit solchen Informationen in Verbindung gebracht werden können.*

Namen und E-Mail-Adressen in Google Analytics zu übertragen (wie es sich zum Beispiel beim Tracking von E-Mail-Newslettern über das Hinzufügen von URL-Parametern anbieten würde) ist also ein absolutes Tabu. Als langjähriges Mitglied im internationalen Netzwerk Analytics-zertifizierter Partner (Details unter: *http://www.google.com/intl/de_ALL/analytics/partners/index.html*) wissen wir aus Erfahrung, dass Google sofort bei Bekanntwerden solcher Fälle aktiv wird und die betroffenen Konten unmittelbar löscht. Dabei spielt es keine Rolle, ob Sie versehentlich für wenige Stunden oder ganz bewusst über einen längeren Zeitraum hinweg individuelle Daten zu Google übertragen haben.

Informationspflicht auf der Webseite

Gleich danach geht Google auf die unbedingte Informationspflicht über den Einsatz von Analytics auf der Webseite ein:

> *Sie sind ferner verpflichtet, an prominenten Stellen eine sachgerechte Datenschutzerklärung vorzuhalten (und sich an diese zu halten). Sie sind dazu verpflichtet, den Einsatz von Google Analytics und wie es Daten erfasst und verarbeitet, offen zu legen.*

Das bedeutet nichts anderes, als dass Sie – offensichtlich für alle Webseiten-Besucher – aktiv darauf hinweisen müssen, dass Sie ein Webanalyse-Tool benutzen und welche Informationen dieses Tool im Zuge einer jeden Besuchersitzung – selbstverständlich anonymisiert – mitprotokolliert. Unsere Empfehlung ist, dass Sie diesen Hinweis nicht in den ebenfalls nötigen und omnipräsent verlinkten Bereichen »AGB«, oder »Impressum« verstecken, sondern einen extra Menüpunkt »Datenschutz« (in dem Sie gegebenenfalls auch auf von anderen Tools erfasste Nutzungsdaten eingehen) oder noch konkreter »Google Analytics« oder »Hinweise zu Webanalyse-Diensten« anlegen (siehe Abbildung 11.6).

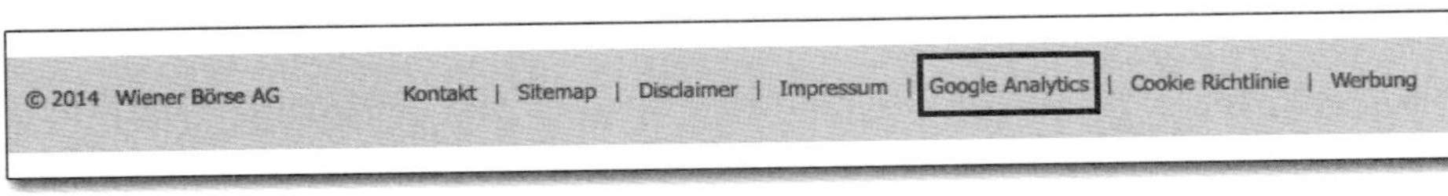

Abbildung 11.6 Vorbildliche Footer-Navigation mit Hinweis zu Google Analytics (www.wienerborse.at)

Und welchen Text stellen Sie dort dar? Nun, hierzu gibt es seitens Google leider keine klare Vorgabe mehr. Bis vor einiger Zeit war folgender exemplarischer Hinweistext in den Nutzungsbedingungen von Analytics vorhanden:

> *Diese Website benutzt Google Analytics, einen Webanalysedienst der Google Inc. (»Google«). Google Analytics verwendet sog. »Cookies«, Textdateien, die auf Ihrem Computer gespeichert werden und die eine Analyse der Benutzung der Website durch Sie ermöglicht. Die durch den Cookie erzeugten Informationen über Ihre Benutzung dieser Website (einschließlich Ihrer kompletten bzw. teilweisen IP-Adresse) wird an einen Server von Google in den USA übertragen und dort gespeichert.*
>
> *Google wird diese Informationen benutzen, um Ihre Nutzung der Website auszuwerten, um Reports über die Websiteaktivitäten für die Websitebetreiber zusammenzustellen und um weitere mit der Websitenutzung und der Internetnutzung verbundene Dienstleistungen zu erbringen. Auch wird Google diese Informationen gegebenenfalls an Dritte übertragen, sofern dies gesetzlich vorgeschrieben ist oder soweit Dritte diese Daten im Auftrag von Google verarbeiten. Google wird in keinem Fall Ihre IP-Adresse mit anderen Daten der Google Inc. in Verbindung bringen.*
>
> *Sie können die Speicherung der Cookies durch eine entsprechende Einstellung Ihrer Browser-Software verhindern; wir weisen Sie jedoch darauf hin, dass Sie in diesem Fall gegebenenfalls nicht sämtliche Funktionen dieser Website vollumfänglich werden nutzen können. Sie können darüber hinaus die Erfassung der durch das Cookie erzeugten und auf Ihre Nutzung der Website bezogenen Daten (inkl. Ihrer IP-Adresse) an Google sowie die Verarbeitung dieser Daten durch Google verhindern, indem sie das unter dem folgenden Link verfügbare Browser-Plugin herunterladen und installieren: http://tools.google.com/dlpage/gaoptout?hl=de.*

Neuerdings stellt Google als Alternative dazu eine schlichte Informationsseite bereit, welche auf die Datennutzung seiner Tools eingeht: *https://www.google.com/intl/de/policies/privacy/partners*. In dem Zuge findet auch Analytics kurz Erwähnung. Neben dem oben bereits genannten Browser-Plugin zur Abmeldung der Analytics-Dienste wird dort auch auf umfangreiche Datenschutz-Hinweise in der Google-Analytics-Hilfe verlinkt: *https://support.google.com/analytics/answer/6004245?hl=de*.

Wie umfangreich und in welchem Wortlaut Sie die erforderliche Informationspflicht umsetzen, obliegt Ihnen. Wir können Ihnen an dieser Stelle nur empfehlen, sich für weitere Details mit Ihrem Anwalt abzustimmen, der auf Vorgaben in Ihrer Region sowie Branche und Verwendungszweck der Webseite noch einmal individuell eingehen kann. Selbst im Analytics-Partnernetzwerk heißt es auf der Seite von Google bei jeglichen individuellen Rückfragen: *For any details please contact your lawyer.*

Google Analytics für Werbetreibende im Displaynetzwerk

Neben den Möglichkeiten der in AdWords integrierten Retargeting-Technologie bietet auch Analytics die Option einer alternativen und im Detail noch leistungsfähigeren Methode zur Zielgruppensegmentierung über vorhandene Webseiten-Besucher an. Mit einem kleinen Update sowohl in den Analytics-Einstellungen als auch im Tracking-Code – die zu ergänzende Zeile ist im folgenden Listing hervorgehoben – ist es Ihnen möglich, die so genannte Unterstützung von Display-Werbung zu aktivieren.

```
ga('create', 'UA-XXXX-1', 'auto');
ga('require', 'displayfeatures');
ga('send', 'pageview');
```

Listing 11.2 Erforderliche Ergänzung des Tracking-Codes zur Unterstützung von Funktionen für Display-Werbung

Nach dieser Umstellung misst und analysiert Analytics neben den üblichen Daten auch das Doubleclick-Cookie. Die Vorteile und Möglichkeiten dieser Funktionserweiterung werden wir Ihnen später in diesem Kapitel aufzeigen. Jedenfalls gelten erweiterte Informationspflichten, sobald Sie die Display-Unterstützung aktiviert haben. Google geht auf diese im folgenden Hilfe-Artikel im Detail ein: *https://support.google.com/analytics/answer/2700409*. In der Praxis bedeutet es für Sie, dass Sie Ihre Hinweise hinsichtlich Datenschutz noch einmal erweitern müssen, und zwar mit der grundsätzlichen Information, dass Sie diese Art von erweiterter Analyse betreiben und wie sich Nutzer von dieser, wenn gewünscht, auch wieder abmelden können. Bei einigen Projekten haben wir – wiederum exemplarisch und ohne Gewähr – den folgenden Text im Einsatz:

Schaltung von interessensbezogener Werbung mit Hilfe von Retargeting

Diese Website verwendet so genannte »Retargeting-Tags«. Als Retargeting-Tag wird ein JavaScript-Element bezeichnet, das im Quellcode der Website platziert wird. Besucht ein Nutzer eine Seite auf dieser Website, die ein »Retargeting-Tag« enthält, platziert ein Anbieter von Online Werbung (z. B. Google) ein Cookie auf dem Computer dieses Nutzers, und ordnet dieses entsprechenden Retargeting-Zielgruppenlisten hinzu. Dieses Cookie dient in weiterer Folge dazu, Retargeting-Kampagnen (»Interessensbezogene Werbung«) auf anderen Websites zu schalten. Studien haben ergeben, dass die Einblendung interessenbezogener Werbung für den Internet Nutzer interessanter ist als Werbung, die keinen direkten Bezug zu Interessen bzw. zuvor besuchten Websites hat.

Einstellungs- und Deaktivierungsmöglichkeiten

Drittanbieter, einschließlich Google, verwenden diese Cookies zum Schalten von Anzeigen auf Grundlage vorheriger Besuche eines Nutzers auf unserer Website. Es werden dabei keine personenbezogenen Daten gespeichert. Nutzer dieser Website können die Verwendung von Cookies durch Google deaktivieren, indem sie die Seite »Google Anzeigenvorgaben« aufrufen. Weiters können Nutzer die Verwendung von Cookies durch Drittanbieter deaktivieren, indem sie die Deaktivierungsseite der »Network Advertising Initiative« besuchen und dort die entsprechenden Einstellungen durchführen.

Google Anzeigenvorgaben: http://www.google.com/ads/preferences/?hl=de

Einstellungen und Abmeldemöglichkeiten der Network Advertising Initiative: http://www.networkadvertising.org/choices/

Nachdem Sie auf die in den Nutzungsbedingungen erforderlichen Informationspflichten eingegangen sind und diese – selbstverständlich für alle Sprachen und Märkte, in denen Sie Ihre Webseite anbieten – klar ersichtlich für die Nutzer darstellen, kommen wir zum nächsten Schritt.

11.2.2 Änderungen im Tracking-Code

Um den Anforderungen der Datenschutzbeauftragten vollständig zu entsprechen, ist auch eine Ergänzung im Tracking-Code erforderlich. Diese sorgt für die *IP-Anonymisierung* in Google Analytics. Dabei handelt es sich um eine nachträglich eingeführte Funktion, um einen Teil der IP-Adresse »abzuschneiden« und gar nicht erst durch die Google-Server verarbeiten oder speichern zu lassen.

Die konkrete technische Erklärung finden interessierte Leser unter dieser URL: *https://support.google.com/analytics/answer/2763052*. Ergänzen Sie bitte die folgende hervorgehobene Zeile an der passenden Stelle im Tracking-Code, um auch diesen Punkt der Anforderungen zu erfüllen:

```
ga('create', 'UA-XXXX-1', 'auto');
ga('set', 'anonymizeIp', true);
ga('send', 'pageview');
```

Listing 11.3 Erforderliche Ergänzung des Tracking-Codes zur Anonymisierung der IP-Adressen

11.2.3 Deaktivierungsmöglichkeit des Trackings

Nach der Informationspflicht und den Einstellungen zur IP-Anonymisierung müssen Sie den Besuchern Ihrer mit Analytics getrackten Webseite auch die Möglichkeit eines Widerspruchs gegen die Erfassung von Nutzungsdaten geben. Diese muss über zweierlei Arten angeboten werden:

- **Verweis auf das Deaktivierungs-Plugin**: *http://tools.google.com/dlpage/gaoptout?hl=de*. Dabei handelt es sich um ein kleines Add-on für alle gängigen Webbrowser, welches das Analytics-Tracking verhindert. Bitte beachten Sie, dass der User ein solches Plugin auf jedem von ihm verwendeten Browser installieren muss, um eine durchgehende Deaktivierung des Analytics-Trackings zu gewährleisten.
- **Setzen eines Opt-out-Cookies**: Zusätzlich zum Plugin muss es für die Besucher auf der Webseite auch eine Möglichkeit geben, sich browserunabhängig vom Tracking »abzumelden«. Google geht in diesem Hilfedokument darauf ein, wie Sie ein solches zusätzliches Skript auf Ihrer Webseite platzieren müssen, um auch dieser Anforderung vollends zu entsprechen: *https://developers.google.com/analytics/devguides/collection/analyticsjs/advanced?hl=de#optout*.

11.2.4 Regelungen zur Auftragsdatenverarbeitung

Ein weiterer Punkt der Datenschutzbeauftragten sieht vor, dass zwischen Google und Ihnen als Webseitenbetreiber ein »Vertrag zur Auftragsdatenverarbeitung nach den Vorschriften des Bundesdatenschutzgesetzes« abgeschlossen wird. Ein solcher ist unter der folgenden URL erreichbar und muss von Ihnen vollständig ausgefüllt und zu Google gesendet werden: *http://static.googleusercontent.com/external_content/untrusted_dlcp/www.google.com/en/us/analytics/terms/de.pdf*.

11.2.5 Löschung von Altdaten

Als letzten Punkt möchten wir darauf hinweisen, dass nach der Ansicht der Behörden natürlich nur solche Konten und Properties weiterhin bestehen dürfen, deren Datenerfassung zu jedem Zeitpunkt hundertprozentig allen zuvor genannten Vorgaben entsprochen hat. Aus diesem Blickwinkel müssen Sie folgerichtig sämtliche Properties, die davor und somit »unrechtmäßig« im Einsatz waren, unmittelbar löschen – auch wenn Google und die Behörden die praktischen Überprüfungsmöglichkeiten dieser letzten Vorgabe offen lassen.

11.2.6 Finale Checkliste für deutsche Webseitenbetreiber

Im »Conversion Room« von Google wurde am 15. September 2011 der folgende Artikel veröffentlicht: *http://conversionroom-de.blogspot.co.at/2011/09/deutsche-datenschutzbehorden-bestatigen.html*. Ein weiterer Artikel mit vielen Informationen und Nachrichten zum Thema Datenschutz ist unter dieser URL abzurufen und bringt die Vorgaben ebenfalls sehr gut auf den Punkt: *https://www.datenschutzbeauftragter-info.de/fachbeitraege/google-analytics-datenschutzkonform-einsetzen*. Prüfen wir mit deren Hilfe abschließend noch einmal die nötigen Anforderungen der deutschen Datenschutzbehörden, um Analytics »beanstandungsfrei« verwenden zu können:

- Unbedingte *Informationspflicht* auf der Webseite zum Einsatz von Google Analytics
- Implementierung der *IP-Anonymisierung* durch Anpassung des Tracking-Codes
- Erwähnung und *Verlinkung einer Deaktivierungsfunktion* von Analytics mittels Browser-Plugin und Opt-out-Cookie
- *Schriftlicher Vertrag mit Google* »zur Auftragsdatenverarbeitung nach deutschem Datenschutzrecht«
- *Erweiterte Informationspflichten* und Möglichkeiten zu deren Deaktivierung beim Einsatz der Unterstützung von *Display-Werbung*
- *Löschung* von inkorrekt erfassten *Altdaten*

Lassen Sie uns nach diesem zugegeben sehr trockenen, gleichzeitig aber unumgänglichen Thema wieder zur Praxis übergehen und mit einem kurzen Überblick über die zur Verfügung stehenden Analytics-Berichte fortfahren.

11.3 Die Analytics-Berichte im Überblick

Selbst wenn wir in diesem Kapitel im Detail überwiegend auf AdWords-relevante Einstellungen, Features und Berichte eingehen werden, möchten wir Ihnen zumindest einen Überblick zu allen Analytics-Berichten bieten, die in der linken Hauptnavigation bereitstehen. Zu funktions- und facettenreich ist das Tool, weshalb wir Ihnen zum besseren Verständnis einen kurzen Blick auf das »große Ganze« auf keinen Fall verwehren können.

An dieser Stelle möchten wir darauf verweisen, dass es zum Thema Web Analyse im Allgemeinen und Google Analytics im Speziellen weitere Buchtitel gibt, die den Arbeitsbereich sowie das Tool umfangreich beschreiben. Auch aus dem Hause Rheinwerk ist das 2014 erschienene Buch »Google Analytics – Das umfassende Handbuch« erhältlich: *https://www.rheinwerk-verlag.de/google-analytics_3520*.

Abbildung 11.7 Alle übergeordneten Berichtsfunktionen (linker Navigationsbereich) in Google Analytics

Vorab: Die AdWords-Berichte verbergen sich hinter dem Menüpunkt AKQUISITION. Sie werden jedoch im Laufe dieses Kapitels rasch herausfinden, dass sich AdWords-relevante Auswertungsmöglichkeiten praktisch in allen Berichtsebenen wiederfinden. Wir hoffen, dass wir Ihnen auf den folgenden Seiten ein paar wertvolle Ideen und Ansätze für solche Analysen liefern können. Schließlich soll Ihnen in Analytics kein einziger AdWords-Klick zur besseren Auswertung und effizienten Optimierung Ihrer Kampagnen entgehen.

11.3.1 Dashboards

DASHBOARDS sind eine praktische Möglichkeit, damit Sie einen raschen Überblick über die Performance Ihrer Webseite bekommen. Bis zu 12 individuell anpassbare Widgets zeigen Ihnen schnell wichtige Leistungsdaten, ohne dass Sie jedes Mal in die Detailberichte einsteigen müssen. Sie können bis zu 20 solcher Dashboards erstellen. Das ist insofern praktisch, da erfahrungsgemäß unterschiedliche Personen im Unternehmen auch verschiedene Ansprüche an Google Analytics haben. Ein »CEO-Dashboard« enthält so möglicherweise nur Informationen zu Nutzern, Zielvorhaben-Abschlüssen oder Online-Umsätzen aus E-Commerce-Transaktionen, während Sie als Marketing-Manager in Ihrem Dashboard beispielsweise die Top-Performer aller aktiven AdWords-Kampagnen auf einen Blick erkennen möchten.

Beim erstmaligen Öffnen sehen Sie ein vorkonfiguriertes Dashboard, das Sie beliebig anpassen können. Die Widgets lassen sich nicht nur bearbeiten, sondern auch in Ihrer Anordnung bequem über Drag & Drop verschieben. Wir empfehlen Ihnen, in jedem Fall mit neuen Dashboards zu experimentieren. Weitere Details zur Konfiguration lesen Sie am besten unter dieser URL nach: *https://support.google.com/analytics/answer/1068218*. Haben Sie keine Angst, denn Sie müssen aber beim Erstellen neuer Dashboards nicht komplett »von der grünen Wiese aus« starten. Google bietet in einer umfangreichen Galerie unter anderem eine Vielzahl an fertigen, von anderen Anwendern erstellte und geteilte Dashboards an. Egal ob für Anfänger oder Analyse-Experten, die Google Analytics Solutions Gallery bietet hunderte Dashboards an, unter denen sich auch eine Vielzahl an Kampagnen- und AdWords-spezifischen Vorlagen bequem mit einem Klick in Ihre individuelle Analytics-Berichtsoberfläche importieren lassen: *https://www.google.com/analytics/gallery/#landing/start*.

Abschließend möchten wir anmerken, dass Sie über Dashboards stets nur einen Auszug relevanter Daten darstellen können. Viele der Widgets bieten bei einer tabellarischen Auflistung nur eine limitierte Anzahl an Zeilen an. Wollen Sie individuelle Analysen mit vollständigen Daten erstellen, müssen Sie auf die später in diesem Kapitel noch im Detail beschriebenen benutzerdefinierten Berichte zurückgreifen.

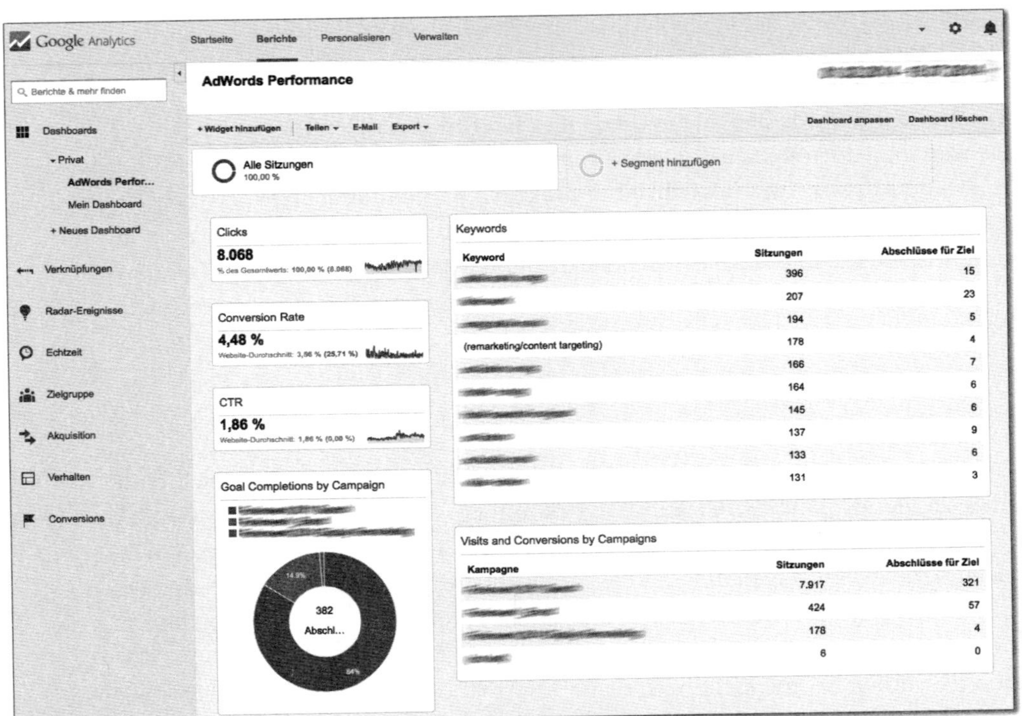

Abbildung 11.8 »AdWords Performance«-Dashboard aus der Analytics Solutions Gallery – ein guter Überblick über Ihre Kampagnenleistung

11.3.2 Verknüpfungen

Kommen wir zum nächsten Menüpunkt, den VERKNÜPFUNGEN. Hierbei handelt es sich um nichts anderes als eine Möglichkeit für einen bequemen Schnellzugriff, mit welcher Sie Ihre häufig genutzten Berichte speichern können. In der Detailansicht eines jeden Berichtes finden Sie in der oberen Toolbar die Möglichkeit, diesen als Verknüpfung abzulegen. Die Verknüpfungen sind somit Ihr individueller »Bookmark«-Bereich in Analytics.

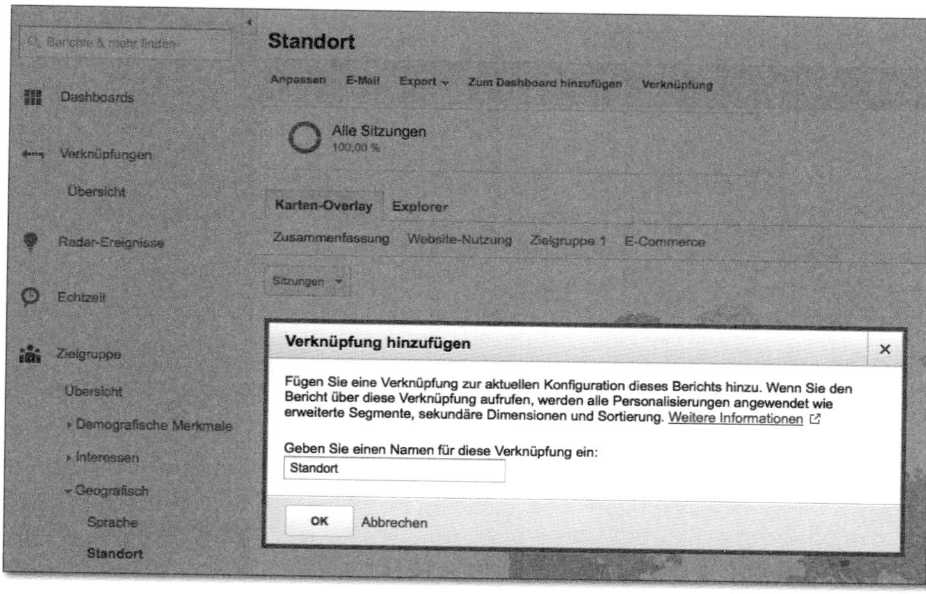

Abbildung 11.9 Verknüpfungen zu häufig genutzten Berichten

11.3.3 Radar-Ereignisse

Die RADAR-EREIGNISSE halten wir für ein stark unterschätztes Feature von Analytics. Sie berichten entweder automatisch oder nach benutzerdefinierten Kriterien über auffällige Messwertabweichungen auf täglicher, wöchentlicher oder monatlicher Basis (siehe Abbildung 11.10). Auch wenn nicht alle dieser Warnungen für Sie relevant sein werden, empfehlen wir Ihnen einen regelmäßigen Blick in diesen Berichtsabschnitt.

Der Analytics-Algorithmus überwacht Ihren Webseiten-Traffic permanent und wird Sie über alle größeren Abweichungen im Verhaltensmuster Ihrer Besucher an dieser Stelle benachrichtigen. Die Besucher aus Österreich haben im Monatsvergleich beispielsweise um 50 Prozent abgenommen? Das kann dramatisch sein, wenn Ihnen dieser Markt in der Vergangenheit verlässlich Zugriffe und Conversions auf stabilem Niveau gebracht hat. Ignorieren können Sie eine solche Nachricht hingegen dann, wenn Sie wissen, dass eine im vorherigen Vergleichsmonat geschaltete Online-Kampagne beendet wurde und somit der Besucherrückgang zu erwarten war. Auch ein Radar-Ereignis über einen hundertprozentigen Verlust aller Besucher würde Ihnen aufgrund der Verzögerung von mindestens einem Tag nur bedingt weiterhelfen. Im Normalfall haben Sie hoffentlich schon vor einem Blick in den Analytics-Radar bemerkt, dass entweder Ihre Website offline ist oder mit dem Tracking-Code etwas nicht stimmt.

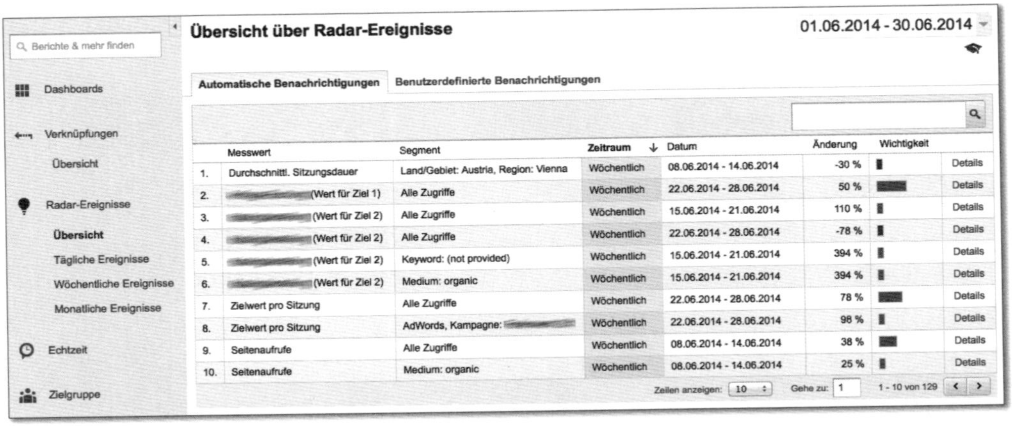

Abbildung 11.10 Radar-Ereignisse über auffällige Messwertabweichungen

In jedem Fall hilfreich und oft aussagekräftiger als die algorithmisch generierten sind hingegen die benutzerdefinierten Benachrichtigungen. Diese können Ihnen als Webmaster, Online-Marketer oder Manager von AdWords-Kampagnen automatisch wertvolle Informationen liefern. Entweder durch Ihren regelmäßigen aktiven Klick in den entsprechenden Berichts-Tab oder zusätzlich »frei Haus« direkt in Ihren Posteingang, sobald eine Benachrichtigung ausgelöst wurde.

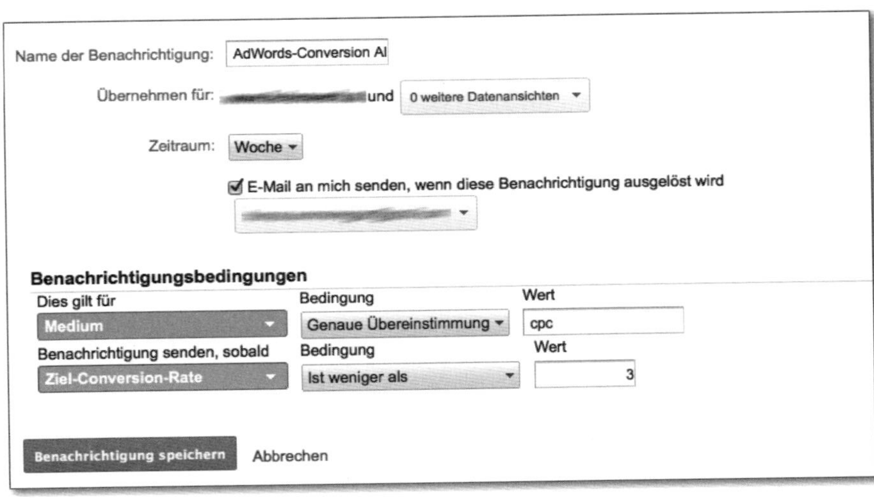

Abbildung 11.11 Benutzerdefinierte Benachrichtigungen sparen Zeit beim Monitoring.

In Abbildung 11.11 sehen Sie eine exemplarische Benachrichtigung, die Sie auf eine Abweichung in der Conversion-Rate aller bezahlten Suchmaschinenmaßnahmen (Medium »cpc«) hinweisen würde. Sie wissen beispielsweise, dass Ihre AdWords-Kampagnen eine stabile Conversion-Rate von deutlich über 3 Prozent liefern? In dem Fall würden Sie eine E-Mail-Nachricht erhalten, sobald diese über den Beobachtungszeitraum einer Woche unter den festgelegten Wert sinkt. Das ist vor allem dann praktisch, wenn Sie eine Vielzahl von permanenten, grundsätzlich gut optimierten Kampagnen im Überblick behalten müssen. Auch ohne täglich in die AdWords- und/oder Analytics-Berichte zu klicken, wären Sie bei auffälligen Abweichungen stets im Bilde. Machen Sie sich Ihr (Kampagnen-)Leben doch so einfach wie möglich, indem Sie dieses praktische Tool für sich arbeiten lassen!

11.3.4 Echtzeit

Bei den ECHTZEITBERICHTEN wartet Google mit einem weiteren praktischen Analysetool auf (siehe Abbildung 11.12). Noch dazu kostenlos, denn viele Drittanbieter bieten kostenpflichtige Lösungen zur Echtzeitanalyse von Webseiten-Traffic an. Innerhalb von Sekunden werden hier aktuelle Besuchersitzungen und im Detail die folgenden weiteren Auswertungen angezeigt:

- **Übersicht**: Wie viele aktive Nutzer bewegen sich im Moment auf Ihrer Webseite?
- **Standorte**: Aus welchen Ländern und Regionen kommen die aktiven Nutzer?
- **Besucherquellen**: Ist Google, eine Online-Kampagne oder etwa ein soziales Netzwerk wie Facebook der Ursprung der aktiven Nutzer?
- **Content**: Welche Inhalte sind im Moment am beliebtesten?
- **Ereignisse**: Welche und wie viele Ereignisse wie zum Beispiel Videoansichten oder PDF-Downloads werden von den derzeitigen Nutzern generiert?
- **Conversions**: Sorgen die aktiven Nutzer für Leads und Umsätze?

Übrigens, seien Sie nicht enttäuscht, wenn die Echtzeitberichte in bestimmten Phasen nicht allzu aussagekräftige Daten oder nur geringe Nutzerzahlen darstellen. Sie dürfen nicht vergessen, auch wenn Ihre Webseite eine dreistellige tägliche Nutzerzahl aufweist kann das bedeuten, dass sich zu bestimmten Tagesabschnitten nur wenige Besucher zeitgleich dort aufhalten. Echtzeitberichte sind vor allem dann »spannend«, wenn Sie beispielsweise die Auswirkung einer Offline-Maßnahme wie einen TV- oder Radiospot auf die Webseite live im Auge behalten oder Sie das Feedback auf einen gerade an Tausende Empfänger versendeten E-Mail-Newsletter beobachten möchten.

Nach den vier erstgereihten Menüpunkten DASHBOARDS, VERKNÜPFUNGEN, RADAR-EREIGNISSE und ECHTZEIT blicken wir nun auf die zweiten vier: ZIELGRUPPE, AKQUI-

SITION, VERHALTEN und CONVERSIONS. Unserer Meinung nach müsste hier eine klarere visuelle Trennung der beiden Blöcke in der Navigation stattfinden, da die folgenden vier Bereiche die eigentlichen Berichte beinhalten, während die zuvor vorgestellten größtenteils als eigene Tools und Features mit unterschiedlichem (teils nur geringem) Funktionsumfang zu sehen sind. Nach folgender einfachen Regel können Sie den zweiten Block einfach zuordnen:

- **Zielgruppe**: *Wer* sind meine Besucher? Alle Details zu Demografie, Geographie und Technologie.
- **Akquisition**: *Woher* kommen meine Besucher? Alle Details zu Quellen, Kanälen und Kampagnen.
- **Verhalten**: *Was* interessiert meine Besucher? Alle Details zu Webseiteninhalten, internen Suchfunktionen und Ereignissen.
- **Conversions**: *Wie viel* bringen meine Besucher? Alle Details zu Ziel-Conversions und E-Commerce-Transaktionen.

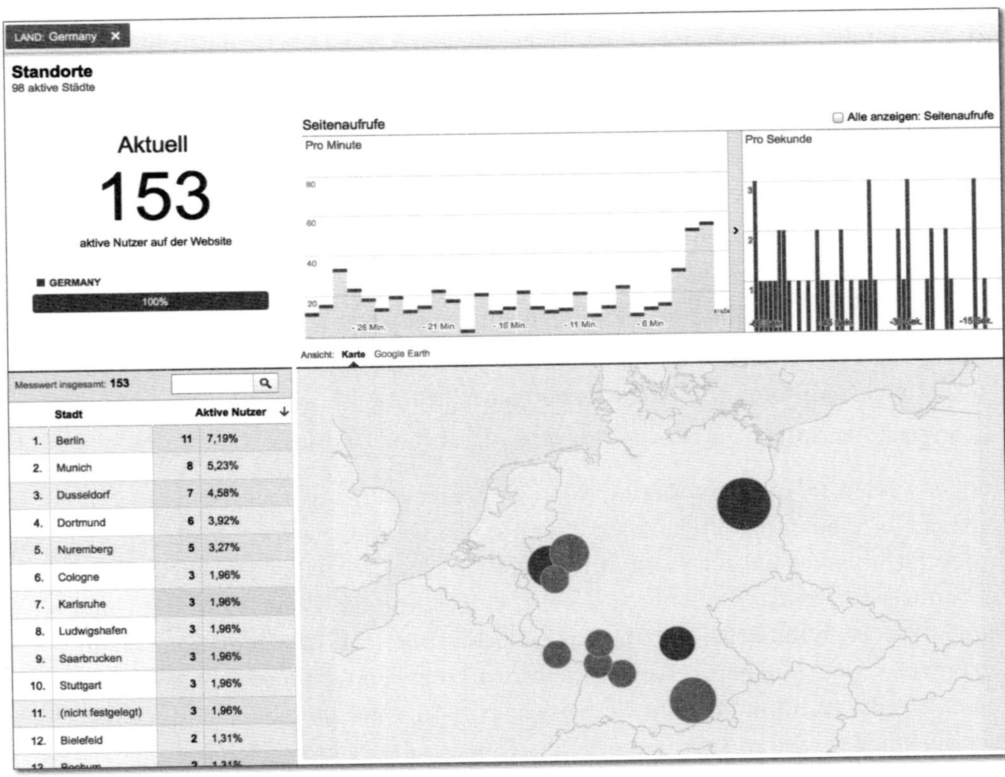

Abbildung 11.12 Echtzeitberichte geben Auskunft zum aktuellen Traffic-Aufkommen.

11.3.5 Zielgruppe

Wenn Sie in eine Analytics-Datenansicht einsteigen, dient die ÜBERSICHT im Menüpunkt ZIELGRUPPE als Ihre Startseite, welche standardmäßig mit Daten für die zurückliegenden 30 Tage aufwartet. Wie viele Nutzer in diesem Zeitraum Ihre Webseite besucht haben, wie lange und tief deren Sitzungen im Durchschnitt waren, wird dort neben Informationen zu Geografie (Land, Region, Sprache) und Technologie (Browser, Betriebssystem, Gerätekategorie) auf einen Blick dargestellt.

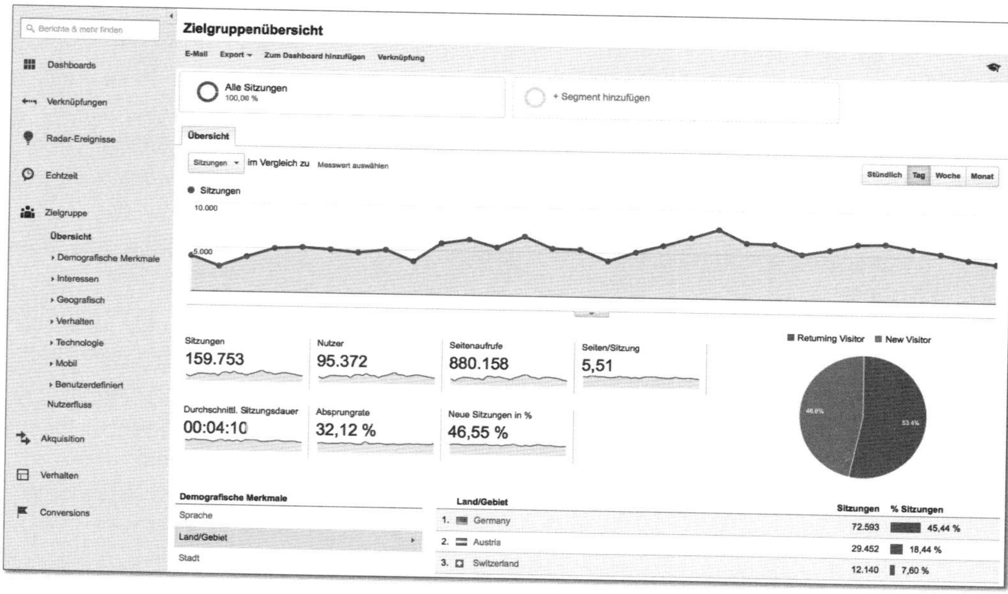

Abbildung 11.13 Die Zielgruppenübersicht dient als Einstieg in die Analytics-Berichte.

Sie erkennen in Abbildung 11.13 rasch die benutzerfreundliche Bedienphilosophie von Analytics: Während der grau hinterlegte linke Navigationsbalken nur wenig Platz einnimmt und auf Wunsch sogar ausgeblendet werden kann, bleibt im zentralen Bereich eine große Fläche für aussagekräftige Grafiken, Datenbereiche und Tabellen. Sie erkennen außerdem, dass nach der Zielgruppenübersicht eine große Zahl an weiteren Untermenüpunkten folgt, die sich wiederum noch mal »aufklappen« lassen und somit viele Zahlen, Daten und Details verbergen. Wir werden weder bei diesem noch bei den weiteren Menüpunkten in die Tiefe aller Untermenüs gehen können, da das den Rahmen dieses Kapitels deutlich sprengen würde. Sie sollten jedoch mit Hilfe unserer Kurzbeschreibung grob zuordnen können, in welchen Berichten Sie bei Bedarf welche Details über Ihren Webseiten-Traffic wiederfinden.

Sitzungen & Besuche vs. Nutzer und eindeutige Besucher

Aus eigener Erfahrung mit Kollegen und Kunden wissen wir, dass die Kenngrößen Sitzungen und Nutzer (vormals Besuche und eindeutige Besucher) bei einigen Analytics-Anwendern nach wie vor regelmäßig für Verwirrung sorgen. Erst im April 2014 hat Google hier die Terminologie verändert: War zuvor von *Besuchen* (engl.: visits) und *eindeutigen Besuchern* (engl.: unique visitors) die Rede, findet man seitdem in der Berichtoberfläche ausschließlich *Sitzungen* (engl.: sessions) und *Nutzer* (engl.: user) vor. Hier die Erklärung zur den aktuellen Begrifflichkeiten.

Wenn Sie eine mit dem Analytics-Trackingcode ausgestattete Webseite besuchen, starten Sie zunächst eine Sitzung. Diese wird standardmäßig 30 Minuten lang aufrechterhalten, das heißt, alle auf der Webseite getätigten Aktionen, die innerhalb dieses Zeitfensters liegen, ordnet Analytics dieser Sitzung zu. Lassen Sie beispielsweise eine Webseite im Hintergrund bzw. einem ausgeblendeten Browser-Tab länger als 30 Minuten ohne Interaktion geöffnet und klicken Sie erst später wieder auf einen Menüpunkt oder ein Bedienelement, würden Sie damit eine neue, zweite Sitzung starten.

Da Analytics die Informationen zu Sitzungen und Nutzern in separaten Cookies abspeichert, würden Sie auch bei weiteren Sitzungen als derselbe Nutzer identifiziert werden können. Das Nutzer-Cookie hat ein Ablaufdatum von 2 Jahren, wodurch Sie auch bei weiteren Webseitenbesuchen stets als derselbe (wiederkehrende) Nutzer – natürlich mit jeweils neuen Sitzungen – erfasst werden. Voraussetzung dafür ist jedoch, dass Sie weder den Browser wechseln noch die Analytics-Cookies regelmäßig löschen. Somit ist in Kürze erklärt, warum die Daten für Sitzungen und Nutzer im Normalfall voneinander abweichen, wobei die Zahl der Sitzungen dabei stets höher als jene der Nutzer sein wird. Besuchen Sie eine Webseite mit einer »Pause« von 30 Minuten vom selben Browser aus zwei Mal, würden Sie in den Berichten für zwei Sitzungen sogen, die jedoch nur von einem (eindeutigen) Nutzer generiert werden.

Die Abweichung zwischen Sitzungen und Nutzern sowie die Kennzahl NEUE SITZUNGEN IN % gibt oft auch rasch über den Typ bzw. Zweck einer Webseite Auskunft: Während beispielsweise ein Nachrichtenportal seine User binden möchte, wird man sich dort zum Ziel setzen, den Anteil der wiederkehrenden Nutzer hochzuhalten. Misst man im Gegenzug die Landing-Page einer Online-Kampagne, muss man dort die Zielsetzung verfolgen, einen möglichst hohen Prozentsatz an neuen Sitzungen zu erreichen, um mit der Kampagne überwiegend neue Nutzer anzusprechen, welche die Marke und/oder das beworbene Produkt noch nicht kennen.

An dieser Stelle möchten wir auch auf die praktische Suchfunktion BERICHTE & MEHR FINDEN am Anfang des linken Navigationsbereiches verweisen. Wenn Sie nach Reports suchen, können Sie diese von dort aus schnell erreichen, ohne sich mühsam durch alle Menüpunkte klicken zu müssen (siehe Abbildung 11.14). Wenige Buchstaben reichen aus, damit Sie eine sofortige Auflistung relevanter Berichte eingeblendet bekommen. Die Suche ist damit eine praktische Ergänzung zu den zuvor beschriebenen Verknüpfungen, wenn es gilt, Berichte ohne Umwege so schnell wie möglich aufzurufen.

Abschließend lässt sich der Menüpunkt »Zielgruppe« als jener zusammenfassen, hinter dem sich eine Vielzahl an Berichten zur *Eigenschaft* Ihrer Webseitenbesucher hinsichtlich Demografie, Geographie und Technologie verbirgt.

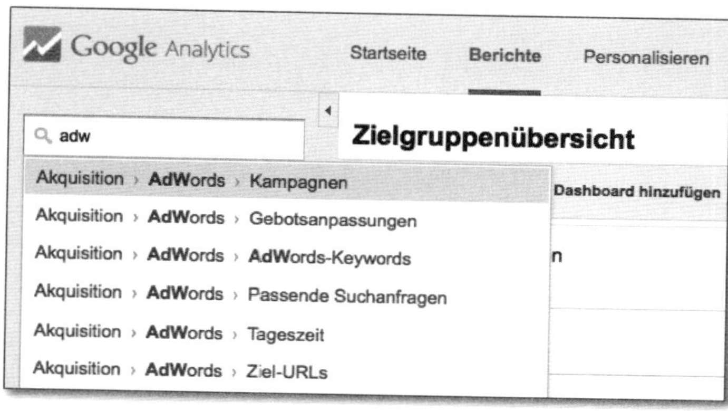

Abbildung 11.14 Die praktische Suchfunktion führt direkt zu den gewünschten Berichten.

11.3.6 Akquisition

Der nächste Menüpunkt AKQUISITION widmet sich dem *Ursprung* Ihrer Webseitenbesucher und geht somit auf die wichtige Information über Quellen und Kanäle ein, aus denen Ihr Traffic resultiert (siehe Abbildung 11.15). Schließlich möchten Sie nicht nur herausfinden, *dass* Sie Besucher, Anfragen und Verkäufe mit Ihrer Webseite generieren, sondern auch bewerten, *welche* Maßnahmen dafür maßgeblich verantwortlich sind. Beispielsweise lässt die Höhe des organischen (»SEO«-)Traffics auf den Erfolg Ihrer Suchmaschinenoptimierungs-Strategie schließen. Wie viele direkte Zugriffe gibt es, welche Verlinkungen sorgen für ebenso wichtigen Verweis-Traffic? Und nicht zuletzt finden Sie in den Akquisitionsberichten heraus, wie Ihre Kampagnen funktionieren: Von Newsletter-Aussendungen über Display-Banner und Online-Promotions bis hin zu AdWords muss es Ihr übergeordnetes Ziel sein, jede bezahlte Maßnahme in Analytics individuell analysieren und bewerten zu können.

Schließlich findet sich unter den Akquisitionsberichten auch der Bereich AdWords. Dieser wird nach einer korrekten Verknüpfung der beiden Tools – Details dazu im nächsten Abschnitt dieses Kapitels – mit wertvollen Daten gefüllt, die Sie zur Optimierung Ihrer Kampagnen heranziehen können.

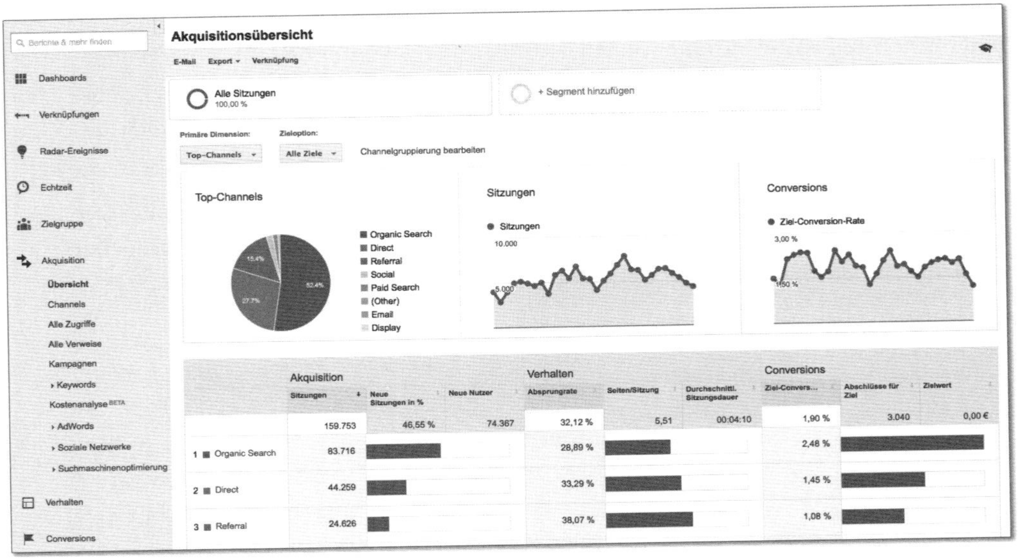

Abbildung 11.15 Akquisitionsübersicht mit den verschiedenen Top-Channels

Keywords (not provided)?

In den Akquisitionsberichten finden Sie auch Daten zu Keywords vor, sowohl für organische als auch solche von bezahlten Suchmaschinenkampagnen wie Google AdWords. Leider verlieren diese Berichte zunehmend an Wert, denn im Herbst 2013 hat Google angekündigt, den Großteil der Keyword-Details zunächst bei organischen Suchzugriffen nicht mehr mitzuliefern, was in den Keyword-Berichten von Analytics die Anzahl an *(Not-provided-)*Sitzungen rasch ansteigen ließ. In einem Beitrag von *SearchEngineLand* finden Sie bei näherem Interesse mehr Details über Googles – offizielle und mutmaßliche inoffizielle – Gründe für diesen Schritt: *http://searchengineland.com/post-prism-google-secure-searches-172487*. Zunächst wurde Google auch unterstellt, sein AdWords-Programm indirekt bevorzugen zu wollen, da für bezahlte Suchzugriffe die Keyword-Details unverändert an Analytics übertragen wurden. Die »Sicherheit« im Zuge der Umstellung auf eine verschlüsselte Suche für alle Nutzer der Suchmaschine war Googles Hauptargument für diesen Schritt, der für Online-Marketer und Web-Analysten einen nicht unbeträchtlichen Informationsverlust bedeuten sollte.

Im April 2014 war es schließlich soweit, als Google mit der Ankündigung, auch die AdWords-Keyword-Details nicht mehr an Analytics übergeben zu wollen, neuerdings für Aufregung in der Szene sorgte: *http://searchengineland.com/official-google-brings-provided-ads-will-withhold-search-query-data-paid-clicks-188750*. Die Unterstellung, dass AdWords-Kunden hier im Vorteil wären, wurde somit rasch entkräftet. Welche Alternativen es zur Analyse von Keyword-Details trotz dieses Einschnitts für Sie als Kampagnenmanager auch weiterhin gibt, werden wir Ihnen in Abschnitt 11.6, »AdWords-Berichte: Alles im Überblick«, noch aufzeigen.

Es gibt übrigens ein eigenes Online-Tool dafür, die aktuelle Rate an *(Not-provided-)*Keywords darzustellen und damit eine Hochrechnung für den Zeitpunkt, an dem diese 100 Prozent beträgt, zu ermöglichen. Werfen Sie einfach einen Blick auf diese Webseite, um den Stand der aktuellen Trends und Prognosen herauszufinden: *http://www.notprovidedcount.com*

Nachdem Sie nun erfahren haben, wie Sie in den Akquisitionsberichten Ihren Traffic hinsichtlich Besucherquellen, Keywords und Kampagnen auswerten, kommen wir zum nächsten Menüpunkt.

11.3.7 Verhalten

Mit den Berichten im Menüpunkt VERHALTEN finden Sie schließlich heraus, an welchen Inhalten Ihrer Webseite die Besucher besonders interessiert sind. Bereits in der Übersicht erhalten Sie eine tabellarische Auflistung der beliebtesten Seiten mit den meisten Aufrufen im ausgewählten Berichtszeitraum. Ist die Startseite tatsächlich auch die am meisten besuchte? Oder gibt es über organische Suchmaschinenzugriffe und bezahlte Kampagnen womöglich mehr Seitenaufrufe für untergeordnete Detailseiten sowie spezielle Landing-Pages? All diese Fragen können Sie mit Hilfe der hier verfügbaren Berichte einfach und umfangreich beantworten. Darüber hinaus können Sie das Verhalten Ihrer Besucher beim Benutzen der in den meisten Fällen vorhandenen internen Suchfunktion auf der Webseite analysieren. Suchanfragen, Suchbegriffe und Suchtiefe helfen Ihnen auf die Sprünge, eventuelles Optimierungspotenzial für Ihre Webseiteninhalte zu finden.

Abbildung 11.16 Details zu den aufgerufenen Inhalten auf Ihrer Webseite gibt es in den Verhaltensberichten.

Auch die Content-Tests, auf die wir später im Kapitel noch näher eingehen werden, sind unter diesem Menüpunkt aufzufinden.

11.3.8 Conversions

Last but not least wartet noch der achte Menüpunkt CONVERSIONS auf seine Vorstellung. Unseres Erachtens finden Sie dort einige der wichtigsten Analytics-Berichte. Wir empfehlen, dass Sie für jede Webseite, die Sie betreiben oder mit AdWords-Kampagnen bewerben, mindestens ein Zielvorhaben einrichten. Haben Sie nur eine kompakte Landing-Page oder Microsite ohne Formulare und Möglichkeiten zum Online-Kauf als Zielseite hinterlegt, sollten Sie auch Micro-Conversions wie weiterführende Klicks, PDF-Downloads oder Video-Ansichten als Conversion definieren. Haben Sie noch keine Conversion-Ziele eingerichtet, werden die Berichte zunächst leer und der Menüpunkt vorläufig wertlos für Sie sein. In Abschnitt 11.5, »Conversions und Zielvorhaben: Erfolgsmessung Hand in Hand«, erklären wir Ihnen alles über die Definition und Einrichtung von Zielvorhaben, um die Conversion-Berichte mit Daten zu füllen und diesem Analysebereich damit so rasch wie möglich Leben einzuhauchen. Auch auf die hier neben den Zielvorhaben- und E-Commerce-Reports verfügbaren Multi-Channel-Trichter werden wir später noch im Detail eingehen, da sie wichtige Informationen zur erweiterten Analyse und langfristigen Optimierung Ihrer AdWords-Kampagnen beinhalten.

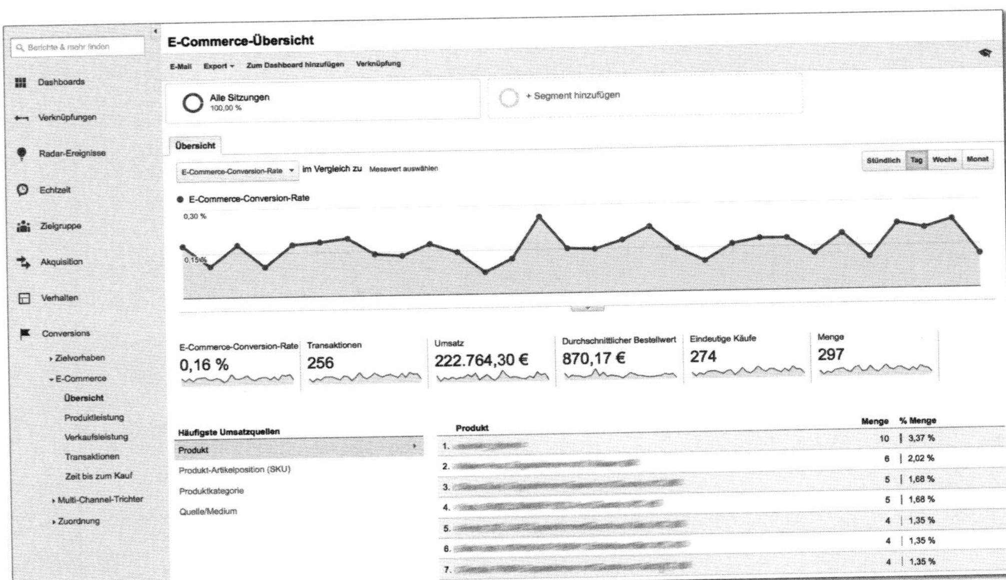

Abbildung 11.17 In den Conversion-Berichten gibt es die E-Commerce-Übersicht mit allen Details zur Performance Ihres Online-Shops

Alle diese acht vorgestellten Menüpunkte beinhalten Möglichkeiten, Ihren AdWords-Traffic im Detail zu analysieren. Somit ist es sowohl für die den Akquisitionsberichten zugeordneten AdWords-Daten als auch bei einer Analytics-übergreifenden Segmentierung und Auswertung zwingend erforderlich, dass Sie die Verknüpfung beider Tools vornehmen. Dazu bedarf es einiger Maßnahmen bei der Einrichtung Ihrer AdWords- und Analytics-Konten, die wir Ihnen nun Schritt für Schritt näherbringen werden.

11.4 AdWords und Analytics verknüpfen

Das AdWords-Programm ist, wie Sie mittlerweile wissen, ein sehr umfangreiches und mächtiges Online-Marketinginstrument. Während alle klick- und kostenrelevanten Kampagnendaten sowie auch Zählpixel-basierende Conversions beispielsweise für Formularanfragen, Online-Käufe oder auch Telefonanrufe mit Bordmitteln sehr gut erfasst werden können, enden die Möglichkeiten von AdWords rasch, wenn es darum geht, das Verhalten der Benutzer nach dem Klick auf eine der Anzeigen herauszufinden.

Analytics kommt dann ins Spiel, wenn es einerseits darum geht, dieses On-Page-Verhalten näher zu betrachten. Andererseits hilft es Ihnen, den AdWords-Traffic im Gesamtkontext aller Besucher zu analysieren. Wie Sie dafür sorgen, dass Ihr AdWords-Traffic eindeutig als solcher in den Analytics-Berichten aufscheint, zeigen wir Ihnen auf den folgenden Seiten.

11.4.1 Allgemeines zu AdWords-Traffic in Analytics

Ihr Ziel ist es, sämtlichen AdWords-Klicks mindestens die korrekten Informationen zu den Dimensionen *Quelle* und *Medium* in Analytics zuzuordnen. Bei einer automatischen Verknüpfung wird jeder über AdWords generierte Webseitenbesucher der Quelle *google* und dem Medium *cpc* zugeordnet. Wir empfehlen Ihnen, dieses Schema auch bei einem alternativen manuellen Kampagnen-Tagging – Details dazu ebenfalls auf den folgenden Seiten – beizubehalten. Damit stellen Sie sicher, dass Analytics Ihren Kampagnen-Traffic bei allen standardmäßig vorhandenen Akquisitionsberichten, Channel-Zuordnungen und Segmenten automatisch korrekt zuordnen kann. Selbst kleine Abweichungen in der manuellen Variante wie beispielsweise *google-ads/ppc* als Quelle und Medium können die Berichte durcheinanderbringen, weshalb wir Ihnen eine solche Vorgehensweise nicht empfehlen möchten.

Der »Worst Case« tritt ein, wenn Sie weder die automatische Verknüpfung noch ein manuelles Tagging berücksichtigen: In diesem Fall teilt sich der AdWords-Traffic auf mehrere Quellen auf und ist in den Analytics-Berichten praktisch nicht mehr auswertbar. Vielmehr, eine solche Konstellation macht auch die Daten aller weiteren Channels und Zugriffsquellen mehr oder weniger wertlos. Denn ein Großteil der Suchkampagnen erscheint dann erfahrungsgemäß in den Berichten zum organischen Traffic. Dieses Verhalten können wir leider immer wieder bei vielen Analytics-Consulting-Projekten beobachten: Vergisst eine AdWords-Agentur bei neu aktivierten Kampagnen das entsprechende URL-Tagging, so freuen sich SEO-Dienstleister fälschlicherweise über einen plötzlichen Besucheranstieg in den Analytics-Berichten. Ein Teil der Displaykampagnen scheint in den Akquisitionsberichten wiederum unter den Verweisen auf. Dort finden sich bei falscher oder fehlender Kampagnenzuordnung die Quellen *googleads* oder *doubleclick* wieder. Sie verstehen hoffentlich rasch, warum Sie ein solches Szenario – sobald Sie irgendwie auf die Analytics-Berichte angewiesen sind – unbedingt vermeiden müssen. Schon kleinste Fehler im Tracking-Setup der AdWords-Kampagnen können die Akquisitionsberichte praktisch wertlos machen.

11.4.2 Automatische AdWords-Verknüpfung

Die automatische AdWords-Verknüpfung können Sie mittlerweile bequem und von einer zentralen Stelle aus in der Analytics-Verwaltung erledigen. In nur wenigen Klicks ordnen Sie ein oder mehrere AdWords-Konten einer oder mehreren Properties und Datenansichten zu. Beachten Sie dabei, dass sich eine Verknüpfung nicht rückwirkend auswirkt. Erst nach deren erfolgreichem Abschluss werden die AdWords-Kampagnen, wie oben beschrieben, den korrekten Quell- und Mediendimensionen zugeordnet. Gleiches gilt für die Aufhebung von Verknüpfungen: Sobald die Verbindung entfernt wird, verändern sich auch die Verweisquellen sofort.

Eigenschaften und Vorteile

Nach der Verknüpfung beider Konten können Sie Ihre Kampagnen mit Hilfe der Analytics-Daten noch besser optimieren. Es eröffnen sich unter anderen folgenden Möglichkeiten:

- Die AdWords-Berichte in Analytics werden automatisch mit Daten zur Anzeigen- und Webseiten-Leistung gefüllt.
- Sie können Analytics-Ziele und E-Commerce-Transaktionen bequem in Ihr AdWords-Konto rückführen.
- Weitere Analytics-Kennzahlen wie Absprungrate oder die durchschnittliche Dauer einer Sitzung lassen sich nun ebenfalls in AdWords importieren.
- Erweiterte Remarketing-Funktionen stehen Ihnen zur Verfügung.
- Die – später noch beschriebenen – Multi-Channel-Trichter in Analytics profitieren von umfangreicheren Daten.

Voraussetzungen

Für die Verknüpfung ist es erforderlich, dass Ihr Google-Konto sowohl einen AdWords-Zugriff als auch einen Analytics-Administratorzugriff besitzt. Wenn Sie das Analytics-Konto nicht selbst verwalten oder nicht ausreichende Rechte besitzen, müssen Sie dafür sorgen, dass Sie diese entweder bekommen oder jemand über ein Google-Konto mit den erforderlichen Zugriffsrechten für beide Tools die im Folgenden beschriebene Verknüpfung vornimmt.

Vorgehensweise

Wechseln Sie in der Analytics-Verwaltung auf die Property-Ansicht, wo Sie den Menüpunkt ADWORDS-VERKNÜPFUNG vorfinden (siehe Abbildung 11.18). Sie erhalten im ersten Schritt eine Übersicht aller AdWords-Konten, für die Sie mit Ihrem bei Analytics genutzten Google-Konto die erforderlichen Zugriffsrechte besitzen. Wählen Sie eines oder mehrere dieser AdWords-Konten aus, um deren Daten mit Analytics zu teilen. Im zweiten Schritt benennen Sie die Gruppe von Verknüpfungen mit einem eindeutigen Namen. Das hilft Ihnen vor allem dann, wenn Sie Verknüpfungen über mehrere Konten und Properties hinweg anlegen.

Abbildung 11.18 Die AdWords-Verknüpfung erfolgt auf Property-Ebene in der Analytics-Verwaltung.

Danach wählen Sie im selben Schritt die verknüpften Datenansichten aus. Auch hier können Sie individuell entscheiden, in welchen Ansichten die AdWords-Daten dargestellt werden sollen bzw. dürfen. Berücksichtigen Sie bitte, dass alle Nutzer mit Zugriff auf die hier ausgewählten Datenansichten – auch jene mit lediglich untergeordneten Berechtigungen zum Lesen und Analysieren – ab diesem Zeitpunkt einen umfassenden Einblick in alle verknüpften AdWords-Daten haben. Sie können beispielsweise eine zweite, nicht mit AdWords verknüpfte Datenansicht erstellen, um alle Kampagnendetails inklusive Kostendaten für bestimmte Nutzer zu verbergen. Diese würden in der weiteren Ansicht den AdWords-Traffic lediglich auf allgemeiner Basis zuordnen können, alle Details zu Kampagnen- und Anzeigengruppenstruktur, Impressionen und CPCs würden ohne Verknüpfung nicht übertragen werden.

Durch den abschließenden Klick auf KONTEN VERKNÜPFEN schließen Sie den Vorgang ab. Mit diesem Schritt wird auch AdWords-seitig eine wichtige weitere Einstellung vorgenommen: die automatische Tag-Kennzeichnung. Dabei handelt es sich um eindeutige IDs, welche das AdWords-System selbstständig an Ihre Ziel-URLs anhängt. Mit Hilfe dieser IDs werden zu den verknüpften Analytics-Datenansichten detaillierte Informationen zu jedem Klick übertragen. Überprüfen können Sie dies, indem Sie nach einem Klick auf eine beliebige AdWords-Anzeige den Parameter *&gclid=12345* als Bestandteil der Ziel-URL ausfindig machen. Fehlt diese Kennzeichnung, ist die Verknüpfung unvollständig. Sie können übrigens den Status der automatischen Tag-Kennzeichnung, wie in Abbildung 11.19 ersichtlich, in den Einstellungen Ihrer AdWords-Konten jederzeit überprüfen und bearbeiten.

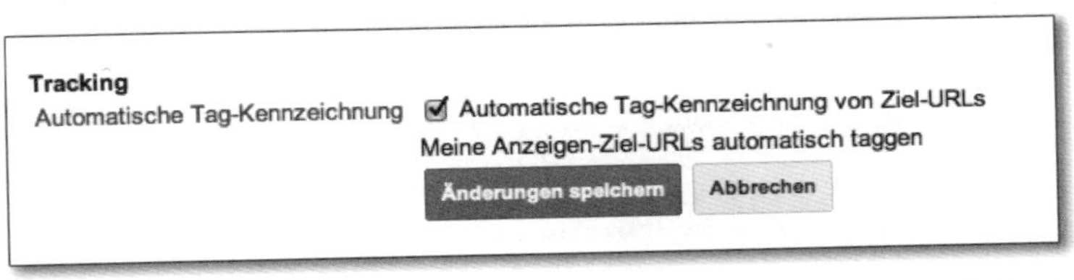

Abbildung 11.19 Die automatische Tag-Kennzeichnung in den AdWords-Einstellungen ist ein wichtiger Bestandteil der Datenverknüpfung.

Unmittelbar nach dem Abschluss des Prozesses werden alle Nutzer der nun verknüpften Datenansichten automatisch per E-Mail darüber informiert, dass ab sofort AdWords-Daten aus einem oder mehreren Konten in den Analytics-Berichten zu finden sind. Das ist eine praktische Funktion, mit der Sie vor allem bei einer Vielzahl an Kunden und Konten schnell im Bilde über jegliche Veränderungen bei den Datenverknüpfungen sind. Denn die E-Mail-Benachrichtigungen erfolgen auch dann, sobald eine solche aufgehoben wird.

Nicht nur im Analytics-Konto wirkt sich eine erfolgreiche Verknüpfung auf die dort zur Analyse bereitgestellten Kampagnendaten aus. Auch in AdWords haben Sie die Möglichkeit, auf umgekehrtem Wege einige Analytics-Messwerte in die direkt im AdWords-Interface nutzbaren Kampagnenberichte rückzuführen. Diesen einfachen Schritt können Sie – nachdem Sie die zuvor beschriebene Verknüpfung abgeschlossen haben – in den KONTOEINSTELLUNGEN unter VERKNÜPFTE KONTEN erledigen. Wählen Sie einfach die für Sie relevante Analytics-Datenansicht aus, deren Messwerte Sie in AdWords verwenden möchten. Berücksichtigen Sie dabei bitte, dass anschließend alle Nutzer mit Zugriff auf Ihr AdWords-Konto die Analytics-Daten dort einsehen können, auch wenn sie zu Analytics keinen direkten Zugang haben. In Abbildung 11.20 sehen Sie schließlich die neuen Analytics-Messwerte, die sich Ihnen nach der erfolgreichen Datenzusammenführung der beiden Produkte beim Anpassen der Spaltenansicht in AdWords anbieten.

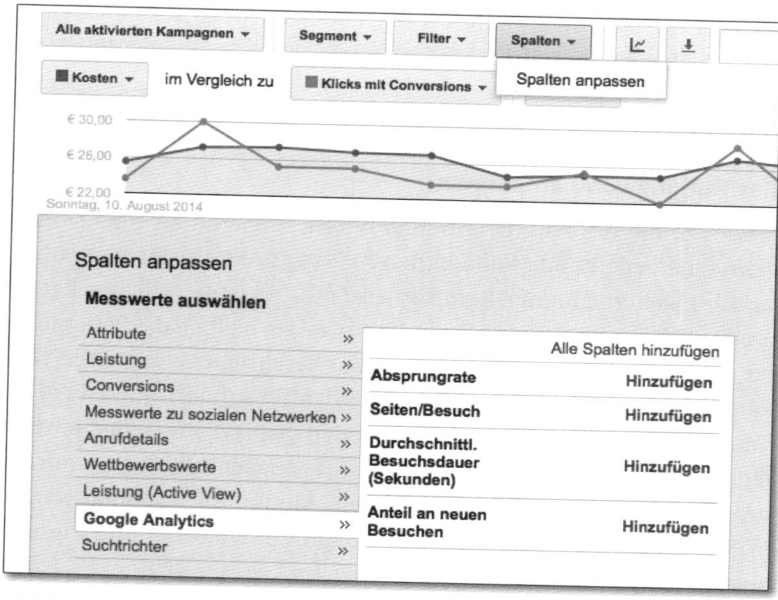

Abbildung 11.20 Die Kontoverknüpfung in beide Richtungen ermöglicht die Darstellung von Analytics-Messwerten direkt in AdWords.

Rückgängig machen

Natürlich lassen sich die Datenverknüpfungen im Nachhinein jederzeit bearbeiten und auch wieder entfernen. In der Analytics-Verwaltung haben Sie Zugriff auf alle relevanten Verknüpfungsgruppen und sehen auf einen Blick, wie viele Konten und Datenansichten miteinander verknüpft sind. Klicken Sie eine Verknüpfungsgruppe an, wenn Sie die Konfiguration verändern oder löschen möchten. Gehen Sie jedoch behutsam vor, denn beim Entfernen der Verknüpfung gehen unter anderem folgende Daten unmittelbar verloren:

- alle Klicks, Impressionen und Kosten in Analytics-Berichten
- neue Nutzer für Analytics-basierende Remarketing-Listen
- importierte Ziele und E-Commerce-Daten sowie weitere Messwerte in AdWords-Berichten

Berücksichtigen Sie bitte auch die kurz zuvor erwähnte automatische Tag-Kennzeichnung im AdWords-Konto, die Sie in diesem Zusammenhang ebenfalls bearbeiten und wieder entfernen können.

Selbst wenn Sie aus organisatorischen oder datenschutzrechtlichen Gründen die in diesem Abschnitt beschriebene Kontoverknüpfung nicht durchführen können, müssen Sie Ihre AdWords-Kampagnen, was Analytics betrifft, nicht komplett im »Blindflug« durchführen. Natürlich ist diese direkte Verknüpfung nicht nur am einfachsten, sondern auch hinsichtlich Datenquantität und -qualität am umfangreichsten, weshalb wir sie in den meisten Fällen auch als die für alle Beteiligten praktischste Variante empfehlen können. Ist sie nicht möglich, empfehlen wir die im Folgenden beschriebene Alternative.

11.4.3 Manuelles Tagging von Kampagnen

Wie Sie bereits zuvor in diesem Kapitel lernen konnten, spielen die Dimensionen *Quelle* und *Medium* eine bedeutende Rolle in den Analytics-Akquisitionsberichten. Nur wenn Sie – und alle weiteren für den Kampagnen-Traffic verantwortlichen Personen und Agenturen – diese korrekt und vollständig zuweisen, bleiben die Berichte so umfangreich und aussagekräftig wie möglich. Das hier beschriebene manuelle Tagging von Kampagnen lässt sich nicht nur für AdWords-Traffic, sondern auch für viele weitere Online-Maßnahmen wie E-Mail-Newsletter oder Displaykampagnen einsetzen und ist eine gleichermaßen bequeme wie mächtige Möglichkeit, den Akquisitionsberichten in Analytics – und dort vor allem dem Menüpunkt KAMPAGNEN – ordentlich Leben einzuhauchen. Was das manuelle Tagging auszeichnet und wie einfach es funktioniert, erfahren Sie hier.

Eigenschaften und Vorteile

Im Unterschied zum zuvor beschriebenen automatischen AdWords-Kampagnen-Tagging und auch zu anderen Webanalyse-Tools entsteht beim manuellen Tagging von Kampagnen keinerlei zusätzlicher Verwaltungsaufwand im Analytics-Interface. Sobald Sie die Webseiten-URL mit den ergänzten Kampagnen-Tags (zusätzliche URL-Parameter) aufrufen, erfolgt im Analytics-Cookie die individuelle Quell- und Medienzuordnung und in den Berichten die separate Darstellung dieses manuell gekennzeichneten Traffics. Die wichtigsten weiteren Eigenschaften auf einen Blick:

- Kampagnen-Tagging mit bis zu fünf unterschiedlichen Parametern
- unmittelbares Aufscheinen des gekennzeichneten Traffics in Echtzeit- und Akquisitionsberichten
- einfaches Umsetzen individueller Trackingstrategien und Kampagnenbenennungen
- kein Setup erforderlich (Anlegen/Ändern/Löschen von Kampagnen-Tags)

Voraussetzungen

Die Voraussetzungen sind denkbar einfach: Jede mit einem individuellen Kampagnenparameter versehene URL wird in den relevanten Analytics-Berichten entsprechend zugeordnet. Da sich bereits kleine Unterschiede in den Schreibweisen der Parameter – beispielsweise Groß-/Kleinschreibung oder Trennzeichen – auf die Berichte auswirken können, möchten wir Ihnen an dieser Stelle zusätzlich mitgeben, als weitere wichtige Voraussetzung sowohl absolute Konsequenz als auch Präzision beim manuellen Kampagnen-Tagging zu verfolgen. Kleine Tippfehler bei Ihnen oder anderen involvierten Kampagnenmanagern können sich schnell unvorteilhaft auswirken, was nachträgliche Berichte zur Erfolgsmessung und Kampagnenoptimierung entweder aufwändiger oder im schlimmsten Fall sogar unmöglich macht.

Vorgehensweise

Um benutzerdefinierte Kampagnen zu erstellen, müssen Sie alle der jeweiligen Kampagne zuzuordnenden Ziel-URLs mit individuellen Parametern ergänzen. Sehen wir uns die folgende exemplarische Ziel-URL an, um Ansatz und Aufbau dieses manuellen Kampagnen-Taggings in Analytics besser zu verstehen: *www.ziel-url.com?utm_source=google&utm_medium=cpc&utm_campaign=adwords-brand-2014*.

Nach der eigentlichen Ziel-URL folgen die Kampagnenparameter, auch »utm-Parameter« genannt. Diese Bezeichnung ergibt sich aus dem Präfix der jeweiligen Paare aus Variablen und Werten und basiert auf jenem Tool, aus dem Analytics im Jahr 2005 hervorging: Urchin. Auch wenn die Übernahme dieser Tracking-Software durch Google mittlerweile bereits ein Jahrzehnt zurückliegt, die utm-Präfixes für Kampagnen-Tags und Cookies (wobei *utm* für »Urchin Tracking Module« steht) erinnern – wenn auch nur eingefleischte Web-Analytics-Insider – bis heute daran. Welche unterschiedlichen Parameter gibt es nun, welche sind zwingend erforderlich und wofür dienen sie? Lassen Sie uns einen Blick auf die fünf verfügbaren utm-Tags werfen, wobei die Reihenfolge, in der Sie diese an die Kampagnen-URLs anhängen, keine Rolle spielt:

- **utm_source** (erforderlich): Die *Quelle*, die Ihren Traffic näher identifiziert. Im Fall von AdWords ist dies *google*, bei anderen Kampagnen wählen Sie hier am besten den Namen der Plattform zur einfachen Zuordnung aus.
- **utm_medium** (erforderlich): Das *Medium* Ihrer Marketingaktion, bei AdWords *cpc*, bei anderen Maßnahmen beispielsweise *cpm* (für Display-Banner) oder *e-mail* (für Newsletter-Aussendungen).
- **utm_campaign** (erforderlich): Der Name Ihrer *Kampagne*, bei AdWords beispielsweise *adwords-brand* oder *adwords-search-generic* für generische Such-Kampagnen. Es ist nicht unpraktisch, wenn Sie den Kampagnennamen für eine optimale Unterscheidung in den Berichten zusätzlich auch mit Angaben zu Zeiträumen

oder Flights (*-august-2014*) und/oder um geografische Informationen (*-de*) erweitern. Speziell bei Newsletter-Kampagnen hilft ein ergänzter Versandzeitpunkt, bei internationalen Kampagnen oft eine geografische Ergänzung.

- **utm_term** (optional): eine ergänzende Angabe von *Keywords*, die vor allem bei manuell gekennzeichneten Suchkampagnen wie AdWords, aber auch beispielsweise bei Bing Ads hilfreich ist.
- **utm_content** (optional): der *Anzeigeninhalt*. Machen Sie von diesem Parameter beispielsweise dann Gebrauch, wenn Sie im Zuge einer Kampagne auf dieselbe Ziel-URL mehrere parallel eingesetzte Werbemittel oder bei einer E-Mail-Aussendung die Wirkung einzelner Inhalte oder unterschiedlicher »Call-to-Action«-Varianten separat analysieren möchten.

Abschließend möchten wir Sie noch einmal darauf hinweisen, dass alle Parameter case-sensitive sind. Zwei Links, die sich beispielsweise nur durch die Variablenwerte *utm_campaign=Newsletter-August-2014* bzw. *utm_campaign=newsletter-august-2014* unterscheiden, würden somit als zwei unterschiedliche Kampagnen in den Analytics-Berichten aufschlagen. Ebenso möchten wir nicht unerwähnt lassen, dass Sie bei diesen Tracking-Parametern keinerlei personenbezogene Daten (beispielsweise die Empfängeradresse bei E-Mail-Aussendungen) angeben dürfen. Das wäre ein klarer Verstoß gegen die Analytics-Nutzungsbedingungen.

Google bietet übrigens ein einfaches Tool zur URL-Erstellung als Online-Dienst unter der folgenden Adresse an: *https://support.google.com/analytics/answer/1033867?hl=de*. Nutzen Sie dieses, um Ihre individuellen Kampagnen-URLs in wenigen Schritten – und ohne lästiges, möglichweise fehlerbehaftetes Tippen der utm-Parameter per Hand – zu generieren.

Als Best Practise möchten wir Ihnen abschließend noch folgendes mitgeben:

- **So viel Tags wie nötig, so wenig wie möglich**: Vermeiden Sie bitte, zu viele Ziel-URLs manuell als Kampagnen zu kennzeichnen. Organischer Suchmaschinen-Traffic und die meisten Verweise von anderen Portalen und Webseiten (beispielsweise aus Kooperationen, Backlinks oder PR-Artikeln) lassen sich automatisch bereits sehr gut auswerten.
- **Automatische Linkerstellung**: Vermeiden Sie manuelles Tippen der URL-Parameter, da dabei erfahrungsgemäß immer wieder Fehler auftreten können. Nutzen Sie dazu entweder das zuvor beschriebene Google-Tool oder helfen Sie sich mit einem Tabellendokument, wo Sie mit ein paar Spalten und einfachen Formeln Ihre individuellen Kampagnenlinks erstellen. Ein solches Dokument ist übrigens auch im späteren Analyseprozess hilfreich, wenn Sie vor allem bei umfangreicheren Kampagnen einen Überblick über alle Plattformen und die unterschiedlichen verwendeten Anzeigeninhalte behalten möchten.

- **Nur die mindestens erforderlichen Variablen verwenden**: Erfassen Sie nicht mehr Daten als nötig und halten Sie die Ziel-URLs damit so kurz wie möglich. Erstellen Sie keine individuellen Parameter für Informationen, die Sie im Nachhinein ohnehin nicht analysieren möchten oder können.
- **Schreiben Sie keine personenbezogenen Informationen in die Werte der Kampagnenvariablen**: Namen oder E-Mail-Adressen sind an dieser Stelle – selbst wenn in der Theorie einfach möglich – ein absolutes Tabu.

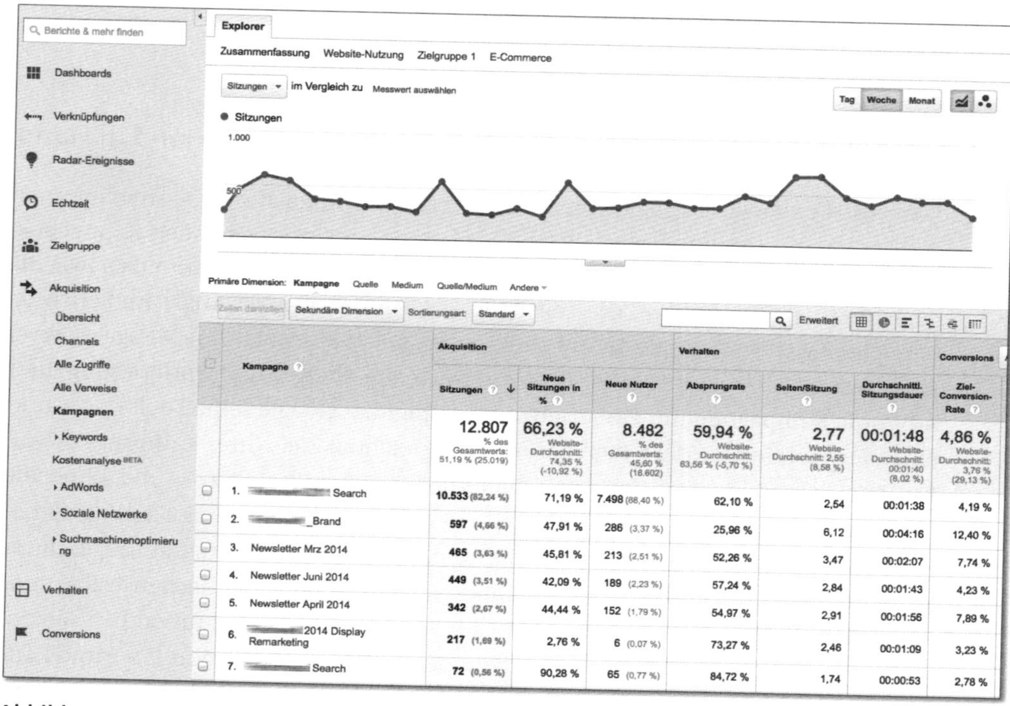

Abbildung 11.21 Erfolgsanalyse mit Hilfe von manuellem Tagging zu AdWords-Kampagnen, Newsletter-Aussendungen und mehr

Rückgängig machen

Das manuelle Tagging rückgängig zu machen, ist genauso simpel wie dessen Einrichtung: Entfernen oder Ändern Sie die individuellen Parameter in Ihren Ziel-URLs, und schon wird der jeweilige Traffic anderen oder keinen Kampagnen mehr zugeordnet. Natürlich sollten Sie beachten, dass auch nach der Entfernung der Tags Ihrer »beendeten« Kampagnen diese noch weitere Sitzungen in Analytics verursachen können. Denn hat ein Nutzer seine vorhergehende Sitzung über eine dieser Kampagnen gestartet und besucht Ihre Webseite ohne neue Quelle – beispielsweise durch einen erneuten direkten Aufruf der URL – noch ein weiteres Mal, bleibt die ursprüngliche

Herkunftsquelle erhalten. Somit ist es völlig normal, dass auch Bannerkampagnen, die seit Tagen und Wochen beendet sind, noch immer mit neuen Sitzungen in den Berichten aufscheinen.

Nachdem Sie nun die Möglichkeiten kennen, sowohl AdWords- als auch weitere Kampagnen individuell zu kennzeichnen, kommen wir zum nächsten Schritt: Zur Analyse von Conversion-Zielen. Schließlich werden die Berichte der nun sauber aufgeschlüsselten Kampagnen, Quellen und Anzeigenvarianten noch aussagekräftiger, wenn Sie deren Erfolgsquote (oder Conversion-Rate) auf einen Blick auswerten und vergleichen können.

11.5 Conversions und Zielvorhaben: Erfolgsmessung Hand in Hand

AdWords-Conversions – die zählpixelbasierende Methode zur Erfolgsmessung auf Webseiten und Landing-Pages – haben Sie bereits im vorhergehenden Kapitel ausführlich kennengelernt. Mit Hilfe der in Analytics verfügbaren *Zielvorhaben* (wie die lange Zeit gebräuchlichen *Ziele* seit Ende 2014 in den Google Analytics-Berichten bezeichnet werden) können Sie auf einfache Art und Weise noch eine Menge weiterer so genannter Mikro- und Makro-Conversions in die Analyse und Optimierung Ihrer AdWords-Kampagnen mit einbeziehen. Auch hier hat Google seine Tools enger miteinander verzahnt, so dass Sie nicht nur die erreichten Ziele Ihres Kampagnen-Traffics in Analytics messen können, sondern diese auch bequem – und ohne die Einrichtung zusätzlicher Tracking-Pixel – in AdWords als Conversions importieren können. Das hat vor allem dann Vorteile, wenn Ihre Erfolgsziele statt auf abgeschickten Formularen oder erfolgreichen Online-Transaktionen auf einfachen Webseiten-Interaktionen (Aufenthaltsdauer, Klicks auf Videos oder PDF-Dokumente) basieren. Sie sparen sich die Konfiguration aufwändiger AdWords-Conversion-Pixel und können vorhandene Analytics-Zielvorhaben schnell und einfach als AdWords-Conversion einrichten. In diesem Abschnitt gehen wir zunächst auf die Analytics-Ziele und deren allgemeine Einrichtung sowie später auf den Import dieser Ziele als Conversions in Ihrem AdWords-Konto ein.

11.5.1 Zielvorhaben in Analytics einrichten

Auch wenn Sie mit Ihrer Webseite keine unmittelbaren Online-Umsätze oder Formularanfragen generieren möchten, legen wir Ihnen die Konfiguration mindestens eines Zielvorhabens in Analytics unbedingt nahe (siehe Abbildung 11.22). Sollen sich die Besucher ausführlich mit Ihrer Webseite, Ihrer Marke und/oder Ihren Produkten beschäftigen? Dann wählen Sie die Aufenthaltsdauer oder die durchschnittlich pro Sitzung besuchten Seiten als Zielvorhaben aus. Geht es auf einer Microsite ausschließlich darum, ein kostenloses PDF herunterzuladen? Erfassen Sie dessen Download als Analytics-Ereignis und richten Sie Ihr Zielvorhaben-Tracking auf dieses aus. Selbst wenn manche Ziel-Conversion-Raten für sich allein wenig Aussagekraft haben, für ein Benchmarking der unterschiedlichen Quellen in den Akquisitions- und Kampagnenberichten helfen diese unbedingt weiter!

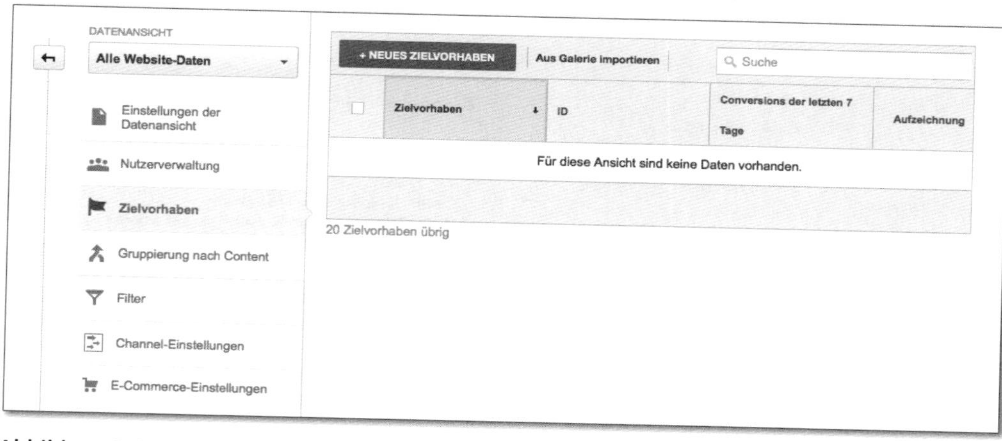

Abbildung 11.22 Die Einrichtung von Analytics-Zielvorhaben erfolgt über die Verwaltungsoberfläche auf Ebene der Datenansicht.

Allgemeines

Analytics-Zielvorhaben legen Sie im Verwaltungsbereich auf Datenansichtsebene unter dem eigenen Menüpunkt ZIELVORHABEN fest. Sie haben dabei drei Möglichkeiten:

1. **Zieleinrichtung über Vorlagen**: Hier versucht Google, vor allem Einsteigern die ersten Schritte in der Zieleinrichtung zu erleichtern, indem für unterschiedliche Arten von Zielen vorgefertigte Namen und vorausgewählte Typen angeboten werden. Der Rest der Einrichtung erfolgt hingegen wie bei Punkt 2.
2. **Benutzerdefinierte Zieleinrichtung**: Diese klassische Variante der Zieleinrichtung wird wohl von den meisten erfahrenen Nutzern verwendet. Lesen Sie gleich unten, welche vier Zielvorhaben-Typen Ihnen bei der benutzerdefinierten Einrichtung zur Auswahl stehen.
3. **Import von Zielen aus der Solutions Gallery**: Diese kennen Sie bereits aus dem Bereich Dashboards in diesem Kapitel. Auch eine große Auswahl an praktischen von anderen Nutzern zur Verfügung gestellten Einzel-Zielen und Ziel-Sets, die Sie mit einem Klick in Ihre Datenansicht laden können, steht dort für Sie bereit: *https://www.google.com/analytics/gallery/#posts/search/%3F_.start%3D0%26_.type%3DGOAL*.

Alle Möglichkeiten teilen sich eine Eigenschaft: das Festlegen auf eine von vier Zieltypen, auf die wir nun kurz eingehen möchten.

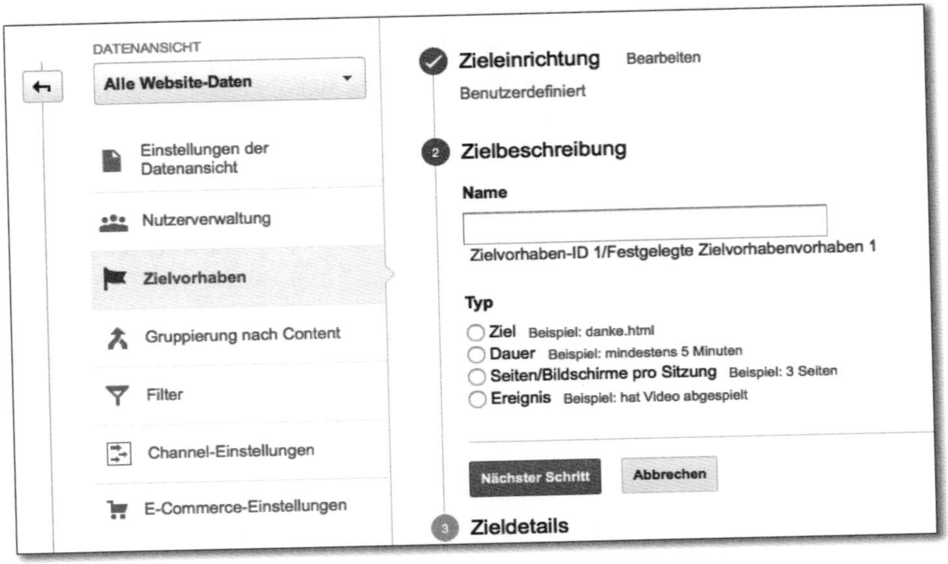

Abbildung 11.23 Vier mögliche Zieltypen

Zielseiten

Der erste Typ beschreibt nicht nur die in der ersten Ausbaustufe von Analytics einzige, sondern wohl auch nach wie vor am meisten genutzte Variante eines erreichten Zielvorhabens: Den Aufruf einer bestimmten Unterseite Ihrer Webseite, meist einer »Danke«-Seite nach einem erfolgreichen Formularversand oder einer abgeschlossenen Online-Transaktion. Bei den Zieldetails müssen Sie folgende Informationen angeben:

- **Zielseite** (erforderlich): Die URL (exakt, als Bestandteil oder als regulären Ausdruck) Ihrer Zielseite.
- **Wert** (optional): Hier können Sie Ihrem Ziel einen Geldwert zuweisen. Bitte beachten Sie, dass der hier eingetragene Wert für alle Vorkommnisse dieses Zieles gleich ist und nicht dynamisch verändert werden kann. Wenn Sie individuelle Umsätze von Online-Shops erfassen möchten, müssen Sie E-Commerce-Tracking einrichten. An dieser Stelle könnten Sie beispielsweise einem Ziel »Newsletter-Anmeldung« den fiktiven Wert von 5 € mitgeben, wenn Sie wissen, dass Nutzer, die sich dafür registrieren, im Durchschnitt und auf lange Sicht diesen Betrag »wert« sind. Das Einrichten von Zielwerten können wir Ihnen vor allem dann empfehlen, wenn Sie keinen Online-Shop betreiben. Mit Hilfe der Zielwerte füllen sich die ROI-Berichte in Analytics, und selbst wenn die absoluten Zahlen wenig aussagen, eignen sich diese Daten wiederum sehr gut für das Benchmarking der Nutzer auf z. B. geografischer oder Kampagnenbasis.

- **Trichter** (optional): Wenn Besucher, um das Ziel zu erreichen, einen oder mehrere vorhergehende Webseiten aufrufen (müssen), kann Ihnen die Einrichtung eines Zieltrichters zur Conversion-Optimierung sehr gut weiterhelfen. Führt zum Beispiel für ein Anfrageziel im Vorfeld über eine Angebotsseite sowie ein zweiteiliges Formular, richten Sie diese drei Schritte als Trichter ein. Berichte zu Trichter-Conversion- und Ausstiegsraten können Ihnen aufschlussreiche Informationen zur Optimierung Ihrer Ziele liefern – für AdWords-Kampagnen und/oder allgemein.

Eine relativ neue praktische Methode finden Sie am Ende des Einrichtungsprozesses: Sie können das eben konfigurierte Ziel automatisch überprüfen lassen. Mit einem Klick auf DIESES ZIEL BESTÄTIGEN wertet Analytics aus, wie oft Ihr neu eingerichtetes Ziel, basierend auf den Daten der letzten 7 Tage, zu einer Conversion geführt hätte. Das funktioniert natürlich nur dann, wenn Ihre ausgewählte Zielseite bereits länger vorhanden ist, hat sich aber in der Praxis als bequem und zeitsparend für einen Schnell-Check erwiesen, ob man auch alles richtig eingetragen hat.

Aufenthaltsdauer

Wenn sich der Typ Ihres Zielvorhabens nicht über den Besuch einer speziellen Seite, sondern vielmehr über die Dauer der Besuchersitzung definiert, wählen Sie diese Variante aus. Sie müssen hier lediglich (in Stunden, Minuten bzw. Sekunden) angeben, ab welcher Dauer ein erreichtes Ziel ausgelöst werden soll. Wie beim vorherigen Typ haben Sie auch hier die Möglichkeit, einen optionalen Zielwert zu vergeben und mit Hilfe der Schnellüberprüfung das Ziel kurz zu bestätigen, bevor Sie es erstellen.

Seiten/Sitzung

Auch die besuchten Seiten pro Sitzung können für Ihre Analysen und Optimierungsschritte ein wichtiges Ziel darstellen. Legen Sie fest, ab welcher Anzahl besuchter Seiten Sie dieses Ziel erfassen möchten. Auch sind ist ein optionaler Zielwert sowie die Schnellüberprüfung im Zuge der Zieleinrichtung möglich.

Ereignisse

Neben den Seitenansichten gewinnen *Ereignisse* in den Analytics-Berichten zunehmend an Bedeutung. Vor allem dann, wenn es sich bei aktuellen Webseiten und Landing-Pages um so genannte »One-Page«-Designs handelt. Bei diesen steht weniger der Aufruf von einzelnen Unterseiten und URLs im Vordergrund. Vielmehr wird die Interaktion der Besucher durch das Scrollen durch Tabs und Inhaltsblöcke auf einer einzigen, langen Seite bewertet. Um auch dort den Aufruf der einzelnen Blöcke und Elemente in Analytics auswerten zu können, lassen sich auf beliebige Interaktionen wie Klicken oder Scrollen so genannte Analytics-Ereignisse legen. Hierbei handelt es sich um kleine Javascript-Codes, die nach folgendem Muster aufgebaut sind:

- Kategorie: *button*
- Aktion: *click*
- Label: *nav buttons*
- Wert: *4*

Ein Implementierungsbeispiel zur Erfassung eines Klickereignisses auf einen Navigationsbutton würde demnach so aussehen:

```
ga('send', 'event', 'button', 'click', 'nav buttons', 4);
```

Mit Hilfe eines individuellen Tracking-Konzeptes von Ereignissen auf Ihrer Webseite legen Sie fest, welche dieser vier Messwerte für welche Art von Webseiteninteraktion festgelegt werden. Die Implementierung kann direkt im Quellcode oder alternativ über den Google Tag Manager erfolgen. Details zur Einrichtung von Ereignissen finden Sie in diesem umfangreichen Hilfe-Artikel: *https://developers.google.com/analytics/devguides/collection/analyticsjs/events#implementation*.

Beim Einrichten eines Zielvorhabens vom Typ Ereignis können Sie dann eine oder mehrere Bedingungen auswählen, welche für die Ereignis-Messwerte zutreffen müssen, um es auszulösen. In Abbildung 11.24 sehen Sie ein zur obenstehenden Erklärung passendes Beispiel für die Einrichtung eines Ereignis-Zielvorhabens.

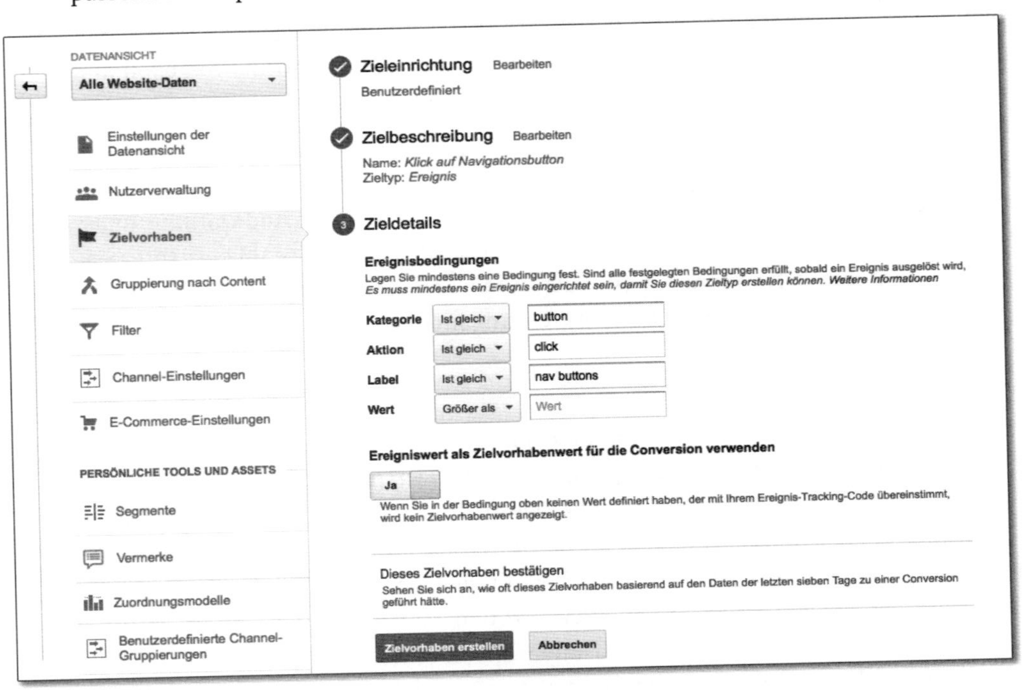

Abbildung 11.24 Einrichtung eines Ereignis-Zieles mit Bedingungen

Nun, da Sie alle verfügbaren Zielvorhaben-Typen in Analytics kennengelernt haben und diese auch einrichten können, möchten wir noch auf ein weiteres wichtiges Feature zur Erfolgsmessung und -optimierung eingehen, das in einem anderen Bereich zu konfigurieren ist.

11.5.2 E-Commerce-Tracking

Als Betreiber eines Online-Shops möchten Sie bestimmt nicht nur analysieren, *dass* jemand bei Ihnen eingekauft hat – so etwas wäre einfach mit einem Seitenziel für die Bestätigungsseite des Einkaufsprozesses möglich – sondern auch *welche* Produkte und *wieviel* Umsatz bei einer Online-Transaktion entstanden sind. Dafür bietet Analytics ein eigenes E-Commerce-Tracking-Modul an, dessen Funktion Sie auf Datenansichtsebene in der Analytics-Verwaltung einmalig aktivieren müssen. Darüber hinaus müssen Sie den Code Ihres Shop-Systems adaptieren, wofür Google Ihnen einen ausführlichen Leitfaden bereitstellt: *https://developers.google.com/analytics/devguides/collection/analyticsjs/ecommerce*. Einmal eingerichtet, füllt sich der E-Commerce-Bericht im Menüpunkt Conversions mit wertvollen Daten zu Transaktionen, Produkten und Umsätzen. Mit deren Hilfe können Sie in weiterer Folge jeweils den Beitrag einzelner Verweisquellen und Marketingkampagnen – inklusive AdWords – zum Gesamterfolg Ihres Online-Shops auswerten und optimieren.

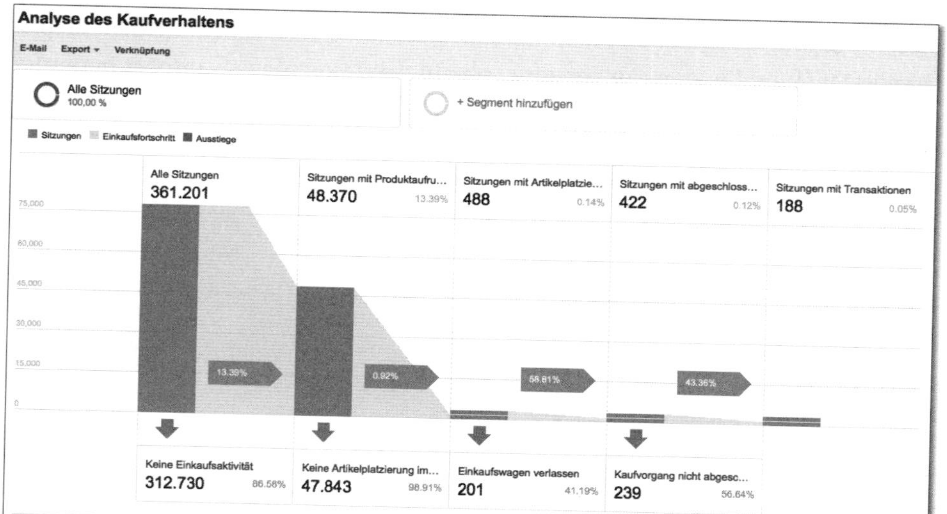

Gerätekategorie	Alle Sitzungen	Sitzungen mit Produktaufrufen	%	Sitzungen mit Artikelplatzierung im Einkaufswagen	%	Sitzungen mit abgeschlossenem Kaufvorgang	%	Sitzungen mit Transaktionen	%
1 desktop	260,322	34,278	13.17 %	373	0.14 %	329	0.13 %	144	0.06 %
2 tablet	59,699	10,082	16.89 %	87	0.15 %	68	0.11 %	33	0.06 %
3 mobile	41,223	4,012	9.73 %	28	0.07 %	25	0.06 %	11	0.03 %

Zeilen anzeigen: 10 Gehe zu: 1 1 - 3 von 3

Abbildung 11.25 Erweiterte E-Commerce-Berichte in Google Analytics

Tipp: Zur besseren Analyse von Online-Shops hat Google im Mai 2014 die so genannten erweiterten E-Commerce-Berichte vorgestellt: *http://analytics.blogspot.de/2014/05/better-data-better-decisions-enhanced.html*. Damit ist es möglich, noch mehr aufschlussreiche Daten zur Auswertung des Kaufverhaltens der Shop-Besucher zu gewinnen (siehe Abbildung 11.25). Beispielsweise können damit in den E-Commerce-Berichten auch Warenkorb-Abbrecher analysiert oder die Effizienz von Gutscheinen bewertet bzw. Retouren berücksichtigt werden. Wir können Ihnen als Betreiber eines Online-Shops nur nahelegen, diese erweiterte Analysefunktion zu nutzen. Details zur Einrichtung finden Sie in der Analytics-Hilfe unter der folgenden URL: *https://support.google.com/analytics/answer/6014841?hl=de*.

11.5.3 Analytics-Zielvorhaben in AdWords importieren

Die zuvor vorgestellten Analytics-Zielvorhaben lassen sich wie die E-Commerce-Transaktionen als Conversions in die AdWords-Berichte importieren. Wechseln Sie dazu im AdWords-Interface unter TOOLS zu den CONVERSIONS und wählen Sie – statt eine neue Conversion zu erstellen – die Option AUS GOOGLE ANALYTICS IMPORTIEREN. Beachten Sie dabei bitte, dass sowohl die Kontoverknüpfung als auch die Zielvorhabenmessung in Analytics bereits für mehrere Tage aktiv und das zu importierende Zielvorhaben mindestens einmal erreicht worden sein muss, um diesen Vorgang abschließen zu können. In Abbildung 11.26 sehen Sie die entsprechende Meldung bei den Conversions, sobald AdWords für den Import bereit ist. Wenn Sie diese auch in Ihrem Konto dargestellt bekommen, können Sie alle Ziele – von Seiten über Ereignisse bis hin zu E-Commerce-Transaktionen – bequem und ohne die Erstellung von AdWords-Tracking-Pixeln als AdWords-Conversion einrichten.

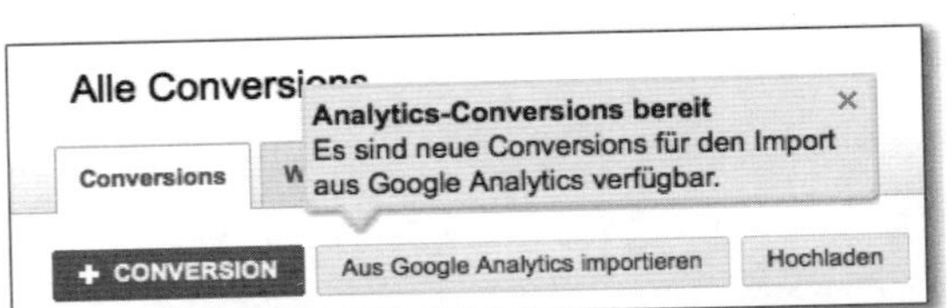

Abbildung 11.26 Funktion zum Import von Analytics-Conversions

Abschließend möchten wir Sie darauf hinweisen, dass dieser praktische Import auch einen kleinen Nachteil hat: Im Vergleich zu den mit Zählpixeln gemessenen AdWords-Conversions gibt es bei der Darstellung der importierten Analytics-Conversion-Daten in den Berichten eine Verzögerung von bis zu zwei Tagen. Berücksichtigen Sie diese – in der Praxis oft leider etwas lästige – Tatsache bitte im Zuge Ihrer Auswertungen und Analysen.

Tipp – Importieren Sie nicht alle Analytics-Ziel-Conversions in AdWords

Zur schnellen Analyse im Konto ist es nicht immer hilfreich, wenn Leistungsdaten wie Conversion-Raten oder Kosten/Conversions jede noch so kleine Makro-Conversion wie Webseitenklicks, Downloads oder Video-Ansichten beinhalten.

Nachdem wir Ihnen nun umfassend einige grundlegende Informationen zu den Analytics-Berichten sowie viele einmalig erforderliche Konfigurationsschritte beschrieben haben, kommen wir im nächsten Abschnitt zum Kern dieses Kapitels: den AdWords-Berichten. Die umfangreichen Erklärungen und Einrichtungsmaßnahmen zu Ihrem Analytics-Konto sehen wir vorab jedoch als unbedingt erforderlich. Nur so können Sie an dieser Stelle sicher sein, dass Sie beim folgenden näheren Blick in Ihre AdWords-Kampagnen auch alle wichtigen Kennzahlen »griffbereit« haben, die Ziel-Conversions und E-Commerce-Transaktionen betreffen.

Bitte berücksichtigen Sie dabei, dass Google permanent daran arbeitet, sowohl Aufbau als auch Inhalte der AdWords-Berichte im Analytics-Interface zu optimieren. Es kann daher vorkommen, dass Sie einen oder mehrere der nun beschriebenen Berichte an anderer Stelle, mit anderer Bezeichnung oder gar nicht mehr vorfinden – genauso wie Sie eventuell auf neue Möglichkeiten stoßen, die wir an dieser Stelle nicht beschrieben haben. Erfahrungsgemäß bleiben trotz dieser oft sehr kurzfristigen Interface-Optimierungen die wesentlichen Berichte unverändert, sodass Ihnen die folgenden Seiten jedenfalls dabei helfen werden, Ihre AdWords-Kampagnen mit Hilfe von Analytics besser zu verstehen.

11.6 AdWords-Berichte: Alles im Überblick

In den folgenden Berichten finden Sie nun umfassende Möglichkeiten vor, um Ihre AdWords-Kampagnen mit Hilfe von Google Analytics auszuwerten und zu optimieren. Kennzahlen und Messwerte stehen dabei sowohl für Such- als auch Display-, Video- und Shopping-Kampagnen zur Verfügung. Sie finden die Berichte unter dem Menüpunkt AKQUISITION in einem eigenen Untermenü ADWORDS, das sich wiederum aufklappen lässt, um alle hier beschriebenen Detailberichte zu erreichen.

Der ebenfalls unter diesem Menüpunkt vorhandene KAMPAGNEN-BERICHT würde zusätzlich zu Ihren AdWords-Kampagnen auch sämtliche anderen manuell gekennzeichneten Kampagnen – das Prozedere haben wir weiter oben im Kapitel beschrieben – beinhalten. Während Sie dort also einen direkten Vergleich beispielsweise zwischen AdWords-, Newsletter- und Banner-Traffic anstellen können, liefern die hier erklärten Berichte ausschließlich AdWords-Details. Blicken wir nun gemeinsam auf die einzelnen Untermenüpunkte, die Ihnen Analytics bei den AdWords-Berichten anbietet.

11.6.1 Konten

Dieser Punkt wird neuerdings allen AdWords-Kunden dargestellt, die mehrere ihrer Konten mit Analytics verknüpft haben. Unabhängig davon, ob sich diese in einem Verwaltungskonto (MCC) befinden oder über mehrere unterschiedliche Benutzerkonten hinzugefügt wurden, erhalten Sie in diesem Bericht einen Überblick zu den Leistungskennzahlen aller verknüpften AdWords-Konten, die im ausgewählten Zeitraum Klicks und Sitzungen generiert haben. Starten Sie hier, um die unterschiedlichen Konten (z.B. eines für Such- und eines für Displaykampagnen) miteinander zu vergleichen und, davon ausgehend, in die Kampagnendetails einzusteigen.

Wichtig: Wenn Sie nur ein einziges AdWords-Konto mit Analytics verknüpft haben, wird dieser Menüpunkt nicht angezeigt und Sie starten Ihre Auswertung direkt mit den gleich beschriebenen Kampagnenberichten.

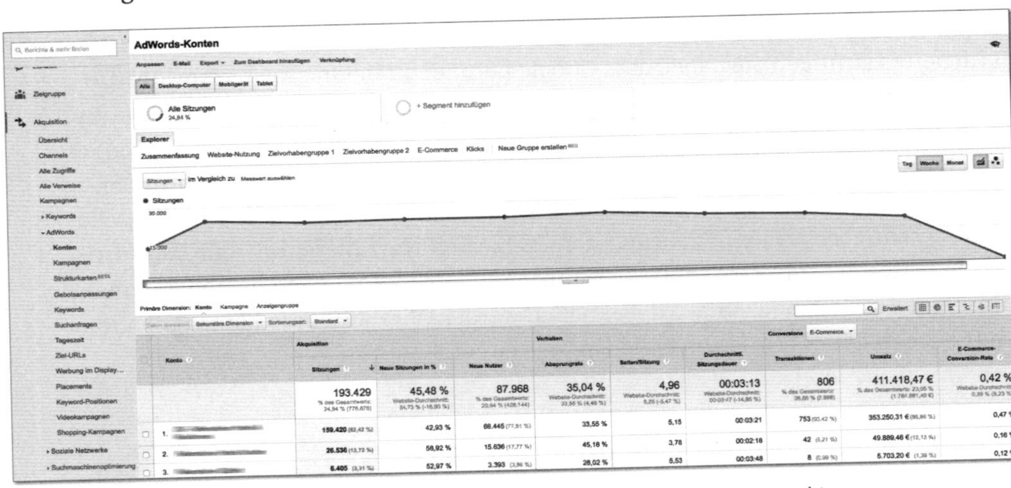

Abbildung 11.27 Die Konten-Berichte als übersichtlicher Ausgangspunkt

11.6.2 Kampagnen

Die folgenden Berichte ermöglichen Ihnen eine Auswertung auf Kampagnenbasis (siehe Abbildung 11.28). Starten Sie hier mit Ihren Analysen, um einen schnellen Überblick und Vergleich der jeweiligen Kampagnenleistung hinsichtlich der wichtigsten Kennzahlen zu erhalten. Berücksichtigen Sie die Möglichkeit, im Explorer über der grafischen Darstellung des Traffic-Verlaufs nicht nur die ZUSAMMENFASSUNG auszuwerten, sondern auch die weiteren Detailberichte zur WEBSITE-NUTZUNG (inklusive Sitzungsdauer und Absprungraten), zu ZIELVORHABENGRUPPEN, E-COMMERCE und KLICKS aufzurufen. Darüber hinaus können Sie in vielen AdWords-Berichten mit ebenfalls über dem Explorer platzierten Menüpunkten jederzeit den Traffic nach unterschiedlichen Internet-Devices auswerten und bequem zwischen ALLEN GERÄTEN, DESKTOP-COMPUTERN, MOBILGERÄTEN (Smartphones) und TA-

BLETS umschalten. Eine Funktion, um wertvolle Einblicke in Ihre erweiterten AdWords-Kampagnen zu erhalten und diese geräteabhängig optimal auszusteuern.

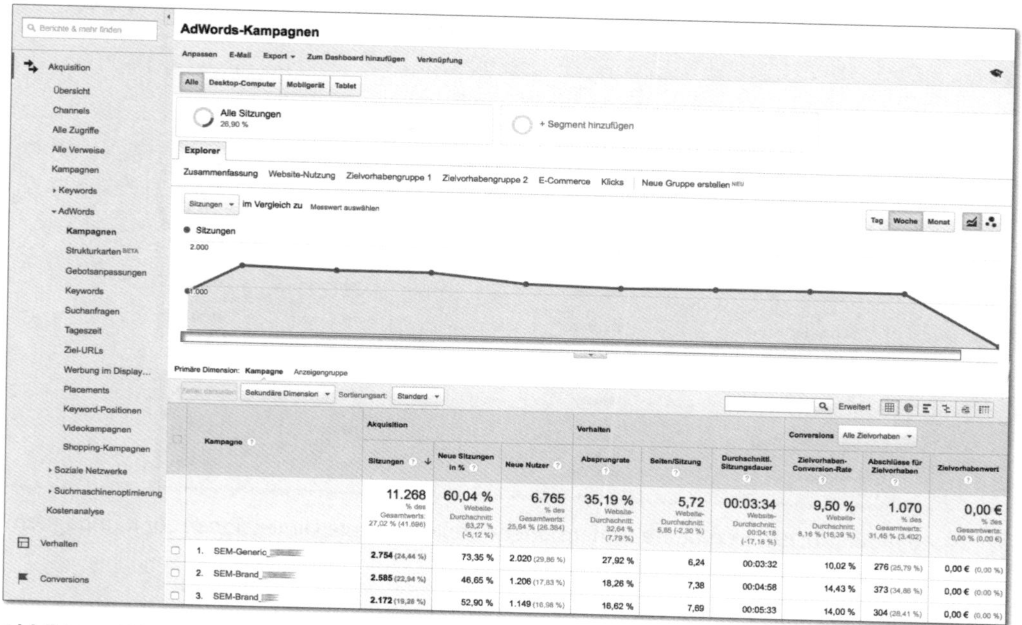

Abbildung 11.28 Kampagnenberichte als Einstieg in die Detailanalyse Ihrer AdWords-Aktivitäten

Dabei können Sie sich in allen Detailberichten schrittweise in die Tiefe einzelner Kampagnen klicken und so auch die folgenden Ebenen analysieren und optimieren:

- **Kampagne**: Wie verhalten sich die Kampagnen untereinander? Welche liefern den meisten, welche den günstigsten Traffic? Welche Kampagne sorgt für Zielabschlüsse?
- **Anzeigengruppe**: Wie ist die Performance der einzelnen Anzeigengruppen in einer Kampagne? Wie ausgewogen ist der Traffic? Welche Anzeigengruppen müssen optimiert werden?
- **Keyword**: Wie performen die einzelnen eingebuchten Keywords hinsichtlich CPCs, Klick- und Conversion-Raten? Welche Keywords müssen deaktiviert oder eventuell in andere bzw. neue Anzeigengruppen eingeordnet werden?
- **Anzeigeninhalt** (erste Zeile des Anzeigentextes bzw. Name der Bildanzeige): Wie ist die Leistung der eingebuchten Anzeigen? Wie lassen sich mit Hilfe dieser Berichte Anzeigentexte und Bildanzeigen optimieren?

Dieser Kampagnenbericht bietet gleich sehr umfangreiche und tiefgehende Analysemöglichkeiten. Wir möchten Ihnen an dieser Stelle auch die SEKUNDÄREN DIMENSIONEN kurz näher beschreiben, die nicht nur hier, sondern in den meisten Analytics-

Berichten zur Verfügung stehen. Sie werden überrascht sein, wie viele Details sich Ihnen damit innerhalb weniger Klicks eröffnen.

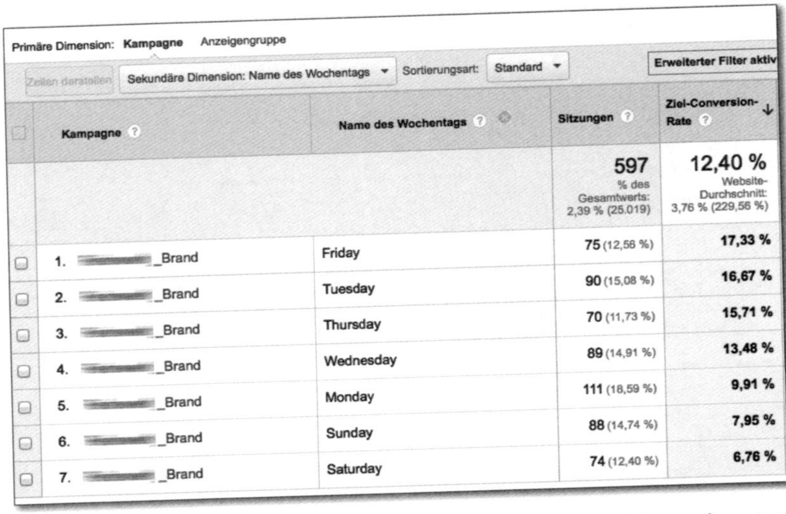

	Kampagne	Name des Wochentags	Sitzungen	Ziel-Conversion-Rate
			597 % des Gesamtwerts: 2,39 % (25.019)	12,40 % Website-Durchschnitt: 3,76 % (229,56 %)
1.	[redacted]_Brand	Friday	75 (12,56 %)	17,33 %
2.	[redacted]_Brand	Tuesday	90 (15,08 %)	16,67 %
3.	[redacted]_Brand	Thursday	70 (11,73 %)	15,71 %
4.	[redacted]_Brand	Wednesday	89 (14,91 %)	13,48 %
5.	[redacted]_Brand	Monday	111 (18,59 %)	9,91 %
6.	[redacted]_Brand	Sunday	88 (14,74 %)	7,95 %
7.	[redacted]_Brand	Saturday	74 (12,40 %)	6,76 %

Abbildung 11.29 »Sekundäre Dimensionen« stellen weitere Dimensionen zur Kampagnenanalyse übersichtlich dar

In Abbildung 11.29 haben wir beispielsweise als sekundäre Dimension *Name des Wochentags* ausgewählt, um die Performance der ausgewählten Brand-Kampagne nach Wochentagen auszuwerten. Sie erkennen rasch, dass es große Abweichungen in der Ziel-Conversion-Rate gibt, und wir diese Kampagne wohl eher mit dem Schwerpunkt von Dienstag bis Freitag schalten und uns gleichzeitig ein paar Optimierungsschritte für das Wochenende und den Montag einfallen lassen müssen. Experimentieren Sie mit dieser Möglichkeit, gleich mehrere Dimensionen auf einen Blick darzustellen – Sie werden bestimmt auch bei Ihren Kampagnen gleichermaßen überraschende wie wichtige Erkenntnisse und Einblicke erhalten.

11.6.3 Strukturkarten

Der Ende 2014 als Beta-Version eingeführte Strukturkarten-Bericht liefert eine interaktive Datenansicht Ihrer AdWords-Daten zur visuellen Prüfung und Optimierung der Kampagnen. Dabei werden die Informationen in Form von Rechtecken dargestellt, deren Größe und Farbe auf die Performance der ausgewählten Messwerte schließen lässt:

- Primärer Messwert: Größe des Feldes
- Sekundärer Messwert: Farbliche Abstufung

In Abbildung 11.30 können wir beispielsweise erkennen, dass sowohl Brand- als auch generische Suchkampagnen (links) einen hohen Anteil an Sitzungen mit vergleichsweise hohen Conversion-Raten generieren. Kampagnen aus dem Google Displaynetzwerk finden sich in den kleineren rot markierten Rechtecken wieder und sorgen nicht nur für weniger Sitzungen, sondern weisen auch geringere Conversion-Raten auf. Im vorliegenden Fall würde dieses Verhalten grundsätzlich der gewählten Kampagnenstrategie entsprechen – wissentlich, dass Displaykampagnen eine vorbereitende Aufgabe erfüllen würden und somit nicht ausschließlich über ihre Conversion-Performance im Vergleich zu den Suchkampagnen bewertet werden können. Lediglich für die im mittleren unteren Bereich dargestellte, hellrot hinterlegte Suchkampagne ist auf den ersten Blick Optimierungspotenzial erkennbar, da die Conversion-Rate bei einem verhältnismäßig hohen Traffic-Anteil deutlich von den anderen Kampagnen im Suchnetzwerk abweicht.

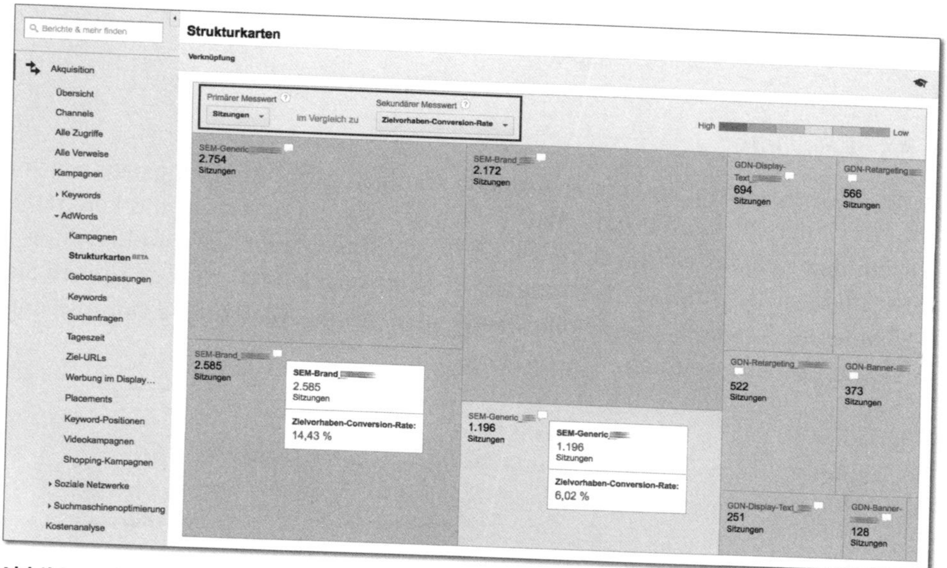

Abbildung 11.30 Visuelle Überprüfung der AdWords-Leistungsdaten mit Hilfe der Strukturkarten-Berichte

Unter Tipp: Experimentieren Sie mit diesen neuen Berichten und finden Sie so den bestmöglichen individuellen Nutzen für Ihre Einsatzzwecke heraus. Details zu den Strukturkarten können Sie in der nützlichen AdWords-Hilfe nachlesen: *https://support.google.com/analytics/answer/6101804?hl=de#6101804*. Eine Verknüpfung von AdWords-Konto und Analytics-Property ist für die Verfügbarkeit dieses Berichtes unbedingt erforderlich.

11.6.4 Gebotsanpassungen

Mit der Einführung von erweiterten Kampagnen, mit denen Sie in AdWords die Aussteuerung von Geboten nach Geräten, Standorten sowie Tageszeiten zentral in einer einzelnen Kampagne umsetzen können, wurde dieser Bericht zu den GEBOTSANPASSUNGEN ebenfalls in Analytics etabliert. Nutzen Sie ihn, um folgendes Optimierungspotenzial herauszufinden:

- **Geräte**: Wie wirken sich Ihre Gebotsanpassungen für Computer und Tablets bzw. Smartphones aus? Wie unterscheiden sich Traffic-Volumen, Klickpreise und Conversion-Raten?
- **Standorte**: Woher kommen Ihre wertvollsten bzw. günstigsten AdWords-Besucher? Müssen Sie die standortabhängigen Gebote verändern oder lassen sich diese noch granularer (beispielsweise statt nach Ländern auch nach Regionen und Städten) unterteilen?
- **Werbezeitplaner**: Wie funktioniert Ihre Strategie der dynamischen Gebotsanpassung auf Wochentags- und Tageszeitenebene?

11.6.5 Keywords

In den AdWords-Reports werden bei einer direkten Kontoverknüpfung nach wie vor alle relevanten Keyword-Daten inklusive Übereinstimmungstypen und konkreten Suchanfragen dargestellt. Im Unterschied zu den organischen Keyword-Berichten – Sie erinnern sich an die bereits beschriebene (Not-provided-)Thematik – können Sie hier somit auch weiterhin wertvolle Erkenntnisse für die Analyse und Optimierung Ihrer Kampagnen gewinnen.

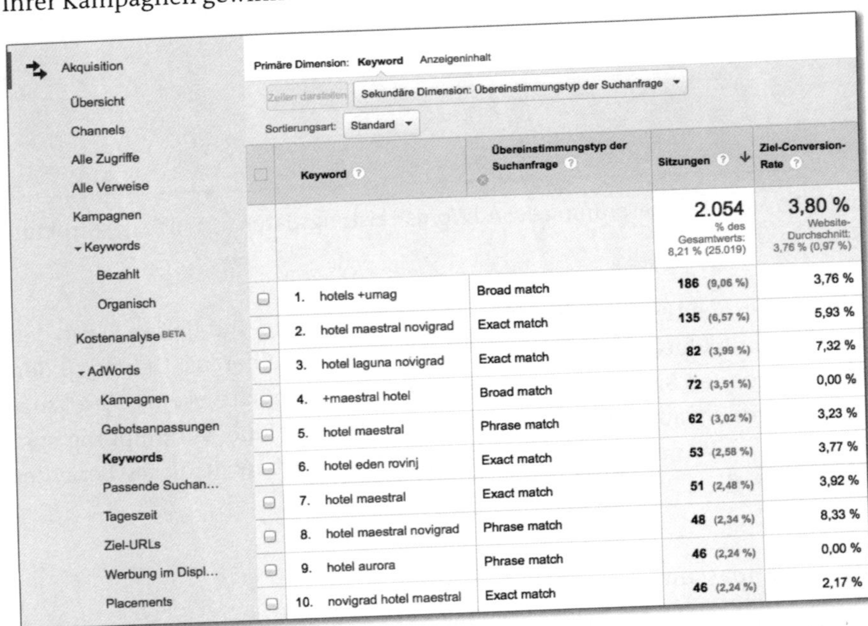

Abbildung 11.31 Auswertung der Leistung nach Übereinstimmungstypen via Keyword-Berichte

Wir empfehlen Ihnen auch an dieser Stelle die Nutzung von Filtern und sekundären Dimensionen, damit Sie Ihre eingebuchten Keywords im Detail – beispielsweise nach Keyword-Übereinstimmungstyp – analysieren können. In Abbildung 11.31 können wir unter anderem schnell den Unterschied in der Conversion-Leistung zwischen genau passenden und weitgehenden Keywords erkennen. Verwenden Sie diese Berichte zum Beispiel dafür, sehr gute, genau passende Keywords in Ihrer Gebotsstrategie zu stärken und einige weitgehende Keywords zu optimieren.

11.6.6 Suchanfragen

Während Sie im vorherigen Bericht die von Ihnen aktiv eingebuchten Keywords unter die Lupe nehmen konnten, gibt Ihnen Analytics beim Bericht SUCHANFRAGEN Einblicke in die tatsächlich von den Nutzern eingegebenen Suchanfragen, die in weiterer Folge zu einer Anzeigenschaltung geführt und einen Besuch auf Ihrer Webseite initiiert haben. Wir empfehlen Ihnen, diesen Bericht dafür zu nutzen, um sowohl Ideen für neue, genau passende als auch Informationen über auszuschließende negative Keywords zu gewinnen. Dazu sortieren Sie die Berichte am besten nicht absteigend, sondern aufsteigend nach Sitzungen und blenden als sekundäre Dimension das von Ihnen eingebuchte AdWords-Keyword ein. So finden Sie schnell heraus, welche konkreten Suchanfragen mit den als *Weitgehend* und *Wortgruppe* eingebuchten Keywords tatsächlich abgeholt werden und welche Optimierungsschritte Sie anschließend umsetzen können.

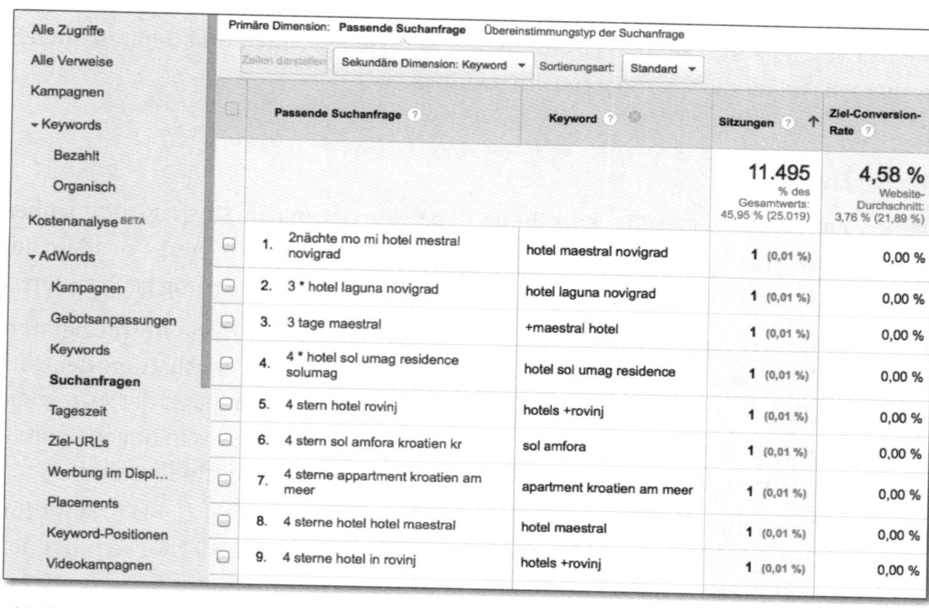

Abbildung 11.32 Suchanfragen mit wertvollen Erkenntnissen über neues Keyword-Potenzial

Filtern Sie die Berichte beispielsweise nach Sitzungen ohne Ziel-Conversions, um überwiegend auf neue auszuschließende Keywords zu stoßen. Sortieren Sie die Berichte absteigend nach der Ziel-Conversion-Rate, um viele einzelne Suchbegriffe zu entdecken, die mit hundertprozentigen Conversion-Raten bereits mit einer einzigen Nutzer-Sitzung für den erfolgreichen Abschluss einer Formularanfrage oder eines Online-Kaufs verantwortlich sind.

11.6.7 Tageszeit

Die Tageszeit-Berichte zeigen Ihnen nicht nur an, zu welcher Stunde des Tages Sie den meisten Traffic mit Ihren Kampagnen erzielen, sondern geben Ihnen auch Einblick über die Conversion-Leistungen einzelner Tagesabschnitte oder Wochentage. Werten Sie tabellarisch oder grafisch Ihre Kampagnenleistung im Tages- oder Wochenverlauf aus, um wertvolle Erkenntnisse über die zeitlich abhängige Quantität und Qualität Ihrer Besucher zu erhalten. Wenn Sie Produkte und Dienstleistungen für Unternehmen bewerben, stellen Sie sicher, dass die Kampagnenleistung während Ihrer Bürozeiten Ihrer Zielsetzung entspricht. Bei einer überwiegend auf private Zielgruppen ausgerichteten Werbestrategie dürfen Sie auch Pausen- und Pendlerzeiten (beispielsweise für Recherchen unterwegs am Mobilgerät) nicht vernachlässigen. Ebenso empfehlen wir Ihnen, die Tagesbudgets so zu verteilen, dass Ihre Kampagnen auch am Abend und am Wochenende – wenn viele Privatpersonen beispielsweise am Tablet ihre Recherchen durchführen – unbedingt aktiv sind. Welche Wochentage oder Tageszeiten schließlich am wertvollsten für Sie sind, finden Sie mit Hilfe dieser Berichte rasch heraus. Für den Zusammenhang zwischen Zeiten und Geräten nutzen sie einfach wieder die sekundären Dimensionen.

11.6.8 Ziel-URLs

Der Bericht zu den ZIEL-URLS hilft Ihnen dabei, die optimalen Einstiegsseiten, über die neue AdWords-Nutzer auf Ihre Webseite gelangen, zu identifizieren. Vor allem die folgenden Kennzahlen sollten Sie hier bei der Kampagnenoptimierung beobachten:

- **Absprungrate**: Welche Ziel-URL sorgt für viele Absprünge? Hohe Absprungraten sind oft ein Hinweis darauf, dass die Zielseite nicht der Erwartungshaltung der Nutzer nach einem Klick auf Ihre Anzeige entspricht. Womöglich passt der Anzeigentext nicht zu den Inhalten auf der Zielseite, indem beispielsweise ein Angebotspreis nicht mehr gültig oder ein beworbenes Produkt nicht mehr auffindbar sind.
- **Seiten/Sitzung und durchschnittliche Sitzungsdauer**: Welche Ziel-URL sorgt für eine lange Interaktion der Besucher mit Ihrer Webseite? Beispielsweise muss der Wert einer Brand-Kampagne nicht immer in direkten Conversions bemessen werden, auch die Auseinandersetzung mit Marke, Dienstleistungen und Produkten kann in diesem Fall bereits als Erfolg zählen.

- **Ziel-Conversion-Rate**: Über welche Einstiegsseite werden die meisten Ziel-Conversions erzielt? Nutzen Sie diese Kennzahl, beispielsweise um zu überprüfen, ob sich bei Online-Shops der direkte Link auf Produkte und Angebote oder ein Einstieg auf Übersichtsseiten und Auflistungen fördernd auf unmittelbar erzielte Transaktionen und Umsätze auswirken.

11.6.9 Werbung im Displaynetzwerk

Mit diesem Bericht wechseln Sie von den überwiegend auf Suchkampagnen ausgerichteten Auswertungen auf solche, die Ihnen Einblicke in Ihre WERBUNG IM DISPLAYNETZWERK geben. Wie Sie bereits in diesem Buch gelernt haben, unterscheiden sich Displaykampagnen grundlegend von jenen für die Suche, weshalb Google auch separate Berichte zu deren Auswertung in Analytics bereitstellt. Nutzen Sie diese Display-Berichte für die Bewertung der Kampagnenleistung nach folgenden Gesichtspunkten:

- **Keywords für Displaynetzwerk**: Welche Keywords sorgen für eine häufige Anzeigenschaltung (Impressionen), welche liefern Traffic mit welcher Leistung (Klicks, CPCs, Ziel-Conversions)?
- **Placements**: Auf welchen Plattformen, Portalen und Blogs im Displaynetzwerk erscheinen Ihre Anzeigen und welche davon sind am erfolgreichsten? Welche Placements können mit Hilfe dieses Berichtes ausgeschlossen werden? Werten Sie sowohl automatische als auch manuell gewählte Placements aus, um Optimierungspotenzial zu erkennen.
- **Themen bzw. Interessen und Remarketing**: Bei der Verwendung dieser Ausrichtungsmethoden gewinnen Sie an dieser Stelle ebenfalls detaillierte Einblicke, mit denen Sie beispielsweise über das aktive Einbuchen oder Ausschließen einzelner Zielgruppen entscheiden können.
- **Alter bzw. Geschlecht**: Haben Sie die Display-Features in Analytics aktiviert, erhalten Sie auch hier zusätzliche Einblicke in weitere demografische Eigenschaften Ihrer Zielgruppe. Nutzen Sie diese unmittelbar dafür, um die alters- und geschlechtsspezifischen Ausrichtungseinstellungen Ihrer Displaykampagnen im AdWords-Interface zu optimieren.

11.6.10 Placements

Die Placements-Berichte erreichen Sie auch aus dem zuvor beschriebenen Display-Bericht, sobald Sie dort auf einen der Placement-Typen klicken. Dieser Bericht hilft Ihnen nicht nur bei einer Detailanalyse der automatischen oder manuell eingebuchten Placements nach Typ, Domain und URL, sondern auch dann, wenn Sie für sich oder Ihre Kunden Anzeigenbeispiele Ihrer Displaykampagnen finden möchten. Durch das Überprüfen der hier gelisteten Placement-URLs, über die Sie Kampagnen-

Traffic generieren, können Sie sich einfach auf die Suche machen, ob Ihre Text- oder Bildanzeigen auch im gewünschten kontextuellen Umfeld erscheinen. Bitte berücksichtigen Sie dabei die geografische Ausrichtung ihrer Displaykampagnen: Um Display-Anzeigen anhand der Placement-Berichte selbst überprüfen zu können, muss Ihr Standort in den Kampagneneinstellungen berücksichtigt sein. Sie werden also beispielsweise keine Display-Anzeigen auf österreichischen Placements wiederfinden können, wenn Ihre Kampagne nur auf Nutzer in Österreich ausgerichtet ist und Sie sich zum Zeitpunkt Ihrer Überprüfung in Deutschland befinden.

11.6.11 Keyword-Positionen

Der Bericht zu den KEYWORD-POSITIONEN bezieht sich wiederum ausschließlich auf Suchkampagnen. Hier finden Sie eine aus unserer Sicht sehr wichtige, visuell gut aufbereitete Möglichkeit, die Keyword-Leistung hinsichtlich ihrer jeweiligen Positionen auf der Suchergebnisseite zu bewerten. In Abbildung 11.33 möchten wir Ihnen ein Beispiel zeigen, mit dem Sie die Ziel-Conversion-Rate einzelner Keywords einfach analysieren können. Es unterstreicht die von mir bei mehreren Kunden beobachtete Tatsache, dass eine Top-Platzierung der Anzeige nicht immer auch eine Top-Performance bedeuten muss.

Mit der Erkenntnis, dass Ihre Anzeigen beispielsweise auf den Plätzen 3 bis 4 die beste Leistung erzielen, können Sie langfristig die Ausrichtung Ihres Budgets so optimieren, dass nicht immer ein (sehr oft teurerer aber schlechter konvertierender) erster Platz zählen muss, um eine Kampagne als erfolgreich zu bewerten. Diese Berichte haben mir in der Praxis schon sehr oft dabei geholfen, auf die Frage eines AdWords-Kunden »Warum finde ich nicht meine, sondern immer nur die Mitbewerber-Anzeigen auf Platz eins?« eine nicht nur schnelle, sondern stets auch stichhaltige Begründung parat zu haben.

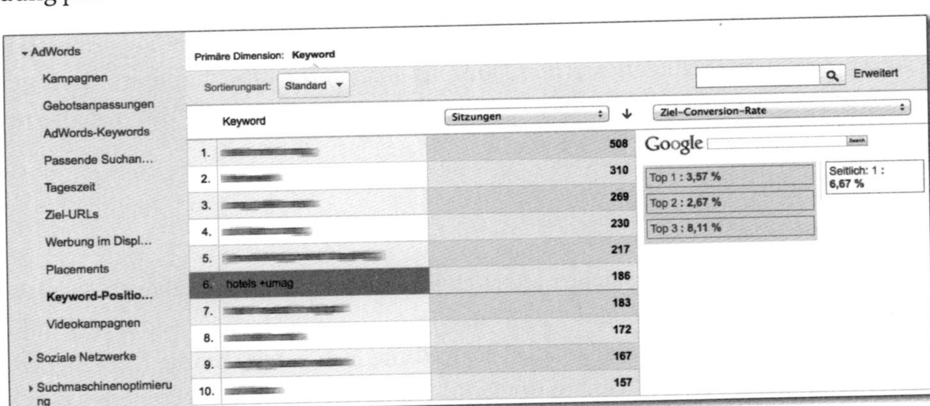

Abbildung 11.33 Werten Sie die Keyword-Positionen beispielsweise nach Ziel-Conversion-Raten aus.

11.6.12 Videokampagnen

Der vorletzte AdWords-Bericht widmet sich den VIDEOKAMPAGNEN. In Abschnitt 8.5, »Videokampagnen«, haben Sie erfahren, wie Sie Videokampagnen aufsetzen. In Analytics finden Sie auch deren Leistungsdaten wieder, um die Performance einzelner Kampagnen und Spots übersichtlich gegenüberzustellen und auch im zeitlichen Verlauf bewerten zu können. Abbildung 11.34 zeigt einen Interaktionsbericht mit vielen Informationen darüber, wie die Nutzer auf Ihre Spots reagiert haben. So finden Sie in diesen Berichten zum Beispiel nicht nur Details dazu, wie viele Videoaufrufe zu welchen Kosten generiert wurden, sondern auch, wie lange die Videos durchschnittlich abgespielt wurden. Da im vorliegenden Fall derselbe Spot in Deutschland und in Österreich gezeigt wurde, lässt sich eine nahezu identische Abspieldauer erkennen, während allein die Kosten pro Videoansicht zwischen 9 Cent in Österreich und 11 Cent in Deutschland voneinander abweichen. Dieser Kostenunterschied von immerhin gut 20 Prozent könnte somit ein Argument dafür sein, bei einem beschränkten Werbebudget diese Videokampagnen primär auf österreichische Nutzer auszurichten, um damit ein Optimum an Videoansichten zu erzielen.

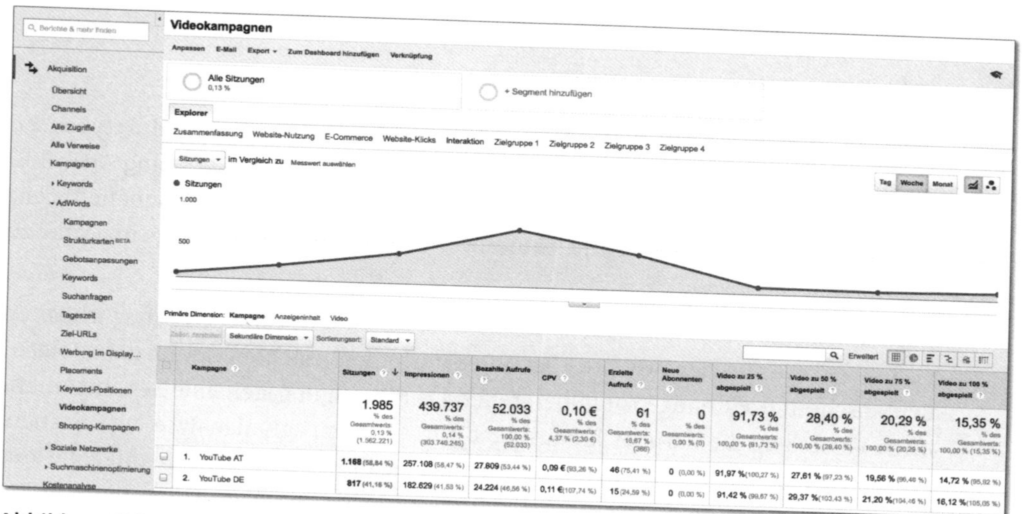

Abbildung 11.34 Auswertung von Videokampagnen mit Hilfe der Analytics-Berichte

11.6.13 Shopping-Kampagnen

Last but not least widmet sich der letzte AdWords-Bericht den SHOPPING-KAMPAGNEN. Auch dieser füllt sich nur dann mit Daten, wenn Sie solche gemäß unseren Informationen in Abschnitt 8.3, »Google PLAs – die Google-Shopping-Anzeigen«, aufgesetzt haben und diese im ausgewählten Auswertungszeitraum auch Klicks und Sitzungen generiert haben.

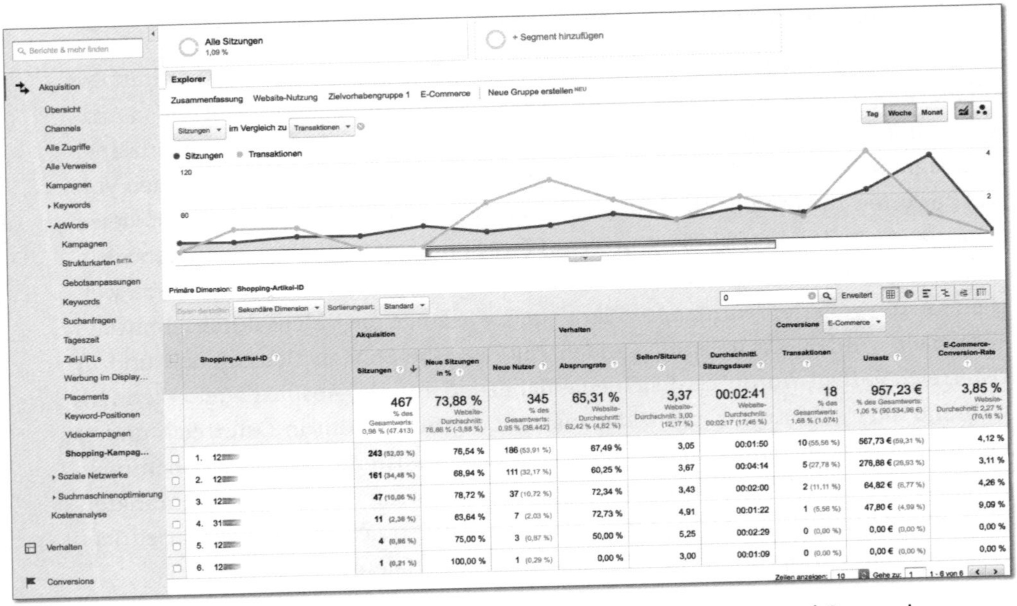

Abbildung 11.35 Bericht zu den Shopping-Kampagnen mit Umsatz- und Conversion-Performance

Neben den Analysen nach Shopping-Kategorien und Shopping-Produkttypen erweist sich in diesen Berichten vor allem die Auswertung nach Shopping-Artikel-ID (wie in Abbildung 11.35 dargestellt) als sehr hilfreich, um Ihre Kampagneneffizienz zunächst einfach und übersichtlich auszuwerten sowie in weiterer Folge im Detail zu optimieren.

Nachdem Sie nun erfahren haben, welche Analyse- und Optimierungsmöglichkeiten Sie mit den spezifischen AdWords-Berichten vorfinden, möchten wir Ihnen im folgenden Abschnitt noch einige Tool-übergreifend zur Verfügung stehende Berichtsfunktionen vorstellen, die darüber hinaus auch für die Kampagnenanalyse bereitstehen. Lernen Sie kurz die Möglichkeiten kennen, wie Sie Ihre Analyseschritte mit Hilfe von Filtern, Segmenten und benutzerdefinierten Berichten gleichermaßen hinsichtlich Zeitaufwand und Detailtiefe weiter optimieren können.

11.7 Individuelle Auswertungen

Bei den folgenden drei Funktionen handelt es sich weniger um einzelne Berichte, als vielmehr um Filter- und Segmentierungsmöglichkeiten, die Ihnen an vielen Stellen im Analytics-Interface zur Verfügung stehen.

11.7.1 Filter

In allen tabellarischen Berichten haben Sie die Möglichkeit, Informationen mit Hilfe einfacher oder erweiterter Filter einzuschränken. Verwenden Sie beispielsweise folgende Filterkriterien:

- Filtern Sie im Zugriffsbericht nach *cpc*-Traffic, um AdWords- und weitere klickbasierende Kampagnen auf einen Blick darzustellen.
- Schließen Sie im Keyword-Bericht Ihren *Markennamen* über einen Filter aus, um Informationen über generische Suchbegriffe zu erhalten.
- Filtern Sie in Content-Berichten nach bestimmten *URL-Mustern*, um Berichte zu bestimmten Zielseiten oder Seitenbereichen zu erhalten. Über die gleichzeitige Verwendung von sekundären Dimensionen finden Sie zusätzlich heraus, über welche Quellen oder Kampagnen der Traffic auf die gefilterten Zielseiten generiert werden konnte.

In Abbildung 11.36 erkennen Sie sowohl das einfache Filterfeld, das sich neben der Lupe befindet, als auch die erweiterten Filtermöglichkeiten, die sich Ihnen mit zusätzlichen Möglichkeiten zur Definition und Verknüpfung von Ein- und Ausschlusskriterien bieten.

Abbildung 11.36 Mit Hilfe von Filtern können Sie Inhalte nach bestimmten Kriterien aus Ihren Berichten ein- und ausschließen.

Für fortgeschrittene Filtermethoden können Sie so genannte reguläre Ausdrücke verwenden. Wie Sie damit arbeiten, lesen Sie bitte im folgenden ausführlichen Hilfeartikel von Analytics nach: *https://support.google.com/analytics/answer/1034324?hl=de*.

11.7.2 Segmente

Während Filter Ihre Berichte ausschließlich einschränken, helfen Ihnen Segmente dabei, bestimmte Eigenschaften Ihrer Webseiten-Besucher zu gruppieren und entweder einzeln oder im unmittelbaren Vergleich gleichzeitig in den Berichten darzustellen.

Dabei können Sie aus vorgegebenen Systemsegmenten wählen, benutzerdefinierte Segmente selbst erstellen oder auf die Solutions Gallery zurückgreifen, um wiederum von anderen Usern geteilte Segmente in Ihre Datenansicht zu importieren. In Abbildung 11.37 und Abbildung 11.38 sehen Sie einerseits, wo Sie die Auswahl und Einrichtung von Segmenten durchführen: Oberhalb des Explorers öffnet sich der umfangreiche Konfigurationsdialog, sobald Sie dort auf SEGMENT HINZUFÜGEN klicken.

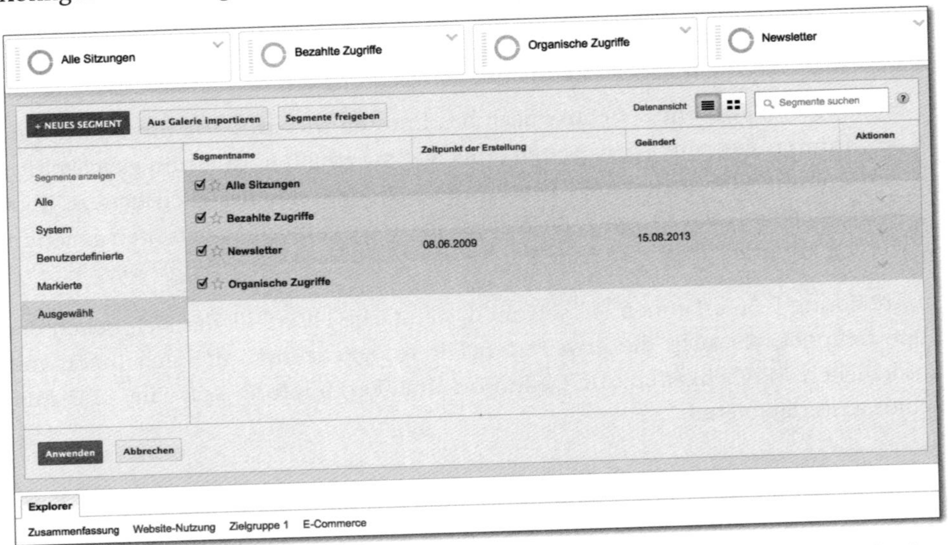

Abbildung 11.37 Segmente gruppieren die Analytics-Daten nach unterschiedlichen Kriterien.

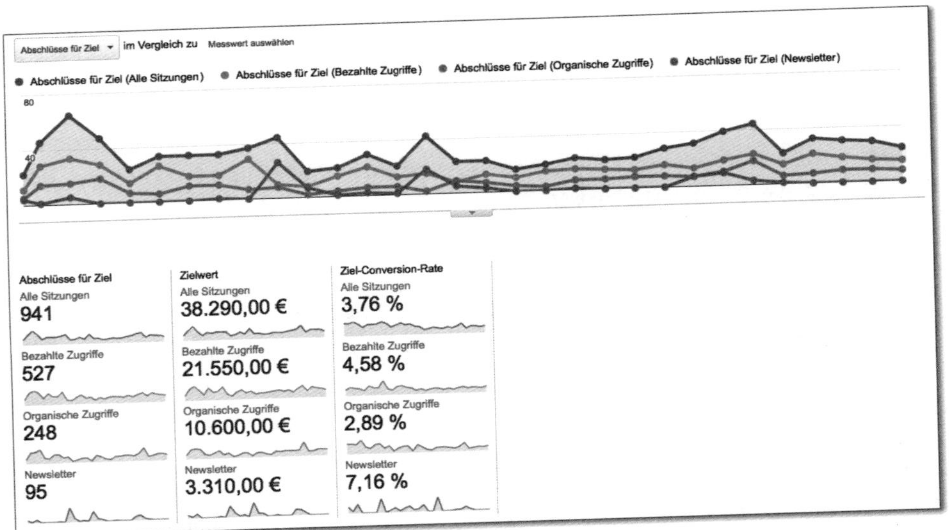

Abbildung 11.38 Gegenüberstellung von Ziel-Abschlüssen und Conversion-Raten von einzelnen Traffic-Quellen mit Hilfe von Segmenten

Andererseits zeigen wir Ihnen ein schnelles Beispiel, bei dem wir einen Mix aus vorgefertigten und individuellen Segmenten für einen übersichtlichen Performance-Vergleich nutzen. Während die beiden Segmente für bezahlte und organische Zugriffe (sie werden über *Medium=cpc* bzw. *Medium=organic* definiert) bereits automatisch vorliegen, haben wir für einen Kunden ein Newsletter-Segment individuell erstellt, in dem wir dort nur denjenigen Traffic einschließen, der eindeutig der Quelle *newsletter* und dem Medium *email* zugeordnet werden kann.

11.7.3 Benutzerdefinierte Berichte

Während wir uns bisher, bis auf den Bereich der Dashboards, nur mit vorgefertigten Berichten beschäftigt haben, bieten benutzerdefinierte Berichte eine Vielzahl an weiteren Möglichkeiten, Ihre Analytics-Daten noch individueller zu nutzen. Sie finden diese im Menüpunkt PERSONALISIEREN in der horizontalen Navigationsleiste von Analytics. Auf diese Berichte sollten Sie dann zurückgreifen oder damit experimentieren, sobald Sie *andere* – sowohl weniger als auch mehr – Daten als in den Standardberichten auswerten oder individuelle Kombinationen aus Dimensionen und Messwerten auf einen Blick darstellen möchten. Wir möchten Ihnen folgende Beispiele als Ideen für solche individuellen Berichte nennen:

- **Erfolgsberichte**: Marketingleiter und Führungskräfte möchten wöchentlich einen einfachen Bericht erhalten, der nur Sitzungen, Aufenthaltsdauer und Transaktionen nach Herkunftsländern geordnet übersichtlich darstellt.
- **Finanzberichte**: Ihre Finanzabteilung benötigt einen monatlichen Bericht zur Entwicklung von AdWords-Budgets CPCs.
- **Kampagnenberichte**: Kampagnenmanager wollen die Leistung der unterschiedlichen, in einer bestimmten Kampagne gebuchten Plattformen, Quellen und Maßnahmen rasch gegenüberstellen, indem sie Sitzungen, Absprung- und Conversion-Raten auf einen Blick vergleichen können.

Alle benutzerdefinierten Berichte können übrigens nicht nur über mehrere Analytics-Nutzer geteilt, sondern auch per E-Mail einmalig oder periodisch an individuelle Empfänger versendet werden. Wir empfehlen Ihnen, sich dieser individuellen Berichts- und automatischen Versandmöglichkeiten zu bedienen, um Ihnen und/oder Ihren Kunden wertvolle Zeit und Kosten zu sparen.

Lesen Sie bitte in der Analytics-Hilfe nach, um noch mehr über die Einrichtung und den Einsatz von benutzerdefinierten Berichten zu erfahren: *https://support.google.com/analytics/answer/1033013?hl=de*.

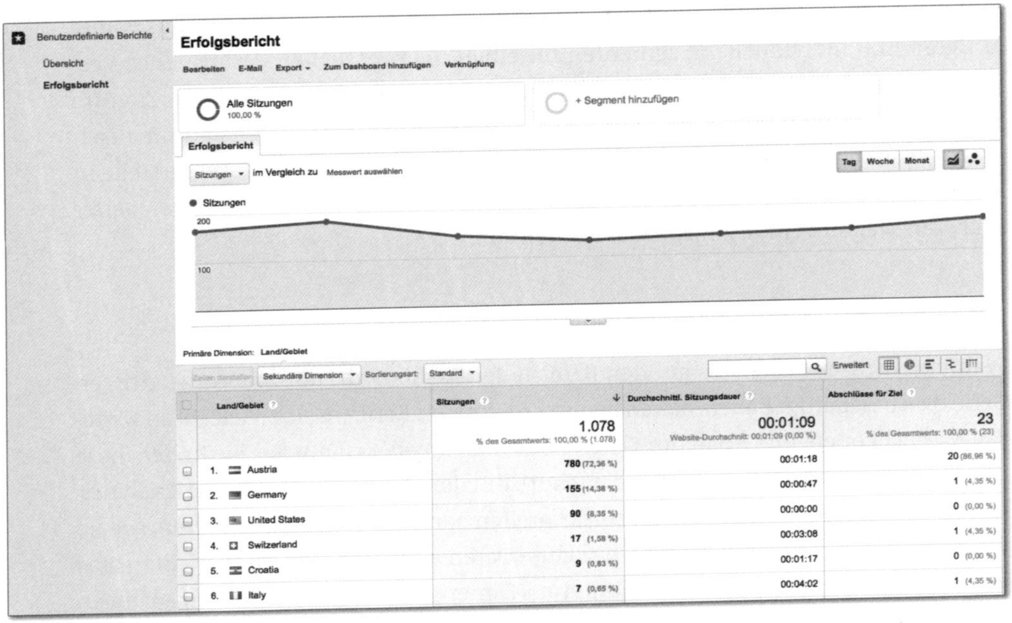

Abbildung 11.39 Beispiel für einen kompakten, benutzerdefinierten Erfolgsbericht, aufgeteilt nach Ländern

11.8 Multi-Channel-Trichter: das »große Ganze«

Einleitend in diesem Kapitel haben wir bereits erwähnt, dass Sie mit Hilfe von Analytics Ihre Auswertungen und Optimierungsschritte von der »Insel« des AdWords-Programmes lösen und somit Ihren Kampagnen-Traffic jeweils im Gesamtkontext der Performance Ihrer Webseite besser bewerten können. Dabei spielen nicht nur die in AdWords fehlenden On-Page-Leistungskennzahlen wie beispielsweise die Verweildauer oder Absprungrate eine Rolle, sondern auch die Wechselwirkung einzelner Besucherquellen untereinander. In diese Kerbe schlagen nun auch die Berichtsfunktionen innerhalb der Multi-Channel-Trichter. Dazu möchten wir Ihnen ein YouTube-Video nicht vorenthalten, das Ihnen deren Hintergrund und Funktionsweise in wenigen Minuten anschaulich erläutert: *https://www.youtube.com/watch?v=Cz4yHOKE5j8*.

Am einfachsten sind die Multi-Channel-Trichter unserer Meinung nach mit dem Beispiel aus dem Mannschaftssport beschrieben. Egal ob Basketball (wie im Video) oder Fußball (wie für uns im deutschsprachigen Raum wohl noch besser vorstellbar), eine Mannschaft kann nur dann erfolgreich sein und Körbe oder Tore erzielen, wenn es im Team sowohl Top-Scorer als auch Vorbereiter gibt. Nun sind wir an der Stelle angelangt, wo wir uns ohne Bedenken mit internationalen Top-Fußballern wie Cristiano Ronaldo oder Lionel Messi vergleichen können: Diese zählen zu den derzeit besten Fußballern der Welt, tun sich aber in ihren jeweiligen Nationalteams, deren kollektives Niveau deutlich unter ihrem individuellen Können liegt, sichtlich schwer. An den »Erfolg« solcher Teams bei der Fußball-Weltmeisterschaft 2014 in Brasilien können Sie sich bestimmt noch erinnern.

Genauso könnte es Ihnen als erfolgreichem AdWords-Manager gehen: Ihre Kampagnen können nur dann das volle Potenzial ausschöpfen, wenn sie mit anderen Quellen und Online-Marketing-Maßnahmen optimal zusammenspielen. Während die bisher betrachteten Berichte jeweils nur die direkt über eine jeweilige Kombination aus Quelle und Medium erzielten Conversions (»Treffer«) dargestellt haben, erhalten Sie in den Multi-Channel-Trichtern einen Einblick in das gemeinsame Zusammenspiel. So genannte *vorbereitete Conversions* (»Assists«) helfen Ihnen dabei, eine Maßnahme nicht nur nach ihren unmittelbaren Abschlüssen, sondern zusätzlich auch nach ihrer Vorbereitung für solche Abschlüsse auszuwerten. Wenn wir auf Abbildung 11.40 blicken, können Sie nicht nur erkennen, dass oft zwei oder drei Sitzungen aus zum Teil unterschiedlichen AdWords-Kampagnen entstehen müssen, bevor eine Conversion erzielt wird. Ebenfalls sehen Sie das Zusammenspiel der bezahlten Suche mit anderen Quellen, wie zum Beispiel der organischen Suche oder Direktzugriffen.

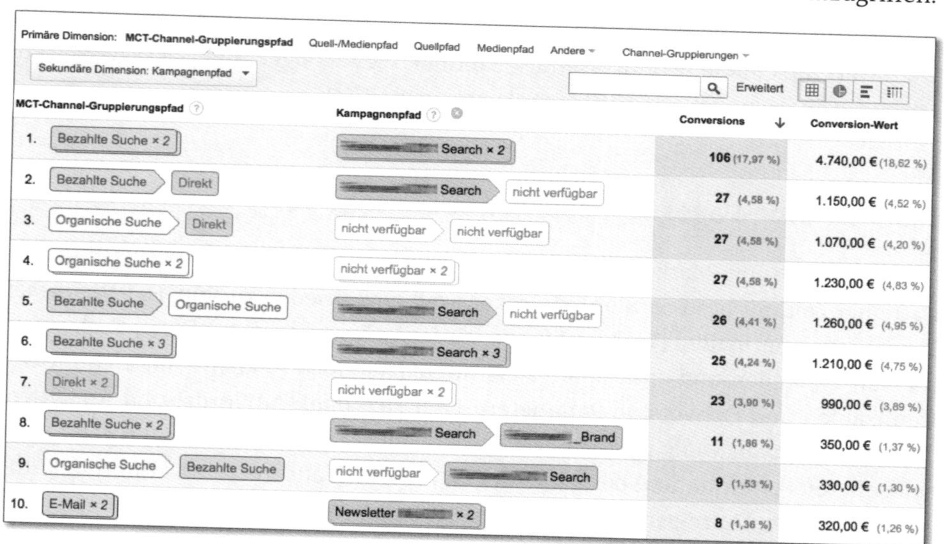

	MCT-Channel-Gruppierungspfad	Kampagnenpfad	Conversions	Conversion-Wert
1.	Bezahlte Suche × 2	[redacted] Search × 2	106 (17,97 %)	4.740,00 € (18,62 %)
2.	Bezahlte Suche > Direkt	[redacted] Search > nicht verfügbar	27 (4,58 %)	1.150,00 € (4,52 %)
3.	Organische Suche > Direkt	nicht verfügbar > nicht verfügbar	27 (4,58 %)	1.070,00 € (4,20 %)
4.	Organische Suche × 2	nicht verfügbar × 2	27 (4,58 %)	1.230,00 € (4,83 %)
5.	Bezahlte Suche > Organische Suche	[redacted] Search > nicht verfügbar	26 (4,41 %)	1.260,00 € (4,95 %)
6.	Bezahlte Suche × 3	[redacted] Search × 3	25 (4,24 %)	1.210,00 € (4,75 %)
7.	Direkt × 2	nicht verfügbar × 2	23 (3,90 %)	990,00 € (3,89 %)
8.	Bezahlte Suche × 2	[redacted] Search > [redacted]_Brand	11 (1,86 %)	350,00 € (1,37 %)
9.	Organische Suche > Bezahlte Suche	nicht verfügbar > [redacted] Search	9 (1,53 %)	330,00 € (1,30 %)
10.	E-Mail × 2	Newsletter [redacted] × 2	8 (1,36 %)	320,00 € (1,26 %)

Abbildung 11.40 Die Analysen der Multi-Channel-Trichter zeigen, dass Besucher oft mehr als einen Kontaktpunkt nutzen, bevor sie ein Conversion-Ziel erreichen.

Unser Tipp: Nutzen Sie den Bericht VORBEREITETE CONVERSIONS nicht nur zur Analyse der einzelnen Traffic-Kanäle, sondern tauchen Sie damit auch näher in Ihre über AdWords generierten Besuche ein. Während in der obenstehenden Übersicht jede Art von AdWords-Kampagne als *bezahlte Suche* dargestellt wird, können Sie durch Umschalten der primären Dimension auf ANDERE • ADWORDS auch nähere Informationen zu einzelnen Kampagnen, Netzwerktypen, Anzeigengruppen oder sogar Keywords und Placements gewinnen. Werfen Sie einen genauen Blick darauf, denn so erscheinen vermeintlich »teure« Displaykampagnen oder generische Keywords ohne gemessene Last-Click-Conversion womöglich in einem ganz anderen Licht!

Wir hoffen, dass wir Sie mit diesen kurzen Erläuterungen und Beispielen davon überzeugen konnten, dass Sie das wichtige Thema der Multi-Channel-Trichter künftig auch bei Ihren Kampagnenanalysen berücksichtigen. Sie und ihre Kunden müssen darüber Bescheid wissen, wenn es darum geht, den Gesamterfolg von AdWords-Kampagnen zu bewerten. Nicht jede der Kampagnen wird das Zeug zum »Top-Scorer« haben, was man in den Standardberichten schnell mal als nicht erfolgreich einstufen könnte, sobald die erhofften Conversions ausbleiben. Oftmals aber leisten Teilkampagnen eine unverzichtbare Vorbereitungsarbeit zum Erreichen der gewünschten Ziel-Abschlüsse. Dank der Multi-Channel-Trichter müssen Sie hier zum Glück nicht weiter im Trüben fischen.

Da für eine tiefergehende Behandlung dieses Themas im Rahmen dieses Kapitels leider der Platz fehlt, möchten wir Sie einerseits auf die Analytics-Hilfe zu den Multi-Channel-Trichtern (*https://support.google.com/analytics/answer/1191180?hl=de&ref_topic=1191164*) sowie gerne auch ein weiteres Mal auf das ebenfalls bei Rheinwerk erschienene umfassende Handbuch zu Google Analytics verweisen: *https://www.rheinwerk-verlag.de/google-analytics_3520*.

11.9 Landing-Pages verbessern mit Content-Tests

Erfolgreiche Online-Marketer zeichnet unserer Erfahrung nach die Eigenschaft aus, zu keiner Zeit mit bestehenden Erfolgskennzahlen zufrieden zu sein. Es ist in dieser Branche gleichermaßen Fluch und Segen, einfach *alles* und dies meistens auch *sofort* messen, einstellen und optimieren zu können. Jede noch so kleine Abweichung bei Kennzahlen und Conversion-Parametern lässt sich dank AdWords- und Analytics-Tools jederzeit ausfindig machen, wie Sie mit Hilfe dieses Buches mittlerweile auch selbst bereits erfahren und bestimmt schon mehrfach ausprobieren konnten: Kampagnenbudgets, Anzeigengruppengebote, Anzeigentexte, Keyword-Optionen und selbst einzelne Keywords – alles Stellschrauben, an denen Sie als Kampagnenmanager permanent drehen könn(t)en. Eine ebenfalls nicht unwesentliche Rolle in jeder AdWords-Kampagne spielt jedoch auch die Zielseite, auf die Sie interessierte Suchmaschinennutzer mit Ihren bezahlten Anzeigen verweisen. Auch diese muss, vielmehr darf, keine Konstante in Ihrem Optimierungsprozess darstellen. Woher wissen Sie, dass die aktuelle Call-to-Action auf Ihrer Landing-Page am erfolgreichsten ist? Können Sie sicher gehen, dass die Farbe der Conversion-Buttons in Ihrem Online-Shop tatsächlich die beste Wahl ist?

Um unter anderem solche Dinge herauszufinden, können Sie so genanntes *A-/B-Testing* einsetzen. Diese Testmethode zeichnet aus, dass Sie Ihre Varianten nicht sequentiell hintereinander, sondern parallel gegeneinander antreten lassen. Ein sequentieller Test ist vor allem deshalb unzureichend, weil sich sämtliche zeitlich abhängigen Faktoren (Saisons, Wochentage, Tageszeiten) mit auf die Ergebnisse auswirken können. Sie verwenden zum Beispiel im Juli rote Buttons und stellen diese im August auf die Farbe Orange um? Sie würden in Ihrem Test nicht erfahren können, ob eine gemessene Änderung in den Conversion-Ergebnissen tatsächlich den farblichen Änderungen oder einfach einem monatlich unterschiedlichen Kaufverhalten zugrunde liegt.

Sie kennen die Vorgehensweise von parallelen Tests bereits von den Anzeigentexten, wo Sie ebenfalls mehrere Varianten erstellen und diese gleichmäßig verteilt ausspielen können, um das erfolgreichste Wording hinsichtlich der Klickpreise, Klick- oder Conversion-Raten zu ermitteln und langfristig einzusetzen. Beim A-/B-Testing von Webseiten und Landing-Pages verfolgen Sie dasselbe Prinzip, wenn das auch dort mit etwas aufwändigeren technischen Anforderungen und inhaltlichen Vorbereitungen verbunden ist. Sie haben in diesem Kapitel bereits eine Vielzahl an aufregenden Bericht- und Analyse-Features kennengelernt und werden daher wohl nicht überrascht sein, wenn wir Ihnen sagen, dass Google ein einfaches Tool für genau solche A-/B-Tests ebenfalls in Analytics – und natürlich kostenlos – bereitstellt. Sehen wir uns nun kurz an, wo Sie dieses Tool im Interface finden, welchen Leistungsumfang es bietet und wie sie schließlich Ihre eigenen Tests damit erstellen können.

11.9.1 Über die Content-Tests

Einige unter Ihnen, die bereits länger mit AdWords und anderen Google-Tools arbeiten, können sich eventuell noch an den *Google Website Optimizer* erinnern. Dieser war eine eigenständige, ebenfalls kostenlose Software zur Durchführung von A-/B- sowie auch so genannten Multivariat-Tests. Letztere zeichnet zusätzlich aus, dass Sie dort nicht nur eine oder mehrere statische Zielseiten-Varianten zeitgleich gegeneinander austesten, sondern in Ihrem Test mehrere kleine Teilbereiche von Webseiten definieren können, in denen Sie wiederum eine oder mehrere unterschiedliche Inhalte variieren. So entsteht bei Multivariat-Tests eine Vielzahl an Kombinationsmöglichkeiten, von denen die erfolgreichste im Testverlauf über eine statistische Methode im Hintergrund bestimmt wird. Google hat dieses Tool im Jahr 2012 eingestellt und einen einfachen, aber in seinem Funktionsumfang deutlich abgespeckten Nachfolger unter dem Namen *Content-Tests* in Analytics integriert. Als alternative, leistungsfähigere und kostenpflichtige Tools möchten wir an dieser Stelle nur kurz die beiden Anbieter Visual Website Optimizer (*https://vwo.com*) und Optimizely (*https://www.optimizely.com*) erwähnt haben. Wir sehen uns nun aber gemeinsam an, wie Ihnen die Content-Tests in Analytics bei der Optimierung Ihrer Kampagnen-Zielseiten weiterhelfen können.

11.9.2 Content-Test erstellen

Wechseln Sie im Menüpunkt VERHALTEN zu den TESTS, um einen neuen Test zu erstellen. Wir möchten vorausschicken, dass vor der Einrichtung zusätzlich zur Originalversion auch Ihre unterschiedlichen Varianten bereits online aufrufbar sein müssen. Darüber hinaus müssen Sie die Möglichkeit besitzen, in den Code aller zu testenden Seiten entweder direkt oder über den jeweiligen verantwortlichen Webmaster einzugreifen. Es erwartet Sie ein vierstufiger Assistent, der Sie durch den Prozess führen wird:

1. **Testziel**: Sie müssen einen Messwert (meist ein vorhandenes Conversion-Ziel) auswählen, nach dem Ihr Test bewertet und anhand dessen ein Testsieger ausgewählt wird. Darüber hinaus legen Sie in diesem Schritt einen Testnamen fest, geben an, für wie viele Prozent des Traffics Ihr Test zum Einsatz kommen soll und stellen neben ein paar anderen Parametern ein, wie lange der Test dauern soll.

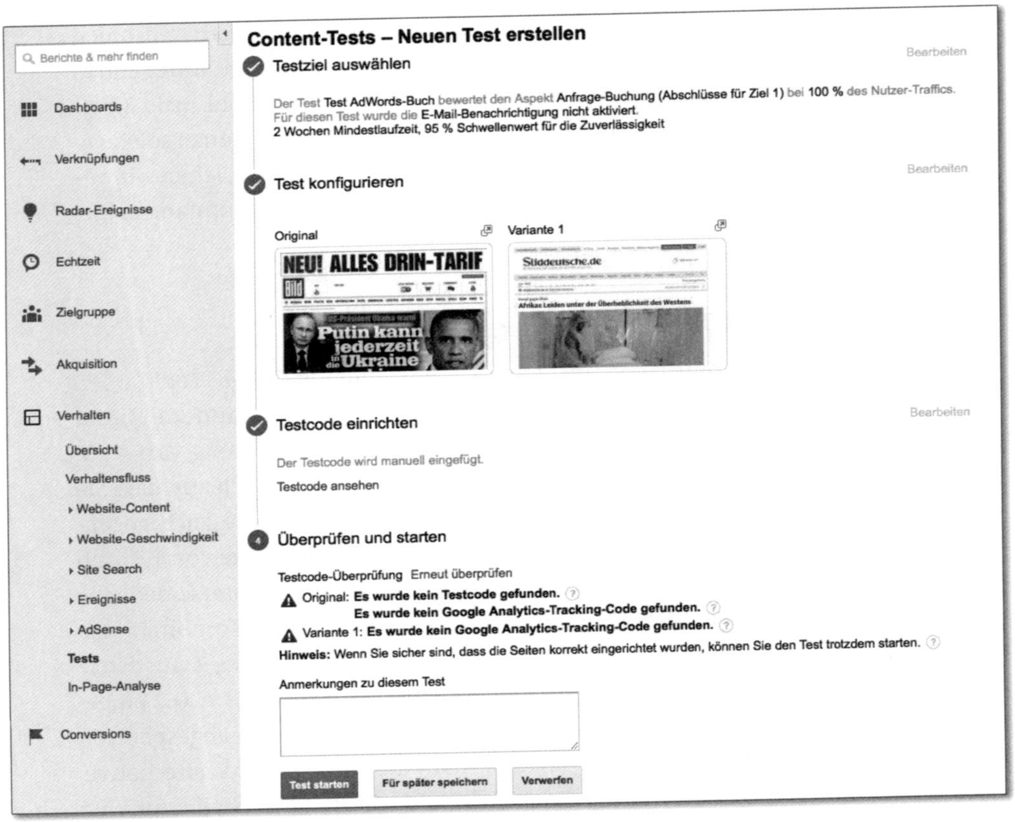

Abbildung 11.41 Einrichtung von Content-Tests

2. **Test konfigurieren**: Hier legen Sie URL und Bezeichnung Ihrer Originalseite sowie mindestens eine (bzw. maximal zehn) alternative Varianten fest.
3. **Testcode einrichten**: Der in diesem Schritt dargestellte Skriptcode muss nun in den zu testenden Seiten eingefügt werden. Befolgen Sie die entsprechenden Anweisungen, bevor Sie zum nächsten Schritt wechseln.
4. **Überprüfen und starten**: War die Testcode-Überprüfung erfolgreich, können Sie nun Ihren Test unmittelbar starten.

In Abbildung 11.41 sehen Sie, dass Sie kurz vor dem Start noch jeden der vorhergehenden Schritte nachträglich bearbeiten können, bevor Sie tatsächlich loslegen.

Wir hoffen, wir konnten Sie in diesem Abschnitt über die Notwendigkeit von A-/B-Tests für Ihre AdWords-Zielseiten aufklären und die dahingehenden – zugegeben sehr einfachen – Möglichkeiten im Analytics-internen Testing-Tool aufzeigen. In der Praxis können Sie damit sehr schnelle Erfolge erzielen, wenn Sie mit einfachen Landing-Pages arbeiten oder ein paar simple Formularvarianten kleiner Webseiten testen. Erfahrungsgemäß reicht der Funktionsumfang der Content-Tests in Analytics leider nicht aus, sobald Sie mit hoch dynamischen Inhalten, komplexen CMS- und Shop-Systemen arbeiten oder multivariante Tests durchführen möchten. Dazu haben wir Ihnen zwei leistungsfähigere, kostenpflichtige Alternativen genannt, die wir Ihnen als erste Anlaufstelle guten Gewissens gerne weiterempfehlen. Lesen Sie bitte in der Analytics-Hilfe nach, um bei Interesse noch mehr Details zu den Content-Tests zu erfahren: *https://support.google.com/analytics/answer/1745147?hl=de&ref_topic=1745207*. Im Zuge der dortigen Beschreibung der Benutzeroberfläche finden Sie auch exemplarische Darstellungen von aktuellen Testberichten.

11.10 Alternativen zu Google Analytics

Es steht außer Frage, dass Google Analytics – dank einem derzeit unschlagbaren Paket aus Leistungsumfang, Implementierungsphilosophie und Preis – sowohl international als auch im deutschsprachigen Raum die erste Wahl bei Webanalyse-Tools darstellt. Unterschiedliche Statistiken bestätigen dies, auch ein deutschsprachiger Guide für Webanalyse-Systeme liefert in einem Trend-Report vom Juli 2014 ein klares Bild: »Google Analytics ist nach wie vor das meist genutzte Website-Analysetool auf deutschen Internet-Seiten« heißt es dort in der Einleitung. Mit einem Gesamtanteil weit über 50 Prozent hebt sich Analytics klar von allen Mitbewerbern ab. Den kompletten Report können Sie unter dieser URL abrufen: *http://www.web-analytics-tools.com/news/36-idealobserver/432-trends-im-webanalyse-markt-2014-google-dominiert-weiterhin-im-massenmarkt,-top-portale-setzen-auf-deutsche-profi-l%C3%B6sungen.html*.

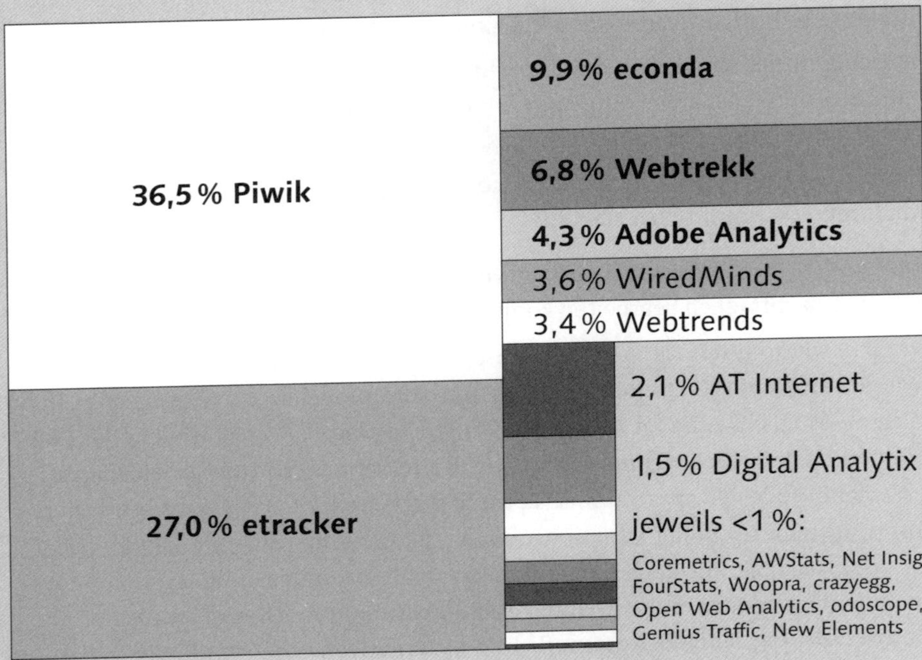

Abbildung 11.42 Verteilung alternativer Webanalyse-Tools in Deutschland (Stand Juni 2014, Quelle: http://www.web-analytics-tools.com/news/36-idealoserver)

Beim folgenden Blick auf alternative Systeme werden wir in der Reihenfolge ihrer Verbreitung, ebenfalls basierend auf dem oben genannten Report, vorgehen. Wir möchten Ihnen jeweils ein paar schnelle Informationen zu Alleinstellungsmerkmalen und Unterschieden bzw. Vorteilen zu Analytics liefern sowie natürlich das Preis-/Leistungsverhältnis aufzeigen.

Tool	URL	Pricing	AdWords-Integration
Google Analytics	*http://www.google.de/analytics*	Kostenlose Basisversion	Vollständig (Kontoverknüpfung)
Piwik	*http://piwik.org*	Kostenlos/Open Source	Basis-Tracking via Kampagnenparameter

Tabelle 11.1 Überblick führender Web Analytics Tools im deutschsprachigen Raum

Tool	URL	Pricing	AdWords-Integration
etracker	*https://www.etracker.com/de.html*	Kostenpflichtig, ab 19 € mtl.	Synchronisierung via Schnittstelle
econda	*http://www.econda.de*	Kostenpflichtig (Preis auf Anfrage)	Via Plug-In (Platinum Version)
Webtrekk	*http://www.webtrekk.com/de/home.html*	Kostenpflichtig (Preis auf Anfrage)	Synchronisierung via Schnittstelle
Adobe Analytics (Omniture)	*http://www.adobe.com/at/solutions/digital-analytics.html*	Kostenpflichtig (Preis auf Anfrage)	k.A.

Tabelle 11.1 Überblick führender Web Analytics Tools im deutschsprachigen Raum (Forts.)

11.10.1 Piwik

Das Tool Piwik ist nicht ohne Grund »best of the rest«. Laut eigenen Angaben kann es mehr als 2,1 Millionen Downloads (Stand: Dezember 2014) verzeichnen und punktet im Gegensatz zu Analytics vor allem mit der Eigenschaft, dass die Anwender und nicht der Anbieter im Besitz der Tracking-Daten sind. Das kostenlose, auf Open Source Basis angebotene Analytics-Tool bietet zudem keinerlei Speicherlimits sowie eine einfache Integration in bekannte CMS- und Shop-Systeme wie WordPress, Drupal, Typo3 oder Magento. In Sachen Analyse- und Berichts-Features ist Piwik mit Echtzeitauswertungen, E-Commerce Tracking und Custom Dashboard in vielerlei Hinsicht mit Analytics auf Augenhöhe. Die Integration von AdWords-Kampagnen ist hingegen leider nur rudimentär möglich, indem die in diesem Kapitel bereits beschriebene Methode zum manuellen Kampagnen-Tagging aus Google Analytics von Piwik automatisch erkannt und in den Reports berücksichtigt wird. Eine tiefergehende Verknüpfung ist leider nicht möglich. Piwik steht unter dieser URL kostenlos zur Verfügung: *http://piwik.org/download.*

11.10.2 etracker

Der etracker ist als kostenpflichtige Analytics-Alternative vor allem im deutschsprachigen Raum sehr beliebt und landet daher auch in der Verteilungsanalyse gleich hinter Piwik. Dieses Unternehmen mit Sitz in Hamburg stark setzt auf das Thema Datenschutz, wodurch wohl auch einige Google-kritische Unternehmen und Institutionen auf der Kundenliste von etracker landen. Der Slogan »more than analytics« bezieht sich darauf, dass nicht nur ein Analytics-Tool, sondern auch Module für A-/B-

Testing, Remarketing und Targeting im Produktportfolio zu finden sind. etracker kann wie Google Analytics als extern gehostete Lösung eingesetzt werden, sensible Branchen wie beispielsweise Banken können alternativ auch Inhouse-Installationen erwerben. Die Preisgestaltung erweist sich leider etwas verwirrend: *https://www.etracker.com/de/preise.html*. Mit einer Kombination aus einem Feature- und Volumenmodell (Editionen vs. Touchpoint-Limits) müssen Sie Ihre Anforderungen und das zu erwartende Traffic-Aufkommen Ihrer der Webseite genau kennen, um die laufenden Kosten zu kalkulieren. Eine Schnittstellen-Synchronisation von AdWords-Daten ist bei diesem Tool erfreulicherweise in allen Editionen mit dabei. Der etracker kann 21 Tage lang kostenlos getestet werden: *https://www.etracker.com/de/produkte/web-controlling-suite/platinum-edition/test-anfordern.html*.

11.10.3 econda

econda positioniert sich klar als Web-Controlling-Tool für E-Commerce Systeme, was sich auch in seiner Referenzliste mit Kunden wie babywalz, Deichmann oder INTERSPORT widerspiegelt. econda-Lösungen versprechen die Möglichkeit, so genannten »Data-driven E-Commerce« zu ermöglichen und sind mit integrierten E-Mail- und Empfehlungs-Tools grundsätzlich für anspruchsvolle Shop-Systeme konzipiert. AdWords-Daten werden laut Herstellerangaben in bestimmten Produktvarianten unterstützt und über Plugins automatisch integriert. Für eine Preisauskunft müssen Sie sich direkt an den Anbieter wenden: *http://www.econda.de/software/data-driven-e-commerce-suite*.

11.10.4 Webtrekk

Ebenfalls aus Deutschland stammt Webtrekk. Der Anbieter mit Sitz in Berlin ist seit 2003 in der Webanalyse-Branche aktiv und zählt Unternehmen wie BILD.de, Telekom oder Zalando zu seinen Kunden. Mit vielen Zusatzfeatures wie beispielsweise dem Tracking von TV-Kampagnen oder mobilen Apps hat auch dieser Anbieter einige Alleinstellungsmerkmale aufzuweisen. AdWords-Daten werden laut Herstellerangaben über die Schnittstelle unterstützt. Webtrekk kann über einen offenen Demozugang einfach ausprobiert werden, bei näherem Interesse haben Sie die Möglichkeit, die Analysesuite einen Monat lang kostenlos auch mit den Daten Ihrer eigenen Webseite zu testen: *http://www.webtrekk.com/de/produkte/demo.html*.

11.10.5 Adobe Analytics (Omniture)

Adobe Analytics geht aus dem Sitecatalyst von Omniture hervor und hat den geringsten Marktanteil der hier vorgestellten Analysetools. Als Bestandteil der so genannten *Marketing Cloud* von Adobe bietet es grundlegende, auch von Google und den anderen hier genannten Anbietern bekannte Webanalysefunktionen und Berichte. Weitere Produkte der Marketing Cloud helfen Ihnen darüber hinaus bei *Tests & Targeting, Social-Media-Optimierung, Web Experience Management* oder *Kampagnenmanagement*. Den vollen Leistungsumfang finden Sie unter dieser URL: *https://www.adobe.com/de/solutions/digital-marketing.html*. Über die Integrationsmöglichkeit von AdWords gibt es leider keine offensichtlichen Informationen, und auch für eine Preisanfrage müssen Sie sich direkt an Adobe wenden.

In der Praxis können wir bei vielen Kunden den parallelen Einsatz mehrerer Analytics-Tools beobachten. Oft hat es historische Gründe, oft sind es die individuellen Features bestimmter Tools, die den zusätzlichen Einbau rechtfertigen. Auch wenn in Sachen Einfachheit und Detailtiefe der AdWords-Integration Google Analytics der klar führende Anbieter ist, können wir Ihnen nur empfehlen, einen näheren Blick auf die hier vorgestellten Alternativen zu wagen, sobald Sie dort eines oder mehrere attraktive und für Sie zusätzlich nützliche Features entdecken.

11.11 Die Analytics-App: Google Analytics mobil nutzen

Auch wenn wir bisher in diesem Kapitel ausschließlich auf den enormen Funktionsumfang von Google Analytics auf Desktop-Browsern – dem wohl gängigsten und effizientesten Zugang zu Berichten und Daten – eingegangen sind, möchten wir Ihnen abschließend nicht vorenthalten, dass Sie einige Basisauswertungen auch über Mobile Apps auf Ihrem Smartphone durchführen können (siehe Abbildung 11.43).

Während einige Apps von Drittanbietern schon längere Zeit in den App Stores zur Verfügung stehen bietet Google mittlerweile auch selbst eine kostenlose Analytics-App an. Selbst beim geringen Platz auf den kleinen Smartphone-Displays müssen Sie dort auf Echtzeit-, Conversion- und Kampagnenberichte nicht verzichten und bleiben damit bequem auch unterwegs über Ihre Webseiten- und/oder AdWords-Performance auf dem Laufenden.

Laden Sie die Apps unter den folgenden Links oder machen Sie sich einfach auf die Suche nach dem Stichwort *Analytics* in den jeweiligen App Stores:

- **Google Play**:
  https://play.google.com/store/apps/details?id=com.google.android.apps.giant&hl=de
- **iTunes App Store**:
  https://itunes.apple.com/at/app/google-analytics/id881599038?mt=8

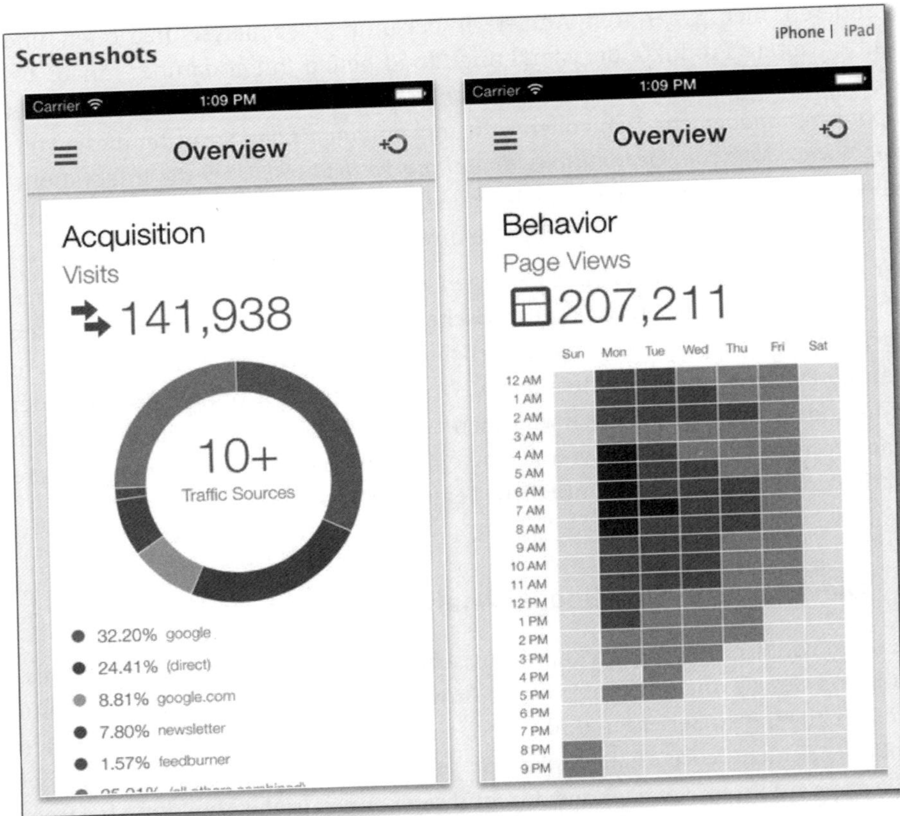

Abbildung 11.43 Die mobilen Analytics-Apps liefern auch unterwegs einen raschen Überblick.

Wir haben Ihnen in diesem Kapitel einen kurzen Einblick in die Möglichkeiten von Google Analytics gegeben, wobei wir hier überwiegend auf die Vorzüge und Eigenschaften im Zusammenspiel mit Google AdWords eingegangen sind. Die Berichte und Analysen, die Sie mit dem mächtigen Google Web Analyse-Tool erstellen können, helfen Ihnen, viele neue Optimierungsansätze für AdWords zu finden. Wir wünschen Ihnen daher stets ein »Happy Analyzing«!

Kapitel 12

AdWords optimieren

Zurücklehnen und laufen lassen – keine gute Idee! Nutzen Sie jede Chance, Ihre Kampagnen zu optimieren und Ihr Budget mithilfe einiger Tipps und Tricks noch besser auszusteuern. Die Optimierung Ihrer AdWords-Kampagnen schont zum einen das Budget und steigert zum anderen die Chancen, mehr Kunden zu generieren.

Ihr AdWords-Konto ist aufgesetzt und Sie haben Ihre Kampagnen gestartet. Die ersten Euros sind investiert und Sie werden mit den ersten Webseiten-Besuchen und Conversions belohnt. Doch damit ist die Arbeit nicht getan. Jetzt geht es erst richtig los! Sie haben das nötige Werkzeug an der Hand. Steigen Sie jetzt in die Analyse Ihrer Kampagnen ein, um an der einen oder anderen Stelle zu drehen und Ihren Erfolg weiter auszubauen. Die eine oder andere Maßnahme sollten Sie gleich nach Kampagnenstart durchführen, die meisten Schritte hingegen erfordern eine vernünftige Datengrundlage und dazu sollten Sie zunächst ein wenig Zeit verstreichen lassen. Ein wichtiges Optimierungskriterium stellt der Qualitätsfaktor dar, eine Kennzahl, mit der Google jedes Keyword bewertet und die sich aus verschiedenen Komponenten zusammensetzt. Ein hoher Qualitätsfaktor wird laut Google mit günstigeren Klickpreisen und besseren Positionierungen honoriert. Entscheidend dabei sind Faktoren wie die Klickrate, die Relevanz der Anzeigentexte, die Wahl der Zielseite, aber auch die Verwendung von sogenannten Anzeigenerweiterungen wird immer bedeutender. Lesen Sie in diesem Kapitel, welche Wege sich Ihnen bieten, durch die richtigen Optimierungen Geld zu sparen und Ihr Budget so effektiv wie möglich einzusetzen.

12.1 Erste Schritte nach Kampagnenstart

Die Basis jeder Optimierung ist eine gewisse Vorlaufzeit, die eine valide Analyse überhaupt erst möglich macht. Beginnen Sie daher nach dem Kampagnenstart nicht sofort, wie wild darauf los zu optimieren, sondern konzentrieren Sie sich erst einmal auf ganz elementare Dinge.

12.1.1 Abgelehnte Anzeigen oder Keywords

Prüfen Sie als Erstes, ob alle Anzeigen und Keywords FREIGEGEBEN wurden oder ob einige ABGELEHNT sind. Dazu rufen Sie den jeweiligen Tab auf und sortieren Anzeigen oder Keywords nach STATUS, indem Sie auf die entsprechende Spalte klicken. Sollten Anzeigen oder Keywords abgelehnt sein, werden sie ganz oben angezeigt. Die Sprechblase neben dem Status informiert Sie wie in Abbildung 12.1, weshalb das Element abgelehnt wurde und durch Klick auf den Link erhalten Sie ausführlichere Details und Tipps wie Sie die Gründe beheben können.

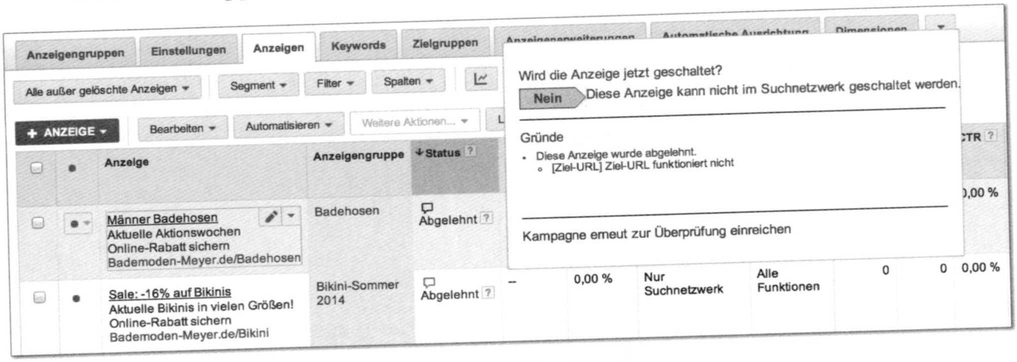

Abbildung 12.1 Anzeigen mit dem Status »Abgelehnt«

Google benachrichtigt Sie außerdem durch eine Meldung rechts oben in Ihrem AdWords-Konto über abgelehnte Anzeigen oder Keywords (siehe Abbildung 12.2).

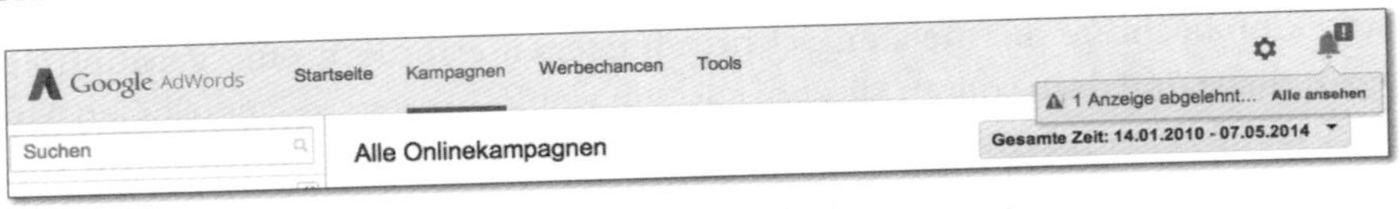

Abbildung 12.2 Benachrichtigung über eine abgelehnte Anzeige

Achtung – Keine Anzeigenschaltung für abgelehnte Elemente

Abgelehnte Anzeigen werden nicht geschaltet. Dies ist ein zusätzlicher Grund, beim Start einer neuen Anzeigengrupp mehrere Anzeigen ins Rennen zu schicken, um trotz einer Ablehnung zum gewünschten Suchbegriff zu erscheinen. Werden alle Keywords oder Anzeigen einer Anzeigengruppe abgelehnt, nehmen Sie natürlich auch an keiner Auktion teil.

12.1.2 Positionen anpassen

Bei der Einrichtung Ihrer Anzeigengruppen sind Sie dazu verpflichtet, ein Standardgebot festzulegen, das auf alle in der Anzeigengruppe enthaltenden Keywords vererbt wird. Dabei können Sie im Grunde nur schätzen oder auf die grobe Schätzungen aus dem Keyword-Planer zurückgreifen, die Google dort zur Verfügung stellt.

Wie hoch die Kosten für einen Klick auf einer bestimmten Position tatsächlich sind, stellt sich erst heraus, wenn Sie mit der Werbung beginnen. Nachdem die ersten

Impressionen und Klicks für Ihre Suchbegriffe eingegangen sind, sollten Sie deshalb unbedingt Ihre Positionen überprüfen und gegebenenfalls anpassen.

Im ersten Schritt ordnen Sie Ihre Keywords wie im vorherigen Abschnitt nach STATUS. Sind keine abgelehnten Keywords vorhanden, werden die Suchbegriffe mit dem Status UNTER DEM GEBOT FÜR DIE ERSTE SEITE zuerst angezeigt. Darüber hinaus wird ein geschätztes Gebot für die erste Seite angegeben, an dem Sie sich orientieren können (siehe Abbildung 12.3). Ändern Sie Ihr Gebot auf das von Google geschätzte Gebot oder höher, wechselt der Status in AKTIV.

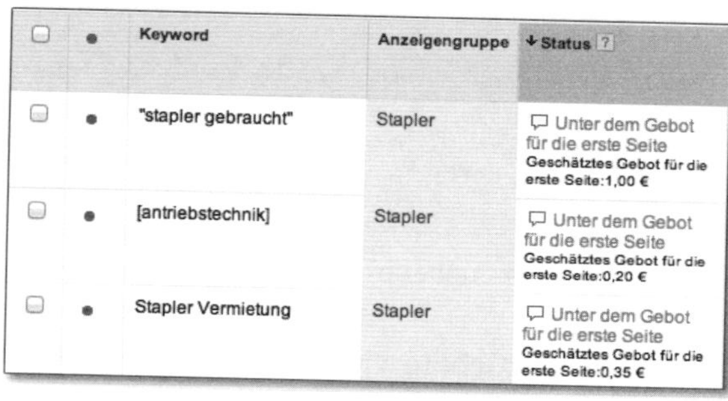

		Keyword	Anzeigengruppe	Status
☐	●	"stapler gebraucht"	Stapler	Unter dem Gebot für die erste Seite Geschätztes Gebot für die erste Seite:1,00 €
☐	●	[antriebstechnik]	Stapler	Unter dem Gebot für die erste Seite Geschätztes Gebot für die erste Seite:0,20 €
☐	●	Stapler Vermietung	Stapler	Unter dem Gebot für die erste Seite Geschätztes Gebot für die erste Seite:0,35 €

Abbildung 12.3 Status »Unter dem Gebot für die erste Seite«

Danach sortieren Sie die Suchbegriffe einer Kampagne oder Anzeigengruppe unter dem Tab KEYWORDS nach DURCHSCHN. POSITION, indem Sie auf die entsprechende Spalte klicken. Die Keywords mit der schlechtesten Positionierung stehen nun an oberster Stelle.

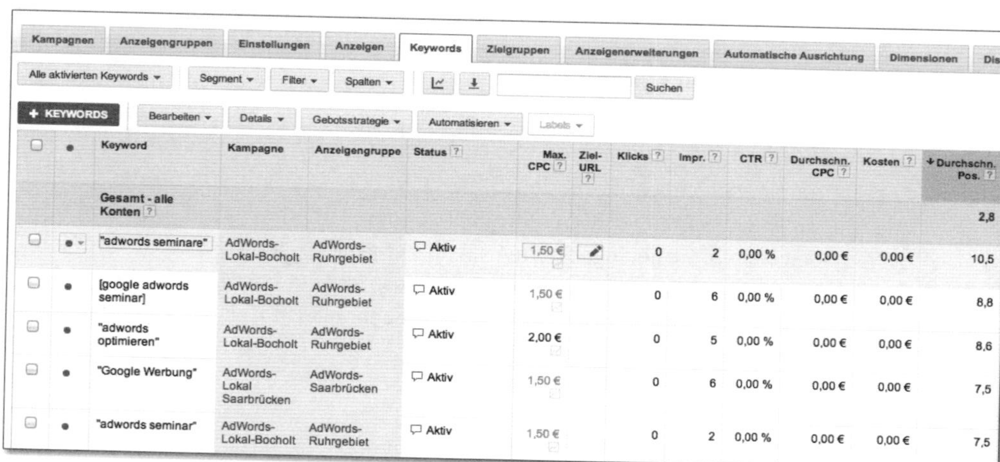

		Keyword	Kampagne	Anzeigengruppe	Status	Max. CPC	Ziel-URL	Klicks	Impr.	CTR	Durchschn. CPC	Kosten	Durchschn. Pos.
		Gesamt - alle Konten											2,8
☐	●	"adwords seminare"	AdWords-Lokal-Bocholt	AdWords-Ruhrgebiet	Aktiv	1,50 €		0	2	0,00 %	0,00 €	0,00 €	10,5
☐	●	[google adwords seminar]	AdWords-Lokal-Bocholt	AdWords-Ruhrgebiet	Aktiv	1,50 €		0	6	0,00 %	0,00 €	0,00 €	8,8
☐	●	"adwords optimieren"	AdWords-Lokal-Bocholt	AdWords-Ruhrgebiet	Aktiv	2,00 €		0	5	0,00 %	0,00 €	0,00 €	8,6
☐	●	"Google Werbung"	AdWords-Lokal Saarbrücken	AdWords-Saarbrücken	Aktiv	1,50 €		0	6	0,00 %	0,00 €	0,00 €	7,5
☐	●	"adwords seminar"	AdWords-Lokal-Bocholt	AdWords-Ruhrgebiet	Aktiv	1,50 €		0	2	0,00 %	0,00 €	0,00 €	7,5

Abbildung 12.4 Keywords sortiert nach »Durchschnittlicher Position«

Besonders in der ersten Zeit nach dem Kampagnenstart sollten Sie mit Ihren Anzeigen nicht zu weit hinten erscheinen, denn, wie in Abbildung 12.4 erkennbar, generieren Sie auf den hinteren Plätzen weniger Klicks. Ein primäres Ziel in der Anfangszeit ist es jedoch, Daten zu sammeln und das klappt auf den letzten Plätzen erfahrungsgemäß nicht so gut. Es ist aber auch nicht notwendig, dass Sie bei jeder Suchanfrage auf dem ersten Platz erscheinen.

Betrachten Sie die Positionen Ihrer Keywords am besten auf Anzeigengruppenebene. So wird schnell deutlich, ob Sie sich mit dem Standardgebot verschätzt haben, weil alle Keywords eine besonders gute bzw. schlechte Position aufweisen. Ist dies der Fall, erhöhen bzw. senken Sie das Gebot auf Anzeigengruppenebene für alle Keywords gleichzeitig, indem Sie auf die Spalte MAXIMALES CPC-STANDARDGEBOT klicken.

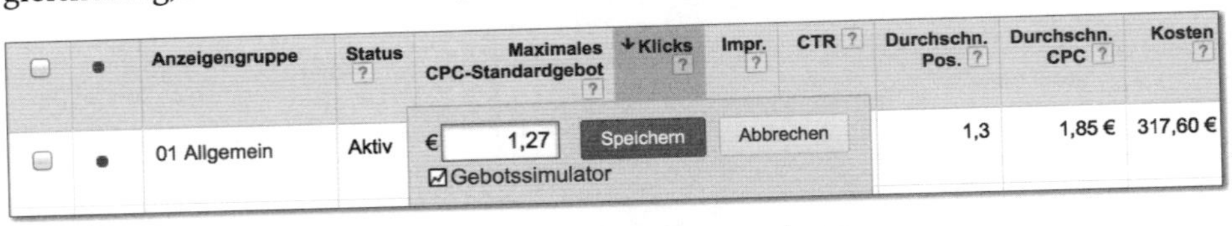

Abbildung 12.5 Gebotsanpassung auf Anzeigengruppenebene

Geht es nur um einige Ausreißer, können Sie die Gebote wie in Abbildung 12.6 durch Klick auf den MAX. CPC manuell für das jeweilige Keyword anpassen.

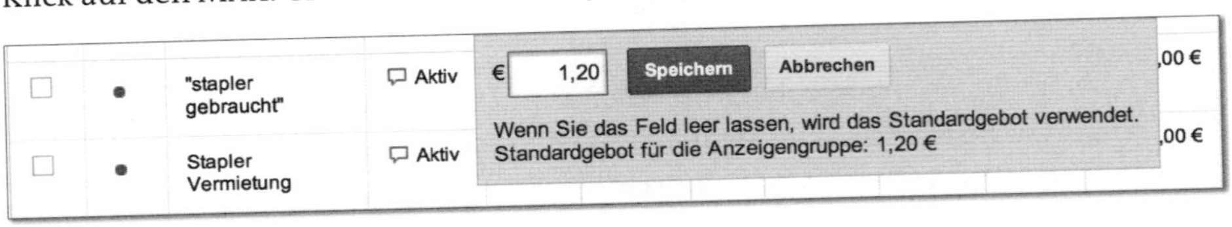

Abbildung 12.6 »Max. CPC« für einzelne Keywords einstellen

Tipp – Überzeugen Sie sich selbst

Oft lohnt ein prüfender Blick ins ANZEIGENVORSCHAU UND -DIAGNOSE-TOOL oder in die Google-Suche selbst, bevor Sie Ihre Gebote erhöhen. Es kommt durchaus vor, dass eine Anzeige für einen Suchbegriff mit dem Status UNTER DEM GEBOT FÜR DIE ERSTE SEITE oder mit einer schlechten Position sehr wohl auf den vorderen Plätzen erscheint und die Angaben trügen. Sie gelangen zum ANZEIGENVORSCHAU UND -DIAGNOSE-TOOL einmal über TOOLS oder über Klick auf eine Sprechblase im Feld STATUS gleich neben den Keywords wie in Abbildung 12.6. Dort erscheint ebenfalls ein Link zur ANZEIGENVORSCHAU UND -DIAGNOSE.

12.2 Der Qualitätsfaktor spart bares Geld

Eines der wohl brisantesten Themen im Zusammenhang mit AdWords ist der Qualitätsfaktor. Der Qualitätsfaktor ist eine Kennzahl, mit der Google Ihre Keywords auf einer Skala von eins (schlecht) bis zehn (sehr gut) bewertet. Seit seiner Einführung im Jahr 2005 wird in der AdWords-Szene heftig darüber diskutiert, was genau der Qualitätsfaktor ist und welche Kriterien bei seiner Berechnung einfließen. Google verspricht, dass ein hoher Qualitätsfaktor zu günstigeren Klickpreisen und besseren Positionierungen führt.

12.2.1 Lassen Sie sich den Qualitätsfaktor im Konto anzeigen

Sie können sich den Qualitätsfaktor Ihrer Keywords in Ihrem AdWords-Konto anzeigen lassen. Dazu rufen Sie den Tab KEYWORDS auf und fügen unter SPALTEN • SPALTEN ANPASSEN • ATTRIBUTE die Spalte QUAL.-FAKTOR hinzu. Ziehen Sie die Spalte wie in Abbildung 12.7 via Drag & Drop am besten ganz nach oben, so haben Sie den jeweiligen Qualitätsfaktor immer im Blick.

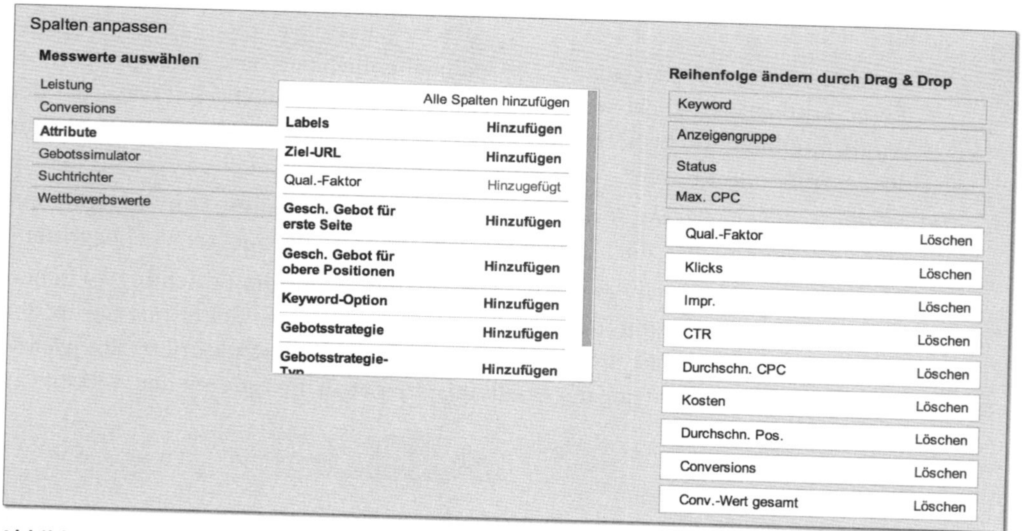

Abbildung 12.7 Fügen Sie die Spalte »Qual.-Faktor« ein.

Hinweis – Vergabe des Qualitätsfaktors durch Google

Google crawlt Ihr Konto nicht, wie häufig fälschlicherweise angenommen, Kampagne für Kampagne und Anzeigengruppe für Anzeigengruppe und vergibt auf diese Weise jedem Keyword nacheinander seinen Qualitätsfaktor. Ähnlich wie den CPC berechnet Google den Qualitätsfaktor für jede Auktion neu. Der Qualitätsfaktor ist demnach kein konstanter Wert, sondern ändert sich laufend. Die Spalte im Konto gibt Ihnen allerdings immer den aktuellen Durchschnittswert an. Auch wenn Sie einen vergangenen Zeitraum festlegen, wird Ihnen leider nur der aktuelle Qualitätsfaktor angezeigt und nicht der Wert, den das Keyword zum ausgewählten Zeitpunkt hatte.

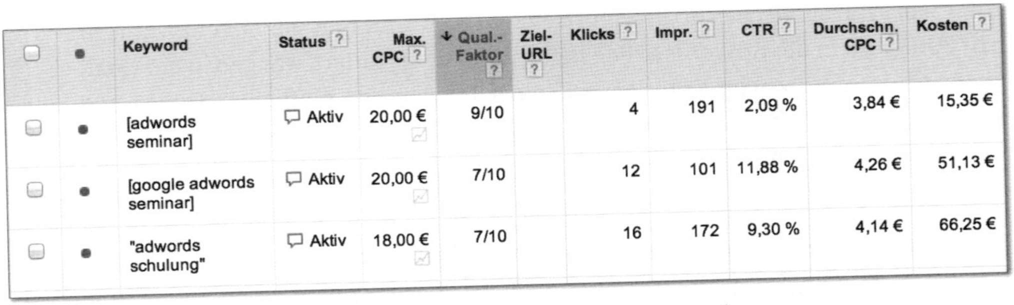

		Keyword	Status	Max. CPC	Qual.-Faktor	Ziel-URL	Klicks	Impr.	CTR	Durchschn. CPC	Kosten
		[adwords seminar]	Aktiv	20,00 €	9/10		4	191	2,09 %	3,84 €	15,35 €
		[google adwords seminar]	Aktiv	20,00 €	7/10		12	101	11,88 %	4,26 €	51,13 €
		"adwords schulung"	Aktiv	18,00 €	7/10		16	172	9,30 %	4,14 €	66,25 €

Abbildung 12.8 Keyword-Auswertung mit der Spalte »Qual.-Faktor«

Mit Mouse-over über die Sprechblase in der Spalte STATUS erfahren Sie weitere Informationen zu Ihrem Qualitätsfaktor. Die drei folgenden Kriterien sind danach die entscheidenden Komponenten und beeinflussen die Berechnung des Qualitätsfaktors maßgeblich:

- VORAUSSICHTLICHE KLICKRATE: Die Wahrscheinlichkeit, dass Ihre Anzeigen bei dieser Anfrage angeklickt werden, ergibt die voraussichtliche Klickrate. Bei der Ermittlung fließt die bisherige Klickrate des Keywords, der Kampagne und sogar des gesamten Kontos ein.
- ANZEIGENRELEVANZ: Mit Anzeigenrelevanz ist die Verbindung von Anzeigen und Keyword gemeint. Passen die Anzeigentexte zu den eingebuchten Suchbegriffen?
- ZIELSEITENERFAHRUNG: Bei diesem Faktor geht es um die Beziehung zwischen Suchbegriff, Anzeige und Zielseite. Hält die ausgewählte Seite, was Sie in der Anzeige versprechen? Ist die Seite übersichtlich und gut strukturiert? Ein wichtiger Punkt zur Verbesserung der Qualität ist hier auch die Ladezeit der Webseite.

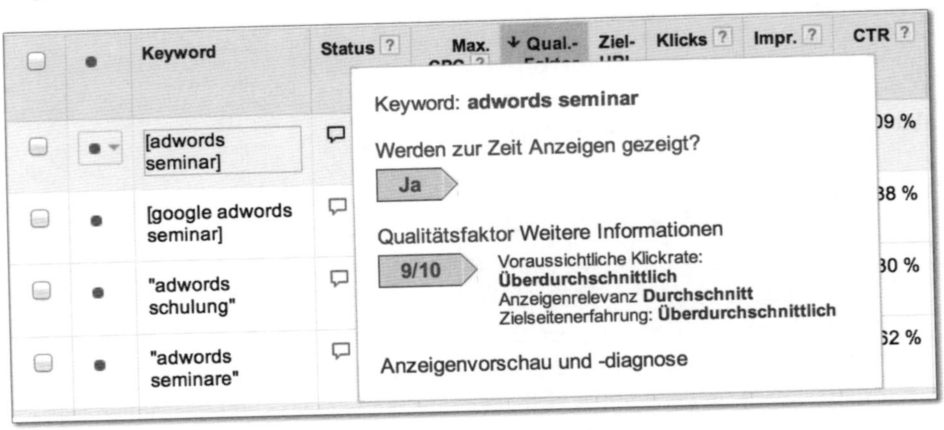

Abbildung 12.9 Ausführliche Details zum Qualitätsfaktor

Die Komponenten können den Status UNTERDURCHSCHNITTLICH, DURCHSCHNITTLICH oder ÜBERDURCHSCHNITTLICH zugewiesen bekommen. Der Status »unterdurchschnittlich« ist ein klares Zeichen dafür, dass Sie Optimierungen vornehmen sollten.

12.2.2 Qualität aus Google-Sicht

Googles oberstes Ziel lautet nach eigenen Aussagen, dem User die relevantesten Suchergebnisse zu liefern und ihn damit langfristig zufriedenzustellen und als Nutzer zu halten.

Abbildung 12.9 enthält schon einige Hinweise, welche Kriterien für Google im Vordergrund stehen und in die Berechnung des Qualitätsfaktors einfließen. Laut Google spielen zusätzlich eine Reihe anderer Faktoren eine Rolle –derzeit werden neun Punkte genannt, die den Qualitätsfaktor beeinflussen:

- **Voraussichtliche Klickrate eines Keywords**: Wie oben beschrieben, entspricht sie der Wahrscheinlichkeit, dass Ihre Anzeige zu diesem Begriff geklickt wird.
- **Die bisherige Klickrate Ihrer angezeigten URL**: Historie und Erfahrung mit Ihrer angezeigten URL.
- **Kontoprotokoll**: Historie und Erfahrung mit Ihrem gesamten Konto
- **Qualität der Zielseite**: Relevanz, Struktur, Navigation und Ladezeit der Zielseite
- **Keyword-/Anzeigenrelevanz**: Relevanz der Suchbegriffe zu den Anzeigen
- **Keyword-/Suchrelevanz**: Relevanz des gebuchten Keywords zur tatsächlichen Anfrage des Users. Dabei bezieht sich Google auch auf die Erfahrung anderer Konten mit diesem Keyword.

Hinweis – Nutzererfahrung mit anderen Konten

Google nutzt auch die Erfahrungen mit anderen Konten und aus der organischen Suche. Falls Sie zum Beispiel auf die Idee kommen, zum genau passenden Keyword *Mallorca* Ihr Hotel auf Mallorca zu bewerben, ist es sehr wahrscheinlich, dass Sie keinen höheren Qualitätsfaktor als 4 mit diesem Keyword erreichen. Denn Google hat die Erfahrung gemacht, dass Nutzer, die nur Mallorca in die Suche eingeben, eher nach Informationen zu Land und Leuten suchen, aber kein Hotel buchen möchten. In diesem Fall helfen Ihnen alle Optimierungsmöglichkeiten nichts. Testen Sie doch mal die Google-Suche und schauen Sie, was Google bei den organischen Treffern zum Thema Mallorca anbietet. Dies spiegelt sehr gut wider, was die Google-Nutzer als Ergebnis erwarten. Bitte beachten Sie, dass sich die Anzeigen zum exakten Keyword *Mallorca* als AdWords-Anzeige trotzdem für Sie lohnen kann – nur der Qualitätsfaktor wird niedrig bleiben.

- **Geografische Leistung**: Erfolg Ihres Kontos in der Zielregion
- **Ihre Anzeigenleistung auf einer Website**: Erfolg auf Seiten im Displaynetzwerk
- **Die Geräteausrichtung**: Erfolg auf entsprechendem Gerät, der Qualitätsfaktor wird für jedes Gerät separat vergeben

Auf die folgenden Kriterien hat der Qualitätsfaktor nach Google direkten Einfluss:

- **Aktivierung für die Teilnahme an Anzeigenauktionen**: Je höher der Qualitätsfaktor, umso wahrscheinlicher ist es, dass Sie überhaupt an einer Auktion für das entsprechende Keyword teilnehmen. Keywords mit einem Qualitätsfaktor von zwei oder drei werden beispielsweise selten bis gar nicht ausgespielt.
- **Der tatsächliche Cost-per-Click (CPC) des Keywords**: Je höher der Qualitätsfaktor, desto geringer ist der Preis pro Klick für das Keyword.
- **Die Gebotsschätzung für die erste Seite für Ihr Keyword**: Je höher der Qualitätsfaktor, umso geringer fällt die Gebotsschätzung für die erste Seite für das Keyword aus.
- **Die Top-of-Page-Gebotsschätzung**: Je höher der Qualitätsfaktor, umso geringer fällt die Top-of-Page-Gebotsschätzung für das Keyword aus.
- **Anzeigenposition**: Der Qualitätsfaktor beeinflusst den Anzeigenrang und somit auch die Anzeigenposition. Ein hoher Qualitätsfaktor hat somit eine bessere Position zur Folge.
- **Eignung für Anzeigenerweiterungen und andere Anzeigenformate**: Für einige Anzeigenformate gibt es einen Mindestqualitätsfaktor. Einige Anzeigenerweiterungen erscheinen nur auf den Top-Positionen, deshalb ist der Qualitätsfaktor auch dafür ein wichtiger Faktor, da er entscheidenden Einfluss auf die Position hat.

12.2.3 Skepsis gegenüber dem Qualitätsfaktor

Google betont stets, dass Qualität mit günstigeren Klickpreisen bzw. besseren Positionen belohnt wird. Da nicht alle Faktoren der Formel transparent sind, besteht bei vielen Online-Marketing Experten eine gewisse Skepsis, ob die Qualitätsformel immer das hält, was sie verspricht. Viele Faktoren wie die Ladezeiten Ihrer Webseiten oder auch die Klickrate Ihrer Anzeigen helfen Ihnen jedoch, auch mehr Kunden via Internet zu erreichen, die schnell die gewünschte Information finden und somit auch zufrieden sind. Selbst wenn die Qualitätsvorgaben für Google weniger wichtig sind, mit Blick auf Ihre Kunden machen sie auf jeden Fall Sinn.

Schauen wir uns also die Kriterien genauer an, die für einen guten Qualitätsfaktor ausschlaggebend sind, so stellen wir fest, dass sie auch unabhängig vom Qualitätsfaktor für die Performance unserer Kampagnen von zentraler Bedeutung sind:

- Natürlich sollten Ihre Anzeigen Aufmerksamkeit erzeugen, denn nur so generieren sie Klicks.
- Natürlich sollte eine Relevanz zwischen Suchbegriff, Ihren Keywords und Ihren Anzeigen gegeben sein, denn nur so erreichen Sie die passende Zielgruppe.
- Und natürlich sollte Ihre Zielseite zu Keyword und Anzeigen passen, denn nur so kann der kostenpflichtige Klick zur gewinnbringenden Conversion werden.

Betrachten Sie die Qualität Ihrer Kampagnen also ganz logisch und überlegen Sie, was zum Erfolg Ihrer Werbung führt. Nehmen Sie die Optimierungen unter diesen

Voraussetzungen vor, dann wird sich dies auch auf den Qualitätsfaktor von Google auswirken. Im Folgenden gehen wir mit Ihnen eine Reihe von Maßnahmen durch, die Sie in regelmäßigen Abständen an den einzelnen Elementen Ihren AdWords-Kampagnen durchführen sollten.

Vorsicht – Wir haben keine Patentlösung

Leider können wir Ihnen keine Zauberformel liefern, mit der Sie sicher sein können, dass Ihre Kampagnen binnen kürzester Zeit die besten Performance-Daten aufweisen. Jede Branche, jedes Konto und vor allem jeder User tickt anders und daher funktionieren Optimierungsmaßnahmen nicht überall gleich. Wie so oft, heißt es auch bei AdWords: Probieren geht über Studieren.

12.3 Optimierung Ihrer Keywords

Keywords bilden die Grundlage der Anzeigenschaltung und bestimmen darüber, zu welchen Suchanfragen dem User Ihre Werbung eingeblendet wird. Daher bieten Sie im Hinblick auf eine rentable Werbekampagne auch ein erhebliches Optimierungspotenzial. Die folgenden Maßnahmen gehören zur laufenden Kampagnenpflege und sollten regelmäßig wiederholt werden. Sie haben direkten Einfluss auf die wichtigsten KPIs wie CPC, CTR und die Gesamtkosten und somit letztlich auch auf Ihren ROI (Return-on-Investment) bzw. Ihre KUR (Kosten-Umsatz-Relation).

12.3.1 Analyse der tatsächlichen Suchanfragen

Auf dem Tab KEYWORDS erhalten Sie, wie in Abbildung 12.10, einen Überblick über die Performance Ihrer eingebuchten Suchbegriffe. Welche Suchanfrage aber gibt der User tatsächlich in die Suche ein? Sie haben beispielsweise das Keyword *Nike Schuhe* in der Keyword-Option WEITGEHEND PASSEND eingebucht, so wird Ihre Anzeige auch eingeblendet, wenn der User nach *Nike Laufschuhe* sucht.

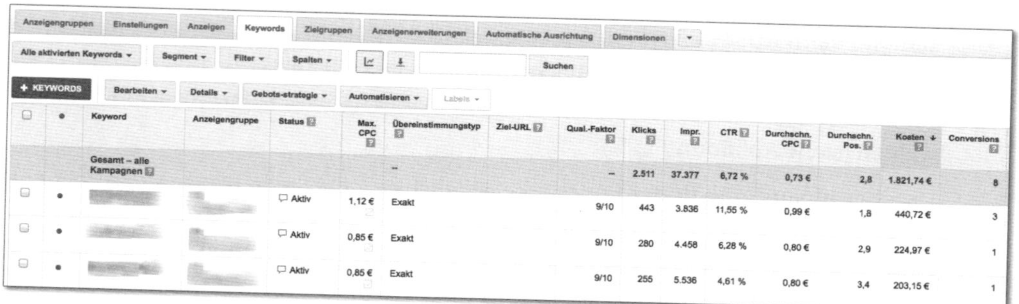

Abbildung 12.10 Keyword-Auswertung

Wenn Sie also nicht ausschließlich die Keyword-Option GENAU PASSEND verwenden, können die tatsächlichen Suchanfragen der User von Ihren Keywords abweichen bzw. diese ergänzen. Dabei kann es sich um sinnvolle Suchbegriffe handeln, die es eventuell ins Keyword-Set aufzunehmen lohnt. Ihre Anzeige könnte jedoch auch für völlig unpassende Suchanfragen wie zum Beispiel *Nike T-Shirt* erscheinen, obwohl Sie ausschließlich Schuhe anbieten, wodurch Sie wiederum Geld verlieren.

Um die Kontrolle über die Anzeigenschaltung durch Ihre Keywords zu behalten, sollte die Überprüfung der Keyword-Details in regelmäßigen Abständen auf Ihrem Zeitplan stehen. Den Suchanfragenbericht können Sie zum einen unter dem Tab DIMENSIONEN • ANZEIGEN: SUCHBEGRIFFE aufrufen und herunterladen.

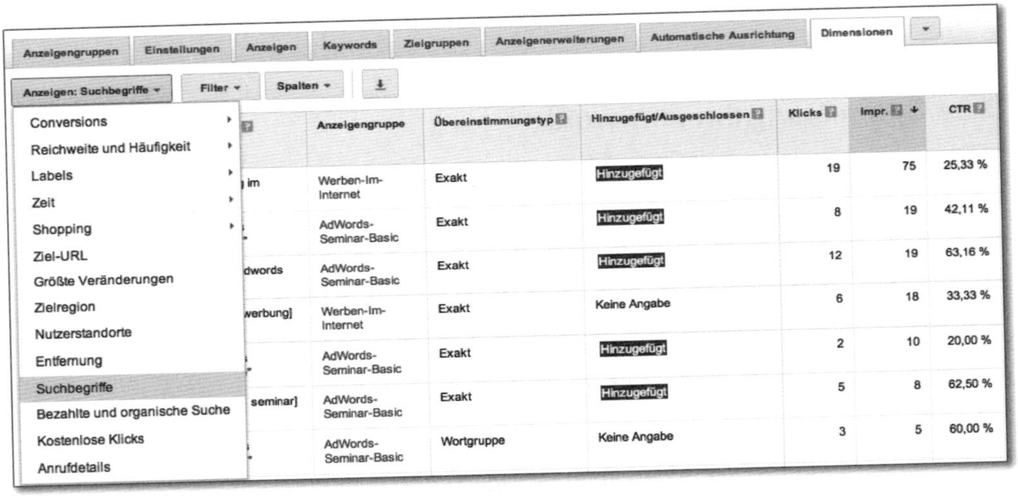

Abbildung 12.11 Keyword-Details im Tab »Dimensionen«

Außerdem finden Sie diesen Bericht unter dem Reiter KEYWORDS • DETAILS • SUCHBEGRIFFE. Dieser Bericht bietet gegenüber dem Bericht unter DIMENSIONEN einige Vorteile. Beispielsweise können Sie sich dort die Keyword-Details auch für einzelne Keywords anzeigen lassen, wenn Sie beim entsprechenden Keyword den Haken setzen und dann AUSGEWÄHLT anklicken. Das ist besonders bei sehr teuren und häufig gesuchten Keywords ratsam. Zunächst reicht es aus, die tatsächlichen Suchanfragen auf Anzeigengruppe zu betrachten und unter DETAILS • SUCHBEGRIFFE • ALLE auszuwählen (siehe Abbildung 12.12).

Darüber hinaus enthält der Bericht die Möglichkeit, die Suchanfragen der User entweder Ihrem Keyword-Pool hinzuzufügen oder aber für die Zukunft auszuschließen. Diese Maßnahme hilft Ihnen dabei, Ihre Keywords präziser auszurichten und auf diese Weise Streuverluste zu reduzieren.

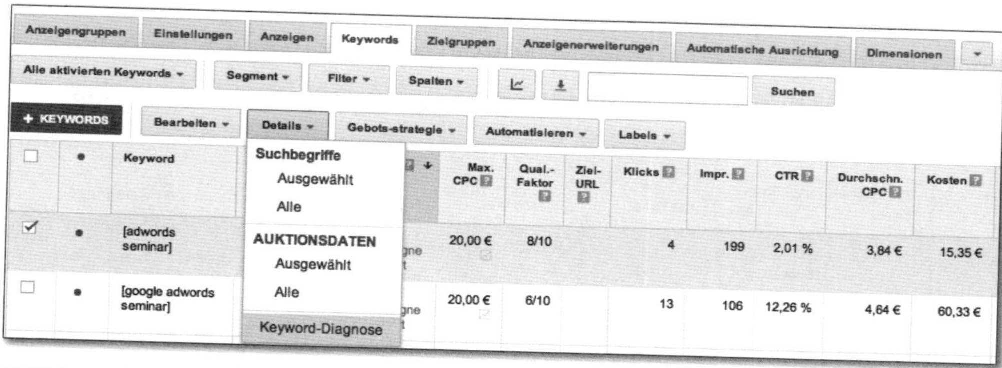

Abbildung 12.12 Keyword-Details im Tab »Keywords«

Beim Setup Ihrer Kampagnen haben Sie vermutlich schon einige Ausschlüsse vorgenommen, doch gerade wenn Sie die etwas weitgehenderen Keyword-Optionen gebrauchen, werden Sie immer wieder auf Suchanfragen stoßen, die wirklich zu Ihrem Angebot passen.

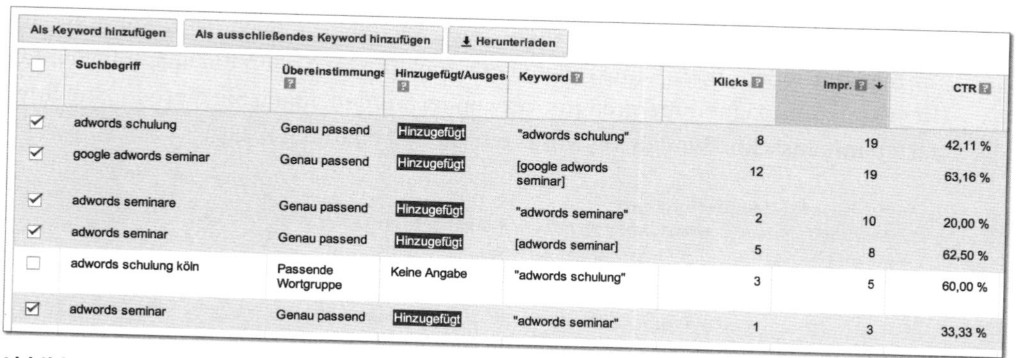

Abbildung 12.13 Hinzugefügte Suchbegriffe

Ähnlich verhält es sich auch mit relevanten Suchanfragen, die Sie bislang noch nicht eingebucht haben, die aber häufig von den Usern gesucht und geklickt werden. Es empfiehlt sich, diese Keywords aufzunehmen, um im Weiteren von ihrer Performance zu profitieren und ihnen gegebenenfalls eine separate Ziel-URL oder eine andere Keyword-Option geben zu können.

Wie oben beschrieben, rufen Sie also die Keyword-Details einer beliebigen Anzeigengruppe auf. Fügen Sie die Spalte KEYWORD hinzu, die Sie unter SPALTEN • SPALTEN ANPASSEN • ATTRIBUTE finden. So erfahren Sie, welches Keyword zu welchem Suchbegriff gehört und können entscheiden, ob dies in Ihrem Sinne ist.

Sortieren Sie die Suchbegriffe am besten nach KLICKS, IMPRESSIONS oder KOSTEN, so dass zuerst diejenigen angezeigt werden, die am meisten Traffic generieren bzw.

generieren könnten. Setzen Sie vor die Suchbegriffe, die Sie hinzufügen bzw. ausschließen möchten, ein Häkchen und führen Sie dann durch Klick auf den Button ALS KEYWORDS HINZUFÜGEN oder ALS AUSSCHLIESSENDE KEYWORDS HINZUFÜGEN die gewünschte Aktion aus.

Abbildung 12.14 Hinzufügen von Keywords

Wenn Sie Suchbegriffe hinzufügen, können Sie das Keyword mit einem spezifischen Gebot sowie einer Ziel-URL versehen. Ausschließende Keywords können Sie auf Anzeigengruppen- oder Kampagnenebene hinzufügen. Sollen die ausschließenden Keywords kampagnenübergreifend verwendet werden, fügen Sie diese in eine Ihrer Listen mit ausschließenden Keywords ein (siehe Abbildung 12.15).

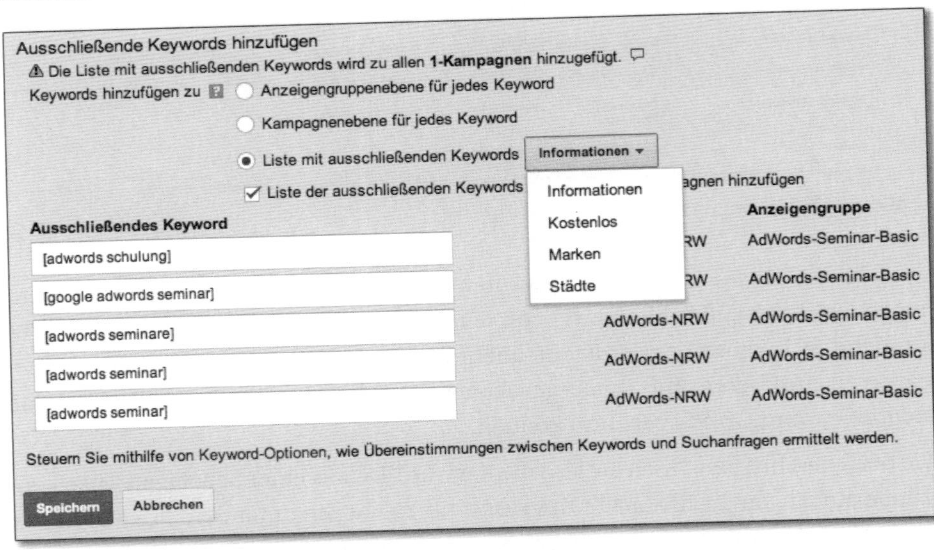

Abbildung 12.15 Hinzufügen ausschließender Keywords

12.3.2 Keyword-Optionen

Wie schon beschrieben, ist es zu Beginn einer Werbekampagne mit AdWords zunächst wichtig, viele Klicks zu erzeugen und eine valide Datenbasis aufzubauen. Dabei kann es von Vorteil sein, die Keyword-Optionen nicht zu eng zu fassen, und die Ausspielung nicht so sehr einzugrenzen. Je nach Zielsetzung und Branche kann es natürlich auch von Anfang an sinnvoll sein, Ihre Anzeigenschaltung durch die Verwendung der Keyword-Optionen PASSENDE WORTGRUPPE oder GENAU PASSEND zu kontrollieren. Prinzipiell sind für den Anfang die Optionen WEITGEHEND PASSEND und der Modifizierer für WEITGEHEND PASSEND jedoch keine schlechte Wahl, wobei das Hinzufügen von ausschließenden Keywords eine wichtige Ergänzung darstellt.

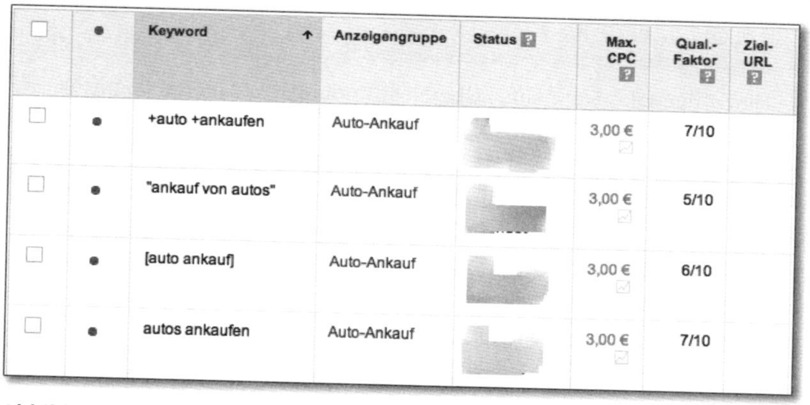

☐	●	Keyword ↑	Anzeigengruppe	Status ?	Max. CPC ?	Qual.-Faktor ?	Ziel-URL ?
☐	●	+auto +ankaufen	Auto-Ankauf		3,00 €	7/10	
☐	●	"ankauf von autos"	Auto-Ankauf		3,00 €	5/10	
☐	●	[auto ankauf]	Auto-Ankauf		3,00 €	6/10	
☐	●	autos ankaufen	Auto-Ankauf		3,00 €	7/10	

Abbildung 12.16 Die unterschiedlichen Keyword-Optionen

Spätestens, wenn Ihnen eine ausreichende Datengrundlage zur Verfügung steht, sollten Sie Ihre Keywords genau analysieren und zumindest den Anteil der WEITGEHEND-PASSEND-Keywords nach und nach reduzieren. So sparen Sie Geld, das Sie an anderer Stelle gewinnbringender einsetzen können.

Viele Werbetreibende haben jedoch Angst, dadurch relevante Suchanfragen und damit potenzielle Kunden zu verlieren. Um diese Verluste so gering wie möglich zu halten, die Anzeigen gleichzeitig aber zielgerichteter und effektiver zu schalten, bedarf es einer gut durchdachten Strategie.

Gehen Sie also überlegt an die Sache und ändern Sie nicht einfach kopflos alle Keyword-Optionen, sondern nutzen Sie die Werkzeuge, die Ihnen AdWords für eine erfolgreiche Umstellung bereitstellt.

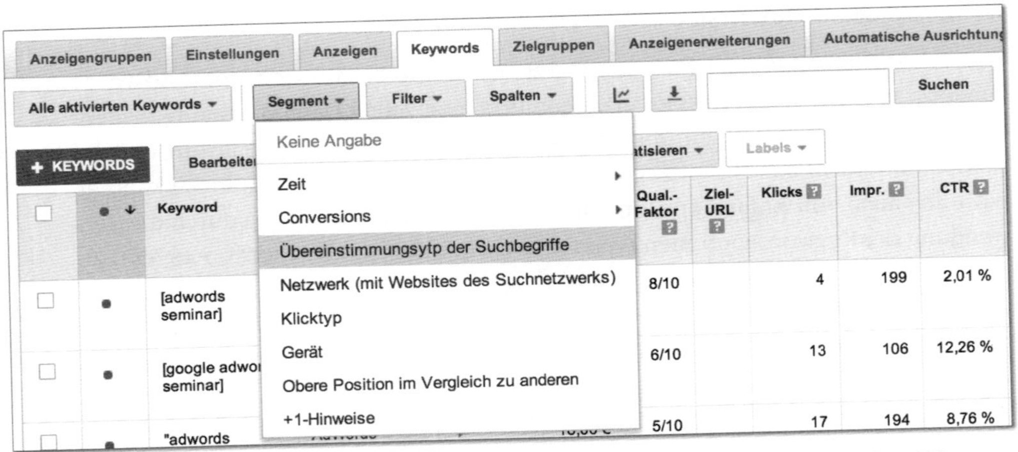

Abbildung 12.17 Hinzufügen des Segments »Übereinstimmungstyp der Suchbegriffe«

Ein solches Werkzeug steht Ihnen unter SEGMENT • ÜBEREINSTIMMUNGSTYP DER SUCHBEGRIFFE zur Verfügung (siehe Abbildung 12.17). Betrachten Sie Ihre Keywords am besten auf Anzeigengruppenebene. Erfahren Sie, wie in Abbildung 12.18 dargestellt, in welcher Option das Keyword am häufigsten gesucht bzw. geklickt wurde, und wann der Klick am günstigsten und die Klickrate am höchsten waren bzw. wann die meisten Bestellungen generiert wurden.

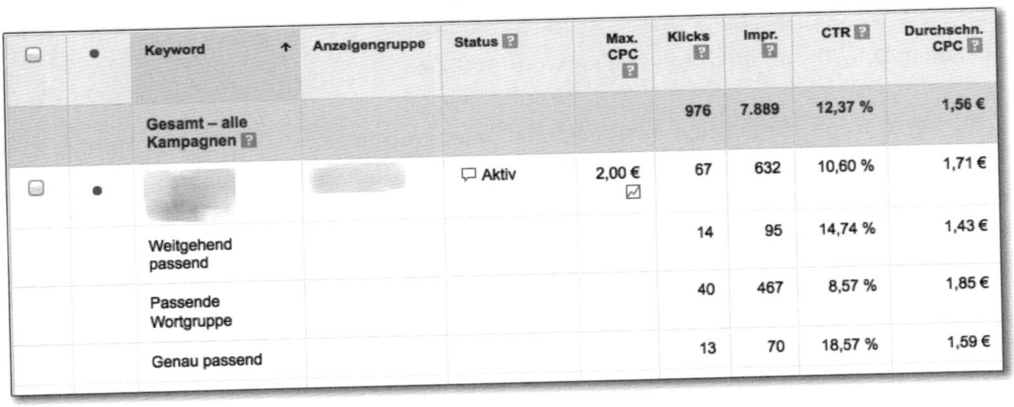

Abbildung 12.18 Segmentierung nach Übereinstimmungstyp

Ermitteln Sie auf diese Weise, bei welchen Keywords die präzisere Anzeigenschaltung in den Keyword-Optionen PASSENDE WORTGRUPPE oder GENAU PASSEND die erfolgreichere Wahl ist, und verzichten Sie dort auf die weitgefasste Ausrichtung, die lediglich Kosten verursacht. Prüfen Sie vor der Umstellung die Keyword-Details für das entsprechende Keyword und fügen Sie die relevanten Suchbegriffe hinzu, welche die Anzeigenschaltung am häufigsten ausgelöst haben. So sind Sie auf der sicheren Seite und verlieren keine relevanten Besucher.

12.3.3 Setzen Sie auf Longtail-Keywords

Generische, also sehr allgemeine Keywords erzielen meist viel und nicht unbedingt qualitativen Traffic und sind daher sehr kostspielig. Zu Anfang haben Sie aber sicher einige etwas allgemeinere Keywords eingebucht, um Ihre Marke in gewissen Bereichen bekannter zu machen. Es gibt viele Unternehmen, die das Suchnetzwerk zusätzlich als Branding-Kanal nutzen und für bestimmte Suchbegriffe stets auf einer der Top-Positionen präsent sind. Dafür eignen sich separate Kampagnen mit einem eigenen Budget. So vermeiden Sie, dass diese Keywords den anderen gewinnbringenderen Keywords das Budget »wegfressen«.

Sobald die Rentabilität Ihrer Werbung mehr in den Fokus rückt, sind die generischen Keywords ein wichtiger Optimierungsansatz. Wie schon erwähnt, erzeugen sie meistens hohe Kosten und bringen oft wenig Umsatz. Wesentlich effektiver sind dagegen Longtail-Keywords. Das sind konkretere Phrasen, die aus mehreren Wörtern bestehen. Dies zeigt sich Ihnen auch, wenn Sie Ihren Suchanfragenbericht überprüfen.

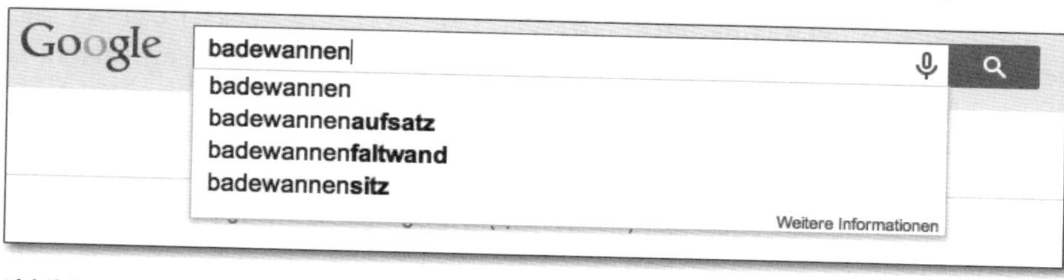

Abbildung 12.19 Longtail-Suchvorschläge in der Google-Suche

Ermitteln Sie die relevanten Longtail-Keywords, die hinter Ihren generischen Keywords stecken und fügen Sie diese Ihrem Keyword-Pool hinzu (siehe Abbildung 12.19). Gleichzeitig sollten Sie die sehr allgemeinen Suchbegriffe nach und nach minimieren oder sie zumindest mithilfe von Keyword-Optionen in ihrer Reichweite eingrenzen oder sie, wie beschrieben, in separate Kampagnen auslagern.

12.3.4 Gute Keywords – schlechte Keywords

Nicht zuletzt müssen Sie in die genaue Analyse Ihrer Keywords einsteigen, um den Erfolg Ihrer Kampagnen gemäß Ihrer Zielsetzung zu beurteilen. Unterm Strich wollen Sie diesen weiter ausbauen und den Return-of-Investment sowie die Kosten-Umsatz-Relation verbessern.

Dazu müssen Sie die Performance Ihrer einzelnen Keywords bewerten und die Top-Performer fördern, während Sie sich von den Low-Performern trennen. Unter SPALTEN • SPALTEN ANPASSEN • CONVERSIONS können Sie sogar die Spalte CONV.-WERT/KOSTEN hinzufügen, die Ihnen die KUR eines jeden Keywords anzeigt.

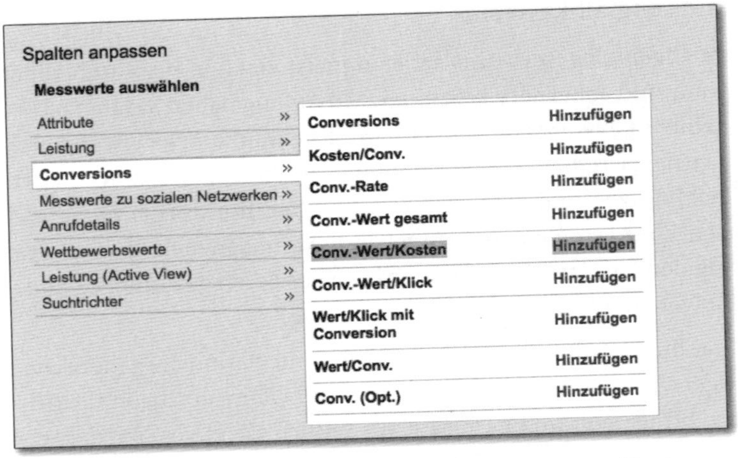

Abbildung 12.20 Spalte zu Conversion-Wert und Kosten zufügen

Durch die Analyse der wichtigsten KPIs wie CPC, CTR oder CONV.-WERT/KOSTEN lassen sich die Keywords mit einer guten bzw. schlechten Performance identifizieren. Es könnte sich lohnen, bei den erfolgreichen Keywords das Gebot zu erhöhen und dadurch ihr Potenzial noch weiter auszuschöpfen. Bei den schlechteren Keywords müssen Sie genauer hinschauen. Versuchen Sie herauszufinden, was hinter der negativen Performance steckt. Ist vielleicht die Position so schlecht, dass der User Ihre Anzeigen gar nicht registriert und Ihre Klickrate ist deshalb so schlecht? Passt die Zielseite womöglich nicht zu Ihrem Keyword und die Nutzer verlassen aus diesem Grund Ihre Seite ohne Aktion?

Viele Faktoren lassen sich beheben und optimieren, manchmal aber passt ein Keyword auch einfach nicht. Zögern Sie nicht, von Zeit zu Zeit Keywords zu deaktivieren oder zumindest ihre Gebote radikal zu reduzieren, wenn Sie Ihnen nichts außer Kosten bringen.

Tipp –Räumen Sie regelmäßig auf

Scheuen Sie sich nicht davor, zwischendurch einmal ordentlich auszumisten. Wählen Sie einen Zeitraum von drei bis sechs Monaten aus und löschen Sie alle Keywords, die in diesem Zeitraum keine Impressionen erzielt haben, denn Sie können davon ausgehen, dass dies auch zukünftig nicht geschieht.

12.4 Optimierung Ihrer Kampagnenstruktur

Schon vor dem Aufsetzen Ihrer Werbekampagne im AdWords-Programm haben Sie sich intensiv damit beschäftigt, wie die Struktur Ihres Kontos aussehen könnte und wie Sie Ihre Kampagnen untergliedern. Je mehr Zeit und Grips Sie darauf verwendet haben, desto weniger Gedanken müssen Sie sich darüber nach Kampagnenstart machen. Dennoch gibt es auch auf dieser Ebene weiterhin viel zu tun und es müssen Aufgaben erledigt werden, damit Sie die Qualität Ihrer Kampagnen halten und noch verbessern.

Ziel dabei bleibt stets eine thematisch sinnvolle und granulare Kampagnenstruktur. Aber erst durch die Maßnahmen, die Sie im Laufe der Zeit ausführen und die Daten, die Sie sammeln, stellt sich heraus, ob sich Ihre Struktur bewährt hat oder einzelne Themenbereiche vielleicht doch besser in einer separaten Kampagne oder Anzeigengruppe aufgehoben sind.

12.4.1 Anzeigengruppen in eigene Kampagne ausgliedern

Wie Sie Ihren Auswertungen entnehmen, generieren einige Anzeigengruppen mehr Traffic als andere. Häufig kristallisieren sich einige Themenbereiche als so gefragt heraus, dass es sich lohnt, diese in eine separate Kampagne mit einem eigenen Budget auszulagern. Da Budgets bislang nur auf Kampagnenebene zugewiesen werden können, ist dies manchmal notwendig, damit das Budget nicht nur von einer einzigen Anzeigengruppe aufgebraucht wird. Das Budget ist nicht die einzige Einstellung, die Sie lediglich auf Kampagnenebene vornehmen können. Auch geografische Ausrichtungen, Gebotsstrategien, Schaltungsmethode, Anzeigenplanung etc. lassen sich nur für die ganze Kampagne einstellen. Daher ist es durchaus sinnvoll, aus bestimmten Anzeigengruppen Kampagnen zu erstellen.

Beispiel – Anzeigengruppe auf Kampagne umstellen

Ihre Daten zeigen, dass das Budget der Kampagne A hauptsächlich durch die Anzeigengruppe C ausgeschöpft wird, Anzeigengruppe A und B gehen meistens leer aus. Zudem finden Sie heraus, dass Anzeigengruppe A in einer bestimmten Region A besonders gut funktioniert und möchten diese Region für diesen Themenbereich priorisieren. Dann lagern Sie Anzeigengruppe A in eine separate Kampagne aus, der Sie ein eigenes Budget und eine individuelle geografische Ausrichtung zuweisen können. Davon profitieren auch die übrigen Anzeigengruppen in Kampagne A.

12.4.2 Keywords in eigene Anzeigengruppen ausgliedern

Behalten Sie die Anzahl der Keywords in Ihren Anzeigengruppen im Blick. Sie sollten in der Regel nicht mehr als 20 Keywords enthalten, die thematisch zusammenpassen, damit die Anzeigentexte inhaltlich darauf abgestimmt werden können. Gerade zu Anfang fügen Sie Ihrem Keyword-Pool auf Basis des Suchanfragenberichts häufig neue Keywords hinzu, besonders dann, wenn Sie die Keyword-Option WEITGEHEND PASSEND verwenden oder viele generische Keywords eingebucht haben. Dadurch steigt die Anzahl Ihrer Keywords und oftmals entstehen mehrere Themenbereiche innerhalb einer Anzeigengruppe, die Sie problemlos in eine eigene Anzeigengruppe ausgliedern können.

> **Beispiel – Entstehung neuer Themenbereiche in einer Anzeigengruppe**
>
> Sie haben eine Anzeigengruppe für Jacken mit Keywords wie Sommerjacken, Winterjacken, Strickjacken, Jeansjacken etc. Mit der Zeit fügen Sie weitere Keywords hinzu, die auf den tatsächlichen Suchanfragen der User basieren. Sie bemerken, dass der Bereich Strickjacken sehr gefragt ist und entscheiden, eine neue Anzeigengruppe für Strickjacken einzurichten. Mit den passenden Anzeigentexten können Sie den Sucher nun viel gezielter ansprechen.

12.5 Optimierung Ihrer Kampagneneinstellungen

Eventuell bemerken Sie im Rahmen Ihrer Analysen, dass sich Ihre Werbung zu bestimmten Tageszeiten überhaupt nicht lohnt oder dass in manchen Bundesländern mehr Nachfrage besteht als in anderen. Nutzen Sie diese Erkenntnisse und optimieren Sie die unterschiedlichen Kampagneneinstellungen Ihres Kontos.

12.5.1 Überprüfen Sie Ihre Werbenetzwerke

Die Anzeigenschaltung im Google Partner Suchnetzwerk kann eine vorteilhafte Ergänzung zur Google-Suche sein. Oft sind die Klickpreise, wie auch Abbildung 12.21 zeigt, bei AOL, T-Online & Co. um ein Vielfaches günstiger und so können dort wesentlich geringere Kosten pro Conversion erzielt werden.

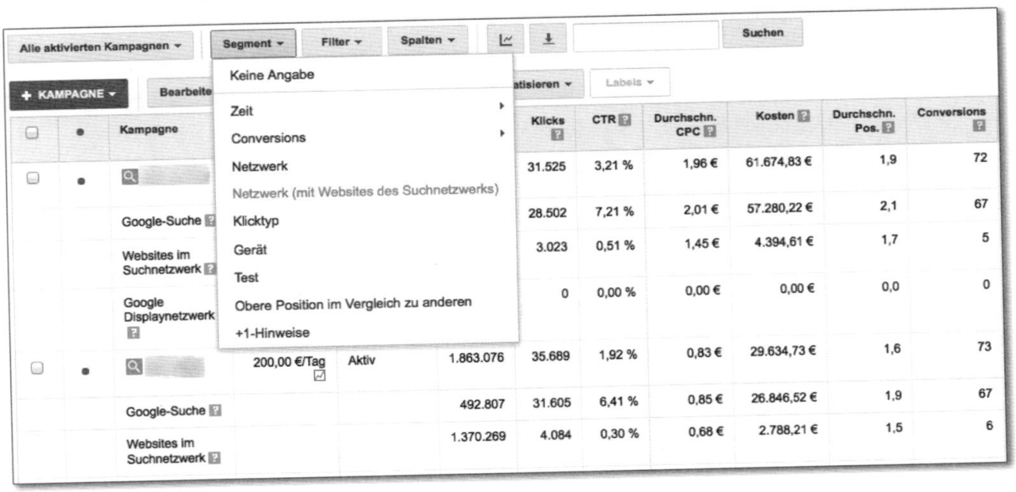

Abbildung 12.21 Segmentieren nach Netzwerk

Auffällig sind jedoch häufig die vergleichsweise schlechten Klickraten im Suchnetzwerk, ausgelöst durch eine immens hohe Anzahl an Impressionen. Dadurch entstehen Ihnen zwar auf den ersten Blick keine Kosten, die schlechte Klickrate wirkt sich aber auf die Gesamtklickrate aus, was wiederum den Qualitätsfaktor beeinflusst, der laut Google Einfluss auf die Klickpreise hat. Möchten Sie ein wenig Budget einsparen, stellt das Abschalten der Partner-Suchnetzwerke einen möglichen Ansatz dar. Entfernen Sie dazu in Ihren Kampagneneinstellungen das Häkchen vor PARTNER IM SUCHNETZWERK EINBEZIEHEN wie in Abbildung 12.22.

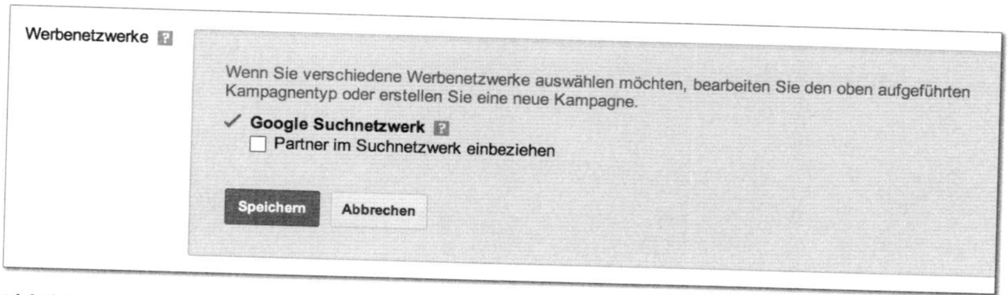

Abbildung 12.22 Ausrichtung der Werbenetzwerke

12.5.2 Passen Sie Ihre regionale Ausrichtung an

Der Reiter DIMENSIONEN bietet einige interessante Berichte. Unter anderem können Sie sich die Performance Ihrer Kampagnen in den verschiedenen Ländern, Bundesländern bis hin zur Stadt anzeigen lassen (siehe Abbildung 12.23).

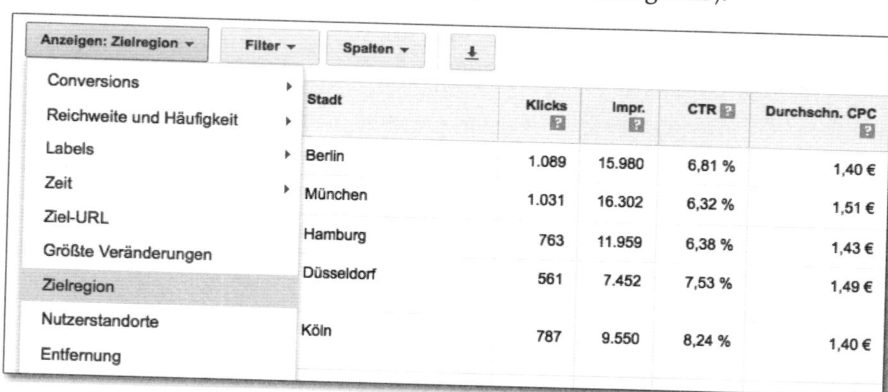

Stadt	Klicks	Impr.	CTR	Durchschn. CPC
Berlin	1.089	15.980	6,81 %	1,40 €
München	1.031	16.302	6,32 %	1,51 €
Hamburg	763	11.959	6,38 %	1,43 €
Düsseldorf	561	7.452	7,53 %	1,49 €
Köln	787	9.550	8,24 %	1,40 €

Abbildung 12.23 Segmentierung der Performance nach Stadt

Diese Daten bieten Hinweise darauf, in welchen Regionen die meiste Nachfrage nach Ihrem Angebot besteht und wo sich die Werbung rentiert bzw. weniger auszahlt. Vielleicht wird deutlich, dass Sie auf bestimmte Regionen verzichten und das gesparte Budget besser an anderer Stelle investieren könnten.

Der Bericht gibt zudem Aufschluss darüber, wo der Wettbewerbsdruck gegebenenfalls höher ist als in anderen Regionen und der Klick deshalb teurer ist. In diesem Fall oder auch, wenn Sie einzelne Regionen priorisieren möchten, haben Sie die Möglichkeit, unter EINSTELLUNGEN • STANDORTE die Gebote wie in Abbildung 12.24 für bestimmte Regionen prozentual zu erhöhen bzw. zu senken.

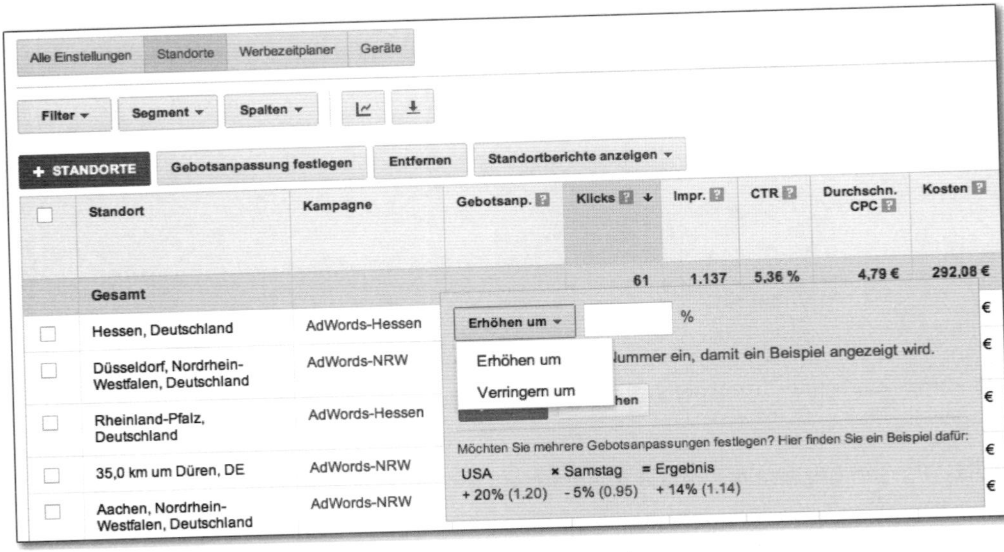

Abbildung 12.24 Anpassen der Gebote einzelner Regionen

12.5.3 Grenzen Sie Ihre Ausspielung zeitlich ein

Ebenfalls auf dem Reiter DIMENSIONEN finden Sie eine zeitliche Auswertung. Sie können sich die Leistung der Kampagnen zum Beispiel zu den unterschiedlichen Tageszeiten oder Wochentagen usw. ansehen (siehe Abbildung 12.25). So erkennen Sie, wann Ihre Kunden nach Ihnen suchen und ob es Zeiten oder Tage gibt, zu denen kaum Nachfrage besteht und die Sie eventuell aussparen könnten. Unter Umständen fällt Ihnen dadurch auf, dass Ihr Budget schon in den frühen Abendstunden verbraucht ist.

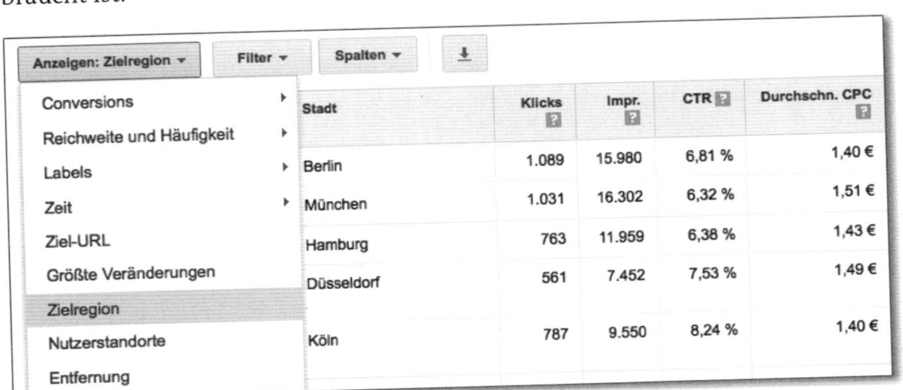

Abbildung 12.25 Auswertung der Tageszeiten

Nutzen Sie das gewonnene Wissen und passen Sie Ihre Einstellungen dementsprechend an. Wie in Abbildung 12.26 können Sie unter EINSTELLUNGEN • WERBEZEITPLANER Gebotsanpassungen für unterschiedliche Zeiten vornehmen und die Gebote einzelner Intervalle erhöhen bzw. reduzieren.

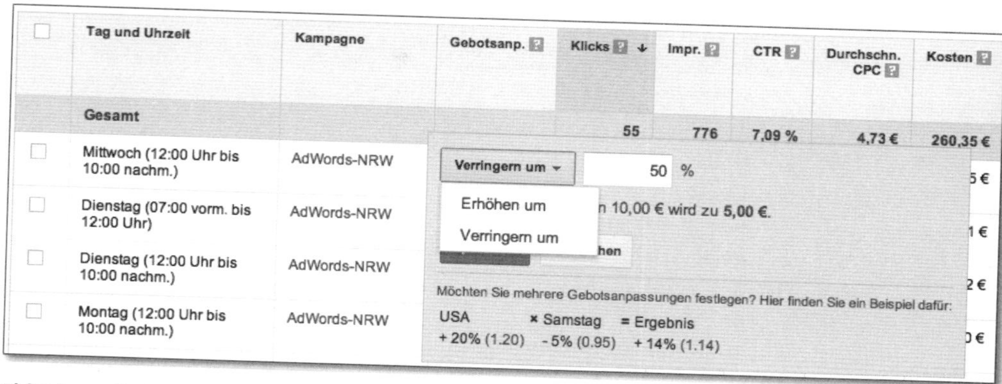

Abbildung 12.26 Gebotsanpassung einzelner Zeitintervalle

> **Tipp – Budget automatisch erhöhen**
>
> Hat sich herausgestellt, dass die Nachfrage sonntags besonders hoch ist und Sie gleichzeitig den meisten Umsatz erzielen, sind Sie eventuell bereit, an diesem Wochentag etwas mehr Geld zu investieren.
>
> Sie können eine automatische Regel erstellen und auf dem Tab KAMPAGNEN • AUTOMATISIEREN • TAGESBUDGET ÄNDERN, SOBALD... das Budget wie in Abbildung 12.27 jede Woche am Sonntag erhöhen. Vergessen Sie nicht, eine Regel aufzusetzen, die das Budget montags wieder senkt.
>
> 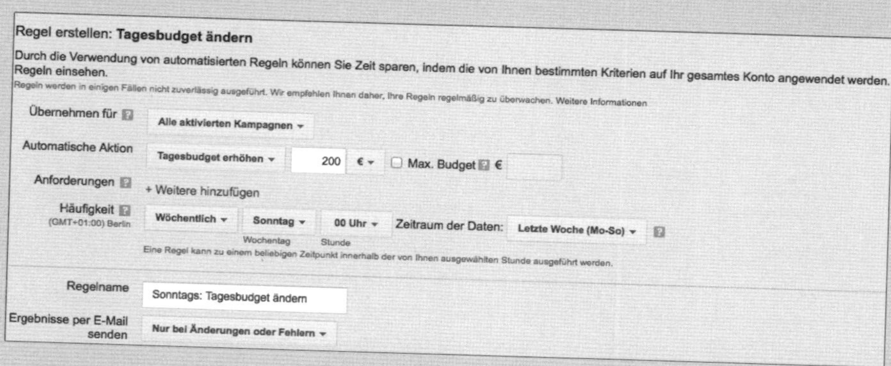
>
>
> **Abbildung 12.27** Erstellen einer Regel

12.5.4 Aussteuerung der Geräte

Schauen Sie sich an, wie Ihre Kampagnen auf den unterschiedlichen Geräten und besonders auf Mobiltelefonen funktioniert. Klickraten und Klickpreise sind oft von Gerät zu Gerät verschieden (siehe Abbildung 12.28).

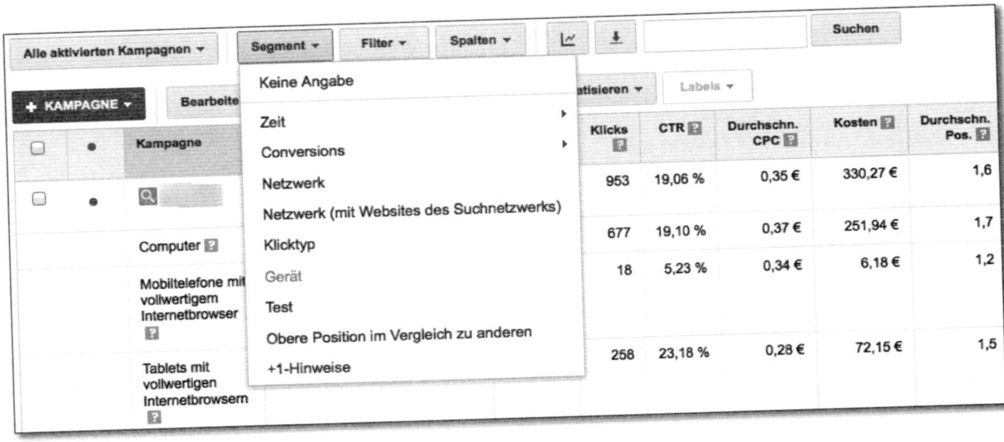

Abbildung 12.28 Segmentierung nach Gerät

Leider können Sie die Einstellungen für Computer und Tablets nicht bearbeiten, für Mobilgeräte ist dies jedoch möglich. Bewerten Sie also die Leistung, die Ihre Anzeigen auf Mobiltelefonen erzielen und ziehen Sie Ihre Konsequenzen daraus.

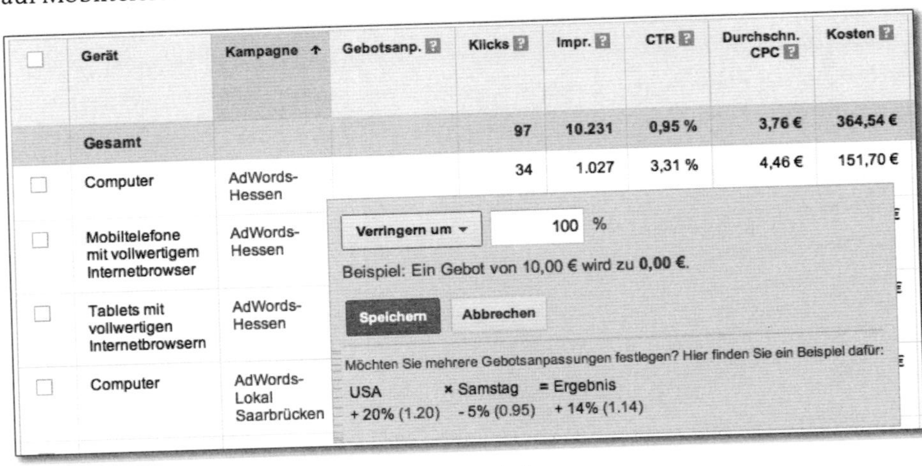

Abbildung 12.29 Gebotsanpassung für Mobiltelefone

Ist die Leistung nur mittelmäßig und Ihr Unternehmen verfügt noch nicht über eine mobile Webseite, könnten Sie darüber nachdenken, ob Sie bis dahin auf die Bewerbung auf Mobiltelefonen absehen, um ein wenig Geld auf die anderen Geräte umzuverteilen. Dazu reduzieren Sie das Gebot für Mobiltelefone auf dem Reiter

EINSTELLUNGEN • GERÄTE durch Klick in die Spalte GEBOTSANP. um 100 %. Steht die Bewerbung auf Smartphones hingegen im Fokus, können Sie das Gebot für Mobilgeräte auf die gleiche Weise prozentual erhöhen.

12.6 Optimierung Ihrer Anzeigen

Ihre Anzeigen sind der erste Kontakt, den Sie mit Ihren potenziellen Kunden haben. Wenige Augenblicke bleiben Ihnen, den User davon zu überzeugen, sich für Ihre Anzeige zu entscheiden. Daher müssen Ihre Anzeigen einiges leisten, denn ihr Erfolg ist die Voraussetzung dafür, dass der User weiter auf Ihre Website klickt und dort im besten Falle eine Conversion auslöst.

Ein Blick auf Ihre Klickrate verrät Ihnen, ob Ihre Anzeigentexte funktionieren oder ob die erste Kontaktaufnahme fehlgeschlagen ist. Selbst wenn die Klickraten gut sind, bieten die Anzeigentexte ein großes Optimierungspotenzial. Es gibt einige Möglichkeiten, Tests durchzuführen und aus den dadurch gewonnenen Erkenntnissen, Konsequenzen zu ziehen

12.6.1 Lassen Sie mehrere Anzeigen gegeneinander laufen

Die erste Regel, die Sie hoffentlich schon beim Aufsetzen Ihrer Kampagnen beherzigt haben, lautet, stets drei bis maximal sechs Anzeigen pro Anzeigengruppe gegeneinander laufen zu lassen. Das ist nicht nur deshalb von Vorteil, weil immer mal eine Anzeige abgelehnt werden kann und Sie auf diese Weise sicher sind, dass trotzdem eine Anzeige greift.

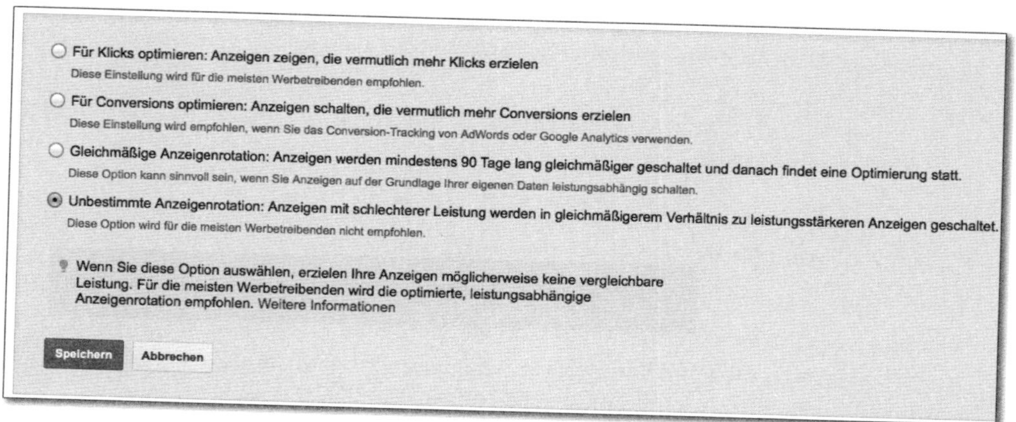

Abbildung 12.30 Verschiedene Auswahloptionen für die Anzeigenrotation

Außerdem haben Sie so die Möglichkeit, die verschiedenen Texte zu testen und ihre Leistung gegenüberzustellen. Um hier die gleichen Bedingungen zu schaffen, sollten

Sie unter EINSTELLUNGEN • ANZEIGENSCHALTUNG: ANZEIGENROTATION, FREQUENCY CAPPING • ANZEIGENROTATION den Haken wie in Abbildung 12.30 bei UNBESTIMMTE ANZEIGENROTATION setzen.

Nach einer gewissen Vorlaufzeit stellen die Optionen FÜR KLICKS OPTIMIEREN oder FÜR CONVERSIONS OPTIMIEREN eine mögliche Alternative dar. Dann würden die Anzeigen, welche die meisten Klicks bzw. Conversions generieren, bevorzugt ausgespielt. Um jedoch eine gleichberechtigte Ausgangsbasis für einen Test zu erhalten, sollte die Option UNBESTIMMTE ANZEIGENROTATION ausgewählt werden.

Um Ihre Anzeigentexte miteinander zu vergleichen, betrachten Sie die Performance der einzelnen Anzeigen auf dem Reiter ANZEIGEN. Fügen Sie dazu unter SPALTEN • SPALTEN ANPASSEN • LEISTUNG die Spalte % GESCHALTET hinzu (siehe Abbildung 12.31). Diese Spalte gibt das Verhältnis wieder, in welchem die Anzeige im Vergleich zu den anderen Anzeigen geschaltet wurde und zeigt Ihnen, ob die Voraussetzungen für die Daten tatsächlich gleich waren.

		Anzeige	Status	Labels	% geschaltet	Kampagnentyp	Klicks	Impr.	CTR
	•		Freigegeben	--	33,53 %	Nur Suchnetzwerk	707	9.938	7,11 %
	•		Freigegeben	--	35,47 %	Nur Suchnetzwerk	912	10.513	8,67 %
	•		Freigegeben	--	30,99 %	Nur Suchnetzwerk	502	9.185	5,47 %

Abbildung 12.31 Anzeigen-Performance im Vergleich

Optimieren Sie die Anzeigen, die bei den Kennzahlen wie CTR oder CONVERSIONS schlechter abschneiden als die Top-Anzeigen, und schreiben Sie sie um.

12.6.2 Testen Sie verschiedene Verkaufsargumente

Was bewegt den User dazu, sich für eine bestimmte Anzeige zu entscheiden? Wie können Sie ihn von Ihrem Angebot überzeugen? Sind es die Prozente mit denen Sie ihn locken oder die schnellen Lieferzeiten oder doch der kostenlose Versand? Es kann durchaus von Nutzen sein, wenn Sie wissen, worauf der Nutzer anspringt.

Erstellen Sie deshalb Labels für die einzelnen Verkaufsargumente oder Formulierungen, die Sie Ihren Anzeigen unter ANZEIGEN • LABELS zuweisen (siehe Abbildung 12.32).

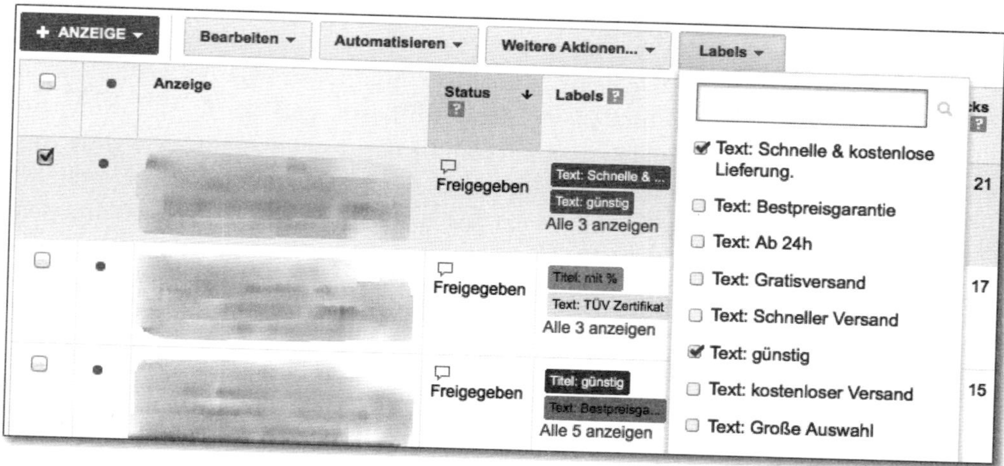

Abbildung 12.32 Vergabe der Labels

12

Auf dem Tab DIMENSIONEN • LABELS • LABELS – ANZEIGE erfahren Sie, welche Argumente die meiste Überzeugungskraft haben, indem Sie die KPIs wie Klickrate, Klickpreis oder Umsatz miteinander vergleichen (siehe Abbildung 12.33). Bringen Sie die Verkaufsargumente, die nachweislich gut funktionieren, auch in anderen Anzeigen unter und verzichten Sie auf die Argumente, die keinen Anklang finden.

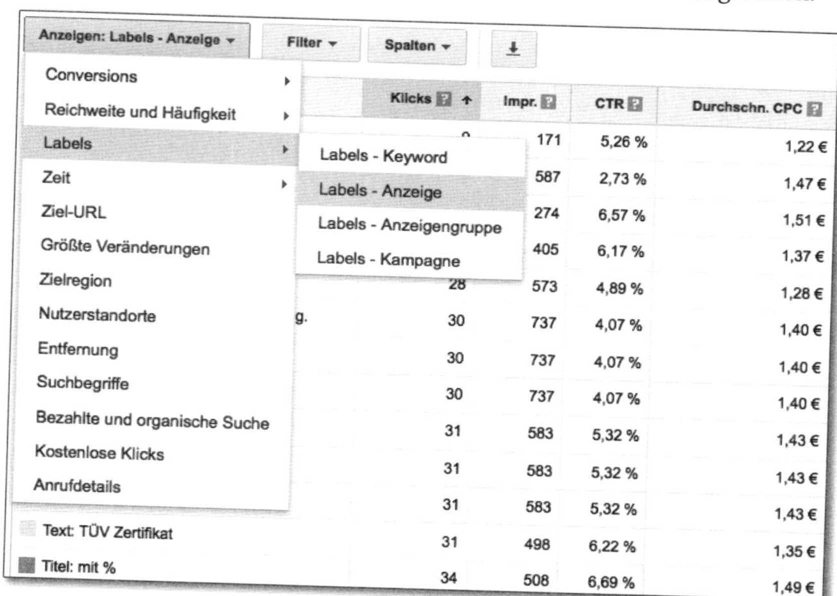

Abbildung 12.33 Auswertung der einzelnen Labels

12.7 Optimierung durch Anzeigen mit Keyword-Platzhaltern

Erfahrungsgemäß werden Anzeigen mit einem unmittelbaren Bezug zu den gesuchten Inhalten, Produkten und Dienstleistungen besser geklickt als solche, die nur generische Aussagen beinhalten. Hinzu kommt, dass jedes übereinstimmende Wort der Suchanfrage in den Anzeigen automatisch fett markiert wird. Sie haben somit in Überschrift, Anzeigentext und auch der angezeigten URL die Möglichkeit, mit dem geschickten Einsatz von Keyword-Platzhaltern von dieser automatischen Hervorhebung zusätzlich zu profitieren. Selbst wenn Sie mit einem sehr granularen Set aus Anzeigengruppen mit jeweils nur wenigen Keywords arbeiten, wird es Ihnen unmöglich sein, für praktisch jeden Suchbegriff eine optimal passende Anzeige zu texten. Hier kommen die Keyword-Platzhalter (englisch: Dynamic Keyword Insertion – DKI) ins Spiel. Mit Hilfe dieser praktischen AdWords-Automatik können Sie Ihre Anzeigentexte nämlich individuell auf jedes einzelne, gebuchte Keyword abstimmen. Doch wie bei jedem Automatismus entstehen damit nicht nur Vorteile. Worauf Sie beim Einsatz von Keyword-Platzhaltern achten sollten, möchten wir Ihnen hier im Zuge einer kurzen Funktionsbeschreibung mit Hilfe von Tipps und praktischen Beispielen erklären.

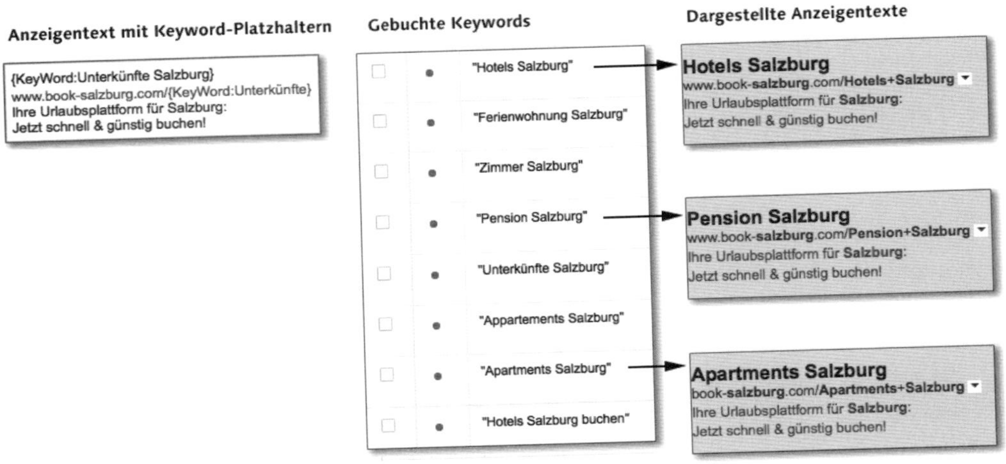

Abbildung 12.34 So funktionieren Keyword-Platzhalter im Anzeigentext.

12.7.1 Keyword-Platzhalter für Textanzeigen

Keyword-Platzhalter können für viele Arten von Textanzeigen verwendet werden. So können Sie diese sowohl bei Desktop- und Tablet- als auch bei mobilen Anzeigen einsetzen. Die Funktion ist zudem nicht nur im Such- sondern auch im Displaynetzwerk verfügbar.

Tipp: Auch wenn die technischen Möglichkeiten den Einsatz von DKI im Displaynetzwerk nicht ausschließen, raten wir davon dringend ab. Erfahrungsgemäß werden diese Platzhalter von Google mit fragwürdigen Begriffen gefüllt. Bei automatischen Placements (Kontext-Targeting über Keywords) kann das AdWords-System praktisch jedes von Ihnen hinterlegte Keyword in der Anzeige hinterlegen. Bei einem Targeting auf manuelle Placements hingegen bleibt DKI gleich ganz ohne Funktion, weil ja keinerlei Keywords hinterlegt wurden. Nicht nur aus diesem Grund werden wir uns in diesem Abschnitt bei weiteren Erklärungen und Beispielen ausschließlich auf Kampagnen im Suchnetzwerk beschränken. Aber auch dort gilt: Es kann grundsätzlich jedes gebuchte Keyword im Anzeigentext erscheinen, weshalb Sie speziell beim Einsatz von DKI unbedingt doppelt überprüfen sollten, wie sinnvoll solche dynamischen Ersetzungen für jedes einzelne Keyword ausfallen können.

12.7.2 Der Keyword-Platzhalter-Code

In Abbildung 12.34 finden Sie ein einfaches Beispiel, wie Sie in der Praxis mit Keyword-Platzhaltern in Anzeigentexten arbeiten und wie sich diese abhängig von den gebuchten Keywords auf die tatsächlich dargestellten Anzeigen auswirken. DKI definieren Sie über so genannte »Keyword-Klammern«, deren konkreten Aufbau wir uns nun im Detail ansehen:

```
{keyword:Ersatztext}
```

Listing 12.1 So definieren Sie Keyword-Platzhalter in Textanzeigen.

In geschwungenen Klammern platzieren Sie den Keyword-Platzhalter an jenen Stellen in Überschrift, Anzeigentext oder angezeigter URL, wo Sie später eine dynamische Ersetzung durch den jeweiligen individuellen Suchbegriff durchführen möchten. Dabei folgt dem Begriff `keyword:` ein Ersatztext, der immer dann in der Anzeige dargestellt wird, wenn ein Keyword nicht dynamisch eingefügt werden kann. Meist ist das der Fall, wenn die Länge dieses Keywords die erlaubte Zeichenlänge für das jeweilige Feld überschreiten würde.

Tipp: Berücksichtigen Sie unbedingt die möglichen Textlängen, wenn Sie mit DKI arbeiten. Dessen Einsatz macht zum Beispiel wenig Sinn, wenn Sie ausschließlich lange Mehrphrasen-Keywords gebucht haben, mit denen ohnehin nur Platz für den Ersatztext in den jeweiligen Feldern der Textanzeige bleiben würde. Speziell in der Überschrift kann das 25-Zeichen-Limit schnell dafür sorgen, dass Sie dort bei einem verwendeten Keyword-Platzhalter nicht mehr viel Platz für weitere fixe Textelemente bleibt.

12.7.3 Groß- und Kleinschreibung von Keyword-Platzhaltern

Im oben gezeigten Beispiel wurde der `keyword`-Begriff durchgehend klein geschrieben. Es wird ihnen bisher nicht weiter aufgefallen sein, jedoch stecken hinter der Schreibweise dieses Begriffes jede Menge Möglichkeiten, deren unterschiedliche Auswirkungen wir Ihnen anhand der folgenden Tabelle aufzeigen möchten. Gehen wir davon aus, ein Suchmaschinennutzer hat nach »grüner tee« gesucht und damit eine Anzeigenschaltung ausgelöst:

Keyword-Platzhalter-Code	Groß-/Kleinschreibung	Darstellung in der Anzeige
`{keyword:Teesorten} aus aller Welt`	Durchgehend klein	grüner tee aus aller Welt
`{Keyword:Teesorten} aus aller Welt`	Nur der erste Buchstabe des ersten Wortes	Grüner tee aus aller Welt
`{KeyWord:Teesorten} aus aller Welt`	Der erste Buchstabe jedes Wortes	Grüner Tee aus aller Welt
`{KEYWord:Teesorten} aus aller Welt`	Das gesamte erste Wort und der erste Buchstabe jedes weiteren Wortes	GRÜNER Tee aus aller Welt
`{KeyWORD:Teesorten} aus aller Welt`	Der erste Buchstabe des ersten Wortes und alle Buchstaben aller weiteren Wörter	Grüner TEE aus aller Welt
`{KEYWORD:Teesorten} aus aller Welt`	Alle Buchstaben aller Wörter	GRÜNER TEE aus aller Welt

Tabelle 12.1 Überblick und Beispiele zur Groß- und Kleinschreibung von Keyword-Platzhaltern

Bitte berücksichtigen Sie vor allem beim Einsatz der letzten drei Varianten, dass auch bei den Keyword-Platzhaltern die Google-Richtlinien für Anzeigentexte unverändert gelten, speziell was die unnötige Großschreibung betrifft.

12.7.4 Vorteile von Keyword-Platzhaltern

Der Einbau von Keyword-Platzhaltern erfordert etwas mehr Planung. Diese Option bietet einige Vorteil, die wir Ihnen hier kurz vorstellen möchten.

Anzeigenrang steigern, Klickpreise senken

Einer der unmittelbaren Vorteile und Gründe für die Verwendung von DKI ist die Steigerung der Anzeigenrelevanz: Wenn sich der Wortlaut der Suchanfrage direkt im

Anzeigentext wiederfindet und noch dazu so viel wie möglich übereinstimmende Begriffe fett hervorgehoben sind, sticht die Anzeige deutlicher hervor und bringt wohl in vielen Fällen eine höhere Klickrate mit sich als generische Anzeigen, in denen keine Textinhalte zur Suchanfrage passen. Höhere Klickraten wirken sich unmittelbar auf den Qualitätsfaktor aus, weshalb Sie mittelfristig durch den geschickten Einsatz von DKI nicht nur von einem besseren Anzeigenrang, sondern auch von günstigeren Klickpreisen profitieren sollten.

Zeit sparen ohne Relevanzeinbußen

Ein weiterer Vorteil ist natürlich der reduzierte Zeitaufwand. In der Praxis werden Sie selbst bei einem granularen Anzeigengruppen-Setup nicht auf jedes einzelne Keyword mit einer individuell getexteten Anzeigen eingehen können. Auch wenn sich Ihr zu bewerbendes Angebot nur durch kleine Faktoren (denken Sie an das einleitende Beispiel mit den Unterkunftstypen) oder ausschließlich über Modell- oder Versionsnummern (wie beispielsweise im Sortiment großer Online-Shops) voneinander unterscheidet, können Sie sich über den Einsatz von DKI ohne große Einbußen in der Anzeigenrelevanz eine Menge Zeit ersparen.

12.7.5 Nachteile und Grenzen von Keyword-Platzhaltern

Bis zu dieser Stelle könnten Sie leicht der Überzeugung sein, dass Sie von DKI ausschließlich profitieren können. Allerdings müssen Sie auch die folgenden Überlegungen zu den Schwächen dieses Systems berücksichtigen, damit der Einsatz von Keyword-Platzhalten für Sie nicht nach hinten losgeht.

Rechtschreib- und Grammatikfehler

Mit DKI eröffnen Sie die Möglichkeit, dass sich Tippfehler von Suchmaschinennutzern direkt in Ihre Anzeigentexte übertragen und damit keine Anzeigenschaltung auslösen. Denn die Google-Richtlinien würden, sobald Rechtschreibung oder Grammatik in Anzeigentexten fehlerhaft sind, eine Anzeigenschaltung verhindern. Ebenfalls gegen die Richtlinien verstoßen würden Sie mit unnötiger Großschreibung, wenn Sie die zuvor beschriebenen Schreibvarianten des `keyword:`-Begriffes über Gebühr strapazieren würden. *GRÜNER Tee aus aller Welt* widerspricht den Anzeigenrichtlinien, der falsche Einsatz von DKI würde Ihnen hier keine Vorteile bringen.

Widersprüchliche Kombinationen

Vor allem Anbieter mit einem sehr großen Sortiment müssen sich öfter mit gänzlich unpassenden Auswirkungen von DKI auseinandersetzen. Erfahrungsgemäß betreffen solche Fehler oft Unternehmen wie Ebay oder Amazon, die automatisiert mit wohl abertausenden Anzeigenvariationen auf Millionen von Keywords bieten. Die folgende Anzeige, die bei der Suchanfrage nach »geklaute handys« erscheint, lockt wahrscheinlich ungewollte Besucher auf Ihre Webseite:

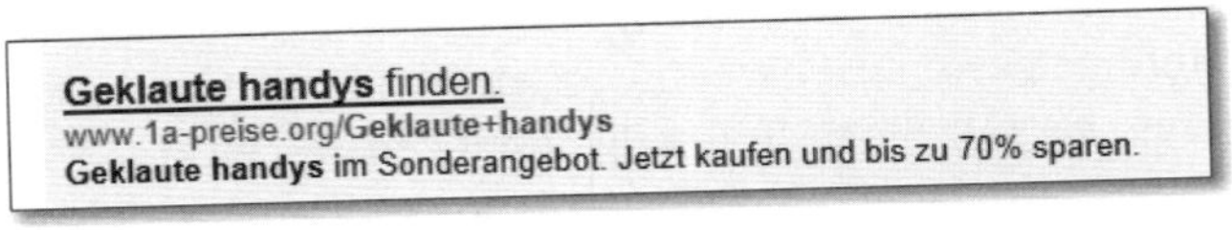

Abbildung 12.35 »Panne« mit dynamischen Anzeigentexten

Beschränken Sie durch Keyword-Optionen und negative Keywords die Suchbegriffe, die automatisch in die Anzeige übernommen werden können. Dies ist vor allem sinnvoll, wenn Sie DKI in Kombination mit weitgehend passenden Keywords in Ihren Anzeigentexten verwenden.

Probleme mit Marken

Erscheinen geschützte Marken-Keywords durch die Nutzung von DKI in den Anzeigentexten, so kann das Ihnen bzw. Ihren Kunden große Probleme bereiten. Beispiel gefällig? Sie haben das Keyword *Motel Wien* als weitgehend passende Übereinstimmung gebucht und nutzen den Keyword-Platzhalter **`{KeyWord:Motel Wien}`** `online buchen` in der Anzeigenüberschrift. Eine Suchanfrage nach *Motel One Wien* könnte sich somit einfach in Ihre Anzeige »schwindeln«, obwohl Sie weder mit der internationalen Hotelkette MOTEL ONE in Verbindung stehen noch deren Leistungen auf der von Ihnen hinterlegten AdWords-Zielseite im Angebot haben. Dieser Fall würde Ihnen nicht nur verärgerte potenzielle Nutzer bringen, die auf Ihrer Zielseite nicht das gewünschte Angebot bzw. Unternehmen wiederfinden. Zu den unnötigen Kosten durch solche irreführenden Klicks könnten auch noch Probleme mit der Rechtsabteilung des fälschlicherweise genannten Unternehmens hinzukommen. Erfahrungsgemäß kann die Kontaktaufnahme unterschiedlich ausfallen, von freundlichen E-Mails inklusive Beleg-Screenshots mit der Bitte um Entfernung bis hin zu sofortigen Abmahnungen und Unterlassungsaufforderungen inklusive Erlagschein.

Tipp: Buchen Sie offensichtlich unpassende Produkt- und Markennamen unbedingt als ausschließende Keywords (am besten in zentralen Listen auf Kontoebene) ein, um solche Unannehmlichkeiten zu vermeiden. Im Unterschied zu den zuvor genannten teils skurrilen und oft lustigen automatischen Ersetzungen können Sie hier kostspieligen Ärger bekommen.

12.7.6 Tipps zum Einsatz von Keyword-Platzhaltern

Auch wenn wir auf den vorherigen Seiten bereits einige Tipps zum Umgang mit DKI direkt bei den passenden Themenbereichen genannt haben, möchten wir hier abschließend noch einmal ein paar der wichtigsten zu berücksichtigenden Punkte für Sie zusammenfassen.

Auch die angezeigte URL optimieren

In Abbildung 12.34 können Sie sehen, dass wir DKI auch in der angezeigten URL einsetzen. Damit nutzen wir einen weiteren Platz im Anzeigentext aus, um die Suchbegriffe unterzubringen und noch einmal die Relevanz zu steigern. Auch mit Leerzeichen getrennte Keyword-Kombinationen sind hier insofern kein Problem, als dass sie von AdWords in der angezeigten URL automatisch mit Plus-Zeichen ersetzt werden. Nur wenn Ihre gebuchten Keyword-Phrasen von Haus aus bereits sehr lange ausfallen, sollten Sie auf deren Verwendung über DKI an dieser Stelle verzichten und gleich eine generische, gut passende angezeigte URL hinterlegen.

Tool zur Anzeigenvorschau und -diagnose nutzen

Nutzen Sie das Tool zur Anzeigenvorschau und -diagnose, um das Verhalten Ihrer Anzeigen mit den Keyword-Platzhaltern zu prüfen. Ihre Anzeigen müssen aktiv sein, damit Sie an dieser Stelle Beispiele für Ihre Textanzeigen finden. Nutzen Sie jedenfalls die Anzeigenvorschau für Ihre Überprüfungen, da Sie mit einer »echten« Suche auf Google die Leistungsdaten Ihrer Kampagnen – in den meisten Fällen negativ – beeinflussen würden.

DKI-Syntax genau prüfen

Ein kleines Wort kann es erfahrungsgemäß ganz schön in sich haben: Selbst uns als langjährigen und erfahrenen AdWords-Anwendern passiert es immer wieder, dass wir von den zuvor beschriebenen möglichen Schreibweisen des Platzhalter-Codes »ausgetrickst« werden. Nicht nur die zuvor besprochene Groß-/Kleinschreibung, sondern auch der korrekte Einsatz der geschwungenen Klammern, des Doppelpunktes ohne Leerzeichen muss gewährleistet sein, damit DKI ordnungsgemäß funktioniert. Denn die Anzeige würde ebenfalls nicht geschaltet werden, wenn Sie den Ersatztext nach dem Doppelpunkt vergessen.

Formulierungen mit Keyword-Beispielen prüfen

Auch hier zeigt unsere Erfahrung, dass der Teufel im Detail stecken kann. Bleiben wir beim obenstehenden Tee-Beispiel. Während `{KeyWord:`**`Teesorten} aus aller Welt`** für den Suchbegriff *"Grüner Tee"* zu einem grammatikalisch passenden *Grüner Tee aus aller Welt* in der Anzeigenüberschrift führen würde, hätten Sie und Ihre potenziellen Interessenten mit folgender Formulierung weniger Freude. `{KeyWord:`**`Teesorten} online kaufen`** würde dazu führen, dass die Überschrift *Grüner Tee online kaufen* lauten würde. Es gibt leider immer wieder Kombinationen, die von der Google-Richtlinienüberprüfung übersehen werden und am Ende im Suchergebnis einen unprofessionellen Eindruck hinterlassen.

Vorsicht mit Marken

Dass Sie mit DKI in Kombination mit Fremdmarken vorsichtig sein müssen, haben wir zuvor bereits ausführlich behandelt. Aber auch im Umgang mit eigenen Marken- und Produktnamen haben wir noch einen Tipp für Sie parat: Verzichten Sie bei allen konkreten Brand- oder Produktkampagnen auf DKI, um in solchen Anzeigentexten ausschließlich Ihre gewünschten Marken- und Produktbezeichnungen oder auch unveränderten Werbeclaims anzeigen zu lassen.

Individuelle Anzeigen schrittweise ausbauen

DKI eignet sich sehr gut dafür, zunächst generischere Kampagnen- und Anzeigen-Setups schrittweise auszubauen. Haben Sie mit Hilfe der Keyword-Platzhalter über einen längeren Zeitraum herausgefunden, mit welchen Anzeigentexten Ihre Kampagnen die besten Leistungsdaten erzielen, dann ersetzen Sie die DKI-Anzeigen schrittweise mit den passenden formulierten Anzeigenvarianten *ohne* DKI.

12.8 Dynamische Anzeigentexte erstellen

Google entwickelt sich immer weiter. Darum stellen wir Ihnen hier noch eine zusätzliche Optimierungsmöglichkeit für Textanzeigen vor, die während der Arbeit an diesem Buch im Oktober 2014 für die deutschen AdWords-Konten freigegeben wurde. Zusätzlich zur dem Einsatz dynamischer Keywords in Textanzeigen können AdWords-Manager nun ganz einfach ohne Einsatz einer Programmierschnittstelle Anzeigentexte in Echtzeit aktualisieren, indem auf Parameter aus einem Datenfeed zugegriffen oder ein zeitlich gesteuerter Countdown implementiert wird.

12.8.1 Geschäftsdaten hochladen

Ein wichtiger Faktor für den Einsatz der neuen Möglichkeiten ist ein Unterpunkt in der gemeinsam genutzten Bibliothek, der die Bezeichnung GESCHÄFTSDATEN trägt (siehe Abbildung 12.36). Unter diesem Navigationspunkt finden Sie zusätzlich alle wichtigen Datentabellen, die Sie für Google AdWords benötigen. An dieser Stelle sind zum Beispiel die Datenfeeds zu Ihren Sitelinks, Ihre Informationserweiterungen, Ihre Adressdaten, die geschäftlichen Telefonnummern, die Sie hinzugefügt haben, usw. aufgelistet. Zusätzlich können Sie nun jedoch in diesem Bereich auch eigene Datenfeeds einstellen. Sie können sogar den Aufbau der eigenen Datenfeeds in gewissem Umfang frei gestalten. Das eröffnet mit einem Mal ganz neue Möglichkeiten, weil nun spezielle Zusatzinformationen, die auf einzelne Produkte abgestimmt sind, automatisiert in Textanzeigen dargestellt werden können.

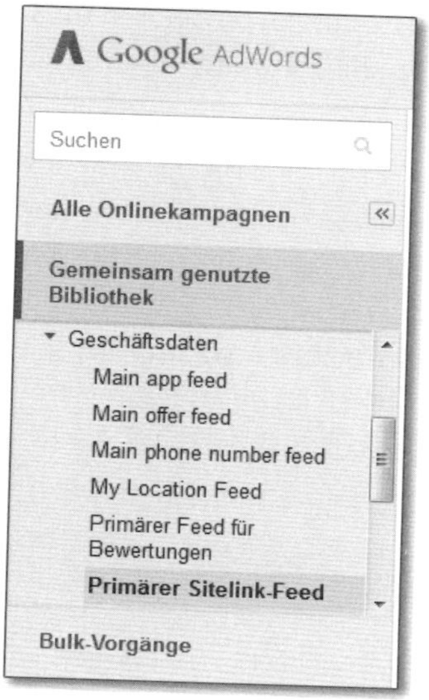

Abbildung 12.36 Geschäftsdaten – seit Oktober 2014 in der Bibliothek

Werfen Sie zunächst einmal einen Blick auf den Unterpunkt GESCHÄFTSDATEN. Bereits beim ersten Öffnen finden Sie dort Datenfeeds mit Daten zu Ihrem AdWords-Konto, falls Sie diese Daten zum Beispiel über die Anzeigenerweiterungen hinzugefügt haben. Sind finden dort beispielsweise Ihre Zusatzinformationen, die so genannten Callouts, nach einem Klick auf den STANDARDFEED FÜR ZUSATZINFORMATIONEN ❶ wieder (siehe Abbildung 12.37). In dieser Ansicht können Sie nun per Klick auf den Button + ELEMENT ❷ auch neue Callout-Texte hinzufügen.

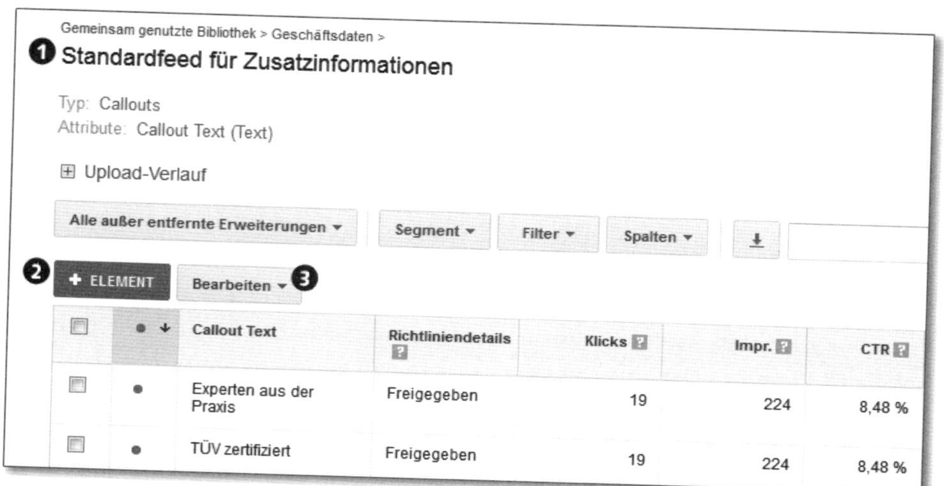

Abbildung 12.37 Blick in den »Standardfeed für Zusatzinformationen«

Dies bedeutet, dass Sie nicht mehr über die Anzeigenerweiterungen navigieren müssen, um neue Elemente hinzuzufügen. Natürlich können die Elemente über einen entsprechenden Klick ❸ auch bearbeitet werden.

Eine externe Bewertung können Sie nun auch unter den GESCHÄFTSDATEN hinzufügen, indem Sie auf den Datensatz PRIMÄRER FEED FÜR BEWERTUNGEN klicken und dann ein neues Element hinzufügen. Es öffnet sich ein Eingabeformular, welches alle notwendigen Datenfelder enthält (siehe Abbildung 12.38). Nach diesem Schema können Sie zukünftig an einer Stelle alle zusätzlichen Daten für Ihre AdWords-Kampagnen einfügen.

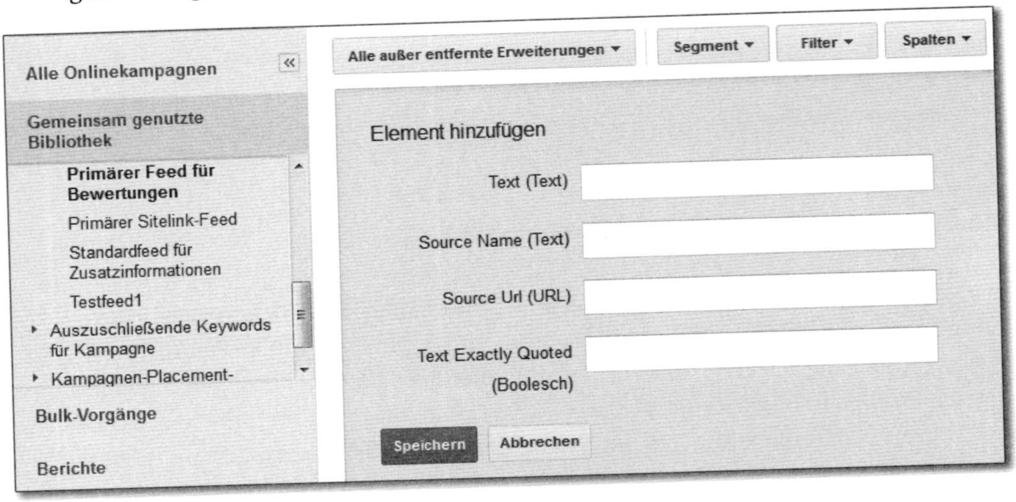

Abbildung 12.38 Eingabeformular für Bewertungen

Zusätzlich können Sie beim Unterpunkt GESCHÄFTSDATEN nun auch Datenfeeds für dynamische Display-Anzeigen einfügen. Für unterschiedliche Geschäftsbereiche gibt es hier wiederum unterschiedliche Feedtypen. So sind zum Beispiel Datenfeeds für die Themen Immobilien, Seminare bis hin zu Reisen möglich. Die aktuellen Themen können Sie der folgenden Abbildung 12.39 entnehmen. Zu den verschiedenen Themen gibt es entsprechende Links, die auf passende Datenfeed-Templates verweisen. Sie müssen daher nur noch die Templates mit Ihren Daten füllen und hochladen. Danach können Sie auf diese Daten bei der Gestaltung Ihrer dynamischen Display-Anzeigen zugreifen. Weitere Informationen zu diesem Thema finden Sie in der Google Hilfe unter »Dynamische Display-Anzeigen erstellen«: *https://support.google.com/adwords/answer/3265299*.

Möchten Sie dynamische Textanzeigen mit Echtzeitinformationen generieren, so muss eine Datentabelle bzw. ein Datenfeed auf eine andere Weise, über den Unterpunkt ANZEIGENANPASSUNGSDATEN, hochgeladen werden!

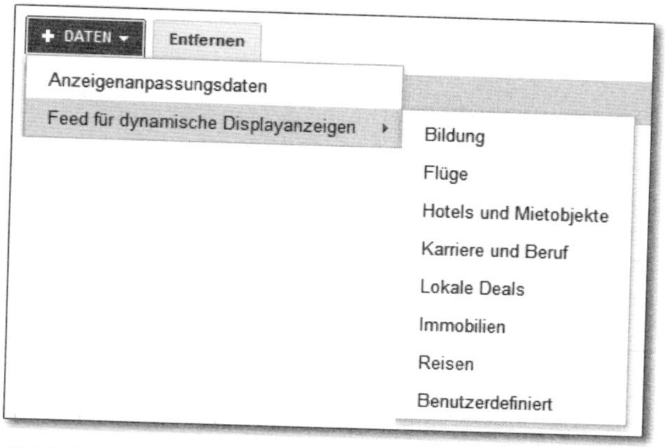

Abbildung 12.39 »Feeds für dynamische Displayanzeigen« mit unterschiedlichen Themengebieten

Als Ausgangspunkt für eine dynamische Textanzeige mit Echtzeit-Updates wird zunächst ein individueller Datenfeed, am einfachsten mit Hilfe von Excel oder einem entsprechenden Tabellenkalkulationsprogramm, erstellt. In die erste Zeile werden die Attribute eingestellt. Dabei gehört zu jedem Attribut, welches später in die Textanzeige übernommen werden soll, noch eine Angabe über das zugehörige Format. Das Format wird dabei in Klammern hinter dem Attributnamen hinzugefügt. Für eine Zahl bekommt die Kopfspalte in der Tabelle zum Beispiel folgende Bezeichnung: *Anzahl (number)*. Unter folgendem Link finden Sie eine Liste der möglichen Attribute, die genutzt werden können: *https://support.google.com/adwords/answer/6093368*.

Neben den Werten, die Sie in den Anzeigen nutzen möchten, können Sie der Tabelle auch Ausrichtungselemente mitgeben. Auf diese Weise ist eine Ausrichtung über ausgewählte Kampagnen oder Anzeigengruppen in bestimmten Kampagnen möglich. Mit *Target keywords* können die Werte in den Anzeigen sogar auf bestimmte Keywords ausgerichtet werden. In unserem Beispiel geben wir die Kampagne, die Anzeigengruppe und die Keywords vor. Mithilfe von *Match type* werden die Keyword-Optionen bestimmt.

In unserem Beispiel (siehe Abbildung 12.40) soll, ausgehend von einer bestimmten Markenanfrage ❹, ein Text ausgespielt werden, der die Marke ❷ und die restliche Anzahl ❶ der vorhandenen Produkte enthält. Zusätzlich soll der aktuelle Angebotspreis ❸ in der Anzeige erscheinen. Diese Daten werden bei jeder Anzeige aus den Geschäftsdaten ausgelesen. Unser Beispiel soll Ihnen die Möglichkeiten aufzeigen, was Sie mit dieser neuen Funktion alles »anstellen« können. Natürlich ist es in der Praxis schwierig, die Anzahl der vorhandenen Produkte auf diesem Weg stets aktuell zu halten. Für kleinere Shops wäre aber auch die Angabe eines Restpostens über diese Funktion unter Berücksichtigung eines bestimmten Puffers und einem täglichen

Update vorstellbar. Für große Shops würde man hier jedoch wieder mit Hilfe einer Programmierschnittstelle live auf das Shop-System zugreifen.

	❶ A	❷ B	❸ C	D	E	❹ F	G
1	Anzahl (number)	Marke (text)	Sonderangebot (price)	Target campaign	Target ad group	Target keyword	Match type
2	5	Asics	49 €	Laufschuhe	Restposten	asics	broad
3	3	Nike	39 €	Laufschuhe	Restposten	nike	broad
4							

Abbildung 12.40 Datenfeed in Excel erstellen

Nachdem eine Excel-Tabelle erstellt und abgespeichert wurde, kann diese Datei als Feed in den Bereich Geschäftsdaten eingestellt werden (siehe Abbildung 12.41). Dazu erhält der Datenfeed einen individuellen Namen ❶.

Per Klick auf den Button DATEI SUCHEN ❷ wird die Datei dann vom eigenen Computer hochgeladen. Mit Hilfe des Buttons HOCHLADEN UND VORSCHAU ANZEIGEN ❸ wird überprüft, ob der Datenfeed den Anforderungen entspricht. Ist alles in Ordnung, so wird der Feed bestätigt und gespeichert.

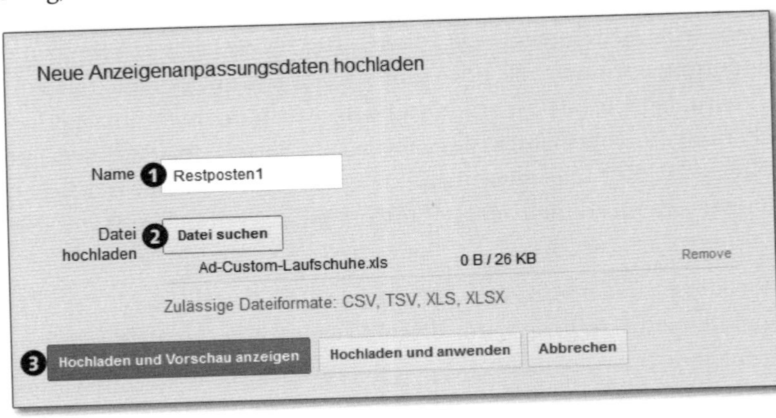

Abbildung 12.41 Datenfeed auswählen und hochladen

Ein erfolgreicher Upload der Geschäftsdaten wird mit einem entsprechenden Symbol unter STATUS (siehe Abbildung 12.42) am Ende der Datenliste signalisiert.

Alle Änderungen ▾

ANZAHL	MARKE	SONDERANGEBOT	KAMPAGNE AUSRICHTEN	ANZEIGENGRUPPE AUSRICHTEN	ZIEL-KEYWORD	MATCH TYPE	STATUS
5	Asics	49	Laufschuhe	Restposten	asics	broad	Erfolgreich
3	Nike	39	Laufschuhe	Restposten	nike	broad	Erfolgreich

Zeilen anzeigen: 50 ▾ 1 - 2 von 2

Abbildung 12.42 Rückmeldung zum erfolgreichen Upload

In der Liste der aktuellen Geschäftsdaten werden die Datenfeeds für die dynamischen Anzeigen unter TYP als ANZEIGENANPASSUNGSDATEN bezeichnet (siehe Abbildung 12.43). Für einen Zugriff aus der Textanzeige heraus auf die Daten ist der Name des Datenfeeds wichtig. Notieren Sie diesen Namen, da Sie ihn später bei der Anpassung der Textanzeige benötigen. Neben dem Namen des Datenfeeds benötigen Sie auch die genaue Bezeichnung der Datenspalten aus dem Tabellenkopf.

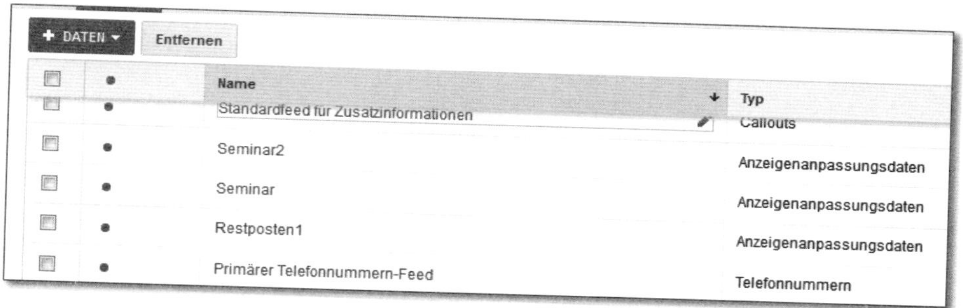

Name	Typ
Standardfeed für Zusatzinformationen	Callouts
Seminar2	Anzeigenanpassungsdaten
Seminar	Anzeigenanpassungsdaten
Restposten1	Anzeigenanpassungsdaten
Primärer Telefonnummern-Feed	Telefonnummern

Abbildung 12.43 Liste mit Anzeigenanpassungsdaten

Alle Datenfeeds, die Sie in AdWords hochgeladen haben, können per Klick auf den Namen des Datenfeeds betrachtet, bearbeitet sowie über + ELEMENT mit neuen Daten versehen werden (siehe Abbildung 12.44).

Anzahl	Marke	Sonderangebot	Match type
5	Asics	49	broad
3	Nike	39	broad

Abbildung 12.44 Bearbeitung der Listen direkt im AdWords-Konto

12.8.2 Anzeigen mit Echtzeitaktualisierungen

Nachdem die Daten nun im AdWords-Konto hochgeladen wurden, können Sie aus Ihren AdWords-Textanzeigen auf die entsprechenden Daten zugreifen. Mithilfe von Platzhaltern in den Textanzeigen haben Sie, ähnlich wie bei den DKI-Anzeigen, die Möglichkeit, Werte aus dm13,3en Tabellen in die Anzeigen zu übernehmen. Mit einer geschweiften Klammer markieren Sie dazu eine oder auch mehrere Stellen innerhalb der Anzeige, die dann die Daten aus den Datenfeeds aufnehmen. Wenn also der Datenfeed *Restpost1* heißt und der Spaltenname die Bezeichnung *Marke* trägt, dann sieht der Platzhalter aus unserem Beispiel, mit dem der Markenname aus dem Feed dynamisch eingefügt wird, folgendermaßen aus: `{=Restposten1.Marke}`.

Abbildung 12.45 Dynamische Anzeigentexte für Echtzeit-Updates

Nach diesem Schema werden auch die anderen Platzhalter für den Produktpreis und die aktuell verfügbare Produktanzahl eingefügt. In unserem Beispiel (siehe Abbildung 12.46) wird neben der Marke ❶, der Angebotspreis ❷ sowie die Anzahl ❸ der verbliebenen Laufschuhe aus der Datentabelle in die Anzeige übernommen. Nachdem die Anzeige erstellt wurde, zeigt die Vorschau den Anzeigentext inklusive der entsprechenden Platzhalter.

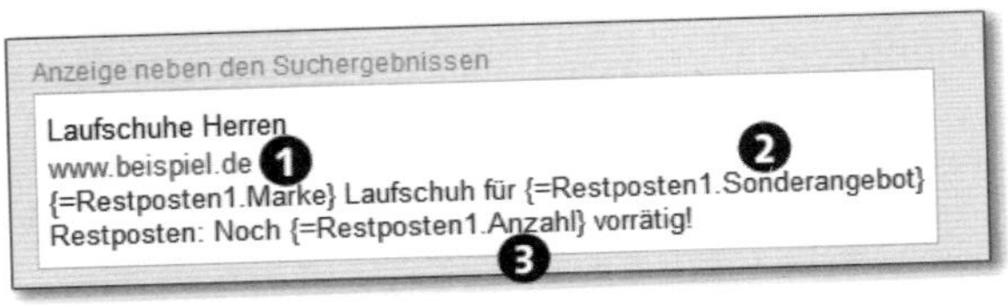

Abbildung 12.46 Vorschau auf den Anzeigentext mit Echtzeitaktualisierungen

Bitte beachten Sie, dass Sie parallel immer noch eine Anzeige ohne dynamische Eingabewerte aktivieren sollten, damit Google Ihre AdWords-Anzeigengruppe auch ausliefert. Die neuen Anzeigen werden von Google noch einmal zusätzlich überprüft und sind daher nicht direkt verfügbar. In unserem Test hat es einen Tag gedauert, bis die ersten Impressionen registriert werden konnten.

Mithilfe der Spalte *Target keywords* aus dem Datenfeed haben wir in unserem Beispiel die Schaltung auf die Keywords mit weitgehend passender Option (*broad match*) ausgerichtet. Ohne die Angabe eines »Target keywords« können die Anzeigen auch auf Kampagnen oder Anzeigengruppen ausgerichtet werden. Mit drei Platzhaltern haben wir in unserem Beispiel die Möglichkeiten der dynamischen Anzeigen schon sehr ausgereizt. Sie können natürlich auch nur einen oder zwei Platzhalter pro Anzeige nutzen. Folgende Liste soll Ihnen Anregungen liefern, wie Sie mit Hilfe der dynamischen Anzeigentexte interessante und passende Anzeigen für Ihre AdWords-Kampagnen erstellen können. Erstellen Sie mit dieser Technik zum Beispiel Anzeigen, mit ...

- unterschiedlichen Preisangaben für einzelne Produkte
- Angabe besonderer Merkmale für individuelle Produkte
- Angaben zu speziellen Rabatten
- Hinweisen auf bestimmte Veranstaltungstermine
- Nennung individueller Ansprechpartner für bestimmte Produktgruppen
- Angaben zu Restlaufzeiten für aktuelle Werbeaktionen

12.8.3 Anzeigen mit Countdown-Funktion

Die Angabe einer Restlaufzeit können Sie auch ohne Datenfeed mit Hilfe der Countdown-Funktion in jede Anzeige einbauen. Diese Countdown-Funktion ist bereits im AdWords-Konto hinterlegt und kann über den Platzhalter angesprochen werden. Im Marketing arbeitet man gerne mit einer Restlaufzeit, weil diese, genau wie Angaben zu Restposten von Produkten oder noch verfügbaren Seminarplätzen, das Motiv der Verknappung aufgreift. Dies erzeugt Aufmerksamkeit und hilft somit auch bei der Optimierung Ihrer AdWords-Anzeige. Über einen Countdown können Sie angeben, wie lange ein bestimmter Aktionspreis oder ein Rabatt noch verfügbar sind. Sie können aber auch auf ein bevorstehendes Ereignis hinweisen, um eine gewisse Spannung aufrecht zu erhalten. Ein Countdown wird auf folgende Weise direkt in eine Anzeige eingebaut: Starten Sie zunächst mit einer geschweiften Klammer und dem Gleichheitszeichen. Danach folgt direkt der Begriff COUNTDOWN. Anschließend werden der Tag und die Zeit zugefügt. Ein Countdown-Eintrag für den 21. Oktober 2014, 10:00 Uhr sähe in einer Textanzeige dann folgendermaßen aus:

```
{=COUNTDOWN("2014/10/21 10:00:00","de")}
```

Geben Sie dafür das Datum nach dem Schema *jjjj/MM/tt hh:mm:ss* ein und verwenden Sie zur Sicherheit auch den gewünschten Sprachcode, also in unserem Fall »de« für Deutsch. Ansonsten kann es passieren, dass Google auch schon mal *days* statt *Tage* in Ihre Textanzeige einbaut. Das fertige Beispiel in Abbildung 12.47 verweist auf den Start eines Seminars am 21. Oktober 2014 um 10:00 Uhr.

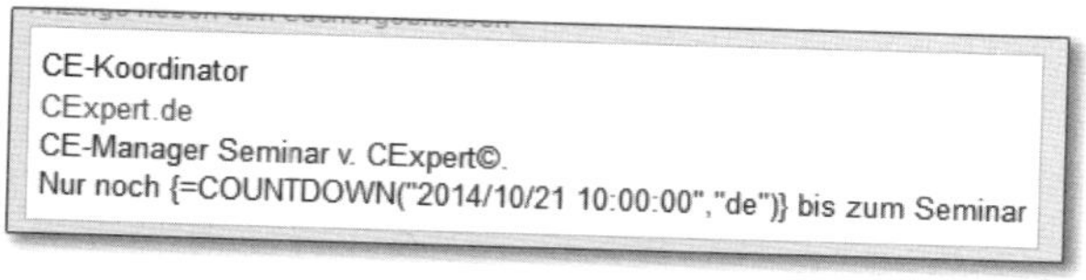

Abbildung 12.47 Anzeige mit Countdown-Funktion

Google AdWords passt auf Grundlage des Termins den Anzeigentext (siehe Abbildung 12.48) an. Am letzten Tag zählt Google auch die einzelnen Stunden und Minuten herunter, bis das Ereignis startet. Ist der Countdown-Termin schließlich erreicht, so wird die Anzeige automatisch deaktiviert.

Abbildung 12.48 Anzeige mit Countdown-Funktion als Live-Beispiel

12.9 Optimierung durch kreative Textanzeigen

Testen Sie verschiedene Anzeigenvariationen und seien Sie kreativ. Wenn Ihre Anzeige auf der Suchergebnisseite aus den Konkurrenzanzeigen hervorsticht, dann haben Sie schon einen kleinen Vorteil. Sie erzeugen mehr Aufmerksamkeit, Ihre Klickrate steigt, Sie erhalten mehr potenzielle Kunden und so weiter. Aus Optimierungssicht ist vor allen eine höhere CTR erstrebenswert. Diese wird die Klickpreise Ihrer Keywords auf Dauer senken. Wir haben Ihnen einige Beispiele als Anregung zusammengestellt. Diese Ideen helfen dabei, die Aufmerksamkeit der Google-User in Bezug auf Ihre Anzeigen zu steigern.

12.9.1 Nutzen Sie Sonderzeichen

Auf der Suchergebnisseite halten sich die Nutzer nur wenige Sekunden auf. Als Werbender müssen Sie Aufmerksamkeit erzeugen und den Blick der Google-Nutzer auf Ihre Anzeige lenken. Sonderzeichen bieten sich hier als Blickfang (Eyecatcher) an! Leider hat Google die Möglichkeit zur Nutzung von Sonderzeichen stark eingeschränkt. Die Möglichkeiten, die noch übrig sind, sollten Sie jedoch an passender Stelle nutzen. Bauen Sie z. B. folgende Sonderzeichen (& ; € ; % ; ! ; © , ?) sinnvoll in Ihre Anzeigentexte ein!

Abbildung 12.49 Erregen Sie Aufmerksamkeit durch Sonderzeichen.

Da manche Symbole nur bei bestimmten Kombinationen genutzt werden dürfen, sollten Sie immer einen Blick in die AdWords-Richtlinien werfen: *https://support.google.com/adwordspolicy/answer/6008942*

12.9.2 Abkürzungen als Blickfang nutzen

Weil die Textanzeigen nur wenig Platz bieten (25 Zeichen im Titel, je 35 Zeichen in Textzeile 1 und 2 sowie 35 Zeichen in der angezeigten URL), müssen Sie sehr kreativ mit den Anzeigentexten umgehen. Hier helfen bekannte Abkürzungen (kg; u., unverb., usw.), weil sie die Textgröße erheblich reduzieren und gleichzeitig auch für eine schnellere Aufnahme der Information sorgen können, denn AdWords-Textanzeigen werden mehr gescannt als gelesen. Neben bekannten Abkürzungen können Sie auch eigene Kreationen schaffen. Das folgende Beispiel nutzt einfach JoJo statt dem längeren Begriff Jo-Jo-Effekt, trotzdem weiß der User, was gemeint ist. Nutzen Sie also die Möglichkeit der schnellen Kommunikation mit Hilfe von Abkürzungen!

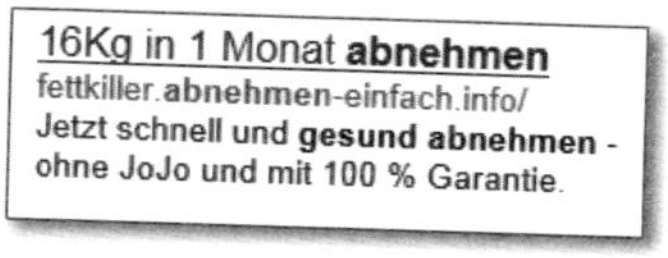

Abbildung 12.50 Abkürzungen helfen beim Anzeigen-Scan.

12.9.3 Setzen Sie Akzente

Texten Sie Anzeigen mit Großbuchstaben – auch an Stellen, wo es grammatikalisch nicht erlaubt ist (siehe Abbildung 12.51)!

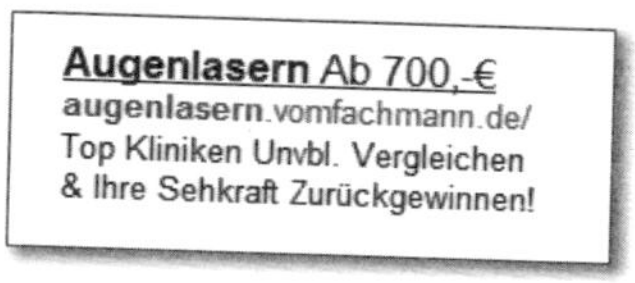

Abbildung 12.51 Aufmerksamkeit auf Kosten der Grammatik

12.9.4 Zaubern Sie mit Zahlen in den Anzeigen

Visuelle Effekte durch die verstärkte Nutzung von Zahlen heben Ihre Anzeigen aus der Masse hervor (siehe Abbildung 12.52)!

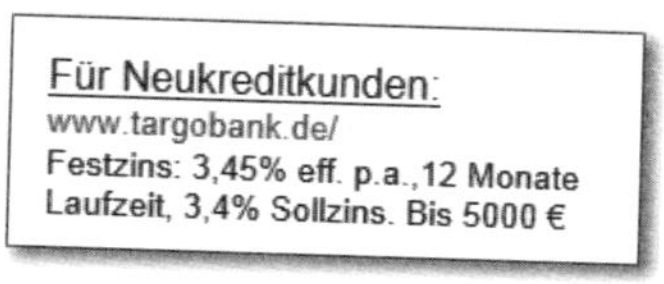

Abbildung 12.52 Zahlen benötigen wenig Platz bei hohem Informationsgehalt.

12.9.5 Zeigen Sie Ihren Preis

Arbeiten Sie mit Preisen und Prozenten. Verwandeln Sie Ihre AdWords-Anzeigen in Werbeplakate, die Aufmerksamkeit erregen. Dabei müssen Sie jedoch unbedingt wissen, was Ihre Konkurrenz bewirbt! Selbst 25 Prozent Preisnachlass ist dann zu wenig, wenn direkt neben Ihrer Anzeige mit der Reduzierung von 27 Prozent geworben wird. Dies ist kein Plädoyer für ruinöse Rabattschlachten, sondern ein Hinweis, dass Sie bei ungünstigeren Rabattmöglichkeiten einen anderen Vorteil, wie zum Beispiel die kostenlose Lieferung, in den Vordergrund stellen sollten. Hält Ihr Preis einem Vergleich stand, oder sind Sie sogar günstiger, dann sollten Sie Ihren Preis auch zeigen (siehe Abbildung 12.53)!

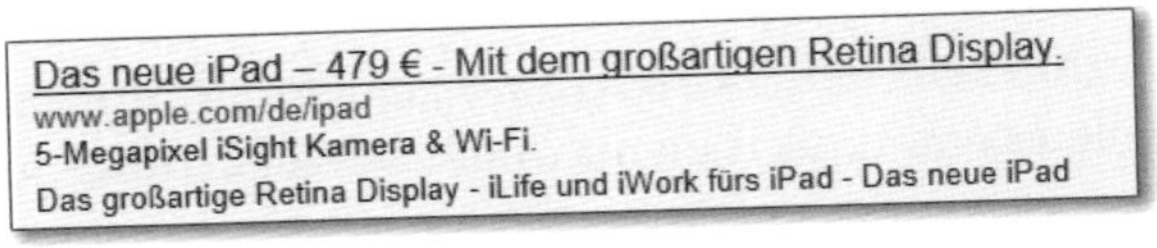

Abbildung 12.53 Mit Preisen werben

12.9.6 Übertreiben Sie einfach einmal

Bei bestimmten Zielgruppen können Sie auch durch leichte Provokation oder mit einer Übertreibung Aufmerksamkeit erregen (siehe Abbildung 12.54). Beobachten Sie dabei immer die Anzeigen der Konkurrenz, und stimmen Sie Ihre AdWords-Anzeigen entsprechend ab.

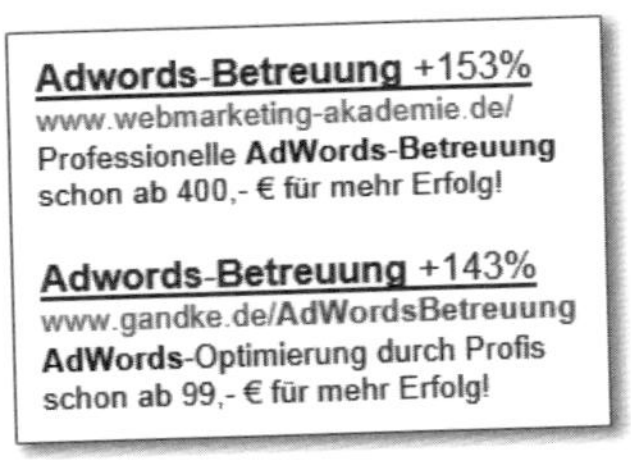

Abbildung 12.54 Inflation der Steigerungsmöglichkeiten

12.9.7 Nutzen Sie das Prinzip der Verknappung

Ist ein Angebot knapp und nur noch kurze Zeit verfügbar, erhöht dies den Druck auf die Interessenten. Kommunizieren Sie knappe Ressourcen und eine beschränkte Reaktionszeit, um potenzielle Kunden zum Handeln zu bewegen (siehe Abbildung 12.55). Bauen Sie einfach einmal Druck auf.

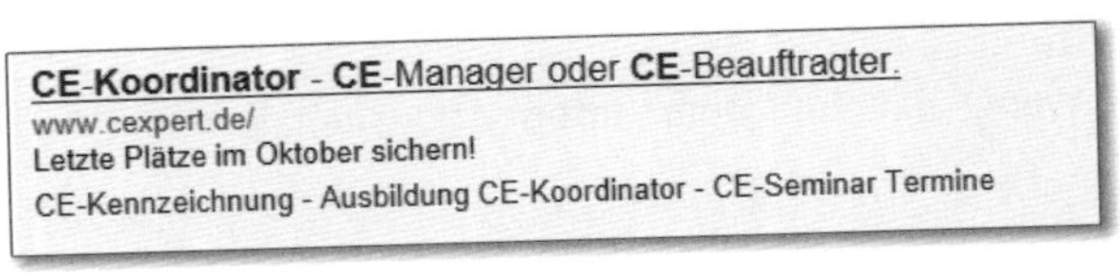

Abbildung 12.55 Kurzfristiges Handeln ist gefragt.

12.10 Optimierung Ihrer Ziel-URLs

Was passiert nach dem Klick, ist der User zufrieden mit der Seite, auf den Sie ihn geleitet haben, oder findet er dort nicht das, was Sie ihm in Ihrer Anzeige versprochen haben? Das Zusammenspiel von Keyword, Anzeige und Zielseite ist ein essentieller Faktor für den Erfolg Ihrer Kampagnen, den Sie im Optimierungsprozess nicht vernachlässigen sollten.

12.10.1 Überprüfen der Absprungrate

Sie können noch so gute Anzeigen schreiben und die besten Klickraten verzeichnen, wenn Ihre Zielseite schlecht gewählt ist, wird der User Ihre Seite ohne eine Aktion verlassen und Sie verschwenden nicht nur Zeit, auch Geld. Wenn ein Keyword zwar häufig geklickt wird, daraus aber nie eine Conversion resultiert, stellt dies einen ersten Hinweis dar, dass Sie sich die Ziel-URL eines Keywords gründlicher anschauen sollten.

Mithilfe externer Webanalyse-Tools wie Google Analytics, Econda, Adobe Analytics etc. können Sie die Absprungraten Ihrer Kampagnen, Anzeigengruppen und Keywords kontrollieren.

Hinweis – Was ist die Absprungrate?

Die Absprungrate oder Bounce-Rate stellt das Verhältnis dar zwischen der Anzahl der Klicks oder Besuche einer Seite und der Anzahl der Besucher, die diese Seite gleich wieder verlässt, ohne eine weitere Seite aufzurufen.

Liegt die Absprungrate über dem Durchschnitt, passt die Seite nicht zu Ihrem Keyword und/oder Ihrer Anzeige. Dies kann auch einer sehr breiten Anzeigenschaltung mit generischen Keywords oder weitgefassten Keyword-Optionen geschuldet sein. Wenn Sie jedoch die tatsächlichen Suchanfragen häufig prüfen und durch Ausschlüsse optimieren und die Absprungrate ist dennoch sehr hoch, dürfte etwas mit Ihren Zielseiten nicht stimmen.

Wenn Sie Google Analytics verwenden, haben Sie die Möglichkeit, Ihr AdWords-Konto mit dem Analytics-Konto zu verknüpfen. Dann stehen die Informationen zur Absprungrate direkt im AdWords-Konto zur Verfügung. Lesen Sie mehr dazu in Abschnitt 11.6.8, »Ziel-URLs«.

12.10.2 Zu allgemeine Zielseiten

Vielleicht vergeben Sie Ihre Ziel-URLs ausschließlich über die Anzeigen auf Anzeigengruppenebene und die Zielseite ist sehr allgemein, weil sie zu einer Vielzahl von Keywords passen muss. Der User hat aber bereits eine konkretere Suchanfrage eingegeben und findet auf Ihrer Zielseite nicht das, wonach er gesucht hat.

Beispiel – Schlechte Nutzererfahrung durch zu allgemeine Seite

Ein User sucht nach Strickjacken. Sie haben die Keywords zum Thema *Strickjacken* in der Anzeigengruppe *Jacken* untergebracht, mit einer Zielseite, die Ihr gesamtes Jackenangebot abbildet. Der User gelangt auf diese Seite und wundert sich, dass er nicht auf einer spezifischeren Seite gelandet ist und geht davon aus, dass Sie die Strickjacken nicht im Sortiment haben. Oder er übersieht die Kategorie Strickjacken schlichtweg. Schneller als Sie denken, hat der User Ihre Seite wieder verlassen.

Weisen Sie für solche Fälle Ihre Zielseiten direkt auf Keyword-Ebene den einzelnen Keywords zu. Das geht ganz einfach, indem Sie die Spalte ZIEL-URL hinzufügen und nach einem Klick darauf eine passende Zielseite für das Keyword eingeben.

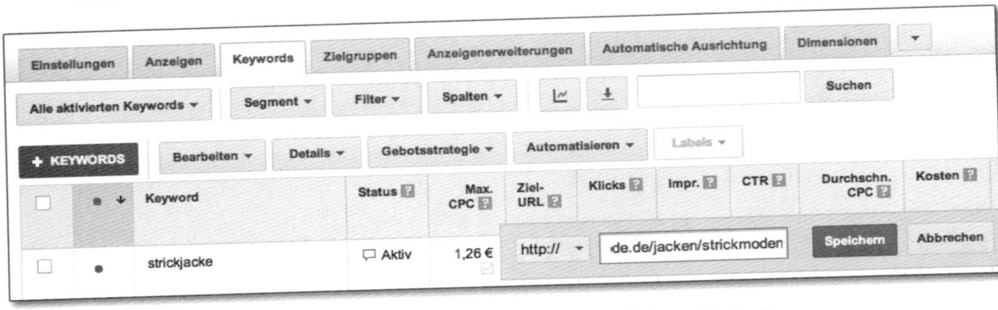

Abbildung 12.56 Verlinken Sie Ihr Keyword mit der richtigen Zielseite.

12.10.3 Zu spezifische Zielseite

Auch das Gegenteil kann der Fall sein und Ihre Zielseite ist dem User zu spezifisch.

Beispiel – User erwartet mehr Auswahl

Nehmen wir an, Sie haben fünf Strickjacken von fünf verschiedenen Marken im Angebot. Der User sucht nach der Strickjacke einer bestimmten Marke und Sie leiten ihn direkt auf die Produktdetailseite. Der User hätte aber gerne mehr Auswahl gehabt und entscheidet sich, die Seite wieder zu verlassen, da er eventuell annimmt, dass dies Ihre einzige Strickjacke ist.

Manchmal kann es sinnvoll sein, dem User Alternativen zu seiner konkreten Suchanfrage zu bieten.

12.11 Anzeigenerweiterungen als Qualitätsmerkmal

Eine gute Möglichkeit, die Aufmerksamkeit und Relevanz Ihrer Anzeigen zu erhöhen, bieten Ihnen Google-AdWords-Anzeigenerweiterungen. Dabei handelt es sich um kleine Features wie etwa eine Service-Telefonnummer, zusätzliche Deep Links oder Ihre Unternehmensadresse, mit denen Sie Ihre Anzeigen anreichern. Meistens spielt Google mehrere Anzeigenerweiterungen gleichzeitig aus.

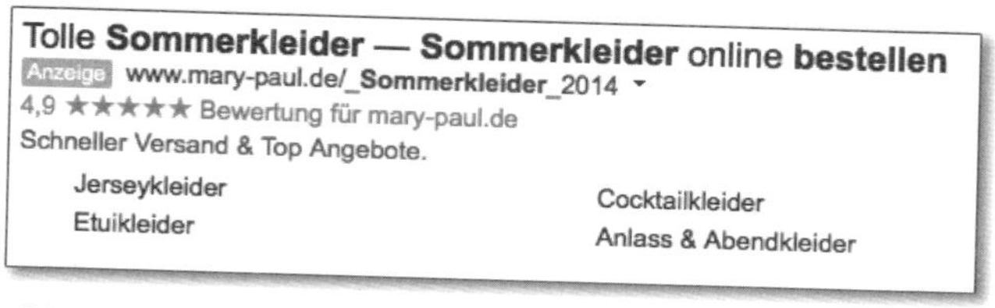

Abbildung 12.57 Klickaktivierende Anzeigen mit Seller-Ratings und Sitelinks

Wir unterscheiden zwischen aktiven und passiven Anzeigenerweiterungen, d. h. Anzeigenerweiterungen, die Sie in Ihrem Konto aktiv einrichten wie Sitelinks oder Standorterweiterungen. Oder aber Anzeigenerweiterungen, die Google automatisch einblendet, sobald Sie gewisse Voraussetzungen erfüllen wie beispielsweise Seller-Ratings.

Welche Anzeigenerweiterung von Google wann ausgesucht wird, können Sie leider nicht beeinflussen. Einige Anzeigenerweiterungen werden nur auf den drei Top-Positionen ausgespielt, z. B. die Sitelinks-Erweiterung oder die Bewertungs-Erweiterung. Andere sind auf allen Positionen nutzbar wie die Verkäuferbewertungs-Erweiterung oder die Anruferweiterung.

Hinweis – Die wichtigste zusätzliche Information gewinnt

Generell entscheidet Google bei jeder Anfrage, welche Zusatzinformation für den User im Moment seiner Suche die relevanteste ist. Deshalb finden sich bei Smartphone-Nutzern häufig eine Telefonnummer oder Angaben zum Unternehmensstandort in den Anzeigen. Sucht der User nach Produktangeboten, werden häufig Sitelinks oder Verkäuferbewertungen in Form von kleinen Sternchen eingeblendet.

Mit Anzeigenerweiterungen schaffen Sie sich also mehr Platz und Aufmerksamkeit in den SERPs und außerdem bieten Sie den Nutzern mehr Information und Relevanz. Dadurch erhöhen Sie Ihre Klickrate, in der Folge davon den Qualitätsfaktor Ihrer Anzeigen und optimieren somit die gesamte Kampagnenleistung.

Tipp – Verbessern Sie mit Anzeigenerweiterungen Ihren Ad Rank

Mittlerweile berücksichtigt Google die Verwendung von Anzeigenerweiterungen auch direkt bei der Berechnung des sogenannten Ad Ranks, der die Grundlage für die Positionierung Ihrer Anzeigen bildet. Sind der Qualitätsfaktor und das maximale Gebot zweier konkurrierender Anzeigen gleich, ist die Nutzung der »richtigen« Anzeigenerweiterung ausschlaggebend, welche Anzeige auf der höheren Position platziert wird.

Anzeigenerweiterungen sind daher zu einem unverzichtbaren Element für Ihre AdWords-Strategie geworden. Wir empfehlen, pro Kampagne mindestens drei bis vier Anzeigenerweiterungen einzurichten. Überlegen Sie sich genau, welche Anzeigenerweiterungen sich in der jeweiligen Kampagne am besten für die entsprechende Zielgruppe eignet. Die meisten Anzeigenerweiterungen können Sie auf Konto-, Kampagnen- oder Anzeigengruppenebene vergeben, indem Sie vor dem Klick auf + ERWEITERUNG die entsprechende Ebene anklicken (siehe Abbildung 12.58).

Abbildung 12.58 Vergeben Sie Ihre Anzeige auf der passenden Ebene.

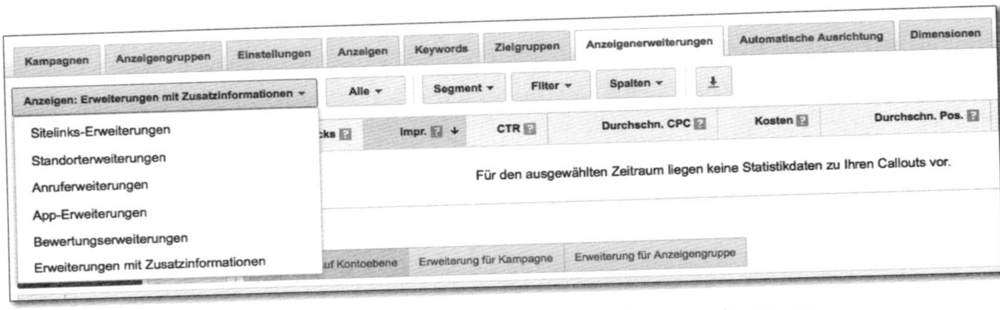

Abbildung 12.59 Auswahl der aktiven AdWords-Anzeigenerweiterungen

Unter dem Tab ANZEIGENERWEITERUNG finden Sie ganz links ein Dropdown-Menü, in dem Sie die gewünschte Erweiterung auswählen können (siehe Abbildung 12.59).

Die Nutzung von Anzeigenerweiterungen erzeugt für Sie keine Extrakosten, wie bei ganz gewöhnlichen Textanzeigen zahlen Sie den bloßen Klick. Ausnahme bilden hier die Bewertungserweiterung, die dynamischen Sitelinks und die Erweiterung mit Verkäuferbewertungen. Ein Klick auf diese Erweiterung bleibt für Sie bis dato kostenfrei. Klickt der User jedoch auf den Anzeigentitel der Anzeige mit einer dieser Erweiterungen, zahlen Sie wie gewohnt pro Klick.

Tipp – Anzeigenerweiterungen nur für kurze Zeit

Sie können die Laufzeit der einzelnen Anzeigenerweiterungen zeitlich begrenzen. Dies ist zum Beispiel dann sinnvoll, wenn Sie in Ihren Sitelinks auf ein Gewinnspiel hinweisen, an dem der User nur für einen kurzen Zeitraum teilnehmen kann.

Außerdem können Sie die Anzeigen auf bestimmte Tageszeiten ausrichten. Das ist etwa ratsam bei einer Anruferweiterung mit der Telefonnummer Ihrer Hotline, die nur zu bestimmten Tageszeiten besetzt ist. Bei der Einrichtung einer neuen Erweiterung klicken Sie wie in Abbildung 12.62 auf START- UND ENDDATUM, PLANUNG und geben Laufzeit und/oder Tageszeiten an.

Die meisten Anzeigenerweiterungen können Sie, sind sie erst einmal angelegt, auch für andere Kampagnen oder Anzeigengruppen verwenden. Sie werden Ihnen nach Klick auf + EINSTELLUNGEN angeboten und Sie können sie ganz bequem hinzufügen. Oder Sie definieren eine neue Erweiterung wie in unserem Beispiel in Abbildung 12.60 mit Klick auf + NEUER SITELINK.

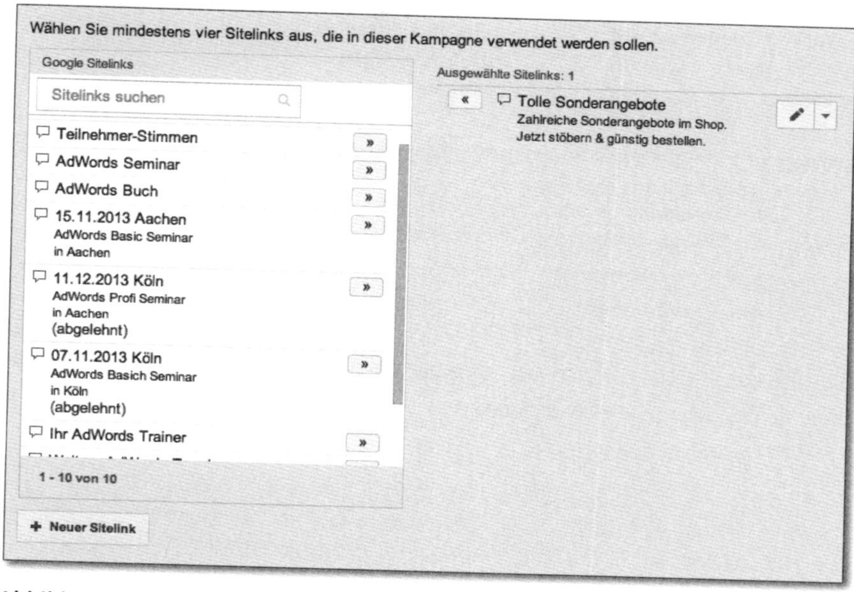

Abbildung 12.60 Hinzufügen vorhandener Sitelinks oder Klick auf »+ Neuer Sitelink«

Sobald Sie Ihre Anzeigenerweiterungen eingerichtet haben, können Sie sich die Leistungsdaten der jeweiligen Erweiterung unter dem Tab ANZEIGENERWEITERUNGEN ansehen und analysieren.

Google veröffentlicht immer wieder Case Studies dazu, welche Anzeigenerweiterung die Klickrate um wie viel Prozent steigert. Auch Agenturen testen den Erfolg und so gibt es reichlich unterschiedliche Zahlen zu diesem Thema. Wir möchten an dieser Stelle keine Versprechungen machen. Fakt ist, dass Anzeigenerweiterungen die Aufmerksamkeit Ihrer Anzeigen fördern, was sich logischerweise positiv auf die Klickrate auswirkt.

12.11.1 Sitelinks als wichtige Anzeigenfaktoren

Die populärste und wichtigste Anzeigenerweiterung in den SERPs ist die Sitelinks-Erweiterung. Mit kurzen Linktexten innerhalb Ihrer Anzeigen machen Sie den User auf Unterkategorien, einzelne Produkte, Marken, Rabatte oder ähnliches aufmerksam und leiten ihn direkt auf die passende Seite. Oberhalb und unterhalb der organischen Suchergebnisse werden bis zu sechs Sitelinks ausgespielt. Auf den seitlichen Anzeigenplätzen hingegen funktionieren Sitelinks nicht. Die Reihenfolge der Sitelinks bestimmt Google automatisch, darauf haben Sie leider keinen Einfluss.

Abbildung 12.61 Anzeigen mit Sitelink-Erweiterung

Wählen Sie also unter dem Tab Anzeigenerweiterungen die Sitelinks-Erweiterung aus. Klicken Sie danach auf + Erweiterung • + Neuer Sitelink und geben Sie einen Linktext mit maximal 25 Zeichen ein.

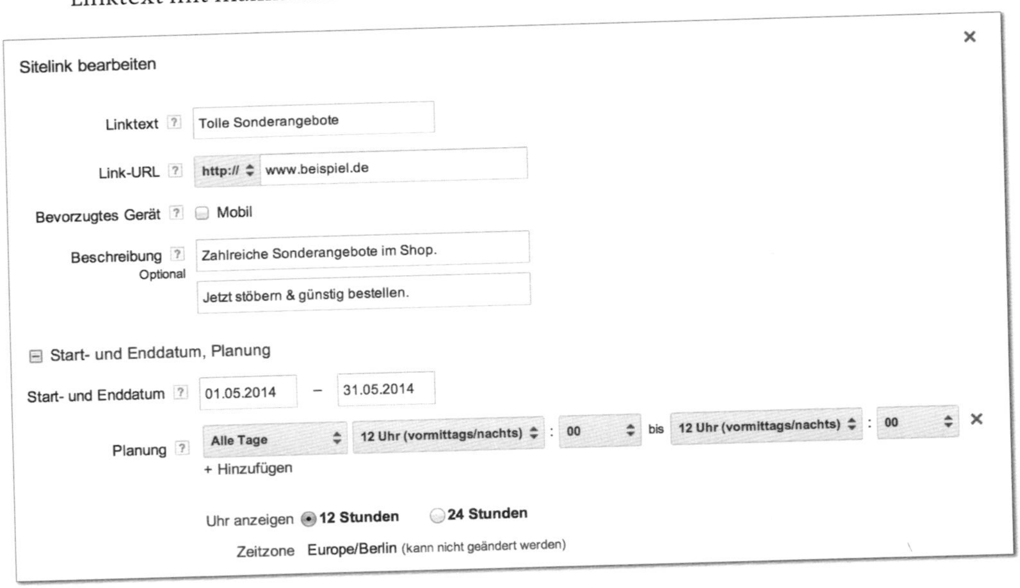

Abbildung 12.62 Einrichtung von Sitelinks mit Zeitplanung

Ordnen Sie die entsprechende Zielseite zu und beachten Sie dabei, dass die URL nicht mit der Ziel-URL der Anzeige übereinstimmt. Außerdem darf kein anderer Link in der gleichen Sitelink-Gruppe, ob nun auf Kampagnen- oder Anzeigengruppenebene auf die gleiche Zielseite verlinken.

Zudem können Sie entscheiden, ob der Sitelink bevorzugt auf mobilen Endgeräten ausgespielt werden soll. Dies ist besonders dann empfehlenswert, wenn Sie beispielsweise auf ein Gewinnspiel, das sich nur an mobile Nutzer richtet, oder auf die Adresse Ihres nächsten Stores hinweisen möchten.

Tipp – Nutzen Sie separate Sitelinks für mobil

Grundsätzlich fahren Sie gut damit, unabhängig von den Sitelinks für Tablets und Desktop-PCs, ein separates Sitelink-Set für mobil als bevorzugtes Endgerät anzulegen. Nicht selten variiert der Erfolg eines Sitelinks von Gerät zu Gerät. Während ein Sitelink auf PC überhaupt nicht funktioniert, zieht er über das Smartphone viele Nutzer auf Ihre Website oder umgekehrt. Ohne die Trennung der Sitelinks nach Gerät sind Sie nicht in der Lage, diese Unterschiede zu messen und zu beurteilen. Um den Aufwand so gering wie möglich zu halten, kopieren Sie einfach die Sitelinks für Desktop, indem Sie, wie in Abbildung 12.63, auf das Dropdown-Menü und KOPIEREN UND BEARBEITEN klicken. Setzen Sie dann das Häkchen für mobil bevorzugte Endgeräte.

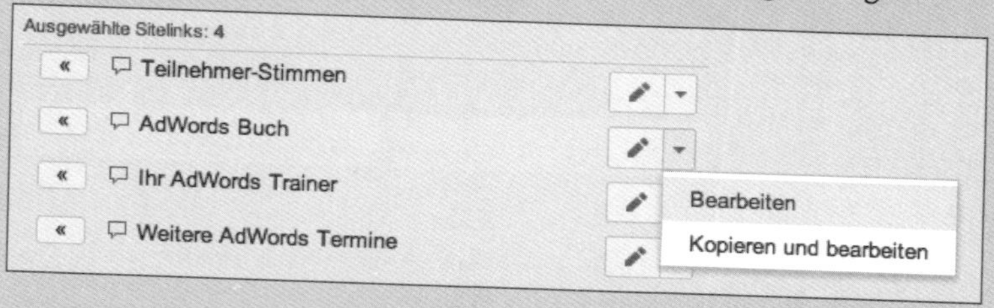

Abbildung 12.63 Kopieren der Sitelinks

Optional können Sie einen zweizeiligen Beschreibungstext mit jeweils 35 Zeichen pro Zeile hinzufügen, der das Angebot auf der Zielseite näher beschreibt (siehe Abbildung 12.64). Die Beschreibungstexte werden jedoch nur sehr selten ausgespielt, meistens nur bei Suchanfragen, die in Verbindung mit dem eigenen Markennamen stehen und dadurch von Google als enorm relevant eingestuft werden.

Abbildung 12.64 Sitelinks mit optionalem Beschreibungstext

Hinweis – Auswertung der Sitelinks

Unter dem Tab Anzeigenerweiterung können Sie die Performance Ihrer Sitelinks einsehen. Die Auswertung ist jedoch recht oberflächlich. Tatsächlich zeigen die Zahlen die Daten für das gesamte Sitelink-Set innerhalb einer Kampagne bzw. Anzeigengruppe. Ein Klick wird dabei allen Sitelinks zugewiesen, die in der entsprechenden Auktion ausgespielt wurden.

Mit dem Segment Diese Erweiterung im Vergleich zu anderen ist nun eine detailliertere Analyse möglich. Das Segment Diese Erweiterung bildet die Performance des einzelnen Sitelinks ab, während Sonstiges die der Anzeige, anderer Sitelinks bzw. anderer Erweiterungen zusammenfasst.

Mithilfe dieser Segmentierung können Sie testen, welche Link- oder Beschreibungstexte am besten funktionieren.

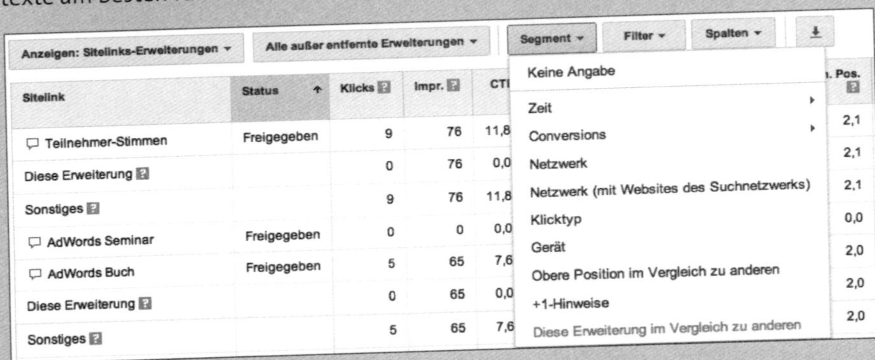

Abbildung 12.65 Segmentieren nach einzelnen Sitelinks

Sitelinks sind eine gute Möglichkeit, um Aktionen, Rabatte und weitere Webseitenbereiche etc. ohne großen Aufwand zu bewerben und ohne dafür ein separates Budget einzuplanen. Diese Anzeigenerweiterung sollten Sie in jedem Fall nutzen.

12.11.2 Dynamische Sitelinks – automatische Sitelinks

Google hat im Sommer 2014 die dynamischen Sitelinks eingeführt, die Sie im Gegensatz zu den gewöhnlichen Sitelinks nicht aktiv einrichten können. Sie werden bei den Kampagnentypen »Nur Suchnetzwerk« und »Suchnetzwerk mit Displayauswahl« angewendet und auf Desktopcomputern, Tablets sowie Mobilgeräten ausgespielt.

Auf Basis des Such- und Klickverhaltens des Nutzers ermittelt Google laut eigener Aussage, welche Seiten für diesen relevant sein könnten. Der dynamische Sitelink verlinkt dann direkt auf eine solche Seite.

Beispiel – Wie sucht Google nach der richtigen Seite?

Hat ein Nutzer beispielsweise wiederholt nach Tablets gesucht und sich immer wieder zu Tablets von Samsung durchgeklickt, wird ein entsprechender Sitelink ausgespielt.

Dynamische Sitelinks kommen besonders häufig zum Einsatz, wenn statische Sitelinks fehlen oder die Performance des dynamischen Sitelinks voraussichtlich besser sein sollte als die des eigenen Sitelinks. Klicks auf dynamische Sitelinks sind derzeit noch kostenlos, Klicks auf alle übrigen Bestandteile der Anzeige bleiben weiter kostenpflichtig.

Wie gewöhnliche Sitelinks erhöhen auch dynamische Sitelinks die Sichtbarkeit der Anzeigen und können daher für Werbetreibende, die keine Sitelinks eingerichtet haben, eine wenig aufwändige Alternative darstellen. Sie haben allerdings keinerlei Kontrolle, welche Linktexte und welche Zielseiten Google tatsächlich auswählt. Auch die Übersicht, die Sie wie in Abbildung 12.66 unter dem Reiter GOOGLE LABS aufrufen, gibt wenig Aufschluss. Sie erfahren zwar, in welcher Kampagne und Anzeigengruppe dynamische Sitelinks geschaltet wurden und bekommen auch Zahlen geliefert, wissen aber nicht, wofür diese Ergebnisse stehen.

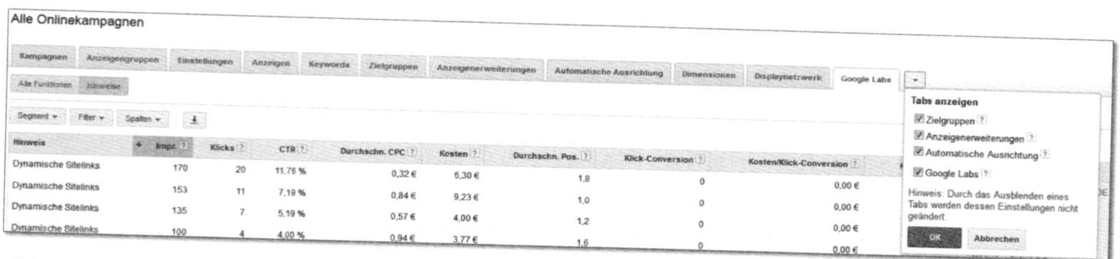

Abbildung 12.66 Auswertung der dynamischen Sitelinks

Vorsicht – Rechtlich nicht ganz sicher

Gerade auf der rechtlichen Seite kann es bei der Verwendung der dynamischen Sitelinks zu Problemen kommen, wenn etwa der Name einer Marke durch einen dynamischen Sitelink in der Anzeige einer anderen Marke auftaucht.

Die Anzeigenerweiterung kann über ein Formular unter dem Link *https://support.google.com/adwords/contact/dynamic_sitelinks* deaktiviert bzw. wieder aktiviert werden.

12.11.3 Erweiterung mit Zusatzinformationen

Eine ebenfalls noch recht junge Anzeigenerweiterung ist die Erweiterung mit Zusatzinformationen oder die Callout Extension, die in Deutschland im September 2014 ausgerollt wurde (siehe Abbildung 12.67).

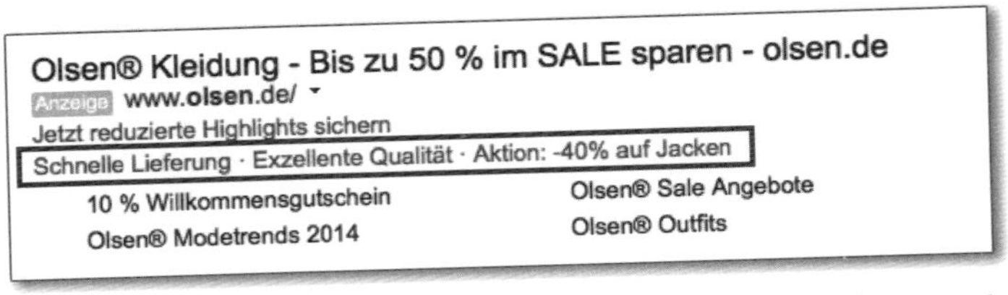

Abbildung 12.67 Anzeige mit Zusatzinformationen-Erweiterung

Dabei werden auf den Top-Positionen unterhalb des Anzeigentextes zwei bis maximal vier durch Trennzeichen getrennte, sogenannte Callouts bzw. Zusatzinformationen angezeigt. Optisch wirkt das wie eine weitere Textzeile, wodurch Sie mehr Platz und Aufmerksamkeit gewinnen. Heben Sie mithilfe der Zusatzinformationen wichtige Alleinstellungsmerkmale Ihres Unternehmens oder Verkaufsargumente hervor. Um eingeblendet zu werden, müssen mindestens zwei Callouts hinterlegt sein und diese dürfen die Länge von jeweils 25 Zeichen nicht überschreiten, besser sind kürzere Callouts.

Starten Sie mit der Einrichtung unter ANZEIGENERWEITERUNGEN • ANZEIGEN: ERWEITERUNG MIT ZUSATZINFORMATIONEN • + ERWEITERUNG • NEUE ZUSATZINFORMATION. Geben den gewünschten Text ein und je nach Bedarf priorisieren Sie die Zusatzinformation für Mobilgeräte oder nutzen den Werbezeitplaner (siehe Abbildung 12.68).

Abbildung 12.68 Einrichtung einer Zusatzinformation

Vermeiden Sie zusätzliche Symbole. Bei den Zusatzinformationen gelten dieselben Regeln wie für Textanzeigen, d. h. Ausrufezeichen, Prozentzeichen etc. sind auch hier erlaubt.

Beachten Sie bei der Einrichtung, dass sich der Text einer Zusatzinformation weder im Anzeigentext noch in den Sitelinks wiederfinden darf. Problematisch wird es, wenn Sie nun alle Verkaufsargumente über die Erweiterung mit Zusatzinformationen präsentieren und aus den Anzeigentexten entfernen. Dann würden Sie fehlen, sobald die Callouts nicht ausgespielt würden. Versuchen Sie hier, einen Kompromiss zu finden und die Verkaufsargumente in Ihren Anzeigentexten zum Beispiel etwas anders als in Ihren Zusatzinformationen zu formulieren.

Die Erweiterung mit Zusatzinformationen bietet Ihnen mehr Platz, Ihre Vorzüge in Ihre Anzeigen einzubauen. Daher nehmen Sie sich die Zeit, sie zu integrieren, was ohne viel Aufwand auch auf Kontoebene möglich ist.

12.11.4 Standorterweiterung hinzufügen

Mit der Standorterweiterung wird dem User bei seiner Suche die Adresse Ihres nächstgelegenen Unternehmensstandortes unter der Anzeige angezeigt. Beim Klick auf die Adresse wird er auf Google Maps weitergeleitet, wo diese Adresse markiert und als Zieladresse im Routenplaner definiert ist. Auf Mobilgeräten wird dem Nutzer seine aktuelle Entfernung in Kilometern und ein Link mit Wegbeschreibung zu Ihrem Unternehmensstandort ausgeliefert (siehe Abbildung 12.69).

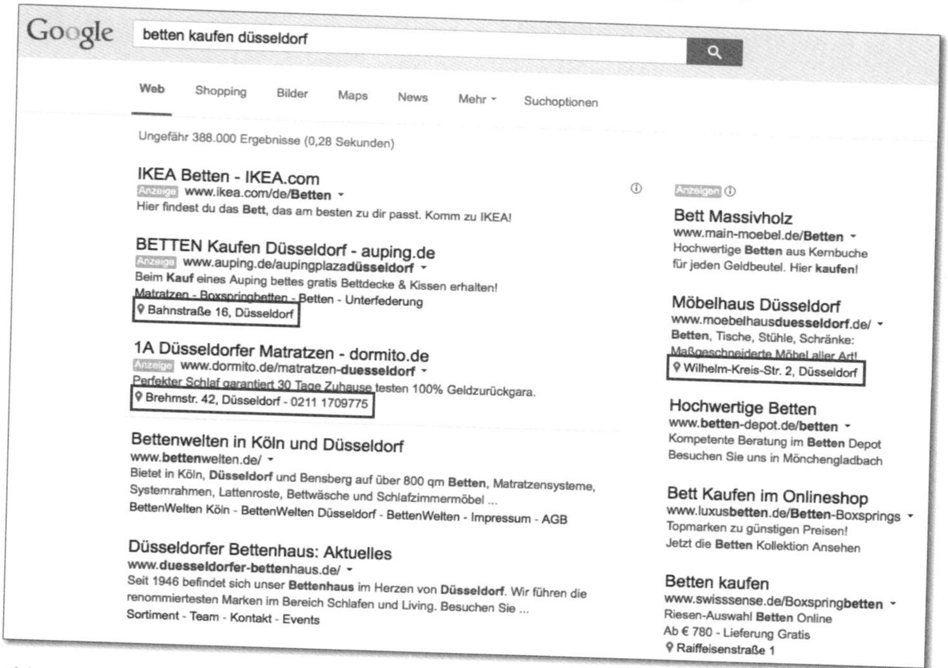

Abbildung 12.69 Anzeigen mit Standorterweiterung

Standorterweiterungen funktionieren im gesamten Suchnetzwerk, d. h. im Google-Suchnetzwerk und im Google Partner-Suchnetzwerk, wozu auch Google Maps zählt. Auch im Displaynetzwerk können Textanzeigen durch Standorterweiterungen ergänzt werden.

Versäumen Sie es unter keinen Umständen, diese Erweiterung einzurichten, wenn Sie über einen Unternehmensstandort verfügen, den Ihre Kunden besuchen können. Denn insbesondere von unterwegs sucht der User oft nach dem nächsten Fotografen, Blumen- oder Klamottengeschäft und Sie brauchen ihn mit der Standorterweiterung nur noch in Ihren Laden leiten (siehe Abbildung 12.70).

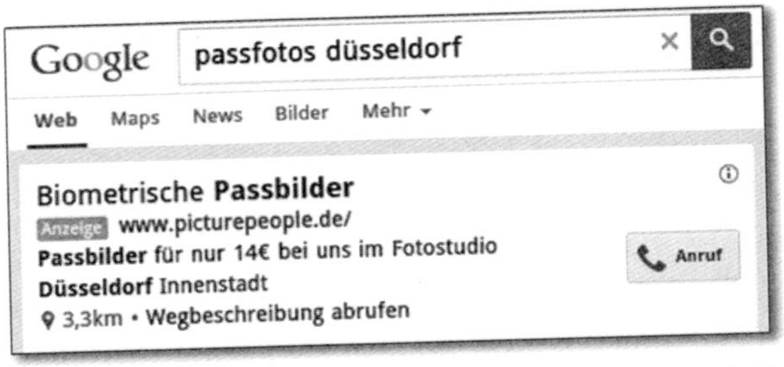

Abbildung 12.70 Standorterweiterung und Click-to-Call-Button auf dem Smartphone

12.11.5 Anruferweiterung hinzufügen

Die Anruferweiterung ermöglicht es Ihnen, eine Telefonnummer in Ihre Anzeigen einzubinden. Auf Desktop-Computern wird Ihre Telefonnummer innerhalb der Anzeige eingeblendet (siehe Abbildung 12.71). Mobile Nutzer haben die Möglichkeit, Sie mit Klick auf den Anruf-, auch Click-to-Call-Button genannt, direkt zu kontaktieren.

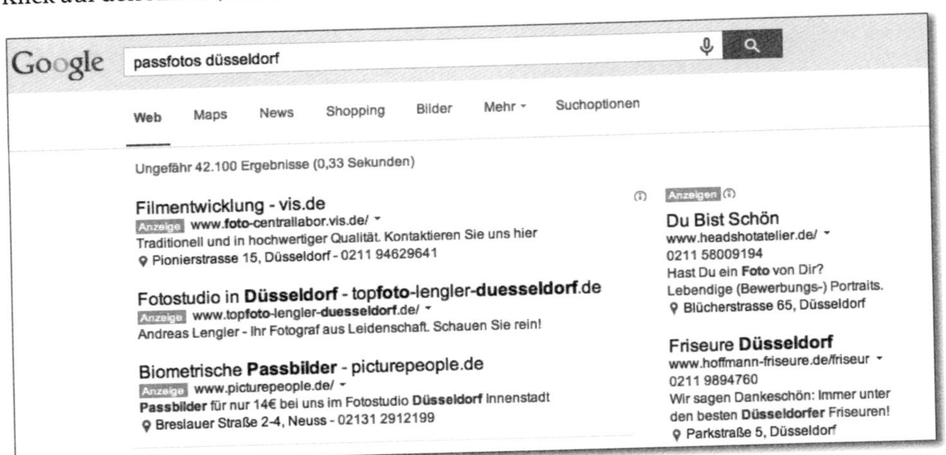

Abbildung 12.71 Anzeigen mit Anruferweiterung und Standortinformationen auf dem Desktop

Für Sie fallen dabei die gleichen Kosten an wie bei einem Klick auf die Anzeige, die reine Nutzung der Anruferweiterung bleibt kostenfrei.

Anruferweiterungen lassen sich sowohl im Suchnetzwerk als auch im Displaynetzwerk einsetzen, im Displaynetzwerk funktionieren sie jedoch nur auf High-End-Mobiltelefonen mit vollwertigem Internetbrowser.

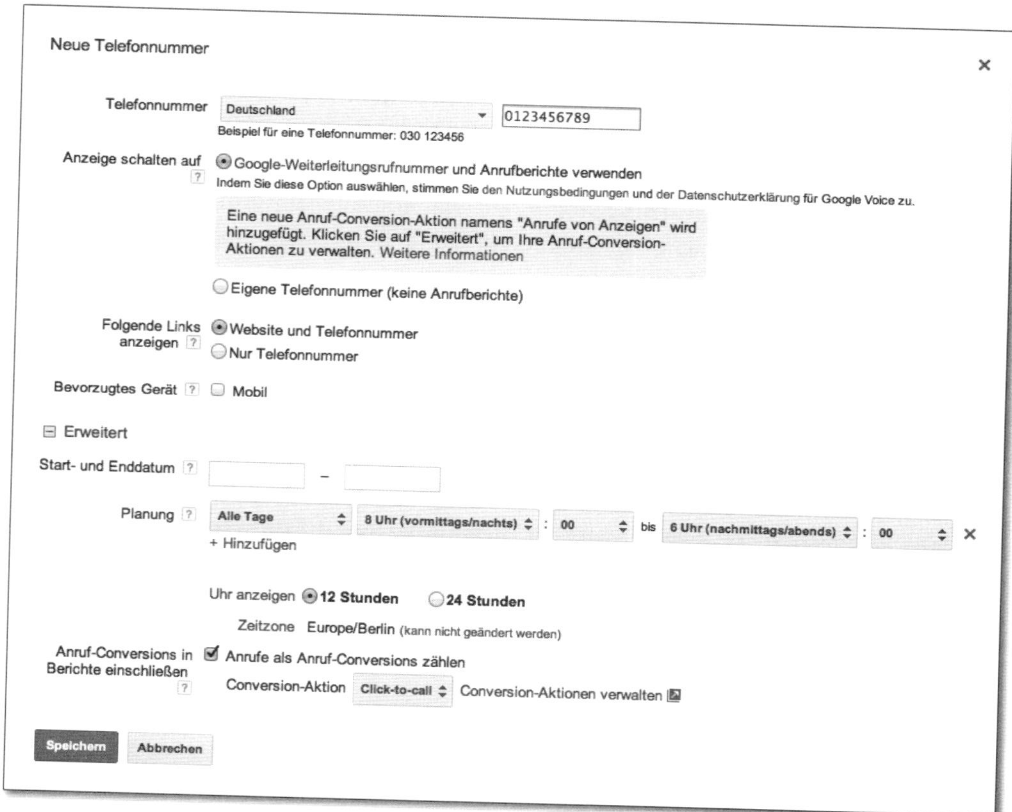

Abbildung 12.72 Fügen Sie Ihren Anzeigen eine Telefonnummer hinzu.

Sie können die Anruferweiterung auf Kampagnen- oder Anzeigengruppenebene einrichten. Starten Sie unter ANZEIGENERWEITERUNGEN • ANZEIGEN: ANRUFERWEITERUNGEN • + ERWEITERUNG und wählen Sie zunächst die jeweilige Kampagne bzw. Anzeigengruppe. Klicken Sie + NEUE TELEFONNUMMER und wählen Sie das Land aus Dropdown-Menü, in dem Sie Ihren Sitz haben. Beachten Sie, dass die Richtlinien gerade bei dieser Anzeigenerweiterung von Land zu Land variieren.

In das Feld gleich daneben geben Sie Ihre Telefonnummer ein. Nun bieten sich Ihnen zwei Optionen: Entweder Sie nutzen Ihre *eigene Telefonnummer* oder eine *Google-Weiterleitungsrufnummer*. Die Telefonnummer sollte im besten Fall gebührenfrei oder eine lokale Rufnummer sein. Fallen für den Nutzer mehr Kosten als der herkömmliche Ortstarif an, wird er nach Klick auf den Aufrufbutton durch einen Haftungsausschluss darüber in Kenntnis gesetzt.

Die nächste Option betrifft lediglich Mobilgeräte. Unter FOLGENDE LINKS ANZEIGEN können Sie bestimmen, ob Ihre Links lediglich IHRE TELEFONNUMMER verlinken oder auch auf Ihre Website führen. Wählen Sie IHRE TELEFONNUMMER aus, gelangt der Nutzer auch beim Klick auf den Anzeigentitel direkt zu Ihrer Telefonnummer. Das kann den Nutzer, der Sie gar nicht anrufen möchte, unter Umständen verwirren.

Wenn Sie als bevorzugtes Gerät »mobil« anklicken, wird diese Erweiterung in erster Linie auf Mobiltelefonen ausgeliefert, es ist allerdings nicht ausgeschlossen, dass sie auch auf Desktop-Geräten, Tablets oder Laptops gezeigt wird.

Haben Sie sich für die Nutzung von Google-Weiterleitungsrufnummern entschieden, erhalten Sie ausführliche Informationen zu den Anrufen, die über die Anruferweiterung bei Ihnen einlaufen. Google liefert Ihnen Anrufberichte zur Gesprächsdauer, Uhrzeit des Gesprächs, Ortsvorwahl des Anrufers und vieles mehr. Es ist sogar möglich, eine Gesprächsdauer zu definieren und den Anruf, sobald die festgelegte Dauer überschritten wurde, als Conversion zu zählen. Diese Option steht Ihnen im Displaynetzwerk nicht zur Verfügung.

Unter dem Tab TOOLS • CONVERSIONS legen Sie zunächst eine neue Conversion der Conversion-Art ANRUFE VON ANZEIGEN MIT ANRUFERWEITERUNGEN an. Nehmen Sie die üblichen Einstellungen vor und bestimmen unter ANRUFDAUER die Dauer, ab wann der Anruf als Conversion gewertet werden soll (siehe Abbildung 12.73).

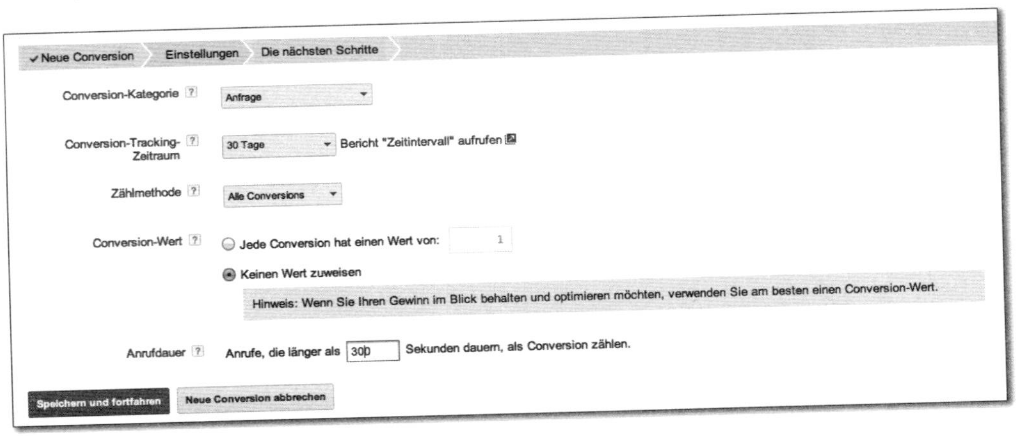

Abbildung 12.73 Einstellungen für Anruf-Conversions

Bei der Einrichtung einer neuen Telefonnummer mit Google-Weiterleitungsrufnummer müssen Sie unter ERWEITERT nur noch ein Häkchen bei ANRUFE ALS ANRUF-CONVERSIONS ZÄHLEN setzen.

Über SPALTEN • CONVERSIONS können Sie dann die Spalte ANRUF-CONV. hinzufügen. Außerdem können Sie unter SPALTEN • ANRUFDETAILS die folgenden Spalten für Ihre Auswertung aufnehmen (siehe Abbildung 12.74):

- TELEFON-IMPRESSIONEN: So häufig wurde Ihre Anruferweiterung mit Weiterleitungsrufnummer ausgespielt.
- ANRUFE: So häufig wurde die Google-Weiterleitungsrufnummer entweder durch Click-to-Call oder durch die manuelle Eingabe gewählt. Unter SEGMENTE • KLICKTYP können Sie sich anzeigen lassen, zu welchen Anteilen ein Klick auf den Click-to-Call-Button, ein Anruf nach dem Klick auf den Click-to-Call-Button und ein Telefonanruf mit manueller Wahl erfolgte.
- PTR (PHONE-THROUGH-RATE): Verhältnis der Anrufe zur Anzahl der Telefon-Impressionen
- DURCHSCHN. CPP: Verhältnis der Telefonkosten zur Anzahl der Anrufe

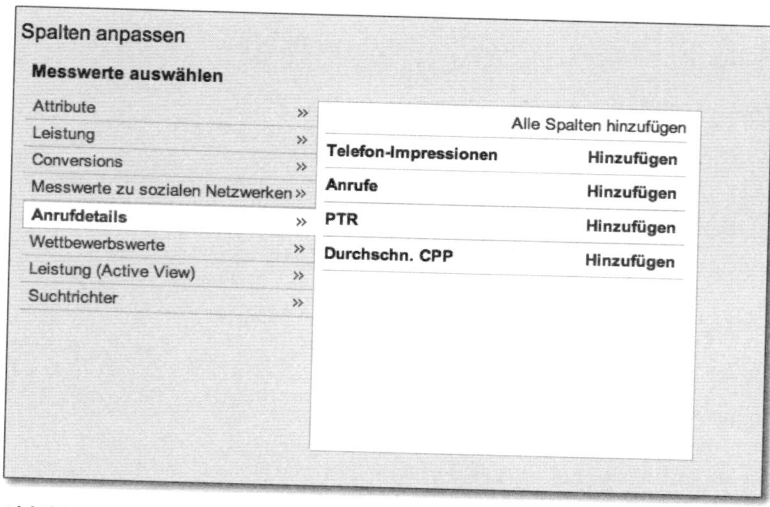

Abbildung 12.74 Hinzufügen der Spalten mit »Anrufdetails«

Unter dem Tab DIMENSIONEN • ANRUFDETAILS finden Sie weitere Informationen zu:

- STARTZEIT (DES ANRUFS)
- ENDE (DES ANRUFS)
- STATUS (ANRUF ENTGANGEN ODER ERHALTEN)
- DAUER (SEKUNDEN)
- ORTSVORWAHL DES ANRUFERS
- ANRUFKOSTEN
- ANRUFTYP (CLICK-TO-CALL ODER MANUELL GEWÄHLT)

Tipp – Wie aussagekräftig ist eine Anruf-Conversion?

Die Fülle der Daten, die Google über Google-Weiterleitungsrufnummern zur Verfügung stellt, ist beeindruckend. Doch wie gehaltvoll sind die Conversion-Daten tatsächlich? Können wir eine Conversion wirklich an der Anrufdauer messen oder führt das nicht eher zu einem verzerrten Bild? Eine telefonische Bestellung und eine wutentbrannte Beschwerde dürften sich, was die Dauer betrifft, nicht groß unterscheiden. Auch Beratungsgespräche, die nicht zwingend zu einer Bestellung führen, erfordern eine gewisse Zeit. Daher ist, was die Wertigkeit einer Anruf-Conversion angeht, Vorsicht geboten. Wenn Sie mit Anruf-Conversions arbeiten, sollten Sie die Anrufe auswerten, um zu beurteilen, welche Ziele durch sie erfüllt wurden.

Lassen Sie Ihre eigene Telefonnummer anzeigen, haben Sie weniger Möglichkeiten, die Anruferweiterung auszuwerten. Über SEGMENTE • KLICKTYP sehen Sie zumindest, wie viele Nutzer via Click-to-Call Kontakt mit Ihnen aufgenommen haben.

Abbildung 12.75 Segmentierung nach »Klicktyp«

Bei den Klicks in der Zeile CLICK-TO-CALL handelt es sich um Anrufer, die Sie direkt über eine AdWords-Anzeige kontaktiert haben. Ob nun mit eigener Telefonnummer oder Google-Weiterleitungsrufnummer, diese Anzeigenerweiterung ist schnell eingerichtet und spätestens in Zeiten der mobilen Suche unverzichtbar geworden.

12.11.6 App-Erweiterung: Smartphone-User zum App-Store führen

Wenn Sie über eine eigene App verfügen, dann sollten Sie die App-Erweiterung in Ihre Anzeigen einbauen. Ein separater Link in Ihren Anzeigen leitet den User sofort in den App Store von Apple bzw. Google Play, wo er sich Ihre App herunterladen kann. Bei einem Klick auf den Anzeigentitel landet er hingegen auf Ihrer Website. Sie zahlen dabei, wie gewohnt, nur den Klick.

App-Erweiterungen können Sie auf Konto-, Kampagnen- und Anzeigengruppenebene vergeben. Beginnen Sie mit der Einrichtung unter ANZEIGENERWEITERUNGEN • ANZEIGEN: APP-ERWEITERUNGEN • + ERWEITERUNG • + NEUE APP. Wählen Sie das

Betriebssystem der Mobilgeräte und im nächsten Schritt Namen, ID oder Publisher Ihrer App. Im Dropdown-Menü sollte nun Ihre App erscheinen.

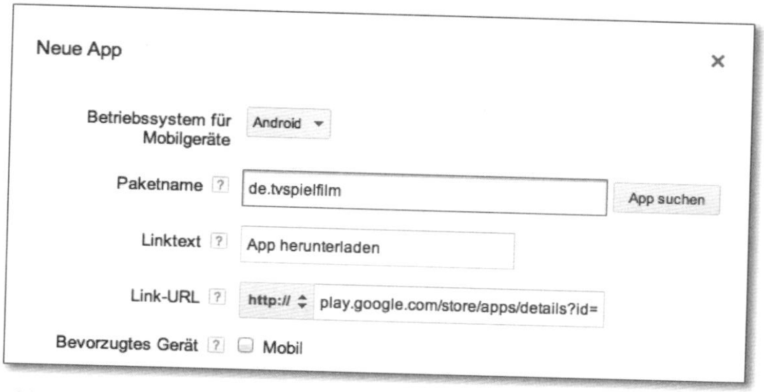

Abbildung 12.76 Anlegen einer App-Erweiterung für Android

Nach Klick auf die App werden automatisch die Link-URL und ein Standard-Linktext eingefügt, den Sie jederzeit ändern können. Soll das bevorzugte Gerät mobil sein, setzen Sie an dieser Stelle das Häkchen.

Tipp – Google erkennt das Betriebssystem des Users

Ist Ihre App mit beiden Betriebssystemen kompatibel, legen Sie je eine App pro Betriebssystem an. Das Google-AdWords-System erkennt automatisch, von welchem Betriebssystem und welchem Gerät der User sucht und zeigt ihm die passende App an.

Für Werbetreibende mit einer App im Angebot ist diese Anzeigenerweiterung eine komfortable Lösung, um die Nutzer innerhalb Ihrer Anzeigen auf diese aufmerksam zu machen.

12.11.7 Sterne in den Anzeigen: Verkäuferbewertungserweiterung

Ein sehr vertrauenswirksames Feature sind die kleinen Sterne, die durch die Verkäuferbewertungserweiterung, auch Seller-Ratings, in Ihre Anzeige eingebettet werden (siehe Abbildung 12.77).

Wundern Sie sich nicht, dass Ihnen diese Erweiterung unter ANZEIGENERWEITERUNGEN nicht angezeigt wird. Diese Anzeigenerweiterung fällt unter die passiven Anzeigenerweiterungen, die Sie nicht aktiv über die Google-AdWords-Oberfläche einrichten. Google zeigt die Bewertungssterne automatisch an, sobald innerhalb der letzten zwölf Monate mindestens 30 Bewertungen von Portalen wie Trusted Shops, eKomi oder TrustPilot eingegangen sind. Der Durchschnitt der Bewertungen muss zwischen 3,5 und 5 liegen und dieser Durchschnitt wird dann in Form der bekannten Sternchen in Ihren Anzeigen eingeblendet.

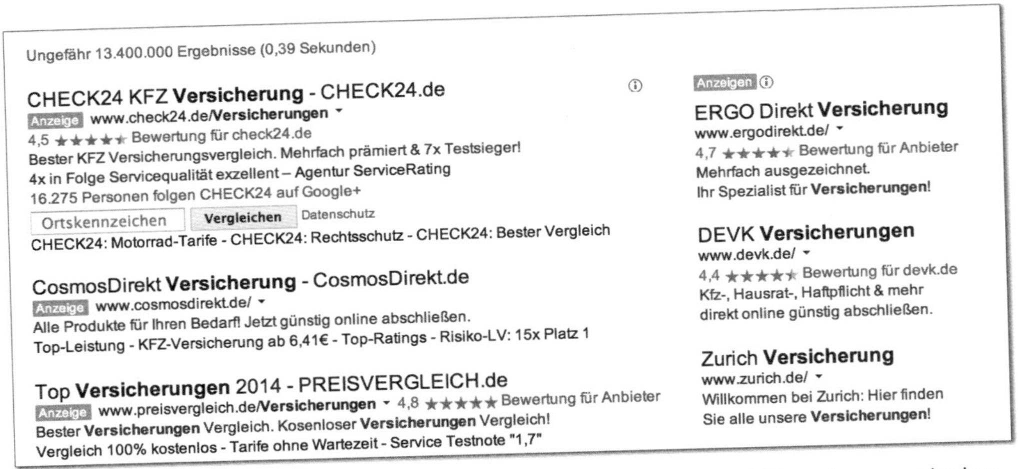

Abbildung 12.77 Sogenannte Seller-Ratings sind aus den SERPs nicht mehr wegzudenken.

Die Sterne sind für viele Nutzer mittlerweile ein bewährtes Trust-Element, das ihr Klickverhalten maßgeblich beeinflusst, weshalb Sie in keinem Fall darauf verzichten sollten, die Voraussetzungen für die Verkäuferbewertungs-Erweiterung zu schaffen, damit Sie mit Ihren Produkten/Dienstleistungen über die entsprechenden Bewertungsportale auch bewertet werden können.

12.11.8 Bewertungserweiterungen

Ähnlich wie die Seller-Ratings wirkt auch die Bewertungserweiterung als Trust-Element auf den User und stärkt so die Klickrate Ihrer Anzeigen. Mit dieser noch recht neuen Erweiterung können Sie Ihren Anzeigen positive Zitate aus Quellen von Drittanbietern über Ihr Unternehmen anhängen (siehe Abbildung 12.78).

Im Gegensatz zu den Verkäuferbewertungen darf es sich dabei nicht um Kundenbewertungen handeln. Die Bewertung Ihres Unternehmens muss in Form eines Artikels, Auszeichnungen, Tests etc. durch eine seriöse und neutrale Drittquelle vorgenommen werden. Die Bewertung darf zudem nicht älter als zwölf Monate alt sein.

Abbildung 12.78 Anzeige mit Bewertungserweiterung

Unter der Anzeige erscheint dann das Zitat sowie ein Link mit dem Namen der Quelle. Beim Klick auf die Quelle wird der Nutzer auf den Artikel mit dem Zitat über

Ihr Unternehmen geleitet und es fallen keine zusätzlichen Kosten für Sie an. Beim Klick auf die Anzeige zahlen Sie wie sonst den üblichen CPC. Sie können Ihren Anzeigen Bewertungserweiterungen auf Konto-, Kampagnen- und Anzeigengruppenebene zuweisen, allerdings ist diese Erweiterung nur im Suchnetzwerk nutzbar.

Um Bewertungserweiterungen zu verwenden, klicken Sie auf ANZEIGENERWEITERUNGEN • ANZEIGEN: BEWERTUNGSERWEITERUNGEN • + ERWEITERUNG • + NEUE BEWERTUNG. Zunächst entscheiden Sie, ob Sie als Text ein umschriebenes oder exaktes Zitat nutzen möchten und haken das entsprechende Format an. Ein exaktes Zitat wird in der Anzeige in Anführungszeichen gesetzt und dadurch im Vergleich noch etwas mehr hervorgehoben. Ein umschriebenes Zitat muss in Tonalität und Inhalt eindeutig mit dem Artikel übereinstimmen.

Geben Sie also Zitat und den Namen der Quelle in die Felder ein. Aufgrund der beschränkten Zeichenlänge von zusammen nur 67 Zeichen stellt das eine kleine Herausforderung dar. Auslassungen müssen darüber hinaus durch Klammern gekennzeichnet werden (siehe Abbildung 12.79). Zuletzt hinterlegen Sie die Quell-URL und speichern die Erweiterung. Leider ist es bislang nicht möglich, mehrere Bewertungserweiterungen gleichzeitig zu testen. Es wird die zuerst freigegebene Erweiterung geschaltet.

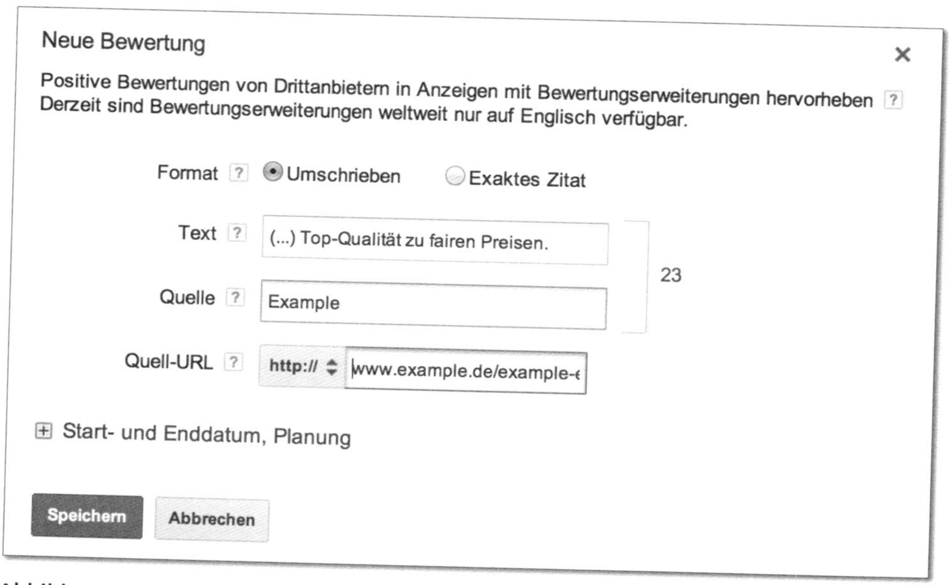

Abbildung 12.79 Binden Sie Bewertungen in Ihre Anzeigen ein.

Ganz unkompliziert ist die Einrichtung dieser Anzeigenerweiterung nicht, denn die Richtlinien für Bewertungserweiterungen sind relativ komplex. Wenn Sie jedoch die folgenden Faktoren beachten, dürften Sie bei der Überprüfung durch Google keine Probleme bekommen:

- Quelle ist eine seriöse, neutrale Organisation
- Quelltext ist kein Werbetext, Pressemitteilung, Kundenbewertung o. ä.
- Quelltext ist nicht älter als zwölf Monate
- Zitat muss auf Quell-URL eindeutig erkennbar sein
- keine Veränderung der Bewertung
- Verwendung von Auslassungszeichen (...)
- bei regelmäßigen Auszeichnungen muss die Häufigkeit der Vergabe angegeben werden (z. B. die jährliche Verleihung ...)
- Ton und Inhalt müssen mit Artikel übereinstimmen
- Zitat muss sich von Anzeigentext unterscheiden

Zugegebenermaßen bietet die Bewertungserweiterung, was Einrichtung und Optionen betrifft, noch ein wenig Ausbaupotenzial, doch lassen Sie sich nicht abschrecken. Eine positive Bewertung in Ihren Anzeigen kann den Nutzer davon überzeugen, Ihr Angebot näher zu betrachten.

12.12 Optimierungen im Google Displaynetzwerk

Für die Werbung im Google Displaynetzwerk gibt es natürlich andere Optimierungsansätze als die Möglichkeiten, die wir für das Suchnetzwerk vorgestellt haben. In einem ersten Schritt schauen wir uns jedoch an, welche der bekannten Möglichkeiten auch für das GDN funktionieren. An erster Stelle sind alle Hinweise für die unterschiedlichen, kreativen Gestaltungsmöglichkeiten für Textanzeigen zu nennen. Auch diese Optimierung können Sie natürlich für die Textanzeigen im Displaynetzwerk nutzen. Da die Anzeigen im Displaynetzwerk jedoch nicht durch eine Suche ausgelöst werden, können Sie diese Texte etwas allgemeiner gestalten. Sie müssen sie nicht so stark auf eine bestimmte Suchphrase hin optimieren. Aus diesem Grunde bietet Google für das Displaynetzwerk auch keine Schaltung mit Platzhaltern an, wie Sie dies zum Beispiel bei den DKI-Anzeigen oder den Anzeigen mit Echtzeitaktualisierungen kennengelernt haben. Auch bei den Möglichkeiten zur Anzeigenerweiterungen ist Google im GDN etwas zurückhaltender. Zur Optimierung können Sie im GDN nur die Standort- und Telefonerweiterung nutzen.

Auf der anderen Seite können Sie im Displaynetzwerk mit Imageanzeigen punkten und diese entsprechend optimieren. Eine Optimierungsmöglichkeit besteht zum Beispiel darin, vor allem Banner mit interaktiven Elementen, zum Beispiel klickbaren Buttons zu benutzen und diese Buttons mit passenden Call-to-Actions zu belegen. Die animierten Bild- oder Flashanzeigen sollen potenzielle Kunden zu einem Besuch auf Ihrer Webseite bewegen. Es ist daher auch sinnvoll, den Nutzen für einen Besuch der Website hervorzuheben. Falls Sie nach den ersten Tests im GDN wichtige Placements selektiert haben, so können Sie zur weiten Optimierung auch individuelle Imageanzeigen für die wichtigsten Placements erstellen, die zum Beispiel inhaltlich und farblich auf die jeweiligen Webseiten abgestimmt sind. Für diese Werbung würden dann eigene Anzeigengruppen erstellt; die eventuell jeweils nur auf ein Placement ausgerichtet sind.

12.12.1 Optimierung durch Ausschluss

Neben der Gestaltung der Anzeigen können Sie im GDN auch über den Ausschluss bestimmter Ziele optimieren. Zur besseren Ausrichtung auf die gewünschte Zielgruppe können folgende Ausschlussmöglichkeiten genutzt werden:

- Ausschluss von bestimmten Keywords
- Ausschluss einzelner Webseiten bzw. Placements
- Ausschluss bestimmter Optionen, wie zum Beispiel Webseiten mit problematischem Inhalt oder Webseiten für unpassende Zielgruppen etc. (siehe Abbildung 12.80)
- Ausschluss der Auslieferung auf Apps

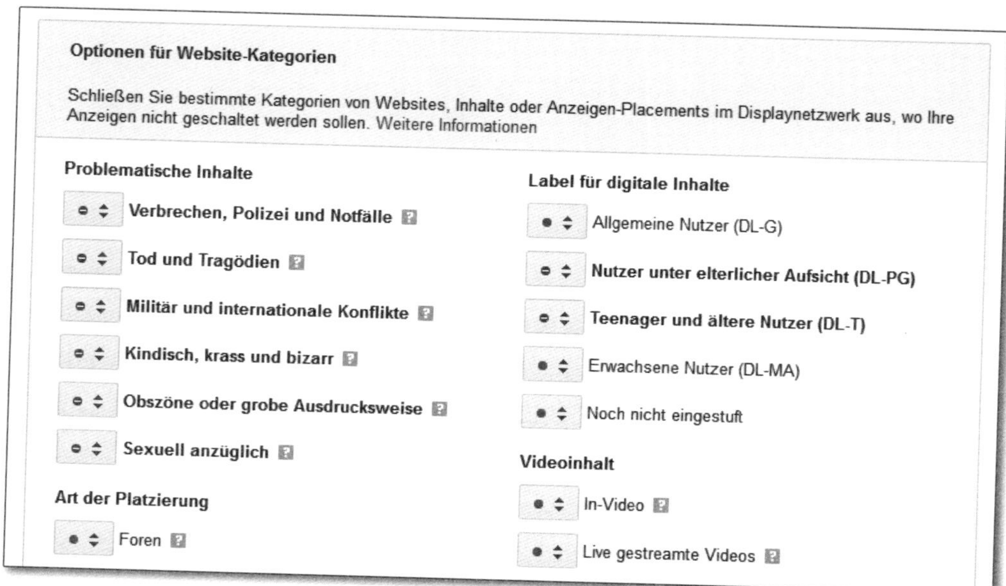

Abbildung 12.80 Optimierung durch Ausschluss unpassender Optionen

Bei der automatisierten Schaltung im GDN werden oft mobile Apps als Werbeträger genutzt. Falls die Nutzer von Apps nicht Ihre Zielgruppe sind oder Sie aus der Statistik erkennen, dass Ihnen die Werbeeinblendungen in Apps keine Kunden liefern, so können Sie diese Schaltung bzw. einen Großteil dieser Auslieferung verhindern, indem

Sie zum einen unter den Optionen für Website Kategorien beim Unterpunkt Test die Option GMob-Mobile App (siehe Abbildung 12.81) ausschließen.

Abbildung 12.81 Kategorien für mobile Apps ausschließen

Nutzen Sie jedoch auch folgenden Tipp und fügen Sie die Webseite *adsenseformobileapps.com* als ausgeschlossenes Placement hinzu (siehe Abbildung 12.82). Dies verhindert eine Vielzahl an Werbeschaltungen in mobilen Apps.

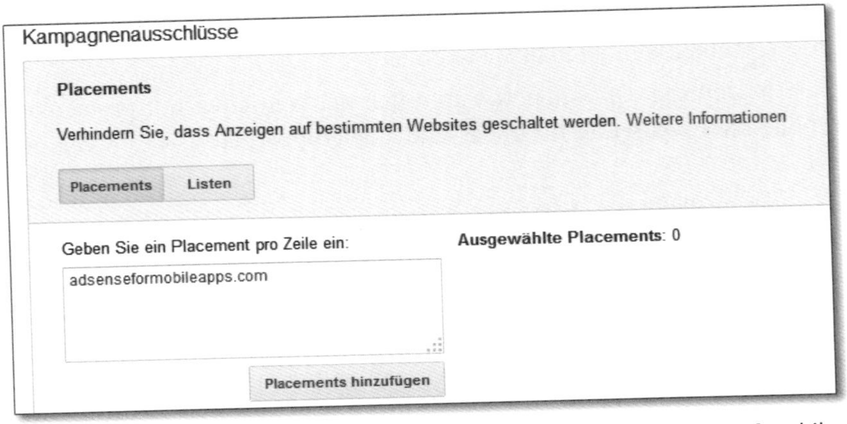

Abbildung 12.82 Ausschluss eines Placements, welche die Schaltung auf mobilen Apps im Adsense-Netzwerk verhindert

12.12.2 Ausrichtungsoptimierung im GDN

Im Displaynetzwerk gibt es auch die Möglichkeit, die Optimierungsarbeit an Google zu übertragen. Der Unterpunkt + Ausrichtung enthält auch einen Kasten mit dem Titel Ausrichtungsoptimierung (siehe Abbildung 12.83). An dieser Stelle können Sie die Schaltung Ihrer Anzeigen im GDN durch Google optimieren lassen. Aber auch hier gilt der Grundsatz, dass Sie diese Optimierungsmöglichkeiten erst nutzen sollten, wenn eine Grundoptimierung vorhanden ist. Dies bedeutet, dass Ihre Anzeigengruppe auch die passende Zielgruppe anspricht bzw. die gewünschten Conversions erzielt werden. Die »konservative Ausrichtung«, bei der Google automatisch die Anzeige für neue, passende Kundengruppen schaltet, kann immer aktiviert werden, für die »aggressive Ausrichtung« benötigen Sie 15 Conversions pro Monat in der jeweiligen Anzeigengruppe. Diese zweite, aggressive Methode bezeichnet Google auch als Optimierungstool für Displaykampagnen.

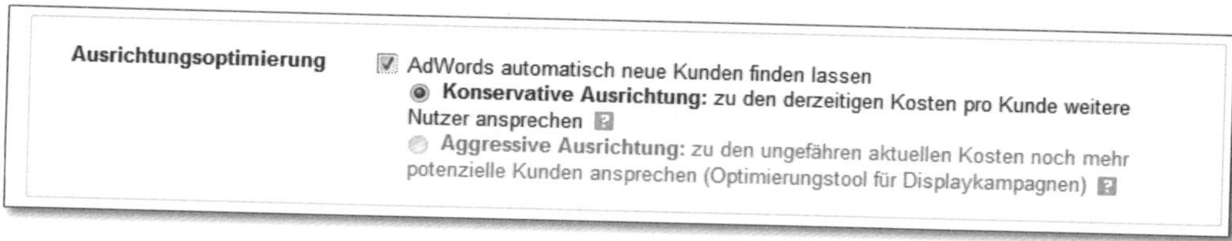

Abbildung 12.83 Automatische Ausrichtungsoptimierung im GDN

In diesem Kapitel haben Sie die wichtigsten Stellschrauben zur Optimierung Ihrer AdWords-Kampagnen kenngelernt. Nutzen Sie die verschiedenen Optimierungsansätze, von der Kontostruktur über die Optimierung von Keywords und Textanzeigen bis hin zur Webseitengestaltung. Arbeiten Sie auf jeden Fall mit den Möglichkeiten der Anzeigenerweiterung, die Google AdWords bietet. Und denken Sie immer daran, dass Sie durch die Optimierung echtes Geld sparen können. Der weitaus wichtigere Grund ist jedoch, dass Sie durch eine laufende Optimierung letztlich mehr Interessenten und Kunden gewinnen.

12.13 Checkliste

Optimieren Sie Ihr AdWords-Konto regelmäßig. Am besten führen Sie jedes Quartal oder mindestens jedes Halbjahr einen Fitness-Check für Ihr AdWords-Konto durch.

Daran sollten Sie denken, um Ihr AdWords-Konto zu optimieren	Kontrolliert (✓)
Ist die Kampagnenstruktur noch sinnvoll?	
Gibt es neue Möglichkeiten zur Unterteilung der Anzeigengruppen?	
Stimmt die Performance der Zielregionen?	
Stimmt die Performance der Partnernetzwerke?	
Funktioniert die Werbung auf den Smartphones?	
Welches Ergebnis liefert der A-/B-Test der Textanzeigen?	
Können neue Anzeigen getestet werden?	
Gibt es optimale Werbezeiten?	
Soll das Werbebudget auf bestimmte Zeitenräume konzentriert werden?	

Tabelle 12.2 Optimierungspotenzial für Ihr AdWords-Konto – Checkliste

Daran sollten Sie denken, um Ihr AdWords-Konto zu optimieren	**Kontrolliert (✓)**
Funktioniert das Conversion-Tracking?	
Müssen zusätzliche oder neue Ziele gemessen werden?	
Kann Budget reduziert oder anders verteilt werden?	
Muss Budget erhöht werden?	
Gibt es neue Keyword-Vorschläge?	
Stimmen die Keyword-Optionen?	
Wurden die negativen Keywords regelmäßig erweitert?	
Müssen doppelte Keywords im Konto ausgeschlossen werden?	
Stimmen die Keyword-Gebote?	
Gibt es Probleme mit dem Qualitätsfaktor?	
Stimmt der Anteil der möglichen Impressionen?	
Können neue Anzeigenerweiterungen hinzugefügt werden?	
Gibt es neue Möglichkeiten für Anzeigenerweiterungen?	

Tabelle 12.2 Optimierungspotenzial für Ihr AdWords-Konto – Checkliste (Forts.)

Kapitel 13
Bearbeiten und Analysieren

Es gibt immer etwas zu tun in Ihrem AdWords-Konto. Darum sollten Sie alle Tipps und Tricks kennen, die Ihnen dabei helfen, Ihre Einstellungen schnell zu verändern – oder Informationen zu filtern oder zu gruppieren, um schnelle Adhoc-Analyse durchzuführen. Wenn man das AdWords-Konto aus den Anfangsjahren mit dem aktuellen Konto vergleicht, so hat sich einiges getan. Dies lässt auch die Vermutung zu, dass es sich zukünftig noch weiterentwickeln wird. Es werden bestimmt noch weitere Analysemöglichkeiten hinzukommen. Daher sollten Sie sich auf jeden Fall die Grundprinzipien der Analyse aneignen.

Dieses Kapitel vermittelt Ihnen Kenntnisse, um schnell und effektiv im Alltag in Ihrem AdWords-Konto zu arbeiten. Wir zeigen Ihnen Einstellungen, Filter- und Bearbeitungsmöglichkeiten, die Sie entweder regelmäßig oder immer mal wieder benötigen, um Ihr Konto mit geringem Aufwand zu analysieren. Es kann sein, dass bestimmte Möglichkeiten bereits an anderer Stelle direkt im Zusammenhang mit einer bestimmten Aufgabenstellungen beschrieben worden sind. Diese Möglichkeiten werden jedoch auch hier noch einmal kurz vorgestellt, damit Sie einen Überblick über die verschiedenen Bearbeitungs-, Sortierungs- und Filtermöglichkeiten erhalten. Ein wichtiger Teil dieses Kapitels beschreibt die Möglichkeiten zur Automatisierung Ihres AdWords-Kontos. Sie können Kontrollaufgaben, Änderungen oder auch Datensammlungen durch »automatisierte Regeln« oder »AdWords-Skripte« steuern. Die Übertragung von manuellen Arbeiten in automatisierte Prozesse nimmt Ihnen viel Arbeit ab und spart Zeit, die Sie wieder in andere wichtige Tätigkeiten (z. B. Recherche, Optimierung und Tests) stecken können.

13.1 Tricks, um Zeit zu sparen

Sie können zum einen Zeit sparen, wenn Sie mehrere Änderungen in einem Schritt zusammenfassen oder Aufgaben im AdWords-Konto automatisieren. Vor den Änderungen steht aber die Analyse. Ausgangspunkte sind dabei oft bestimmte Fragestellungen, die bei der Betrachtung Ihrer AdWords-Daten entstehen. Zu diesen Fragen zählen zum Beispiel:

- Welche Keywords funktionieren denn in meiner Kampagne, welche haben die besten Klickraten?
- Welche Keywords erzeugen Anzeigenpositionen, bei denen die Werbung nicht so gut gesehen wird, zum Beispiel Ranking-Positionen, die unter Position 5 liegen?
- Welche Keywords haben grundsätzlich eine schlechte Performance?
- Welche Anzeigengruppen haben die meisten Kosten verursacht?

Wenn Sie sich durch Sortierung, Filtern oder Gruppierung Ihrer AdWords-Daten einen Überblick verschaffen können, sind viele Fragen schnell zu beantworten. Diese Möglichkeiten der Datenanordnung und Veränderungen haben wir Ihnen in diesem Abschnitt zusammengefasst.

Wir zeigen Ihnen ...

- das gleichzeitige Ändern mehrerer Elemente
- das einfache Sortieren und Filtern
- die Nutzung komplexer Filter mit mehreren Bedingungen
- den Aufruf versteckter Dateninformationen
- die Gruppierung von Informationen
- das Filtern und Zuordnen über Kampagnen- und Anzeigengruppen hinweg
- die Möglichkeit zur Automatisierung Ihrer Kontobearbeitung
- die Erstellung automatisierter Benachrichtigungen
- die Schnelldiagnose von Keywords
- die Schnelldiagnose Ihrer Kampagnen im Konkurrenzvergleich
- die Erstellung automatisierter A-/B-Tests in Ihren Kampagnen

13.1.1 Schnelle Bearbeitungsmöglichkeiten/Bulk-Edit

Die so genannte Bulk-Edit-Bearbeitung ermöglicht, mehrere Elemente (Kampagnen, Anzeigengruppen, Keywords oder Textanzeigen) gleichzeitig zu bearbeiten. *Bulk* steht dabei für »Masse« oder »Menge«. Bulk-Bearbeitung beschreibt also die gleichzeitige Veränderung einer größeren Datenmenge (siehe Abbildung 13.1).

Bei einer Bulk-Bearbeitung arbeiten Sie immer nach folgendem Ablaufschema:

1. Elemente auswählen (entweder wählen Sie alle Elemente ❷ einer Tabelle aus oder markieren einzelne Elemente durch Aktivierung der vorangestellten Checkbox ❸)
2. Klick auf den Button BEARBEITEN ❶
3. Auswahl der gewünschten Aktion (AKTIVIEREN ❹, PAUSIEREN ❺ etc.) aus der Dropdown-Liste

Der Unterpunkt LETZTE BULK-ÄNDERUNGEN ❻ aus der Dropdown-Liste verlinkt zu einem Bereich, der alle Änderungen im Konto, die vor kurzem durchgeführt wurden, auflistet. Ein alternativer Weg zu diesem Bereich führt im linken Navigationsmenü über die Punkte BULK-VORGÄNGE • BULK-ÄNDERUNGEN.

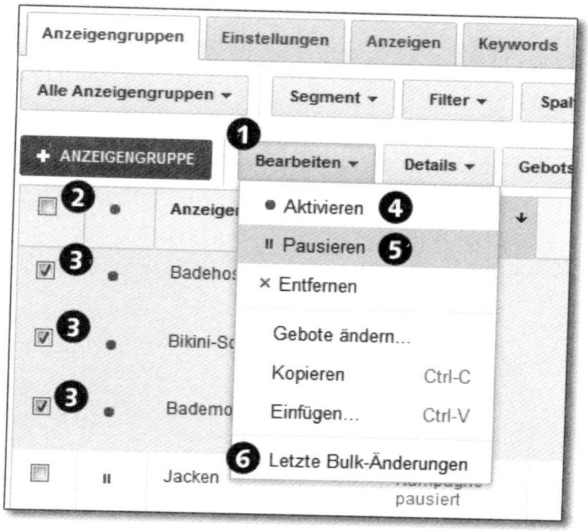

Abbildung 13.1 Mehrere Anzeigengruppen bearbeiten

Die Möglichkeit der Bulk-Änderung gibt es für alle Ebenen Ihres AdWords-Kontos, wobei auf den unterschiedlichen Ebenen auch wiederum verschiedene Aktionen wählbar sind. Während, wie in Abbildung 13.1 erkennbar, auf Anzeigengruppen-Ebene relativ wenige Wahlmöglichkeiten bestehen, sieht dies auf der Ebene der Keywords wieder ganz anders aus (siehe Abbildung 13.2). Hier sind vor allem die Möglichkeiten zur Änderung der Keyword-Texte ❶ und Keyword-Optionen ❷ interessant. Falls Sie einzelne Keywords mit eigenen Ziel-URLs ❸ verknüpfen möchten, so funktioniert dies auch über die Bulk-Änderung auf Keyword-Ebene.

Abbildung 13.2 Mehrere Keywords bearbeiten und Optionen ändern

Wahrscheinlich vermuten Sie es schon. Auch die Ebene der Anzeigentexte hält eigene Bulk-Änderungen bereit. Wenn Sie öfters Ihre Anzeigentexte anpassen müssen, verbirgt sich hier eine große Hilfe. Denn mit den Bulk-Änderungen lassen sich auch gleichzeitige Textänderungen in mehreren Anzeigen zeitsparend umsetzen. Falls Sie zum Beispiel eine neue Rabattaktion in Höhe von 20 Prozent planen und Ihr aktueller Anzeigentext in zig Anzeigen einen anderen Rabatt, z. B. in Höhe von 16 Prozent anzeigt, so können Sie mit Hilfe der Suchen-und-Ersetzen-Funktion für Textanzeigen viel Zeit sparen. Markieren Sie zunächst per Checkbox alle Textanzeigen, für die eine Textpassage geändert werden soll (siehe Abbildung 13.3).

Abbildung 13.3 Anzeigentext vor der Bulk-Änderung: 16 Prozent

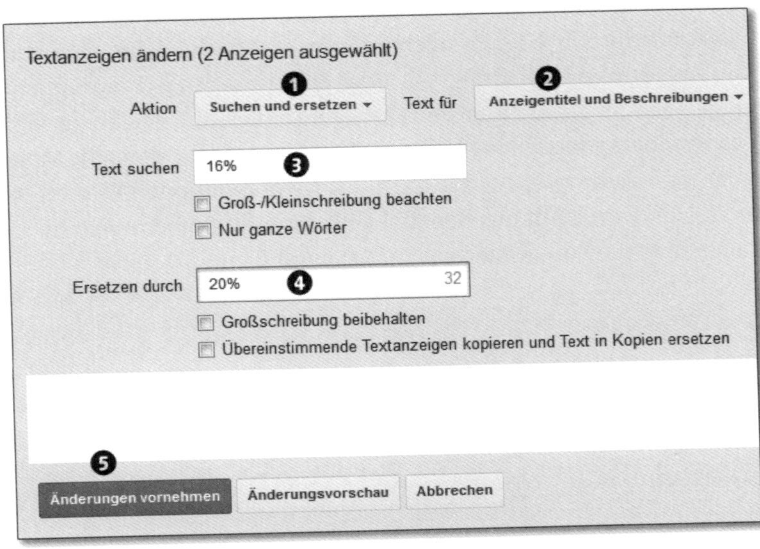

Abbildung 13.4 Bulk-Änderungen mit Suchen und Ersetzen

Danach klicken Sie wieder auf den bereits bekannten Button BEARBEITEN und wählen im nächsten Schritt den Unterpunkt TEXTANZEIGEN ÄNDERN aus dem Dropdown-Menü. Es öffnet sich ein neues Fenster (siehe Abbildung 13.4). Hier bestimmen Sie als Aktion SUCHEN UND ERSETZEN ❶. Danach können Sie festlegen, ob diese

Aktion sich nur auf den Anzeigentitel oder auch auf die beiden Textzeilen beziehen soll. Falls die Texte, die geändert werden sollen, an mehreren Stellen Ihrer Anzeige auftauchen oder Sie nicht ganz sicher sind, ob mehrere Bereiche betroffen sind, so wählen Sie einfach ANZEIGENTITEL UND BESCHREIBUNG ❷ aus. Unter TEXT SUCHEN geben Sie dann zuerst den Text ein, der ersetzt werden soll. In unserem Beispiel sind dies die 16 Prozent ❸. Bei ERSETZEN DURCH notieren Sie den neuen Begriff, im Beispiel ist dies die neue Prozentzahl ❹. Der Austausch der Textstellen wird zum Abschluss per Klick auf ÄNDERUNGEN VORNEHMEN ❺ bestätigt.

Danach erscheint als Ergebnis die veränderte Anzeige (siehe Abbildung 13.5). In unserem Beispiel haben wir die Vorgehensweise mit zwei Anzeigen demonstriert. Ein Austausch dieser zwei Textstellen wäre wahrscheinlich in der gleichen Zeit auch auf herkömmliche Weise zu ändern. Wenn Sie jedoch einmal eine große Anzahl von Textanzeigen nach einem bestimmten Schema ändern müssen, so werden Sie die beschriebene Massenänderungsfunktion nicht mehr missen wollen!

Abbildung 13.5 Anzeigentexte nach der Bulkänderung: 16 gegen 20 Prozent ausgetauscht

13.1.2 Richtig Sortieren und Filtern

Oberhalb Ihrer Statistikberichte gibt es eine Reihe, die auch ein Suchfeld enthält. Dort befinden sich verschiedene Möglichkeiten der Sortierung, Gruppierung und Filterung. Wir stellen Ihnen die fünf wichtigsten Funktionen dieser Reihe vor, die Sie bei der Zusammenstellung und Analyse Ihrer Online-Statistiken täglich benötigen (siehe Abbildung 13.6).

1. **Grobfilterung der Daten nach Aktivität**

   Die erste Dropdown-Liste ❶ ist quasi ein Grobfilter für die angezeigten Daten. Mit diesem Filter können Sie beispielsweise festlegen, dass nur die gerade aktivierten Elemente angezeigt werden. Dies reduziert bei großen Konten mit vielen pausierten und/oder gelöschten Elementen die Anzahl der aufgelisteten Datensätze erheblich.

   Folgende drei Grobfilter sind auf allen Ebenen im AdWords-Konto möglich.

   – ALLE: Es werden immer alle Elemente aufgelistet, unabhängig davon, ob ein Element gerade pausiert oder bereits gelöscht wurde.

- ALLE AKTIVIERTEN: Hierbei werden nur die Elemente angezeigt, die gerade aktiv sind. Das sind die Kampagnen, Anzeigengruppe etc., die mit einem grünen Punkt gekennzeichnet sind.
- ALLE AUSSER ENTFERNTE ERWEITERUNGEN: Bei der dritten Filtermöglichkeit werden alle aktivierten und alle pausierten Elemente aufgelistet. Hierbei sind also die entfernten Elemente bereits herausgefiltert worden. Mit diesem Filter arbeiten Sie zum Beispiel, wenn Sie aktuell pausierte Elemente wieder aktivieren möchten, denn mit diesem Filter haben Sie beide Gruppen im Blick.

Bitte beachten Sie den neuen Sprachgebrauch im AdWords-Konto. Was früher »gelöscht« hieß, nennt Google nun »entfernt«. »Elemente« werden nun auch als »Erweiterung« bezeichnet, was teilweise etwas verwirrend sein kann. Bei Erweiterungen denken einige AdWords-Nutzer vielleicht zuerst an Anzeigenerweiterungen.

2. **Segmentierung**

   Die Dropdown-Liste SEGMENT ❷ enthält verschiedene Möglichkeiten zur Segmentierung. Dies kann man mit einer Gruppierung von Daten gleichsetzen. Mit Segmenten können Sie Ihre Daten in verschiedenste Gruppen zusammenfassen, um danach die Leistung der einzelnen Gruppen zu vergleichen. Dabei sind unter anderem Segmentierungen nach Wochentagen, Uhrzeiten, Regionen, Endgeräten und Anzeigepositionen möglich. Die verschiedenen Möglichkeiten zur Segmentierung sollten Sie in Ihren Berichten immer dann nutzen, wenn Sie bestimmte Datenmengen gegenüberstellen, bzw. vergleichen möchten.

3. **Filter**

   FILTER ❸ sind vor allem dann sehr nützlich, wenn es darum geht, aus großen Datenmengen überschaubare Listen zu genieren, die einer bestimmten Schnittmenge von Leistungsmerkmalen entsprechen. Sie können zwar die Keywords mit der höchsten CTR oder die Keywords mit mindestens 200 Klicks im letzten Monat über die Sortierung einer Tabelle und durch eventuell zusätzliches Scrollen der Ergebnisse relativ einfach finden, dennoch ist die Kombination beider Vorgaben ohne die Filterfunktion nicht so einfach möglich oder nimmt auf jeden Fall mehr Zeit in Anspruch.

4. **Spalten**

   Die Dropdown-Liste SPALTEN ❹ ist wahrscheinlich die wichtigste Funktion dieser Kopfzeile. Über diesen Button erhalten Sie in allen Berichten die Möglichkeit, neue Datenspalten zu Ihrer aktuellen Ansicht hinzuzufügen oder auch zu entfernen, falls der vorliegende Bericht zu unübersichtlich ist. Falls Sie bereits Berichts-Templates gespeichert haben, so finden Sie auch diese als Navigationspunkte unter den SPALTEN.

5. **Suchfeld**

   Die Funktion SUCHEN ❺ entspricht ebenfalls einem Filter, wobei hier einfach nach dem eingegebenen Begriff bzw. einer Begriffskombinationen gefiltert wird. Haben Sie beispielsweise eine große Keyword-Liste aufgerufen, so können Sie über die Sucheingabe einen Begriff vorgeben und Sie erhalten alle Keywords oder Keyword-Kombinationen, die das vorgegebene Wort enthalten. Diese Funktion erleichtert die Recherche in Ihren Kampagnen erheblich.

Abbildung 13.6 Tabellenkopf – erste Zeile mit Filter-, Such- und Gruppierungsfunktionen

Alle Statistiken im AdWords-Konto können Sie, wie bereits erwähnt, ganz einfach per Klick auf die Spaltenbezeichnung auf- oder absteigend sortieren. Ein Klick in den Spaltenkopf markiert zunächst die Spalte. Diese wird in einem dunkleren Grau dargestellt. Der Pfeil neben der Spaltenbezeichnung zeigt die Richtung der Sortierung (auf- oder absteigend) an. Diese Funktion ist sehr intuitiv und wird auch in anderen Google-Produkten, z. B. bei Google Analytics, für die Datensortierung genutzt.

Qual.-Faktor	Impr.	CTR	Klicks ↓	Durchschn. Pos.
7/10	7.571	11,28 %	854	1,2
3/10	17.636	4,24 %	747	1,8
6/10	11.084	5,84 %	647	1,2
6/10	5.380	8,64 %	465	1,4
7/10	1.918	22,58 %	433	1,0

Abbildung 13.7 Sortieren nach Spaltenüberschriften

13.1.3 Filter

Filter sind vor allem dann interessant, wenn Sie aus großen Datenmengen eine bestimmte Datengruppe extrahieren möchten. Die Filter erweisen sich als besonders wertvoll, wenn zwei, drei oder noch mehr Bedingungen für Ihre Datensätze kombiniert werden sollen. Hier wird die Filterfunktion zu einem mächtigen Werkzeug, welches sehr schnell die passende Schnittmenge zu Ihren Vorgaben liefert. Das folgende Beispiel, bei dem der Filter aus einer Kombination von vier Vorgaben erstellt wird, zeigt eindrucksvoll, wie Sie mit den Filtern arbeiten können. Unser Beispielfilter soll aus einer großen Keyword-Liste diejenigen Suchbegriffe herausfiltern, für die die folgenden vier Bedingungen gelten (siehe Abbildung 13.8):

1. Die Keywords sollen eine schlechte Klickrate von unter einem Prozent besitzen ❶.
2. Gleichzeitig sollen die Keywords aber bereits genügend Anzeigenschaltungen ausgelöst haben, um statistisch verlässlich Daten zu erhalten. Als Vorgaben wählen wir einen Grenzwert von mindestens 200 Impressionen ❷ aus.
3. Da die Klickraten an unterschiedlichen Positionen auch unterschiedlich bewertet werden müssen, konzentrieren wir uns auf Keywords im oberen Teil der Suchergebnisseite. Dies bedeutet, dass wir nur Keywords herausfiltern, die im Durchschnitt mindestens eine Anzeigenposition von vier oder besser erreicht haben ❸.
4. Wir sind auf der Suche nach Keywords, die nicht gut funktionieren. Darum spielt auch die Anzahl der Conversions eine wichtige Rolle. Die Keywords in unserem Filter sollten daher keine oder höchstens eine Conversion erzielt haben. Auch diese Bedingung wird noch in den Filter aufgenommen ❹.

Nachdem Sie alle Bedingungen für einen Filter eingestellt haben, können Sie den neuen Filter für zukünftige Nutzungen speichern. Dazu aktivieren Sie die entsprechende Checkbox ❻ und geben dem neuen Filter einen Namen ❼. Sie aktivieren Ihre Auswahl danach per Klick auf den Button ÜBERNEHMEN ❺.

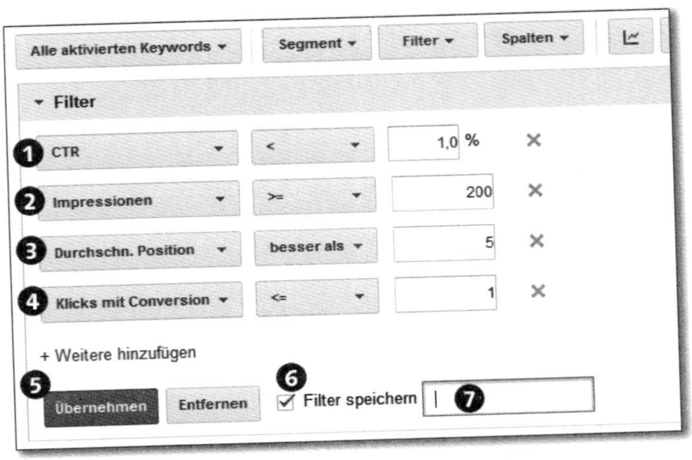

Abbildung 13.8 Komplexe Filter erstellen

Mit einem Filter reduzieren Sie die angezeigte Datenmenge erheblich. Falls Sie jedoch zu viele Vorgaben kombinieren und zudem extreme Werte vorgeben, erzeugen Sie eine leere Datentabelle, weil kein Element der Kombination den Filtervorgaben entspricht. Ihr Filter sollte außerdem immer auf einen bestimmten Analysezweck ausgerichtet sein. Unserem Beispiel lag die Idee zugrunde, dass Keywords herausgefiltert werden sollten, die eine schlechte Performance (niedrige Klickrate und kaum/keine Conversions) besitzen. Für diese gefilterten Keywords besteht auf jeden Fall Handlungsbedarf. Diese Keyword-Gruppe sollte möglichst schnell optimiert werden. Falls alle Optimierungsmöglichkeiten ausgeschöpft sind, sollte man sich letztlich von diesen Keywords mit der schlechten Performance trennen. Die Suchbegriffe, die unseren Filtervorgaben aus dem Beispiel entsprechen, kosten nur Geld und erzielen fast keine Conversions. Zudem senken die schlechten Klickraten die Qualität Ihrer Anzeigengruppe und Kampagne. Somit schaden die Keywords Ihrer AdWords-Werbung mehr als sie nützen.

13.1.4 Was verbirgt sich hinter den Spalten?

Auf allen Ebenen und zu allen Berichten, die Sie in Ihrem AdWords-Konto finden, werden Sie in der Kopfzeile oberhalb der Berichte den Button SPALTEN entdecken. Diesen hat Google AdWords irgendwann einmal eingeführt, als klar wurde, dass die Anzahl der Informationsspalten ständig zunimmt und die Berichte mit zu vielen Informationen überladen sind. Auch Google wurde schnell klar, dass nicht alle User alle Informationen zu einem bestimmten Zeitpunkt in jedem Bericht sehen müssen. Durch die Freiheit der Informationsauswahl sind die Berichte viel effektiver. Wenn Sie längere Zeit mit AdWords in der Praxis arbeiten, so werden Sie erkennen, dass die Anzahl der Info-Spalten fast quartalsweise zunimmt. Daher ist es eine gute Entscheidung, über die Spaltenauswahl individuell den eigenen Informationsbedarf festzulegen (siehe Abbildung 13.9).

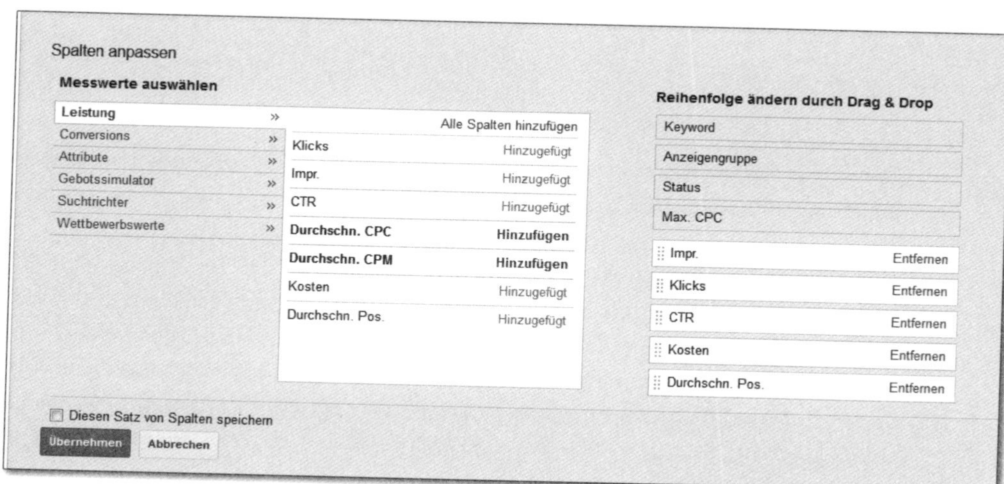

Abbildung 13.9 Individuelle Messwerte für Berichte zusammenstellen

Mit Blick auf die Überschrift dieses Kapitels können wir jedoch nicht wirklich sagen, was sich hinter den Spalten verbirgt, da für jedes Element bestimmte, teilweise unterschiedliche Daten verfügbar sind und stets neue Spalten hinzukommen. Die Überschrift soll also mehr eine Aufforderung an Sie sein, sich mit den Auswahlmöglichkeiten der Spalten zu beschäftigen und herauszufinden, welche Informationen Sie für Ihre Berichte benötigen. Schauen Sie also regelmäßig in den Bereich SPALTEN, damit Sie wissen, welche Daten für Ihre Berichte aktuell verfügbar sind.

Update: Google verändert nicht nur die Auswahl der Spalten. Ganz aktuell wurde vor dem Druck unseres Buches auch die Darstellung der Spaltenauswahl etwas verändert. Folgende Änderungen wurden vorgenommen (siehe Abbildung 13.10):

1. Anstelle des Links HINZUFÜGEN finden Sie nun den bekannten Doppelpeil ❶. Wurde ein Messwert hinzugefügt, so ist der Doppelpfeil ausgegraut und somit nicht klickbar.
2. Für den Link ENTFERNEN hält das neue Design ein Kreuz ❷ bereit. Ein entsprechender Klick entfernt die Spalte aus dem Berichts-Template.

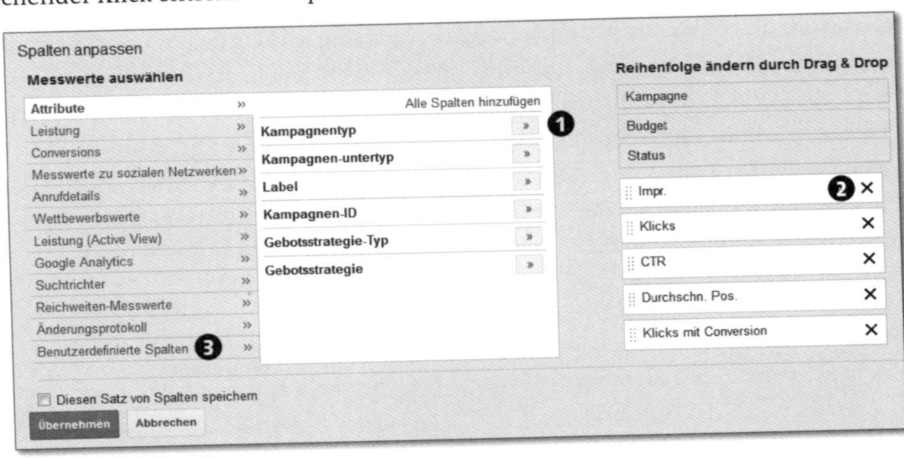

Abbildung 13.10 Neue Ansicht der Messwertauswahl

3. Es stehen nun zusätzlich BENUTZERDEFINIERTE SPALTEN ❸ zur Verfügung. Mithilfe dieser Spalten können Sie eigene Spaltenbezeichnungen erstellen und Messwerte mit spezieller Segmentierung hinzufügen. Sie können auf diese Weise nun zum Beispiel eine Spalte definieren, die nur Klicks von Mobiltelefonen mit vollwertigem Browser auflistet und diese Spalte SMARTPHONE-KLICKS nennen (siehe Abbildung 13.11).

Abbildung 13.12 zeigt die neu kreierte Spalte SMARTPHONE-KLICKS im entsprechenden Bericht.

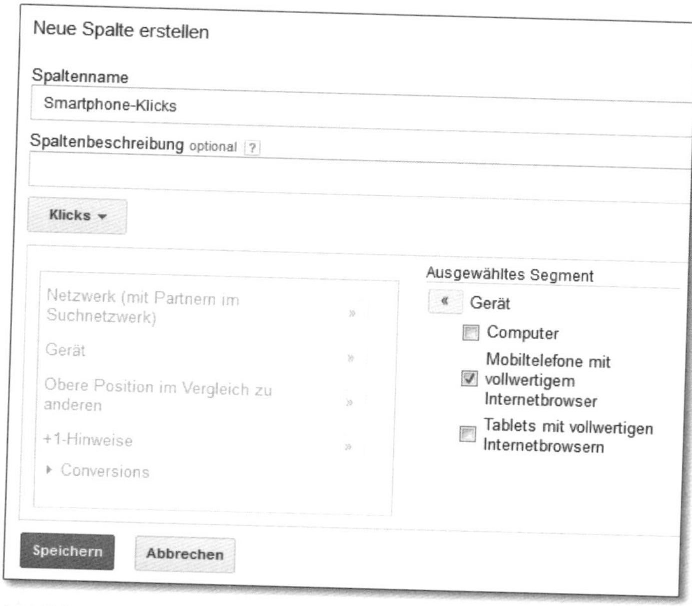

Abbildung 13.11 Bearbeitung einer benutzerdefinierten Spalte

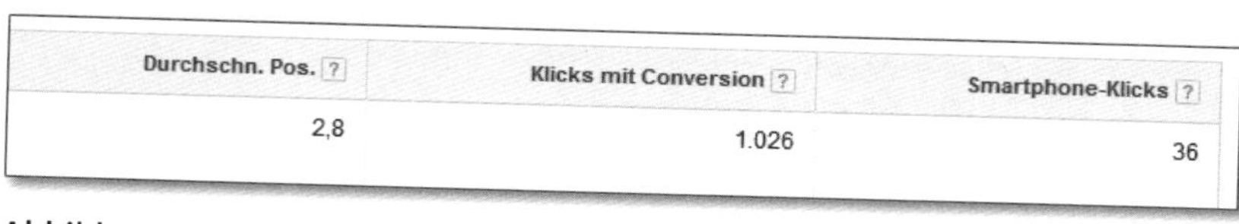

Durchschn. Pos.	Klicks mit Conversion	Smartphone-Klicks
2,8	1.026	36

Abbildung 13.12 AdWords-Bericht mit benutzerdefinierter Spalte

13.2 Nutzen Sie Labels

Labels sind eine Besonderheit im AdWords-Konto, mit deren Hilfe Sie den Blick auf Ihre AdWords-Daten noch individueller gestalten können. Denn die Anlage und Zuordnung der Labels schafft eine eigene Struktur für Ihre Berichte. Sie erstellen mit Hilfe der Labels eigene Gruppen, die Sie dann für Ihre Berichte und somit Ihre Analyse nutzen können.

Stellen Sie sich vor, Sie bewerben verschiedene MS-Office-Schulungen in Kombination mit den Begriffen »Seminar«, »Workshop« und »Schulung«. Die einzelnen Office-Schulungen zu Word, Excel oder PowerPoint etc. haben Sie auf verschiedene Anzeigengruppen verteilt. Da jedes Thema ein eigenes Budget besitzt, haben Sie auch noch verschiedene Kampagnen erstellt. Nun benötigen Sie am Ende des Monats einen Bericht, der alle Ihre Schulungsthemen, aber nur in Kombination mit dem Begriff »Seminar« auflistet, also »Excel Seminar«, »Word Seminar«, »Powerpoint

Seminar«, usw. Da jede Kampagne und jede Anzeigengruppe mit unterschiedlichen Begriffen aufgebaut ist, ist es schwierig, einen Bericht in dieser Kombination zusammenzustellen. Diese Aufgabe könnten Sie aber mit Hilfe von Labels lösen. Dazu markieren Sie zunächst Ihre Keyword-Kombinationen, die den Begriff »Seminar« enthalten, mit einem Label, das Sie passend benannt haben. Dann können Sie diese Keyword-Kombinationen später über das Label filtern und in einem eigenen Bericht zusammenfassen. Auf diese Weise erhalten Sie einen Bericht, der nur den Suchbegriff »Seminar« berücksichtigt.

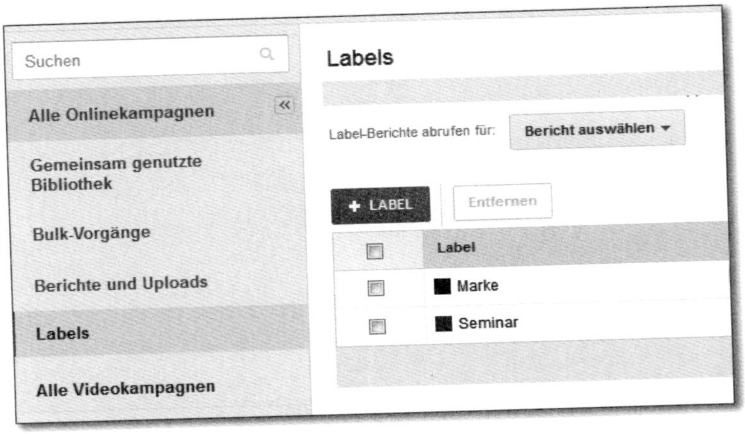

Abbildung 13.13 Labels im AdWords-Konto

Folgende Berichtsideen können Sie unter anderem mit Labels umsetzen:

- Markieren und gruppieren Sie alle Anzeigengruppen, die ein aktuelles Saisonangebot bewerben.
- Markieren und gruppieren Sie alle Anzeigengruppen, die nur genau passende Keywords enthalten.
- Markieren und gruppieren Sie alle Keyword-Kombinationen, die Ihren Firmennamen enthalten.
- Markieren und gruppieren Sie alle Anzeigentexte, die auf bestimmte Zielseiten verweisen.
- Markieren und gruppieren Sie alle Kampagnen, die auf bestimmte Regionen verweisen.
- usw.

Anhand dieser kleinen Beispielliste haben Sie sicher bereits eigene Ideen entwickelt, wie Sie die Labels in Ihrem Konto einsetzen können, um eigene Berichtsstrukturen zu bilden. Mit den Labels sind Sie in gewisser Weise unabhängig von den technischen

AdWords-Vorgaben und Sie können schnell die für Sie interessanten Informationen zusammenstellen. Falls Sie die speziellen »Label-Berichte« nicht nur einmalig verwenden, sondern öfter nutzen, dann ist auch der etwas höhere Aufwand ihrer Einrichtung gerechtfertigt. Im nächsten Schritt schauen wir uns daher zunächst einmal an, wie die Labels erstellt werden.

13.2.1 Labels erstellen und zuordnen

Sie erstellen ein neues Label, indem Sie auf der linken Seite in Ihrem AdWords-Konto den Menüpunkt LABELS aufrufen. Danach klicken Sie auf den roten Button + LABEL. In einem neuen Fenster geben Sie dem Label einen Namen und optional eine eigene Beschreibung (siehe Abbildung 13.14). Per Klick auf SPEICHERN wird das neue Label erstellt und kann nun im Konto genutzt werden.

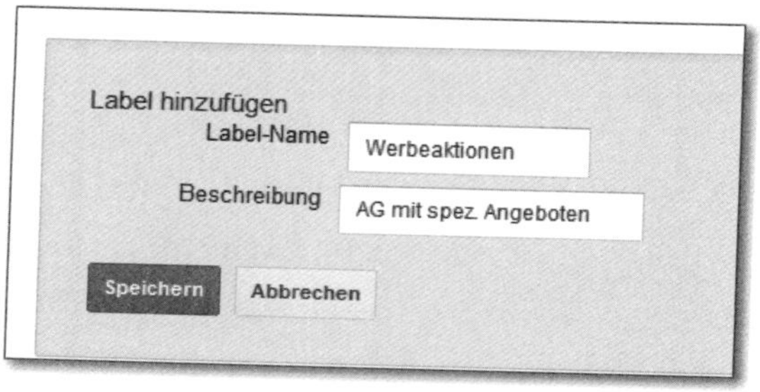

Abbildung 13.14 Neues Label mit Namen und Beschreibung erstellen

Jedes Label erhält automatisch eine individuelle Farbkennzeichnung, die Sie bei Bedarf ändern können. Klicken Sie dazu einfach auf die Label-Farbe und wählen Sie aus einer Farbpalette die gewünschte Markierung aus. Wenn Sie eine große Datentabelle in Ihrem Konto und viele Labels besitzen, so können Sie über die Farbe die gekennzeichneten Elemente für spezielle Gruppen schneller identifizieren.

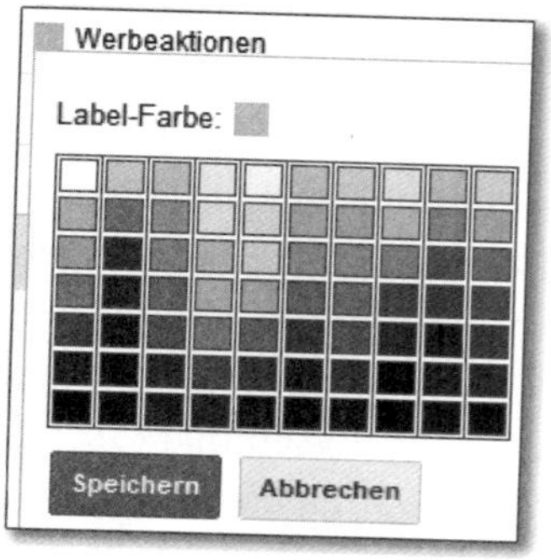

Abbildung 13.15 Individuelle Farbe für Labels vergeben

Nachdem Sie ein oder auch mehrere Labels erstellt haben, können Sie diese auf den verschiedenen Ebenen zuordnen, indem Sie zunächst die gewünschten Elemente per Checkbox ❸ markieren und im nächsten Schritt auf den Button LABELS ❶ oberhalb der Datentabelle klicken (siehe Abbildung 13.16). Aus der Dropdown-Liste wählen Sie ein ❹ (oder auch mehrere Labels) aus und klicken danach auf ÜBERNEHMEN ❺. Falls Sie bereits eine große, unüberschaubare Liste an Labels besitzen, so hilft die Suchfunktion ❷, schnell das passende Label über die Bezeichnung zu finden. Haben Sie im Vorfeld noch kein Label für Ihre Gruppierung angelegt, so können Sie auch aus diesem Prozess heraus weitere Labels erstellen ❻ oder über den Link LABELS VERWALTEN ❼ wieder in den Verwaltungsbereich gelangen. Wir empfehlen Ihnen jedoch grundsätzlich, die Labels vorher zu erstellen, weil Sie dann Ihre Label-Struktur in Ihrem Konto besser planen können.

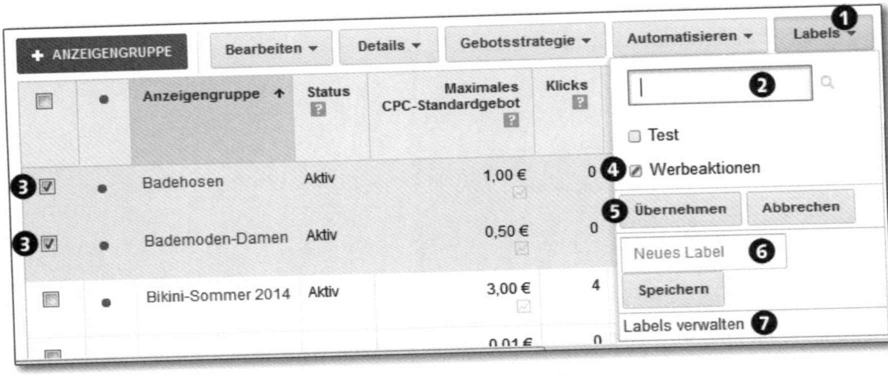

Abbildung 13.16 Labels für Anzeigengruppen übernehmen

13.2.2 Labels verwalten und nutzen

Falls in Ihrem Konto Labels erstellt und zugeordnet worden sind, so finden Sie beim Unterpunkt LABELS eine Liste. Dort sind die Labels mit Namen und Farbe aufgelistet. Hinter jedem Label finden Sie Spaltenbezeichnungen mit den Überschriften KAMPAGNEN, ANZEIGENGRUPPEN, ANZEIGEN, KEYWORDS und REMARKETING-LISTEN. Dies sind aktuell die Elemente im AdWords-Konto, für die Sie Labels vergeben können. In der Tabelle wird nun zu jedem Label die Anzahl der Elemente aufgelistet, die mit dem jeweiligen Label verknüpft sind. Falls Sie also in Ihrem Konto 15 Anzeigengruppen mit »Seminar« gelabelt haben, so taucht hinter dem Label »Seminar« in der Spalte »Anzeigengruppe« die Zahl 15 auf. Diese Zahl wird als Link dargestellt, so dass ein Klick darauf direkt nach den 15 Anzeigengruppen mit dem Label »Seminar« filtert. Auf diese Weise gelangen Sie ganz schnell zu Ihren einzelnen Gruppen. Sie können aber auch in jedem Bericht über die Dropdown-Liste FILTER ❶ ein oder auch mehrere Labels auswählen (siehe Abbildung 13.17). Sie erstellen dazu einfach einen Filter mit der Bedingung LABELS ❷ und »enthält« ❸. Per Klick ❺ fügen Sie dann ein oder mehrere Labels hinzu. Die Filterauswahl bestätigen Sie mit ÜBERNEHMEN ❹. Danach enthält Ihr Bericht nur die zuvor mit den Labels gekennzeichneten Elemente.

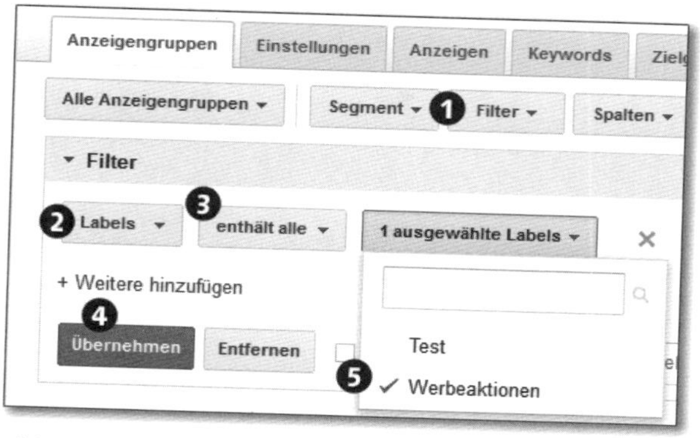

Abbildung 13.17 Auf der Grundlage von Labels filtern

13.3 AdWords arbeiten lassen – automatisierte Regeln

Vor allem von Besitzern größerer AdWords-Konten im Mittelstand hören wir oft die Aussage, dass eine Menge Arbeit bei der Verwaltung eines AdWords-Kontos anfällt. Viele kleine Schritte, die für eine Kontrolle und Bearbeitung notwendig sind, müssen regelmäßig durchgeführt werden. Es gibt jedoch verschiedene Möglichkeiten, um AdWords mehr in diese Arbeit einzubinden. Diese werden jedoch oft nicht genutzt. Darum unser Tipp: Nutzen Sie alle Möglichkeiten, um durch automatisierte Prozesse Zeit zu sparen.

Eine wichtige Hilfe stellen wir Ihnen mit den automatisierten Regeln vor. Mit diesen Regeln können Sie auf verschiedenen Ebenen Prozesse automatisieren, die dann für Sie Budgetanpassungen vornehmen, Kampagnen stoppen und aktivieren, schlechte Keywords aussortieren, Klickpreise erhöhen oder senken, automatisierte Nachrichten verschicken und noch viele weitere Vorgänge steuern. Sie können eine automatisierte Regel erstellen, indem Sie zunächst auf AUTOMATISIEREN oberhalb einer Datentabelle klicken (siehe Abbildung 13.18). Danach können Sie aus der Liste an Regeln das gewünschte Template auswählen. Bitte beachten Sie, dass es auf unterschiedlichen Ebenen auch andere Regeln gibt und zunächst die jeweils passenden Regeln von AdWords vorgeschlagen werden. Wenn Sie also gerade das Unterregister »Keywords« aktiviert haben, dann werden Regeln für Keywords angeboten und auf der Ebene der Kampagnen werden entsprechend zunächst diejenigen Regeln angeboten, die für die Kampagnen (siehe Abbildung 13.18) interessant sind.

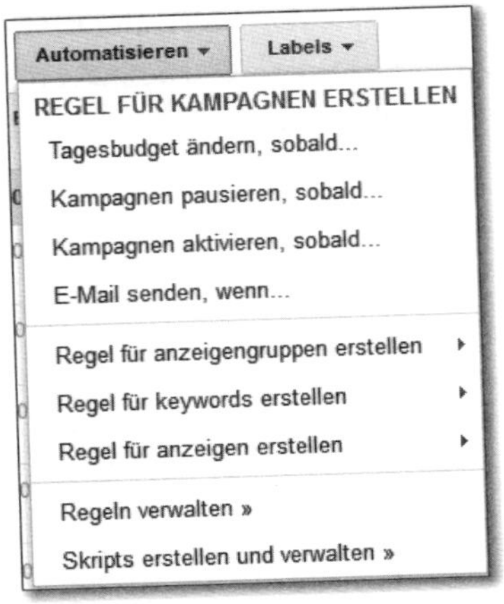

Abbildung 13.18 Auswahl an automatisierten Regeln auf Kampagnenebene

13.3.1 Regeln erstellen

Nachdem das Grundtemplate aus der Dropdown-Liste des Buttons AUTOMATISIEREN ausgewählt wurde, können Sie die Regeln in einem neuen Fenster näher definieren (siehe Abbildung 13.19). Falls Sie beispielsweise das Template für die Regel »Tagesbudget ändern« ❶ ausgewählt haben, so müssen Sie zunächst festlegen, für welche Kampagnen die Regel gelten soll. Hierbei können Sie »alle aktivierten« oder »alle, außer die entfernten« Kampagnen bestimmen. Alternativ können auch ausgewählte Kampagnen ❷ hinzugefügt werden. Diese müssen Sie vor dem Klick auf AUTOMATISIEREN in der Datentabelle per Checkbox markiert haben. Nachdem die Regel nun den Geltungsbereich kennt, müssen Sie festlegen, welche Aktion ❸ durchgeführt werden soll. Hier könnten Sie beispielsweise bestimmen, dass Ihr Tagesbudget für die ausgewählten Kampagnen automatisch um 10 Prozent erhöht werden soll. Bitte beachten Sie, dass bei Regeln, die automatisiert das Budget oder die Gebote erhöhen, auf jeden Fall immer ein Limit ❹ eingebaut werden sollte, damit Ihnen die Kosten nicht durch die Decke gehen.

Nachdem Sie nun angegeben haben, was passieren soll, müssen als nächstes die Bedingungen unter Anforderungen ❺ festgelegt werden. Das Budget könnte zum Beispiel in Abhängigkeit zu den erzielten Klicks sowie den damit verbundenen Conversions erhöht werden. Zusätzliche Anforderungen können per Klick auf + WEITERE HINZUFÜGEN ❻ eingestellt werden. Den Abschluss der Regel bildet die zeitliche Steuerung. In dieser Zeile müssen Sie festlegen, wann und mit welcher Regelmäßigkeit Ihre automatische Regel ausgelöst werden soll. Hier kann zum Beispiel vorgegeben werden, dass täglich um 5 Uhr ❼ die Regel »abgefeuert« wird, wie die Programmierer sagen würden. In dieser Zeile wird zudem noch vermerkt, auf welche Vergleichsdaten die Regel schauen soll, um die Anforderungen zu überprüfen. Jede Regel erhält einen eindeutigen Namen ❽, der später auch leicht dem Zweck der automatisierten Regel zugeordnet werden kann. Dies erleichtert vor allem dann den Überblick, wenn viele Regeln erstellt werden. Per Klick auf den Button SPEICHERN ❾ betätigen Sie zum Schluss die neue Regel.

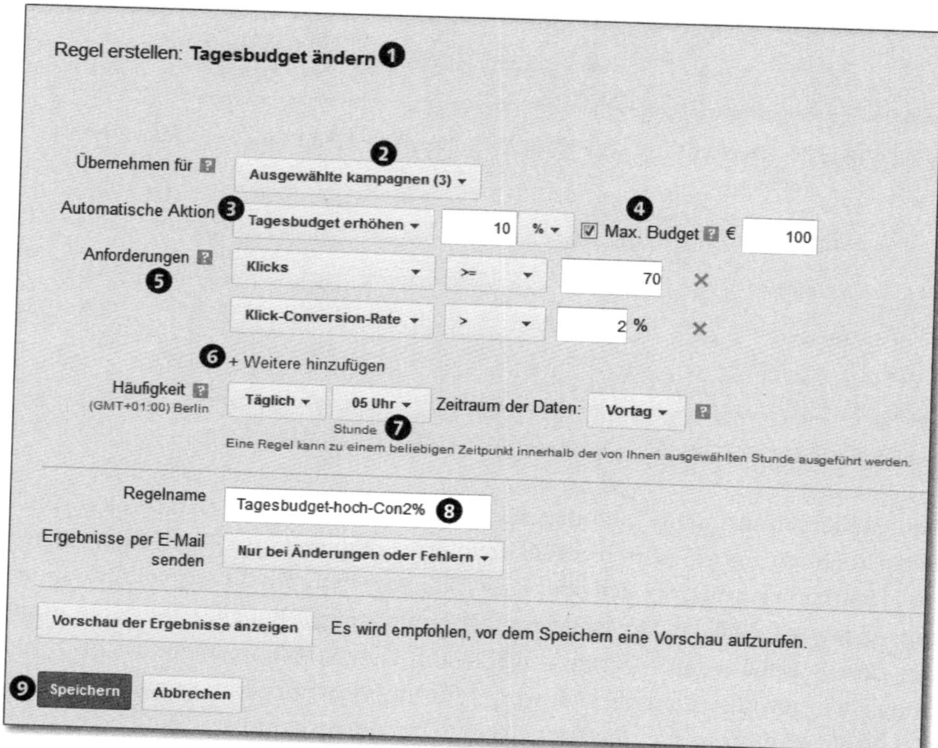

Abbildung 13.19 Angaben zur Erstellung einer automatisierten Regel

Nach dem gerade aufgezeigten Schema läuft die Regelerstellung auf jeder Ebene ab. Nachdem wir ausführlich die Einstellungen für eine Regel auf Kampagnenebene erläutert haben, stellen wir noch kurz weitere Möglichkeiten als Anregung für eigene Ideen vor. Auf Keyword-Ebene könnte zum Beispiel eine Regel erstellt werden, die täglich Ihre Keywords kontrolliert und jeweils diejenigen Keywords pausiert, die eine CTR unter 1 Prozent aufweisen (siehe Abbildung 13.20). Da die Performance dieser Keywords nicht gut ist, sollten sie zunächst pausiert und später gezielt nach der Ursache für die schlechte CTR geforscht werden.

Eine andere Regel könnte CPC-Gebote für Keywords erhöhen, die unter ein bestimmtes Ranking gefallen sind (siehe Abbildung 13.21). Auf diese Weise bleiben die Anzeigen zu den Keywords besser im Sichtfeld der Suchenden. Eine solche Regel ist sicher für die wichtigsten Keywords Ihrer AdWords-Kampagne sehr sinnvoll.

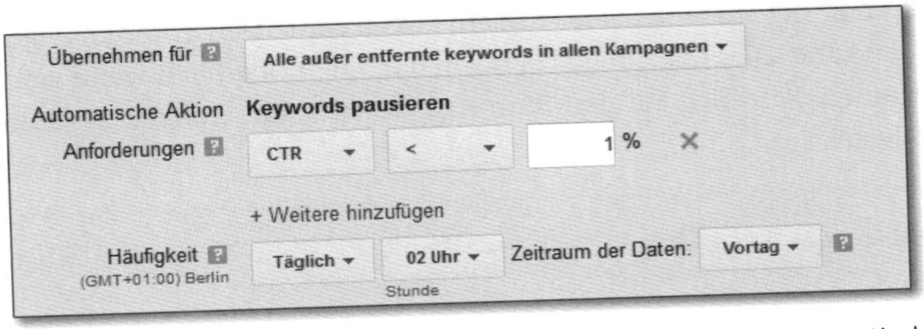

Abbildung 13.20 Keywords mit schlechter Klickrate via Regel automatisch pausieren

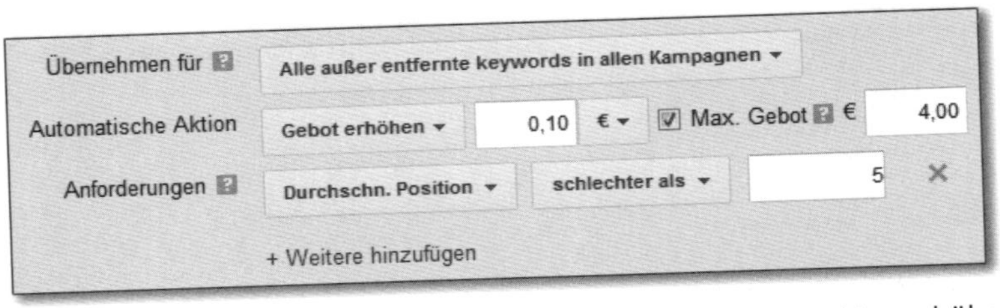

Abbildung 13.21 CPC-Gebote für Keywords mit niedrigem Ranking erhöhen

Eine weitere interessante automatisierte Funktion ist der Versand von E-Mail-Benachrichtigungen, die durch vorher definierte Ereignisse ausgelöst werden. Durch diese Funktion können Sie sich über Entwicklungen in Ihrem AdWords-Konto informieren lassen, ohne dass Sie täglich in Ihre Kampagnen schauen müssen. Sie könnten zum Beispiel jeden Morgen kontrollieren lassen, ob Ihre Werbung auch bei Google wie gewünscht ausgespielt wird. Falls Ihre AdWords-Werbung zum Beispiel viel weniger Impressionen erzeugt, als dies im Durchschnitt um eine bestimmte Tageszeit der Fall ist, so sollte das AdWords-Konto kontrolliert werden.

Damit Sie dies jedoch zunächst einmal erfahren, benötigen Sie eine automatisierte Nachricht über die geringe Auslieferung. Es gibt verschiedene Gründe, warum keine oder nur wenige Anzeigen ausgeliefert werden. So könnten wichtige Keywords unter eine bestimmte Ranking-Position gefallen sein, oder das Gebot für die erste Seite hat sich bei Ihren wichtigsten Keywords geändert. Eventuell gibt es neue Anzeigentexte, die die Google Prüfung nicht bestanden haben und nun nicht ausgeliefert werden. Es ist auch schon häufiger passiert, dass Google die Auslieferung der Kampagnen eingestellt hat, weil es Probleme mit der Abbuchung oder dem Limit der Kreditkarte gab. Natürlich können Sie Benachrichtigungen oder Kontroll-Mails für jeden einzelnen Punkt einstellen, aber bei einer übergeordneten Kontrolle der geringen Impressionen legen Sie mehr Wert auf die Auswirkungen (keine Auslieferung Ihrer Anzeigen), während die Ursache zunächst zweitrangig ist. Sie decken mit einer Regel also viele Eventualitäten gleichzeitig ab.

Wie funktioniert dieses Benachrichtigungssystem? Auf Grundlage der erzeugten Impressionen der aktuellen Kampagnen wird automatisiert eine E-Mail-Benachrichtigung an die hinterlegte Mail-Adresse geschickt. Dann kann der Mail-Empfänger, z. B. der Kampagnenmanager, eine entsprechende Kontrolle im AdWords-Konto durchführen. Falls mehrere Kampagnen in einem AdWords-Konto vorhanden sind, ist es durchaus sinnvoll, jede einzelne Kampagne mit Hilfe dieses »Frühwarnsystems« zu beobachten. Es kann ja sein, dass die Auslieferung der Anzeigen nur bei einer Kampagne problematisch ist. Falls Sie jedoch nur kontrollieren möchten, ob insgesamt Anzeigen in Ihrem Konto geschaltet werden, so reicht es aus, wenn Sie mit einer Benachrichtigungsregel alle Kampagnen beobachten. Für einen klugen Einsatz der automatisierten Regeln müssen Sie also vorher genau festlegen, was Ihr Ziel ist.

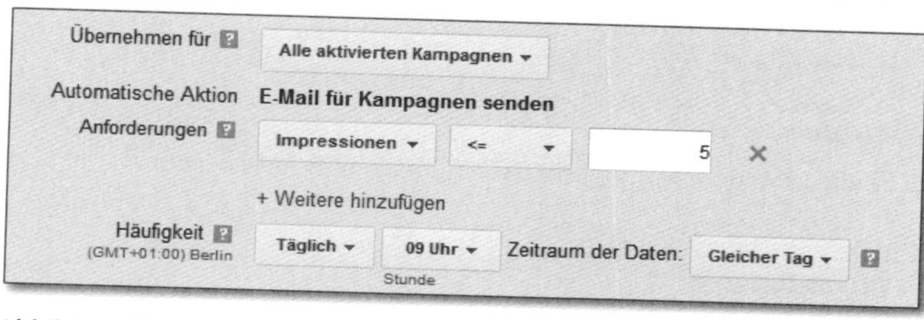

Abbildung 13.22 Mail-Benachrichtigung bei geringen Impressionen

Benachrichtigung zu den automatisierten Regeln

Bitte beachten Sie, dass Sie zusätzlich zu jeder Regel immer eine E-Mail-Benachrichtigung erhalten können. Diese Funktion legen Sie am Ende der Regelerstellung bei ERGEBNISSE PER E-MAIL SENDEN vor der Speicherung an. Sie können dabei unter anderem die Option »Bei jeder Ausführung dieser Regel« aktiveren. Diese sollten Sie aber nicht wählen, da ansonsten Ihr Mail-Konto vollläuft. Denn bei dieser Option wird jedes Mal bei Auslösung einer Regel die E-Mail versandt. Falls die Regel häufig ausgelöst wird, erhalten Sie folglich viele nichtssagende E-Mail-Informationen. Interessanter ist schon die Benachrichtigung zu Änderungen, die durch eine Regel ausgelöst wurden. Die Option »Nur bei Änderungen oder Fehler« informiert Sie zusätzlich, falls es Probleme mit der automatisierten Regel gibt.

13.3.2 Regeln zeitlich steuern

Die zeitliche Steuerung einer Regel wird, wie Sie bereits gesehen haben, direkt bei der Regelerstellung festgelegt. Die vorhandenen Möglichkeiten sind dabei leider nicht sehr flexibel und auf vier Wahlmöglichkeiten beschränkt (siehe Abbildung 13.23). Dies ist auf jeden Fall ein Nachteil der automatisierten Regeln. Falls Sie nun beispielsweise eine stündliche Ausführung Ihrer Regel benötigen, so müssten Sie 24 eigene Regeln nur für diesen einen Fall erstellen. Jede dieser 24 Regeln würde zunächst gleich angelegt, aber dann stündlich mit einem anderen Zeitpunkt definiert. Dafür müssten Sie einen großen Aufwand betreiben. Die automatisierten Regeln eignen sich also weniger für Funktionen, die in kurzen Zeitintervallen ausgelöst werden müssen, sondern für größere Intervalle wie Wochen oder Monate. Möchten Sie Kontrollregeln nutzen, die jede Stunde ausgelöst werden sollen, so sind wahrscheinlich die Skripte, die wir später noch vorstellen werden, die bessere Lösung.

Abbildung 13.23 Zeitliche Steuerungsmöglichkeiten für automatisierte Regeln

13.3.3 Regeln verwalten

Eine Verwaltungsmöglichkeit zu den automatisierten Regeln finden Sie in der linken Navigation unter BULK-VORGÄNGE. Klicken Sie dort auf den Unterpunkt AUTOMATISIERTE REGELN (siehe Abbildung 13.24). Sie erhalten wieder das gewohnte Bild: Im mittleren Fenster finden Sie eine Tabelle, die alle automatisierten Regeln mit verschiedenen Informationen auflistet. Oberhalb dieser Tabelle können Sie einen Filter setzen, der nur die aktuellen Regeln erfasst. Vor jeder Regel wird der Aktivierungsstatus angezeigt. Der bekannte grüne Punkt gibt an, dass die Regel gerade aktiviert ist. Über dieses Symbol können Sie eine Regel dann auch wieder pausieren. Neben dem Namen der jeweiligen Regel wird Ihnen auch noch angezeigt, wer (anhand der angezeigten E-Mail-Adresse) zu welchem Zeitpunkt die Regel erstellt hat.

Abbildung 13.24 Verwaltung der automatisierten Regeln unter »Bulk-Vorgänge«

Unterhalb der Liste mit den erstellten Regeln finden Sie eine Protokollliste. Neben dem Datum und dem Namen der Regel wird hier angezeigt, ob eine Änderung im Konto durchgeführt wurde oder nicht (siehe Abbildung 13.25). Auf diese Liste sollten Sie in regelmäßigen Abständen einen Kontrollblick werfen. Wenn Sie keine regelmäßige Kontrolle durchführen können, so kennen Sie nun zumindest die Stelle, wo Sie nachschauen können, falls sich signifikante Änderungen wie z. B. geringere Impressionen, steigende CPCs oder höheres Budget im Konto zeigen. Eventuell haben bestimmte Änderungen Ihren Ursprung in den automatisierten Regeln, die Sie nicht mehr auf der Rechnung haben.

Abbildung 13.25 Protokolle zu den automatisierten Regeln

Falls Änderungen durchgeführt wurden, finden Sie hinter dem Begriff ERFOLGREICH ❶ einen Link mit der Bezeichnung DETAILS ❷ (siehe Abbildung 13.26). Per Klick auf diesen Link finden Sie weitere Informationen zu den Änderungen. Manche Änderungen lassen sich auch leicht wieder zurücksetzen. In diesem Fall befindet sich hinter DETAILS noch ein Button, der mit einem »Zurücksetzen-Pfeil« ❸ gekennzeichnet ist. Ein Klick auf diesen Button stellt den Zustand vor der Änderung durch die automatisierte Regel wieder her.

Abbildung 13.26 Details zu den Änderungen aufrufen und Änderungen zurücksetzen

Alle Protokolle zu Ihren Regeln, die keine Änderungen auslösen, sind zwar zur Dokumentation wichtig, aber ansonsten sehr eintönig. Eine Filterung der teilweise endlosen Listen nach Protokollen mit Änderungen oder Fehlern ist daher oberhalb der Protokolle möglich (siehe Abbildung 13.27) und auch sinnvoll.

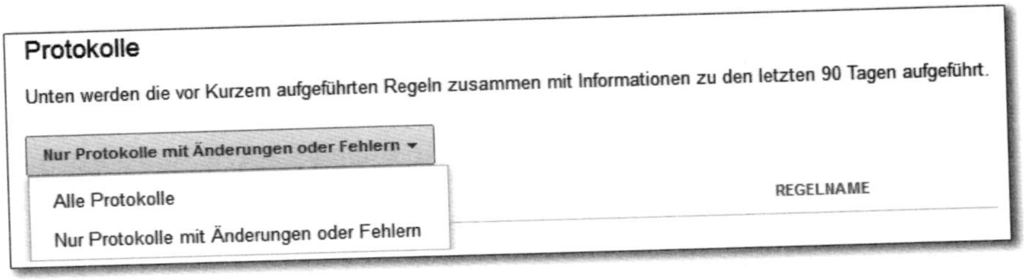

Abbildung 13.27 Protokolle filtern

13.3.4 Stärker als Regeln – AdWords-Skripte

Die automatisierten Regeln, die wir gerade vorgestellt haben, sind eigentlich auch AdWords-Skripte, die sich jedoch einfach über fertige Menüs und Dropdown-Listen steuern lassen. Möchten Sie Ihre AdWords-Kampagnen direkt über die viel mächtigeren AdWords-Skripte steuern, so gibt es leider eine schlechte Nachricht. Sie benötigen nämlich grundlegende Programmierkennnisse in JavaScript. Nur mit Programmierfähigkeiten können Sie alle Möglichkeiten, die die Skripte bereithalten, ausnutzen. Falls Sie jedoch die JavaScript-Programmierung lesen und ein wenig verstehen können, so könnten Sie eventuell auch auf der Grundlage der im AdWords-Konto mitgelieferten Beispiel-Codes eigene Skripte für kleine Aufgaben in AdWords erstellen und testen. Sollten Sie die Beispielskripte lesen können, so reichen kleine Anpassungen im Programmcode, um ein funktionierendes Skript zu erstellen. Sie finden den Menüpunkt SKRIPTS im AdWords-Konto, wenn Sie in der Navigationsleiste auf der linken Seite zunächst BULK-VORGÄNGE auswählen und dann auf SKRIPTS klicken. Per Klick auf + SKRIPT können Sie in dem neu geöffneten Formularfeld direkt mit der Programmierung beginnen oder einen fertigen Code in das Feld kopieren.

Code-Beispiele finden Sie beim Unterpunkt BEISPIELE ANSEHEN. Wenn Sie selber Code einstellen oder Beispiel übernehmen, so sollte jedes neue Skript einen eigenen Namen erhalten. Diesen hinterlegen Sie, indem Sie die Standardvorgabe »Unbenanntes Skript« überschreiben.

Abbildung 13.28 »Skripts« unter »Bulk-Vorgänge«

Nachdem Sie Ihr Skript programmiert bzw. angepasst haben, können Sie es per Klick auf den Button VORSCHAU testen (siehe Abbildung 13.29). Sie erhalten dann ein Ergebnis in Form eines Protokolls. Oberhalb Ihres Codes finden Sie auch den Button zum Abspeichern des neuen Skripts.

Abbildung 13.29 Vorschau und Speichermöglichkeit für das neue Skript

13.3.5 Beispielskript für Ihr AdWords-Konto

Das folgende Skriptbeispiel kontrolliert die Kosten einer Kampagne und pausiert die Kampagnen bei Bedarf. Dieses Skript kann sehr nützlich sein, wenn man die Grenzen einer Kampagne testen, das finanzielle Risiko jedoch begrenzen möchte. Wir möchten Ihnen die Funktionsweise des Skripts kurz erläutern. Anhand der Beschreibung lassen sich die Elemente im JavaScript-Code leicht wiederfinden. So funktioniert das Skript:

Dieses Skript kontrolliert eine vorgegebene Kampagne (`XYZ-Kampagne`). Die Kampagne wird in Hinblick auf das, am gleichen Tag (TODAY) ausgegebene Budget (`Cost`) überprüft. Die Budgetgrenze wurde auf 200 Euro festgelegt (`Cost > 200`). Wird der Wert 200 überschritten, so wird die Kampagne gestoppt (`campaign.pause`) und gleichzeitig eine E-Mail an eine vorgegebene Mail-Adresse (`max.mustermann@meine-domain.de`) übermittelt (`MailApp.sendEmail`). Der Titel (`var subject`) und Inhalt (`var body`) der E-Mail werden ebenfalls durch das Skript vorgegeben.

Das Skript zur Kostenkontrolle im Praxiseinsatz

Dieses Skript ist interessant, wenn Sie die Limits einer Kampagne austesten möchten. Falls Sie für eine Kampagne zum Beispiel ein extrem hohes Tagesbudget ansetzen, ist dies ein Zeichen an Google, dass Sie für alle passenden Suchanfragen zu den vorgegebenen Keywords geschaltet werden möchten. Die Anzahl der möglichen Schaltung kann das AdWords-System ja immer nur anhand der Impressionen und Klickraten schätzen. Ein sehr hohes Budget wird also mit großer Wahrscheinlichkeit alle Suchanfragen des Tages zu Ihren Keywords abdecken und dabei das Budget zum großen Teil auch nicht ausschöpfen. Damit Sie trotzdem nicht in die Situation kommen, dass durch unvorhergesehene Suchanfragen das Tagesbudget komplett ausgenutzt wird, kann ein Skript mit Budgetüberwachung eingesetzt werden. Dadurch haben Sie eine Reißleine eingebaut, die gezogen wird, falls Ihre Budget-Schmerzgrenze erreicht wird. Dazu muss die Kontrolle natürlich mindestens stündlich ausgelöst werden. Skripte unterscheiden sich in diesem Punkt von den automatisierten Regeln, denn sie können über eine Zeitsteuerung auch stündlich abgefeuert werden.

```
function main() {
var recipient = "max.mustermann@meine-domain.de";
var subject = "Kampagne XYZ pausiert";
var body = "Kampagne wurde durch Skript pausiert";
var campaignName = "XYZ-Kampagne";
var campaignIterator = AdWordsApp.campaigns()
      .withCondition("Name = '" + campaignName + "'")
      .withCondition("Cost > 200")
      .forDateRange("TODAY")
      .get();

  while (campaignIterator.hasNext()) {
    var campaign = campaignIterator.next();
    campaign.pause();
    MailApp.sendEmail(recipient, subject, body);
  }
}
```

Listing 13.1 Beispiel-Skript zur automatischen Kostenkontrolle

13.3.6 Skripte verwalten

Alle Skripte zu Ihrem AdWords-Konto finden Sie ebenfalls beim Unterpunkt BULK-VORGÄNGE • SKRIPTE. Hier können Sie zunächst über einen Filter unter ALLE AUSSER ENTFERNTE SKRIPTS bestimmen, ob Sie alle oder nur die aktivierten und pausierten Skripte in der entsprechenden Liste sehen möchten.

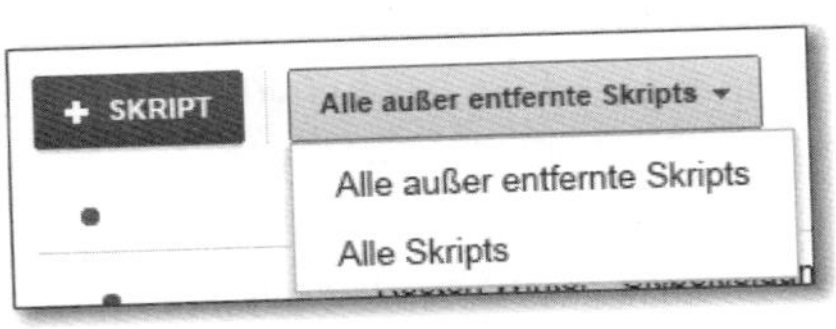

Abbildung 13.30 Filter für erstellte Skripte

Neben dem Namen des Skripts finden Sie in der Liste auch Datum und Uhrzeit, an dem das Skript erstellt wurde (siehe Abbildung 13.31). Der Link neben dem Namen mit der Bezeichnung BEARBEITEN ❶ öffnet das Skript, so dass Sie im Skript-Editor Anpassungen vornehmen können. Am Ende der Zeile finden Sie zum einen den Button AUSFÜHREN ❷, mit dem Sie das Skript zum aktuellen Zeitpunkt starten können. Zum anderen sehen Sie den Link + ZEITPLAN ERSTELLEN ❸, der zu einer Bearbeitungsmöglichkeit der Vorgaben zur zeitlichen Steuerung führt.

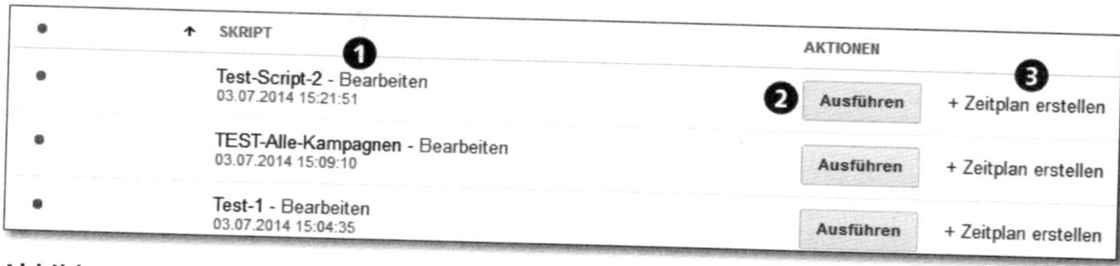

Abbildung 13.31 Skripte bearbeiten und steuern

13.3.7 Zeitliche Steuerung der Skripte

Nachdem Sie den Link + ZEITPLAN ERSTELLEN geöffnet haben, können Sie zwischen fünf verschiedenen Möglichkeiten zur Steuerung Ihres Skripts auswählen. Unter HÄUFIGKEIT können Sie zwischen

- einmal
- stündlich
- täglich
- wöchentlich
- monatlich

auswählen.

Dabei ist die stündliche Variante für alle Aufgaben interessant, die eine laufende Beobachtung des AdWords-Kontos benötigen, wie zum Beispiel die Budgetüberwachung aus dem vorgestellten Skript.

Abbildung 13.32 Zeitplan für Skripte erstellen

Testen Sie doch einmal folgende Skripte für Ihre Kampagnen

1. **URL-Checker**
   Ein sinnvolles Skript ist der so genannte URL-Checker bzw. Broken-Links-Report. Dieses Skript kontrolliert, ob es in Ihrer Kampagne Zielseiten gibt, die nicht mehr funktionieren.
   Ein Beispielskript finden Sie unter: *http://www.freeadwordsscripts.com/2013/04/report-on-broken-urls-in-your-account.html*.
2. **Performance-Report**
   Mit diesem Skript erhalten Sie eine übersichtliche Darstellung Ihrer wichtigsten Kennzahlen zu Ihren Anzeigen als Spreadsheet in Ihrem Google Drive Account. Der Bericht kann als Wochen oder auch Monatsreport erstellt werden. Neben den reine Zahlen enthält der Report auch Übersichtsgrafiken zum Beispiel zu Kosten oder CTR. Sie erhalten, falls gewünscht eine zusätzliche E-Mail mit Link zum Report als Erinnerung.
   Das Beispielskript finden Sie unter: *https://developers.google.com/adwords/scripts/docs/solutions/ad-performance*.
   Hinweis: Wenn Sie im Beispielskript LAST_WEEK durch LAST_MONTH ersetzen, dann erhalten Sie die entsprechenden Daten zum letzten Monat.
3. **Automatischer Kampagnen-Zeitplan**
   Starten und stoppen Sie Ihre Kampagnen regelmäßig zu bestimmten Zeiten.
   Das entsprechende Skript finden Sie unter: *https://developers.google.com/adwords/scripts/docs/examples/ad-schedules*.

Diese drei Beispiele sollten nur eine kleine Inspiration sein, um die vielfältigen Möglichkeiten der AdWords-Skripts anzudeuten. Im Bereich Google Developers (*https://developers.google.com/adwords/scripts*) finden Sie noch weitere Ideen für AdWords-Skripte.

13.4 Tiefergehende Kontoanalyse

Sie benötigen tiefergehende Informationen zu Ihrem Konto und haben nicht viel Zeit? Dann sollten Sie sich einmal die Analysemöglichkeiten ansehen, die Google AdWords hinter den Button DETAILS verbirgt. Auf Keyword-Ebene finden Sie dort neben den wichtigen Berichten zu den Suchbegriffen, die wir in Abschnitt 10.7, »Keyword-Bericht: der wichtigste Bericht im AdWords-Konto«, im Rahmen der Berichte näher vorstellen, den Unterpunkt »Keyword-Diagnose«. Mit dieser Funktion können Sie eine Schnelldiagnose aller Keywords in Ihrem Konto durchführen und sehen dann auf einem Blick, wo es eventuell Probleme mit Ihren Keywords gibt. Zusätzlich finden Sie dort die so genannten Auktionsdaten, mit denen Sie Ihre

AdWords-Kennzahlen mit Ihrer Konkurrenz vergleichen können, um Ihre AdWords-Ergebnisse besser einordnen zu können.

13.4.1 Keyword-Diagnose

Zunächst wollen wir einmal einen Blick auf die Keyword-Diagnose werfen. Navigieren Sie dazu zunächst zu Ihrer Keyword-Liste. Sie können alle Keywords aus dem Konto aufrufen oder aber auch nur eine einzelne Kampagne auswählen. Wenn Sie vor dem Klick auf den Button DETAILS und dem Unterpunkt KEYWORD-DIAGNOSE ausgewählte Keywords per Checkbox markiert haben, so wird die Diagnose nur für diese Auswahl durchgeführt und die Diagnose benötigt weniger Zeit. Klicken Sie ohne Vorauswahl auf den Unterpunkt KEYWORD-DIAGNOSE, so wird die Diagnose für alle gerade aufgerufenen Keywords durchgeführt (siehe Abbildung 13.33).

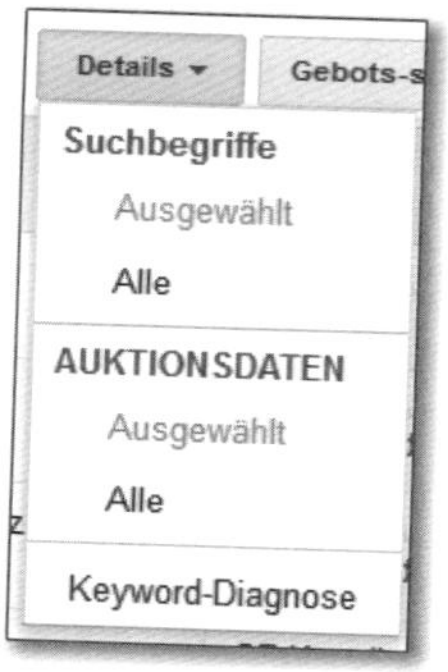

Abbildung 13.33 »Keyword-Diagnose« unter »Details«

Nach dem Klick auf den Button werden die Diagnosebedingungen festgelegt (siehe Abbildung 13.34). Zunächst bestimmen Sie die Google-Toplevel-Domain, für die Ihre Diagnose durchgeführt werden soll. Als Standard ist hier die Domain Ihres Landes also zum Beispiel die DE- ❶, AT- oder CH-Domain ausgewählt. Sie können aber auch jede andere Google-Toplevel-Domain bestimmen. Als nächstes legen Sie die Sprache fest, für die Ihre Keywords diagnostiziert werden sollen. Hier ist als Standard die Auswahl »Deutsch« ❷ vorgegeben. Danach müssen noch als Standort ❸ die Zielregion für die Auslieferung Ihrer Anzeigen und die Endgeräte ❹ bestimmt werden. Diese Auswahl kennen Sie auch aus den Grundeinstellungen Ihrer AdWords-Kampagne. Ein Klick auf den Button TEST AUSFÜHREN ❺ startet die Keyword-Diagnose.

Die Dauer der Diagnose ist abhängig von der Anzahl der Keywords, die untersucht werden sollen. Nach relativ kurzer Zeit wird aber schon ein Ergebnis angezeigt (siehe Abbildung 13.35). Wenn alle Keywords analysiert worden sind, wird dies oberhalb der Keyword-Liste im Kopf der Datentabelle mit DIAGNOSE ABGESCHLOSSEN ❻ angezeigt. Zusätzlich sehen Sie den Zeitpunkt ❼, an dem die Diagnose abgeschlossen wurde. Eine große Liste an Diagnoseergebnissen lässt sich nun noch nach bestimmten Bedingungen über die Filterfunktion ❽ reduzieren. Außerdem können per Klick auf den Link TESTBEDINGUNGEN BEARBEITEN ❾ die Diagnosevorgaben verändert werden. Hier könnten Sie zum Beispiel nach einer ersten Diagnose für *google.de* die Bedingungen für den zweiten Diagnosedurchgang auf *google.at* ändern. Ein Klick auf den Link SCHLIESSEN ❿ beendet die Keyword-Diagnose.

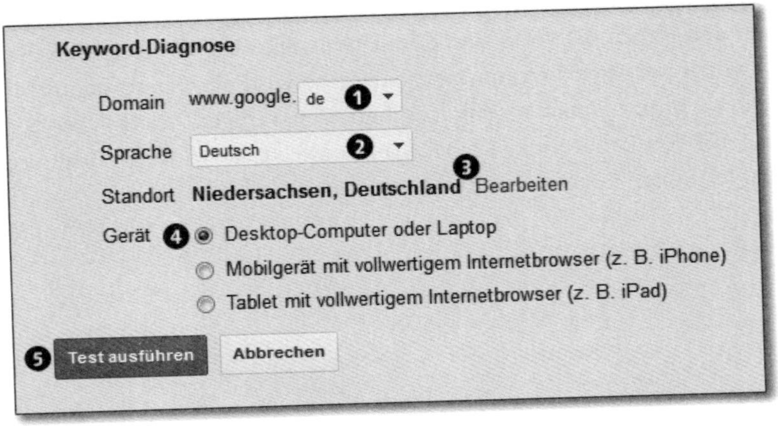

Abbildung 13.34 Vorgaben für eine Keyword-Diagnose

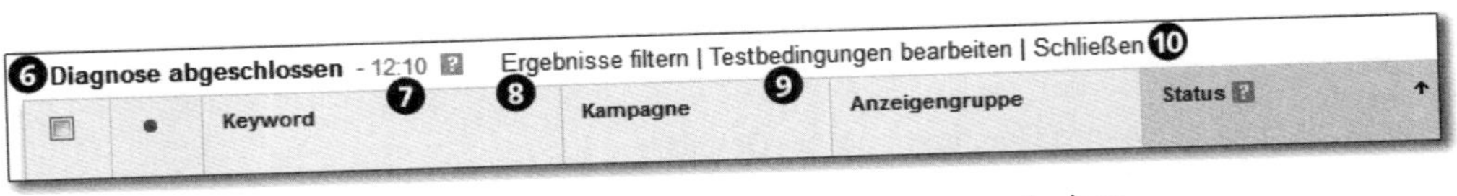

Abbildung 13.35 Ergebnisse filtern oder Testbedingungen verändern

Als Ergebnis der Datenanalyse erhalten sie in der Spalte STATUS ❶ die Informationen zur Schaltung oder entsprechend zur Nichtschaltung Ihrer Keywords (siehe Abbildung 13.36). Falls Probleme auftauchen, sind diese mit einem Hinweistext ❸ in einer orangenen Warnfarbe gekennzeichnet. Es lohnt sich jedoch, bei den Problemen näher hinzuschauen. »Hinschauen« bedeutet in diesem Zusammenhang, dass sie mit dem Mauszeiger über die Sprechblase ❷ vor dem Hinweistext fahren. Mithilfe der Mouseover-Funktion erhalten Sie zusätzliche Informationen zum jeweiligen Keyword-Problem. Natürlich zeigt die Diagnose auch an, wenn ein Keyword korrekt geschaltet wird. Im Optimalfall sollte also hinter jedem Keyword in der Spalte STATUS der Hinweis »Anzeige wird jetzt geschaltet« ❹ stehen.

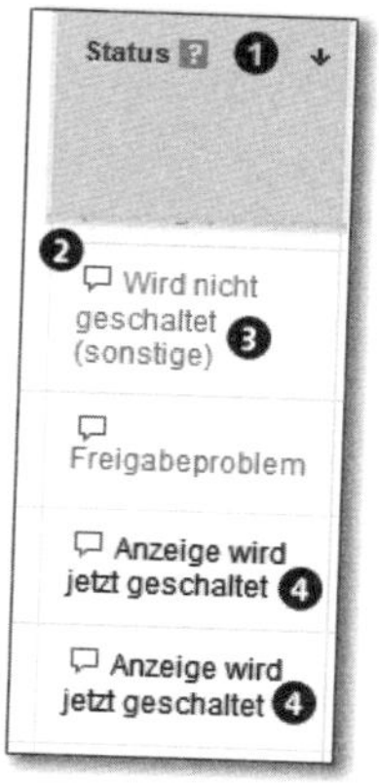

Abbildung 13.36 Ergebnisse der Keyword-Diagnose mit weiterführenden Hinweisen

Die Fehlermeldungen müssen Sie jedoch noch einmal genau durchlesen und analysieren. Unser Tipp: Glauben Sie nicht alles, was Ihnen das AdWords-Konto erzählt. Hier zwei Beispiele von Fehlermeldungen und was dahinter stecken kann.

Fehlermeldung	Bedeutung – Bitte beachten
1. Wird nicht geschaltet (sonstige)	Hierunter können sich auch Keywords aus dem Displaynetzwerk verbergen. Sie sollten also in jedem Fall kontrollieren, ob diese Keywords nicht zum Displaynetzwerk gehören.
2. Freigabeproblem	Unter dem Stichwort »Freigabeproblem« erfährt man zum Beispiel, dass das Keyword wegen eines ausschließenden Keywords nicht geschaltet wird. Bitte kontrollieren Sie, ob das Keyword nicht in einer genau passenden Option ausgeschlossen ist. In diesem Fall löst das Keyword trotzdem alle weiteren Variationen und Suchphrasen aus!

Tabelle 13.1 Fehlermeldungen zur Keyword-Diagnose

Falschmeldung zu Freigabeproblemen

Unter dem Stichwort »Freigabeproblem« erfahren Sie auch, wenn Ihr Keyword wegen eines ausschließenden Keywords nicht geschaltet wird. Dies ist zunächst eine sinnvolle Aussage. Falls jedoch ein weitgehend passendes Keyword mit einem exakt passenden ausschließenden Keyword kombiniert wird, erzeugt Google AdWords die Fehlermeldung ebenfalls. Dies ist aber in der Praxis nicht richtig, denn die weitgehend passende Variante wird geschaltet, was an Impressionen und Klicks erkennbar ist. Lediglich die genau passende Version ist ausgeschlossen. Die grundsätzliche Aussage, dass dieses Keyword nicht geschaltet wird, ist also in diesem Fall falsch bzw. nicht ganz präzise.

13.4.2 Kontoanalyse mit Auktionsdaten: Wo steht die Konkurrenz?

Die Kontoanalyse mit Auktionsdaten ist insofern sehr spannend, weil Sie hierüber Ihre AdWords-Werbung mit Ihrer Konkurrenz vergleichen können. Die Konkurrenz ist in diesem Fall natürlich Ihre »Keyword-Konkurrenz« bei Google. Bei der Analyse mit der Bezeichnung »Auktionsdaten« nennt Google Ihnen die Domainnamen derjenigen, die zu Ihren wichtigsten Keywords ebenfalls AdWords-Anzeigen schalten. Die Analyse starten Sie, indem Sie zunächst zum Beispiel die Kampagnenebene aufrufen. Auch bei dieser Analyse können Sie wieder alle Kampagnen einbeziehen oder vorher per Checkbox bestimmte Kampagnen auswählen. Danach klicken Sie zunächst wieder auf den Button DETAILS ❶ (siehe Abbildung 13.37). Hier können Sie unter AUKTIONSDATEN entweder ALLE ❸ auswählen, oder, falls Sie vorher einzelne Kampagnen markiert haben, auch auf AUSGEWÄHLT ❷ klicken.

Abbildung 13.37 Aktivitäten der Konkurrenz analysieren

Als Ergebnis erhalten Sie einen Auktionsdatenbericht, der Ihre AdWords-Aktivitäten mit der Konkurrenz vergleicht (siehe Abbildung 13.38). Ihre Kampagnenleistung ist mit einer grünen Markierung gekennzeichnet und in der Spalte zur DOMAIN DER ANGEZEIGTEN URL ❶ steht als Bezeichnung »Sie« ❷. Bei der Konkurrenz ist in dieser Spalte die entsprechende Domain ❸ aufgeführt, die in AdWords beworben wird. Die Prozentzahl unter ÜBERSCHNEIDUNGSRATE ❹ zeigt an, zu welchem Anteil die Keywords der Konkurrenz mit Ihren übereinstimmen. Falls dort also zum Beispiel 50 Prozent steht, so haben Sie die Hälfte Ihrer Keywords mit dem entsprechenden der Konkurrenten gemeinsam. Die weiteren Spalten bieten Ihnen verschiedene Leistungsdaten im Konkurrenzvergleich. Bei den Auktionsdaten auf Kampagnenebene erhalten Sie folgende Leistungsdaten:

- **Anteil an möglichen Impressionen**
  Die Prozentzahl gibt an, wie viel Prozent aller möglichen Impressionen erzielt wurden.

- **Durchschnittliche Position**
  Dieser Wert gibt die durchschnittliche Anzeigenposition aller erfolgreichen Auktionen an.
- **Rate für die Position oberhalb**
  Diese Prozentzahl *gibt* an, wie häufig eine Anzeige der Konkurrenz über der eigenen Anzeige in einer gemeinsamen Auktion geschaltet wurde.
- **Top-of-Page-Rate**
  Diese Prozentzahl gibt an, wie häufig eine Anzeige oberhalb der organischen Suchergebnisse geschaltet wurde.

Anhand der unterschiedlichen Leistungsdaten können Sie nun einschätzen, ob Sie in Bezug zur Konkurrenz besser oder schlechter dastehen und in welchem Umfang Sie dies zukünftig ändern möchten. Müssen Sie beispielsweise durch höhere CPC-Gebote und weitere Optimierungsmaßnahmen bei verbessertem Qualitätsfaktor die Konkurrenten in Bezug auf die durchschnittliche Rankingposition überflügeln? Oder stehen Sie aktuell schon besser da als die Konkurrenz und müssen daher aus dieser Sicht zunächst nichts ändern?

Domain der angezeigten URL ❶	Anteil an möglichen Impressionen ↓	Durchschn. Position	Überschneidungsrate ❹	Rate der Position oberhalb	Top-of-Page-Rate
Sie ❷	100,00%	1,3	–	–	86,75%
tuev-sued.de ❸	39,87%	1,6	39,87%	43,85%	90,03%
ibf.at ❸	31,52%	4,2	31,52%	0,42%	9,24%

Abbildung 13.38 Eigene Kampagne im Vergleich zur Konkurrenz

Die Auktionsdaten erhalten Sie, wie bereits bemerkt, auf den unterschiedlichen Ebenen. Auf Keyword-Ebene können Sie mit dieser Funktion überprüfen, ob und in welchem Umfang Ihre Konkurrenz zu ihren Markennamen bei AdWords aktiv ist (siehe Abbildung 13.39). Falls Sie eine »Markenkampagne« besitzen, so wählen Sie aus dieser Kampagne Ihre Marken-Keywords aus und klicken danach über das Dropdown-Menü DETAILS unter AUKTIONSDATEN auf den Unterpunkt AUSGEWÄHLT.

Zeigt Ihnen AdWords danach eine Statistik mit Domain-Namen an, so wissen Sie, dass diese Konkurrenten ebenfalls zu Ihrem Markennamen Werbung in gewissem Umfang schalten. Dabei muss natürlich nicht genau Ihre Marke genutzt werden, denn Synonyme und Ergänzungen fallen ebenfalls in diese Statistik. Sie können jedoch anhand der Überschneidungsrate Ihre stärksten Keyword-Konkurrenten zu Ihren Marken-Keywords identifizieren. Diese Statistik ist insofern interessant, da man zum einen bei Google vielleicht nicht so häufig nach seinem eigenen Markennamen sucht und man zum anderen selbst bei einer solchen Suche die Konkurrenten nicht sieht, weil diese den Sitz Ihres Unternehmens als Standort ausgeschlossen haben, um ganz bewusst AdWords zu Ihrer Marke zu schalten.

Domain der angezeigten URL	Anteil an möglichen Impressionen	Durchschn. Position	Überschneidungsrate
Sie	97,10%	1	–
.de	48,77%	2,2	49,76%
com	16,41%	3,3	16,81%
.com	< 10 %	2,8	6,91%
com	< 10 %	1,9	6,94%

Abbildung 13.39 Beobachtung der Konkurrenz zum eigenen Markennamen – die Domain-Namen werden hier nicht verraten

13.4.3 ACE-Kampagnentests

Die Kampagnentests (ACE steht für AdWords Campaign Experiments) in Google AdWords können Sie dazu nutzen, um unterschiedliche Einstellungen, Gebote oder Texte in Ihrem AdWords-Konto in einem gleichen Zeitraum zu testen. Wenn Sie zum Beispiel erfahren möchten, wie sich unterschiedliche CPC-Gebote für Ihre Keywords auf Position, Klickverhalten und vor allem Conversions auswirken, so könnten Sie natürlich die Berichte zweier Monate mit den jeweils unterschiedlichen CPC-Geboten vergleichen. Das Problem bei dieser Vorgehensweise besteht jedoch darin, dass Sie die externen Faktoren nicht ausschließen können. Falls in einem Monat gerade Urlaubszeit ist oder ein großes Sportereignis wie eine Fußballweltmeisterschaft, so wird dies Auswirkungen auf Anfragen und Klickverhalten haben. Sie sprechen dann eventuell auch unterschiedliche Internet-User an. Auch die Wetterlage kann zum Beispiel die Nachfrage nach Sonnenbrillen oder Regenschirmen positiv oder negativ beeinflussen. Das Fazit aus diesen Beispielen lautet: Ein echter Vergleich sollte im selben Zeitraum stattfinden. Bei ACE-Tests entfallen die äußeren Faktoren, weil diese Tests zeitgleich durchgeführt werden. Unterschiedliche CPC-Gebote würden innerhalb eines ACE-Tests also immer im Wechsel zwischen dem niedrigen und dem höheren Gebot geschaltet. Externe Einflüsse verändern somit die Statistik nicht.

Sie erstellen in Ihrem AdWords-Konto einen ACE-Test in Ihren Kampagneneinstellungen über den Unterpunkt ERWEITERTE EINSTELLUNGEN ❶ (siehe Abbildung 13.40). Die Tests sind schon seit Jahren mit Beta ❷ gekennzeichnet, was jedoch keinen Einfluss auf ihre Leistungsfähigkeit hat. Per Klick auf den Button + TESTEINSTELLUN-

GEN ❸ starten Sie die Anlage eines neuen Tests. Interessanterweise besitzt dieser Button im Gegensatz zu allen anderen für eine Neuanlage keine rote, sondern eine graue Hintergrundfarbe. Vielleicht liegt es an der Beta-Version?

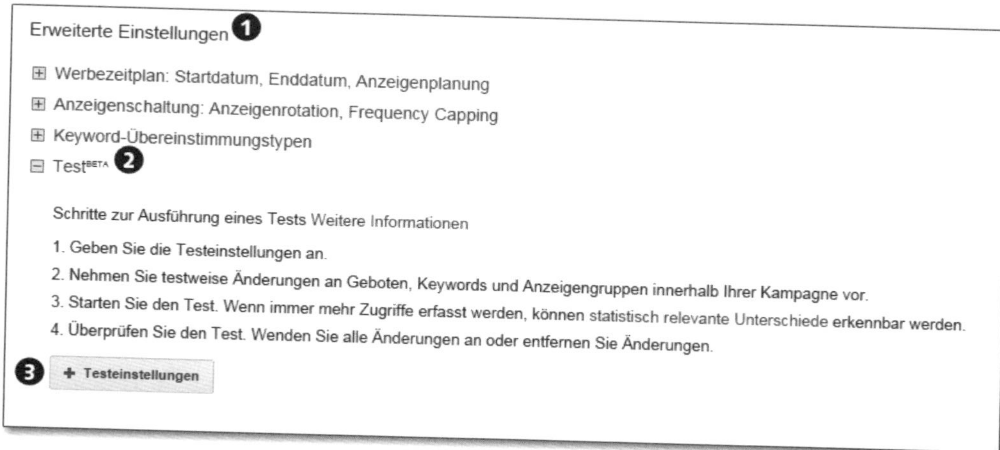

Abbildung 13.40 ACE-Kampagnentest in AdWords erstellen

Nachdem Sie die Testeinstellungen gestartet haben, geben Sie im nächsten Schritt Ihrem Test zunächst einen aussagekräftigen Namen ❶ und legen die Verteilung zwischen Kontroll- und Testgruppe ❷ fest (siehe Abbildung 13.41). Die Kontrollgruppe ist Ihre aktuelle Einstellung und die Testgruppe beinhaltet die neuen Einstellungen, die Sie mit dem ACE-Test überprüfen möchten. Die Verteilung der Auslieferung sollte im Normalfall bei 50 zu 50 Prozent ❸ liegen. Es sind jedoch auch andere Verteilungsmöglichkeiten denkbar, wobei die Ergebnisse dann schwerer zu beurteilen sind. Außerdem dauert ein Test immer länger, wenn nur ein kleiner Teil der Daten in den Test einfließt. Je größer der Anteil relevanter Daten ist, umso aussagekräftiger sind natürlich die Testergebnisse.

Ihren ACE-Test können Sie direkt starten ❹, alternativ geben Sie in den Testeinstellungen ein Startdatum vor. Denkbar wäre hier zum Beispiel, einen Test immer direkt am ersten Tag eines neuen Monats zu starten, so dass die Testergebnisse in die automatisierten Monatsberichte aufgenommen werden können. Als Testende schlägt Google 30 Tage ❺ nach Testbeginn vor. Ein Test sollte also mindestens einen Monat laufen. Das Enddatum kann jedoch individuell ❻ angepasst werden. Für ein aussagekräftiges Testergebnis benötigen Sie immer eine möglichst große Datenmenge. Daher kann es sinnvoll sein, für einen Test auch zwei oder sogar drei Monate anzusetzen. Nach Eingabe der Grundkonfiguration speichern ❼ Sie Ihren Test ab.

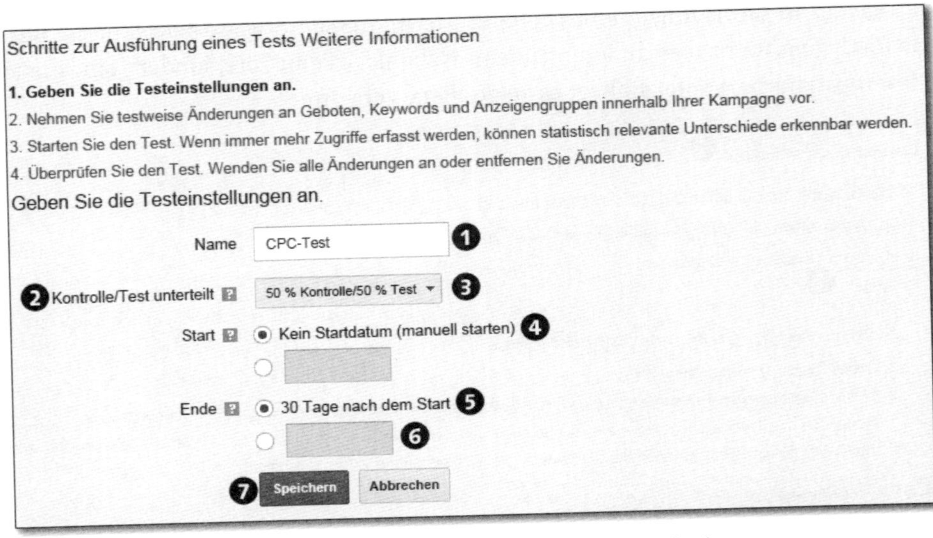

Abbildung 13.41 Grundlegende Vorgaben für einen Kampagnentest

> **Spezieller Einsatz der Kontroll-/Testverteilung**
>
> Falls Sie ein AdWords-Konto übernehmen oder nach der Lektüre dieses Buches Ihr Konto vollkommen neu strukturieren bzw. neue Strategien testen möchten, so können Sie sich die Möglichkeiten des ACE-Tests zu Nutze machen. Eine radikale Umstellung in einem Konto kann zu ungewollten Brüchen führen, z. B. durch einen niedrigeren Qualitätsfaktor, höheren CPC-Geboten oder sinkenden Impressionen durch zu viele ausschließende Keywords. Unser Tipp zur Vermeidung einer radikalen Umstellung wäre eine fließende Umstellung mit Hilfe des ACE-Tests. Starten Sie Ihre neuen Keyword-Ideen, Anzeigentexte und Anzeigengruppen zunächst in einer Testgruppe mit einem Anteil von 10 Prozent, indem Sie »90 % Kontrolle/10 % Test« bei der Verteilung einstellen. Das Verhältnis steigern Sie dann monatlich langsam über 20 Prozent usw. bis zum Verhältnis 50 % Kontrolle/50 % Test. Wenn die neuen Ideen erfolgreich sind, können Sie die neuen Einstellungen übernehmen.

Nach Speicherung der Testeinstellungen können Sie den Test jederzeit über den Button TEST STARTEN aktivieren. Der Test läuft dann zwar, es müssen jedoch noch die jeweiligen unterschiedlichen Bedingungen definiert werden. Besser ist es, wenn Sie die Bedingungen zuerst definieren und dann den Test starten.

Wurde ein zukünftiges Startdatum eingetragen, dann startet der Test automatisch um Mitternacht des vorgegeben Datums. Der Start des ACE-Tests wird durch das Wort LÄUFT ❶, welches in grüner Schrift an der Stelle des Startbuttons erscheint, signalisiert. Der Test kann dann per Klick auf den Button AUSFÜHRUNG DES TESTS

ANHALTEN ❷ gestoppt werden. Für einen Neustart müssen Sie danach jedoch auf den Link BEARBEITEN neben dem Enddatum klicken und ein neues Startdatum bestimmen. Neben dem Button zum Anhalten des Tests finden Sie zwei weitere. Diese benötigen Sie nach Durchführung Ihres ACE-Tests. Möchten Sie festlegen, dass die Änderungen der getesteten Konfiguration in Zukunft für Ihre Kampagne übernommen werden sollen, so klicken Sie auf den Button, der mit ÜBERNEHMEN ❸ beginnt. Falls Sie die getesteten Einstellungen nicht überzeugt haben, so klicken Sie auf den Button, der die Einstellungen wieder aus Ihrem Konto entfernt ❹. Nach diesem Klick und einer zusätzlichen Bestätigung wird der Test aus Ihrem Konto entfernt. Im Gegensatz zu den gelöschten Elementen ist ein entfernter Test in Ihrem Konto nicht mehr sichtbar, so dass Sie die hier beschriebene Vorgehensweise auch einmal als Übung durchspielen können.

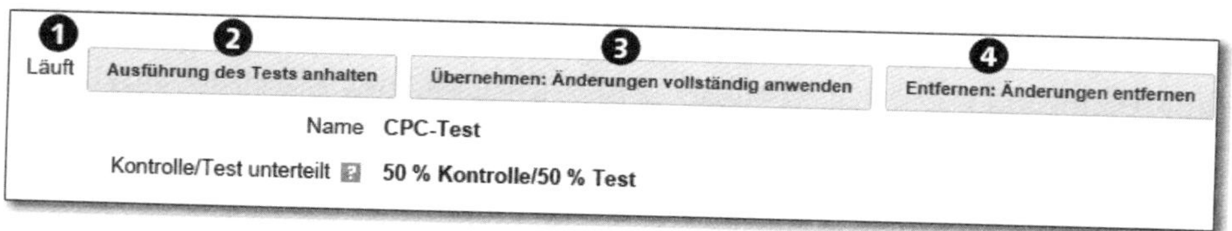

Abbildung 13.42 Test stoppen, Änderungen übernehmen oder entfernen

Nachdem Sie einen Test erstellt haben, finden Sie vor Ihren Elementen zu den Anzeigengruppen, Keywords und Anzeigen anstelle von »Aktiviert« zusätzliche Icons (siehe Abbildung 13.43). Sie können nun zum Beispiel für jedes Keyword ❶ definieren, ob es gleichzeitig in der Kontrollgruppe und dem Test ❷ genutzt wird, ob es nur in der Kontrollgruppe ❸ eingesetzt oder nur als Test ❹ läuft.

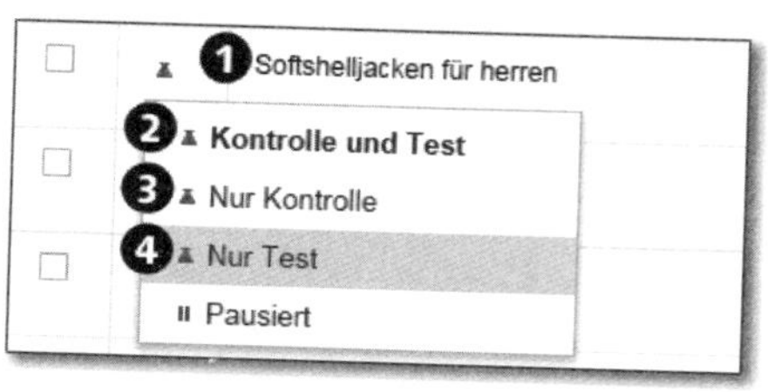

Abbildung 13.43 Neue Steuerungsmöglichkeiten unter Testbedingungen

Um die unterschiedlichen Statistiken von Kontroll- und Testgruppe zu sehen und um bestimmte Einstellungen in der Testgruppe vornehmen zu können, benötigen Sie eine Segmentierung. Sobald Sie einen Test erstellt haben, finden Sie in der Dropdown-Liste des Buttons SEGMENT ❶ eine zusätzliche Auswahl mit dem Namen TEST ❷ (siehe Abbildung 13.44). Nachdem Sie diese Auswahl aktiviert haben, so finden Sie zu Ihren Anzeigengruppen, Keywords und Anzeigen Spalten, die zusätzlich zur normalen Statistik individuelle Daten zur Kontroll- und zur Testgruppe anzeigen.

Abbildung 13.44 Einblenden der Testdaten unter »Segmente«

Nach Auswahl der Segmentierung TEST finden Sie die zusätzliche Bezeichnung STEUERUNG ❶ mit der prozentualen Angabe des festgelegten Anteils sowie die zusätzliche Spalte TEST ❷ mit der entsprechenden prozentualen Angabe in den Statistiken Ihrer Testkampagne (siehe Abbildung 13.45). In unserem Beispiel hatten wir die beiden Gruppen mit einem Anteil von 50 Prozent ❸ eingestellt. Falls der Test gestartet wurde, wird dies auch hier mit der Bezeichnung LÄUFT ❹ gekennzeichnet. Möchten Sie nun auf Keyword-Ebene unterschiedliche CPC-Gebote testen, so klicken Sie in der Reihe mit der Bezeichnung TEST ❷ auf das CPC-Gebot ❺. Es öffnet sich ein Feld, in dem Sie das Keyword-Gebot prozentual erhöhen oder reduzieren können ❻. Nach einer Veränderung speichern Sie die neue Einstellung für den Test über den Button SPEICHERN ❼ ab. Sie können all Ihre Keywords auf diese Weise ändern, oder Sie verändern nur einige ausgewählte Keywords, die Sie testen möchten.

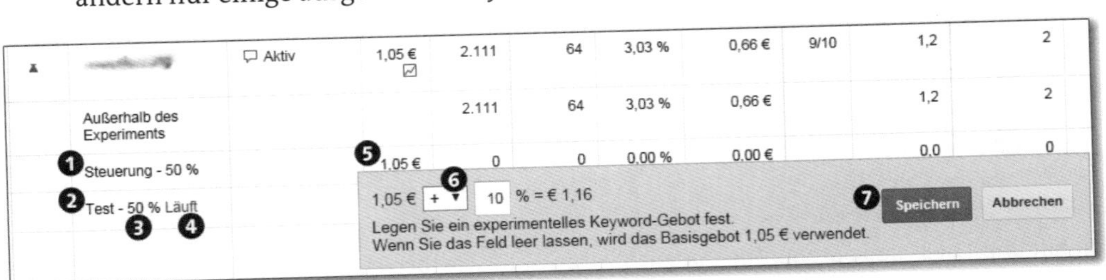

Abbildung 13.45 Testdaten in den AdWords-Berichten und Änderungsmöglichkeiten

Während Ihr Test läuft, können Sie jederzeit über die Auswahl des Segments TEST die Leistungsdaten der beiden Gruppen (Steuerung und Test) kontrollieren. Zusätzlich zu den Leistungsdaten, die Sie in der Statistik der beiden Gruppen ablesen können, bietet Ihnen Google AdWords eine visuelle Entscheidungshilfe. Mithilfe kleiner Icons in Pfeilform werden Sie darüber informiert, ob die veränderten Testeinstellungen signifikant wirksam sind. Sie finden in der Zeile mit den Testdaten jeweils ausgegraute Pfeile hinter den Leistungsdaten (siehe Abbildung 13.46). Es gibt einen kleinen Pfeil, der nach oben zeigt und einen entsprechenden Pfeil, der nach unten zeigt. Je nach Testergebnis können diese Pfeile ihre Farbe in blau verändern und auch ihre Anzahl erhöhen. Dadurch signalisieren sie, ob signifikante Änderungen erzielt worden.

Die Pfeildarstellungen haben dabei folgende Bedeutung: Eine Kennziffer, die mit mindestens einem blauen Pfeil nach oben oder unten gekennzeichnet ist, ist mit 95-prozentiger Wahrscheinlichkeit durch den Test verändert worden. Sind zwei blaue Pfeile vorhanden, so lässt sich sogar mit 99-prozentiger Sicherheit sagen, dass die Veränderungen durch die Testdaten hervorgerufen wurden. Bei drei blauen Pfeilen steigt die Wahrscheinlichkeit sogar auf 99,9 Prozent. Sie erhalten zusätzliche Informationen zur statistischen Signifikanz der Ergebnisse, wenn Sie Ihren Mauszeiger über die jeweiligen Pfeile bewegen.

Impr.	Klicks	CTR ↓	% geschaltet	Durchschn. CPC	Kosten	Klicks mit Conversion
2.361	44	1,86 %		0,62 €	27,20 €	2
0	0	0,00 %		0,00 €	0,00 €	0
0	0	0,00 %		0,00 €	0,00 €	0

Abbildung 13.46 Statistiken zu den Tests mit zusätzlichen Icons in Pfeilform

Der im Beispiel dargestellte ACE-Test mit unterschiedlichen CPC-Geboten ist jedoch nur eine von vielen Möglichkeiten. Sie könnten mit Hilfe der AdWords-Kampagnentests auch folgende Varianten untersuchen:

- neue Keyword-Sets im Vergleich zu alten Keyword-Sets
- Vergleich von Keywords mit unterschiedlichen Keyword-Optionen
- Vergleich von Anzeigen mit unterschiedlichen Texten
- neue Placement-Ideen im Vergleich zu laufenden Placements

So testen Sie unterschiedliche Anzeigengruppen gegeneinander

Zunächst erstellen Sie auf Kampagnenebene einen ACE-Test. Danach können Sie über die vorangestellten Icons bei den vorhandenen Anzeigengruppen den Status auf Kontrolle setzen. Nun werden neue Anzeigengruppen zum gleichen Thema, aber mit speziellen Keyword-Sets und darauf abgestimmten Anzeigentexten erstellt. Diese neue Gruppe oder Gruppen erhalten den Status »Test«. Bei den Suchanfragen wird nun abwechselnd die Kontroll- und die Testgruppe aktiviert. Bei der Testgruppe werden die neuen Keyword-Sets mit den neuen Anzeigen ausgespielt. Sie können später sowohl die Leistung einzelner Keywords kontrollieren als auch die Leistung der gesamten neuen Anzeigengruppe mit der alten Konstellation vergleichen.

Ist ein ACE-Test der Anzeigen sinnvoll?

Warum sollten Sie für Anzeigen einen Test erstellen? Die AdWords-Anzeigen werden normalerweise doch schon in einem A-/B- bzw. Split-Test innerhalb der Anzeigengruppen getestet. Ein Anzeigentest über das ACE-Tool ist daher doch nicht notwendig, oder? Auch für diese Situation kann das ACE-Tool hilfreich sein. Falls laufende Anzeigen schon gut funktionieren, besteht beim Hinzufügen einer neuen Anzeige immer die Gefahr, dass diese schlechter als die existierenden Varianten performt. Auch in diesem Fall können Sie durch ein vorher bestimmtes Verteilungsverhältnis das Risiko mindern und nur mit einem kleinen Anteil an der Anzeigenauslieferung die neuen Anzeigen über einen längeren Zeitraum testen. Außerdem kann man über den ACE-Test auch sehr gut verschiedene Landing-Pages mit gleichen Anzeigentexten testen, indem sich die Anzeigen nur in der Ziel-URL unterscheiden.

In diesem Kapitel haben Sie erfahren, wie Sie schnell mit Hilfe der verschiedenen Einstellungsmöglichkeiten im Kopf der Statistikberichte Ihre Daten sortieren und filtern können. Zusätzlich können Sie nun über so genannte Labels eigene Strukturen in Ihrem AdWords-Konto abbilden und in Berichten über Kampagnen und Anzeigengruppen hinweg zusammenfassen. Sie wissen nun, wie Sie über SPALTEN die unterschiedlichsten Daten zu Ihren Berichten hinzufügen und entfernen können. Wir haben Ihnen zudem wertvolle Möglichkeiten zur Automatisierung Ihrer AdWords-Werbung gezeigt, wobei Sie mit den AdWords-Skripten ein sehr mächtiges Werkzeug kennengelernt haben. Sie haben außerdem erfahren, wie Sie den wichtigen Button DETAILS richtig nutzen können, um interessante Schnellanalysen zu Ihrem AdWords-Konto durchzuführen. Zum Schluss haben Sie mit den AdWords Campaign Experiments (ACE) eine Möglichkeit kennengelernt, um verschiedene Tests in Ihrem Konto durchzuführen, die unabhängig von externen Einflüssen im gleichen Zeitraum ablaufen können.

Kapitel 14
Das Kundencenter – MCC

Arbeiten Sie in einer Agentur oder betreuen Sie als Consultant mehrere AdWords-Konten? Dann sollten Sie sich das Google Kundencenter(MCC) für AdWords einmal näher anschauen. Sie erhalten mit einem Login einen übergeordneten Zugriff auf alle Ihre AdWords-Konten. Zusätzlich stellt Google im MCC verschiedene Tools bereit, um mehrere Konten gleichzeitig zu verwalten. Dies erleichtert Ihre Praxisarbeit und schafft Übersicht bei der Betreuung mehrerer Konten. Dieses Kapitel zeigt Ihnen, wie Sie das MCC nutzen können und welche Tools Google für AdWords-Kontenmanager bereithält.

Das AdWords Kundencenter, auch bekannt als My Client Center (MCC) können Sie sich als übergeordneten AdWords-Account vorstellen. Mit diesem Backend bietet Google die Möglichkeit, mehrere AdWords-Konten über einen Login und in mit einem zentralen Backend zu verwalten. Sie erreichen das Kundencenter über folgenden Link: *http://www.google.com/intl/de/adwords/myclientcenter*.

Nachdem Sie die Webseite aufgerufen haben, können Sie sich wie bei einem Standard-AdWords-Konto mit einem Google-Login anmelden. Bitte beachten Sie, dass Sie für das Client Center einen neuen Login benötigen, der noch nicht für ein AdWords-Konto genutzt wird. Laut Google kann einem Google-Login nur ein AdWords-Konto zugewiesen werden. Da das Verwaltungskonto auch als AdWords-Konto zählt, müssen Sie hierfür auch einen eigenen Google-Login verwenden!

So erhalten Sie zusätzliche Mail-Adressen für Google Logins

Normalerweise benötigt man im digitalen Leben nur ein bis zwei Mail-Adressen. Wenn Sie jedoch mit mehreren AdWords-Konten oder Kundenverwaltungskonten arbeiten, so kann es passieren, dass Sie noch zusätzliche E-Mail-Adressen zur Generierung neuer Logins benötigen. Mit folgenden Tipps erhalten Sie bei Bedarf einfach weitere Mail-Adressen. Zunächst können Sie einen kostenlosen E-Mail-Dienst, wie z. B. GMAIL, WEB.DE oder GMX nutzen, um weitere Adressen zu erstellen. Falls Sie Ihre E-Mail-Adresse von Ihrem Webhoster erhalten haben, können Sie dort meistens auch noch zusätzliche Adressen genieren, die dann an Ihre Standard-Mail-Adresse weitergeleitet werden.

In vielen Fällen werden die Möglichkeiten der Generierung von Mail-Adressen bei einem Webhoster nicht ausgeschöpft. Aber auch, wenn die Anzahl der zur Verfügung stehenden Mail-Adressen beschränkt ist, funktioniert bei vielen Mail-Anbietern folgende Mailgestaltung: Fügen Sie Ihrer Standardadresse ein "+", gefolgt von weiteren Zahlen und/oder Buchstaben hinzu. Schon haben Sie eine neue Mailadresse, um einen Google-Login zu generieren. Sie können also die Standardadresse, wie zum Beispiel *guido.pelzer@meinedomain.de* um +1 in *guido.pelzer+1@meinedomain.de* erweitern, ohne dass sich die Zieladresse für die E-Mail ändert: *guido.pelzer+1@meinedomain.de* wird also an *guido.pelzer@meinedomain.de* weitergeleitet. Trotzdem kann die neue +1-Adresse als Login-Mail-Adresse für ein zusätzliches AdWords-Konto bzw. MCC genutzt werden.

Wir raten folgenden Nutzergruppen zur Anlage eines AdWords-Verwaltungskontos:

- Agenturen für Online-Marketing
- Große Unternehmen mit mehreren AdWords-Konten
- Online-Marketingexperten oder Consultants, die mehrere Kundenkonten verwalten

Abbildung 14.1 zeigt die einfache Beziehung zwischen einem MCC als übergeordnete Verwaltung und drei verschiedenen AdWords-Konten. In der Praxis wird ein Verwaltungskonto noch viel mehr AdWords-Konten beherbergen, es gibt hierfür übrigens keine Beschränkung. Der Administrator des Kundencenters kann von der Weboberfläche des Clientcenters alle Einstellungen, Änderungen und Berichterstellung in den einzelnen AdWords-Konten durchführen. Es ist jedoch auch im MCC möglich, verschiedene Rechte der Verwaltung bzw. einen reinen Lesestatus zu vergeben. Durch diese Rechtebeschränkung sind dann nur bestimmte Aktionen in den einzelnen Konten erlaubt. Was das MCC über die normale Kontenverwaltung hinaus noch anbietet, zeigen wir Ihnen in diesem Kapitel.

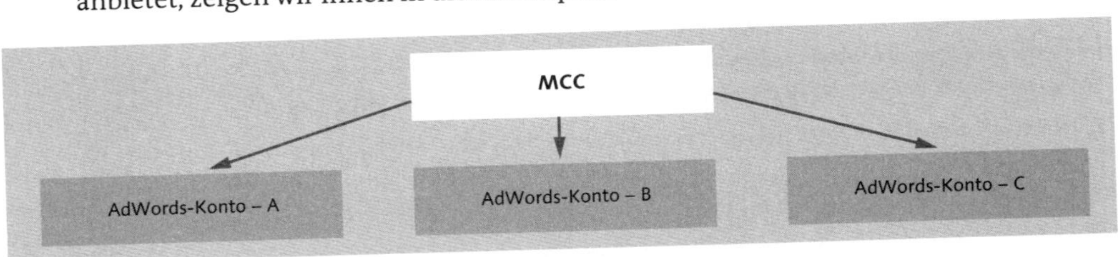

Abbildung 14.1 Struktur des MCC und der verbundenen AdWords-Konten

Neben der Standardstruktur, bei der über ein MCC mehrere AdWords-Konten verwaltet werden, gibt es auch die Möglichkeit, dass ein oder mehrere MCCs einem anderen MCC untergeordnet sind. Die untergeordneten Clientcenter verwalten dabei jeweils eigene AdWords-Konten, wobei das MCC an oberster Stelle den Zugriff auf alle

AdWords-Konten besitzt. Eine solche Struktur, die in Abbildung 14.2 als Beispiel dargestellt ist, wird in größeren Unternehmen oder Agenturen mit unterschiedlichen Abteilungen genutzt. Dabei können einzelne Abteilungen mehrere AdWords-Konten über ihr MCC verwalten, aber die untergeordneten MCCs können nicht gegenseitig ihre Kunden einsehen oder bearbeiten. Das übergeordnete Kundencenter dient dem Unternehmensverantwortlichen quasi als Kommandobrücke, da dieses Verwaltungskonto Zugriff auf alle untergeordneten MCCs und somit auch auf die jeweiligen AdWords-Kundenkonten erhält. Mit unterschiedlichen, untergeordneten Clientcentern kann man die Verantwortung für einzelne Konten auf bestimmte Gruppen übertragen. Diese Gruppen erhalten entsprechende Admin-Rechte nur für Ihre AdWords-Konten. Bei dieser Struktur ist sichergestellt, dass nicht jeder Mitarbeiter Einblick in alle Kundenkonten erhält.

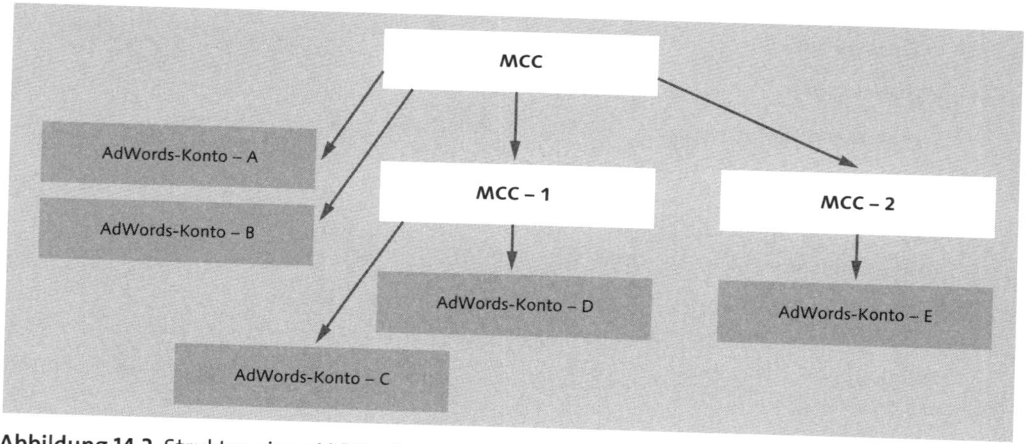

Abbildung 14.2 Struktur eines MCC mit untergeordneten MCCs und AdWords-Konten

Nachdem Sie sich in Ihr MCC-Konto eingeloggt haben, erkennen Sie, dass eine ähnliche Struktur wie in einem AdWords-Konto vorhanden ist. Es gibt jedoch nur zwei Register auf oberster Ebene:

1. Kundencenter
2. Berichterstellung für Kunden

Hinzu kommt noch das Zahnradsymbol in der rechten oberen Ecke, welches, wie bei einem Standard-AdWords-Konto, zur Bearbeitung grundlegender Konteneinstellungen dient. Falls Sie ein Kundencenter öffnen, welches bereits AdWords-Konten enthält, so erscheint im mittleren Sichtfenster ein Dashboard mit allen verbundenen AdWords-Konten sowie Kennzahlen zu den jeweiligen Konten. In einer schnellen Übersicht finden Sie Informationen zu Leistungsdaten, wie zum Beispiel Impressionen und Klicks, sowie den aufgelaufenen Kosten. Analog zu den Berichten im AdWords-Konto kann der Berichtszeitraum in der rechten oberen Ecke eingestellt werden. Über eine Dropdown-Liste ❷ im Kopfbereich neben dem Link zur Kundencenter-Startseite ❶ können Sie ein einzelnes AdWords-Konto aufrufen (siehe Abbildung 14.3). Als Alternative nutzen Sie einfach die Kontenübersicht im Dashboard. Ein Klick auf den Link mit dem jeweiligen Namen des AdWords-Kontos führt Sie auch in das entsprechende Konto. Dort verwalten Sie das Einzelkonto so, wie Sie es ohne MCC gewohnt sind. Eine Navigation mit den wichtigsten Funktionen im Kundencenter finden Sie auf der linken Seite in einem eigenen Navigationsbereich ❸. Die verschiedenen Navigationspunkte weisen zu den unterschiedlichen Tools des MCCs, die wir Ihnen in diesem Kapitel ausführlich vorstellen werden.

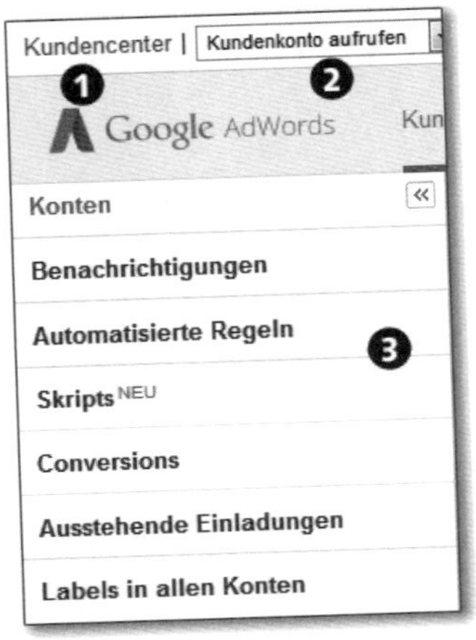

Abbildung 14.3 Navigation im MCC

Falls Sie gerade eine neues MCC angelegt haben und noch kein AdWords-Konto mit diesem Kundencenter verknüpft ist, so möchten Sie sicher wissen, wie Sie Ihr Verwaltungskonto mit den AdWords-Konten verbinden. Dazu sind grundsätzlich zwei Wege möglich. Zum einen können Sie direkt aus dem MCC ein neues AdWords-Konto anlegen, und zum anderen besteht auch die Möglichkeit, bereits bestehende AdWords-Konten mit dem MCC zu verknüpfen.

14.1 Ein neues Kundenkonto im MCC erstellen

Sie möchten als Agentur oder Consultant Ihren Kunden die Arbeit zur Erstellung eines AdWords-Kontos abnehmen? Oder möchten Sie als verantwortlicher Marketingleiter eines großen Unternehmens verschiedene AdWords-Konten zu unterschiedlichen Geschäftsbereichen erstellen? Neue AdWords-Konten können Sie ganz einfach aus dem Kundencenter heraus anlegen. Dazu benötigen Sie keinen zusätzlichen Google-Login und daher auch keine weitere E-Mail-Adresse. Falls Sie ein neues Konto für einen Kunden anlegen, sollten Sie jedoch bedenken, dass dieses Konto zunächst Ihnen gehört und der Kunde keinen eigenen Login dazu besitzt. Einem im Kundencenter erstellten AdWords-Konto ist nicht automatisch ein weiterer Nutzer zugewiesen. Möchten Sie das Konto später einmal aus dem MCC entfernen, um es Ihrem Kunden in alleiniger Verantwortung zu übergeben, so müssen Sie diesen zunächst als Nutzer mit Administratorzugriff in das Konto einladen. Dieser Admin kann dann Ihren Zugriff über das Verwaltungskonto entfernen und ist danach eigenständiger Administrator seines Kontos.

Um eine neues AdWords-Konto aus dem MCC heraus anzulegen, sollte auf der linken Seite der Menüpunkt KONTEN aktiviert sein. Klicken Sie dann zunächst auf den roten Button + KONTO ERSTELLEN (siehe Abbildung 14.4).

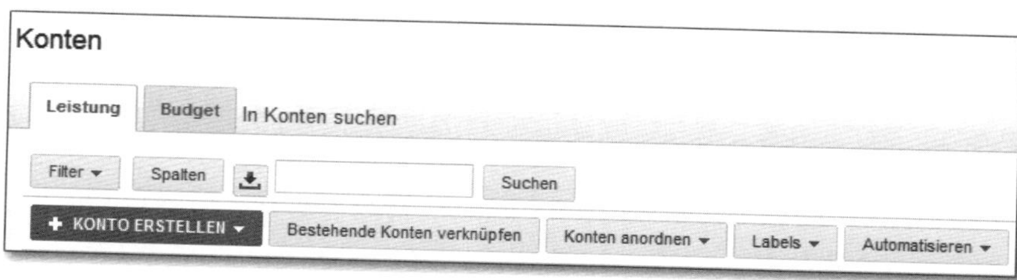

Abbildung 14.4 AdWords-Konto im MCC erstellen

Es öffnet sich ein Dropdown-Menü, in dem Sie zunächst auswählen müssen, ob Sie ein Standard-AdWords- oder ein AdWords Express-Konto für lokale Suchanfragen einrichten möchten (siehe Abbildung 14.5). Sie können über das MCC also auch AdWords Express-Werbung verwalten.

Abbildung 14.5 Kontoauswahl: Standard oder Express

Danach werden Sie von Google durch die verschiedenen Schritte des Einrichtungsprozesses geführt. Die Kontoeinrichtung entspricht grundsätzlich dem Standardprozess zur Erstellung eines neuen Kontos, wobei zunächst ein Name und dann das Land, die Zeitzone und die Währung für das neue Konto festgelegt werden (siehe Abbildung 14.6).

Als Agentur oder Consultant müssen Sie bei der Einrichtung des Kontos entscheiden, ob die Bezahlung über den Kunden (via Abbuchung oder Kreditkarte) abgerechnet wird oder ob Sie für das Werbebudget zunächst geradestehen und dies dann später mit Ihrem Kunden abrechen. Die Anlage eines neuen Kontos aus dem MCC heraus kann aus Agentursicht interessant sein, wenn man nach Beendigung der Kundenbeziehung im gleichen Thema mit einem anderen Kunden weiterarbeiten möchte. Die

Kampagnen inklusive Keywords und Optimierungsarbeiten sind dann schon vorbereitet. Aus Sicht des ehemaligen Kunden ist genau das aber ein entscheidendes Problem. Der Ex-Kunde müsste sich das Konto und die Kampagnen neu aufbauen. Grundsätzlich sollte die weitere Verwendung des Kontos direkt bei der Anlage besprochen werden, damit es später keine Unstimmigkeiten gibt.

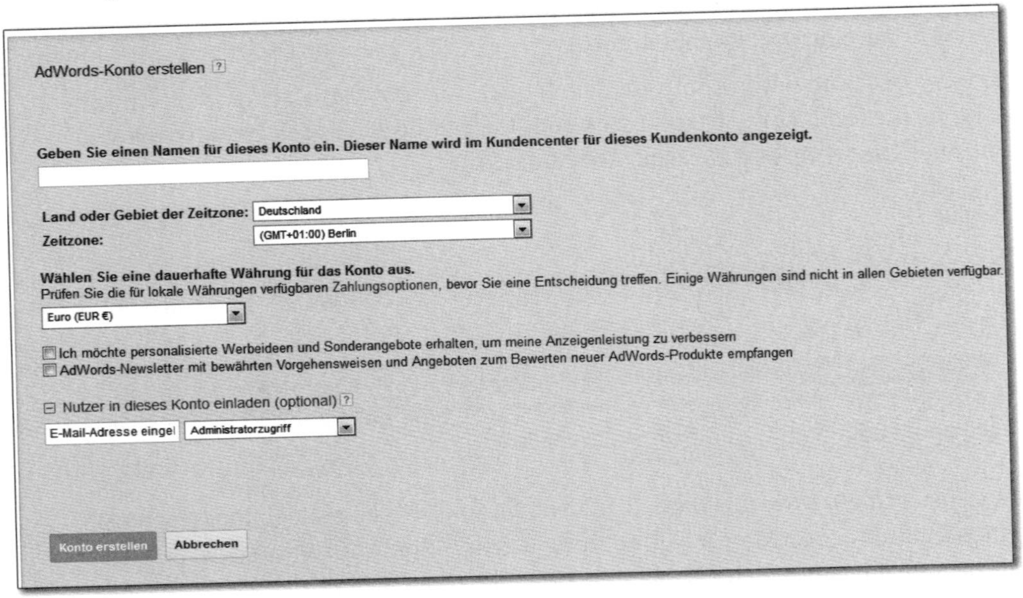

Abbildung 14.6 Einrichtung eines neuen Kontos via MCC

Für einen Endkunden ist es immer besser, zunächst ein eigenes AdWords-Konto anzulegen und dieses dann bei Bedarf mit einem MCC zu verknüpfen. Daher erläutern wir nun, wie eine Verknüpfung bestehender AdWords-Konten mit dem MCC funktioniert. Während übrigens früher nur jeweils ein Verwaltungskonto pro AdWords-Konto zugelassen war, können nun mehrere Verwaltungskonten auf ein einzelnes Konto zugreifen.

14.2 Bestehende Konten oder Kundencenter verknüpfen

Die zweite und oft genutzte Möglichkeit zur externen Verwaltung eines bestehenden AdWords-Kontos ist die Verknüpfung von MCC- und AdWords-Konto. Als Agentur oder Besitzer mehrerer Konten ist dies eine komfortable Möglichkeit, alle Konten unter einem Zugriff zu vereinen. Dabei erhält der Admin des Verwaltungskontos die volle Kontrolle über die AdWords-Kampagnen, trotzdem bleibt der Kontenbesitzer weiterhin der wichtigste Administrator. Denn er kann selber aus seinem AdWords-Konto heraus die Verwaltung wieder aufheben.

Die Verknüpfung funktioniert folgendermaßen: Sie befinden sich im Untermenü KONTEN. Klicken Sie nun auf den Button neben + KONTO ERSTELLEN. Der grau hinterlegte Button trägt die Bezeichnung BESTEHENDE KONTEN VERKNÜPFEN. In einem neuen Fenster (siehe Abbildung 14.7) erscheint ein Eingabefeld mit der Bezeichnung KUNDENKONTEN. Geben Sie hier eine oder eventuell mehrere Kundennummern (jeweils nur eine Nummer pro Zeile) der entsprechenden AdWords-Konten ein, die Sie verknüpfen möchten. Danach klicken Sie auf den Button WEITER.

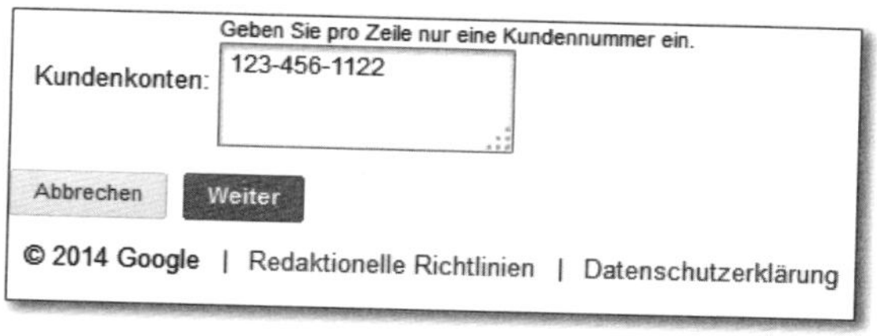

Abbildung 14.7 Kontoverknüpfung über AdWords-Kundennummer

Im nächsten Schritt (siehe Abbildung 14.8) geben Sie dann noch in das Feld NAME DES KUNDEN einen selbstgewählten, aussagekräftigen und unverwechselbaren Kundennamen zum AdWords-Konto ein. Dieser Name dient der Orientierung, damit Sie aus einer großen Kontenliste im MCC schnell auf das jeweilige Kundenkonto zugreifen können. Zum Abschluss des Verknüpfungsprozesses klicken Sie auf den Button KUNDENFREIGABE ANFORDERN.

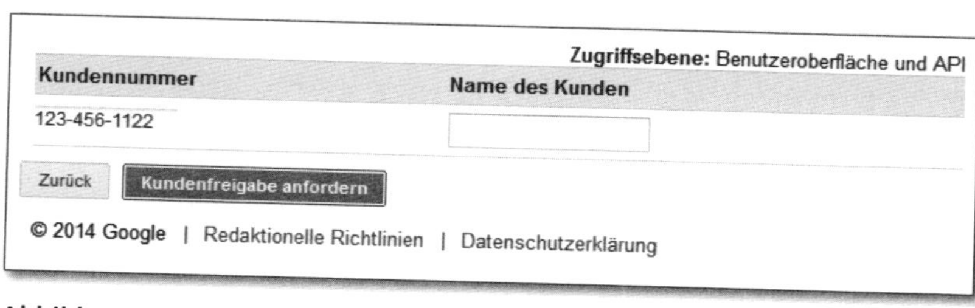

Abbildung 14.8 Kundenfreigabe zur Verknüpfung anfordern

Nachdem Sie diese ersten Schritte der Verknüpfung im Verwaltungskonto durchgeführt haben, ist nun der Besitzer des zur Verknüpfung angefragten Kontos am Zuge. Dieser muss in seinem AdWords-Konto unter EINSTELLUNGEN (Zahnradsymbol) • KONTOEINSTELLUNGEN • KONTOZUGRIFF beim Unterpunkt VERWALTUNGSKONTEN die Anfrage des Zugriffs auf sein AdWords-Konto durch das Verwaltungskonto bestätigen. An gleicher Stelle kann dann später bei Bedarf über den Button AKTIONEN der Zugriff beendet werden. Auf diese Weise bleibt der ursprüngliche Besitzer des AdWords-Kontos jederzeit Herr der Lage. Die Auflösung der Verknüpfung kann jedoch auch aus dem Verwaltungskonto heraus erfolgen. Dazu wählen Sie in der Dashboard-Ansicht per Checkbox-Klick ein oder mehrere Konten aus, die Sie aus

Ihrem Verwaltungskonto entfernen möchten. Danach klicken Sie auf den Button KONTEN ANORDNEN. (Die Aufhebung der verknüpften Konten vermutet man eigentlich nicht hinter dieser Bezeichnung.) Aus der Dropdown-Liste wählen Sie VERKNÜPFUNG VON KONTEN AUFHEBEN aus (siehe Abbildung 14.9). Es erscheint ein Popup-Fenster, in dem Sie die Aufhebung per Klick auf den Button OK bestätigen. Danach sind die entsprechenden Konten aus Ihrer Übersicht im MCC-Dashboard verschwunden.

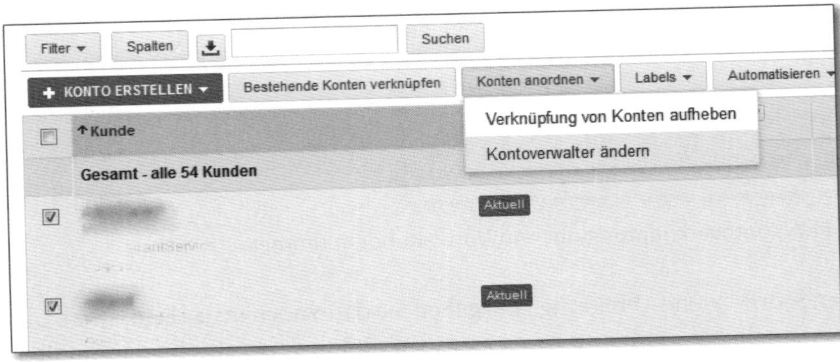

Abbildung 14.9 Verknüpfung aufheben

> **Ausstehende Einladungen**
>
> Falls Sie eine Verknüpfung durchgeführt haben und der Besitzer des AdWords-Kontos diese nicht bestätigt, so spricht man von einer ausstehenden Einladung. Wenn Sie nur ein Konto verknüpfen möchten, so erkennen Sie selber schnell in der Übersicht, ob dieses schon bestätigt und somit der Liste zugefügt wurde. Falls Sie jedoch mehrere Anfragen zu Kontoverknüpfungen gestellt haben, kann schnell der Überblick verloren gehen. Daher werden die ausstehenden Einladungen im Verwaltungskonto aufgelistet. Sie finden diese in der linken Navigation beim Unterpunkt AUSSTEHENDE EINLADUNGEN. Anhand der Liste können Sie bei Bedarf den Kontobesitzer, der Ihre Anfrage noch nicht bestätigt hat, entsprechend informieren, bzw. an die ausstehende Verknüpfung erinnern.

14.3 Budgets im Kundencenter

Die Standardansicht zeigt im Dashboard Ihres MCC die verknüpften Konten mit den entsprechenden Leistungen an. Den Umfang der angezeigten Informationen können Sie übrigens wie gewohnt über die Dropdown-Liste SPALTEN verändern. Benötigen Sie Informationen zu Budget- und Zahlungseinstellungen Ihrer verknüpften Konten, so wechseln Sie einfach in das Register BUDGET direkt neben dem Button LEISTUNGEN (siehe Abbildung 14.10).

Abbildung 14.10 Unterpunkt »Budget« im AdWords-Verwaltungskonto

In der Übersicht zum Budget (siehe Abbildung 14.11) finden Sie dann zum Beispiel Informationen zu den Zahlungseinstellungen, die beim jeweiligen AdWords-Konto hinterlegt sind. Wichtig ist vor allem der Blick auf die Budgetbeschränkungen und das aktuell zur Verfügung stehende Budget. Eine Budgetbeschränkung kann zum Beispiel vorliegen, wenn manuelle Vorauszahlungen geleistet werden und das Geld bereits für Klicks ausgegeben wurde.

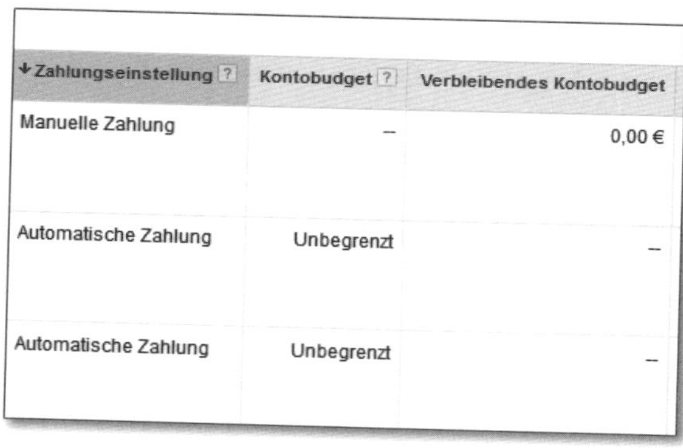

Zahlungseinstellung	Kontobudget	Verbleibendes Kontobudget
Manuelle Zahlung	–	0,00 €
Automatische Zahlung	Unbegrenzt	–
Automatische Zahlung	Unbegrenzt	–

Abbildung 14.11 Informationen zum Budget

Budgetmanager für Verwaltungskonten nutzen

Vielleicht haben Sie schon einmal im Zusammenhang mit AdWords den Begriff *Budgetmanager* gehört. Der AdWords-Budgetmanager ist nur für Nutzer eines Verwaltungskontos von Bedeutung. Mit dem Budgetmanager können Sie als Verwalter die Budgets für Ihre Kunden einstellen und kontrollieren. So können Sie zum Beispiel ein vom Kunden vorgegebenes Budget für eine Winterwerbeaktion für den Zeitraum vom 01. November bis zum 28. Februar im Verwaltungskonto auf 2.000 Euro pro Monat festsetzen. Sobald die Budgetgrenze erreicht wird, erfolgt ein automatischer Stopp der Werbekampagne(n). Das Budget gilt also pro Kunden für alle Kampagnen.

Durch dieses zusätzliche Tool können Sie auch bei Umstellungen und Budgetänderungen in einer oder mehreren Kampagnen nicht mehr Geld für die AdWords-Werbung ausgeben, als vorher für den Zeitraum mit dem Kunden vereinbart wurde. Das Start- und Enddatum für die Budgetvorgabe sind frei wählbar. Um die Verwaltung mehrerer AdWords-Konten zu vereinfachen, macht es jedoch Sinn, möglichst gleiche Zeiträume für alle oder möglichst viele Kunden zu nutzen.

Um den Budgetmanager in Ihrem Kundencenter zu nutzen, muss das MCC von Google für die Verwendung des Budgetmanagers freigegeben werden. Die Freigabe müssen Sie direkt bei Google erfragen. Sie können dazu z. B. das Formular unter folgender Adresse nutzen: *https://support.google.com/adwords/contact/po1*.

Für die Nutzung des Budgetmanagers wird zusätzlich eine Rahmenbudget-Vereinbarung mit Google abgeschlossen. Durch diese Rahmenbudget-Vereinbarung wird Ihnen für Ihr Kundencenter eine monatliche Rechnung von Google ausgestellt, die Sie dann z. B. per Überweisung bezahlen können. Diese Vereinbarung gilt jedoch nur für die verwalteten Konten, die mittels des Budgetmanagers gesteuert werden. Die verwalteten Konten müssen dafür dieselbe Währung verwenden und der gleichen Kundencenter-Kontohierarchie zugewiesen sein. Die Möglichkeit der Rechnungsstellung gibt es übrigens auch für einzelne Konten. Sie können diese Rechnungsstellung für ein einzelnes AdWords-Konto jedoch erst beantragen, wenn Sie bereits seit 12 Monaten AdWords-Kunde sind und in den letzen Monaten ein monatliches Budget von mindestens 5.000 Euro eingesetzt haben.

Nachdem das Verwaltungskonto auf den Budgetmanager von Google umgestellt wurde, können Sie den Budgetmanager für Ihr MCC aktivieren. Bei diesem Vorgang entscheiden Sie, welche verwalteten Konten auf den Budgetmanager umgestellt werden sollen. Später können Sie jederzeit weitere verwaltete Konten hinzufügen. Vor der Umstellung werden dann noch einmal alle aufgelaufenen Werbekosten nach der alten Zahlungsmethode abgerechnet, die zukünftigen Werbekosten werden danach in einer monatlich zusammengefassten Rechnung enthalten sein.

Wenn Sie sich in Ihrem Verwaltungskonto einen schnellen Überblick zu den Ausgaben in den verwalteten Konten verschaffen möchten, so funktioniert dies analog zu einem einzelnen AdWords-Konto über das Zahnradsymbol in der rechten oberen Ecke. Nach dem Klicken auf das Symbol wählen Sie den Unterpunkt ABRECHNUNGSÜBERSICHT aus. Hier finden Sie die Informationen und CSV-Dateien, in denen die monatlichen Ausgaben auf Kampagnenebene und weiteren Zahlungsinformationen zu den verwalteten Konten dargestellt werden.

14.4 Benachrichtigungen

In der linken Navigation finden Sie als zweiten Punkt nach KONTEN den Menüpunkt BENACHRICHTIGUNGEN. Nach Klick auf diesen Punkt erhalten Sie eine Tabelle (siehe Abbildung 14.12) mit wichtigen Nachrichten zu Ihrem Verwaltungskonto und zu einzelnen Kunden. Alle wichtigen Informationen zu Ihrem Konto sind somit an einer Stelle versammelt.

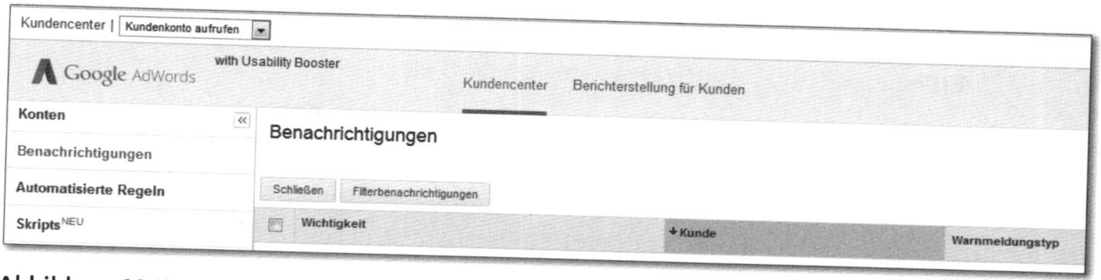

Abbildung 14.12 Benachrichtigungen im Verwaltungskonto

Damit Sie nicht in einer Benachrichtigungsflut versinken, können Sie natürlich bestimmen, welche Informationen Sie regelmäßig erhalten möchten. Navigieren Sie dazu wieder über das Zahnradsymbol rechts und wählen Sie als Unterpunkt KONTOEINSTELLUNGEN aus. Danach klicken Sie in der linken Navigation auf den Menüpunkt BENACHRICHTIGUNGSEINSTELLUNGEN (siehe Abbildung 14.13). Nun können Sie zum einen die Benachrichtigungen für Ihr Kundencenter ❶ einstellen. Zum anderen können Sie auch bestimmen, welche Informationen Sie für Ihre Kundenkonten ❷ erhalten möchten. Bitte beachten Sie, dass Sie nur Einstellungen vornehmen können, die sich dann auf alle Kundenkonten auswirken. Sie können hier also keine Nachrichten für ein einzelnes Konto verwalten. Neben der Standardauswahl JA/NEIN ❸ wird bei den Kundenbenachrichtigungen zwischen KEINE ANGABE/NUR KRITISCHE/ALLE unterschieden.

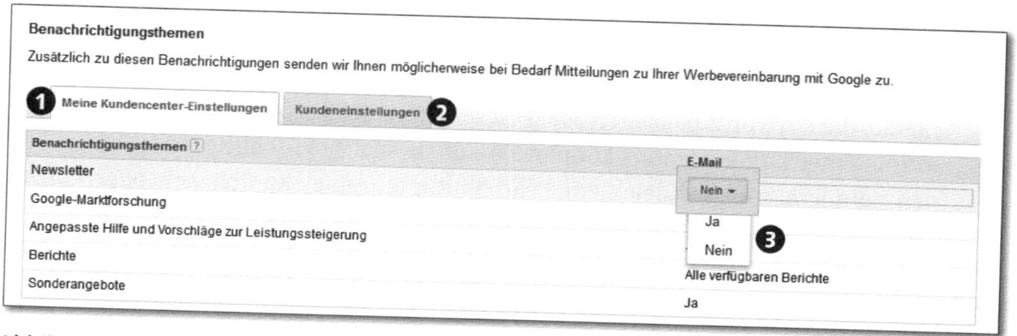

Abbildung 14.13 Benachrichtigungsthemen auswählen

14.5 Automatisieren – Zeit bei der Kundenverwaltung sparen

Viele Einstellungen und Berichte lassen sich im AdWords-Konto automatisieren. Eine ausführliche Beschreibung zu den Möglichkeiten der Automatisierung erhalten Sie in Kapitel 13, »Bearbeiten und Analysieren«, ab Abschnitt 13.3. Grundsätzlich sollten Sie jedoch wissen, dass Sie die Möglichkeiten, die Sie im einzelnen AdWords-Konto besitzen, auch übergeordnet im Verwaltungskonto nutzen können. Für die Automatisierung stehen bei AdWords grundsätzlich zwei Tools zur Verfügung:

1. Automatisierte Regeln
2. Skripte

Die beiden Wege sind jedoch gar nicht so verschieden, da die automatisierten Regeln auf Skripten basieren. Der Unterscheid besteht darin, dass automatisierte Regeln quasi Templates sind, die Sie ohne Programmierkenntnisse anpassen können. Sie müssen nur verschiedene Parameter eingeben. Mit Skripten können Sie hingegen noch viel weitreichendere automatisierte Steuerungen durchführen und Berichte erstellen lassen. Dabei sind Sie bei der Steuerung über Skripte viel flexibler. Der Nachteil von Skripten besteht jedoch darin, dass Programmierkenntnisse in JavaScript notwendig sind.

14.5.1 Automatisierte Regeln

Schauen wir uns zum besseren Verständnis ein Beispiel für eine automatisierte Regel auf der Ebene des Verwaltungskontos an. Nehmen wir an, dass Sie nicht jeden Tag Zeit haben, um alle Keywords zu kontrollieren. Sie möchten jedoch, dass diejenigen Keywords, die am Vortag im Durchschnitt unter eine bestimmte Anzeigenposition gefallen sind, zunächst einmal pausiert werden. Durch die Deaktivierung des Keywords verhindern Sie, dass ein Keyword mit einem schlechten Ranking niedrige Klickraten erzeugt, was sich dann auf die ganze Anzeigengruppe oder Kampagne auswirken kann. Die Ursache für das schlechte Ranking können Sie dann später in Ruhe analysieren.

Für dieses Beispiel können Sie über die automatisierten Regeln eine Kontrolle definieren, die Keywords pausiert, sobald diese unter eine festgelegte Position fallen. Als Admin eines Kundencenters können Sie nun diese Regel für alle oder mehrere Kunden definieren. Im Vergleich zur Bearbeitung einzelner Kampagnen oder Konten erleichtert dies Ihre Arbeit sehr. Die Anlage und Pflege einer kontoübergreifenden Regel nimmt erheblich weniger Zeit in Anspruch, als die Anlage einer solchen Regeln für jedes einzelne Konto.

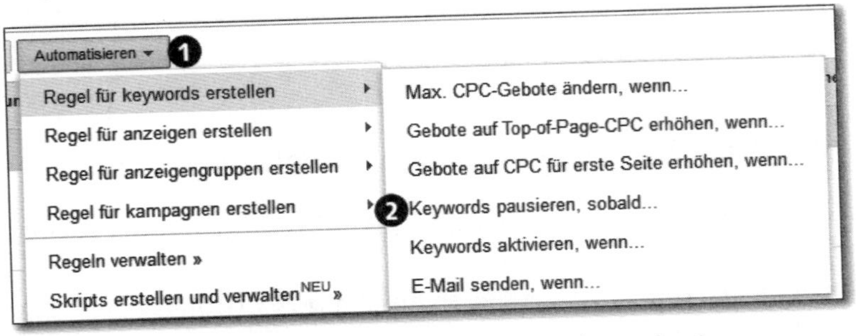

Abbildung 14.14 Automatisierte Regeln im Verwaltungskonto

Eine automatisierte Regel im MCC erstellen Sie, indem Sie zunächst in der Kontenübersicht oberhalb der Liste mit den AdWords-Konten auf den Dropdown-Button AUTOMATISIEREN ❶ klicken. Danach wählen Sie die gewünschte Aktion aus (siehe Abbildung 14.14), zum Beispiel KEYWORDS PAUSIEREN, SOBALD ... ❷.

Im nächsten Schritt wählen Sie per Klick auf den Link HINZUFÜGEN die AdWords-Konten (siehe Abbildung 14.15) aus, auf die Ihre neue Regel angewendet werden soll. Danach wird die Regel mit den Bedingungen, dem Kontrollzeitpunkt etc. definiert. Den genauen Ablauf haben wir in Abschnitt 13.4, »Tiefergehende Kontoanalyse«, beschrieben. Alle Regeln, die Sie im MCC erstellt haben, erreichen Sie per Klick auf den Unterpunkt AUTOMATISIERTE REGELN im linken Navigationsbereich. Dort können die Regeln bearbeitet, aktiviert, pausiert und entfernt werden.

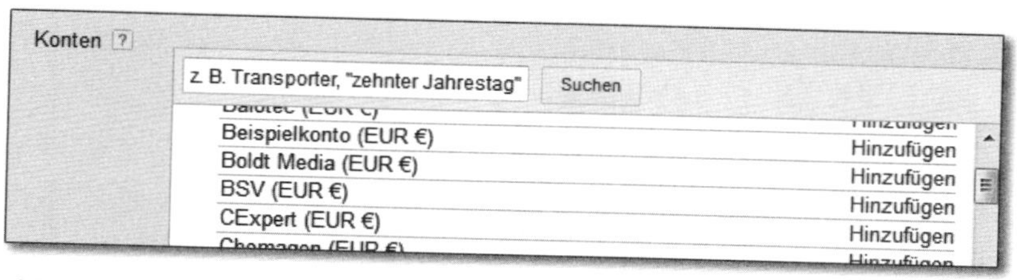

Abbildung 14.15 Auswahl der AdWords-Konten zur Anwendung einer Regel

14.5.2 Skripte

Die Skripte erstellen Sie direkt im Unterpunkt SKRIPTS, der ebenfalls in der linken Navigationsleiste im Verwaltungskonto zu finden ist. Klicken Sie zunächst auf diesen Unterpunkt. Wie bereits erwähnt, benötigen Sie zur einwandfreien Erstellung eines funktionierenden Skripts Programmierkenntnisse in JavaScript. Google AdWords hilft jedoch auch hier, indem Beispiele zur Verfügung gestellt werden. Diese Beispiele können mit ein wenig Verständnis von Programmiersprachen für die eigenen Zwecke angepasst und genutzt werden. Klicken Sie zunächst auf den roten Button + SKRIPT und wählen Sie dann im nächsten Bildschirm den Button BEISPIELE ANSEHEN aus. Sie erhalten eine Auflistung, die nach Themen unterteilt ist. Dort gibt es auch eine Gruppe mit der Bezeichnung KUNDENCENTER-SKRIPTS. Um diese Skripte im Kundencenter einmal live zu testen, klicken Sie einfach auf diese Gruppe KUNDENCENTER-SKRIPTS und danach dann auf ALLE KONTEN ABRUFEN. Sobald Sie ein Skript ausgewählt oder selber erstellt haben, erscheint ein Hinweis auf die Autorisierung des Skripts. Diesen Hinweis müssen Sie mit JETZT AUTORISIEREN und im nächsten Schritt mit ACCEPT (Akzeptieren) positiv bestätigen. Ansonsten kann das Skript nicht ausgeführt werden. Für weitere Erklärungen zur Erstellung von Skripten möchten wir wieder auf Abschnitt 13.3, »AdWords arbeiten lassen – automatisierte Regeln«, verweisen.

Jetzt sehen wir uns einmal unser Beispielskript an. Wir haben dazu die Kontenabfrage ausgewählt (siehe Abbildung 14.16). Nach der Auswahl erhält das Beispiel-Skript zunächst einen eigenen Namen ❶. Danach können Sie das Skript speichern ❷ oder die Funktionsweise über die Vorschaufunktion ❸ testen. Über einen blauen Button am Ende des Skripts können Sie letztlich die Ausführung starten. Bei unserem Beispiel müssen keine Anpassungen durchgeführt werden, so dass das Skript direkt gestartet werden kann. Das Skript ist eine einfach Abfrage, die alle vorhandenen AdWords-Konten im MCC auflistet. Dabei werden die AdWords-Kundennummer (`CustomerID`) ❹, die Standard-Login-Mail-Adresse (`loginEmail`) ❺, der Name des AdWords-Kontos (`accountName`) ❻ sowie die Zeitzone (`getTimeZone`) ❼ und die Kontowährung (`getCurrencyCode`) ❽ aufgeführt.

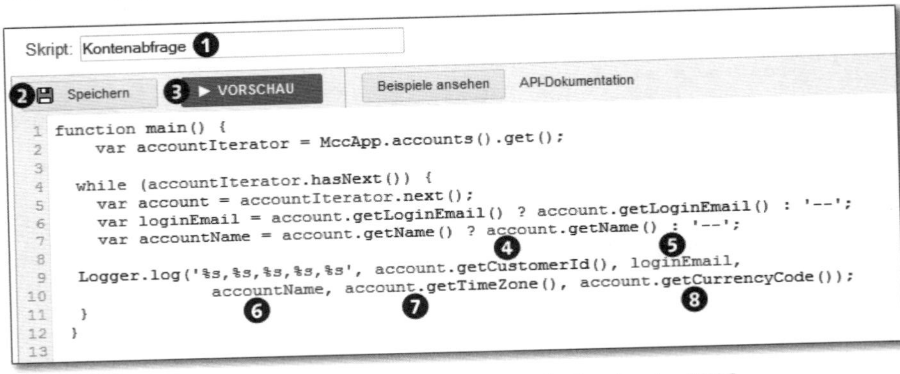

Abbildung 14.16 Beispielskript zur Abfrage der Kundenkonten im MCC

Das Ergebnis der Abfrage, die Sie im Protokoll finden, sehen Sie in Abbildung 14.17.

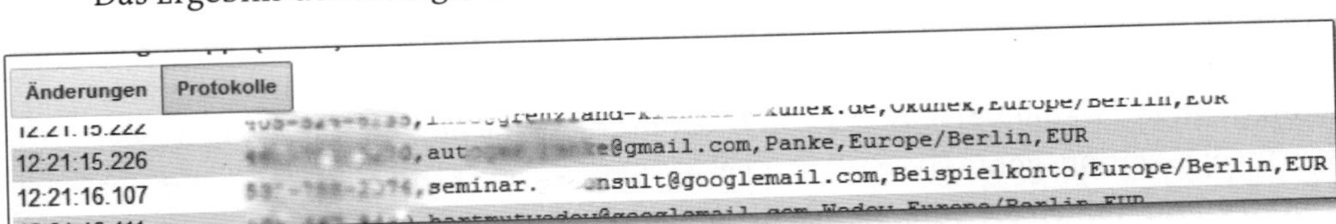

Abbildung 14.17 Auszug aus dem Ergebnisprotokoll der Kontenabfrage

Unter dem Menüpunkt Skripts können Sie nicht nur neue Skripte erstellen, Sie finden dort auch eine Liste mit den erstellten Skripten, die Sie bearbeiten, aktivieren oder entfernen können. Zusätzlich kann zu jedem Skript ein Zeitplan erstellt werden. Unter der Liste mit den Skripten finden Sie die Ausführungsprotokolle. Zu jedem Skript ist dort aufgelistet, wann es ausgeführt wurde und ob Änderungen durchgeführt wurden. Falls ein Skript einen Bericht erstellt (wie in unserem Beispiel), finden Sie einen Link mit der Bezeichnung »Protokolle«. Dort können Sie den Bericht zum Skript einsehen.

Unser Beispiel zur Kontoabfrage ist nicht sehr spektakulär. Wir erhalten mit diesem Skript nur eine Liste von AdWords-Konten, die mit dem MCC verknüpft sind, sowie die wichtigsten Stammdaten zu den Konten. Mit ein paar zusätzlichen Zeilen Code kann man jedoch ein Skript generieren, welches schon etwas mehr Informationen zusammenträgt. Das folgende Beispiel-Skript setzt auf die Kontoabfrage auf und enthält noch folgende interessante Ergänzungen:

Nach der Auflistung der Grunddaten

```
account.getCustomerId(), loginEmail,
                accountName, account.getTimeZone(), account.getCurrencyCode()
```

wird für jedes Konto die Anzahl der Kampagnen ermittelt:

```
campaignIterator.totalNumEntities()
```

Zusätzlich wird jeder Kampagnenname aufgeführt:

```
campaign.getName()
```

Es folgen alle Zielregionen (Länder bis hin zu Städten)

```
campaign.targeting().targetedLocations().get(),
```

sowie der Ländercode, welcher der Zielregion zugeordnet ist:

```
targetedLocation.getCountryCode()
```

Hier nun das veränderte Beispiel-Skript:

```
function main() {
    var accountIterator = MccApp.accounts().get();
  while (accountIterator.hasNext()) {
    var account = accountIterator.next();
    var loginEmail = account.getLoginEmail()
? account.getLoginEmail() : '--';
    var accountName = account.getName()
 ? account.getName() : '--';
 Logger.log('%s,%s,%s,%s,%s', account.getCustomerId(),
loginEmail, accountName, account.getTimeZone(), account.getCurrencyCode());
  MccApp.select(account);
  var campaignIterator = AdWordsApp.campaigns().get();
  Logger.log('Total campaigns found : ' +
      campaignIterator.totalNumEntities() + '     ###########');
  while (campaignIterator.hasNext()) {
    var campaign = campaignIterator.next();
    Logger.log(campaign.getName());
var locationIterator = campaign.targeting().targetedLocations().get();
   while (locationIterator.hasNext()) {
     var targetedLocation = locationIterator.next();
     Logger.log('Location name: ' +
         targetedLocation.getName() + ', country code: ' +
         targetedLocation.getCountryCode());
```

```
        }
      }
    }
  }
```

Listing 14.1 Beispiel-Skript zur Abfrage von Konten im MCC

14.6 Conversions

Analog zu den Skripten bietet Google mit der Funktion »Conversions« ein Tool an, welches auch für jedes einzelne AdWords-Konto zur Verfügung steht. Weitere Informationen zu Conversions und dem Conversion-Tracking finden Sie sowohl in Kapitel 2, »Google-AdWords-Vorbereitung«, ab Abschnitt 2.7.3, als auch in Abschnitt 10.2, »Conversion-Tracking in AdWords einrichten«. Conversions sind die wichtigen Ziele, die mit der AdWords-Werbung erreicht werden sollen. Diese Ziele sollten stets in jedem AdWords-Konto hinterlegt sein, um den Erfolg einer Werbekampagne messen und kontrollieren zu können. Der Menüpunkt »Conversions« im Verwaltungskonto bietet nun die Möglichkeit, eine Conversion anzulegen, die dann für mehrere oder sogar für alle Kundenkonten genutzt werden kann.

Falls Sie zum Beispiel mehrere Webshops in ihrem Verwaltungskonto betreuen, so können Sie eine Conversion zum Ziel »Einkauf abgeschlossen« anlegen. Der Conversion-Code müsste dann bei allen Webshop-Kunden aus dem Verwaltungscenter auf der entsprechenden Webseite zum Verkaufsabschluss implementiert werden. So könnten Sie mit einem Code-Snippet für alle Webshop-Kunden im Verwaltungskonto kontrollieren, ob und wie oft das wichtigste Ziel erreicht wurde. Dieser Conversion-Code für mehrere Kunden kann auf den Kundenwebseiten zusätzlich zum vorhandenen Conversion-Code eingebaut werden.

Die Anlage des Conversion-Codes auf Verwaltungsebene startet mit einem Klick auf + CONVERSION und funktioniert genauso, wie dies für ein einzelnes AdWords-Konto vonstattengeht.

Abbildung 14.18 Conversions auf MCC-Ebene

Falls Sie ein kontoübergreifendes Tracking nutzen, müssen Sie Ihrem Verwaltungskonto jedoch noch mitteilen, welcher Conversion-Code für Sie interessant ist: der individuelle oder der kontenübergreifende Conversion-Code. Rufen Sie dazu unter CONVERSIONS den Tab KONTEN VERWALTEN auf und bestimmen Sie dort die jeweiligen Konten, bei denen das kontoübergreifende Conversion-Tracking anstelle der kontospezifischen Conversion genutzt werden soll.

Zum Menüpunkt »Conversions« gehören noch zwei untergeordnete Menüpunkte, und zwar:

- Alle Conversions
- Suchtrichter

Unter ALLE CONVERSIONS finden Sie eine Auflistung der eingestellten Conversions für das Verwaltungskonto.

Im Unterpunkt SUCHTRICHTER geht es darum, Conversions zu analysieren, die mindestens zwei Besuche (= Klicks) benötigt haben. Über die Suchtrichter finden Sie heraus, welchen Weg der Kunde über verschiedene Keywords, Kampagnen, Anzeigengruppen etc. genommen hat. Dahinter steht letztlich die Idee, dass nicht nur der letzte Klick wichtig ist, sondern die komplette »Customer Journey«, die zum Kundenkontakt führt. Im normalen Conversion-Tracking wird jedoch nur der letzte Klick als Conversion aufgezeichnet. Beim Unterpunkt SUCHTRICHTER des Verwaltungskontos können Sie die Conversion-Pfade kontoübergreifenden Conversion-Trackings analysieren.

14.7 Mit Labels arbeiten

Labels dienen zur Gruppierung verschiedener Elemente, wie zum Beispiel Kampagnen, Anzeigengruppen, Keywords etc. Labels sind vor allem dann hilfreich, wenn Elemente wie z. B. Keywords, die über unterschiedliche Kampagnen verstreut sind, gemeinsam analysiert werden sollen. Die Anlage und die Funktionsweise von Labels werden in Abschnitt 13.2, »Nutzen Sie Labels«, gesondert besprochen.

Auf Ebene des Verwaltungskontos dienen die Labels zur Gruppierung und Kennzeichnung verschiedener Kundengruppen. Sie können für einzelne Kundenkonten ein oder auch mehrere Labels vergeben. Diese Labels werden dann zur Filterung in der Kontenübersicht genutzt. Sie könnten zum Beispiel alle Ihre Kunden mit Webshops labeln und diese dann herausfiltern. So erhalten Sie schneller einen Überblick zu einer speziellen Kundengruppe, vor allem wenn Sie eine große Anzahl von AdWords-Konten betreuen. Außerdem können Sie die Kundenkonten zu einem gemeinsamen Thema analysieren. Um eine Idee zum Nutzen von Labels zu erhalten, haben wir hier vier Beispielvorschläge zur Kennzeichnung verschiedener Gruppen zusammengestellt.

1. Art der Kundenwebseite:
   - Webshop
   - Seminaranbieter
   - Freiberufler
2. Kontenverwaltung:
   - Aktuell
   - Archiv (Keine Verwaltung)
3. Kontokontrolle:
   - Tägliche Kontrolle
   - Wöchentliche Kontrolle
   - Monatliche Kontrolle
4. Anstehende Kundenberichte für bestimmte Kunden:
   - Suchbegriffe
   - Conversions
   - Kosten

Um ein Kundenkonto mit einem Label zu versehen, markieren Sie das oder die ausgesuchten Konten in der Übersicht durch Aktivierung der vorangestellten Checkbox. Danach klicken Sie auf den Dropdown-Button LABELS ❶ (siehe Abbildung 14.19). Falls bereits Labels vorhanden sind, können Sie diese hier auswählen ❷. Um ein neues Label zu vergeben, klicken Sie auf NEUES LABEL ERSTELLEN ❹. Über den Link LABELS VERWALTEN ❸ gelangen Sie in die entsprechende Übersicht.

Abbildung 14.19 Labels für Kundenkonten vergeben oder erstellen

Auch hier gibt es die Möglichkeit, neue Labels zu erstellen. Zusätzlich können Sie bestehende Labels wieder entfernen (siehe Abbildung 14.20).

Nachdem Sie Labels erstellt haben, können Sie diese einfach über die Filterfunktion nutzen, um die gewünschten Kundengruppen als Liste zusammenzustellen. Klicken Sie dazu auf den Button FILTER und wählen Sie dann die gewünschte Kundengruppe anhand der Labels aus der Dropdown-Liste aus (siehe Abbildung 14.21). Die Auswahl der Labels wirkt wie entsprechende Filter auf die Kundenkonten.

Abbildung 14.20 Labels für Kundenkonten verwalten

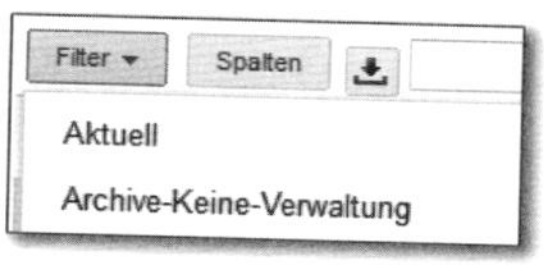

Abbildung 14.21 Kundenkonten mit Labels filtern

Es gibt noch eine zweite, einfachere Möglichkeit, die Kundenkonten nach bestimmten Label-Gruppierungen zu filtern. Die angelegten Labels finden Sie auch in der linken Navigationsliste unterhalb des Menüpunktes LABELS IN ALLEN KONTEN (siehe ABBILDUNG 14.22). Ein Klick auf die Bezeichnung der Labels löst direkt den gewünschten Filter aus und es werden nur noch die entsprechend zugeordneten Konten angezeigt. Möchten Sie wieder alle Konten in Ihrem Dashboard sehen, so klicken Sie einfach auf den ersten Menüpunkt KONTEN.

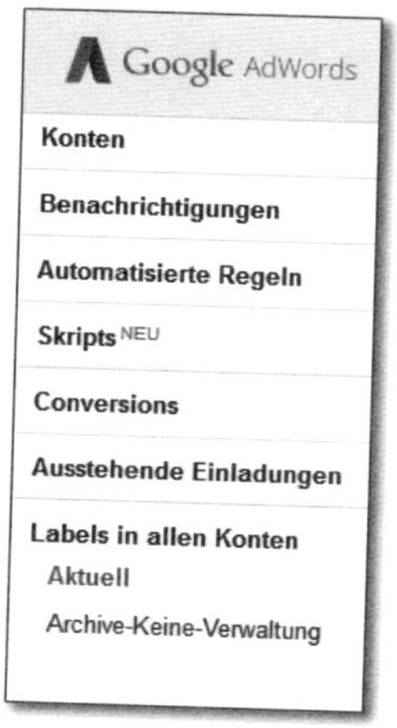

Abbildung 14.22 Menüpunkt »Labels« mit bestehenden Labels in der Navigation

14.8 Berichte im Kundencenter

Über das Hauptregister BERICHTERSTELLUNG FÜR KUNDEN im Headerbereich des Kundencenters gelangen Sie in Ihrem Verwaltungskonto auf die Unterseite zur Erstellung und Verwaltung von Kundenberichten (siehe Abbildung 14.23).

Abbildung 14.23 Berichterstellung im Verwaltungskonto

Zunächst können Sie hier neue Berichte für Ihre Kunden erstellen. Dazu klicken Sie auf den Button + BERICHT ERSTELLEN (siehe Abbildung 14.24).

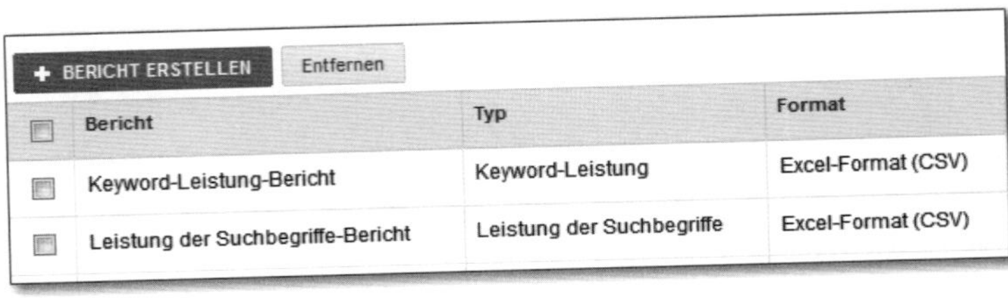

Abbildung 14.24 Neuen Kundenbericht erstellen

Nach dem Klick stellen Sie im nächsten Fenster den gewünschten Bericht zusammen. Für Ihren neuen Bericht können Sie folgende Parameter festlegen (siehe Abbildung 14.25):

- Art des Berichts ❶: Hier haben Sie eine große Auswahl unterschiedlicher Leistungsdaten, um den Inhalt des Berichts festzulegen.
- Name des Berichts ❷: Der Name sollte wie immer so gewählt werden, dass er später einfach thematisch dem Bericht zuzuordnen ist.
- Berichtsformat ❸: Von CSV- über XML- bis zum PDF-Format sind alle gängigen Formate auswählbar.
- Zeitraum ❹: Verschiedene Zeiträume inklusive Vergleichszeitraum können gewählt werden.
- Segmente ❺: Wie bei allen Berichten, können auch hier zusätzliche Gruppierungen der Berichtsdaten festgelegt werden. Eine Gruppierung kann z. B. die Aufteilung der Leistungsdaten nach unterschiedlichen Endgeräten (Desktop/Tablet/Smartphone) sein.
- Konten ❻: Da die Berichte kontenübergreifend erstellt werden, können hier die Kundenkonten ausgewählt werden, auf die sich der Bericht beziehen soll.

- Kampagnen ❼: Neben dem kompletten Kundenkonto können auch nur bestimmte Kampagnen aus den verschiedenen Konten festgelegt werden.
- Labels ❽: Wurden Konten vorher mit Labels gekennzeichnet, so kann die Auswahl auch über Labels getroffen werden.
- Spalten ❾: Neben den Standardspalten können die Berichte per Spaltenauswahl individuell gestaltet werden.

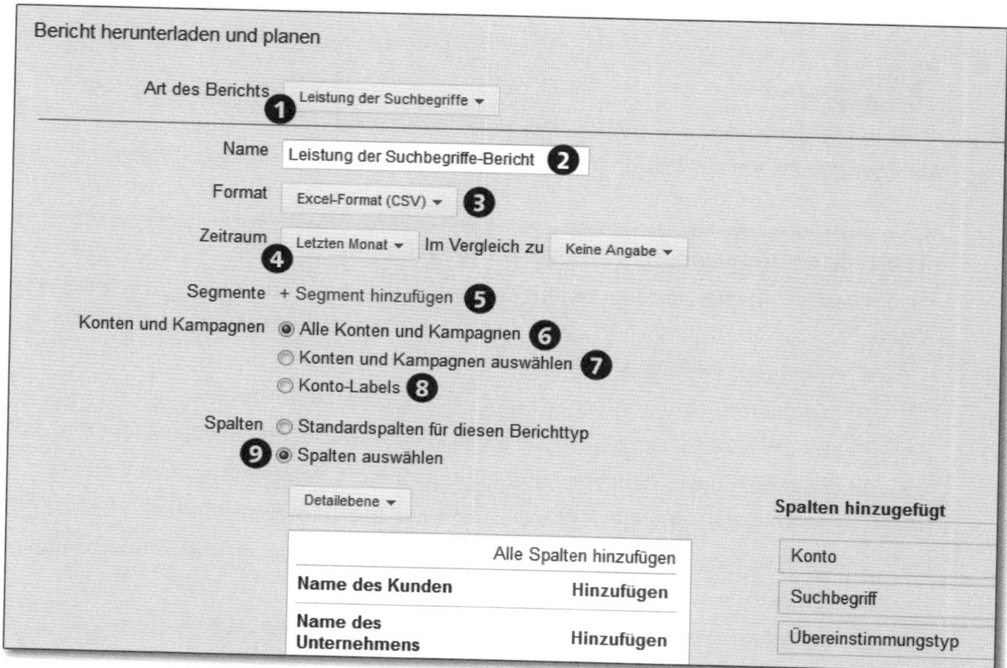

Abbildung 14.25 Anlage eines Kundenberichts mit Auswahl der gewünschten Konten und Kampagnen

Nachdem Sie den Bericht zusammengestellt haben, müssen Sie nur noch festlegen, ob und an wen der Bericht per E-Mail ❶ versandt werden soll (siehe Abbildung 14.26). Zusätzlich bestimmen Sie, wann und wie oft ❷ der Bericht regelmäßig erstellt werden soll. Danach können Sie die Einstellungen durch Klick auf den Button ERSTELLEN ❸ bestätigen.

Unterhalb des Buttons zur Erstellung eines neuen Berichtes finden Sie eine Liste, die alle erstellten Berichte mit den wichtigsten Informationen auflistet. In jeder Zeile sehen Sie am rechten Ende so genannte Aktionen in Form von Links (AUSFÜHREN/BEARBEITEN/ÄHNLICHEN ERSTELLEN). Über diese Links können Sie die Berichte ausführen, vorhandene Berichte bearbeiten oder einen neuen Bericht erstellen, der einen vorhandenen Bericht als Template nutzt.

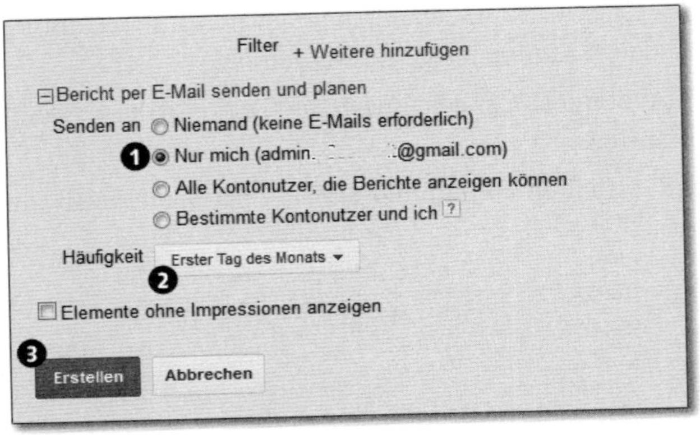

Abbildung 14.26 Versandoption und Häufigkeit der Berichtserstellung festlegen

Vorteile der Verwendung eines Verwaltungskontos

Google-AdWords-Verwaltungskonten sind nicht für jeden AdWords-Nutzer interessant. Falls Sie als AdWords-Manager jedoch mehrere Konten betreuen, ist ein MCC für Sie unbedingt zu empfehlen, da Sie ...

- ... mit einem Login auf alle Ihre AdWords-Konten zugreifen können,
- ... neue AdWords-Konten einfach über das Verwaltungskonto anlegen können,
- ... über ein Dashboard Berichte einsehen und zu Ihren Konten navigieren können,
- ... die Budgets der verwalteten Konten auf einen Blick einsehen können,
- ... die Leistung aller Konten über eine gemeinsame Conversion steuern und einfacher vergleichen können,
- ... Berichte für mehrere Konten in einem Arbeitsschritt erstellen können,
- ... über ein gemeinsames Skript oder automatisierte Regeln mehrere Konten auswerten und/oder steuern können.

In diesem Kapitel haben wir Ihnen das Verwaltungskonto, das Kundencenter oder kurz MCC (für My Client Center) vorgestellt. Dies ist ein wichtiges Tool für alle AdWords-Kampagnenmanager, die mehr als ein AdWords-Konto betreuen. Wir haben Ihnen gezeigt, wie Sie aus dem MCC heraus ein neues AdWords-Konto anlegen oder ein bestehendes Konto einfach verknüpfen können. Sie haben Tools kennengelernt, wie z. B. das Conversion-Tracking, die es auch für die Standard-AdWords-Konten gibt. Diese Tools sind jedoch im übergeordneten Verwaltungskonto besonders interessant, da mit einem Schritt viele Konten gleichzeitig bearbeitet und analysiert werden können. Diese Vorgehensweise spart Zeit, reduziert den Verwaltungsaufwand und erleichtert somit das Leben eines AdWords-Administrators.

Kapitel 15
Die größten AdWords-Fehler

Aus Fehlern lernt man – lautet die Devise, doch das kann bei AdWords richtig teuer werden. Daher sollten Fehler schnellstmöglich erkannt und behoben werden. Am besten ist es jedoch, wenn man von anderen lernen kann und die größten Fehler direkt von Anfang an vermeidet. Dafür haben ja schon andere AdWords-Nutzer bezahlen müssen.

Auch bei AdWords lernen wir aus den eigenen Erfahrungen und mitunter aus unseren Fehlern. Wir möchten Sie in diesem Kapitel auf einige Fehler aufmerksam machen, so dass Sie vielleicht aus unseren Erfahrungen lernen und die Fehler von vornherein vermeiden können. So sparen Sie Zeit und Geld. Wenn Sie Ihre Kampagnen schon gestartet haben, ist es trotzdem noch nicht zu spät. Prüfen Sie Ihr Konto im Detail und korrigieren Sie Ihre Fehler frühzeitig.

15.1 Falsche Keyword-Vorgaben – Ego-Keywords

Wir haben den Begriff Ego-Keywords aus dem Englischen übernommen und bezeichnen damit sehr allgemeine Keywords, die bei Unternehmern häufig sehr beliebt sind, aber dabei sehr kostspielig und wenig zielführend. Selbstverständlich möchte eine Bank gerne bei der Suchanfrage »Kredit« auf Position eins erscheinen und ein Anwalt für den Begriff »Recht«. Eine Versicherung verspricht sich großen Erfolg bei der Buchung des Keywords »Versicherung« und ein Autohändler, wenn er bei einer Anfrage des Begriffs »Kleinwagen« weit oben steht.

Auf den ersten Blick scheint all das verständlich, schauen Sie jedoch genauer hin. Generische Begriffe wie die oben genannten werden oft gesucht und meistens ist der Wettbewerbsdruck sehr groß. Deshalb kommt es zu überteuerten Klickpreisen und ein Klick kann Sie schnell einmal an die 10 Euro oder mehr kosten wie Abbildung 15.1 zeigt.

Außerdem handelt es sich bei Ego-Keywords um sehr unspezifische Anfragen, aus denen sich noch nicht wirklich ergibt, worauf genau der Nutzer hinaus möchte. Vielleicht benötigt er einen Anwalt für Familienrecht, ein Gebiet, welches Sie in Ihrer Kanzlei gar nicht abdecken. Der Nutzer stellt das aber erst nach dem Klick auf Ihrer Website fest. Er verlässt Ihre Seite wieder und Sie zahlen dafür einen hohen Preis.

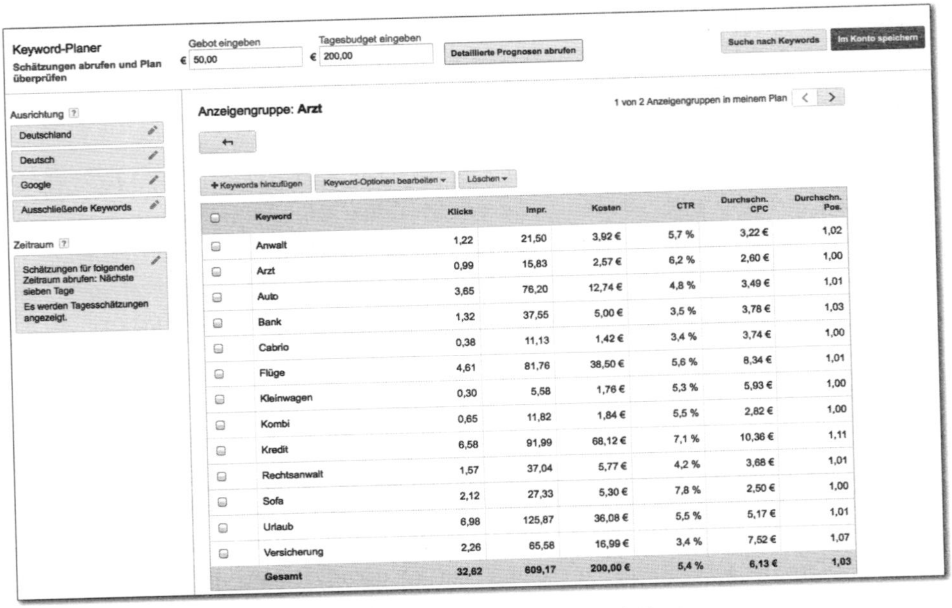

Keyword	Klicks	Impr.	Kosten	CTR	Durchschn. CPC	Durchschn. Pos.
Anwalt	1,22	21,50	3,92 €	5,7 %	3,22 €	1,02
Arzt	0,99	15,83	2,57 €	6,2 %	2,60 €	1,00
Auto	3,65	76,20	12,74 €	4,8 %	3,49 €	1,01
Bank	1,32	37,55	5,00 €	3,5 %	3,78 €	1,03
Cabrio	0,38	11,13	1,42 €	3,4 %	3,74 €	1,00
Flüge	4,61	81,76	38,50 €	5,6 %	8,34 €	1,01
Kleinwagen	0,30	5,58	1,76 €	5,3 %	5,93 €	1,00
Kombi	0,65	11,82	1,84 €	5,5 %	2,82 €	1,00
Kredit	6,58	91,99	68,12 €	7,1 %	10,36 €	1,11
Rechtsanwalt	1,57	37,04	5,77 €	4,2 %	3,68 €	1,01
Sofa	2,12	27,33	5,30 €	7,8 %	2,50 €	1,00
Urlaub	6,98	125,87	36,08 €	5,5 %	5,17 €	1,01
Versicherung	2,26	65,58	16,99 €	3,4 %	7,52 €	1,07
Gesamt	32,62	609,17	200,00 €	5,4 %	6,13 €	1,03

Abbildung 15.1 Schätzungen für Ego-Keywords im Keyword-Planer

Ego-Keywords fressen also einen großen Teil Ihres Budgets und führen häufig nicht zur gewünschten Conversion. Vielmehr versuchen viele Werbetreibende mit der Bewerbung solcher Keywords, ihre Marke für vermeintlich wichtige Branchenbegriffe zu stärken. Diese Branding-Maßnahmen sind aber vor allem eine Budgetfrage und nicht immer sinnvoll. Hier ist eine Branding-Kampagne im Displaynetzwerk empfehlenswerter.

Tipp – Vermeiden Sie teure Ego-Keywords

Besonders wenn Ihnen nur ein begrenztes Werbebudget zur Verfügung steht, sollten Sie auf Ego-Keywords verzichten. Nutzen Sie diese Begriffe als Ausgangsbasis für Ihre Keyword-Recherche und setzen Sie auf konkretere Keywords, die zu Ihrem Angebot passen. So sprechen Sie diejenigen Nutzer an, die Sie auch zu Ihren Kunden machen können.

Wenn Sie die Anweisung bekommen, bestimmte Ego-Keywords zu schalten, machen Sie Ihren Vorgesetzten deutlich, welche Konsequenzen dies nach sich zieht. Legen Sie am besten eine separate Kampagne für die generischen Keywords an, so dass sie den effizienten Keywords nicht das Budget wegfressen. Außerdem sollten Sie die Reichweite der Ego-Keywords möglichst durch die Keyword-Optionen WEITGEHEND PASSEND und [GENAU PASSEND] einschränken.

15.2 Werbeausrichtung ist zu allgemein

Quantität ist nicht gleich Qualität. Es ist nicht förderlich, zu jeder Zeit, an jedem Ort, für jeden Begriff, der vielleicht nur am Rande etwas mit Ihrem Angebot zu tun hat, mit Anzeigen präsent zu sein. Die Ausrichtung Ihrer Anzeigen ist also ein wichtiger Faktor, den viele Werbetreibende vernachlässigen und dadurch Geld verschwenden.

15.2.1 Zu allgemeine Keywords

Ego-Keywords haben wir ja bereits im vorigen Kapitel kennengelernt, aber es gibt noch weitere Abstufungen von allgemeinen Keywords, die nicht den gewünschten Effekt wie Abverkauf oder Kontaktaufnahme bewirken. Vielmehr verursachen sie hohe Kosten für viele Klicks, die keine Relevanz haben. Daher setzen Sie besser auf Longtail-Keywords und bieten auf Nutzer, die speziellere Suchanfragen eingeben.

Außerdem sollten Sie nicht vergessen, die Keywords in den Keyword-Optionen »PASSENDE WORTGRUPPE« und [GENAU PASSEND] einzubuchen. So behalten Sie die Kontrolle, zu welchen Suchanfragen Ihre Anzeigen ausgespielt werden und reduzieren Streuverluste. Buchen Sie Ihre Keywords immer in der Option WEITGEHEND PASSEND, erreichen Sie zwar eine hohe Anzahl von Usern. Die Klickrate bleibt aber vermutlich gering und Sie zahlen für viele Klicks, die nicht relevant sind.

Wichtig ist es, besonders bei der Nutzung der Optionen WEITGEHEND PASSEND und »PASSENDE WORTGRUPPE«, dass Sie sich regelmäßig die Suchanfragenberichte (unter KEYWORDS • DETAILS • SUCHBEGRIFFE) ansehen und ausschließende Keywords hinzufügen. So können Sie von vorneherein verhindern, dass Ihre Anzeigen für Anfragen erscheinen, die nichts mit Ihrem Angebot zu tun haben. Es empfiehlt sich, gewisse Begriffe wie *gebraucht*, wenn Sie nur Neuware anbieten von Anfang an über eine Liste für alle Kampagnen auszuschließen.

15.2.2 Zu große Zielregion

Mit nur wenig Aufwand können Sie Ihre Kampagnen in ganz Deutschland, Europa oder sogar weltweit schalten. Sie werden dadurch viele Klicks generieren, aber nicht immer ist das auch von Vorteil. Nehmen wir zum Beispiel an, Sie besitzen einen Friseursalon in Düsseldorf. Dann brauchen Sie Ihren Laden nicht in ganz Nordrhein-Westfalen oder gar deutschlandweit zu bewerben. Sie sollten sich vielmehr auf Düsseldorf beschränken und allenfalls noch angrenzende Ortschaften hinzuziehen.

Unter EINSTELLUNGEN • STANDORTE können Sie sehr präzise festlegen, auf welche Region(en) Sie Ihre Anzeigen ausrichten möchten. Hier können Sie nicht nur einzelne Bundesländer, Städte etc. auswählen, Sie können auch einen Umkreis definieren, in dem Sie schalten (siehe Abbildung 15.2).

15

Wenn Sie international agieren, sollten Sie im besten Falle separate Kampagnen oder gegebenenfalls sogar Konten pro Zielland anlegen und Ihre Anzeigen nicht in mehreren Ländern gleichzeitig ausspielen. Schalten Sie beispielsweise Ihre deutschen Anzeigen in Spanien, so können die spanischen Nutzer Sie nicht verstehen. Aber selbst wenn es von der Sprache passt, funktionieren Anzeigen häufig in jedem Land unterschiedlich und außerdem hat jedes Land seine eigenen Richtlinien und Bestimmungen.

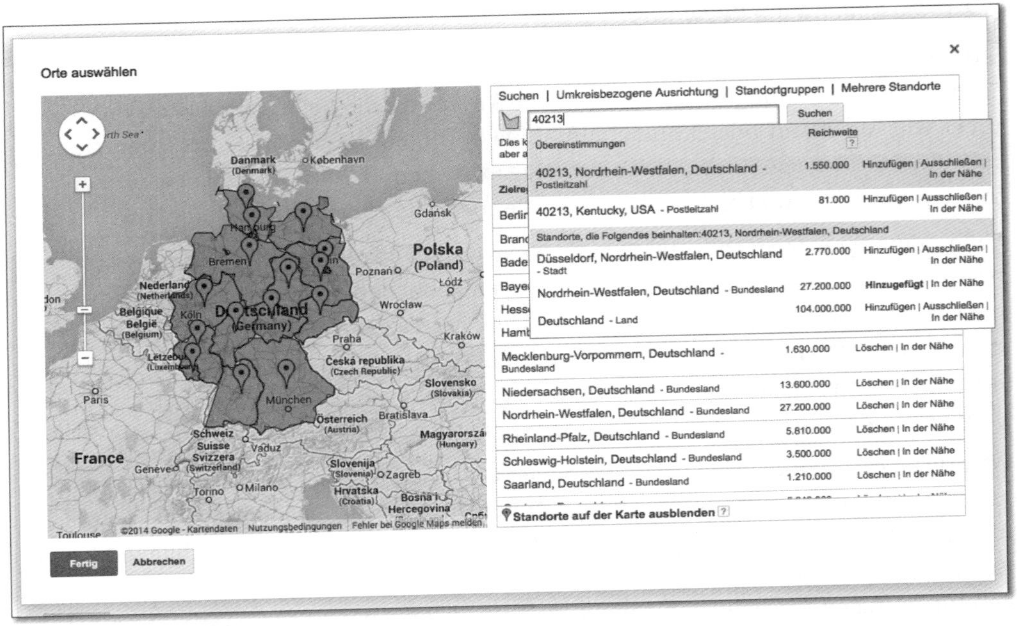

Abbildung 15.2 Einstellungen zur geografischen Ausrichtung

15.2.3 Zu breite zeitliche Ausrichtung

Standardmäßig laufen Ihre Anzeigen 24 Stunden, sieben Tage die Woche. Das ist nicht immer notwendig. Richten Sie sich ausschließlich an B2B-Kunden, reicht es aus, wenn Ihre Anzeigen zu den üblichen Bürozeiten von 8 bis 18 Uhr erscheinen und Sie die Anzeigen am Wochenende und nach Feierabend deaktivieren. Vor allem bei einem eingeschränkten Budget ist es grundsätzlich ratsam, die Anzeigen nicht rund um die Uhr zu schalten und Sie etwa am späten Abend bis zum frühen Morgen zu pausieren.

Unter EINSTELLUNGEN • WERBEZEITPLANER können Sie die Zeiten festlegen, zu denen Ihre Anzeigen ausgespielt werden sollen (siehe Abbildung 15.3).

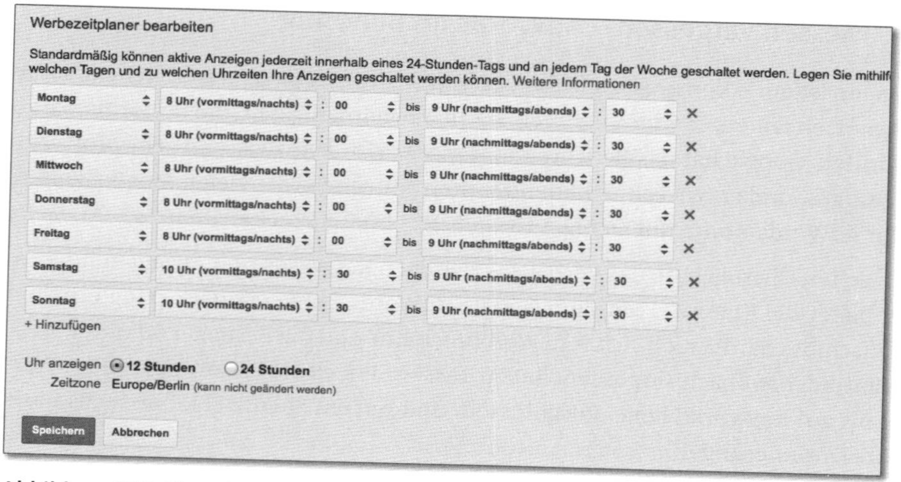

Abbildung 15.3 Einstellungen zur zeitlichen Schaltung

15.3 Zu viele Keywords in einer Anzeigengruppe

Ein häufiger Fehler, der meistens auf einer unzureichenden Vorbereitung und auf Zeitmangel basiert, ist das Einbuchen etlicher Keywords in nur eine Anzeigengruppe. Dabei werden Begriffe zusammengezogen, die zwar im weitesten Sinne zusammengehören, jedoch eben nur im weitesten Sinne. Ein Couchtisch und ein Teppich sind zwar beide im Wohnzimmer zu finden, aber trotzdem komplett unterschiedliche Produkte. Daher sollten auch beide Produkte in einer separaten Anzeigengruppe beworben werden, mit Anzeigen, die den Nutzer zielgerichtet ansprechen und einer Zielseite, die ihn zum gesuchten Produkt führt. Das ist bei Kampagnen, die unzählige Keywords in nur einer Anzeigengruppe beinhalten, nicht möglich, weil die Anzeigen alle Keywords bedienen müssen. Dementsprechend sind Klickraten und Qualitätsfaktoren sehr gering und der Klickpreis möglicherweise höher als notwendig. Investieren Sie also von Anfang an Zeit und Muße in die Struktur Ihrer Kampagnen. Erstellen Sie Anzeigengruppen, die auf etwa 15 bis maximal 20 Keywords beschränkt sind. Falls Sie eine größere Keyword-Liste besitzen, denken Sie über sinnvolle Untergruppierungen zu den Keywords nach.

Tipp – Vorsicht mit dem Keyword-Planer

Der Keyword-Planer verspricht Unterstützung bei der Strukturierung Ihrer Kampagnen. Er sucht Ihnen Keywords und entwirft Ihnen inzwischen sogar schon eine Struktur, indem er die Keywords in unterschiedliche Anzeigengruppen unterteilt. Prüfen Sie hier immer kritisch und übernehmen Sie nur sinnvolle Vorschläge. Investieren Sie etwas mehr Zeit und erstellen Sie zusätzlich eigene Anzeigengruppen. Ihre Branche und Zielgruppe kennen Sie sicher besser als das Google-Tool.

15.4 Messen vergessen – AdWords im Blindflug

Vertrauen ist gut – Kontrolle ist besser. Lassen Sie Ihre Kampagnen nach dem Setup nicht einfach laufen, sondern nehmen Sie sich regelmäßig Zeit, die Performance zu überprüfen. Google hat das Berichte-Center in AdWords inzwischen sehr professionell gestaltet und entwickelt es laufend weiter. Nutzen Sie die vielen Möglichkeiten, um Ihr AdWords-Konto mit wenig Aufwand stets im Blick zu behalten.

Einen ersten Überblick, ob das Verhältnis zwischen Keywords und Anzeigen funktioniert, bietet die Klickrate. Mit dem Google AdWords Conversion-Tracking erhalten Sie Aufschluss darüber, ob sich Ihre Werbung lohnt und die Besucher auf Ihrer Website das finden, wonach Sie gesucht haben. Lassen Sie sich die Performance Ihrer Werbung bis auf Keyword-Ebene aufschlüsseln und nutzen Sie die Ergebnisse als Basis für Ihre Optimierungen.

Die Grafik in der AdWords-Oberfläche kann eine erste Tendenz aufzeigen. Dabei können Sie zwei Werte auswählen, gegeneinander laufen lassen und Unregelmäßigkeiten so schnell erkennen, wie in Abbildung 15.4 die Kosten und den Conversion-Wert.

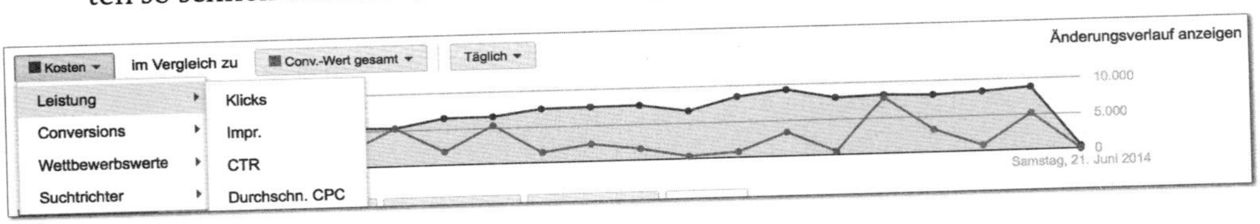

Abbildung 15.4 Verlauf von Kosten und Conversion-Wert

Eine gute Kontrolle bietet auch der Vergleich zweier Zeiträume. Es ist möglich, die Daten des aktuellen Monats mit denen des Vormonats zu vergleichen, Abweichungen frühzeitig zu ermitteln, zu bewerten und gegebenenfalls gegenzusteuern.

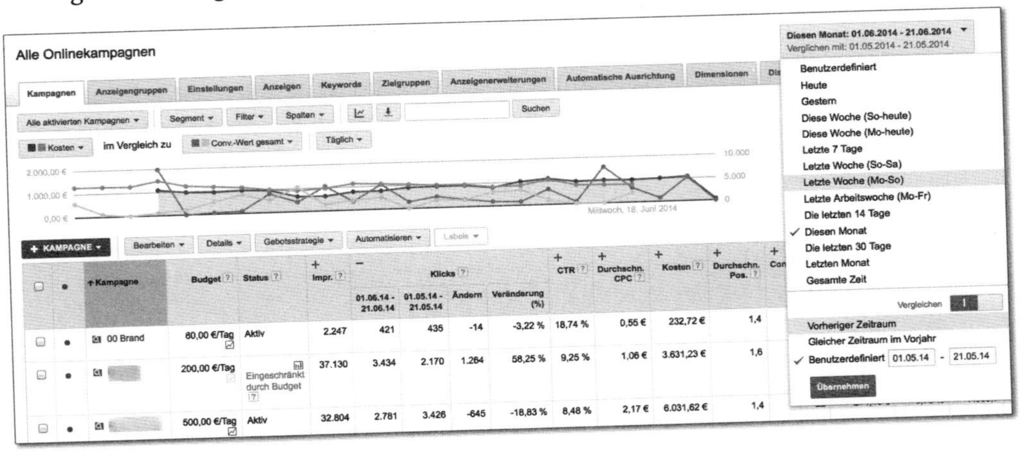

Abbildung 15.5 Zeiträume vergleichen

Vernachlässigen Sie also nicht die regelmäßige Kontrolle Ihrer Kampagnen. Detailliertere Ausführungen zum Thema Tracking lesen Sie in Kapitel 2, »Google-AdWords-Vorbereitung«, ab Abschnitt 2.7.3 und in Kapitel 10, »Reporting und Conversion-Tracking«, ab Abschnitt 10.1.

Tipp – Automatisierte Berichte

Damit es etwas schneller geht mit der Kontrolle, können Sie sich Ihre Berichte individuell zusammenstellen und dann regelmäßig beispielsweise jeden Montag per E-Mail zuschicken lassen.

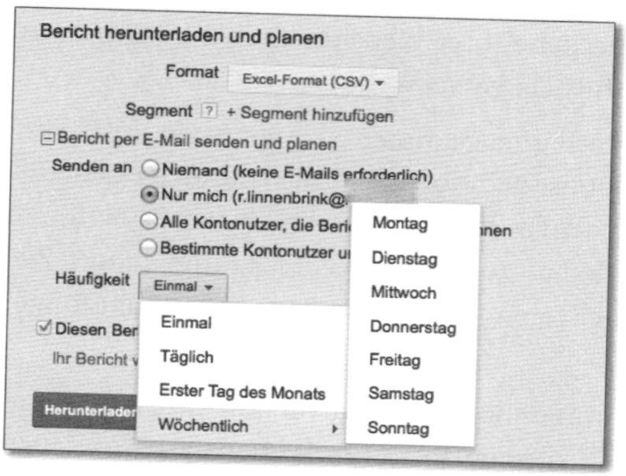

Abbildung 15.6 Berichte per E-Mail versenden

15.5 Das Ziel aus dem Blick verloren?

Wen möchten Sie mit Ihrer Werbung ansprechen? Was möchten Sie maximal investieren? Möchten Sie neben der Werbung in der Suche auch Display-Werbung schalten? Möchten Sie auch auf mobilen Endgeräten erscheinen? Welches Angebot möchten Sie wo und wann bewerben? Alles Fragen, mit denen Sie sich vor dem Start Ihrer AdWords-Werbung auseinandersetzen sollten. Die Erstellung eines AdWords-Kontos erfordert eine genaue Planung und Zielsetzung. Es kann sich schnell rächen, wenn Sie ohne Konzeption direkt zu Werke schreiten. Machen Sie sich lieber zu Anfang über einige Punkte Gedanken und erleichtern Sie sich dadurch langfristig das Management Ihrer Kampagnen. Lesen Sie Tipps und Tricks zur Planung Ihrer AdWords-Werbung in Kapitel 2, »Google-AdWords-Vorbereitung«.

Hinweis – Achtung Google AdWords leicht gemacht

Google macht Ihnen die Einrichtung eines AdWords-Kontos sehr einfach. Mit diversen Voreinstellungen werden Sie durch die Anmeldung geführt, ohne dass Sie viel nachdenken müssen und Ihre Kampagnen schnellstmöglich live sind. Das ist natürlich nicht unbedingt zu Ihrem Vorteil. Mit konkreten Zielvorgaben machen Sie sich das Leben leichter und richten Ihr Konto nach Ihrer eigenen Zielsetzung und nicht der von Google ein.

15.6 Falsche Zielvorgaben: Besucher statt Kunden

Werbetreibende geben sich häufig mit sehr wenig zufrieden. Es reicht ihnen schon, den Traffic auf der Website zu steigern. Das sollte die Werbung natürlich ebenfalls zur Folge haben, es sollte sich dabei aber um qualitativen Traffic handeln. Sie möchten Kunden gewinnen und nicht bloß die Besuche Ihrer Website erhöhen, das wäre zu einfach und Sie würden ganz nebenbei Ihr Geld verschwenden.

Besonders Unternehmen, die ihre Marketingmaßnahmen in Agenturen auslagern, sollten Ihre Ziele ausführlich mit der Agentur definieren. Für Agenturen ist es natürlich am einfachsten, über Ego-Keywords oder andere generische Keywords Traffic zu generieren und damit ihre Aufgabe erledigt zu haben. Sicher genügt dieses Ziel jedoch nicht den Ansprüchen der allermeisten Agenturen, in denen Qualität großgeschrieben wird.

Die Zielsetzung sollte vielmehr im Zusammenhang mit Conversions wie Abverkäufen oder Kontaktaufnahmen stehen. Sie können in Ihrem Webanalyse-Tool auch andere Ziele definieren, wie z. B. wenn ein Besucher etwas in der Warenkorb legt oder sich registriert. Diese Zwischenziele geben ebenfalls Auskunft darüber, ob Ihre Werbung zielführend ist und die richtigen Besucher auf Ihre Website lenkt. Stecken Sie sich also in jedem Fall klare Ziele, so dass Sie die Leistung Ihrer Marketingmaßnahmen sinnvoll bewerten können.

15.7 Thema verfehlt – die Wahl der richtigen Landing-Page

Leiten Sie Ihren Besucher auf die richtige Seite und bringen Sie Ihn dadurch Ihrem gemeinsamen Ziel – dem Ausführen einer Conversion – einen Schritt näher? Auf der Zielseite, die Sie in AdWords hinterlegen, macht sich der Besucher seinen ersten Eindruck von Ihrem Unternehmen. Dieser entscheidet häufig schon, ob Sie Ihren Besucher zum Kunden machen werden, oder ob er Ihre Seite ohne Aktion wieder verlässt.

Über die Eingabe einer Suchanfrage hat der Nutzer seinen Bedarf bereits geäußert, nun erwartet er, dass dieser auf der Webseite befriedigt wird. Wenn er in den Suchschlitz »Couchtisch« eingegeben hat, sollte er auf eine Seite mit einer Auswahl von Couchtischen geführt werden und nicht bei Teppichen landen. Ebenso ungeeignet ist in den meisten Fällen die Startseite Ihrer Webseite, da sich der User, trotz konkreter

Anfrage, selbstständig auf die Suche nach dem gewünschten Produkt machen muss. Der User erwartet Service und je passender die Zielseite ist, desto höher ist die Wahrscheinlichkeit, dass Sie den Nutzer halten können. Auch Google stellt Ansprüche an Ihre Ziellinks. Falls Google Ihre Landing-Page als nicht relevant einstuft, so wirkt sich das negativ auf den Qualitätsfaktor und damit auch auf Ihre CPCs aus. Somit werden Sie für schlechte Zielseiten gleich doppelt bestraft, Google verlangt mehr Geld und Ihr Besucher springt gleich wieder ab.

Tipp – Zielseite auf Keyword-Ebene

Im Normalfall bestimmen Sie eine Zielseite pro Anzeigengruppe, die Sie in Ihren Anzeigen hinterlegen. Alle Keywords, die in dieser Anzeigengruppe enthalten sind, werden auf diese Zielseite weitergeleitet. Sie können auch Zielseiten für einzelne Keywords vergeben. Haben Sie in der Anzeigengruppe für Couchtische zum Beispiel das Keyword *»Couchtisch weiß«* geschaltet, sollten Sie das Keyword mit einer separaten Zielseite mit nur weißen Couchtischen verlinken. Der Besucher wird es Ihnen danken.

Verknüpfen Sie Ihre Anzeigen und Keywords mit relevanten Zielseiten, um Ihre Conversion-Rate zu erhöhen. Ein guter Hinweis, ob die ausgewählten Zielseiten funktionieren, bieten Ihnen Webanalyse-Tools. Hier können Sie sich die Bounce-Rate bzw. Absprungrate Ihrer Zielseiten für jedes Keyword anzeigen lassen. Eine hohe Absprungrate deutet darauf hin, dass Sie eine alternative Zielseite auswählen sollten.

15.8 Ist Design wichtiger als Usability?

Ihre Werbung kann noch so gut sein, ist Ihre Seite unstrukturiert und nicht selbstverständlich zu bedienen, werden Sie trotz klickaktivierender Anzeigen und schicken Designs Ihre Ziele nicht erreichen. Was Gewohnheiten angeht, sind User einfach gestrickt und vor allem bequem – bestimmte Funktionalitäten setzen sie voraus und erwarten sie an gewohnter Stelle.

Die Usability oder Bedienbarkeit Ihrer Website bestimmt also im hohen Maße auch den Erfolg Ihrer AdWords-Kampagnen. Sie sollte bei der Planung Ihrer Website im Mittelpunkt stehen und nicht nur das Design, wie häufig der Fall, und von vielen Webdesignern vorangetrieben.

Im Folgenden finden Sie nur einige Beispiele für eine schlechte Website-Usability:

- Die Navigation befindet sich nicht links oder oberhalb des Inhalts.
- Das Firmenlogo ist nicht klickbar.
- Die Links auf Ihrer Website sind nicht als solche erkennbar.
- Falsche Links, d. h. Textelemente sehen aus wie Links, sind aber nicht klickbar.

- Bilder und Buttons sind nicht klickbar.
- Die Schriftfarben haben kaum Kontrast zur Hintergrundfarbe.
- Die Webseite hat lange Ladezeiten.

Tipp – Testen, Testen, Testen

Unterziehen Sie Ihre Website doch einmal einem *Fünf-Sekunden-Test*. Bitten Sie Freunde oder Bekannte, Ihre Website fünf Sekunden zu betrachten und Ihnen dann fünf Dinge zu nennen, an die sie sich erinnern. Ist das Thema, Produkt oder Angebot Ihrer Seite deutlich geworden? Sie denken fünf Sekunden seien zu kurz? Doch das ist die durchschnittliche Dauer, in der ein User entscheidet, ob er die richtige Seite aufgerufen hat. In dieser Zeit entscheidet sich, ob er auf der Seite bleibt oder nicht.

Auch ein *Klicktest* einer unabhängigen Person kann helfen. Stellen Sie Ihrem Bekannten eine Aufgabe, wie zum Beispiel ein Kontaktformular zu senden oder einen Artikel zu kaufen. Beobachten Sie, an welchen Stellen er Probleme hat, vielleicht können Sie die Prozesse dadurch optimieren.

15.9 Checkliste zur Fehlervermeidung in AdWords

Im Folgenden haben wir Ihnen eine Checkliste zusammengestellt. Arbeiten Sie diese durch und vermeiden Sie auf diese Weise schon einmal die größten AdWords-Fehler:

- Genaue Zielvorgaben erstellt
- Zwischenziele formuliert
- Zielgruppe analysiert
- Keyword-Optionen eingestellt
- Liste mit ausschließenden Keywords eingepflegt
- Kampagnen räumlich begrenzt
- Kampagnen zeitlich begrenzt
- Anzeigengruppen fein unterteilt
- Keywords und Landing-Page abgeglichen
- Anzeigentexte und Landing-Page abgeglichen
- Fünf-Sekunden-Test für Landing-Page durchgeführt
- Klicktest für Landing-Page durchgeführt
- Monatliche Kontrolle der Kontostatistik geplant
- E-Mail-Versand monatlicher AdWords-Berichte erstellt
- Monatliche Optimierung geplant

Sie kennen nun die größten Fehler, die zumindest zu Beginn bei AdWords begangen werden und haben einige Tipps erhalten, wie Sie diese Fehler vermeiden können. Nutzen Sie diese Gelegenheit und sparen Sie bares Geld bei Ihren ersten Schritten mit Google AdWords.

Kapitel 16
Wichtige Fragen und Antworten rund um Google AdWords

FAQ (Frequently asked Questions) sind die Fragen, die häufig zu einem Thema gestellt werden. Vielleicht finden Sie in unseren Top-Fragen Ihre AdWords-Frage wieder, die Ihnen auch schon einmal in den Sinn gekommen ist.

Es gibt viele Fragen zu Google AdWords, die teilweise sehr speziell sind. Viele dieser grundsätzlichen Fragen werden natürlich in dem vorliegenden AdWords-Buch beantwortet. Für dieses Kapitel haben wir noch einmal die Fragen aufgelistet, die häufiger in Zusammenhang mit Google AdWords auftauchen und verschiedenste Aspekte des AdWords-Werbeprogramms und der zugehörigen Themen beleuchten. Hier kommt unsere Auswahl von 16 Fragen, die wir so oder so ähnlich schon häufiger gehört oder in AdWords-Foren gelesen haben.

16.1 Was sind Google-Gutscheine und wie kann ich diese im Konto aktivieren?

Die Werbung zum Google-AdWords-Programm läuft zum großen Teil über Gutscheinaktionen, die Google in der Zielgruppe verteilt. Zur Zielgruppe gehören zum Beispiel alle Unternehmen, die über die Google Businesseinträge identifiziert werden können. Auch die Nutzer von Google Analytics-Konten sind potenzielle Kunden und erhalten AdWords-Gutscheine (Voucher). Im Laufe der Zeit haben sich die Art der Gutscheine und die zugehörigen Bedingungen zur Einlösung der Gutschriften mehrfach verändert. Während man zu AdWords-Anfangszeiten die Anmeldegebühr und ein bestimmtes Werbekontingent als geldwerten Vorteil ohne Gegenleistung erhielt, so sind die neuesten Gutscheine so ausgelegt, dass ein neuer AdWords-Kunde zunächst einmal Werbung schalten und bezahlen muss, bevor er dann zusätzliches Werbebudget erhält. Aktuell ist die Höhe des Werbebudgets sogar abhängig von den vorher getätigten Ausgaben. Je mehr ausgegeben wurde, desto mehr Budget erhält man als Geschenk! Es scheint so, dass früher öfter Neukunden immer wieder mal neue Konten angelegt haben, nur um die Gutscheine für Neukunden nutzen zu können. Dies geht aktuell nicht mehr bzw. es kostet zusätzlich Geld. Mit den neuen Gutscheinen wird von jedem Neukunden zunächst einmal eine Vorleistung in Form einer AdWords-Werbeausgabe verlangt. Denn grundsätzlich sind alle Gutscheine nur für Neukunden und neue AdWords-Konten gedacht. Das bedeutet jedoch auch, dass ein AdWords-Konto, welches vor einiger Zeit angelegt, aber nicht aktiv genutzt wurde, bereits ein Ausschlusskriterium für einen Neukundengutschein darstellt. Zusätzlich zu den Neukundengutscheinen gibt es in vereinzelten Fällen auch Gutscheine für bestehende Konten. Damit will Google dann langfristige Kundenbeziehungen wieder aktivieren oder Kunden für Ihre Treue und das getätigte Werbebudget belohnen. Die Bedingungen für die Gutscheine sind zwar unterschiedlich, wenn ein Gutschein jedoch einmal eingelöst wurde, so kann er nicht wieder dem Konto entzogen werden. Gutschriften, die einmal gutgeschrieben wurden, stehen auch nach einer längeren Pause im Konto als Budget zur Verfügung.

Die Eingabe eines Gutscheincodes hat Google im AdWords-Konto etwas versteckt. Sie geben Ihren Gutscheincode ein, indem Sie in der rechten oberen Ecke des AdWords-Kontos zunächst auf das Zahnradsymbol klicken. Aus der Dropdown-Liste wählen Sie dann den Unterpunkt ABRECHNUNG aus. In der linken Navigation klicken Sie danach auf TRANSAKTIONSVERLAUF. Sie finden dann im mittleren Bereich unter ZAHLUNGSOPTION den Link GUTSCHEINCODES VERWALTEN. Im nächsten Schritt klicken Sie einfach auf den Button + GUTSCHEINCODE. Hier können Sie nun Ihren Gutscheincode in das entsprechende Formularfeld eintragen und mit SPEICHERN bestätigen.

16.2 Warum sehe ich meine Anzeigen nicht?

Eine sehr häufige Frage bei Google AdWords bezieht sich auf den Umstand, dass die eigenen Anzeigen nicht bei der Google-Suche auftauchen. Hierzu zunächst ein ganz wichtiger Hinweis: Googeln Sie nicht in der »Live-Google-Suche« nach Ihren Keywords. Grundsätzlich verschlechtern Sie damit die Performance Ihrer AdWords-Anzeigen! Außerdem können Sie so keine objektive Aussage treffen. Auf diesem Weg können Sie nicht entscheiden, ob Ihre Anzeigen wirklich nicht geschaltet werden oder ob Sie die Anzeige gerade nicht sehen. Was Sie als Ergebnis auf Ihrem Computer in Ihrem Browser sehen, ist nicht die objektive Wahrheit, sondern zum Teil ein Suchergebnis, welches genau auf Sie und Ihre aktuelle Situation zugeschnitten ist.

Die Antwort zur Ausgangsfrage lautet: Es können sehr unterschiedliche Gründe dafür existieren, dass Ihre Suchanzeige gerade nicht auf der Suchergebnisseite zu sehen ist. Hier eine Auswahl an Gründen:

- Ihre AdWords-Anzeigen sind nicht auf Ihren aktuellen Standort ausgerichtet.
- Die AdWords-Anzeigen werden zur aktuellen Tageszeit gar nicht geschaltet.

- Die AdWords-Anzeigen wurden gerade erst aktiviert und nehmen noch nicht an der Auktion teil.
- Das Tagesbudget ist so knapp bemessen, dass die Anzeigen nicht bei jeder Anfrage erscheinen, sondern über den Tag verteilt ausgespielt werden.
- Die Anzeigenauslieferung wurde auf »beschleunigt« festgelegt und Ihr Tagesbudget ist bereits aufgebraucht.
- Ausschließende Keywords auf Anzeigengruppen- oder Kampagnen-Ebene verhindern die Auslieferung der Anzeige zum eingegebenen Suchbegriff.
- Neue Textanzeigen wurden von Google noch nicht freigegeben.
- Keywords wurden abgelehnt, sind inaktiv oder werden auf Grund eines schlechten Qualitätsfaktors nur selten geschaltet.
- Die Keywords haben ein sehr schlechtes Anzeigenranking, so dass die Anzeigen weit unten oder erst auf der zweiten Seite auftauchen, und bei der Kontrolle übersehen wurden.
- Es besteht ein Abbuchungs- oder Kreditkartenproblem, so dass Google die Anzeigenschaltung kurzfristig abgeschaltet hat.

Wie Sie sehen, gibt es viele Gründe (und sicher noch einige mehr) für eine fehlende Anzeige – und wir haben schon fast alles erlebt. Ein einfacher Weg, um herauszufinden, ob Ihre Anzeigen geschaltet werden oder ob es ein Problem gibt und was letztlich die Ursache für das Problem ist, wäre eine schnelle Keyword-Analyse. Sie haben in diesem Buch bereits von dem Tool zur ANZEIGENVORSCHAU UND -DIAGNOSE gehört. Mit diesem Tool können Sie einzelne Keywords abfragen. Der Vorteil der AdWords-Analysetools besteht darin, dass keine Impressionen erzeugt werden und Ihre Statistik somit nicht verfälscht wird. Möchten Sie eine Keyword-Analyse für viele oder sogar alle Keywords in Ihrem AdWords-Konto durchführen, so sollten Sie auf Keyword-Ebene über DETAILS den Unterpunkt KEYWORD-DIAGNOSE aufrufen. Die internen AdWords-Diagnosetools liefern Ihnen ein objektives Ergebnis zu Ihren Anzeigen. Erst nach einem Test mit Hilfe der Tools können Sie wirklich sagen, ob Ihre Anzeigen geschaltet werden oder nicht. Zusätzlich bekommen Sie auch noch den Grund für ein eventuelles Problem mitgeliefert.

16.3 Wieso sehe ich Anzeigen mit unbekannten Zusatzinformationen?

Bis auf die Bewertungssterne und die Hinweise zu Google+ in den Anzeigen können Sie alle zusätzlichen Erweiterungen für eine Textanzeige unter den Anzeigenerweiterungen in Ihrem AdWords-Konto einstellen. Dennoch erscheinen ab und zu Anzeigen mit speziellen Erweiterungen in den Google-Suchergebnissen, die im Standard-Google-Konto nicht als Erweiterung zu finden sind. Die Lösung zu diesem Phänomen lautet »Beta-Test«. Google führt regelmäßig spezielle Beta-Tests mit ausgesuchten Partnern durch. Dabei werden bestimmte Erweiterungen oder neue Features live getestet. Es kann also sein, dass Sie in Ihrem Konto keine Möglichkeit finden, eine Zusatzinformation einzufügen, weil diese einfach noch nicht besteht. Falls Sie also zukünftig zusätzlichen Text, Bilder, Symbole, Eingabefelder, Dropdown-Listen oder vielleicht in Zukunft sogar Videos in den AdWords-Textanzeigen entdecken, so sollten Sie zunächst von einem Test ausgehen. Informieren Sie sich daher zusätzlich regelmäßig über die aktuellen Änderungen in AdWords, z. B. im AdWords Inside Blog. Neue Einstellungsmöglichkeiten oder Features, die für deutsche AdWords-Nutzer verfügbar sind, werden dort angekündigt, wie zum Beispiel in folgendem Beitrag: *http://adwords-de.blogspot.de/2014/08/jetzt-neu-anruf-conversions-fur-websites.html.*

16.4 Wie lande ich auf einer Top-Position?

Eine Top-Position bei Google AdWords, also die Position oberhalb der organischen Suchergebnisse, kann man nicht bestimmen oder speziell buchen. Eine Top-Position ist immer das Ergebnis einer Kombination aus guter Qualität und dem maximalen Klickpreis, den man zu zahlen bereit ist. So können Sie zum Beispiel Gebotsstrategien für die Top-of-Page-Platzierungen festlegen. Sie müssen für eine Top-Platzierung auf jeden Fall versuchen, bei einer Auktion auf einen der ersten drei Plätze zu gelangen. Wenn Ihre Anzeige dann noch qualitativ besser als die Konkurrenz ist, dann haben Sie eine hohe Chance auf eine Platzierung in den Top-Ergebnissen.

16.5 Wieso ist mein Tagesbudget höher, als das von mir eingestellte Tagesbudget?

Das Tagesbudget, welches Sie als Obergrenze vorgeben, ist im Normalfall auch die tägliche Ausgabenobergrenze. Technisch ist es jedoch so, dass das AdWords-System über den Klickpreis und die prognostizierte Klickrate die Impressionen abschätzen muss, die abhängig vom Tagesbudget pro Tag zu Ihren Keywords ausgeliefert werden können. Falls die Klickrate jedoch dann einmal über der Schätzung liegt und es zu unerwartet vielen Klicks kommt, kann es vor allem beim Start einer neuen Kampagne vorkommen, dass Ihr festgesetztes Tagesbudget leicht überschritten wird. Diese »Erfahrung« wird jedoch vom AdWords-System in die neuen Berechnungen aufgenommen, so dass am nächsten Tag die Keyword-Auslieferung wahrscheinlich zu niedrig ist und die Budgetobergrenze deutlich unterschritten wird. Daher wird Ihr

Tagesbudget über mehrere Tage im Mittel die Vorgabe nicht überschreiten. Es kann also sein, dass Ihr Tagesbudget an einigen Tagen zwar überschritten wird, aber das wird durch eine niedrigere Ausgabe in den nächsten Tagen wieder ausgeglichen.

16.6 Wieso kann ich bestimmte Einstellungen, wie zum Beispiel den Werbezeitplaner oder das CPC-Gebot, nicht mehr ändern?

Dieses Phänomen tritt relativ häufig im AdWords-Konto auf. Der Grund ist dabei ganz einfach. Sie haben sicher eine der vielen Automatisierungsoptionen in AdWords aktiviert. Damit haben Sie Google AdWords die Verwaltung und Verantwortung übertragen und Sie können nun nicht mehr zusätzlich eigene Einstellungen vornehmen. Falls Sie zum Beispiel das Conversion-Optimierungstool aktiviert haben, so entscheidet Google AdWords von da an selber, wann die Anzeigen geschaltet werden. Wurden zum Beispiel in der Vergangenheit die besten Ergebnisse nach 18 Uhr erzielt, dann wird AdWords den größten Anteil des Werbebudgets in dieser Zeit einsetzen. Das können Sie dann nicht mehr mit Hilfe des Werbezeitplaners selber überschreiben.

16.7 Impressionen sind geringer bei gleichen/besseren Klicks/Conversions – warum?

Ihr AdWords-Konto sollte normalerweise ständig bearbeitet und optimiert werden. Wenn die richtigen Optimierungsmöglichkeiten genutzt werden, so kann es zum Beispiel durch die Veränderungen der Keyword-Optionen oder durch die Aufnahme neuer »ausschließender Keywords« dazu kommen, dass insgesamt die Impressionen in Ihren Kampagnen abnehmen. Ihre Anzeigen werden dann weniger bei den sehr allgemeinen Suchanfragen geschaltet, sondern dafür häufiger bei spezielleren Anfragen, die besser zu Ihren Produkten oder Dienstleistungen passen.

Aus diesem Grund ist es auch normal, dass Ihre Klickrate, bzw. besser Click-through-Rate steigt. Denn wenn die Textanzeigen besser zur Nachfrage der Suchenden passen, dann erhöht dies auch die Wahrscheinlichkeit, dass öfter auf die Anzeigen geklickt wird. Wenn der Google-User auf Ihrer Seite auch noch das passende Produkt bzw. die passende Lösung für seine Suchanfrage findet, steigen die Conversions ebenfalls. Aus diesem Grund ist es also ganz natürlich, dass durch eine Optimierung die Impressionen zurückgehen, aber die CTR und auch die Conversions steigen.

16.8 Was ist der Unterschied zwischen Anzeigenrang und Anzeigenposition?

Das Google-AdWords-System berechnet den so genannten Anzeigenrang, das Ad Ranking, als Produkt aus dem Qualitätsfaktor und der maximalen CPC. Bei einer Auktion, also jedes Mal, wenn eine Suchanfrage an Google gestellt wird, erfolgt zunächst eine Berechnung des Ad Rankings. Der Anzeige mit dem besten Ranking wird danach die höchste Anzeigenposition zugeordnet.

Das folgende Beispiel zeigt die Berechnung von Anzeigenranking und die daraus abgeleitete Anzeigenposition. Wir nehmen dazu an, dass drei AdWords-Kunden mit Ihren Keywords eine Anzeige bei Google schalten möchten. Es gelten folgende Voraussetzungen:

- AdWords-Kunde A besitzt einen Qualitätsfaktor von fünf und bietet für das Keyword 0,80 €.
- AdWords-Kunde B besitzt einen Qualitätsfaktor von sechs und bietet für das Keyword 0,20 €.
- AdWords-Kunde C besitzt einen Qualitätsfaktor von sieben und bietet für das Keyword 0,50 €.

Das Ranking und die Anzeigenposition berechnen sich folgendermaßen:

AdWords-Kunde	Qualitätsfaktor	Max. CPC in €	Anzeigenranking	Anzeigenposition
A	5	0,80	4,0	1
B	6	0,20	1,2	3
C	7	0,50	3,5	2

Tabelle 16.1 Berechnung von Anzeigenranking und -position

16.9 Warum sehe ich keine AdWords-Daten in Analytics?

Viele Unternehmen, die sowohl ein AdWords- als auch ein Analytics-Konto besitzen, haben diese beiden Konten oft nicht richtig verknüpft oder erfüllen nicht alle Voraussetzungen für eine richtige Verknüpfung. Daher kann es passieren, dass die AdWords-Daten nicht in Google Analytics angezeigt werden, obwohl AdWords-Anzeigen geschaltet und Klicks auf die Anzeigen generiert werden. Falls keine AdWords-Daten in Google Analytics zu sehen sind, sollten folgende Punkte kontrolliert werden:

1. Ist auf jeder Webseite, auch auf den speziellen Landing-Pages, der Google Analytics-Code auch richtig eingebaut?
2. Ist in Google AdWords die automatische Tag-Kennzeichnung aktiviert? Diese Kennzeichnung können Sie in Ihrem AdWords-Konto in den Kontoeinstellungen kontrollieren und bearbeiten. Durch die Aktivierung der Tag-Kennzeichnung wird der so genannte Google Click Identifier (GCLID) an den Link, der von der AdWords-Anzeige zur Webseite führt, angehängt. Dies zeigt dem Analytics-System dann an, dass der Verweis aus der Google-AdWords-Werbung kam. Zusätzlich sind die Informationen zu Kampagne, Keyword usw. enthalten.
3. Wird der GCLID auf dem eigenen Server richtig weitergleitet oder wird der Anhang automatisch entfernt? Auch das kann passieren und führt dann dazu, dass der Webseitenbesuch nicht mehr der AdWords-Werbung zugeordnet wird, sondern nur noch als ein normaler Besuch von Google gekennzeichnet wird.
4. Letztlich muss im Google Analytics-Konto auf der Property-Ebene die Verknüpfung mit Google AdWords aktiviert sein. Dies können Sie in Google Analytics kontrollieren, indem Sie zunächst in der Hauptnavigation den Tab VERWALTEN aufrufen und danach unter PROPERTY den Unterpunkt ADWORDS-VERKNÜPFUNG anklicken. Dort finden Sie den Hinweis auf das verknüpfte AdWords-Konto. Falls noch keine Verknüpfung besteht, können Sie an dieser Stelle auch eine neue Verknüpfungsgruppe erstellen. Bitte beachten Sie, dass Sie nur dann eine Verknüpfung erstellen können, wenn Sie mit Ihren Google-Login für beide Konten die Administratorrechte besitzen.

16.10 Warum sehe ich unterschiedliche Daten in AdWords und Analytics?

Wenn Sie ein AdWords- und ein Analytics-Konto besitzen, so sollten Sie Daten immer nur innerhalb des gleichen Kontos analysieren. Im Vergleich zwischen AdWords und Analytics gibt es auf jeden Fall Unterschiede. Das hat letztlich immer damit zu tun, wie Daten gemessen werden – und beide Systeme messen die Daten unterschiedlich. Hier einige Gründe für die Unterschiede:

1. Während Google AdWords Klicks auf die Anzeigen erfasst, werden in Google Analytics Webseitenbesuche protokolliert. Klickt also jemand auf Ihre AdWords-Anzeige und kommt nicht auf der Webseite an, weil z. B. die Netzwerkverbindung gestört wurde, so wird der Anzeigenklick gezählt, aber kein Webseitenbesuch. Das gleiche gilt auch, falls der JavaScript-Code noch nicht vollständig geladen ist oder auf bestimmten Unterseiten einfach fehlt.

2. Ein anderes Surfverhalten führt auch zu unterschiedlichen Ergebnissen: Klickt zum Beispiel ein Besucher innerhalb von 30 Minuten zweimal auf Ihre Anzeige, ohne dabei zwischendurch sein Browserfenster zu schließen, so zählt Analytics einen Besuch und AdWords zwei Klicks.
3. Ein weiterer Grund, der zu unterschiedlichen Ergebnissen führt, liegt darin, dass AdWords bestimmte Klicks herausfiltert, die nicht in Rechnung gestellt werden. Diese werden bei Analytics trotzdem als Seitenaufruf und somit als Besuch gezählt.
4. Es gibt auch Unterschiede beim Conversion-Tracking. Während AdWords die Conversions dem Tag des Klicks zuordnet, ist für Google Analytics der Tag der Conversion das entscheidende Datum. Darum wird eine Conversion-Kontrolle über einen bestimmten Zeitraum immer unterschiedliche Ergebnisse anzeigen.

16.11 Wie kann man bestehende AdWords-Kampagnen in ein neues Konto übernehmen?

Manchmal macht es Sinn, eine komplette Kampagne in ein neues AdWords-Konto zu übernehmen. Dies ist jedoch nicht so einfach möglich, wie Sie vielleicht zunächst annehmen. Sie können zwar Kampagnen innerhalb eines Kontos kopieren und einfügen, dies gilt jedoch nicht für Kopien zwischen verschiedenen AdWords-Konten, auch wenn diese über ein Verwaltungskonto miteinander verbunden sind.

Für diese Kopie muss man einen Umweg über den AdWords Editor nehmen. Laden Sie dafür zunächst Ihre Kampagne, die kopiert werden soll, in den AdWords Editor herunter und exportieren Sie diese Kampagne dann in eine CSV-Datei. Danach öffnen Sie mit dem Editor das neue Konto, in das die Kampagne eingefügt werden soll. Nun importieren Sie die CSV-Datei wieder über den Editor in das neue Konto. Die Kampagne können Sie bei Bedarf im Editor weiter bearbeiten und dann in Ihr AdWords-Konto hochladen.

16.12 Wie kann ich mehrere AdWords-Konten mit einem Login verwalten?

Die Verwaltung mehrerer Konten funktioniert am einfachsten über das My Client Center, kurz MCC von AdWords. Erstellen Sie sich unter *www.google.com/adwords/myclientcenter* ein AdWords-Verwaltungskonto mit einem neuen Google-Login. Danach verknüpfen Sie Ihre bestehenden AdWords-Konten mit dem MCC. So können Sie über den einen Login des Verwaltungskontos alle Ihre Konten bearbeiten und steuern.

16.13 Warum werden meine Anzeigen von Google abgelehnt?

Die Ablehnung einer AdWords-Anzeige kann verschiedene Gründe haben und kommt häufiger vor, als man zunächst annimmt. Da meistens keine böswillige Absicht des AdWords-Administrators dahintersteckt, wirkt die E-Mail von Google, die bei einer Ablehnung direkt verschickt wird, schon sehr übertrieben und bedrohlich. Wir haben für Sie einmal die wichtigsten Ursachen, die in der Praxis zu einer Ablehnung führen, aufgelistet.

1. Ungenaue angezeigte URL: Die Domain der Ziel-URL muss mit der Domain der angezeigten URL übereinstimmen. Lautet die Zielseite »meine-domain.de«, so muss die angezeigte URL auch »meine-domain.de« enthalten.
2. Ungültiger HTTP-Statuscode: Alle Anzeigen müssen auf eine Webseite weiterleiten, die unabhängig von Browser, Standort oder Gerät für alle Nutzer funktioniert.
3. Mehr als eine Domain in der Ziel-URL pro Anzeigengruppe: In einer Anzeigengruppe muss immer auf die gleiche Domain verlinkt werden.
4. Ein Verstoß gegen die umfangreichen Google-Richtlinien, z. B.:
   - ein Verstoß gegen das Markenrecht – geschützte Marken dürfen nicht in Anzeigen verwendet werden
   - ein Begriff, der nicht erlaubt ist, zum Beispiel *Glücksspiel*
   - übermäßige Großschreibweise im Text
   - mehrere Ausrufezeichen in einer Anzeige
   - wiederholte Satzzeichen oder Symbole
   - nicht unterstützte Superlative, z. B. *das beste Produkt*
   - vergleichende Werbeaussagen
   - unverständliche oder sinnlose Werbung

Falls Sie unsicher sind, was Sie in der Anzeige nutzen dürfen, sollten Sie einfach noch einmal in den Google-Richtlinien nachschauen. Sie finden alle Informationen auf folgender Webseite: *https://support.google.com/adwordspolicy/answer/6021546*.

16.14 Warum ist das Anfangsgebot so hoch, obwohl keine Konkurrenz vorhanden ist?

Es gibt AdWords-Nutzer, die sich wundern, dass sie relativ hohe Gebote für AdWords-Keywords bezahlen sollen (Stichwort: Mindestgebot), für die jedoch aktuell keine Konkurrenz vorhanden ist. Es gibt also keine Mitbieter zu bestimmten Keywords und trotzdem soll für einen Klick ein bis zwei Euro oder mehr als maximaler CPC eingestellt werden. Warum ist das so? Ein hohes Mindestgebot ohne Konkurrenz ist ein Hinweis auf Keywords, zu denen aus Google-Sicht keine Werbeeinblendung erfolgen

16

soll. Hier scheint eine Werbeeinblendung für die Google-Nutzer nicht sinnvoll und hilfreich zu sein.

Wir haben einmal als Beispiel die Suchanfrage »*letzter Schultag*« getestet. Hierzu wird keine Werbung eingeblendet, obwohl man sich schon vorstellen könnte, dass Geschenke zum Abschluss der Grundschule oder einer weiterführenden Schule ein Werbethema sein könnten. Google weiß (aus Tests, Statistiken, Nutzerbefragungen etc.), dass hier Werbung zu einer schlechten User-Experience führt. Falls der hohe Klickpreis nicht abschreckt und im Live-Test die Erwartung durch eine geringe CTR bestätigt wird, wird das AdWords-System immer höhere CPCs fordern. Letztlich werden die Keywords auch bei extrem hohen CPCs nicht mehr geschaltet.

Natürlich möchte Google mit AdWords Geld verdienen, aber nicht um jeden Preis. Langfristig verdient Google jedoch mehr, wenn auch die Werbeeinblendungen analog zu den organischen Suchergebnissen eine gewisse Qualität besitzen und die Ergebnisse insgesamt dem entsprechen, was der Google-Nutzer zu seiner Suche erwartet.

16.15 Wie erhalte ich eine AdWords-Zertifizierung?

Eine Google-AdWords-Zertifizierung ist aktuell (Stand November 2014) nur über das Google Partner-Programm möglich. Sie müssen sich also zunächst mit Ihrem Google-Login bei Google Partners anmelden. Die Webseite finden Sie unter *https://www.google.com/partners/?hl=de*.

Dort müssen Sie sich über die Links »Ich bin eine Agentur« und »Mitglied bei Google Partners werden« registrieren. Danach haben Sie Zugriff auf Übungsmaterial und können drei AdWords-Zertifizierungsprüfungen und die Fortgeschrittenenprüfung »Videowerbung« ablegen. Die Prüfungen umfassen verschiedene Aspekte zu den Möglichkeiten der Online-Werbung mit Google sowie der AdWords-Kontoverwaltung. Die Prüfungen im Google Partners Portal sind kostenlos. Seit September 2014 wird dort zusätzlich auch noch die Google Analytics-Zertifizierung angeboten, seit November 2014 auch in deutscher Sprache. Zum Thema AdWords können folgende Prüfungen abgelegt werden:

- Grundlagenprüfung »Werbung mit Google«
- Fortgeschrittenenprüfung »Suchmaschinenmarketing«
- Fortgeschrittenenprüfung »Displaywerbung«

16.16 Wie werde ich Google-Partner?

Um den Google-Partner-Status zu erlangen, ist zunächst eine Anmeldung auf der Webseite von Google Partners unter *https://www.google.com/partners/?hl=de* notwendig (siehe vorherige Frage). Neben der AdWords-Zertifizierung müssen noch zwei weitere Bedingungen erfüllt werden, um den Status als Google-Partner zu erhalten. Aktuell (Stand November 2014) müssen Google-Partner die folgenden drei Bedingungen erfüllen:

1. Bestehen der Zertifizierungsprüfung, die sich aus einer Grundlagenprüfung und mindestens einer Fortgeschrittenenprüfung zusammensetzt. Die Grundlagenprüfung muss alle zwei Jahre wiederholt werden, die Fortgeschrittenenprüfung sogar jedes Jahr.
2. Der »Best Practice-Nachweis«: Dabei kontrolliert Google die richtige Betreuung der über das Verwaltungskonto verknüpften Kundenkonten. Google legt dabei das Augenmerk auf folgende Punkte: Verbesserung des Qualitätsfaktors in den Kundenkonten, Aktivierung der Anzeigenerweiterungen für die Kunden, Hinzufügen von ausschließenden Keywords, Nutzung des Remarketing-Tags für AdWords-Kampagnen, eine regelmäßige Pflege der betreuten Konten.
3. Budgetverwaltung: Eine Mindestausgabe aller betreuten Konten in Höhe von insgesamt 10.000 US-Dollar innerhalb der letzten 90 Tage.

Die Bedingungen werden laufend geprüft. Falls Google feststellt, dass ein Teil nicht erfüllt bzw. eine Frist (z. B. die Prüfungsfrist) demnächst abläuft, so erscheint im Google Partners-Programm zuerst eine Vorwarnung mit dem Hinweis, dass der Partnerstatus gefährdet ist. Reagiert man nicht auf diese Warnung, kann man den Partnerstatus auch ganz schnell wieder verlieren.

Neben dem Google Partners-Programm gibt es für große Agenturen mit einer bestehenden Kundenstruktur das Programm für Google AdWords Premium KMU Partner. Weitere Informationen zu den Teilnahmebedingungen finden Sie unter: *https://www.google.de/intl/de/ads/premiersmbpartner/partners-details.html#eligibility*.

Anfragen zur Aufnahme in das AdWords Premium KMU Partner Programm können die E-Mail-Adresse *pspenquiriesEMEA@google.com* geschickt werden. Vorher sollte man sich jedoch vergewissern, dass man die geforderten Voraussetzungen erfüllt.

Kapitel 17
Die Zukunft von AdWords – wie geht es weiter?

Wohin wird sich das Suchmaschinenmarketing und speziell Google AdWords entwickeln? Natürlich können wir das nicht wissen. Google weiß es teilweise selber nicht und ist immer für eine Überraschung gut! Aber es gibt interessante Hinweise, wie es weitergehen kann.

Das vorliegende Buch stellt anschaulich dar, dass Online-Marketing immer in Bewegung ist. Dies wird am Beispiel von Google AdWords durch die vielen neuen Werbemöglichkeiten, die laufend hinzukommen, deutlich. Google hat mit den Videokampagnen über YouTube, den Google Shopping-Kampagnen und den +Post Ads immer wieder das klassische AdWords-Werbeprogramm erweitert. Da wir Google AdWords schon seit der Einführung in Deutschland begleiten und nutzen, haben wir die vielen Veränderungen in der Vergangenheit in eigenen Projekten miterlebt.

Wir sind daher überzeugt, dass auch der aktuelle Stand nicht lange unverändert bleiben wird, wobei zukünftige Änderungen von Google grundsätzlich nicht mit langen Vorlaufzeiten angekündigt werden. Die dargestellten Ideen sind also auch ein wenig Spekulation. Wir können aber sicher sein, dass der aktuelle Stand nicht das Ende der Entwicklung darstellt. Schon während wir an dem Buch gearbeitet haben, hat sich die Entwicklung durch kleine Veränderungen mit zusätzlichen Werbemöglichkeiten fortgesetzt. Es werden daher auch zukünftig neue Möglichkeiten von Google angeboten. Wir wollen in diesem Kapitel ein wenig in die nähere und teilweise auch ferne Zukunft blicken, damit Sie wissen, was auf Sie zukommen kann. Seien Sie darauf vorbereitet, dass Sie stets auf dem aktuellen Stand sein müssen. Nutzen Sie neue Google Werbemöglichkeiten möglichst früh, um eine Vorsprung vor der Konkurrenz zu erzielen

17.1 Mobile Nutzung steigt

Die mobile Nutzung ist aktuell schon ein wichtiges Google-Thema, weil bereits 50 Prozent der Google-Suchanfragen in 2014 von mobilen Endgeräten kommen sollen. Bei den Werbenden ist diese Botschaft noch nicht so richtig angekommen. Das neue Suchverhalten stellt aber auch neue Anforderungen an die Unternehmenswebseiten, die sowohl technisch als auch inhaltlich an die mobile Nutzung angepasst werden müssen. Bei der Werbung zwingt Google die AdWords-Nutzer schon zu ihrem Glück, indem sie z. B. keine Unterscheidung mehr zwischen Desktop/Laptop und Tablet-PC zulassen. Die mobile Internetnutzung wird auch zukünftig noch weiter ansteigen. Daher ist diesem Thema aktuell (Stand November 2014) ein sehr wichtiges Google-Projekt gewidmet. Da Google sich verstärkt dem Bereich der mobilen Werbung zuwendet, werden wir hier zukünftig sicher noch weitere Werbemöglichkeiten erwarten können.

Dabei zeigt die Möglichkeit über Google Analytics, den Kunden vom Desktop über das Smartphone bis hin zum lokalen Kauf zu tracken, wohin die Reise gehen wird. Hier werden zukünftig noch einige interessante Angebote zu erwarten sein. Ein wichtiges Thema ist für Google die Verknüpfung der mobilen Suche, zum Beispiel auf Smartphones, in Kombination mit einem Kauf vor Ort. Wenn ein Nutzer das Internet quasi immer in der Hosentasche dabei hat, so wird er viel öfter nach lokalen Geschäften oder »Points of Interest« via Internet suchen. Hinzu kommt, dass Unternehmen wie Google oder Apple zunehmend mit neuen internetfähigen Endgeräten wie Uhren oder Brillen (Smartwatches, Apple Watch, Google Glass) experimentieren. Auch mobile Bezahlsysteme wie Google Wallet oder Apple Pay sind auf dem Vormarsch, um nicht nur die reine Internetnutzung sondern vielmehr das komplette Shopping- und Kauferlebnis mit dem Smartphone noch bequemer zu gestalten. All diese Vorstöße tragen dazu bei, dass nicht nur die mobile Internetnutzung weiterhin steigen wird. Die genannten Innovationen zeigen darüber hinaus, dass mobile Werbestrategien bald wohl mehr als nur die derzeit bekannten Smartphone-Devices berücksichtigen werden müssen.

17.2 Bilder in den Textanzeigen

Eine Entwicklung in Google AdWords ist schon viel konkreter, weil sie schon teilweise in den Ergebnissen zu beobachten ist. Wir werden wahrscheinlich zukünftig vermehrt auch Bilder in den Textanzeigen wiederfinden. Eine Vorstellung, die vor Jahren noch unmöglich schien, weil Google immer die spartanische Gestaltung der Google-Suche (weiße Fläche mit Suchfeld) und der Google-Ergebnisseite (einfache Textanzeigen und organische Ergebnisse mit einer zweizeiligen Beschreibung) in den Vordergrund gestellt hat. Mittlerweile sieht man am Erfolg der Google Shopping-Anzeigen, dass Bilder in den Textanzeigen bei den Nutzern gut ankommen und sich auch für die Werbenden lohen. Dies sind wichtige Signale für Google, diese Idee weiter voran zu treiben. Es ist daher sehr wahrscheinlich, dass die Einblendungen von Bildern in Kombination mit Anzeigen zunehmen werden.

Im Betatest wird bereits mit so genannten Image Extensions experimentiert. Bei dieser Werbeform werden drei zusätzliche Bilder zur Position eins in den Top-Ergebnissen eingeblendet (siehe Abbildung 17.1). Es ist durchaus denkbar, dass auch irgendwann zusätzliche Bilder in den Standardtextanzeigen zugelassen werden.

Alternativ könnte Google auch noch zusätzliche Bereiche auf der Google-Suchergebnisseite festlegen, die eine Kombination von Text- und Bildinformationen enthalten. Interessanterweise hat Google die Einblendung der Autorenbilder in der organischen Suche wieder zurückgenommen, obwohl diese organischen Ergebnisse mit Bildern der Autoren (Webseitenbesitzer, die sich über Google+ identifiziert haben) sehr erfolgreich waren. Diese organischen Ergebnisse verzeichneten höhere Klickraten als vergleichbare Ergebnisse ohne Bild.

Es liegt die Vermutung nahe, dass die Ergebnisse mit den Bildern zu stark von der AdWords-Werbung abgelenkt haben und daher von Google wieder ausgeschlossen wurden. Dies würde jedoch auf der anderen Seite bedeuten, dass Bilder in der AdWords-Werbung interessant für Google sein könnten, weil dies auch zu einer höheren Klickrate führen würde – und eine höhere Klickrate bei der AdWords-Werbung ist ja durchaus gewollt. Vielleicht werden dann eines Tages sogar kleine Videoclips in den AdWords-Anzeigen erscheinen?

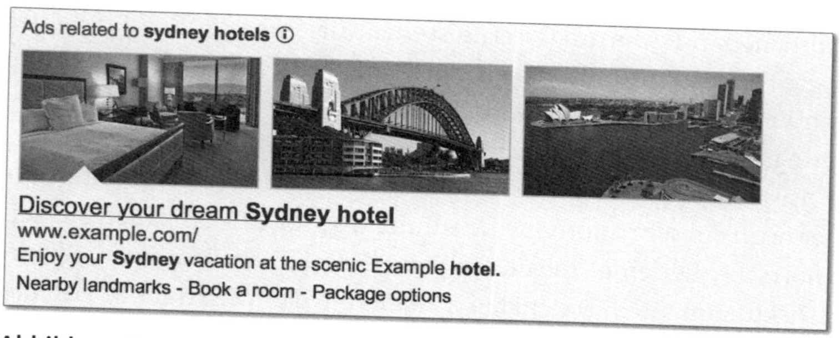

Abbildung 17.1 Werbung mit Image Extension

17.3 Weitere Features in Textanzeigen

Aktuell (Stand November 2014) gibt es, inklusive der verschiedenen Anzeigenerweiterungen bei AdWords und der optischen Aufwertung durch die Bewertungssterne und Google Plus-Hinweise, in den Anzeigen etwa acht Features, die als Ergänzung zu der Titel- und den zwei Textzeilen in den Google-Anzeigen auftauchen können. Google testet aber auch hier ständig weitere Möglichkeiten, die zum Teil auch wieder verworfen werden. Das neueste Baby ist die Suchfunktion oder auch die Dropdown-Funktion, die innerhalb der Google-AdWords-Anzeige erscheint, um den Nutzer schneller auf eine Spezialseite zum gesuchten Produkt zu führen. Die Suchfunktion (siehe Abbildung 17.2) bietet zum Beispiel die Möglichkeit, aus der allgemeinen Anzeige heraus ein besonderes Produkt zu finden. Ähnliche Erweiterungen zu den Textanzeigen werden auch zukünftig möglich sein.

Durch diese Erweiterungen werden die Textanzeigen als Nebeneffekt einen größeren Raum auf der Suchergebnisseite einnehmen. Hier besteht jedoch auch für Google die Gefahr, dass die Nutzer sich gegen ein Übermaß an Werbung wehren und von Google abwenden. Google wird also immer die optimale Verteilung zwischen möglichst großer Werbefläche für AdWords und der User-Experience bzw. der Zufriedenheit der Nutzer suchen. Trotzdem werden auch zukünftig neue Features für die AdWords-Anzeigen getestet. Was sich letztlich durchsetzen wird, kann man jedoch nicht vorhersagen.

Abbildung 17.2 AdWords-Test mit Suchfeld in der Textanzeige

17.4 Vertrauen in die Werbung – Bewertungen

Die bereits angesprochenen Bewertungssterne stehen für einen großen Erfolg der zusätzlichen Google-Features. Grundsätzlich spielen Bewertungen eine wichtige Rolle, weil dadurch Vertrauen aufgebaut wird, und das Vertrauen ist für den Erfolg des Online-Marketings ganz wichtig, wenn es darum geht, Kunden zu gewinnen. Das Internet ist trotz Anstrengungen der Werbung und ansprechender Webseiten für viele Nutzer immer noch ein sehr anonymes Medium, wo großes Misstrauen auf Seiten der Kunden herrscht. Berichte über unseriöse Firmen, Schadsoftware, Spam-E-Mails und die Diskussion über Datenklau verstärken das Misstrauen. Für die Online-Wirtschaft ist es daher sehr wichtig, dass zusätzliche Möglichkeiten zum Aufbau von Vertrauen geschaffen werden.

Aktuell gibt es bei AdWords neben den Bewertungssternen schon die Bewertungserweiterung, bei der positive Bewertungen von Drittanbietern zum Anzeigentext hinzugefügt werden können. Auch das Programm »Google Zertifizierte Händler«, welches im September 2014 für alle AdWords-Kunden freigegeben wurde, soll Vertrauen bei Shop-Kunden aufbauen und arbeitet ebenfalls mit Kundenbewertungen. Zum Thema Bewertung und Vertrauensaufbau wird es mit großer Wahrscheinlichkeit zukünftig noch weitere Google-Initiativen geben, die alle von der Idee getragen werden, das Vertrauen in die Werbeanzeigen bzw. die Händler hinter den Werbeanzeigen zu steigern, um insgesamt Umsatz und Gewinn im Online-Marketing und speziell dem Suchmaschinenmarketing zu steigern. Steigt der Gewinn bei den AdWords-Nutzern, so stehen natürlich auch höhere Budgets für die AdWords-Werbung zur Verfügung.

17.5 Vergleichsportale in AdWords

Google übernimmt immer mehr die Funktion von Vergleichsportalen. Dieser Trend zeichnet sich sehr deutlich auf den Suchergebnisseiten ab. Aktuell finden Sie zum

Beispiel bei der Suche nach Flügen ein eigenes Google-Angebot mit Flugterminen und Preisangeboten (siehe Abbildung 17.3).

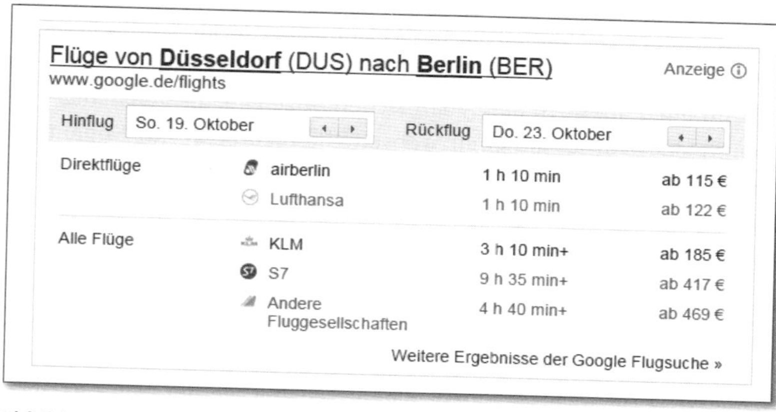

Abbildung 17.3 Google-Flugsuche als Werbemöglichkeit

Bei der Suche nach einem Hotel in einer bestimmten Stadt taucht ebenfalls neben den AdWords-Anzeigen eine mit dem Hinweis »Anzeigen« gekennzeichnet Google-Tabelle auf, welche verschiedene Hotels mit Preisen und Bewertungen auflistet (siehe Abbildung 17.4). Ausgehend von diesen Beispielen, kann man sich für die Zukunft natürlich auch weitere Möglichkeiten ausdenken. Warum sollte Google nicht auch bei der Neu- oder Gebrauchtwagen-Suche mitmischen, Strom- und Gaspreise vergleichen oder bei der Suche nach Immobilien, günstigen Versicherungen, Seminaren usw. in Form von zusätzlichen Auflistungen helfen? Google zeigt sich momentan unbeeindruckt vom lauten Prostest der Vergleichsportale und Spezialsuchmaschinen. Google möchte, dass die wichtigen Informationen für die Google-Nutzer möglichst schnell auffindbar und mit wenigen Klicks erreichbar sind. Dabei stört natürlich der Umweg über ein Vergleichsportal. Außerdem kann Google über das eigene Vergleichsangebot zusätzliche Werbefläche vermarkten.

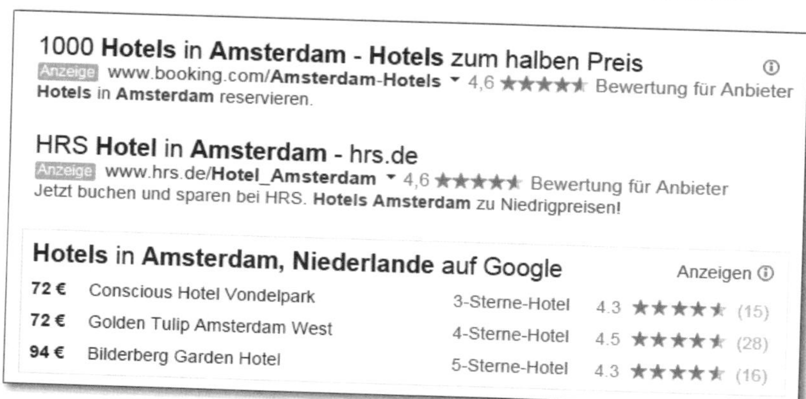

Abbildung 17.4 Google-Anzeigen und Google-Hotelsuche auf den ersten Positionen

17.6 Dynamische und personalisierte Anzeigen

Ein wichtiger Bereich der Online-Werbung, den Sie in diesem Buch auch schon kennengelernt haben, besteht aus personalisierter Werbung. Die Strategie des Retargetings beruht auf der Idee, Werbung sehr individuell für den einzelnen Nutzer zu schalten. Hinzu kommen dann noch die dynamischen Anzeigen, die genau das Produkt präsentieren, welches vorher auf einer Webseite betrachtet wurde. Es geht bei diesen Ideen immer darum, dass die Anzeigen für einzelne Nutzer auf das individuelle Nutzerverhalten abgestimmt werden.

Diese Werbeform ist natürlich sehr erfolgreich und beruht letztlich auf dem Prinzip, mit dem Google gestartet ist. Die Idee von Google bestand von Anfang an darin, dem Suchenden möglichst schnell genau das passende Suchergebnis zu seiner Anfrage und letztlich zu seinem Problem zu liefern. Beim Retargeting und den dynamischen Anzeigen, die sowohl als Text- als auch als Bildanzeige geschaltet werden, geht es auch darum, genau das passende Produkt oder die passende Dienstleistung zu präsentieren, jedoch ohne dass der Google-Nutzer vorher etwas gefragt hat. Diese Einblendungen beruhen eher auf dem Surfverhalten jedes Einzelnen. Google möchte aber insgesamt mit seiner Suchmaschine noch einen Schritt weitergehen, nämlich Ergebnisse zu präsentieren, bevor der Nutzer danach gefragt hat! In diese Richtung wird sich die Werbung sicher noch weiterentwickeln. Sie wird also zukünftig verstärkt Produkte oder Dienstleistungen auf Grund des Kauf- und Surfverhaltens anbieten.

17.7 Verschmelzung von Suchmaschinen- und Social-Media-Marketing

Während Facebook mit Hochdruck daran arbeitet, eine eigene Suchmaschine zu entwickeln, versucht Google das Thema Social Network mit der Suche zu verknüpfen. Obwohl aktuell (November 2014) nach Meinung vieler Online-Marketingexperten das Thema Google+ von der Mutter etwas vernachlässigt wird, gibt es auf der anderen Seite, z. B. mit den +Post Ads, weiterhin Ideen, das soziale Netzwerk mit anderen Google-Produkten zu verbinden. Aus unserer Sicht macht dies zukünftig auch Sinn, da über das soziale Netzwerk eine Verbindung mit potenziellen Kunden und auch Vertrauen zu einem Unternehmen aufgebaut werden kann.

Eine gute Sichtbarkeit über AdWords in der Google-Suche, verknüpft mit positiven Bewertungen aus einem sozialen Netzwerk von Freunden oder Bekannten, wird sich auf jeden Fall positiv auf den Vertrieb eines Produktes oder auch einer Dienstleistung auswirken. Soziale Netzwerke nehmen immer stärkeren Einfluss auf das Kaufverhalten im Internet. Marken, Produkte und lokale Geschäfte, die von »Freunden« aus dem sozialen Netzwerk empfohlen wurden, werden häufiger angeklickt, und die Hemmschwelle für einen Online-Kauf sinkt. Eine Verbindung oder vielleicht sogar

Verschmelzung von Suche und Social Media kann auch zukünftig immer noch ein interessantes Thema für Google sein.

17.8 Video-Ads

Google betont bei Hinweisen auf zusätzliche Werbemöglichkeiten immer stärker den Bereich Multimedia. Dabei spielt vor allem YouTube eine wichtige Rolle. Die Erstellung professioneller Videoclips als Voraussetzung guter Videowerbung wird sicherlich in Zukunft von Google noch weiter gefördert. Es sind weiterhin interessante Verbindungen von AdWords und Videowerbung zu erwarten. Es besteht sicherlich die Möglichketi, dass die Videos nicht nur bei YouTube und im Displaynetzwerk, sondern vielleicht sogar in bestimmten Bereichen der Google-Suche geschaltet werden.

17.9 Fernsehwerbung

Die Videoclips bei YouTube sind sicherlich nur der Einstieg in die multimediale Werbung. Zukünftig wird es interessant sein, auch für kleine und mittelständische Unternehmen Fernsehwerbung im bezahlbaren Bereich anzubieten. Denken Sie dabei nicht an herkömmliche Fernsehwerbung bei den Öffentlich-Rechtlichen oder im Privatfernsehen. Das Internet wird das Fernsehen in Teilen ersetzen. Darum wird es zukünftig um Fernsehwerbung gehen, die via Smart TV in Internet-Portalen zu sehen ist.

Mit dem Projekt »Google TV« hat Google die ersten richtungsweisenden Schritte eingeleitet. Die Internet-Anbieter werden eine große Konkurrenz für die Fernsehlandschaft sein. Wenn sich die Videokanäle erst einmal als ganz normale Alternative zur herkömmlichen Fernsehlandschaft etabliert haben, ist es sehr wahrscheinlich, dass dort auch entsprechende Werbung geschaltet wird. Dabei kann die Werbung in diesem Medium auch regional abgegrenzt und personalisiert geschaltet werden. Die Möglichkeit der individuellen Werbung auf beschränkte Zielgruppen hat natürlich auch Einfluss auf die Kosten. Daher wird diese Werbeform im Gegensatz zur TV-Werbung auch für kleinere Unternehmen interessant sein.

Abbildung 17.5 Google-TV als erster Schritt in Richtung Fernsehwerbung

In diesem Kapitel haben wir einen kleinen spekulativen Ausblick auf die weiteren Entwicklungen gegeben. Auch wenn nicht alles genau so umgesetzt wird, so sind die Tendenzen dennoch erkennbar. Wir können nur empfehlen, dass Sie die Entwicklungen beobachten und frühzeitig reagieren, falls sich neue Möglichkeiten für Ihre Branche ergeben.

Kapitel 18
Was ist was? Buttons, Symbole und mehr im AdWords-Konto

Machen Sie sich mit den verschiedenen Einstellungen, Buttons, Symbolen und Hilfsfunktionen von Google AdWords vertraut. Ein wichtiger Vorteil, wenn es mal schnell gehen muss.

In diesem Kapitel erfahren Sie, welche Funktionen sich hinter den verschiedenen Buttons, Symbolen und Einstellungsmöglichkeiten verbergen. Wir stellen Ihnen Symbole und Anwendungen vor, die immer wieder in den unterschiedlichen Ebenen und Unterseiten des AdWords-Kontos auftauchen. Die verschiedenen Funktionen benötigen Sie vor allem zur Analyse und Optimierung Ihres AdWords-Kontos.

18.1 Benachrichtigungen zu AdWords

Google AdWords liebt es, Benachrichtigung und Hinweise zu Ihrem Konto zu erstellen. Es gibt regelmäßig neue Vorschläge zu Keywords, die noch hinzugefügt werden können oder Kampagnen, die mehr Budget vertragen würden. Diese Benachrichtigungen werden rechts oben in Ihrem AdWords-Konto eingeblendet. Diese Informationen können Sie per Klick auf ALLE ANSEHEN näher analysieren (siehe Abbildung 18.1).

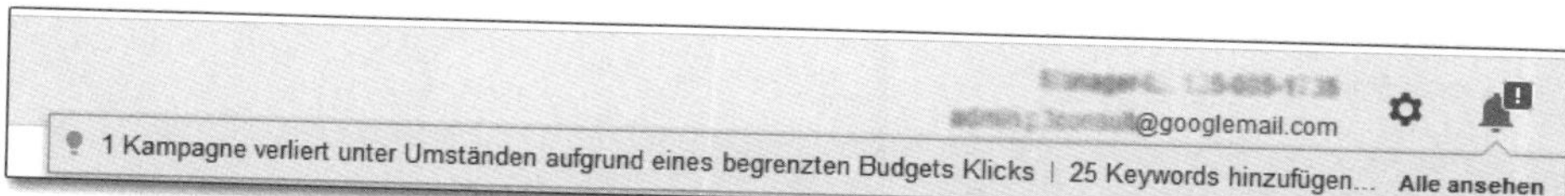

Abbildung 18.1 Neue Nachrichten von Google AdWords

Bitte denken Sie daran, dass Sie nicht alle Vorschläge unreflektiert übernehmen sollten. Der Job von Google AdWords besteht darin, Ihnen neue Dinge und Möglichkeiten vorzuschlagen. Ihr Job besteht jedoch darin, nur das für Sie Notwendige auszuwählen. Es ist also wichtig, dass Sie die Vorschläge selber beurteilen, und nur Keywords oder Budgetempfehlungen übernehmen, die Sie selber für sinnvoll erachten. Sind die Benachrichtigungen für Sie nicht interessant, so können Sie diese per Klick auf SCHLIESSEN ausblenden. Falls Sie die Nachrichten gelesen haben, aber weder auf AUFRUFEN noch auf SCHLIESSEN geklickt haben, bleiben die Nachrichten in Ihrem Konto erhalten. Sie finden die Benachrichtigungen wieder, indem Sie auf die Glocke im rechten oberen Bereich Ihres Kontos klicken. Sind aktuelle, ungelesene Nachrichten vorhanden, so werden diese durch ein rotes Ausrufezeichen neben der Glocke signalisiert.

18.2 Auf den aktuellen Zeitraum achten

Ein wichtiger Hinweis: Achten Sie immer auf den aktuell festgelegten Zeitraum Ihrer Datenansicht im AdWords-Konto!

Bevor Sie sich eine Statistik genauer anschauen, sollten Sie sich immer zuerst vergewissern, welchen Zeitraum Sie aktuell betrachten (siehe Abbildung 18.2). In der rechten oberen Ecke Ihres AdWords-Kontos finden Sie den Zeitraum, der gerade für Ihre Statistiken aktiviert ist.

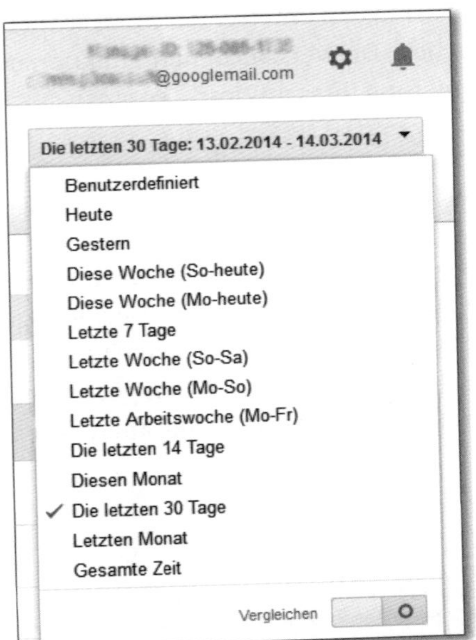

Abbildung 18.2 Zeitraum für die Statistiken festlegen

Es kann schnell zu einer Schrecksekunde kommen, falls Sie nicht genau wissen, welchen Zeitraum Sie gerade in Ihrem AdWords-Konto betrachten. Denn fatalerweise bleibt die letzte Einstellung aktiviert. Falls Sie also standardmäßig immer den aktuellen Monat als Zeitraum eingestellt haben, zwischendurch jedoch einmal nachgeschaut haben, wie viele Klicks in den letzten vier Monaten erzielt worden sind, so sind die letzten vier Monate als Auswahl auch noch am nächsten Tag aktiviert. Ohne eine vorherige Kontrolle des aktivierten Zeitraums ist der Schreck dann groß, wenn Sie bei einem Blick auf Ihre aktuellen Kosten erkennen, dass Sie vermeintlich bereits mehr als das Dreifache Ihres Monatsbudgets ausgegeben haben.

Diese Standardeinstellungen sollten Sie nutzen

Die Standardeinstellung in Bezug auf den Zeitraum ist meistens der aktuelle Monat oder die letzten 30 Tage. Zum Beginn eines neuen Monats sollten Sie dann immer die Zahlen des vorherigen Monats kontrollieren. Zur Analyse längerer Zeiträume wählen Sie dann die benutzerdefinierte Zeitauswahl.

Zur Nutzung der benutzerdefinierten Zeitauswahl klicken Sie einfach in die Formularfelder. Dort können Sie das Start- und Enddatum direkt eingeben oder die praktische Kalenderfunktion nutzen (siehe Abbildung 18.3).

Abbildung 18.3 Benutzerdefinierte Zeitauswahl mit Kalenderfunktion

18.3 Filter: Alle – Alle aktivierten – Alle außer gelöschte

Die wichtigsten Funktionen sind die Filtermöglichkeiten, denn in Ihrem AdWords-Konto geht nichts verloren! Kampagnen, Anzeigengruppen, Keywords oder auch Anzeigentexte, die Sie gerade pausieren, aber auch Elemente, die Sie bereits gelöscht haben, sind stets in Ihrem AdWords-Konto zugegen.

Dies hat zum einen den Vorteil, dass Sie auch zu einem späteren Zeitpunkt noch auf Ihre Statistiken zugreifen können – auch wenn das Element bereits gelöscht wurde. Es hat jedoch auf der anderen Seite den Nachteil, dass Ihr AdWords-Konto schnell durch viele Daten aufgebläht werden kann. Dies passiert vor allem, wenn Kampagnen, Anzeigengruppen oder Keywords öfter gelöscht worden sind. Viele Zeilen mit aktuell ungenutzten Daten machen die Statistiken in Ihrem AdWords-Konto dann sehr schnell unübersichtlich. Zu diesem Zweck gibt es jedoch eine geniale Filtermöglichkeit, die Sie auf jeden Fall anwenden sollten. Im mittleren Fenster finden Sie auf der linken Seite eine Dropdown-Liste, mit der Sie Ihre aktuelle Ansicht filtern können.

Sie können zum Beispiel auf der Kampagnenebene wählen, ob Sie alle Kampagnen sehen möchten, alle Kampagnen, die gerade aktiviert sind, oder ob Sie nur die gelöschten ausschließen möchten. In der Standardeinstellung sollten Sie über den Filter ALLE AKTIVIERTEN ❶ nur die Kampagnen auswählen, die gerade aktiviert sind (siehe Abbildung 18.4). So erhalten Sie den Überblick zu den wichtigsten Daten für Ihren normalen »AdWords-Alltag«.

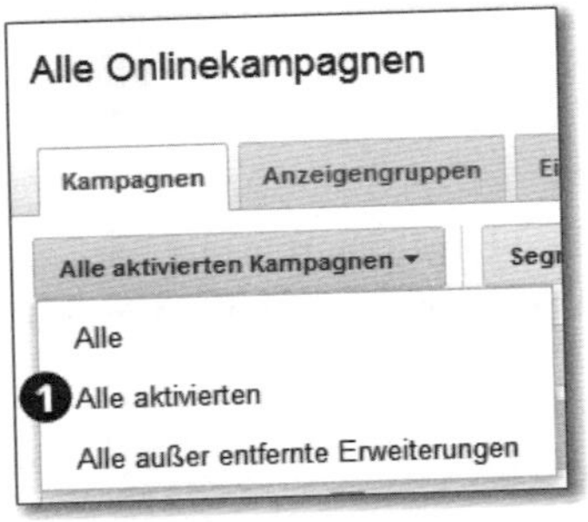

Abbildung 18.4 Filtern nach Status

Falls Sie ALLE ausgewählt haben, so sehen Sie wirklich alle Kampagnen, egal ob diese aktuell pausiert sind oder auch schon zu einem früheren Zeitpunkt von Ihnen gelöscht wurden. Diese Ansicht verwirrt viele AdWords-Nutzer, weil allgemein angenommen wird, dass gelöschte Elemente auch wirklich gelöscht und somit nicht mehr sichtbar sind. In Ihrem AdWords-Konto können Sie die gelöschten Elemente jedoch nur »unsichtbar machen«, indem Sie diese über die Filtereinstellungen ausschließen.

Die dritte Filtermöglichkeit besteht in der Auswahl ALLE AUSSER ENTFERNTE ELEMENTE. Bei dieser Auswahl werden neben den Kampagnen, die gerade aktiviert sind, zusätzlich die Kampagnen angezeigt, die gerade pausieren. Diese Auswahl macht vor allem dann Sinn, wenn Sie Ihr Konto nach Kampagnen, Anzeigengruppen, Keywords oder Anzeigentexten durchsuchen möchten, die Sie z. B. nach einer Optimierungsmaßnahme wieder aktivieren wollen.

18.4 Die Suchfunktion im AdWords-Konto

Da Google quasi für den Begriff »Suche« steht, ist es nicht verwunderlich, dass auch im AdWords-Konto eine Suchfunktion integriert ist. Sie finden die Suchfunktion ❶ in Ihrem AdWords-Konto jeweils oberhalb Ihrer Statistiken im mittleren Fenster.

Abbildung 18.5 Suchfunktion im AdWords-Konto

Die Suchfunktion ist vor allem bei großen Konten interessant, wenn Sie eine bestimmte Kampagne oder Anzeigengruppen schnell finden müssen. In diesem Zusammenhang sei noch einmal darauf verwiesen, dass aussagekräftige Namen für Kampagnen und Anzeigengruppen immer hilfreich sind, um sich schnell zu orientieren oder wie hier schnell das Gesuchte zu finden. Nur wenn Sie die Namen von Kampagnen und Anzeigengruppen sinnvoll vergeben haben, können Sie diese über die Suchfunktion auch einfach wiederfinden.

Die Suchfunktion im AdWords-Konto wird in der Praxis öfter auf Keyword-Ebene eingesetzt. Da die Liste der Keywords meistens einen sehr großen Umfang besitzt, bietet die Suchfunktion hier eine sinnvolle Unterstützung, da Sie große Datenmengen zu bestimmten Begriffen schnell durchforsten können.

Beispiel – So nutzen Sie das Suchfeld

Sie möchten innerhalb Ihrer Keyword-Liste in Ihrem Konto alle Suchbegriffe finden, die mit dem Begriff »Seminar« verbunden sind. Geben Sie dazu einfach das Wort *seminar* in das Suchfeld ein und klicken Sie danach auf SUCHEN.

Die Suchfunktion verhält sich wie ein gesetzter Filter, der für alle Elemente überprüft, ob der vorgegebene Begriff enthalten ist (siehe Abbildung 18.6). Haben Sie das gesuchte Element gefunden, zum Beispiel alle Keywords, die den Begriff »Seminar« enthalten, so können Sie den Filter wieder aufheben, indem Sie einfach auf das Kreuz ❶ hinter dem gesuchten Keyword klicken.

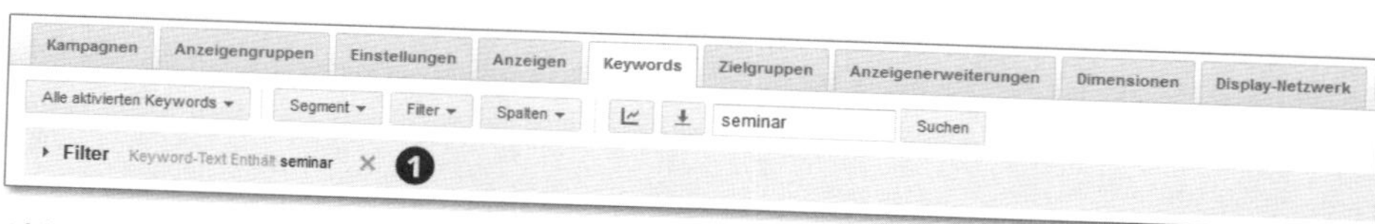

Abbildung 18.6 Aktivierte Suchfunktion mit eingeblendetem Filter

Weitere Tipps zur Suchfunktion

Sobald Sie einen neuen Begriff eingeben, so überschreibt dieser den gesetzten Filter. Falls Sie zwei oder mehr Begriffe eingeben, so müssen die eingegebenen Begriffe auch in dieser Reihenfolge vorkommen, damit sie angezeigt werden.

Die Suchfunktion können Sie für Kampagnen, Anzeigengruppen, Keywords, Textanzeigen sowie für die Keywords und Placements im Displaynetzwerk nutzen.

Eine übergeordnete Suchfunktion findet sich zudem noch oberhalb der linken Navigationsleiste. Wenn Sie ALLE ONLINE-KAMPAGNEN auswählen und einen Suchbegriff in das Suchfeld oberhalb der Navigationsleiste eingeben, so erstellt Google AdWords

Vorschläge sowohl zu Keywords als auch zu Anzeigen, Anzeigengruppen und Kampagnen, die den gesuchten Begriff enthalten. Die Ergebnisse werden nach den übergeordneten Elementen gruppiert (siehe Abbildung 18.7). Ein Klick auf das gesuchte Ergebnis verlinkt direkt in den untergeordneten Bereich.

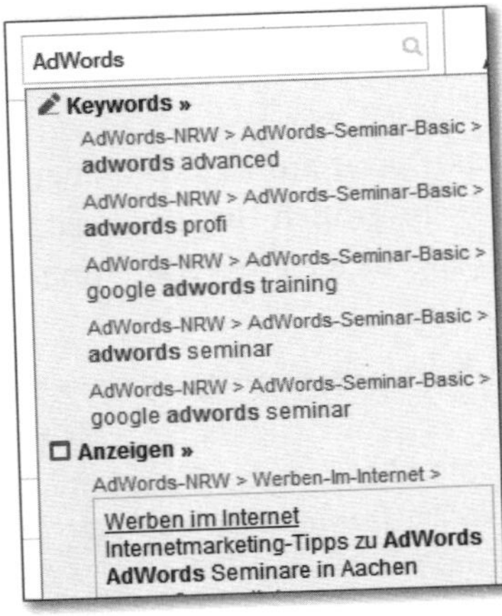

Abbildung 18.7 Suchfunktion oberhalb der Navigationsleiste

Auf die aktuell gefilterten Kampagnen achten

Bitte beachten Sie auch die Einstellung der aktuellen gefilterten Kampagnen in der linken Navigationsleiste. Denn Sie erhalten nur Vorschläge zu Elementen, die in den dort aufgelisteten Kampagnen enthalten sind. Die Kampagnenauswahl wird über den Filter zu Alle, Alle aktivierten und Alle ausser entfernte Erweiterungen bestimmt.

18.5 Spalten aktivieren und sortieren

Möchten Sie einzelne Kennzahlen in Ihrem AdWords-Konto näher analysieren und dazu bestimmte Daten auf- oder absteigend sortieren, so ist dies einfach über einen Klick in den Header-Bereich der Kontostatistiken möglich (siehe Abbildung 18.8).

Klicken Sie im Header auf den Namen der Datenspalte ❶, die sortiert werden soll. Die ausgewählte Zelle im Header-Bereich verdunkelt sich leicht und ist somit als aktiv gekennzeichnet. Per Klick in die jeweilige Zelle können Sie die zugehörigen Kennzahlen dann auf- und absteigend sortieren.

Möchten Sie zum Beispiel in einer Kampagnenübersicht sehen, welche Kampagne die meisten Kosten verursacht hat, so klicken Sie einfach in die Zelle Kosten und sortieren Sie Ihre Kampagnen auf-/absteigend nach Kosten durch weitere Klicks auf die Zelle im Header-Bereich.

Status	↓	Kosten	Impr.	Klicks	CTR
Aktiv		1.874,16 €	47.999	2.854	5,95 %
Aktiv		585,40 €	18.560	394	2,12 %
Aktiv		376,52 €	4.902	209	4,26 %
Aktiv		228,76 €	6.173	117	1,90 %
Aktiv		98,50 €	871	49	5,63 %
Aktiv		88,59 €	3.250	53	1,63 %

Abbildung 18.8 Aktivierte Spalten sortieren

18.6 Wichtige Funktionen und Tools

Das AdWords-Konto verändert sein Aussehen mit der Zeit und es kommen öfter neue Tools, Icons oder grundsätzliche Funktionalitäten hinzu. Wenn Sie die Funktionen der verschiedenen Symbole kennen, so ist es für Sie zukünftig auch einfacher, die Neuerungen im Konto intuitiv zu nutzen.

Einheitliche Symbole in verschiedenen Google-Tools

Viele Google-Programmierer arbeiten an unterschiedlichen Tools. Dadurch haben sich in der Vergangenheit unterschiedliche Icons und Bearbeitungsmöglichkeiten entwickelt. In letzter Zeit ist jedoch erkennbar, dass es eine bessere Abstimmung der Entwickler untereinander stattgefunden hat. Durch diese Abstimmung haben sich Buttons, Symbole und Bearbeitungsmöglichkeiten etabliert, die Sie auch in anderen Google-Tools, wie z. B. Google-Analytics (*https://www.google.de/analytics*) wiederfinden.

18.6.1 Die Dropdown-Listen

Viele Buttons, die Sie im AdWords-Konto anklicken können, entpuppen sich als so genannte Dropdown-Listen. Diese Listen sind durch ein kleines Dreieck auf der rechten Seite gekennzeichnet (siehe Abbildung 18.9).

Nach dem Klick auf einen solchen Button haben Sie weitere Möglichkeiten zur Auswahl des nächsten Schrittes. Dabei gibt es verschiedene Möglichkeiten. Zum einen können Sie eine Funktionsauswahl in der Dropdown-Liste treffen, die dann direkt ausgeführt wird. Zum anderen verbirgt sich eine Art Link hinter der Auswahl, der ein neues Fenster aufruft oder Sie zu einem anderen Bereich im AdWords-Konto führt.

In Abbildung 18.9 sind die Punkte AKTIVIEREN, PAUSIEREN, LÖSCHEN sowie KOPIEREN eine direkte Funktionsauswahl, während GEBOTE ÄNDERN..., EINFÜGEN..., TABELLE HERUNTERLADEN, TABELLE HOCHLADEN und LETZTE BULK-ÄNDERUNGEN in ein neues Fenster bzw. einen neuen Bereich verweisen.

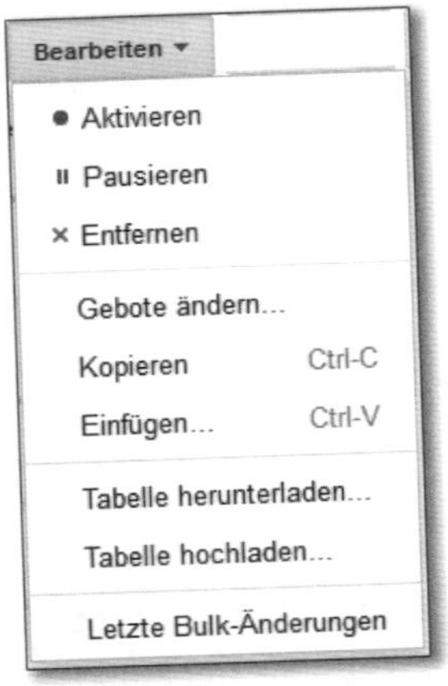

Abbildung 18.9 Dropdown-Liste mit Funktionsauswahl und Verlinkung

Es kann auch vorkommen, dass Sie innerhalb der Dropdown-Liste über ein Dreieck auf der rechten Seite ❶ weiter zur Auswahl eines untergeordneten Tools oder einer Einstellungsmöglichkeit geführt werden (siehe Abbildung 18.10).

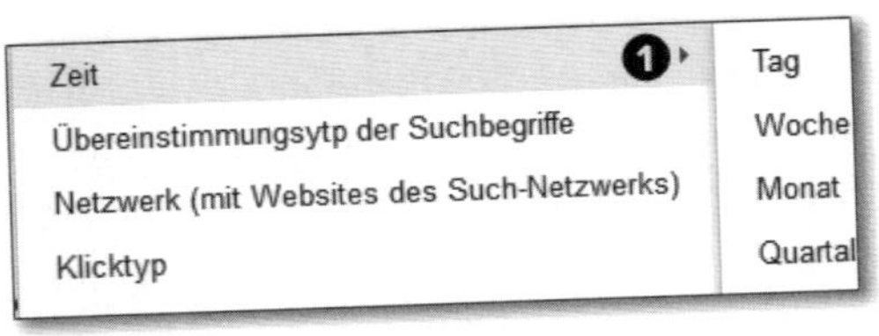

Abbildung 18.10 Unterordner in der Dropdown-Liste

18.6.2 Etwas »Neues« anlegen – so geht´s

Möchten Sie in Google AdWords etwas Neues anlegen, dann klicken Sie auf den roten Button, der mit einem Plus gekennzeichnet ist. Google AdWords »freut sich«, wenn etwas Neues angelegt werden soll. Das AdWords-Konto lebt von neuen Kampagnen, Anzeigengruppen oder Keywords. Darum wurde wahrscheinlich die auffällig rote Signalfarbe gewählt.

Im AdWords-Konto können Sie über diese roten Buttons mit dem vorangestellten Plus die Neuanlage der Standardelemente wie z. B. Kampagnen, Anzeigengruppen, Keywords und Textanzeigen starten (siehe Abbildung 18.11).

Abbildung 18.11 Button zum Einfügen neuer Keywords

Der rote Button mit dem vorangestellten Plus wird im AdWords-Konto jedoch konsequent für alle Bereiche genutzt, wo etwas Neues angelegt werden soll. Abbildung 18.12 z. B. zeigt den roten Button zur Anlage einer neuen Liste für ausschließende Keywords.

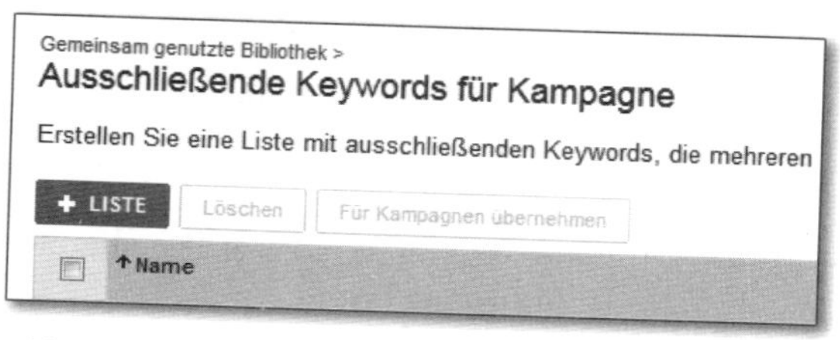

Abbildung 18.12 Button zur Erstellung einer neuen Keyword-Liste

In manchem Bereich ist Google AdWords jedoch nicht konsequent. Es gibt Bereiche im AdWords-Konto, wo auch graue Buttons genutzt werden, um etwas Neues anzulegen. Diese Version finden Sie z. B. bei der Anlage eines Kampagnentests (siehe Abbildung 18.13) oder bei der Neuanlage von Anzeigenerweiterungen wie zum Beispiel bei der Anlage eines neuen Sitelinks.

Abbildung 18.13 Es gibt auch graue »Plus-Buttons«.

18.6.3 Funktion der Checkboxen im AdWords-Konto

Checkboxen besitzen im Google-AdWords-Konto eine wichtige Funktion, da die Nutzer über diese Elemente auswählen können, um diese dann im nächsten Schritt zu bearbeiten. Aktivieren Sie die Checkboxen vor mehreren Keywords, so können diese beispielsweise gleichzeitig bearbeitet, korrigiert oder gelöscht werden (siehe Abbildung 18.14).

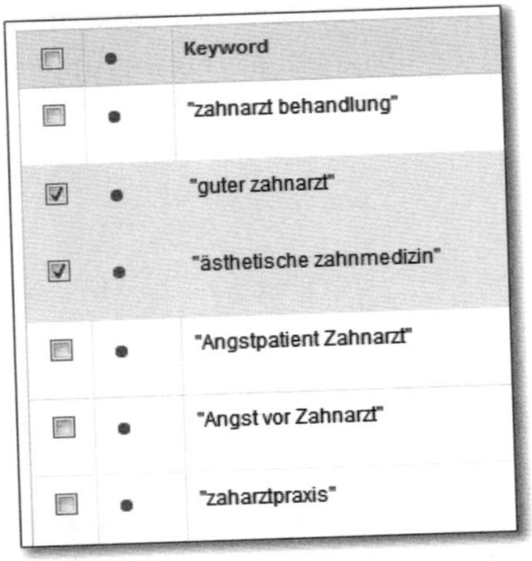

Abbildung 18.14 Checkboxen zur Markierung von Keywords

> **Markieren Sie einzelne Keywords zur Anpassung der CPC-Gebote**
> Die Auswahl bestimmter Keywords können Sie nutzen, wenn Sie die maximalen CPC-Gebote mehrerer ausgewählter Keywords gleichzeitig verändern möchten.

Wenn Sie die Checkbox im Header ❶ einer Tabelle aktivieren, so werden alle Elemente innerhalb dieser Tabelle markiert (siehe Abbildung 18.15).

Diese können dann ebenfalls bearbeitet werden. Sie können die Checkbox im Header aber auch nutzen, um eine Auswahl bestimmter Keywords wieder aufzuheben. Klicken Sie einfach zweimal in die Header-Checkbox. Beim ersten Mal werden alle Elemente markiert, beim zweiten Klick werden diese wieder deaktiviert.

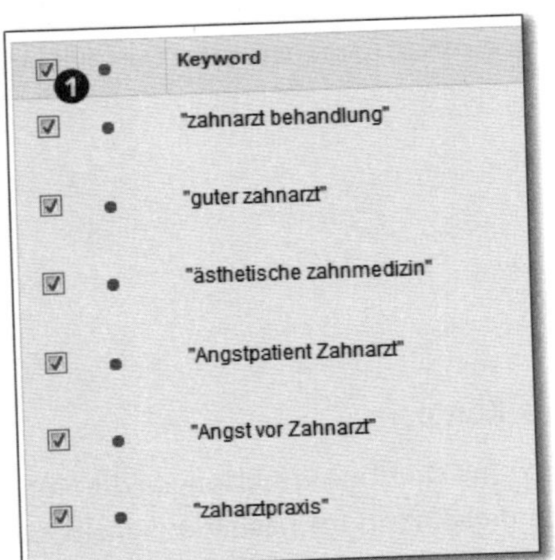

Abbildung 18.15 Aktivierung der Checkbox im Header

Markieren Sie alle Keywords zur Änderung aller Keyword-Optionen
Die Auswahl aller Keywords einer Anzeigengruppe ist nützlich, wenn Sie mit einem Arbeitsschritt die Keyword-Optionen aller Keywords dieser Anzeigengruppe gleichzeitig ändern möchten.

18.6.4 Der Stift zur Bearbeitung

An vielen Stellen in Ihrem AdWords-Konto finden Sie einen kleinen Stift ❷, hinter dem sich eine Bearbeitungsfunktion verbirgt (siehe Abbildung 18.16). Dieser Stift erscheint, wenn Sie mit Ihrer Maus über eine Fläche fahren, z. B. bei den Texten Ihrer Anzeigen.

Bei der Bearbeitung von Textanzeigen kommen jedoch mehrere Funktionen zusammen. Ein Klick auf den blauen Link ❶ im Titel der Textanzeigen öffnet in einem neuen Fenster die Landing-Page, die als Ziel-URL in der Anzeige hinterlegt ist. Dieser Klick verursacht übrigens keine Kosten. Um die Bearbeitungsfunktion über den Stift zu erreichen, müssen Sie weiter rechts neben dem Titel klicken. Zugleich mit dem Stift erscheint in der Anzeige dann auch noch ein kleines Dreieck ❸ auf der rechten Seite. Dort kann eine Dropdown-Liste zur Bearbeitung ausgewählt werden. Durch die verschiedenen Funktionen in der kleinen Anzeigenbox kann es schon mal dazu kommen, dass eine ungewollte Aktion ausgeführt wird, indem z. B. die Landing-Page aufgerufen wird, obwohl die Anzeige nur bearbeitet werden sollte.

Abbildung 18.16 Stiftfunktionen zur Bearbeitung von Textanzeigen

Es gibt Flächen im Konto, wo Sie zunächst nicht direkt erkennen können, dass es eine Bearbeitungsmöglichkeit gibt. Sie müssen daher manchmal mit Hilfe der Mausbewegung über eine Spalte oder Tabellenzelle fahren und etwas suchen, um die Bearbeitungsfunktion mit dem Stift zu finden.

18.6.5 Pluszeichen

Sie finden in Ihrem AdWords-Konto an unterschiedlichen Stellen ein Quadrat, welches ein kleines Pluszeichen enthält (siehe Abbildung 18.17). Hinter diesem Pluszeichen verbergen sich zusätzliche Informationen, die per Klick ausgeklappt werden können. In der ausgeklappten Position wird dann aus dem Plus- ein Minuszeichen. Ein Klick auf dieses Minuszeichen klappt die Zusatzinformation wieder ein. Alternativ funktioniert jeweils auch der Klick auf den blauen Textbereich hinter dem Quadrat.

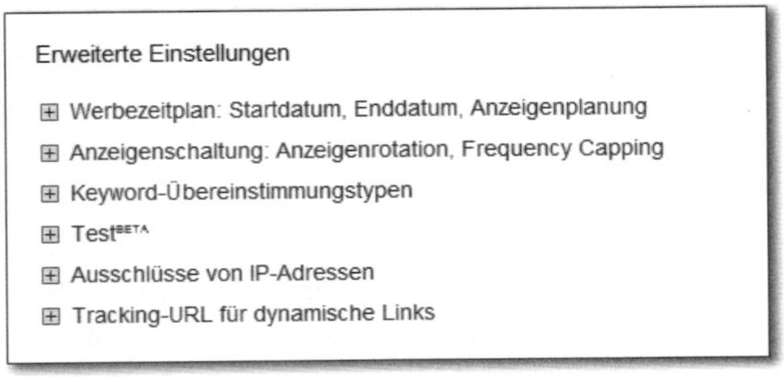

Abbildung 18.17 Das Pluszeichen verbirgt zusätzliche Informationen

18.6.6 Sprechblasen mit Zusatzinformation im AdWords-Konto

An bestimmten Stellen im AdWords-Konto tauchen Symbole in Form einer Sprechblase ❷ auf. Diese Icons finden Sie zum Beispiel in der Spalte mit der Überschrift STATUS ❶ hinter Ihren Keywords (siehe Abbildung 18.18).

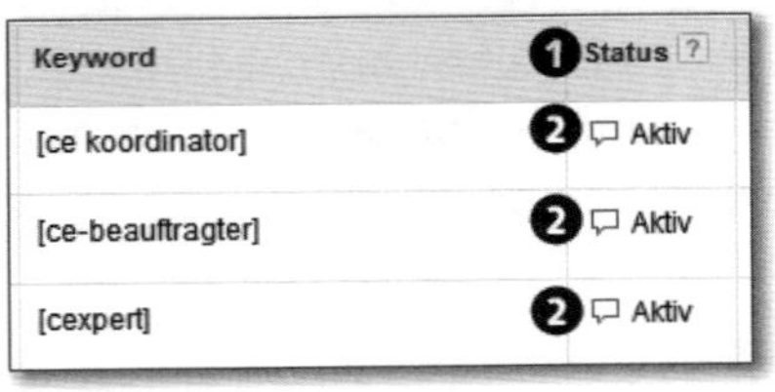

Abbildung 18.18 Sprechblasen hinter den Keywords

Wenn Sie mit dem Mauszeiger über diese Sprechblasen fahren, dann erscheinen weitere Informationen (Sprechblasentipp, siehe Abbildung 18.19). In der Status-Spalte erhalten Sie z. B. zusätzliche Informationen mit Bezug zum Keyword-Status und weitergehende Infos zum Qualitätsfaktor.

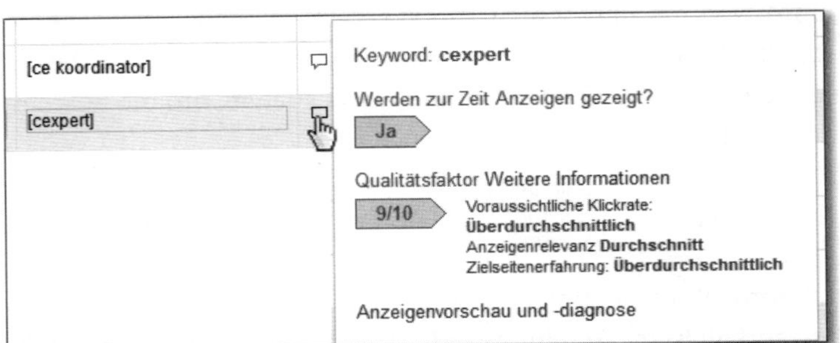

Abbildung 18.19 Geöffneter Sprechblasentipp

18.6.7 Fragezeichen – versteckte Informationen finden

Hinter vielen Bezeichnungen im AdWords-Konto finden Sie ein Fragezeichen ❶. Fahren Sie mit Ihrer Maus über das Fragezeichen (Mouse-Over) und Sie erhalten weitere Informationen, so genannte Tool-Tipps, zu dem zugehörigen Begriff. Mit Hilfe dieser Funktion werden im AdWords-Konto z. B. Begriffe wie Impressionen oder CTR definiert und mit Beispielen näher erläutert (siehe Abbildung 18.20).

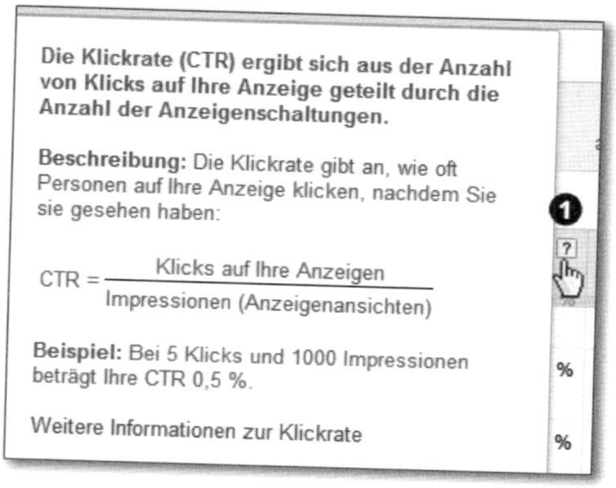

Abbildung 18.20 Fragezeichen (Tool-Tipps) enthalten Zusatzinformationen

18.6.8 Glühbirnen – Google-Vorschläge

Ein relativ neues Symbol (Stand Oktober 2014) ist die gelbe Glühbirne, die im AdWords-Konto an verschiedenen Stellen auftaucht oder soll man besser sagen aufleuchtet? Ein Klick auf dieses Symbol öffnet wieder einzelne Werbechancen, die Google AdWords in Ihrem Konto zu dem jeweiligen Element gefunden hat. Die Zusammenfassung dieser Werbechancen finden Sie natürlich auch im Hauptregister WERBECHANCEN, im Header Ihres AdWords-Kontos.

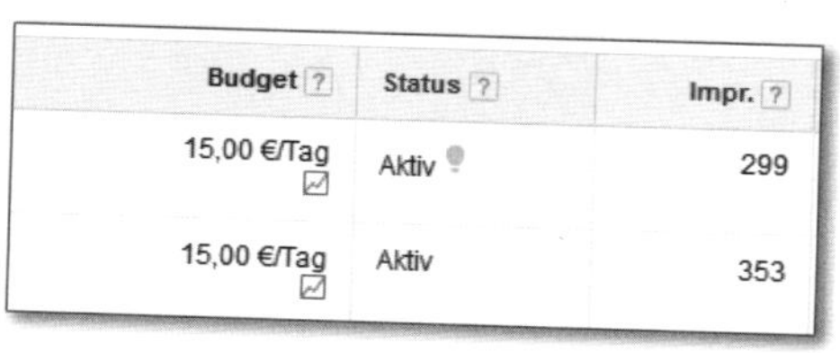

Abbildung 18.21 Glühbirne – Google AdWords hat eine Idee.

18.6.9 Doppelpfeil mit unterschiedlichen Bedeutungen

Ein Symbol mit einem Doppelpfeil ❷ besitzt im AdWords-Konto unterschiedliche Bedeutungen. Meistens deuteten die Pfeile an, dass bestimmte Elemente hinzugefügt werden. So können z. B. Kampagnen den entsprechenden Keyword-Listen oder übergeordneten Budgets zugefügt werden (siehe Abbildung 18.22). Findet sich im

Kopfbereich ein blauer Doppelpfeil (1), so bedeutet dies, dass per Klick auf dieses Symbol alle aufgelisteten Elemente auf einmal übernommen werden.

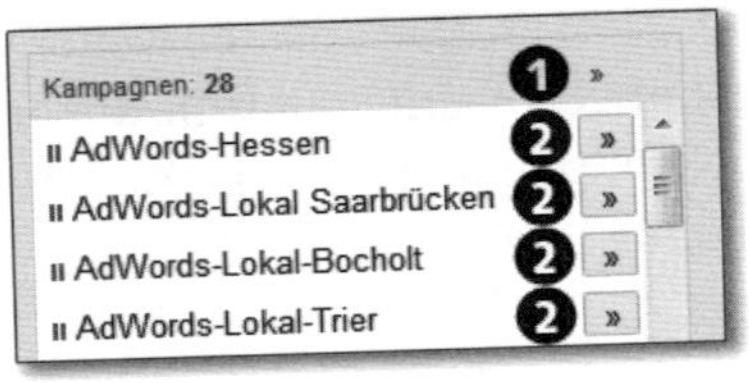

Abbildung 18.22 Kampagnen per Doppelpfeil übernehmen

Wenn Sie vorgeschlagene Keywords von Google AdWords zu Ihren Anzeigengruppen hinzufügen möchten, finden Sie vor dem Link HINZUFÜGEN zusätzlich das Doppelpfeil-Symbol. Auch hier steht das Symbol für den Vorgang »Hinzufügen«.

Abbildung 18.23 Hinzufügen von Keywords

Ganz aktuell (Dezember 2014) können wir Änderungen im AdWords-Konto bei der Bearbeitung der Spaltenauswahl beobachten. Der Doppelpfeil ersetzt hier nun die das Wort HINZFÜGEN, welches zuvor als Linkelement genutzt werden konnte (siehe Abbildung 18.24). Dies ist eine konsequente Weiterentwicklung der Funktionen im AdWords-Konto. Google versucht die Funktionen bei AdWords und auch bei anderen Produkten immer mehr zu vereinheitlichen.

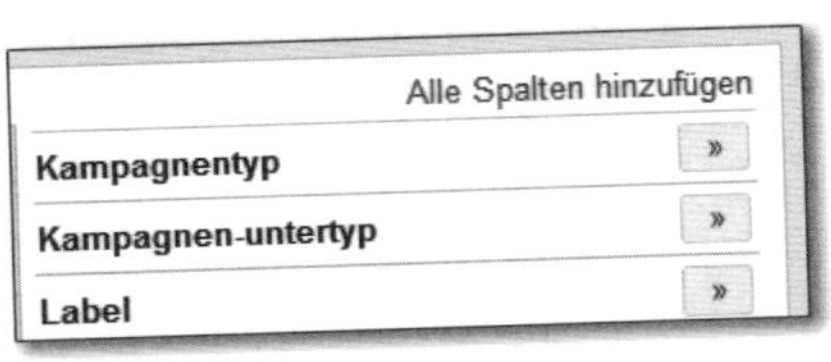

Abbildung 18.24 Doppelpfeil ersetzt »Hinzufügen«

Sie finden den Doppelpfeil aber auch noch in einer anderen Funktion in Ihrem AdWords-Konto. Wenn Sie im Unterregister »Kampagnen« auf die linke Seite blicken, so finden Sie einen Doppel-Pfeil (1) hinter ALLE ONLINE-KAMPAGNEN (siehe Abbildung 18.25). Ein Klick auf dieses Icon klappt die Navigationsliste und die GEMEINSAM GENUTZTE BIBLIOTHEK ein, so dass die Funktionen nur bei Mouse-Over wieder sichtbar werden. Ein weiterer Klick auf den Doppelpfeil, der nach rechts zeigt, lässt die Navigationsliste und die Bibliothek wieder erscheinen.

Abbildung 18.25 Doppelpfeil zum Einklappen der Seitennavigation

18.6.10 Verlinkung und Bearbeitung

Elemente im AdWords-Konto, die in blauer Farbe dargestellt und bei einer Mouseover-Funktion zusätzlich unterstrichen werden, fungieren, wie meistens in der Internetwelt, als Link. Ein Klick auf diese Links führt Sie zu untergeordneten Navigationsebenen bzw. tiefergehenden Informationen oder Bearbeitungsmöglichkeiten. Diese Kennzeichnung wird im AdWords-Konto jedoch nicht immer ganz konsequent durchgeführt. Manchmal können auch Felder geklickt werden, die nicht als Link gekennzeichnet sind! Es hilft also auch hier im Zweifel nur der Test mit der Mouseover-Funktion.

18.6.11 Symbole: Pausieren, Löschen – Gelöscht

Im AdWords-Konto finden Sie an vielen Stellen die drei Symbole aus Abbildung 18.26. Mit Hilfe dieser Auswahlmöglichkeiten können Elemente aktiviert, pausiert oder gelöscht werden.

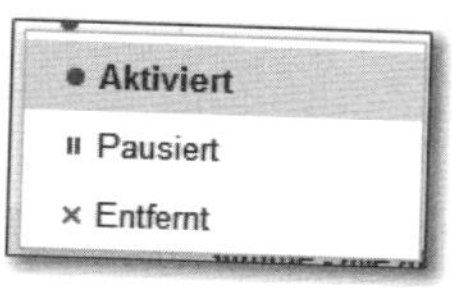

Abbildung 18.26 Symbole zu »Aktiviert« – »Pausiert« – »Entfernt«

Bei der Bezeichnung der Symbole ist Google AdWords in der Vergangenheit nicht einheitlich vorgegangen. Falls Sie also statt ENTFERNT die Begriffe GELÖSCHT oder LÖSCHEN im Konto finden, dann soll dies auf die gleiche Funktion verweisen! Der grüne Kreis aktiviert, der Doppelstrich pausiert und das rote X löscht das zugehörige Element. Mit diesen drei Funktionen werden im AdWords-Alltag meistens Kampagnen, Anzeigengruppen, Keywords oder Anzeigen gesteuert. Es können aber auch andere Elemente, z. B. die automatisierten Regeln über diese Symbole aktiviert, pausiert oder gelöscht werden.

Im GDN finden Sie »aktiviert« und »ausgeschlossen«

Für die Placements in den Displaykampagnen gibt es noch den Zustand AUSGESCHLOSSEN. Hierfür wird ein roter Kreis mit weißem Querstrich genutzt, welches an das Verbot der Einfahrt in eine Einbahnstraße ❶ erinnert (siehe Abbildung 18.27).

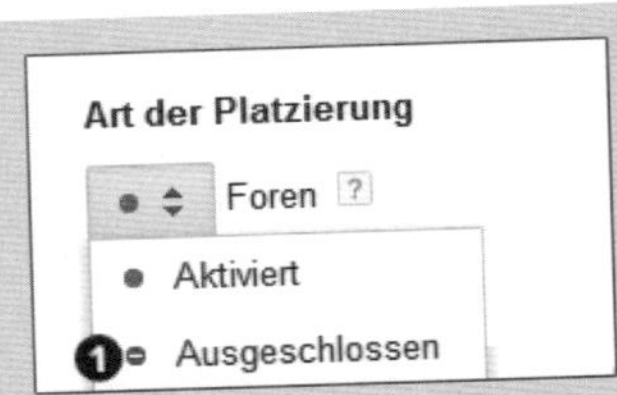

Abbildung 18.27 Symbole zu »Aktiviert« und »Ausgeschlossen«

18.6.12 Erweiterung der Unterregister/Tabs

Im mittleren Bereich Ihres AdWords-Kontos finden Sie am rechten Ende der Unterregister ein kleines Dreieck ❶ (siehe Abbildung 18.28). Ein Klick auf das Dreieck öffnet ein Fenster ❷. Dort können Sie über die vorangestellten Checkboxen ❸ Unterregister/Tabs hinzufügen bzw. deaktivieren. Hier finden Sie die Unterregister, die seltener genutzt werden.

Im Laufe der Zeit hat Google AdWords die Anzahl der Unterregister immer weiter erhöht und sich daher für die Möglichkeit entschieden, bestimmte Informationen auszublenden. Dies hat auf der einen Seite den Vorteil, dass die Reizüberflutung abnimmt, denn durch die Deaktivierung bestimmter Unterregister wird das AdWords-Konto übersichtlicher. Andererseits kann es vorkommen, dass Sie bestimmte Funktionen suchen, die gerade nicht sichtbar sind. Falls Sie ein Unterregister suchen, das nicht angezeigt wird, lohnt sich also ein Klick auf das kleine Dreieck.

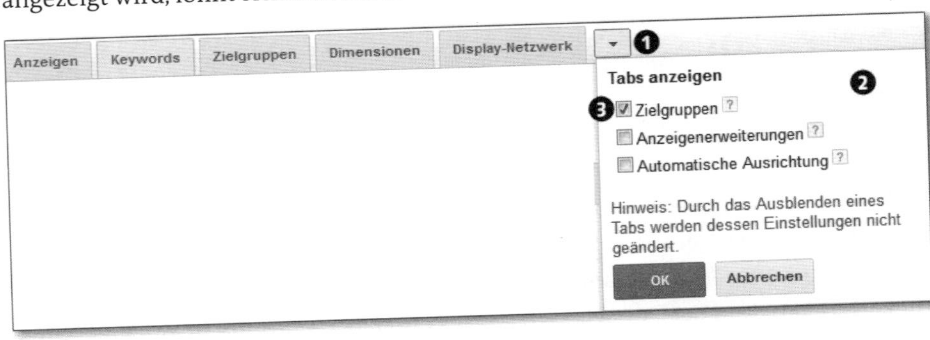

Abbildung 18.28 Tabs ein- und ausblenden

18.6.13 Icons für verschiedene Kampagnentypen

Achten Sie auf die Icons vor den Kampagnen-Namen

Falls Sie mit einem Blick wissen möchten, zu welchem Kampagnentyp eine bestimmte Kampagne gehört, so finden Sie diese Information bereits in der linken Navigationsliste Ihres AdWords-Kontos. Die einzelnen Kampagnentypen werden nämlich durch vorangestellte Icons (siehe Abbildung 18.29) gekennzeichnet. Diese Icons werden natürlich auch in Ihrer AdWords-Statistik auf Kampagnenebene genutzt.

Alle Kampagnen, die nur auf das Suchnetzwerk ausgerichtet sind, werden mit einem Lupensymbol markiert. Reine Displaykampagnen erhalten ein Icon, welches an eine Website mit unterschiedlichen Inhaltsblöcken erinnert.

Eine gemischte Kampagne (Such- und Displaynetzwerk) wird durch die Kombination von Lupe und Website symbolisiert. Ein Preisschild hingegen dient als Symbol für eine Shopping-Kampagne.

Abbildung 18.29 Icons zu den verschiedenen Kampagnentypen

18.6.14 Die Funktion des Zahnrades

In vielen Google-Tools finden Sie ein Zahnrad-Symbol, welches im Jahr 2013 von Google eingeführt wurde. Das Zahnrad-Symbol deutet immer auf grundlegende Einstellungsmöglichkeiten hin. Möchten Sie z. B. einen neuen Nutzer für Ihr AdWords-Konto bestimmen, so finden Sie diese Funktion hinter dem Zahnrad-Symbol.

Abbildung 18.30 Das Zahnrad-Symbol enthält Einstellungsmöglichkeiten.

18.7 Was bewirken Segmente?

Mit Segmenten können Sie in die Informationen in den AdWords-Berichten gruppieren. So können Sie zum Beispiel die AdWords-Berichte nach einzelnen Wochentagen oder auch nach den Endgeräten, auf denen die AdWords-Anzeigen ausgespielt wurden, unterteilen. Sie finden die Segmente ❶ zum einen als Dropdown-Liste oberhalb Ihrer Kontostatistiken (siehe Abbildung 18.31) oder als zusätzliche Einstellungen im Download-Bereich Ihrer Berichte (siehe Abbildung 18.32).

Segmentierung aufheben

Eine Segmentierung in Ihrem AdWords-Konto heben Sie per Klick auf Keine Angabe ❷ wieder auf.

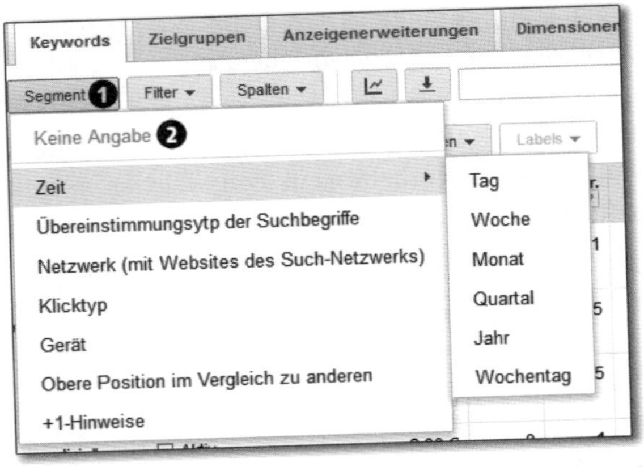

Abbildung 18.31 Segmente für Statistiken im AdWords-Konto auswählen

Im Gegensatz zu der Segmentierung in der Live-Ansicht der AdWords-Statistiken im AdWords-Konto können Sie in Ihren Berichten, die Sie herunterladen, mehrere Segmentierungen hinzufügen. Sie können also z. B. eine Gruppierung nach Wochentag und noch zusätzlich nach der Stunde des Tages gruppieren. Bitte beachten Sie jedoch, dass dadurch die Berichte immer weiter aufgebläht und somit auch unübersichtlicher werden.

Wie viele Segmentierungen kann man maximal einstellen?
Im Download-Bereich der Berichte sind maximal drei Segmentierungen möglich.

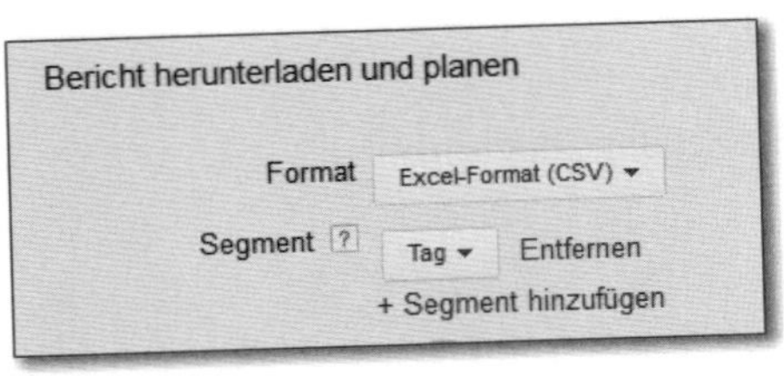

Abbildung 18.32 Segmentierung in der Download-Funktion eines Berichts

18.8 Grafiken – der schnelle AdWords-Überblick

Benötigen Sie einen schnellen Überblick zur Leistung Ihrer Werbekampagnen? Dann nutzen Sie einfach die Grafikfunktion oberhalb Ihrer AdWords-Statistiken. Mithilfe des Buttons ❶, den sie direkt neben der Dropdown-Liste SPALTEN finden, können Sie Ihre Grafik im Form eines Liniendiagramms im AdWords-Konto ein- und ausblenden (siehe Abbildung 18.33).

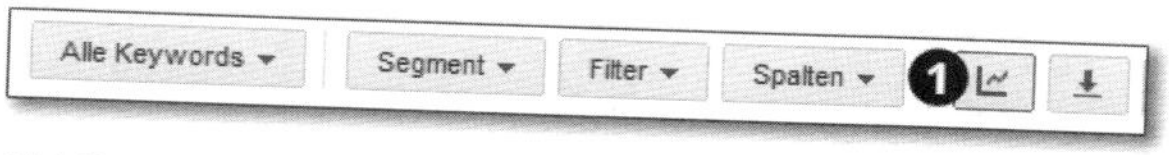

Abbildung 18.33 Grafik-Button zum Ein-/Ausschalten

Konzentration auf das Wesentliche

Die Grafik ist zwar in der Standardansicht eingeschaltet, es hat sich jedoch bewährt, die Grafikansicht für die tägliche Arbeit zu deaktivieren. Per Klick auf das Grafiksymbol verschwindet das Liniendiagramm, so dass Sie sich ganz auf die Zahlen in den AdWords-Statistiken konzentrieren können. Ein weiterer Klick auf das Grafiksymbol blendet die Grafik wieder ein.

18.8.1 Daten als Grafik anzeigen

Nutzen Sie die Grafikübersicht in Ihrem AdWords-Konto, wenn Sie den Verlauf Ihrer Daten über einen gewissen Zeitraum beobachten möchten. Falls Sie zum Beispiel sehen möchten, wie sich die Klickrate und die Kosten nach der Änderungen Ihrer Keyword-Optionen verhalten, oder ob die Klickkosten für Ihre Kampagnen langfristig gestiegen sind, so finden Sie in der Übersichtsgrafik erste Hinweise, die Sie dann näher analysieren sollten.

Bitte beachten Sie auch hier, dass die Grafik immer abhängig vom eingestellten Zeitraum dargestellt wird.

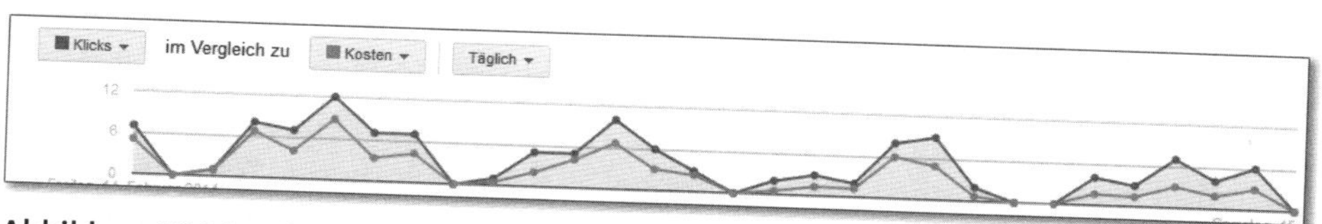

Abbildung 18.34 Infografik im Google-AdWords-Konto

18.8.2 Die Infografik bearbeiten

Sie können Ihre Infografik bearbeiten, indem Sie die farbig markierten Dropdown-Listen ❶ oberhalb der Grafik anklicken und die gewünschten Kennzahlen auswählen (siehe Abbildung 18.35). Dabei können Sie entweder nur eine Kennzahl auswählen oder zwei Kennzahlen im Vergleich aktivieren. Auf diese Weise können Sie bestimmte Entwicklungen mit grafischer Unterstützung analysieren. Die Darstellung der Liniendiagramme können Sie über die Zeitauswahl ❷ der Datenpunkte steuern. Während bei der täglichen Darstellung viele kleine Veränderungen bei den Daten anzeigt werden, »glätten« Sie Ihre Diagrammlinien durch die Auswahl der wöchentlichen oder monatlichen Durchschnittswerte.

Abbildung 18.35 Kennzahlen für die Infografik auswählen

So nutzen Sie die Grafikeinstellungen sinnvoll

Sie können in den Grafiken beliebige Werte kombinieren, Sie sollten jedoch nur Kombinationen nutzen, die sinnvoll sind und aus denen Sie Ihre Schlussfolgerungen ziehen können. Wenn Sie zum Beispiel Ihre Klicks und Ihre Kosten vergleichen, so sollten sich die beiden Linien einigermaßen parallel bewegen. Falls die Kostenlinie größere Ausschläge besitzt als die Diagrammlinie zu Ihren Klicks, so werden Sie sicher einige Keywords in Ihrem Konto finden, die einen Anstieg des Klickpreises zu verzeichnen haben. Hier gilt es dann, die näheren Ursachen zu analysieren.

18.9 Zeiträume vergleichen

Sie können die AdWords-Grafik auch nutzen, um die Entwicklung zweier Zeiträume zu analysieren. Den Vergleich der Zeiträume legen Sie in der Zeitauswahl fest (siehe Abbildung 18.36). Sie können hier bestimmen, ob z. B. der vorherige Zeitraum ❷ zum aktuell ausgewählten Zeitraum analysiert wird. Interessanter für ältere Konten ist jedoch der Vergleich zum letzten Jahr ❸. Dies ist sinnvoll, wenn Sie jahreszeitliche Aspekte berücksichtigen möchten. Als dritte Variante können Sie auch wieder einen benutzerdefinierten Zeitraum ❹ als Vergleich auswählen.

Die Einstellung zum Vergleich von Zeiträumen ist ganz einfach: Klicken Sie am Ende der Dropdown-Liste zur Auswahl des Zeitraums auf den An-/Ausschalter ❶ und wählen Sie aus der neuen Dropdown-Liste den gewünschten Vergleichszeitraum aus. Zum Schluss aktivieren Sie den Vergleich noch per Klick auf ÜBERNEHMEN ❺.

Nach der Aktivierung der Vergleichszeiträume enthält Ihre AdWords-Grafik nun weitere Linien, die sich auf den hinzugefügten Vergleichszeitraum beziehen (siehe Abbildung 18.37). Die Darstellung erfolgt jeweils in der gleichen Farbe der aktivierten Kennzahlen, jedoch werden diese Farben in unterschiedlicher Sättigung dargestellt.

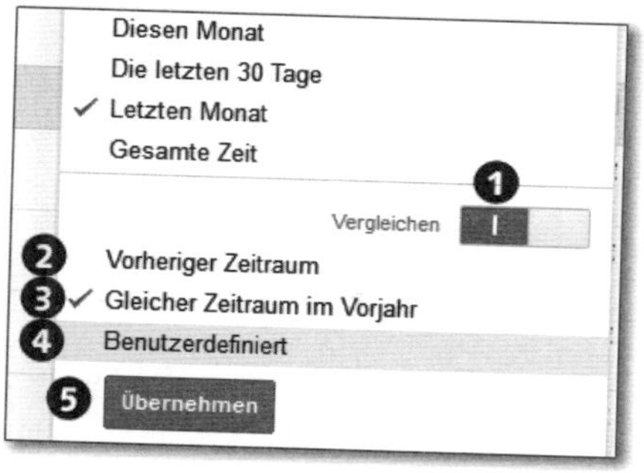

Abbildung 18.36 Vergleichszeitraum einstellen

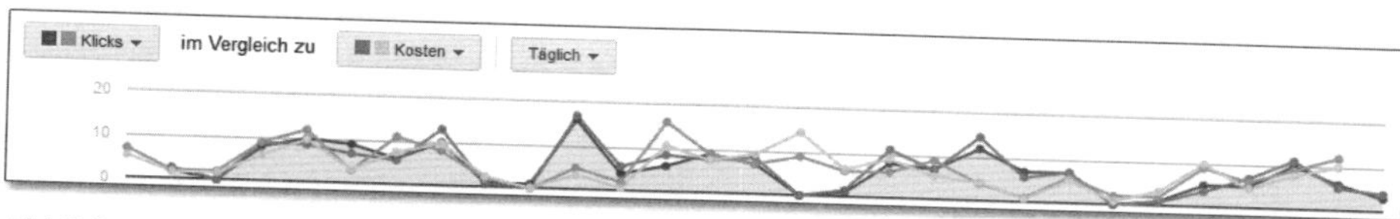

Abbildung 18.37 Grafik mit Vergleichszeiträumen

Vergleich von Zeiträumen in den AdWords-Statistiken

Sie finden einen Vergleich der Zeiträume auch in Ihren Statistikberichten. Klicken Sie zur Darstellung der Vergleichsdaten einfach auf das Plus ❶ im Header-Bereich der jeweiligen Spalte.

− Impr. ?				+ ❶ Klicks ?
551	669	-118	-17,64 %	61
1.064	1.123	-59	-5,25 %	79
12.830	35.827	-22.997	-64,19 %	21

Abbildung 18.38 Aktivierung des Zeitraumvergleichs in den Statistiken

In diesem Kapitel haben sie gelernt, welche speziellen Aktionen das Google-AdWords-Konto bereithält. Sie wissen nun, mit welchen Klicks Sie wichtige Einstellungen oder Darstellungen aktivieren können und was sich hinter den verschiedenen Icons verbirgt, die im Konto immer wieder auftauchen. Mit dem Wissen können Sie nun Ihre Aufgaben im AdWords-Konto schneller und effektiver durchführen und gewünschte Informationen leichter finden.

Hier noch einmal die wichtigsten Aufgabenstellungen und Lösungen in der Zusammenfassung.

Aufgabenstellung	Hilfe oder Tool
Ich möchte schnell bestimmte Informationen im Konto finden.	Nutzen Sie die Suchfunktion oberhalb der Statistiken
Ich möchte nur die aktivierten Kampagnen, Anzeigengruppen, Keywords oder Textanzeigen sehen.	Wählen Sie den Filter ALLE AKTIVIERTEN aus.
Ich möchte die AdWords-Statistiken schnell nach Impressionen, CTR, Klicks etc. sortieren,	Klicken Sie in die gewünschte Header-Spalte und aktivieren Sie mit einem weiteren Klick die Sortierung.
Ich möchte etwas Neues anlegen, z. B. eine neue Kampagne erstellen oder neue Keywords hinzufügen etc.	Klicken Sie auf den roten Button mit dem Pluszeichen. Die Bezeichnung des Buttons verrät, welches Element angelegt wird.
Ich möchte mehrere Kampagnen, Anzeigengruppen, Keywords etc. bearbeiten.	Aktivieren Sie die Checkbox vor den entsprechenden Elementen und klicken Sie danach auf BEARBEITEN.
Ich möchte alle aktivierten Checkboxen einer Tabelle wieder deaktivieren.	Klicken Sie zweimal nacheinander in die Checkbox, die sich im Header der Tabelle befindet.
Ich möchte weitere Informationen zum Qualitätsfaktor eines Keywords erhalten.	Fahren Sie mit Ihrem Mauszeiger über den Sprechblasen-Tipp neben dem jeweiligen Keyword.
Ich möchte Kampagnen, Anzeigengruppen, Keywords, Textanzeigen etc. aktivieren, pausieren oder löschen.	Nutzen Sie die Icons (grüner Punkt, Doppelstrich und rotes X) vor dem jeweiligen Element.
Ich suche ein Unterregister, welches aktuell nicht angezeigt wird.	Klicken Sie auf das Dreieck am rechen Ende des Unterregisters und aktivieren Sie den gesuchten Tab in der Dropdown-Liste.
Ich suche einen schnellen Hinweis zum Kampagnentyp einer Kampagne.	Achten Sie auf die Icons, die vor den Kampagnennamen stehen.
Ich möchte mehrere Segmentierungen gleichzeitig für meine Berichte nutzen.	Nutzen Sie die Segmentierungsmöglichkeit im Download-Bereich der Berichte.
Ich benötige einen schnellen Überblick zur Entwicklung meiner AdWords-Werbung.	Aktivieren Sie die Grafikfunktion in Ihrem AdWords-Konto und wählen Sie die gewünschten Kennzahlen aus.

Tabelle 18.1 Tipps zu Einstellungen und Vorgehensweise im AdWords-Konto

Aufgabenstellung	Hilfe oder Tool
Ich möchte die Leistung meiner AdWords-Kampagnen in Bezug auf zwei unterschiedliche Zeiträume vergleichen.	Aktivieren Sie einen Vergleichszeitraum in der Einstellung zur Zeitauswahl.

Tabelle 18.1 Tipps zu Einstellungen und Vorgehensweise im AdWords-Konto (Forts.)

Glossar: Wichtige Begriffe im AdWords-Programm

Ad Rank Die Anzeigenposition der AdWords-Textanzeigen im Such- und Display-Werbenetzwerk basiert auf dem Ad Rank. Der Ad Rank ist ein Wert, der folgendermaßen durch das AdWords-System ermittelt wird:

Anzeigenrang (Ad Rank) = Maximaler Cost-Per-Click (max. CPC) × Qualitätsfaktor (QF).

Je höherer der Ad Rank, desto weiter oben ist die Anzeige im Werbenetzwerk positioniert. Da man nicht den genauen Qualitätsfaktor kennt, kann man den Ad Rank nicht selber errechnen.

AdSense Google AdSense ist quasi das Gegenstück zu Google AdWords. Bei AdSense kann man Google seine Internetpräsenz als Werbemedium anbieten. Im festgelegten Umfang kann Google dann auf der angebotenen Webseite AdWords-Werbung schalten. Abgerechnet wird normalerweise, wie bei AdWords üblich, per Klick auf die Anzeige. Google reicht also einen kleinen Prozentsatz der Klickeinnahmen an den jeweiligen AdSense-Partner weiter.

AdWords AdWords ist das Werbeprogramm der Suchmaschine Google. Google schaltet Werbeeinblendungen in seinem eigenen und bei anderen Suchdiensten sowie auf Partnerwebseiten, die sich zum Beispiel über das AdSense-Programm bei Google registriert haben. Der Werbende zahlt normalerweise beim AdWords-Programm nicht für die einzelne Einblendung, sondern für den Klick auf die Werbung, der dann den Internet-User zur Webpräsenz des Werbenden führt.

Analytics Analytics ist ein Google-Tool, das es ermöglicht, die Zugriffe von Usern und das Besucherverhalten auf Webseiten zu analysieren. Analytics wird von Google kostenlos zur Verfügung gestellt. Zur Nutzung muss ein entsprechender JavaScript-Code in die zu analysierenden Webseiten integriert werden.

Anzeigengruppe Ein Google-AdWords-Konto besteht aus einer oder mehreren Kampagnen. Diese Kampagnen wiederum enthalten eine oder mehrere Anzeigengruppen. Zu einer Anzeigengruppe gehören mindestens eine Anzeige (normalerweise eine Textanzeige) und mindestens ein Keyword (normalerweise nutzt man aber mehrere Keywords), das die Schaltung der Anzeige auslöst. Eine Anzeigengruppe im Google Displaynetzwerk kann auch ohne Keywords erstellt werden.

Anzeigenrang siehe Ad Rank

Angezeigte URL Die angezeigte URL ist die URL, die in den AdWords-Anzeigen, zum Beispiel bei den Textanzeigen, sichtbar ist. Die angezeigte URL muss zur gleichen Domain wie die Ziel-URL gehören.

Beispiel:

Angezeigte URL: *domain-web.de/Produktname*

Ziel-URL: *www.domain-web.de/alle-produkte/angebote/produkt-abc.html*

Ausschließende Keywords Die ausschließenden oder negativen Keywords stehen für Begriffe, die eine Anzeigenschaltung verhindern sollen. Die AdWords-Anzeigen werden dann nicht ausgeliefert, wenn diese negativen Keywords in der Suchanfrage enthalten sind.

Auto-optimierter CPC (ECPC) Der auto-optimierte CPC oder auch ECPC verwendet das maximale Gebot als Ausgangspunkt und erhöht dies bei vielversprechenden Suchanfragen um höchstens 30 Prozent. Bei weniger erfolgversprechenden Klicks wird das Gebot dementsprechend sogar um mehr als 30 Prozent gesenkt.

Call-to-Action Die zentrale Handlungsaufforderung in einer Textanzeige oder auf einer Webseite wird Call-to-Action genannt. Die Leser sollen eine klare Botschaft erhalten, was als Nächstes zu tun ist, z. B. »Bestellen«, »Informieren«, »Anrufen« etc.

CPM CPM bedeutet Cost-per-1000-Impressions. Bei dieser Gebotsoption zahlt der AdWords-Nutzer also nicht pro Klick, sondern pro 1000 Einblendungen. Es wird mit Hilfe des CPM-Gebotes festgelegt, wie viel für tausend Einblendungen gezahlt werden soll. Diese Verwendung von CPM-Geboten steht lediglich im Google-Displaynetzwerk zur Verfügung. CPM wird als Gebotsstrategie in den Kampagneneinstellungen festgelegt.

CTR Die Click-through-Rate (CTR) oder Klickrate ergibt sich aus dem Verhältnis zwischen Impressionen und Klicks. Die CTR zeigt an, wie viel Prozent der Nutzer, denen eine Anzeige ausgespielt wurde, tatsächlich auf die Anzeige geklickt haben. Die Klickrate wird errechnet, indem die Anzahl der Klicks durch die Anzahl der Impressionen dividiert wird. Eine CTR im AdWords-Konto bezieht sich immer auf einen bestimmten Zeitraum.

Beispiel: Sie schalten Ihre AdWords-Anzeige zu der Suchbegriffskombination *Anwalt Hamburg*. In einer Woche wird Ihre Textanzeige 100-mal vom AdWords-System angezeigt, wobei Ihre Anzeige 15-mal angeklickt wird. Somit liegt die CTR in dieser Woche bei 15 Prozent. Wurde Ihre Anzeige am 15. November 2014 jedoch nur 8-mal ausgeliefert, aber davon 4-mal angeklickt, so liegt die die CTR für diesen Tag bei 50 Prozent.

Conversion-Rate Die Conversion-Rate (Conv.-Rate) gibt den Anteil an Klicks an, die zu einer Conversion geführt haben. Sie zeigt an, wie viel Prozent der Nutzer, die auf eine Anzeige geklickt haben, mit dem Angebot zufrieden waren und daher schließlich eine Aktion durchgeführt haben. Die Conversion-Rate errechnet sich aus der Anzahl der Conversions, dividiert durch die Anzahl der Klicks.

Beispiel: Sie schalten Ihre AdWords-Anzeige zu der Suchbegriffskombination *Laptop Webshop*. Sie messen die Conversions zu dieser Anzeige auf der Unterseite, die am Ende des Bestellvorganges aufgerufen wird. Ihre Textanzeige wird im Monat April 2014 bei AdWords 500-mal geschaltet und 100-mal angeklickt. Von den 100 Besuchern Ihrer Website bestellen 10 danach einen Laptop. Bei diesem Bestellvorgang erreichen die neuen Kunden die Seite mit dem Conversion-Code. Somit liegt Ihre CTR bei 20 Prozent und die Conversion-Rate liegt im Monat April 2014 für diese Suchkombination bei 10 Prozent.

Conversions Conversions (Konversionen) sind diejenigen Besucher, die über eine AdWords-Werbung auf die Webseite gekommen sind und dort eine vorher festgelegte Handlung ausgeführt haben. Diese Art der Handlung kann ganz unterschiedlich sein. Klassisch spricht man von einer Conversion, wenn der Besucher im Online-Shop eingekauft hat, es können aber auch Anfragen für Dienstleistungen, der Eintrag zu einem Newsletter oder Ähnliches als Conversion gewertet werden.

Conversion-Tracking Der englische Ausdruck Conversion-Tracking steht für die Aufzeichnung der Conversions. Das AdWords-System protokolliert die Anzahl der User, die über den Klick auf die AdWords-Anzeige das gewünschte Ziel (den Conversion-Punkt) erreicht haben.

Conversion-Wert gesamt Über die AdWords-Oberfläche kann auch der Wert zu den jeweiligen Conversions anzeigt werden. Dieser Wert kann entweder der gleiche für jede Aktion sein oder ein dynamisch erzeugter Wert, der beispielsweise den Wert einer Bestellung wiedergibt. Mit diesem Wert behält der AdWords-Nutzer den Return-on-Investment und die Kosten-Umsatz-Relation seiner Kampagnen bestens im Blick.

CPV CPV steht für Cost-per-View-Gebote. Mit diesem Gebot wird festgelegt, was man für eine AdWords-Videoanzeige bezahlen möchten, wenn ein Nutzer das Video betrachtet.

Deep Link Der Deep Link verweist im Gegensatz zur einfachen Verlinkung der jeweiligen Domain unmittelbar auf eine ganz bestimmte Unterseite, also eine in der Struktur tiefer untergeordnete Webseite.

Displaynetzwerk Das Google Displaynetzwerk (GDN) besteht aus einer Vielzahl an Websites, wie zum Beispiel Blogs, Foren, Nachrichtenportalen oder Seiten mit speziellen Themen. Diese Seiten stellen Ihre Werbefläche zum großen Teil über das Google AdSense-System für die AdWords-Werbung zur Verfügung.

Durchschnittlicher CPC Der durchschnittliche CPC (durchsch. CPC) eines Keywords, einer Anzeigengruppe oder Kampagne wird in den AdWords-Berichten angezeigt. Der tatsächliche CPC zeigt im Gegensatz zum maximalen CPC die Kosten, die wirklich pro Klick anfallen. Da dieser Wert stets ein wenig schwankt, zeigt Google AdWords darum in den Berichtsspalten den durchschnittlichen Wert in Bezug auf den jeweils ausgewählten Zeitraum an.

Durchschnittliche Position Die durchschnittliche Position (durchschn. Pos.) zeigt an, auf welcher Anzeigenposition die Anzeigen für ein Keyword im Durchschnitt ausgespielt wurden. Die Anzeigenposition gibt Auskunft darüber, in welcher Reihenfolge die Anzeigen platziert wurden. Falls Anzeigen auf den Top-Positionen oberhalb der organischen Suchergebnisse platziert sind, belegen diese Anzeigen die Positionen 1 bis 3. Auch diese Platzierungen fließen in die Berechnung der durchschnittlichen Position mit ein

Impressionen Als Impression wird die Einblendung einer AdWords-Anzeige in der Google-Suche, dem Such-Werbenetzwerk oder auf den Seiten des Google Displaynetzwerks bezeichnet. Im AdWords-Konto erhält man über die Spalte IMPR. die Information, wie häufig die Anzeigen ausgespielt wurden. Durch eine Impression entstehen im AdWords-Werbeprogramm normalerweise keine Kosten. Eine Ausnahme bildet hier das Modell des CPM-Gebotes.

Kampagne Ein Google-AdWords-Konto besteht aus mindestens einer Kampagne. Jede Kampagne enthält wiederum mindestens eine Anzeigengruppe mit den jeweiligen Keywords und Textanzeigen. Auf Kampagnenebene können die Zielregion, das Tagesbudget und die Werbenetzwerke, in denen die Anzeige erscheinen soll, bestimmt werden. Außerdem können auf dieser Ebene die Laufzeit und die Schaltung der Anzeigen zu unterschiedlichen Uhrzeiten bestimmt werden.

Keyword Keywords sind die entscheidenden Schlüsselbegriffe für das Suchmaschinenmarketing. Keywords sind die Suchbegriffe, die eine Einblendung der AdWords-Werbung auslösen.

Keyword-Optionen AdWords bietet verschiedene Keyword-Optionen an, um die Schaltung der Anzeigen zu einem Suchbegriff einzuschränken oder zu erweitern. Durch die Nutzung verschiedener Optionen können Anzeigenschaltungen einerseits ausgelöst werden, wenn Suchanfragen dem vorgegebenen Suchbegriff nur relativ ähnlich sind. Andererseits kann man über die Optionen aber auch bestimmen, dass die Suchanfrage genau mit der Vorgabe übereinstimmen soll.

Keyword-Planer Der AdWords-Keyword-Planer schlägt nach Eingabe eigener Keywords oder der Vorgabe von Webseiten weitere themenrelevante Begriffe für eine AdWords-Werbekampagne vor. Zusätzlich gibt der Keyword-Planer Informationen zum Wettbewerb, zur geschätzten CTR, zu Impressionen, Klicks und Kosten bei AdWords an. Außerdem kann man den Planer nutzen, um das benötigte Werbebudget abzuschätzen.

Klick-Conversion Klick-Conversion oder Klicks mit Conversion gibt die Anzahl der Klicks an, die in einem bestimmten Zeitraum (Standard 30 Tage) zu einer oder mehreren Conversions geführt haben. Der Tracking-Zeitraum kann bis auf 90 Tage erhöht werden.

Klicks Wenn ein Nutzer auf eine Anzeige klickt, so wird dies im AdWords-Konto als Klick gemessen. Auf diese Weise werden alle Besuche gezählt, die über den Werbekanal AdWords bzw. über ein bestimmtes Keyword oder eine Anzeige auf die jeweilige Website gelangt sind.

Kosten pro Conversion Die Kosten pro Conversion (Kosten/Conv.) oder Cost-per-Order (CPO)

ergeben sich aus den Gesamtausgaben, geteilt durch die erzielten Conversions. Der AdWords-Nutzer erfährt, was genau er dafür bezahlt, dass der Webseitenbesucher einen Kauf abschließt oder sich für einen Newsletter anmeldet usw.

Landing-Page Die Landing-Page ist eine spezielle Webseite, auf die die AdWords-Anzeige per Deep Link verweist. Die Landing-Page wird extra an die Bedürfnisse der angesprochenen Zielgruppe angepasst. Es steht immer ein bestimmtes Angebot im Mittelpunkt. Wesentliche Elemente einer Landing-Page sind eine Handlungsaufforderung und die Möglichkeit einer direkten Response (Antwort), zum Beispiel mit Hilfe eines Online-Kontaktformulars.

Max. CPC Mit dem maximalen Cost-per-Click (CPC) kann bis auf Keyword-Ebene festlegt werden, welcher Betrag für den jeweiligen Suchbegriff maximal ausgegeben werden darf. Während der tatsächliche CPC vom AdWords-System berechnet wird, ist der maximale CPC ein Wert, der vom Werbenden selber vorgegeben wird.

Negative Keywords siehe Ausschließende Keywords

Placements Placements sind einzelne Webseiten aus dem Display-Werbenetzwerk von Google oder spezifische Bereiche dieser Webseiten, die ein Werbender bei AdWords ausgewählt hat. Auf diesen Placements werden dann die Google Textanzeigen, Display-Anzeigen, Banner oder Video-Ads geschaltet.

Planer für Displaykampagnen Der Planer für Displaykampagnen ist vergleichbar mit dem Keyword-Planer und schlägt Webseiten für mögliche Anzeigenschaltungen im Displaynetzwerk vor. Ausgangslange sind auch hier Keywords oder Webseiten bzw. bestimmte Themen, die beworben werden sollen.

Qualitätsfaktor Der Qualitätsfaktor beschreibt die von Google geforderte Qualität, die angibt, wie genau Keywords, Anzeigen und Zielseiten die Erwartungen der Google-Nutzer treffen.

Quality Score siehe Qualitätsfaktor

SEA SEA und SEM werden oft gleichbedeutend genutzt. Wenn man ganz korrekt ist, dann steht SEA (Search Engine Advertising) für die bezahlten Anzeigen in den Suchmaschinen, also z. B. für das AdWords-Werbeprogramm.

SEM SEM (Search Engine Marketing) bezeichnet ganz einfach das komplette Programm des Suchmaschinenmarketings und ist in der korrekten Form somit der Oberbegriff für SEA und SEO.

SEO Die organischen Suchergebnisse findet man bei Google hauptsächlich im linken Bereich der Suchergebnisseite. SEO (Search Engine Optimization) bezeichnet die Möglichkeiten, durch Optimierung des Webseiten-Codes, des Webseiten-Contents und vor allem einer themenrelevanten und vielfältigen Verlinkung zu verschiedenen Suchbegriffen, Webseiten dahingehend zu optimieren, dass diese eine möglichst vordere Position im organischen Bereich auf der Suchergebnisseite zu verschiedenen Suchbegriffen einnehmen.

Such-Werbenetzwerk Das Such-Werbenetzwerk umfasst Google-Suchergebnisseiten, Such-Partnerseiten wie zum Beispiel die T-Online-Suche und andere Google-Produkte mit Suchergebnissen. Die AdWords-Anzeigen können auf diesen Seiten als Teil des Suchergebnisses in bestimmten Bereichen geschaltet werden.

Ziel-CPA Bei der Ziel-CPA-Strategie wird kein maximaler CPC festgelegt, sondern ein Ziel-Cost-per-Aquisition (Ziel-CPA) eingestellt. Damit wird ein bestimmter Betrag vorgegeben, den der AdWords-Nutzer maximal im Durchschnitt für eine Conversion zahlen möchte.

Ziel-URL Die Ziel-URL ist die Landing-Page, auf der interessierte Internet-User nach dem Klick landen. Bei jeder Anzeigeform im AdWords-System – egal ob Textanzeige, Image-Anzeige oder Video-Ad – wird eine Ziel-URL hinterlegt.

Index

A

Abgelehnte Anzeigen ... 563, 709
Above the fold ... 320
Abrechnungseinstellungen ... 281
Abrechnungsprofil ... 283
Absprungrate ... 605, 697
ACE-Kampagnentests ... 660
  anhalten ... 663
  entfernen ... 663
  erstellen ... 660
  Kontrolle/Testverteilung ... 662
  Signifikante Ergebnisse ... 664
Ad Rank ... 42, 63, 745
adConverse ... 121
Adobe Analytics ... 560
AdSense ... 59, 745
AdWords-Anzeigen
  Optimierung ... 601
  Suchfunktion ... 715
AdWords-Berichte ... 475
AdWords-Daten ... 706
AdWords Discounter ... 61
AdWords Editor ... 445
AdWords Express-Kampagne ... 90
AdWords Express ... 86
  Kategorien ... 104
  Produktvergleich ... 88
AdWords-Fehler ... 689
AdWords für Video ... 407
AdWords-Hilfe ... 287
AdWords Inside Blog ... 704
AdWords-Kampagnentest ... 456
AdWords-Keyword-Planer ... 65
AdWords-Limits ... 267
AdWords-Rechnung ... 279
AdWords-Richtlinien ... 602
AdWords-Skripte ... 650
AdWords-Startseite ... 270
AdWords-Statistik ... 57
AdWords-Tools ... 277, 423
AdWords und Analytics verknüpfen ... 521
AdWords-Vorschläge ... 274
AdWords-Zertifizierung ... 710
Aggressive Ausrichtung ... 318
AGOF-Untersuchung ... 324
Alexa ... 180
Allgemeine Keywords ... 691
Analyse-Tools ... 34
Analytics ... 491, 745
  Absprungrate ... 544
  AdWords-Berichte ... 537, 539
  AdWords-Verknüpfung ... 522
  Akquisitionsberichte ... 517
  Alternativen ... 557
  Änderungsverlauf ... 500
  Anzeigeninhalt ... 539
  App ... 561
  Aufenthaltsdauer ... 533
  Auftragsdatenverarbeitung ... 507
  beanstandungsfreie Verwendung ... 508
  benutzerdefinierte Benachrichtigungen 512
  benutzerdefinierte Berichte ... 551
  Berichte ... 508
  Browser-Plugin ... 504
  Buch ... 508
  Checkliste für deutsche Webseitenbetreiber ... 508
  Code-Verifizierung ... 499
  Content-Tests ... 554
  Conversions ... 530
  Conversion-Berichte ... 520
  Dashboards ... 509
  Datenansicht ... 494
  Datenfreigabeeinstellungen ... 496
  Datenschutz ... 502
  Datenschutzerklärung ... 503
  Deaktivierung des Trackings ... 507
  Deaktivierungs-Plugin ... 507
  Displaynetzwerk ... 505
  Displaynetzwerk-Berichte ... 545
  durchschnittliche Sitzungsdauer ... 544
  Echtzeitberichte ... 513
  Eigenschaften ... 492
  Einrichtung ... 493
  Ereignis-Tracking ... 534
  Ereignisse ... 533
  erweiterte E-Commerce-Berichte ... 536
  E-Commerce-Tracking ... 535
  Filter ... 549
  Gebotsanpassungen-Berichte ... 541
  individuelle Auswertungen ... 548

Analytics (Forts.)
Informationspflicht 503
IP-Anonymisierung 506
Kampagnenberichte 538
Kampagnen-Tagging (manuell) 526
Keyword-Berichte 542
Keyword-Positionen-Berichte 546
Konto 494
Kontoeinstellungen 500
Kontoerstellung 494
Löschung von Altdaten 507
Marktanteile 557
Measurement Protocol 495
Messwerte in AdWords rückführen 524
Multi-Channel-Trichter 552
Nutzer 516
Nutzer-ID 495
Nutzungsbedingungen 503
Opt-out-Cookie 507
personalisieren 551
personenbezogene Daten 502
Placement-Berichte 545
Property 494
Radar-Ereignisse 511
Segmente 549
Seiten/Sitzung 533, 544
sekundäre Dimensionen 539
Shopping-Kampagnen-Berichte 547
Sitzungen 516
Strukturkarten-Berichte 540
Suchanfragen-Berichte 543
Suchfunktion 516
Tageszeit-Berichte 544
Tool zur URL-Erstellung 528
Tracking-Code 498
utm-Parameter 527
utm-Tags 527
Verhaltensberichte 519
Verknüpfungen 511
Verteilungsstatistik 557
Verwaltung 500
Videokampagnen-Berichte 547
View 494
Widgets 509
Ziele in AdWords importieren 536
Ziele 530
Zielgruppenberichte 515
Zielseiten 532
Zielvorhaben 530
Ziel-Conversion-Rate 545
Ziel-URL-Bericht 544

Änderungsverlauf 424
Angezeigte URL 241, 745
optimieren 593
Anruferweiterung 118, 616
Anruf-Conversion 619
Anzeige
Countdown-Funktion 601
Deaktivierung 105
Echtzeitaktualisierungen 599
Maximale Zeichenlängen 242
Anzeigenanpassungsdaten 596, 599
Anzeigenelemente 242
Anzeigenerstellung 93
Anzeigenerweiterungen 606
Anzeigengalerie 304, 396, 417
Anzeigengruppe 83, 745
Erstellung 234
Struktur 236
Anzeigengruppenausschlüsse 319
Anzeigengruppenerstellung 239
Anzeigengruppenname 239
Anzeigengruppenstruktur 238
Anzeigengruppenunterteilung 83
Anzeigenoptimierung 99, 585
Anzeigenposition 706
Anzeigenrang 42, 706, 745
Anzeigenreichweite 224
Anzeigenrelevanz 61, 568
Anzeigenrotation 585
Anzeigentexte 240
dynamisch 594
Standards 246
Anzeigentitel 93
Anzeigenvarianten 245
Anzeigenvariationen 602
Anzeigenvorschau 431
AOL 214
App-Erweiterung 620
Artikelbeschreibung 374
Auftragsdatenverarbeitung 507
Auktionsdaten 658
Ausrichtungsgruppe 404
Ausrichtungsmethoden 308
Ausrichtungsmöglichkeiten
Länderspezifisch 228
Ausrichtungsoptimierung 318
Ausschließende Keywords 142, 258, 261, 745, 748
auf Anzeigengruppenebene 265
auf Kampagnenebene 264
auf Kontoebene 261
Praxistipps 261

Ausstehende Einladung 674
Automatische Keywordauswahl 103
Automatische Optimierung 124
Automatische Tag-Kennzeichnung 524
Automatisierte Regeln 643
Automatisierter Bericht 478
Auto-optimierter CPC 745
A-/B-Test 555
Alternative 666

B

BackRub 59
Banner 298
Banneranzeigen 67
Bearbeitbare Berichte 476
Bearbeitungsfunktion 731
Bedienbarkeit 697
Beispielskript 651
Below the fold 320
Benachrichtigungen 721
Benachrichtigungseinstellungen 286
Benachrichtigungssystem 647
Benchmark-Klickrate 381
Benutzerdefinierte Kombination 392
Benutzerdefinierte Spalten 638
Benutzeroberfläche 99
Berichte 291
Bewertungserweiterung 622
Bewertungssterne 716
Bezahlte und organische Suche 482
Bibliothek 289
Bildanzeigen, dynamisch 397
Bing 34
Bounce-Rate 605, 697
Brainstorming 145
Branchenauswahl 92
Branchenbeobachtung 164
Branchenerfahrungen 162
Brancheninformationen 163
Branding 297
Branding-Effekte 295
Broad Match 252
Broad Match with Modifier 252
Budget 65, 233
Budgetfestlegung 96
Budgetmanager 675
Budgetplanung 136
Bulk-Edit 630
Bulk-Vorgänge 290

C

Callout Extension 613
Callouts 614
Call-Conversion 117
Call-to-Action 745
Call-to-Action-Overlay 408, 409
CAPTCHA-Eingabe 166
Checkbox 729
Click-to-Call 335
Click-to-Download 336
Cloud 149
Code-Snippet 393
Content-Keywords 175
Content-Seiten 295
Conversion 110, 111
importieren 112
Conversion Optimizer 454
Conversions 705, 746
Conversion-Rate 746
Conversion-Spalten 459
Conversion-Suchtrichter 435
Conversion-Tracking 115, 458, 746
Conversion-Tracking-Zeitraum 113
Conversion-Wert, Gesamt 746
Cost-per-1000-Impressions 746
Cost-per-Acquisition 455
Cost-per-Order 747
Countdown-Funktion 601
CPC 60
CPM 746
CPV 746
CPV-Gebot 405
Crawlen 157
CTR 464, 746
Customer Lifetime Value 495

D

Dashboard 270
Datenansicht 500
Datenfeed 594, 598, 599
dynamische Display-Anzeigen 596
Datenschutz 78
Datenschutzhinweis 383
Datenspalte 726
Deep Link 245, 746
Demografischen Merkmale 225
Design 697
Desktop-Computer und Laptops 217, 218
Details zur Richtlinie 471

Diagnosetool ... 431
Dimensionen ... 480
Displaynetzwerk ... 747
Auswertungen ... 321
Display-Kampagnen ... 295
DKI ... 588
Marken-Keyword ... 592
Syntax ... 593
Doppelbuchung ... 82
Doppelpfeil ... 733
Doubleclick-Cookie ... 505
Do-Anfragen ... 36
Dropdown-Listen ... 727
DSA-Kampagne ... 359
Durchschnittliche Position ... 469, 747
Durchschnittliches Tagesbudget ... 233
Durchschnittlicher CPC ... 747
Dynamic Keyword Insertion → DKI
Dynamic Search Ads ... 359
Dynamische Anzeige ... 304, 396, 397, 718
Dynamische Anzeigentexte, Beispiele ... 600
Dynamische Sitelinks ... 612
Dynamisches Anzeigenziel ... 361
Dynamisches Remarketing ... 393, 395
Kampagne ... 397

E

Echtzeitaktualisierung ... 600
Echtzeitanalyse ... 513
Echtzeit-Update ... 597, 600
econda ... 560
ECPC ... 745
Effektivität ... 142
Effizienz ... 142
Ego-Keywords ... 689
Einmalige Conversions ... 461
Einstieg ... 79
Erste Kampagne erstellen ... 212
Erweiterte Kampagnen ... 217, 326
Erweiterung mit Zusatzinformationen ... 613
etracker ... 559
Evernote ... 147
Exact Match ... 260
Excel-Format ... 477
Externe Keyword-Datenbank ... 192
Externen Keyword-Tools ... 180
Eyecatcher ... 602
E-Mail-Benachrichtigung ... 647

F

Falsche Zielvorgaben ... 696
Fernsehwerbung ... 719
Filter ... 634, 635
Filtermöglichkeiten ... 723
Flash ... 219
Flugsuche ... 717
Fragezeichen ... 733
Freemium-Modell ... 144
Freigabeproblem ... 657
Frequency Capping ... 391
Fünf-Sekunden-Test ... 698

G

Galaxy Tab ... 220
gclid ... 122, 242, 458, 707
Gebotsanpassung ... 276, 327, 566
Gebotssimulator ... 470
Shopping-Kampagne ... 382
Gebotsstrategie ... 138, 232
Gemeinsam genutzte Bibliothek ... 261
Geografische Ausrichtung ... 102, 692
Geolocation ... 67
Geotargeting ... 67
Geräteauswahl ... 217
Geräteklassen ... 217
Gesamtwert ... 394
Geschäftsdaten ... 594, 595, 597
Upload ... 598
Global Market Finder ... 170
Google Analytics → Analytics
Google Analytics Solutions Gallery ... 510
Google Anzeigenvorgaben ... 506
Google-Brille ... 714
Google Click Identifier → gclid
Google Click-ID → gclid
Google Displaynetzwerk ... 71, 215, 297
Google Docs ... 148
Google Drive ... 148
Google-Gutscheine ... 701
Google Knowledge Graph ... 46
Google-Login ... 76
Google-Mail-Adresse ... 77
Google Maps ... 355
Google Merchant Center ... 369, 423
Google My Business ... 95, 355
Google-Netzwerk ... 70
Google-Partner ... 296, 710
Google Partner Suchnetzwerk ... 580

Google PLAs 367
Google-Revolution 58
Google-Richtlinien 709
Google-Shopping-Anzeigen 374
Google-Suche, Ablauf 210
Google-Such-Websites 296
Google Suggest 40, 165
Google Tag Assistant 500
Google Tag Manager 499
Google Translator Toolkit 172
Google Trends 167
Google TV 719
Google Webmaster-Tools 174
Content-Keywords 178
Suchanfragen-Reports 178
Google Website Optimizer 555
Google-Weiterleitungsrufnummer 618
Google Zertifizierte Händler 716
Grafikfunktion 738
Grobfilterung 633
Gutscheincode 280

H

Hangout On Air 420
Hauptliste 387
Hausverstand 249
Home-Button 343
Hotelsuche 717

I

Identische Keywords 452
Image-Anzeige 68, 302
Image Extensions 714
Impression 705, 747
Individuelle Werbeaussagen 55
Informations-Keywords 198
Informational Query 39
Informationsanfrage 37
Insights for Search → Google Trends
Interaktionsanzeigen 305
Interessante Orte 225
Internationalisierung 173
Inventarfilter 376
In-Display-Format 407
In-Display-Videoanzeige 407
In-Stream-Videoanzeige 407
iPad 220
iPhone 220
IP-Adresse 227

K

Kampagnen 82, 272
grundlegende Einstellungen 210
Hierarchie 206
im Suchnetzwerk 212
Strukturieren 234
Kampagnenbenennung 208
Kampagneneinstellungen 580
Kampagnenerstellung 205
Kampagnensetup
Budget 231
Checkliste 207
erste Schritte 212
Gebote 231
Geräte 216
Sprachen 228
Standorte 221
Vorbereitung 206
Kampagnenstruktur 578
Kampagnentypen 213, 428
nur Displaynetzwerk 215
nur Suchnetzwerk 213
Online-Video 216
Shopping 216
Suchnetzwerk mit Displayauswahl 216
Kategorienoptimierung 100
Kennzahlen 464
Keyword (Begriff) 141
Keywordoptimierung 571
Keywords 141, 239, 248
Groß- und Kleinschreibung 250
hinzufügen 266
Schreibweise 250
Keyword-Advertising → PPC
Keyword-Analyse 137
Keyword-Bericht 483
Keyword-Datenbank, externe 192
Keyword-Diagnose 655
Keyword-Eingabe 240, 266
Keyword-Vorschläge 266
Tabellenbearbeitungsmodus 266
Keyword-Gruppierung 194
Keyword-Klammern 589
Keyword-Konkurrenz 658
Keyword-Liste 134
Keyword-Listenerstellung 156
Keyword-Optionen 251, 575, 747
ähnliche Varianten 259
ausschließendes Keyword 257

Keyword-Optionen (Forts.)
Beispieltabelle 253
erweiterte Einstellungen 259
genau passend 257
Modifizierer für weitgehend passende Keywords 255
nahe und sehr ähnliche Varianten 259
passende Wortgruppe 256
Relevanz im Displaynetzwerk 252
schematische Darstellung 253
Tipps 251
Übereinstimmungsmethoden 260
weitgehend passend 254
Keyword-Plan 133
Keyword-Planer 128, 693, 747
Keyword-Platzhalter 588
Code 589
Groß- und Kleinschreibung 590
Nachteile 591
Tipps 592
Vorteile 590
Keyword-Recherche 141, 150, 248
Keyword-Set 143, 155, 197
Keyword-Tools, externe 180
Keyword-Trends 56
Keyword-Übereinstimmungstypen → Keyword-Optionen
Kindle Fire 220
Kleinschreibung 250
Klickkosten 54
Klicks 705, 747
Klickverhalten 212
Klick-Conversion 460, 747
Klick-Conversion-Rate 461
Konkurrenzanalyse 135
Konservative Ausrichtung 318
Kontoanalyse 654
Kontoanatomie 206
Kontolimits 209, 267
Kontostruktur 236
Kontoverwaltung 278
Kontozugriff 284
Konto, Grundeinstellungen 284
Kontroll- und Testgruppe 663
Konversion
Konversion → Conversion
Kosten pro Conversion 747
Kostenabschätzung 128
Kundenbefragung 145
Kundenberichte 686

L

Labels 291, 639
Labelverwaltung 642
Ländercode 226
Landing-Page 696, 748
Last-Click-Conversion 554
Lokale Anzeige 353
Lokale Ausrichtung 340
Lokale Treffer 48
Longtail-Keywords 577, 691
Low-Performer 577
Lycos 58

M

Makroziel 109
Marken-Keywords 659
Marktforschung 151
Match types → Keyword-Optionen
Max. CPC 748
MCC 667, 708
Benachrichtigungen 676
Conversions 682
Kontenerstellung 670
Kontoverknüpfung 672
Labels 683
Mehrauslieferung 233
Mehrwort-Suchphrase 152
Merchant Center
→ *Google Merchant Center*
MetaGer Web-Assoziator 182
Micro Conversions 491
Mikrotest 152
Mikroziel 109
Mindestbudget 97
Mindestgebot 64
Mindmaps 146
Mitbewerberanalyse 181, 190
Mitbewerber-Domains
Analysieren 182
Mobile Endgeräte 323
Mobile Landing-Page 342
Mobile Nutzung 713
Mobile PPC-Keywords 347
Mobile Werbekampagne 333
Mobiltelefone und Smartphones 220
Monatliche Belastungsgrenze 233
Multivariat-Test 555
Multi-Channel-Trichter 552
My Client Center → MCC

N

Namenskonventionen ... 208
Navigations-Keywords ... 194
Navigational Query ... 39
Navigationsanfrage ... 38
Navigationspunkte ... 269
Negative Keywords ... 484
Negative Match ... 252
Negativer Suchbegriff ... 142
Network Advertising Initiative ... 506
Netzwerkinventar ... 429
Neuanlage der Standardelemente ... 729
(Not provided) ... 518
Nur Suchnetzwerk ... 212
Nutzerstandorte ... 481

O

Offline-Conversions ... 121
Off-Site-Optimierung ... 51
Omniture ... 560
OneBox ... 45
Online-Formular ... 105
Online Value Index ... 188
Onlinemarketing, Bewertungen ... 716
Optimizely ... 555
Organische Ergebnisse ... 45
Overlay ... 408

P

Pagespeed-Test ... 343
Paid Listings → PPC
Pay-per-Click Advertising → PPC
Pay-per-Click Model ... 59
Personalisierte Werbung ... 718
Personalisierung ... 58
Pfadlänge ... 441
Phrase Match
Keyword-Optionen, Passende Wortgruppe ... 252
Piwik ... 559
Placements ... 309, 748
Placement-Vorschläge ... 430
Planer für Displaykampagnen ... 427, 748
Platzhalter ... 600, 601
Pluszeichen ... 731
Positionen ... 564
Positionsergebnisse ... 55
Post Ads ... 415
Voraussetzungen ... 416
PPC ... 52
Produktanzeigen ... 43
Produktbild ... 374
Produktgruppe ... 377
Produkt-Feed ... 370
Attribute ... 370
Optimierung ... 373
Produkt-ID ... 394
Pull-Strategie ... 50
Push-Strategie ... 49

Q

Qualitätsfaktor ... 61, 62, 469, 563, 566, 748
Quellcode ... 192
Quelltext ... 192

R

Recherche, persönliche ... 161
Regeldefinition ... 644
Regelverwaltung ... 648
Relative Klickrate ... 468
Remarketing ... 314, 382, 384, 397
Datenschutzhinweise ... 383
dynamisch ... 395
Videoanzeige ... 409
Remarketing Lists for Search Ads → RLSA
Remarketing-Liste ... 383
Remarketing-Tag ... 385, 386
dynamisch ... 394
Responsive Design ... 342
Retargeting → Remarketing
Return On Advertising Spending → ROAS
Rezensionen ... 125
RLSA ... 398
Strategien ... 400
ROAS ... 114

S

Schnelleinstieg ... 84
Screaming Frog ... 158
SEA ... 36, 748
Search Engine Advertising → SEA
Search Engine Marketing → SEM
Search Engine Optimization → SEO
Search Engine Result Page → SERP
Searchmetrics Suite ... 182
Segment ... 737
Test ... 664

Segmentierung ... 473, 634
Seitentyp ... 394
SEM ... 29, 30, 36, 49, 748
semaGER ... 183
Semantische Suche ... 183
SEMrush ... 184
SEM-Modul ... 187
SEO ... 36, 748
SEO DIVER ... 185
SERP ... 35
Similar-to-Liste ... 387, 398
SISTRIX-Toolbox ... 187
Site-Search ... 344
Sitecatalyst (Omniture) ... 560
Sitelinks ... 334, 609
Smartphones ... 217
Social-Media-Marketing ... 718
Solutions Gallery ... 531
Sonderzeichen ... 602
Source-Code → Quelltext
Soziale Anzeige ... 417
Soziale Netzwerke ... 718
Spalten ... 634, 637
Spezialsuche ... 46
Spezielle Remarketing-Listen ... 388
Spezifischster Standort ... 481
Sponsored Ads ... 50
Sponsored Links → PPC
Sponsored Listings → PPC
Sprachausrichtung ... 229
Sprechblase ... 732
Standardfeed für Zusatzinformationen ... 595
Standardgebot ... 231, 233
Standardtextanzeige ... 44
Standortausrichtung ... 221
Standortauswahl
  Ausrichtung nach Bundeswahlkreisen ... 228
  Ausrichtung nach Postleitzahlen ... 228
  Ausrichtungstypen ... 228
  ausschließen ... 223
  einfach ... 222
  erweiterte Suche ... 222
  in der Nähe ... 223
  Ländercode ... 226
  länderspezifische Eigenheiten ... 227
  mehrere Standorte ... 226
  nach Postleitzahl ... 226
  Standortgruppen ... 225
  umkreisbezogene Ausrichtung ... 224
Standortermittlung in AdWords ... 227
Standorterweiterung ... 354, 615
  Relevanz ... 359
Standortgruppen ... 340
Steuerung und Test ... 664
Stopp-Wörter ... 40
Suchanfrage ... 36, 175
  Verwandte ... 169
Suchergebnis
  Anzeichenkennzeichnung ... 211
  Unterscheidung ... 211
Suchfeld ... 635
Suchfunktion ... 724
Suchmaschinen ... 30
Suchmaschinenmarketing → SEM
Suchmaschinenoptimierung ... 50
Suchnetzwerk ... 213
  Partner ... 214
  Partnerseiten ... 213
Suchnetzwerk mit Displayauswahl ... 216
Suchtiefe ... 201
Such-Werbenetzwerk ... 748

T

Tablet-Computer ... 217, 219
Tagesbudget ... 231, 232
  Formel ... 233
  Überschreitung ... 233
Targeting ... 301
  demographische Merkmale ... 314
  Interessen ... 313
  Keywords ... 309
  Placements ... 311
  Themen ... 311
  zusätzliche Ausrichtungsmöglichkeiten ... 316
Textanzeige
  Anatomie ... 241
  Aufbau ... 241
  Bilder ... 714
  Erstellung ... 246
  kreative ... 602
  Optimierung ... 602
  Preise ... 603
  Tipps ... 243
  Überschrift ... 241
TLD ... 30
Top-Ergebnisse ... 42
Top-Level-Domain → TLD
Top-of-Page-Gebot ... 277
Top-Performer ... 577
Top-Pfade ... 439

Top-Position ... 704
Transactional Query ... 39
Transaktions-Keywords ... 200
Transaktionsverlauf ... 279
TrueView-Anzeigenformat ... 407
T-Online ... 214

U

Übereinstimmungstyp ... 576
Übersuggest ... 166
Ungültige Klicks ... 465
Unified Search Bar ... 195
Universal Analytics ... 495
Universal Search ... 45
Universalanzeigen ... 306
Unnatürlicher Linkaufbau ... 51
Unternehmensfachbereich ... 161
Unterregister ... 736
Unterschiedliche Standorte ... 329
Urchin ... 527
Usability → Bedienbarkeit
USP ... 244

V

Vergleichsportale ... 716
Verkäuferbewertung ... 621
Verkaufsargumente ... 586
Verknappung ... 601, 604
Verknüpfte Konten ... 286
Verlinkung ... 735
Verwaltungskontozugriff ... 285
Verwandte Suchanfrage ... 169
Videoformat ... 406
Videokampagne ... 401
Berichte anpassen ... 414
neue Ausrichtungsgruppe ... 411
Videokampagnen ... 292, 296, 404
Videowerbung, Auswertung ... 413
Video-Ads ... 719
Ausrichtung ... 405
Video-Remarketing-Liste ... 410
View-through-Conversion ... 116, 462
Visual Website Optimizer ... 555
Vollwertiger Internetbrowser ... 221
Voraussichtliche Klickrate ... 568
Vorbereitende Klicks ... 436
Vorbereitete Conversion ... 553
Vorüberlegungen ... 75
Voucher ... 701

W

Währung ... 80
Wearables ... 325
Webanalyse-Tool ... 492
Webseitensuchfunktion ... 159
Website-Abdeckung ... 364
Website Call Conversion ... 120
Website Optimizer ... 455
Webtrekk ... 560
Weiterleitung ... 94
Werbechancen ... 274
Werbematerial ... 160
Werbestrategie ... 353
Werbezeiten ... 329
Wettbewerbsanalyse ... 381
Wichtigste Conversions ... 437
Wortbeziehungen ... 184

X

Xenu's Link Sleuth ... 158
XOVI ... 188

Y

Yahoo ... 34
YouTube ... 401
Konto ... 402
Suche ... 404
Videos ... 404

Z

Zahlungsmittel ... 282
Zahnrad-Symbol ... 737
Zeit sparen ... 629
Zeitintervall ... 440
Zeitliche Eingrenzung ... 582
Zeitraum ... 722
Zeiträume vergleichen ... 740
Zeitzone ... 80
Zielaussagen ... 109
Zielgruppen ... 124
Zielgruppen ausschließen ... 392
Zielgruppenauswahl ... 91
Zielplanung ... 127
Zielseitenerfahrung ... 568
Zielvorhaben ... 502
Ziel-CPA-Strategie ... 748
Ziel-URL ... 241, 605, 748
Zuordnungsmodellierung ... 443
Zusätzliche Mail-Adressen ... 667

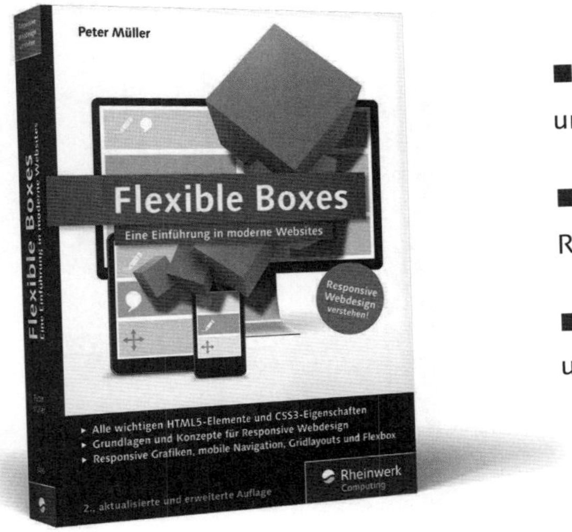

- Alle wichtigen HTML5-Elemente und CSS3-Eigenschaften einsetzen
- Grundlagen und Konzepte für Responsive Webdesign
- Mobile Navigation, Media Queries und Gridlayouts

Peter Müller

Flexible Boxes

Eine Einführung in moderne Websites

Wie entwickelt man heute moderne Websites? Peter Müller zeigt Ihnen in seiner Einführung von Grund auf, was Sie für die Erstellung von flexiblen Webseiten für die verschiedensten Endgeräte beachten müssen. Egal, ob es sich dabei um HTML5, CSS3, Adaptive und Responsive Webdesign, Mobile First oder Grid-Frameworks handelt.

503 Seiten, broschiert, 29,90 Euro
ISBN 978-3-8362-3499-3
2. Auflage 2015
www.rheinwerk-verlag.de/3767

Das gesamte Buchprogramm: www.rheinwerk-verlag.de